唯美

中文版CorelDRAW 2020 从入门到精通

（微课视频 全彩版）

189集同步视频+**手机扫码**看视频+**在线交流**答疑

☑ 配色宝典 ☑ 构图宝典 ☑ 创意宝典 ☑ 商业设计宝典 ☑ Illustrator基础视频
☑ 色彩速查宝典 ☑ Photoshop基础视频 ☑ PPT课件 ☑ 素材资源库 ☑ 色谱表

唯美世界 瞿颖健 编著

中国水利水电出版社
www.waterpub.com.cn
·北京·

内 容 提 要

《中文版CorelDRAW 2020从入门到精通（微课视频 全彩版）》以基础知识和实例操作的形式系统讲解了CorelDRAW 2020软件的基本操作与核心功能，以及CorelDRAW软件在广告设计、VI设计、标志设计、书籍画册设计、包装设计、网页美工设计、插图绘制、印刷制版等领域的实例应用，是一本系统讲述CorelDRAW软件的完全自学教程、视频教程。全书共13章，内容包括认识CorelDRAW、文件的基本操作、常用的绘图工具、绘制复杂的图形、填充与轮廓、对象的变换与管理、文字的创建与编辑、矢量对象的形态调整、矢量图形的特殊效果、表格的制作、位图的编辑处理、位图特效等知识，最后一章通过CorelDRAW在标志设计、企业VI设计、楼盘宣传海报设计、企业画册内页版式设计等11个领域的实用案例，对CorelDRAW知识点进行综合实战应用讲解。

《中文版CorelDRAW 2020从入门到精通（微课视频 全彩版）》的各类学习资源有：

1．189集同步视频+素材源文件+手机扫码看视频+在线交流答疑。

2．赠《配色宝典》《构图宝典》《创意宝典》《商业设计宝典》等设计师必备知识电子书。

3．赠《Illustrator基础》《Photoshop基础》视频课程。

4．赠PPT课件、素材资源库、色谱表等教学或者设计素材。

《中文版CorelDRAW 2020从入门到精通（微课视频 全彩版）》适合初学者学习使用，同时对具有一定CorelDRAW使用经验的读者也有很好的参考价值，本书还可以作为学校、培训机构的教学用书。本书采用CorelDRAW 2020版本编写，CorelDRAW 2018及CorelDRAW X8等较低版本的读者亦可学习使用本书。

图书在版编目（CIP）数据

中文版CorelDRAW 2020从入门到精通：微课视频：全彩版/唯美世界，瞿颖健编著. —北京：中国水利水电出版社，2021.4 (2023.8重印)

ISBN 978-7-5170-9066-3

Ⅰ.①中… Ⅱ①唯… ②瞿… Ⅲ.①图形软件 Ⅳ.①TP391.412

中国版本图书馆CIP数据核字(2020)第240147号

丛 书 名	唯美
书　　名	中文版CorelDRAW 2020从入门到精通（微课视频 全彩版） ZHONGWENBAN CorelDRAW 2020 CONG RUMEN DAO JINGTONG
作　　者	唯美世界　瞿颖健　编著
出版发行	中国水利水电出版社 （北京市海淀区玉渊潭南路1号D座 100038） 网址：www.waterpub.com.cn E-mail：zhiboshangshu@163.com 电话：（010）62572966-2205/2266/2201（营销中心）
经　　售	北京科水图书销售有限公司 电话：（010）68545874 、63202643 全国各地新华书店和相关出版物销售网点
排　　版	北京智博尚书文化传媒有限公司
印　　刷	北京富博印刷有限公司
规　　格	203mm×260mm　16开本　25.5印张　933千字　4插页
版　　次	2021年4月第1版　2023年8月第4次印刷
印　　数	14001—17000册
定　　价	108.00元

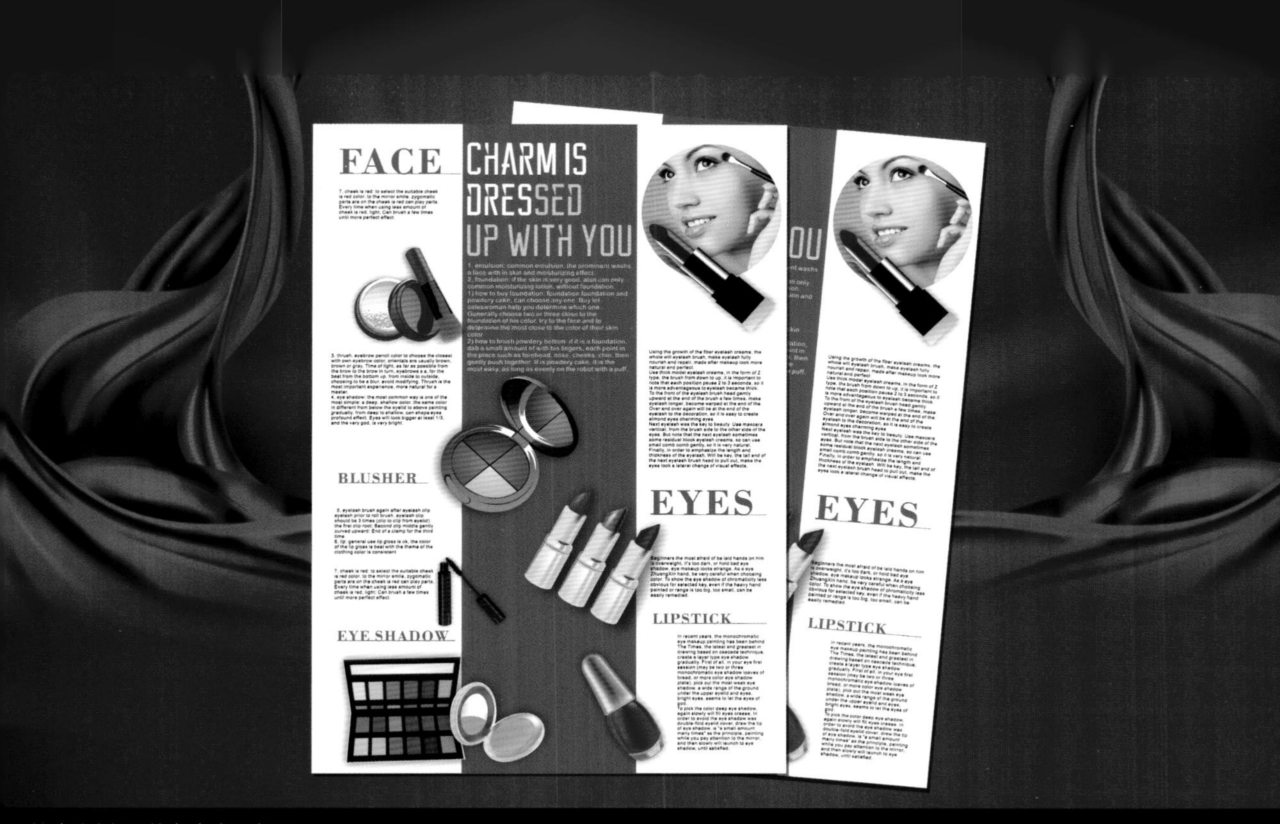

▲ 综合实例:彩妆杂志内页版面

▲ 三维效果

▲ 艺术笔触效果

▲ 标志设计

▲ 颜色转换

▲ 扭曲效果

▲ 举一反三：使用“变换”泊坞窗制作透明花朵

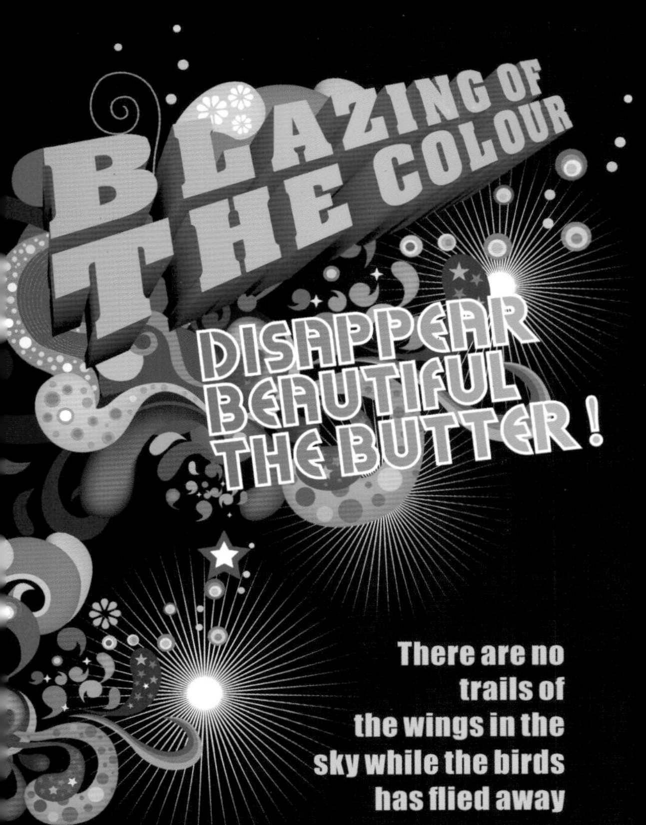

▲ 立体感文字海报

3013
PUMPKIN
PARADOX
0421
COCONUT
GAZEBO
BLOSSOM
ONE WORD
FREES US
ONE WORD FREES US
HEART
AND FAIN
THAT WORD IS LOVE
SMILE
IT'S NOT BEING IN LOVE THAT MAKES
ME HAPPY BUT IS BEING
IN LOVING WITH YOU

▲ 欧美风格创意海报

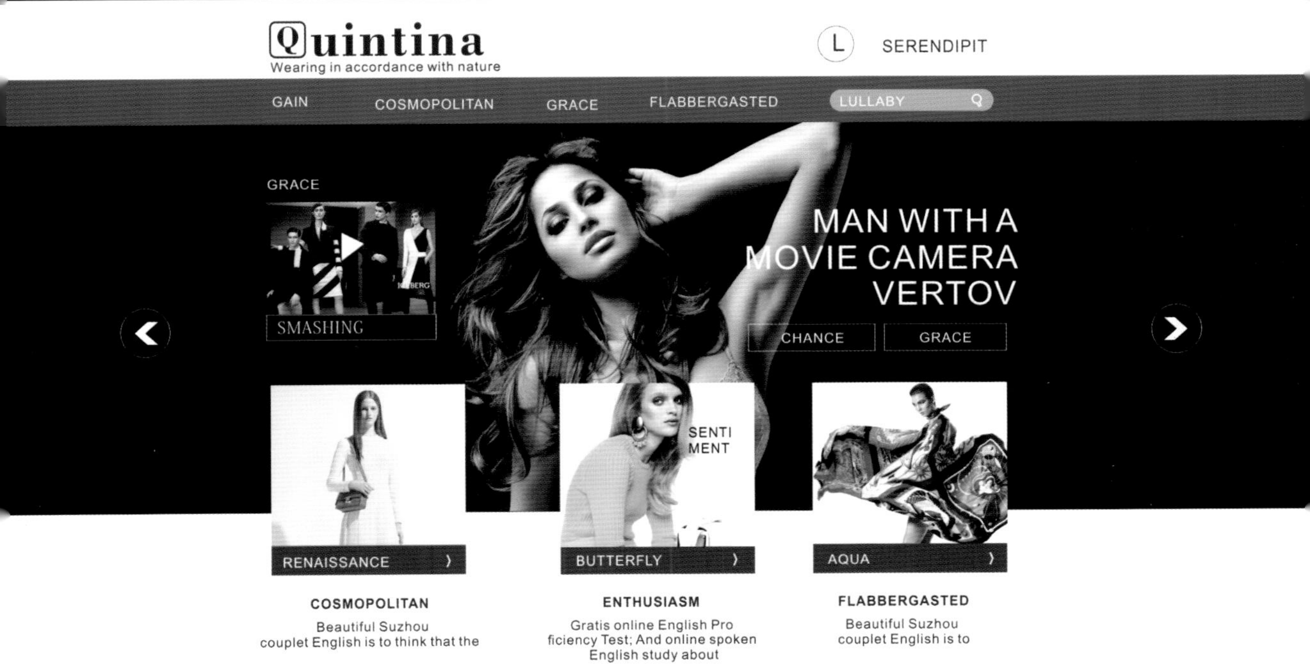

▲ 时装网站首页设计

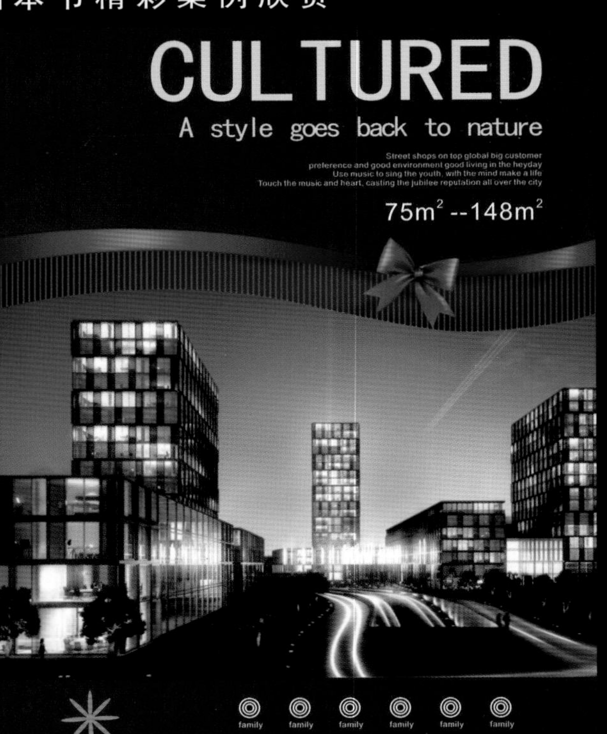

▲ 楼盘宣传海报

▲ 炫光赛车主题海报设计

▲ 举一反三：使用描摹快速制作插画感人物海报

▲ 使用图框精确剪裁制作电影海报

本书精彩案例欣赏

▲ 图形化简约网站首页设计

▲ 使用导入命令制作宠物照片拼贴画

▲ 使用表格功能制作图文结合的表格

▲ 复制图形并进行调整制作画册封面

▲ 创建段落文字制作商务画册内页

▲ 制作杂志内页

本书精彩案例欣赏

▲ 使用 3 点矩形工具制作菱形版面

▲ 设置合适的对齐方式制作书籍封面

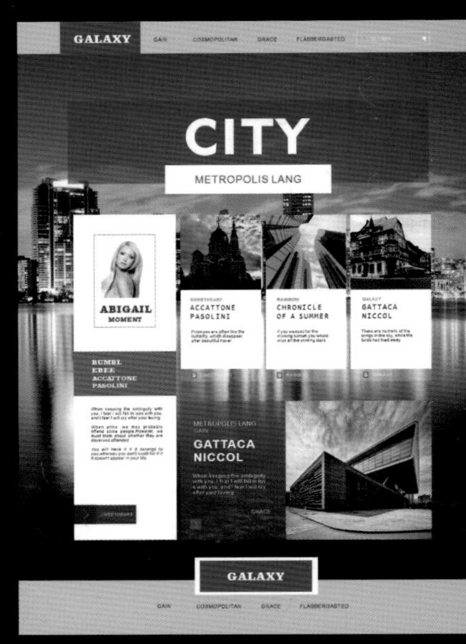

▲ 旅行网站首页设计

▲ 在图形内输入文本制作杂志版面

▲ 影视杂志内页设计

▲ 企业 VI 设计

▲ 设置文本属性制作茶文化三折页

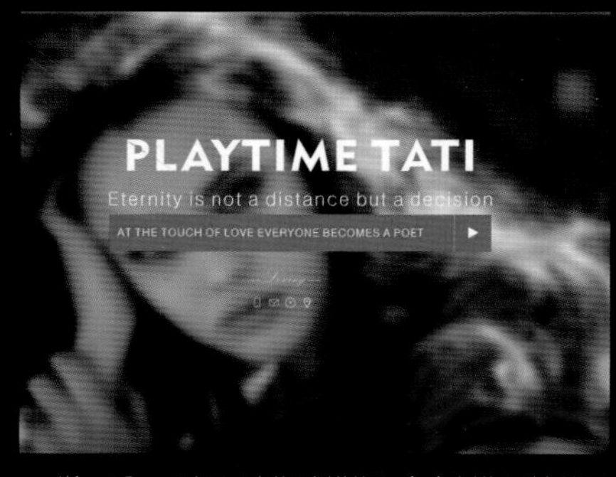

▲ 举一反三：利用“高斯式模糊”命令制作网站首页

▲ 酒店三折页设计—展示图

前言 Preface

CorelDRAW是加拿大Corel公司研发的一款常用的矢量图形制作工具，因其功能全面、直观易用，以及其文件格式的兼容性、较快的处理速度、先进的设计工具和友好的用户界面等，深受广大设计人员喜欢，因此被广泛应用于平面设计、VI设计、标志设计、书籍画册设计、包装设计、网页美工设计、插图绘制、印刷制版等领域。

本书是以目前的新版、功能强大的CorelDRAW 2020版本为基础进行编写的。

本书显著特色

1. 配套视频讲解，手把手教您学习

本书配备了大量的同步教学视频，涵盖全书几乎所有实例，如同教师在身边手把手教您，可以让学习更轻松、更高效！

2. 二维码扫一扫，随时随地看视频

章首页、重点、难点和知识点等多处设置了二维码，通过手机扫一扫，可以随时随地在手机上看视频（若个别手机不能播放，可下载后在计算机上观看）。

3. 内容极为全面，注重学习规律

本书涵盖了CorelDRAW几乎所有工具、命令常用的相关功能，是市场上内容较全面的图书之一。同时采用“知识点+理论实践+练习实例+综合实例+技巧提示”的模式编写，也符合轻松易学的学习规律。

4. 实例极为丰富，强化动手能力

“动手练”便于读者动手操作，在模仿中学习；“举一反三”可以巩固知识，在练习某个功能时触类旁通；“练习实例”用来加深印象，熟悉实战流程；“视频课堂”用于在学习完某部分知识后，检测学习成果；大型商业实例则是为将来的设计工作奠定基础。

5. 实例效果精美，注重审美熏陶

CorelDRAW只是工具，设计好的作品一定要有美的意识。本书实例效果精美，目的是加强对美感的熏陶和培养。

6. 配套资源完善，便于深度、广度拓展

本书除了提供覆盖全书实例的配套视频和素材源文件外，还根据设计师必学的内容赠送了大量教学资源与练习资源。

① 软件学习资源包括《Photoshop 基础》《Illustrator 基础》视频教程。

② 设计理论及色彩技巧资源包括《配色宝典》《构图宝典》《商业设计宝典》《色彩速查宝典》《行业色彩应用宝典》。

③ 练习资源和教学资源包括素材资源库、PPT 课件、色谱表等。

7. 专业作者心血之作，经验技巧尽在其中

作者系艺术专业高校教师、中国软件行业协会专家委员、Adobe® 创意大学专家委员会委员、Corel中国专家委员会成员，设计、教学经验丰富。作者将其大量的经验和技巧融在书

中，可以使读者提高学习效率，少走弯路。

8. 提供在线服务，随时随地可以交流

提供公众号、QQ群等多渠道互动、答疑和下载服务。

本书服务

1. CorelDRAW 2020软件获取方式

本书提供的下载文件包括教学视频和素材等，教学视频可以演示观看。要按照书中实例操作，必须安装CorelDRAW 2020软件之后，才可以进行。您可以通过以下方式获取CorelDRAW 2020简体中文版：

（1）登录Corel官方网站https://www.corel.com/cn/下载试用版。

（2）可到网上咨询、搜索购买方式。

2. 关于本书的服务

（1）关注下方的微信公众号（设计指北），然后输入CDR90663，并发送到公众号后台，即可获取本书资源的下载链接，然后将此链接复制到计算机浏览器的地址栏中，根据提示下载即可。

（2）加入本书学习QQ群：806956867（请注意加群时的提示，并根据提示加群），可在线交流学习。

说明：为了方便读者学习，本书提供了大量的素材资源供读者下载，这些资源仅限于读者个人学习使用，不可用于其他任何商业用途。否则，由此带来的一切后果由读者个人承担。

关于作者

本书由瞿颖健和曹茂鹏负责主要编写工作，其他参与编写的人员还有瞿玉珍、董辅川、王萍、杨力、瞿学严、杨宗香、曹元钢、张玉华、李芳、孙晓军、张吉太、唐玉明、朱于凤等。本书部分插图素材购买于摄图网，在此一并表示感谢。

编 者

目 录

Contents

A BATTER
ORE KISSING

OREO

第10章 表格的制作 294

视频讲解：36分钟

第11章 位图的编辑处理 316

视频讲解：46分钟

认识CorelDRAW

本章内容简介：

本章主要是带领新手朋友和CorelDRAW"打个招呼"，对CorelDRAW有一个初步的认识，简单了解一下CorelDRAW的用途，梳理CorelDRAW的学习思路。同时简单认识一下CorelDRAW的界面布局，为后面学习CorelDRAW的具体操作奠定基础。

重点知识掌握：

- 认识CorelDRAW
- 熟悉CorelDRAW的工作界面

通过本章学习，我能做什么？

本章是学习CorelDRAW的第一节课。通过本章的学习，我们应该对CorelDRAW有了初步的认识，并且能够熟悉CorelDRAW的工作界面，在后面的学习中能够准确地找到需要使用的命令或工具所在的位置。

1.1 CorelDRAW 第一课

正式开始学习CorelDRAW功能之前，你肯定有好多问题想问。例如，CorelDRAW是什么？能干什么？我能用CorelDRAW做什么？学CorelDRAW难吗？怎么学？这些问题将在本节中解决。

1.1.1 CorelDRAW是什么

大家口中所说的CDR，也就是CorelDRAW。它是由加拿大Corel公司开发和发行的一款矢量制图软件，通过CorelDRAW可以将设计方案以计算机图像的形式呈现出来。

设计作品呈现在世人面前时，设计师往往要绘制大量的草稿、设计稿、效果图等。在没有计算机的年代里，这些操作都需要在纸张上进行。如图1-1所示为早期徒手绘制的海报作品。而在计算机技术蓬勃发展的今天，无纸化办公、数字化图像处理早已融入设计师甚至我们每个人的日常工作生活中。数字技术给人们带来了太多的便利。CorelDRAW既是画笔，又是纸张。我们可以在CorelDRAW中随意地绘画，随意地插入漂亮的图片、文字。掌握了CorelDRAW，无疑是获得了一把“利剑”。数字化的制图过程不仅节省了很多时间，而且能够实现精准制图。如图1-2所示为在CorelDRAW中制作海报。

图 1-1　　图 1-2

提示：如何选择软件的版本

目前，CorelDRAW的多个版本都拥有数量众多的用户群，每个版本的升级都会有性能的提升和功能上的改进，但是在日常工作中并不一定要使用最新版本。我们要知道，新版本虽然会有功能上的更新，但是对设备的要求也会有所提升，在软件的运行过程中就可能会消耗更多的资源。所以，有时候在用新版本(比如CorelDRAW 2020)的时候可能会感觉运行起来特别“卡”，操作反应非常慢，严重影响工作效率。这时就要考虑一下是否因为计算机的配置较低，无法满足CorelDRAW的运行要求。可以尝试使用低版本CorelDRAW，如CorelDRAW X6。如果“卡顿”的问题得以缓解，那么就安心地使用这个版本吧！虽然是较早期的版本，但其功能也非常强大，与最新版本之间并没有特别大的差别，几乎不会影响到日常工作。如图1-3和图1-4所示分别为CorelDRAW X8与CorelDRAW 2020的操作界面，不仔细观察甚至都很难发现两个版本的差别。因此，即使学习的是CorelDRAW 2020版本的教程，使用低版本去练习也不是完全不可以的，除去几个小功能上的差别，几乎不影响使用。

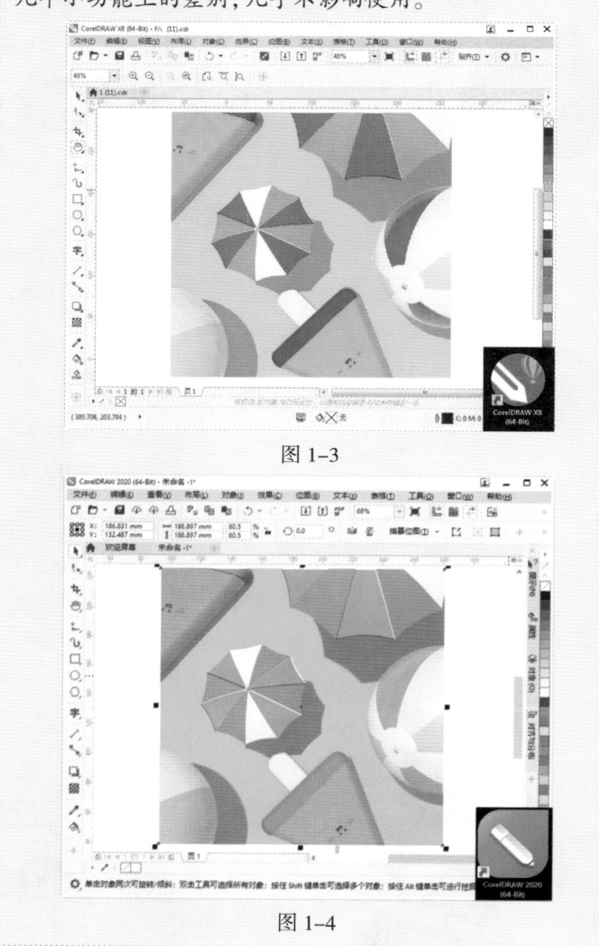

图 1-3

图 1-4

重点 1.1.2 CorelDRAW与矢量制图

CorelDRAW是一款常用的“矢量制图”软件。“制图”我们都明白，可以理解为“绘制图像”，也就是将设计方案以图像的形式呈现出来。那么，接下来就来认识一下什么是“矢量”。矢量图形是由一条条的直线和曲线构成的。在填充颜色时，系统将按照用户指定的颜色沿图形的轮廓线边缘进行着色处理。矢量图形的颜色与分辨率无关，图形被缩放时，对象能够维持原有的清晰度以及弯曲度，颜色和外形也都不会发生偏差和变形，如图1-5所示。

图 1-5

“矢量绘图”从画面上看，比较明显的特点有：画面内容多以图形出现；造型随意不受限制；图形边缘清晰锐利；可供选择的色彩范围广；颜色使用相对单一；放大/缩小图像不会变得模糊。具有以上特点的矢量绘图常用于标志设计、户外广告、UI设计、插画设计、服装款式图绘制、服装效果图绘制等。如图1-6~图1-9所示为优秀的矢量绘图作品。

图 1-6

图 1-7

图 1-8

图 1-9

单纯的路径是无法在打印时显示出来的，路径的呈现依赖于颜色的赋予。在填充颜色时，系统将按照用户指定的颜色沿路径的轮廓线边缘进行着色处理，这部分颜色被称为轮廓色/描边色；路径之间如果出现交叉或存在闭合的路径，那么路径之间封闭的区域也可以进行单独的着色，这部分颜色被称为填充色，如图1-10所示。

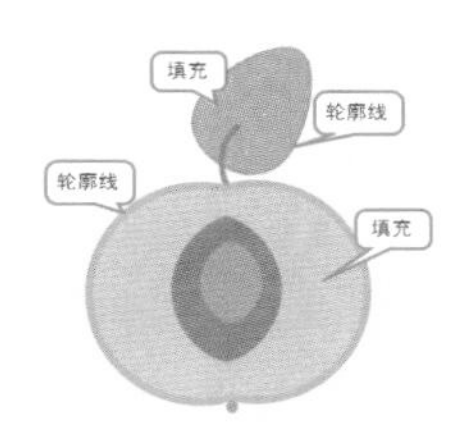

图 1-10

提示：认识一下位图

与矢量图相对应的是“位图”。例如，使用相机拍摄的照片就是非常典型的位图图像。位图是由一个一个的像素点构成的，将画面放大到一定比例，就可以看到这些“小方块”，每个“小方块”都是一个“像素”。通常所说的图片的尺寸为500像素×500像素，表明画面的长度和宽度上均有500个这样的“小方块”。将位图图像放大到较大的显示比例，就会看到这些像素块。位图的清晰度与尺寸和分辨率有关，如果强行将位图尺寸增大，则会使图像变模糊，影响画面质量，如图1-11所示。

图 1-11

1.1.3 CorelDRAW能做什么

CorelDRAW可以说是平面设计师的“老朋友”了，作为一款实用而高效的矢量制图软件，CorelDRAW常被用于海报设计、标志设计、书籍装帧设计、广告设计、包装设计、卡片设计和DM设计等多种设计作品的制作中，如图1-12~图1-15所示。

图 1-12

图 1-13

图 1-14

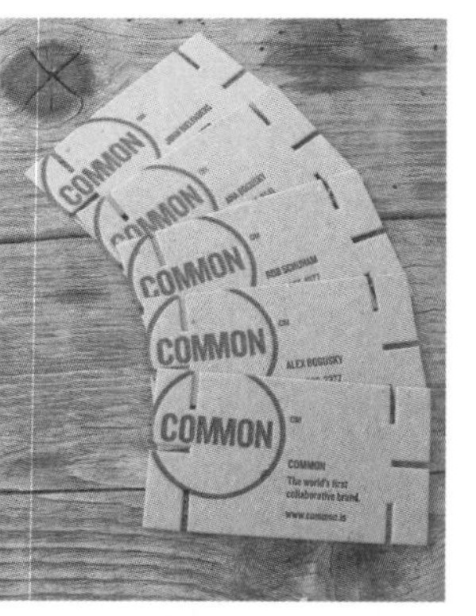

图 1-15

随着互联网技术的发展，网站页面美化工作的需求量逐年攀升，尤其是网店美工设计更是火爆。对于网页设计师而言，CorelDRAW也是一个非常方便的网页版面设计的工具。如图1-16~图1-19所示为优秀的网页版面作品。

图 1-16

图 1-17

图 1-18

图 1-19

UI设计也是近几年非常热门的设计职业。随着IT行业日新月异的发展，以及智能设备的普及，企业越来越重视网站和产品的交互设计，所以对相关的UI设计专业人才的需求与日俱增。如图1-20~图1-23所示为优秀的UI设计作品。

图 1-20

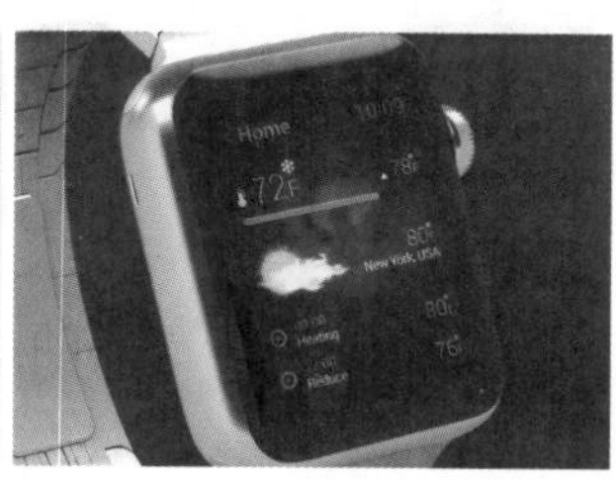

图 1-21

图 1-22

图 1-23

对于服装设计师而言，在CorelDRAW中不仅可以进行服装款式图、服装效果图的绘制，还可以进行服装产品宣传画册的设计制作，如图1-24~图1-27所示。

图 1-24

图 1-25

图 1-26

图 1-27

插画设计并不算是一个新的行业，但是随着数字技术的普及，插画绘制的过程逐渐从纸上转移到计算机上。数字绘图可以在多种绘画模式之间进行切换，还可以轻松消除绘画过程中的“失误”，更能够创造出前所未有的视觉效果，从而使插画更方便地为印刷行业服务。与Pain Photos一样，CorelDRAW也是数字插画师常用的绘画软件。如图1-28~图1-31所示为优秀的插画作品。

图 1-28

图 1-29

图 1-30

图 1-31

重点 1.1.4 如何轻松学好CorelDRAW

前面铺垫了很多，相信大家对CorelDRAW已经有了一定的认识，下面要开始真正地告诉大家如何有效地学习CorelDRAW。

1. 短教程，快入门

如果你非常急切地要在最短的时间内达到能够简单使用CorelDRAW的程度，建议你看一套非常简单和非常基础的教学视频，恰好你手中这本教材配备了这样一套视频教程——《新手必看——CorelDRAW基础视频教程》。这套视频教程选取了CorelDRAW中最常用的功能，每个视频讲解一个或者几个小工具，时间都非常短，短到在你感到枯燥之前就结束了讲解。视频虽短，但是建议你一定要打开CorelDRAW，跟着视频一起尝试使用。

由于"入门级"的视频教程时长较短，所以部分参数的解释无法完全在视频中呈现。在练习的过程中如果遇到了问题，马上翻开书找到相应的小节，阅读这部分内容即可。

当然，一分努力一分收获，学习没有捷径。2个小时与200小时的学习效果肯定是不一样的，只学习了简单视频内容是无法参透CorelDRAW的全部功能的。但是，到了这里你应该能够做一些简单的操作，如做个名片、标志和简单广告等，如图1-32~图1-34所示。

图 1-32

图 1-33

图 1-34

2. 翻开教材+打开CorelDRAW=系统学习

经过基础视频教程的学习后，我们应该已经"看上去"学会了CorelDRAW。但是要知道，之前的学习只接触到了CorelDRAW的皮毛，很多功能只是做到了"能够使用"，而不一定能够做到"了解并熟练应用"的程度。因此，接下来要做的就是系统地学习CorelDRAW。你手中的这本教材主要以操作为主，所以在翻开教材的同时，打开CorelDRAW，边看书边练习。因为CorelDRAW是一门应用型技术，单纯的理论输入很难使我们熟记功能操作；而且CorelDRAW的操作是"动态"的，每次鼠标的移动或单击都可能会触发指令，所以在动手练习过程中能够更直观、有效地理解软件功能。

3. **勇于尝试，一试就懂**

在软件学习过程中，一定要"勇于尝试"。在使用CorelDRAW中的工具或者命令时，我们总能看到很多参数或者选项设置。面对这些参数，看书的确可以了解其作用，但是更好的办法是动手去尝试。例如，随意勾选一个选项；把数值调到最大、最小、中档分别观察效果；移动滑块的位置，看看有什么变化，如图1-35和图1-36所示。

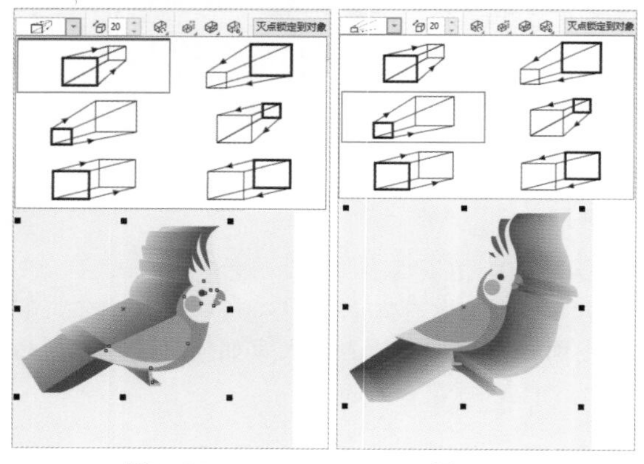

图 1-35　　图 1-36

4. **别背参数，没用**

另外，在学习CorelDRAW的过程中，切记不要死记硬背书中的参数。同样的参数在不同的情况下得到的效果肯定各不相同。例如，同样的描边大小，在较大尺寸的文档中，描边会显得很细；而在较小尺寸的文档中则可能显得很粗，如图1-37和图1-38所示。所以，在学习过程中，我们需要理解参数为什么这么设置，而不是记住特定的参数。

图 1-37

图 1-38

其实CorelDRAW的参数设置并不复杂，在独立制图的过程中，涉及参数设置时可以多次尝试各种不同的参数，肯定能够得到看起来很舒服的"合适"的参数。

5. **抓住重点快速学**

为了更有效地快速学习，必须抓住重点。在本书的目录中可以看到部分内容被标注为重点，那么这部分知识就需要优先学习。在时间比较充裕的情况下，可以将非重点的知识一并学习。书中的练习实例非常多，实例的练习是非常重要的，通过实例的操作不仅可以练习到本章学过的知识，还能够复习之前学习过的知识。在此基础上可以尝试使用其他章节的功能，为后面章节的学习做铺垫。

6. **在临摹中进步**

经过前面几个阶段的学习后，CorelDRAW的常用功能相信我们都已经初步掌握了。接下来要做的，就是通过大量的制图练习提升我们的技术。如果此时恰好你有需要完成的设计工作或者课程作业，那么这将是非常好的练习过程。如果没有这样的机会，那么建议你在各大设计网站欣赏优秀的设计作品，并选择适合自己水平的优秀作品进行"临摹"。仔细观察优秀作品的构图、配色、元素的应用以及细节的表现，尽可能一模一样地制作出来。在这个过程中并不是教大家去抄袭优秀作品的创意，而是通过对画面内容无限接近的临摹，尝试在没有教程的情况下，培养我们独立思考、独立解决制图过程中各种技术问题的能力，以此来提升我们的"CorelDRAW功力"。如图1-39所示为难度不同的作品临摹。

图 1-39

7. **网上一搜，自学成才**

当然，在独立作图的时候，肯定会遇到各种各样的问题。例如，我们临摹的作品中出现了一个金属文字效果，而这个效果可能是我们之前没有接触过的。这时，"百度一下"就是最便捷的学习方式。网络上有非常多的教学资源，善于利用网络自主学习是非常有效的自我提升途径。

8. 永不止步的学习

好了，到这里CorelDRAW软件技术对于我们来说已经不是问题了。克服了技术障碍，接下来就可以尝试独立设计了。有了好的创意和灵感，通过CorelDRAW在画面中准确、有效地表达，才是我们的终极目标。要知道，在设计的道路上，软件技术学习的结束并不意味着设计学习的结束。国内外优秀作品的学习、新鲜设计理念的吸纳以及设计理论的研究都应该是永不止步的。

想要成为一名优秀的设计师，自学能力是非常重要的。学校或者老师无法把全部知识塞进我们的脑袋，很多时候网络和书籍更能够帮助我们。

提示：快捷键背不背

很多新手朋友会执着于背快捷键，有没有必要呢？熟练掌握快捷键的确很方便，但是快捷键速查表中列出了很多快捷键，要想背下所有快捷键可能会花费很长时间；而且并不是所有的快捷键都适合我们使用，有的工具命令在实际操作中几乎用不到。所以建议大家先不用急着背快捷键，可逐渐尝试使用CorelDRAW，在使用的过程中体会哪些操作是经常要用的，然后再看一下这个命令是否有快捷键。

其实快捷键大多是有规律的，很多命令的快捷键都与其英文名称相关。例如，“打开”命令的英文是OPEN，而快捷键就选取了首字母O并配合Ctrl键使用；“新建”命令则是Ctrl+N(NEW，“新”的首字母)。这样记忆就容易多了。

1.2 进入CorelDRAW的世界

了解了什么是CorelDRAW，接下来就要开始美妙的CorelDRAW之旅了。本节主要熟悉一下CorelDRAW的工作界面，了解其中各部分的功能，为后面的学习做准备。

1.2.1 启动CorelDRAW

成功安装CorelDRAW之后，双击桌面上的CorelDRAW快捷方式(如图1-40所示)，弹出如图1-41所示启动界面，稍作等待即可打开该软件。到这里我们终于见到了CorelDRAW的“芳容”，如图1-42所示。

图1-40

图1-41

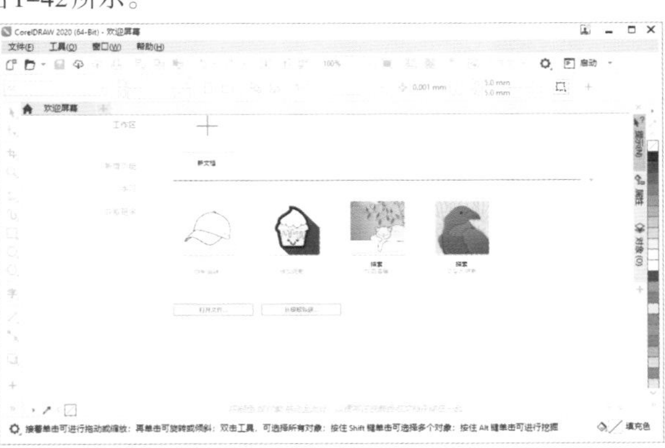

图1-42

重点 1.2.2 熟悉CorelDRAW的工作界面

虽然打开了CorelDRAW，但是此时我们看到的却不是CorelDRAW的完整样貌。为了便于学习，我们可以在这里创建一个新文档，或者打开一个已有文件。单击“新文档”按钮，在弹出的窗口中单击OK按钮，得到一个新文档，如图1-43所示。此时CorelDRAW的全貌才得以呈现。CorelDRAW的工作界面主要由菜单栏、标准工具栏、属性栏、工具箱、绘图页面(绘图区)、泊坞窗(也常被称为面板)、调色板以及状态栏组成，如图1-44 所示。

扫一扫，看视频

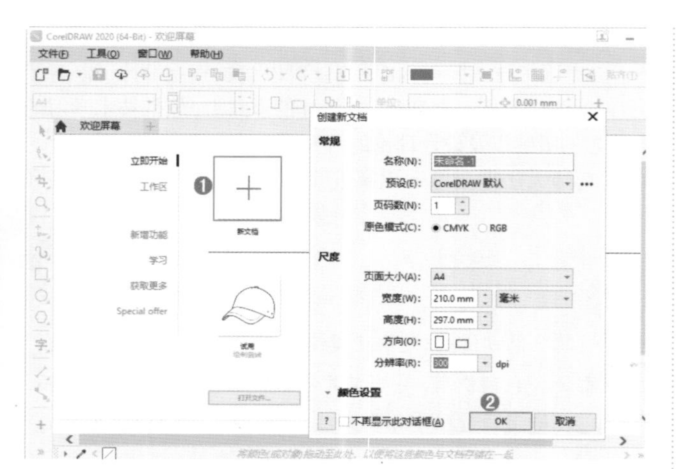

图 1–43

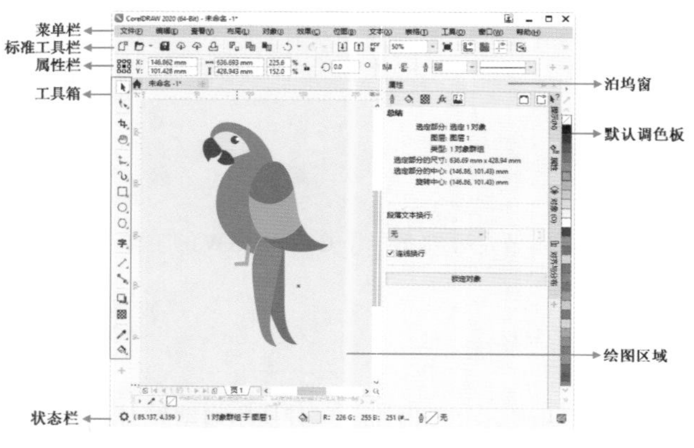

图 1–44

1. 菜单栏

CorelDRAW的菜单栏中包含多个菜单项，单击某一菜单项，即可打开相应的下拉菜单。每个下拉菜单中都包含多个命令，其中有些命令后方带有▶符号，表示该命令还包含多个子命令；有的命令后方带有一连串的“字母”，这些字母就是该命令的快捷键。例如，“文件”菜单下的“新建”命令后方显示Ctrl+N，那么同时按下Ctrl键和N键即可快速使用该命令，如图1–45所示。

本书中对于菜单命令的写作方式通常为执行“文件”->“新建”命令，那么这时就要首先单击菜单栏中的“文件”菜单项，接着将光标向下移动到“新建”命令，然后单击即可，如图1–46所示。

图 1–45　　图 1–46

2. 绘图页面

绘图页面(或称绘图区)用于图像的绘制与编辑，如图1–47所示。

图 1–47

3. 标准工具栏

标准工具栏位于菜单栏的下方，其中包含一些常用菜单命令的快捷按钮，单击这些按钮就可以执行相应的菜单命令。例如，单击“新建”按钮，随即会弹出“创建新文档”窗口，如图1–48所示。在一些按钮的右侧带有倒三角按钮，单击按钮即可看到隐藏的选项，如图1–49所示。

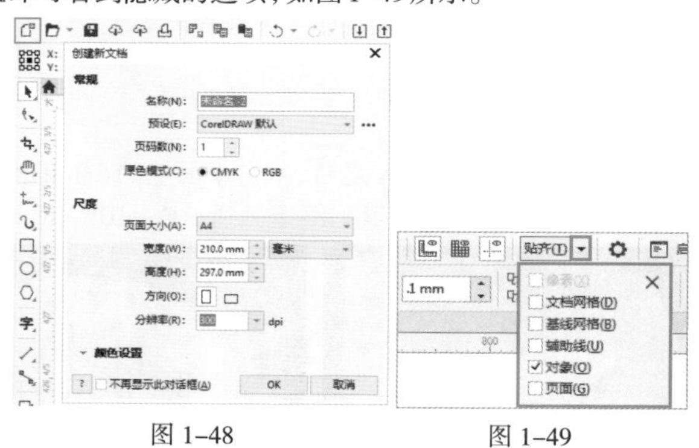

图 1–48　　图 1–49

4. 工具箱与属性栏

工具箱位于CorelDRAW工作界面的左侧。在工具箱中可以看到有多个小图标，每个图标都是一种工具。有的图标右下角显示着◢，表示这是一个工具组，其中可能包含多个工具。将光标移动到带有◢的图标上方，单击就会显示工具列表，接着将光标移动到需要选中的工具上方，单击即可选中该工具，如图1–50所示。

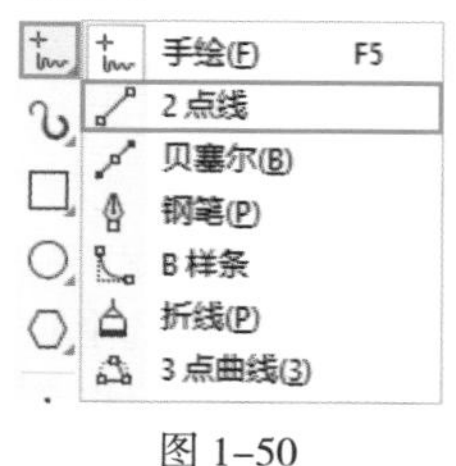

图 1–50

选择了某个工具后，在属性栏中可以看到当前使用的工具的参数选项；不同工具的属性栏也不同，如图1–51所示。

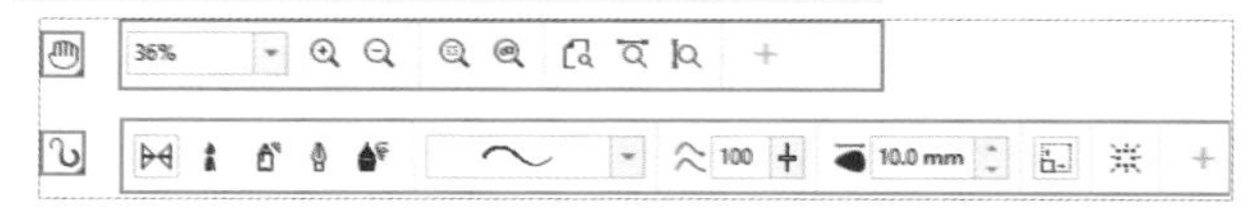

图1–51

5. 泊坞窗

泊坞窗也常被称为“面板”，用于在编辑对象时提供一些功能、命令、选项、设置等。泊坞窗显示的内容并不固定，执行“窗口”–>“泊坞窗”命令，在子菜单中可以选择需要打开的泊坞窗。如果在命令前方带有✔标志，就说明这个面板已经打开了，再次执行该命令则会将这个面板关闭，如图1–52所示。默认情况下，泊坞窗位于窗口的右侧，单击泊坞窗名称即可切换到相应的泊坞窗，如图1–53所示。

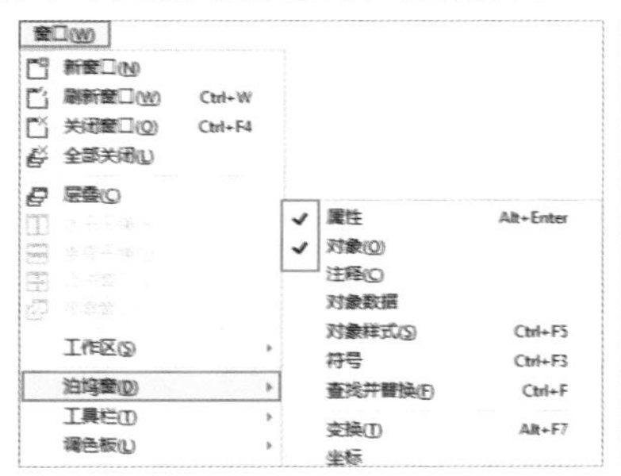

图1–52

图1–53

泊坞窗通常堆叠在一起，也可以将其单独显示。将光标移动至泊坞窗名称上方，按住鼠标左键拖曳，即可将泊坞窗与窗口分离，如图1–54和图1–55所示。

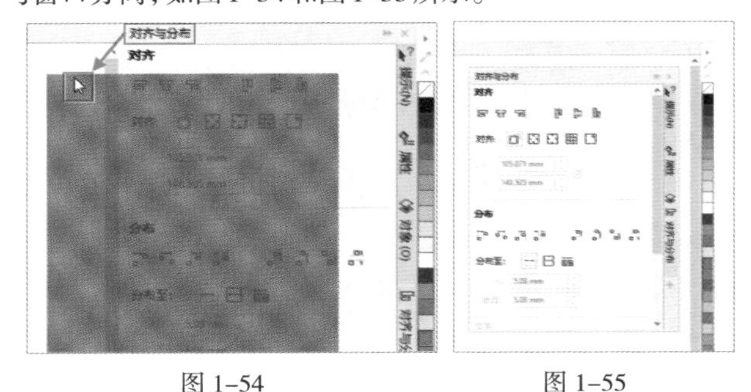

图1–54　　图1–55

6. 调色板

在调色板中可以方便地为对象设置轮廓色或填充色。单击调色板底部的 » 按钮时可以显示更多的颜色，如图1–56所示。单击 ˄ 或 ˅ 按钮，可以上下滚动调色板以查看、使用更多的颜色，如图1–57所示。执行“窗口”–>“泊坞窗”–>“调色板”命令，打开“调色板”泊坞窗。在其中可以勾选并打开其他类型的调色板，新打开的调色板会出现在界面右侧边缘，如图1–58所示。

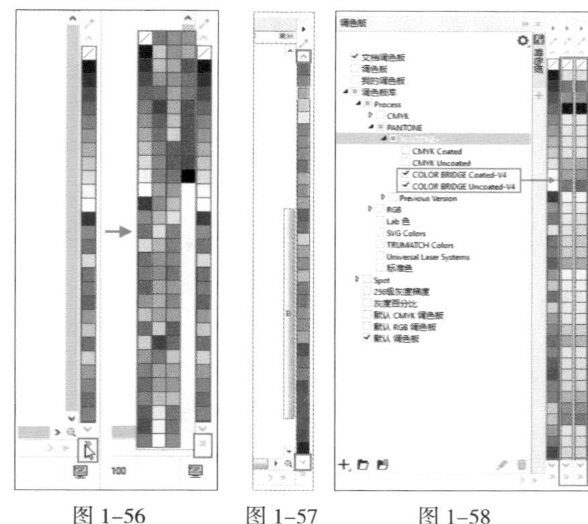

图1–56　　图1–57　　图1–58

7. 状态栏

状态栏位于工作界面的底部，显示了当前光标所在的位置和对象的相关信息，如填充色、轮廓色等。也可以通过右下角的填充色、轮廓色选项对对象的填充色、轮廓色进行设置，如图1–59所示。

图1–59

1.2.3　退出CorelDRAW

当不需要使用CorelDRAW时，就可以将其关闭。单击工作界面右上角的“关闭”按钮 ✖，即可关闭软件窗口。也可以执行“文件”–>“退出”命令(快捷键Alt+F4)退出软件。

如果当前软件中有打开的文档，那么将光标移动到文档名称上，名称的右侧也会显示一个关闭按钮☒，单击此按钮可以关闭当前文档，而不退出整个软件，如图1–60所示。

图1–60

扫一扫，看视频

文件的基本操作

本章内容简介：

前一章中我们对CorelDRAW有了最初的认识，在这一章就要试着去操作了。新手朋友不要害怕，本章中要介绍的都是一些很简单的操作，例如打开文档、新建文档、保存文档和关闭文档等这类关于文档的基础操作，还有一些诸如查看文档、文档页面设置和辅助工具的使用等简单易学的小知识。虽然这些操作不难，但却是最基础、最实用的操作，在以后的学习、应用中会经常用到。

重点知识掌握：

- 学会新建、打开、保存、导入、导出和关闭文档的操作
- 学会查看文档的方法
- 掌握辅助工具的使用方法
- 学会撤销与重做的操作

通过本章学习，我能做什么？

本章学习完成后，可以新建一个文档，把图片素材导入到文档内，然后进行保存，形成一个基本的文件操作流程。还可以打开已有的文档，调节文档的显示比例，放大文档查看细节，利用抓手工具平移画面。另外，掌握了辅助工具可以使绘图更加精准。

2.1 文档的操作方法

在CorelDRAW中，是以文档的形式承载、呈现画面的内容。新建、保存、打开、关闭、导入、导出这些都是文档最基本的操作，也几乎是每个文档都会进行的操作。CorelDRAW为文档的基本操作提供了多种便捷的方法，十分人性化，下面我们就来一起学习吧。

扫一扫，看视频

重点 2.1.1 动手练：新建文档

打开CorelDRAW之后，想要进行绘图操作，首先需要创建一个新的文档。新建文档之前，我们至少要考虑如下几个问题：我们要创建的文档是用作什么的？需要新建一个多大的文档？分辨率要设置多大的？颜色模式选择哪一种？要解决这一系列问题，都需要在“创建新文档”窗口中进行设置。

打开CorelDRAW，执行“文件”->“新建”命令(快捷键Ctrl+N)，在弹出的如图2-1所示的“创建新文档”的窗口中设置合适的参数，然后单击OK按钮，即可创建一个空白的新文档，如图2-2所示。

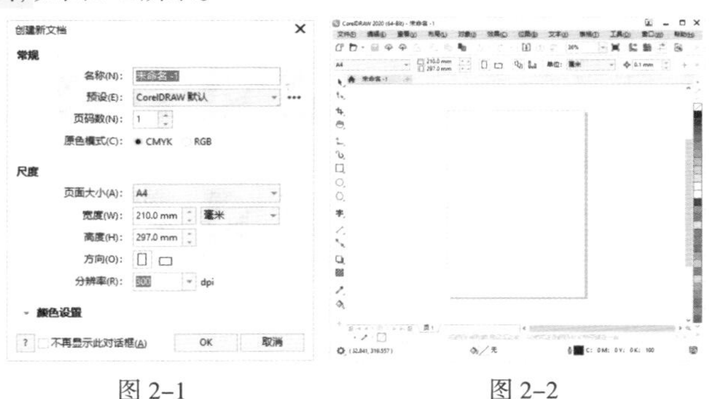

图2-1　　图2-2

提示：新建文档的其他方法

单击标准工具栏中的按钮(如图2-3所示)，也可以打开“创建新文档”窗口。

文件(F)　编辑(E)　查看(V)　布局(L)　对象(J)

图2-3

- 名称：用于设置当前文档的名称。
- 预设：可以在下拉列表中选择CorelDRAW内置的预设类型，如图2-4所示。选择不同的类型，在“创建新文档”窗口中就会出现不同的参数。

图2-4

- 页码数：设置新建文档包含的页数。如果创建了多页文档，则可以在界面底部的状态栏中切换页面，如图2-5所示。

3 的 4　页1　页2　页3　页4

图2-5

- 原色模式：选择文档的原色模式。如果文档是用于打印的则需要设置为CMYK，如书籍和户外广告等；如果文档是用于在计算机、电视和手机等电子显示屏上显示的则需要设置为RGB，如网页设计和软件界面设计等，如图2-6所示。

原色模式(C): ● CMYK　○ RGB

图2-6

- 页面大小：在下拉列表中可以选择常用页面尺寸，如A4和A3等，如图2-7所示。
- 宽度/高度：设置文档的宽度以及高度数值。在宽度数值后方的下拉列表中可以进行单位设置，如图2-8所示。在进行文档尺寸设置时，首先要设置好单位，然后进行数值的设置，避免因为单位错误造成文档尺寸的巨大偏差。

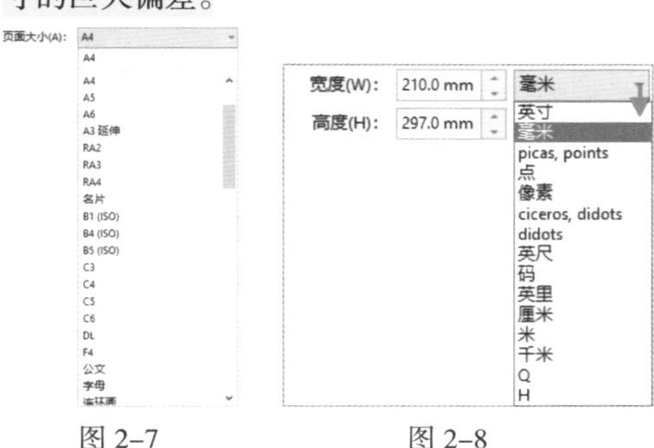

图2-7　　图2-8

- 方向：单击两个按钮，可以设置页面的方向为横向或纵向。
- 分辨率：设置在文档中将会出现的栅格化部分(位图部分)的分辨率，如透明、阴影等。在该下拉列表中提供了一些常用的分辨率，如图2-9所示。在不同情况下分辨率需要进行不同的设置。一般印刷品分辨率为150～300dpi，高档画册分辨率为350dpi以上，大幅的喷绘广告1米以内分辨率为70～100dpi，巨幅喷绘分辨率为25dpi，多媒体显示图像分辨率为72dpi。当然，分辨率的数值并不是一成不变的，需要根据计算机以

及印刷精度等实际情况进行设置。

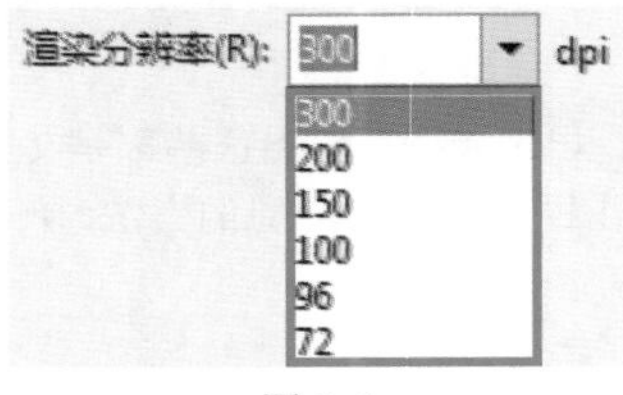

图 2-9

- 颜色设置：可以用来选择RGB、CMYK、灰度颜色模式的预置文件，如图2-10所示。

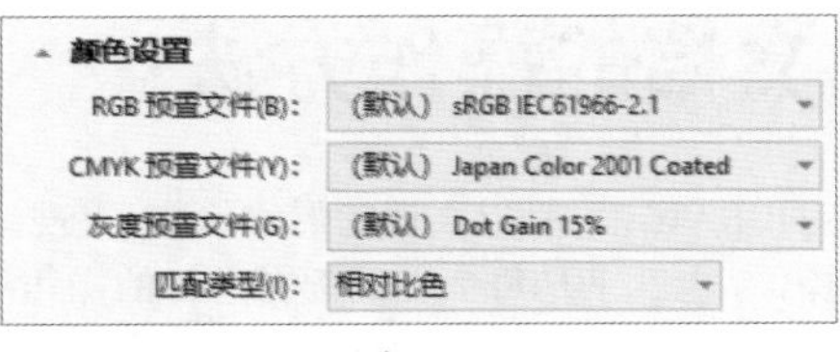

图 2-10

重点 2.1.2 动手练：打开已有的CorelDRAW文件

如果需要对已有的CorelDRAW文件进行编辑，就需要使用“打开”命令。“打开”命令用于在CorelDRAW中打开已有的文档或者位图素材。执行“文件”->“打开”命令(快捷键Ctrl+O)，在弹出的“打开绘图”窗口中选择要打开的文档，单击“打开”按钮，如图2-11所示。随即文档将会在软件中打开，如图2-12所示。还可以直接在文件夹中双击CDR格式的文件，将其在CorelDRAW中打开，如图2-13所示。

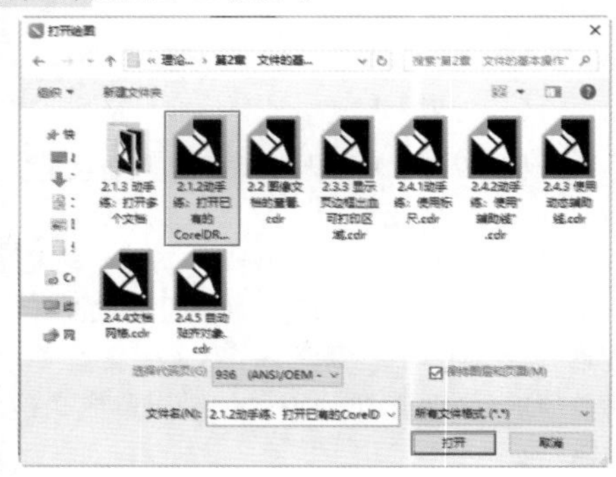

图 2-11

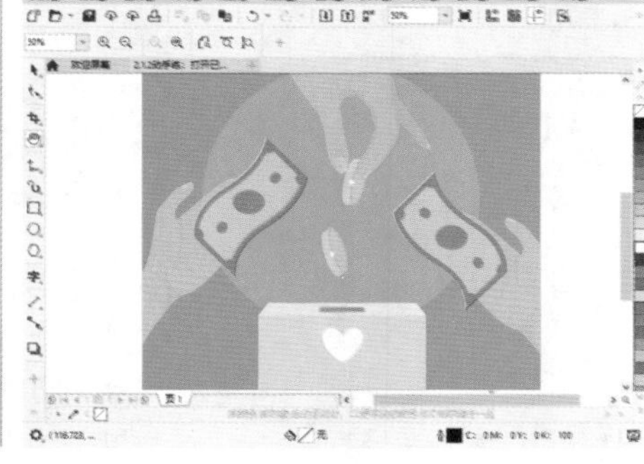

图 2-12

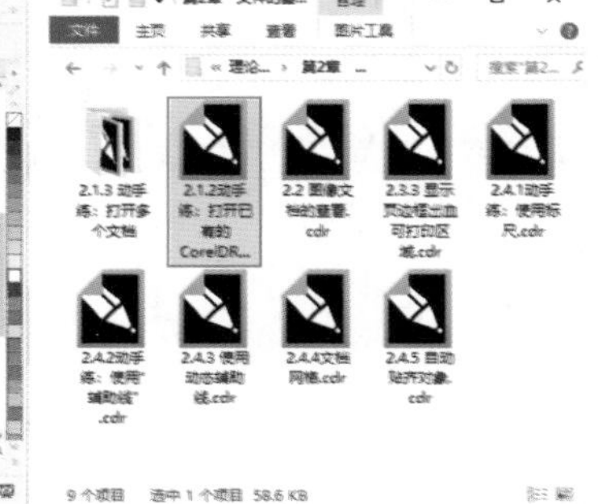

图 2-13

> **提示：更方便的打开文件的方式**
>
> 单击标准工具栏中的 按钮，即可打开“打开绘图”窗口。

2.1.3 动手练：打开多个文档

1. 打开多个文档

在“打开绘图”窗口中可以一次性地选择多个文档，然后单击“打开”按钮，如图2-14所示。接着被选中的多个文档就都被打开了，但默认情况下只能显示其中一个文档，如图2-15所示。

图 2-14

图 2-15

2. 多个文档切换

虽然一次性打开了多个文档，但是窗口中只显示了一个文档。单击文档名称，即可切换到相应的文档窗口，如图2-16所示。

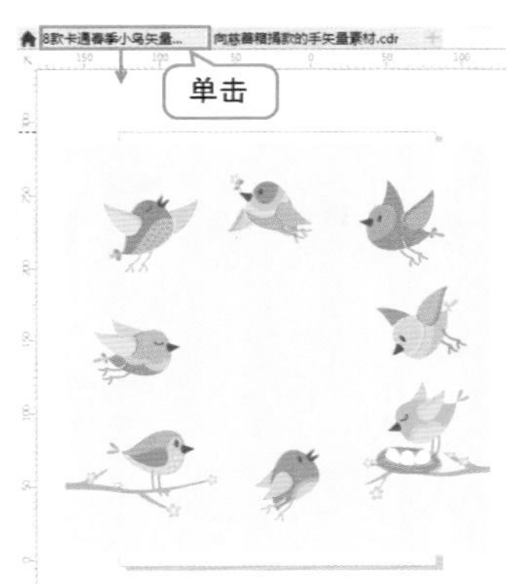

图 2-16

3. 切换文档浮动模式

默认情况下打开多个文档时，多个文档均合并到文档窗口中。除此之外，文档窗口还可以脱离界面呈现“浮动”的状态。将光标移动至文档名称上方，按住鼠标左键向界面外拖曳，如图2-17所示。松开鼠标后文档窗口即处于浮动的状态，如图2-18所示。若要恢复为堆叠的状态，可以将浮动的窗口拖曳到文档窗口的上方，当出现灰色半透明的效果时松开鼠标，即可完成堆叠。

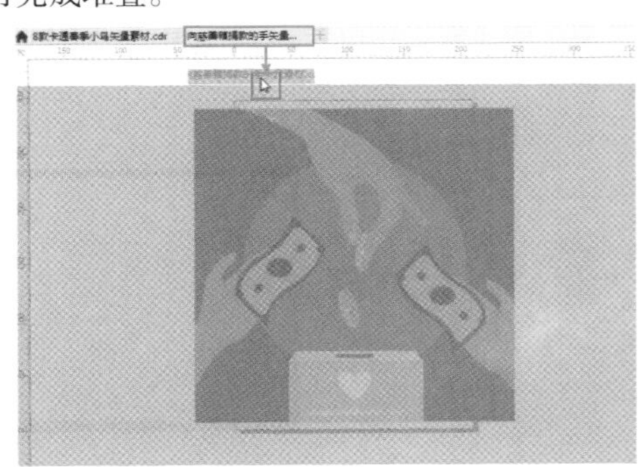

图 2-17

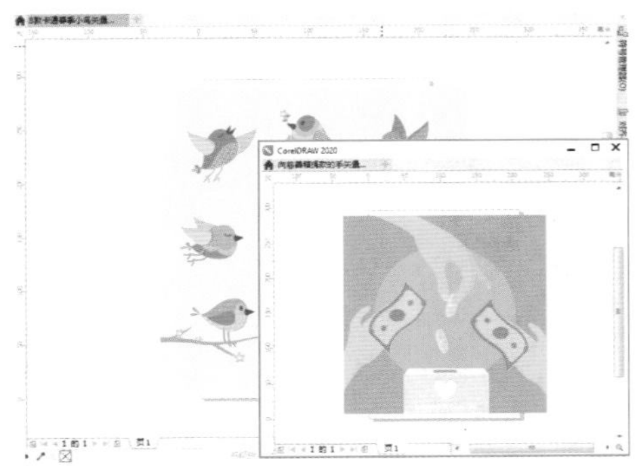

图 2-18

4. 多文档同时显示

如果要一次性查看多个文档，除了让窗口浮动之外还有一种方法。单击“窗口”菜单项，在弹出的下拉菜单中有4个用来设置窗口显示的命令，如图2-19所示。如图2-20所示为执行“水平平铺”命令后的显示效果。

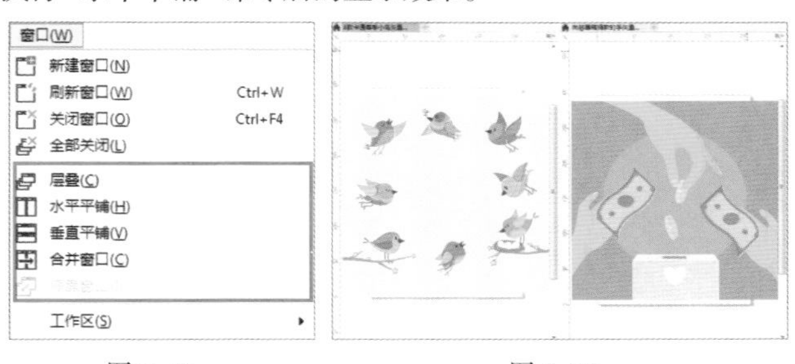

图 2-19　　图 2-20

重点 2.1.4 导入：向文档中添加其他内容

在进行制图的过程中，经常需要用到其他的图片元素来丰富画面效果。前面学习了“打开”命令，而“打开”命令只能将图片在CorelDRAW中以一个独立文件的形式打开，并不能添加到当前的文件中。通过“导入”操作可以实现向当前已有文档中添加其他元素。

(1) 打开或新建一个文档，接着执行“文件”->“导入”命令(快捷键Ctrl+I)，或单击标准工具栏中的“导入”按钮。在弹出的“导入”窗口中选择要导入的素材图片，单击“导入”按钮，如图2-21所示。接着在文档内可以看到光标显示了所选文档的基本信息，如图2-22所示。

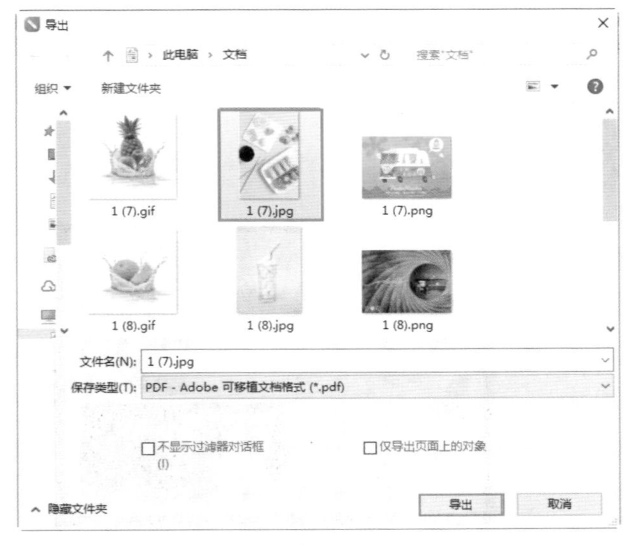

图 2-21

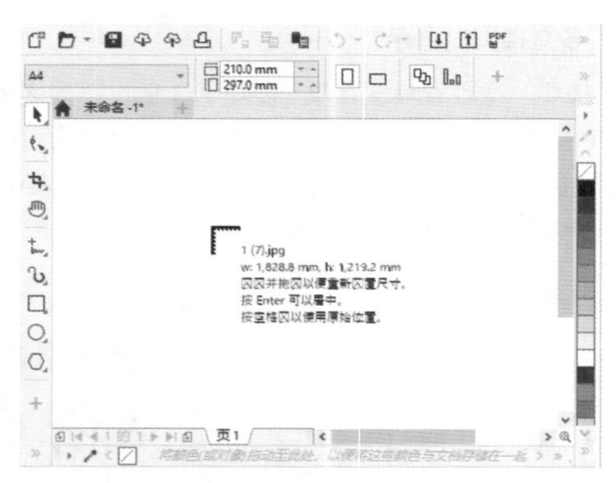

图 2-22

(2) 此时单击，即可将选中的图片导入到文档内，如图2-23所示。如果要控制导入对象的大小，可以按住鼠标左键进行拖曳，拖曳到合适的大小后松开鼠标，如图2-24所示。此时图片不仅导入到文档内，其大小与刚刚拖曳绘制的区域一样大，如图2-25所示。

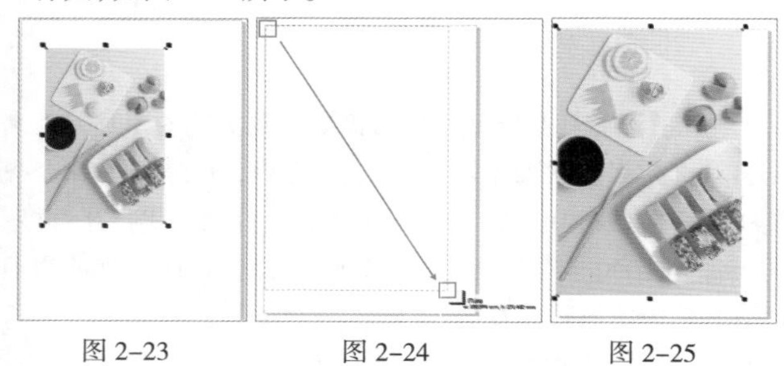

图 2-23　　图 2-24　　图 2-25

练习实例：使用"导入"命令制作宠物照片拼贴画

文件路径	资源包\第2章\练习实例：使用"导入"命令制作宠物照片拼贴画
难易指数	★★★★★
技术要点	打开、导入

扫一扫，看视频

实例效果

本实例效果如图2-26所示。

图 2-26

操作步骤

步骤 01 启动CorelDRAW，执行"文件"->"打开"命令，在弹出的窗口中找到素材所在位置，单击选中素材1.cdr，单击"打开"按钮，如图2-27所示。此时该素材在CorelDRAW中被打开，如图2-28所示。

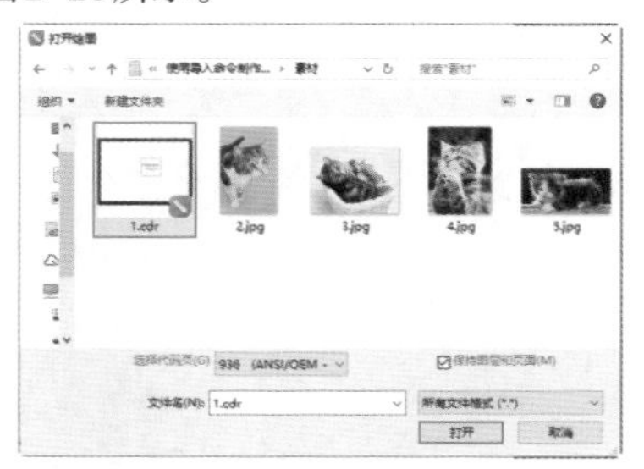

图 2-27

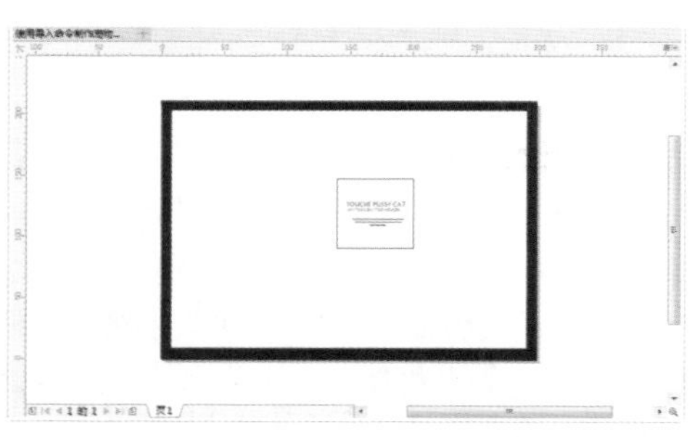

图 2-28

步骤 02 执行"文件"->"导入"命令(快捷键Ctrl+I)，在弹出的"导入"窗口中找到素材位置，单击选中素材2.jpg，然后单击"导入"按钮，如图2-29所示。接着在画面中左上角的位置按住鼠标左键拖曳，如图2-30所示。

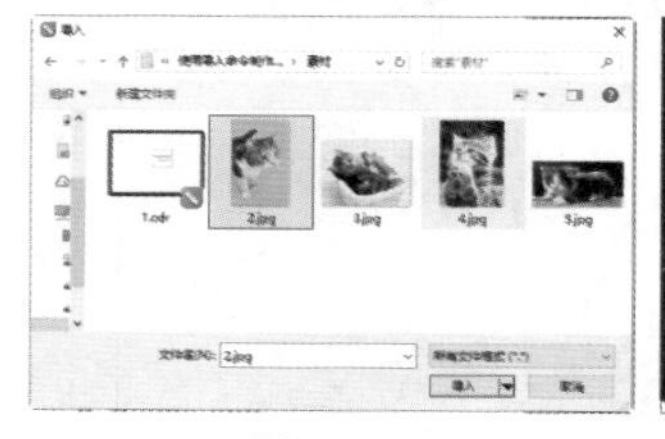

图 2-29　　图 2-30

步骤 03 松开鼠标后完成导入操作，效果如图2-31所示。

图 2-31

步骤 04 执行“文件”->“导入”命令，在弹出的“导入”窗口中单击选中素材3.jpg，然后单击“导入”按钮，如图2-32所示。此时光标变为 形状，然后在画面中单击即可导入素材，如图2-33所示。

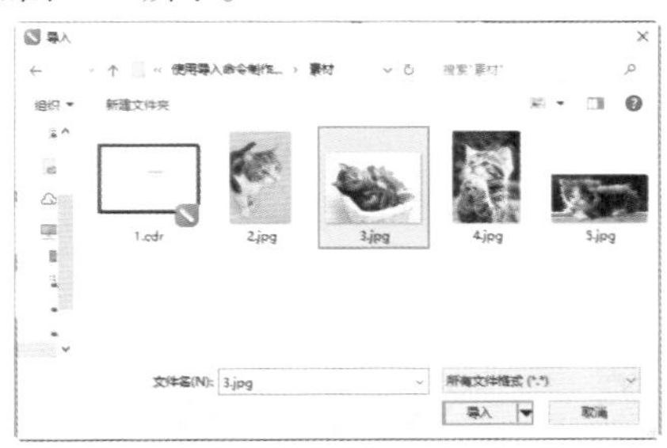

图 2-32

图 2-33

步骤 05 选择工具箱中的“选择”工具，然后单击选择图片，接着将光标移动至图片右下角的控制点处，按住鼠标左键向左上角拖曳进行缩放，如图2-34所示。缩放完成后将图片调整到合适的位置，如图2-35所示。

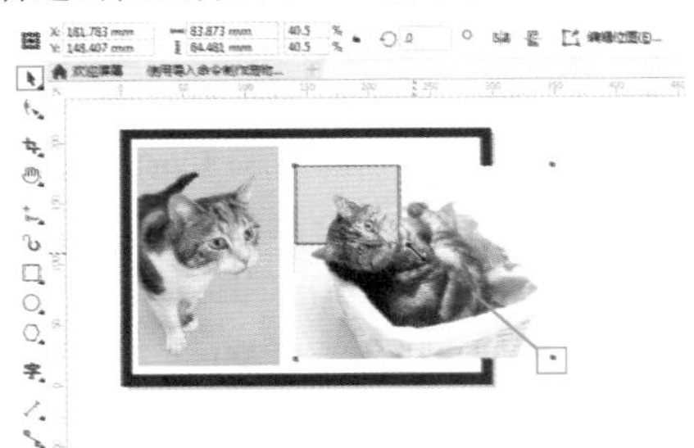

图 2-34

图 2-35

步骤 06 导入其他素材，最终效果如图2-36所示。

图 2-36

重点 2.1.5 保存文件

如果对一个文档进行了编辑，就需要将当前操作保存到当前文档中。执行“文件”->“保存”命令(快捷键Ctrl+S)，如果没有弹出任何窗口，则会按原始位置保存所做的更改，并且会替换掉上一次保存的文件。

如果是第一次对文档进行保存，可能会弹出“保存绘图”窗口，在这里可以重新选择文件存储位置，并设置文件存储格式以及文件名称。

当然，也可将之前存储过的文档更换位置、名称或者格式后再次进行存储。执行“文件”->“另存为”命令(快捷键Shift+Ctrl+S)，在这里可以重新进行存储位置、文件名和保存类型的设置，然后单击“保存”按钮即可，如图2-37所示。

图 2-37

提示：选择文件存储版本

随着软件的不断更新，CorelDRAW升级了很多版本。高版本的CorelDRAW可以打开低版本的文件，但低版本的CorelDRAW打不开高版本的文件。在存储时可以通过更改“版本”选项来选择文件存储的软件版本，如图2-38所示。

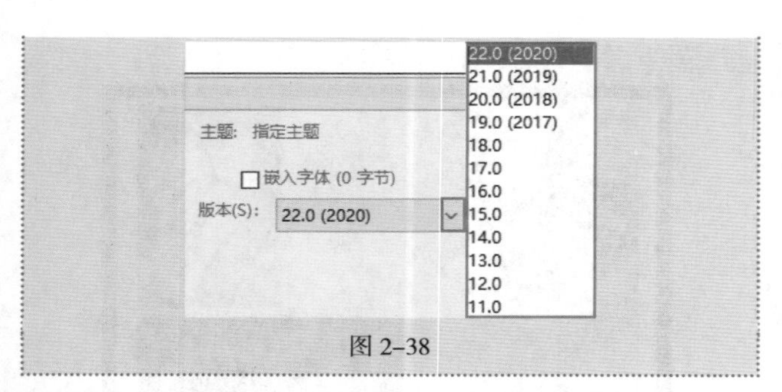

图 2–38

【重点】2.1.6 将文档导出为其他格式

在一个作品制作完成后，通常会保存成cdr格式(CorelDRAW默认的工程文件格式)的文件，这种格式的文件便于之后对画面进行修改。除此之外，通常还会导出一幅jpg格式的图片，这种格式是通用的图片格式，可以方便地预览效果以及上传到网络。

将文档导出为其他格式时需要使用“导出”命令进行导出操作。执行“文件”–>“导出”命令(快捷键Ctrl+E)，或者单击标准工具栏中的“导出”按钮，在弹出的“导出”窗口中设置导出文档的位置，并选择一种合适的格式，然后单击“导出”按钮，如图2–39所示。

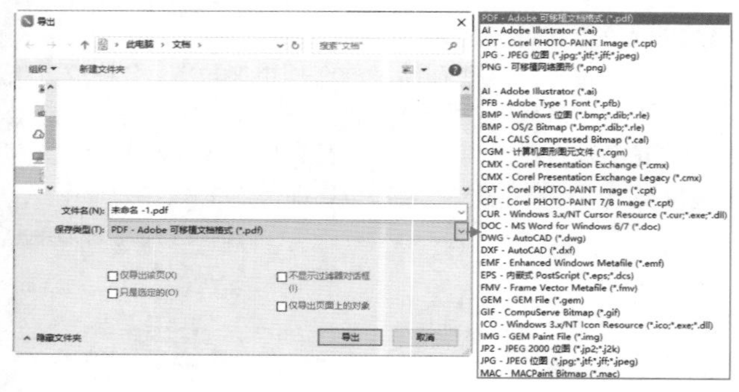

图 2–39

例如，在制作完广告作品之后，可以选择JPG格式，并单击“导出”按钮，将画面导出为方便预览及传输的图像格式，如图2–40所示。

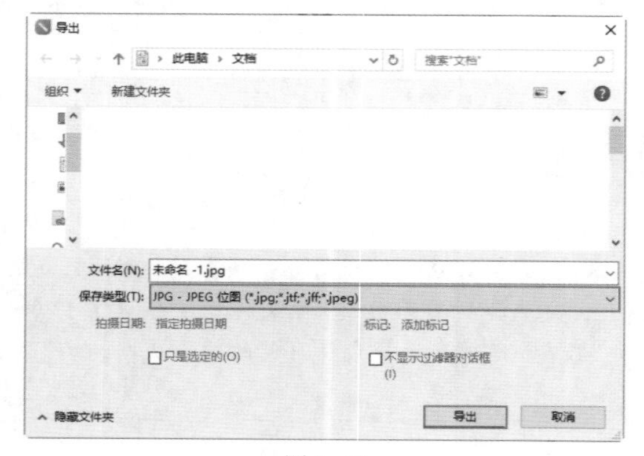

图 2–40

【重点】2.1.7 文件格式的选择

导出文件时，在弹出的“导出”窗口的“保存类型”下拉菜单中可以看到很多种格式可以选择，如图2–41所示。但并不是每种格式都经常使用，下面来认识几种常见的图像格式。

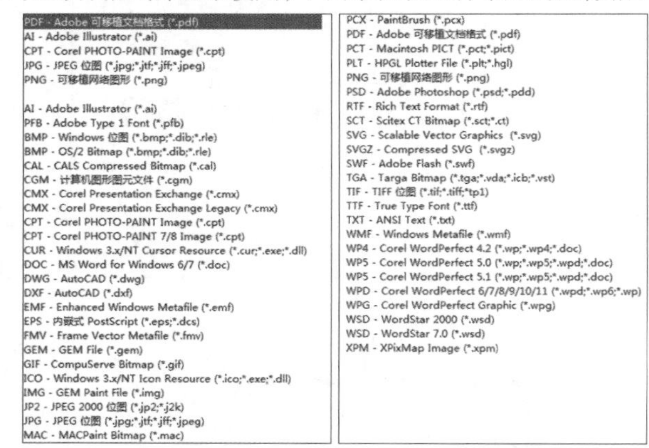

图 2–41

1. PDF：电子书

PDF格式是由Adobe Systems创建的一种文件格式，允许在屏幕上查看电子文档，也就是通常所说的“PDF电子书”。PDF文件可以存储多页信息，包括图形和文件的查找与导航功能。PDF文件还可被嵌入到Web的HTML文档中。PDF格式常用于多页面的排版中，如画册、书籍和杂志等。“发布为PDF”命令可以将CorelDRAW文件转换为便于预览和印刷的PDF格式文档。

2. AI：Adobe Illustrator工程文件格式

AI格式是Adobe Illustrator特有的工程文件格式。Adobe Illustrator也是一款非常常用的矢量制图软件，所以将文档存储为AI格式可以方便地将其在Adobe Illustrator中打开，并进行进一步的编辑。

3. CPT：Corel PHOTO-PAINT位图格式

CPT是Corel PHOTO-PAINT特有的一种位图图像格式，存储为CPT格式可以使图像方便地在Corel PHOTO-PAINT中进行编辑。

4. JPEG：最常用的图像格式，方便储存、浏览和上传

JPEG格式是平时最常用的一种图像格式。这是一种最有效、最基本的有损压缩格式，被绝大多数的图形处理软件所支持。JPEG格式常用于对质量要求并不是特别高，而且需要上传网络、传输给他人或者在计算机上随时查看的情况。例如，制作一个标志设计的作业等。对于要求极高的图像输出打印，最好不使用JPEG格式，因为它是以损坏图像质量为前提提高压缩质量的。

存储时选择这种格式会将文档中的所有图层合并，并进行一定的压缩。这是一种在绝大多数计算机、手机等电子设备上可以轻松预览的图像格式。在选择格式时可以看到保存类型显示为JPEG(*.JPG,*.JPEG,*.JPE)，JPEG是这种图像格式的名称，而这种图像格式的后缀名可以是.JPG或.JPEG。

5. PNG：透明背景、无损压缩

当图像文档中有一部分区域是透明的时，存储成JPEG格式会发现透明的部分被填充上了颜色；存储成PSD格式又不方便打开；而存储成TIFF格式文件大小又比较大。这时不要忘了"PNG格式"。PNG是一种专门为Web开发的、用于将图像压缩到Web上的文件格式。PNG格式与GIF格式不同的是，PNG格式支持244位图像并产生无锯齿状的透明背景。PNG格式由于可以实现无损压缩，并且背景部分是透明的，因此常用来存储背景透明的素材。

6. TIFF：高质量图像，保存通道和图层

TIFF格式是一种通用的图像文件格式，可以在绝大多数制图软件中打开并编辑，而且也是桌面扫描仪扫描生成的图像格式。TIFF格式最大的特点就是能够最大限度地保持图像质量不受影响。

7. BMP：无损压缩

BMP格式是微软开发的固有格式，这种格式被大多数软件所支持。BMP格式采用了一种名为RLE的无损压缩方式，对图像质量不会产生什么影响。BMP格式主要用于保存位图图像，支持RGB、位图、灰度和索引颜色模式。

重点 2.1.8 动手练：打印设置

完成设计稿的制作后，经常需要将其打印为可以观看、展示或携带的实物。在将文档打印前，需要对其进行正确的打印设置。

在"打印"窗口中可以对打印的常规、颜色和版面布局等选项进行设置。一般情况下在打印输出前都需要进行打印预览，以便确认打印输出的总体效果(如果暂时不需要对文档进行打印输出，也可以将本节内容跳过，待到需要进行打印时再来仔细学习本小节)。

(1) 执行"文件"->"打印"命令(快捷键Ctrl+P)，如图2-42所示。弹出"打印"窗口，在这里可以进行打印机、打印范围以及副本份数的设置。默认情况下显示的是"常规"选项卡，如图2-43所示。

- 打印机：设置打印机型号。
- 状态：提示打印机目前的状态。
- 位置：提示打印机目前的位置。
- 打印范围：在"打印范围"选项组里有"当前文档""文档""当前页"和"选定内容"四种范围，选择不同的范围打印出的页面内容也不一样。

图 2-42

图 2-43

- 份数：设置要打印的数量。
- 打印到文件：勾选"打印到文件"复选框，然后单击右侧的三角形按钮，在弹出的下拉菜单中有三个选项，选择不同的选项可以打印出不同的效果。

(2) 单击Color标签切换到Color选项卡，在该选项卡中可以对打印的颜色进行设置，如图2-44所示。单击"复合"标签切换到"复合"选项卡，在该选项卡中可以设置文档的叠印和网频数量，如图2-45所示。

图 2-44

图 2-45

(3) 单击Layout标签切换到Layout选项卡，在该选项卡中可以对文档中的“图像位置和大小”“出血限制”“版面布局”进行设置，如图2-46所示。

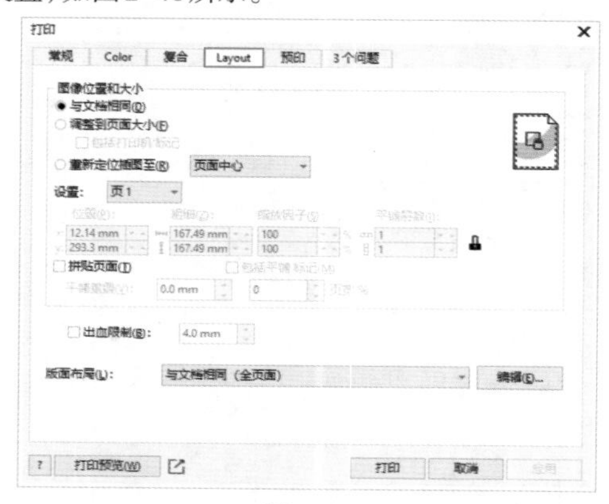

图 2-46

- 与文档相同：保持图像大小与原文档相同。
- 调整到页面大小：调整打印页面的大小和位置，以适应打印页面。
- 重新定位插图至：从该下拉列表框中选择一个位置来重新定位图像在打印页面中的位置。选中“重新定位插图至”单选按钮可以在相应的框中指定大小、位置和比例。
- 拼贴页面：平铺打印作业会将每页的各个部分打印在单独的纸张上，然后可以将这些纸张合并为一张。
- 平铺重叠：指定要重叠平铺的数量。
- 页宽%：指定平铺要占用的页宽的百分比。
- 出血限制：设置图像可以超出裁剪标记的距离，使打印作业扩展到最终纸张大小的边缘之外。出血边缘限制可以将稿件的边缘设计成超出实际纸张的尺寸，通常在上、下、左、右可各留出3~5mm，这样可以避免由于打印和裁剪过程中的误差而产生不必要的白边。
- 版面布局：可以从该下拉列表中选择一种版面布局，如2×2或2×3。

(4) 单击“预印”标签切换到“预印”选项卡中，在该选项卡中可以对文档信息、纸片/胶片、注册标记、调校栏进行设置。

(5) 设置完成后，如果没有问题，单击“打印”按钮即可进行打印。若有问题单击“问题”标签，在“问题”选项卡中查看问题，并做出更改，如图2-47所示。

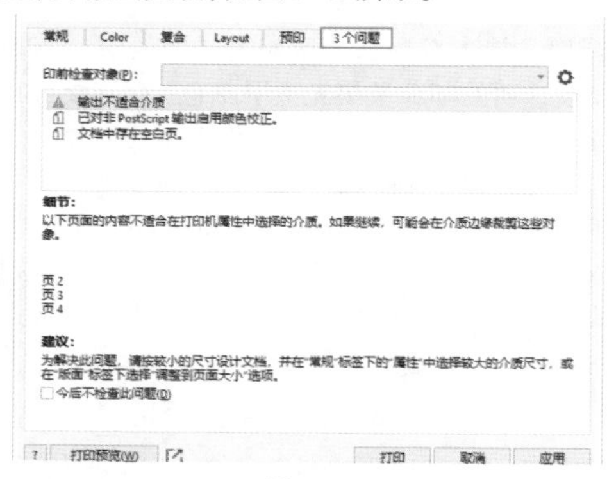

图 2-47

2.1.9 关闭文档

执行“文件”->“关闭”命令，可以关闭当前所选的文件；单击文档窗口右上角的“关闭”按钮，也可以关闭所选文件，如图2-48所示。执行“文件”->“全部关闭”命令，可以关闭所有打开的文件，但是软件不会退出。

图 2-48

2.2 图像文档的查看

扫一扫，看视频

在制图的过程中，有时需要观看画面整体，有时则需要放大显示画面的某个局部，这时就要用到工具箱中的“缩放工具”以及“平移工具”。

重点 2.2.1 缩放工具：放大、缩小、看细节

工具箱中的“缩放工具”是用来放大或缩小图像显示比例的。

选择工具箱中的“缩放工具”，在其属性栏中可以看到相关的参数选项，如图2–49所示。此时光标变为🔍状，单击即可放大图像的显示比例，如图2–50所示。若要缩小显示比例，可以在画面中右击，或者单击属性栏中的“缩小”按钮🔍，如图2–51所示。

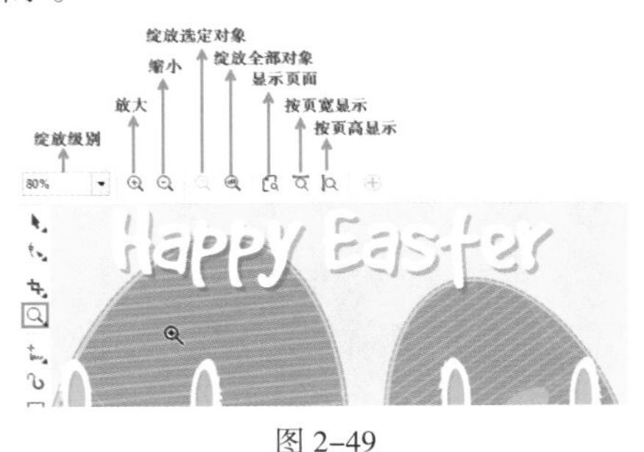

图 2–49

图 2–50

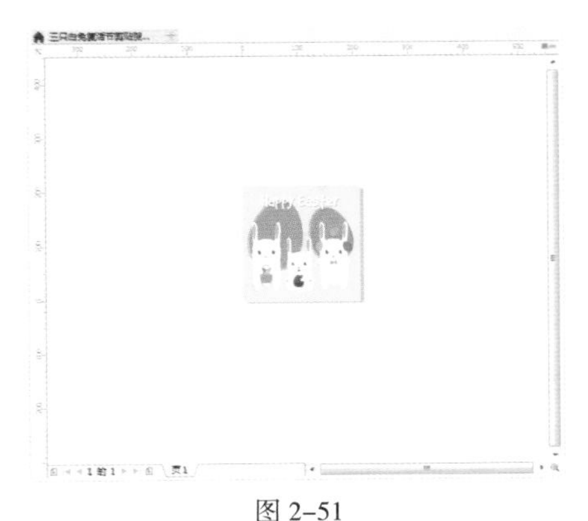

图 2–51

提示：缩放的其他方法

默认情况下，向前滚动鼠标中轮可以将图像放大显示；向后滚动鼠标中轮可以将图像缩小显示。

重点 2.2.2 抓手工具：平移画面

图像的显示比例虽然增大了，但是窗口的显示范围却是固定的，那么看不见的地方该怎么办呢？此时可以使用“平移工具”将画面进行平移以查看隐藏的区域。

单击“缩放工具”右下角的◢按钮，在弹出的工具列表中选择“平移工具”✋(快捷键H)，然后在画面中按住鼠标左键向其他位置移动，如图2–52所示。释放鼠标即可平移画面，如图2–53所示。

图 2–52

图 2–53

2.3 文档页面的设置

2.3.1 修改页面属性

绘画区域是默认可以打印输出的区域。在新建文档时，可以在“创建新文档”窗口中进行绘画区域的尺寸设置。如果要对现有的绘画区域的尺寸进行修改，可以先单击工具箱中的“选择工具”按钮↖，属性栏中会显示当前文档页面的尺寸、方向等信息，在这里可以快速地对页面进行简单的设置，如图2–54所示。

- 文件大小：在该下拉列表中有多种标准规格纸张的尺寸可供选择。
- 页面大小：显示当前所选页面的尺寸，也可以在此处自定义页面大小。
- 方向：切换页面方向，▯为纵向，▭为横向。单击这两个按钮，即可快速切换纸张方向。
- 所有页面⧉：将当前设置的页面大小应用于文档中的所有页面(当文档包含多个页面时)。

- 当前页面：单击该按钮，修改页面的属性时只影响当前页面，其他页面的属性不会发生变化。

图 2–54

如果想要对页面的分辨率、出血等选项进行设置，可以执行“布局”–>“文档选项”命令，打开“选项”窗口，在左侧的列表框中单击“页面尺寸”，在右侧可以看到与页面尺寸相关的参数设置，如图2–55所示。

图 2–55

2.3.2 增加与删除文档页面

在制作画册和杂志这类多页作品时，一个绘图页面是不够的。此时无须新建一个文档，只需新建页面即可，保存后所有的页面都会保留在一个文档内。

1. 插入页面

执行“布局”–>“插入页面”命令，在弹出的“插入页面”窗口中可以设置插入页面的数量、位置以及尺寸等信息，如图2–56所示。此外，还可以单击文档窗口左下角的按钮，在当前页前方或后方新建页面，如图2–57所示。

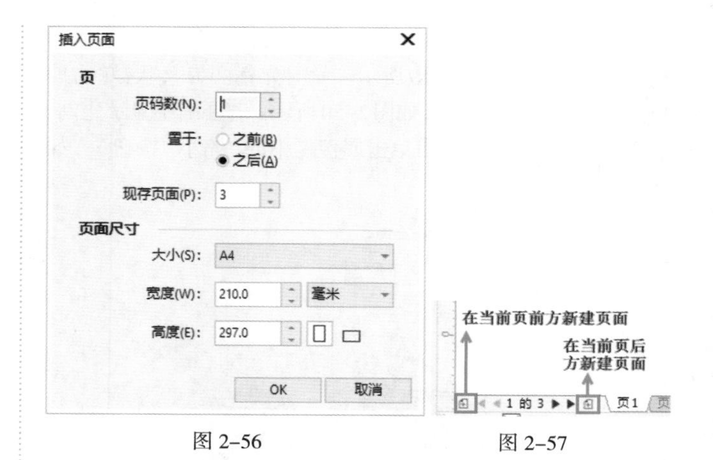

图 2–56　　图 2–57

此时在文档窗口左下角的页面控制栏中即可看到文档内有三个页面，默认显示的为第一个页面，也就是“页1”，如图2–58所示。单击页数标签，即可切换页面，如图2–59所示。

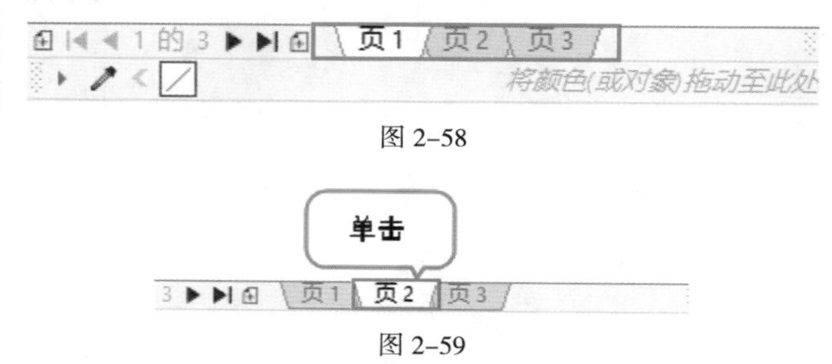

图 2–58

图 2–59

提示：跳转页面的其他方法

除了单击页数标签切换页面处，还可以单击“前一页”按钮◀或“后一页”按钮▶来跳转页面。单击“第一页”按钮|◀或“最后一页”按钮▶|，可以跳转到第一页或最后一页。

2. 删除文档页面

想要删除某一个页面时，在页面控制栏中需要删除的页数标签上右击，在弹出的快捷菜单中执行“删除页面”命令即可，如图2–60所示。

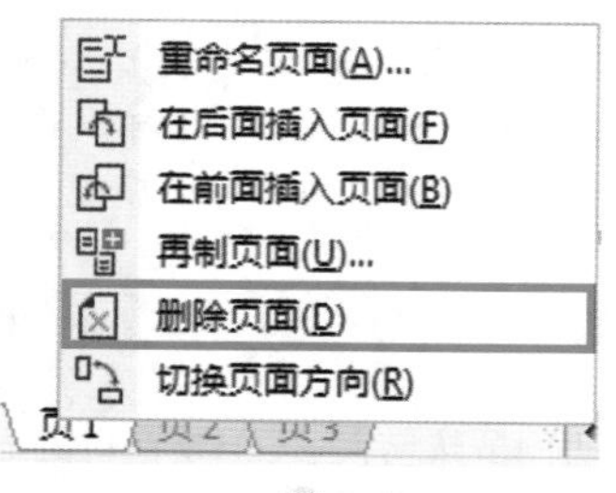

图 2–60

2.3.3 显示页边框/出血/可打印区域

1. 页边框

默认情况下页边框是显示的，页边框的使用可以让用户更加方便地观察页面大小。也就是说，需要打印输出的部分要在页边框以内的区域，如图2-61所示。执行“查看”->“页”->“页边框”命令，可以切换页边框的显示与隐藏。

2. 出血

印刷品在设计过程中需要预留出“出血”，这部分区域需要包含画面的背景内容，但主体文字或图形不可绘制在该区域，因为该区域在印刷后会被剪切掉。执行“查看”->“页”->“出血”命令，可以看到在页边框外部显示了虚线形式的出血线。在制图的过程中，背景部分应覆盖出血的范围，以避免在裁切之后留下白色边缘，如图2-62所示。

3. 可打印区域

执行“查看”->“页”->“可打印区域”命令，此时显示在页边框内部的虚线框为“可打印区域”。在进行画面元素布置时，重要的元素应摆放在虚线框以内的部分，避免在打印时产生差错，如图2-63所示。

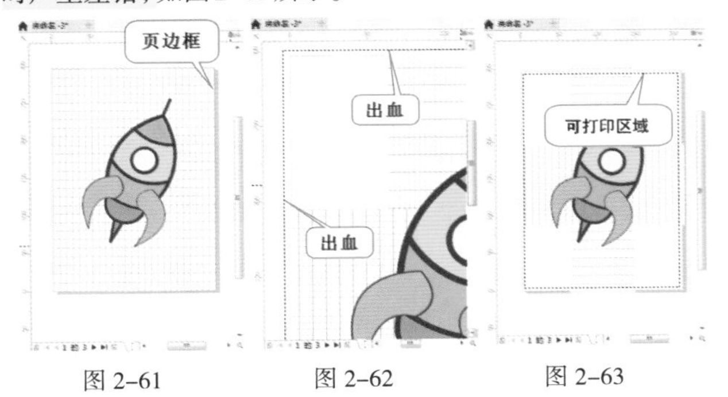

图2-61 图2-62 图2-63

2.4 常用的辅助工具

CorelDRAW提供了多种非常方便的“辅助工具”，如标尺、辅助线、网格和对齐辅助线等。利用这些工具，我们可以轻松地制作出尺度精准的对象和排列整齐的版面。

扫一扫，看视频

重点 2.4.1 动手练：使用标尺

标尺位于绘图区域的顶部和左侧，是一种可以辅助用户精确制图的工具，而且也是使用辅助线时必备的工具。

1. 显示与隐藏标尺

执行“查看”->“标尺”命令可以显示或隐藏标尺，如图2-64所示。

图2-64

2. 改变标尺原点位置

标尺的原点默认位于页面的左上角处，如果想要更改标尺原点的位置，可以直接在画面中标尺原点处按住鼠标左键拖动，如图2-65和图2-66所示。

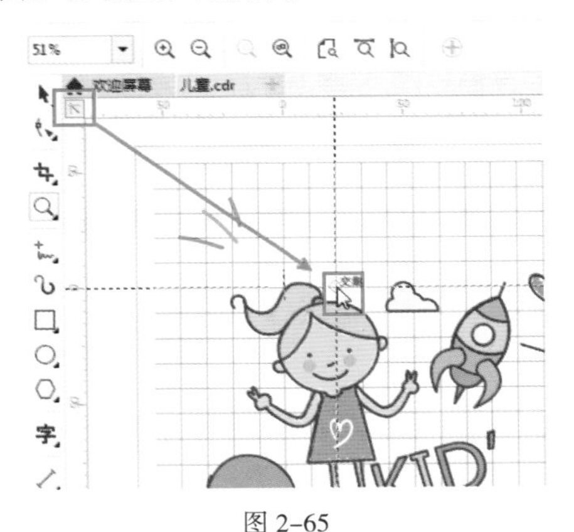

图2-65

图2-66

3. 恢复标尺原点位置

如果当前标尺原点错位，可以通过双击标尺左上角，恢复标尺原点位置，如图2-67所示。

图 2-67

【重点】2.4.2 动手练：使用辅助线

辅助线(或称参考线)可以辅助用户更精确地绘图；而且辅助线是虚拟对象，不会在印刷中显示出来，但是能够在存储文件时被保留下来。

1. 创建辅助线

要创建辅助线，首先要调出标尺，接着将光标移动到水平标尺上方，按住鼠标左键向下拖动，释放鼠标后即可创建水平参考线，如图2-68所示。以同样的方式，将光标移动至垂直标尺上方，按住鼠标左键向右拖动，释放鼠标后即可创建垂直参考线，如图2-69所示。

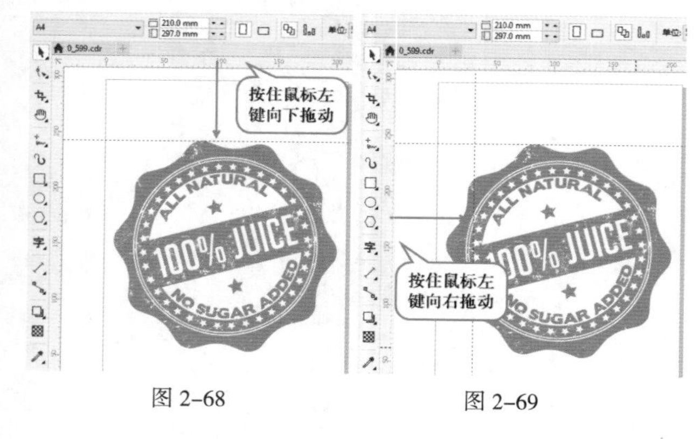

图 2-68　　图 2-69

2. 显示与隐藏辅助线

执行“查看”->“辅助线”命令，可以切换辅助线的显示与隐藏。

3. 对齐辅助线

执行“查看”->“对齐辅助线”命令(快捷键Alt+Shift+A)，使“对齐辅助线”命令处于选中状态。绘制或者移动对象时会自动捕获到最近的辅助线上，如图2-70所示。

图 2-70

4. 旋转辅助线

CorelDRAW中的辅助线是可以旋转角度的。在辅助线上双击，即可显示控制点，如图2-71所示。然后将光标移动至 ↶ 或 ↷ 处，按住鼠标左键拖动即可旋转辅助线，如图2-72所示。旋转完成后在空白位置单击，即可完成旋转操作。

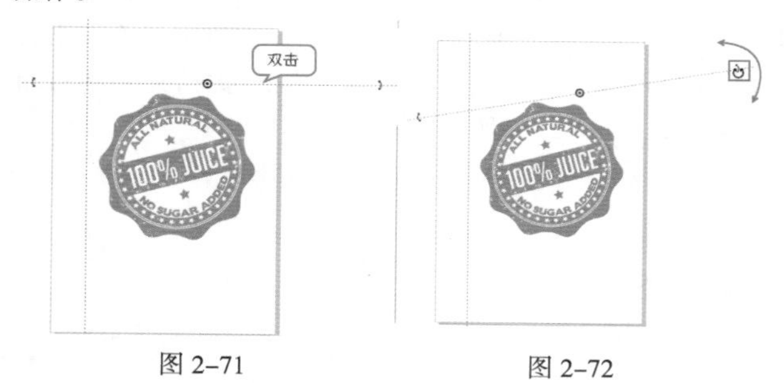

图 2-71　　图 2-72

5. 删除辅助线

选中需要删除的辅助线，使之变为红色，接着按下Delete键即可，如图2-73和图2-74所示。

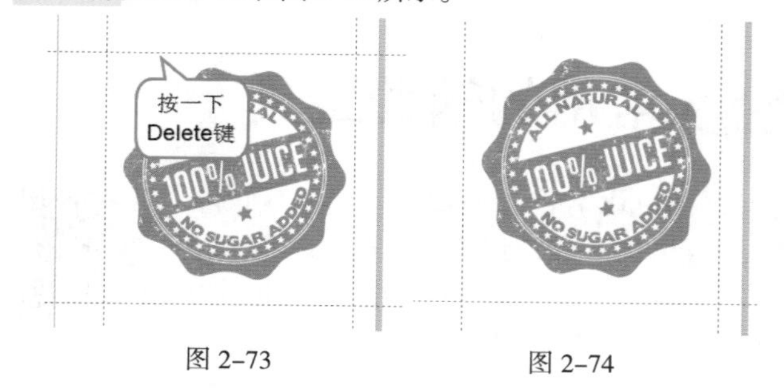

图 2-73　　图 2-74

6. 锁定与解锁辅助线

单击选中辅助线，然后右击，在弹出的快捷菜单中执行“锁定”命令，即可将辅助线锁定，如图2-75所示。被锁定的辅助线可以被选中，但是不能被移动。如果要解锁辅助线，可以先选中被锁定的辅助线，右击，在弹出的快捷菜单中执行“解锁”命令，如图2-76所示。

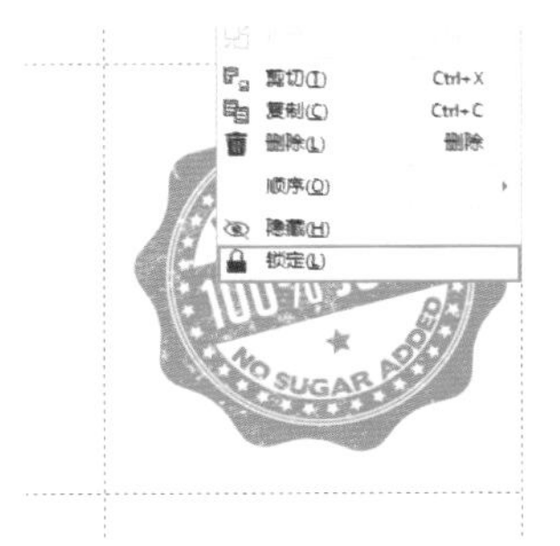

图 2-75

图 2-76

2.4.3 使用动态辅助线

动态辅助线是一种"临时"的辅助线，可以帮助用户准确地移动、对齐和绘制对象。执行"查看"->"动态辅助线"命令可以开启或关闭动态辅助线。启用动态辅助线后，移动对象时对象周围会出现动态辅助线，如图2-77和图2-78所示。

图 2-77

图 2-78

2.4.4 文档网格

文档网格常用于精确制图中，执行"查看"->"网格"->"文档网格"命令，此时文档底部即可显示出浅灰色的均匀分布的网格，如图2-79所示。

图 2-79

执行"布局"->"文档选项"命令，在弹出的"选项"窗口中单击"网格"选项，在右侧可以对网格的大小、显示方式、颜色和透明度等参数进行设置。

2.4.5 自动贴齐对象

"贴齐"功能可用于在对象的创建和移动过程中快速贴齐到目标位置。执行"查看"->"贴齐"命令，在弹出的子菜单中选择需要对齐的对象，如图2-80所示。选择完成后，当移动光标接近贴齐点时，贴齐点将突出显示，表示该贴齐点是光标要贴齐的目标，如图2-81和图2-82所示。

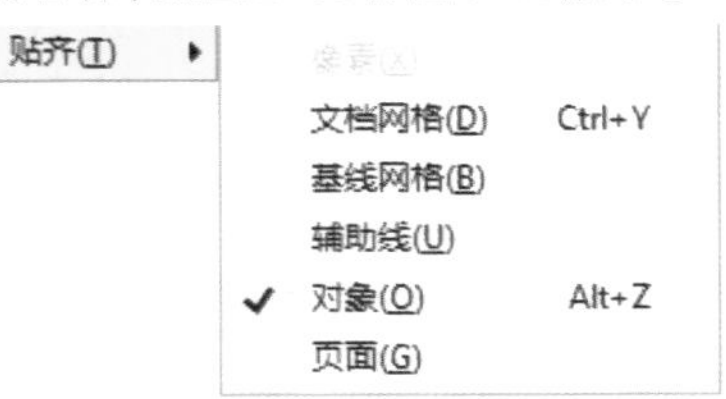

图 2-80

图 2-81

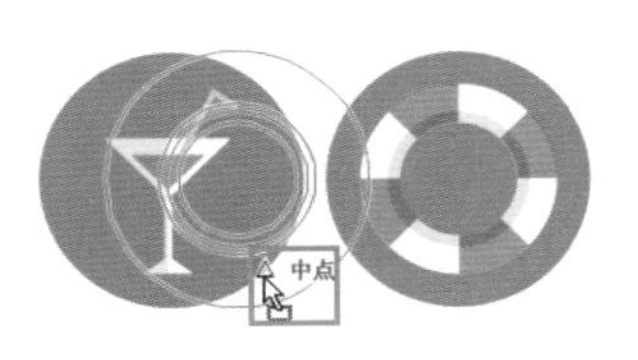

图 2-82

提示：关于贴齐的小知识

可以选择多个贴齐选项，也可以禁用某些或全部贴齐模式使程序运行速度更快。此外，还可以对贴齐阈值进行设置，指定贴齐点在变成活动状态时距离光标的距离。

2.5 撤销与重做

当遇到错误操作时，可以使用"撤销"命令，使画面还原到错误操作之前。"重做"命令能够恢复上一步被撤销的操作。执行"编辑"->"撤销"命令(快捷键Ctrl+Z)或者单击标准工具栏中的"撤销"按钮，可以撤销错误操作。如果错误地撤销了某一操作，可以执行"编辑"->"重做"命令(快捷键Ctrl+Shift+Z)或者单击标准工具栏中的"重做"按钮，撤销的步骤将会被恢复。

扫一扫，看视频

在标准工具栏中，单击"撤销"按钮后侧的按钮，在弹出的下拉列表中可以选择需要撤销到的步骤，如图2-83所示。

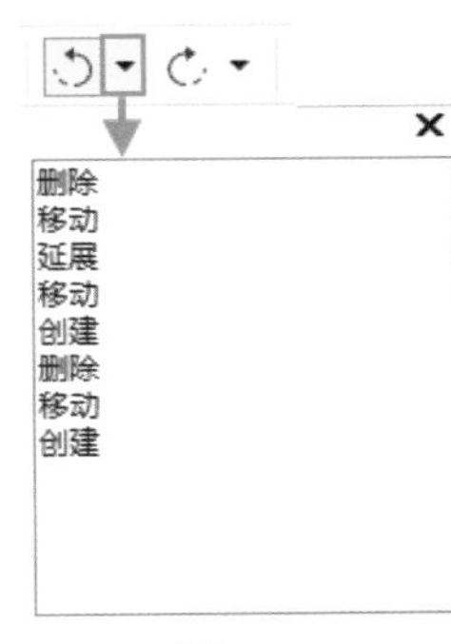

图 2-83

> **提示：设置可撤销的步骤数量**
>
> 执行“工具”->“选项”->CorelDRAW命令，在弹出的“选项”窗口中单击“常规”选项，在右侧可以对“撤销级别”进行设置，调整“普通”参数可以指定在针对矢量对象使用“撤销”命令时可以撤销的操作数。

综合实例：使用“新建”“导入”“保存”命令制作饮品广告

扫一扫，看视频

文件路径	资源包\第2章\综合实例：使用“新建”“导入”“保存”命令制作饮品广告
难易指数	★★★★★
技术要点	新建、导入、导出、保存

实例效果

本实例效果如图2-84所示。

图 2-84

操作步骤

步骤 01 执行“文件”->“新建”命令，在弹出的“创建新文档”窗口中设置“页码数”为1，“原色模式”为CMYK，“页面大小”为A4，“方向”为“横向”，“分辨率”为300，设置完成后单击OK按钮，如图2-85所示。完成空白文件的新建，如图2-86所示。

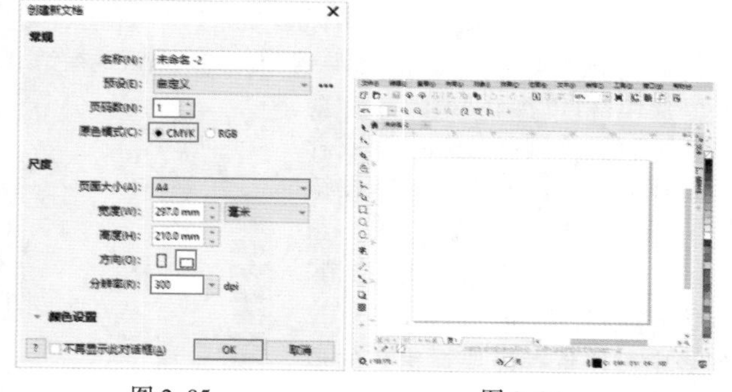

图 2-85　　图 2-86

步骤 02 执行“文件”->“导入”命令(快捷键Ctrl+I)，在弹出的“导入”窗口中找到素材位置，选择素材1.jpg，单击“导入”按钮，如图2-87所示。接着在画面中按住鼠标左键拖动，松开鼠标后图片素材就导入了进来，如图2-88所示。

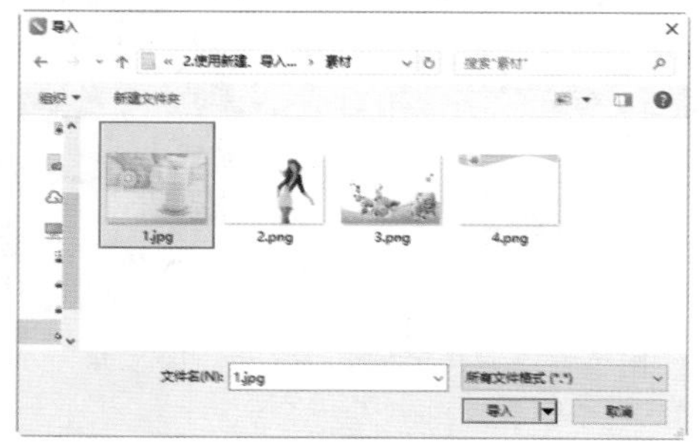

图 2-87

图 2-88

步骤 03 以同样的方式依次导入素材2.png、3.png和4.png，如图2-89所示。将其分别放置到合适的位置，如图2-90所示。

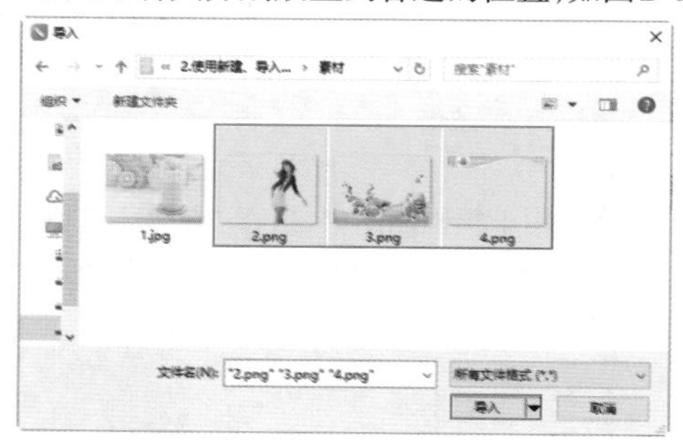

图 2-89

图 2-90

步骤 04 饮品广告制作完成，保存文档。执行“文件”->“保存”命令(快捷键Ctrl+S)，如图2-91所示。在弹出的“保存绘图”窗口中选择要保存的位置，设置合适的“文件名”，“保存类型”设置为CDR-CorelDRAW(*.cdr)然后单击“保存”按钮，如图2-92所示。

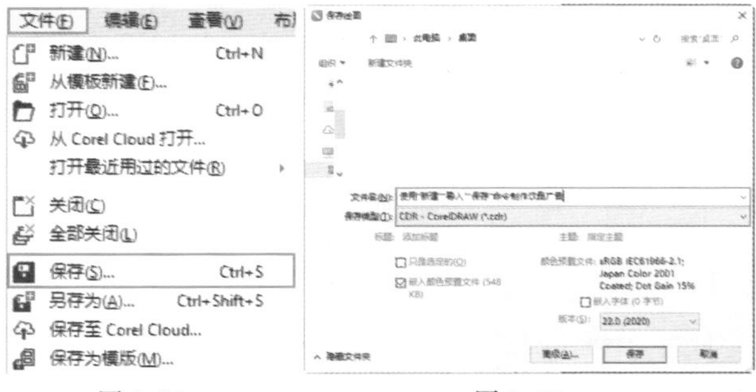

图 2-91　　　　图 2-92

步骤 05 为了便于预览及发布，还需要将CorelDRAW的文件导出为JPEG格式图片文件。执行“文件”->“导出”命令(快捷键Ctrl+E)，如图2-93所示。在弹出的“导出”窗口中选择要导出的文件位置，设置合适的“文件名”，“保存类型”设置为“JPG-JPEG位图(*.jpg; *.jtf; *.jff; *.jpeg)”，单击“导出”按钮，如图2-94所示。

图 2-93　　　　图 2-94

步骤 06 在弹出的“导出到JPEG”窗口中设置“颜色模式”为“CMYK色(32位)”，“质量”为“高”和80%，单击OK按钮，如图2-95所示。最终效果如图2-84所示。

图 2-95

2.6 课后练习

文件路径	资源包\第2章\课后练习：制作杂志版面
难易指数	★★★★★
技术要点	打开、导入、保存

扫一扫，看视频

实例效果

本实例效果如图2-96所示。

图 2-96

2.7 模拟考试

主题： 在CorelDRAW中将多张照片排版到一个页面中。

要求：

(1) 排版在A4版面中。

(2) 图片素材可以使用自己拍摄的照片或在网络上搜集同一主题的图片。

(3) 版面使用照片不少于3幅。

(4) 制作完成后保存为jpg和cdr格式的文件。

(5) 可参考杂志或画册内页版式进行制作。

考查知识点： 新建文档、导入图片、保存文件和导出文件等。

扫一扫，看视频

常用的绘图工具

本章内容简介：

本章主要学习如何使用一些常用的绘图工具绘制一些较为简单的几何图形。虽然这些工具的使用方法类似，其绘制的图形也很简单，但是作为矢量制图软件，CorelDRAW所绘制的作品很多都是通过矩形、圆形和弧形等几何图形组合而成的，所以这些知识点还是很重要的。另外，本章还讲解了一些比较基础的图形操作知识，如选择对象和设置对象颜色的方法，这些操作与绘制图形也是息息相关的。

重点知识掌握：

- 掌握“矩形”工具、“椭圆形”工具和“多边形”工具等的使用方法
- 掌握简单的设置颜色的方法
- 掌握“移动”工具的使用方法

通过本章学习，我能做什么？

通过本章的学习，我们能够轻松绘制矩形、圆形、弧线、螺纹以及一些常用的几何图形。通过绘制这些简单的基本几何图形，并导入一些位图元素，就可以尝试制作一些包含简单几何形体的版面。如果想要为绘制的图形设置不同的颜色，或者想要为画面添加文字元素，则可参见后面几个章节的内容。

重点 3.1 使用绘图工具

CorelDRAW 具有非常强大的矢量绘图功能，可以轻松满足日常设计工作的需要。那么究竟如何才能制作出一幅完整的设计作品呢？以一个简单而又常见的海报设计作品为例：从海报整体来看，主要包括图形(矢量图形)、位图(照片、图片素材)和文字对象(也属于矢量对象)，如图3-1所示。其中“矢量图形”占较大比例，同时矢量图形也是我们要学习制作的重点。矢量图形由两部分构成：矢量的路径以及颜色。矢量路径可以理解为限制图形的边界，而颜色则是通过“填充”和“描边”的形式使矢量图形变得五颜六色，如图3-2所示。

扫一扫，看视频

图 3-1

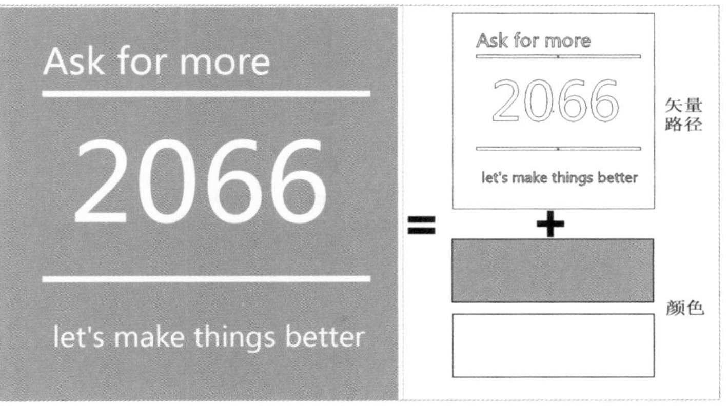

图 3-2

从上面的海报作品中可以看到，矢量图形有很多种，例如较为规则的矩形、直线、圆形以及不规则的图形标志等。这些看起来比较“规则”的图形都可以通过CorelDRAW内置的工具轻松地绘制出来，如图3-3所示。

图 3-3

3.1.1 认识常用的绘图工具

单击“矩形”工具□右下角的◢，在弹出的工具列表中可以看到用于绘制矩形的“矩形”工具和“3点矩形”工具；单击“椭圆”工具○右下角的◢，在弹出的工具列表中可以看到用于绘制椭圆形的“椭圆形”工具和“3点椭圆形”工具；单击“多边形”工具○右下角的◢，在弹出的工具列表中可以看到“多边形”工具、“星形”工具、“螺纹”工具、“常见的形状”工具、“冲击效果工具”和“图纸”工具，如图3-4所示。如图3-5所示为使用这些工具绘制的图形。

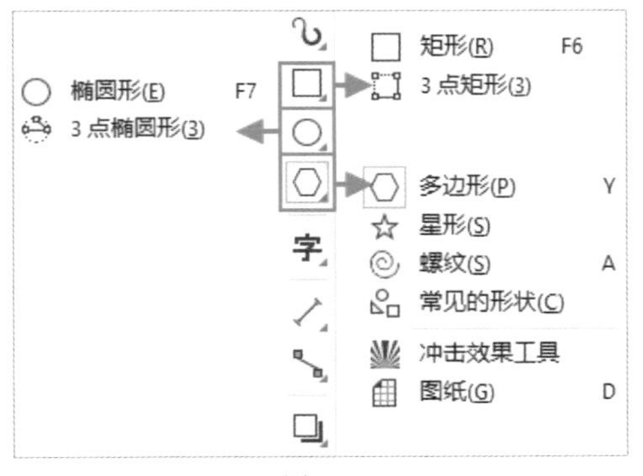

图 3-4

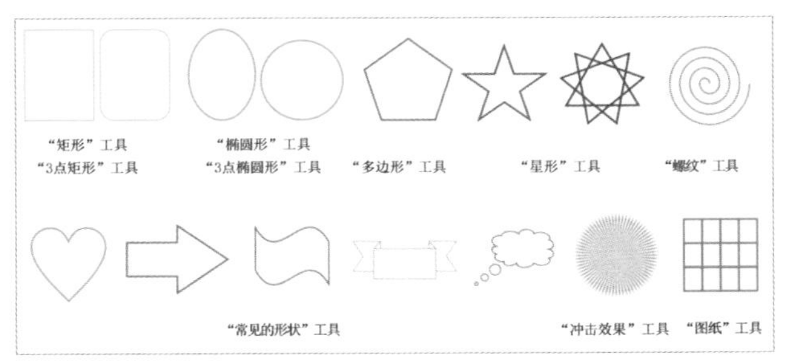

图 3-5

3.1.2 使用绘图工具绘制简单图形

这些绘图工具虽然绘制的是不同类型的图形，但是其使用的方法是比较相似的。以使用“矩形”工具为例，首先单击工具箱中的“矩形”工具□，在画面中按住鼠标左键拖动，如图3-6所示。释放鼠标后，可以看到出现了一个矩形，如图3-7所示。其他工具的使用方法与此类似，区别在于部分工具可能需要在属性栏中进行一些设置，以便于调整图形的部分属性。

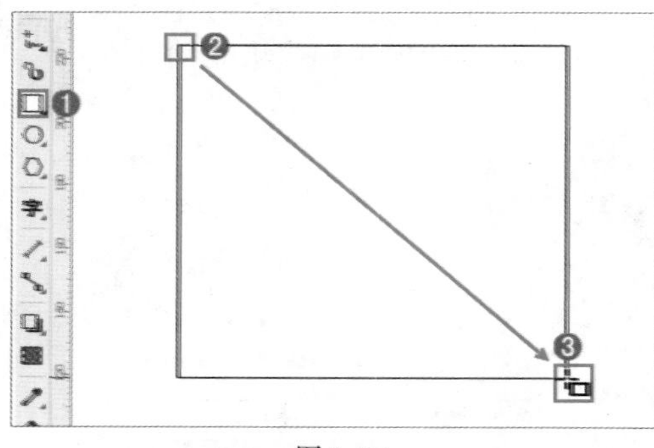

图 3-6

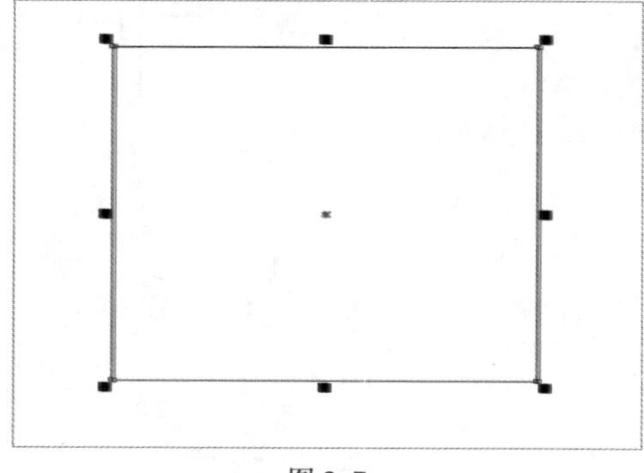
图 3-7

3.1.3 选择和移动

在对图形进行编辑之前，需要选中。首先单击工具箱中的“选择”工具(该工具也被称为“挑选”工具)，然后在图形边缘单击，如图3-8所示。随即该图形会显示控制点，这表示该图形被选中了，如图3-9所示。接着按住鼠标左键拖动，释放鼠标后即可完成移动，如图3-10所示。

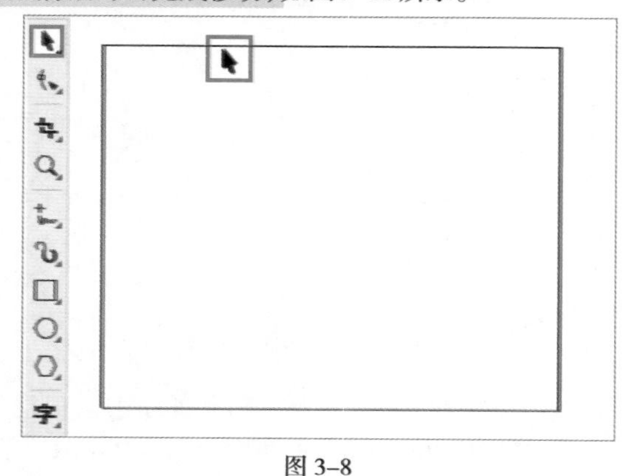

图 3-8

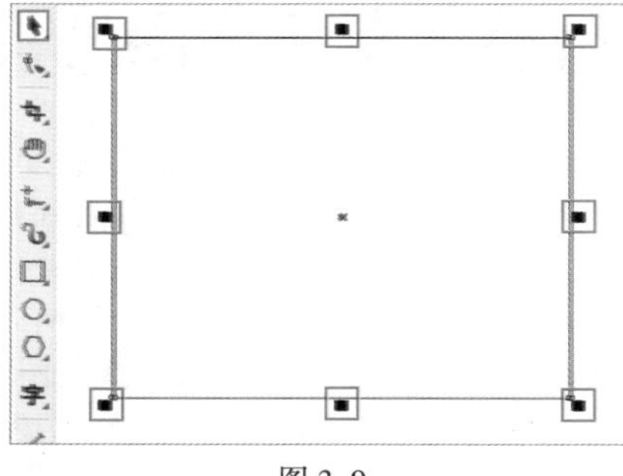

图 3-9

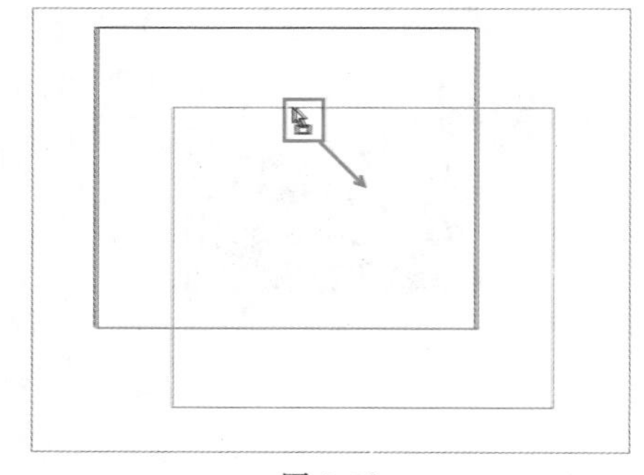
图 3-10

> **提示：方便的移动复制功能**
>
> 在使用“选择”工具选中对象后，按住鼠标左键拖动对象，拖动到目标位置后右击，可以快速在目标位置复制出一个相同的对象，而原始对象不会发生位置的变化。这种复制对象的方式在实际操作中非常实用。

3.1.4 为图形进行填色与描边

刚刚绘制的矩形没有颜色，只有一个黑色的细框，这是CorelDRAW中的默认设置。图形绘制完成后，可以修改填充色和轮廓色。调色板位于窗口的右侧，由一个一个小色块组成。选中矩形后，单击调色板的一个色块，即可填充该颜色，如图3-11所示。右击其中一个色块，可以更改矩形轮廓色为该颜色，如图3-12所示。属性栏中的“轮廓宽度” 2.5 mm 选项用于更改轮廓宽度，可以在文本框内输入数值进行设置，也可以单击按钮，在弹出的下拉列表中选择一个预设的数值，如图3-13所示。

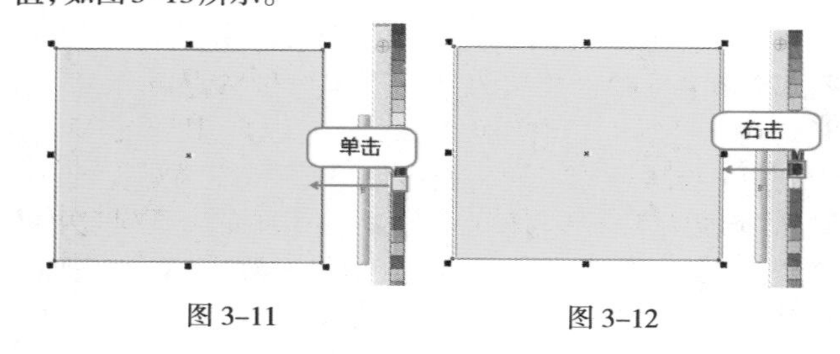

图 3-11　　图 3-12

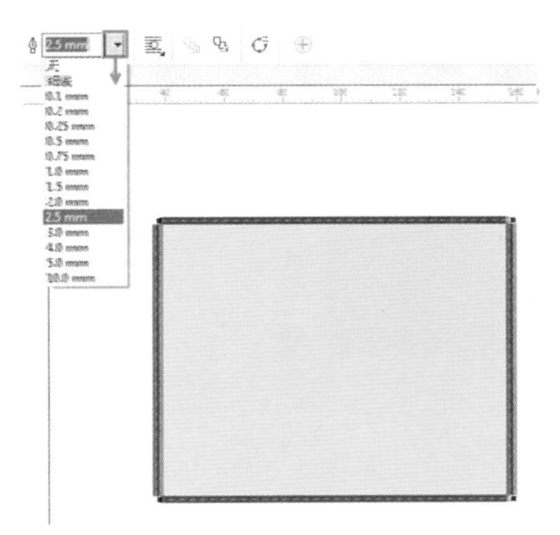

图 3-13

如果调色板中没有想要使用的颜色，也可以选中绘制的图形，双击界面右下角的填充色色块，在弹出的“编辑填充”窗口中单击顶部的“均匀填充”按钮，接着在下方滑动颜色滑块选择一个适合的色相，然后在左侧色域中单击选中一种颜色，最后单击OK按钮完成颜色的设置，如图3-14所示。如果需要为轮廓线设置不同的颜色，可以双击界面右下角的轮廓色色块，在弹出的“轮廓笔”窗口中单击“颜色”后方的色块，接着选择一种合适的颜色，单击OK按钮完成设置，如图3-15所示。更多的颜色设置方式将在后面的章节中介绍。

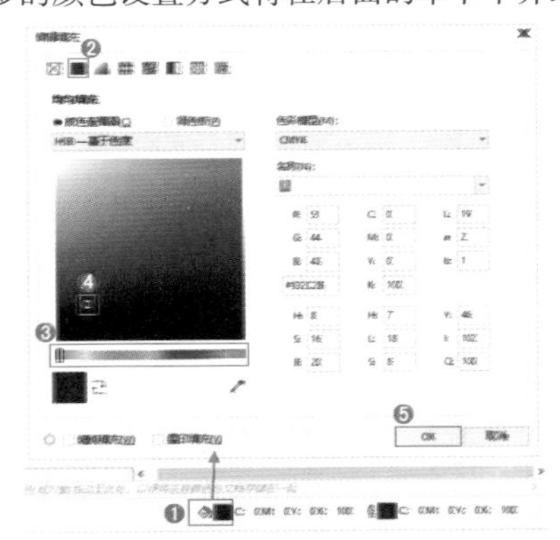

图 3-14

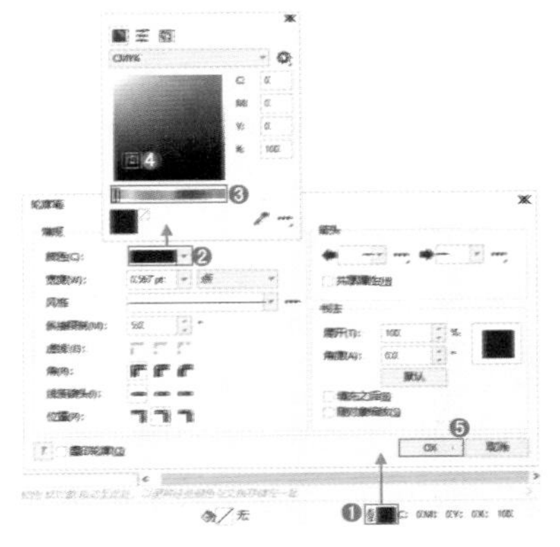

图 3-15

3.1.5 绘制精确尺寸的图形

上面学习的绘制方法都是比较“随意”的，如果想要得到精确尺寸的图形，首先选中图形，在属性栏中可以看到该图形现在的尺寸，如图3-16所示。接着在 100.0 mm 框内输入数值设置图形宽度，在 100.0 mm 框内输入数值设置图形的高度，设置完后按Enter键，即可调整选中图形的尺寸，如图3-17所示。

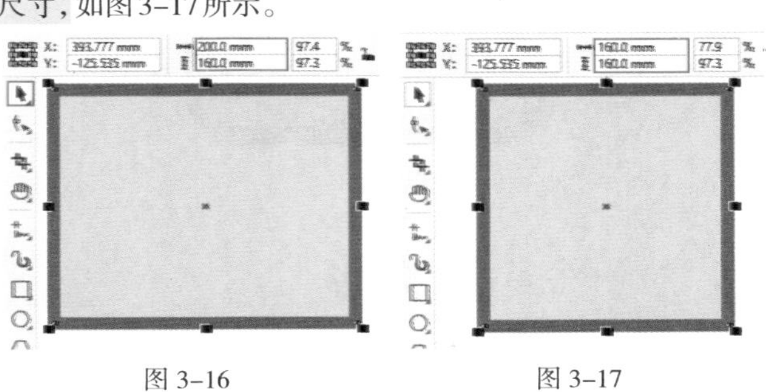

图 3-16　　图 3-17

3.1.6 将图形转换为曲线并调整图形形态

使用绘图工具直接绘制的图形带有特定的属性，在属性栏中可以对该属性进行更改。例如绘制矩形后，在属性栏中可以设置转角的类型，如图3-18所示。

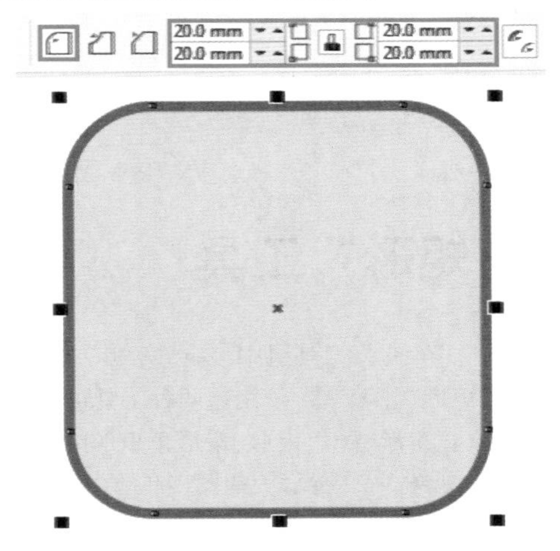

图 3-18

但是图形带有属性时，一些编辑操作会受到限制。例如，使用“形状”工具更改路径时就不能操作，这时需要将图形转换为曲线。

选择图形，执行“对象”->“转换为曲线”命令，此时图形失去了原有属性。接着使用“形状”工具单击并拖曳节点，即可调整路径，如图3-19所示。关于图形形状的具体调整方式将在后面的章节进行详细讲解。

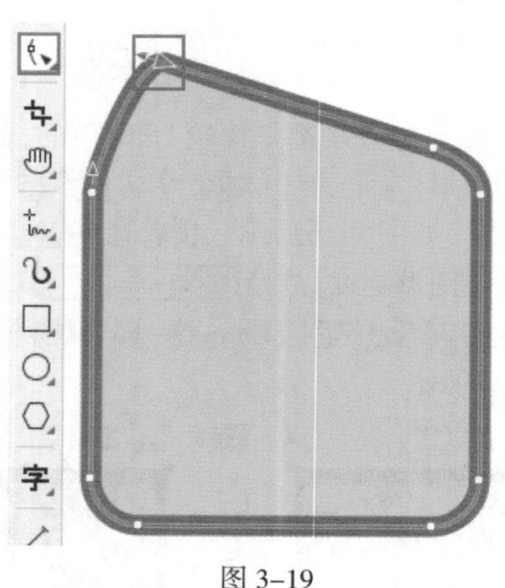

图 3-19

3.1.7　删除多余的图形

想要删除多余的图形，可以使用“选择”工具单击选中图形，接着按Delete键即可删除。删除前后的效果如图3-20和图3-21所示。

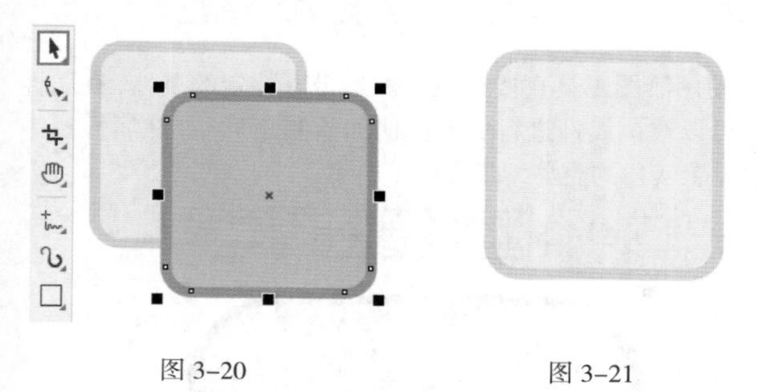

图 3-20　　图 3-21

3.2 “矩形”工具

扫一扫，看视频

“矩形”工具组中包含“矩形”工具和“3点矩形”工具，使用这两种工具可以绘制长方形、正方形、圆角矩形、扇形角矩形以及倒棱角矩形，如图3-22所示。如图3-23所示的设计作品中就用了“矩形”工具。

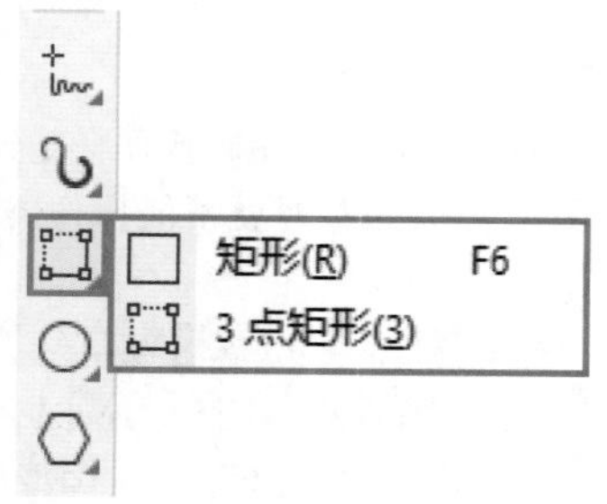

图 3-22

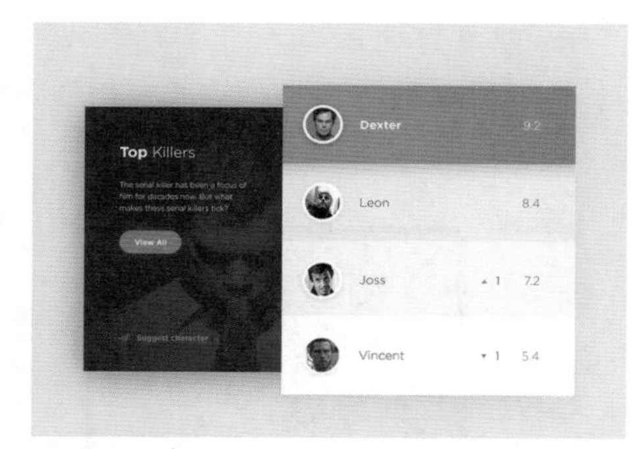

图 3-23

重点 3.2.1　动手练：绘制矩形和正方形

1. 绘制矩形

单击工具箱中的“矩形”工具按钮(快捷键F6)，在画面中按住鼠标左键向右下角拖曳，释放鼠标即可得到一个矩形，如图3-24和图3-25所示。按住Ctrl键的同时拖曳鼠标，可以得到一个正方形，如图3-26所示。

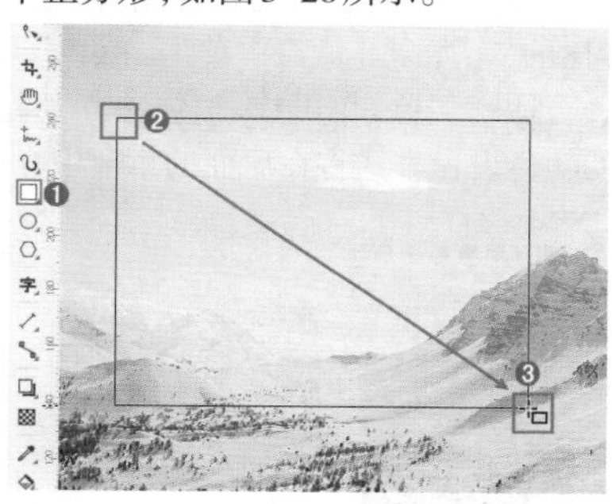

图 3-24

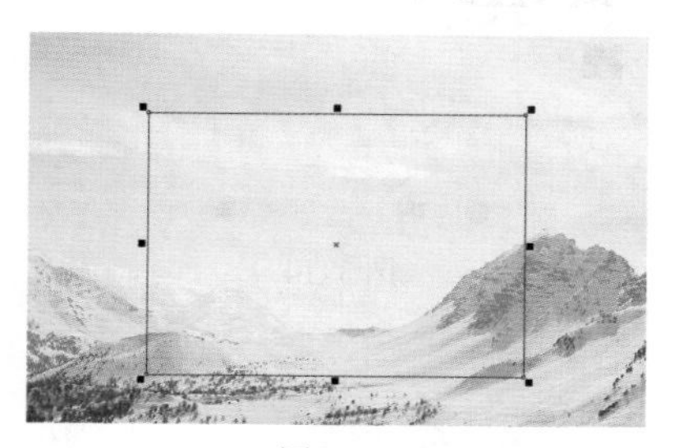

图 3-25

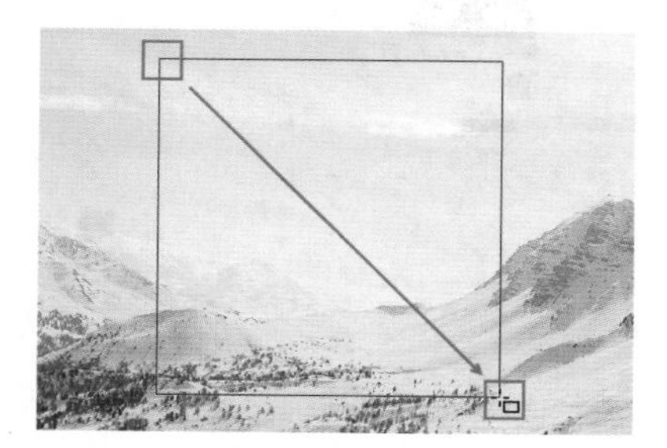

图 3-26

提示：绘制这些基本图形时，有一些通用的快捷操作

在使用某种形状绘制工具时，按住Ctrl键绘制图形，可以得到一个“正”的图形，如正方形和正圆形。

按住Shift键绘制图形，能够以起点为对象的中心点绘制图形。

按住快捷键Shift+Ctrl绘制图形，可以绘制出从中心向外扩展的正图形。

图形绘制完成后，选中该图形，在属性栏中仍然可以更改图形的属性。

2. 绘制一个与画板等大的矩形

双击工具箱中的“矩形”工具按钮□，即可快速绘制一个与画板等大的矩形，如图3-27所示。这种方式常用于快速制作作品的背景图形。

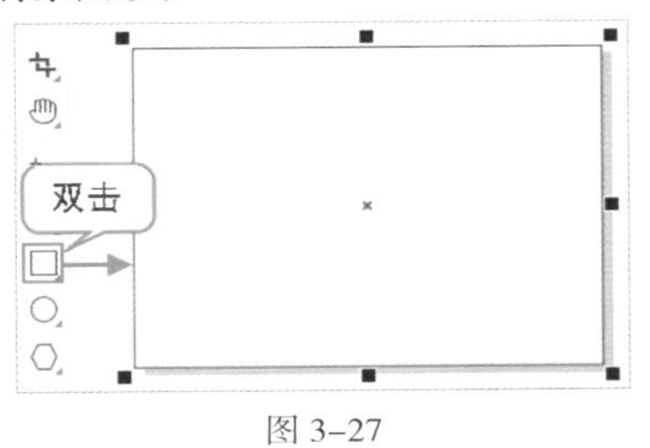

图 3-27

练习实例：绘制正方形，制作简单相框

文件路径	资源包\第3章\练习实例：绘制正方形，制作简单相框
难易指数	★★★★★
技术要点	“矩形”工具

扫一扫，看视频

实例效果

本实例效果如图3-28所示。

图 3-28

操作步骤

步骤 01 执行“文件”->“新建”命令，在弹出的“创建新文档”窗口中设置“页面大小”为A4，单击“横向”按钮□，设置“原色模式”为CMYK、“分辨率”为300dpi，如图3-29所示。单击OK按钮，即可完成空白文档的创建。

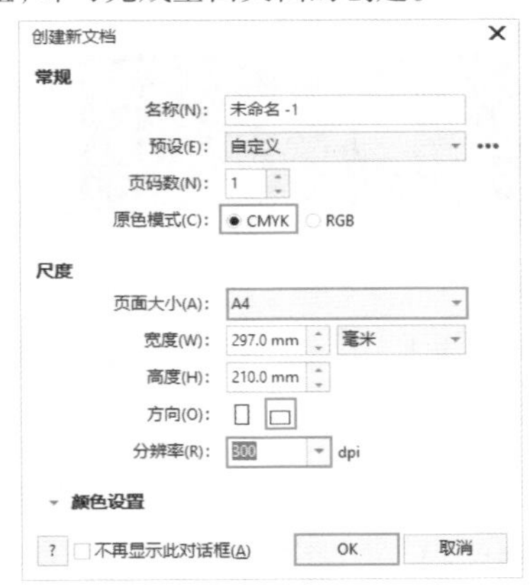

图 3-29

步骤 02 单击工具箱中的“矩形”工具按钮□，在画布左上角按住鼠标左键向右下角拖曳，拖动到合适的位置后释放鼠标，完成矩形的绘制，如图3-30所示。

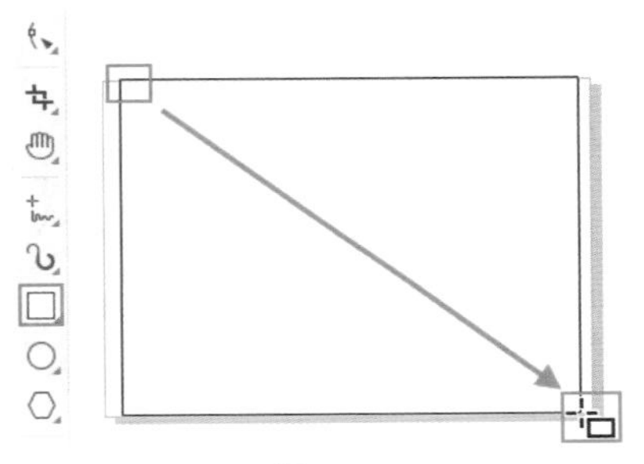

图 3-30

步骤 03 使用“选择”工具单击选中绘制的矩形(如果无法选中，则可以单击矩形的边缘部分)；接着选择工具箱中的“交互式填充”工具，在属性栏中单击“均匀填充”按钮■，设置“填充色”为蓝灰色，如图3-31所示。然后在调色板中右击“无”按钮☐，去除轮廓色，如图3-32所示。

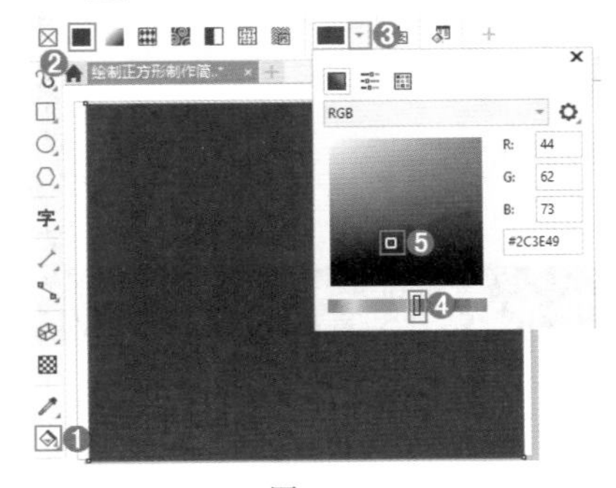

图 3-31

图 3-32

步骤 04 使用“矩形”工具，按住Ctrl键的同时拖曳鼠标绘制一个正方形。在调色板中单击灰色，设置填充色为灰色；然后在调色板中右击“无”按钮☐，去除轮廓色，如图3-33所示。单击选中绘制的灰色矩形，使用快捷键Ctrl+C复制，然后使用快捷键Ctrl+V粘贴。单击调色板中的白色色块，将矩形填充为白色，如图3-34所示。

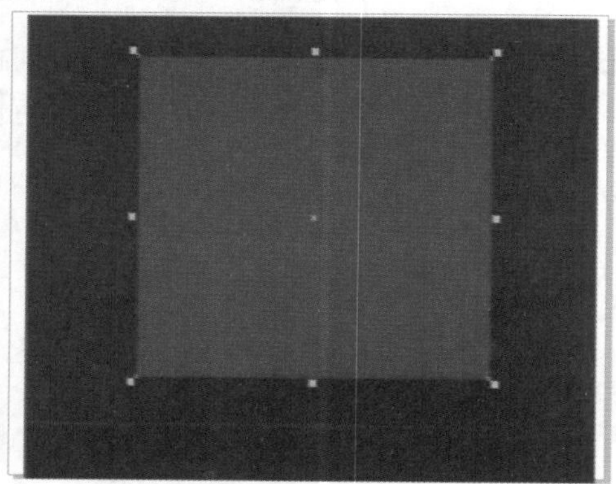

图 3-33

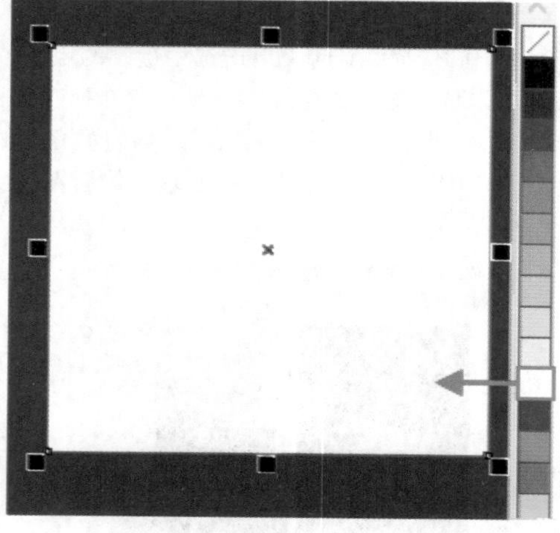

图 3-34

步骤 05 选中白色的正方形向左上方拖动，与灰色矩形产生些许的距离。效果如图3-35所示。

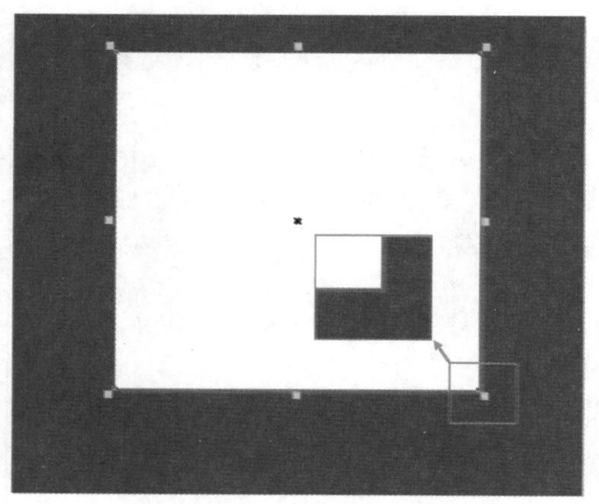

图 3-35

步骤 06 执行“文件”->“导入”命令(快捷键Ctrl+I)，在弹出的“导入”窗口中找到素材位置，单击选择素材1.jpg，然后单击“导入”按钮，如图3-36所示。接着在画面中按住鼠标左键拖动，松开鼠标后完成导入操作，如图3-37所示。

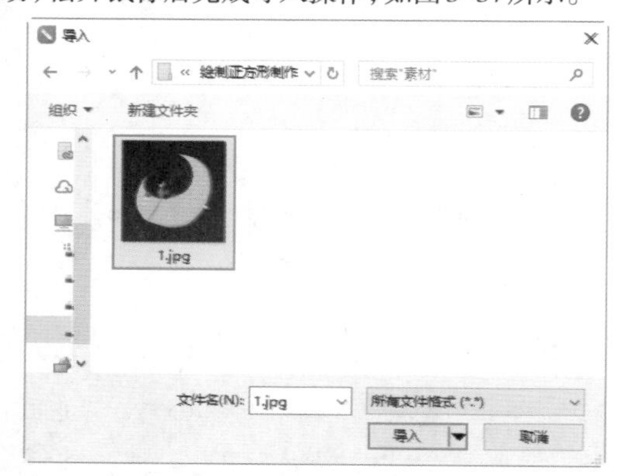

图 3-36

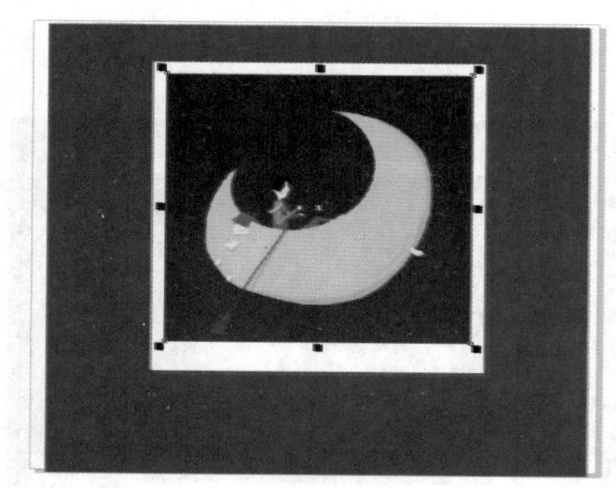

图 3-37

步骤 07 执行“文件”->“导入”命令(快捷键Ctrl+I)，在弹出的“导入”窗口中找到素材位置，单击选择文字素材2.cdr，然后单击“导入”按钮。接着在画面下方的位置按住鼠标左键拖动，松开鼠标后完成导入操作，如图3-38所示。

图 3–38

视频课堂：使用圆角矩形制作简约名片

文件路径	资源包\第3章\视频课堂：使用圆角矩形制作简约名片
难易指数	★★★★★
技术要点	“矩形”工具、旋转特定角度、置于图文框内部

扫一扫，看视频

实例效果

本实例效果如图 3–39 所示。

图 3–39

练习实例：使用“矩形”工具绘制矩形及圆角矩形

文件路径	资源包\第3章\练习实例：使用“矩形”工具绘制矩形以及圆角矩形
难易指数	★★★★★
技术要点	“矩形”工具、圆角设置

扫一扫，看视频

实例效果

本实例效果如图 3–40 所示。

图 3–40

操作步骤

步骤 01 执行“文件”->“新建”命令，创建A4尺寸的横向文档。单击工具箱中的“矩形”工具按钮□，在版面上方绘制一个矩形，如图3–41所示。选中矩形，单击窗口右侧调色板中的浅灰色色块，将其填充为浅灰色；接着右击“无”按钮⊠去除轮廓色，如图3–42所示。

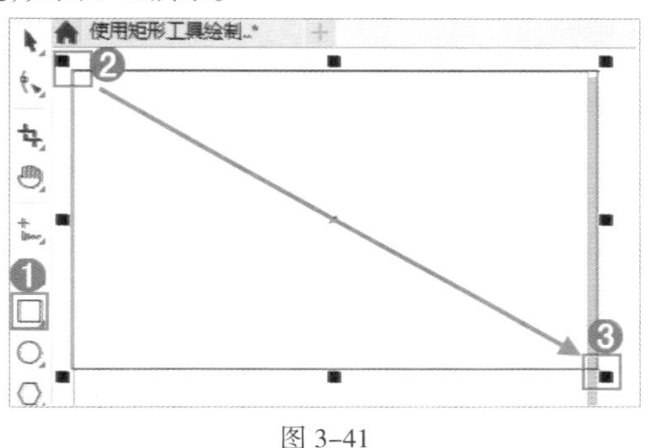

图 3–41

图 3–42

步骤 02 绘制一个稍小的矩形。选中该矩形，然后在调色板中选择一种合适的颜色作为填充色，右击“无”按钮⊠去除轮廓色，如图3–43所示。

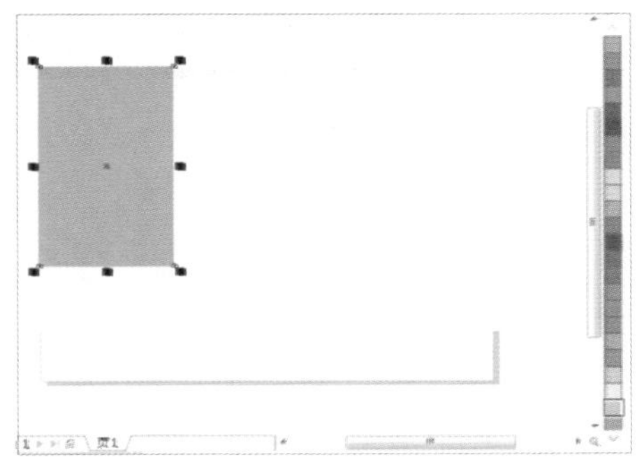

图 3–43

步骤 03 执行“文件”->“导入”命令，在弹出的“导入”窗口中找到素材位置，选择素材1.jpg，单击“导入”按钮，如图3–44所示。接着在画面中按住鼠标左键拖动，松开鼠标后完成导入操作，如图3–45所示。

图 3–44

图 3–45

步骤 04 使用“矩形”工具绘制一个矩形，如图3–46所示。选中该矩形，单击属性栏中的“圆角”按钮，设置“转角半径”分别为10.0mm，如图3–47所示。

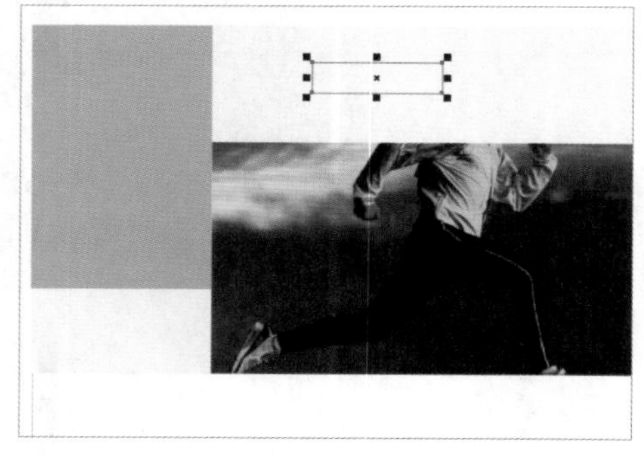

图 3–46

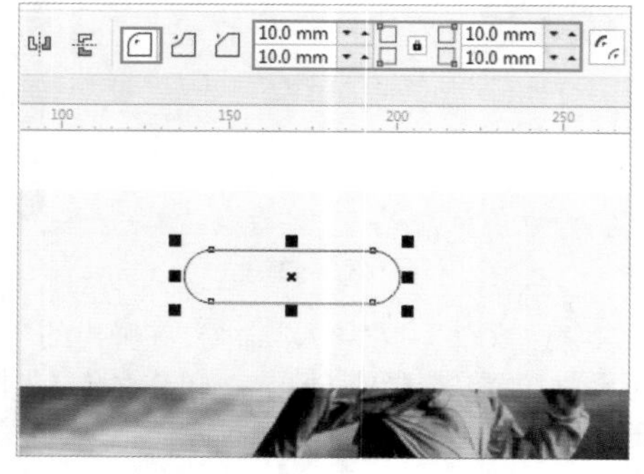

图 3–47

步骤 05 单击工具箱中的“颜色滴管”工具，在薄荷绿色矩形上单击拾取颜色，如图3–48所示。

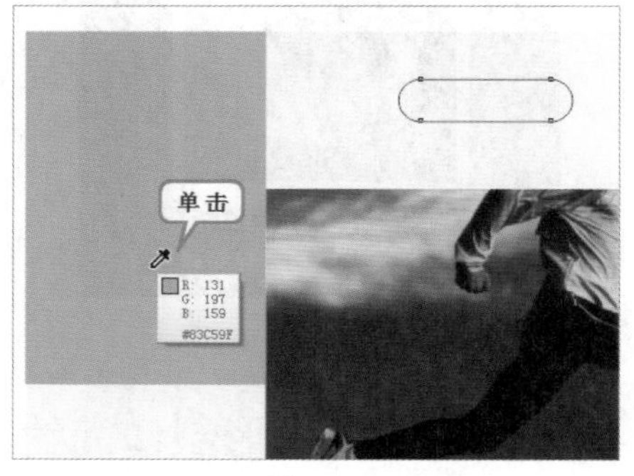

图 3–48

步骤 06 将光标移动到圆角矩形的上方单击，为其添加拾取的颜色。然后去除该图形的轮廓色，如图3–49所示。

图 3–49

步骤 07 执行“文件”–>“导入”命令，导入素材2.cdr，将文字摆放在版面上合适的位置。最终效果如图3–40所示。

重点 3.2.2 动手练：绘制圆角矩形、扇形角矩形和倒棱角矩形

默认情况下使用“矩形”工具绘制的矩形的转角样式为直角，也就是通常看到的转角为直角的长方形或正方形。除此之外，在属性栏中可以将矩形的转角样式更改为“圆角”、“扇形角”和“倒棱角”3种。如图3–50所示为3种不同的转角效果。

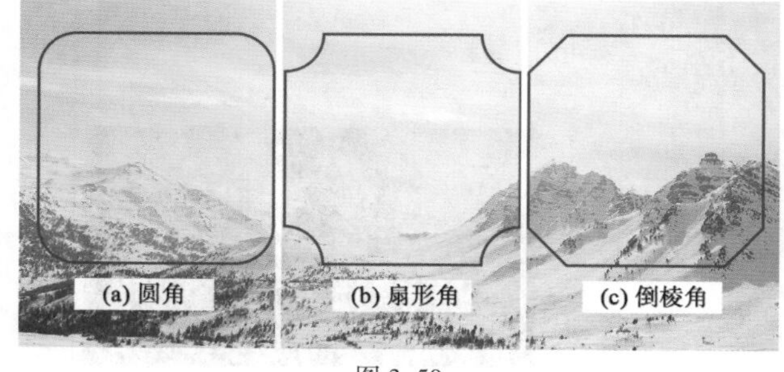

图 3–50

(1) 如果想要绘制圆角矩形，首先选择工具箱中的“矩形”工具□，然后单击属性栏中的“圆角”按钮▢，并设置转角的半径。如果在属性栏中单击激活“同时编辑所有角”按钮，使其处于锁定的状态🔒，然后设置转角的参数，此时只需输入一个转角的数值，其余3个数值将同时改变。设置完成后，在画面中按住鼠标左键拖曳，即可绘制圆角矩形，如图3-51所示。以同样的方式，单击“扇形角”按钮▢或“倒棱角”按钮▢，接着设置转角半径，即可得到扇形角矩形或倒棱角矩形，如图3-52和图3-53所示。

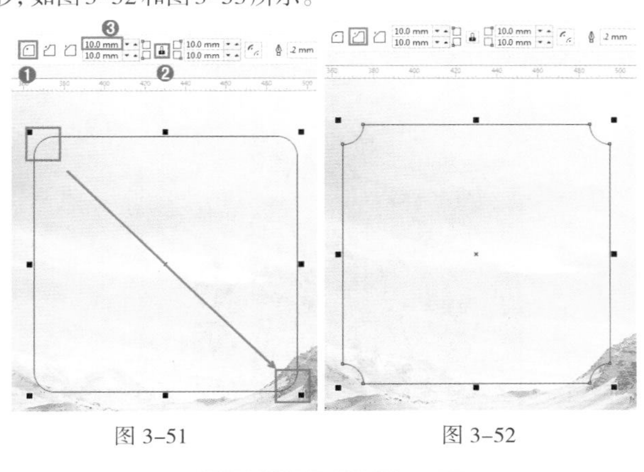

图 3-51　　图 3-52

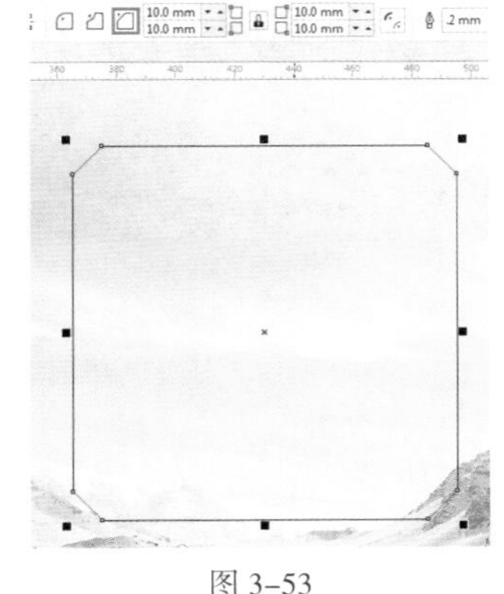

图 3-53

提示：绘制圆角矩形、扇形角矩形和倒棱角矩形的其他方法

默认情况下，使用“矩形”工具绘制的图形为普通的直角矩形。对于已经绘制好的矩形，可以选择矩形，然后单击属性栏中的“圆角”按钮▢、“扇形角”按钮▢和“倒棱角”按钮▢，接着调整“转角半径”，这样也能够制作出圆角矩形、扇形角矩形和倒棱角矩形。

(2) 也可以对单个的转角更改转角样式。选中需要调整的图形，单击“同时编辑所有角”按钮，使其处于“解锁”的状态🔓。然后可以对单个转角的参数进行调整。效果如图3-54所示。

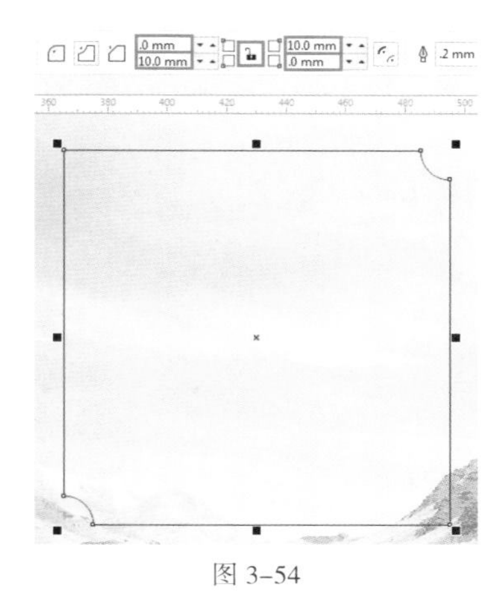

图 3-54

提示：手动调整转角半径的方法

选中绘制的矩形，单击工具箱中的“形状”工具，然后向矩形内拖曳黑色的控制点，如图3-55所示。此时虚线的部分为更改转角半径后的效果，调整到合适大小后松开鼠标左键，如图3-56所示。调整转角半径效果如图3-57所示。

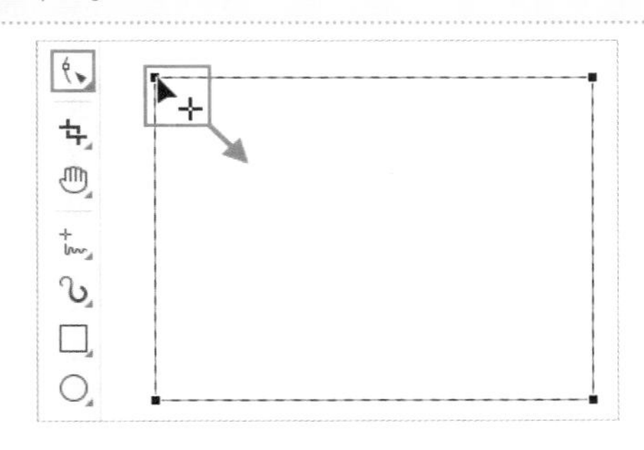

图 3-55

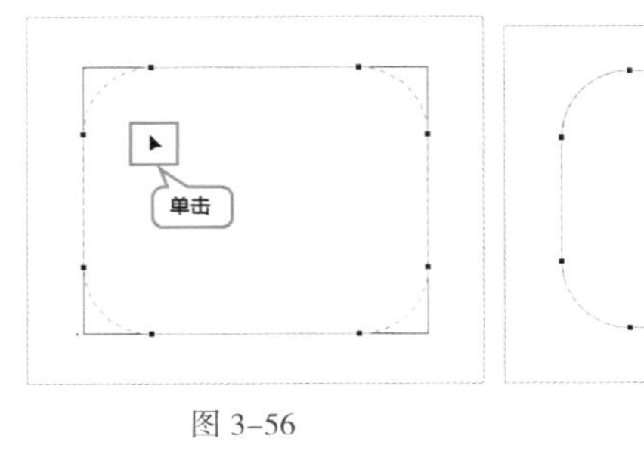

图 3-56　　图 3-57

3.2.3 “3点矩形”工具：绘制倾斜的矩形

单击“矩形”工具右下角的◢按钮，在弹出的工具列表中选择“3点矩形”工具。接着将光标移动到画面中，按住鼠标左键从一点移动到另一点，然后松开鼠标，连成的一条线为矩形的一条边，如图3-58所示。接着向另外的方向拖动

鼠标，然后单击鼠标左键完成矩形的绘制，如图3–59所示。使用“3点矩形”工具可以轻松绘制倾斜的矩形。

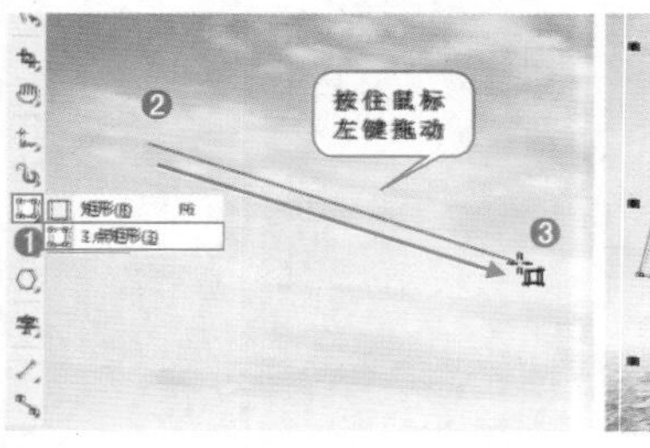

图 3–58

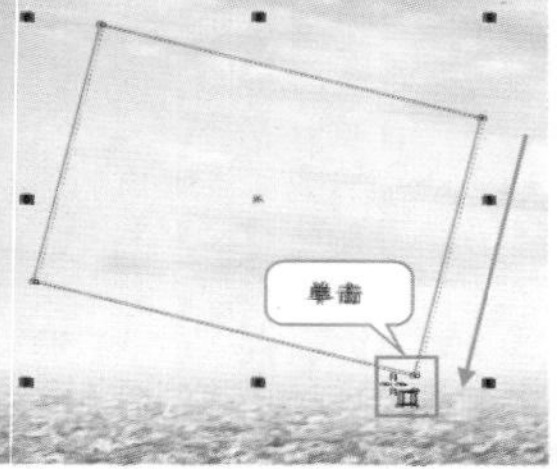

图 3–59

练习实例：使用“3点矩形”工具制作菱形版面

文件路径	资源包\第3章\练习实例：使用“3点矩形”工具制作菱形版面
难易指数	★★★★★
技术要点	“3点矩形”工具、“钢笔”工具

实例效果

本实例效果如图3–60所示。

扫一扫，看视频

图 3–60

操作步骤

步骤 01 执行“文件”–>“新建”命令，创建A4尺寸的纵向文档。

步骤 02 执行“文件”–>“导入”命令，在弹出的“导入”窗口中找到素材位置，选择素材1.jpg，单击“导入”按钮，如图3–61所示。接着在画面中按住鼠标左键拖动，松开鼠标后完成导入操作，如图3–62所示。

图 3–61

图 3–62

步骤 03 选择工具箱中的“3点矩形”工具，接着将光标移到左上方，按住鼠标左键向右下方拖曳，到合适位置后松开鼠标，如图3–63所示。接着向右上方拖曳(此时不需要按住鼠标左键)，拖曳到相应位置后单击，即可创建矩形，如图3–64所示。

图 3–63

图 3-64

步骤 04 选中绘制的图形，单击窗口右侧调色板中的深灰色色块为其填充深灰色，接着右击“无”按钮☐去除轮廓色，如图3-65所示。以同样的方式绘制其他的图形，如图3-66所示。

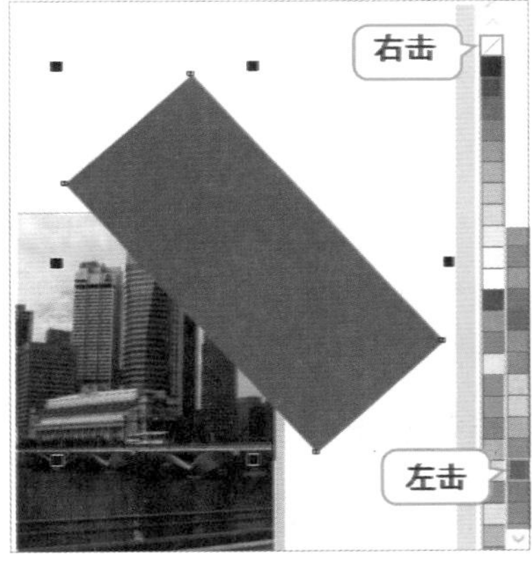

图 3-65

图 3-66

步骤 05 选择工具箱中的“3点矩形”工具☐，接着将光标移至画面下方的位置。按住鼠标左键向右下方拖曳，到合适位置后松开鼠标，如图3-67所示。接着向右上方拖曳(此时不需要按住鼠标左键)，拖曳到相应位置后单击，即可创建矩形，如图3-68所示。

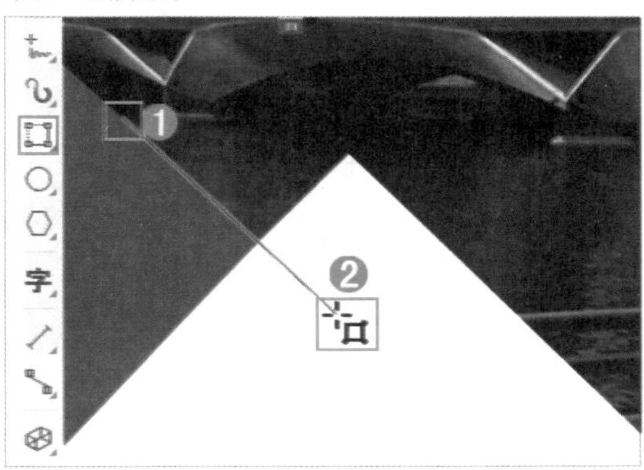

图 3-67

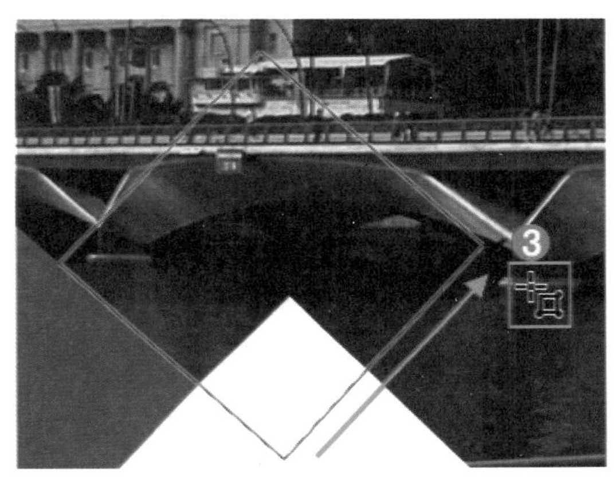

图 3-68

步骤 06 选择该图形，设置其填充色为黑色，轮廓色为无，如图3-69所示。选择该图形，单击工具箱中的“透明度工具”按钮☐，接着单击属性栏中的“均匀透明度”按钮☐，然后设置“透明度”为30。效果如图3-70所示。

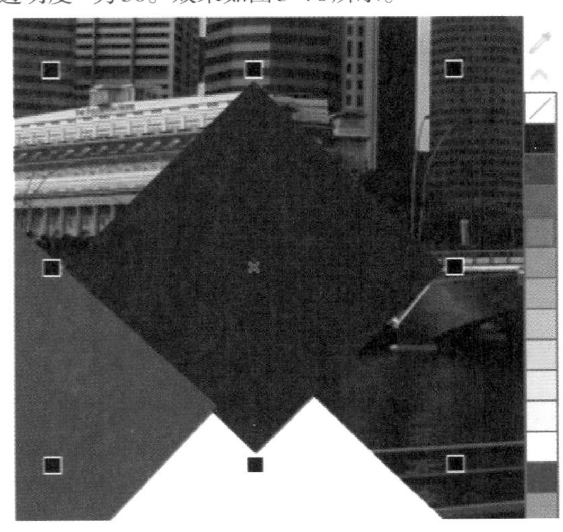

图 3-69

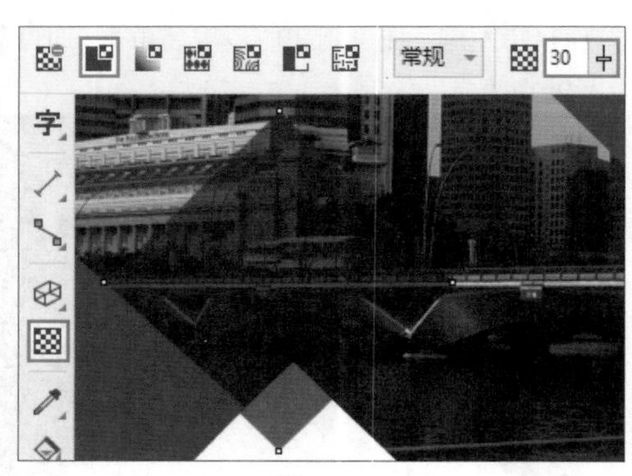

图 3-70

步骤 07 选择该图形，多次执行“对象”->“顺序”->“向后一层”命令，将这个半透明图形移动至白色三角形的后方，如图3-71所示。继续使用该方法绘制其他的菱形，如图3-72所示。

图 3-71

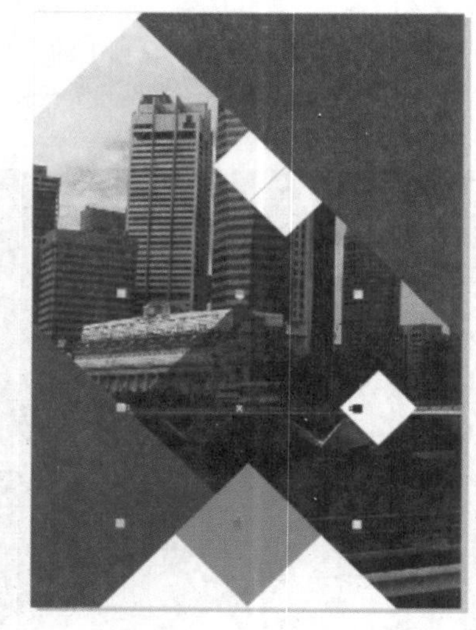

图 3-72

步骤 08 单击工具箱中的“椭圆形”工具按钮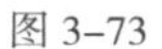，按住Ctrl键绘制一个正圆，并将其填充为橙色，如图3-73所示。以同样的方式绘制其他图形，如图3-74所示。

图 3-73

图 3-74

步骤 09 单击工具箱中的“2点线”工具按钮，在版面的右上角按住鼠标左键拖曳，到合适的长度后松开鼠标，即可绘制一段直线。选中该直线，鼠标右击调色板中的白色色块，设置其轮廓色为白色。接着在属性栏中设置“轮廓宽度”为2.0px，如图3-75所示。以同样的方式绘制其他直线，如图3-76所示。

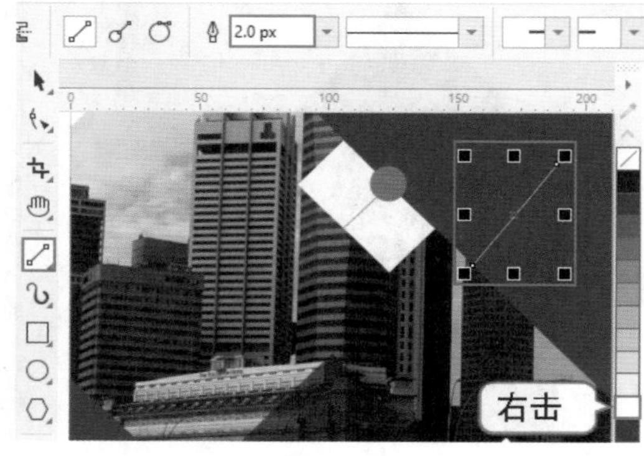

图 3-75

图 3-76

步骤 10 执行“文件”->“导入”命令，导入素材2.cdr。效果如图3-77所示。

步骤 11 由于此时画面四周仍有多余的图形，因此选中画面全部对象。单击工具箱中的“裁切工具”，在画面中按住鼠标左键拖动，如图3–78所示。最终效果如图3–60所示。

图 3–77

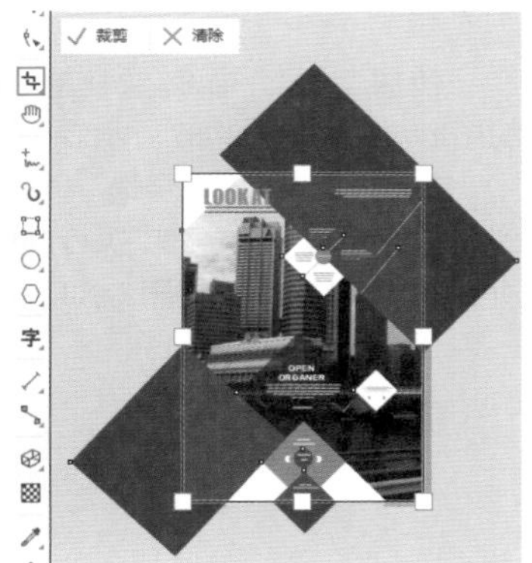

图 3–78

3.3 选择对象

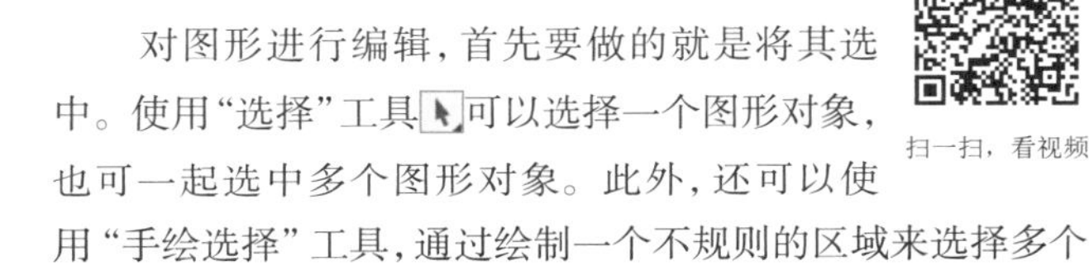

扫一扫，看视频

对图形进行编辑，首先要做的就是将其选中。使用“选择”工具可以选择一个图形对象，也可一起选中多个图形对象。此外，还可以使用“手绘选择”工具，通过绘制一个不规则的区域来选择多个对象。

重点 3.3.1 动手练：使用“选择”工具选择对象

1. 选择一个对象

单击工具箱中的“选择”工具按钮，将光标移动至需要选择的对象上方，单击鼠标左键即可将其选中，如图3–79所示。此时选中的对象周围会出现8个黑色正方形控制点，如图3–80所示。

图 3–79

图 3–80

2. 加选多个对象

如果想要加选画面中的其他对象，可以按住 Shift 键并单击要选择的对象，如图3–81和图3–82所示。

图 3–81

图 3–82

3. 框选对象

还可以通过“框选”的方式选中多个对象。在工具箱中选择“选择”工具，在需要选取的对象周围按住鼠标左键拖曳出一个矩形框，如图3–83所示。松开鼠标，框内的对象将被选中，如图3–84所示。

图 3-83

图 3-84

3.3.2 “手绘选择”工具

选择工具箱中的“手绘选择”工具，然后在画面中按住鼠标左键拖动，即可随意地绘制需要选择对象的范围，范围以内的部分则被选中，如图3-85和图3-86所示。

图 3-85

图 3-86

重点 3.3.3 全选对象

使用“全选”命令(快捷键Ctrl+A)可选中画面中未锁定的图形对象，如图3-87所示。

执行“编辑”->“全选”命令，在弹出的子菜单中可以看到四种可供选择的类型，执行其中某项命令即可选中文档中所有该类型的对象，如图3-88所示。

图 3-87

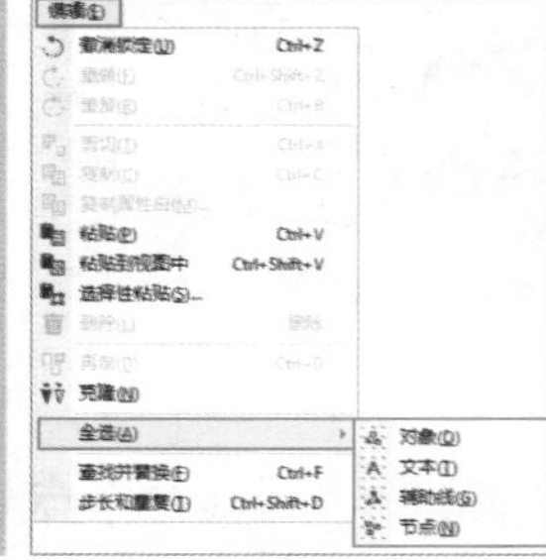

图 3-88

重点 3.3.4 复制与粘贴

“复制”是指将文件从一处备份一份完全一样的到另一处，而原来的一份依然保留。复制与粘贴是两个密切相联的操作，如果不进行“粘贴”，那么“复制”就没有意义。

使用“选择”工具单击选择一个图形，然后执行“编辑”->“复制”命令(快捷键Ctrl+C)，此时选中的对象将被复制到剪切板中，但是画面中没有变化，如图3-89所示。

接着执行“编辑”->“粘贴”命令(快捷键Ctrl+V)，然后使用“选择”工具移动图形位置，即可看到图形被复制了一份，如图3-90所示。

图 3-89

图 3-90

练习实例：复制图形并进行调整，制作画册封面

文件路径	资源包\第3章\练习实例：复制图形并进行调整，制作画册封面
难易指数	★★★★★
技术要点	“矩形”工具、“多边形”工具、“选择”工具、复制、粘贴

实例效果

本实例效果如图3-91所示。

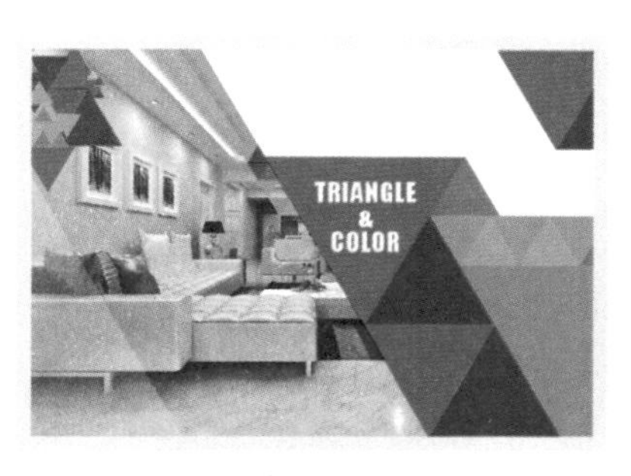

扫一扫，看视频

图 3-91

操作步骤

步骤 01 执行“文件”->“新建”命令，创建A4尺寸的横向文档，如图3-92所示。

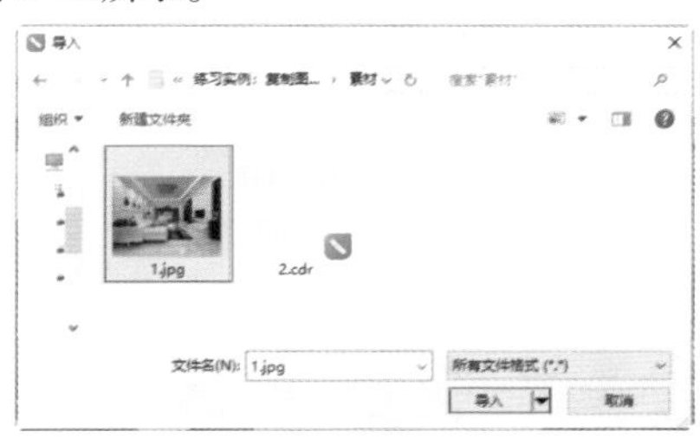

图 3-92

步骤 02 执行“文件”->“导入”命令，在弹出的“导入”窗口中找到素材位置，选择素材1.jpg，单击“导入”按钮。接着在画面中按住鼠标左键拖动，松开鼠标后完成导入操作，如图3-93所示。

图 3-93

步骤 03 选择工具箱中的“钢笔工具”，绘制倒梯形，如图3-94所示。选中梯形，单击窗口右侧调色板中的白色色块为其填充白色，接着右击“无”按钮去除轮廓色，如图3-95所示。

图 3-94

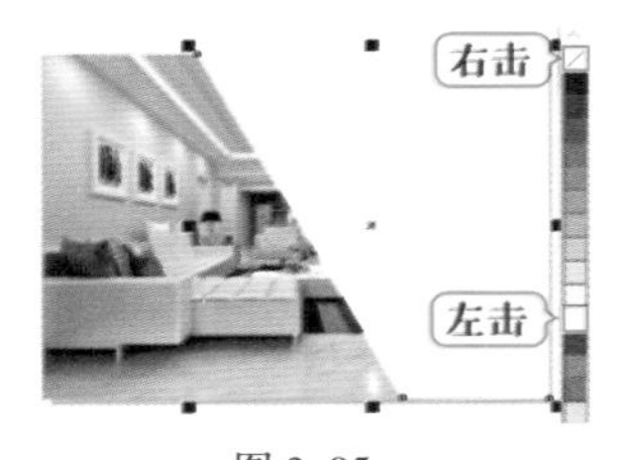

图 3-95

步骤 04 单击工具箱中的“多边形”工具，在属性栏中设置“点数和边数”为3，“锐度”为0.2mm，绘制一个三角形，如图3-96所示。选中绘制的图形，单击工具箱中的“交互式填充”工具按钮，单击属性栏中的“均匀填充”按钮，设置“填充色”为深蓝色，然后在调色板中右击“无”按钮去除轮廓色，如图3-97所示。

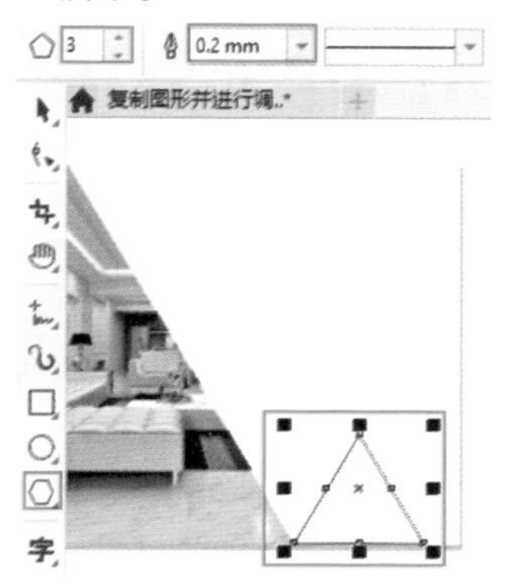

图 3-96

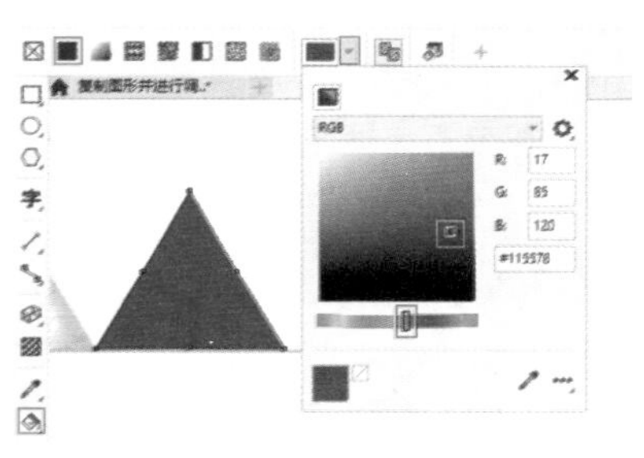

图 3-97

步骤 05 选中绘制的三角形，按住鼠标左键拖曳至合适的位置后右击，即可复制出一个对象，如图3-98所示。以同样的方式绘制其他图形，如图3-99所示。

图 3-98

图 3-99

步骤 06 选择工具箱中的“钢笔”工具，绘制一个三角形，并将其填充为白色，如图3-100所示。接着单击工具箱中的“透明度工具”按钮，然后单击属性栏中的“均匀透明度”按钮，设置“透明度”为70，如图3-101所示。

图 3-100

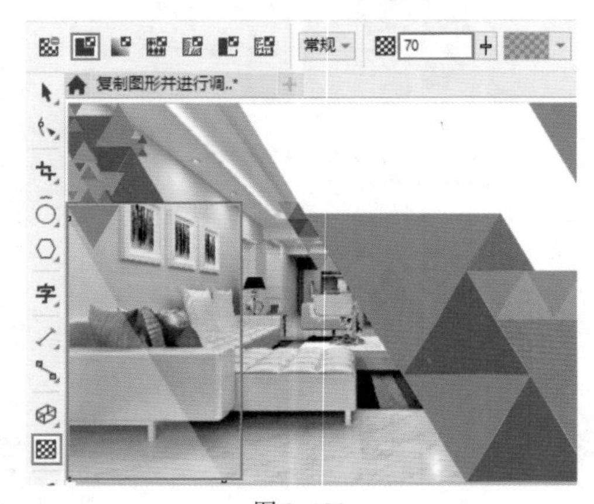

图 3-101

步骤 07 执行“文件”->“导入”命令，导入素材2.cdr，将文字摆放在版面上合适的位置，如图3-102所示。

图 3-102

步骤 08 单击工具箱中的“矩形”工具按钮，绘制一个与画板等大的矩形。接着选中该矩形，双击界面右下角的“轮廓笔”按钮，在弹出的“轮廓笔”窗口中设置“宽度”为8mm，“颜色”为浅灰色，单击OK按钮完成设置，得到一个边框，如图3-103所示。最终效果如图3-104所示。

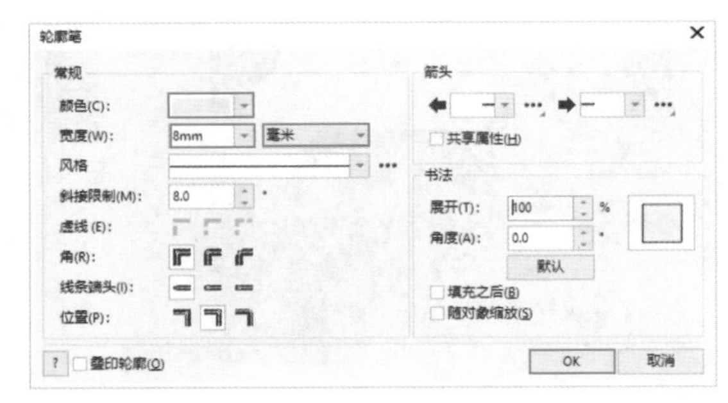

图 3-103

图 3-104

重点 3.3.5 剪切与粘贴

选择一个对象，执行“编辑”->“剪切”命令(快捷键Ctrl+X)，如图3-105所示。此时选择的对象被复制到剪切板中，但画面中不会显示该图形，如图3-106所示。

接着执行“编辑”->“粘贴”命令(快捷键Ctrl+V)，图形被粘贴到画面中原来的位置，并且在画面的最前端，如图3-107所示。

图 3-105

图 3-106

图 3-107

提示：剪切的小提示

进行“剪切”操作后，就不要再进行其他的“复制”或“剪切”操作了，否则第一次“剪切”的对象将被删除。这是因为“剪切板”内只能存放一个对象。

3.4 使用“椭圆形”工具

扫一扫，看视频

椭圆形工具组中包括两种工具：“椭圆形”工具和“3点椭圆形”工具，如图3-108所示。使用这两种工具可以绘制椭圆形、正圆形、饼形和弧形。在设计中圆形可以作为一个“点”，也可以作为“面”，不同的设计方式给人的感觉也不同。圆形在生活中比较常见，只要在设计中赋予其创意，就能产生截然不同的感觉。

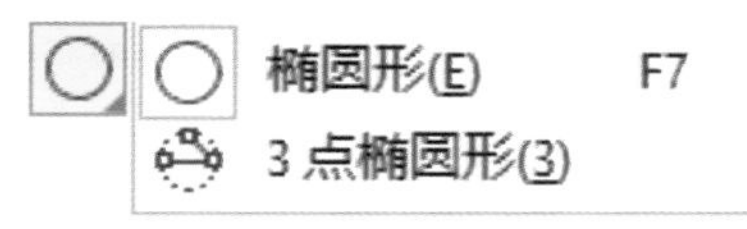

图3-108

重点 3.4.1 动手练：绘制椭圆形与正圆形

单击“椭圆形”工具按钮，然后在画面中按住鼠标左键拖曳，如图3-109所示。释放鼠标即可完成绘制，如图3-110所示。在绘制过程中按住Ctrl键拖动鼠标，可以绘制出正圆，如图3-111所示。

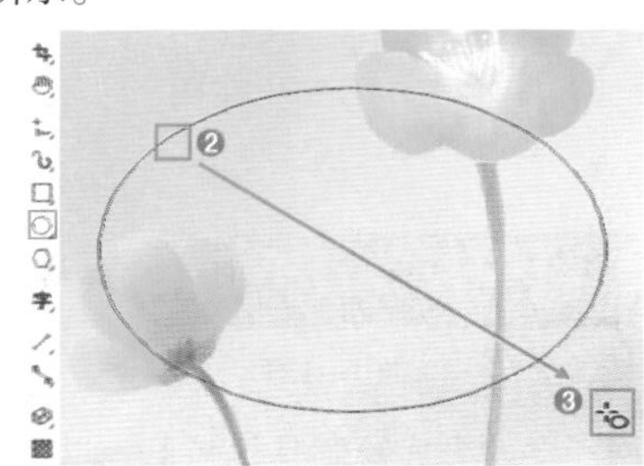

图3-109

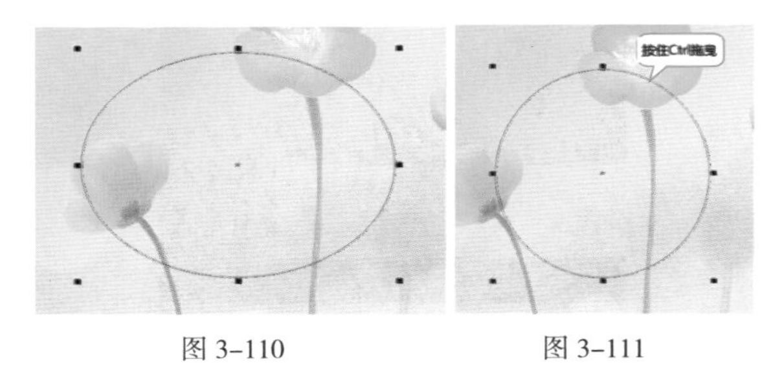

图3-110　　图3-111

重点 3.4.2 动手练：绘制饼形和弧线

饼形和弧线可以说是圆形的一部分，所以使用“椭圆形”工具时，通过一定的设置也可以得到饼形和弧线。

1. 绘制饼形和弧线

单击工具箱中的“椭圆形”工具按钮，然后单击属性栏中的“饼图”按钮，在 .0° 数值框内设置饼图起始点的位置，在 270.0° 数值框内设置饼图终点的位置，设置完成后在画面中按住鼠标左键拖曳，即可绘制饼图，如图3-112所示。绘制弧线的方法与此类似，单击属性栏中的“弧”按钮，即可绘制弧线，如图3-113所示。

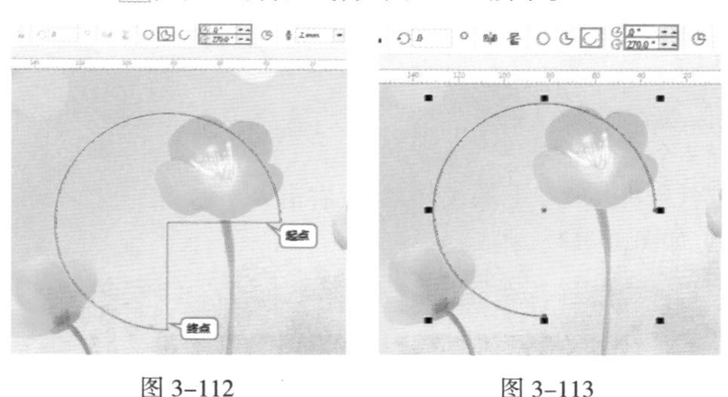

图3-112　　图3-113

2. 更改饼图或弧线的方向

选择绘制完成的饼图或弧线，如图3-114所示。单击属性栏中的“更改方向”按钮，即可切换饼图或弧形的方向，如图3-115所示。

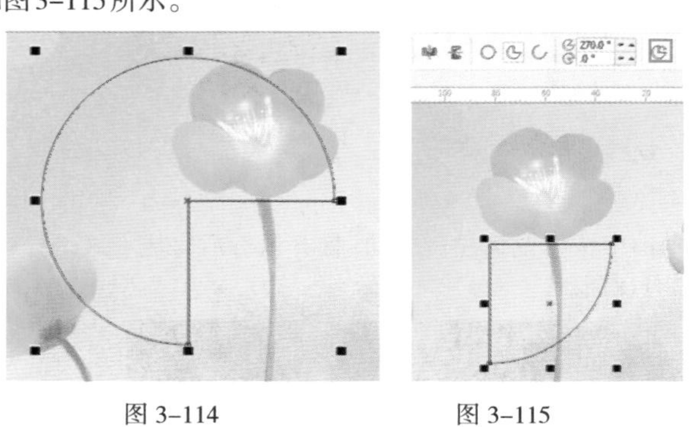

图3-114　　图3-115

练习实例：制作简单的统计图表

文件路径	资源包\第3章\练习实例：制作简单的统计图表
难易指数	★★★★★
技术要点	“矩形”工具、“椭圆形”工具

扫一扫，看视频

实例效果

本实例效果如图3-116所示。

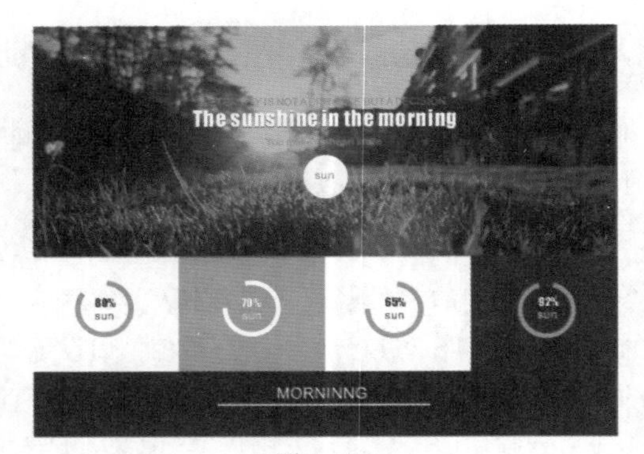

图 3-116

操作步骤

步骤 01 执行“文件”->“新建”命令，创建A4尺寸的横向文档。

步骤 02 双击工具箱中的“矩形”工具按钮，即可快速绘制一个与画板等大的矩形。选中该矩形，单击调色板中的深灰色色块为其填充深灰色，然后右击“无”按钮去除轮廓色，如图3-117所示。

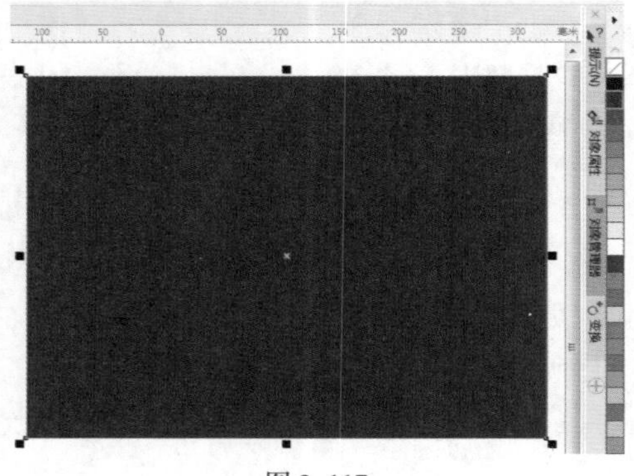
图 3-117

步骤 03 执行“文件”->“导入”命令，在弹出的“导入”窗口中找到素材位置，选择素材1.jpg，单击“导入”按钮。接着在画面中按住鼠标左键拖动，松开鼠标后完成导入操作，如图3-118所示。

图 3-118

步骤 04 使用“矩形”工具在相应位置绘制矩形，并填充合适的颜色，如图3-119所示。

图 3-119

步骤 05 单击工具箱中的“椭圆形”工具按钮，在画布上绘制圆形。然后选中该图形，在属性栏中单击“弧”按钮，设置“起始和结束角度”为300.0°，并适当旋转该图形，如图3-120所示。

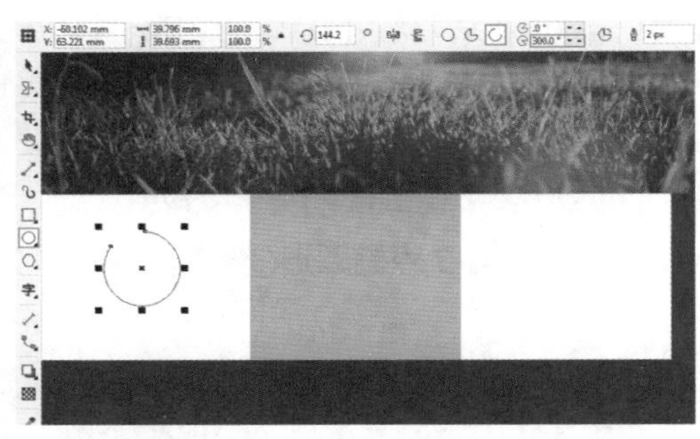
图 3-120

步骤 06 选中该弧形，在调色板中选择一种合适的颜色，右击为其设置轮廓色；接着在属性栏中设置轮廓“宽度”为45px，如图3-121所示。

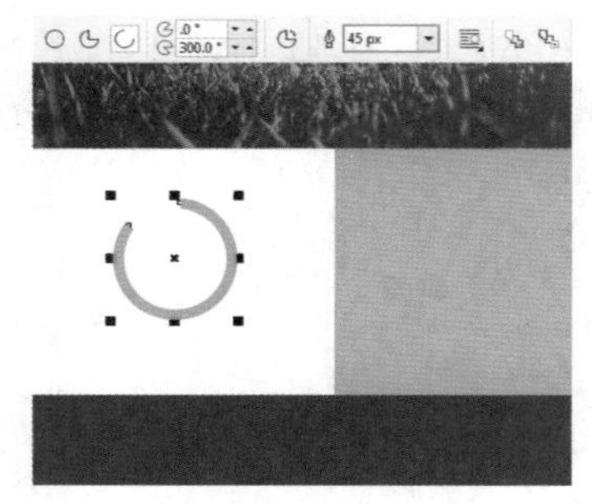
图 3-121

步骤 07 使用同样的方式绘制其他弧形，如图3-122所示。

图 3-122

步骤 08 选择工具箱中的“椭圆形”工具，按住Ctrl键在画布上绘制一个正圆，然后为其填充白色，如图3-123所示。执行“文件”->“导入”命令，导入素材2.cdr。最终效果如图3-116所示。

图 3-123

3.4.3 “3点椭圆形”工具：绘制倾斜的椭圆形

选择工具箱中的“3点椭圆形”工具，在绘图区按住鼠标左键拖动，拖动到合适长度(该长度为椭圆的一个直径)后释放鼠标，如图3-124所示。然后向另一个方向拖曳鼠标以确定椭圆形的另一个直径大小，单击鼠标左键完成椭圆的绘制，如图3-125所示。“3点椭圆形”工具适用于创建倾斜的椭圆形。

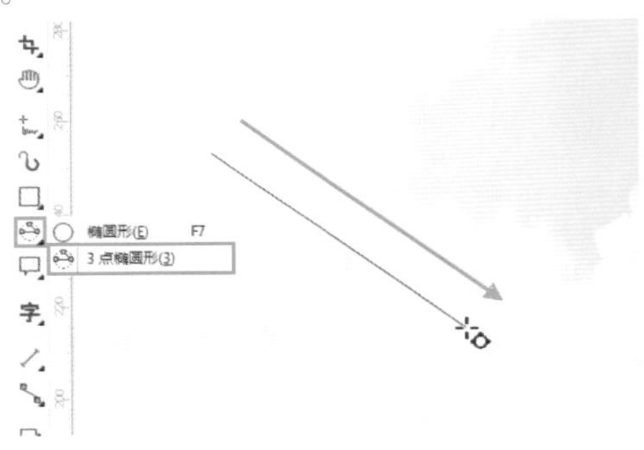

图 3-124

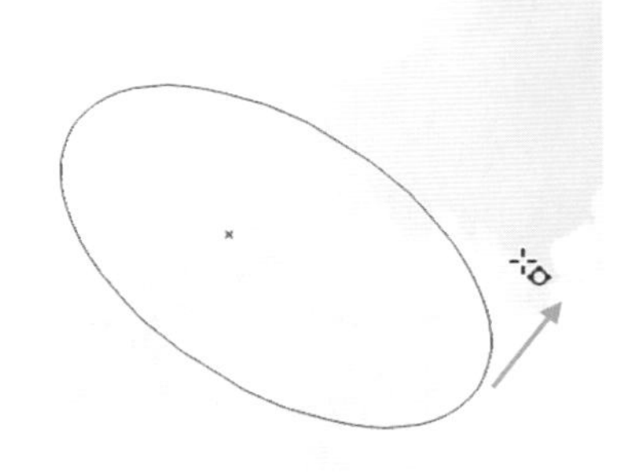

图 3-125

重点 3.5 多边形：不同边数的多边形

“多边形”工具常用于绘制边数为三和三以上的多边形，除此之外，还可以通过调整多边形上的控制点制作出多种奇特的星形。

扫一扫，看视频

单击工具箱中的“多边形”工具按钮，在属性栏的“点数或边数”数值框 5 内输入多边形的边数，然后在绘图区按住鼠标左键拖动，松开鼠标完成多边形的绘制，如图3-126所示。

绘制完成后的多边形，还可以更改边数。选中多边形，在属性栏中的“点数或边数”数值框内输入新的数值，然后按Enter键即可更改边数，如图3-127所示。

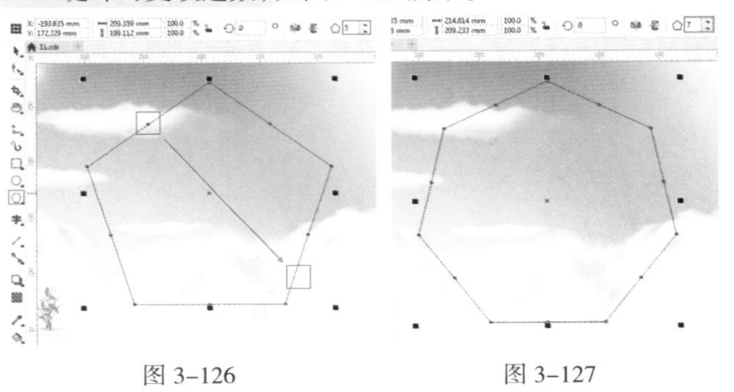

图 3-126　　图 3-127

举一反三：在多边形基础上制作其他图形

在图形未转换为曲线之前，是可以使用“形状”工具调整图形外观的。针对不同的图形，调整出的效果也是不同的。在多边形的基础上可以使用“形状”工具调整出类似星形的几何图形。

(1) 首先绘制一个多边形，然后选择工具箱中的“形状”工具，在形状上单击显示控制点，随后按住鼠标左键拖动控制点。在拖动过程中虚线部分是变化后的图形，我们可以根据虚线部分的形状确定图形效果，调整完成后松开鼠标，即可完成变形操作，如图3-128~图3-130所示。

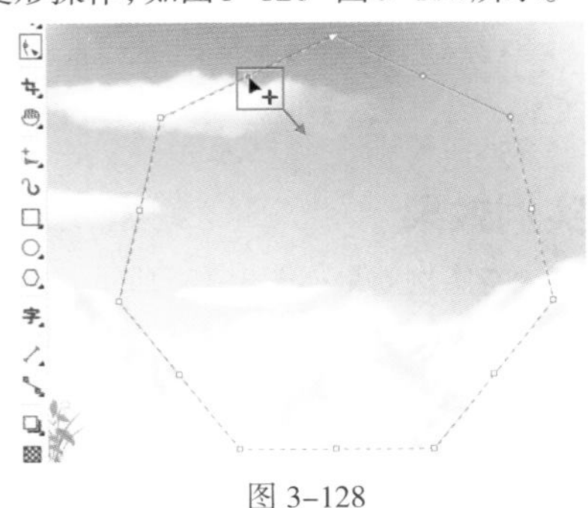

图 3-128

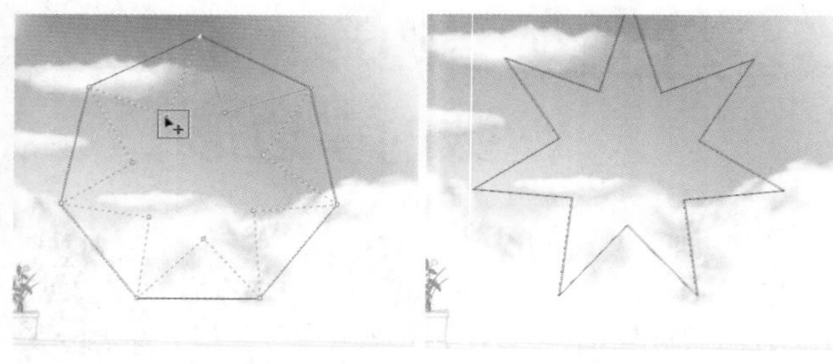

图 3-129　　　　图 3-130

（2）学习的过程中最重要的就是尝试，就拿这个七边形来说，不仅能变成七角星，在按住鼠标左键调整控制点位置的时候，不同的位置还能变幻出其他有趣的几何图形，如图3-131~图3-134所示。

图 3-131　　　　图 3-132

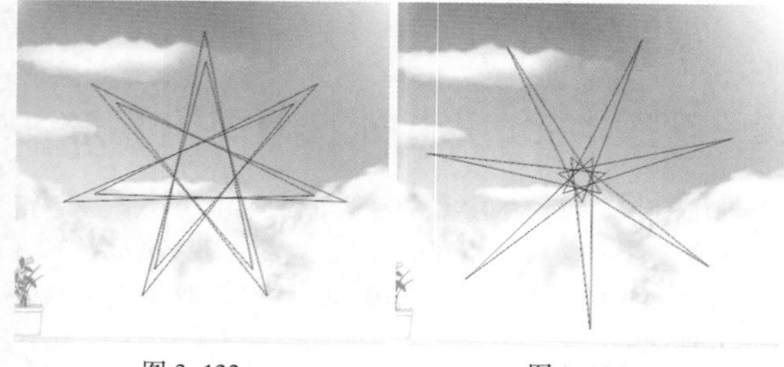

图 3-133　　　　图 3-134

视频课堂：使用"多边形"工具制作简约海报

文件路径	资源包\第3章\视频课堂：使用"多边形"工具制作简约海报
难易指数	★★★★★
技术要点	"多边形"工具

扫一扫，看视频

实例效果

本实例效果如图3-135所示。

图 3-135

练习实例：使用"多边形"工具制作服装海报

文件路径	资源包\第3章\练习实例：使用"多边形"工具制作服装海报
难易指数	★★★★★
技术要点	"多边形"工具、"钢笔"工具

扫一扫，看视频

实例效果

本实例效果如图3-136所示。

图 3-136

操作步骤

步骤 01 执行"文件"->"导入"命令，在弹出的"导入"窗口中找到素材位置，选择素材1.jpg，单击"导入"按钮。接着在画面中按住鼠标左键拖动，松开鼠标后完成导入操作，如图3-137所示。

图 3-137

步骤 02 单击工具箱中的"多边形"工具按钮，在属性栏中设置"点数或边数"为3，然后按住鼠标左键拖曳绘制一个三角形，如图3-138所示。

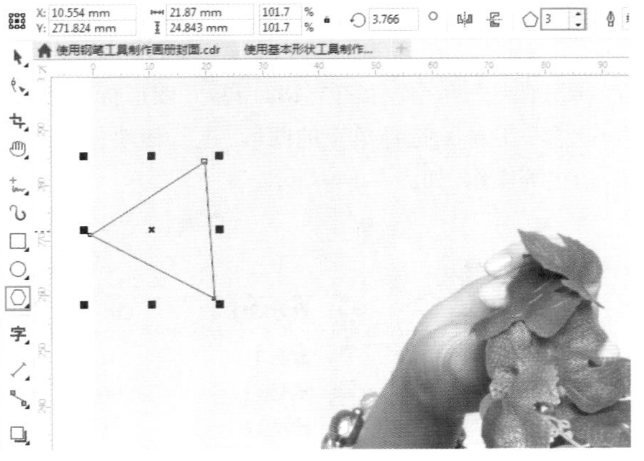

图 3-138

步骤 03 选中该图形，双击界面右下角的填充色色块，在弹出的"编辑填充"窗口中单击顶部的"均匀填充"按钮，接着在下方滑动颜色滑块选择一个适合的色相，在左侧色域中单击选中粉色，单击OK按钮完成颜色的设置，如图3-139所示。

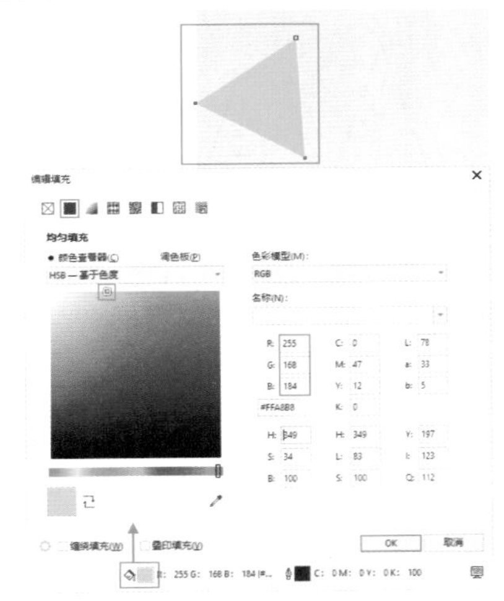

图 3-139

步骤 04 以同样的方式绘制其他图形，如图3-140所示。

图 3-140

步骤 05 选择工具箱中的"钢笔"工具，在页面左上角通过多次单击绘制出四边形，最后将光标定位到起点处，得到闭合路径，如图3-141所示。接着选中这个图形，设置其填充色为白色，并去除轮廓色，如图3-142所示。

图 3-141　　图 3-142

步骤 06 用同样的方法使用"钢笔工具"绘制左下角的图形，如图3-143所示。

图 3-143

步骤 07 打开素材2.cdr，框选需要使用的文字对象，使用"复制"命令(快捷键Ctrl+C)，接着回到当前文件中使用"粘贴"命令(快捷键Ctrl+V)，粘贴到当前文档中，并移动到合适的位置上。最终效果如图3-144所示。

图 3-144

重点 3.6 “星形”工具

扫一扫，看视频

使用“星形”工具☆可以绘制不同边数、不同锐度的简单星形和复杂星形。选择工具箱中的“星形”工具☆，在属性栏中单击“星形”按钮☆，接着设置合适的“点数或边数”以及“锐度”，然后在绘图区按住鼠标左键拖动，确定星形的大小后释放鼠标，如图3-145所示。对于已经绘制好的星形，其“锐度”也可以使用“形状”工具拖曳控制点进行调整。效果如图3-146所示。

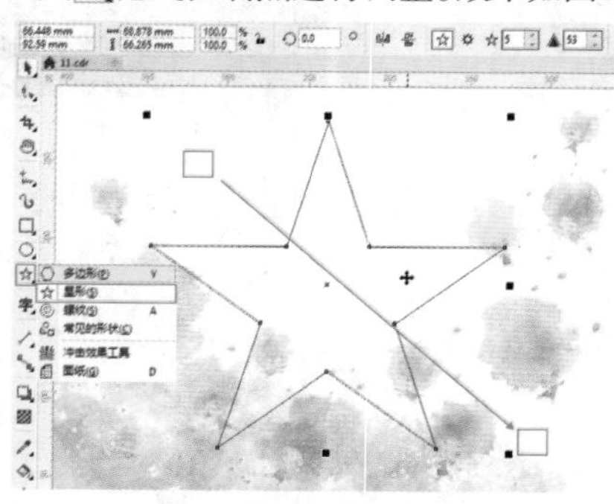

图 3-145

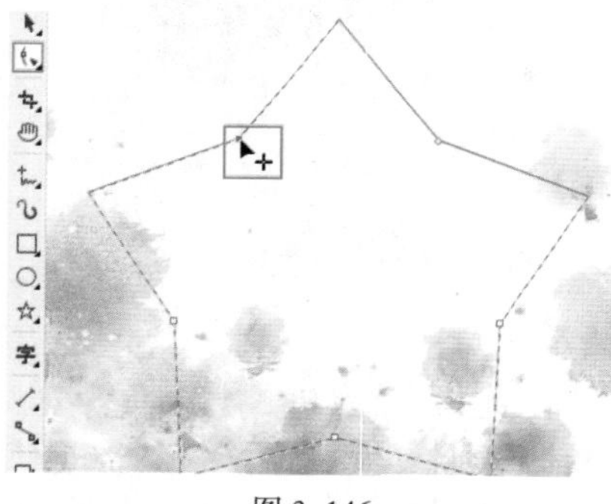

图 3-146

单击属性栏中的“复杂星形”按钮，设置“点数或边数”和“锐度”，然后在绘图区按住鼠标左键拖动，释放鼠标后即可得到复杂星形，如图3-147所示。

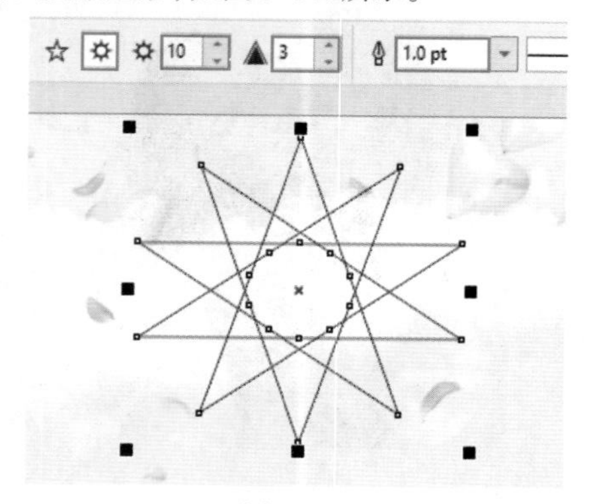

图 3-147

复杂星形是由多个几何图形组合而成的，可以将复杂星形转换为曲线后进行拆分，从而得到多个几何图形。

选择绘制好的复杂星形，执行“对象”->“转换为曲线”命令(快捷键Ctrl+Q)，使其失去图形的属性。接着执行“对象”->“拆分曲线”命令(快捷键Ctrl+K)，或者在星形上右击，执行“拆分曲线”命令，如图3-148所示。图形拆分后，可以使用“选择”工具选择单个的图形，进行移动、删除，设置填充、描边等操作，如图3-149所示。

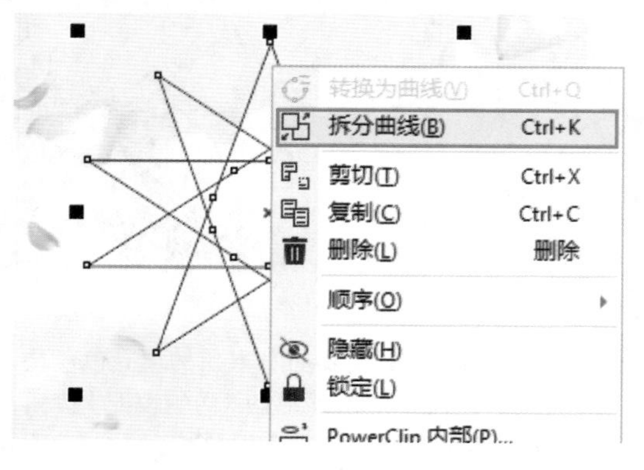

图 3-148

图 3-149

- 10 点数或边数：设置星形的“点数或边数”，数值越大，星形角数就越多，如图3-150和图3-151所示。

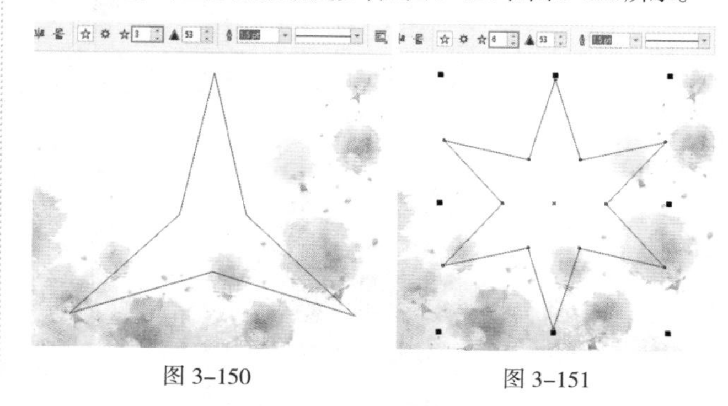

图 3-150　　图 3-151

- 53 锐度：设置星形上每个角的“锐度”，数值越大，每个角就越尖，如图3-152和图3-153所示。

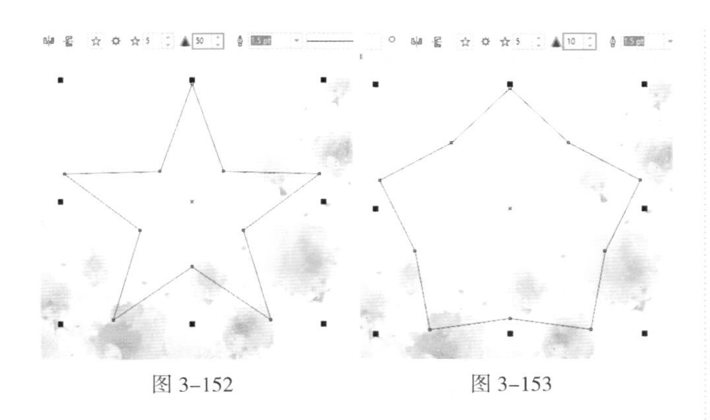

图 3-152　　图 3-153

练习实例：制作几何感卡片

文件路径	资源包\第3章\练习实例：制作几何感卡片
难易指数	★★★★★
技术要点	“星形”工具、“矩形”工具

扫一扫，看视频

实例效果

本实例效果如图 3-154 所示。

图 3-154

操作步骤

步骤 01　执行“文件”->“新建”命令，创建A4尺寸的横向文档。双击工具箱中的“矩形”工具按钮□，即可快速绘制一个与画板等大的矩形，如图3-155所示。选中该矩形，单击调色板中的灰色色块为其填充灰色，然后右击“无”按钮╱去除轮廓色，如图3-156所示。

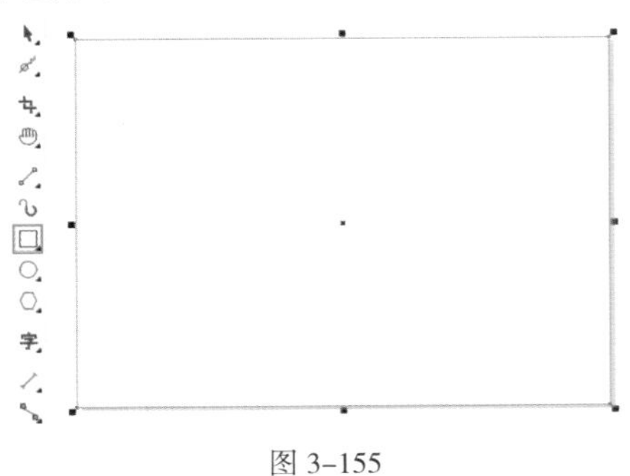

图 3-155

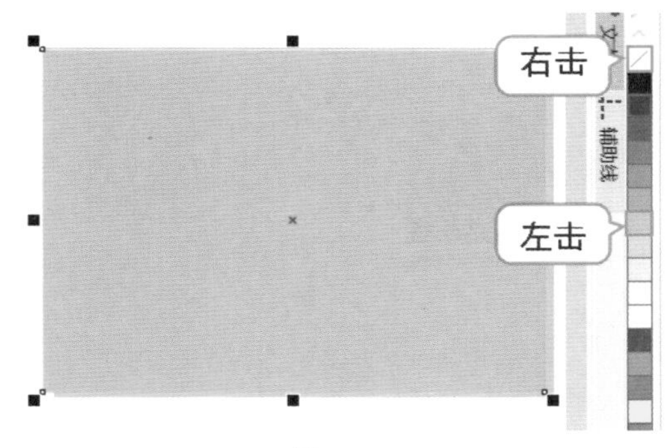

图 3-156

步骤 02　使用“矩形”工具绘制一个矩形，并设置其填充色为深灰色，如图3-157所示。选中该图形，按快捷键Ctrl+C进行复制，然后按快捷键Ctrl+V进行粘贴。将前方的矩形向左上移动，然后将其填充为浅灰色。效果如图3-158所示。

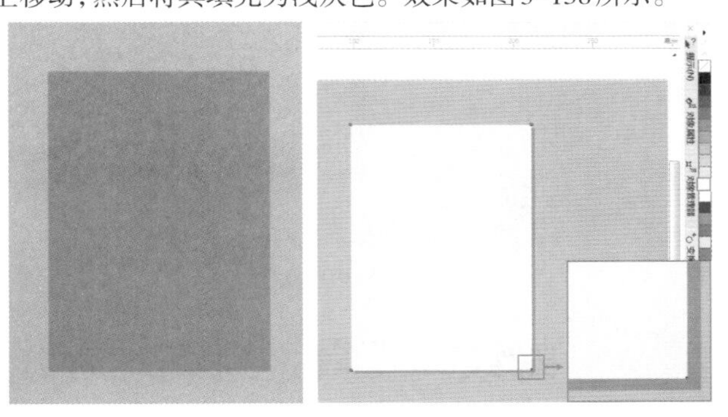

图 3-157　　图 3-158

步骤 03　选择工具箱中的“星形”工具☼，单击属性栏中的“复杂星形”按钮，设置“点数或边数”为11，“锐度”为2，然后按住Ctrl键绘制星形，如图3-159所示。选中绘制的星形，单击工具箱中的“交互式填充”工具按钮◈，在属性栏中单击“均匀填充”按钮■，设置“填充色”为粉色，然后在调色板中右击“无”按钮╱去除轮廓色，如图3-160所示。

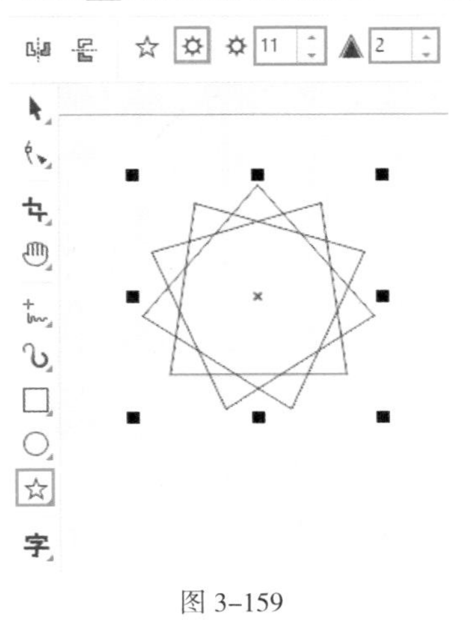

图 3-159

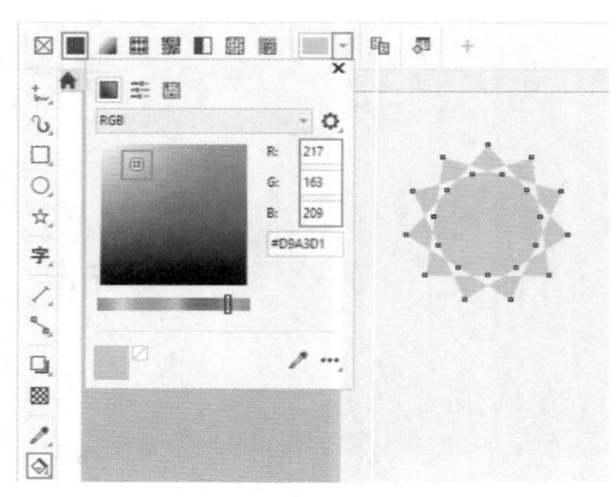

图 3-160

步骤 04 执行“文件”->“导入”命令，导入素材1.cdr，将文字摆放在版面上合适的位置。最终效果如图3-161所示。

图 3-161

3.7 “螺纹”工具：绘制螺旋线

扫一扫，看视频

“螺纹”工具用于绘制螺旋线。在工具箱中选择“形状”工具组中的“螺纹”工具，在属性栏中设置合适的参数，然后在画面中按住鼠标左键拖曳，松开鼠标即可完成螺旋线的绘制，如图3-162所示。

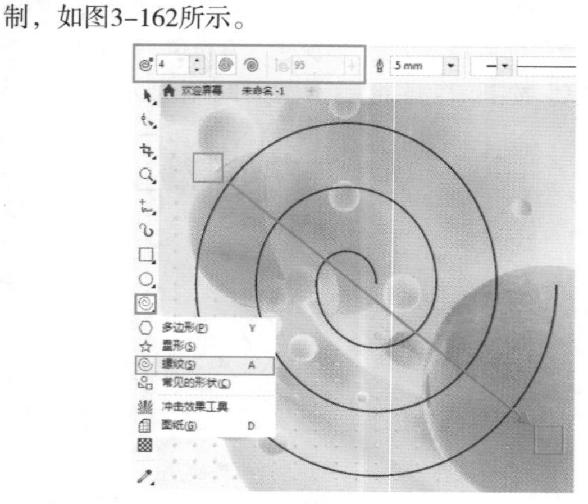

图 3-162

- 螺纹回圈：设置新的螺纹对象中要显示的完整的圆形回圈。如图3-163和图3-164所示是“螺纹回圈”分别为3和10时的对比效果。

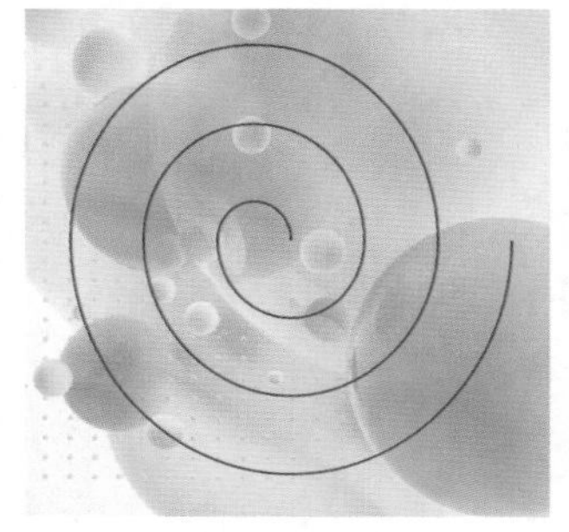

图 3-163

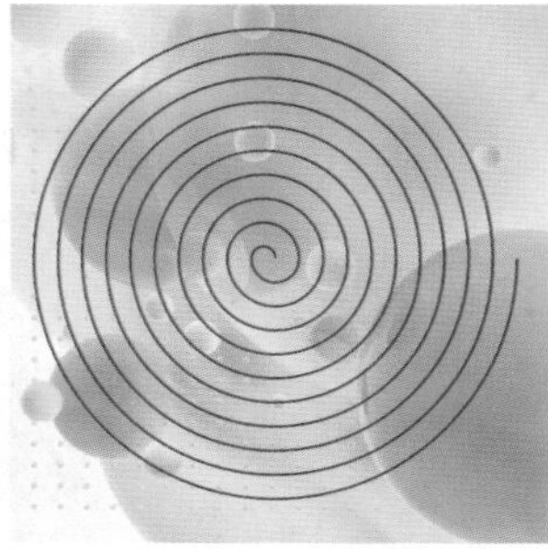

图 3-164

- 对称式螺纹：对新的螺纹对象应用均匀回圈间距，如图3-165所示。
- 对数螺纹：对新的螺纹对象应用更紧凑的回圈间距，如图3-166所示。

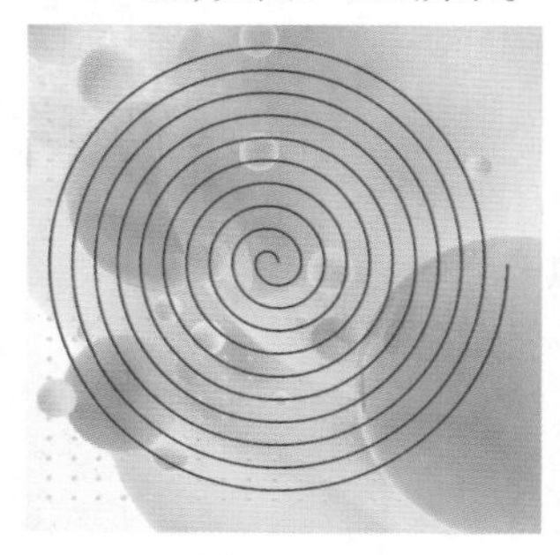

图 3-165

图 3-166

- 螺纹扩展参数：更改新的螺纹向外扩展的速率。如图3-167和图3-168所示是“螺纹扩展参数”分别为40和100时的对比效果。

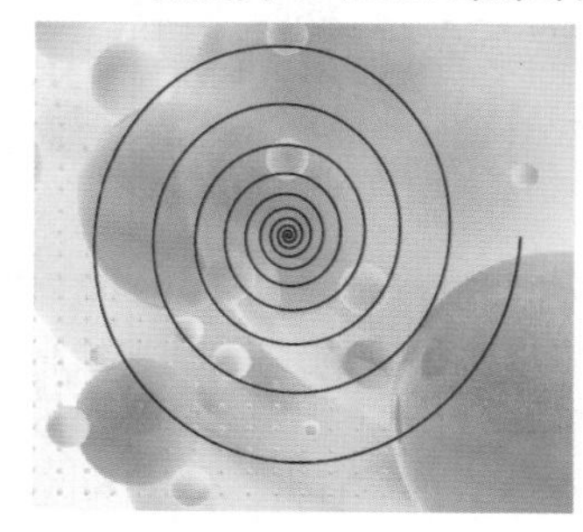

图 3-167

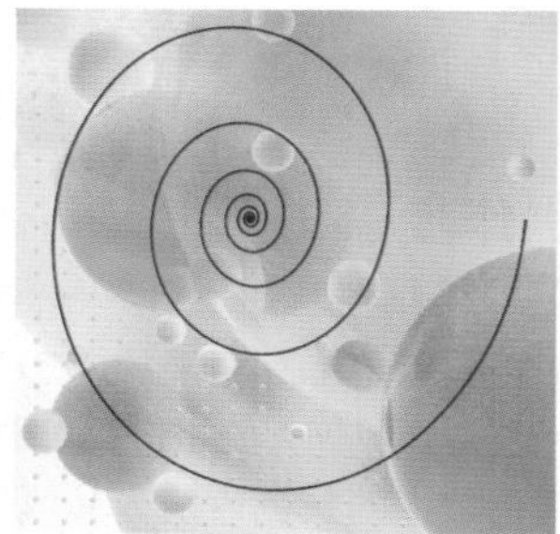

图 3-168

3.8 “常见的形状”工具：绘制常见图形

扫一扫，看视频

使用“常见的形状”工具可以绘制多种系统内置的图形效果。选择工具箱中的“常见的形状”工具，然后单击属性栏中的“常用形状”按钮，在弹出的下拉面板中选择一个合适的图形。接着在画面中按住鼠标左键拖曳，即可绘制出所需图形。

绘制出的图形上方有一个红色的控制点，使用“形状”

工具拖曳红色控制点，即可对所绘图形形状进行变形，如图3-169和图3-170所示。

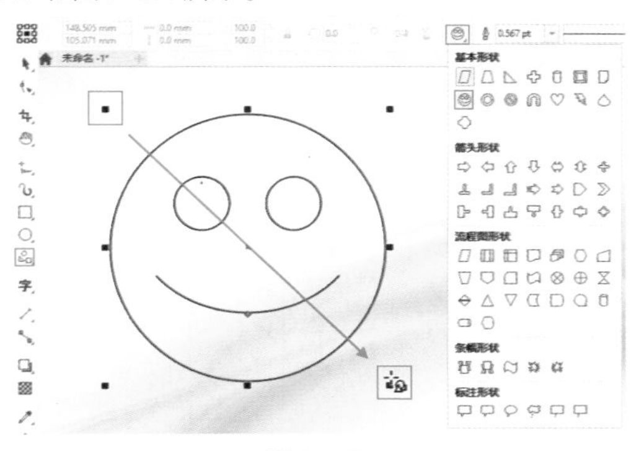

图3-169

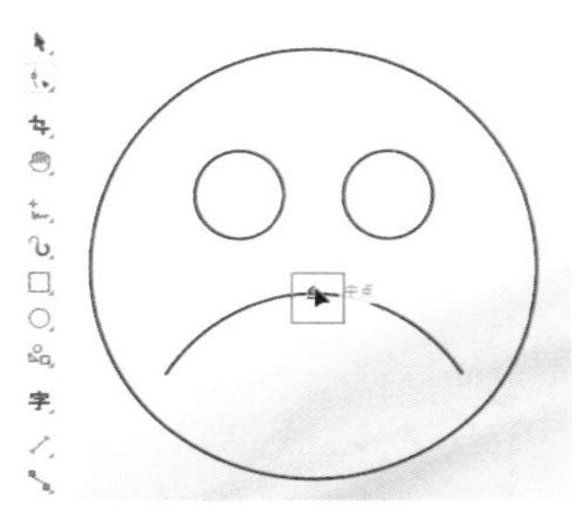

图3-170

3.9 冲击效果工具：绘制放射状背景

在平面设计中，放射状背景非常常见，它能够将视线引导至放射状图形的焦点位置。使用冲击效果工具能够轻松绘制出放射状背景。

扫一扫，看视频

选择工具箱中的冲击效果工具，在属性栏中设置"效果样式"为"辐射"，辐射效果能够产生由中心向外的放射效果。接着在画面中按住鼠标左键拖动进行绘制，如图3-171所示。释放鼠标后即可看到放射状图形，拖动控制点 ■ 可以调整放射状的大小，如图3-172所示。

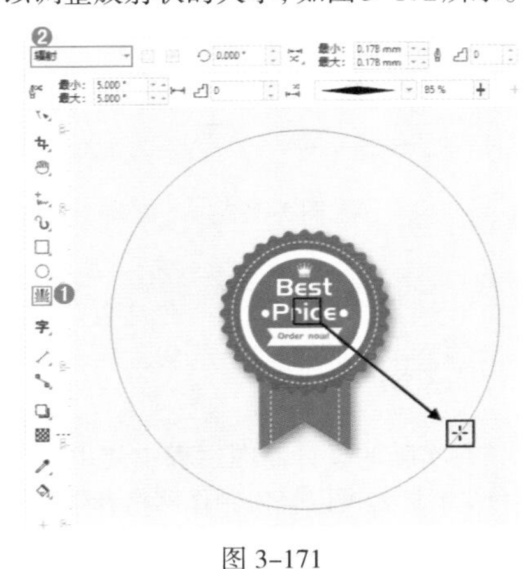

图3-171

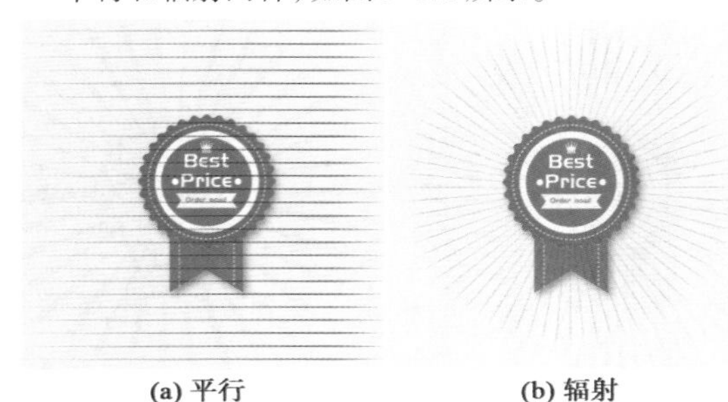

图3-172

- 效果样式 辐射：用来设置冲击效果的样式，分为平行和辐射两种，如图3-173所示。

(a) 平行　　(b) 辐射

图3-173

- 内边界/外边界：用来设置冲击效果与边框的关系，选择内边界时，冲击效果在边框之外；选择外边界时，冲击效果在边框之内。首先绘制一个图形在冲击效果图形上方，然后单击"内边界"按钮，将光标移动至边框图形上方，光标变为 ↙ 状后单击，如图3-174所示。"内边界"效果如图3-175所示。用同样的方法可以创建外边界，效果如图3-176所示。

图3-174　　图3-175

图3-176

- 旋转角度：用来指定效果中线的角度。
- 起始和结束点：用来设置冲击图形的开始和结束点，或在边界内随机排列。
- 线宽 最小: 2.000 mm 最大: 2.000 mm：调整冲击效果行间最小行宽和最大行宽。效果如图3-177所示。
- 宽度步长：调整最小宽度和最大宽度之间的步长。
- 随机化宽度顺序：可以得到随机分布的不同线宽的线条。
- 行间距 最小: 1.500° 最大: 9.000°：在冲击效果中的行间设置最小间距和最大间距。效果如图3-178所示。

图 3-177　　图 3-178

- 随机化间距顺序：冲击效果最小间距和最大间距之间的步骤顺序随机化。
- 线条样式：单击线条样式按钮，然后在下拉列表中选择冲击图形的样式。如图3-179所示为两种不同样式的效果。

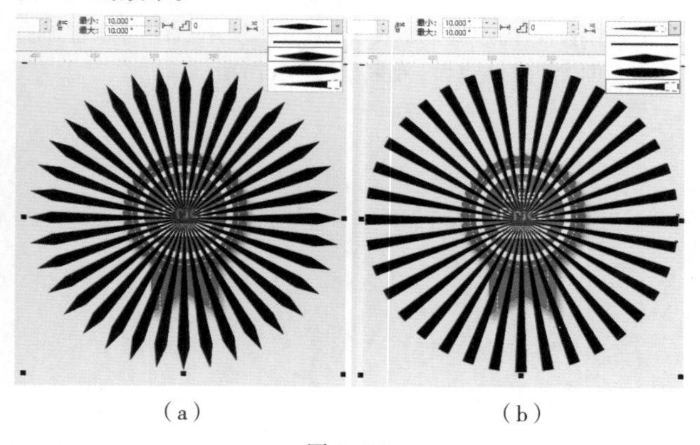

（a）　　（b）

图 3-179

- 最宽点：设置沿线最宽点的位置。

3.10 "图纸"工具：绘制网格

扫一扫，看视频

使用"图纸"工具可以绘制出不同行/列数的网格对象。网格的行列数需要在属性栏中设置。选择工具箱中的"图纸"工具，属性栏中的 4 是用来设置网格的行数， 3 是用来设置网格的列数。行数与列数设置完成后，在绘图区中按住鼠标左键拖曳，松开鼠标后得到图纸对象，如图3-180所示。

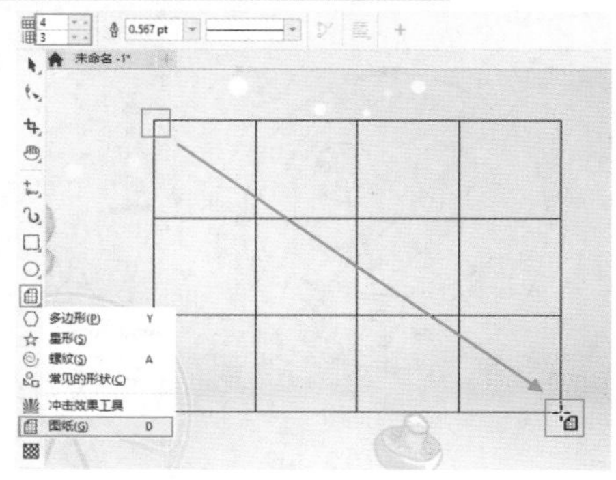

图 3-180

图纸对象是一个群组对象，在图纸对象上右击执行"取消群组"命令，即可将网格打散，得到一个一个的矩形，如图3-181所示。接着使用"选择"工具即可选中独立的矩形，如图3-182所示。

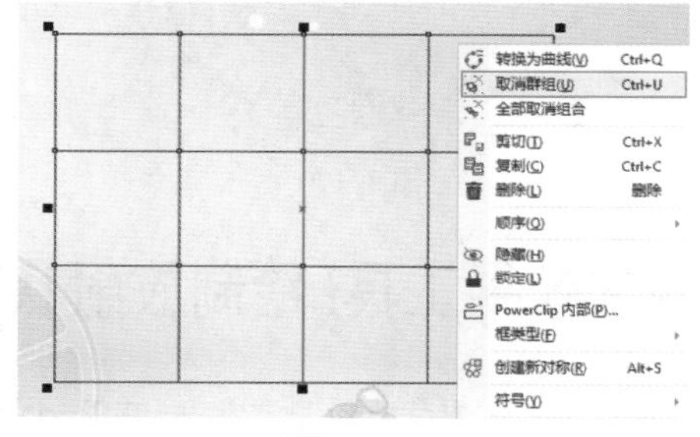

图 3-181

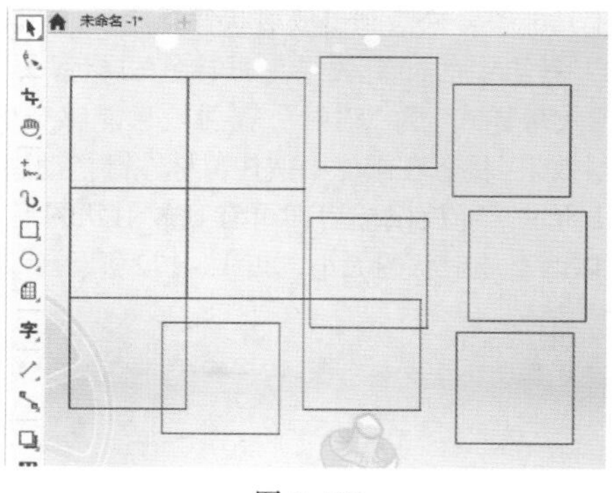

图 3-182

举一反三：使用"图纸"工具绘制网格背景

网格背景在实际的设计制图过程中使用频率还是很高的，使用"图纸"工具就可以轻松制作网格背景。下面介绍一种比较常见的条纹背景的制作方法。

(1) 首先使用图纸工具绘制网格，如图3-183所示。接着为部分条纹设置填充色。在图纸对象上右击，执行“取消群组”命令，即可将网格打散。使用“选择”工具每隔一个选中一个图形，设置填充色，之后将轮廓色去除，效果如图3-184所示。

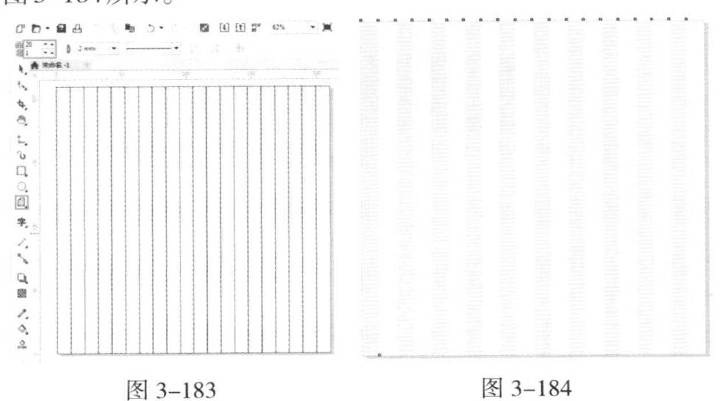

图 3-183　　图 3-184

(2) 最后添加前景中的内容，完成效果如图3-185所示。此处制作的是竖向的条纹，经过旋转可以得到横向的条纹，如图3-186所示。通过对网格中各个部分进行颜色设置，还可以得到更有趣的背景效果，如图3-187所示。

图 3-185　　图 3-186

图 3-187

综合实例：制作相机APP图标

文件路径	资源包\第3章\综合实例：制作相机APP图标
难易指数	★★★★★
技术要点	“矩形”工具、圆角设置、“椭圆形”工具

扫一扫，看视频

实例效果

本实例效果如图3-188所示。

图 3-188

操作步骤

步骤 01 执行“文件”->“新建”命令，新建一个空白文档。双击工具箱中的“矩形”工具按钮□，即可快速绘制一个与画板等大的矩形。选择该矩形，单击调色板中的浅灰色色块，为其填充浅灰色，然后右击“无”按钮⊠去除轮廓色，如图3-189所示。

图 3-189

步骤 02 选择“矩形”工具□，单击属性栏中的“圆角”按钮□，设置“转角半径”分别为30.0mm，在灰色矩形上按住Ctrl键绘制一个圆角矩形，如图3-190所示。选择该图形，单击工具箱中的“交互式填充”工具按钮◇，在属性栏中单击“均匀填充”按钮■，设置“填充色”为青灰色，然后在调色板中右击“无”按钮⊠去除轮廓色，如图3-191所示。

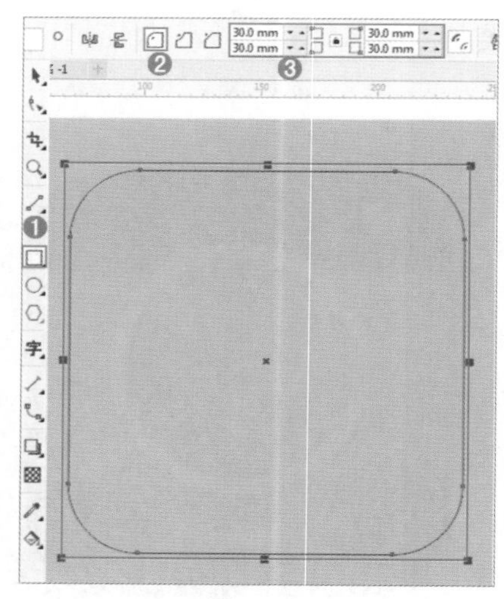

图 3-190

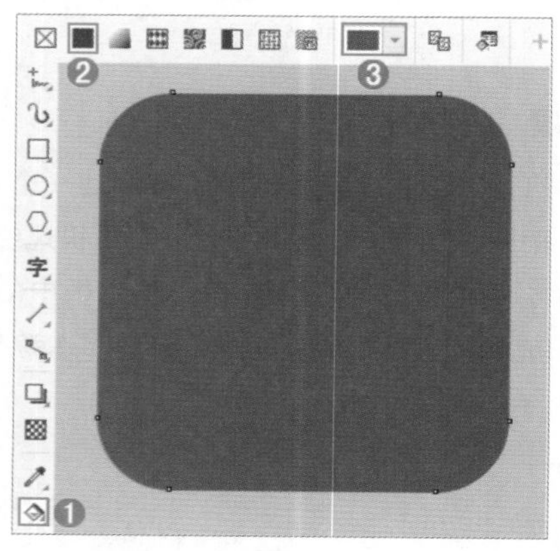

图 3-191

步骤 03 使用“选择”工具选中圆角矩形，按住鼠标左键向上移动，接着右击进行复制，如图3-192所示。选择上方的圆角矩形，单击工具箱中的“交互式填充”工具按钮，单击属性栏中的“均匀填充”按钮，设置“填充色”为深青灰色，然后在调色板中右击“无”按钮去除轮廓色，如图3-193所示。

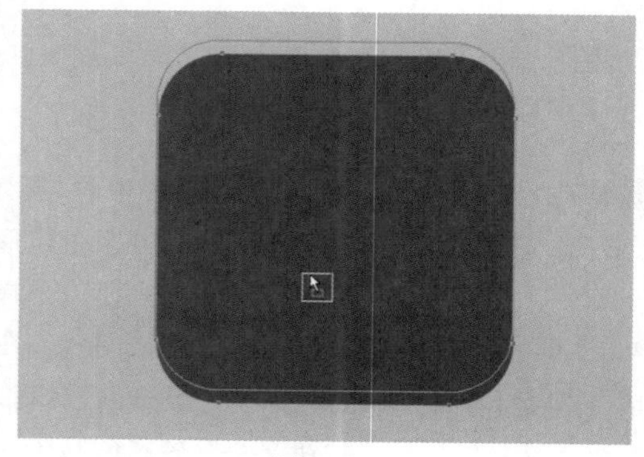

图 3-192

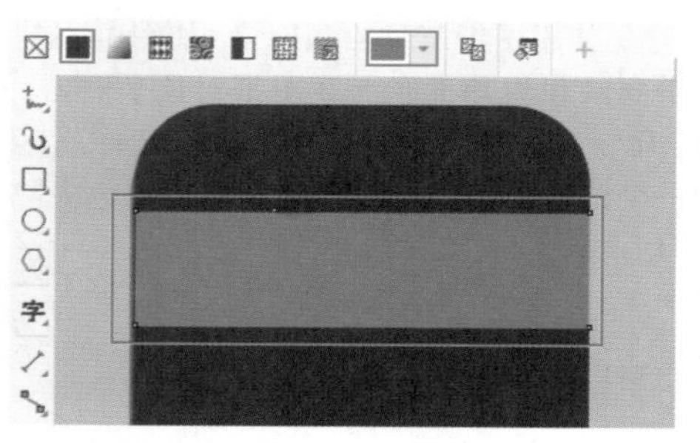

图 3-193

步骤 04 使用“矩形”工具在圆角矩形上方绘制一个矩形，为其填充青色，如图3-194所示。继续在下方绘制矩形并填充相应的颜色，如图3-195所示。

图 3-194

图 3-195

步骤 05 单击工具箱中的“椭圆形”工具按钮，按住Ctrl键绘制一个正圆形，并将其填充为深绿色，如图3-196所示。继续绘制其他的正圆，组合成相机的镜头图形，效果如图3-197所示。

图 3-196　　图 3-197

步骤 06 选择工具箱中的“矩形”工具，在属性栏中单击“圆角”按钮，设置“转角半径”分别为16.0mm，如图3-198所示。选中圆角矩形，为其填充蓝灰色，如图3-199所示。

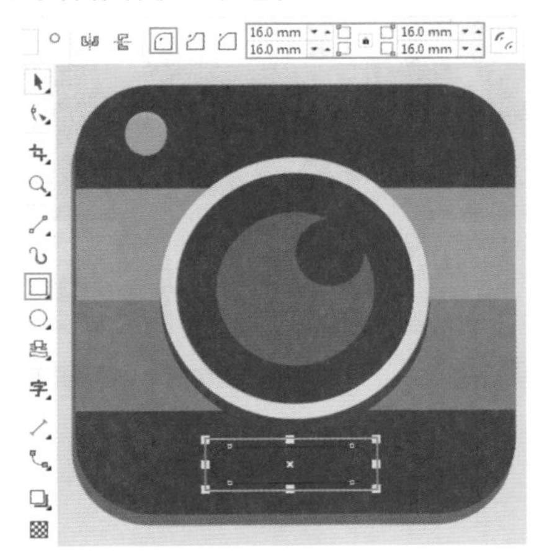

图 3-198

图 3-199

步骤 07 单击工具箱中的“椭圆形”工具按钮，单击属性栏中的“饼图”按钮，设置“起始角度”和“结束角度”分别为30.0°和210.0°，然后按住鼠标左键拖曳进行绘制，接着为其填充灰色，如图3-200所示。选中半圆形，单击工具箱中的“透明度”工具按钮，接着单击属性栏中的“均匀透明度”按钮，设置“透明度”为50。效果如图3-201所示。

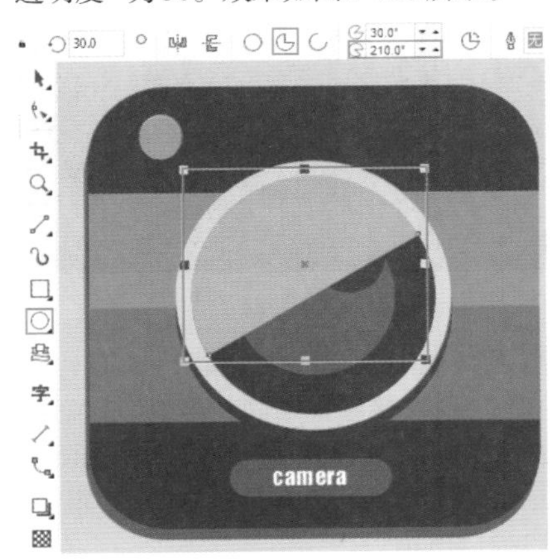

图 3-200

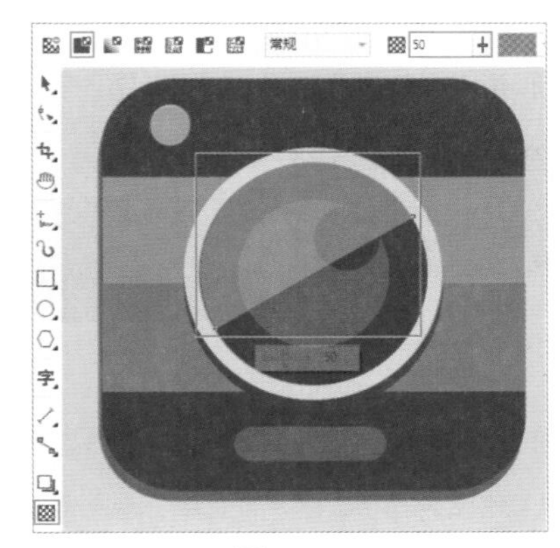

图 3-201

步骤 08 执行“文件”->“导入”命令，导入素材1.cdr，将文字摆放在版面上合适的位置。最终效果如图3-202所示。

图 3-202

综合实例：时装网站首页设计

文件路径	资源包\第3章\综合实例：时装网站首页设计
难易指数	★★★★★
技术要点	“矩形”工具、“钢笔”工具、圆角设置、“椭圆形”工具

扫一扫，看视频

实例效果

本实例效果如图3-203所示。

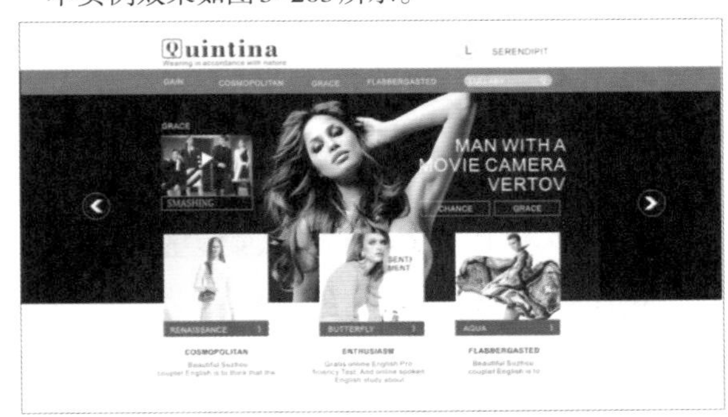

图 3-203

操作步骤

步骤 01 新建一个“宽度”为1924px，“高度”为1080px的空白文档。选择工具箱中的“矩形”工具，在画面中绘制一个矩

形，并填充为黑色，如图3-204所示。以同样的方式在上方绘制另一个矩形并填充颜色为灰色，如图3-205所示。

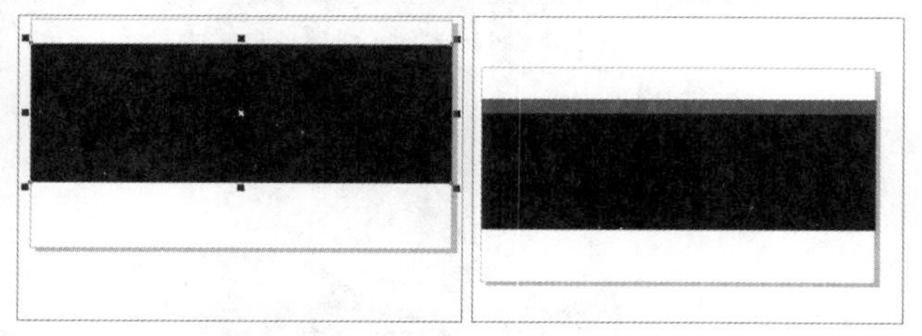

图 3-204　　　　图 3-205

步骤 02 执行“文件”->“导入”命令，导入素材1.jpg，将其摆放在黑色矩形内，如图3-206所示。接着使用同样的方式导入其他素材，如图3-207所示。

图 3-206　　　　图 3-207

步骤 03 使用“矩形”工具在照片下方绘制一个矩形，并填充为深灰色，如图3-208所示。选择工具箱中的“常见的形状”工具，在属性栏中单击“常用形状”按钮，从列表中选择一种合适的箭头形状，然后在深灰色矩形上绘制一个箭头形状，设置填充色为白色，轮廓色为无，如图3-209所示。

图 3-208

图 3-209

步骤 04 使用“选择”工具框选中这两个部分，按住鼠标左键向右侧拖动，移动到另外两张照片下方，移动到合适的位置处后右击，完成复制，如图3-210所示。

图 3-210

步骤 05 绘制一个矩形，填充颜色为亮灰色，如图3-211所示。在属性栏中单击“圆角”按钮，设置“转角半径”分别为5px，如图3-212所示。

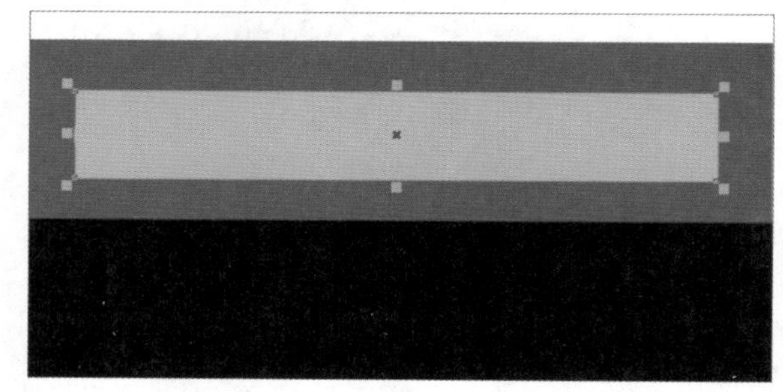

图 3-211

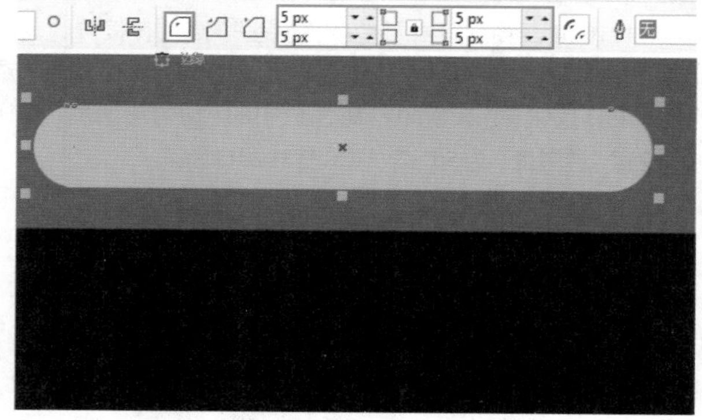

图 3-212

步骤 06 在圆角矩形上使用“椭圆形”工具绘制一个圆形，填充轮廓色为白色。接着再绘制一个矩形，填充轮廓色为白色，在属性栏中设置“旋转角度”为30。框选两个图形，在属性栏中单击“合并”按钮，如图3-213所示。得到一个完整的图形，如图3-214所示。

图 3-213

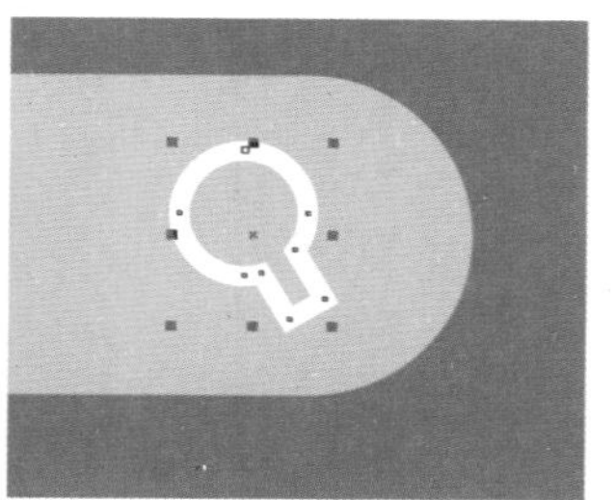

图 3-214

步骤 07 使用“椭圆形”工具在界面左侧绘制一个圆形，设置填充色为无，轮廓色为白色，如图3-215所示。接着选择工具箱中的“钢笔”工具，绘制一个箭头标志，设置填充色为白色，轮廓色为无。使用“形状”工具调整图形上的控制点，如图3-216所示。

图 3-215

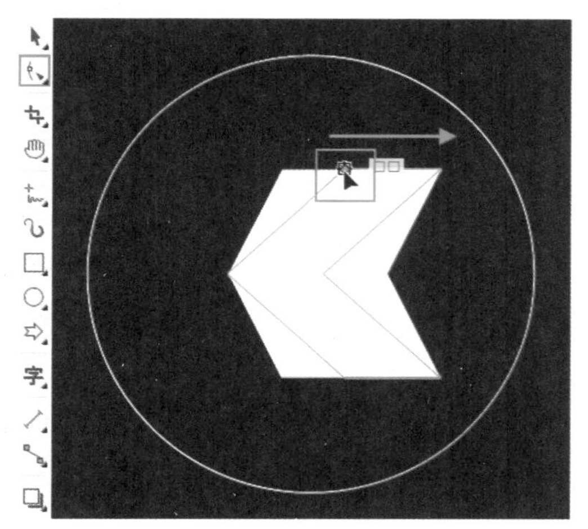

图 3-216

步骤 08 左侧的按钮效果如图3-217所示。使用“移动”工具选中左侧按钮的两个部分，按住鼠标左键移动到右侧，复制出一个相同的按钮，如图3-218所示。

步骤 09 选中该按钮，单击属性栏中的“水平镜像”按钮，效果如图3-219所示。

图 3-217

图 3-218

图 3-219

步骤 10 使用“矩形”工具绘制一个矩形并填充为深灰色，然后双击界面右下角的“轮廓笔”按钮，在弹出的窗口中设置“宽度”为2px，颜色为白色，如图3-220所示。以同样的方式绘制两个矩形并填充轮廓色为白色，如图3-221所示。

图 3-220

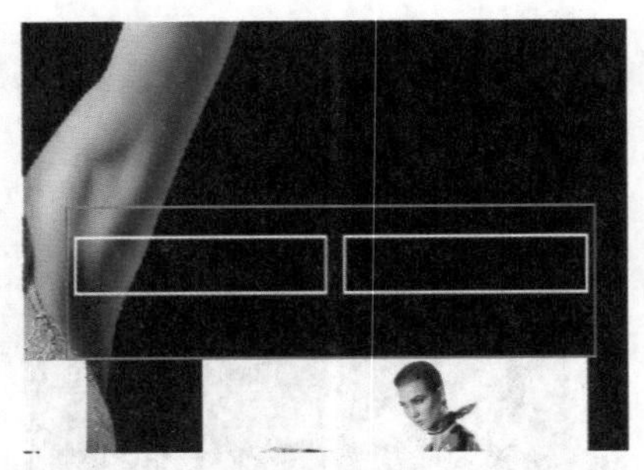

图 3-221

步骤 11 执行“文件”->“导入”命令，导入画面中的文字元素素材6.cdr。最终效果如图3-222所示。

图 3-222

3.11 课后练习

扫一扫，看视频

文件路径	资源包\第3章\课后练习：通过绘图工具绘制几何图形海报
难易指数	★★★★★
技术要点	“矩形”工具、“多边形”工具、“椭圆形”工具

实例效果

本实例效果如图3-223所示。

图 3-223

3.12 模拟考试

主题： 以“读书日”为主题创作一幅招贴。

要求：

(1)招贴尺寸为A4，横版竖版均可。

(2)应用素材可在网络上下载使用。

(3)画面中出现的图形和文字均可通过绘制常见的几何图形拼接而成。

(4)作品需要包含使用冲击效果工具制作的背景。

(5)可在网络搜索“招贴设计”相关作品作为参考。

考查知识点： 使用多种绘图工具。

Chapter 4

第4章

扫一扫，看视频

绘制复杂的图形

本章内容简介：

在之前的章节中学习了一些简单、常用的基本绘图工具，使用这些工具能够绘制一些如矩形、圆形和多边形等较为规则且常见的基础图形。在本章中，将会学习一些绘制复杂图形的方法，其中“钢笔”工具和“贝塞尔”工具是最常用的绘制路径的工具，这两种工具绘制的路径随意性强，能够轻松绘制出复杂而精确的路径图形。此外，在本章中还会学习“手绘”工具、“折线”工具和“3点曲线”工具等的使用方法。

重点知识掌握：

- 熟练使用“钢笔”工具绘制复杂而精准的图形
- 掌握调整路径形态的方法
- 掌握“艺术笔”工具的使用方法

通过本章学习，我能做什么？

通过对本章的学习，我们可以掌握多种绘图工具的使用方法。使用这些绘图工具以及之前章节介绍的常见形状和线条绘制工具，我们能够完成作品中绝大多数内容的绘制。“钢笔”工具和“贝塞尔”工具虽然初学时会感到不易控制，但是相信通过一定的练习后，一定能够熟练使用它们绘制各种复杂的图形。一旦能够完成各种复杂图形的绘制，绝大多数由矢量图形构成的作品基本都可以尝试制作。

【重点】4.1 形状工具：编辑路径全靠它

扫一扫，看视频

在矢量制图的世界中，我们知道图形都是由路径以及颜色构成的。那么什么是路径呢？路径是由节点及节点之间的连接线构成的。2个节点就可以构成1条路径，而3个节点可以定义1个面。节点的位置决定着连接线的动向。可以说矢量图的创作过程就是绘制路径、编辑路径的过程。

转角的平滑或尖锐是由转角处的节点类型决定的，平滑转角位置的节点为“平滑点”，尖锐转角位置的节点为“尖突节点”，如图4–1所示。

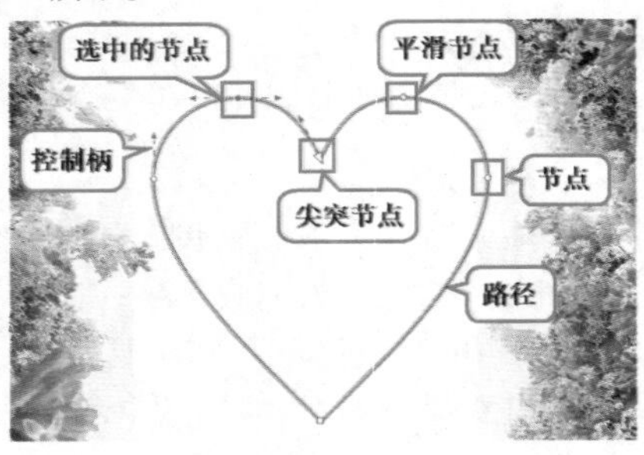

图 4–1

CorelDRAW 中的路径有的是断开的，有的是闭合的，还有由多个部分构成的路径。这些路径可以被概括为3种类型：两端具有端点的开放路径、首尾相接的闭合路径以及由两条或两条以上路径组成的复合路径，如图4–2~图4–4所示。

图 4–2

图 4–3

图 4–4

CorelDRAW 中的矢量图形主要分为“形状”与“曲线”两大类。使用“矩形”工具、“椭圆”工具、“多边形”工具和“星形”工具等工具绘制出的矩形、圆形、多边形和星形等较有规律的对象被称为“形状”。

形状对象无法直接利用“形状”工具进行节点的调整，需要将其转换为“曲线”对象。转换的方法比较简单，选择需要转换的图形，右击，在弹出的快捷菜单中执行“转换为曲线”命令，接下来即可对单独的节点进行调整，如图4–5所示(使用“钢笔”工具和“贝塞尔”工具等绘制不规则线条的工具绘制出的线条或闭合路径即为“曲线”对象，可以直接进行节点的调整)。

图 4–5

“形状”工具是通过调整节点的位置、尖突或平滑、断开或连接以及对称使图形发生相应的变化。

首先使用“形状”工具绘制一个形状，然后将形状转换为曲线。接着单击工具箱中的“形状”工具按钮，在图像上单击即可显示节点，如图4–6所示。在节点上单击，即可选中节点。然后按住鼠标左键拖曳，即可调整节点的位置，从而使图形发生变化，如图4–7所示。

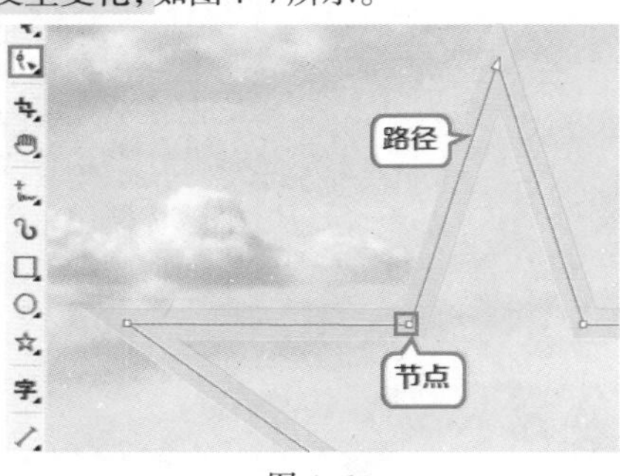

图 4–6

图 4–7

单击工具箱中的“形状”工具按钮，可以看到属性栏中包含多个按钮，通过这些按钮可以对节点进行添加、删除、转换等操作，如图4-8所示。

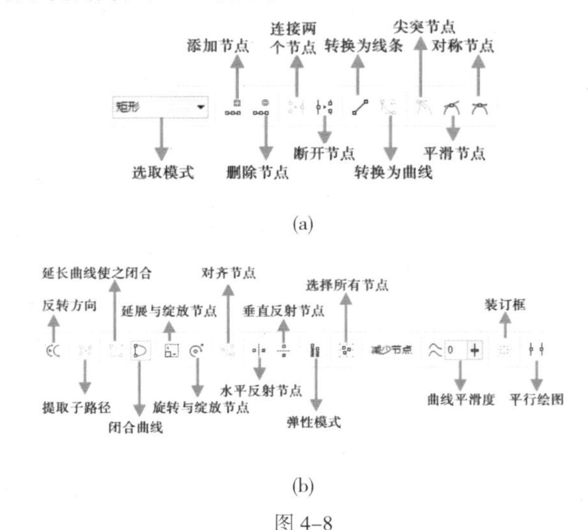

图4-8

重点 4.1.1 动手练：添加或删除节点

(1) 在画面中绘制一个星形，然后在星形上右击，在弹出的快捷菜单中执行“转换为曲线”命令。接着使用“形状”工具在路径上双击，即可添加一个节点，如图4-9所示。此时按住鼠标左键拖曳新添加的节点即可更改路径的形状，如图4-10所示。

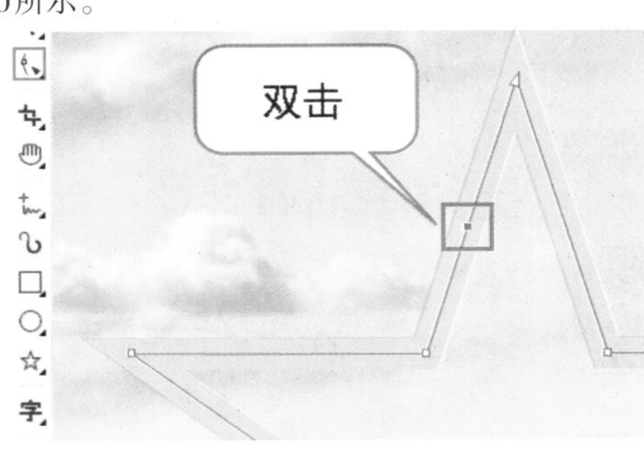

图4-9

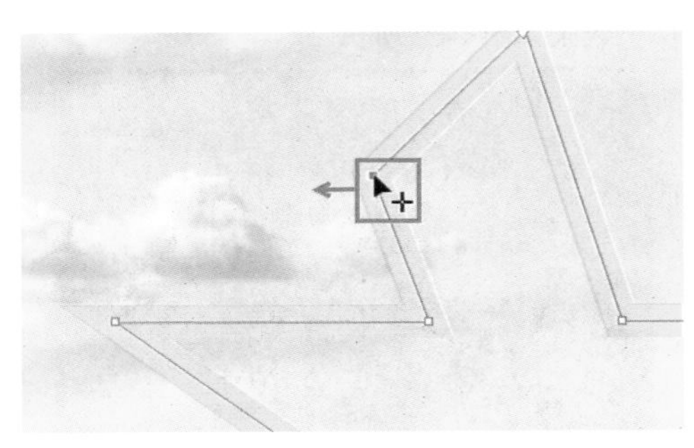

图4-10

提示：使用快捷键菜单对节点进行操作

选中节点后，右击，在弹出的快捷键菜单中显示了多个常用的编辑节点命令，如图4-11所示。

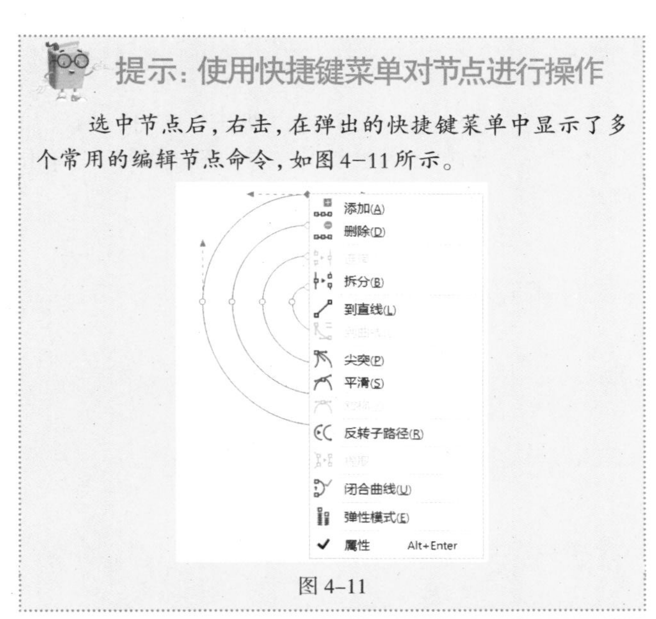

图4-11

(2) 使用“形状”工具选中节点，单击属性栏中的“删除节点”按钮，或者选中节点后按Delete键，即可删除选中的节点，如图4-12所示。节点删除后，路径也会发生变化，如图4-13所示。

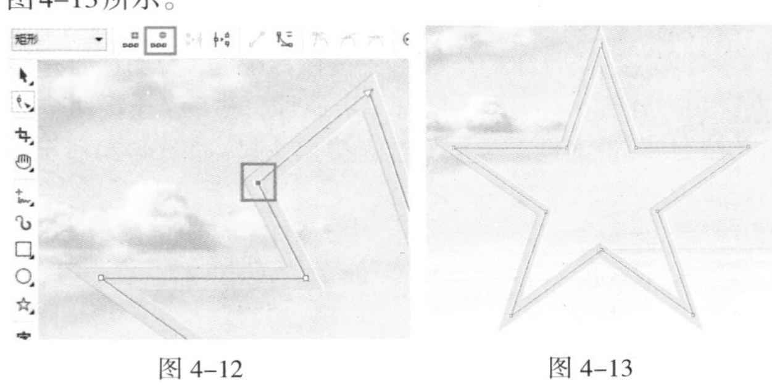

图4-12　　图4-13

提示：使用“形状”工具编辑位图轮廓

位图对象也可以通过使用“形状”工具调整外边缘的形态。选择位图，单击工具箱中的“形状”工具按钮，随即会显示位图外轮廓的节点，如图4-14所示。拖曳节点即可调整位图的轮廓，如图4-15所示。

图4-14　　图4-15

重点 4.1.2 动手练：节点的断开与连接

(1) 选择一个节点，然后单击“断开节点”按钮，如图4–16所示。此时节点将被断开，效果如图4–17所示。单击并拖曳断开的节点，即可看到路径被断开，如图4–18所示。

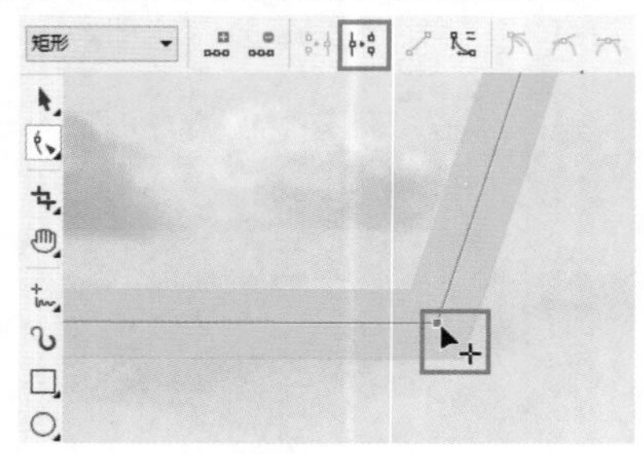

图 4–16

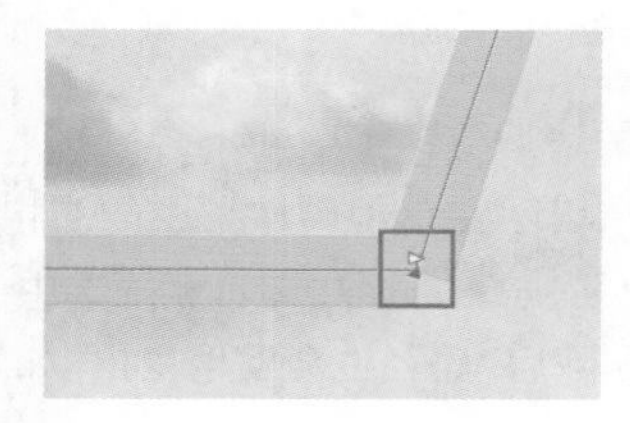
图 4–17

图 4–18

(2) 要连接断开的节点，首先按住Ctrl键单击加选要连接的节点，如图4–19所示。接着单击属性栏中的“连接两个节点”按钮，此时两个节点便会连接在一起，如图4–20所示。

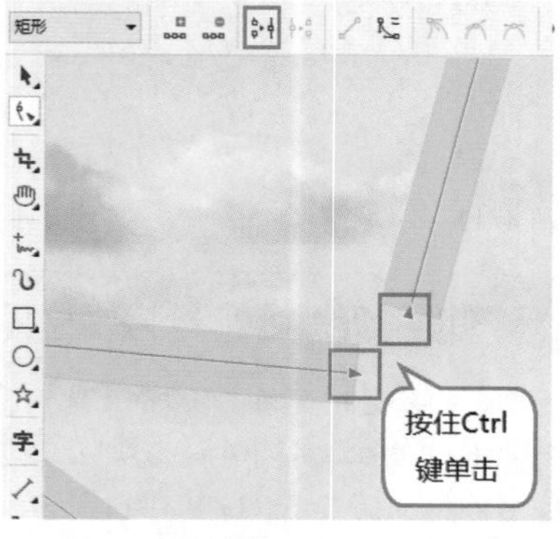

图 4–19

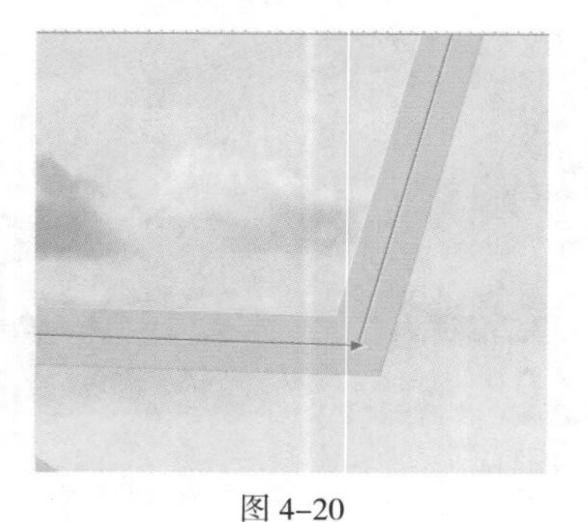
图 4–20

重点 4.1.3 将路径转换为线条或曲线

(1) 选择曲线路径上的平滑节点，然后单击属性栏中的“转换为线条”按钮，如图4–21所示。此时带有弧度的路径节点将会转换为直线，如图4–22所示。

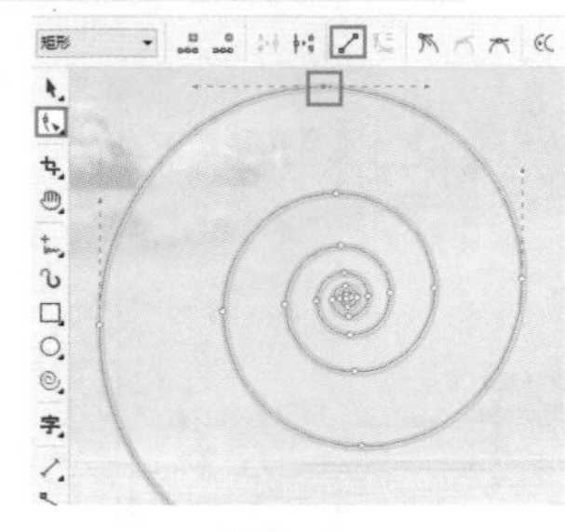
图 4–21

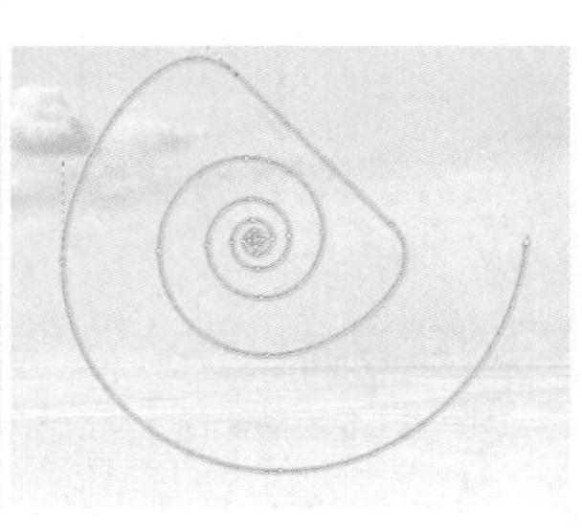
图 4–22

(2) 选中一条直线路径上的节点，然后单击“转换为曲线”按钮，如图4–23所示。此时将显示控制柄，拖曳控制柄上的三角形控制点，即可调整曲线路径的形态，如图4–24所示。

图 4–23

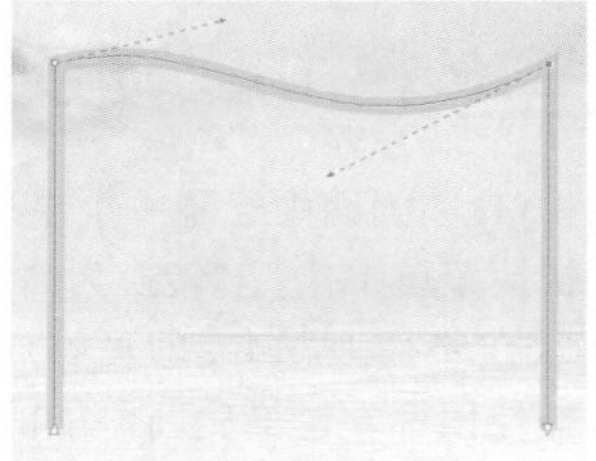
图 4–24

练习实例：将图形转换为曲线并使用“形状”工具进行调整

扫一扫，看视频

文件路径	资源包\第4章\练习实例：将图形转换为曲线并使用“形状”工具进行调整
难易指数	★★★★★
技术要点	形状工具、文字工具

实例效果

本实例效果如图4–25所示。

图 4–25

操作步骤

步骤 01 创建一个A4的横版文档，执行“文件”->“导入”命令或按快捷键Ctrl+I，在弹出的“导入”窗口中找到素材位置，单击选择素材1.jpg，单击“导入”按钮。接着在画面中按住鼠标左键拖动，松开鼠标后完成导入操作，如图4–26所示。

图 4–26

步骤 02 单击工具箱中的“椭圆形”工具按钮，按住Ctrl键绘制一个正圆形，如图4–27所示。选中正圆形，单击工具箱中的“交互式填充”工具按钮，在属性栏中单击“均匀填充”按钮，接着设置“填充色”为橘色，如图4–28所示。

图 4–27

图 4–28

步骤 03 单击工具箱中的“椭圆形”工具按钮，按住Ctrl键绘制一个正圆形，并填充为青色，如图4–29所示。选中青色的正圆形，执行“对象”->“转换为曲线”命令。接着单击工具箱中的“形状”工具按钮，在圆形右侧双击添加两个节点，如图4–30所示。

图 4–29

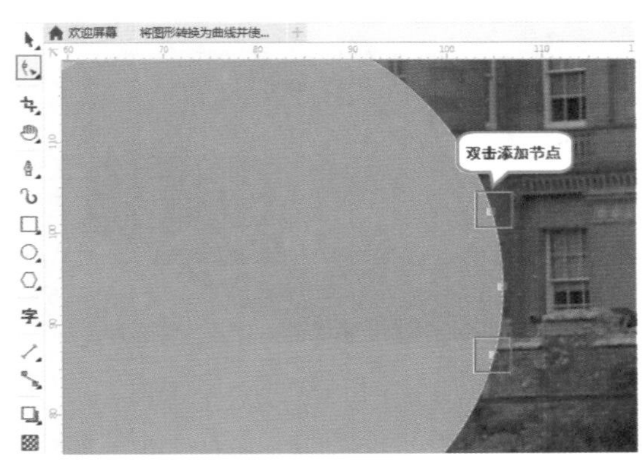

图 4–30

步骤 04 使用“形状”工具选中位于此处中间的节点，然后向右拖曳，如图4–31所示。接着拖曳控制柄调整图形的形状，如图4–32所示。然后选中节点向上拖曳，效果如图4–33所示。

图 4–31

图 4–32

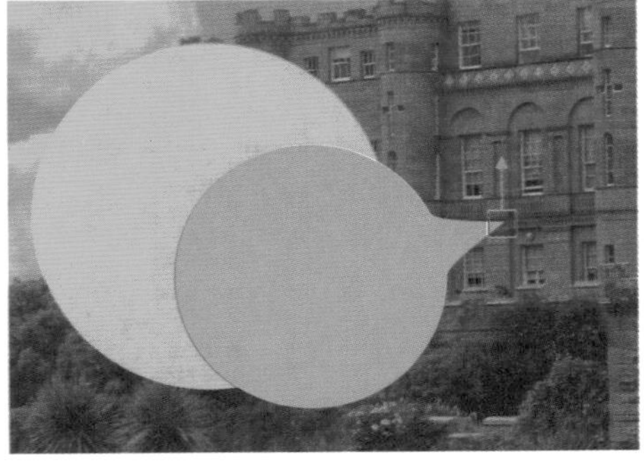

图 4–33

步骤 05 单击工具箱中“钢笔”工具按钮，在画面右下角多次单击绘制一个三角形，如图4-34所示。接着设置其填充色为青色，效果如图4-35所示。

图 4-34

图 4-35

步骤 06 单击工具箱中的“椭圆形”工具按钮，按住Ctrl键绘制一个正圆形，如图4-36所示。

图 4-36

步骤 07 选中该正圆形，双击界面右下角的“轮廓笔”按钮，在弹出的“轮廓笔”窗口中设置“颜色”为亮灰色，“宽度”为2.0px，“风格”为虚线，单击OK按钮完成设置，如图4-37所示。效果如图4-38所示。

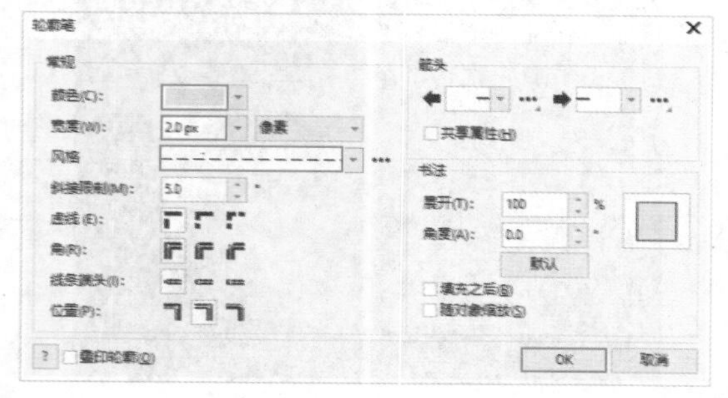

图 4-37

图 4-38

步骤 08 以同样的方式绘制另两个圆形虚线框，如图4-39所示。

图 4-39

步骤 09 导入素材文件夹中的2.cdr，将其中的文字摆放到合适的位置，如图4-40所示。

图 4-40

重点 4.1.4 动手练：更改节点类型

曲线形路径的节点分为3种类型，分别是尖突节点、平滑节点和对称节点。

(1) 选择曲线上的一个节点，然后单击“尖突节点”按钮，此时该节点就变成了“尖突节点”，如图4-41所示。此时拖曳控制柄，即可将路径调整为带尖角的路径。接着拖曳控制柄，该控制柄只控制节点一侧的路径，而另一侧路径不会受到影响，如图4-42所示。

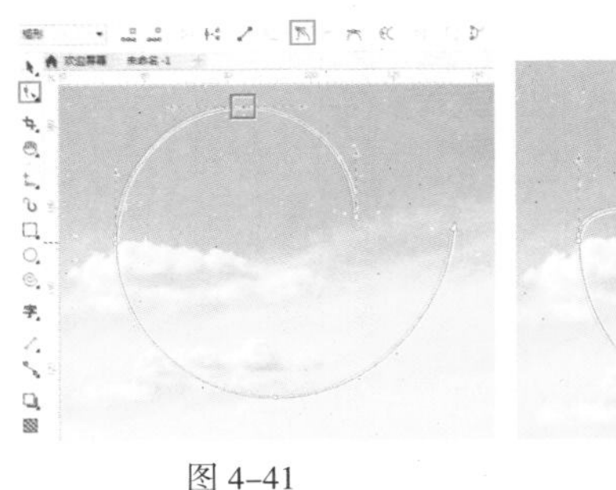

图 4-41

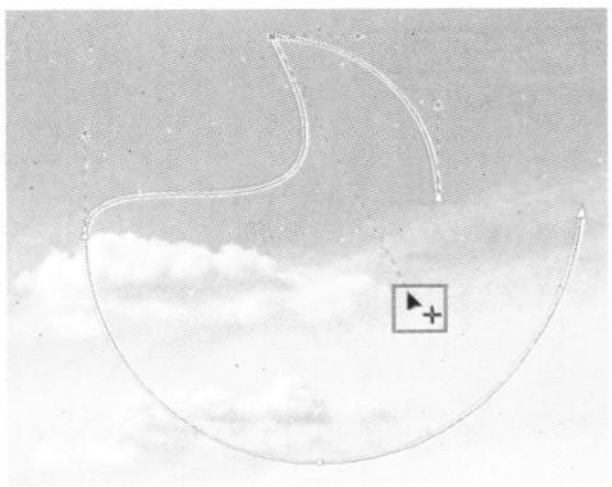

图 4-42

（2）选择一个尖突节点，然后单击属性栏中的"平滑节点"按钮，此时该节点就变成了"平滑结点"，如图4-43所示。效果如图4-44所示。拖曳控制柄，即可调整曲线路径。在拖曳一侧控制柄时，另一侧控制柄也会发生变化，如图4-45所示。

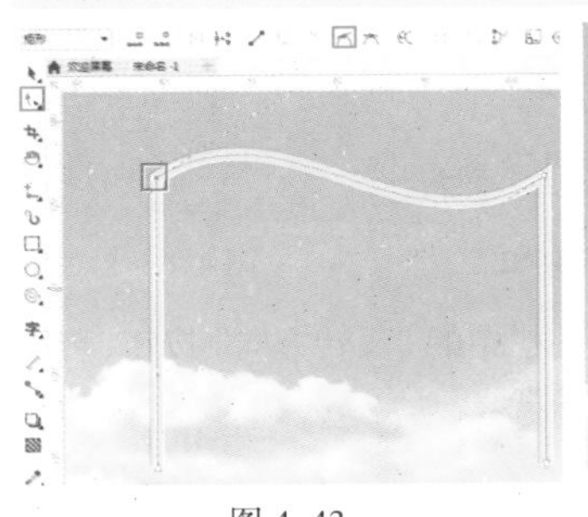

图 4-43

图 4-44

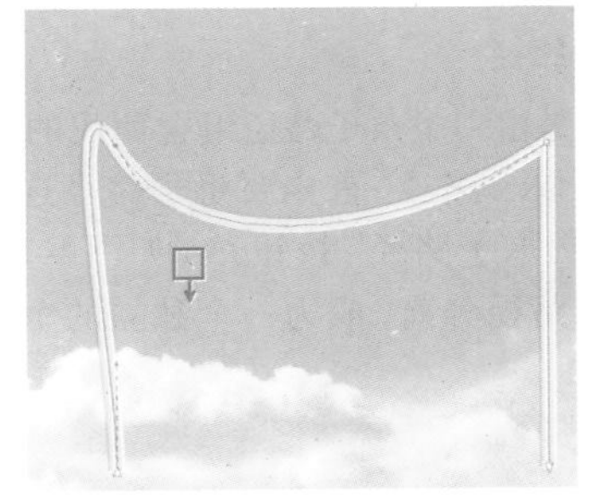

图 4-45

（3）选择平滑路径上的一个节点，然后单击属性栏中的"对称节点"按钮，如图4-46所示。接着拖曳控制柄，可以发现拖曳一侧的控制柄，另一侧的控制柄会发生同样的变化，如图4-47所示。

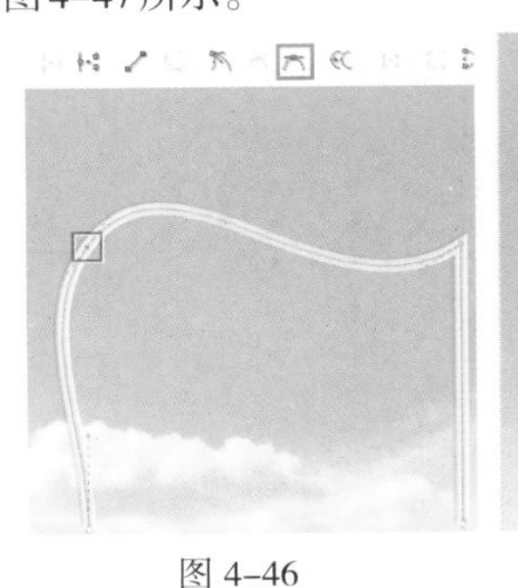

图 4-46

图 4-47

4.1.5 动手练：延长曲线使之闭合和闭合曲线

（1）当绘制了未闭合的曲线图形时，可以选中曲线上未闭合的两个节点，单击属性栏中的"延长曲线使之闭合"按钮，如图4-48所示。此时即可使曲线闭合，如图4-49所示。

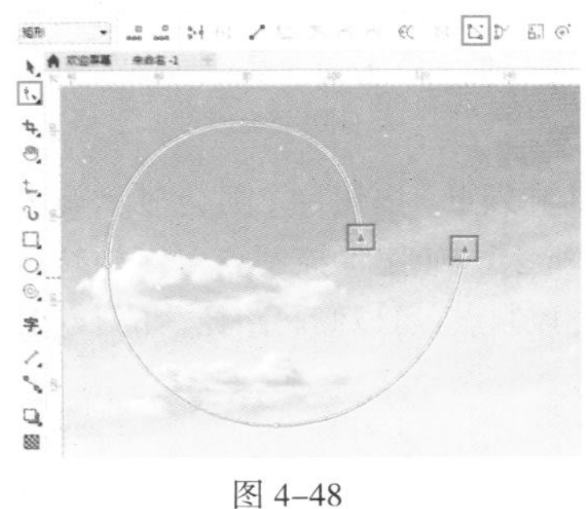

图 4-48

图 4-49

（2）选择开放的路径，单击属性栏中的"闭合曲线"按钮，如图4-50所示。随即能够快速在未闭合曲线上的起点和终点之间生成一段路径使之连接，如图4-51所示。

图 4-50

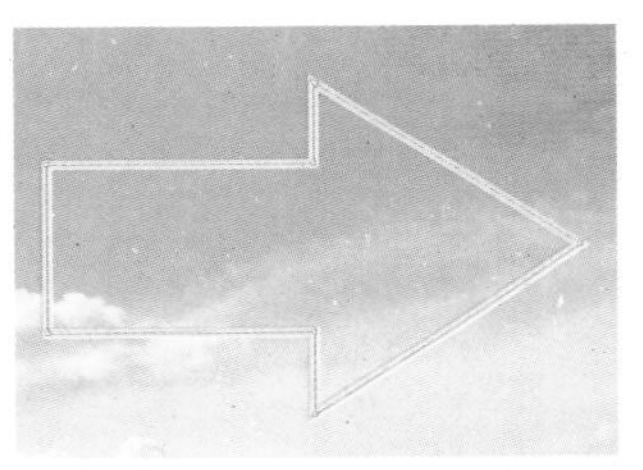

图 4-51

4.1.6 延展、缩放、旋转与倾斜节点

（1）选中一个节点，单击属性栏中的"延展与缩放节点"按钮（如图4-52所示）。接着会显示8个控制点，拖曳控制点可以对选中的节点和之间的路径进行缩放，如图4-53和图4-54所示。

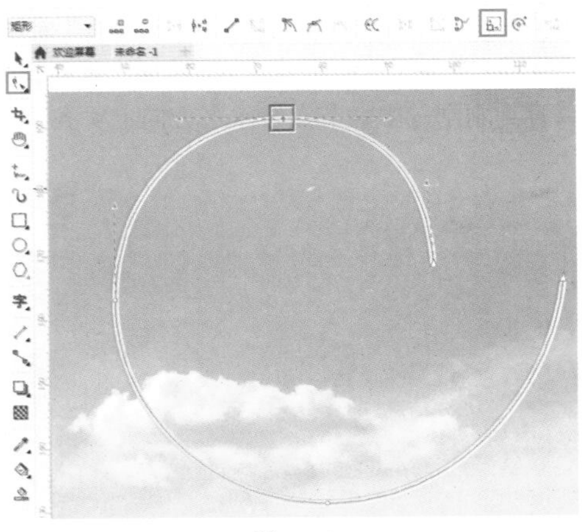

图 4-52

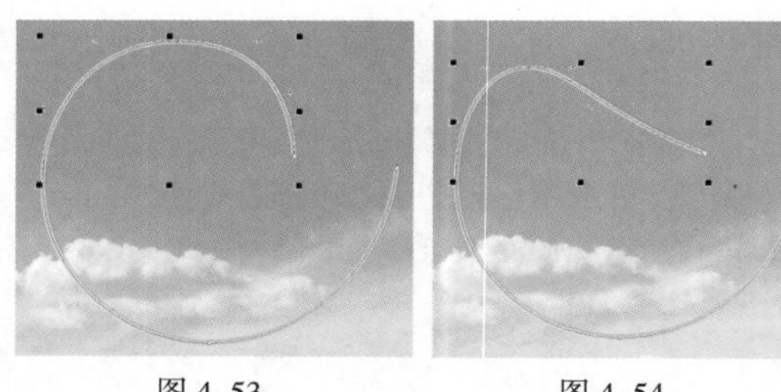

图 4-53　　图 4-54

(2) 若单击“旋转与倾斜节点”按钮，则会显示旋转与倾斜控制点，如图4-55所示。拖曳控制点可以旋转路径，如图4-56所示；拖曳控制点，可以倾斜路径，如图4-57所示。

图 4-55

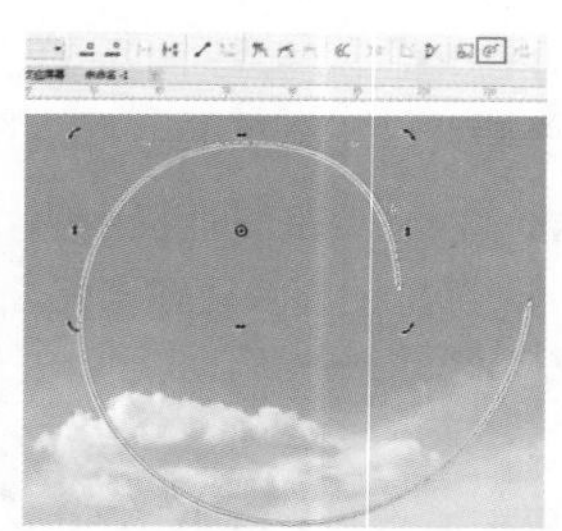

图 4-56　　图 4-57

4.1.7　对齐节点与反转路径方向

(1) 加选水平方向的节点，如图4-58所示。单击属性栏中的“对齐节点”按钮，在弹出的“节点对齐”对话框中勾选“水平对齐”复选框，然后单击OK按钮，如图4-59所示。随即可以看到刚刚选中的节点在水平方向上对齐，如图4-60所示。

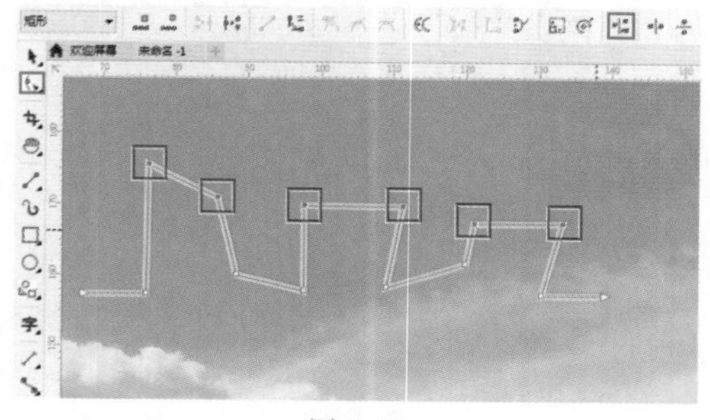

图 4-58

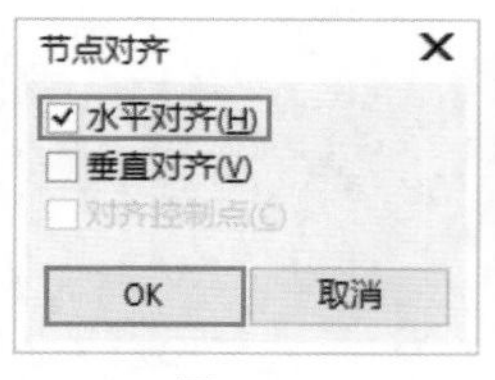

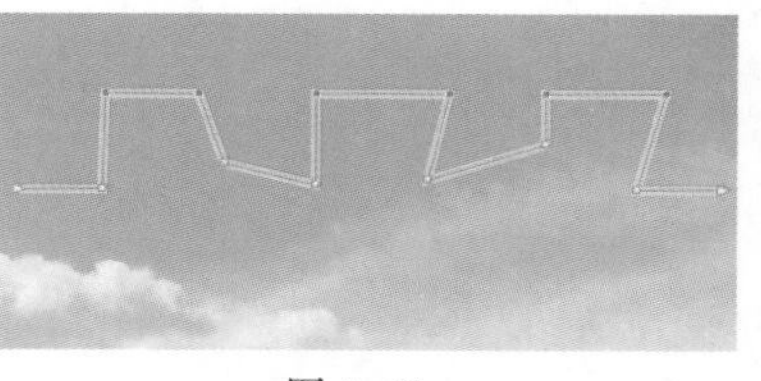

图 4-59　　图 4-60

(2) 选中垂直方向的节点，如图4-61所示。然后单击属性栏中的“对齐节点”按钮，在弹出的“节点对齐”对话框内勾选“垂直对齐”复选框，然后单击OK按钮，如图4-62所示。随即可以看到所选节点在垂直方向上对齐，如图4-63所示。

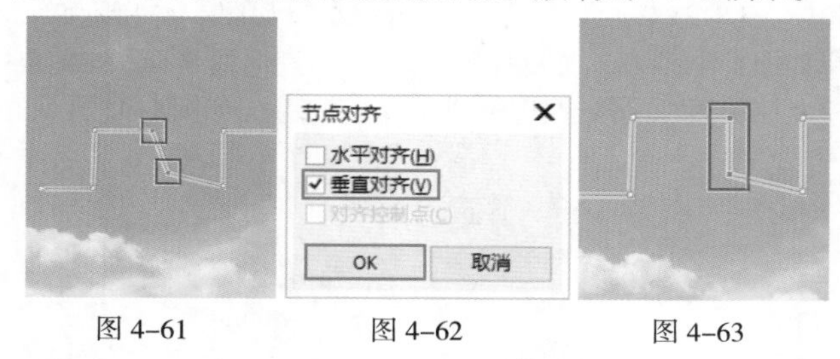

图 4-61　　图 4-62　　图 4-63

反转路径方向：单击属性栏中的“反转方向”按钮，可以反转开始节点和结束节点的位置。

4.1.8　调整节点的其他操作

1. 提取子路径

复合路径是由一条条子路径组合而成的，如图4-64所示。如果要提取子路径，首先要将子路径选中，然后单击属性栏中的“提取子路径”按钮，如图4-65所示。此时子路径与复合路径分离，成为一个独立的个体，如图4-66所示。

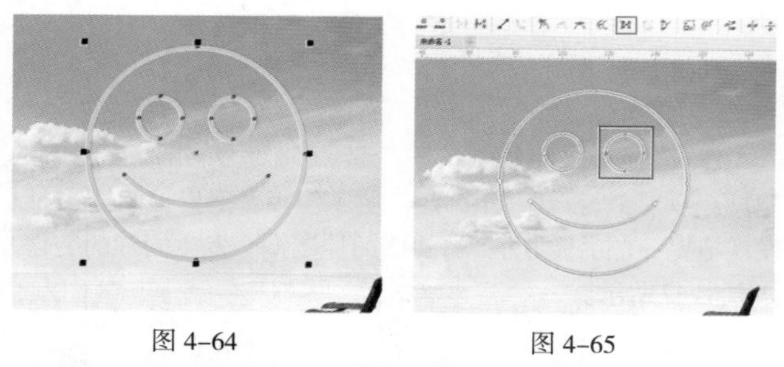

图 4-64　　图 4-65

图 4-66

2. 水平 / 垂直反射节点

属性栏中的“水平/垂直反射节点”按钮 主要用于编辑对象中水平/垂直镜像的相应节点。

3. 选中所有节点

选择一个图形，单击工具箱中的“形状”工具按钮，然后单击属性栏中的“选中所有节点”按钮，即可快速选中该路径的所有节点。

4. 减少节点

减少节点和删除节点是有很大区别的，减少节点是自动删除选定内容中的节点来提高路径的平滑度。

我们都知道，4个节点就能构成一个矩形。先绘制一个矩形，然后随意地在路径上添加节点，如图4–67所示。接着将路径上的所有节点全部选中，单击属性栏中的减少节点按钮。可以看到，多余的节点被全部清除掉，同时图形形态也没有发生变化，如图4–68所示。由此可见，“减少节点”按钮能够删除不影响路径形态的节点，起到清理多余节点、平滑路径的作用。

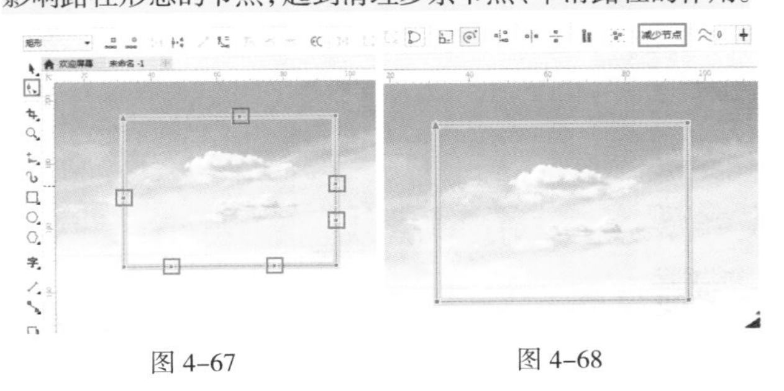

图 4–67　　图 4–68

5. 曲线平滑

曲线平滑度能够通过更改节点数量来调整。

首先绘制一段曲线路径，然后选中所有的节点，接着在“曲线平滑度”数值框内输入数值，或者单击按钮，在下拉控制组件中拖曳滑块即可调整曲线的平滑度，如图4–69所示。调整效果如图4–70所示。

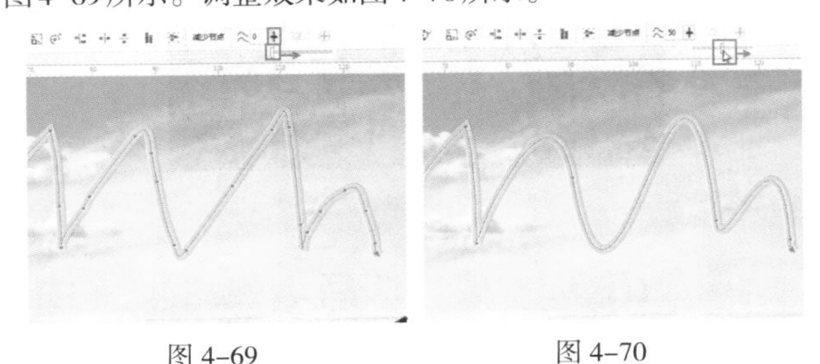

图 4–69　　图 4–70

4.2 “手绘”工具

扫一扫，看视频

“手绘”工具用于绘制随意的曲线、直线以及折线。

重点 4.2.1 动手练：使用“手绘”工具绘制随意的曲线

单击工具箱中的“手绘”工具按钮，在画面中按住鼠标左键拖动，松开鼠标后即可绘制出与鼠标移动路径相同的矢量线条，如图4–71和图4–72所示。

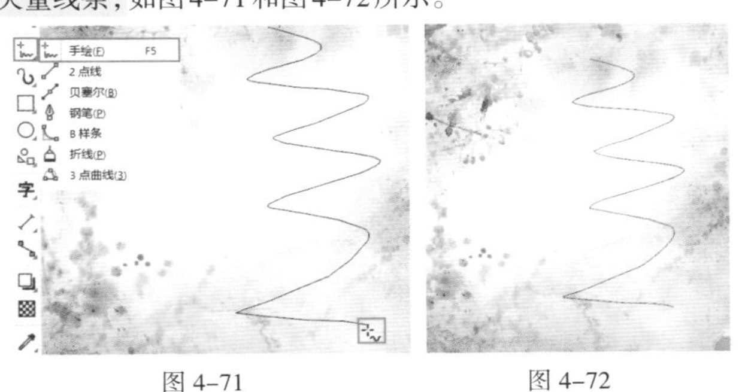

图 4–71　　图 4–72

4.2.2 动手练：使用“手绘”工具绘制直线

选择工具箱中的“手绘”工具，在绘图区单击，如图4–73所示。将光标移至下一个位置，然后单击，则两点之间会连接成一条直线路径，如图4–74所示。

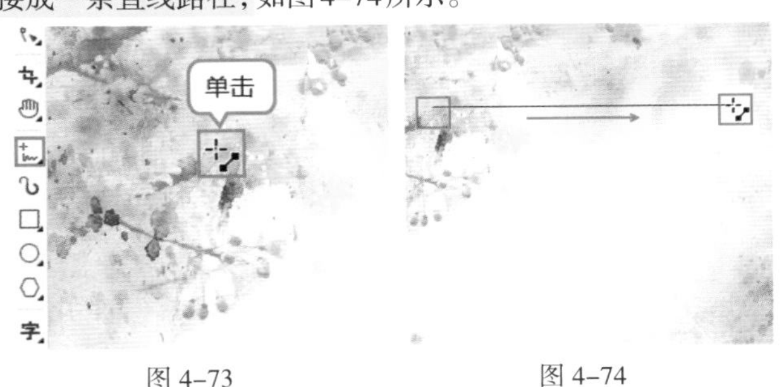

图 4–73　　图 4–74

4.2.3 动手练：使用“手绘”工具绘制折线

首先使用“手绘”工具绘制一段直线，接着在直线的末端节点位置，光标变为状后单击，如图4–75所示。然后将光标移动到其他位置，单击即可完成折线的绘制，如图4–76所示。

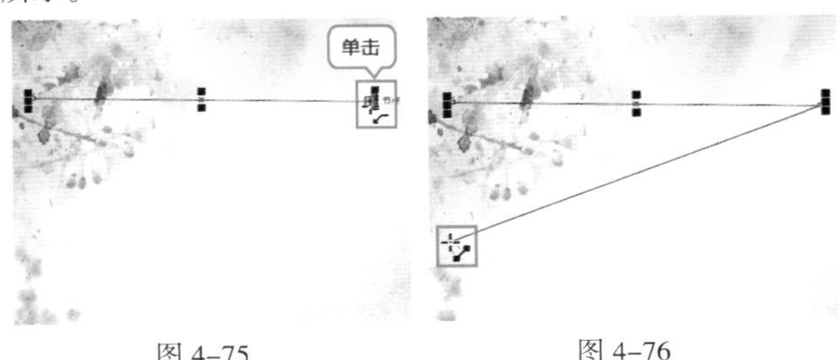

图 4–75　　图 4–76

4.3 "2点线"工具：线段、垂直线、切线段

扫一扫，看视频

"2点线"工具可以绘制任意角度的直线段、垂直于图形的垂直线以及与图形相切的切线段。

单击"手绘"工具按钮右下角的◢按钮，在弹出的工具列表中选择"2点线"工具，此时在属性栏中可以看到有三种绘制模式，如图4-77所示。

图4-77

(1) 单击属性栏中的"2点线"按钮，接着在画面中按住鼠标左键拖曳，松开鼠标即可绘制一条线段，如图4-78和图4-79所示。

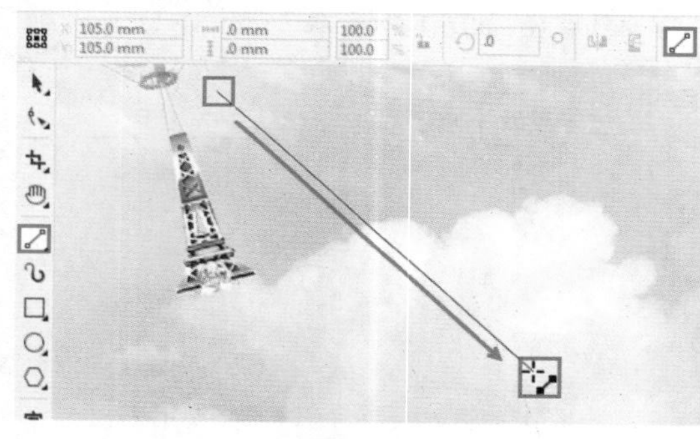

图4-78

图4-79

(2) 单击属性栏中的"垂直2点线"按钮，此时光标变为状。然后将光标移动至已有的直线上，按住鼠标左键拖曳进行绘制，可以得到垂直于原有线段的一条直线，如图4-80和图4-81所示。

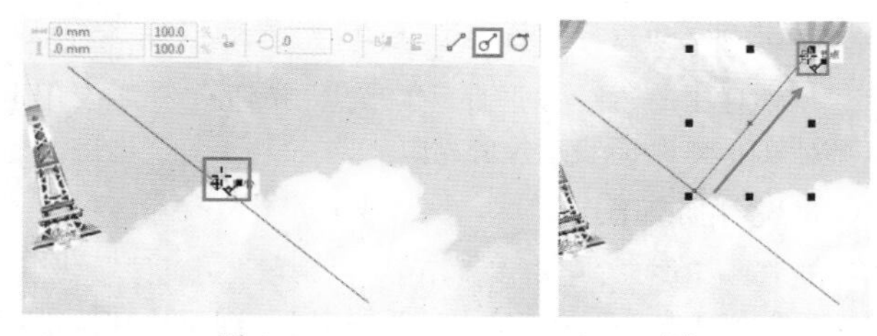

图4-80　　图4-81

(3) 绘制一个圆形，选择"2点线"工具，然后单击属性栏中的"相切的2点线"按钮，接着将光标移动至圆形边缘，光标变为状后按住鼠标左键拖曳，即可绘制一条与圆相切的线段，如图4-82和图4-83所示。

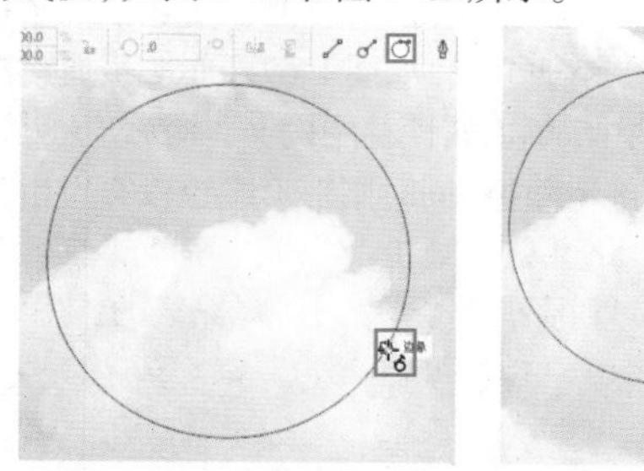

图4-82　　图4-83

视频课堂：使用"2点线"工具制作图示

扫一扫，看视频

文件路径	资源包\第4章\视频课堂：使用"2点线"工具制作图示
难易指数	★★★★★
技术要点	"2点线"工具、"椭圆形"工具

实例效果

本实例效果如图4-84所示。

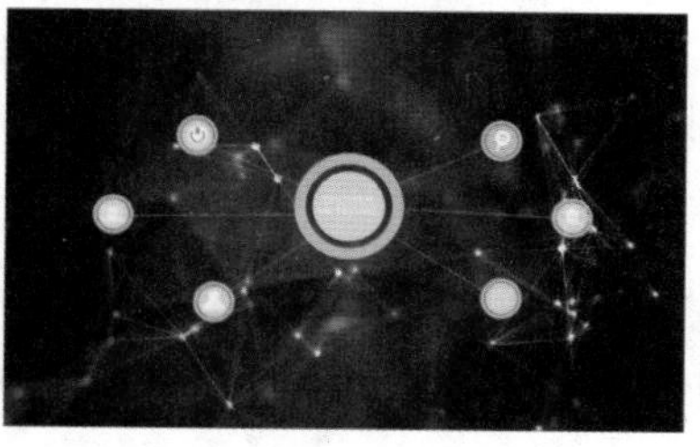

图4-84

4.4 "贝塞尔"工具：绘制复杂而精确的图形

扫一扫，看视频

利用"贝塞尔"工具这一功能强大的绘图工具，能够创建复杂而精确的图形，包含折线、曲线等各种复杂的矢量形状。如图4-85~图4-88所示为使用"贝塞尔"工具绘制的作品。

图 4-85

图 4-86

图 4-87

图 4-88

4.4.1 动手练：使用“贝塞尔”工具绘制折线

使用“贝塞尔”工具绘制折线的方法很简单，首先选择工具箱中的“贝塞尔”工具，在绘图区单击，然后将光标移动到下一个位置单击，即可绘制一段直线路径，如图4-89所示。接着将光标移动至下一个位置单击，即可绘制折线，如图4-90所示。继续以单击的方式进行绘制，效果如图4-91所示。

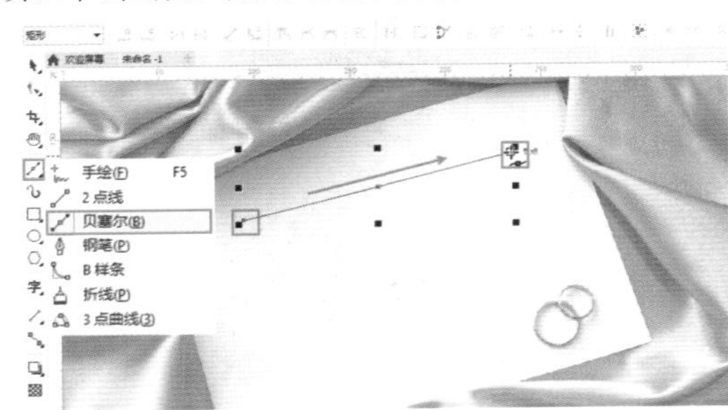

图 4-89

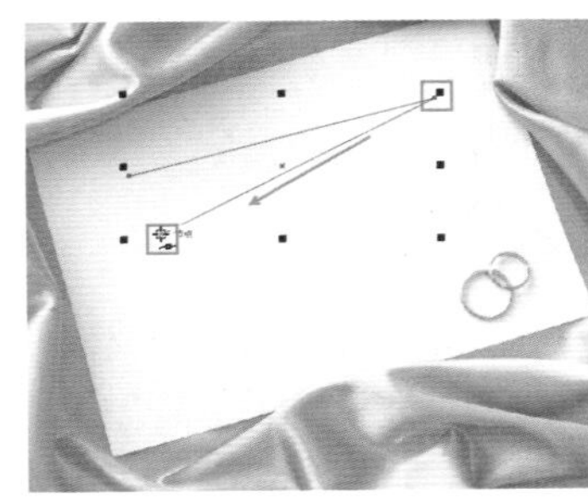

图 4-90

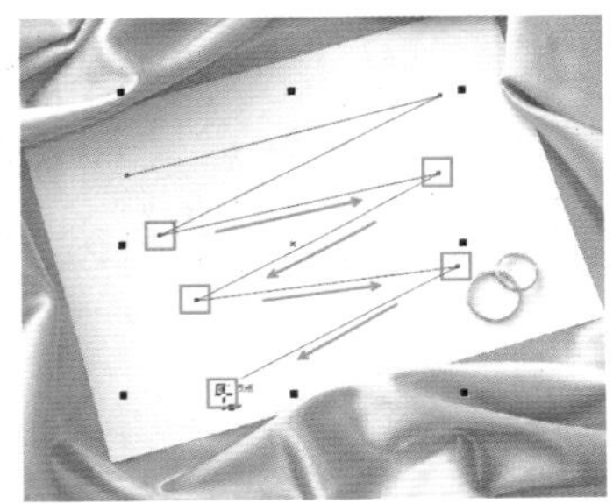

图 4-91

4.4.2 动手练：使用“贝塞尔”工具绘制曲线

(1) 选择工具箱中的“贝塞尔”工具，在绘图区单击确定起始节点，然后将光标移动到下一个位置，按住鼠标左键拖曳(不要释放鼠标)，此时两个节点之间生成一段路径，并且随着拖曳控制柄可以控制路径的形态，如图4-92所示。

(2) 将光标移动到下一个位置，按住鼠标左键拖曳即可绘制一段曲线，如图4-93所示。继续绘制曲线，按Enter键完成曲线的绘制，如图4-94所示。

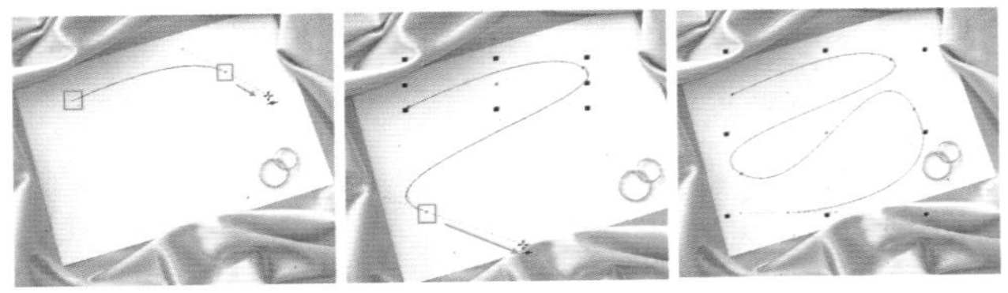

图 4-92　　图 4-93　　图 4-94

(3) 如果要绘制闭合路径，可以在绘制的最后将光标移动至起始节点的位置，待光标变为状后单击，如图4-95所示。即可得到一条闭合的路径，如图4-96所示。

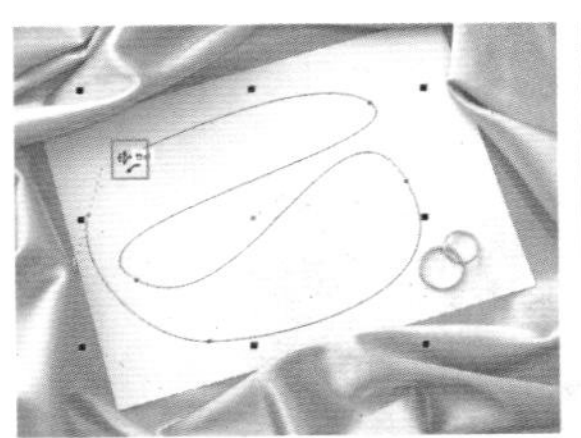

图 4-95

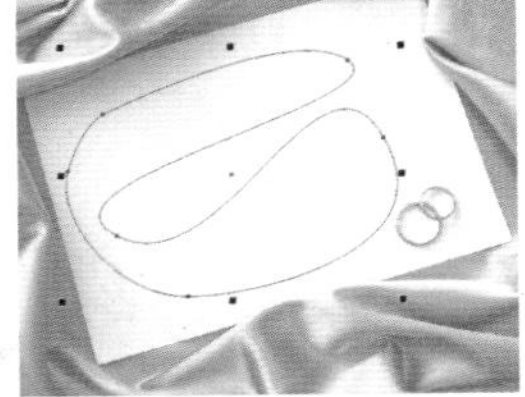

图 4-96

提示：使用“贝塞尔”工具连接路径

如果要在开放的路径上继续进行绘制，在使用“贝塞尔”工具的状态下，将光标移动至最末端的节点上，待光标变为状后单击，如图4-97所示。接着可以继续进行绘制，如图4-98所示。

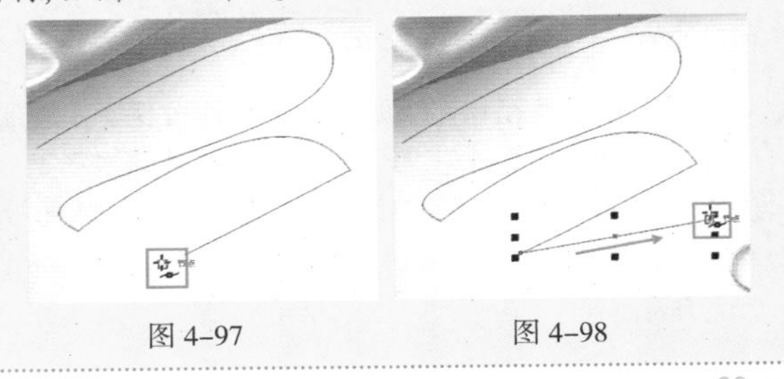

图 4-97　　图 4-98

练习实例：使用“贝塞尔”工具制作电影海报

扫一扫，看视频

文件路径	资源包\第4章\练习实例：使用“贝塞尔”工具制作电影海报
难易指数	★★★★★
技术要点	“贝塞尔”工具

实例效果

本实例效果如图4-99所示。

图4-99

操作步骤

步骤01 执行“文件”->“新建”命令，创建新文档。执行“文件”->“导入”命令，在弹出的“导入”窗口中找到素材位置，选择素材1.jpg，单击“导入”按钮。接着在画面中按住鼠标左键拖动，松开鼠标后完成导入操作，如图4-100所示。

图4-100

步骤02 单击工具箱中的“贝塞尔”工具按钮，绘制如图4-101所示图形。单击工具箱中的“交互式填充”工具按钮，在属性栏中单击“渐变填充”按钮，设置渐变类型为“椭圆形渐变填充”，然后填充一种灰色系的渐变色，如图4-102所示。

图4-101

图4-102

步骤03 导入文字素材2.cdr，将其摆放在合适的位置上。最终效果如图4-103所示。

图4-103

4.5 “钢笔”工具：绘制复杂图形和路径

扫一扫，看视频

“钢笔”工具也是一款功能强大的绘图工具，其操作方法与“贝塞尔”工具非常相似。

(1) 使用“钢笔”工具以单击的方式可以创建尖角的点以及直线，如图4-104所示。

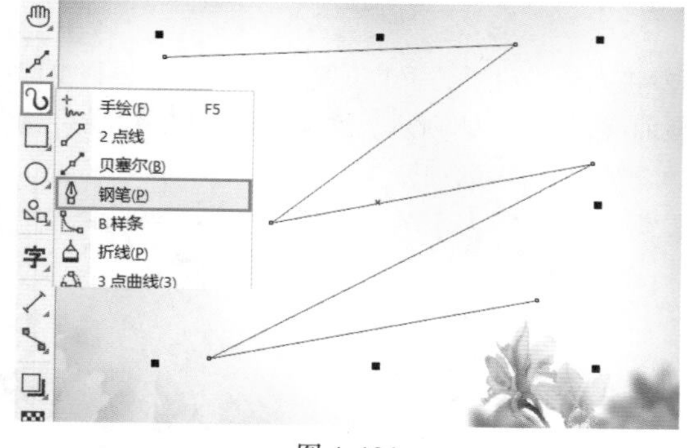

图4-104

(2) 按住鼠标左键拖动，则可得到圆角的点以及弧线，如图4-105所示。若绘制一段开放的路径，可以按Enter键结束绘制。

图 4-105

(3) 在使用“钢笔”工具过程中若要添加节点，可以将光标移动至路径上方，待其变为♦₊状后单击，即可添加一个节点，如图4-106和图4-107所示。

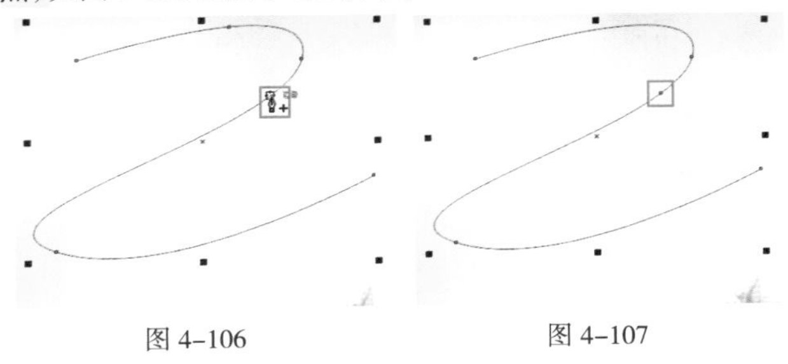

图 4-106　　图 4-107

(4) 在使用“钢笔”工具过程中将光标移动至节点上方，待其变为♦₋状后单击，即可删除节点，如图4-108和图4-109所示。

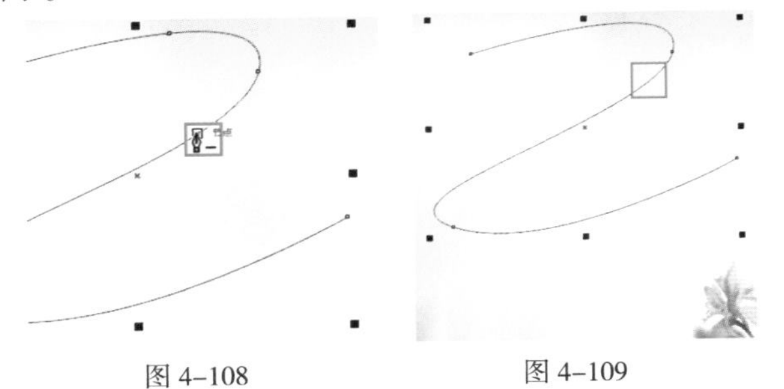

图 4-108　　图 4-109

(5) 单击属性栏中的“预览模式”按钮，接着移动鼠标，可以预览即将形成的路径，如图4-110所示。

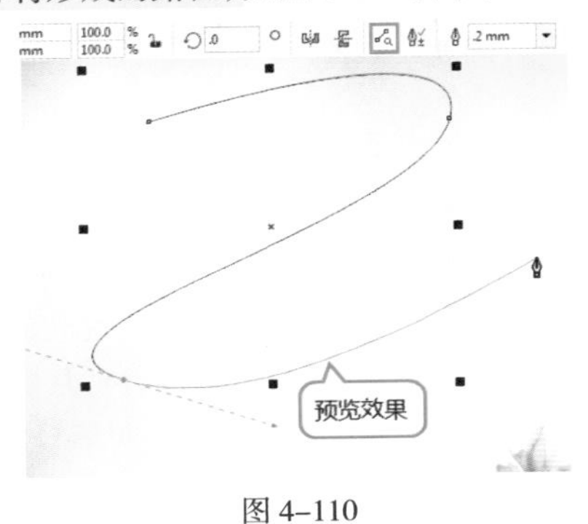

图 4-110

练习实例：使用“钢笔”工具制作画册封面

文件路径	资源包\第4章\练习实例：使用“钢笔”工具制作画册封面
难易指数	★★★★★
技术要点	“钢笔”工具

扫一扫，看视频

实例效果

本实例效果如图4-111所示。

图 4-111

操作步骤

步骤 01 执行“文件”->“新建”命令，新建一个A4大小、横向的文档。单击工具箱中的“矩形”工具按钮，按住鼠标左键拖曳绘制一个矩形，如图4-112所示。选中矩形，单击调色板中的浅灰色色块为其填充浅灰色，然后右击“无”按钮去除轮廓色，如图4-113所示。

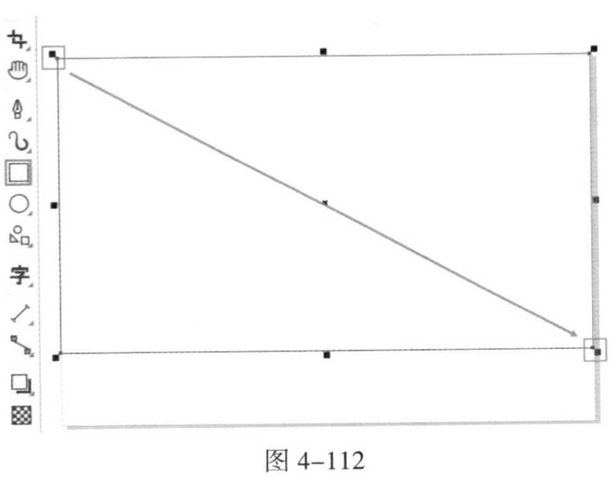

图 4-112

图 4-113

步骤 02 执行“文件”->“导入”命令，在弹出的“导入”窗口中找到素材位置，选择素材1.png，单击“导入”按钮。接着在画面中按住鼠标左键拖动，松开鼠标后完成导入操作，如图4-114所示。

图 4-114

步骤 03 单击工具箱中的“钢笔”工具按钮，然后在相应位置单击，如图4-115所示。接着将光标移动至下一个位置单击，如图4-116所示。

图 4-115

图 4-116

步骤 04 在另外两个点处单击，创建一个四边形，如图4-117所示。

图 4-117

步骤 05 选中绘制的四边形，单击工具箱中的“交互式填充”工具按钮，在属性栏中单击“均匀填充”按钮，设置“填充色”为红色，然后在调色板中右击“无”按钮去除轮廓色，如图4-118所示。以同样的方式绘制另一个图形，如图4-119所示。

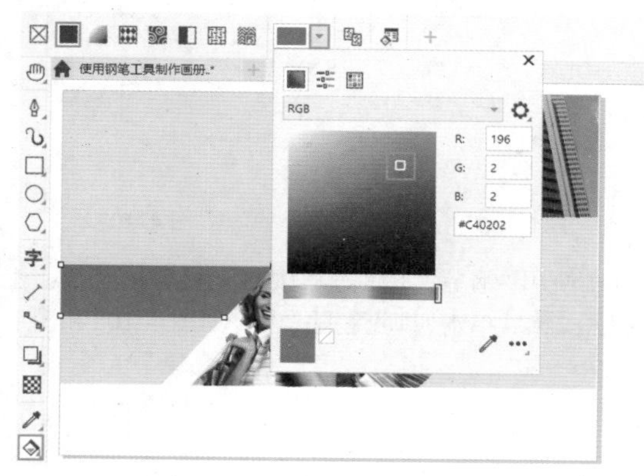

图 4-118

图 4-119

步骤 06 选择工具箱中的“星形”工具，在属性栏中单击“星形”按钮，设置“点数或边数”为5，“锐度”为53，在画布上绘制一个星形，如图4-120所示。接着将其填充为红色，然后在调色板中右击“无”按钮去除轮廓色，如图4-121所示。

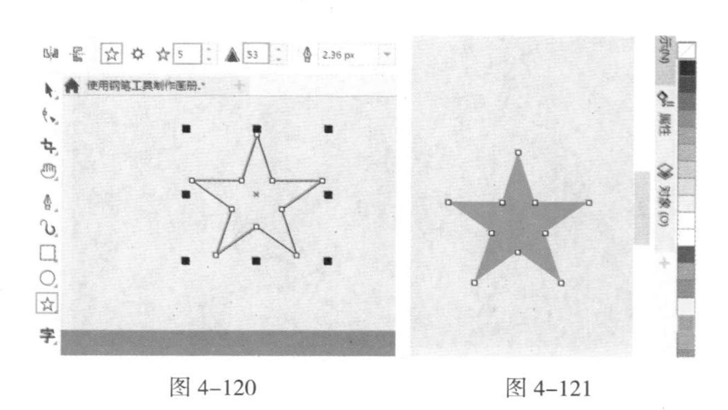

图 4-120　　　　图 4-121

步骤 07 单击工具箱中的“矩形”工具按钮□，在红色梯形上绘制一个矩形，并为其填充白色，如图4-122所示。选择白色的矩形，单击工具箱中的“透明度”工具▩，接着单击属性栏中的“均匀透明度”按钮■，设置“透明度”为50。效果如图4-123所示。

图 4-122

图 4-123

步骤 08 绘制一个白色的矩形，如图4-124所示。

图 4-124

步骤 09 导入文字素材2.cdr，将其摆放在合适的位置上。最终效果如图4-125所示。

图 4-125

4.6 “B样条”工具

使用“B样条”工具绘图时，可以通过调整“控制点”的方式绘制曲线路径，控制点和控制点间形成的夹角度数会影响曲线的弧度。

扫一扫，看视频

单击工具箱中的“B样条”工具按钮，将光标移至绘图区中单击，然后将光标移动到下一个位置单击，如图4-126所示。

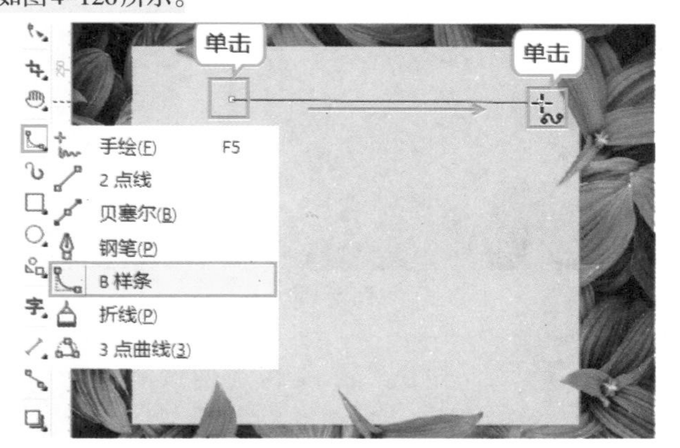

图 4-126

接着移动到下一个位置单击或按住鼠标左键拖动，此时3个点形成一条曲线，如图4-127所示。

多次移动光标并单击，可创建多个控制点，最后按Enter键结束绘制，如图4-128所示。

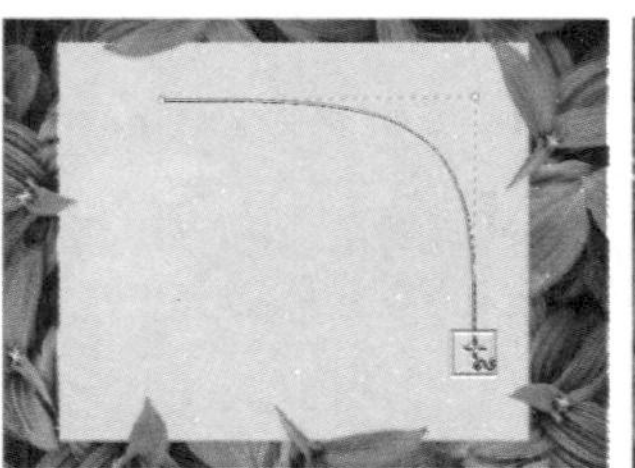

图 4-127

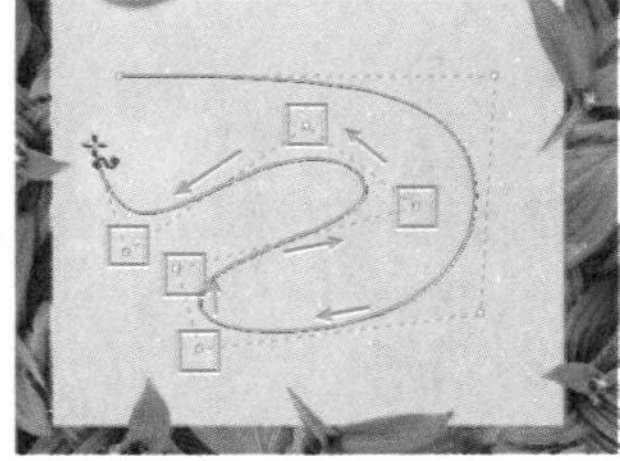

图 4-128

4.7 "折线"工具

"折线"工具可以用来绘制折线，也可以绘制曲线。选择工具箱中的"折线"工具，可以绘制折线，如图4-129所示。

扫一扫，看视频

如果要绘制曲线，先在属性栏中设置合适的"手绘平滑度"，然后按住鼠标左键拖曳，即可绘制手绘曲线。效果如图4-130所示。

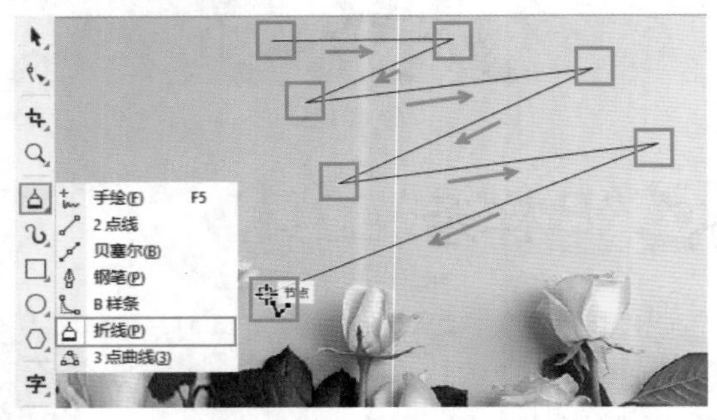

图4-129

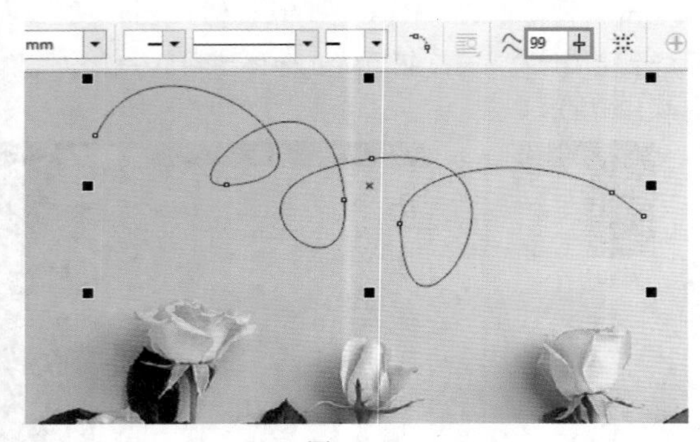

图4-130

提示："折线"工具的使用技巧

在使用"折线"工具绘制曲线时，会受到"手绘平滑度"参数的影响。想要让绘制出的曲线与手绘路径更好地吻合，可以将"手绘平滑度"参数设置为0，使绘制的曲线不产生平滑效果。如果要绘制平滑的曲线，则需要设置较大的数值。

练习实例：使用"折线"工具绘制折线图表

扫一扫，看视频

文件路径	资源包\第4章\练习实例：使用"折线"工具绘制折线图表
难易指数	★★★★★
技术要点	"折线"工具

实例效果

本实例效果如图4-131所示。

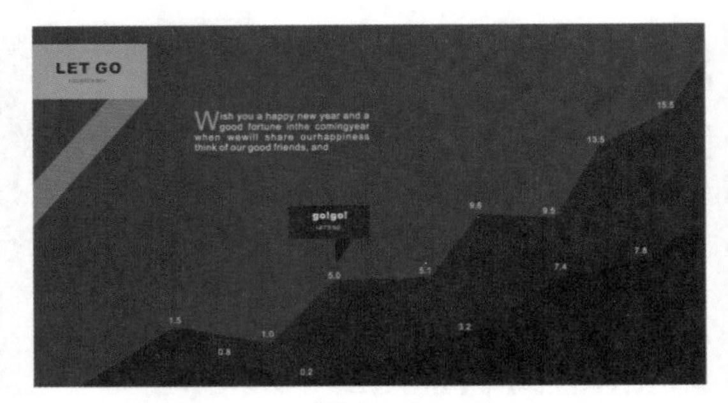

图4-131

操作步骤

步骤01 执行"文件"->"新建"命令，创建新文档。单击工具箱中的"矩形"工具按钮，按住鼠标左键拖曳绘制一个矩形。选择该矩形，单击调色板中的深灰色色块为其填充深灰色，然后右击"无"按钮去除轮廓色，如图4-132所示。

图4-132

步骤02 选择工具箱中的"折线"工具，将光标移动至矩形底部边缘处单击，如图4-133所示。接着将光标移动至下一个位置单击，如图4-134所示。

图4-133

图4-134

步骤 03 移动光标并单击，创建多个节点，则多个节点连接成折线；最后将光标定位在起点，得到闭合路径，如图4–135所示。

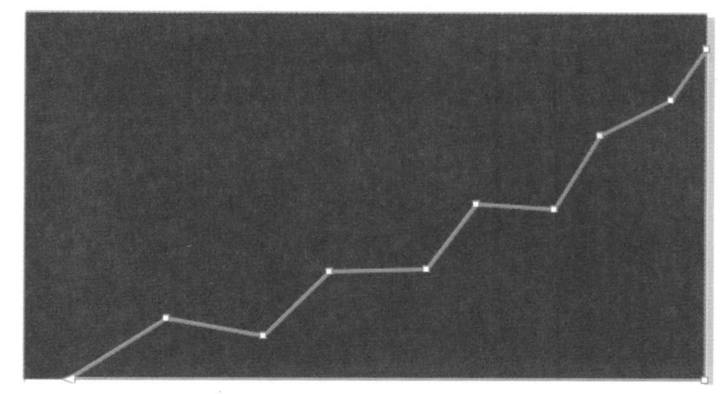

图 4–135

步骤 04 选择刚刚绘制的折线路径，单击工具箱中的“交互式填充”工具按钮，然后单击属性栏中的“均匀填充”按钮，设置“填充色”为深灰色，然后在调色板中右击“无”按钮去除轮廓色，如图4–136所示。使用同样的方式绘制折线图并为其填充相应的颜色，如图4–137所示。

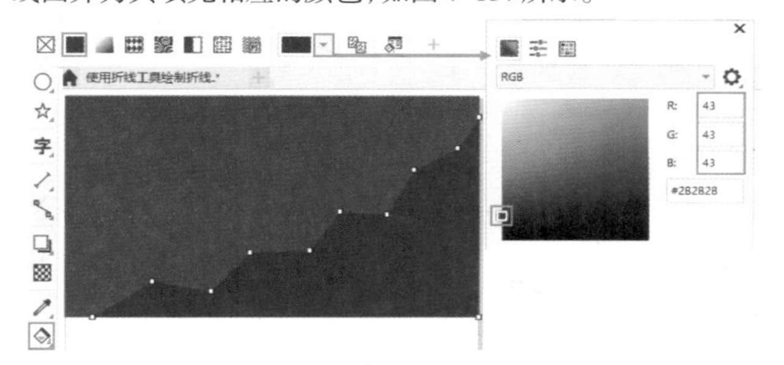

图 4–136

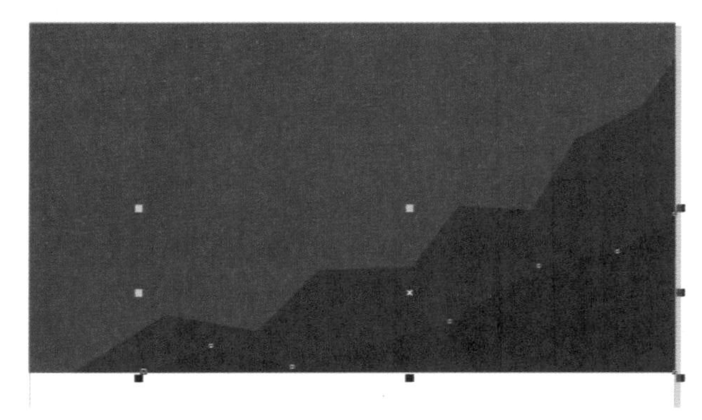

图 4–137

步骤 05 单击工具箱中的“钢笔”工具按钮，在画布左上方绘制一个四边形，并为其填充深绿色，如图4–138所示。

步骤 06 使用“矩形”工具绘制一个矩形，并将其填充为稍浅一些的绿色，如图4–139所示。

图 4–138

图 4–139

步骤 07 选择工具箱中的“常见形状工具”，单击属性栏中的“常用形状”按钮，在弹出的下拉面板中选择一个合适的标注形状，然后按住鼠标左键拖曳进行绘制，如图4–140所示。拖曳红色控制点对形状进行调整，然后将其填充为深灰色，如图4–141所示。

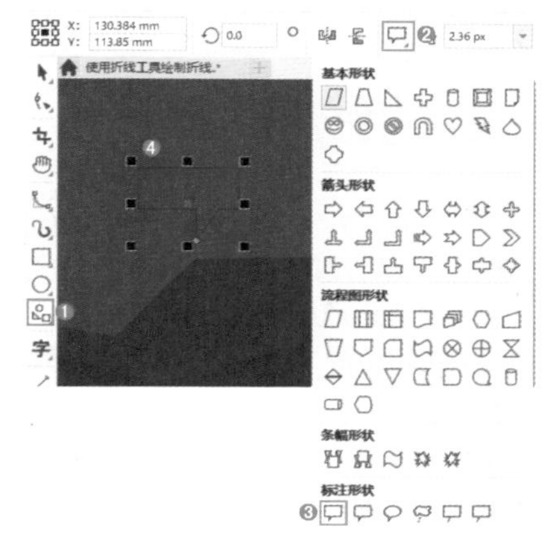

图 4–140

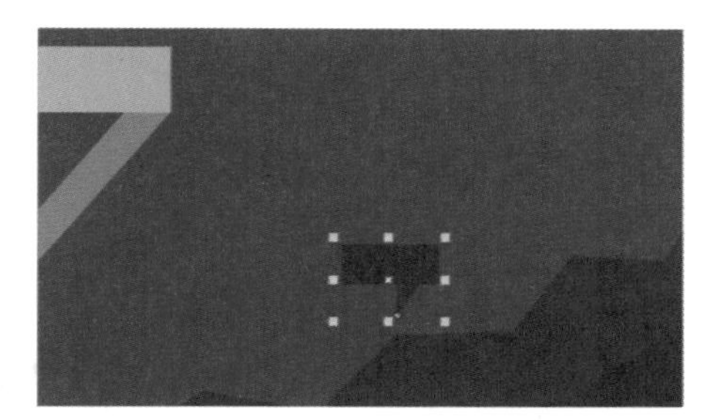

图 4–141

步骤 08 执行“文件”->“导入”命令，导入文字素材，将其摆放在合适的位置上。最终效果如图4–142所示。

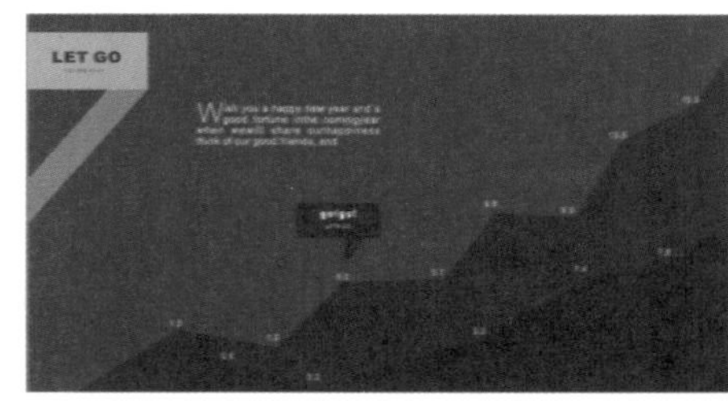

图 4–142

4.8 “3点曲线”工具

扫一扫，看视频

使用“3点曲线”工具可以快速绘制一条弧线。单击工具箱中的“3点曲线”工具按钮，如图4-143所示。然后在绘图区按住鼠标左键拖动绘制一段直线，松开鼠标后向另一个方向移动光标，然后单击即可完成曲线的绘制，如图4-144所示。在曲线绘制过程中，按住Ctrl键拖曳可以绘制较为规则的弧线，如图4-145所示。

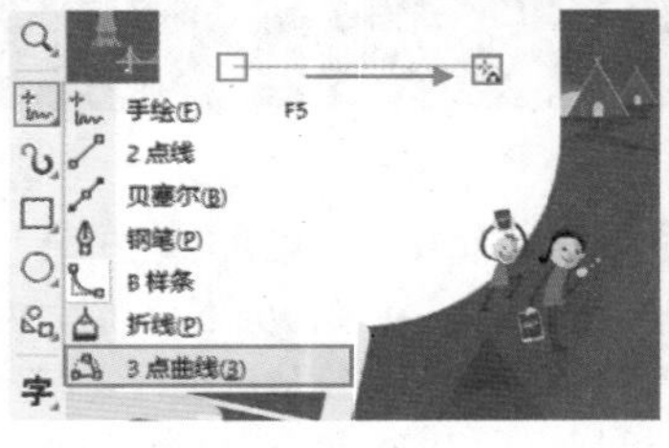

图4-143

图4-144

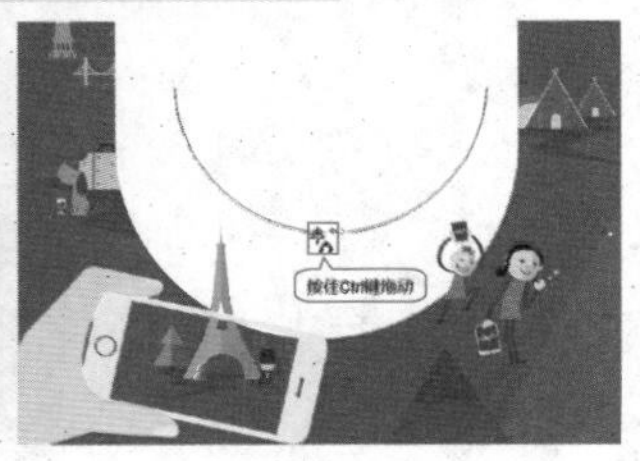

图4-145

4.9 艺术笔”工具：绘制带有样式的线条

扫一扫，看视频

使用“艺术笔”工具可以绘制多种多样的笔触效果，既能模拟绘制出毛笔、钢笔的笔触，也可以沿路径绘制出各种各样有趣的图形。单击工具箱中的“艺术笔”工具按钮，在属性栏中可以看到有五种绘制模式，分别是“预设”、“笔刷”、“喷涂”、“书法”和“表达式”，如图4-146所示。选择任意一种绘制模式，在属性栏中便会显示相应的参数选项(无须设置，使用默认参数即可)。接着在绘图区按住鼠标左键拖曳，释放鼠标后即可得到相应的绘制效果，如图4-147所示。这种绘制方法与以往的绘制方法是截然不同的。

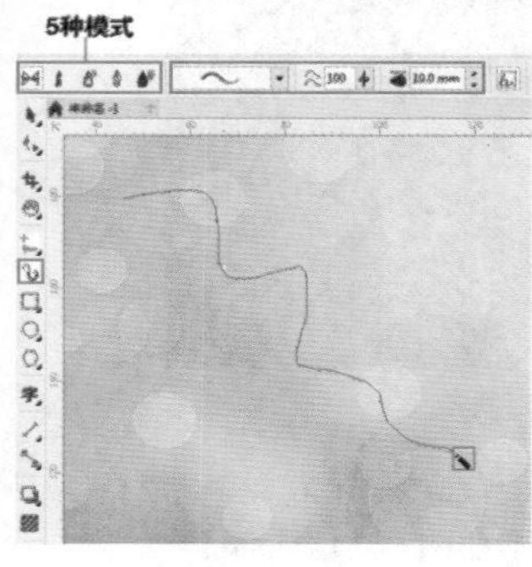

图4-146

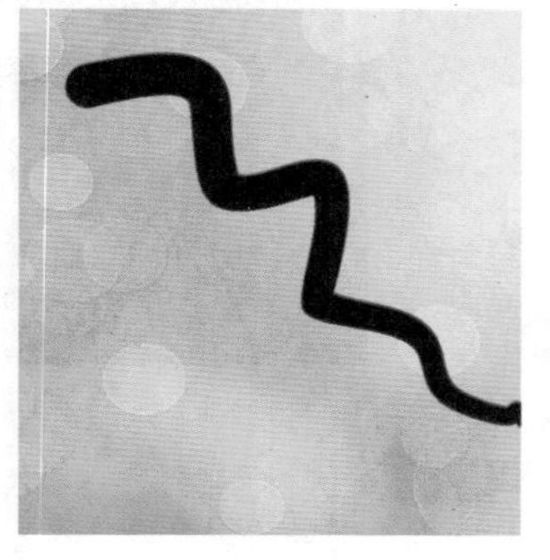

图4-147

由于“艺术笔”工具有多种绘制模式，而每种绘制模式下又有多种画笔类型可选，以及很多参数可以设置，所以得到的效果可以说是千变万化的。虽然参数选项较多，但是其效果是非常直观、明显的。可以设置不同的参数进行绘制来观察效果；或者对已经绘制出的线条更改参数设置，同样可以轻松理解并掌握设计意图。

4.9.1 “预设”模式

“预设”模式提供了多种线条样式，从中选择所需线条样式，可以轻松绘制出像毛笔笔触一样的效果。

(1) 单击工具箱中的“艺术笔”工具按钮，在属性栏中单击“预设”按钮，接着单击“预设笔触”右侧的按钮，在弹出的下拉列表中选择一个合适的预设笔触，然后在画面中拖曳进行绘制，如图4-148所示。释放鼠标后路径效果如图4-149所示。

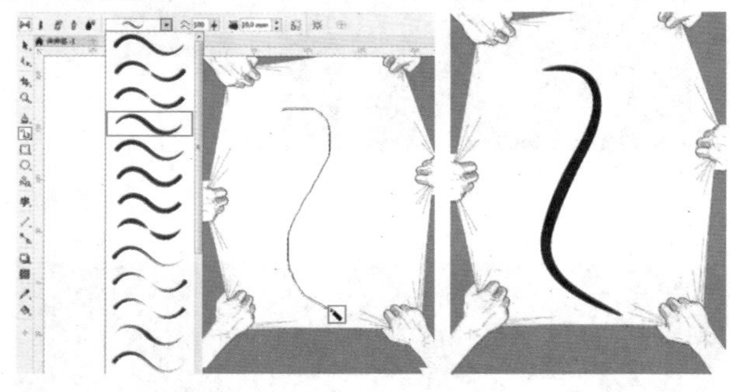

图4-148　　图4-149

(2) 属性栏中的“手绘平滑”选项用于设置线条的平滑程度；“笔触宽度”选项用于设置线条的宽度。如图4-150和图4-151所示是“笔触宽度”分别为3mm和10mm时的对比效果。

图4-150　　图4-151

4.9.2 “笔刷”模式

“笔刷”模式下的“艺术笔”工具主要用于模拟笔刷绘制的效果。

(1) 单击“艺术笔”工具按钮，在属性栏中单击“笔刷”模式按钮。“毛刷”模式下包括艺术、书法、对象、滚动、感觉的、飞溅、符号和底纹8种类别，每种类别都有相应的毛刷笔触。例如，设置“类别”为“书法”，然后单击“毛刷笔触”右侧的按钮，即可打开“毛刷笔触”下拉列表，如图4–152所示。设置“类别”为“飞溅”时，“毛刷笔触”下拉列表如图4–153所示。

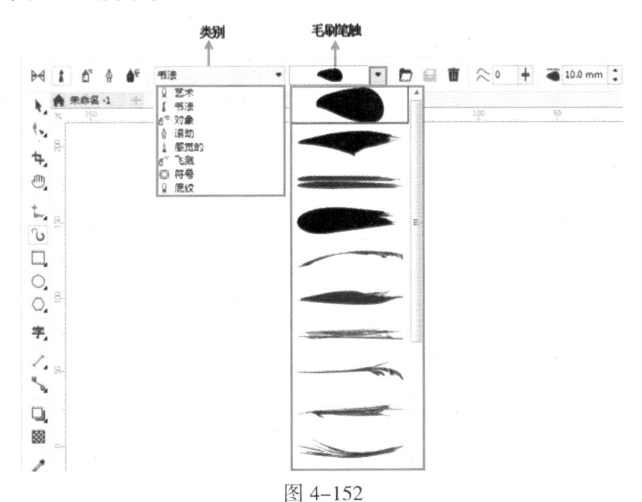

图 4–152

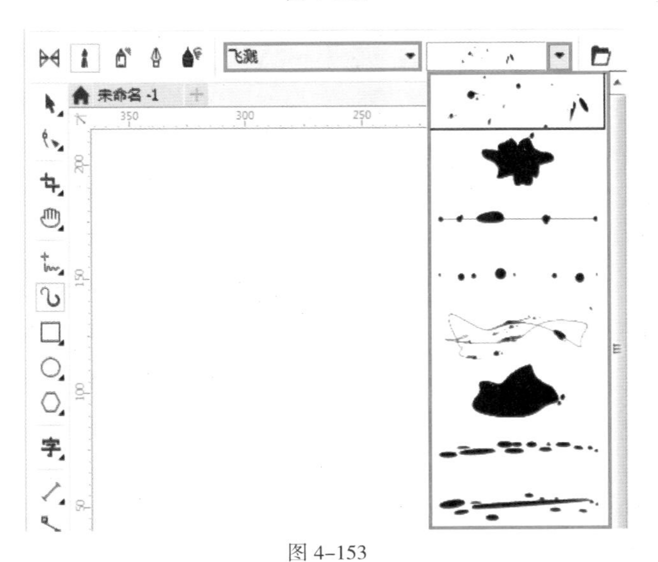

图 4–153

(2) 在属性栏中设置合适的“类别”，并选择合适的毛刷笔触，然后在绘图区按住鼠标左键拖曳进行绘制，如图4–154所示。释放鼠标后线条效果如图4–155所示。

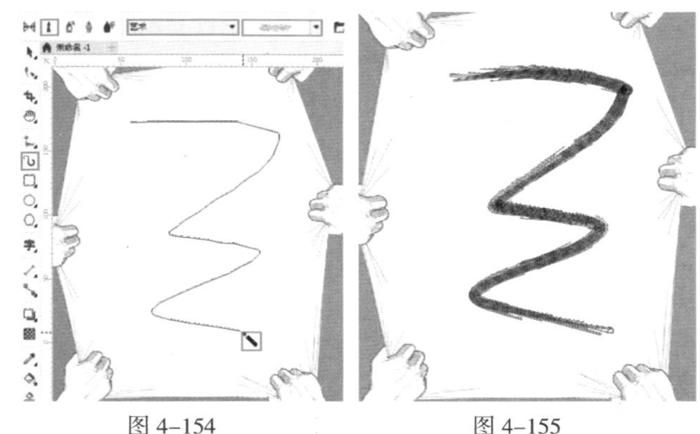
图 4–154　　图 4–155

- 浏览：单击该按钮，可以载入其他自定义毛刷笔触。
- 保存艺术笔触：将艺术笔触另存为自定义笔触。
- 删除：删除自定义艺术笔触。
- 100 手绘平滑：在创建手绘曲线时，调整其平滑程度。
- 10.0 mm 笔触宽度：输入数值以设置所绘线条的宽度。

4.9.3 “喷涂”模式

“喷涂”模式下的“艺术笔”工具能够用图案为绘制的路径描边，而且图案的选择非常多，还可以对图案进行大小、间距、旋转等设置。

单击工具箱中的“艺术笔”工具按钮，在属性栏中单击“喷涂”按钮，然后设置合适的类别，选择一种喷射图样，如图4–156所示。接着在绘图区按住鼠标左键拖曳进行绘制，如图4–157所示。

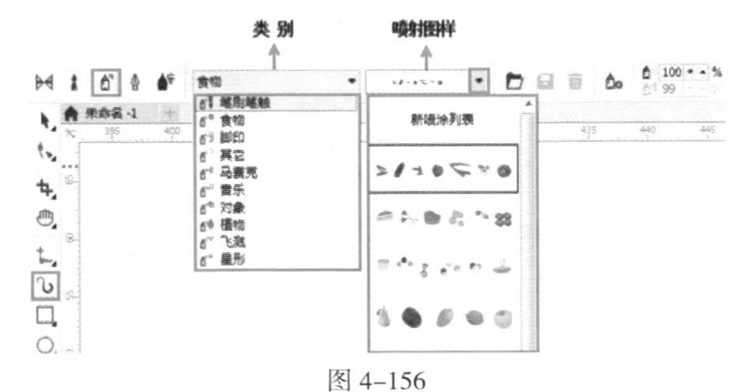

图 4–156

图 4–157

（1）属性栏中的 80 %选项用于设置笔触的大小。如图4–158所示为80%时的笔触效果。

（2）单击属性栏中的“递增按比例缩放”按钮，使它处于解锁的状态，然后在下方的 100 中调整数值，可以调整喷射对象末端图案的大小。当数值为100%时，以实际大小显示；当数值小于100%时，末端的喷射图案会缩小显示，如图4–159所示；当数值大于100%时，末端的喷射图案会放大显示，如图4–160所示。

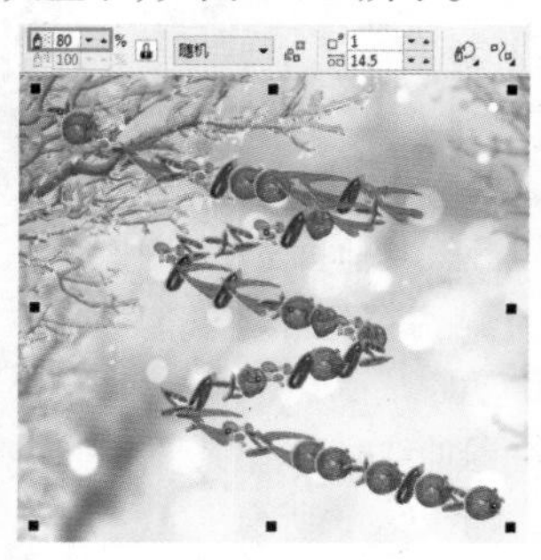
图 4–158

图 4–159

图 4–160

（3）属性栏中的“喷涂顺序”下拉列表用于调整喷射对象的顺序，有“随机”“顺序”和“按方向”三种，如图4–161所示。

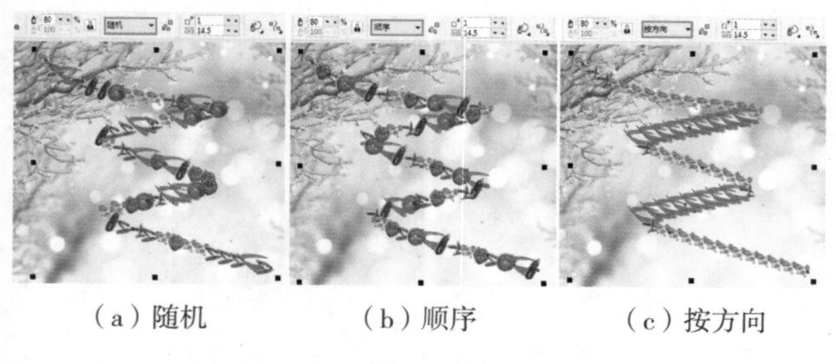
（a）随机　（b）顺序　（c）按方向

图 4–161

（4）属性栏中的“图像数量” 1 选项用来设置喷溅图案的数量，数值越高，图案数量越多，如图4–162所示。“图像间距” 25.4 选项用来设置两个图案之间的间距，数值越大，间距越大，如图4–163所示。

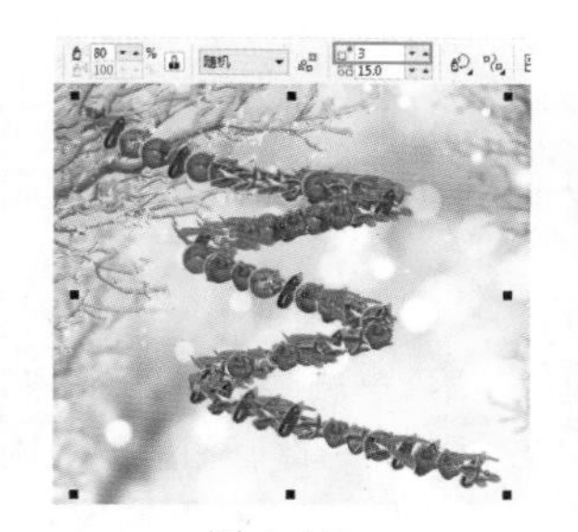
图 4–162

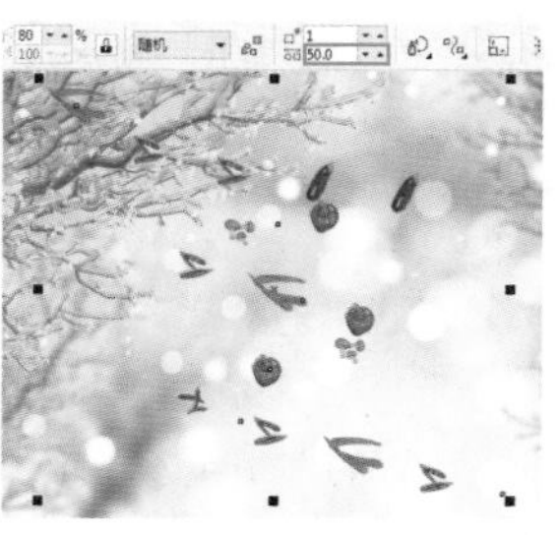
图 4–163

- 喷涂列表：通过添加、移除和重新排列喷射对象来编辑喷涂列表。单击该按钮，打开“创建播放列表”窗口，如图4–164所示。

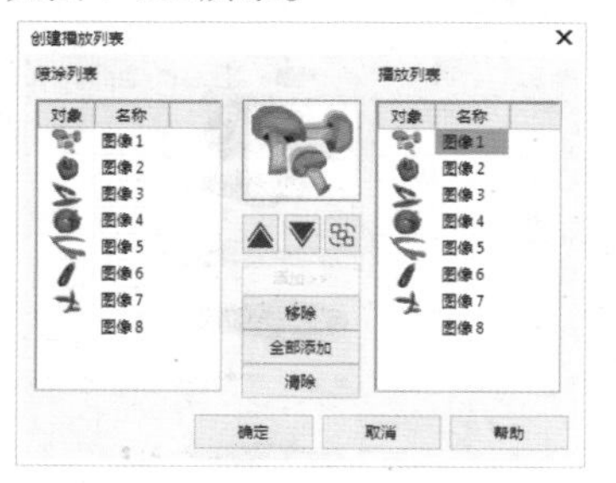

图 4–164

- 添加到喷涂列表：添加一个或多个对象到喷涂列表。
- 旋转：单击该按钮，在弹出的下拉面板中可以对喷射对象进行旋转设置，如图4–165所示。

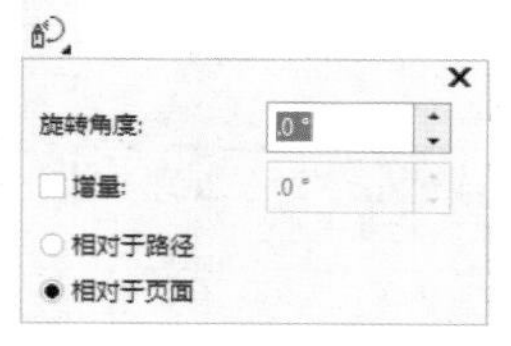

图 4–165

- 偏移：单击该按钮，在弹出的下拉面板中可以对喷射对象进行偏移选项设置，如图4–166所示。

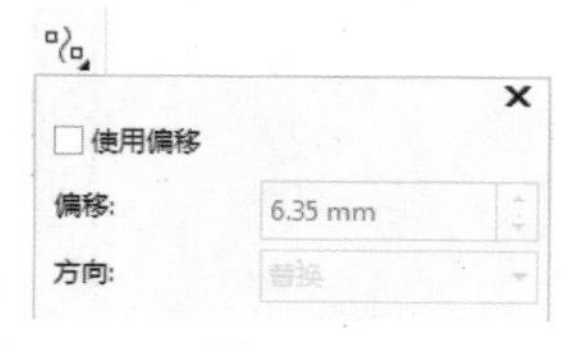

图 4–166

提示：如何提取单个的图案

使用“艺术笔”工具绘制图样后，选择工具箱中的“选择”工具，右击，在弹出的快捷菜单中执行“拆分艺术笔组”命令，随即路径与图案就会分开。选择图样，右击，在弹出的快捷菜单中执行“取消群组”命令，图案中的各个部分可以独立地进行移动和编辑。

4.9.4 “书法”模式

“书法”模式是通过计算曲线的方向和笔头的角度来更改笔触的粗细，从而模拟出书法的艺术效果。“书法”模式下“艺术笔”工具的使用方法非常简单，下面主要讲解属性栏中的参数设置。

(1) 在属性栏中，“手绘平滑” 100 用来设置路径的平滑度。如图4-167和图4-168所示为不同参数的对比效果。

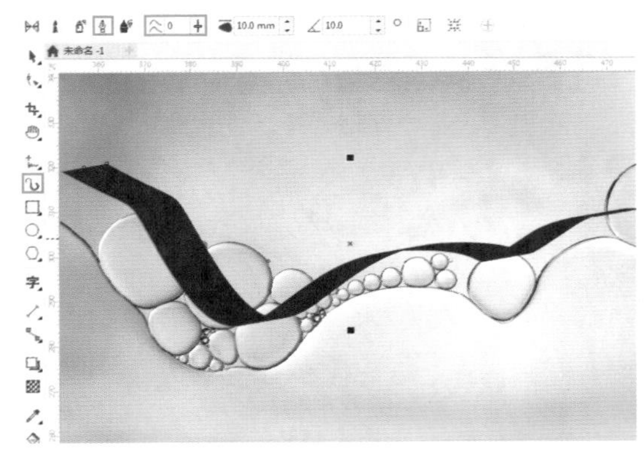

图 4-167

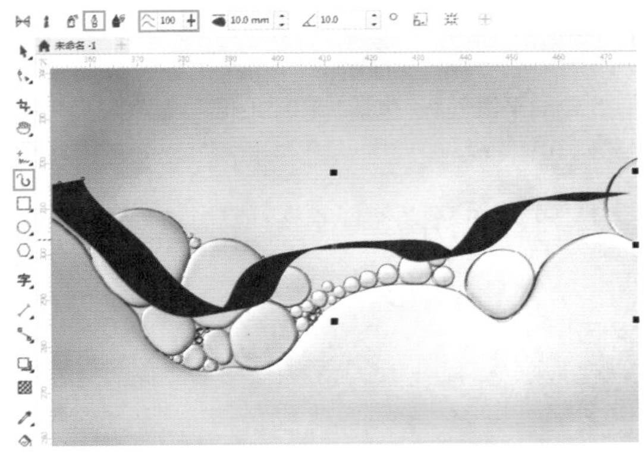

图 4-168

(2) “笔触宽度” 10.0 mm 选项用来设置所绘线条的宽度。如图4-169和图4-170所示是“笔触宽度”分别为2mm和15mm时的对比效果。

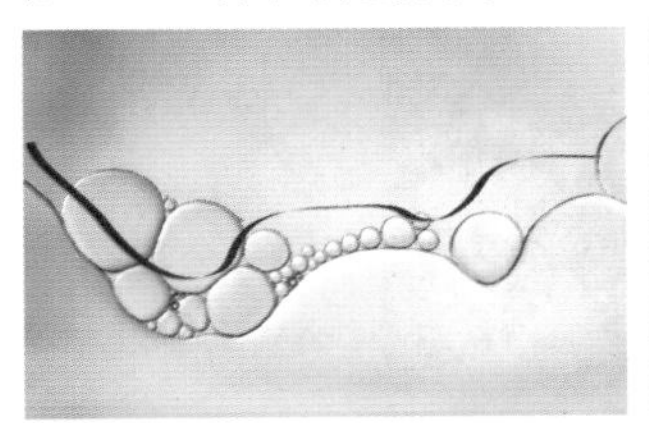

图 4-169

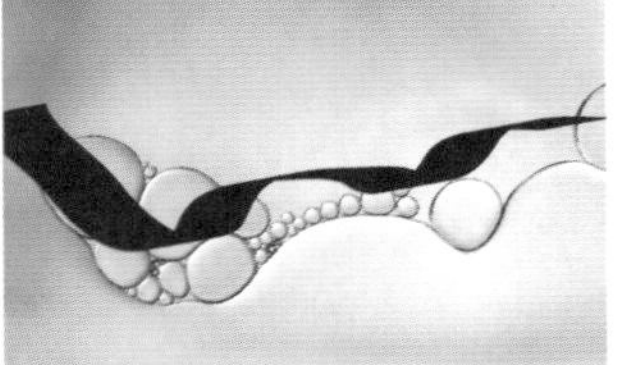

图 4-170

(3) “书法角度” 45.0 选项用来设置书法画笔绘制出的笔触角度。如图4-171和图4-172所示是“书法角度”分别为10和50时的对比效果。

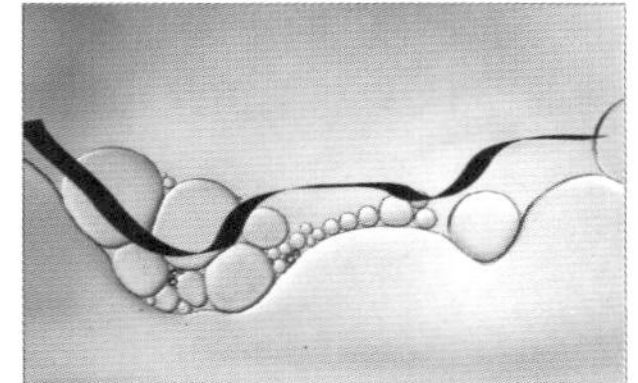

图 4-171

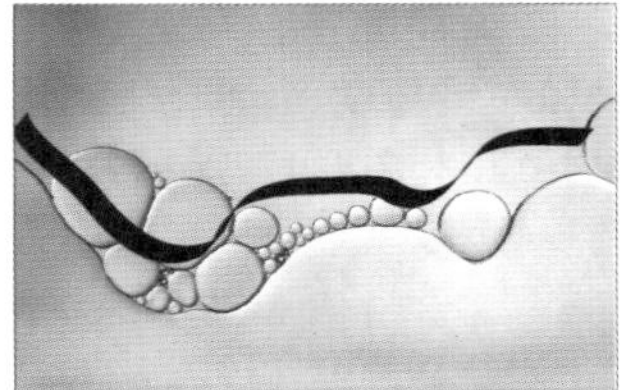

图 4-172

4.9.5 “表达式”模式

“表达式”模式是模拟实验压感笔绘画的效果。单击工具箱中的“艺术笔”工具按钮，然后单击属性栏中的“表达式”按钮，在属性栏中“笔触宽度”选项是用来设置线条的宽度，“倾斜角”选项是用来设置固定的笔倾斜值的平滑度。设置完成后在画面中按住鼠标左键拖曳，即可进行绘制，如图4-173所示。

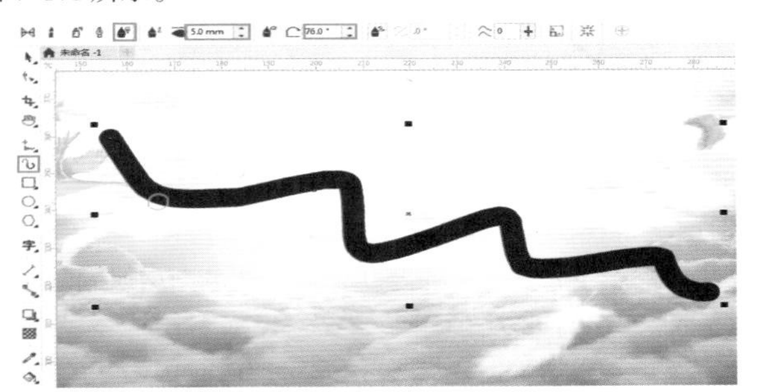

图 4-173

4.10 LiveSketch 工具：用来绘制草图的工具

扫一扫，看视频

就像使用画笔在纸上绘画一样，使用LiveSketch工具可以灵活、自由地绘制矢量曲线的草图，既方便又快捷。

(1) 选择工具箱中的LiveSketch工具，然后在绘图区按住鼠标左键拖动，释放鼠标后得到一段路径，如图4-174和图4-175所示。

图 4-174

图 4-175

(2) 将光标移动至路径上方，出现红色的虚线后按住鼠标左键拖动，即可在刚刚绘制的路径上方添加路径，如图4–176和图4–177所示。

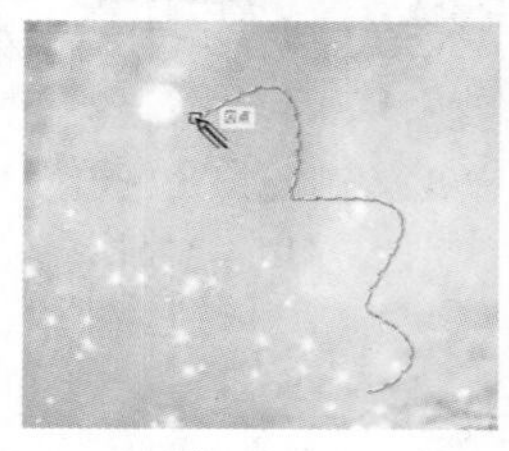

图 4–176

图 4–177

- 1.0秒 定时器：设置调整笔触并生成曲线前的延迟。
- 包括曲线：将现有曲线添加到草图中。如图4–178和图4–179所示为未激活与激活该按钮的对比效果。

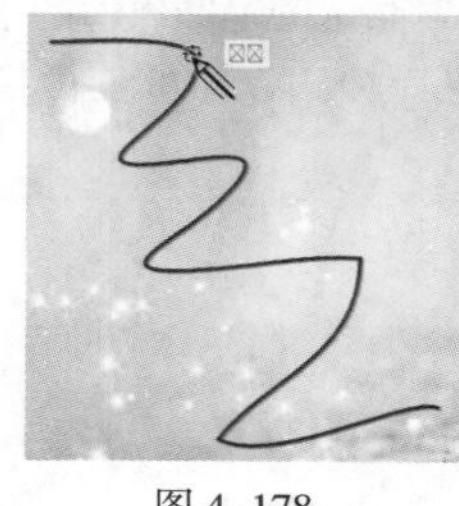

图 4–178

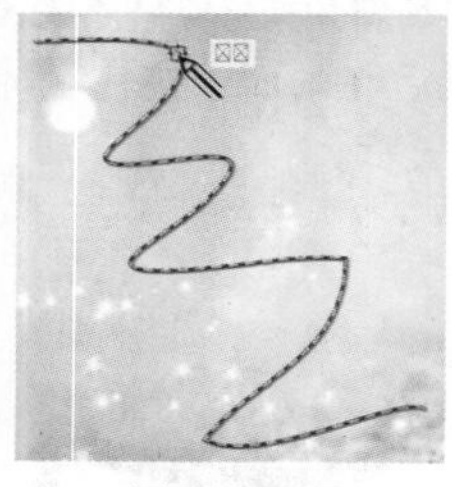

图 4–179

- 创建单条曲线：通过在指定时间范围内绘制的笔触创建单条曲线。
- 50 曲线平滑：在创建手绘曲线时调整其平滑度。如图4–180和图4–181所示是“曲线平滑”分别为0和80时的对比效果。

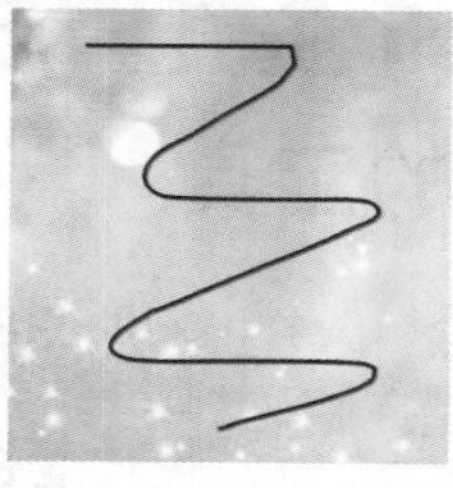

图 4–180

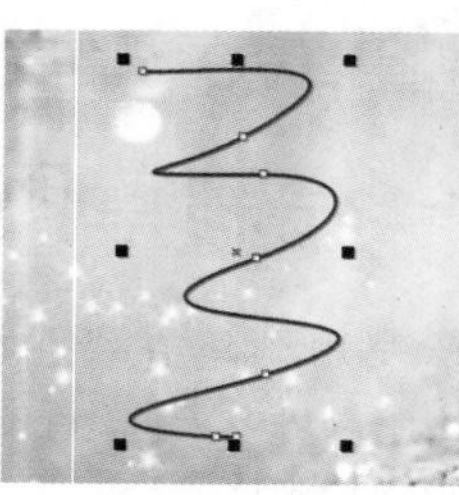

图 4–181

- 预览模式：在绘制草图时预览生成的曲线。
- 边框：使用曲线工具时，显示或隐藏边框。

4.11 “智能绘图”工具

扫一扫，看视频

“智能绘图”工具是一种能够将用户手动绘制出的不规则、不准确的图形进行智能修整的工具。单击工具箱中的“智能绘图”工具按钮（快捷键Shift+S），在属性栏中可以设置“形状识别等级”以及“智能平滑等级”。设置完毕后在画面中进行绘制，绘制完毕后释放鼠标，系统会自动将其转换为常见的形状或平滑曲线，如图4–182和图4–183所示。

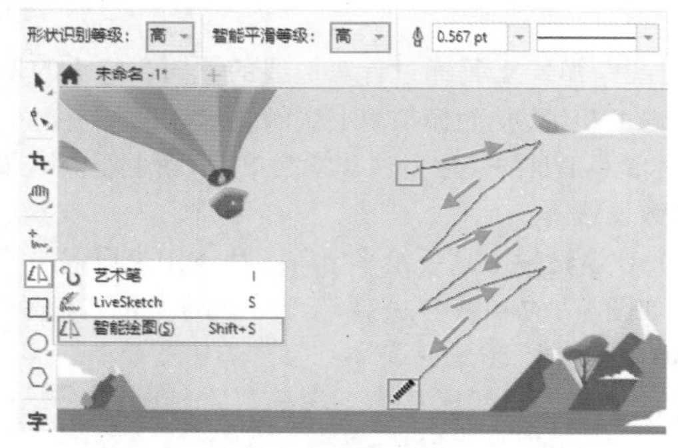

图 4–182

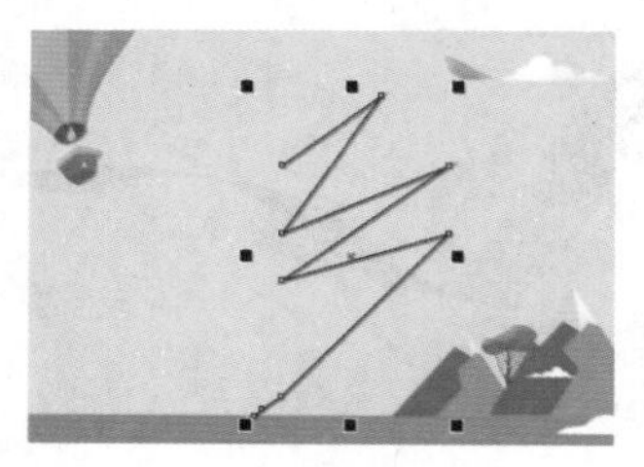

图 4–183

- 形状识别等级：设置检测形状并将其转换为对象的等级，包括“无”“最低”“低”“中”“高”“最高”6个等级。
- 智能平滑等级：设置使用“智能绘图”工具创建的形状的轮廓平滑等级，包括“无”“最低”“低”“中”“高”“最高”6个等级。

练习实例：使用“智能绘图”工具绘制几何图形海报

扫一扫，看视频

文件路径	资源包\第4章\练习实例：使用“智能绘图”工具绘制几何图形海报
难易指数	★★★★★
技术要点	“智能绘图”工具、移除前面对象

实例效果

本实例效果如图4–184所示。

图 4–184

操作步骤

步骤 01 执行“文件”->“新建”命令，新建一个竖版、A4大小的文档。双击工具箱中的“矩形”工具按钮，快速绘制一个与画板等大的矩形，如图4-185所示。单击工具箱中的“交互式填充”工具按钮，在属性栏中单击“渐变填充”按钮，设置渐变类型为“椭圆形渐变填充”，接着编辑一种灰色系的渐变，然后在调色板中右击“无”按钮去除轮廓色，如图4-186所示。

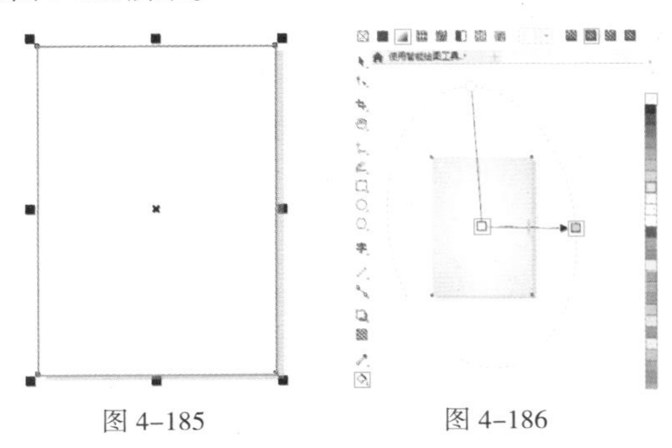

图 4-185　　图 4-186

步骤 02 执行“文件”->“导入”命令，在弹出的“导入”窗口中找到素材位置，选择素材1.jpg，单击“导入”按钮。接着在画面中按住鼠标左键拖动，松开鼠标后完成导入操作，如图4-187所示。以同样的方式导入另一个素材，如图4-188所示。

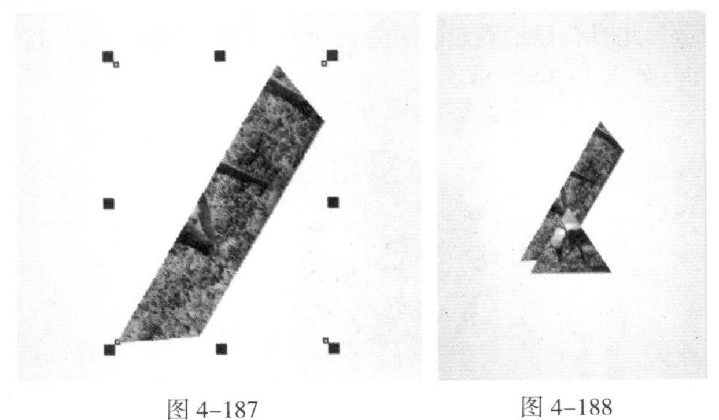

图 4-187　　图 4-188

步骤 03 选择工具箱中的“智能绘图”工具，在属性栏中设置“形状识别等级”为“中”，“智能平滑等级”为“中”，接着在相应位置按住鼠标左键拖曳进行绘制，如图4-189所示。松开鼠标后即可得到一个三角形，如图4-190所示。

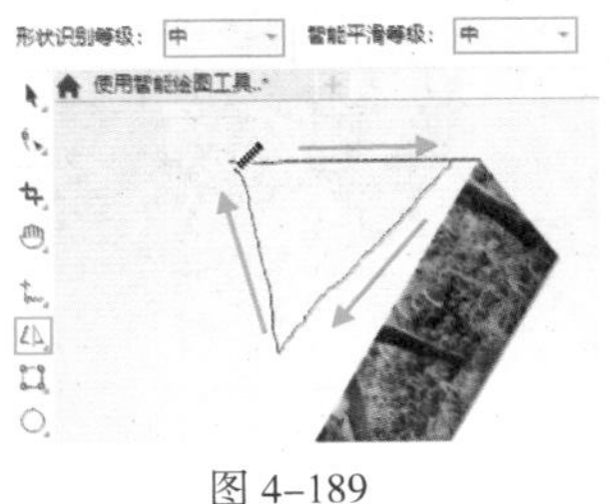

图 4-189

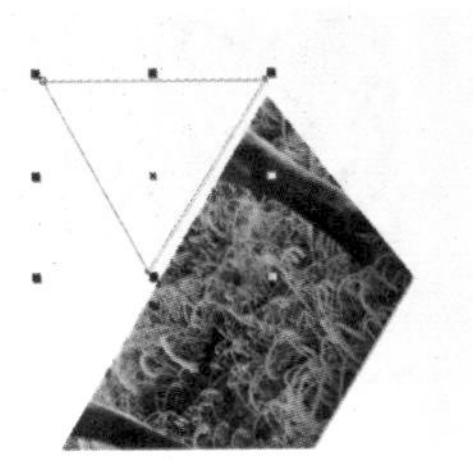

图 4-190

步骤 04 选中绘制的三角形，单击工具箱中的“交互式填充”工具按钮，单击属性栏中的“均匀填充”按钮，设置“填充色”为红色，然后在调色板中右击“无”按钮去除轮廓色，如图4-191所示。以同样的方式绘制其他图形，如图4-192所示。

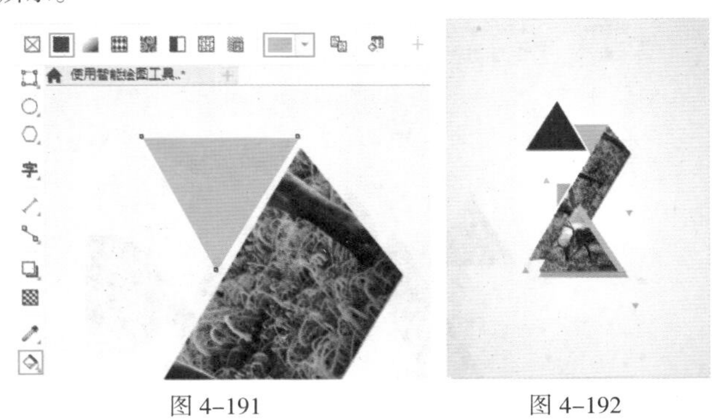

图 4-191　　图 4-192

步骤 05 使用“智能绘图”工具绘制一个正圆，并将其填充为黑色，如图4-193所示。以同样的方式绘制其他圆形，如图4-194所示。

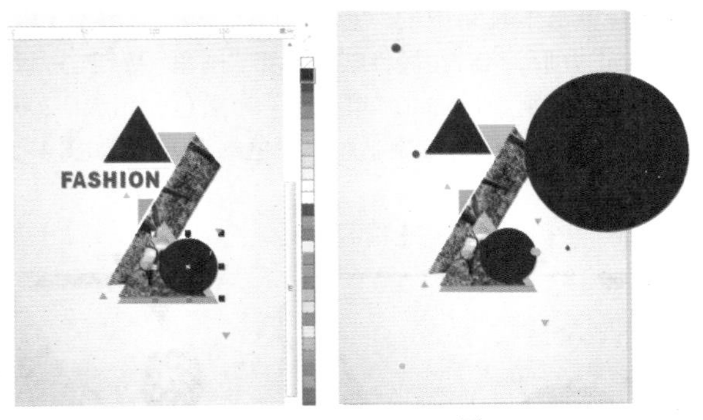

图 4-193　　图 4-194

步骤 06 使用“矩形”工具在大圆右侧超出画面的位置绘制一个矩形，如图4-195所示。按住Shift键单击加选黑色正圆与矩形，执行“对象”->“造型”->“移除前面对象”命令，效果如图4-196所示。

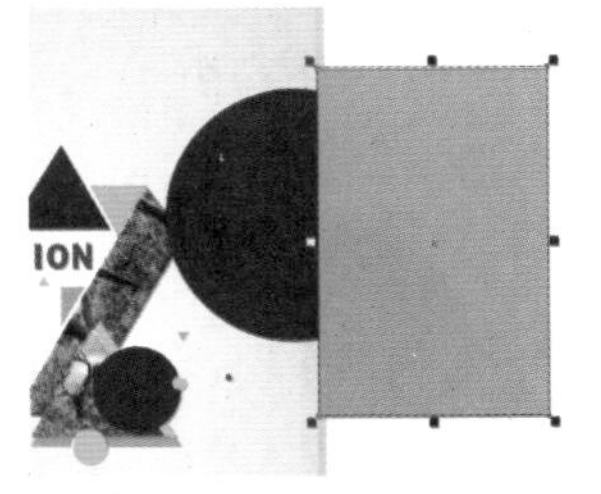

图 4-195

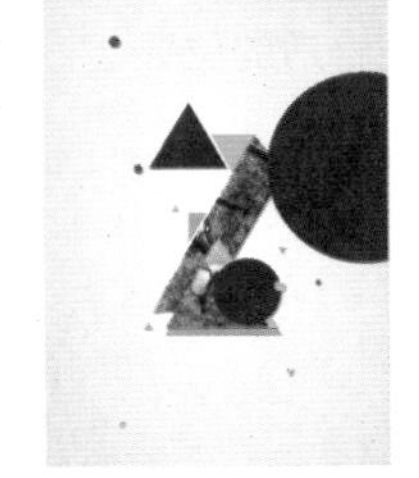

图 4-196

步骤 07 选择工具箱中的“钢笔”工具，在画布中绘制一段折线。选中该折线，双击界面右下角的“轮廓笔”按钮，在弹出的“轮廓笔”窗口中设置“宽度”为细线，“颜色”为深灰色，如图4-197所示。图形效果如图4-198和图4-199所示。

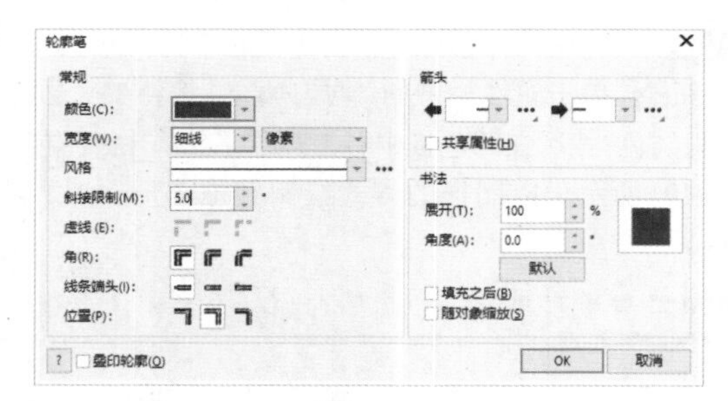

图 4-197

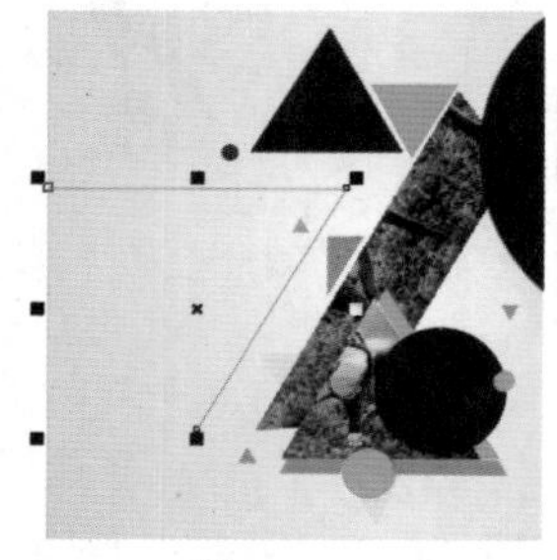

图 4-198

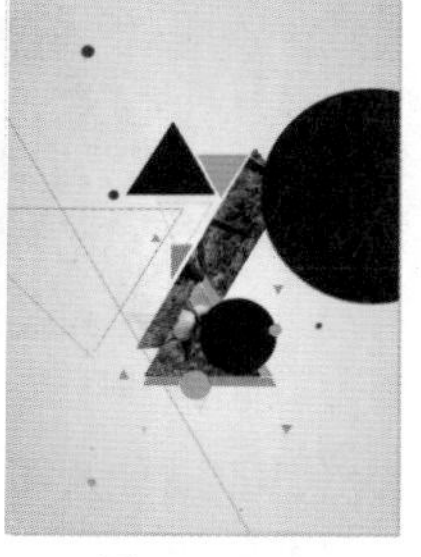

图 4-199

步骤 08 单击工具箱中的“矩形”工具按钮，按住Ctrl键绘制一个正方形，然后在属性栏中单击“圆角”按钮，设置“转角半径”分别为8.0mm，“填充色”为黑色，如图4-200所示。接着在圆角矩形上方绘制一个白色的正方形，如图4-201所示。

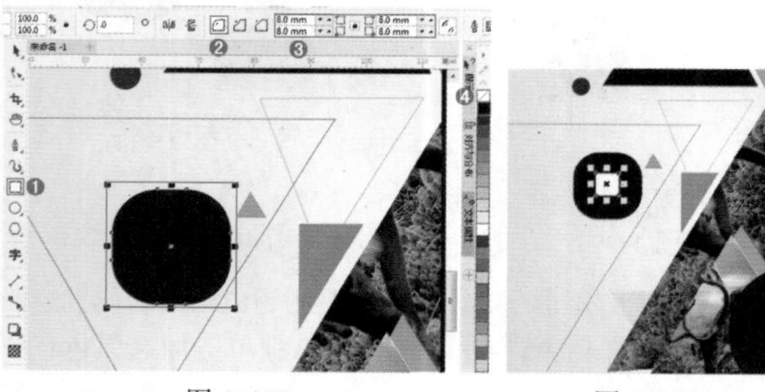

图 4-200　　图 4-201

步骤 09 执行“文件”->“导入”命令，导入文字素材，将其摆放在合适的位置上。最终效果如图4-202所示。

图 4-202

4.12 度量工具

扫一扫，看视频

度量工具组中的工具能够对画面中的对象进行尺寸、角度等数值的测量和标注，应用十分广泛。例如，在创建技术图表、建筑施工图等操作中常用到度量工具。单击“平行度量”工具按钮右下角的小三角符号，在弹出的工具列表中可以看到“平行度量”工具、“水平或垂直度量”工具、“角度量”工具、“线段度量”工具和“三点标注”工具5种工具，如图4-203所示。

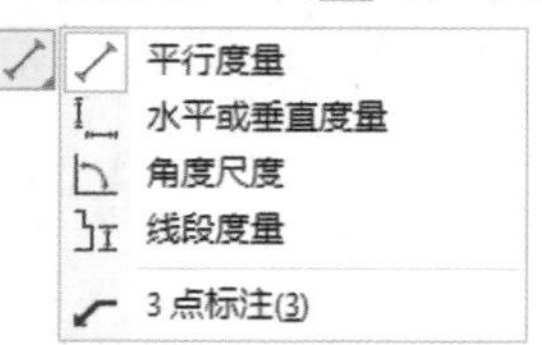

图 4-203

4.12.1 动手练：使用“平行度量”工具

“平行度量”工具能够度量任何角度的对象。

(1) 单击工具箱中的“平行度量”工具按钮，然后在要测量对象上按住鼠标左键拖曳，拖曳的距离就是测量的距离，如图4-204所示。释放鼠标后将光标向侧面移动，此时会创建示例。光标拖曳到合适的位置后单击完成操作，如图4-205所示。此时会显示测量的对象的尺寸，以及用于指示尺寸的示例，如图4-206所示。

图 4-204

图 4-205

图 4-206

(2) 示例分为两部分，即文字和线条。使用“选择”工具单击线条部分可以将其选中，在属性栏中可以调整线条的宽度，如图4-207所示。右击调色板中的色块，可以更改线条的颜色，如图4-208所示。

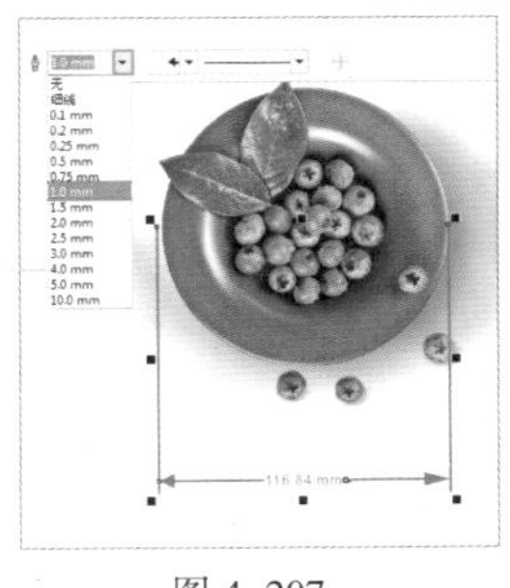

图 4-207

图 4-208

(3) 使用“选择”工具单击文字，在属性栏中可以更改字体、字号，如图4-209所示。单击调色板中的色块，可以更改文字颜色，如图4-210所示。

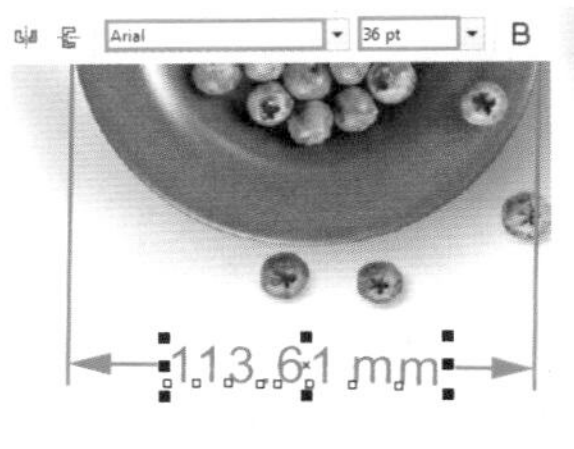

图 4-209

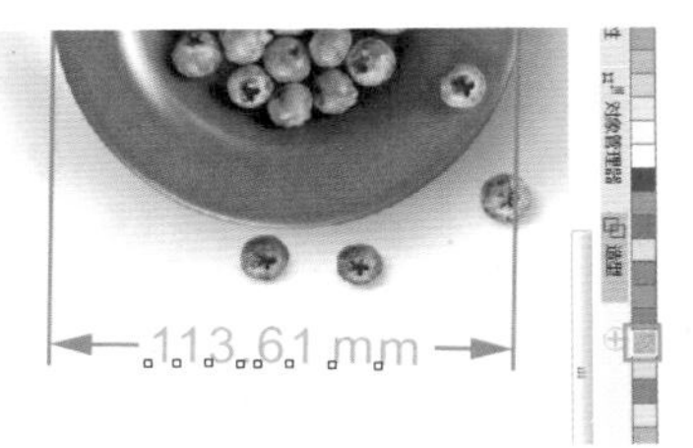

图 4-210

(4) 有时文字是需要更改的，在更改之前需要先将示例进行拆分。选择示例，右击，在弹出的快捷菜单中执行“拆分标尺”命令，如图4-211所示。拆分后，在文字上方双击即可插入光标，然后按住鼠标左键拖曳选中文字，如图4-212所示。接着对文字进行更改，如图4-213所示。

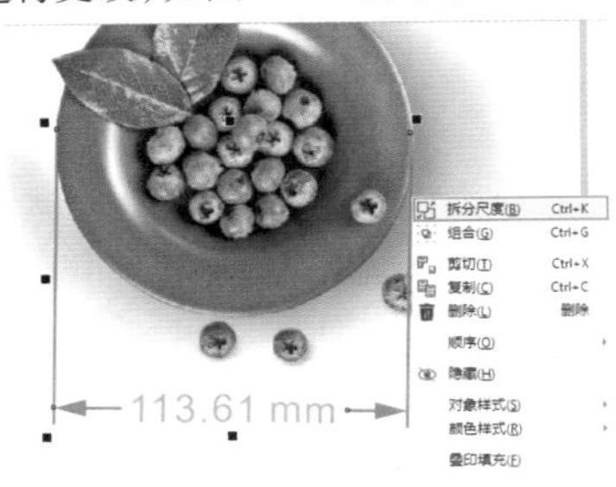

图 4-211

图 4-212

图 4-213

- 动态度量：当度量线重新调整大小时自动更新度量线测量。
- 度量样式 十进制：选择度量线的样式。
- 度量精度 0.00：选择度量线测量的精确度。
- 度量单位 mm：选择度量线的测量单位。
- 显示单位：在度量线文本中显示测量单位。
- 显示前导零：当值小于1时在度量线测量中显示前导零。
- 度量前缀 前缀：输入度量线文本的前缀。
- 度量后缀 后缀：输入度量线文本的后缀。
- 轮廓宽度 细线：设置对象的轮廓宽度。
- 双箭头：在线条两端添加箭头。
- 线条样式：选择线条或轮廓样式。
- 文本位置：依照度量线定位度量线文本。
- 延伸线：自定义度量线上的延伸线。

举一反三：使用“平行度量”工具标注户型图尺寸

(1) 使用“平行度量”工具创建示例，如图4-214所示。设置轮廓色为黑色，然后在属性栏中增加轮廓宽度，如图4-215所示。

图 4-214

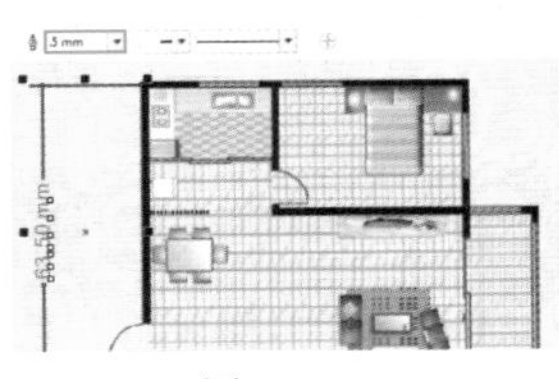

图 4-215

(2) 按快捷键Ctrl+K进行拆分，然后更改文字并将其更改为黑色，如图4-216所示。使用同样的方法标注出其他的尺寸，如图4-217所示。

图 4-216

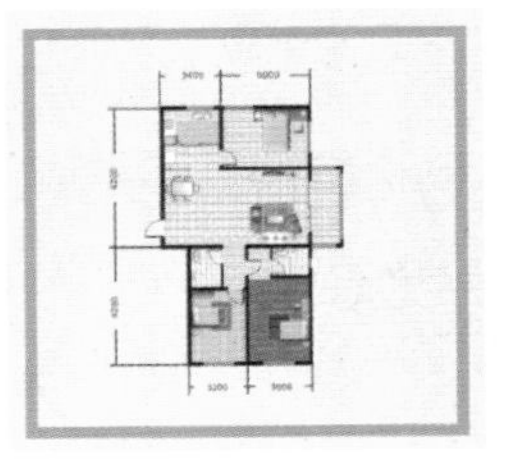

图 4-217

4.12.2 “水平或垂直度量”工具

“水平或垂直度量”工具能够进行水平方向或垂直方向的度量。其使用方法与“平行度量”工具一样，在要测量

的对象上按住鼠标左键拖曳，拖曳的距离就是测量的距离；释放鼠标后将光标进行移动，此时会创建示例。光标拖曳到合适的位置后单击完成操作，如图4–218和图4–219所示。

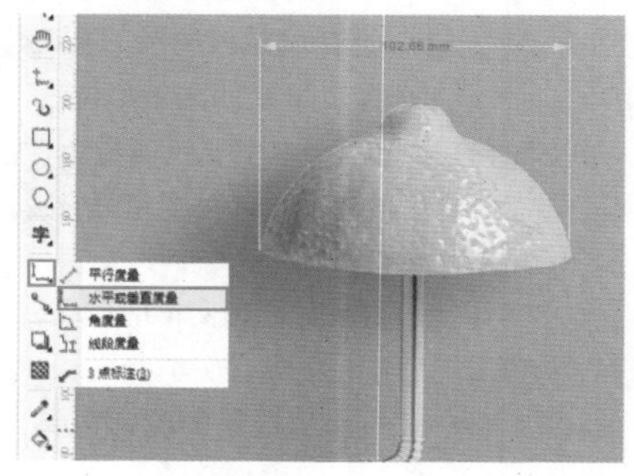

图4–218

图4–219

4.12.3 动手练：使用“角度量”工具

“角度量”工具用于度量对象的角度。

(1) 选择工具箱中的“角度量”工具，将光标移动至绘图区中，按住鼠标左键拖曳，如图4–220所示。释放鼠标后将光标移动到下一个位置，确定测量的角度，然后单击，如图4–221所示。

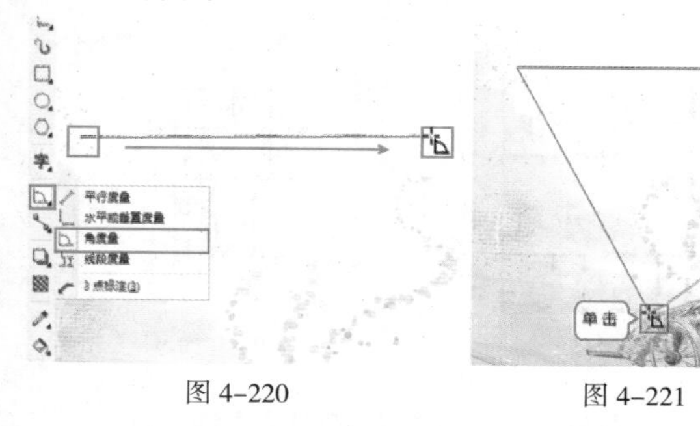

图4–220　　图4–221

(2) 拖曳鼠标调整“饼形直径”的位置，调整完成后再次单击，如图4–222所示。即可得到度量的角度数值，效果如图4–223所示。

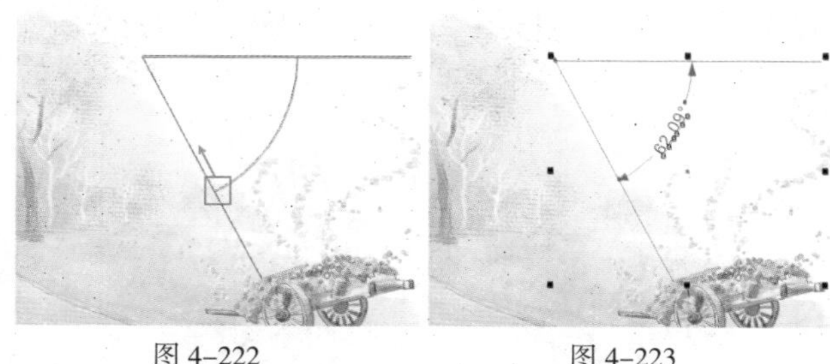
图4–222　　图4–223

4.12.4 动手练：使用“线段度量”工具

“线段度量”工具用于度量单条线段或多条线段上结束节点间的距离。单击工具箱中的“线段度量”工具按钮，按住鼠标左键拖曳出能够覆盖要测量对象的虚线框，如图4–224所示。松开鼠标后向侧面拖曳，再次释放鼠标，如图4–225所示。单击得到度量结果，如图4–226所示。

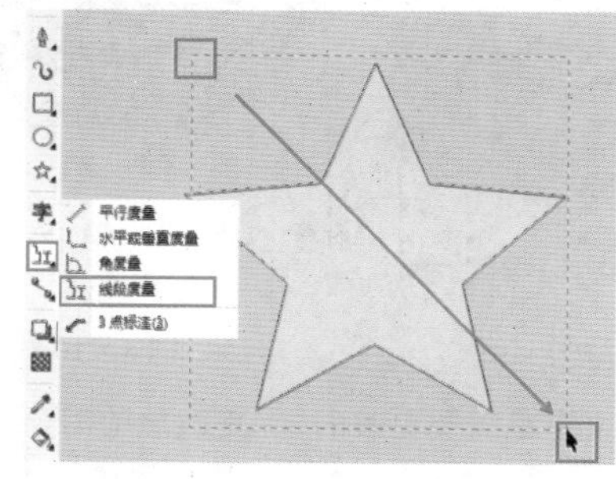

图4–224

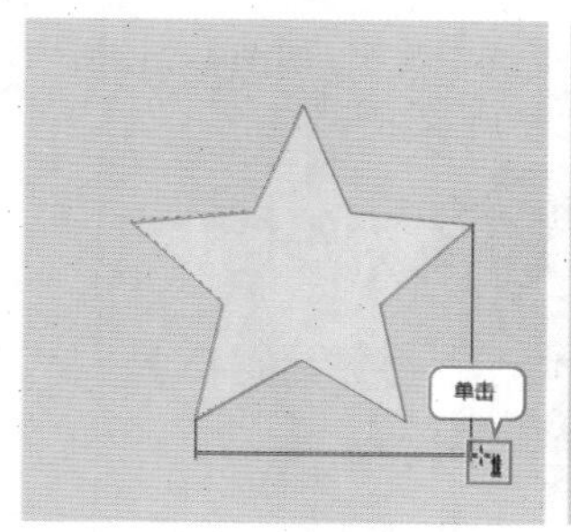
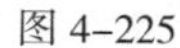

图4–225　　图4–226

4.12.5 动手练：使用“3点标注”工具添加标注线

使用“3点标注”工具可以绘制标注线，在制作一些带有图标、提示的图形时常会用到该工具。

(1) 选择工具箱中的“3点标注”工具，然后在绘图区按住鼠标左键拖曳，如图4–227所示。释放鼠标后将光标移动至下一个位置单击，如图4–228所示。

图 4-227

图 4-228

(2) 此时标注线末端变为文本输入的状态，可以输入文字；若不需要输入文字，可以单击工具箱中的"选择"工具退出文字编辑状态，如图4-229所示。文字输入完成后，可以在属性栏中更改字体和字号，如图4-230所示。

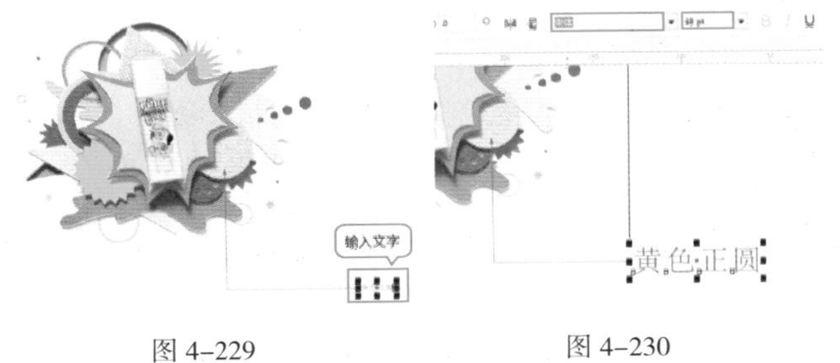

图 4-229　　图 4-230

(3) 使用"选择"工具在标注线上单击，可以在属性栏更改标注形状。选中标注线，单击属性栏中的"标注形状"右侧的下拉按钮，在弹出的下拉列表中可以选择合适的标注形状，如图4-231所示。另外，通过"间隙"选项可以设置文本和标注形状之间的间距。如图4-232所示是将"间隙"更改为2.0mm的效果。

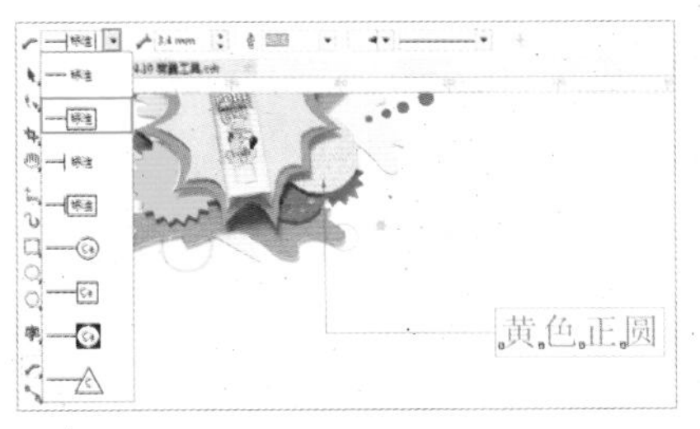

图 4-231

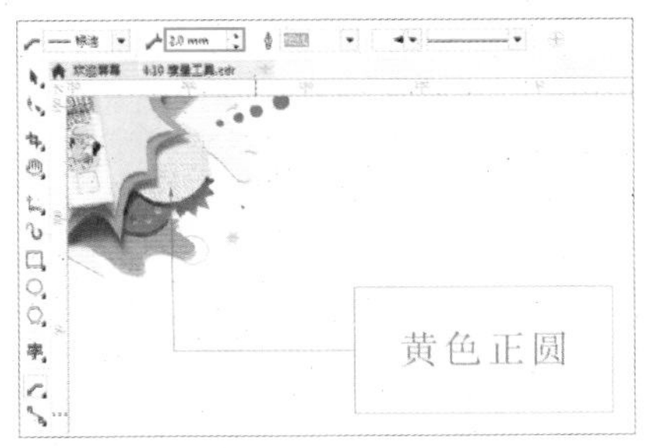

图 4-232

举一反三：添加不同效果的标注线

(1) 使用"3点标注"工具按住鼠标左键拖曳，绘制一条标注线，如图4-233所示。

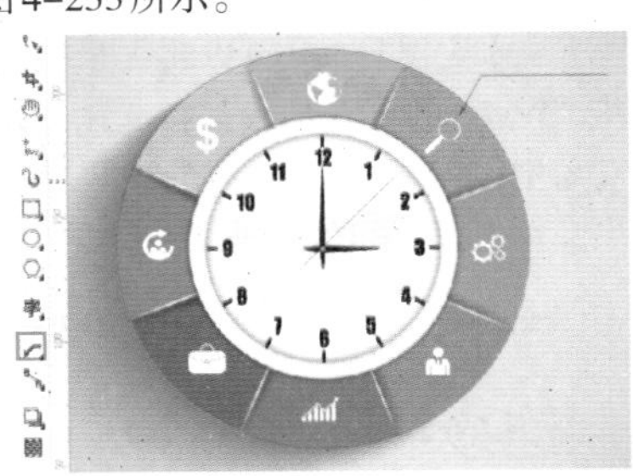

图 4-233

(2) 使用工具箱中的"选择"工具选择标注线，在属性栏中增加轮廓宽度，然后选择一个合适的起始箭头，如图4-234所示。

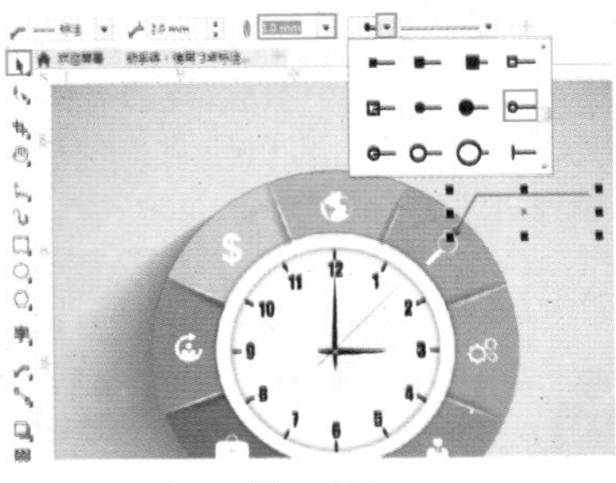

图 4-234

(3) 右击调整板中的白色色块设置轮廓色为白色，如图4-235所示。

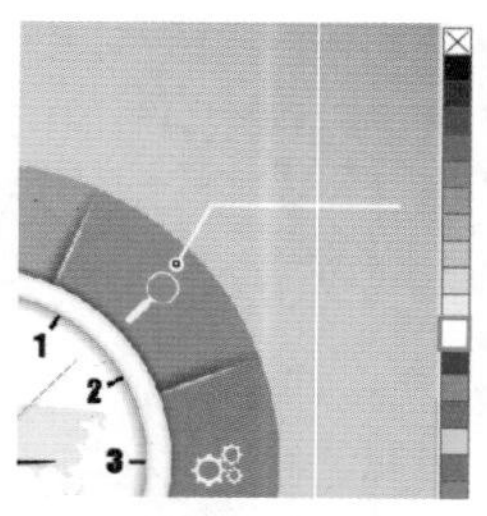

图 4-235

（4）使用“文本”工具输入文字，如图4-236所示。使用同样的方法制作另外一条标注线，如图4-237所示。

图 4-236

图 4-237

4.13 连接器工具

扫一扫，看视频

“连接器”工具可以将矢量图形对象通过连接“节点”的方式用线连接起来。连接后的两个对象中，如果移动其中一个对象，连线的长度和角度会发生相应的改变，但连线关系将保持不变。

4.13.1 动手练：使用“连接器”工具绘制连接线

（1）“选择工具箱中的“连接器”工具，属性栏中包括三种连接器类型：直线连接器、直角连接器和圆直角连接符。单击属性栏中的“直线连接器”按钮，然后在一个图形的边缘按住鼠标左键拖曳到另一个图形的边缘，如图4-238所示。释放鼠标后两个对象之间出现了一条连接线，此时两个图形处于连接状态。移动其中一个图形，连接线的位置也会改变，如图4-239所示。如需删除，可以使用“选择”工具选中连接线，按Delete键即可将其删除。

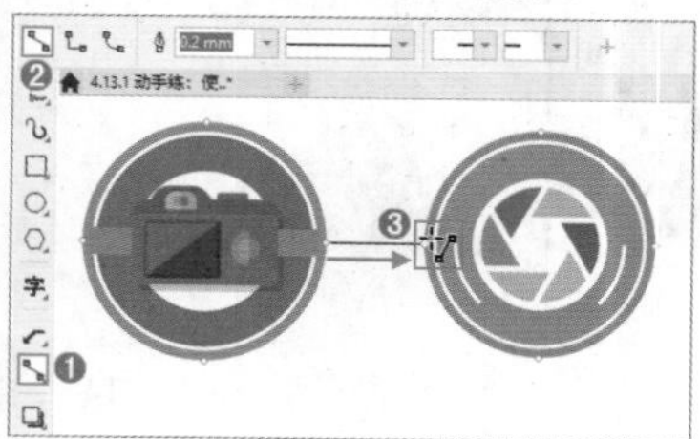

图 4-238

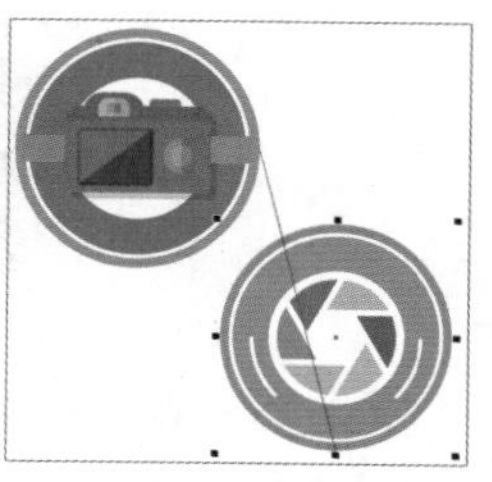

图 4-239

（2）通过属性栏中的“轮廓宽度”选项能够调整连接线的粗细，如图4-240所示。在连接线的端点处还可以添加箭头和设置线条样式，如图4-241所示。

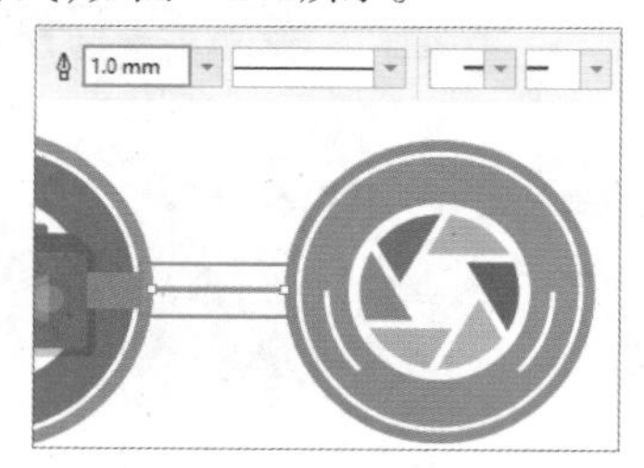

图 4-240

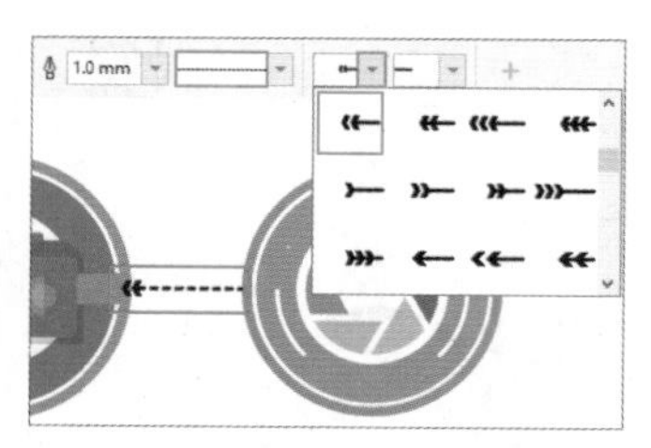

图 4-241

（3）“直角连接器”在连接对象时会生成转折处为直角的连接线，拖动连线上的节点可以移动连线的位置和形状。选择工具箱中的“连接器”工具，单击属性栏中的“直角连接器”按钮，在其中一个对象上按住鼠标左键拖曳出连接线，光标位置偏离原有方向就会产生带有直角转角的连接线，如图4-242所示。通过属性栏中的“圆形直角”选项，可以将直角连接调整为圆角连接，如图4-243所示。

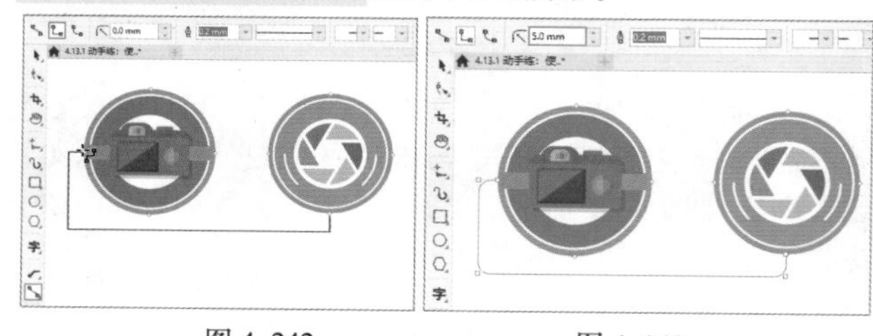

图 4-242　　图 4-243

（4）“圆直角连接符”能够绘制出圆角连接线。选择工具箱中的“连接器”工具，单击属性栏中的“圆直角连接符”按钮，在第一个对象上按住鼠标左键拖曳到另一个对象上，释放鼠标后两个对象以圆角连接线进行连接，如图4-244所示。

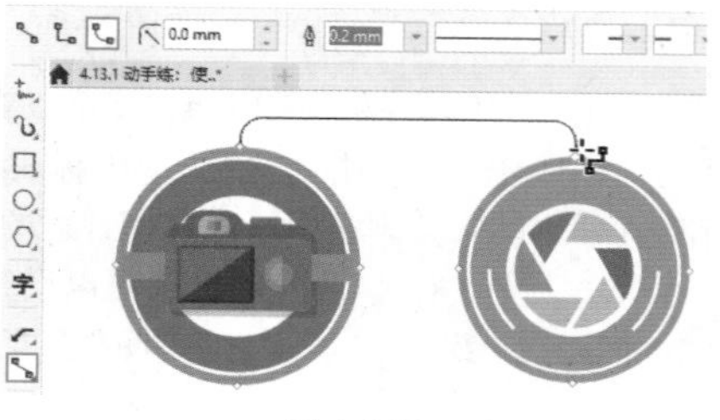

图 4-244

4.13.2 动手练："锚点编辑"工具

在使用连接器工具时，对象周围会显示"锚点"◇(也常称作"连接点")。使用"锚点编辑"工具可以在对象上添加锚点、删除锚点或调整锚点位置。

(1) 选择工具箱中的"锚点编辑"工具，在锚点上单击即可选中该锚点，如图4–245所示。然后按住鼠标左键拖曳，即可调整连接线的位置，如图4–246所示。

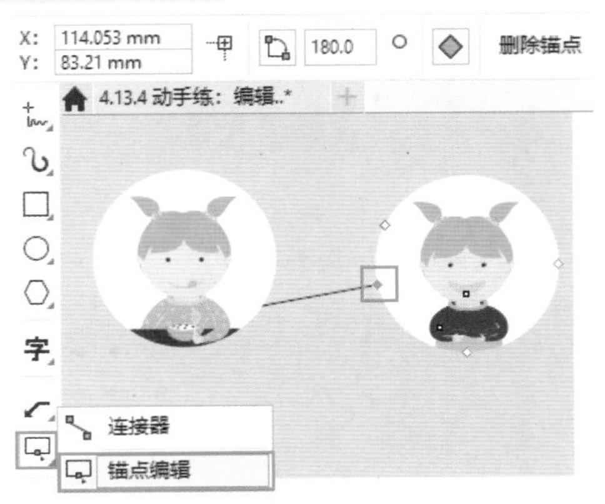

图 4–245

图 4–246

(2) 选中锚点，单击属性栏中的"删除锚点"工具按钮，即可删除所选锚点，如图4–247所示。

图 4–247

(3) 如果锚点的数量不够，在所选位置上双击，即可增加锚点，如图4–248所示。

图 4–248

练习实例：使用连接器工具

文件路径	资源包\第4章\练习实例：使用连接器工具
难易指数	★★★★★
技术要点	"连接器"工具

扫一扫，看视频

实例效果

本实例效果如图4–249所示。

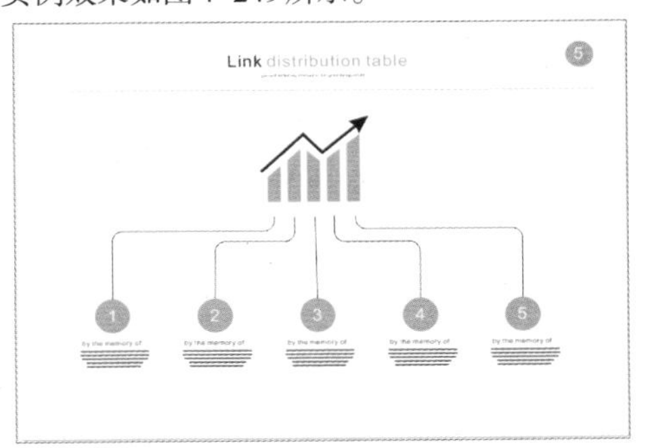

图 4–249

操作步骤

步骤 01 执行"文件"->"打开"命令，打开素材文件1.cdr，如图4–250所示。

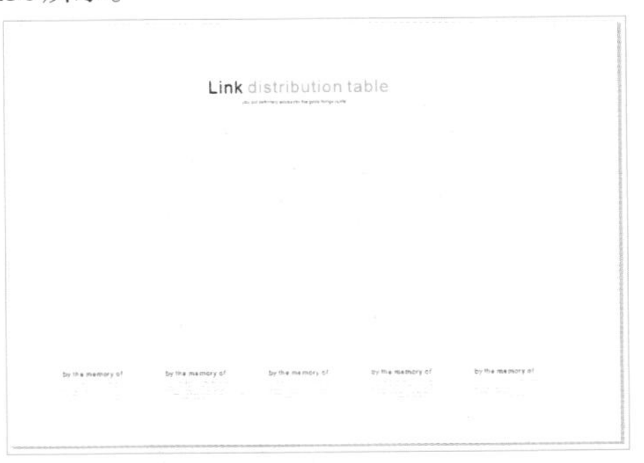

图 4–250

步骤 02 选择工具箱中的"2点线"工具，按住Shift键在文字下方绘制一段直线；接着选中直线，在属性栏中设置"轮廓宽度”为2px，如图4-251所示。

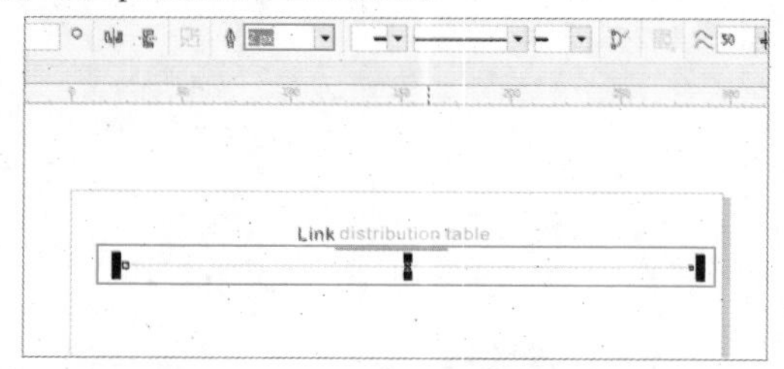

图 4-251

步骤 03 制作标志。选择工具箱中的“矩形”工具，按住鼠标左键拖曳绘制一个矩形，如图4-252所示。选中该矩形，执行“对象”->“转换为曲线”命令；单击工具箱中的“形状”工具按钮，然后单击矩形左上角的节点，将该节点向下拖曳。效果如图4-253所示。

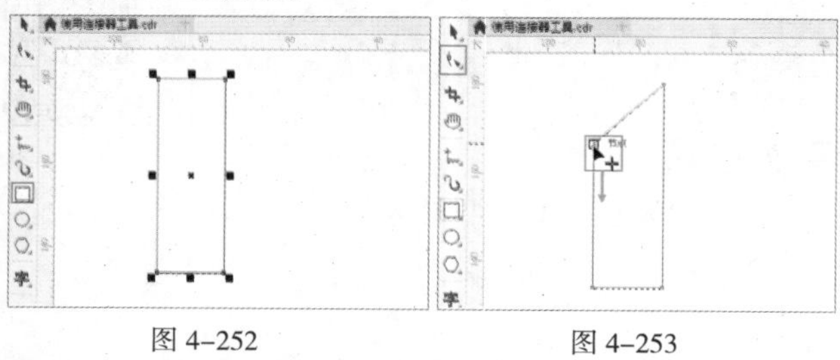

图 4-252　　图 4-253

步骤 04 使用该方法制作其他图形，效果如图4-254所示。

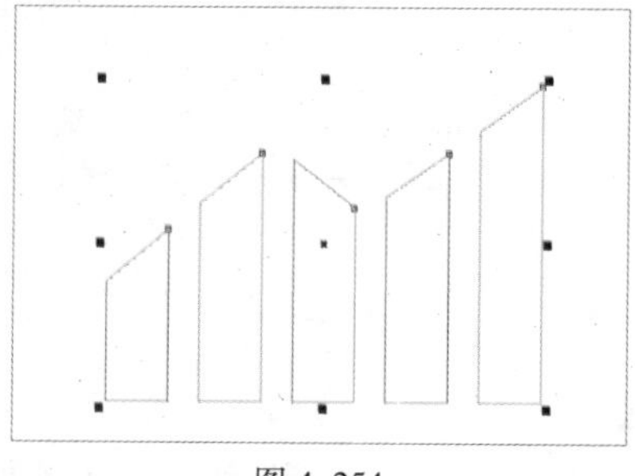

图 4-254

步骤 05 按住Shift键单击标志图形进行加选。单击工具箱中的“交互式填充”工具按钮，在属性栏中单击“均匀填充”按钮，设置“填充色”为橘黄色，然后在调色板中右击“无”按钮去除轮廓色，如图4-255所示。

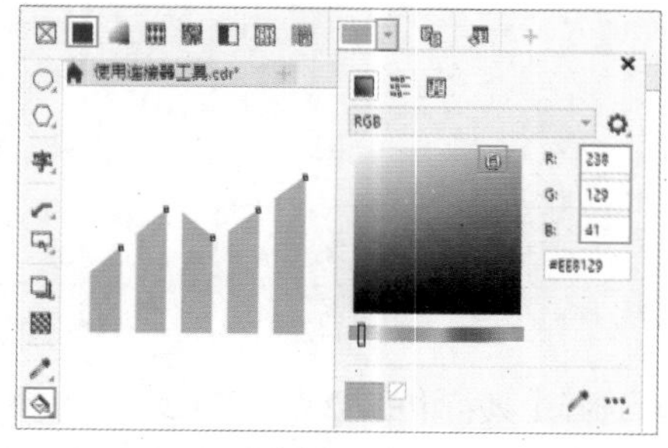

图 4-255

步骤 06 选择工具箱中的“2点线”工具，在标志图形的上方绘制一段折线，如图4-256所示。选中这段折线，在属性栏中设置“轮廓宽度”为16px，设置合适的“终止箭头”，如图4-257所示。

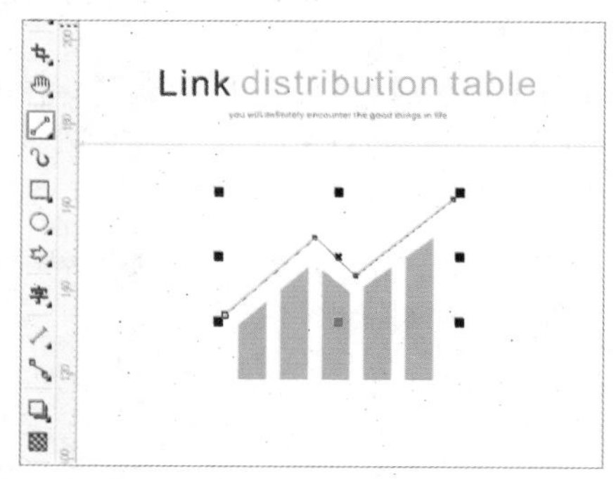

图 4-256

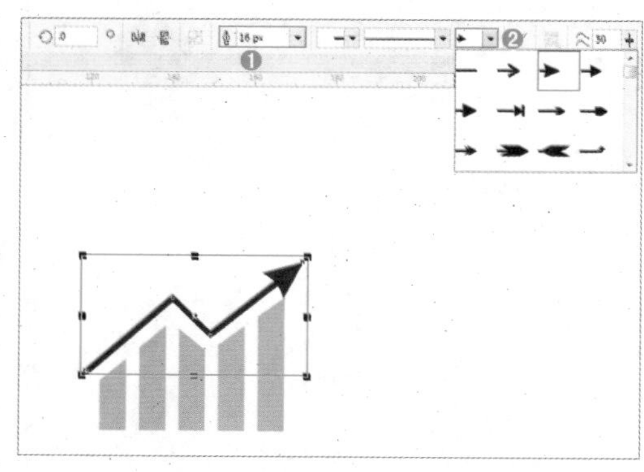

图 4-257

步骤 07 单击工具箱中的“椭圆形”工具按钮，然后按住Ctrl键绘制一个正圆。选择该正圆，将其填充为橙色，然后在调色板中右击“无”按钮去除轮廓色，如图4-258所示。

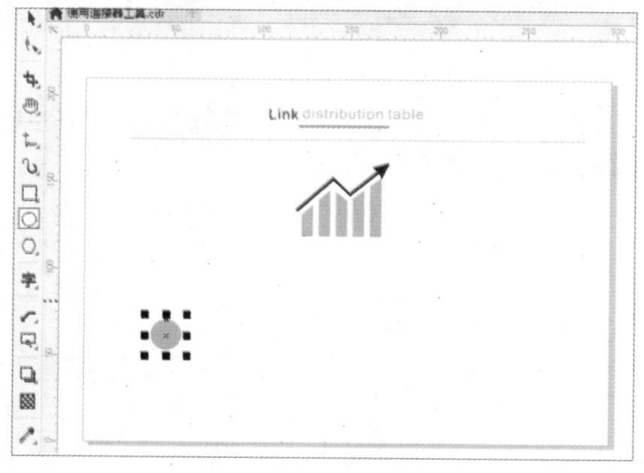

图 4-258

步骤 08 选中正圆，按快捷键Ctrl+C进行复制，然后按快捷键Ctrl+V进行粘贴。接着选择前方的正圆，按住Shif键向右拖曳，如图4-259所示。继续进行复制，并调整到相应位置，如图4-260所示。

图 4-259

图 4-260

步骤 09 选择工具箱中的“连接器”工具，单击属性栏中的“圆直角连接符”按钮，此时画面中会出现多个红色的连接点，如图4-261所示。接着将光标移到左侧圆形顶部的连接点上，按住鼠标左键拖曳至标志图形左下角的连接点处。松开鼠标后效果如图4-262所示。

图 4-261

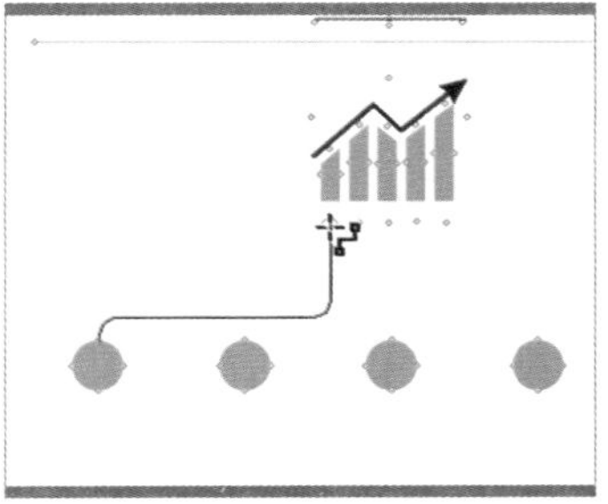

图 4-262

步骤 10 在属性栏中设置“圆形直角”为6.0mm，“轮廓宽度”为2px，如图4-263所示。选择工具箱中的“形状”工具，将光标移动到连接线上，待其变为↕状后按住鼠标左键向上拖曳，如图4-264所示。

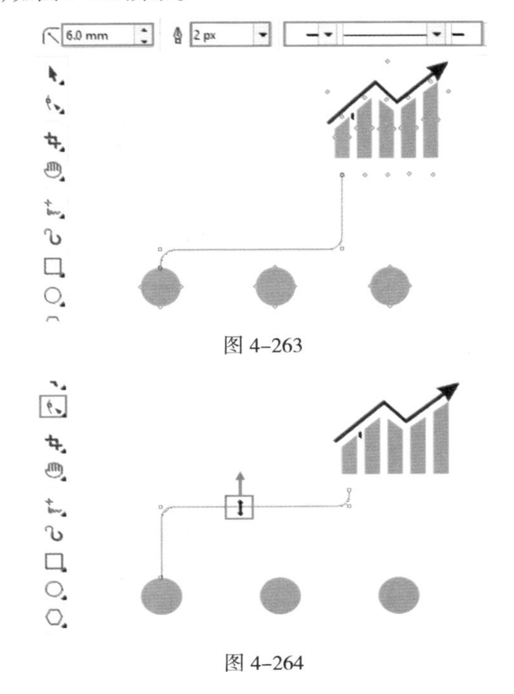

图 4-263

图 4-264

步骤 11 用同样的方法绘制其他的连接线，效果如图4-265所示。最终效果如图4-249所示。

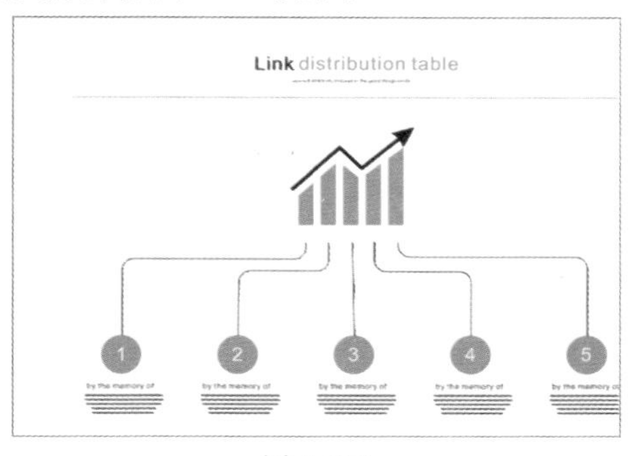

图 4-265

综合实例：图形化版面

文件路径	资源包\第4章\综合实例：图形化版面
难易指数	★★★★★
技术要点	“钢笔”工具、“椭圆形”工具、“矩形”工具、“智能绘图”工具

扫一扫，看视频

实例效果

本实例效果如图4-266所示。

图 4-266

操作步骤

步骤 01 执行“文件”->“新建”命令，创建新文档。单击工具箱中的“钢笔”工具按钮，在画面右上角绘制一个四边形，如图4-267所示。选中绘制的图形，单击工具箱中的“交互式填充”工具按钮，在属性栏中单击“均匀填充”按钮，设置“填充色”为黄色，然后在调色板中右击“无”按钮去除轮廓色，如图4-268所示。

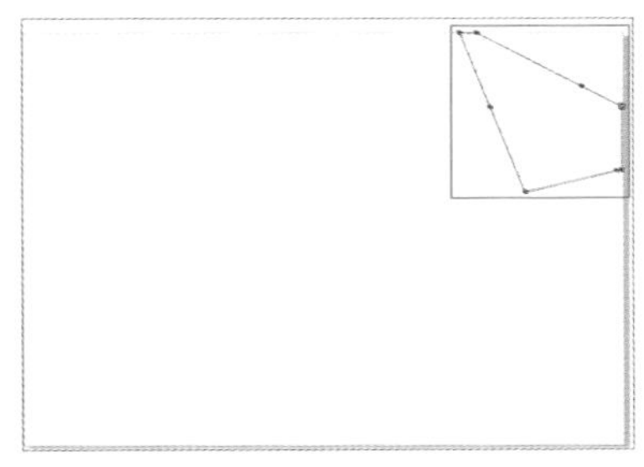

图 4-267

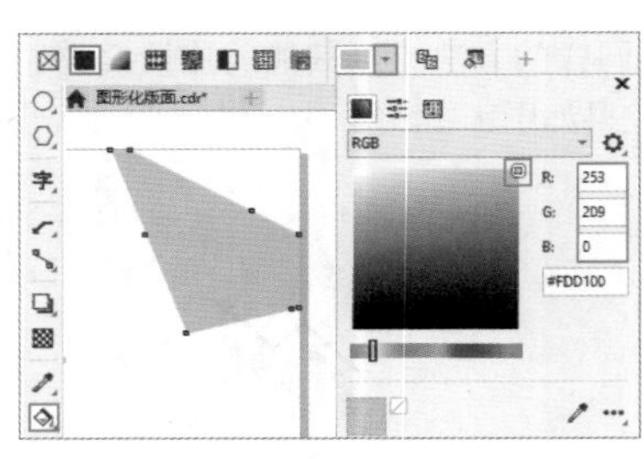

图 4-268

步骤 02 使用“钢笔”工具在黄色图形上绘制一个三角形并填充为白色，如图4-269和图4-270所示。

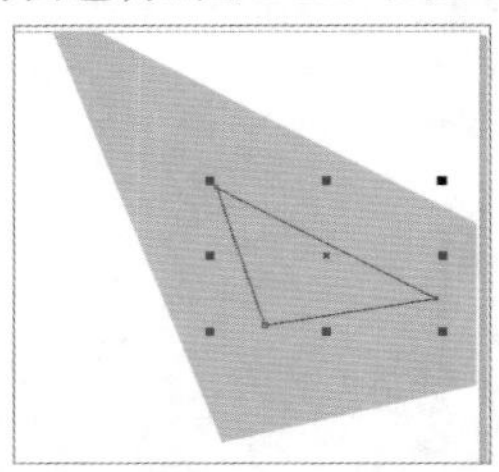

图 4-269

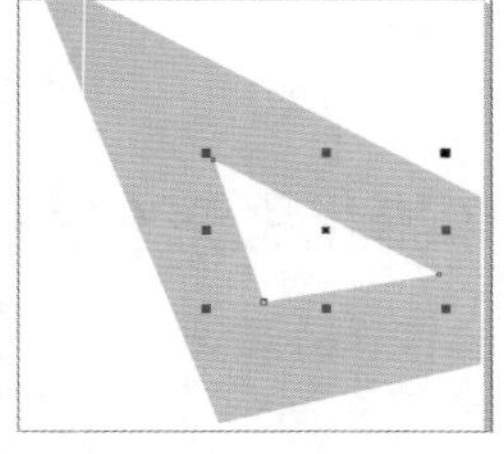

图 4-270

步骤 03 单击工具箱中的“矩形”工具按钮□，在画布上绘制一个矩形，然后设置其填充色为白色，轮廓色为深灰色，如图4-271所示。继续使用“矩形”工具在相应位置绘制3个灰色矩形，如图4-272所示。

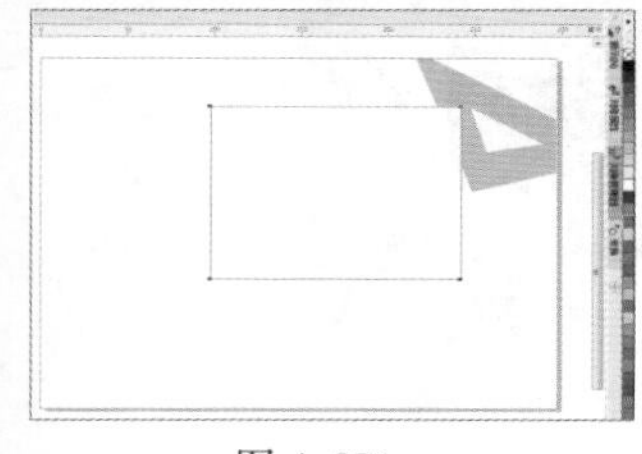

图 4-271

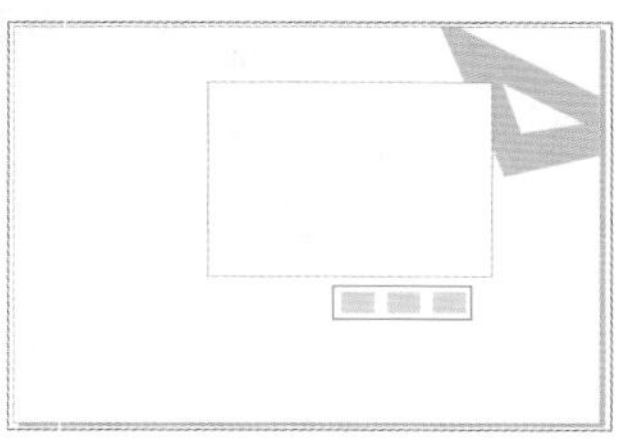

图 4-272

步骤 04 执行“文件”->“导入”命令，在弹出的“导入”窗口中找到素材位置，选择素材1.jpg，单击“导入”按钮。接着在白色矩形上按住鼠标左键拖曳，松开鼠标后完成导入操作，如图4-273所示。

图 4-273

步骤 05 选中导入的素材，按住鼠标左键向下拖曳，拖曳到相应位置后右击进行复制，如图4-274所示。接着拖曳控制点进行缩放，如图4-275所示。

图 4-274

图 4-275

步骤 06 单击工具箱中的“椭圆形”工具按钮○，按住Ctrl键在画面的左上角绘制一个正圆形。然后在属性栏中设置“轮廓宽度”为2px，轮廓色为深灰色，如图4-276所示。接着选中“钢笔工具”，绘制一条随意的线条。然后设置轮廓色为深灰色，如图4-277所示。

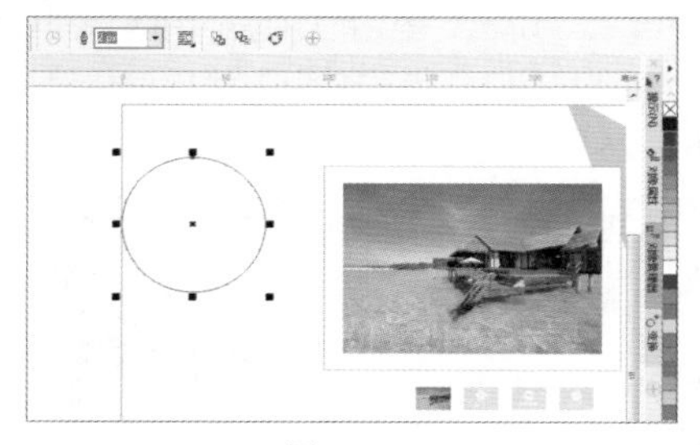

图 4-276

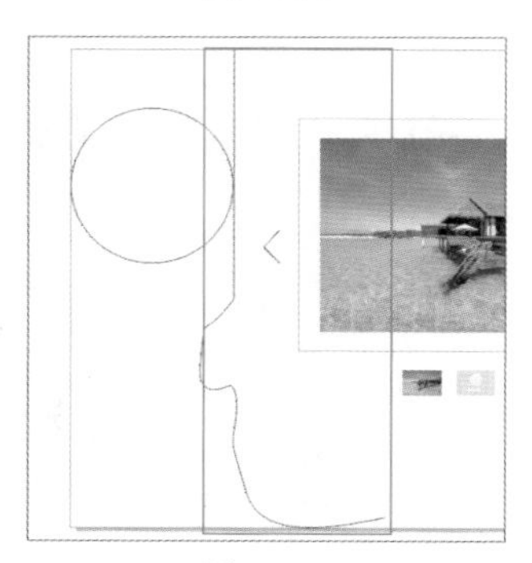

图 4-277

步骤 07 单击工具箱中的“椭圆形”工具按钮○，按住Ctrl键绘制一个正圆，然后在属性栏中设置“轮廓宽度”为10px，轮廓色为黑色，如图4-278所示。

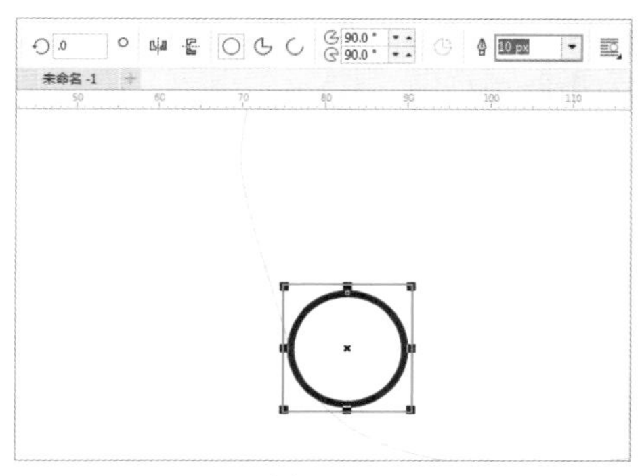

图 4–278

步骤 08 以同样的方式绘制其他圆形，如图4–279所示。接着按住Shift键单击加选正圆，执行“窗口”–>“泊坞窗”–>“对齐与分布”命令，在弹出的“对齐与分布”泊坞窗中单击“水平居中对齐”和“垂直居中对齐”按钮，如图4–280所示。

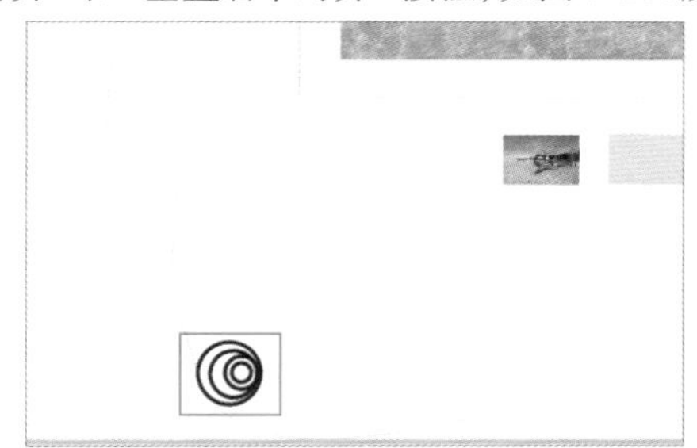

图 4–279

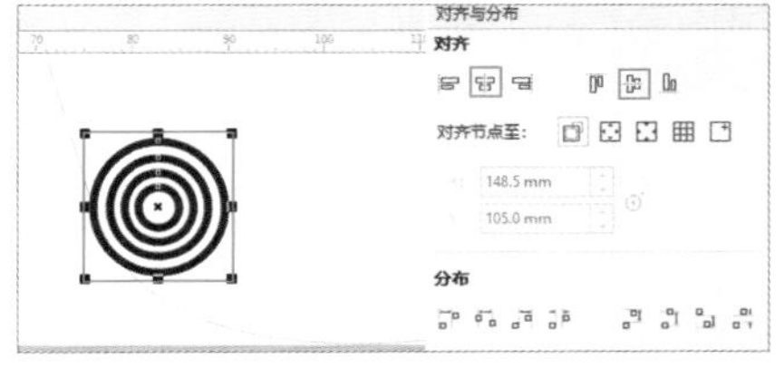

图 4–280

步骤 09 单击工具箱中的“文本”工具按钮字，在画面中单击插入光标，然后输入文字。选中输入的文字，在属性栏中设置合适的字体、字号，如图4–281所示。继续以同样的方式输入其他文字，如图4–282所示。

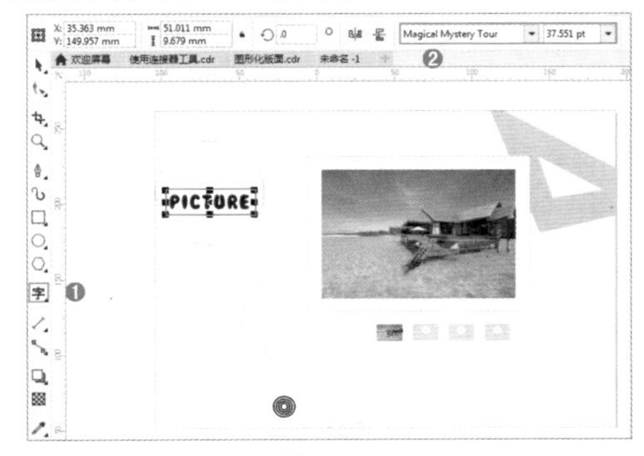

图 4–281

图 4–282

步骤 10 执行“文件”–>“导入”命令，在弹出的“导入”窗口中找到素材位置，选择素材1.jpg，单击“导入”按钮，如图4–283所示。接着在画面中按住鼠标左键拖动，松开鼠标后完成导入操作。效果如图4–284所示。

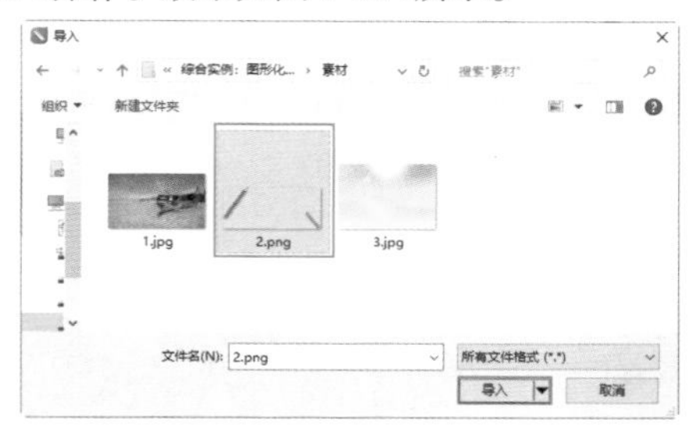

图 4–283

图 4–284

步骤 11 执行“文件”–>“导入”命令，导入背景素材3.jpg。选中该背景，右击，在弹出的快捷菜单中执行“顺序”–>“到页面背面”命令，将背景放在底层。最终效果如图4–266所示。

综合实例：使用绘图工具制作清爽户外广告

文件路径	资源包\第4章\综合实例：使用绘图工具制作清爽户外广告
难易指数	★★★★★
技术要点	“矩形”工具、“椭圆形”工具、“钢笔”工具

扫一扫，看视频

实例效果

本实例效果如图4–285所示。

图 4–285

操作步骤

步骤 01 新建一个“宽度”为130mm、“高度”为60mm的空白文档。使用“矩形”工具绘制一个矩形，并将其填充为蓝色，摆放在左侧，如图4–286所示。以同样的方式绘制另一个矩形，并填充为浅蓝色，如图4–287所示。

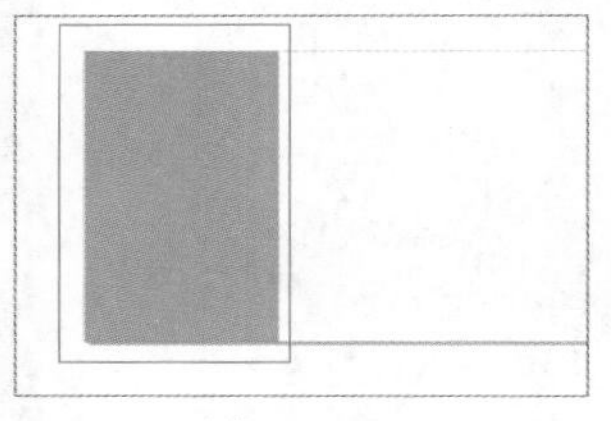

图 4–286　　图 4–287

步骤 02 选择工具箱中的“钢笔”工具在画布上绘制平行四边形，并填充为黄色，如图4–288所示。以同样的方式绘制其他的图形并填充合适的颜色，如图4–289所示。

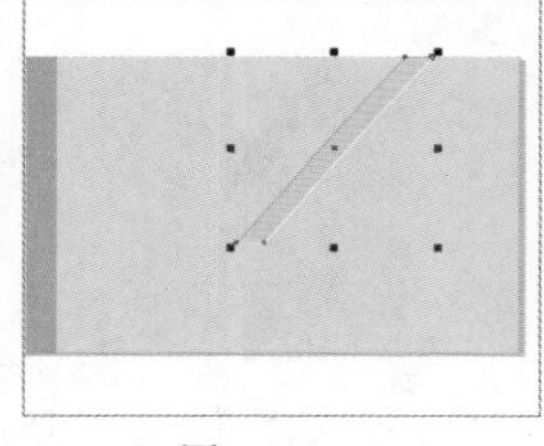

图 4–288

图 4–289

步骤 03 单击工具箱中的“2点线”工具按钮，绘制一条直线，如图4–290所示。

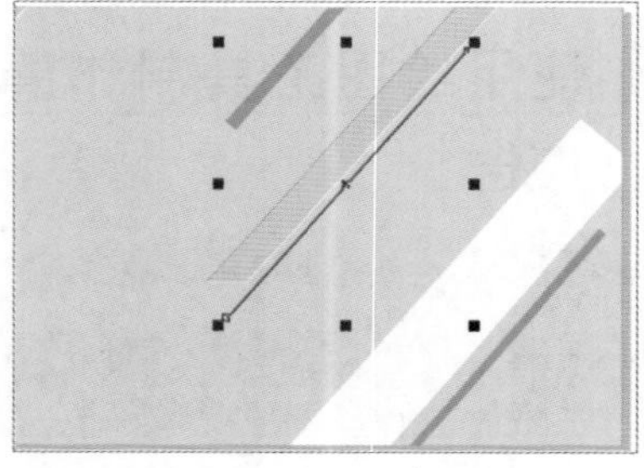

图 4–290

步骤 04 双击界面右下角的“轮廓笔”按钮，在弹出的“轮廓笔”窗口中设置“宽度”为2.0px，“颜色”为白色，单击OK按钮完成设置，如图4–291所示。以同样的方式绘制全部线条，如图4–292所示。

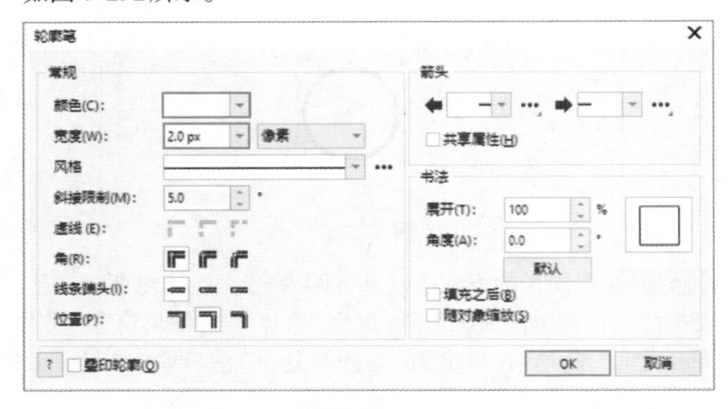

图 4–291

图 4–292

步骤 05 使用“钢笔”工具在画布的右上角绘制一个三角形，并填充为绿色，如图4–293所示。以同样的方式绘制其他的三角形，并填充合适的颜色，如图4–294所示。

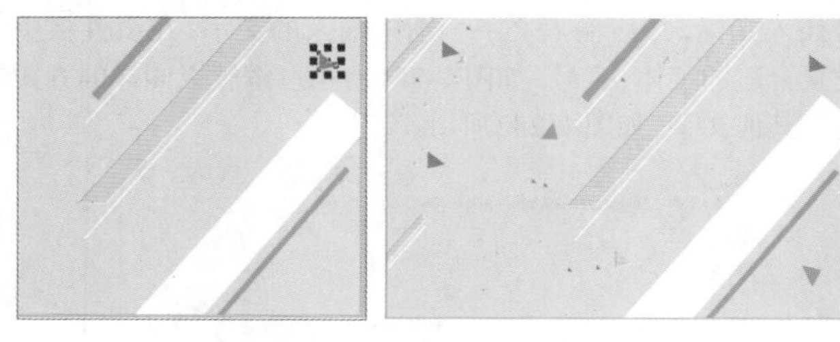

图 4–293　　图 4–294

步骤 06 使用“椭圆形”工具绘制一个圆形，并填充为黄色。以同样的方式绘制另外两个圆形，如图4–295所示。框选3个圆形，执行“窗口”->“泊坞窗”->“对齐与分布”命令，在弹出的“对齐与分布”泊坞窗中单击“水平居中”按钮和“垂直分散排列中心”按钮，如图4–296所示。

图 4-295

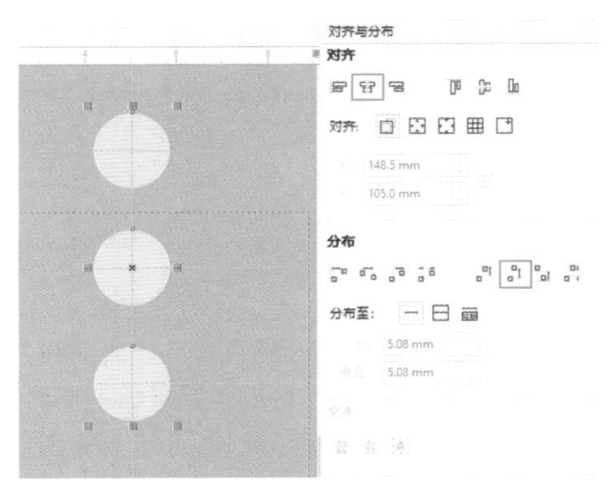

图 4-296

步骤 07 执行“文件”->“导入”命令，导入文字素材 2.cdr，如图 4-297 所示。

图 4-297

步骤 08 执行“文件”->“导入”命令，导入人物素材 1.png，将其摆放在画面中间。最终效果如图 4-298 所示。

图 4-298

4.14 课后练习

文件路径	资源包\第4章\课后练习：绘制海豚标志
难易指数	★★★★★
技术要点	贝塞尔工具

扫一扫，看视频

实例效果

本实例效果如图 4-299 所示。

图 4-299

4.15 模拟考试

主题： 以“自然”为主题绘制一幅简笔画。

要求：

(1) 画面元素自定。

(2) 使用合适的颜色进行绘制。

(3) 尽可能使用不同的工具。

(4) 本试题不考查绘画功底。

(5) 可在网络搜索“儿童插画”“简笔画”等内容。

考查知识点： 形状工具、手绘工具、艺术笔工具、钢笔工具等。

Chapter 5 第5章

扫一扫，看视频

填充与轮廓

本章内容简介：

色彩是设计作品的第一视觉语言，任何设计作品都离不开颜色。在此之前我们也学习了使用调色板进行颜色的填充和轮廓色的设置，但是调色板中的颜色是远远不够的，这时就需要自定义颜色。在CorelDRAW中，定义颜色的方法有很多种，此外，还可以为图形填充纯色以外的对象，如渐变色、图样等。轮廓线的设置也不仅仅局限于使用调色板和属性栏进行设置，还可以通过“轮廓笔”窗口进行设置。

重点知识掌握：

- 掌握填充与轮廓线的设置方法
- 掌握“交互式填充”工具的使用方法
- 学会“网状填充”工具的使用方法
- 掌握“智能填充”工具的使用方法

通过本章学习，我能做什么？

通过本章的学习，我们可以随心所欲地进行颜色的设置，通过“交互式填充”工具为选定的图形填充渐变色和图样，还可改变轮廓线的样式和颜色。通过“网状填充”工具可以填充多种色彩，通过“智能填充”工具能够为两个或两个以上图层重叠的区域填充颜色，这对于标志设计很有帮助。

重点 5.1 认识“填充”与“轮廓线”

矢量图形主要由“轮廓线”与“填充”两部分组成。轮廓线是指图形的边缘线，也可以称为描边；填充是指轮廓线内部的部分，可以是纯色、渐变色甚至是图案等，如图5-1所示。一个图形，可以同时拥有填充和轮廓线，也可以只有填充或只有轮廓线，如图5-2所示。如果所绘制的图形没有填充、没有轮廓线，那么它在打印输出中将是不可见的。需要注意的是，在CorelDRAW中只能为矢量图形设置颜色，位图对象是无法设置填充色或轮廓色的。

扫一扫，看视频

(a) 填充+轮廓线　　(b) 轮廓线　　(c) 填充

图 5-1　　图 5-2

提示：设置颜色的几种方法

为图形设置填充色/轮廓色的方法在前面的章节中做了简单的介绍，除了使用调色板以外还可以使用“交互式填充”工具进行填充，如图5-3所示。或者双击界面底部的无按钮，在弹出的“编辑填充”窗口中进行颜色的设置，如图5-4所示。如果要设置轮廓线的颜色、宽度等属性，可以双击界面底部的无按钮，如图5-5所示。

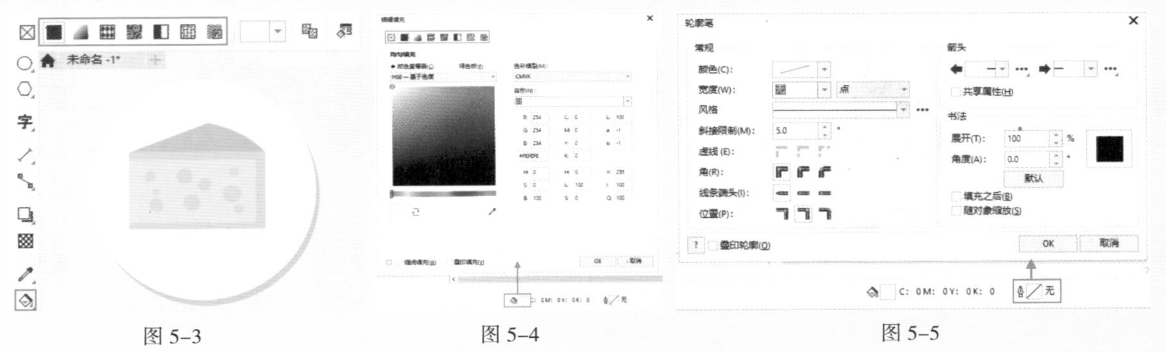

图 5-3　　图 5-4　　图 5-5

5.2 从“调色板”中选择填充色/轮廓色

扫一扫，看视频

调色板位于CorelDRAW界面的右侧，由一个个颜色色块组成。在这里可以通过选择一种颜色并单击的方式，为所选图形设置填充色/轮廓色。

重点 5.2.1 使用调色板填充颜色与去除填充颜色

1. 使用调色板填充颜色

选择一个图形，如图5-6所示。接着单击调色板中的色块，即可将该颜色设置为图形的填充颜色，如图5-7所示。

图 5-6　　图 5-7

提示：默认的调色板显示方式

默认显示的“调色板”会根据当前文档的颜色模式发生变化，如果新建文档的颜色模式为RGB，则默认的调色板也是RGB；如果颜色模式为CMYK，则默认的调色板也是CMYK。

2. 去除填充颜色

选择一个带有填充的图形，然后单击调色板顶部的☐按钮(如图5-8所示)，即可去除填充色，如图5-9所示。

图 5-8

图 5-9

提示：“更改文档默认值”窗口

在未选择任何对象时单击调色板中的某一颜色，将会更改下次创建的对象的属性，并且可以在“更改文档默认值”窗口中选择可以被更改的工具，如图5-10所示。

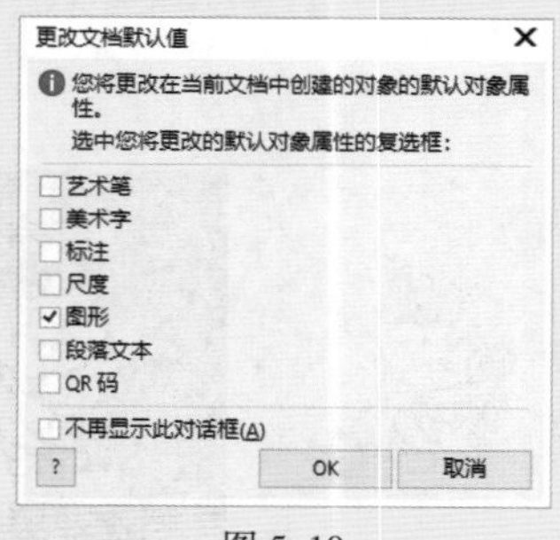

图 5-10

重点 5.2.2 使用调色板设置轮廓色

1. 通过调色板设置轮廓色

选择一个图形，如图5-11所示。右击窗口右侧调色板中的色块，即可为选中的图形添加轮廓色，如图5-12所示。

图 5-11

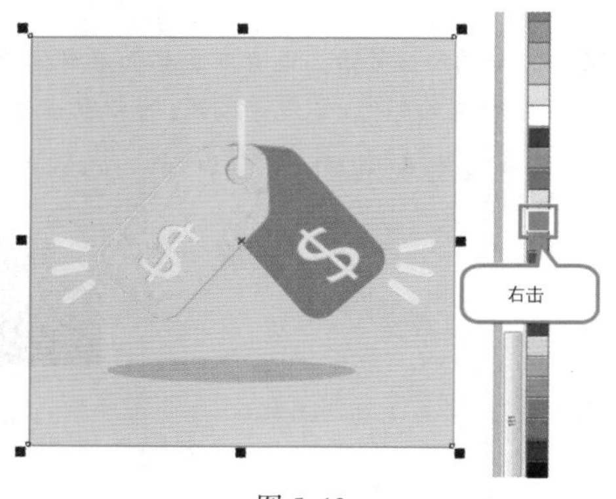

图 5-12

2. 去除轮廓颜色

选择一个带有轮廓线的图形，如图5-13所示。右击调色板顶部的☐按钮，即可去轮廓色，如图5-14所示。

图 5-13

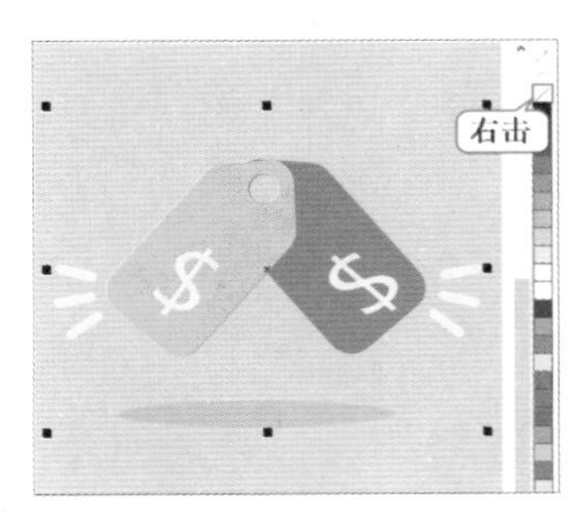

图 5-14

5.2.3 使用其他的"调色板"

默认情况下，CorelDRAW 中仅显示了"默认 RGB 调色板"，其实还有另外几种调色板，而每种调色板中又包含大量的颜色可供选择，非常方便。

1. 打开预设的调色板

执行"窗口"->"泊坞窗"->"调色板"命令，打开"调色板"泊坞窗。在"调色板库"选项中勾选需要使用的色板库选项，在窗口的右侧就会显示相应的色板，如图 5-15 所示。

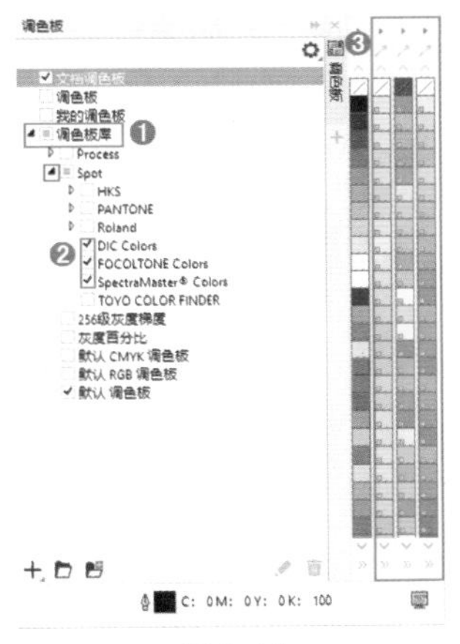

图 5-15

2. 使用文档调色板

在当前文档中使用过的颜色会被存储在"文档调色板"中。默认情况下"文档调色板"位于窗口的底部，如图 5-16 所示。有了"文档调色板"，就可以快速为文档中其他图形设置相同的颜色。

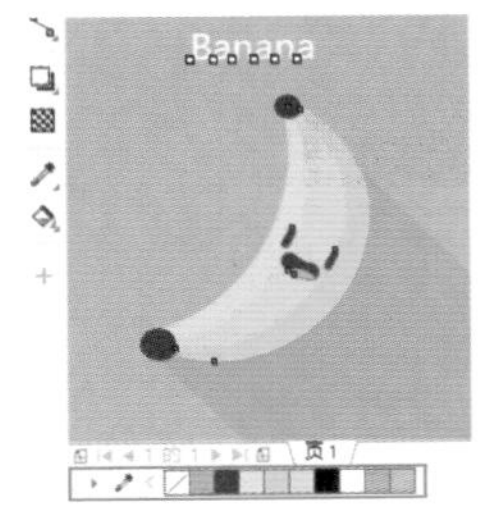

图 5-16

练习实例：使用合适的调色板制作立体感图形

文件路径	资源包\第5章\练习实例：使用合适的调色板制作立体感图形
难易指数	★★★★★
技术要点	"钢笔"工具、调色板

扫一扫，看视频

实例效果

本实例效果如图 5-17 所示。

图 5-17

操作步骤

步骤 01 执行"文件"->"新建"命令，新建一个 A4 尺寸的竖向文档。双击工具箱中的"矩形"工具按钮，快速绘制一个与画板等大的矩形。选择该矩形，单击调色板底部的 » 按钮，展开调色板，从中单击浅黄色色块，将其填充为浅黄色，然后右击"无"按钮去除轮廓色，如图 5-18 所示。

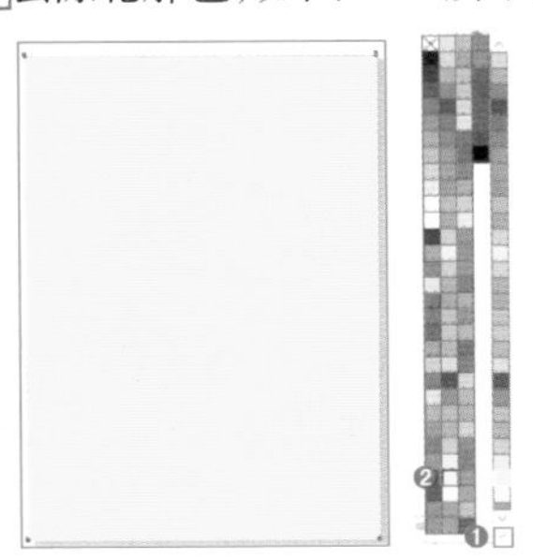

图 5-18

步骤 02 选择工具箱中的"钢笔"工具，绘制箭头形状，如图 5-19 所示。继续使用"钢笔"工具绘制其他简单的几何图形，如图 5-20 所示。

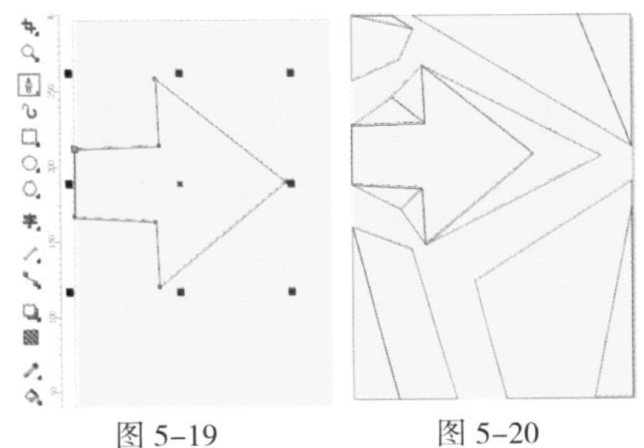

图 5-19　　图 5-20

步骤 03 为图形填充颜色，首先需要打开一个合适的调色板。执行“窗口”->“泊坞窗”->“调色板”命令，打开“调色板”泊坞窗。勾选相应的调色板，如图5-21所示。为了便于操作，可将新打开的调色板拖动到界面中，并在调色板界面一侧拖曳，使之变大显示。选中箭头图形，单击调色板中的青色色块，为其填充该颜色，如图5-22所示。

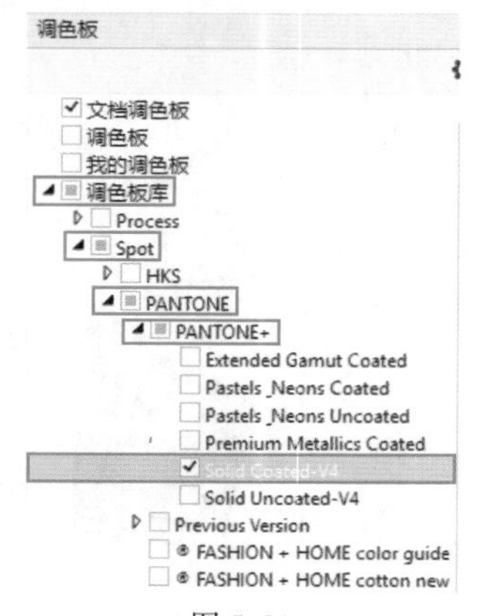

图 5-21

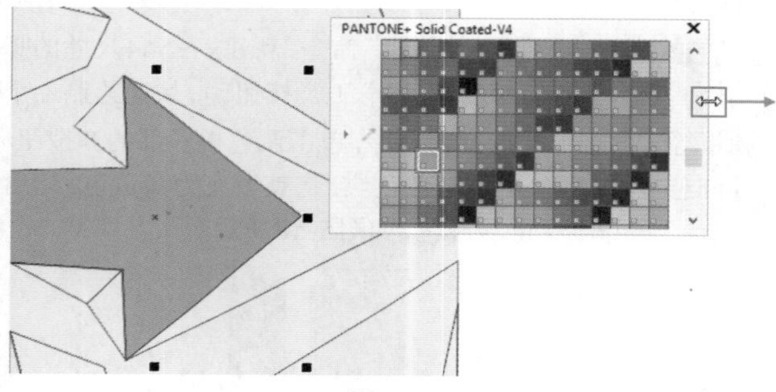

图 5-22

步骤 04 为其他图形填充相应的颜色，如图5-23所示。按快捷键Ctrl+A全选画面中的内容，右击调色板中的“无”按钮去除轮廓色，如图5-24所示。

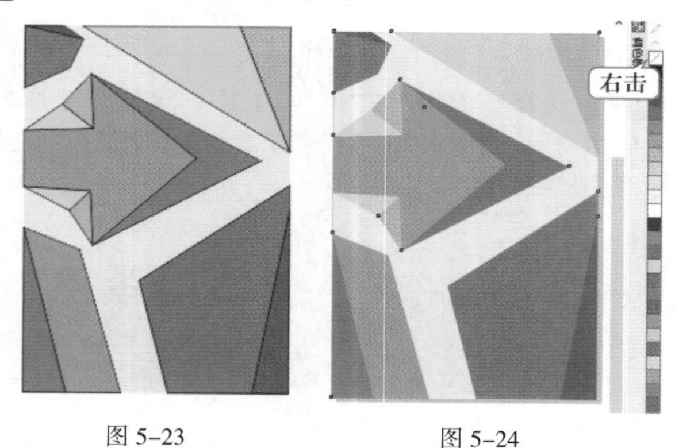

图 5-23　　图 5-24

步骤 05 执行“文件”->“导入”命令，导入文字素材1.cdr。最终效果如图5-25所示。

图 5-25

5.3 “交互式填充”工具

扫一扫，看视频

使用调色板虽然可以方便地设置颜色，但是其中的颜色数量是有限的，有时无法满足设计需要。更多时候想要为图形设置颜色，可以使用“交互式填充”工具完成。“交互式填充”工具集合了多种填充效果，其中包括“纯色”“渐变”“图案”以及其他丰富多彩的效果。选择工具箱中的“交互式填充”工具，在属性栏中可以看到多种填充效果，如图5-26所示。

图 5-26

除此之外，还可以在选中对象之后，双击界面右下角的“填充色”按钮，在弹出的“编辑填充”窗口中选择纯色、渐变、图样等填充方式，如图5-27所示。

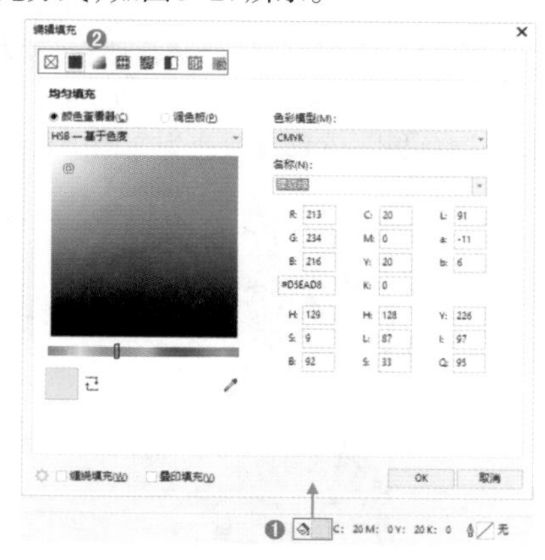

图 5-27

- ☒无填充：选择一个图形，单击“无填充”按钮，可将其填充色去除。
- ■均匀填充：在封闭图形对象内填充单一的纯色。
- 渐变填充：这是设计中常用的一种颜色表现方式，既增强了对象的可视效果，又丰富了信息的传达。
- 向量图样填充：可以运用大量重复的图案以拼贴的方式填入对象中，使对象呈现更丰富的视觉效果，也常用于材质以及质感的表现。
- 位图图样填充：可以将位图填充到选择的图形中。
- 双色图样填充：可以在预设下拉列表中选择一种黑白双色图样，然后通过分别设置前景色区域和背景色区域的颜色来改变图样效果。
- 底纹填充：可以使用预设的一系列自然纹理填充图形。
- PostScript填充：这是一种由PostScript语言计算出来的花纹填充，这种填充不但纹路细腻而且占用的空间也不大，适用于较大面积的花纹设计。

重点 5.3.1 动手练：填充单一颜色

“均匀填充”就是在封闭图形对象内填充单一的纯色。使用调色板进行填充就是进行均匀填充。除此之外，还可以通过属性栏完成对象的均匀填充。如图5-28和图5-29所示为用到均匀填充的作品。

图5-28

图5-29

1. 编辑纯色填充的方法

(1) 选择要填充的图形，单击工具箱中的“交互式填充”工具按钮，然后单击属性栏中的“均匀填充”按钮■，就会在属性栏中显示用于设置均匀填充的相关选项，如图5-30所示。

单击“填充色”右侧的按钮，在弹出下拉列表中拖曳颜色条上的滑块选择一种色相，然后在左侧的色域中拖曳方形控制点选择一种颜色，如图5-31所示。填充效果如图5-32所示。

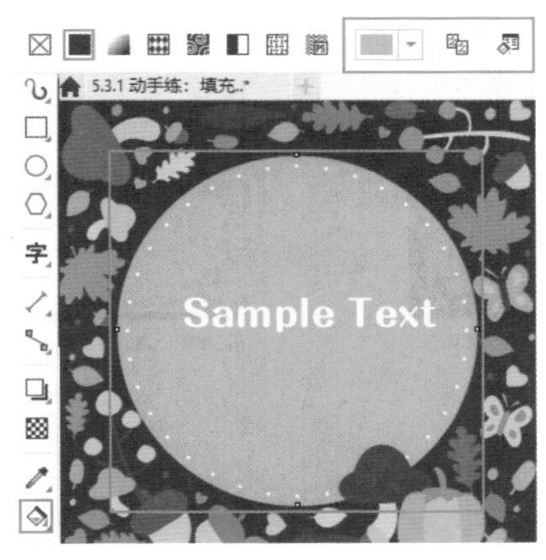

图5-30

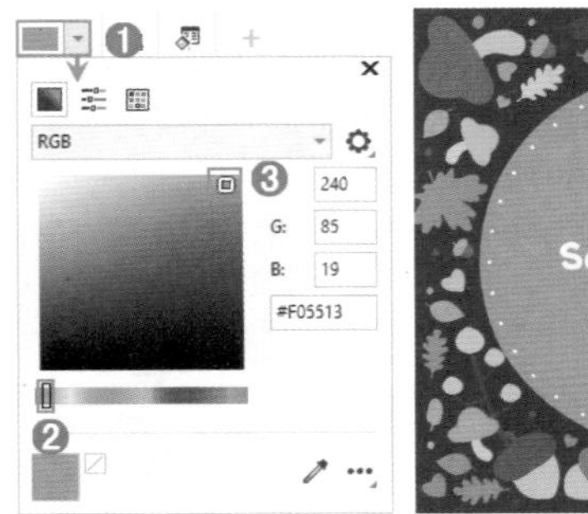

图5-31

Sample Text

图5-32

(2) 在这里有多种选择纯色的方法，如果单击“颜色滑块”按钮，可以通过拖曳滑块调整颜色，如图5-33所示；如果单击“显示调色板”按钮，可以通过单击色块的方式设置颜色，如图5-34所示。

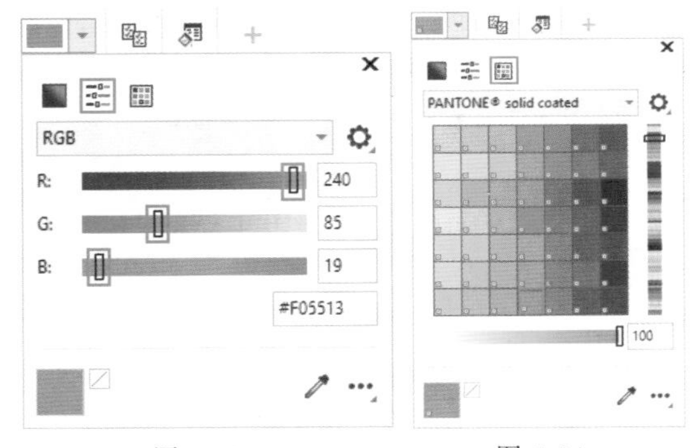

图5-33　图5-34

2. 以精确数值进行颜色的设置

为了更加精确地设置，可以通过输入颜色的数值来指定颜色。在下拉面板右侧的颜色数值框内输入相应的数值进行设置，如图5-35所示。在“模式”下拉列表中，可以选择不同的颜色模式，从而设置其颜色，如图5-36所示。

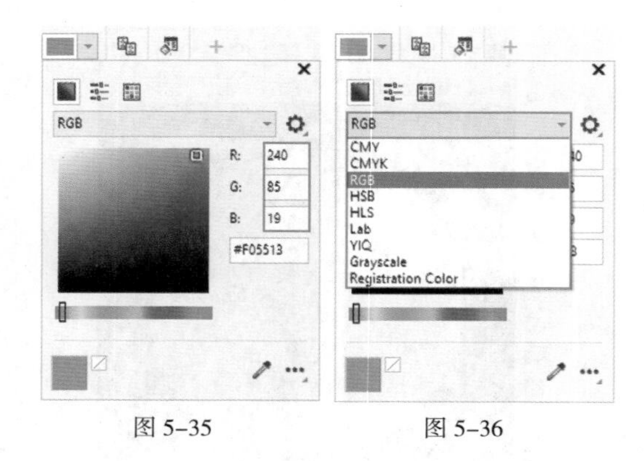

图 5-35　　图 5-36

重点 5.3.2　动手练：渐变填充

渐变是设计中常用的一种颜色表现方式，既增强了对象的可视效果，又丰富了信息的传达。下面是一些用到渐变填充的作品，如图5-37~图5-39所示。

图 5-37　　图 5-38　　图 5-39

选中要填充的对象，单击工具箱中的“交互式填充”工具按钮，然后单击属性栏中的“渐变填充”按钮，就会在属性栏中显示用来设置渐变填充的相关选项，在选择的图形上会显示渐变控制柄，如图5-40所示。

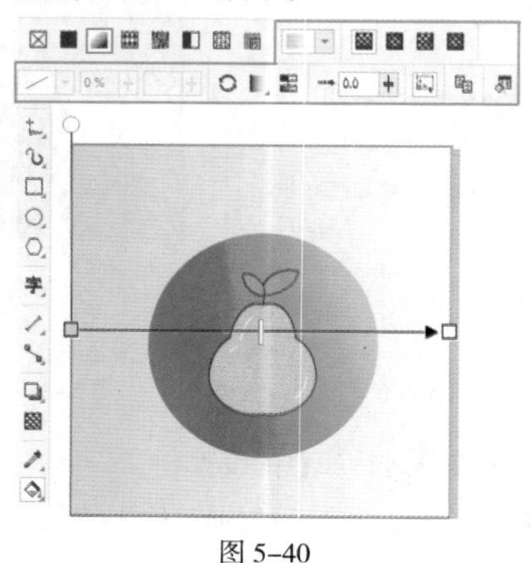

图 5-40

1. 渐变填充类型

渐变填充有4种类型，分别是线性渐变填充（如图5-41所示）、椭圆形渐变填充（如图5-42所示）、圆锥形渐变填充（如图5-43所示）和矩形渐变填充（如图5-44所示）。

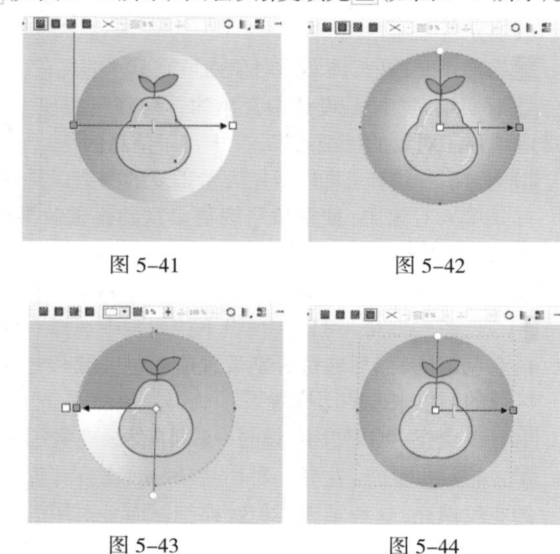

图 5-41　　图 5-42

图 5-43　　图 5-44

2. 编辑渐变颜色

(1) 单击渐变控制柄上的节点，随即在其下方出现浮动工具栏，从中单击“节点颜色”右侧的按扭，在弹出的下拉面板中可以设置渐变颜色，如图5-45所示。或者单击属性栏中的“节点颜色”右侧的按钮，在弹出的下拉面板中也可以设置渐变颜色，如图5-46所示。

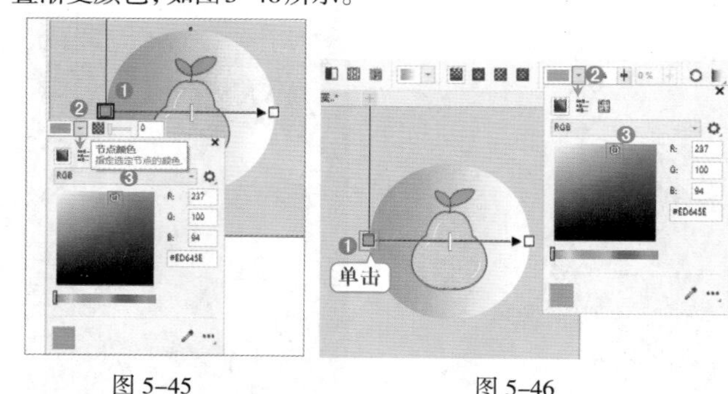

图 5-45　　图 5-46

(2) 如果要添加节点，可以将光标放置在渐变控制柄上，如图5-47所示。接着双击鼠标左键即可添加一个节点，节点添加完成后就可以进行颜色的编辑，如图5-48所示。在渐变控制柄上可以添加多个节点，如图5-49所示。

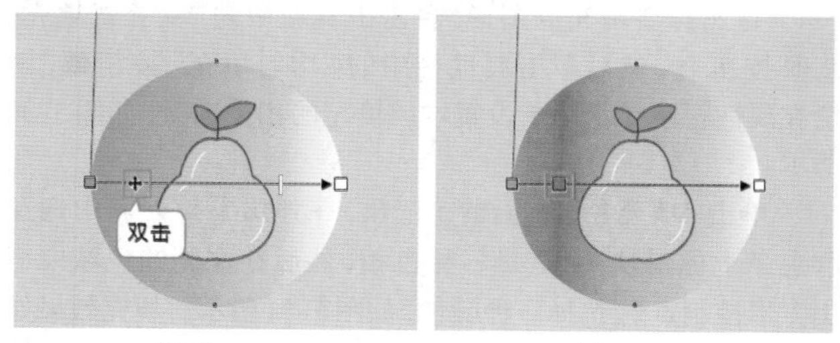

图 5-47　　图 5-48

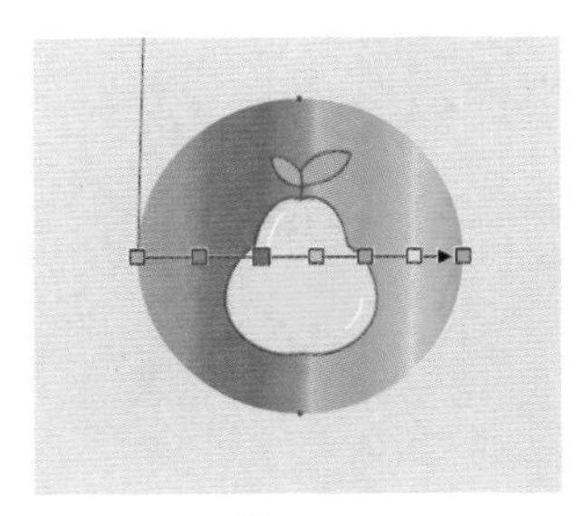

图 5-49

（3）若要删除节点，在节点上单击将其选中，然后按Delete键；或者直接在节点上双击，即可将其删除。

3. 调整渐变效果

（1）在只有两种颜色的渐变中，可以通过拖曳渐变控制柄上的⫲滑块来调整两种颜色的过渡效果，如图5-50和图5-51所示。

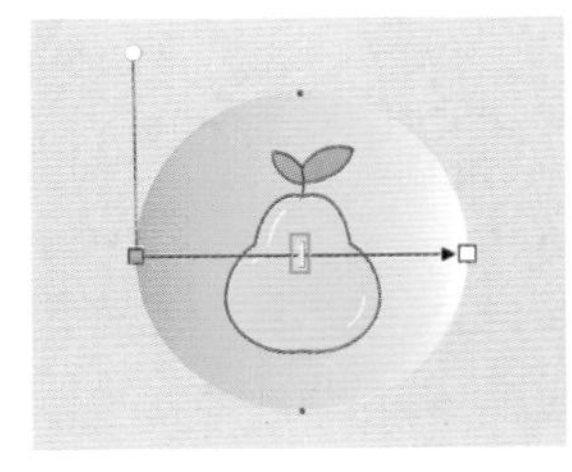

图 5-50

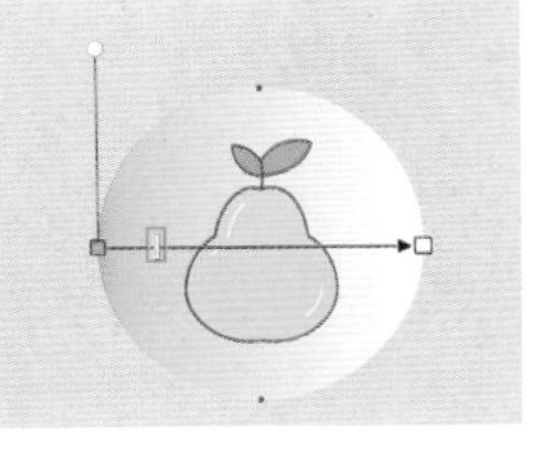

图 5-51

（2）渐变控制柄上的圆形控制点◯主要是用来调整渐变的角度，拖曳该控制点即可查看渐变效果。如图5-52和图5-53所示为线性渐变填充和椭圆形渐变填充时拖曳圆形控制点◯后的效果。

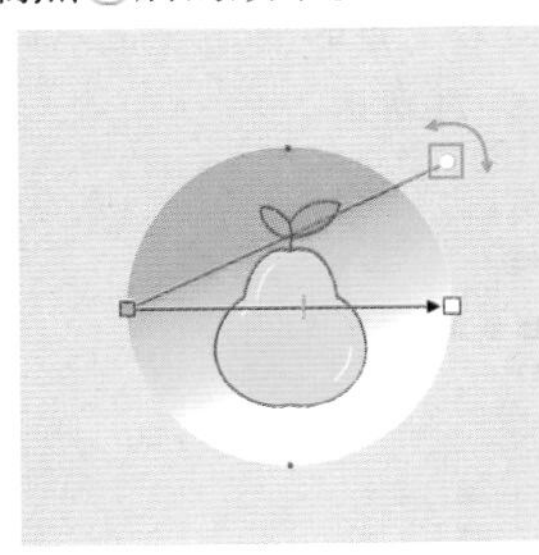

图 5-52

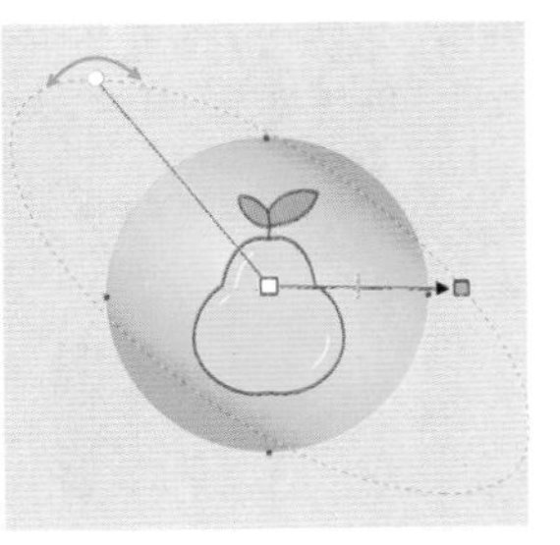

图 5-53

（3）拖曳渐变控制柄上的箭头➝，可以移动渐变控制柄的位置，从而改变渐变效果，如图5-54和图5-55所示。

图 5-54

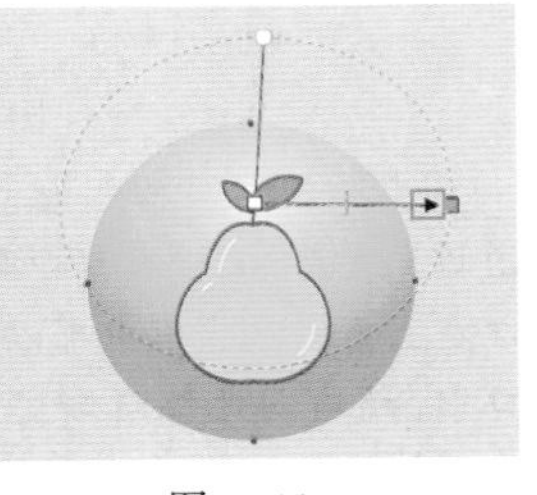

图 5-55

（4）拖曳渐变控制柄上的颜色节点可以调整渐变控制柄的距离，从而调整渐变颜色之间的过渡效果；还可以以旋转的方式拖曳颜色节点，调整渐变效果，如图5-56和图5-57所示。

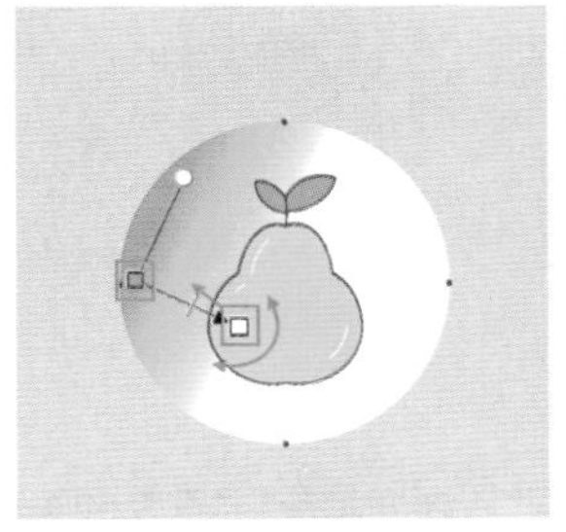

图 5-56

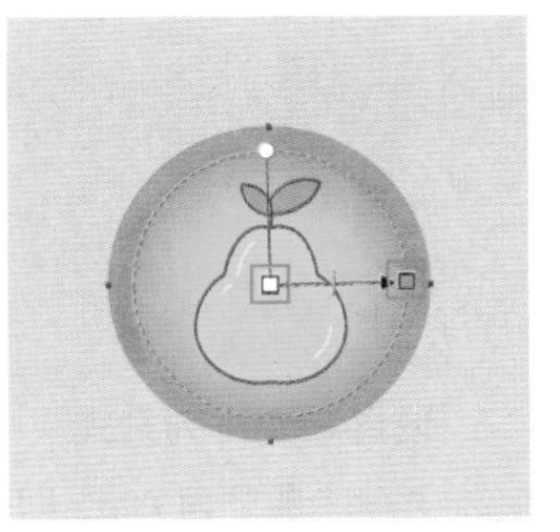

图 5-57

4. 调整节点透明度

单击选择一个节点，如图5-58所示。然后在属性栏中的“节点透明度”选项0% ✚中设置节点的透明度，数值越大节点越透明，如图5-59所示。或者单击节点后在浮动工具栏中进行设置，如图5-60所示。

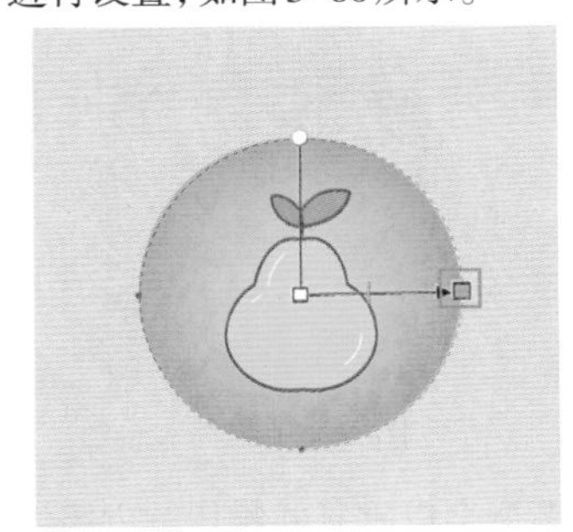

图 5-58

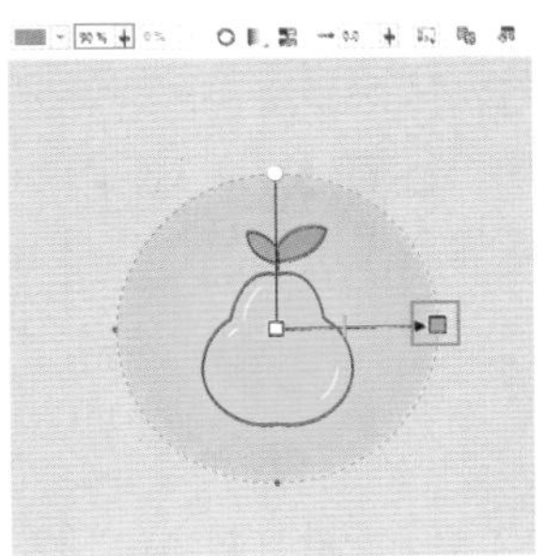

图 5-59

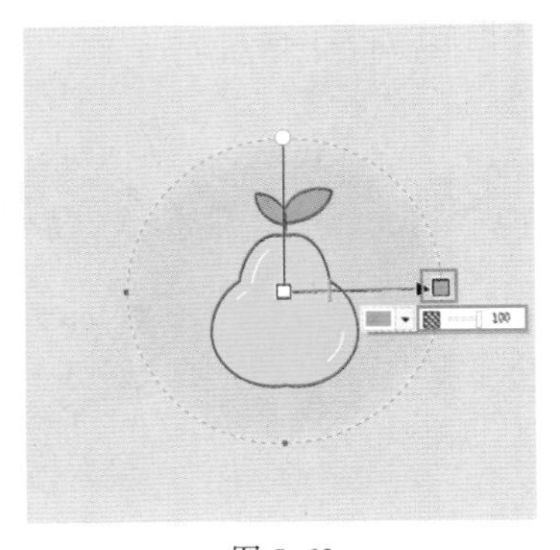

图 5-60

5. 反转填充

选择填充渐变的图形，在“交互式填充”工具的属性栏中单击“反转填充”按钮◯（如图5-61所示），即可看到渐变颜色反转的效果，如图5-62所示。

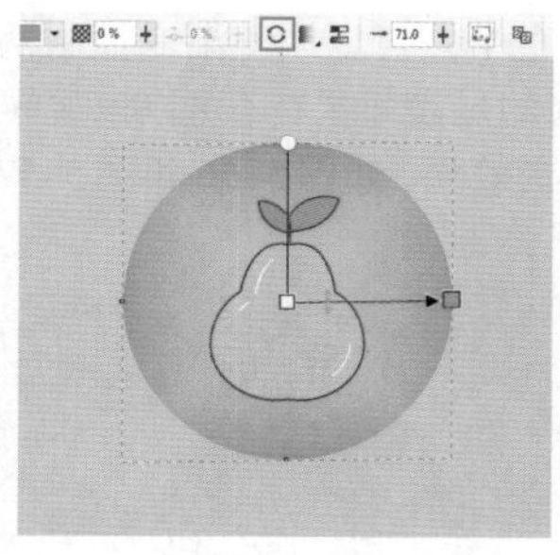

图 5-61

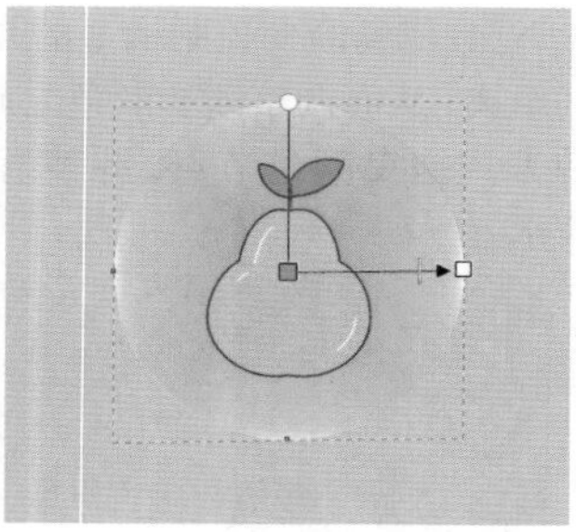

图 5-62

6. 设置渐变排列方式

渐变有三种排列方式，即“默认渐变填充”“重复和镜像”和“重复”。当渐变控制柄小于图形的大小时，渐变排列方式才有效。在属性栏中单击“默认渐变填充”按钮右下角的按钮，在弹出的下拉列表中即可看到这3种渐变排列方式，如图5-63所示。“默认渐变填充”将产生从一种颜色过渡到另外一种颜色的效果，末端节点颜色会填充图形的剩余部分，如图5-64所示。

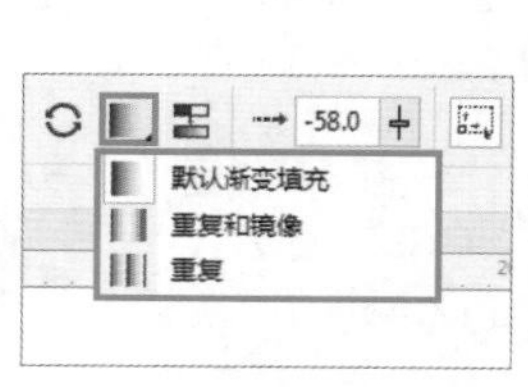

图 5-63

图 5-64

选择“重复和镜像”，渐变会以重复并镜像的方式填充整个图形，如图5-65所示。选择“重复”，渐变会以重复的方式填充整个图形，如图5-66所示。

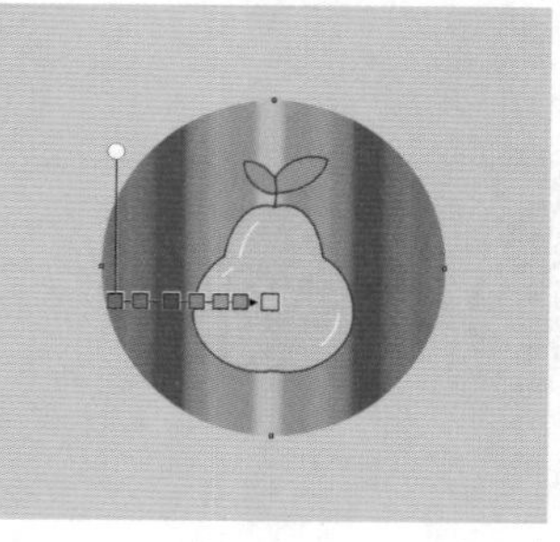

图 5-65

图 5-66

7. 平滑

“平滑”功能用来在渐变填充节点间创建更加平滑的颜色过渡。单击属性栏中的“平滑”按钮，即可控制该功能的启用与禁用。如图5-67所示为未启用“平滑”功能的效果；如图5-68所示为启用“平滑”功能的效果。

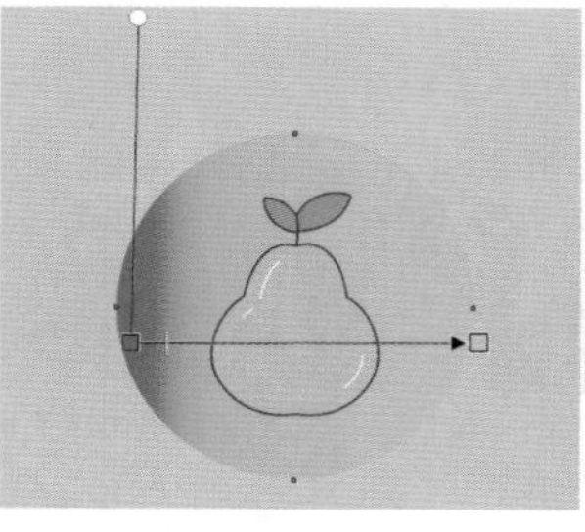

图 5-67

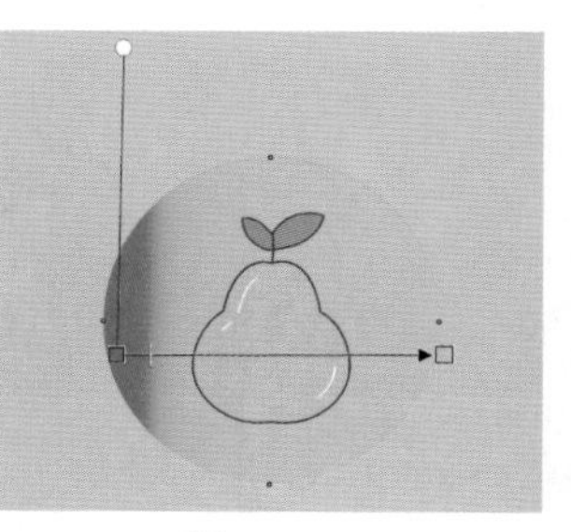

图 5-68

8. 加速

“加速”选项用来指定渐变填充从一种颜色调和到另一种颜色的速度。如图5-69和图5-70所示为“加速”为0.0和100.0的对比效果。

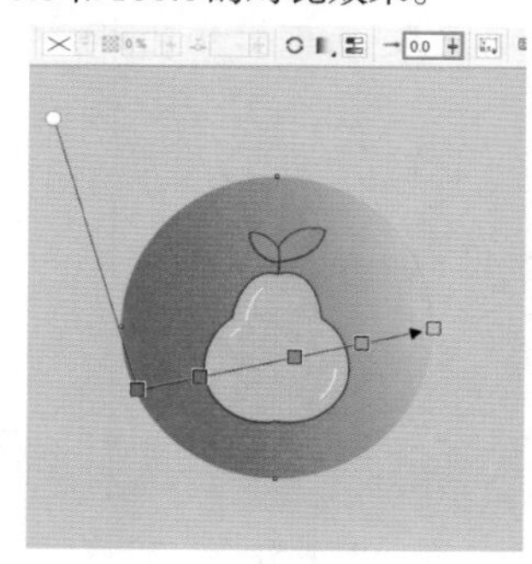

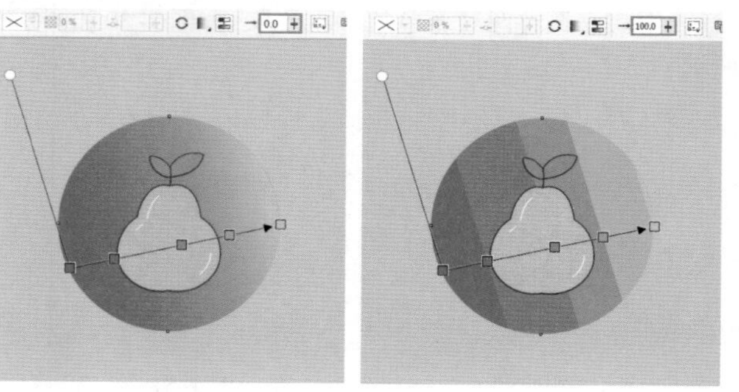

图 5-69

图 5-70

提示：使用“编辑填充”窗口编辑渐变颜色

选择图形，在“渐变填充”状态下单击属性栏中的“编辑填充”按钮，或者双击界面右下角的按钮，都可以打开“编辑填充”窗口，如图5-71所示。

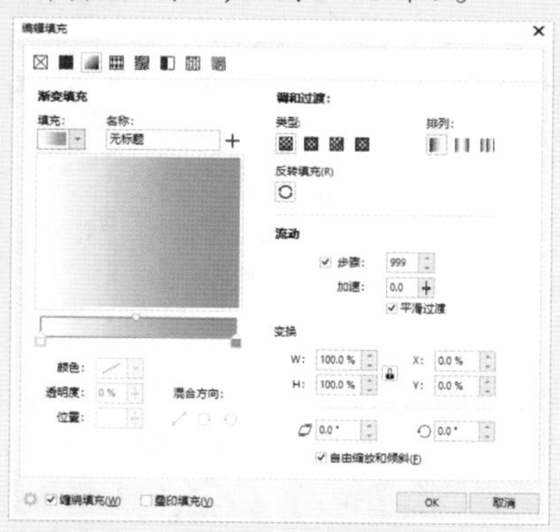

图 5-71

在中间的渐变颜色条上双击，即可添加颜色节点；接着通过“节点颜色”选项编辑颜色，在“编辑填充”窗口左上角的预览框中可以预览渐变效果。在“编辑填充”窗口中，还有其他编辑渐变功能，其操作方法与属性栏中的选项相同。

练习实例：使用渐变填充制作手机图标

文件路径	资源包\第5章\练习实例：使用渐变填充制作手机图标
难易指数	★★★★★
技术要点	交互式填充工具、阴影工具

扫一扫，看视频

实例效果

本实例效果如图5–72所示。

图 5–72

操作步骤

步骤 01 执行“文件”->“新建”命令，创建一个新文档。单击工具箱中的“矩形”工具按钮，按住Ctrl键在画布上绘制一个正方形。在属性栏中单击“圆角”按钮，设置“转角半径”为10.0mm，如图5–73所示。单击工具箱中的“交互式填充”工具按钮，在属性栏中单击“渐变填充”按钮，设置渐变类型为“线性渐变填充”，然后将光标放在图形右下方，按住鼠标左键拖动，调整渐变控制柄的位置；接着单击渐变控制柄上的节点，设置合适的节点颜色，如图5–74所示。

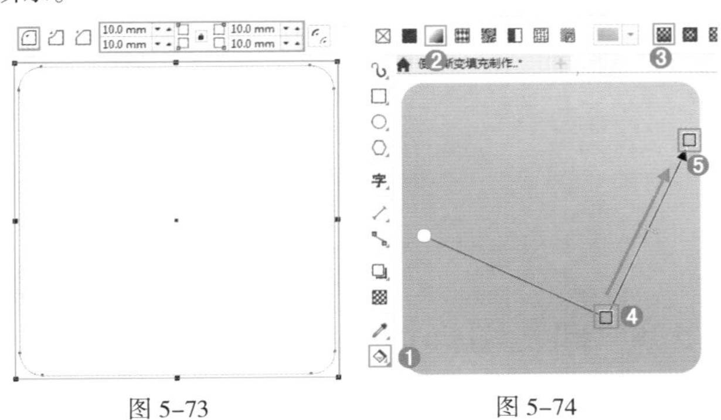

图 5–73　　图 5–74

步骤 02 选中绘制的圆角矩形，单击工具箱中的“阴影”工具按钮，然后在图形上按住鼠标左键向右下方拖曳，为其添加阴影。在属性栏中设置“阴影不透明度”为50，“阴影羽化”为15，“阴影颜色”为黑色，“合并模式”为“乘”，如图5–75所示。

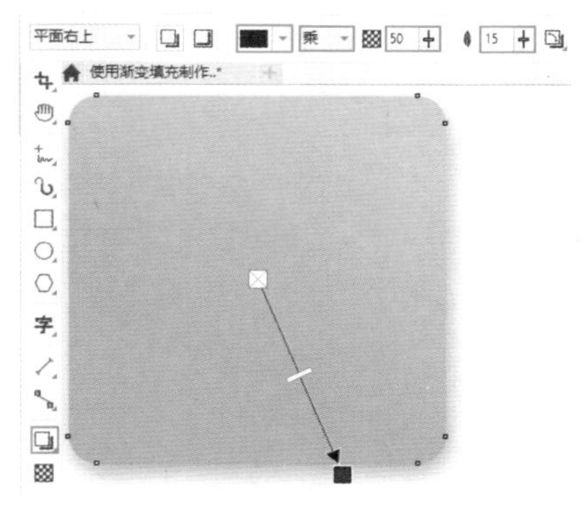

图 5–75

步骤 03 使用“矩形”工具绘制一个稍小的圆角矩形，如图5–76所示。然后同样使用“阴影”工具为其添加阴影，效果如图5–77所示。

图 5–76

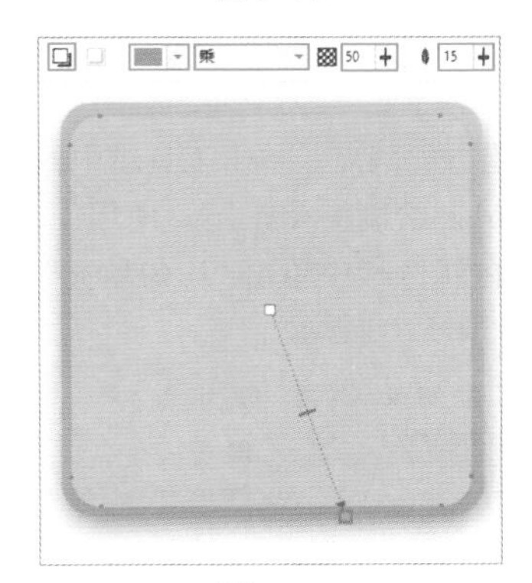

图 5–77

步骤 04 使用“矩形”工具绘制一个圆角矩形，为其填充淡蓝色的渐变，如图5–78所示。

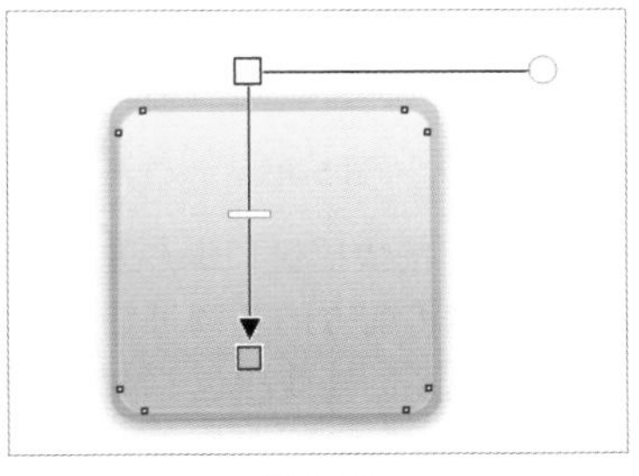

图 5–78

步骤 05 使用工具箱中的“钢笔”工具，绘制图形并为其填充蓝色，如图5-79所示。选择该图形，为其添加蓝色的阴影。效果如图5-80所示。

图 5-79

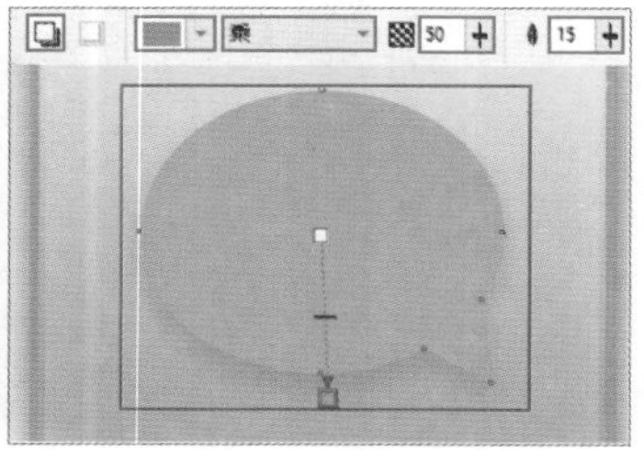

图 5-80

步骤 06 选择该图形，按快捷键Ctrl+C进行复制，然后按快捷键Ctrl+V进行粘贴。接着进行等比例缩放，如图5-81所示。选择前方的图形，单击工具箱中的“交互式填充”工具按钮，在属性栏中单击“渐变填充”按钮，编辑一种淡青色系的渐变颜色，如图5-82所示。

图 5-81

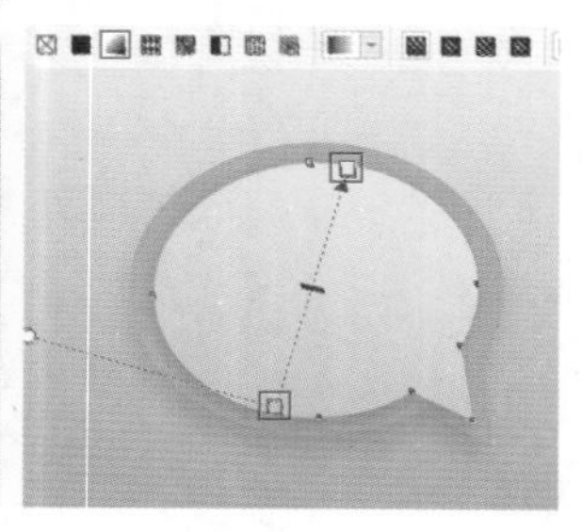

图 5-82

步骤 07 制作上方的圆点。单击工具箱中的“椭圆形”工具按钮，按住Ctrl键绘制一个正圆。使用工具箱中的“交互式填充”工具，在属性栏中单击“均匀填充”按钮，设置“填充色”为蓝色，如图5-83所示。

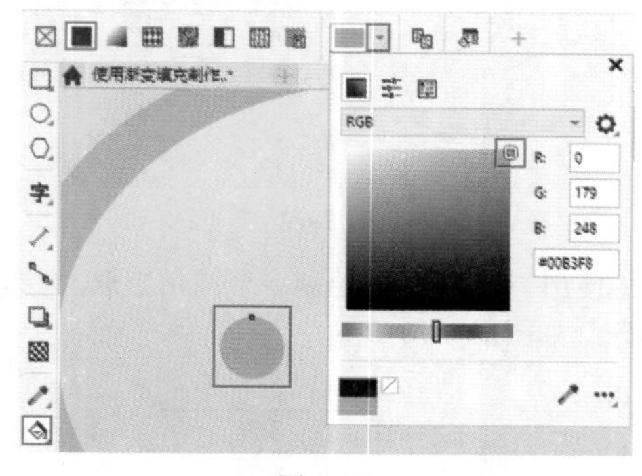

图 5-83

步骤 08 选择该正圆，按快捷键Ctrl+C进行复制，然后按快捷键Ctrl+V进行粘贴。将前方的正圆进行缩放，然后为其填充一种稍深一些的蓝色系的渐变颜色，如图5-84所示。再次进行复制、缩放，然后为其填充一种由白色到蓝色的渐变颜色，如图5-85所示。

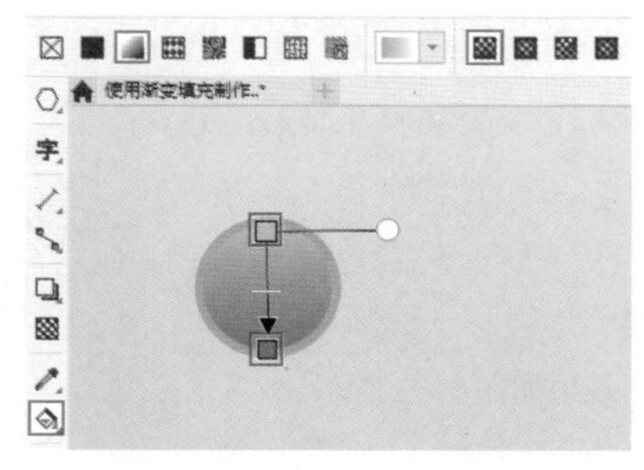

图 5-84

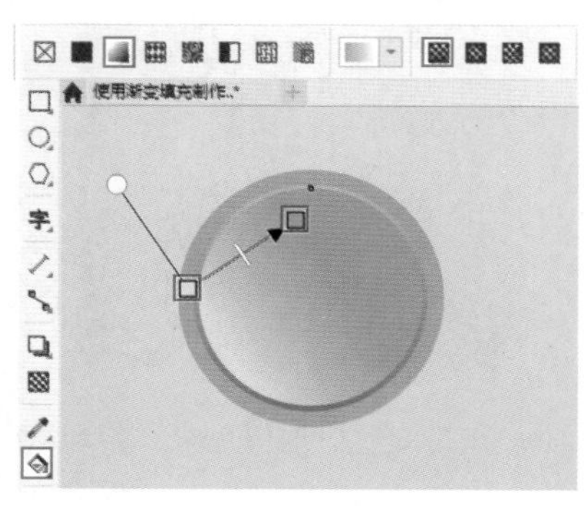

图 5-85

步骤 09 按住Shift键单击加选3个正圆，按快捷键Ctrl+G进行编组。选中正圆组，进行复制，然后进行移动。最终效果如图5-86所示。

图 5-86

5.3.3 向量图样填充

“向量图样填充”可以运用大量重复的图案以拼贴的方式填入对象中，使对象呈现更丰富的视觉效果，也常用于材质以及质感的表现。

1. 为图形填充向量图样

选择一个图形，单击工具箱中的“交互式填充”工具，然后单击属性栏中的“向量图样填充”按钮，此时选中的图形被填充了默认的图样，如图5-87所示。如果要选择其他的图样进行填充，可以单击属性栏中的“填充挑选器”按钮 ，在下拉面板中单击图样缩览图，随即选中的图形就被填充了所选向量图样，如图5-88所示。

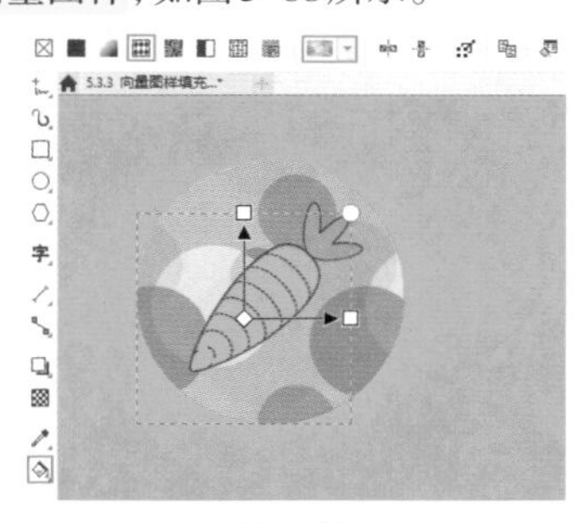

图5-87

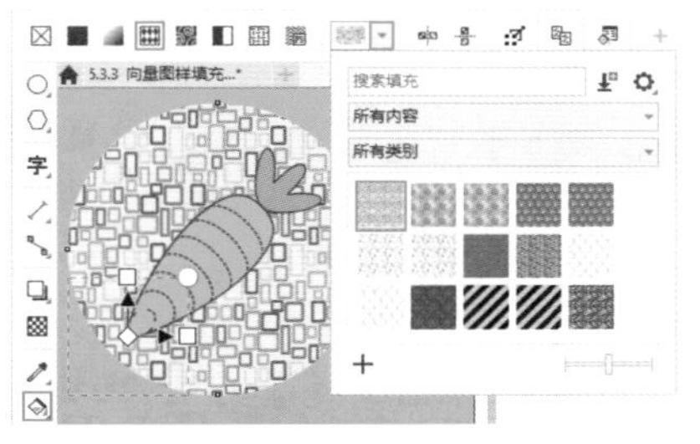

图5-88

2. 调整图样效果

图形被填充图样后会显示控制柄，拖曳圆形控制点◯可以等比缩放图样，还可以旋转图样，如图5-89所示。拖曳方形控制点□可以非等比缩放图样，如图5-90所示。

图5-89

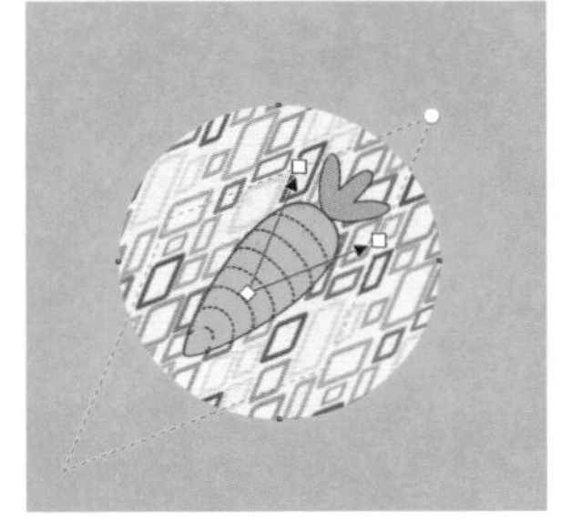

图5-90

提示：编辑其他图样的方式

完成“位图图样填充” 、“双色图样填充” 或“底纹填充” 后都会显示控制柄，通过控制柄编辑图的方法与“向量图样填充”一样。

3. 调整图样平铺效果

图样平铺的效果是由一个图案通过复制的方式进行无缝填充。还可以通过单击“水平镜像平铺”按钮 或“垂直镜像平铺”按钮 调整图案平铺方式。

5.3.4 位图图样填充

“位图图样填充” 可以将位图填充到选择的图形中。

1. 为图形填充位图图样

选择一个图形，单击工具箱中的“交互式填充”工具按钮 ，然后单击属性栏中的“位图图样填充”按钮 ，随即选中图形会以默认的位图图样进行填充，如图5-91所示。如果要选择位图图样，可以单击属性栏中的“填充挑选器”按钮，在下拉面板中单击图样缩览图，随即选中的图形就被填充了所选位图图样，如图5-92所示。

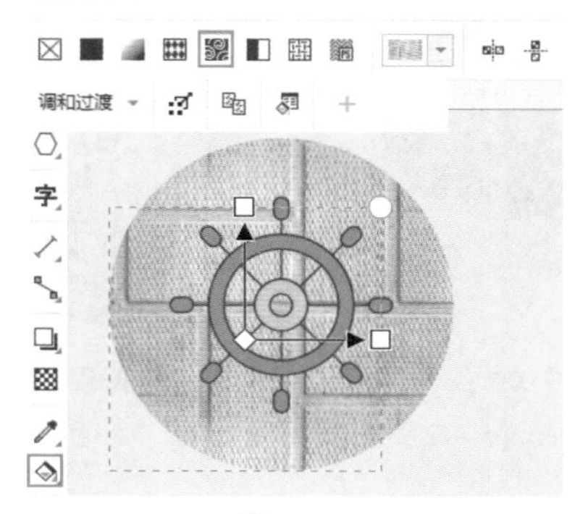

图5-91

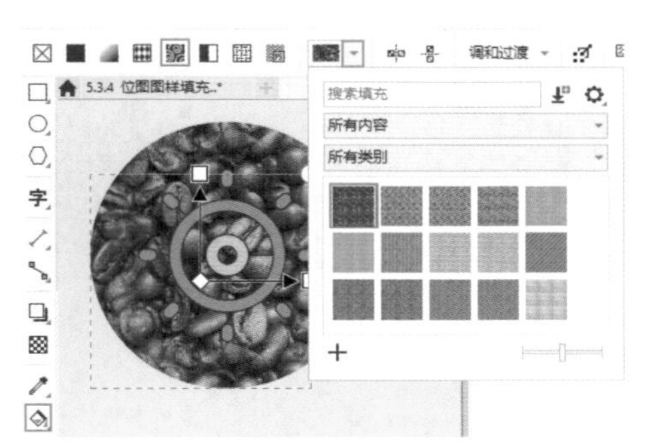

图5-92

2. 设置位图图样调和过渡

“调和过渡”选项用来调整图样平铺的颜色和边缘过渡。选择以位图图样填充的图形，如图5-93所示。在属性栏中单击“调和过渡”右侧的下拉按钮，在弹出的下拉面板中可以进行相应的设置，如图5-94所示。

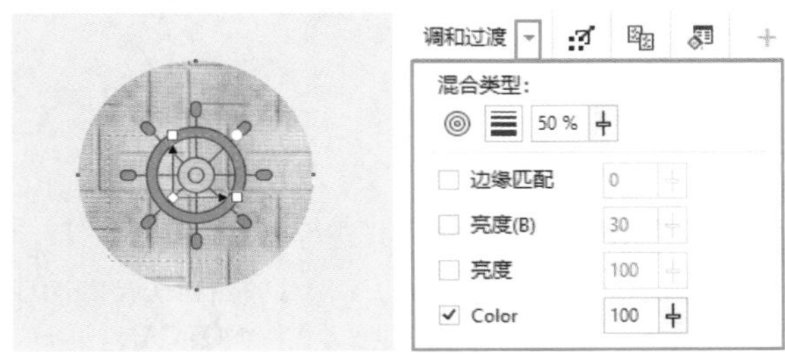

图5-93　　图5-94

- 径向调和：在每个图样平铺脚中，在对角线方向调和图像的一部分。
- 线性调和 50%：调和图样平铺边缘和相对边缘。
- 边缘匹配 ☑ 边缘匹配 0：使图样平铺边缘与相对边缘的颜色过渡平滑。
- 亮度 ☑ 亮度(B) 30：提高或降低位图图样的亮度。如图5-95和图5-96所示是“亮度”分别为-50和30时的对比效果。

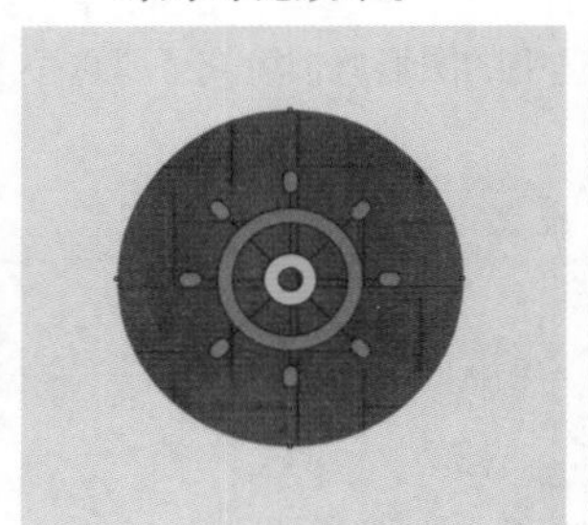
图 5-95

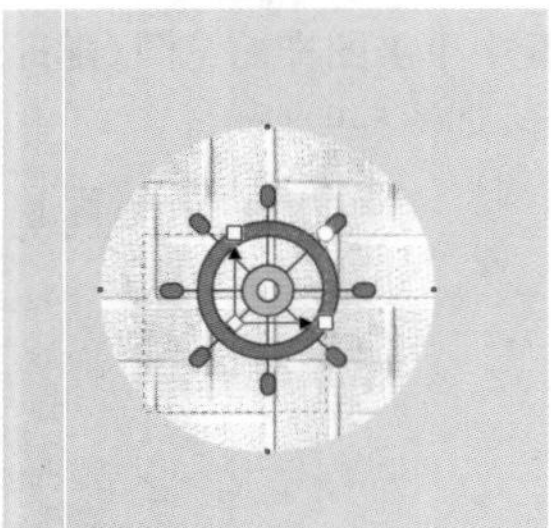
图 5-96

- 亮度 ☑ 亮度 -9：增强或降低图样的灰阶对比度。如图5-97和图5-98所示是“亮度”分别为-80和100时的对比效果。

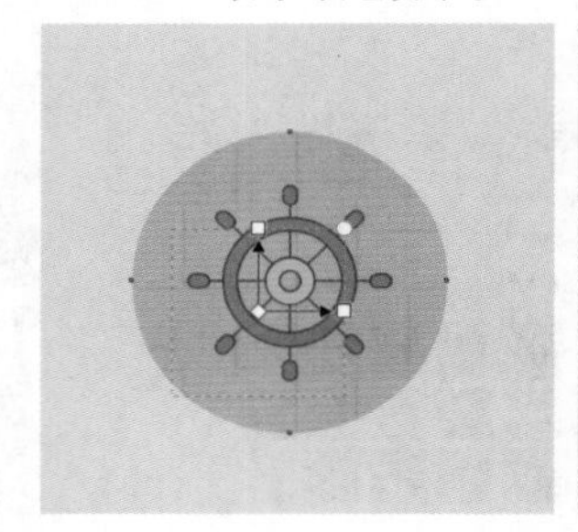
图 5-97

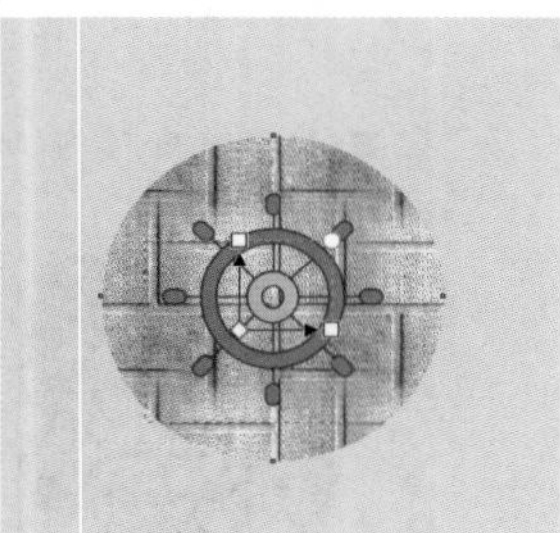
图 5-98

- Color ☑ Color 100：增强或降低图样的颜色对比度。如图5-99和图5-100所示是“颜色”分别为-100和100时的对比效果。

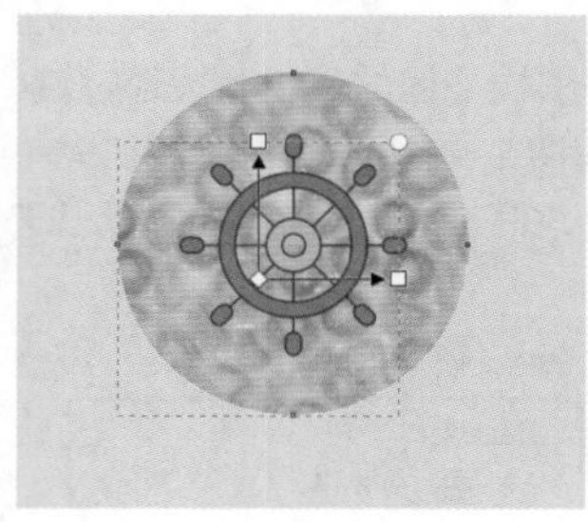
图 5-99

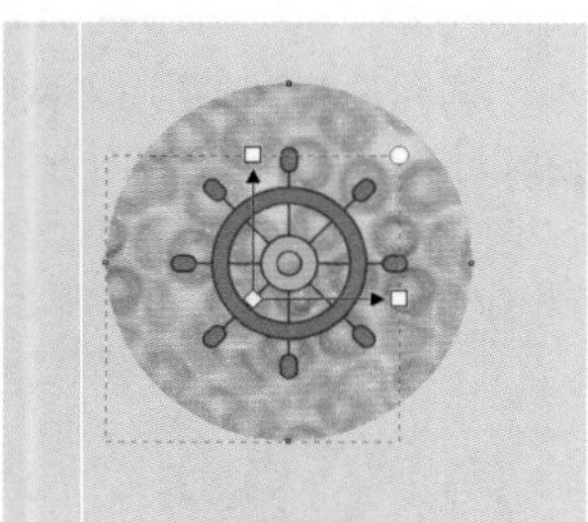
图 5-100

3. 将图像素材作为位图图样进行填充

（1）在CorelDRAW中还可以将图像素材作为位图图样进行填充。单击属性栏中的“编辑填充”按钮，在弹出的“编辑填充”窗口中单击底部的“选择”按钮，如图5-101所示。在弹出的“导入”窗口中选择要使用的位图图样文件，单击“导入”按钮，如图5-102所示。

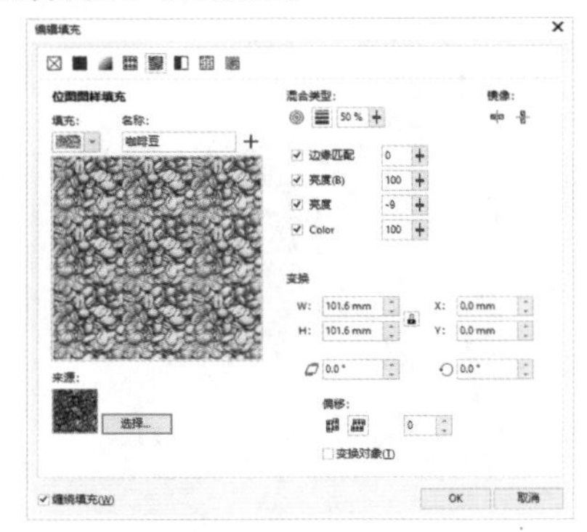
图 5-101

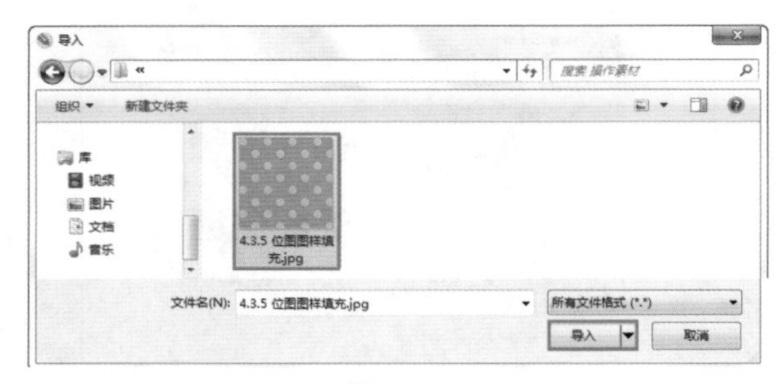
图 5-102

（2）单击“编辑填充”窗口中的OK按钮，如图5-103所示。该位图图像就被作为位图图样填充了，如图5-104所示。

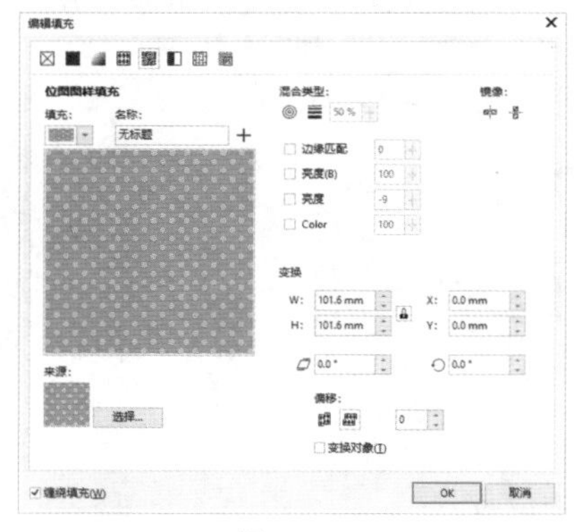
图 5-103

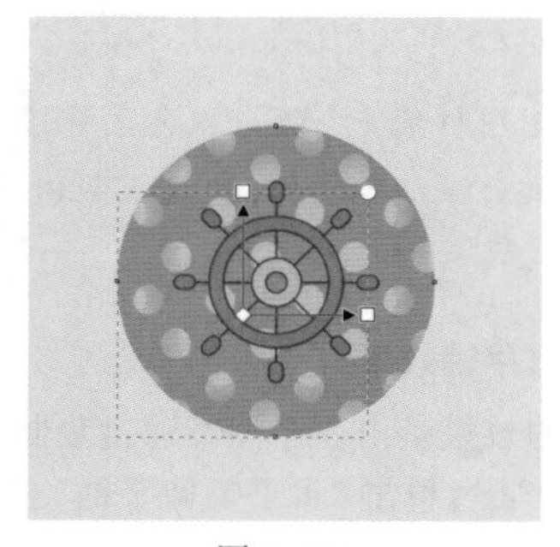
图 5-104

5.3.5 双色图样填充

“双色图样填充”可以在预设下拉列表中选择一种黑白双色图样，然后通过分别设置前景色区域和背景色区域的颜色来改变图样效果。双色图样填充特别适合制作背景。

1. 填充双色图样

首先选择要填充的对象，如图5-105所示。单击工具箱中的“交互式填充”工具按钮，在属性栏中单击“双色图样填充”按钮，就会在属性栏中显示用于设置双色图样填充的相关选项。此时图形将被填充默认的双色图样，如图5-106所示。

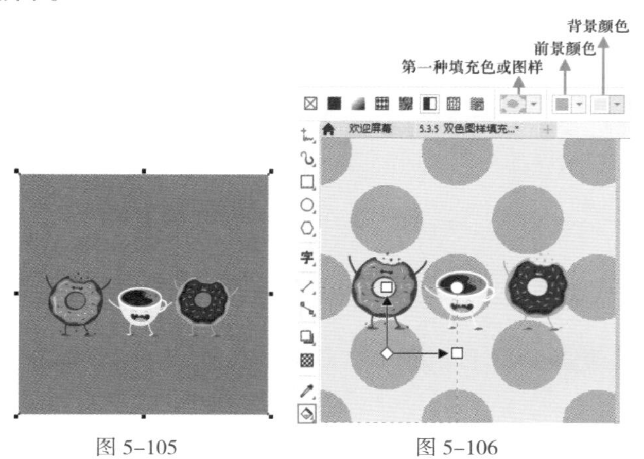

图 5-105　　图 5-106

如果要选择图样，可以单击属性栏中的“第一种填充色或图样”右侧的按钮，在弹出的下拉列表中进行选择，如图5-107所示。

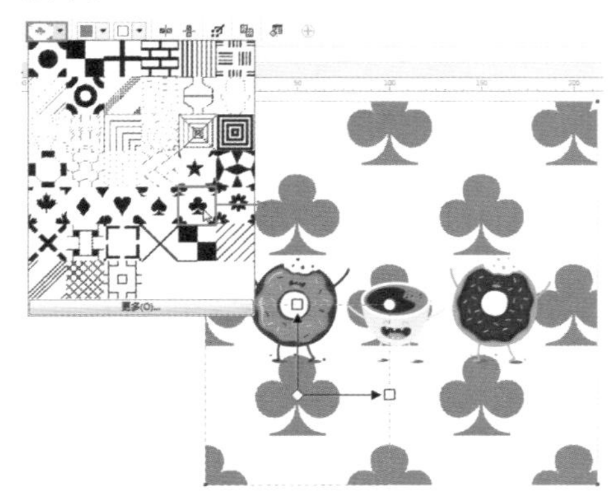

图 5-107

2. 更改双色图样的颜色

在属性栏中，“前景颜色”选项主要用来设置图样的颜色。单击其右侧的下拉按钮，在弹出的下拉面板中可以根据需要选择合适的颜色，如图5-108所示。

“背景颜色”选项则用来设置背景的颜色。单击其右侧的下拉按钮选择合适的颜色，如图5-109所示。

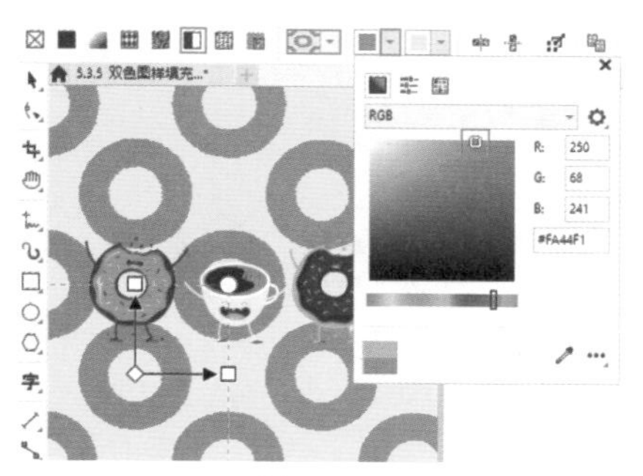

图 5-108

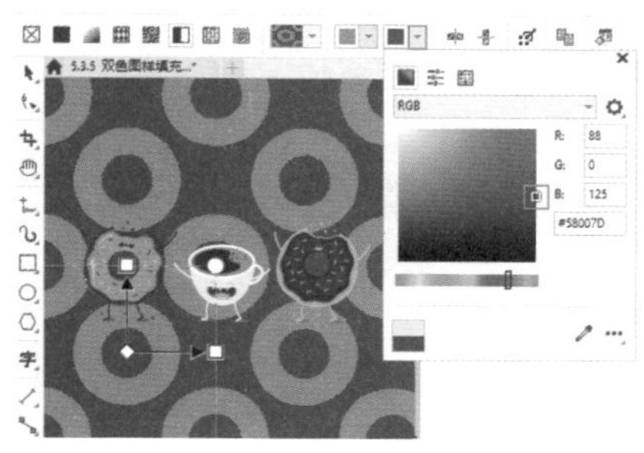

图 5-109

3. 自定义双色图样

单击属性栏中的“第一种填充色或图样”右侧的按钮，在弹出的下拉列表中选择“更多”选项，如图5-110所示。

图 5-110

在弹出的“双色图案编辑器”窗口中进行图案的编辑，然后单击OK按钮，如图5-111所示。此时填充效果如图5-112所示。

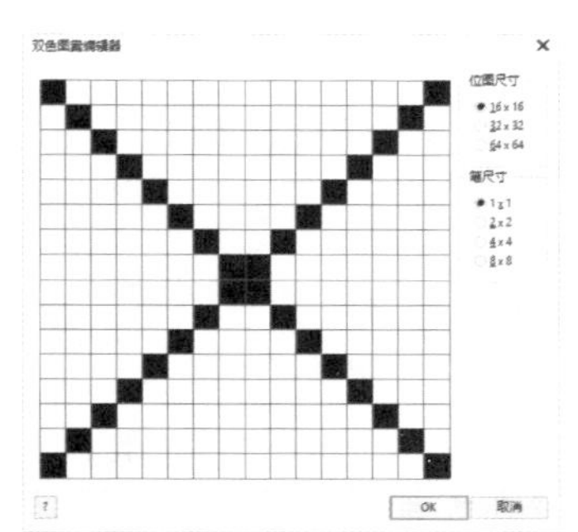

图 5-111

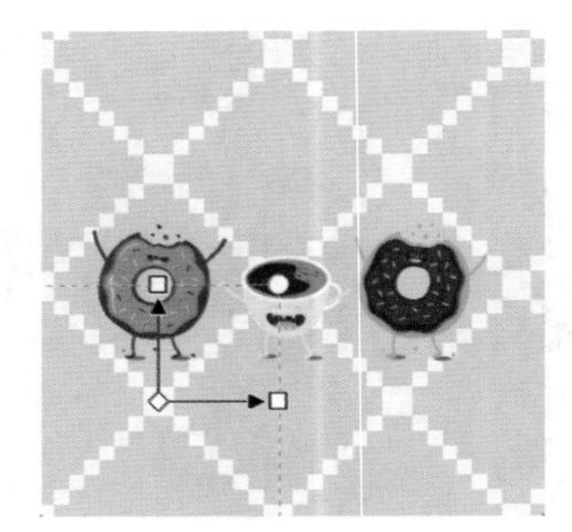

图 5-112

练习实例：使用双色图样填充制作多彩标志

扫一扫，看视频

文件路径	资源包\第5章\练习实例：使用双色图样填充制作多彩标志
难易指数	★★★★★
技术要点	双色图样填充

实例效果

本实例效果如图5-113所示。

图 5-113

操作步骤

步骤 01 执行"文件"->"新建"命令，创建新文档。执行"文件"->"导入"命令，在弹出的"导入"窗口中找到素材位置，选择素材1，单击"导入"按钮。接着在画面中按住鼠标左键拖动，松开鼠标后完成导入操作，如图5-114所示。

图 5-114

步骤 02 单击工具箱中的"手绘"工具按钮，按住鼠标左键拖曳，绘制一个不规则的图形，如图5-115所示。选中绘制的图形，单击工具箱中的"交互式填充"工具按钮，在属性栏中单击"均匀填充"按钮，设置"填充色"为淡紫色，然后在调色板中右击"无"按钮去除轮廓色，如图5-116所示。

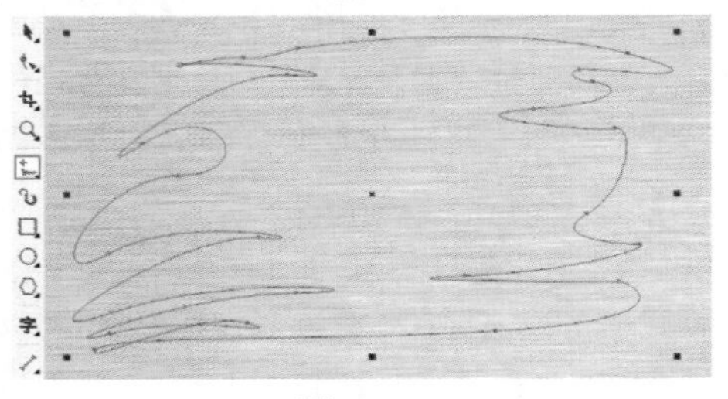

图 5-115

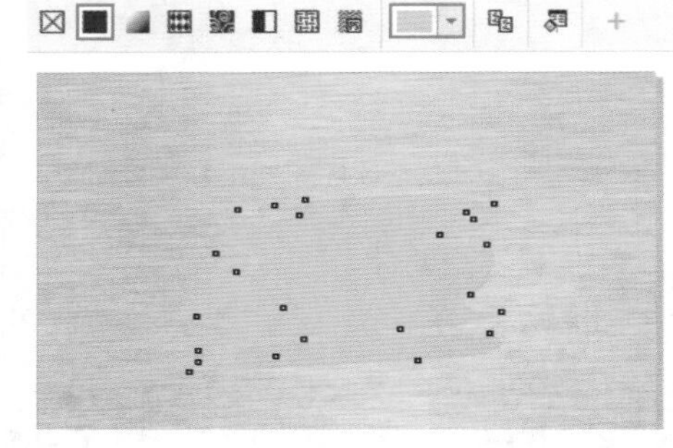

图 5-116

步骤 03 选择工具箱中的"文本"工具，在画面中单击插入光标，输入一个字母，然后在空白位置单击完成输入。选中输入的文字，在属性栏中设置合适的字体、字号，如图5-117所示。以同样的方法输入其他文字，如图5-118所示。选择工具箱中的"选择"工具，按住Shift键加选字母，执行"对象"->"转换为曲线"命令。

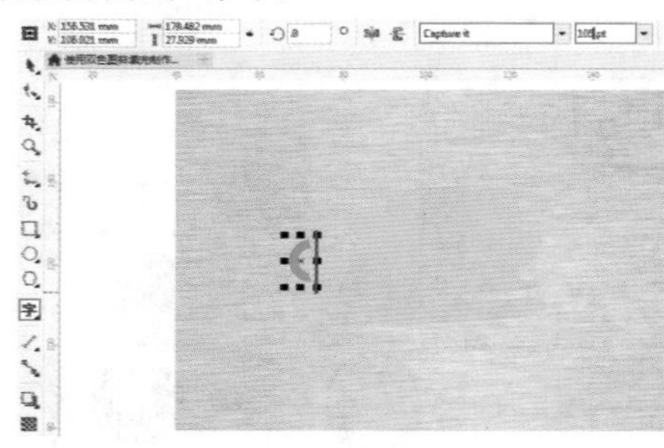

图 5-117

图 5-118

步骤 04 选中字母C，单击工具箱中的“交互式填充”工具按钮，在属性栏中单击“双色图样填充”按钮，接着单击“第一种填充色或图样”右侧的下拉按钮，在弹出的下拉列表中选择一个合适的图案，如图5-119所示。设置“前景颜色”为深橘黄色，“背景颜色”为橘黄色，接着拖曳控制柄调整图样的大小。效果如图5-120所示。

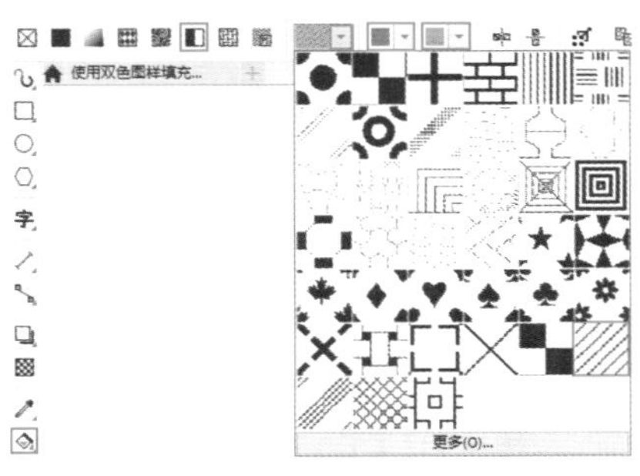

图 5-119

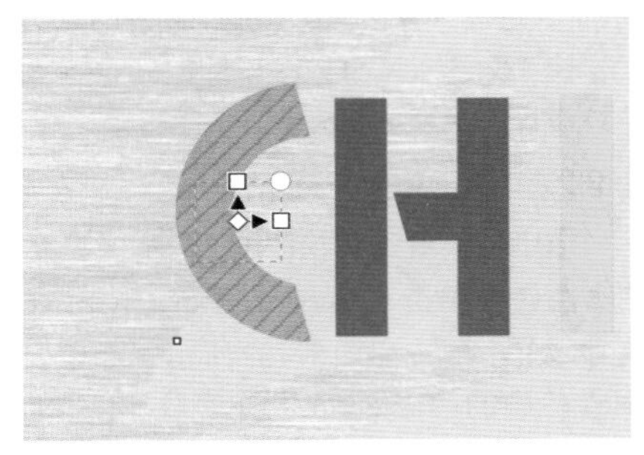

图 5-120

步骤 05 为其他字母填充图样，效果如图5-121所示。使用“钢笔”工具绘制图形，并填充淡黄色，如图5-122所示。

图 5-121

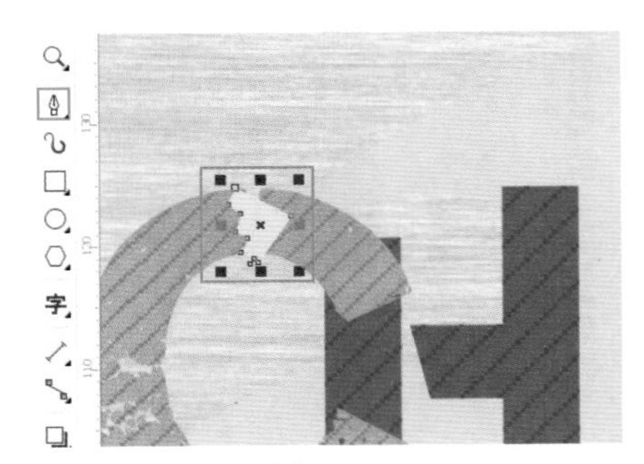

图 5-122

步骤 06 继续绘制其他图形，效果如图5-123所示。使用“文本”工具输入其他文字，最终效果如图5-113所示。

图 5-123

5.3.6 底纹填充

“底纹填充”可以使用预设的一系列自然纹理填充图形，而且还可以更改底纹各个部分的颜色。

1. 为图形填充底纹

(1) 选择一个图形，如图5-124所示。单击工具箱中的“交互式填充”工具，然后单击属性栏中的“底纹填充”按钮，所选图形就会被填充默认的底纹。效果如图5-125所示。

图 5-124

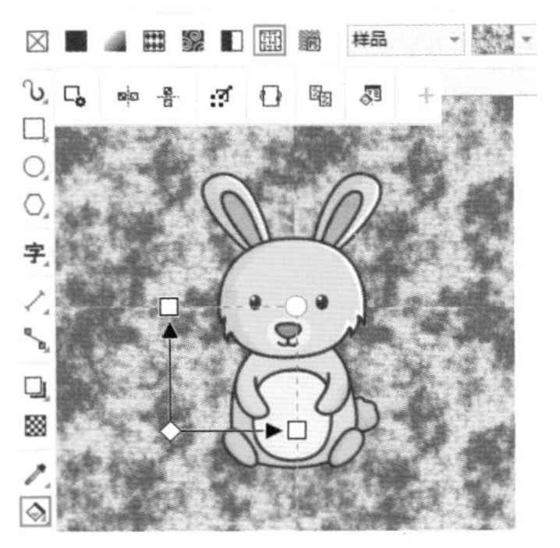

图 5-125

(2) 如果要挑选底纹，可以在属性栏中打开 样品 下拉列表，从中选择一个合适的底纹库，然后单击“填充挑选器”右侧的下拉按钮，在弹出的下拉列表中选择合适的底纹，如

图5-126所示。效果如图5-127所示。

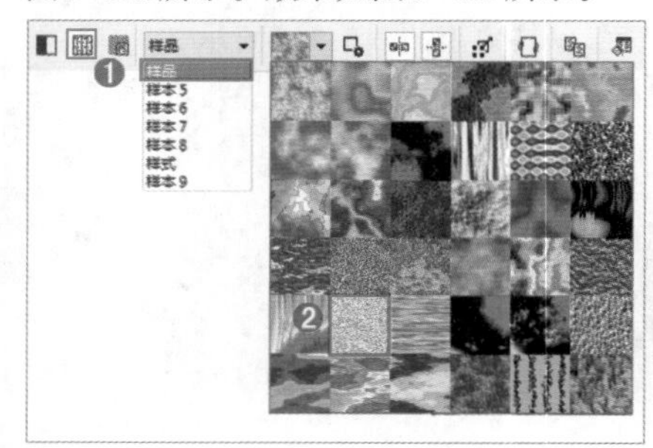

图 5-126

图 5-127

2. 编辑底纹样式

(1) 预设底纹各个部分的颜色都可以更改。选择底纹填充的图形，单击属性栏中的“编辑填充”按钮，如图5-128所示。在弹出的“编辑填充”窗口中可以对该底纹属性进行编辑，如图5-129所示。

图 5-128

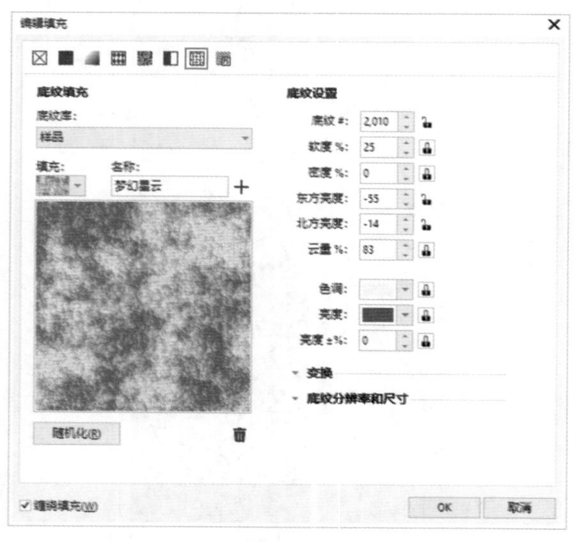

图 5-129

(2) 在“编辑填充”窗口右侧可以对底纹的颜色进行编辑，左侧可以预览纹理效果，中间位置可以对底纹的大小、亮度等属性进行设置(每种底纹的设置选项都是不同的)，如图5-130所示。编辑完成后单击OK按钮，效果如图5-131所示。

图 5-130

图 5-131

5.3.7 PostScript填充

PostScript填充是一种由PostScript语言计算出来的花纹填充，这种填充不但纹路细腻而且占用的空间也不大，适用于较大面积的花纹设计。

1. 为图形进行 PostScript 填充

选择一个图形，单击工具箱中的“交互式填充”工具按钮，然后在属性栏中单击“PostScript填充”按钮，所选图形就会被填充默认的图样，如图5-132所示。如果要选择图样，可以单击属性栏中的“PostScript填充底纹”右侧的下拉按钮，在弹出的下拉列表中进行选择，如图5-133所示。

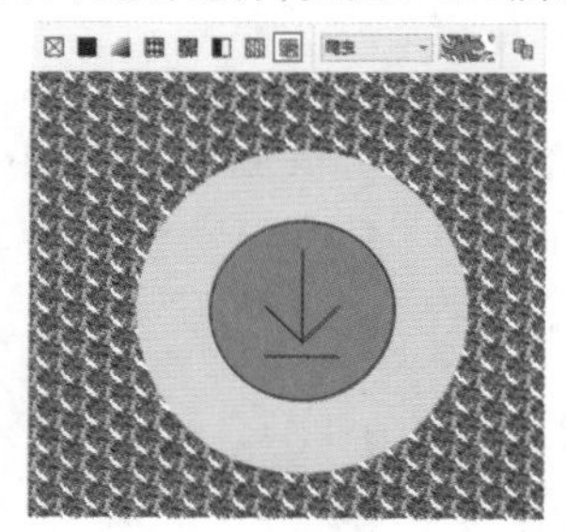

图 5-132

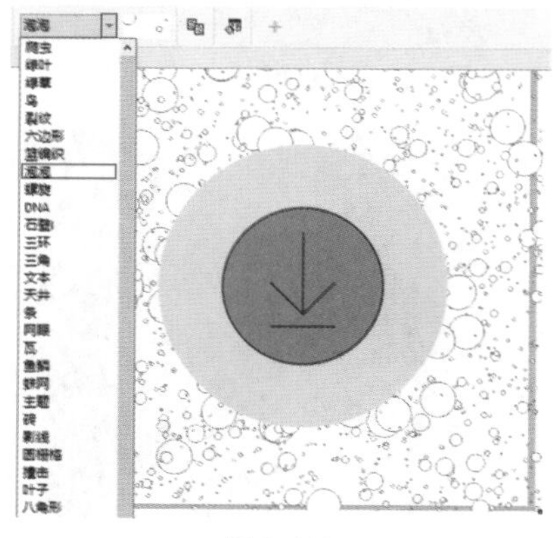

图 5-133

2. 编辑 PostScript 填充

选择带有PostScript填充的图形，单击属性栏中的“编辑填充”按钮，打开“编辑填充”窗口。在该窗口中左侧可以预览PostScript填充图样的效果，右侧可以对图样进行相应的参数设置(随着参数的更改，图样效果也会发生变化)，如图5-134所示。

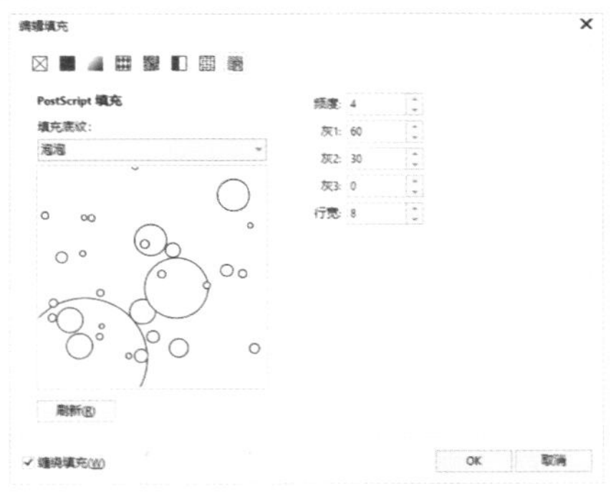

图 5-134

练习实例：使用“交互式填充”工具制作花纹海报

文件路径	资源包\第5章\练习实例：使用“交互式填充”工具制作花纹海报
难易指数	★★★★★
技术要点	“交互式填充”工具

扫一扫，看视频

实例效果

本实例效果如图5-135所示。

图 5-135

操作步骤

步骤 01 执行“文件”->“新建”命令，创建新文档。双击工具箱中的“矩形”工具按钮，快速绘制一个与画板等大的矩形。选中绘制的矩形，单击工具箱中的“交互式填充”工具按钮，在属性栏中单击“均匀填充”按钮，设置“填充色”为淡黄色，然后在调色板中右击“无”按钮去除轮廓色，如图5-136所示。

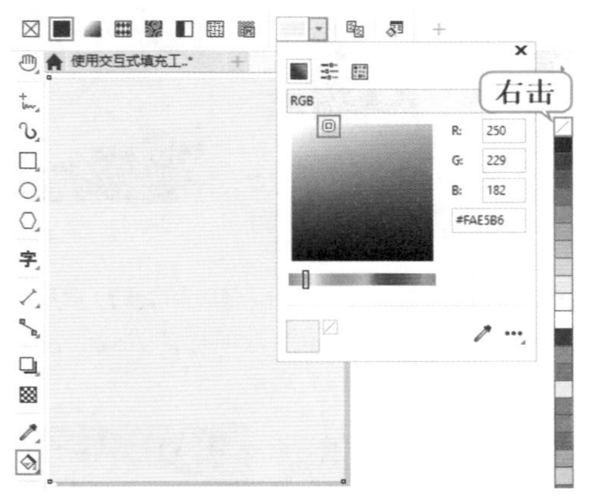

图 5-136

步骤 02 单击工具箱中的“钢笔”工具按钮，绘制一个不规则图形，如图5-137所示。选择该图形，为其填充深青色，然后在调色板中右击“无”按钮，去除轮廓色，如图5-138所示。

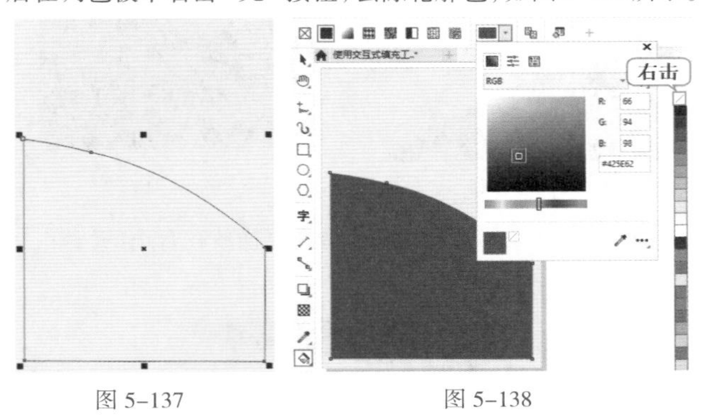

图 5-137　　图 5-138

步骤 03 继续使用“钢笔”工具绘制图形，如图5-139所示。单击工具箱中的“交互式填充”工具按钮，在属性栏中单击“双色图样填充”按钮，接着单击“第一种填充色或图样”右侧的下拉按钮，在弹出的下拉列表中选择一个合适的图案，如图5-140所示。

图 5-139　　图 5-140

步骤 04 设置“前景颜色”为稍深一些的棕色，“背景颜色”为浅一些的棕色，如图5-141所示。此时图形效果如图5-142所示。

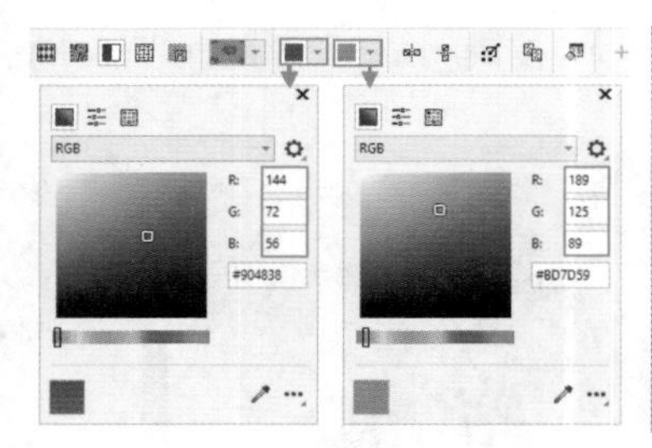
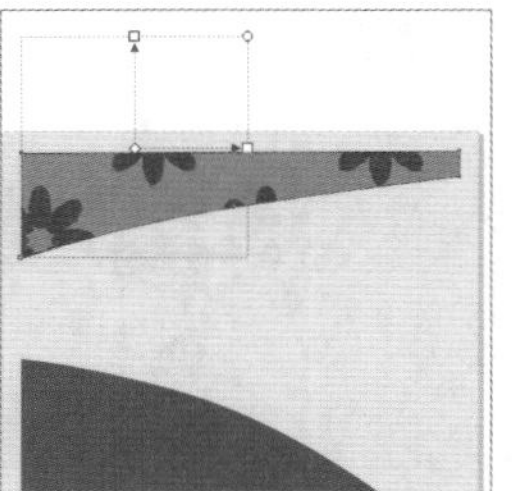

图 5-141　　图 5-142

步骤 05 拖曳圆形控制点进行缩放和旋转，然后去除该图形的轮廓色，如图5-143所示。以同样的方式绘制另外两个图形并进行填充，如图5-144所示。

图 5-143　　图 5-144

步骤 06 导入文字素材1.cdr，将文字摆放在合适的位置，如图5-145所示。

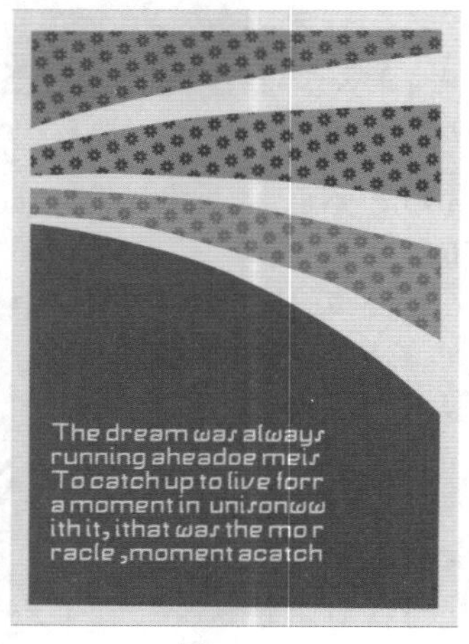

图 5-145

5.4 编辑轮廓线

扫一扫，看视频

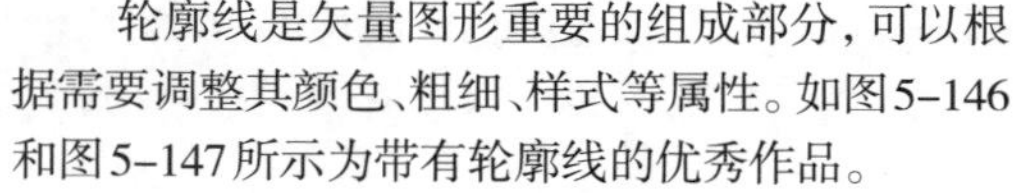

轮廓线是矢量图形重要的组成部分，可以根据需要调整其颜色、粗细、样式等属性。如图5-146和图5-147所示为带有轮廓线的优秀作品。

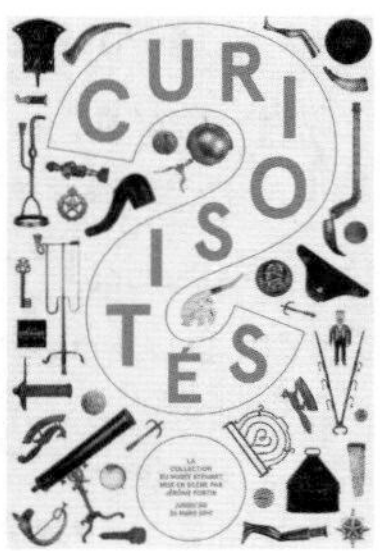

图 5-146　　图 5-147

选择一个图形，在属性栏中可以看到用来设置轮廓线的相关选项，如图5-148所示。也可以双击界面右下方的“轮廓笔”按钮（快捷键F12），在弹出的“轮廓笔”窗口中进行轮廓的设置，如图5-149所示。

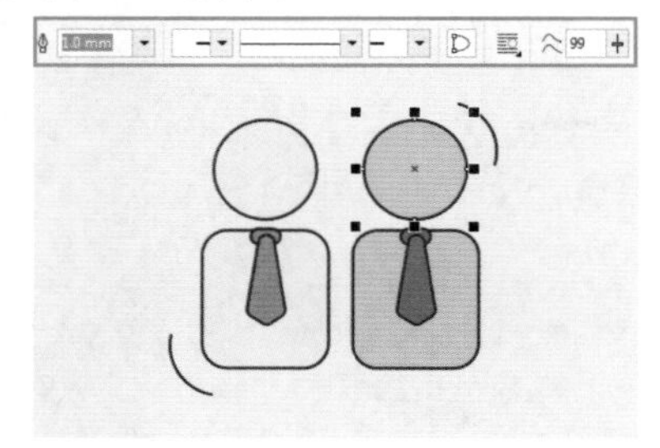

图 5-148

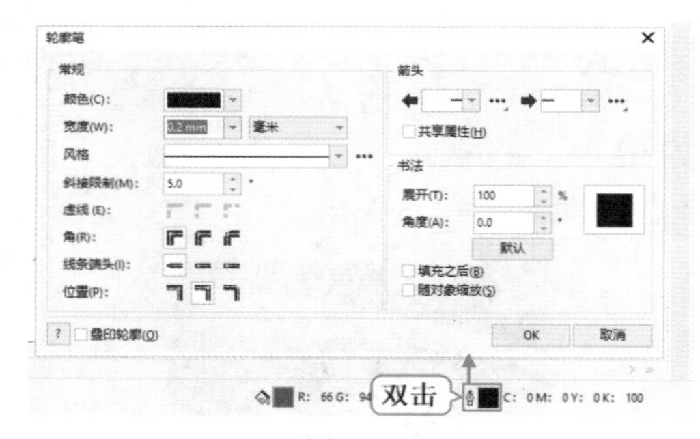

图 5-149

重点 5.4.1 动手练：设置轮廓线颜色

如要更改轮廓线的颜色，右击调色板中的色块即可，如图5-150所示。

图 5-150

除了在调色板中选择已有的颜色作为轮廓色之外，还可以按快捷键F12，在弹出“轮廓笔”窗口中单击“颜色”右侧的按钮，在弹出的下拉面板中选择所需颜色，如图5-151所示。

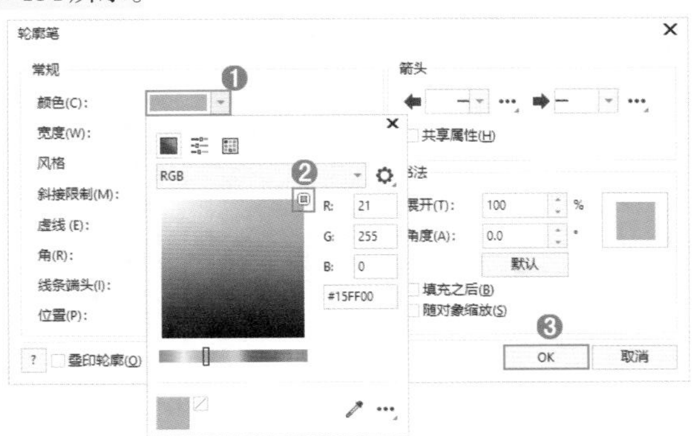

图 5-151

最后单击OK按钮，完成轮廓线颜色的设置，效果如图5-152所示。

图 5-152

重点 5.4.2 动手练：设置轮廓线宽度

1. 利用属性栏设置轮廓线宽度

如果当前图形没有轮廓线，那么可以选择该图形，右击调色板中的色块，即可为其添加轮廓线。默认情况下轮廓线宽度为“细线”，如图5-153所示。

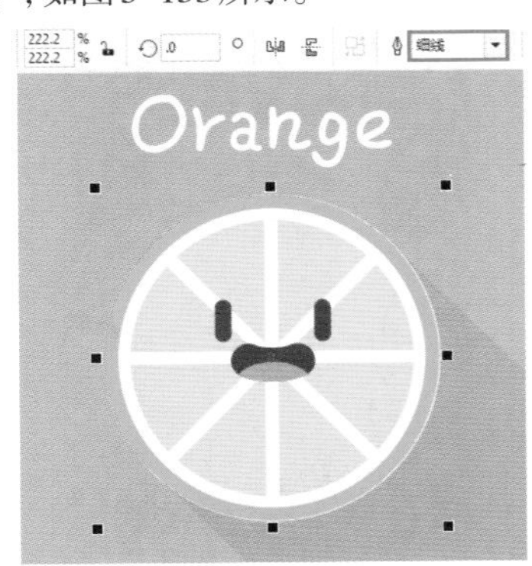

图 5-153

如果要调整轮廓线宽度，可以选择图形，直接在“轮廓线宽度”数值框内输入数值，然后按Enter键确认，如图5-154所示。

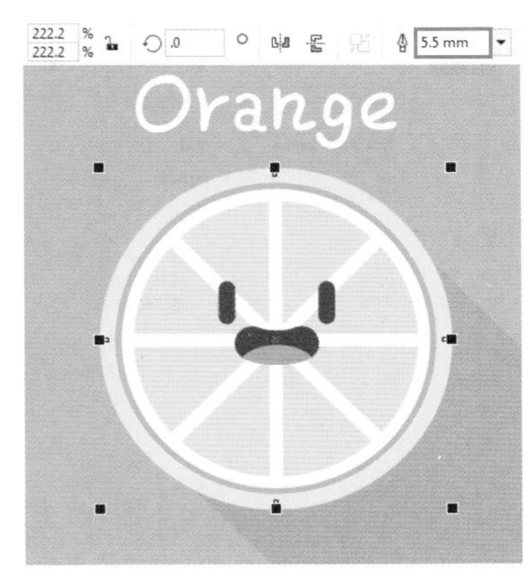

图 5-154

也可以单击属性栏中的“轮廓线宽度”右侧的按钮，在弹出的下拉列表中选择一种预设的轮廓线宽度，如图5-155所示。

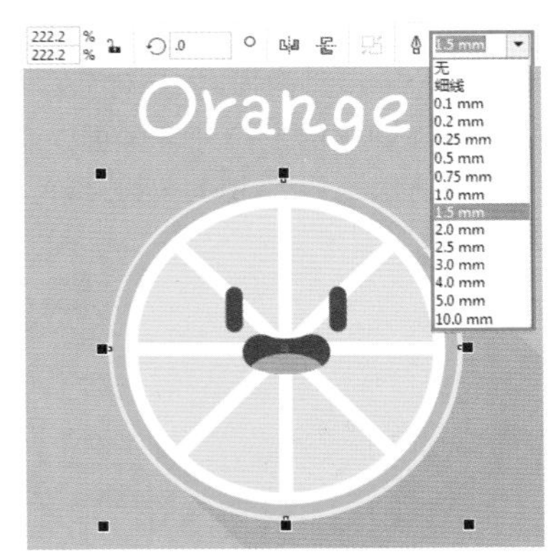

图 5-155

2. 利用“轮廓笔”窗口设置轮廓线宽度

选择一个图形，双击界面右下方的“轮廓笔”按钮，在弹出的“轮廓笔”窗口中，通过“宽度”选项来设置轮廓线的宽度，如图5-156所示。

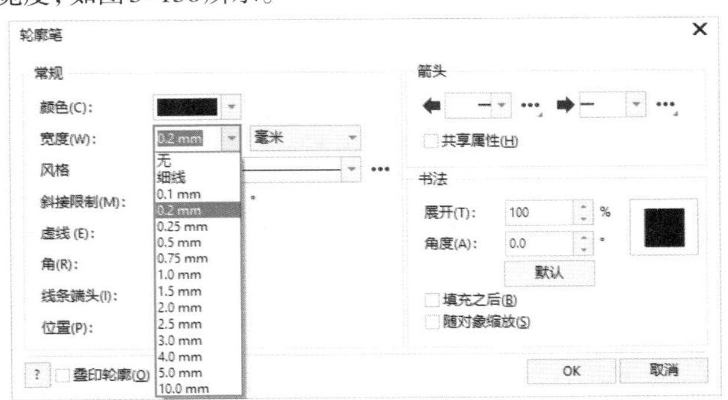

图 5-156

在其右侧的下拉列表中可以设置轮廓线宽度的单位，如图5-157所示。

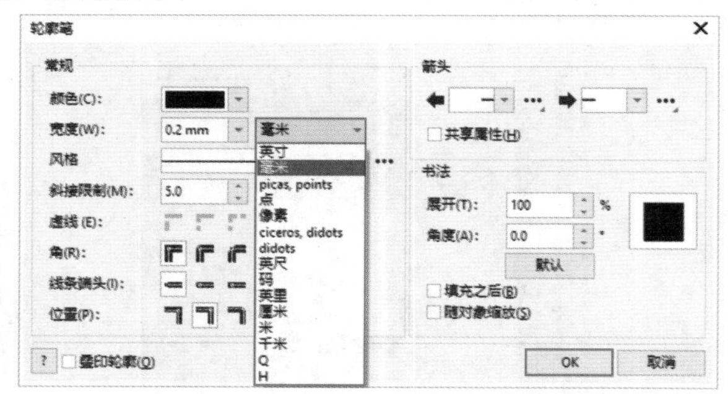

图 5-157

重点 5.4.3 动手练：设置轮廓样式制作虚线

默认情况下，轮廓线的样式为实线，可以根据需要将其更改为不同效果的虚线。

1. 更改轮廓线的样式

选择一个带有轮廓线的图形，在属性栏中单击“线条样式” 右侧的按钮，在弹出的下拉列表中可以看到多种轮廓线样式，如图5-158所示。从中选择一种虚线样式，即可将轮廓线变为虚线。效果如图5-159所示。

图 5-158

图 5-159

2. 自定义轮廓线样式

如果在预设下拉列表中没有找到自己满意的轮廓线样式，那么可以自己定义轮廓线样式。

(1) 在“线条样式”下拉列表中的“更多”按钮，如图5-160所示；或者单击“轮廓笔”窗口中的“设置”按钮 (如图5-161所示)，都可以打开“编辑线条样式”窗口。

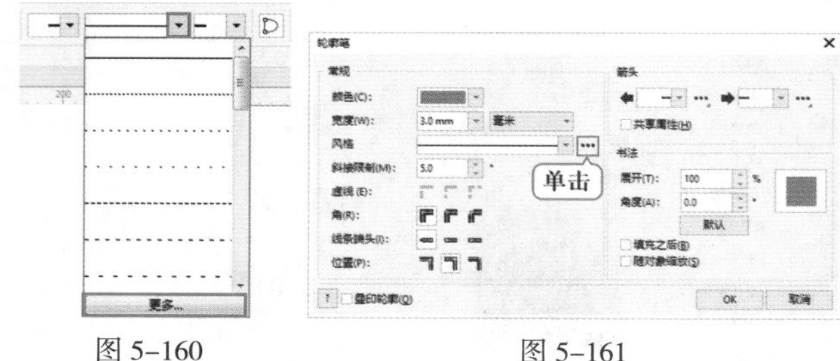

图 5-160　　图 5-161

(2) 在“编辑线条样式”窗口中可以自定义一种虚线样式。拖动滑块，可以调整间隔区域大小；在白色方块上单击，可以增加实线部分的长度。然后单击“添加”按钮进行添加，如图5-162所示。

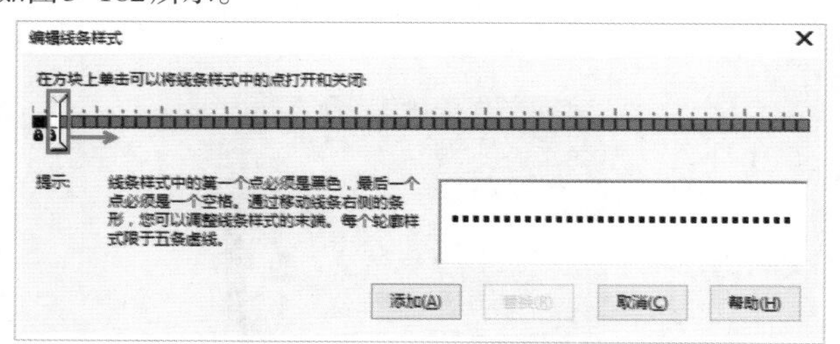

图 5-162

练习实例：设置轮廓线制作海报边框以及虚线分割线

扫一扫，看视频

文件路径	资源包\第5章\练习实例：设置轮廓线制作海报边框以及虚线分割线
难易指数	★★★★★
技术要点	“轮廓笔”窗口

实例效果

本实例效果如图5-163所示。

图 5-163

操作步骤

步骤 01 执行“文件”->“新建”命令，创建新文档。双击工具箱中的“矩形”工具按钮，快速绘制一个与画板等大的矩形。选中绘制的矩形，单击工具箱中的“交互式填充”工具按钮，在属性栏中单击“均匀填充”按钮，设置“填充色”为青色，如图5-164所示。

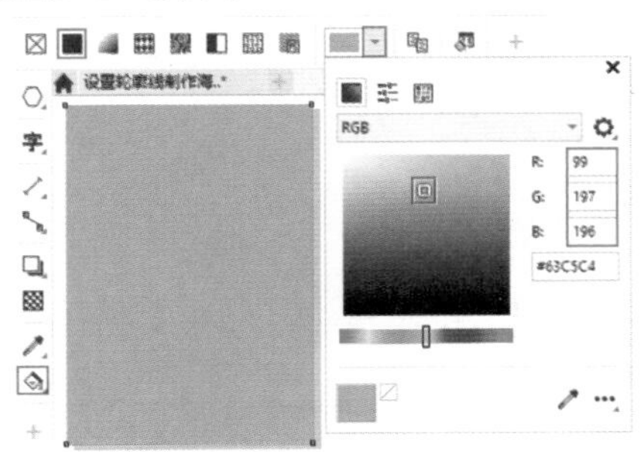

图 5-164

步骤 02 选中矩形，双击界面右下角的“轮廓笔”按钮，在弹出的“轮廓笔”窗口中设置“宽度”为35.0px，“颜色”为粉色，如图5-165所示。设置完成后单击OK按钮，效果如图5-166所示。

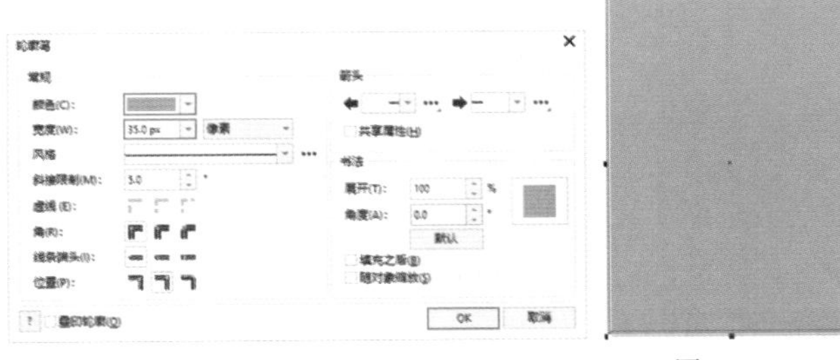

图 5-165　　图 5-166

步骤 03 执行“文件”->“导入”命令，在弹出的“导入”窗口中找到素材位置，选择素材1.png，单击“导入”按钮。接着在画面中按住鼠标左键拖动，松开鼠标后完成导入操作，如图5-167所示。

图 5-167

步骤 04 使用“矩形”工具在画布上绘制一个矩形。选中矩形，单击调色板中的白色色块为其填充白色，接着右击“无”按钮去除轮廓色，如图5-168所示。

图 5-168

步骤 05 导入文字素材2.cdr，摆放在画面中央的位置，如图5-169所示。

图 5-169

步骤 06 选中工具箱中的“2点线”工具，在文字之间绘制一段直线，如图5-170所示。选中直线，按快捷键F12，在弹出的“轮廓笔”窗口中设置“宽度”为8.0px，“颜色”为粉色，“样式”为虚线，如图5-171所示。单击OK按钮，效果如图5-172所示。

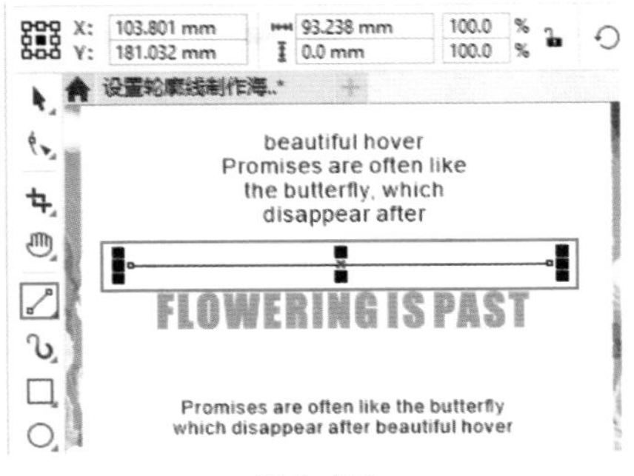

图 5-170

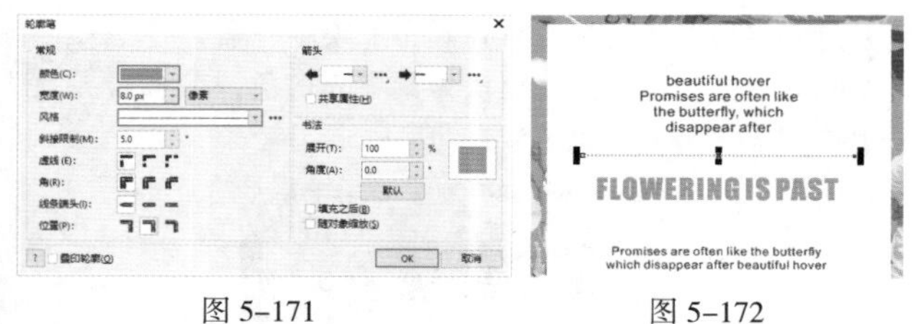

图 5-171　　图 5-172

步骤 07 以同样的方式绘制其他虚线。最终效果如图5-163所示。

5.4.4　动手练：设置轮廓线箭头样式

箭头是一种很常见的图形，在设计作品中经常会用到。在CorelDRAW中无须动手绘制，即可快速为开放的路径添加箭头。

(1) 选择一段开放的路径，在属性栏中可以看到用于设置"起始箭头"（左侧）和"终止箭头"（右侧）的相关选项，如图5-173所示。单击"起始箭头"右侧的下拉按钮，在弹出的下拉列表中选择所需样式，即可为路径起始位置添加箭头，如图5-174所示。

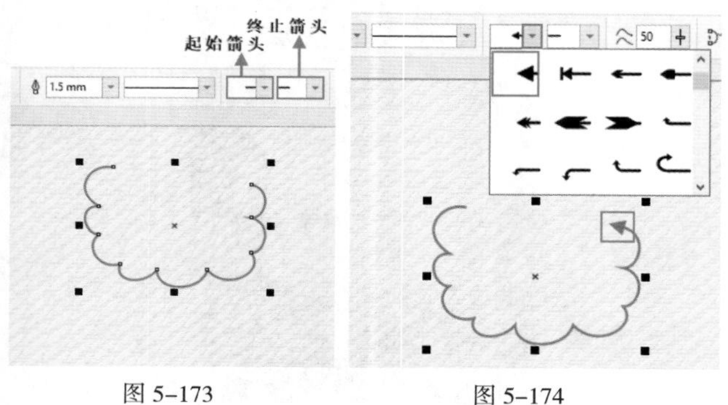

图 5-173　　图 5-174

(2) 同样，单击"终止箭头"右侧的下拉按钮，在弹出的下拉列表中选择所需样式，即可为终点添加箭头，如图5-175所示。此外，还可以在"轮廓笔"窗口中设置轮廓线箭头样式，如图5-176所示。

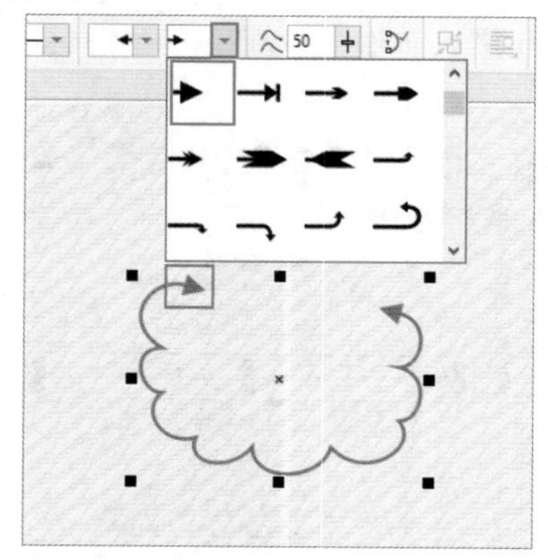

图 5-175

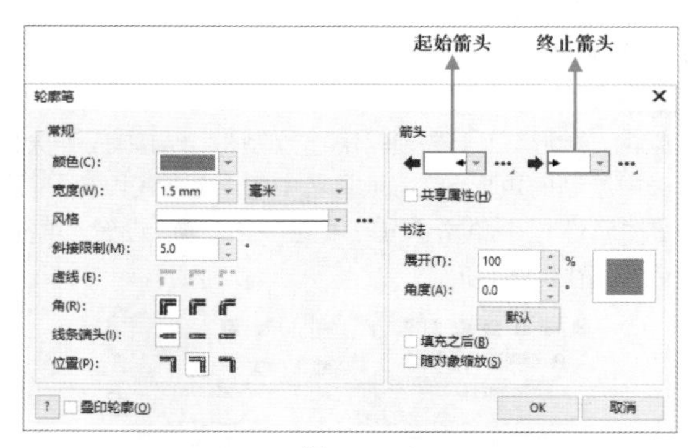

图 5-176

练习实例：设置轮廓线的起始和终止箭头

扫一扫，看视频

文件路径	资源包\第5章\练习实例：设置轮廓线的起始和终止箭头
难易指数	★★★★★
技术要点	轮廓线、"刻刀"工具

实例效果

本实例效果如图5-177所示。

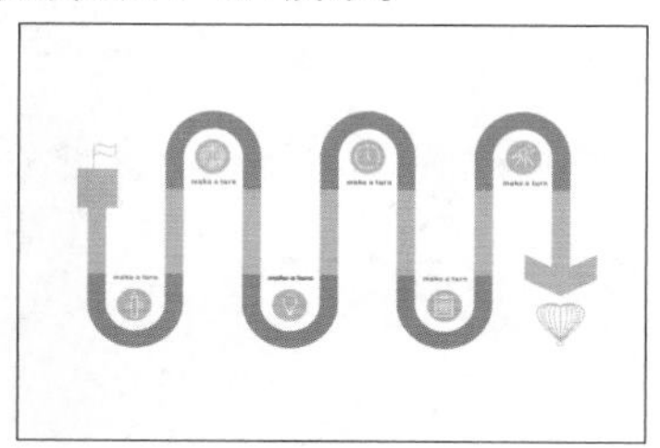

图 5-177

操作步骤

步骤 01 执行"文件"->"新建"命令，创建新文档。单击工具箱中的"矩形"工具按钮□，绘制一个矩形。在属性栏中单击"圆角"按钮□，设置"转角半径"为16.0mm，如图5-178所示。

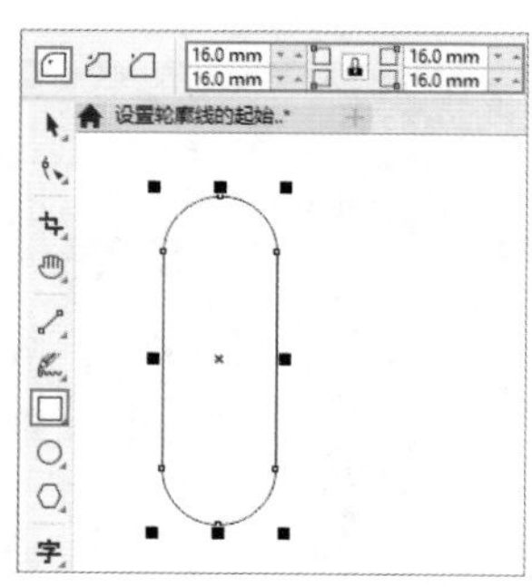

图 5-178

步骤 02 选择该圆角矩形，按住鼠标左键的同时按住Shift键向右拖曳，拖曳至合适位置后右击进行复制，如图5-179所示。继续复制多个圆角矩形，效果如图5-180所示。

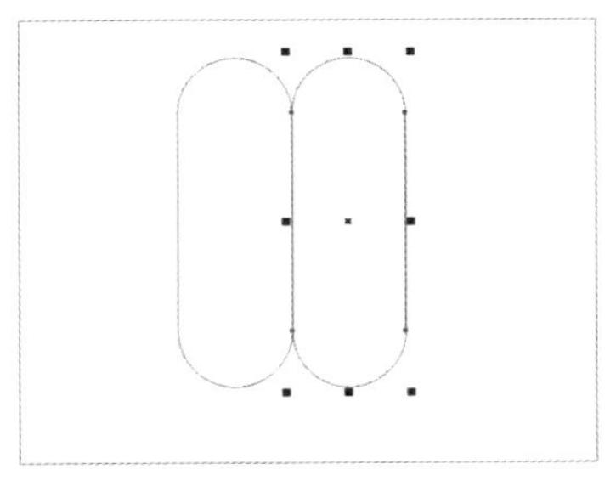

图 5-179

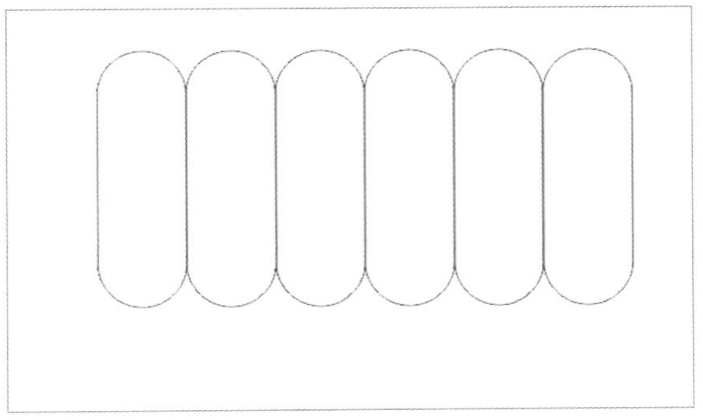

图 5-180

步骤 03 框选所有的圆角矩形，单击工具箱中的“刻刀”工具按钮，然后在圆角矩形的上半部按住鼠标左键拖曳，如图5-181所示。接着在圆角矩形的下半部按住鼠标左键拖曳，如图5-182所示。

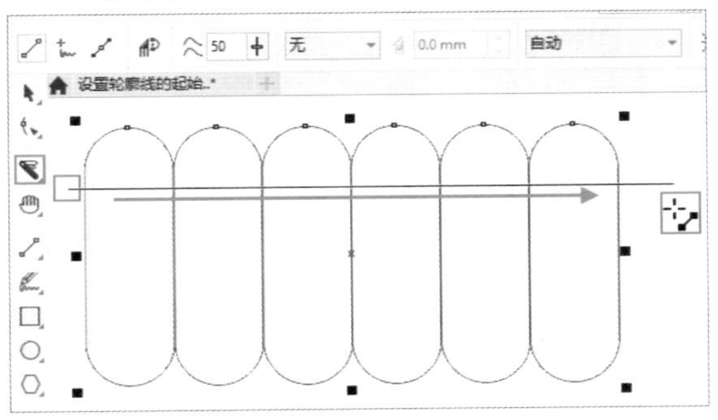

图 5-181

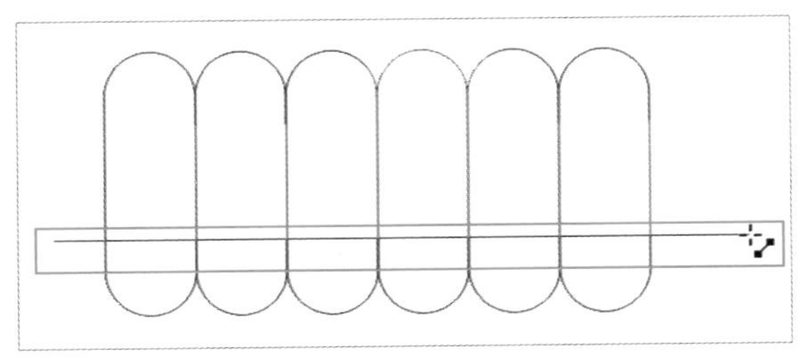

图 5-182

步骤 04 使用“选择”工具选中不需要的线段，按Delete键删除，如图5-183所示。以同样的方式删除其他不需要的线段，如图5-184所示。

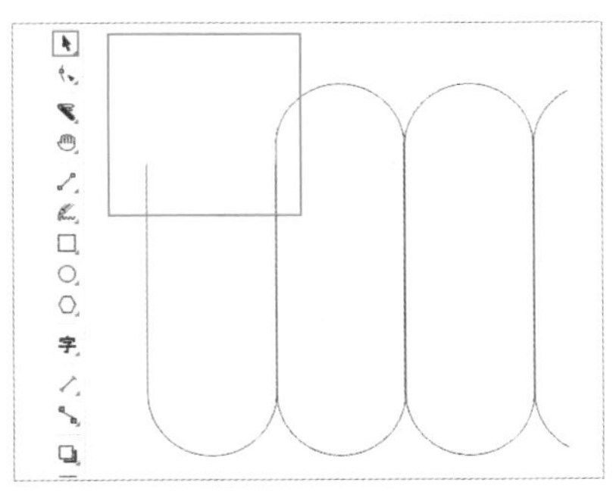

图 5-183

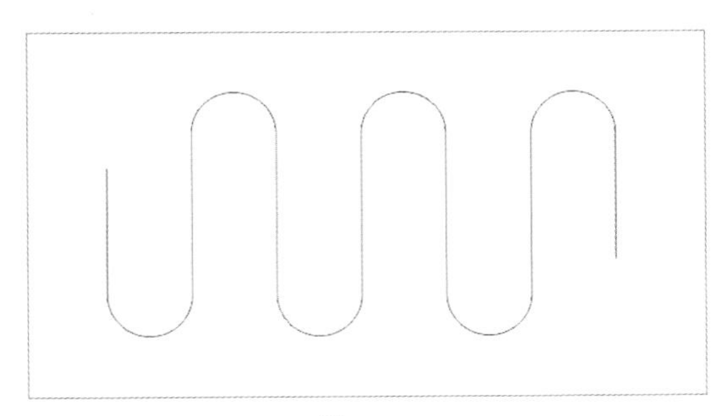

图 5-184

步骤 05 按快捷键Ctrl+A全选，按快捷键Ctrl+K拆分。接着在属性栏中设置“轮廓线宽度”为10mm，轮廓色为灰色，如图5-185所示。按住Shift键加选中间位置的线段，然后展开调色板，右击橘黄色色块。效果如图5-186所示。

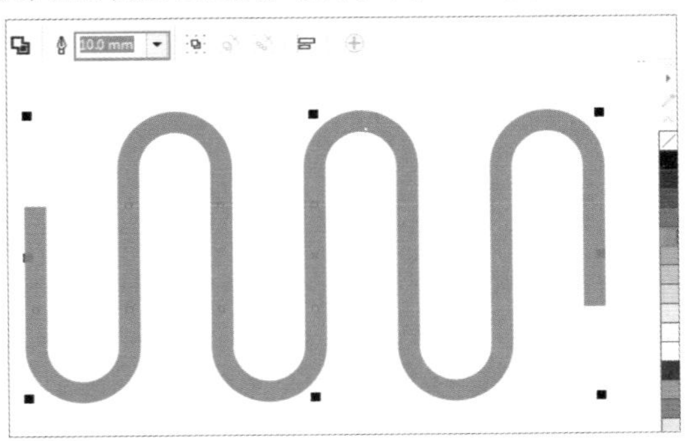

图 5-185

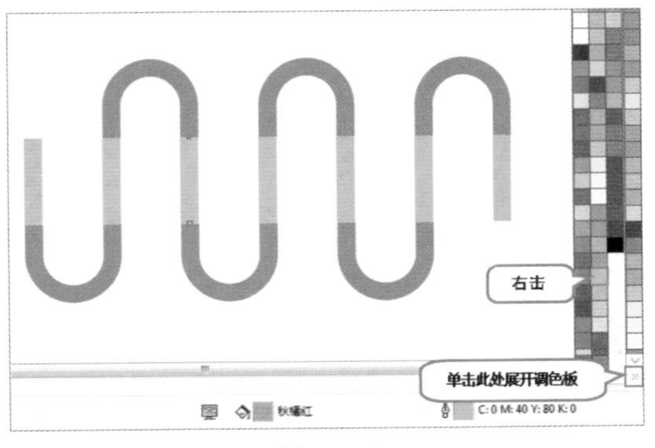

图 5-186

步骤 06 选择最左侧的橘黄色线段，再单击属性栏中“终止箭头”右侧的下拉按钮，在弹出的下拉列表中选择一个合适的终止箭头，如图5-187所示。使用同样的方式制作最右侧的箭头，效果如图5-188所示。

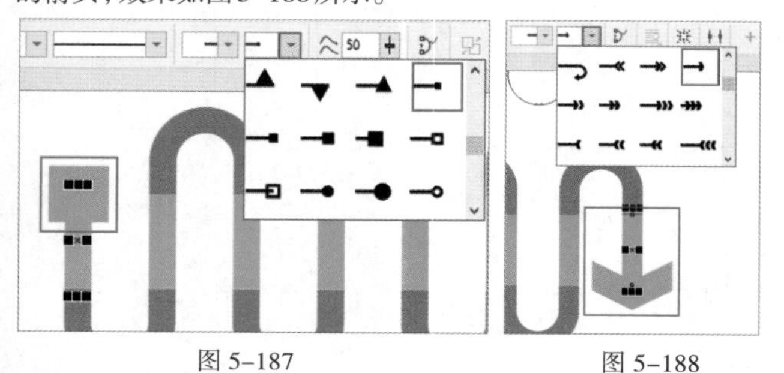

图 5-187　　　　图 5-188

步骤 07 打开素材1.cdr，然后将需要使用到的内容选中，按快捷键Ctrl+C进行复制。回到原文件中，按快捷键Ctrl+V进行粘贴，并调整到合适的位置。最终效果如图5-189所示。

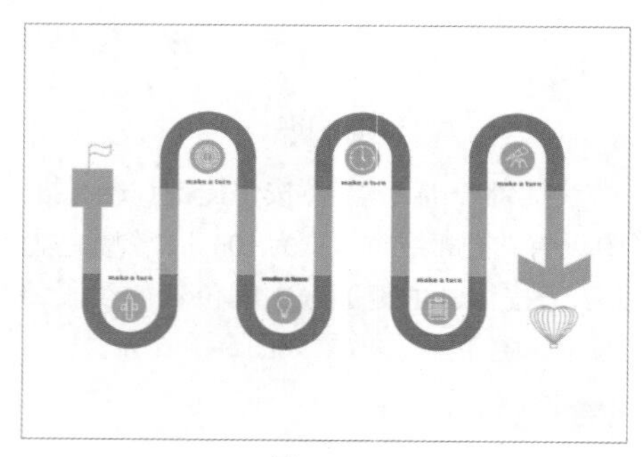

图 5-189

5.4.5　设置轮廓线的角样式

通过对角样式的设置可以控制线条中转角处的形态。设置线条端头样式可以更改线条终点的外观。如果要设置角样式，先选择图形，如图5-190所示。然后按快捷键F12，打开“轮廓笔”窗口，在“角”选项组中选择所需角样式(包括3种，即斜接角”、“圆角”和“斜角”)，如图5-191所示。如图5-192所示为三种不同角样式的效果。

图 5-190　　　　图 5-191

(a) 斜接角　　(b) 圆角　　(c) 斜角

图 5-192

5.4.6　设置轮廓线的端头样式

通过设置线条端头样式，可以更改路径上起点和终点的外观。

选中一条开放的路径，如图5-193所示。然后按快捷键F12，打开“轮廓笔”窗口，在“线条端头”选项组中选择所需端头样式(包括三种，即“方形端头”、“圆形端头”和“延伸方形端头”)，如图5-194所示。如图5-195所示为三种不同端头样式的效果。

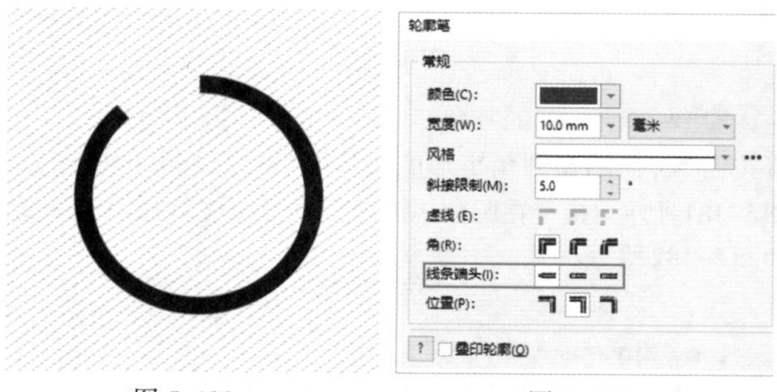

图 5-193　　　　图 5-194

(a) 方形端头　　(b) 圆形端头　　(c) 延伸方形端头

图 5-195

5.4.7　设置轮廓线的位置

“位置”选项组用来设置描边位于路径的相对位置，有外部轮廓、居中和内部三种。

选择一个图形，如图5-196所示。按快捷键F12，打开“轮廓笔”窗口，在该窗口中先为其设置合适的“颜色”和“宽度”，接着在“位置”选项组中通过单击相应按钮设置轮廓线的位置，如图5-197所示。如图5-198所示为轮廓线在不同位置的效果。

图 5-196

图 5-197

(a) 外部轮廓　　(b) 居中的轮廓　　(c) 内部轮廓

图 5-198

5.4.8 设置轮廓线的书法样式

在“书法”选项组中，可以通过“展开”“角度”的设置调整笔尖形状，笔尖形状改变后能够模拟书法效果。

(1) 选择一个带有轮廓线的图形，如图 5-199 所示。按快捷键 F12，打开“轮廓笔”窗口，默认情况下“展开”为 100%，“角度”为 0.0°，“笔尖形状”缩览图中的笔尖效果为正方形，如图 5-200 所示。

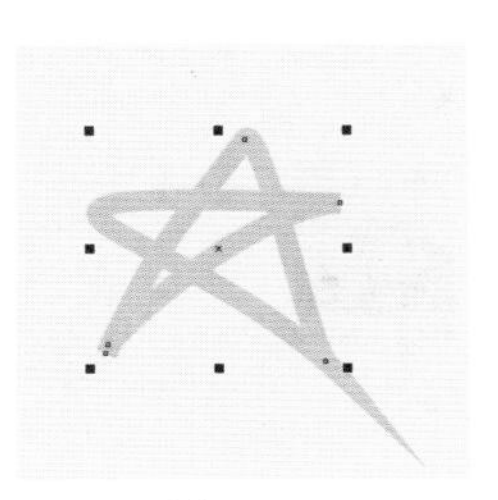

图 5-199

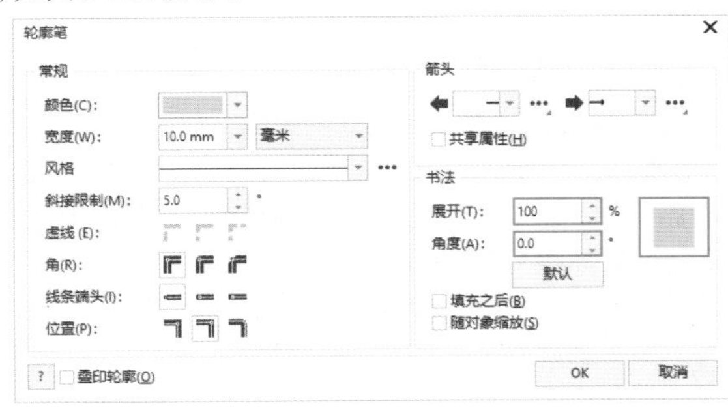

图 5-200

(2)“展开”选项用来设置笔尖的宽度，“角度”选项用来调整笔尖旋转的角度。在这两个数值框内输入相应的数值，然后在“笔尖形状”缩览图中查看笔尖效果，或者直接在“笔尖形状”缩览图上按住鼠标左键拖曳调整笔尖形状，如图 5-201 所示。设置完成后单击 OK 按钮，轮廓线效果如图 5-202 所示。

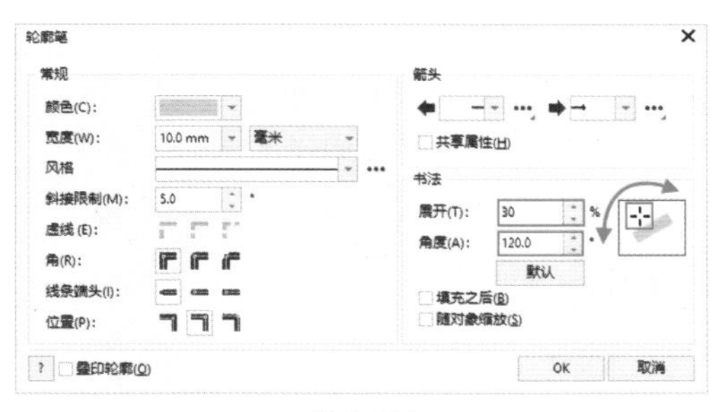

图 5-201

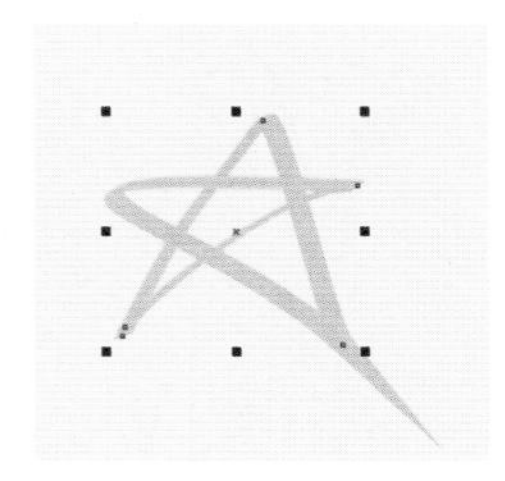

图 5-202

重点 5.4.9 将轮廓转换为对象

“将轮廓转换为对象”就是将轮廓线转换为形状，这样就可以将其单独作为一个对象进行编辑，例如填充纯色以外的内容，从而打造更丰富的描边效果。

选中相应的轮廓线对象，如图 5-203 所示。执行“对象”->“将轮廓转换为对象”命令(快捷键 Ctrl+Shift+Q)，即可将轮廓线转换为独立的轮廓图形，如图 5-204 所示。

图 5-203

图 5-204

5.5 “智能填充”工具

“智能填充”是一种与众不同的填充方式，能够对任意一个闭合区域进行填充，如两个对象重叠而成的区域。该功能对于矢量绘画、服装设计和 LOGO 等设计工作者来说，无疑是一大福音。

扫一扫，看视频

重点 动手练：使用“智能填充”工具填充重叠区域

无须选中图形，只需在工具箱中选择“智能填充”工具

，在属性栏中设置填充色或者轮廓色，然后通过单击图形交叉的区域，即可得到新的图形并进行填充，如图5-205所示。

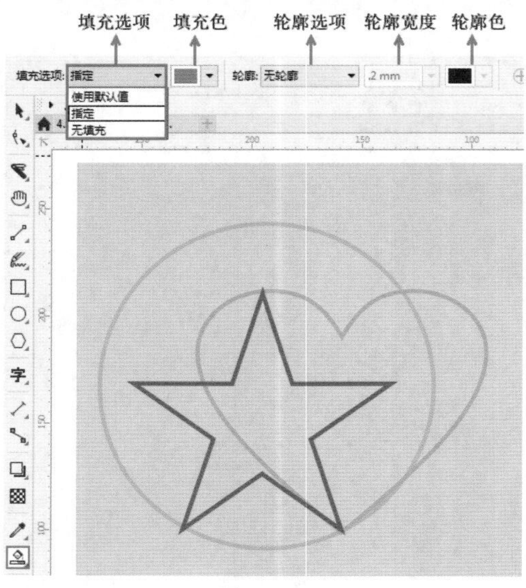

图 5-205

(1) 单击工具箱中的“智能填充”工具按钮，在属性栏中单击“填充色”右侧的下拉按钮，在弹出的下拉面板中选择合适的颜色，接着在图形上单击即可填充颜色，如图5-206所示。可以继续通过单击的方式进行填充，如图5-207所示。

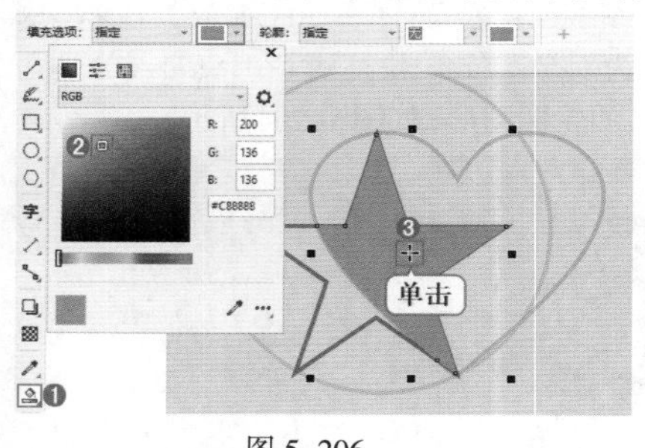

图 5-206　　图 5-207

(2) 填充颜色的同时，被填充部分也会变为一个独立的图形，可以将其移动到其他位置并进行编辑，如图5-208所示。

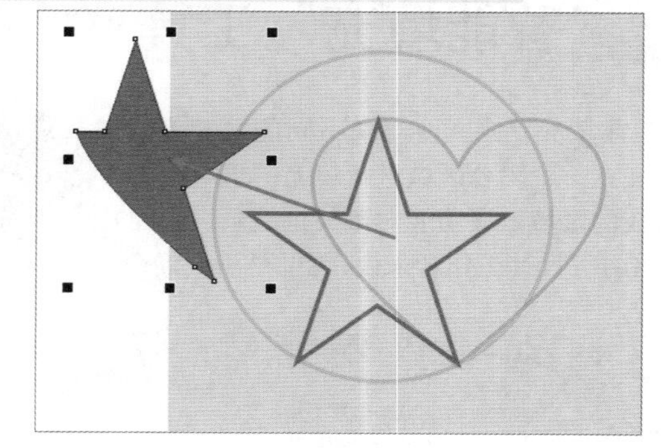

图 5-208

举一反三：制作星形标志

利用“智能填充”工具可以方便快捷地实现在不破坏原始图形的情况下，将一个图形切分为多个部分，并分别填充不同颜色的效果。想要制作这种效果，首先需要在原始图形上绘制一些用于“分割”图形的线条。

(1) 首先绘制一个星形，然后在左侧绘制两个矩形，如图5-209所示。选择工具箱中的“智能填充”工具，设置好相应的填充色，然后在图形上单击进行填充，如图5-210所示。继续设置其他颜色并进行填充，效果如图5-211所示。

图 5-209

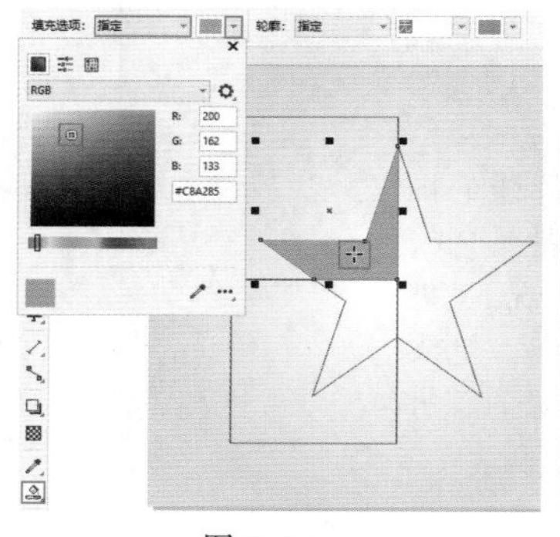

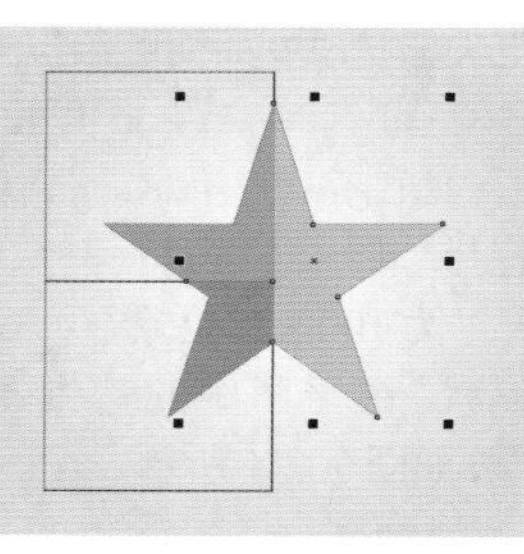

图 5-210　　图 5-211

(2) 被填充的区域是一个独立的图形，按住Shift键单击将3个图形加选，然后移动位置，如图5-212所示。将星形和两个矩形删除，然后移动制作好的标志图形，在其下方输入文字。最终效果如图5-213所示。

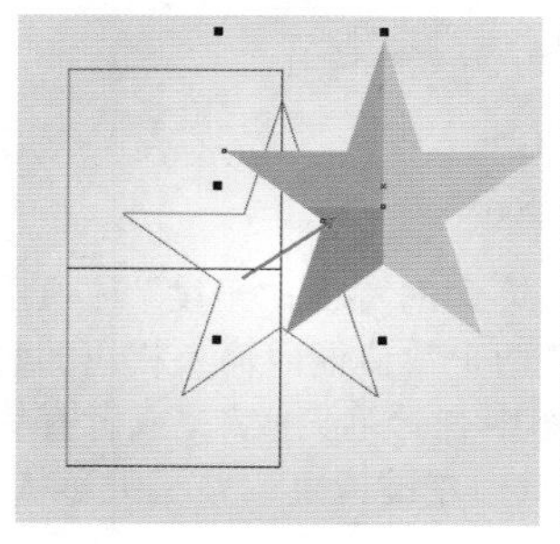

图 5-212　　图 5-213

5.6 “网状填充”工具

“网状填充”可用于在图形上以不规则的形式填充多种颜色，且多种颜色之间还会自动产生过渡效果。

扫一扫，看视频

5.6.1 动手练：认识“网状填充”工具

选择一个图形，然后单击“交互式填充”工具按钮右下角的◢按钮，在弹出的工具列表中选择“网状填充”工具，在属性栏中可以看到相关的设置选项，如图5-214所示。

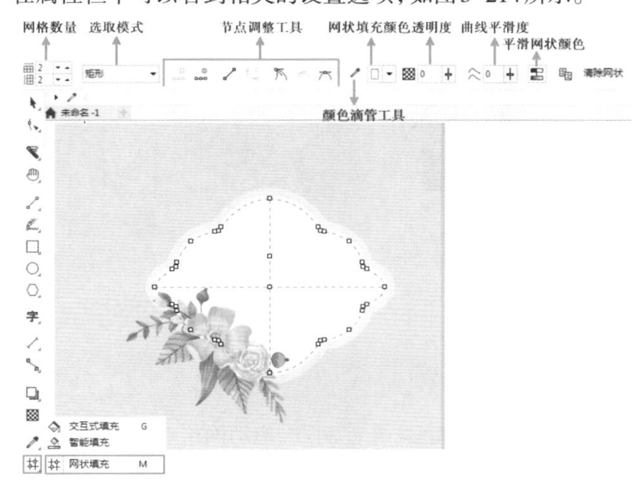

图5-214

重点 5.6.2 动手练：添加与删除网格点

1. 手动添加网格点

选择一个图形，然后选择工具箱中的“网状填充”工具，此时选中的图形中央位置有一个网格点。网格点是用来添加颜色的，每个网格点可以添加一种颜色。将光标移动到图形上，然后双击，随即可以添加一个网格点，如图5-215和图5-216所示。

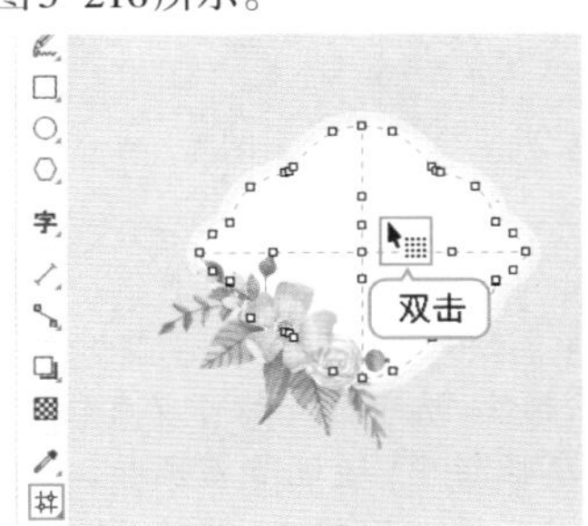

图5-215

图5-216

2. 自动添加网格点

属性栏中的“网格数量”选项用来设置对象上网格点的数量，其中▦5用来设置横向网格点的数量，▥5用来设置纵向网格点的数量。首先选择一个图形，然后选择工具箱中的“网状填充”工具，在“网格数量”数值框内输入数值，如图5-217所示。最后按Enter键确认，网格效果如图5-218所示。

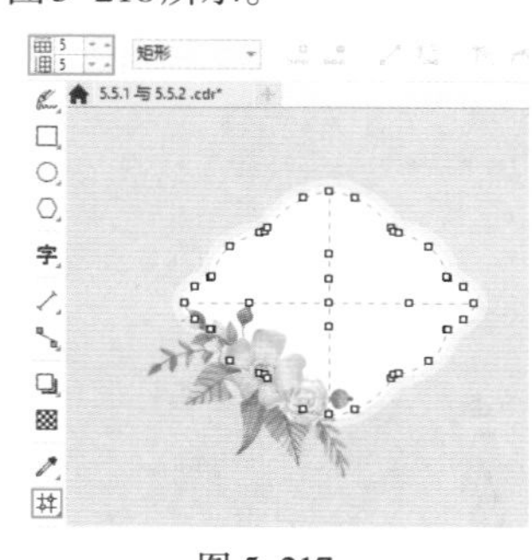

图5-217

图5-218

3. 删除单个网格点

使用“网状填充”工具在网格点上单击将其选中，然后按Delete键(双击网格点，也可删除)，如图5-219和图5-220所示。

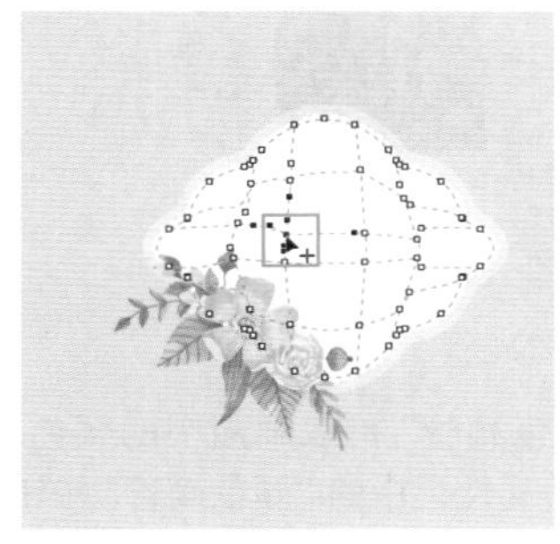

图5-219

图5-220

4. 清除网格点

选中带有网格点的图形，然后选择工具箱中的“网状填充”工具，在属性栏中单击“清除网状”按钮 清除网状 (如图5-221所示)，即可清除网格点，如图5-222所示。

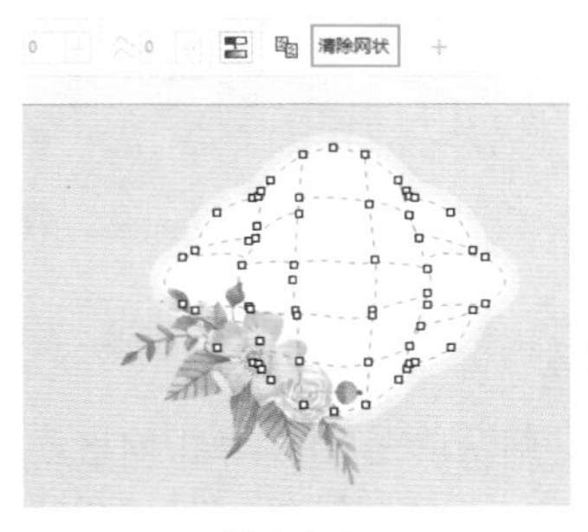

图5-221

图5-222

重点 5.6.3 动手练：编辑网格点颜色

1. 为一个网格点添加颜色

(1) 使用“网状填充”工具在网格点上单击，即可选中网格点，如图5-223所示。单击属性栏中的“网状填充颜色”右侧的▾按钮，在弹出的下拉面板中选择一种颜色，效果如图5-224所示。或者单击选择网格点后，单击调色板中的色块即可为选中的网格点添加颜色。

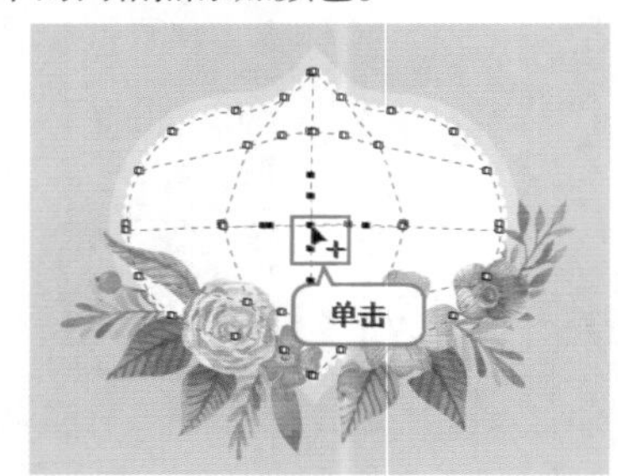

图 5-223

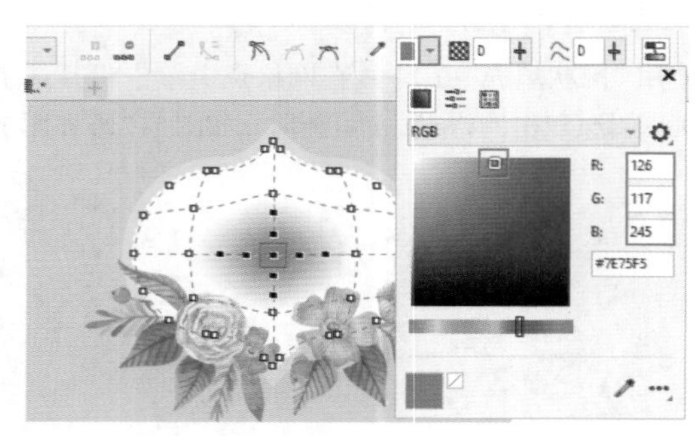

图 5-224

(2) 此外，还可以使用“颜色滴管”拾取画面中的颜色。首先选择一个网格点，然后单击属性栏中的“颜色滴管”按钮，在画面中单击拾取颜色，如图5-225所示。效果如图5-226所示。

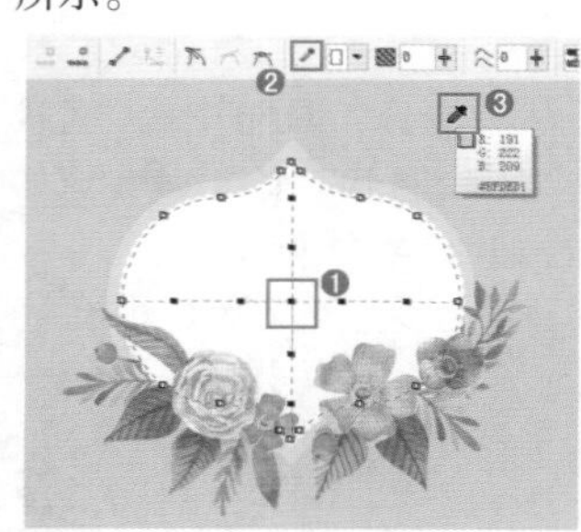

图 5-225　　图 5-226

2. 为多个网格点添加颜色

按住Shift键的同时使用“网状填充”工具单击网格点，即可进行加选，如图5-227所示。加选网格点后可以同时为选中的网格点添加颜色，如图5-228所示。

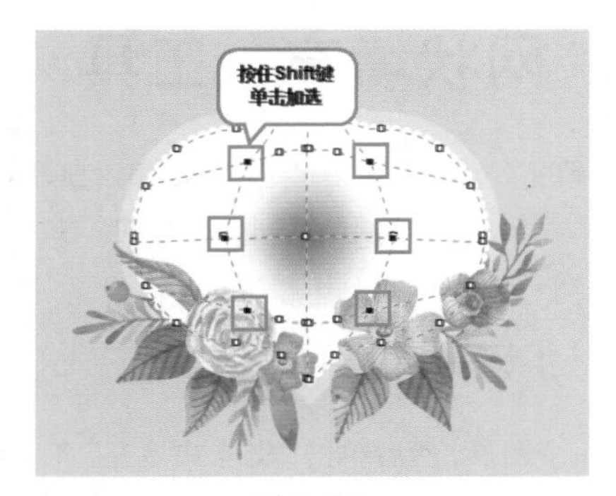

图 5-227

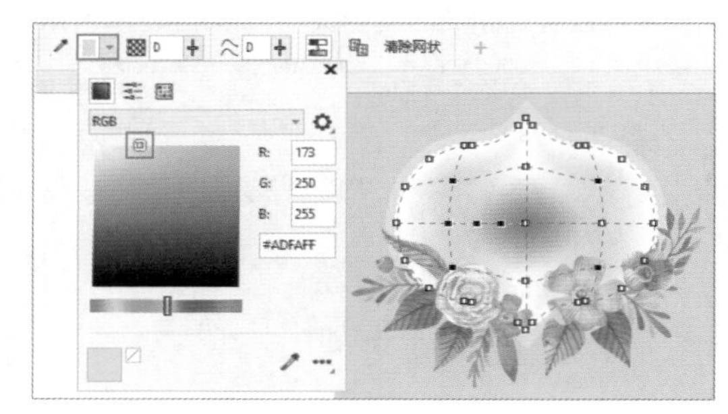

图 5-228

5.6.4 编辑网状填充效果

每个网格点都是一个控制点，拖动网格点能够调整网格点的位置，从而改变网状填充的效果。不仅如此，网格点还具备节点属性，能够在属性栏中使用节点调整工具进行调整。

1. 调整网格点位置

单击选择一个网格点，如图5-229所示。按住鼠标左键拖动即可调整网格点的位置，使网状填充效果发生变化，如图5-230所示。拖曳控制柄可以改变网格线的走向，从而改变网状填充效果，如图5-231所示。

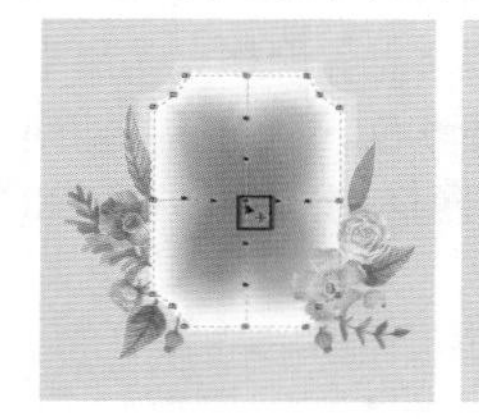

图 5-229

图 5-230

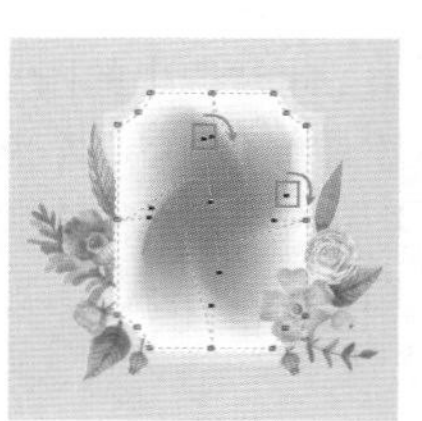

图 5-231

> **提示：“网状填充”工具属性栏中的节点调整工具的使用**
>
> 每个网格点都带有节点属性，选中节点后可以看到控制柄。在“网状填充”工具属性栏中，通过节点调整工具可以改变网格点的类型，删除或添加网格点，其使用方法与“形状”工具属性栏中的相同。

2. 调整网格点透明度

选择一个网格点，然后在属性栏中的“透明度”数值框内输入数值，数值越高网格点越透明。如图5-232和图5-233所示为不同透明度的对比效果。

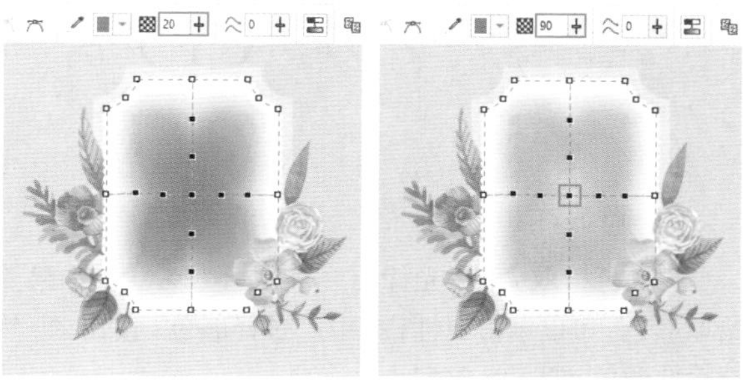

图 5-232　　图 5-233

3. 平滑网状颜色

“平滑网状颜色”选项用来减少网状填充中的硬边缘。选择带有网状填充的图形，如图5-234所示为未激活该选项的网状填充效果，如图5-235所示为激活该选项的网状填充效果。

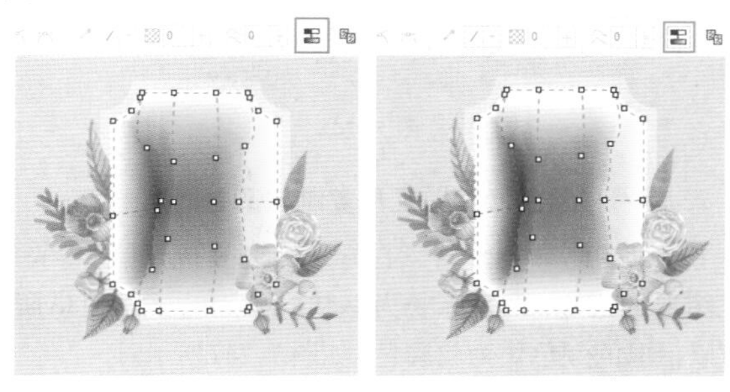

图 5-234　　图 5-235

举一反三：使用“网状填充”工具制作红脸蛋

(1) 打开素材，选择工具箱中的“网状填充”工具，然后在属性栏中设置合适的网格数，如图5-236所示。单击脸部的网格点将其选中，然后在属性栏中设置颜色，如图5-237所示。

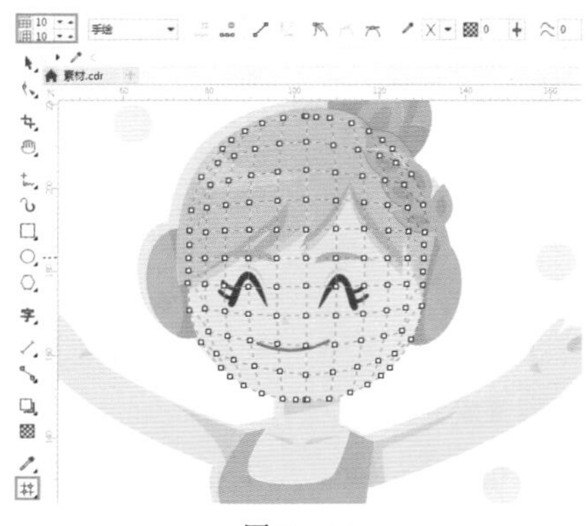

图 5-236

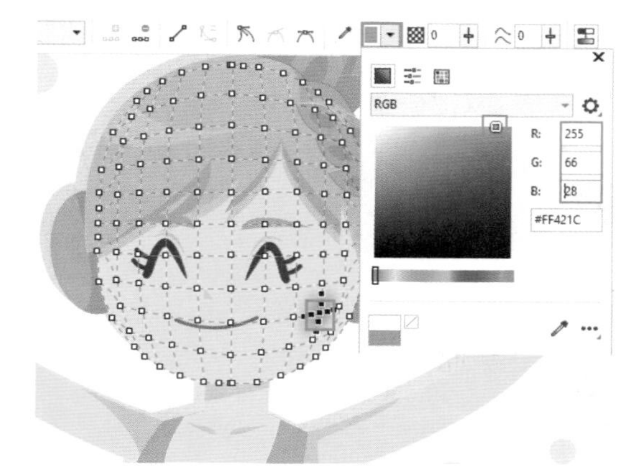

图 5-237

(2) 选择脸部另一侧的网格点，在属性栏中单击“颜色滴管”按钮，在红脸蛋的位置单击拾取颜色，如图5-238所示。效果如图5-239所示。

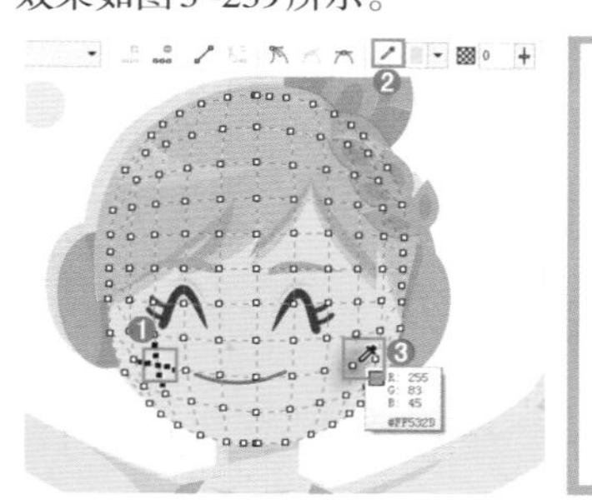

图 5-238　　图 5-239

视频课堂：使用“网状填充”工具制作卡通儿童头像

文件路径	资源包\第5章\视频课堂：使用“网状填充“工具制作卡通儿童头像
难易指数	★★★★★
技术要点	“网状填充”工具、“椭圆形”工具

扫一扫，看视频

实例效果

本实例效果如图5-240所示。

图 5-240

视频课堂：使用“智能填充”工具制作炫彩标志

扫一扫，看视频

文件路径	资源包\第5章\视频课堂：使用“智能填充”工具制作炫彩标志
难易指数	★★★★★
技术要点	“椭圆形”工具、“智能填充”工具、对齐与分布、变换、合并

实例效果

本实例效果如图5–241所示。

图 5–241

5.7 滴管工具

扫一扫，看视频

滴管工具分为“颜色滴管”工具和“属性滴管”工具两个工具。使用“颜色滴管”工具可以复制图形对象的填充色和轮廓色，填充到另一个指定对象中；使用“属性滴管”工具可以复制对象的填充、轮廓、渐变、效果、封套和混合等属性，并应用到指定的对象中，如图5–242所示。

图 5–242

重点 5.7.1 动手练：使用“颜色滴管”工具

使用“颜色滴管”工具可以快速将画面中指定对象的颜色填充到另一个指定对象中。

1. 使用“颜色滴管”工具复制填充色

(1) 选择工具箱中的“颜色滴管”工具，此时光标变为状。将光标移动至要拾取颜色的图形上单击，此时光标将变为状。将光标移动至要填充颜色的图形上单击，如图5–243所示，即可将拾取的颜色填充到指定图形中，效果如图5–244所示。

图 5–243　　图 5–244

(2) 颜色拾取完后，光标会一直显示为状。如果要继续拾取颜色，可以单击属性栏中的“选择颜色”按钮，然后继续拾取颜色，如图5–245所示。

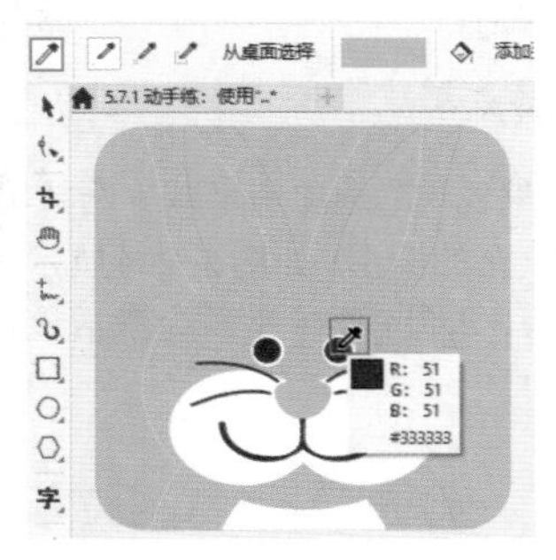

图 5–245

2. 使用“颜色滴管”工具复制轮廓色

首先使用“颜色滴管”工具拾取颜色，然后将光标移动至图形的边缘，当光标变为状后单击(如图5–246所示)，即可以拾取的颜色作为轮廓色，如图5–247所示。

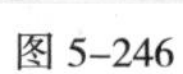

图 5–246　　图 5–247

重点 5.7.2 “属性滴管”工具

使用“属性滴管”工具可以复制对象的填充、轮廓、渐变、效果、封套、混合等属性，并应用到指定的对象中。

1. 使用属性滴管

选择工具箱中的“属性滴管”工具，然后在图形对象上单击拾取属性，如图5–248所示。此时光标变为状。

将光标移动至需要填充属性的对象上单击，如图5-249所示。随即拾取的属性将应用到该对象中，如图5-250所示。

图 5-248

图 5-249　　图 5-250

提示：切换滴管工具或“颜料桶”工具

在使用滴管工具或“颜料桶”工具时，按Shift键可以快速地在两个工具间相互切换。

2. 设置“属性滴管”工具复制的属性类型

“属性滴管”工具可以复制的属性较多，可以在属性栏中分别单击“属性”“变换”和“效果”右侧的下拉按钮，在弹出的下拉面板中进行相应的设置，即可根据用户绘制需要更改填充对象效果，如图5-251所示。

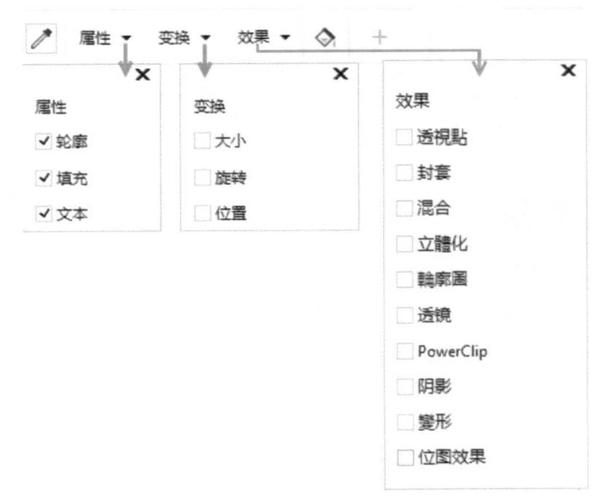

图 5-251

练习实例：使用“颜色滴管”工具制作画册版面

文件路径	资源包\第5章\练习实例：使用“颜色滴管”工具制作画册版面
难易指数	★★★★★
技术要点	“颜色滴管”工具、“矩形”工具

扫一扫，看视频

实例效果

本实例效果如图5-252所示。

图 5-252

操作步骤

步骤 01 执行“文件”->“新建”命令，新建A4尺寸、横向的文档。单击工具箱中的“矩形”工具按钮□，在画布的左上角绘制一个矩形。选中该矩形，单击工具箱中的“交互式填充”工具按钮，在属性栏中单击“均匀填充”按钮■，设置“填充色”为淡黄色，然后在调色板中右击“无”按钮去除轮廓色，如图5-253所示。继续绘制另外三种颜色的矩形，如图5-254所示。

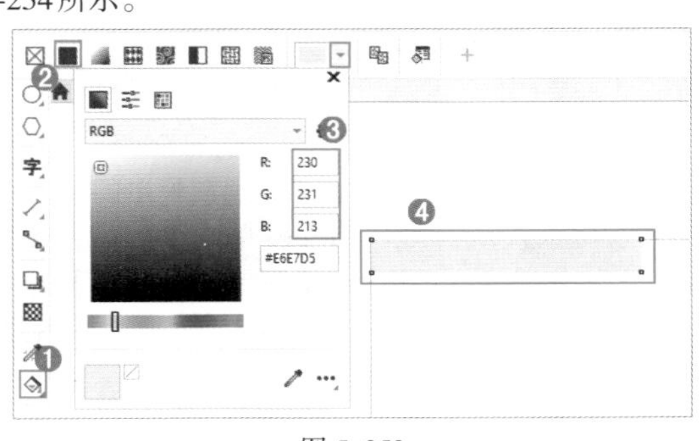

图 5-253

图 5-254

步骤 02 使用“矩形”工具绘制一个矩形，如图5-255所示。单击工具箱中的“颜色滴管”工具按钮，然后将光标移动至第一个矩形上单击拾取颜色，如图5-256所示。

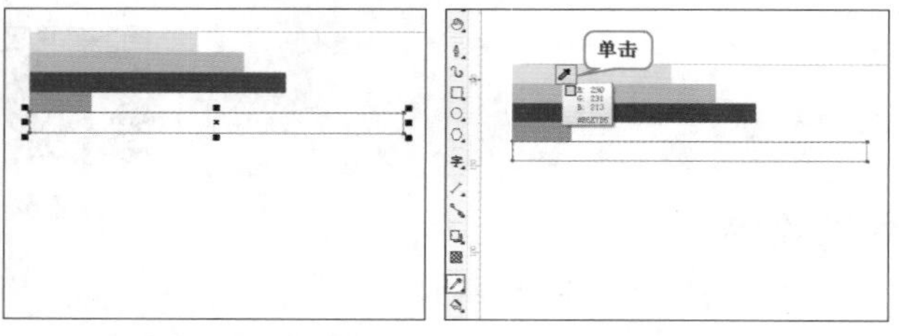

图 5-255　　图 5-256

步骤 03 此时光标变为状。将光标移动至最下方的矩形，如图5-257所示。单击即可填充拾取的颜色，然后右击“无”按钮去除轮廓色，如图5-258所示。

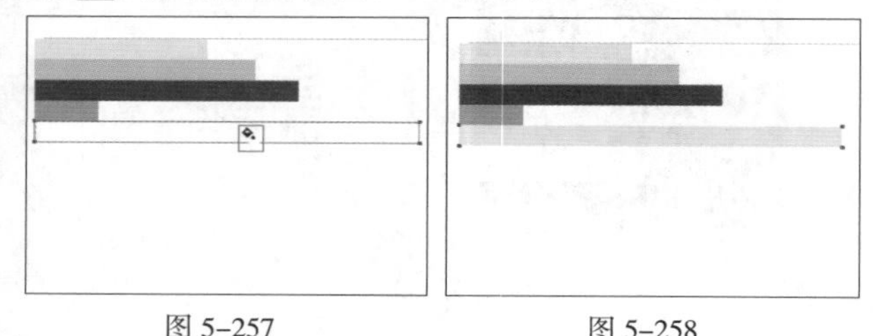

图 5-257　　图 5-258

步骤 04 以同样的方式绘制其他的图形，如图5-259所示。

图 5-259

步骤 05 执行“文件”->“导入”命令，在弹出的“导入”窗口中找到素材位置，选择素材1.jpg，单击“导入”按钮。接着在画面中按住鼠标左键拖动，松开鼠标后完成导入操作，如图5-260所示。以同样的方式导入其他的素材图片，如图5-261所示。

图 5-260　　图 5-261

步骤 06 执行“文件”->“导入”命令，导入文字素材5.cdr，将其摆放在合适的位置上。最终效果如图5-262所示。

图 5-262

综合实例：俱乐部纳新海报

文件路径	资源包\第5章\综合实例：俱乐部纳新海报
难易指数	★★★★★
技术要点	渐变填充、双色填充、纯色填充、“透明度”工具

扫一扫，看视频

实例效果

本实例效果如图5-263所示。

操作步骤

步骤 01 新建一个A4大小的空白文档。双击工具箱中的“矩形”工具按钮，快速绘制一个与画板等大的矩形。单击工具箱中的“交互式填充”工具按钮，在属性栏中单击“渐变填充”按钮，设置渐变类型为“线性渐变填充”，在节点上设置合适的颜色，如图5-264所示。

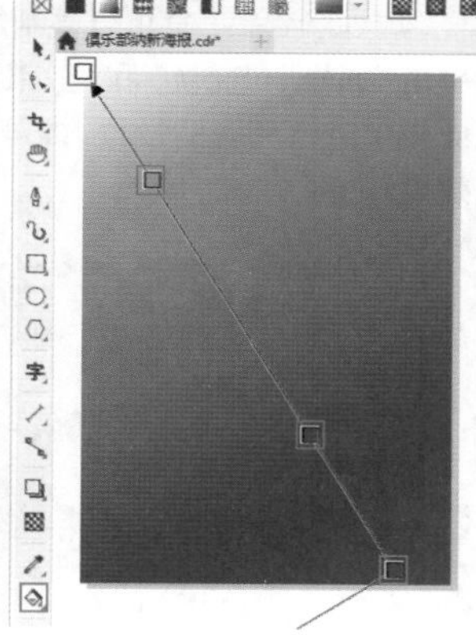

图 5-263　　图 5-264

步骤 02 执行“文件”->“导入”命令，在弹出的“导入”窗口中找到素材位置，选择素材1.jpg，单击“导入”按钮。接着在画面中按住鼠标左键拖动，松开鼠标后完成导入操作，如图5-265所示。选中导入的素材，单击工具箱中的“透明度”工具按钮，在属性栏中设置“合并模式”为“柔光”，效果如图5-266所示。

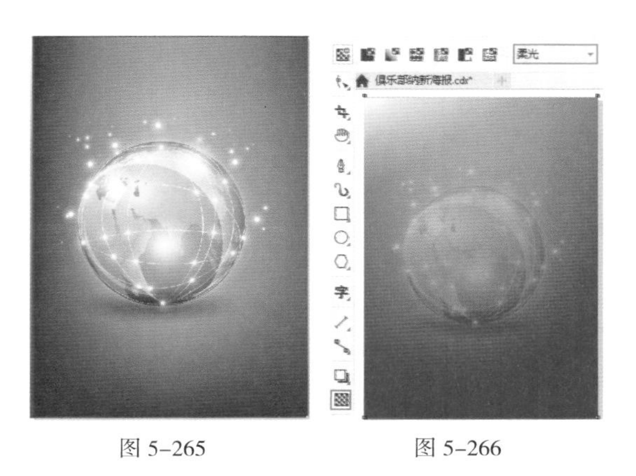

图 5-265　　图 5-266

步骤 03 选择工具箱中的“钢笔”工具，在画面中绘制一个四边形，如图5-267所示。选择该图形，为其填充一种由白色到青蓝色的渐变，然后去除轮廓色，如图5-268所示。

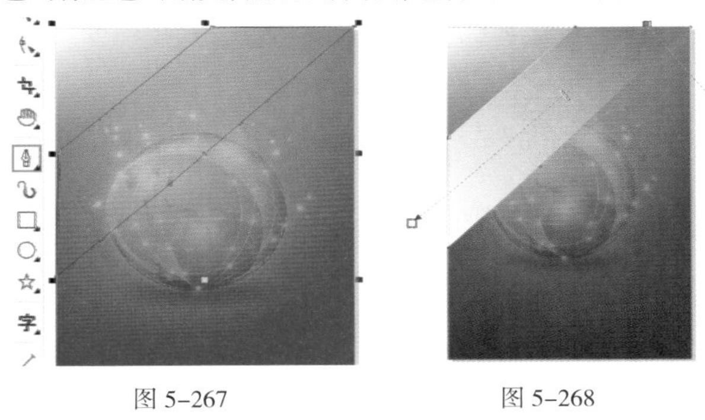

图 5-267　　图 5-268

步骤 04 单击白色的节点，在浮动工具栏中设置“透明度”为100，然后设置青色节点的“透明度”为35，如图5-269所示。使用同样的方法制作其他彩色的半透明图形，如图5-270所示。

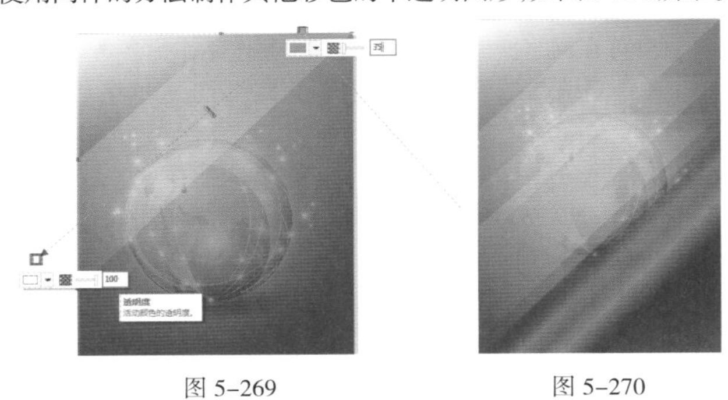

图 5-269　　图 5-270

步骤 05 使用“矩形”工具绘制一个与画板等大的矩形。选择该矩形，单击工具箱中的“交互式填充”工具按钮，在属性栏中单击“双色填充”按钮，设置“第一种填充色或图样”为合适的图样，“前景颜色”为紫色，“背景颜色”为白色，如图5-271所示。选择该图形，单击工具箱中的“透明度”工具按钮，在属性栏中单击“均匀透明度”按钮，设置“合并模式”为“减少”，“透明度”为88，如图5-272所示。

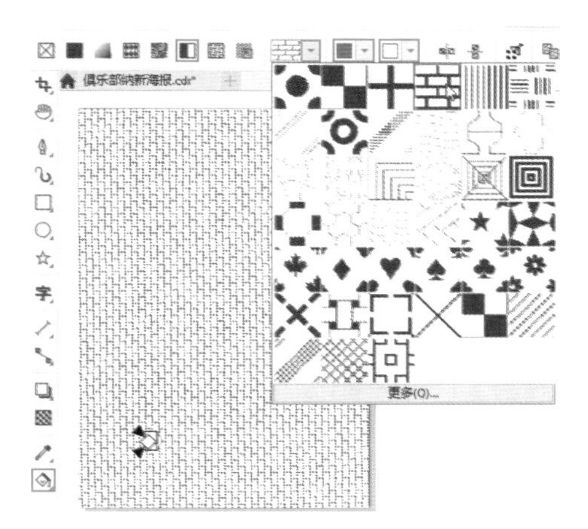

图 5-271

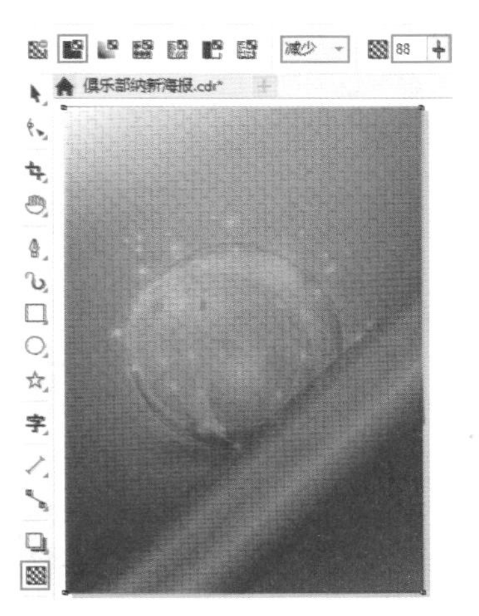

图 5-272

步骤 06 导入素材2.png，如图5-273所示。单击工具箱中的“透明度”工具按钮，在属性栏中单击“均匀透明度”按钮，然后设置“合并模式”为“减少”，“透明度”为70，如图5-274所示。

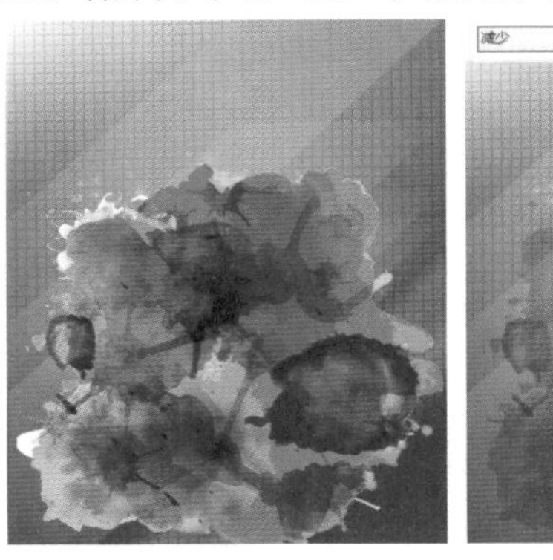

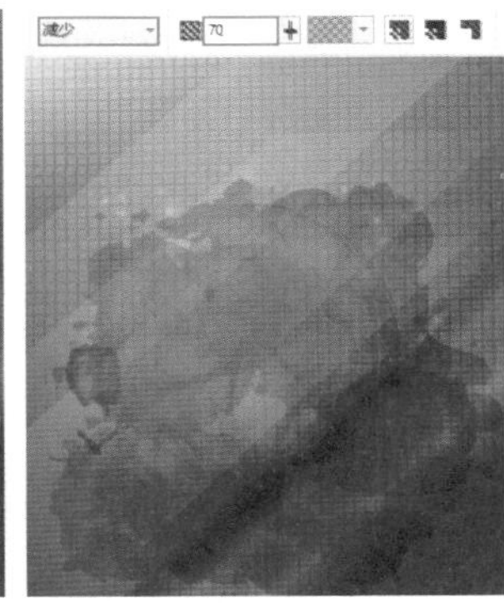

图 5-273　　图 5-274

步骤 07 使用“钢笔”工具绘制一个四边形，并为其填充粉色，如图5-275所示。以同样的方式绘制其他的图形，如图5-276所示。

图 5-275

图 5-276

步骤 08 选中最上方的粉色图形，单击工具箱中的“阴影”工具按钮，然后在粉色四边形上按住鼠标左键拖曳为其添加阴影。接着在属性栏中设置“阴影不透明度”为50，“阴影羽化”为15，“阴影颜色”为黑色，如图5-277所示。

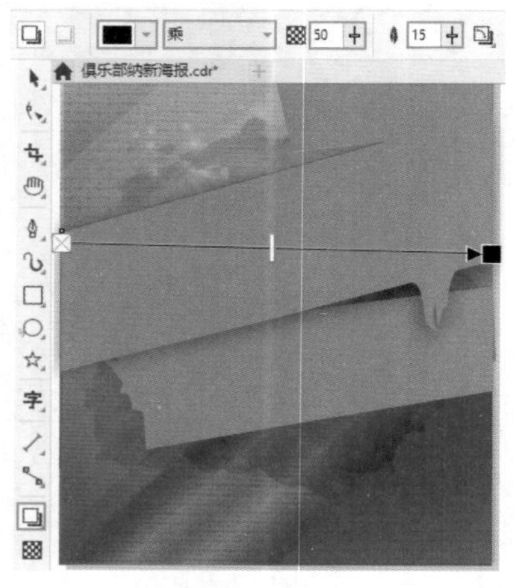

图 5-277

步骤 09 为另外两个图形添加阴影，效果如图5-278所示。执行“文件”->“导入”命令，导入文字素材3.cdr，将其摆放在合适的位置上。最终效果如图5-279所示。

图 5-278

图 5-279

5.8 课后练习

文件路径	资源包\第5章\课后练习：制作带有箭头的折线图
难易指数	★★★★★
技术要点	填充、轮廓线设置

扫一扫，看视频

实例效果

本实例效果如图5-280所示。

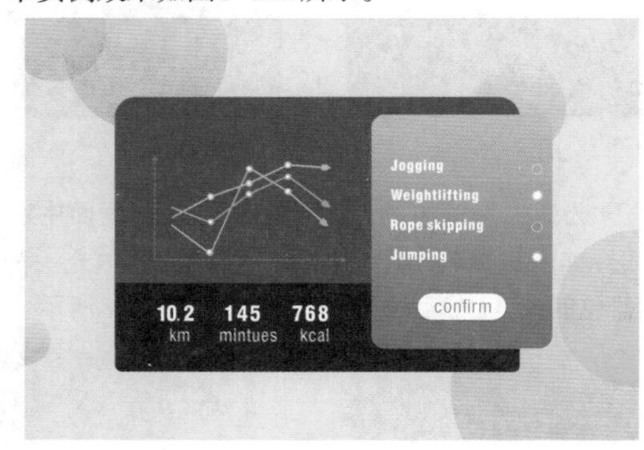

图 5-280

5.9 模拟考试

主题： 设计制作一款矢量风格饮料海报。

要求：

(1)海报尺寸为A4，横版、竖版均可。

(2)应用素材可在网络上下载使用。

(3)画面中的图形元素为矢量图。

(4)作品包含纯色的图形以及使用到“渐变工具”填充的图形。

(5)可在网络搜索“海报设计”相关作品作为参考。

考查知识点： 形状工具、钢笔工具、交互式填充工具。

Chapter 6
第6章

扫一扫，看视频

对象的变换与管理

本章内容简介：

在前面的章节中学习了多种图形绘制方法，但是在实际的设计制图过程中，不仅需要绘制图形，很多时候也需要对已经绘制出的图形进行一定的变换操作，如缩放、旋转和镜像等。对于这些变换操作，CorelDRAW提供了多种方法，而且每种操作方法都有不同的特点。此外，在本章中还会学习如何对图形对象进行管理。掌握了相应的操作方法后，图形对象就会像你手下的士兵一样，任由你的摆布。

重点知识掌握：

- 熟练掌握缩放、旋转、倾斜和镜像等基本变换操作
- 熟练掌握调整顺序、编组、锁定和对齐分布等基本管理操作

通过本章学习，我能做什么？

本章将会学习一些矢量图形的编辑功能，这些功能在以前的学习或操作中已或多或少地接触过。在制图的过程中，经常要进行变换、移动这样的操作。例如，要制作一面五星红旗，就可以先绘制一个星形，然后通过复制、缩放和移动制作另外4个星形。此外，在本章中还会学习一些对象管理功能，例如调整对象的堆叠顺序、对象的锁定与解锁、群组与取消群组、对齐与分布等。这些功能既基础又重要，在实际操作中必不可少。

6.1 对象的基本变换

扫一扫，看视频

如果要调整图形对象的大小，或者是想将其进行一定的旋转、镜像等，就需要用到CorelDRAW中的变换功能。在CorelDRAW中提供了多种变换方法，虽然每一种方法都能够达到变换的目的，但是不同的方法有着不同的特点，在实际操作过程中还要活学活用。在系统学习变换操作之前，我们先了解一下不同变换方法的操作思路。

1. 拖动控制点进行变换

单击选择一个矢量图形或者位图对象，会显示8个控制点，如图6-1所示。按住鼠标左键拖动控制点，可以实现一些常见的变换操作，如缩放、旋转、倾斜和镜像等，如图6-2所示。

图 6-1

图 6-2

2. 精确的变换

选中对象后，在属性栏中进行相应的设置，可以对其进行精确的变换，如图6-3所示。例如，要将图形旋转，可在属性栏中的“旋转角度” 数值框内输入旋转角度，然后按Enter键确认，如图6-4所示。

图 6-3

图 6-4

- 对象位置：通过设置X和Y坐标确定对象在页面中的位置。
- 对象大小：设置对象的宽度和高度。
- 缩放因子：设置缩放对象的百分比。
- 锁定比率：当缩放和调整对象大小时，保留原来的宽高比率。
- 旋转角度：指定对象的旋转角度。

3. 其他变换方法

除此之外，CorelDRAW中还提供了“自由变换”工具和“变换”泊坞窗，均可用来进行变换操作，后面将逐一讲解。

重点 6.1.1 设置对象精确位置

通过前面的学习我们知道，在使用“选择”工具选择图形后按住鼠标左键拖动即可进行移动，但是这种移动方式不够精确。如果要精确移动，可以通过调整属性栏中的“对象位置”选项进行精确的移动。

选择一个图形，在属性栏中会显示所选对象当前的位置，如图6-5所示。其中，X: 150.0 mm 表示对象在水平方向的坐标，Y: 70.0 mm 表示对象在垂直方向的坐标。在这两个数值框内输入数值，然后按Enter键，即可将对象移动到精确位置(界面上方和左侧的标尺上会显示坐标值)。

图 6-5

重点 6.1.2 缩放对象

“缩放”是放大或缩小的意思。“缩放”有等比和非等比之分。等比缩放能保持画面中图形的显示比例，如图6–6所示；非等比缩放会使画面中的图形发生变化，如图6–7所示。

图 6–6

图 6–7

1. 等比缩放

选择一个图形，即可显示控制点。4个角点的控制点是用来等比缩放的，如图6–8所示。将光标移动至控制点上，按住鼠标左键向外拖动可以将图形等比放大，如图6–9所示。

图 6–8

图 6–9

向内拖动控制点，可以等比缩小图形，如图6–10所示。在缩放的过程中，按住Shift键能够以中心位置为准进行缩放，如图6–11所示。

图 6–10

图 6–11

2. 非等比缩放

单独对宽度或高度进行调整叫作非等比缩放。拖动上方或下方的控制点，可以沿垂直方向进行缩放，如图6–12所示。拖动左侧或右侧的控制点，可以沿水平方向进行缩放，如图6–13所示。此时的缩放效果是非等比的。

图 6–12

图 6–13

> **提示：同时非等比缩放**
>
> 按住Alt键拖动角点的控制点，可以同时沿水平和垂直方向进行非等比缩放，如图6–14所示。
>
> 
>
>
> 图 6–14

3. 设置精确的缩放比例

通过属性栏中的“缩放因子”选项 113.5 % 113.5 %，能够将图形对象进行精确的缩放。其中，上方数值框用来设置水平方向的缩放比例，下方数值框用来设置垂直方向的缩放比例；当上下两个数值框内的数值相等时，则进行等比缩放。

(1) 选择图形，在属性栏中能够看到当前图形的缩放比例，如图6–15所示。如果要等比缩放，先单击“锁定比率”按钮，使其处于锁定的状态，接着在“缩放因子”数值框内输入数值，最后按Enter键确认，如图6–16所示。

图 6–15　　图 6–16

(2) 如果针对垂直方向或水平方向进行非等比缩放，首先

使"锁定比率"按钮处于解锁状态，然后在"缩放因子"上方的数值框内输入数值，可以沿水平方向进行缩放，如图6–17所示；在"缩放因子"下方的数值框内输入数值，可以沿垂直方向进行缩放，如图6–18所示。

图 6–17

图 6–18

6.1.3 设置对象的精确大小

选择矢量图形或位图对象时，在属性栏中可以看到当前对象的大小，如图6–19所示。如果要等比调整图形的大小，先使"锁定比率"按钮处于锁定状态，然后在一个数值框内输入数值，另一个数值会自动发生变化，最后按Enter键确认操作，如图6–20所示。

图 6–19　　图 6–20

如果要非等比缩放，可以先使"锁定比率"按钮处于解锁状态，然后在数值框内输入指定的高度和宽度，最后按Enter键确认操作，如图6–21所示。

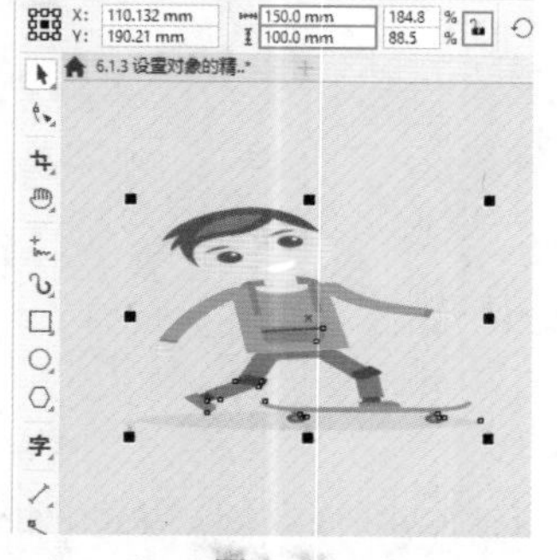
图 6–21

重点 6.1.4 旋转对象

1. 手动旋转对象

使用"选择"工具双击矢量图形或位图对象，便会显示用于旋转的控制点，如图6–22所示。将光标移动至控制点上，按住鼠标左键拖动即可进行旋转，如图6–23所示。

图 6–22

图 6–23

2. 以15°为增量旋转对象

在旋转的过程中，按住Ctrl键并按住鼠标左键拖动能够以15°为增量旋转对象，如旋转15°、30°、45°和60°等，如图6–24所示。

图 6–24

3. 精确角度旋转

通过属性栏中的"旋转角度"选项 0.0 ，可以使图形对象以精准的角度进行旋转。选中图形，默认情况下旋转角度为0，如图6–25所示。在数值框内输入数值，按Enter键确认即可，如图6–26所示。

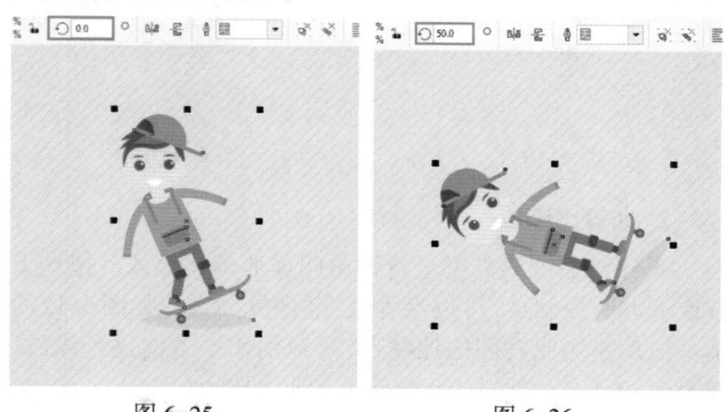
图 6–25　　图 6–26

重点 6.1.5 倾斜对象

利用"倾斜"功能，可以使图形产生水平方向或垂直方向的倾斜变形。

双击图形，即可显示用于倾斜的控制点↔/↕，如图6–27所示。拖动↔控制点，可以沿水平方向进行倾斜变形，如图6–28所示；拖动↕控制点，可以沿垂直方向进行倾斜变形，如图6–29所示。

图 6–27

图 6–28

图 6–29

重点 6.1.6 镜像对象

利用"镜像"功能，可以将对象进行水平或垂直方向的对称变形。选定对象，如图6–30所示。

图 6–30

单击属性栏中的"水平镜像"按钮，可以将对象进行水平方向的对称变形，如图6–31所示；单击"垂直镜像"按钮，可以将对象进行垂直方向的对称变形，如图6–32所示。

图 6–31

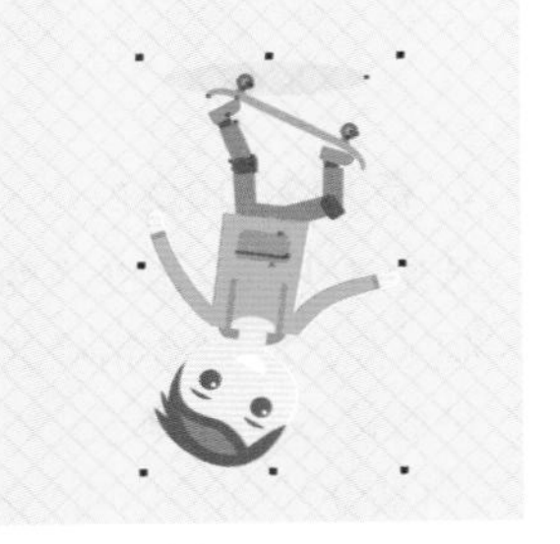

图 6–32

举一反三：制作对称花纹

在制作一些带有对称元素的图形时，最简单的方法就是先绘制其中一个基础元素，然后通过复制并镜像的方式，得到规则的图形。例如，传统纹样中就有很多可以利用这种方法制作的图形。

(1) 绘制一个基础图形，如图6–33所示。选择该图形进行复制，然后粘贴。选择复制的图形，单击属性栏中的"垂直镜像"按钮，接着将该图形向下移动，调整到合适位置，如图6–34所示。

图 6–33

图 6–34

(2) 加选两个图形，然后继续进行复制操作，再进行粘贴操作。选择复制的图形，单击属性栏中的"水平镜像"按钮，然后将镜像后的图形向左移动，如图6–35所示。使用同样的方法丰富图形，最终效果如图6–36所示。

图 6–35

图 6–36

6.2 高级变换操作

在6.1节中讲解了一些简单、基础的变换操作，在这一节中将介绍使用工具和泊坞窗进行变换的方法，这些变换操作更加灵活，功能也更加全面。

重点 6.2.1 动手练：使用"自由变换"工具

在之前学习的变换操作中，无论是旋转、斜切都是以对象原始的中心点位置为中心进行变换；而使用"自由变换"工具可以重新自定义变换的中心点，并且能够以鼠标拖动的方式进行变换，会使这些操作变得更加灵活。选中一个图形，然后选择工具箱中的“自由变换”工具，如图6-37所示。其属性栏如图6-38所示。

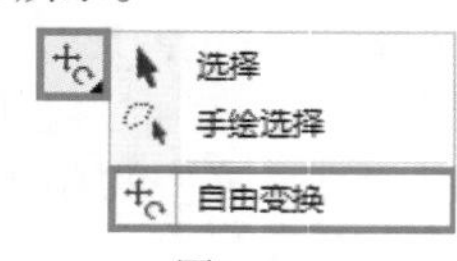

图 6-37

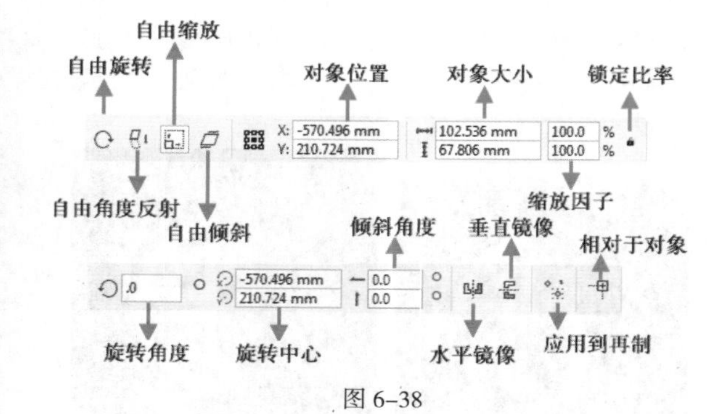

图 6-38

1. 手动对图形进行自由变换

在属性栏中有“自由旋转”、“自由角度反射”、“自由缩放”和“自由倾斜”4种变换方式。

(1) 选择工具箱中的“自由变换”工具，然后单击属性栏中的“自由旋转”按钮，在图形上的任意位置按住鼠标左键拖动，此时会以光标位置为中心点进行旋转，如图6-39所示。释放鼠标后完成旋转操作，效果如图6-40所示。

图 6-39

图 6-40

(2) 单击属性栏中的“自由角度反射”按钮，按住鼠标左键拖动，确定一条反射的轴线，然后拖动鼠标左键做圆周运动来反射对象，如图6-41所示。效果如图6-42所示。

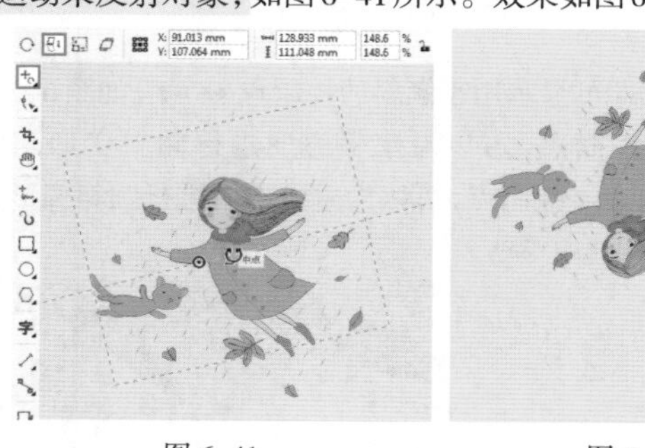

图 6-41　　图 6-42

(3) 单击属性栏中的“自由缩放”按钮，按住鼠标左键拖动，即可以光标位置为中心点进行缩放，如图6-43所示。如果按住Ctrl键拖动，可以进行等比自由缩放，如图6-44所示。

图 6-43　　图 6-44

(4) 单击属性栏中的“自由倾斜”按钮，然后按住鼠标左键拖动，即可倾斜对象，如图6-45和图6-46所示。

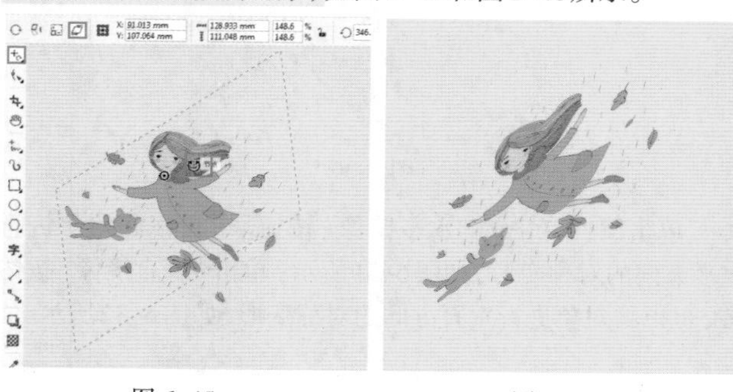

图 6-45　　图 6-46

2. 精准的自由变换

选中要进行自由变换的对象，在属性栏中通过“旋转中心”选项设置精确的中心点位置，然后设置“旋转角度”，最后按Enter键确认，如图6-47所示。“倾斜角度”选项用来设置精准的倾斜角度，在数值框内输入数值，最后按Enter键确认，即可完成倾斜操作。效果如图6-48所示。

图 6-47

图 6-48

重点 6.2.2 动手练：使用“变换”泊坞窗

扫一扫，看视频

通过“变换”泊坞窗同样能够进行精准的移动、旋转、缩放、径向、倾斜等变换操作。在“变换”泊坞窗中进行变换有两个与众不同的操作，一个是能确定中心点，另一个是能够变换并同时复制出多个副本对象。

执行“窗口”->“泊坞窗”->“变换”命令，在弹出的子菜单中包括“位置”“旋转”“缩放和镜像”“大小”“倾斜”等多个命令。执行这些命令都可以打开相应的“变换”泊坞窗。在“变换”泊坞窗的顶部，可以通过单击按钮来切换变换的方式，如图6-49所示。

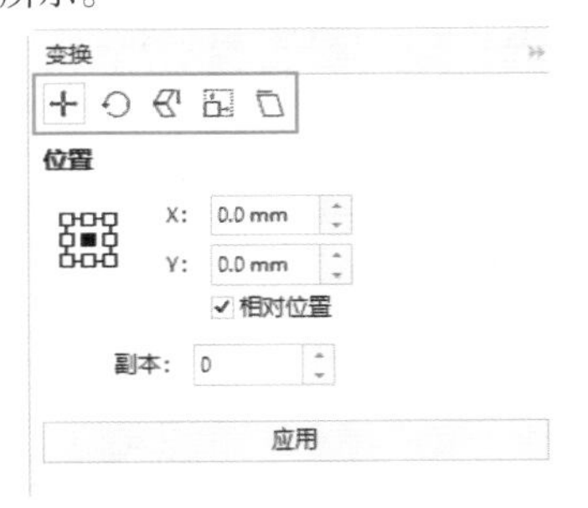

图 6-49

> **提示：打开“变换”泊坞窗的快捷键**
>
> - 位置：Alt+F7。
> - 旋转：Alt+F8。
> - 缩放和镜像：Alt+F9。
> - 大小：Alt+F10。

(1) 选择一个图形，如图6-50所示。在“变换”泊坞窗中选择一种变换方式，例如要进行旋转，就单击“旋转”按钮 ，即可显示用来旋转的选项。先设置中心点的位置，共有9个控制点，分别是左上、左下、右上、右下、上中、上下、左中、右中和中间。单击选中一个控制点，然后设置合适的旋转角度，最后单击“应用”按钮，如图6-51所示。旋转效果如图6-52所示。

图 6-50

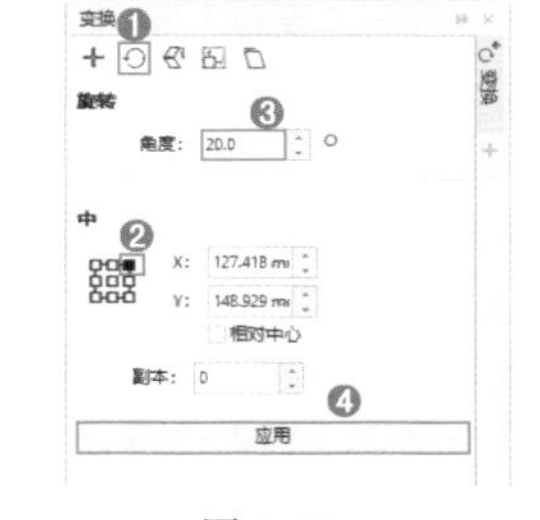

图 6-51

图 6-52

(2) “副本”选项用来设置复制的数量。设置了副本数之后，单击“应用”按钮，如图6-53所示。即可得到按照当前设置的变换规律进行复制且变换的一系列对象，效果如图6-54所示。其他的变换操作与“旋转”变换类似，在这里不再赘述。

图 6-53

图 6-54

举一反三：使用“变换”泊坞窗制作透明花朵

“变换”泊坞窗与其他变换方式相比，最大的优势是能够“一边复制，一边变换”。利用该功能，我们可以快速制作大量带有一定变换规律的图形，而这种规律既可以是位置的改变，也可以是角度、大小和倾斜程度等的改变。

例如，由多个相同花瓣构成的花朵就是一个非常典型的实例，每个花瓣都相当于围绕着花心旋转一定角度，有了足够多的花瓣副本就可以构成一朵花。

(1) 绘制椭圆形，然后将其转换为曲线，如图6-55所示。将椭圆上、下两个节点转换为尖突节点，然后拖曳控制柄进行变形，此时得到了一片花瓣，如图6-56所示。当然花瓣的形态也可以随意绘制。

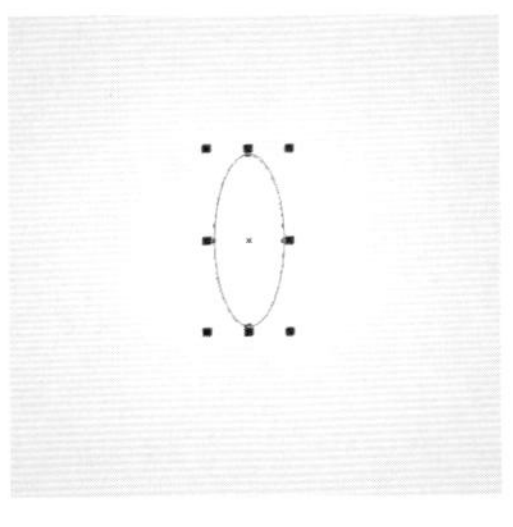

图 6-55

图 6-56

（2）选择该图形，打开“变换”泊坞窗。单击“旋转”按钮，设置旋转“角度”为20.0，“中心点”为中下。如果每隔20.0° 旋转一次，那么旋转一周就需要18个图形，所以设置“副本”数为17。设置完成后单击“应用”按钮，如图6-57所示。这样就得到了环绕在中心点一周的花瓣造型，如图6-58所示。

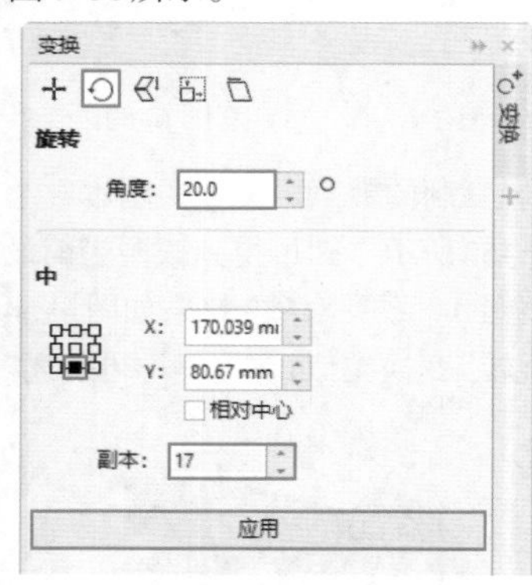

图 6-57

图 6-58

（3）对花朵的颜色进行设置。框选图形，按快捷键Ctrl+G进行编组，然后设置填充色为粉色，去除轮廓色，如图6-59所示。单击工具箱中的“透明度”工具按钮，在属性栏中设置“合并模式”为“乘”，如图6-60所示。

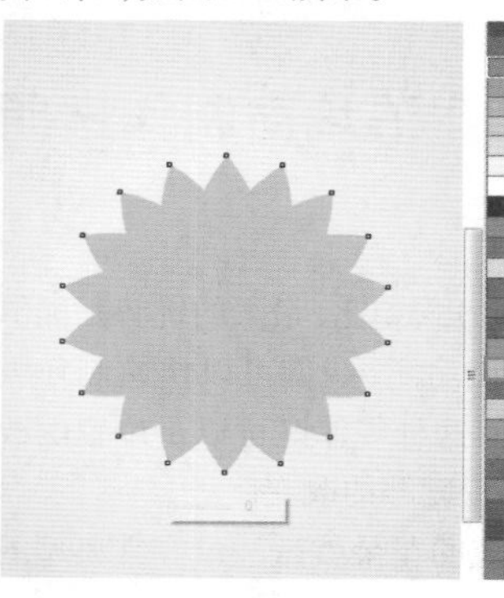

图 6-59

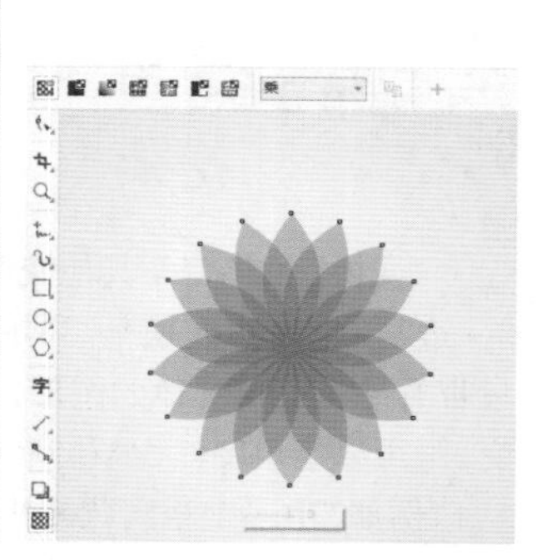

图 6-60

（4）选择该图形，按快捷键Ctrl+C进行复制，按快捷键Ctrl+V进行粘贴。然后适当缩放、旋转，并更改颜色，如图6-61所示。以同样的方式再复制一份，效果如图6-62所示。将制作好的花朵移动到合适位置，再以同样的方式制作其他颜色的花朵。最终效果如图6-63所示。

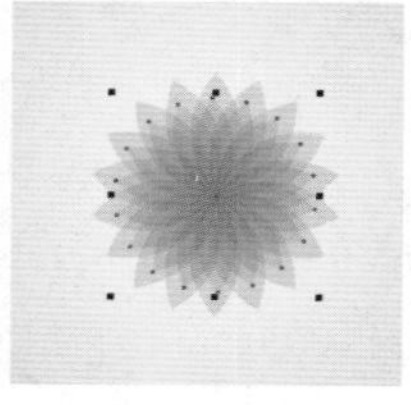

图 6-61

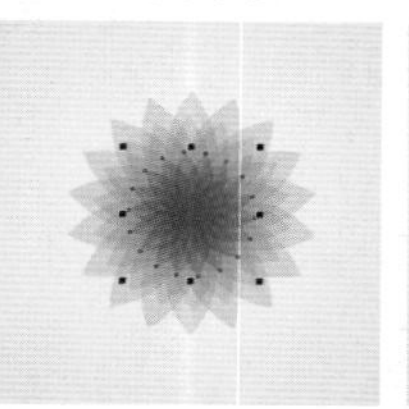

图 6-62

图 6-63

练习实例：名片设计

文件路径	资源包\第6章\练习实例：名片设计
难易指数	★★★★★
技术要点	“变换”泊坞窗

扫一扫，看视频

实例效果

本实例效果如图6-64所示。

图 6-64

操作步骤

步骤 01 新建一个横向、A4大小的空白文档。为了便于查看效果，双击工具箱中的“矩形”工具按钮□，快速绘制一个与画板等大的矩形，然后将其填充为浅灰色，如图6-65所示。使用“矩形”工具再绘制一个矩形，然后在属性栏中设置“宽度”为55.0mm、“高度”为90.0mm，接着为这个矩形填充深灰色并去除轮廓色，如图6-66所示。

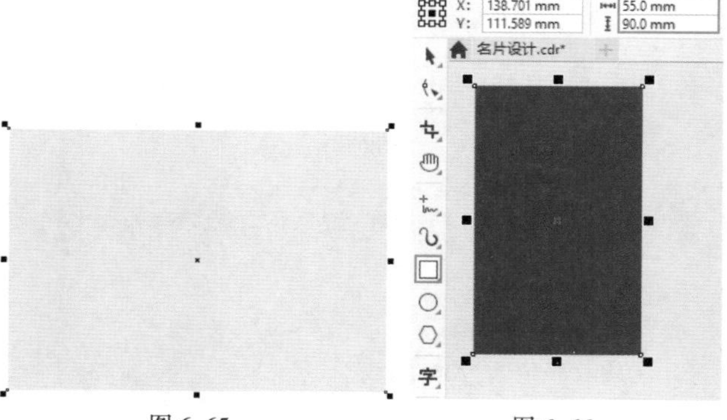

图 6-65　　图 6-66

步骤 02 选择这个矩形，单击工具箱中的“阴影”工具□，然后在矩形上按住鼠标左键拖曳为其添加阴影。在属性栏中设置“阴影不透明度”为50，“阴影羽化”为2，“阴影颜色”为黑色，如图6-67所示。选择该矩形，按住鼠标左键向右拖曳，移动到合适位置后右击进行复制。然后为复制的矩形添加相同的阴影效果，如图6-68所示。

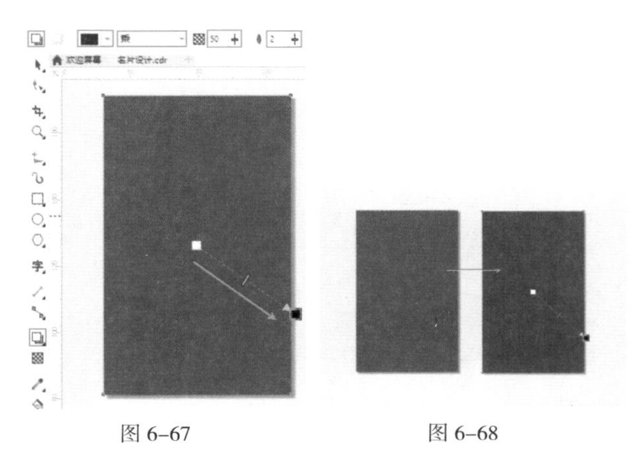

图 6-67　　　　图 6-68

步骤 03　选择工具箱中的“钢笔”工具，在左侧灰色矩形上绘制一个四边形，如图6-69所示。接着为此图形填充白色，然后去除轮廓色，如图6-70所示。

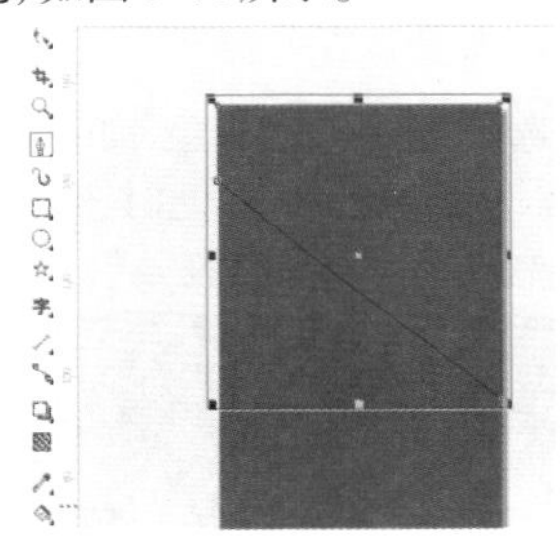

图 6-69

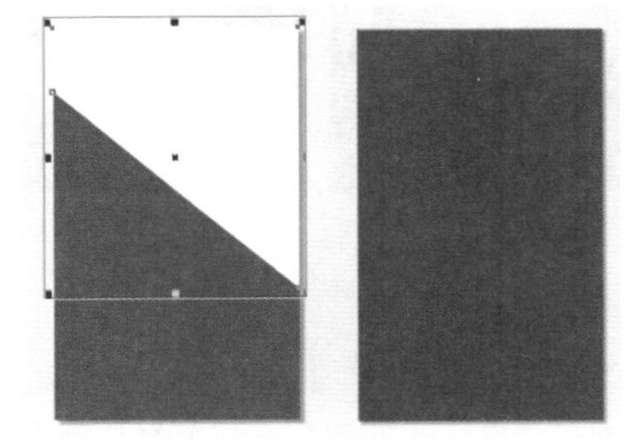

图 6-70

步骤 04　以同样的方式绘制其他的图形，如图6-71所示。执行“文件”->“导入”命令，导入文字素材1.cdr，将其摆放在合适的位置上，如图6-72所示。

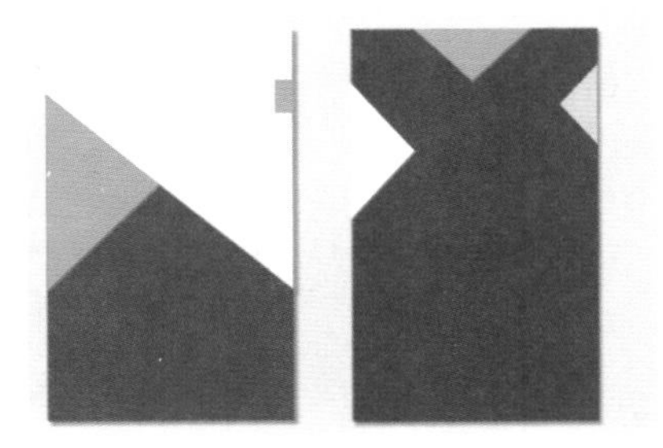

图 6-71

图 6-72

步骤 05　选择工具箱中的“椭圆形”工具，在相应位置绘制一个椭圆形，如图6-73所示。选择该图形，单击工具箱中的“交互式填充”工具按钮，然后单击属性栏中的“渐变按钮”按钮和“椭圆形渐变填充”按钮，编辑一种由白色到青色的渐变颜色，如图6-74所示。

图 6-73

图 6-74

步骤 06　将该图形复制一份，移动到文字下方，如图6-75所示。

图 6-75

步骤 07 使用“椭圆形”工具在画布空白位置绘制一个椭圆形，并填充为青色，如图6–76所示。选择该共有圆形，执行“窗口”->“泊坞窗”->“变换”命令，在弹出的“变换”泊坞窗中单击“旋转”按钮，设置“旋转角度”为10.0，旋转中心为下方，“副本”为36，单击“应用”按钮，如图6–77所示。

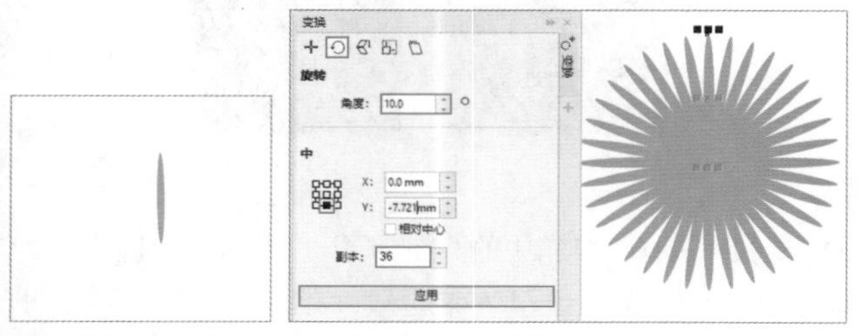

图 6–76　　图 6–77

步骤 08 选择不需要的图形，按Delete键删除，只保留上半部分的图形，效果如图6–78所示。接着将该图形移动到卡片的相应位置，如图6–79所示。

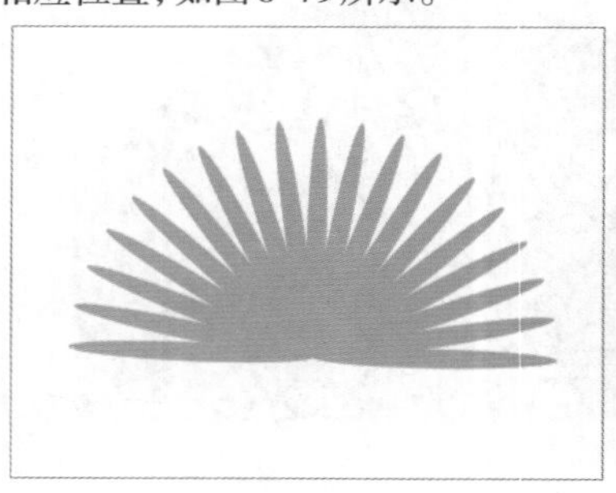

图 6–78　　图 6–79

步骤 09 执行“文件”->“导入”命令，导入背景素材，然后按快捷键Shift+PageDown将背景图片置于底层，删掉灰色矩形背景。最终效果如图6–80所示。

图 6–80

6.2.3 清除变换

执行“对象”->“清除变换”命令，可以去除对图形进行过的变换操作，将其还原到变换之前的效果，如图6–81所示。

图 6–81

6.3 动手练：添加透视

扫一扫，看视频

“透视”功能可以使图形产生外形的变化，从而制作出透视的效果。

1. 创建透视变形

选中要编辑的对象，如图6–82所示。然后执行“对象”->“添加透视”命令，此时图形对象会显示红色的控制框，拖曳控制点即可调整透视效果，如图6–83所示。

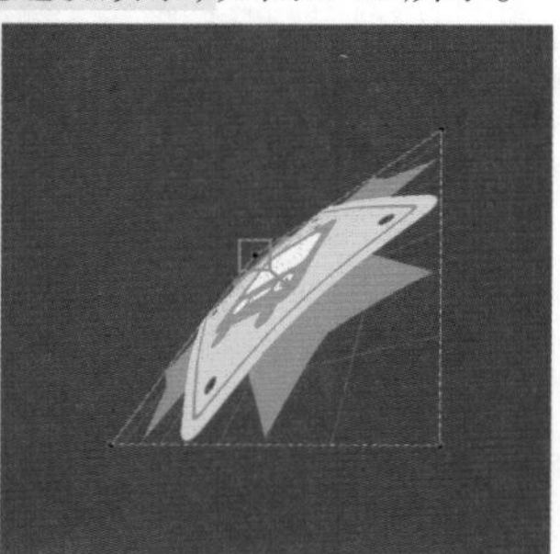

图 6–82　　图 6–83

2. 编辑透视变形

如果工具箱中的“形状”工具会显示用来透视变形的控制框，此时在定界框的外侧会有两个✕控制点，这两个点其实是透视中的“灭点”，如图6–84所示。拖曳其中一个控制点，可以对单侧的进行变形。拖曳上方✕控制点，可以对图形进行水平方向的变形，如图6–85所示。

图 6–84

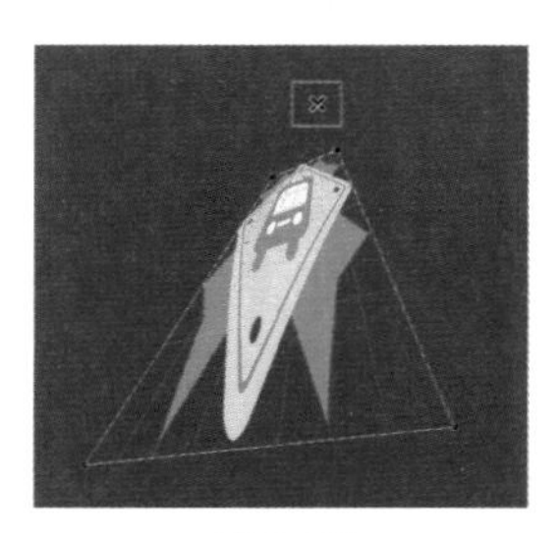

图 6-85

提示：什么是灭点

在透视投影中，一束平行于投影面的平行线的投影可以保持平行，而不平行于投影面的平行线的投影会聚集到一个点，这个点称为灭点。灭点可以看作是无限远处的一点在投影面上的投影。如果是平行透视，只有一个灭点，在对象中间的后方。如果是成角透视，有两个灭点，在对象两侧的后方。

3. 释放透视变形

选择透视变形的图形，执行"对象"->"清除透视点"命令，即可释放透视变形。

6.4 对象的管理

本节将讲解一些对象管理操作，其中有4个较为重要的知识点，分别是调整对象的堆叠顺序、锁定与解锁对象、群组与取消群组，以及对齐与分布。学会了这4个常用知识点，图形就会变成你手下的"士兵"，你让他们怎么站队、怎么分组都可以。

扫一扫，看视频

重点 6.4.1 调整对象的堆叠顺序

在图形重叠的情况下，堆叠的前后顺序会影响画面的效果。选择一个对象，执行"对象"->"顺序"命令，在弹出的子菜单中选择某一命令，对象即可发生相应的堆叠次序的调整，如图6-86所示。

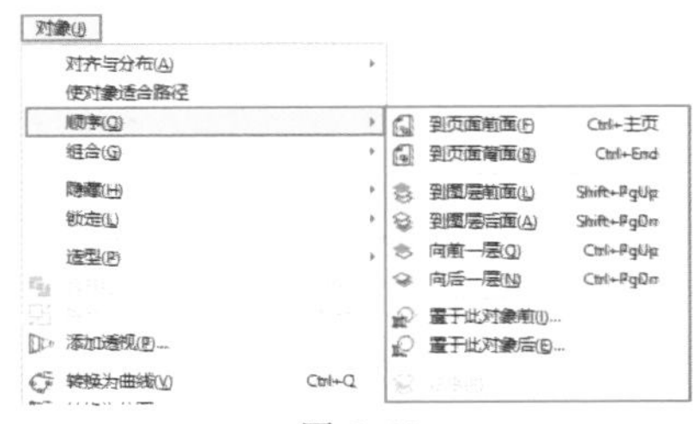

图 6-86

- 到页面前面：将选中图形移动至页面的最前方。
- 到页面背面：将选中图形移动至页面的最后方。
- 到图层前面：将选中图形移动至图层的最前方。
- 到图层后面：将选中图形移动至图层的最后方。
- 向前一层：将选中图形向上移动一层。
- 向后一层：将选中图形向后移动一层。
- 置于此对象前：可以将选定对象移动到指定对象的前面。
- 置于此对象后：可以将选定对象移动到指定对象的后面。

提示：调整图形堆叠顺序的快捷键

- 到页面前面：Ctrl+Home。
- 到页面背面：Ctrl+End。
- 到图层前面：Shift+PgUp。
- 到图层后面：Shift+PgDn。
- 向前一层：Ctrl+PgUp。
- 向后一层：Ctrl+PgDn。

"到页面前面""到页面背面""到图层前面""到图层后面""向前一层"和"向后一层"的操作方法是相同的，选中要移动的图形，执行相应命令即可。例如，选择一个图形对象，如图6-87所示。执行"对象"->"顺序"->"到页面前面"命令，即可使当前对象移动到画面的最上方，如图6-88所示。

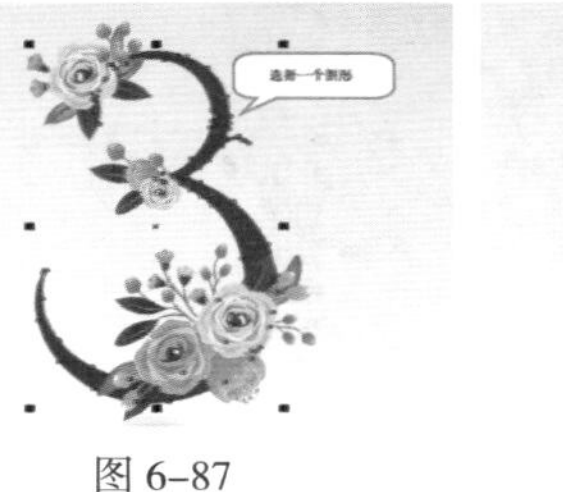

图 6-87　　图 6-88

选中一个图形，执行"对象"->"顺序"->"置于此对象后"命令，然后在另一个图形上单击，如图6-89所示。随即选中的图形就被移动至另一个图形的后方，如图6-90所示。"置于此对象前"的操作与之相同，这里不再赘述。

图 6-89　　图 6-90

提示："逆序"命令

执行"对象"->"顺序"->"逆序"命令，可以将画面中所有对象的堆叠次序逆反。

重点 6.4.2 锁定对象与解除锁定

"锁定"命令可以将选定对象固定在一个位置，不能被选中。

1. 锁定对象

选择一个图形，然后右击，在弹出的快捷菜单中执行"锁定"命令(如图6–91所示)，或者执行"对象"->"锁定"->"锁定"命令，即可将其锁定。被锁定后，图形周围会显示🔒图标，如图6–92所示。

图 6–91

图 6–92

2. 解锁对象

在锁定的对象上右击，在弹出的快捷菜单中执行"解锁"命令，如图6–93所示。执行该命令后，可以将对象的锁定状态解除，使其能够被编辑，如图6–94所示。

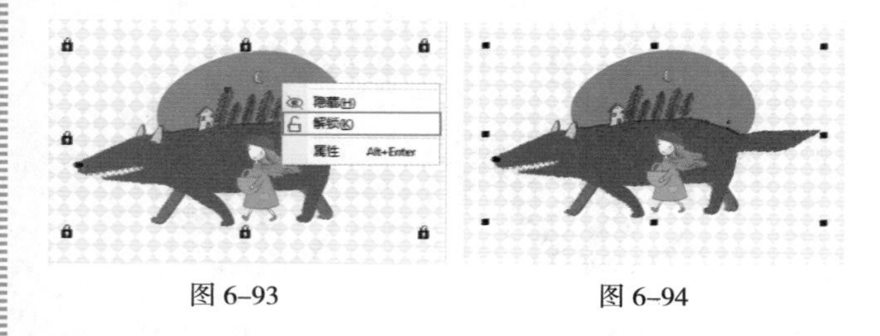

图 6–93　　图 6–94

> **提示：解锁全部对象**
>
> 执行"对象"->"锁定"->"全部解锁"命令，可以快速解锁文件中被锁定的多个对象。

重点 6.4.3 群组与取消群组

"群组"是指将多个对象临时组合成一个整体。组合后的对象保持其原始属性，可以同时进行移动和缩放等操作。

1. 群组对象

要进行群组，必须要有两个以上的图形对象。加选要群组的对象，执行"对象"->"组合"->"组合"命令(快捷键Ctrl+G)即可，如图6–95所示。此外，单击属性栏中的"组合对象"工具按钮，或者右击，在弹出的快捷菜单中执行"组合"命令，也可以将所选对象进行群组，如图6–96所示。

图 6–95

图 6–96

2. 取消群组

在选中要取消群组的对象上右击，在弹出的快捷菜单中执行"取消群组"命令，即可取消群组。也可以执行"对象"->"取消群组"命令(快捷键Ctrl+U)，或者单击属性栏中的"取消组合对象"按钮取消群组，如图6–97所示。取消群组之后对象之间的位置关系、前后顺序等不会发生改变，如图6–98所示。

图 6–97　　图 6–98

3. 取消全部群组

有的群组对象中可能包含多层嵌套的子群组，对于这样的群组，先将其选中，然后执行“对象”->“组和”->“全部取消组合”命令或单击属性栏中的“取消组合所有对象”按钮，即可取消全部群组，如图6-99所示。通过移动可以看到选中的对象都被取消了组合，如图6-100所示。

图 6-99　　图 6-100

重点 6.4.4 对齐与分布

在制图的过程中，经常需要将图形进行对齐，使画面显得更加整齐有序。利用“对齐与分布”功能能够轻松地让图形的排列变得整齐有序。将图形进行对齐与分布，有两种方法，一种是执行“对象”->“对齐和分布”命令，另一种是通过“对齐与分布”泊坞窗。

1. 图形的对齐

对齐是指将两个或两个以上的图形沿一个方向进行排列，包括左对齐、水平居中对齐、右对齐、顶对齐、垂直居中对齐和底对齐6种对齐方式。

(1) 选择要对齐的图形，如图6-101所示。接着执行“窗口”->“泊坞窗”->“对齐和分布”命令(快捷键Ctrl+Shift+A)，可以看到多种对齐方式，如图6-102所示。

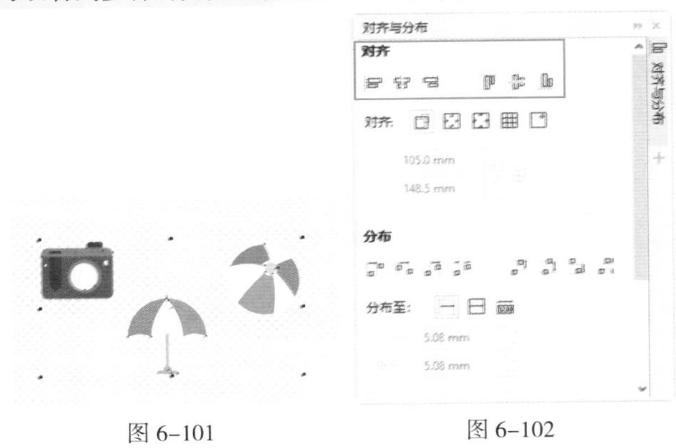

图 6-101　　图 6-102

(2) 单击“左对齐”按钮，所选图形将以最左边为准对齐，如图6-103所示。单击“水平居中对齐”按钮，所选图形将以水平方向中心为准进行对齐，如图6-104所示。单击“右对齐”按钮，所选图形将以最右边为准对齐，如图6-105所示。

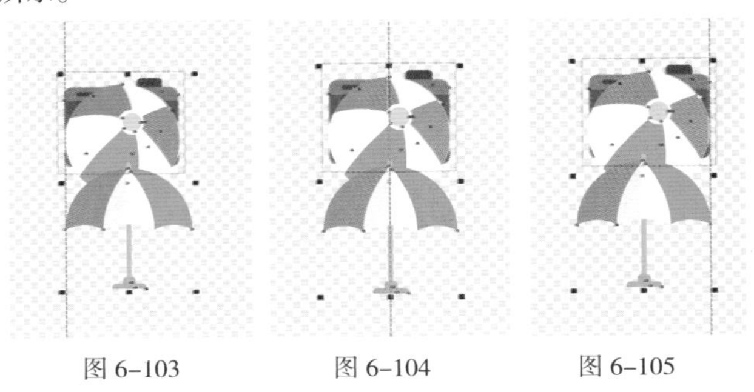

图 6-103　　图 6-104　　图 6-105

(3) 单击“顶对齐”按钮，可以将选中图形以顶端为准进行对齐，如图6-106所示。单击“垂直居中对齐”按钮，所选图形将以垂直方向中心为准进行对齐，如图6-107所示。单击“底对齐”按钮，可以将选中图形以底端为准进行对齐，如图6-108所示。

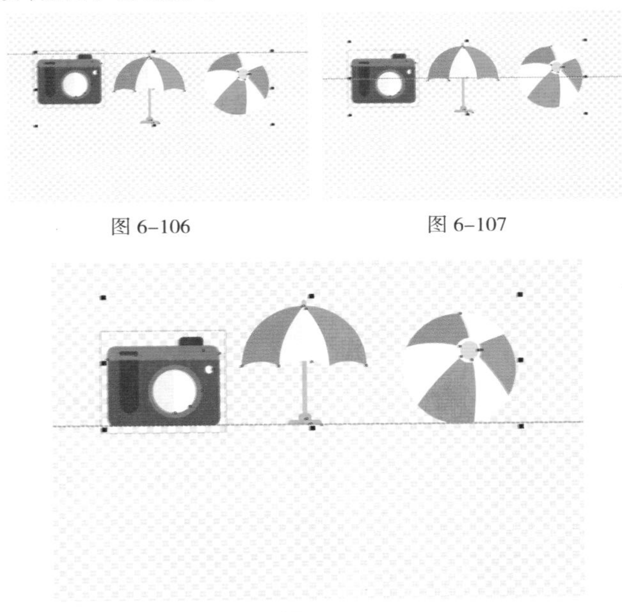

图 6-106　　图 6-107

图 6-108

2. 图形的分布

分布是指调整图形之间的距离，使每个图形之间的距离分布均匀。

首先选择要分布的图形，如图6-109所示。在“对齐和分布”泊坞窗中，系统提供了左分散排列、水平分散排列中心、右分散排列、水平分散排列间距、顶部分散排列、垂直分散排列中心、底部分散排列和垂直分散排列间距8种分布方式，如图6-110所示。从中单击某一个按钮，即可更改对象分布方式。如图6-111所示为“水平分散排列间距”分布效果。

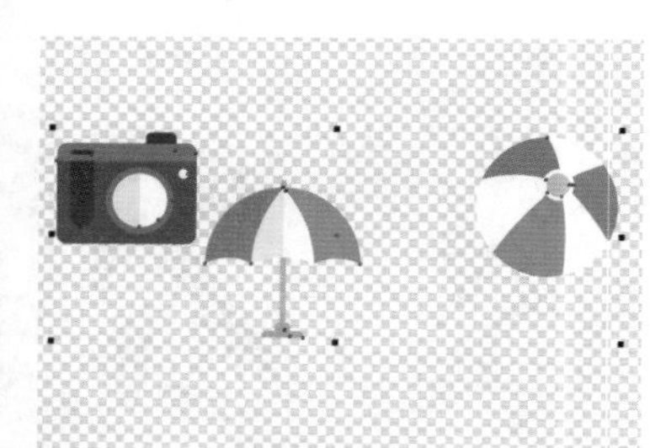

图 6-109

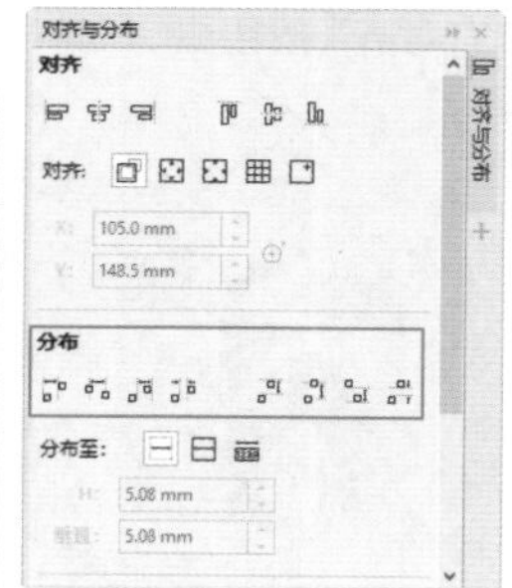

图 6-110

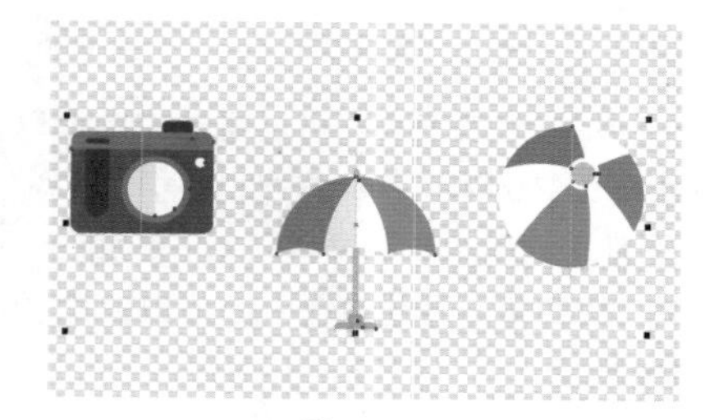

图 6-111

- 左分散排列：从对象的左边缘起以相同间距排列对象。
- 水平分散排列中心：从对象的中心起以相同间距水平排列对象。
- 右分散排列：从对象的右边缘起以相同间距排列对象。
- 水平分散排列间距：在对象之间水平设置相同的距离。
- 顶部分散排列：从对象的顶边起以相同间距排列对象。
- 垂直分散排列中心：从对象的中心起以相同间距垂直排列对象。
- 底部分散排列：从对象的底边起以相同间距排列对象。
- 垂直分散排列间距：在对象之间垂直设置相同的间距。

提示：其他的对齐方式

执行“对象”->“对齐和分布”命令，在弹出的子菜单中可以选择其他的对齐方式。

视频课堂：使用对齐与分布制作企业画册封面

扫一扫，看视频

文件路径	资源包\第6章\视频课堂：使用对齐与分布制作企业画册封面
难易指数	★★★★★
技术要点	对齐与分布、图框精确剪裁

实例效果

本实例效果如图6-112所示。

图 6-112

6.4.5 动手练：使用“再制”进行移动并复制

“再制”命令可以通过指定偏移值，在绘图区中直接复制出副本，而不使用剪贴板。

选择一个图形对象，按住鼠标左键移动图形位置，然后右击，即可移动并复制该对象，如图6-113所示。再次选择复制图形，执行“编辑”->“再制”命令或使用快捷键Ctrl+D，即可得到一个移动了相同距离的新对象，如图6-114所示。

图 6-113

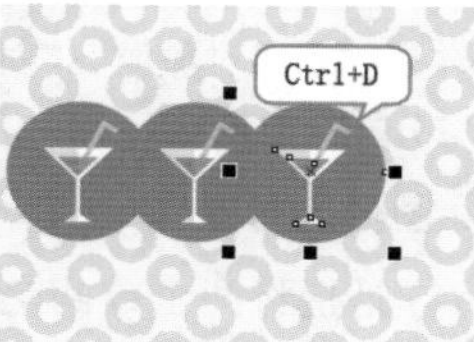

图 6-114

多次按下快捷键可以快速按照上一次的移动规律复制出多个对象，如图6-115所示。

图 6-115

6.4.6 动手练：克隆对象

“克隆”是指创建“链接”到原始对象的副本对象，若对原始对象做出更改，那么克隆对象也会发生变化；而对克隆对象做出更改，则原始对象不会发生变化。

1. 克隆对象

(1) 选择一个图形，如图6-116所示。执行“编辑”->“克隆”

命令，随即会生成一个与所选图形一模一样的图形，将该对象移动到原始对象附近，如图6–117所示。

图 6–116

图 6–117

(2) 对原始对象进行更改时，所做的任何更改都会自动反映在克隆对象中，如图6–118所示。对克隆对象进行更改时，并不会影响到原始对象，如图6–119所示。

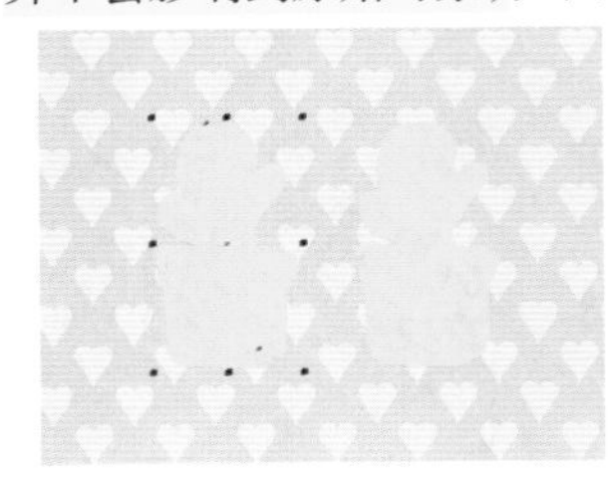

图 6–118

图 6–119

2. 清除克隆

通过还原为原始对象，可以移除对克隆对象所做的更改。如果想要还原到克隆的主对象，可以在克隆对象上右击，在弹出的快捷菜单中执行“还原为主对象”命令，如图6–120所示。在弹出的“还原为主对象”窗口中进行相应的设置，然后单击OK按钮，如图6–121所示。效果如图6–122所示。

图 6–120

图 6–121

图 6–122

6.4.7 步长和重复

使用“步长和重复”命令，可以通过设置副本偏移的位置和数量，快速、精确地复制出多个相同且排列规则的对象。

选择一个图形，如图6–123所示。执行“编辑”–>“步长和重复”命令，打开“步长和重复”窗口。在该窗口中分别对“偏移”“距离”“方向”和“份数”进行设置，如图6–124所示。单击“应用”按钮，即可按设置的参数复制出相应数目的对象，如图6–125所示。

图 6–123

图 6–124

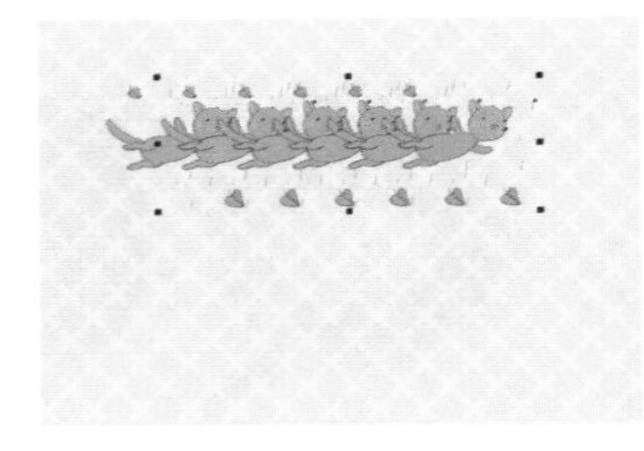

图 6–125

6.5 图框精确剪裁

PowerClip翻译为“图框精确剪裁”。执行“对象”–>PowerClip–>“置于图文框内部”命令，可以将选中的图形“装进”指定的“容器”内。装进容器内的图形将只显示容器的形状。如图6–126和图6–127所示为使用“图框精确剪裁”的作品。

扫一扫，看视频

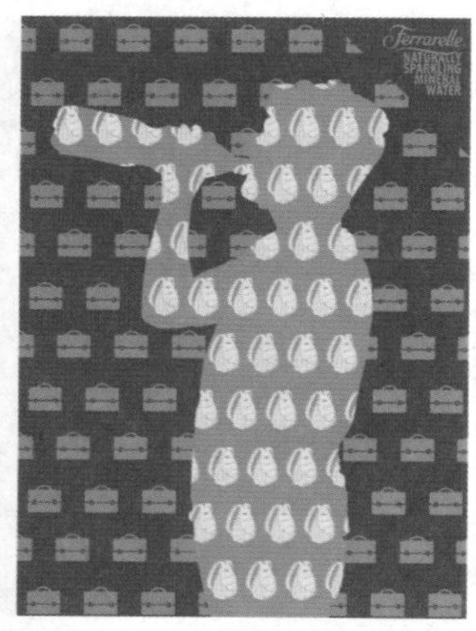

图 6–126

图 6–127

重点 6.5.1　创建图框精确剪裁

创建图框精确剪裁需要两个对象，一个是内容对象，一个是“图文框”，如图6–128所示。选择内容对象，执行“对象”->PowerClip->“置于图文框内部”命令，此时光标变为➧状，然后在图文框上单击，如图6–129所示。接着内容对象就被导入图文框中，如图6–130所示。

(a) 内容

(b) 图文框

图 6–128

(a) 内容

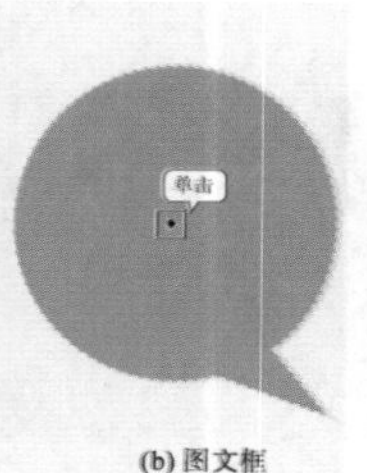

(b) 图文框

图 6–129

图 6–130

举一反三：使用“图框精确剪裁”制作卡片

“图框精确剪裁”常用于限定矢量素材或位图素材的显示范围，而且不会破坏原始对象的内容。

（1）打开素材，如图6–131所示。在图案上绘制一个圆角矩形；接着选择图案，执行“对象”->PowerClip->“置于图文框内部”命令；然后在白色圆角矩形上单击，如图6–132所示。

图 6–131

图 6–132

（2）此时即可创建图框精确剪裁，效果如图6–133所示。接着绘制矩形，添加标志图案。效果如图6–134所示。

图 6–133

图 6–134

（3）绘制一个圆角矩形，然后在其上绘制一个橘黄色矩形，如图6–135所示。将橘黄色矩形作为内容，白色圆角矩形作为图文框，将橘黄色矩形导入到图文框内部，如图6–136所示。最后在卡片上输入文字，最终效果如图6–137所示。

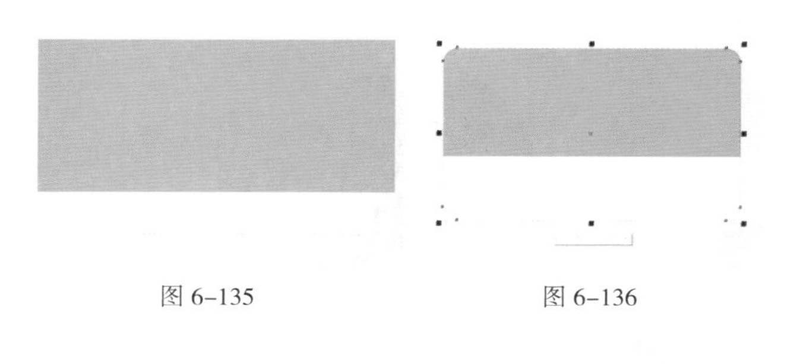

图 6-135　　图 6-136

图 6-137

重点 6.5.2　动手练：编辑图文框中的内容

(1) 进行了“图框精确剪裁”之后，就无法直接选中内容对象了。想要对内容对象进行编辑，需要先选中图框精确剪裁对象，然后执行“对象”->PowerClip->“编辑 PowerClip”命令，或者单击“编辑 PowerClip”按钮 ✎编辑 ，如图 6-138 所示。此时可以看到内容对象被选中，并且突出显示，如图 6-139 所示。

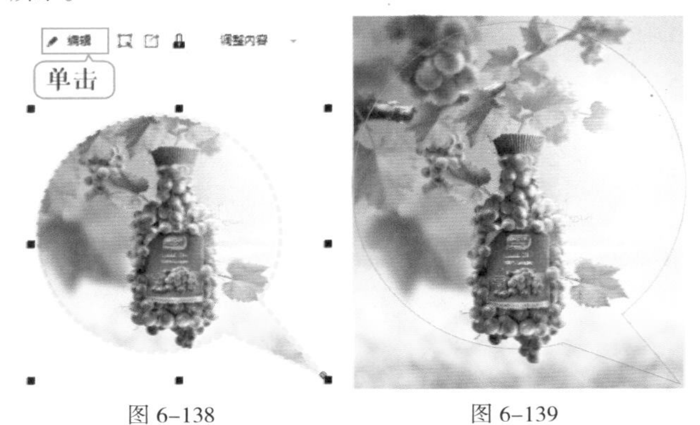

图 6-138　　图 6-139

(2) 被选中的内容对象除了移动、旋转等操作之外，还可以进行其他编辑。例如，内容对象如果是位图，可以添加滤镜效果；如果是矢量对象，还可以通过“形状”工具调整形式，如图 6-140 所示。

图 6-140

(3) 内容对象编辑完后，若要结束编辑操作，可以执行“对象”->PowerClip->“完成编辑 PowerClip”命令，或者单击“完成”按钮 ✓完成 ，如图 6-141 所示。效果如图 6-142 所示。

图 6-141

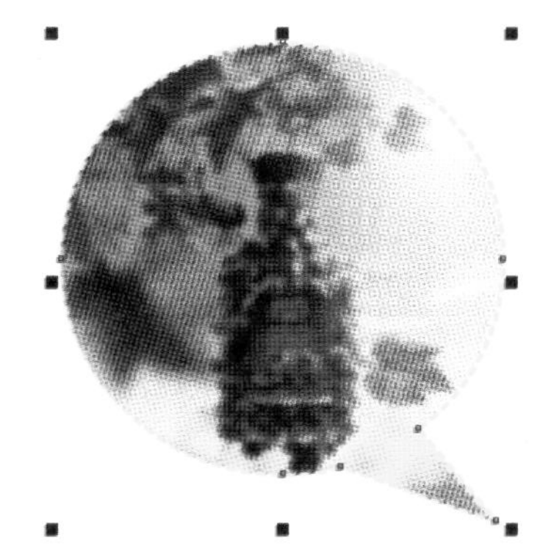

图 6-142

提示：使用快捷菜单创建与编辑图文框中的内容

选中图框精确剪裁的对象，然后右击，在弹出的快捷菜单中即可看到多个用来编辑图框精确剪裁的命令，执行某一命令，即可进行相应的编辑，如图 6-143 所示。

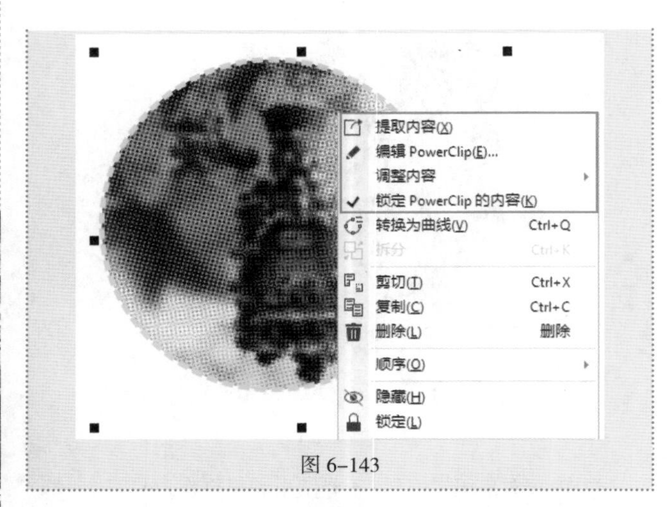

图 6-143

6.5.3 锁定与解锁图文框中的内容

将图文框中的内容锁定后，内容对象将无法进行移动和变换等编辑操作。选择图框精确剪裁的对象，执行“对象”->PowerClip->“锁定PowerClip的内容”命令，或者单击“锁定内容”按钮，如图6-144所示。接着移动图框精确剪裁的对象，可以发现只有图文框被移动了，而内容对象没有被移动，如图6-145所示。再次单击该按钮或执行该命令，可以解锁图文框中的内容。

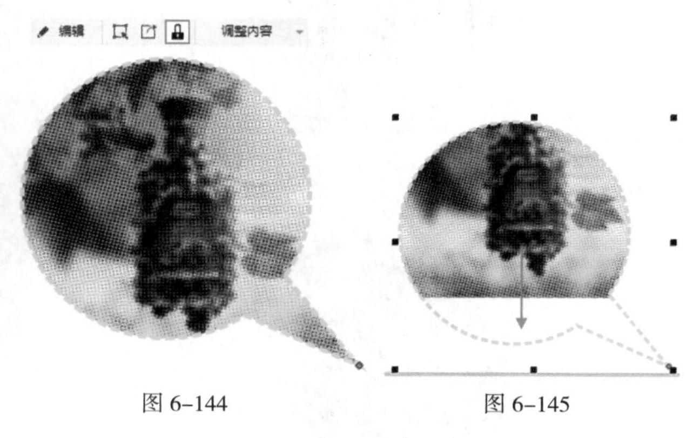

图 6-144　　图 6-145

[重点]6.5.4 动手练：提取图文框中的内容

提取图文框中的内容是指将内容对象从图文框中提取出来，使其还原到置入之前的状态。

选择图框精确剪裁的对象，执行“编辑”->PowerClip->“提取内容”命令或者单击“提取内容”按钮，如图6-146所示。此时内容对象和图文框即可分离为两部分，并呈现出相互堆叠的状态，框架部分会带有交叉的斜线，移动其中一个图形，可以看到效果，如图6-147所示。

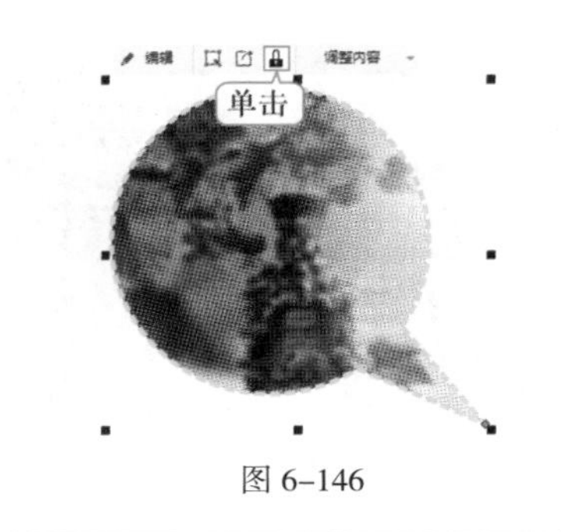

图 6-146

图 6-147

[重点]6.5.5 动手练：调整内容在图文框中的位置

(1) 选择图框精确剪裁的对象，单击右侧的“调整内容”按钮，在弹出的菜单中即可看到用来调整内容的4个命令，如图6-148所示。或者执行“对象”->PowerClip命令，在弹出的子菜单中也可以看到这4个命令。执行“中”命令，可以将内容对象放置在图文框的中心位置，如图6-149所示。

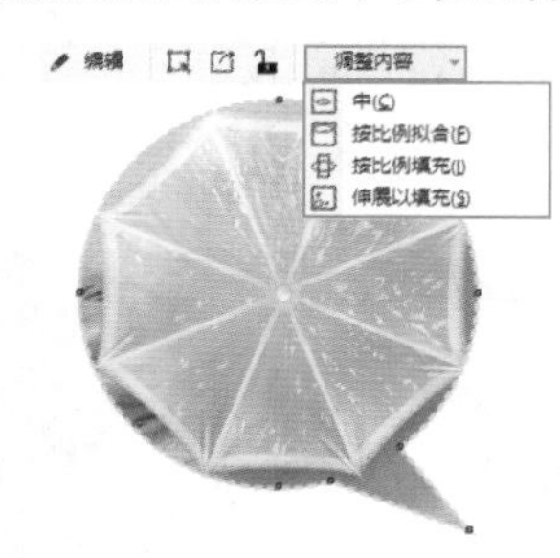

图 6-148

图 6-149

(2) 执行“按比例拟合”命令，可以使内容对象全部显示在图文框中并且等比例显示，如图6–150所示。执行“按比例填充”命令，可以按照内容原始比例进行缩放，以填满整个图文框，如图6–151所示。执行“伸展以填充”命令，可以将内容对象全部显示在图文框内，会产生非等比缩放，如图6–152所示。

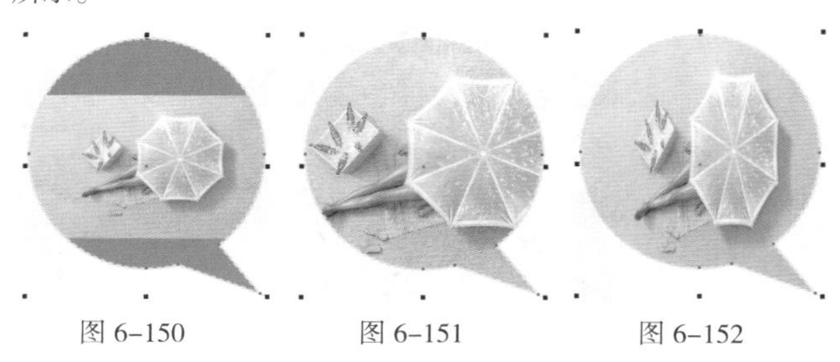

图 6–150　　图 6–151　　图 6–152

练习实例：使用图框精确剪裁制作电影海报

文件路径	资源包\第6章\练习实例：使用图框精确剪裁制作电影海报
难易指数	★★★★★
技术要点	图框精确剪裁、“透明度”工具、“交互式”填充工具

扫一扫，看视频

实例效果

本实例效果如图6–153所示。

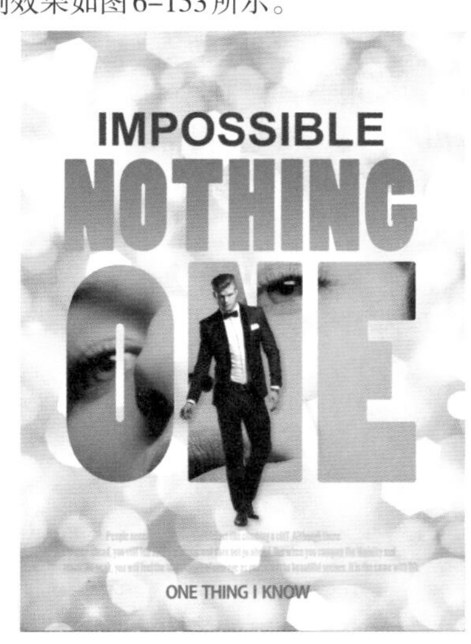

图 6–153

操作步骤

步骤 01 新建一个A4大小的空白文档。执行“文件”->“导入”命令，导入素材1.jpg，如图6–154所示。单击工具箱中的“矩形”工具按钮，在导入的图片上绘制一个矩形，并填充为蓝色。然后选择工具箱中的“透明度”工具，在属性栏中单击“均匀透明度”按钮，设置“透明度”为58，如图6–155所示。

图 6–154

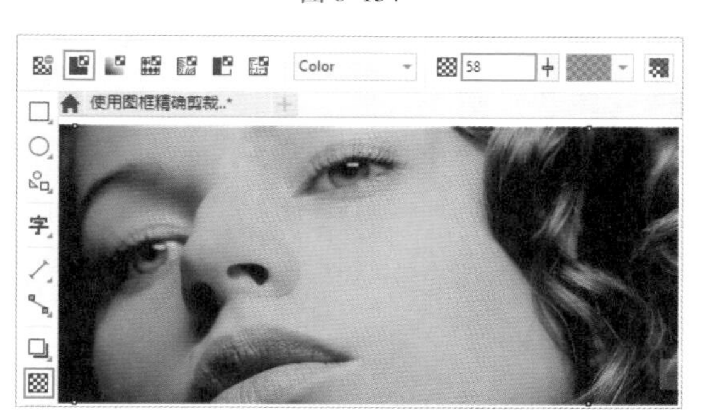

图 6–155

步骤 02 单击工具箱中的“文本”工具按钮，在属性栏中设置合适的字体、字号，然后单击插入光标，输入文字。选中文字，执行“对象”->“转换为曲线”命令。选中之前导入的图片和绘制的矩形，执行“对象”->PowerClip->“置于图文框内部”命令，移动光标至文字上单击，如图6–156所示。此时图片就出现在文字的内部，如图6–157所示。

图 6–156

图 6–157

步骤 03 单击工具箱中的“文本”工具按钮，在属性栏中设置合适的字体、字号，然后在画布上单击插入光标，输入文字，如图6–158所示。单击工具箱中的“交互式填充”工具按钮，在属性栏中单击“渐变填充”按钮，设置渐变类型为“线性渐变填充”，通过调整渐变控制杆为文字填充蓝色系渐变，如图6–159所示。

图 6–158

图 6–159

步骤 04 选择工具箱中的“文本”工具，在属性栏中设置合适的字体、字号，设置字体颜色为浅蓝色，单击画布插入光标，输入文字，如图6–160所示。以同样的方式依次输入所有文字，如图6–161所示。

图 6–160

图 6–161

步骤 05 执行“文件”->“导入”命令，导入人物素材2.png。执行“文件”->“导入”命令，导入背景素材3.jpg，并按快捷键Shift+PageDown将背景图片置于底层。最终效果如图6–162所示。

图 6–162

6.6 使用“对象”泊坞窗管理对象

当画面内容特别复杂的情况下，要选择某一对象有时非常困难。此时可以利用“对象”泊坞窗进行选择，此外，“对象”泊坞窗还可以用来管理文档中的对象。

执行“窗口”->“泊坞窗”->“对象”命令，即可打开“对象”泊坞窗，如图6–163所示。

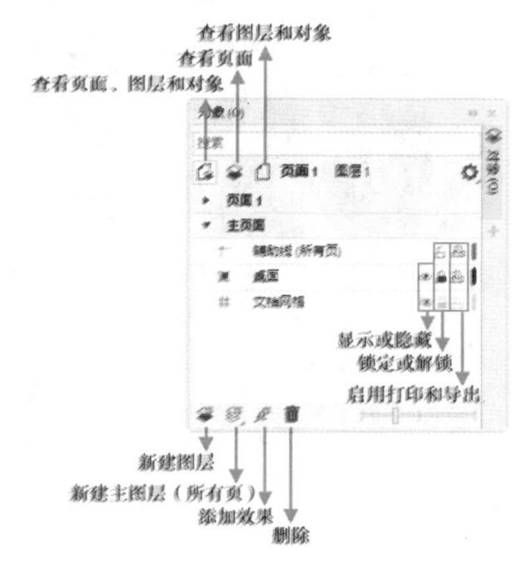

图 6–163

6.6.1 在“对象”泊坞窗中选择对象

“对象”泊坞窗显示着当前文档中的对象，单击对象的条目即可选择该对象，如图6–164所示。

图 6-164

如果想要选中群组中的对象，可以单击该群组对象条目前的 ▸ 按钮，如图6-165所示。

图 6-165

随即会显示群组中的对象，单击即可选中群组中的对象，如图6-166所示。

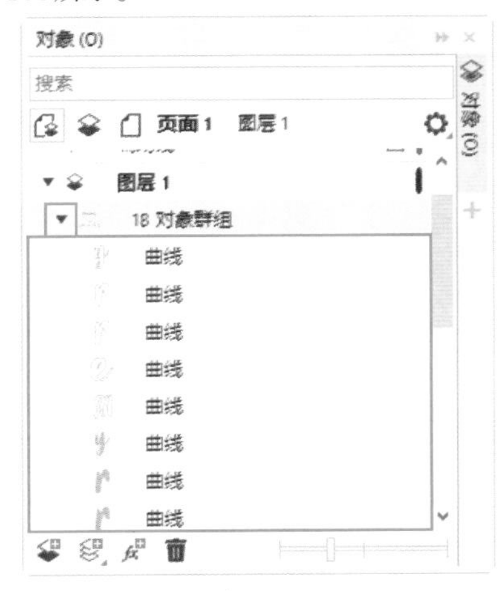

图 6-166

6.6.2 动手练：显示或隐藏对象

单击对象条目后方的“显示或隐藏”按钮，即可控制图层中图形的显示与隐藏。

当“显示或隐藏”按钮显示为 👁 时，表示显示对象，如图6-167所示。单击该按钮，使其变为 👁 状时，表示隐藏该对象，如图6-168所示。

图 6-167

图 6-168

6.6.3 动手练：调整对象堆叠顺序

在“对象”泊坞窗中也可以调整对象的堆叠顺序，从而改变画面效果。

(1) 选择一个对象，如图6-169所示。在“对象”泊坞窗中按住鼠标左键拖曳到目标位置处，如图6-170所示。释放鼠标，即可完成对象堆叠顺序的调整，如图6-171所示。

图 6-169

图 6-170

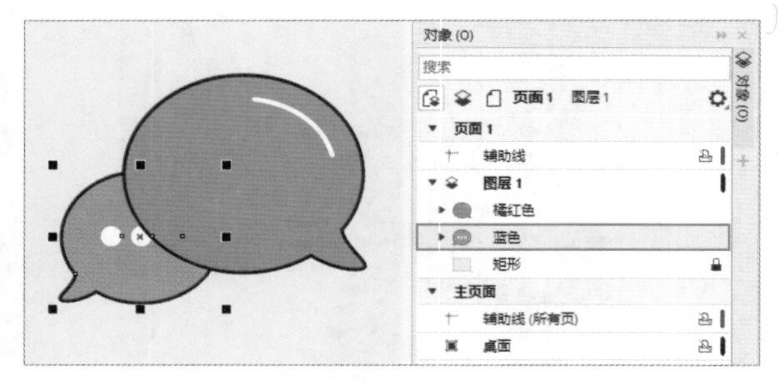

图 6–171

(2) 此外，还可将对象移动到群组中。选择对象，按住鼠标左键向某个群组中拖动，如图6–172所示。释放鼠标即可将图形移动至群组内，如图6–173所示。

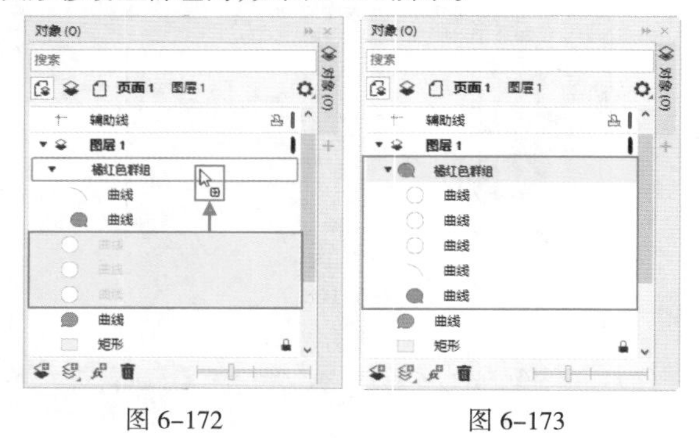

图 6–172　　　　图 6–173

6.6.4 在页面中新建图层

在页面中新建图层，可以使用户更方便地管理对象，在图形较多的情况下会发挥很大的作用。

默认情况下，在“对象”泊坞窗中只有一个图层，名为“图层1”，如图6–174所示。单击“新建图层”按钮，即可新建图层，如图6–175所示。选择“图层2”后，所绘制的图形都将位于“图层2”中。

图 6–174　　　　图 6–175

6.6.5 移动图层中的内容

对象可以在图层之间来回移动(要求文档中有两个或两个以上的图层)。在“对象”泊坞窗中选中要移动的对象，然后按住鼠标左键拖动到另一个图层上，释放鼠标即可完成移动，如图6–176所示。

图 6–176

或者在画面中选择要移动的对象，然后将其拖曳至某一图层上，释放鼠标即可将所选对象添加到该图层中，如图6–177所示。

图 6–177

6.6.6 删除图层

选择需要删除的图层，单击“删除”按钮，即可删除选中的图层，如图6–178所示。

图 6–178

视频课堂：画册目录页设计

文件路径	资源包\第6章\视频课堂：画册目录页设计
难易指数	★★★★★
技术要点	复制对象、缩放对象、置于图文框内部

扫一扫，看视频

实例效果

本实例效果如图6–179所示。

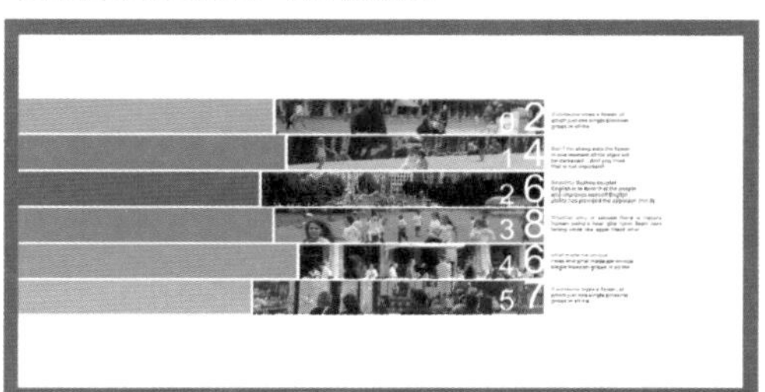

图 6–179

综合实例：彩妆杂志内页版面

文件路径	资源包\第6章\综合实例：彩妆杂志内页版面
难易指数	★★★★★
技术要点	置于图文框内部、调整对象顺序、"阴影"工具、"透明度"工具

扫一扫，看视频

实例效果

本实例效果如图6–180所示。

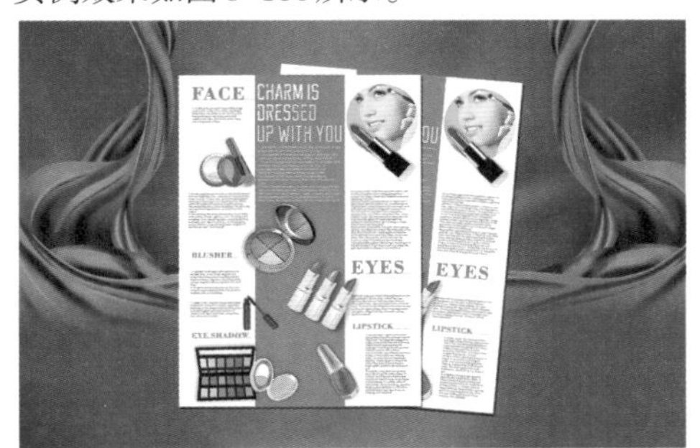

图 6–180

操作步骤

步骤 01 新建一个A4大小的空白文档。为了便于观察，首先绘制一个灰色的背景。单击工具箱中的"矩形"工具按钮□，在画布上绘制一个矩形，并为其填充灰色，如图6–181所示。以同样的方式绘制其他的矩形并填充相应的颜色，如图6–182所示。

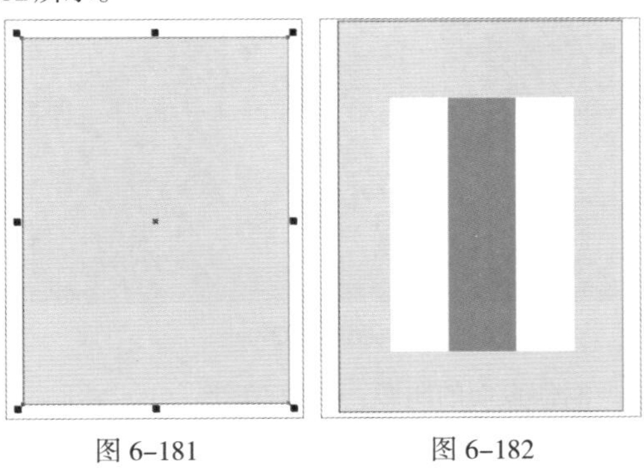

图 6–181　　图 6–182

步骤 02 执行"文件"–>"导入"命令，在弹出的"导入"窗口中找到素材位置，选择素材1.png，单击"导入"按钮。接着在画面中按住鼠标左键拖动，松开鼠标后完成导入操作，如图6–183所示。以同样的方式导入其他的素材，如图6–184所示。

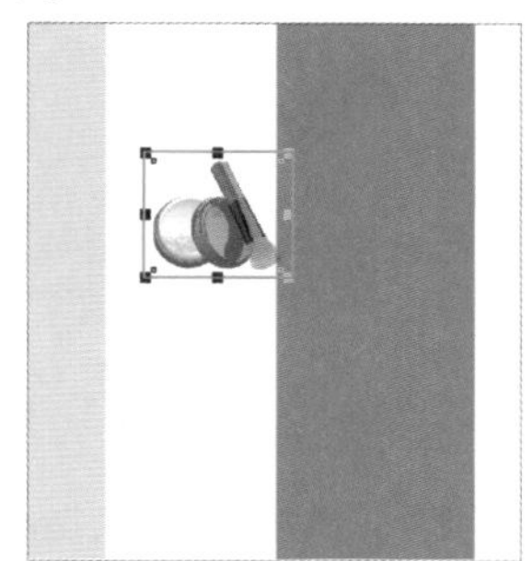

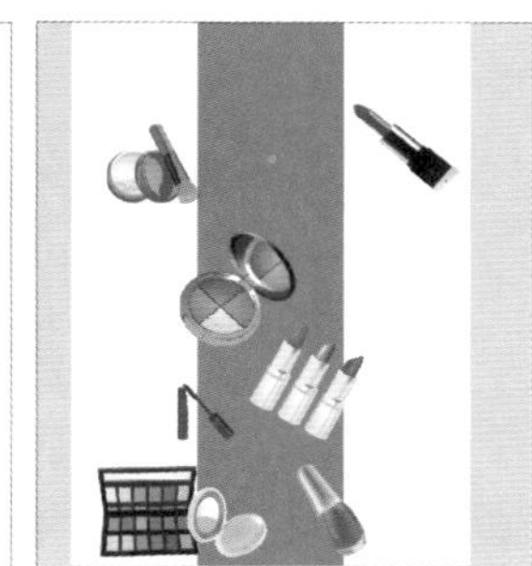

图 6–183　　图 6–184

步骤 03 选中素材1.png，单击工具箱中的"阴影"工具按钮□，按住鼠标左键拖曳为其添加阴影。在属性栏中设置"阴影不透明度"为50，"阴影羽化"为15，"阴影颜色"为黑色，如图6–185所示。以同样的方式为其他的素材添加阴影效果，如图6–186所示。

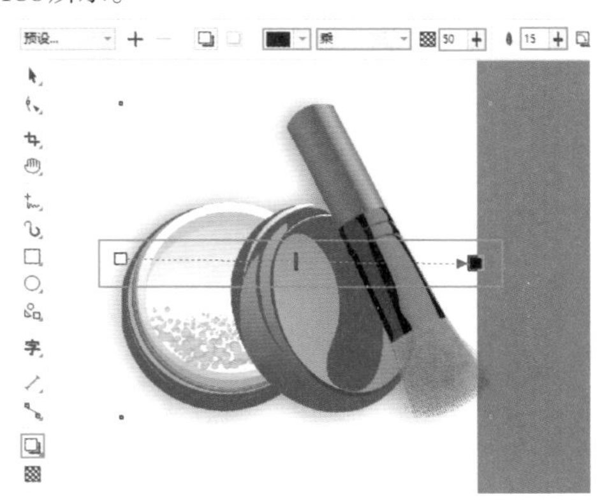

图 6–185

图 6–186

步骤 04 执行“文件”->“导入”命令，导入素材9.png，如图6-187所示。

图 6-187

步骤 05 单击工具箱中的“椭圆形”工具按钮，在人物面部按住Ctrl键绘制一个正圆，如图6-188所示。选中导入的素材，执行“对象”->PowerClip->“置于图文框内部”命令，当光标变成箭头状时单击圆形将图片置于圆形中，然后在调色板中右击“无”按钮，去除轮廓色，如图6-189所示。

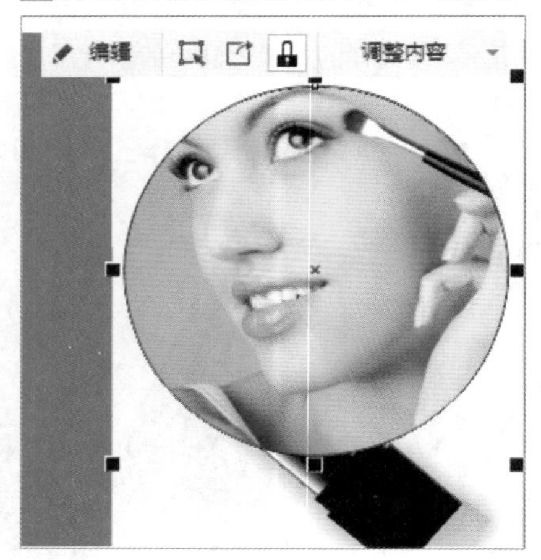

图 6-188

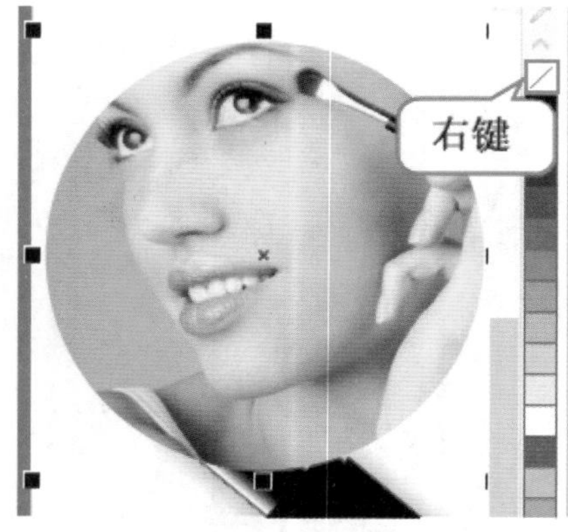

图 6-189

步骤 06 选中此处的口红，执行“对象”->“顺序”->“到页面前面”命令。效果如图6-190所示。

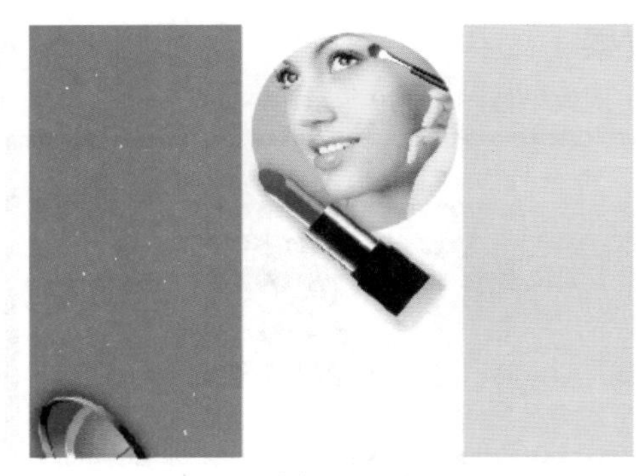

图 6-190

步骤 07 导入文字素材14.cdr，并将文字摆放在合适的位置，如图6-191所示。

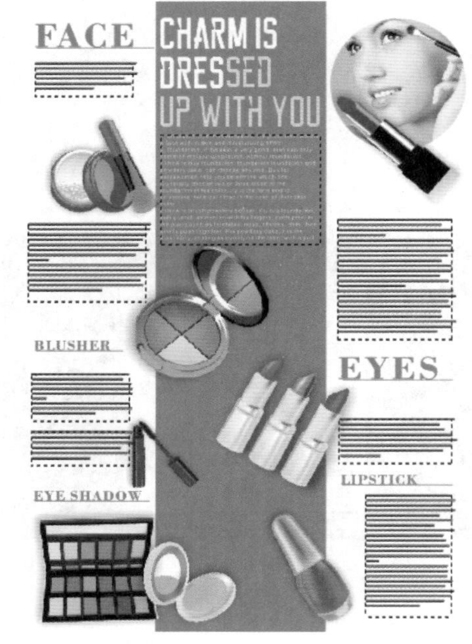

图 6-191

步骤 08 导入背景素材13.jpg，并置于底层。效果如图6-192所示。

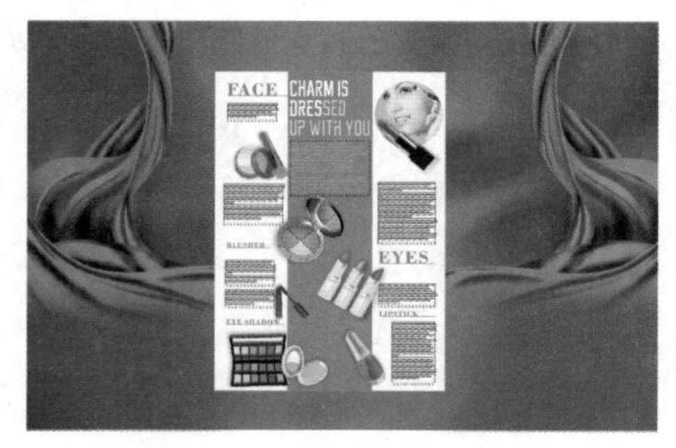

图 6-192

步骤 09 制作页面的阴影。使用“矩形”工具绘制一个与页面相同大小的黑色矩形，如图6-193所示。

图 6-193

步骤 10 单击工具箱中的“透明度”工具按钮，单击属性栏中的“均匀透明度”按钮，设置“透明度”为50，如图6-194所示。

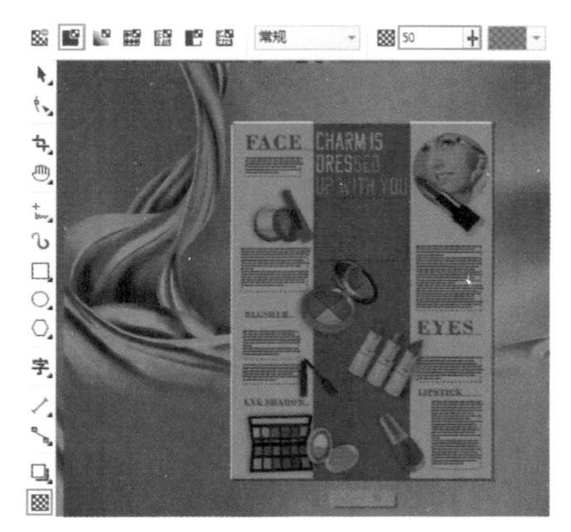

图 6-194

步骤 11 选中阴影图层，多次按快捷键Ctrl+PageDown，将阴影图层放在页面的后方，如图6-195所示。

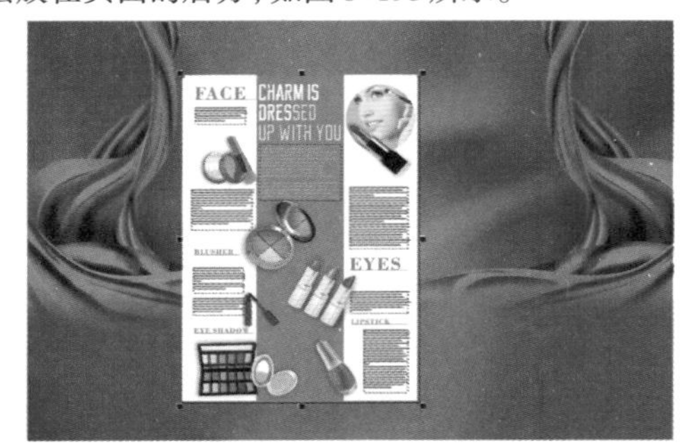

图 6-195

步骤 12 复制页面和阴影图层，摆放在下方并适当旋转，最终效果如图6-196所示。

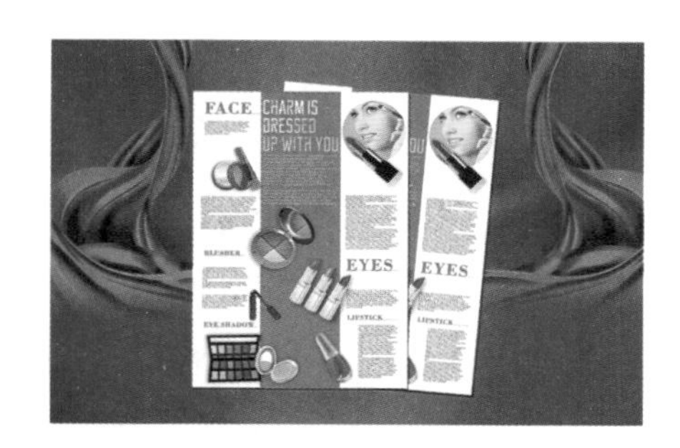

图 6-196

6.7 课后练习

文件路径	资源包\第6章\课后练习：制作APP选座界面
难易指数	★★★★★
技术要点	矩形工具、椭圆工具、阴影工具、再制命令

扫一扫，看视频

实例效果

本实例效果如图6-197所示。

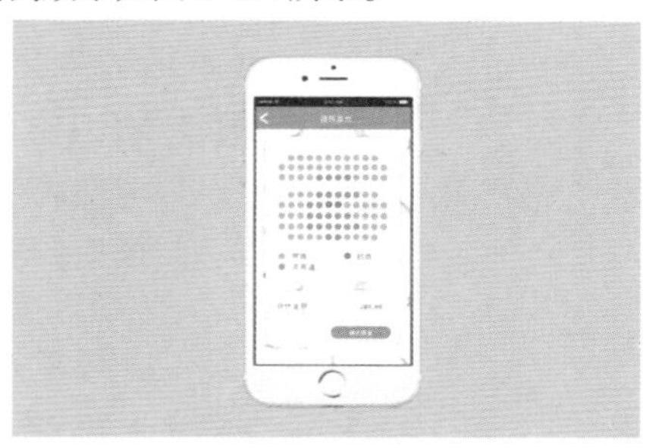

图 6-197

6.8 模拟考试

主题： 尝试制作服装电商海报。

要求：

(1) 海报主题明确，重点突出。

(2) 注重文字排版的关系。

(3) 注重配色与广告主题的关系。

(4) 画面需要包含商品及人物素材可在网络搜集。

(5) 可在网络搜索“电商广告”等关键词，从优秀的作品中寻找灵感。

(6) 涉及添加文字可参考第7章的内容。

考查知识点： 钢笔工具、图框精确剪裁。

扫一扫，看视频

文字的创建与编辑

本章内容简介：

在设计作品中，文字一直是不可或缺的重要组成部分。它不仅肩负着传达信息的职能，更能够起到装饰画面的作用。本章从文字的创建方式讲起，到文字属性的编辑，以及文本样式的应用等，为你一一道来。通过本章的学习，希望大家能够熟练地掌握各类文本的创建、编辑方法，为设计作品添加合理的文字元素。

重点知识掌握：

- 熟练掌握“文字”工具的使用方法
- 掌握多种文字的创建与编辑方法
- 掌握文字属性的编辑方法
- 掌握文字格式的设置方法

通过本章学习，我能做什么？

本章学习完后，你会惊叹一个小小的“文本”工具竟然能做这么多事情——无论是输入美术字还是段落文字都不在话下，而且还能够使用“文本”泊坞窗对文字进行字体大小、颜色、字间距、行间距等多个属性的更改。其实文字输入与编辑的方法是很简单的，但是对文字排版的审美能力的提高，还是需要读者们多看、多练、多思考的。

7.1 创建多种类型的文字

扫一扫，看视频

文字是设计作品中不可缺少的内容。使用“文本”工具字能够创建多种类型的文字，可以根据需要做出合适的选择。例如，制作标题时可以使用“文本”工具输入“美术字”；如果进行大量的文字排版，可以输入“段落文字”；如果要制作排列为一个不规则图形的文字，则可以输入“区域文字”。如图7–1~图7–4所示为包含不同类型文字的设计作品。

图 7–1

图 7–2

图 7–3

图 7–4

重点 7.1.1 认识“文本”工具

与其他工具相同，单击工具箱中的“文本”工具按钮字，在属性栏中就可以对文字的字体、字号、样式、对齐方式等进行设置，如图7–5所示。

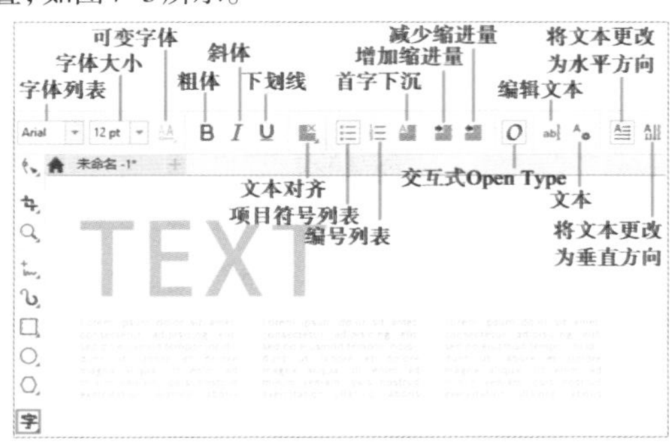

图 7–5

- Arial 字体：在该下拉列表中选择一种字体，即可为新文本或所选文本设置字体。
- 12 pt 字体大小：在该下拉列表中选择一种字号或输入数值，即可为新文本或所选文本指定字体大小。
- 可变字体：调整可变字体属性。
- B I U 粗体/斜体/下划线：单击“粗体”按钮B，可以将文本设置为粗体；单击“斜体”按钮I，可以将文本设置为斜体；单击“下划线”按钮U，可以为文字添加下划线。
- 文本对齐：单击右下角的◢按钮，在弹出的下拉列表中有“无”“左”“居中”“右”“全部调整”以及“强制调整”等多种对齐方式可供选择。
- 项目符号列表：添加或删除项目符号列表格式。
- 编号列表：添加或删除带数字的列表格式。
- 首字下沉：首字下沉是指段落文字的第一个字母尺寸变大并且位置下移至段落中。单击该按钮，即可为段落文字添加或去除首字下沉。
- ab| 编辑文本：选择要编辑的文字，单击“文字”工具属性栏中的“编辑文字”按钮，在弹出的“编辑文本”窗口中可以修改文字及其字体、字号和颜色。
- 文本方向：选择文字对象，单击“文字”工具属性栏中的“将文本改为水平方向”按钮或“将文本改为垂直反方向”按钮，可以将文字转换为水平或垂直方向。
- O 交互式OpenType：该按钮用于选定文本时，在屏幕上显示指示。

重点 7.1.2 美术字：创建少量文本

美术字适用于编辑少量文本，如标题。美术字的特点在于，在输入文字的过程中需要按Enter键进行换行。

单击工具箱中的“文本”工具按钮字，在文档中单击，确定文字的起点，如图7–6所示。接着输入文字，如图7–7所示。如果要换行，需要按Enter键。如果要结束文字的输入，可以在其他空白区域单击，或者单击工具箱中的其他任意工具按钮，如图7–8所示。

图 7–6

图 7-7

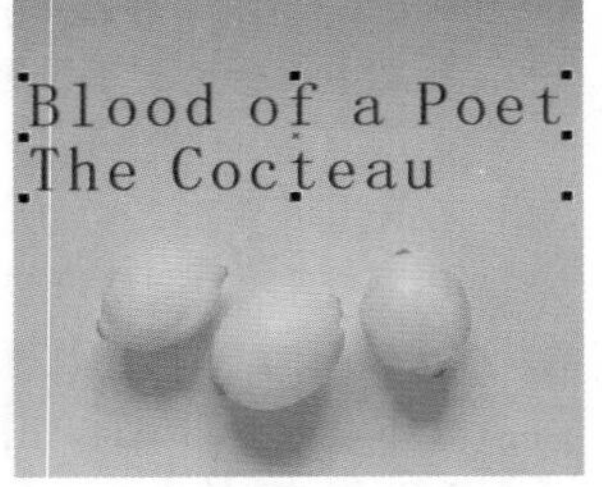

图 7-8

练习实例：创建美术字制作名片

扫一扫，看视频

文件路径	资源包\第7章\练习实例：创建美术字制作名片
难易指数	★★★★★
技术要点	“橡皮擦”工具、“智能填充”工具、“文本”工具

实例效果

本实例效果如图7-9所示。

图 7-9

操作步骤

步骤 01 新建一个空白文档；单击工具箱中的“矩形”工具按钮□，按住鼠标左键拖曳绘制一个矩形；然后在属性栏中设置宽度为90.0mm，高度为55.0mm，如图7-10所示。

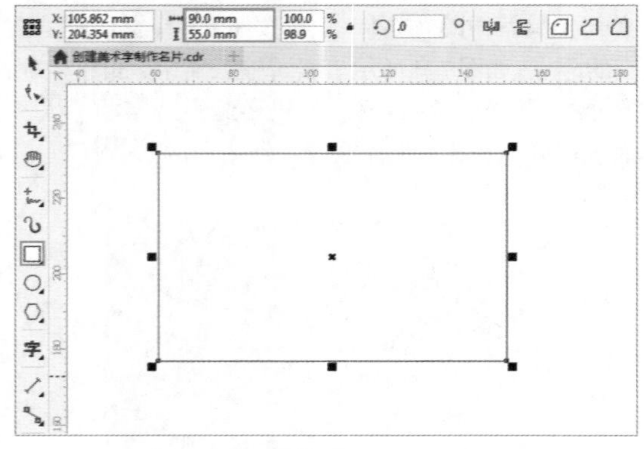

图 7-10

步骤 02 选择该矩形，单击工具箱中的“橡皮擦”工具按钮，在属性栏中单击“圆角笔尖”按钮○，设置“橡皮擦厚度”为0.025mm；接着按住Alt键在矩形上部边缘单击，然后将光标移动至矩形另一侧边缘单击，如图7-11所示。松开鼠标后，效果如图7-12所示。

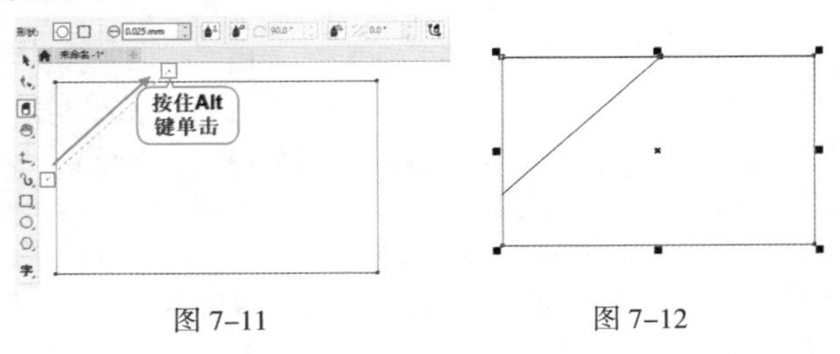

图 7-11　　图 7-12

> **提示**
>
> 此时鼠标经过的位置已经被擦除，按快捷键Ctrl+K进行拆分，然后移动即可查看效果，如图7-13所示。

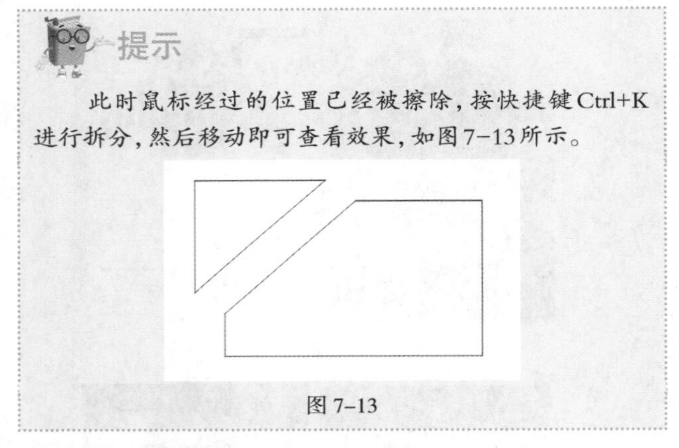

图 7-13

步骤 03 以同样的方式使用“橡皮擦”工具擦除其他地方，如图7-14所示。

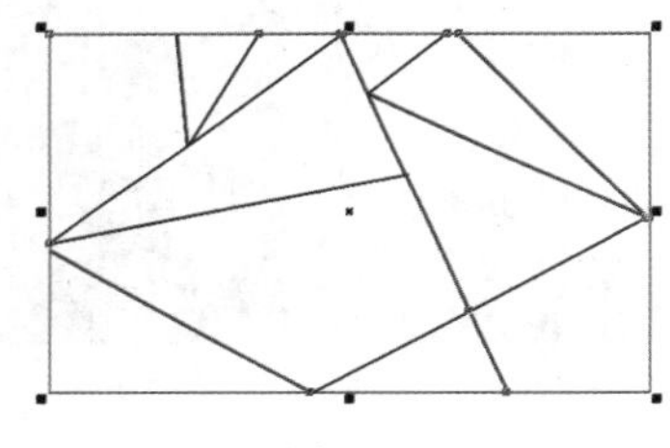

图 7-14

步骤 04 选中矩形，单击工具箱中的“智能填充”工具按钮，在属性栏中设置“填充色”为橘红色，“轮廓色”为同一颜色，然后在相应位置单击，即可填充该颜色，如图7-15所示。以同样的方式填充其他区域，如图7-16所示。

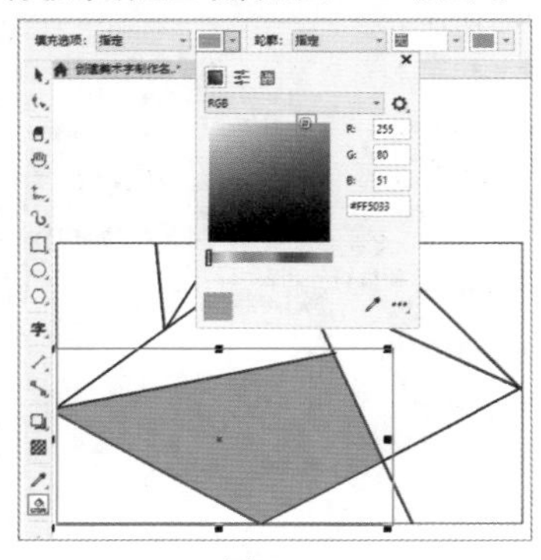

图 7-15

图 7-16

步骤 05 选择工具箱中的“文本”工具字，在画面中单击插入光标，然后输入文字。文字输入完后在空白区域单击，完成操作。接着选中输入的文字，在属性栏中设置合适的字体、字号，如图7-17所示。

图 7-17

步骤 06 单击工具箱中的“矩形”工具按钮，在画布上绘制一个矩形。选中绘制的矩形，单击工具箱中的“交互式填充”工具按钮，在属性栏中单击“均匀填充”按钮，设置“填充色”为橘红色，如图7-18所示。然后在调色板中右击“无”按钮去除轮廓色，如图7-19所示。

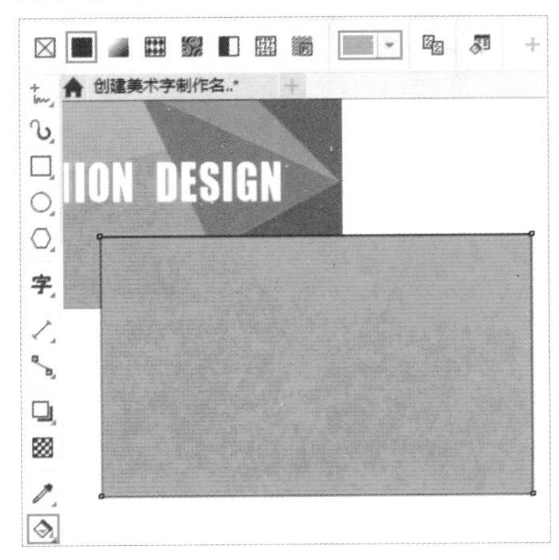

图 7-18

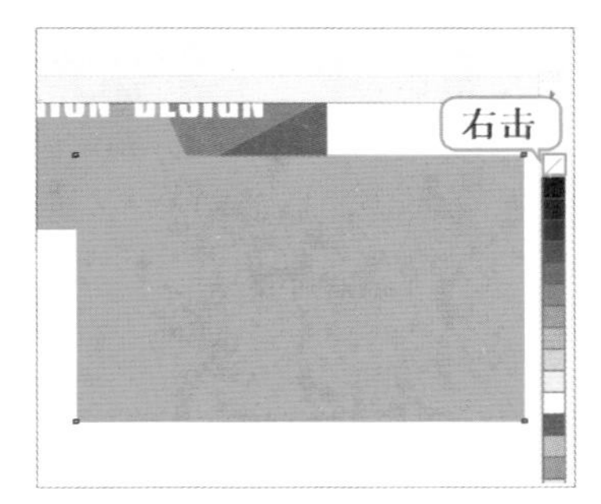

图 7-19

步骤 07 选择工具箱中的“文本”工具字，在画面中单击插入光标，然后输入文字。接着选中输入的文字，在属性栏中设置合适的字体、字号，设置“文本对齐”为“右对齐”，如图7-20所示。以同样的方式输入其他的文字，效果如图7-21所示。

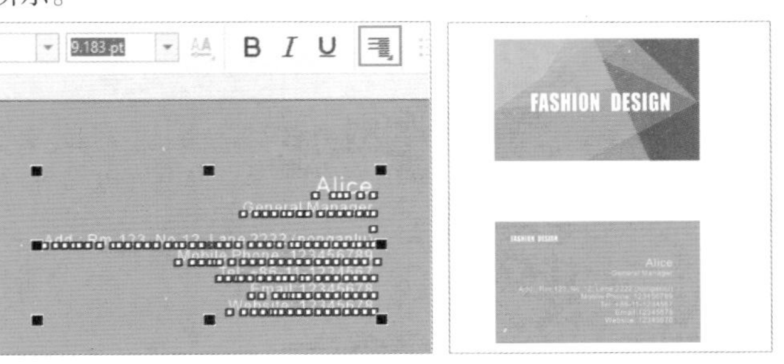

图 7-20　　图 7-21

步骤 08 分别为两张名片添加阴影效果；然后执行“文件”->“导入”命令，导入背景素材，并按快捷键Shift+PageDown将背景图片置于底层。最终效果如图7-22所示。

图 7-22

重点 7.1.3 段落文字：制作大量的正文

当文字较多时，可以通过创建段落文字进行文字的创建与编辑。段落文字的特点是先创建文本框，然后在其中输入文字，当到达文本框边缘时会自动换行。如果要调整文本框的大小，那么文字的排列方式也会发生变化。

选择工具箱中的“文本”工具字，然后在画面中按住鼠标左键拖动，如图7-23所示。释放鼠标即可看到绘制的文本框，此时的文本框中会有一个闪动的光标，如图7-24所示。接着输入文字，文本会自动排列在文本框内，当到达文本框边缘时会直接换行，如图7-25所示。

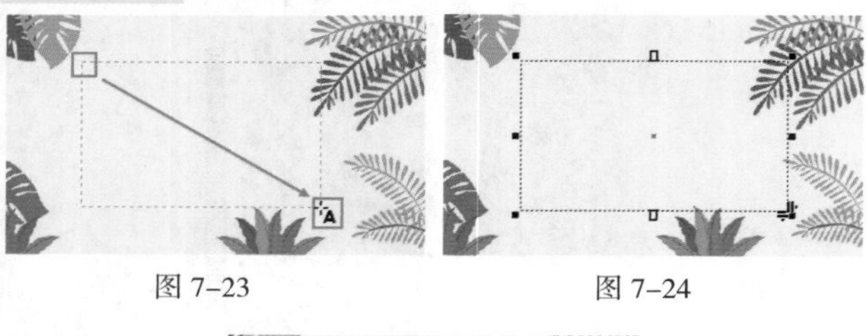

图 7-23　　图 7-24

图 7-25

提示：美术字与段落文字的转换

选中美术字，执行“文本”->“转换为段落文本”命令，或按快捷键Ctrl+F8，即可将美术字转换为段落文字，如图7-26和图7-27所示。

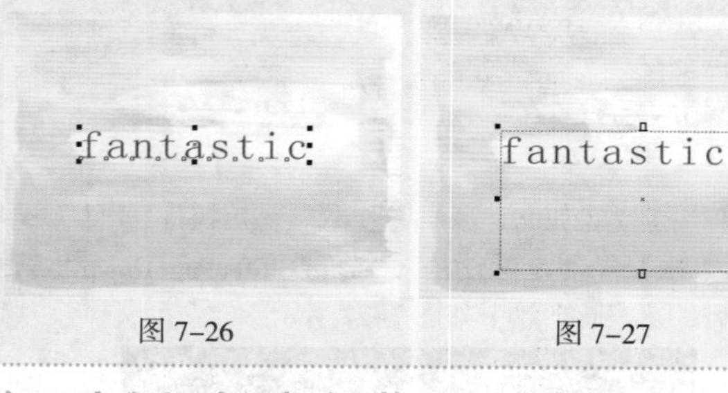

图 7-26　　图 7-27

练习实例：创建段落文字制作商务画册内页

扫一扫，看视频

文件路径	资源包\第7章\练习实例：创建段落文字制作商务画册内页
难易指数	★★★★★
技术要点	“文本”工具、设置文本属性、“透明度”工具

实例效果

本实例效果如图7-28所示。

图 7-28

操作步骤

步骤 01 新建一个“宽度”为258mm、“高度”为210mm的空白文档。执行“文件”->“导入”命令，导入素材1.jpg，摆放在左侧页面上。继续执行“文件”->“导入”命令，导入素材2.jpg，摆放在右侧页面的上方，如图7-29所示。

图 7-29

步骤 02 使用“钢笔”工具绘制一个平行四边形，并填充为蓝色，如图7-30所示。单击工具箱中的“透明度”工具按钮，在节点上设置数值为40，如图7-31所示。

图 7-30

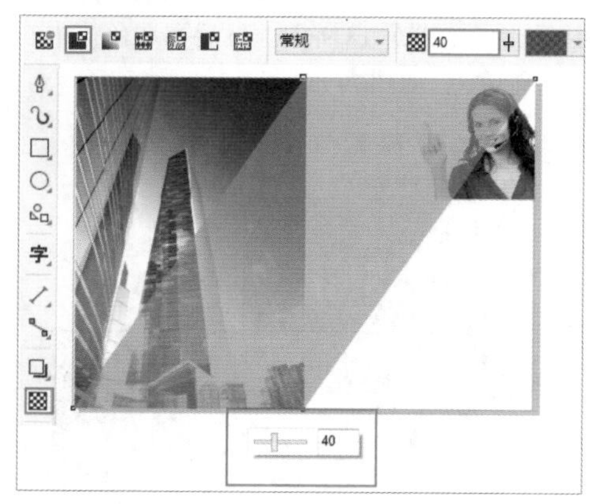

图 7-31

步骤 03 使用“钢笔”工具在左下角绘制一个三角形，并填充为蓝色，如图7-32所示。以同样的方式在右侧页面绘制下一个图形并填充同样的颜色，如图7-33所示。

图 7-32

图 7-33

步骤 04 使用“矩形”工具绘制一个白色矩形，如图7-34所示。选择工具箱中的“文本”工具，在属性栏中设置合适的字体、字号，然后单击画布插入光标，输入文字。选中文字，单击调色板中的幼蓝色色块，为其颜色更改为幼蓝色，如图7-35所示。

图 7-34

图 7-35

步骤 05 使用“文本”工具，在属性栏中设置合适的字体、字号，在画布上按住鼠标左键从左上角向右下角拖动创建文本框，如图7-36所示。然后输入文字，文字自动排列在文本框中，如图7-37所示。

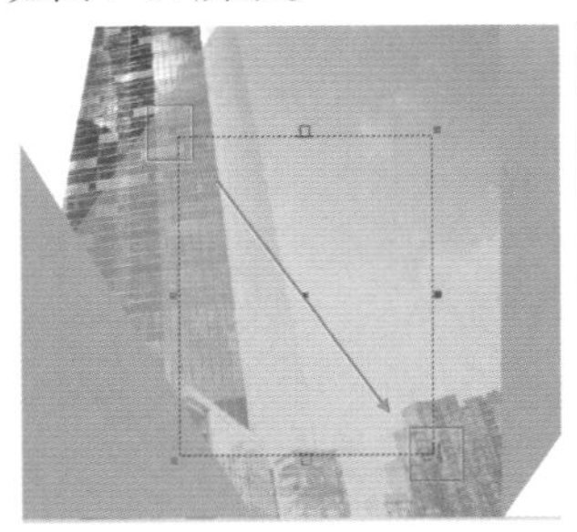

图 7-36

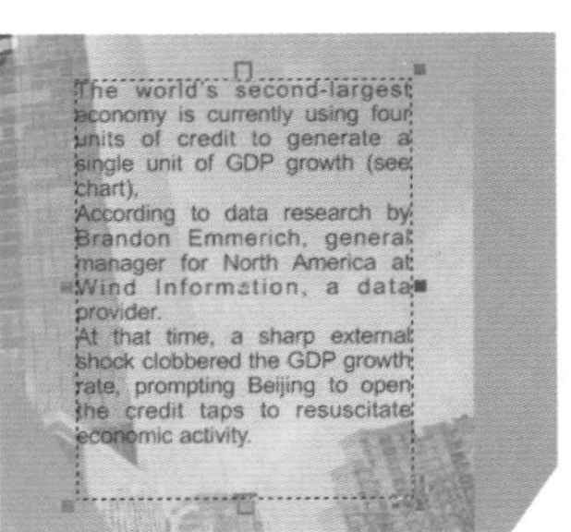

图 7-37

步骤 06 选中文本框，更改文字颜色为白色，如图7-38所示。执行“窗口”->“泊坞窗”->“文本”命令，在弹出的“文本”泊坞窗中单击“段落”按钮，单击“两端对齐”按钮，并在下方将“段前间距”设置为200.0%，如图7-39所示。

图 7-38

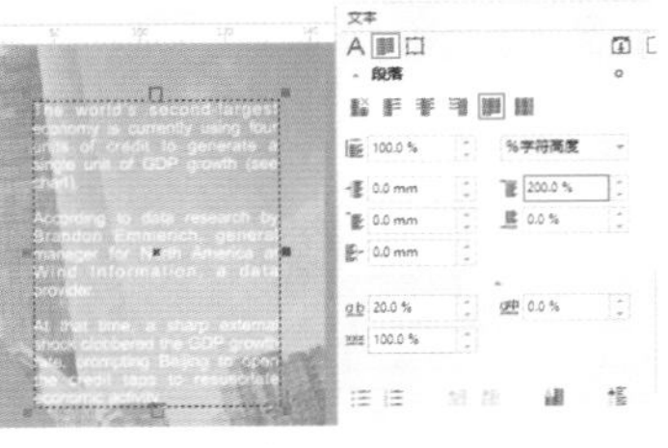

图 7-39

步骤 07 使用“文本”工具，在属性栏中设置合适的字体、字号，然后在正文上方输入标题文字，并将其颜色更改为白色，如图7-40所示。以同样的方式输入其他文字。最终效果如图7-28所示。

图 7-40

重点 7.1.4 路径文字：创建沿路径排列的文字

路径文字是沿着路径排列的一种文字形式，其特点是路径改变后文字的排列方式也会随之变化。在平面设计作品中，水平排列的文字给人正式、严谨的心理感受。而弯曲排列的文字给人动感、活跃的心理感受，可以应用在较为活泼的设计作品中。如图7-41和图7-42所示为用到了路径文字的设计作品。

图 7-41

图 7-42

1. 创建路径文字

(1) 路径文字是路径和文字的“结合体”，所以在建立路径文字之前需要先绘制一段路径，如图7-43所示。接着选择工具箱中的“文本”工具字，将光标移动至路径上方，光标变为状后单击即可插入光标，如图7-44所示。接着输入文字，随着文字的输入可以看到文字会随着路径的走向而排列，如图7-45所示。

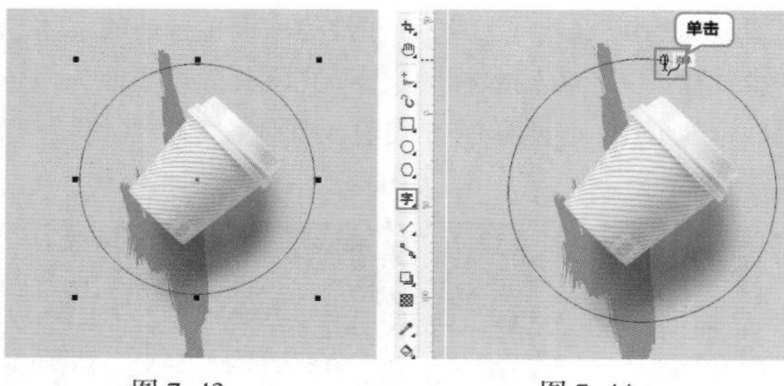

图 7–43　　图 7–44

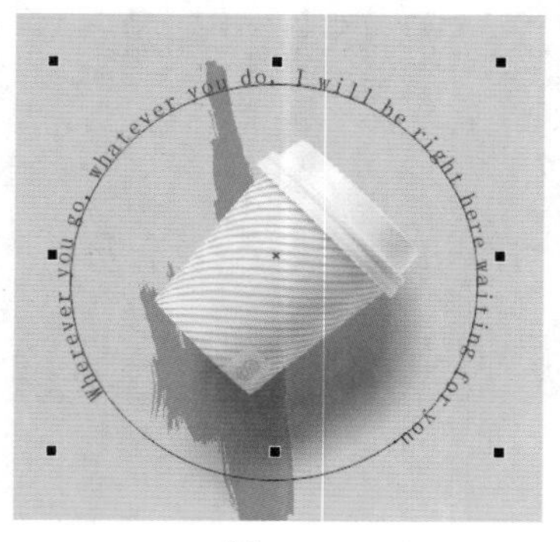

图 7–45

(2) 使用“形状”工具对路径进行调整，调整后文字的排列也会发生变化。效果如图 7–46 所示。如果想让路径“消失”，可以选择路径文字，然后右击调色板顶部的按钮即可去除轮廓色。效果如图 7–47 所示。

图 7–46

图 7–47

2. 编辑路径文字

创建路径文字后，在属性栏中可以对其进行编辑，如图 7–48 所示。

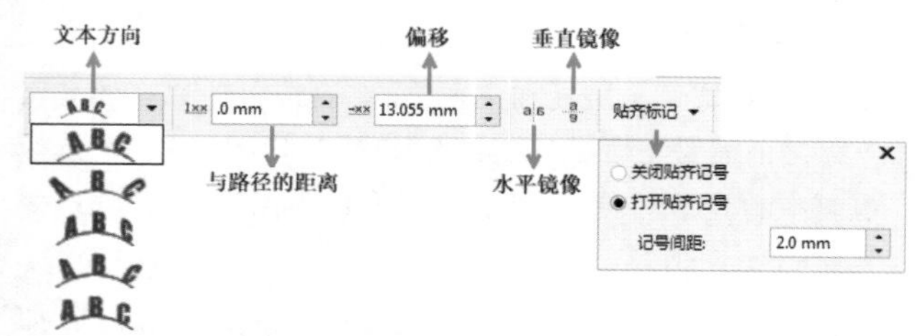

图 7–48

- 文本方向：用于指定文字的总体朝向，包含 5 种效果，如图 7–49 所示。

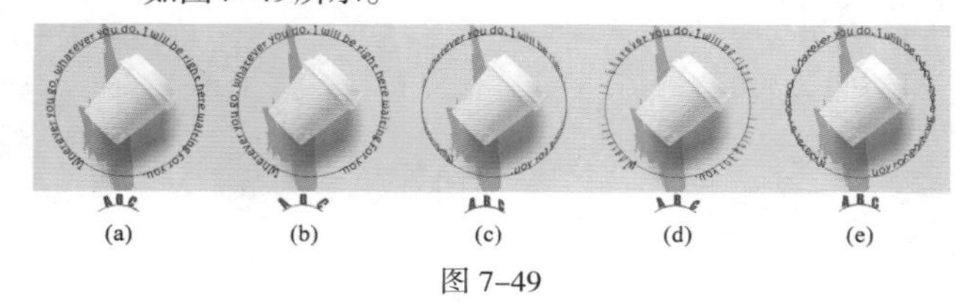

图 7–49

- 与路径的距离：用于设置文本与路径的距离。如图 7–50 所示是参数分别为 9mm 和 –9mm 时的对比效果。

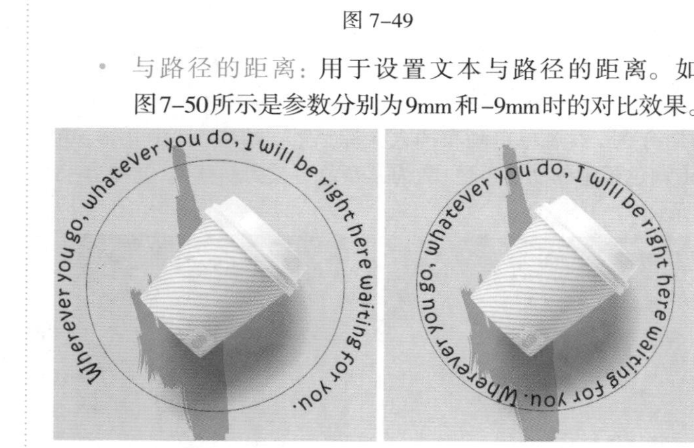

图 7–50

- 偏移：设置文字在路径上的位置，当数值为正值时文字靠近路径的起始点，当数值为负值时文字靠近路径的终点。
- 水平镜像：从左向右翻转文本字符，如图 7–51 所示。

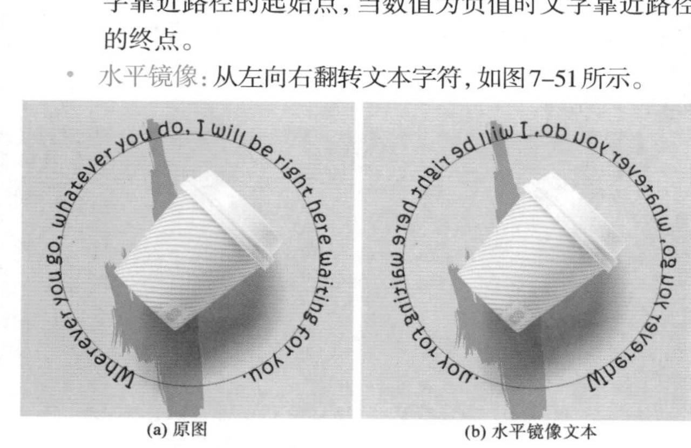

(a) 原图　　(b) 水平镜像文本

图 7–51

- 垂直镜像：从上向下翻转文本字符，如图 7–52 所示。

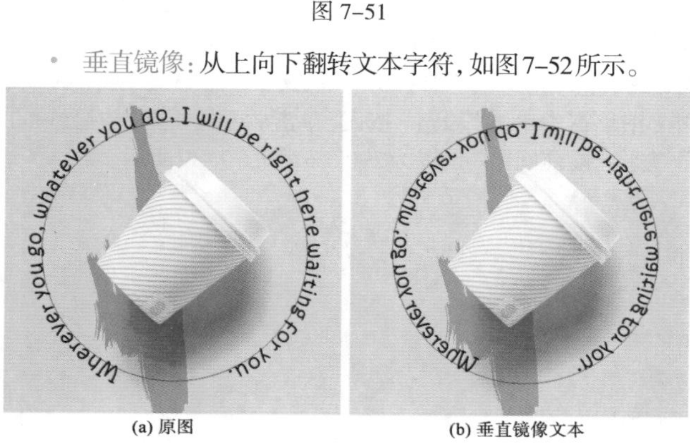

(a) 原图　　(b) 垂直镜像文本

图 7–52

- 贴齐标记：指定贴齐文本到路径的间距增量。

3. 拆分路径文字

对于路径文字，可以将路径与文字拆分为两个个体，拆分后的文字仍然保留路径的形状。选择路径文字，如图7-53所示。执行“对象”->“拆分在同一路径上的文本”命令(快捷键Ctrl+K)，拆分后路径和文字分为两个部分，进行移动即可查看效果，如图7-54所示。

图7-53

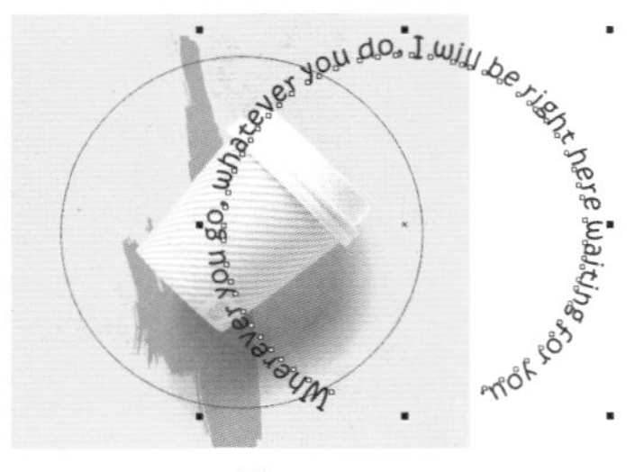

图7-54

4. 使文本适合路径

首先绘制一段路径，然后输入一段文字，如图7-55所示。选中文字，执行“文本”->“使文本适合路径”命令，然后将光标移动至路径上，就可以看到文字变为虚线沿着路径走向排列，如图7-56所示。调整到合适位置后单击即可完成操作，效果如图7-57所示。

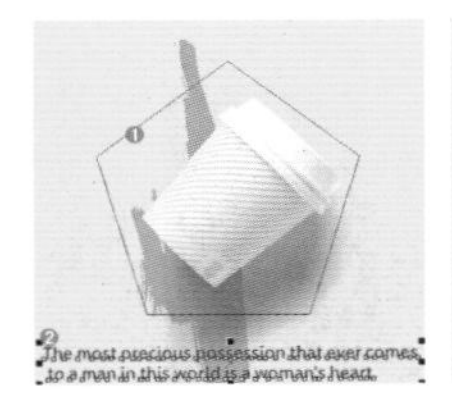

图7-55

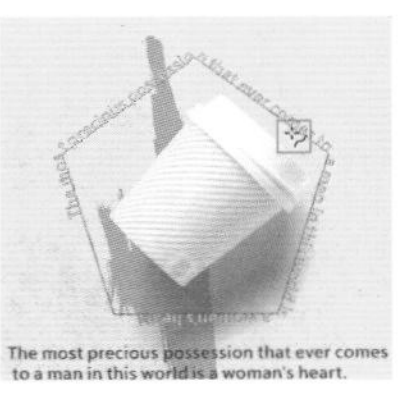

图7-56

图7-57

提示：“使文本适合路径”的其他方法

也可以按住鼠标右键将文本拖曳到路径上，当光标变为十字形的圆环时释放鼠标，随即在弹出的快捷键菜单中执行“使文本适合路径”命令，即可使文本适合路径。

视频课堂：制作沿路径排列的文字

文件路径	资源包\第7章\视频课堂：制作沿路径排列的文字
难易指数	★★★★★
技术要点	路径文字

扫一扫，看视频

实例效果

本实例效果如图7-58所示。

图7-58

重点 7.1.5 区域文字：创建特定范围内的文本

段落文字可以在一个矩形区域中输入文字，而区域文字则可以在任何封闭的图形内创建文本，使文本的外轮廓呈现出形态各异的效果。如图7-59所示为使用区域文字制作的作品。

图7-59

首先绘制闭合路径，接着选择工具箱中的“文本”工具，将光标移动到封闭路径里侧的边缘，当光标变为I字状后单击，如图7-60所示。此时图形内部会出现一圈曲线，并且会显示闪烁的光标，如图7-61所示。输入文字后，可以看到文字处于封闭路径内，如图7-62所示。

图 7-60

图 7-61

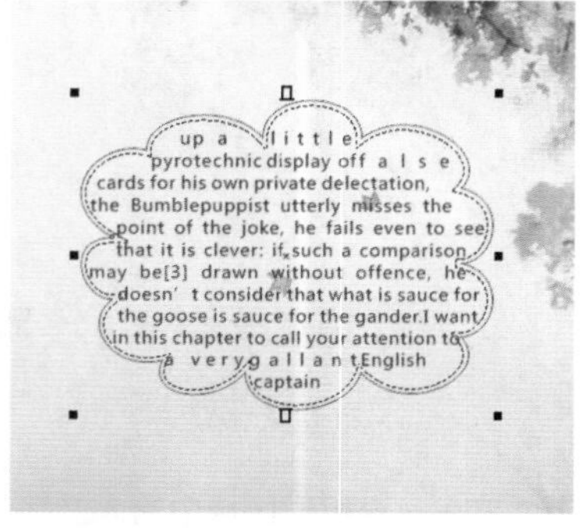

图 7-62

提示：将路径内的文本和路径分离

执行“对象”->“拆分路径内的段落文本”命令，或按快捷键Ctrl+K，可以将路径内的文本和路径分离开，如图7-63所示。

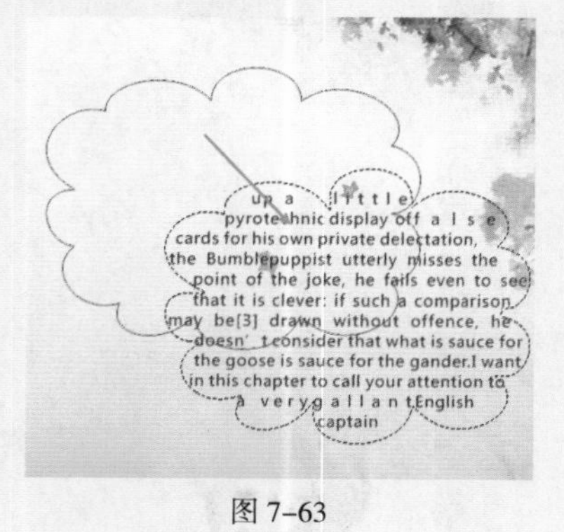

图 7-63

练习实例：在图形内输入文本制作杂志版面

扫一扫，看视频

文件路径	资源包\第7章\练习实例：在图形内输入文本制作杂志版面
难易指数	★★★★★
技术要点	“文本”工具、创建区域文字

实例效果

本实例效果如图7-64所示。

图 7-64

操作步骤

步骤 01 执行“文件”->“新建”命令，创建新文档。执行“文件”->“导入”命令，在弹出的“导入”窗口中找到素材位置，选择素材1.jpg，单击“导入”按钮。接着在画面中按住鼠标左键拖动，松开鼠标后完成导入操作，如图7-65所示。

图 7-65

步骤 02 选择工具箱中的“钢笔”工具，绘制一个五边形，如图7-66所示。选中导入的素材，执行“对象”->PowerClip->“置于图文框内部”命令，当光标变成箭头形状后移动至绘制的五边形上单击。效果如图7-67所示。

图 7-66

图 7-67

步骤 03 选择工具箱中的“文本”工具字，在画面中单击插入光标，然后输入文字。接着选中输入的文字，在属性栏中设置合适的字体、字号，设置文本对齐方式为“左”，如图7-68所示。单击工具箱中的“钢笔”工具按钮，绘制一条线段作为装饰，如图7-69所示。

图 7-68

图 7-69

步骤 04 选择工具箱中的“椭圆形”工具，按住Ctrl键绘制一个正圆。选中绘制的正圆，单击工具箱中的“交互式填充”工具按钮，单击属性栏中的“均匀填充”按钮，设置“填充色”为淡黄色，然后在调色板中右击“无”按钮去除轮廓色，如图7-70所示。

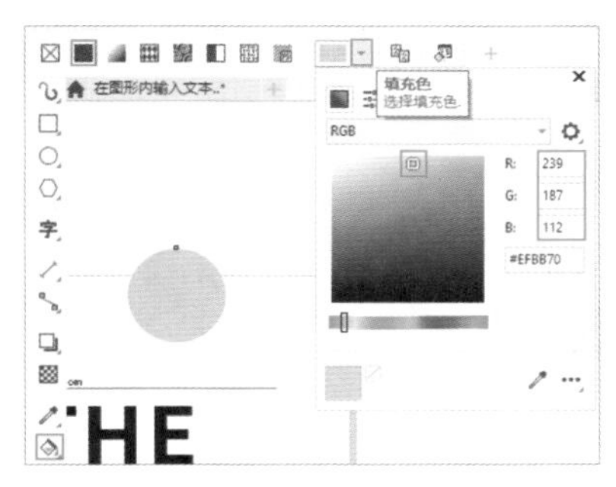

图 7-70

步骤 05 使用“矩形”工具在画布以外的正圆处绘制一个矩形，如图7-71所示。按住Shift键单击加选两个图形，然后单击属性栏中的“移除前面对象”按钮。效果如图7-72所示。

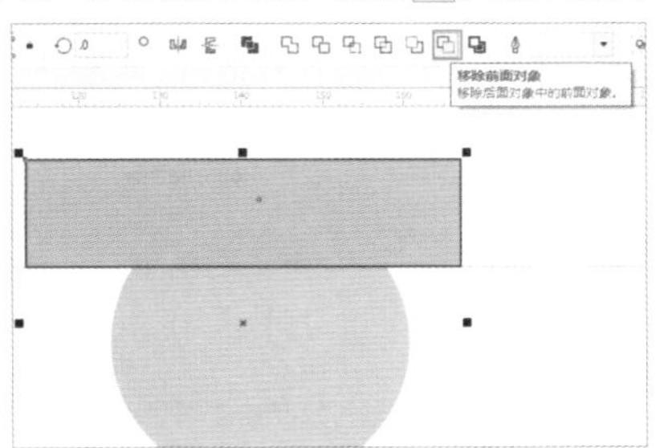

图 7-71

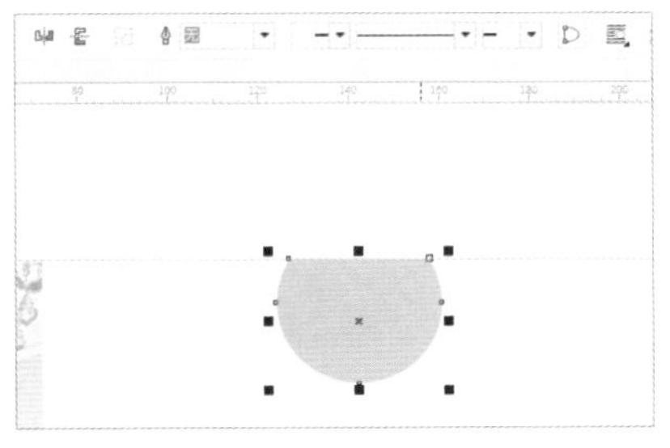

图 7-72

步骤 06 使用“文本”工具在相应位置输入文字，如图7-73所示。继续使用“文本”工具，在主体文字的右下角按住鼠标左键拖曳绘制一个文本框。接着输入文字，并设置文本对齐方式为“左”，如图7-74所示。

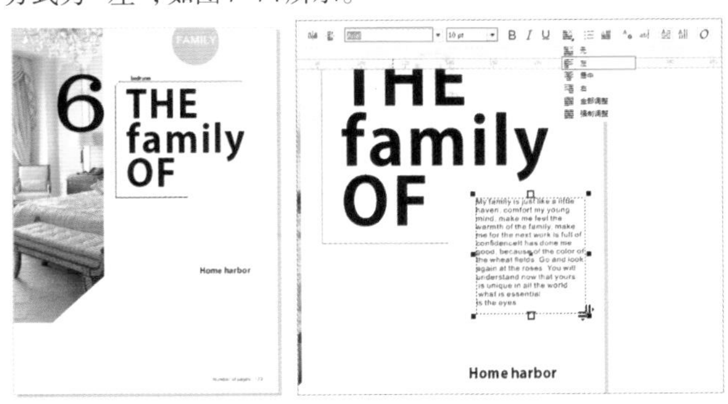

图 7-73　　图 7-74

步骤 07 使用“钢笔”工具绘制一些线段作为装饰，如图7–75所示。继续使用“钢笔”工具，在画面下方绘制一个梯形，如图7–76所示。

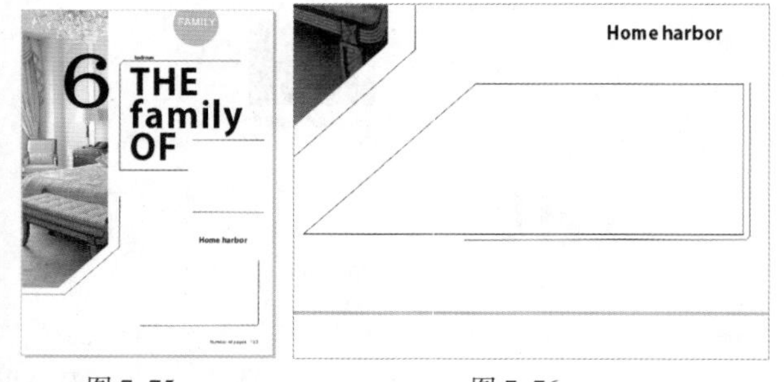

图 7–75　　图 7–76

步骤 08 选择工具箱中的“文本”工具，将光标移动至梯形的左上角位置，当光标变为状后单击，如图7–77所示。此时梯形内会出现闪烁的光标，如图7–78所示。

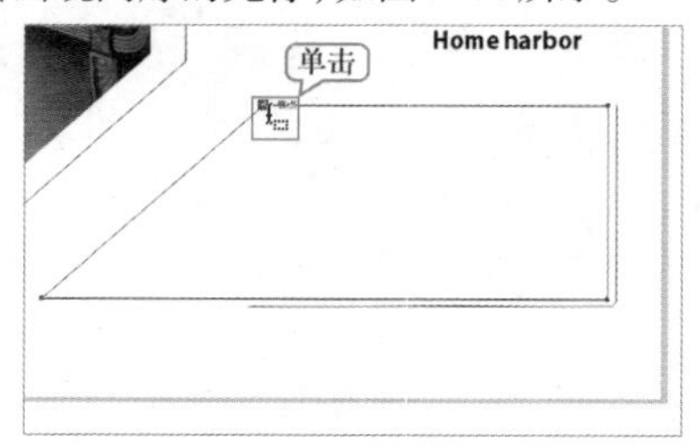

图 7–77

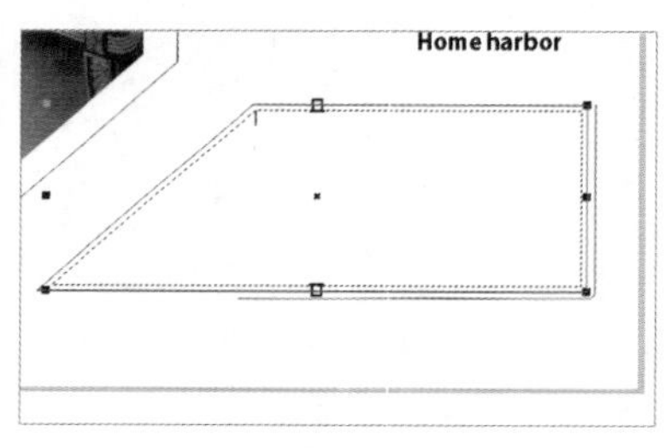

图 7–78

步骤 09 输入相应的文字，在调色板中右击“无”按钮，去除轮廓色。最后使用“矩形”工具绘制一些彩色的矩形作为相应的装饰，最终效果如图7–79所示。

图 7–79

7.1.6 向文档中导入文本文件

在较多文字的排版过程中，通常不会逐字逐句地输入，而是在Word或“写字板”中整理好要使用的文本内容，然后通过CorelDRAW的“导入”功能将其快速添加到当前文档中。

(1) 新建一个文本文件或Word文档，然后在其中输入文字，如图7–80所示。在CorelDRAW中执行“文件”–>“导入”命令(快捷键Ctrl+I)，在弹出的“导入”对话框中选择要使用的文本文件，然后单击“导入”按钮，如图7–81所示。

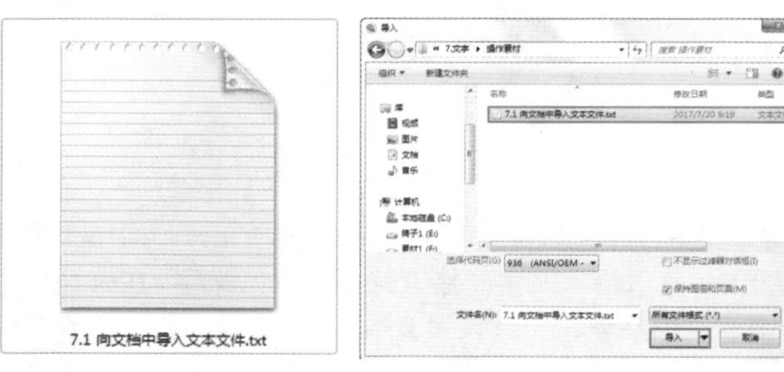

图 7–80　　图 7–81

(2) 在弹出的“导入/粘贴文本”面板中设置文本的格式，单击OK按钮进行导入，如图7–82所示。接着光标变为状单击，如图7–83所示。

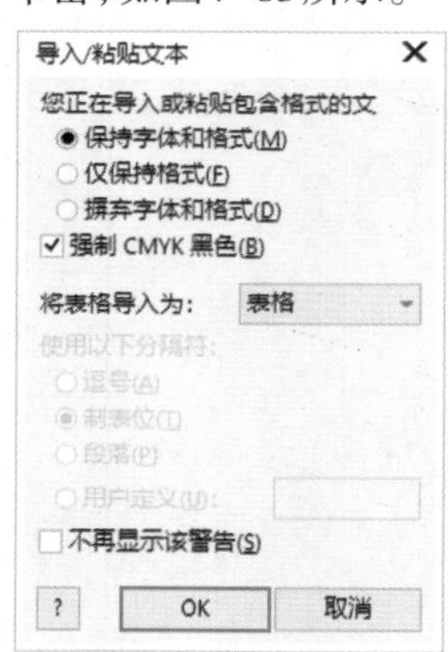

图 7–82　　图 7–83

(3) 文本文件内的文字将出现在当前CorelDRAW文档中，如图7–84所示。导入的文本会作为段落文本存在，所以可以通过调整文本框控制点来调整其大小，如图7–85所示。

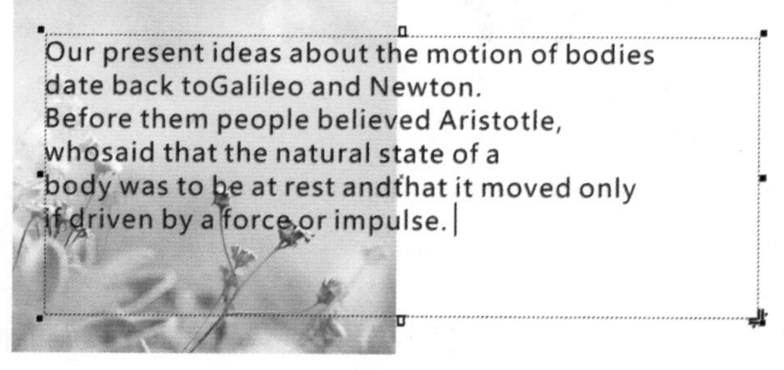

图 7–84

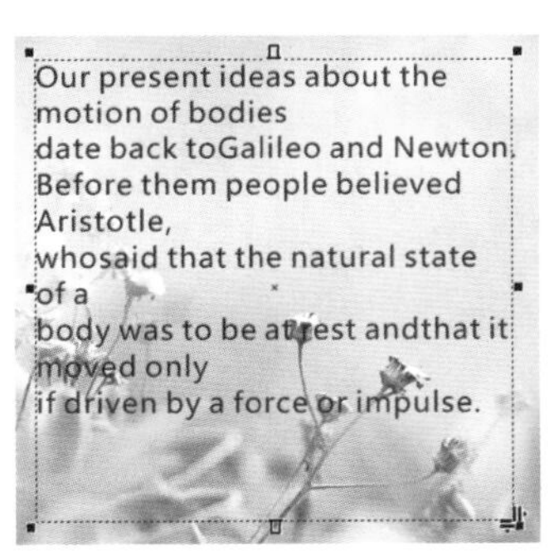

图 7-85

(4) 在进行大量文字版面的编排过程中，也经常会在Word文档中对文字进行逐个部分的复制，然后到CorelDRAW中进行逐个部分的粘贴，以便于分别对标题、副标题、正文等不同格式、样式的文字进行属性的编辑。

7.2 文字的基本编辑

扫一扫，看视频

在平面设计中，文字不仅是用来表达信息的，还有美化的用途。为了满足审美需求，就需要对文本的显示效果进行编辑。在CorelDRAW中，不仅可以在属性栏中进行调整，还可以通过“文字属性”泊坞窗进行设置。如图7-86和图7-87所示为文字效果丰富的作品。

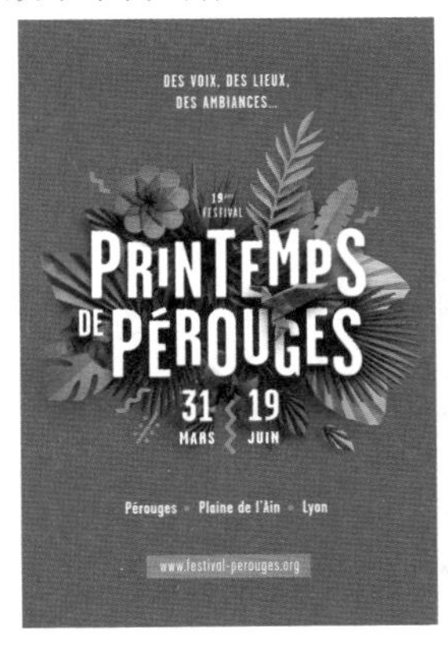

图 7-86

图 7-87

重点 7.2.1 选择文本对象

想要对文本对象进行编辑，首先要选中该对象。在CorelDRAW中可以选择整个文本对象，也可以选中其中某几个字母。

1. 选择文本

首先输入一段文本，如图7-88所示。然后使用“选择”工具在段落文字上单击，即可选中整个文本对象。然后按住鼠标左键拖动，即可移动其位置，如图7-89所示。

图 7-88

图 7-89

2. 选中文本中的部分文字

想要对一段文本中的部分文字进行编辑，可以选择工具箱中的“文本”工具，然后在要选择的文字的左侧或右侧单击插入光标，如图7-90所示。按住鼠标左键向文字的方向拖动，被选中的文字呈现为灰色，如图7-91所示。选中文字后可以进行颜色、字体等设置，如图7-92所示。

提示：快速选中整段文字

如果要快速选中整段文字，可以先在文本内插入光标，然后按快捷键Ctrl+A即可全选。

图 7-90

图 7-91

图 7-92

3. 选择单个字符进行编辑

(1) 选择工具箱中的“形状”工具，可以看到在每个字

符的左下角都有一个空心的控制点，如图7–93所示。单击控制点，此控制点将变为黑色，如图7–94所示。按住鼠标左键拖动即可移动单个字符的位置，还可以在属性栏中对单个字符属性进行调整。如图7–95所示为文字移动和旋转后的效果。

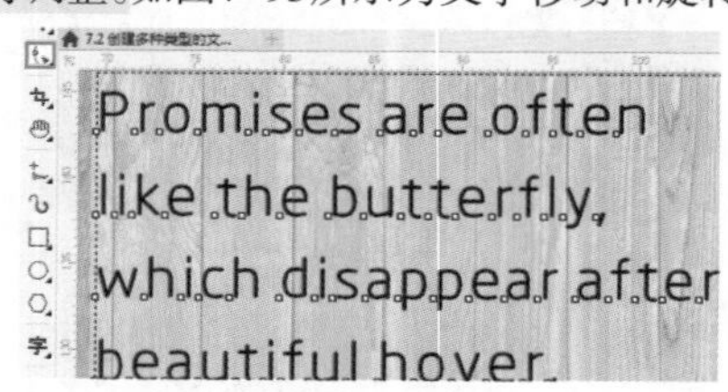

图 7–93

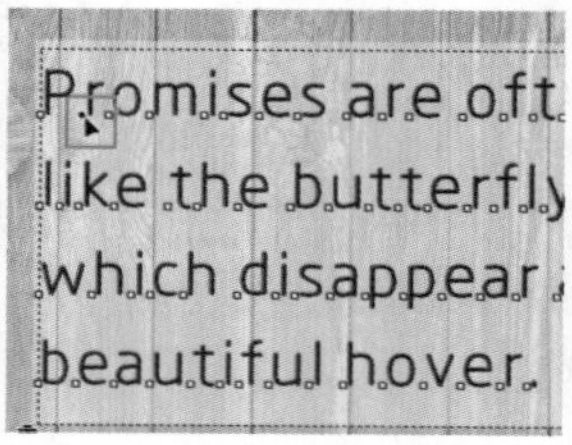

图 7–94

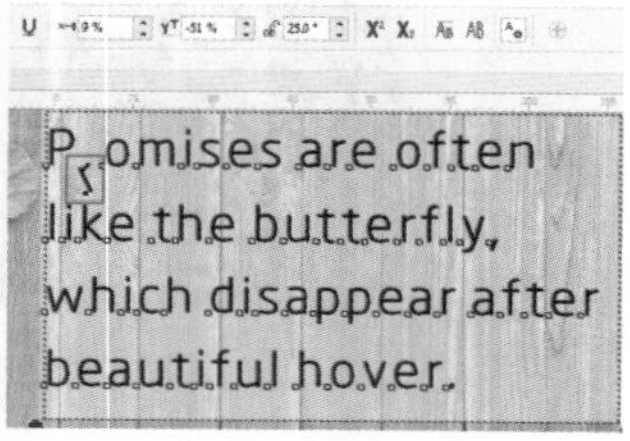

图 7–95

(2) 如果要选择多个字符下方的控制点，可以按住鼠标左键拖动进行框选，如图7–96所示。释放鼠标后框选的字符右下角的控制点将被选中，如图7–97所示。此外，还可以按住Shift键单击字符左下角的控制点进行加选，如图7–98所示。

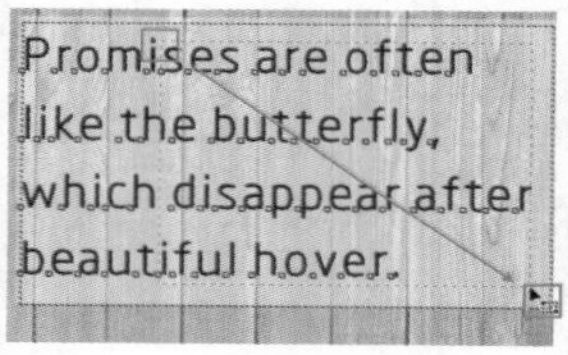

图 7–96

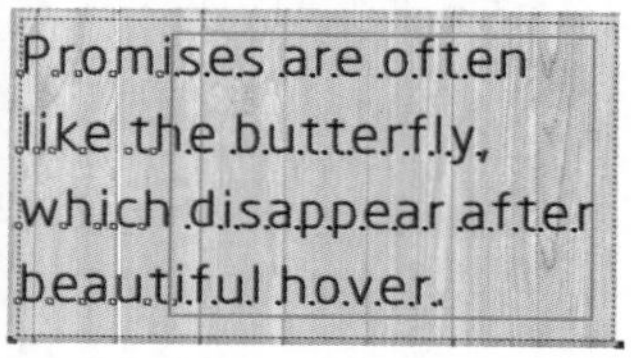

图 7–97

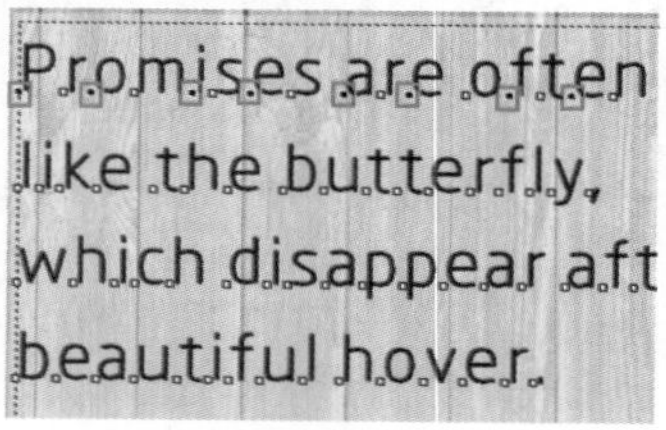

图 7–98

练习实例：使用“形状”工具调整单个文字

扫一扫，看视频

文件路径	资源包\第7章\练习实例：使用“形状”工具调整单个文字
难易指数	★★★★★
技术要点	“形状”工具、“文字”工具

实例效果

本实例效果如图7–99所示。

图 7–99

操作步骤

步骤 01 新建一个空白文档。单击工具箱中的“矩形”工具按钮□，在画布上绘制一个矩形，如图7–100所示。

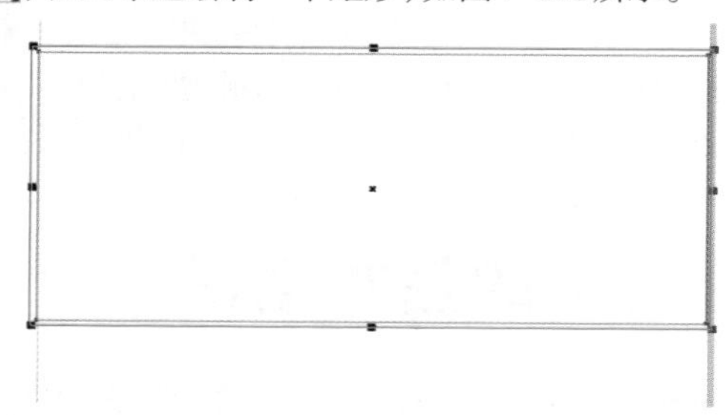
图 7–100

步骤 02 选中绘制的矩形，单击工具箱中的“交互式填充”工具按钮◈，单击属性栏中的“均匀填充”按钮■，设置“填充色”为红色，然后在调色板中右击“无”按钮☐去除轮廓色，如图7–101所示。

图 7–101

步骤 03 选择工具箱中的“钢笔”工具🖋，绘制一个三角形，然后将其填充为白色，如图7–102所示。继续绘制多个三角形，如图7–103所示。

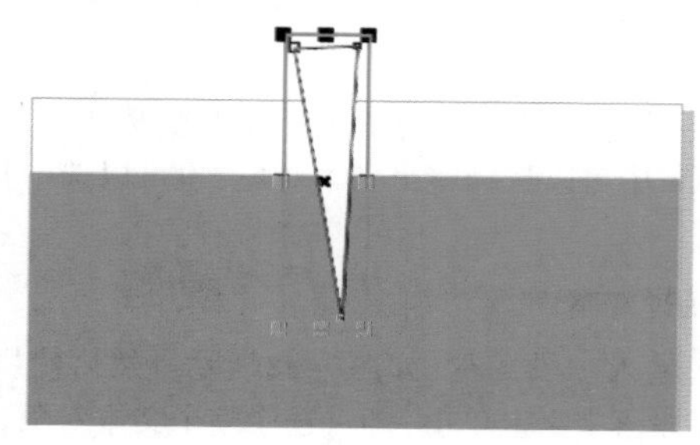
图 7–102

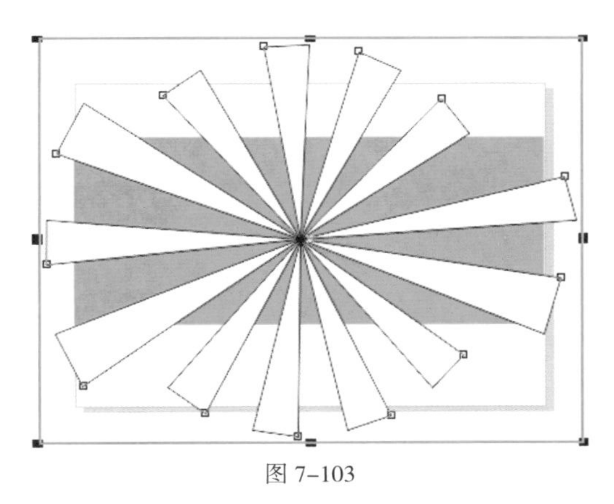

图 7-103

步骤 04 按住Shift键单击加选绘制的全部三角形，执行“对象”->“组合”->“组合”命令，将图形组合在一起。然后在调色板中右击“无”按钮☒去除轮廓色，如图7-104所示。

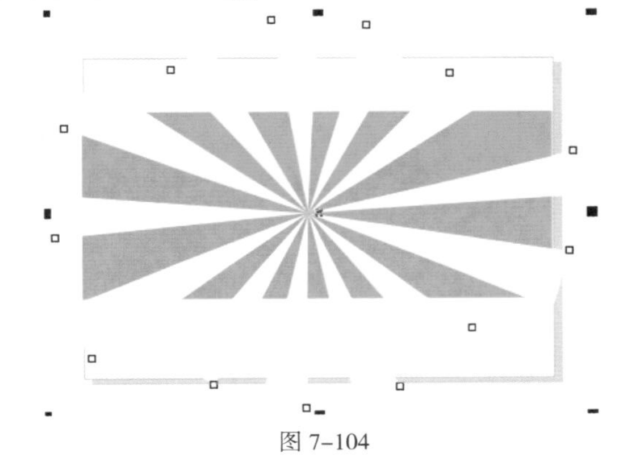

图 7-104

步骤 05 选择图形组，单击工具箱中的“透明度”工具按钮，在属性栏中单击“均匀透明度”按钮，然后设置“透明度”为83，如图7-105所示。

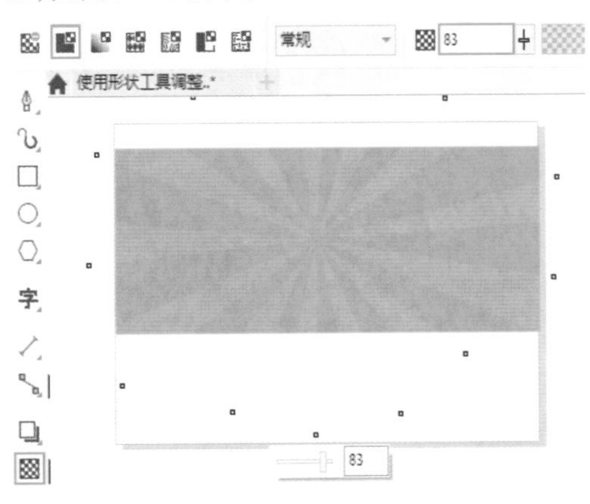

图 7-105

步骤 06 选中绘制的放射形状，执行“对象”->PowerClip->“置于图文框内部”命令，当光标变成箭头形状后单击红色矩形。效果如图7-106所示。

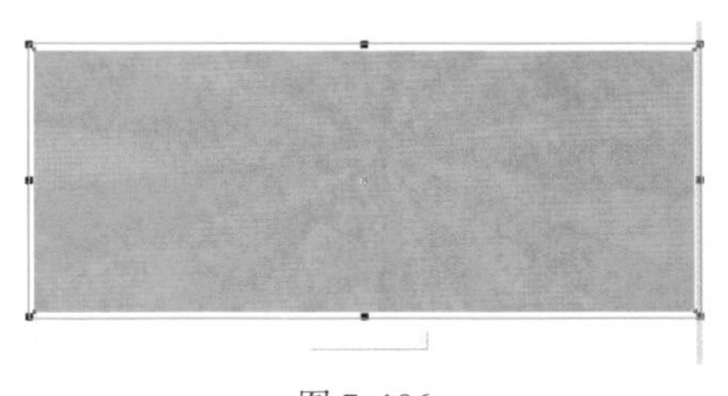

图 7-106

步骤 07 执行“文件”->“导入”命令，在弹出的“导入”窗口中找到素材位置，选择素材1.png，单击“导入”按钮。接着在画面中按住鼠标左键拖动，松开鼠标后完成导入操作，如图7-107所示。

图 7-107

步骤 08 选择工具箱中的“文本”工具字，在画面中单击插入光标，然后输入文字。接着选中输入的文字，在属性栏中设置合适的字体、字号，如图7-108所示。选中文字，单击工具箱中的“交互式填充”工具按钮，单击属性栏中的“均匀填充”按钮■，设置“填充色”为深红色，如图7-109所示。

图 7-108

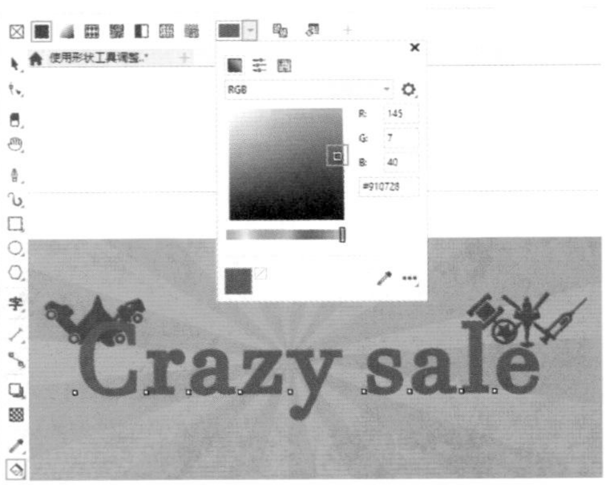

图 7-109

步骤 09 选择文字，双击界面右下方的“轮廓笔”按钮，在弹出的“轮廓笔”窗口中设置“宽度”为10.0mm，“颜色”为深红色，“位置”为“居中的轮廓”，设置完成后单击OK

按钮，如图7–110所示。文字效果如图7–111所示。

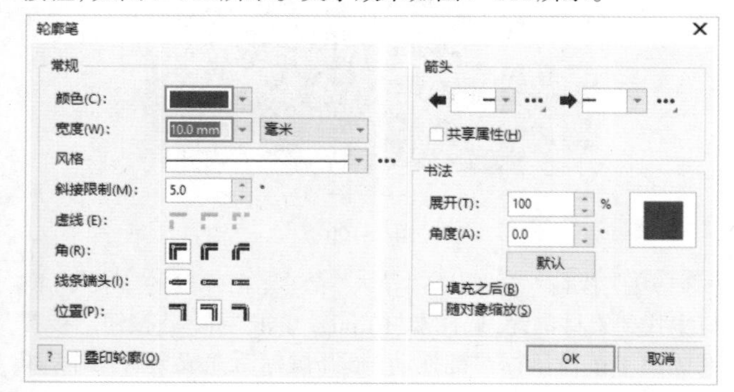

图 7–110

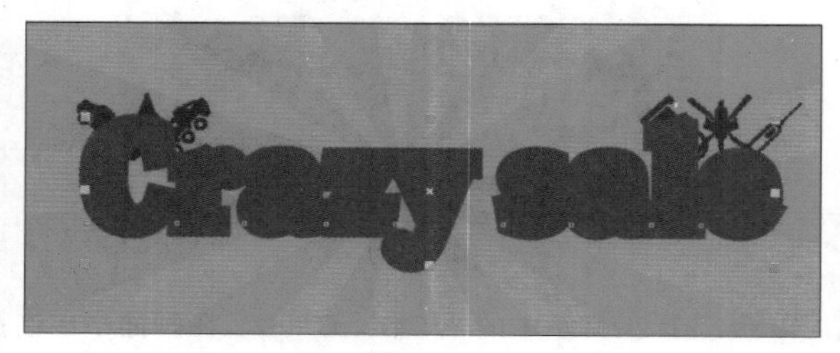

图 7–111

步骤 10 单击工具箱中的“形状”工具按钮，单击字母C左下角的白色控制点(单击后该控制点变为黑色)，然后在属性栏中设置“字符角度”为15.0°，如图7–112所示。

图 7–112

步骤 11 逐一调整余下各字母，调整完成后按快捷键Ctrl+K进行拆分，如图7–113所示。

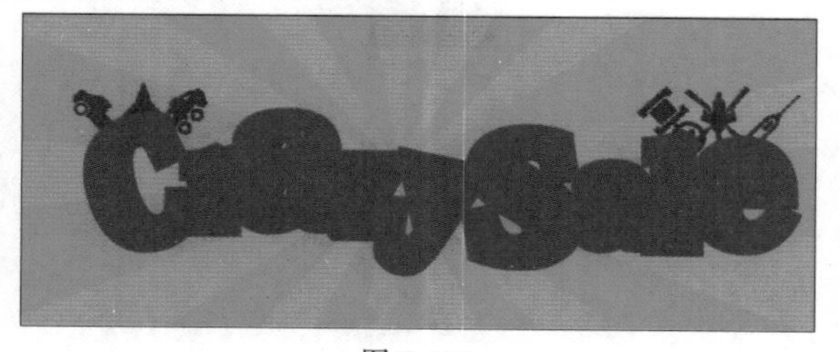

图 7–113

步骤 12 单击选择字母C，按快捷键Ctrl+C进行复制，然后按快捷键Ctrl+V进行粘贴。单击调色板中的黄色色块，然后右击“无”按钮，去除轮廓线。效果如图7–114所示。

图 7–114

步骤 13 加选两个字母C，按快捷键Ctrl+G进行编组。使用同样的方式制作其他字母，效果如图7–115所示。

图 7–115

步骤 14 制作副标题文字，效果如图7–116所示。

图 7–116

步骤 15 使用“钢笔”工具绘制图形，并将其填充为绿色，如图7–117所示。以同样的方式绘制其他图形，最终效果如图7–118所示。

图 7–117

图 7-118

重点 7.2.2 动手练：为文字设置合适的字体

每一种字体都有不同的“性格”，较细的字体给人纤细、时尚的感觉，卡通字体给人可爱、随意的感觉……如果要为文字更改字体，可以在字体下拉列表中选择字体，然后进行更改。

1. 认识字体下拉列表

在字体下拉列表中可以更改字体。选择工具箱中的“文本”工具字，在属性栏中打开字体下拉列表，如图7-119所示。该下拉列表大致分为3部分，上方为最近使用过的字体，通常会显示最近5次使用过的字体。中间部分为字体列表，显示了计算机中存在的字体，单击即可选择所需字体。在字体列表中选择某种字体，在底部便可查看该字体的预览效果，根据预览效果我们可以确定要不要使用这种字体。单击字体下拉列表顶部的“隐藏预览”按钮，即可将其隐藏。

图 7-119

2. 更改文字字体

首先输入文字，如图7-120所示。然后选择文字，在属性栏中打开字体下拉列表，从中选择一种字体，如图7-121所示，即可将所选文字的字体更改为刚刚所选的字体，效果如图7-122所示。

图 7-120

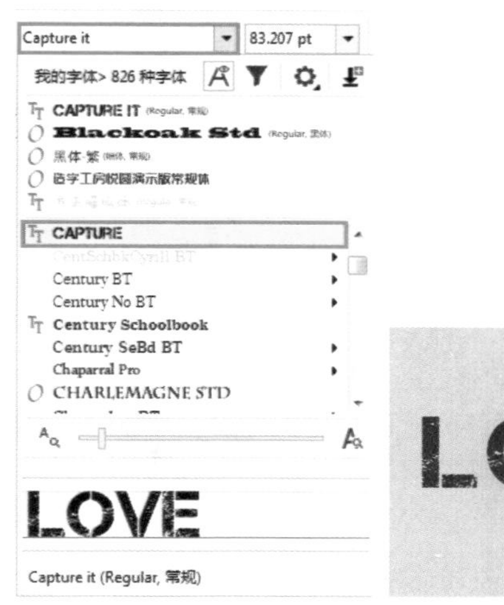

图 7-121　　图 7-122

3. 在“文本”泊坞窗中更改字体

选中文字后，单击“文本”工具属性栏中的“文本”按钮，或者执行“文本”->“文本”命令(快捷键Ctrl+T)打开“文本”泊坞窗。在该泊坞窗中，打开字体下拉列表，从中可以进行字体的选择，如图7-123所示。

图 7-123

4. 如何安装字体

计算机中自带的字体很有限，常常不能满足设计所需。

此时可以从网络上下载字体，然后安装到计算机中。

(1)选择字体文件后，右击，在弹出的快捷菜单中执行“安装”命令，即可将字体安装到计算机中，如图7-124所示。

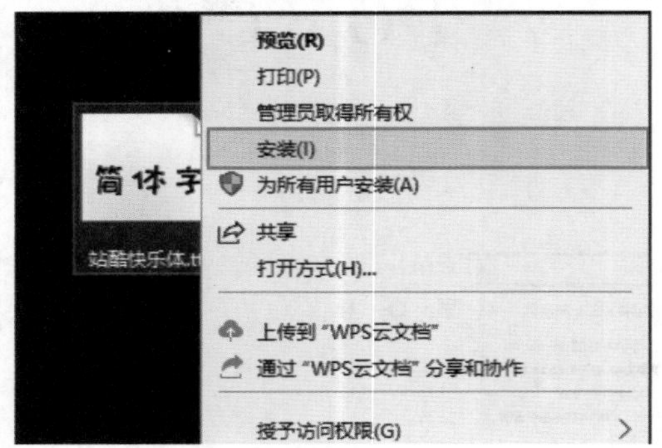

图 7-124

(2)如果要安装的字体较多，上一种方法就比较麻烦了。此时可以采用另一种方法一次性安装多种字体。首先选择字体文件，按快捷键Ctrl+C进行复制，然后打开C盘下的Windows文件夹，找到Fonts子文件夹，如图7-125所示。打开Fonts子文件夹，然后按快捷键Ctrl+V将复制的字体文件粘贴到该子文件夹中，如图7-126所示。

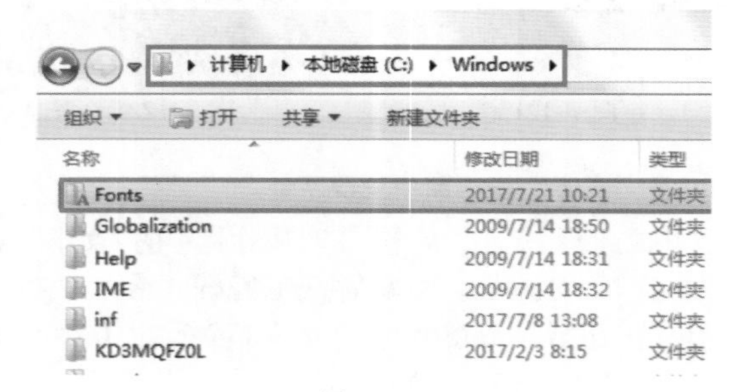

图 7-125

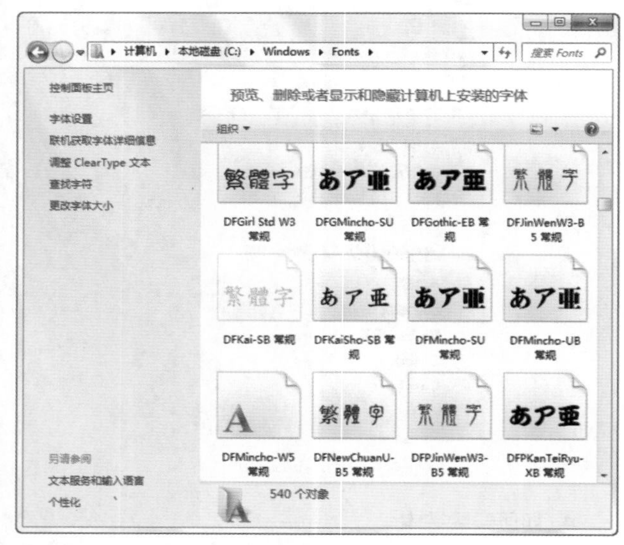

图 7-126

重点 7.2.3 动手练：更改文本字号

在属性栏中更改字号

选择输入的文字，在“文本”工具属性栏中可以看到当前的字号大小，如图7-127所示。打开字体大小下拉列表，从中可以选择预设的字号，如图7-128所示。此外，还可以在数值框内直接输入数值，如图7-129所示。

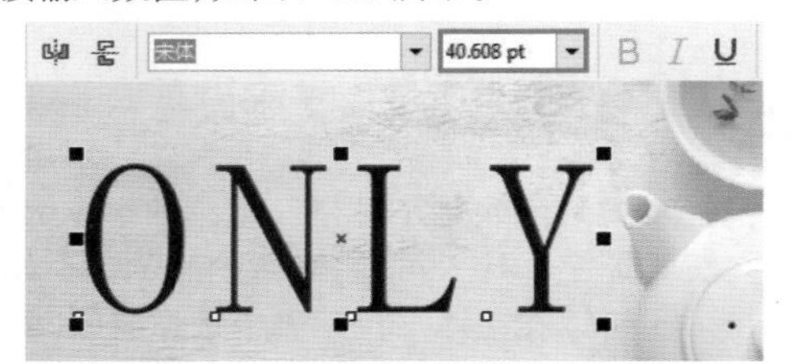

图 7-127

图 7-128

图 7-129

对于段落文字，可以选中文本框，然后进行文字字号的调整，调整完成后整个文本框内的文字字号将全部被调整，如图7-130所示。如果要调整部分文字的字号，首先需要将其选中，然后在属性栏中进行数值的调整，如图7-131所示。

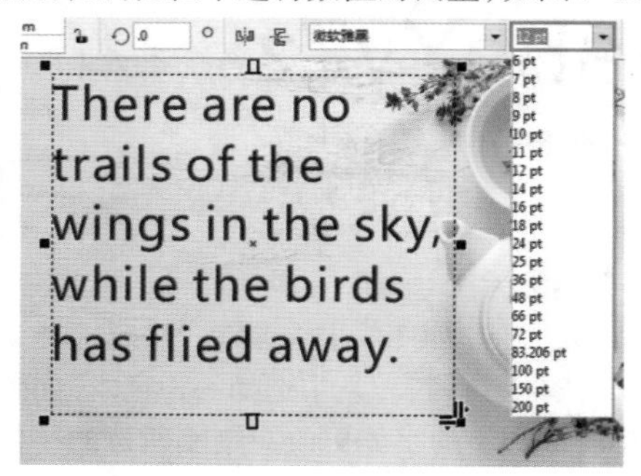

图 7-130

图 7-131

> **提示：调整美术字大小的其他方法**
>
> 首先使用“选择”工具单击选中美术字，此时会显示控制点，如图 7-132 所示。拖曳控制点即可对字号进行调整，其编辑方法与图形的变换相同，如图 7-133 所示。 
>
> ONLY ONLY
>
> 图 7-132 　　图 7-133

重点 7.2.4　动手练：更改文本颜色

文本对象与图形对象有很多相似点，在颜色设置方面也非常相似，不仅可以使用调色板更改文本颜色，还可使用“交互式填充”工具更改文本颜色。

1. 使用调色板更改文本颜色

选择要设置的文本，如图 7-134 所示。单击默认调色板中的任意色块，即可更改所选的文本颜色，如图 7-135 所示。也可以使用“交互式填充”工具为文字设置颜色。

图 7-134

图 7-135

> **提示：为文字添加轮廓色**
>
> 为文字设置轮廓色的方法与为图形设置轮廓色的方法是相同的，右击调色板中的某一颜色，即可将其设置为文字的轮廓色。

2. 在“文本”泊坞窗中更改文本颜色

(1) 选中文字后，单击“文本”工具属性栏中的“文本”按钮，打开“文本”泊坞窗。在该泊坞窗中，“填充类型”下拉列表用来设置文字的填充类型。在“填充类型”下拉列表中选择一种填充类型，如图 7-136 所示。接着单击右侧的按钮，在弹出的下拉列表中选择填充的图案或颜色，如图 7-137 所示。

图 7-136

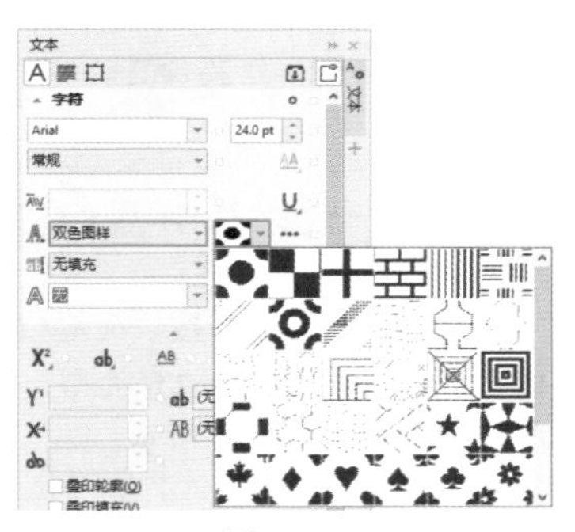

图 7-137

(2) 单击“填充类型”下拉列表右侧的按钮(如图 7-138 所示)，在弹出的“编辑填充”窗口中可以编辑文字填充，如图 7-139 所示。

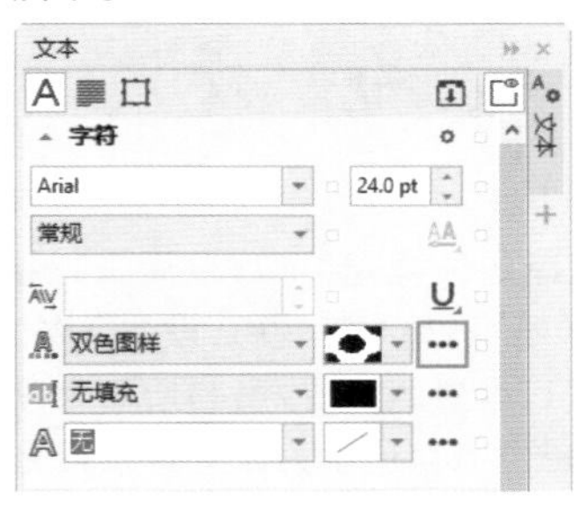

图 7-138

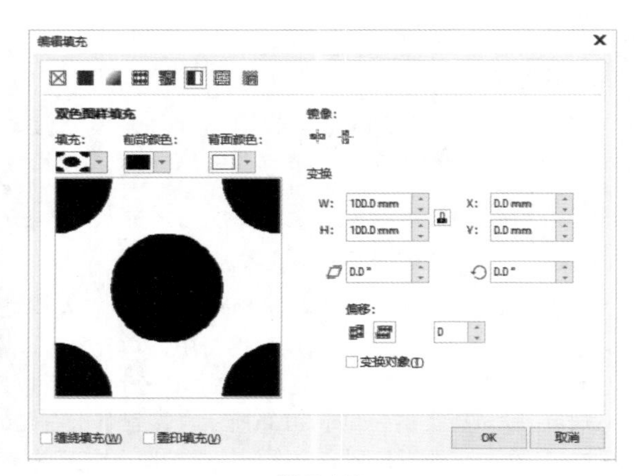

图 7-139

提示：文字与设计

字体是文字的表现形式，不同的字体给人的视觉感受和心理感受不同，这就说明字体具有强烈的感情性。充分利用字体的这一特性，选择准确的字体，有助于主题内容的表达。美的字体可以使读者感到愉悦，帮助阅读和理解。

字体类型：字体类型比较多，如印刷字体、装饰字体、书法字体、英文字体等。

文字大小：文字大小在版式设计中起到了非常重要的作用，比如大的文字或大的首字母会有非常大的吸引力，常用在广告、杂志、包装等设计中。

文字位置：文字在画面中摆放位置的不同会产生不同的视觉效果。

7.2.5 动手练：为文字设置背景填充色

(1)选择文字，如图7-140所示。按快捷键Ctrl+T，打开“文本”泊坞窗。在该泊坞窗中，“背景填充类型”下拉列表是用来更改背景填充色的，如图7-141所示。

图 7-140

图 7-141

(2) 从中选择一种填充类型，然后进行相应的设置，如图7-142所示。还可以单击“填充设置”按钮，打开“编辑填充”窗口进行设置。如图7-143所示为设置背景填充为渐变的效果，如图7-144所示为设置背景填充为双色图样的效果。

图 7-142

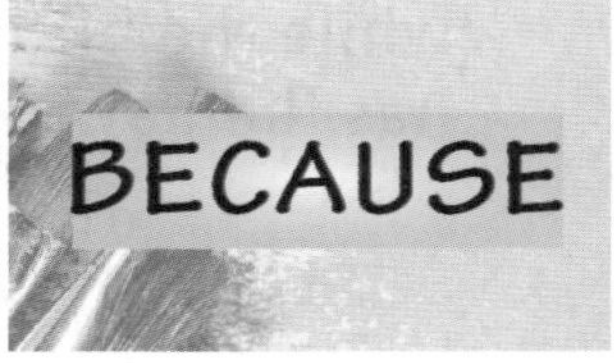

图 7-143

图 7-144

7.2.6 动手练：个别字符的移动与旋转

文本对象不仅可以像普通对象一样进行旋转和移动，还可以对其中的部分字符进行精确的移动和旋转。

1. 通过属性栏进行个别字符的移动与旋转

(1) 首先使用“形状”工具选择要旋转的字符，如图7-145所示。然后在属性栏中的“字符角度”选项中设置合适的角度。文字效果如图7-146所示。

图 7-145

图 7-146

(2) 属性栏中的“字符水平偏移” 50 % 选项用于以水平方向移动字符，“字符垂直偏移” 50 % 选项用于以垂直方向移动字符，如图7-147所示。

图 7-147

2. 通过“文本”泊坞窗进行个别字符的移动与旋转

首先使用“形状”工具选择要移动或旋转的字符，执行“窗口”->“泊坞窗”->“文本”命令打开“文本”泊坞窗，在X、Y和ab数值框内输入数值，即可进行字符精确的移动和旋转，如图7-148所示。

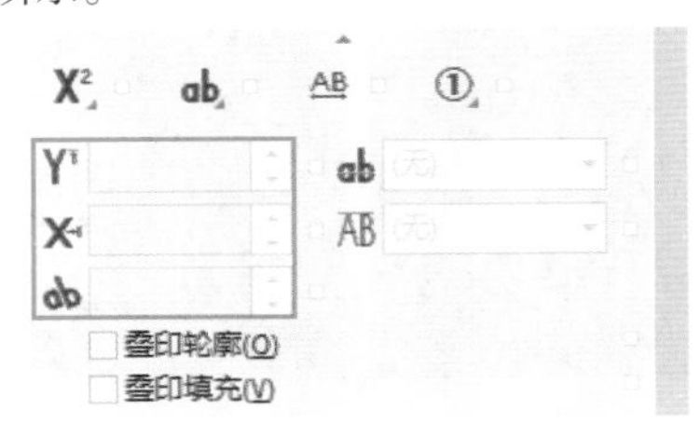

图 7-148

提示：如何在“文本”泊坞窗中找到“X”“Y”和“ab”选项

默认情况下移动和旋转选项被隐藏起来，它们位于“文本”泊坞窗的底部，单击 ▾ 按钮即可展开隐藏的选项，如图7-149所示。

图 7-149

3. 复位文字效果

如果要将文字恢复为原始状态，可以选择需要矫正的字符，如图7-150所示。接着执行“文本”->“矫正文本”命令，即可将旋转过的字符进行矫正，如图7-151所示。

图 7-150

图 7-151

举一反三：选择文字制作艺术字

文字整齐排列给人的感觉是稳重、严肃，而不规则的文字则给人一种很活泼的感觉。我们可以根据作品的诉求选择文字的排版方式。下面尝试制作一组不规则排列的文字。

(1) 输入文字，如图7-152所示。为了使文字产生大小不同的效果，使用“形状”工具选择单独一个文字，然后在属性栏中更改文字大小、位置，如图7-153所示。

图 7-152

图 7-153

(2) 调整其他文字，然后更改字体颜色，如图7-154所示。接着为文字添加阴影并输入其他文字，最终效果如图7-155所示。

图 7-154　　图 7-155

7.2.7 动手练：设置文本的对齐方式

文本对齐方式的设置主要是针对多行文本。

通过属性栏更改对齐方式

首先选中文本，在“文字”工具属性栏中单击“水平对齐”按钮右下角的按钮，在弹出的下拉列表中提供了6种对齐方式，即“无”“左”“居中”“右”“全部调整”和“强制调整”，如图7-156所示。如图7-157所示为各种对齐方式的效果对比。

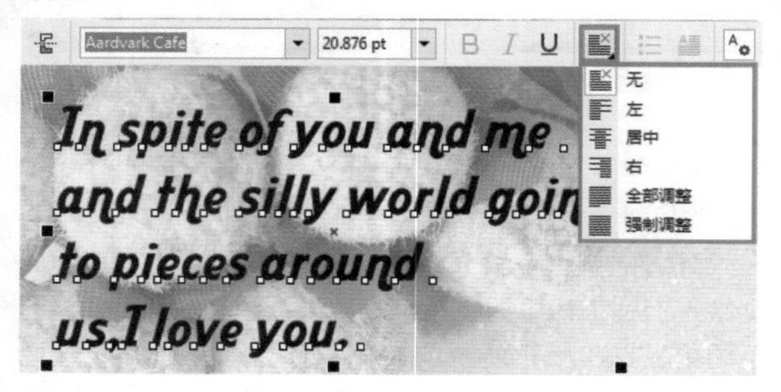

图 7-156

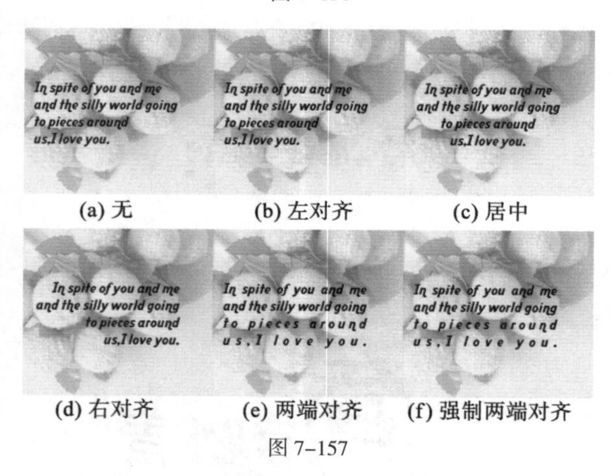

(a) 无 (b) 左对齐 (c) 居中

(d) 右对齐 (e) 两端对齐 (f) 强制两端对齐

图 7-157

举一反三：如何选择文本对齐方式

选择文本对齐方式大多都是凭借直觉与经验，尤其是在文字较少的文本中，文本对齐方式很大程度上影响了整体的美观性。但是，文本对齐方式并不是没有规律可循的，我们可以根据文字摆放的位置适当地选择文本对齐方式。

（1）在如图7-158所示的作品中，从拍摄角度和人物的姿势来看，整体向右下方倾斜，也就是重心在右下角，所以文字放在右下角的位置较为合理。接下来，根据信息的主次关系对字体、字号进行调整。然后移动文字，将其调整为右对齐，这是因为它能够与图片右侧形成一种垂直关系。继续对文字的大小、字间距进行适当的调整，效果如图7-159所示。

图 7-158

图 7-159

（2）同样的文字信息放在其他的画面中，就需要重新考虑文字的对齐方式，如图7-160所示。根据人物所处的位置可以将文字放置在画面的中轴线上。而此时右对齐的方式显然不是很舒服，可以将文本调整为居中对齐，这样能够让视线自上而下流动。效果如图7-161所示。

图 7-160

图 7-161

视频课堂：设置合适的对齐方式制作书籍封面

扫一扫，看视频

文件路径	资源包\第7章\视频课堂：设置合适的对齐方式制作书籍封面
难易指数	★★★★★
技术要点	“文本”工具、文本对齐

实例效果

本实例效果如图7-162所示。

图 7-162

[重点] 7.2.8 动手练：切换文字方向

CorelDRAW中的文字可以是水平方向或垂直方向的。默认情况下文字沿水平方向排列，如图7-163所示。单击属性栏中的“将文本改为垂直反方向”按钮，可以将文字转换为垂直方向，如图7-164所示。如果选中垂直方向的文字，单击“将文本改为水平方向”按钮，可以将文字转换为水平方向。

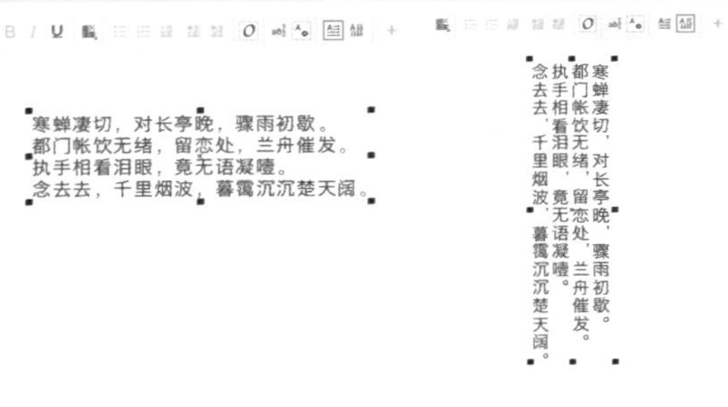

图7-163　　图7-164

视频课堂：转换文本方向制作中式菜谱

文件路径	资源包\第7章\视频课堂：转换文本方向制作中式菜谱
难易指数	★★★★★
技术要点	文本工具、转换文本方向

扫一扫，看视频

实例效果

本实例效果如图7-165所示。

图7-165

[重点] 7.2.9 调整字符间距

两个字符之间的距离叫作字符间距，简称字间距。字间距的疏密会影响到阅读，字间距越小看起来越紧凑，但过于紧凑会给人压迫的感觉；字间距越大越会给人宽松、散漫的感觉。

1. 手动调整字符间距

首先输入一段文字，接着使用“选择”工具在文字上单击，即可拖动文本框右下角的控制点调整字符间距，如图7-166所示。向左拖曳控制点，可以缩小字符间距，如图7-167所示；向右拖曳控制点，可以增加字符间距，如图7-168所示。

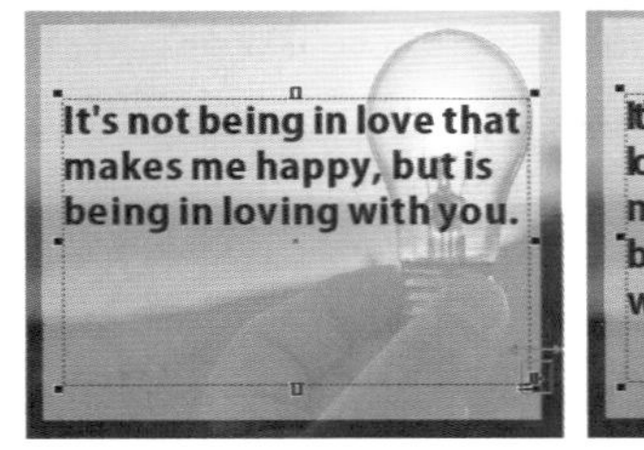

图7-166

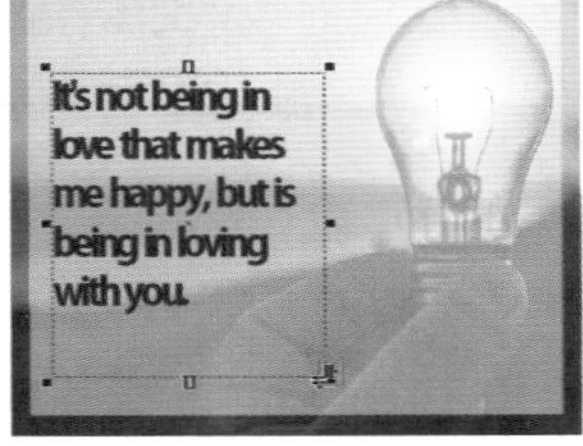

图7-167

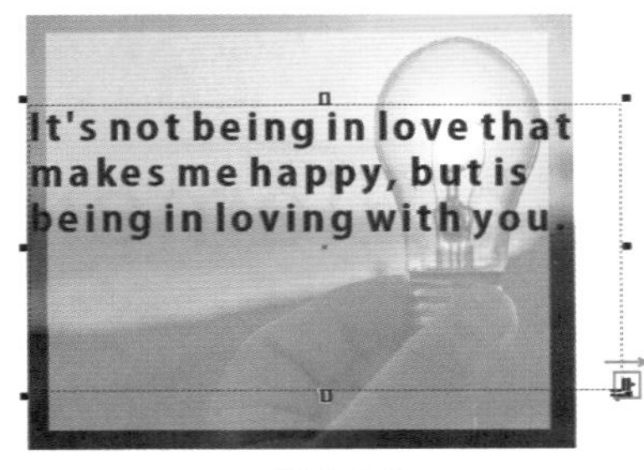

图7-168

2. 精确调整字符间距

在“文本”泊坞窗中，可以通过“字距调整范围”选项调整字符间距。选择一段文字，如图7-169所示。执行“窗口”->“泊坞窗”->“文本”命令，打开“文本”泊坞窗。单击“字符”按钮，在“字距调整范围”选项中可以输入数值进行调整，数值越大字符间距越宽，数值越小字符间距越窄，如图7-170所示。“字符间距”为100%时的效果如图7-171所示。

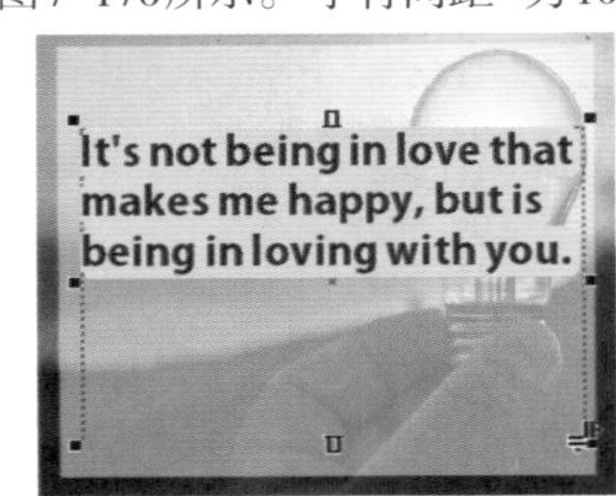

图7-169

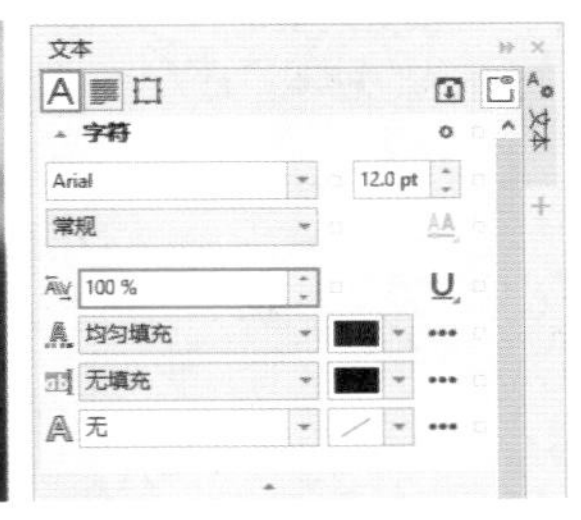

图7-170

图7-171

7.2.10 字符效果：下划线、大写字母、位置

1. 为文字添加下划线

首先单击选择文字，如图7–172所示。接着执行"窗口"–>"泊坞窗"–>"文本"命令，或按快捷键Ctrl+T，在弹出的"文本"泊坞窗中单击"字符"按钮A，然后单击"下划线"按钮U右下角的◢按钮，在弹出的下拉列表中可以看到7种下划线效果，如图7–173所示。选择任意一种下划线效果，文字即可添加相应的下划线。如图7–174所示为不同下划线的对比效果。

图7–172

图7–173

图7–174

2. 更改字母大写

更改字母大写功能只适用于英文字母。首先选择文字，如图7–175所示。在"文本"泊坞窗中单击"字符"按钮A，接着单击"大写字母"按钮ab右下角◢按钮，在弹出的下拉列表中可以看到多个用于设置字母大写的选项，从中选择相应的选项，即可更改字母大写，如图7–176所示。

图7–175

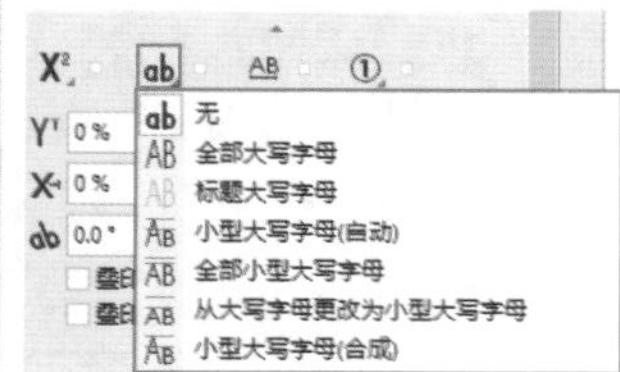

图7–176

3. 更改字符位置

标记面积单位时，经常会用到平方米符号——m^2。在CorelDRAW中，通过"文本"泊坞窗中的"位置"X²选项便能制作出这样的效果。

首先输入文字，然后选中一部分字符，如图7–177所示。在"文本"泊坞窗中单击"字符"按钮A，然后单击"位置"按钮X²右下角的◢按钮，在弹出的下拉列表中选择文字位置，如图7–178所示。如图7–179所示为选定字符相对于周围字符更改位置后的效果。

图7–177

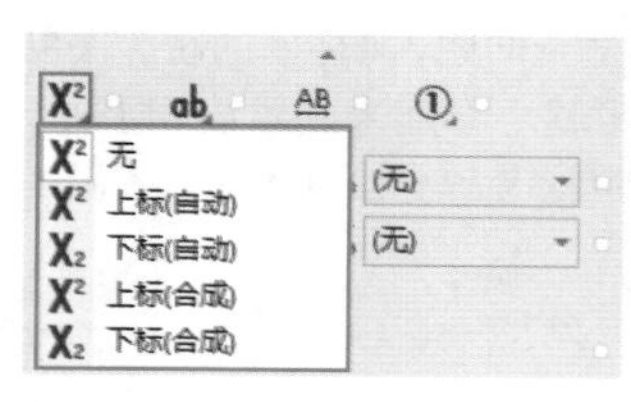

图7–178

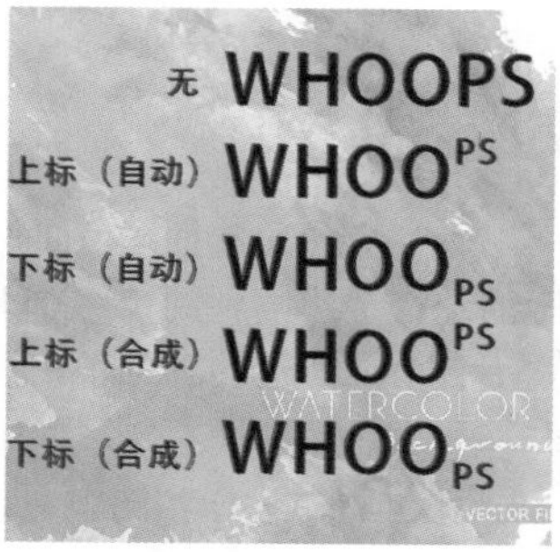

图7–179

7.3 文本段落格式的设置

在作品的制作过程中，大量的文字编排就需要使用段落文字。段落文字具有一些美术字所不具有的属性，这些属性可以在“文本”泊坞窗的“段落”选项卡中进行设置。

扫一扫，看视频

重点 7.3.1 动手练：设置段落缩进

执行“窗口”->“泊坞窗”->“文本”命令，在弹出的“文本”泊坞窗中单击“段落”按钮，打开“段落”选项卡，该选项卡主要用来编辑段落文字。

“缩进”是指文本对象与其边界之间的间距。在“文本”泊坞窗中有左行缩进、右行缩进和首行缩进三个缩进选项，如图7-180所示。

图 7-180

1. 左行缩进

“左行缩进”可以将选中的文本左侧向右缩进，但是首行不会发生变化。首先选中段落文字，如图7-181所示。接着在“文本”泊坞窗中的“左行缩进”数值框中输入数值，如图7-182所示。左行缩进效果如图7-183所示。

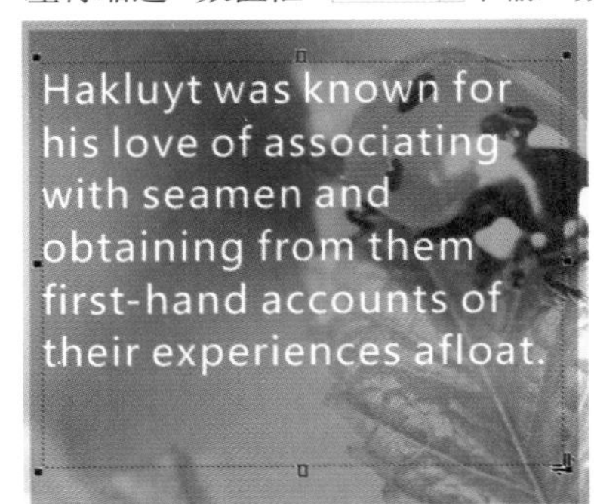

图 7-181

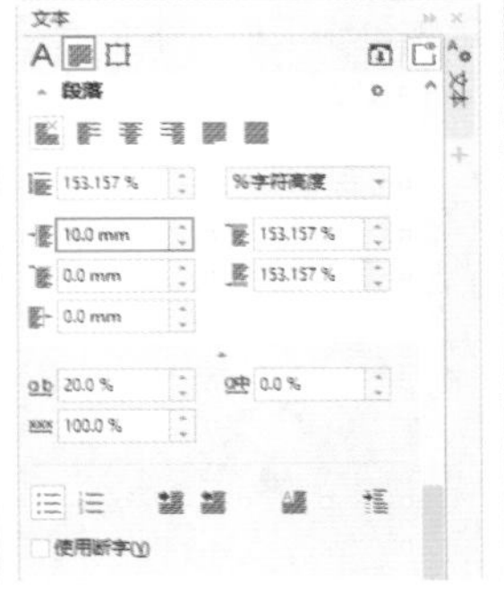

图 7-182

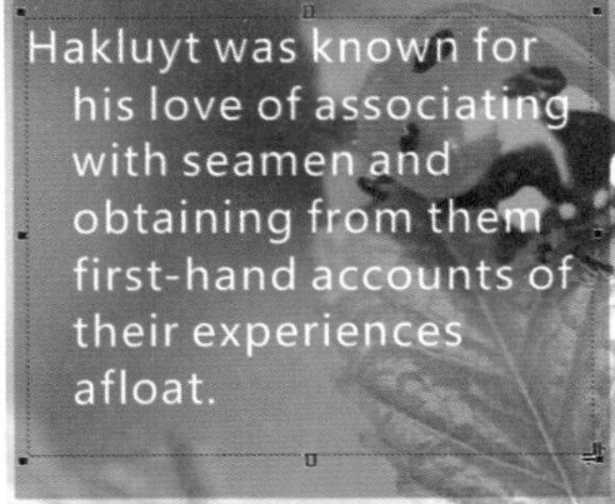

图 7-183

2. 右行缩进

“右行缩进”选项用于设置文本相对于文本框右侧的缩进距离。首先选中段落文字，如图7-184所示。接着在“文本”泊坞窗中的“右行缩进”数值框中输入数值，如图7-185所示。右行缩进效果如图7-186所示。

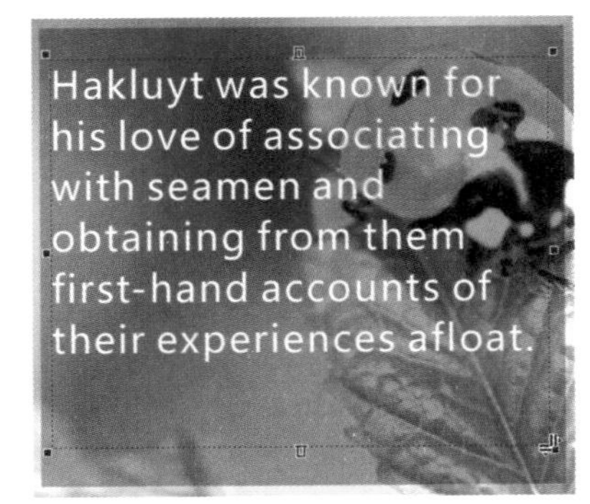

图 7-184

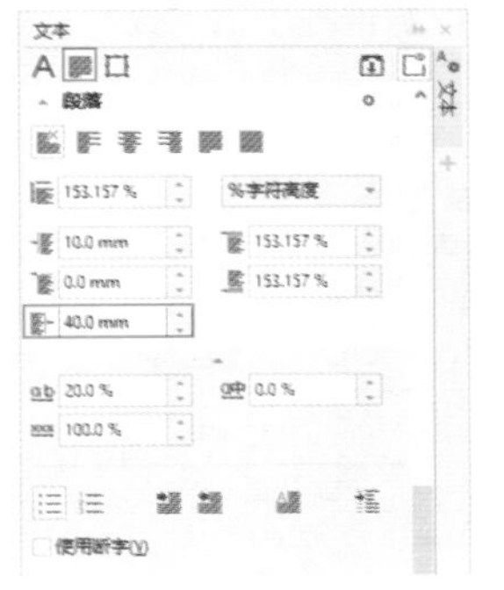

图 7-185

图 7-186

3. 首行缩进

在中文的书写习惯中，每段首行前需要空两个文字的位置，表示这是一个自然段。利用“文本”泊坞窗中的“首行缩进”选项，可以快速将段落的第一行缩进。首先选中段落文字，如图7–187所示。接着在“文本”泊坞窗中的“首行缩进”数值框 10.0 mm 中输入数值，如图7–188所示。首行缩进效果如图7–189所示。

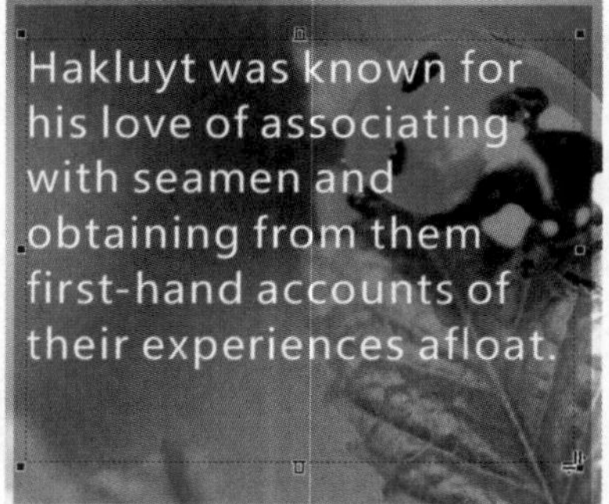

图 7–187

图 7–188

图 7–189

重点 7.3.2　动手练：调整行间距

行间距是指两个相邻文本行与行基线之间的距离。

1. 手动调整行间距

使用“选择”工具在文本框上单击进行选择，拖曳文本框右下角的控制点可以更改行间距，如图7–190所示。向上拖曳控制点可以缩小行间距，如图7–191所示；向下拖曳控制点可以增加行间距，如图7–192所示。

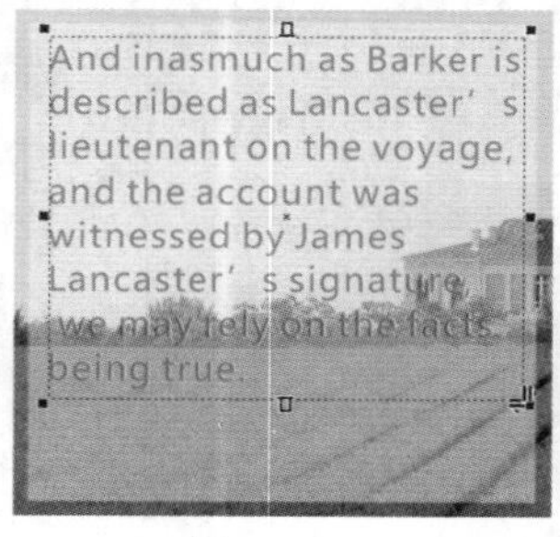

图 7–190

图 7–191

图 7–192

2. 精确调整行间距

在“文本”泊坞窗中，可以通过“行间距”选项更改行间距，但是美术字和段落文字的调整效果是不同的。

（1）选中美术字，如图7–193所示。在“行间距”数值框中输入数值，数值越大行间距越大，如图7–194所示。此时每行文字之间的距离都是平均的，如图7–195所示。

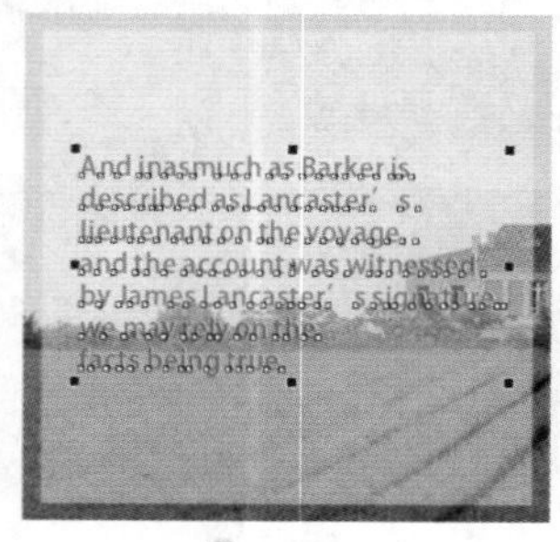
图 7–193

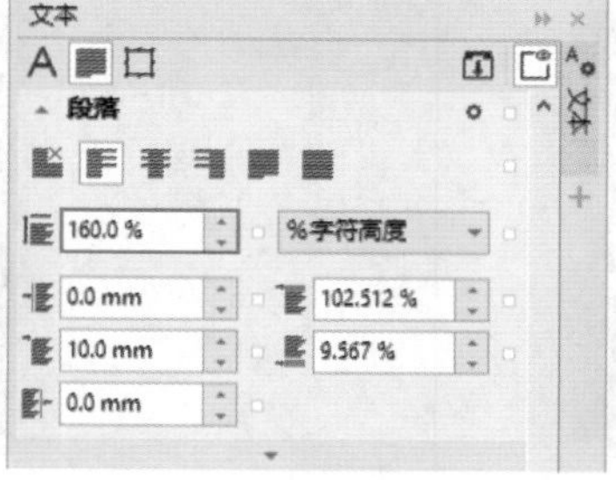

图 7–194

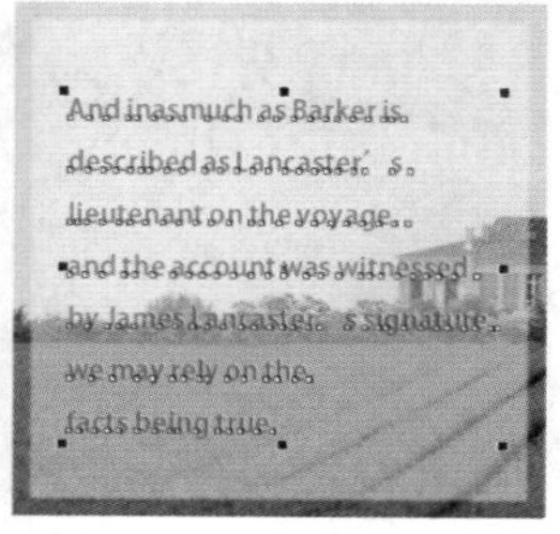

图 7–195

（2）选中段落文字，如图7-196所示。在“行间距”数值框中输入数值，如图7-197所示。此时段落文字的行间距都会进行调整，但是段落与段落之间的距离则不会更改，如图7-198所示。

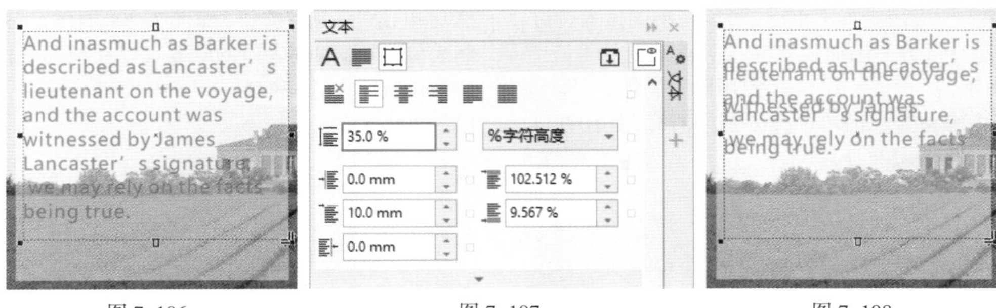

图 7-196　　图 7-197　　图 7-198

提示：调整单个自然段的行间距

首先使用“文本”工具在需要调整行间距的段落中单击插入光标，接着在“文本”泊坞窗中的“行间距”数值框中输入合适的行间距。

7.3.3 动手练：调整段间距

两个自然段之间的距离叫作段间距。在“文本”泊坞窗中，可以通过“段前间距”选项和“段后间距”选项调整段前与段后的距离。

1. 调整段前间距

在如图7-199所示的段落文本框内有两个自然段，使用“文本”工具在其中一个自然段中插入光标，这代表选中了这个自然段。接着在“文本”泊坞窗中的“段前间距”数值框内输入数值，可以在该段落的上方添加空隙，如图7-200所示。调整后的段前间距效果如图7-201所示。

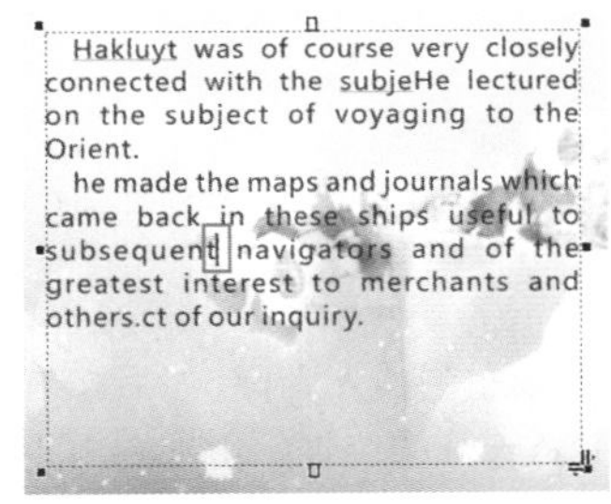

图 7-199

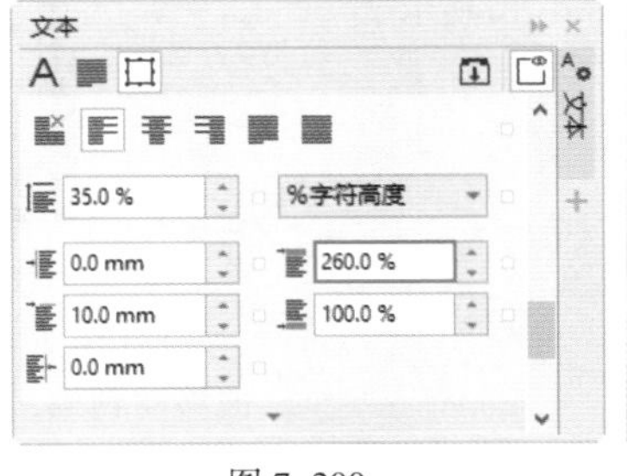

图 7-200

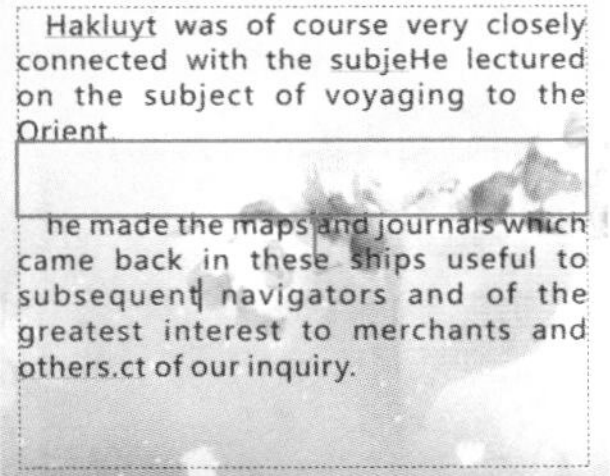

图 7-201

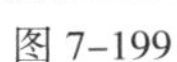

2. 调整段后间距

使用“文本”工具在其中一个自然段中插入光标，如图7-202所示。接着在“文本”泊坞窗中的“段后间距”数值框内输入数值，如图7-203所示。段后间距效果如图7-204所示。

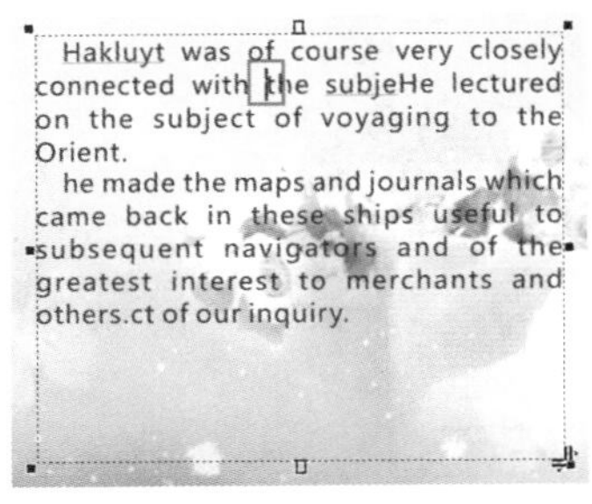

图 7-202

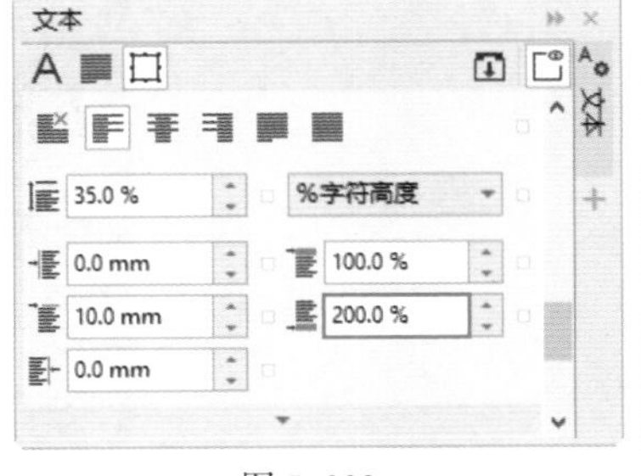

图 7-203

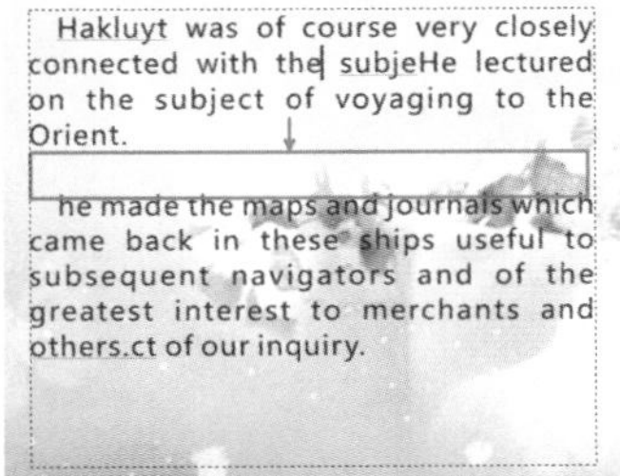

图 7-204

7.3.4 动手练：使用文本断字功能

“断字”功能主要应用于英文单词，可以将不能排入一行的某个单词自动进行拆分并添加断字符。

选择段落文字，执行“文本”->“使用断字”命令，即可看到无法在一行中完整显示的单词被分割为两行，且在首行末尾出现断字符，如图7-205所示。

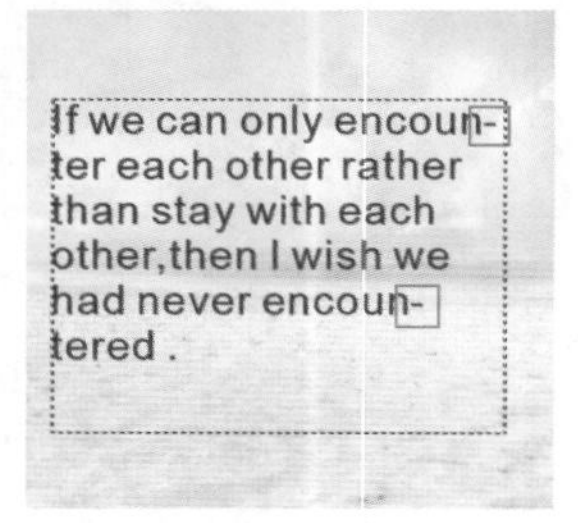

图 7-205

7.3.5 动手练：添加制表位

通过“制表位”可以设置对齐段落内文字的间隔距离。下面以制作目录为例，学习制表位的使用方法。

1. 添加与使用制表位

(1) 首先输入段落文字，然后在文本框内插入光标，随即在标尺中会显示默认制表位，如图7-206所示。执行“文本”->“制表位”命令，在弹出的“制表位设置”窗口中单击“全部移除”按钮，将默认的制表位全部移除，然后关闭该窗口，如图7-207所示。

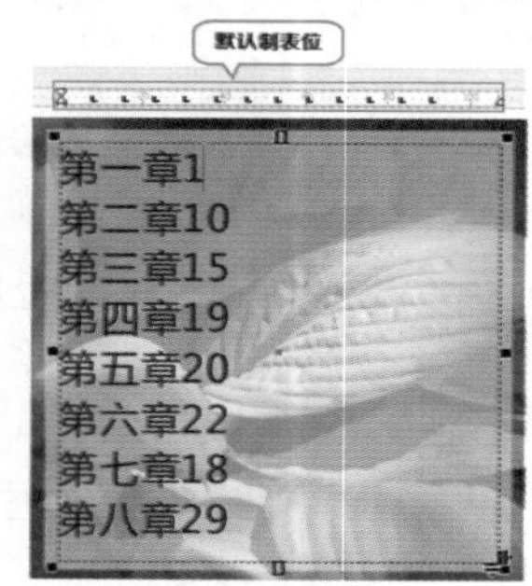

图 7-206

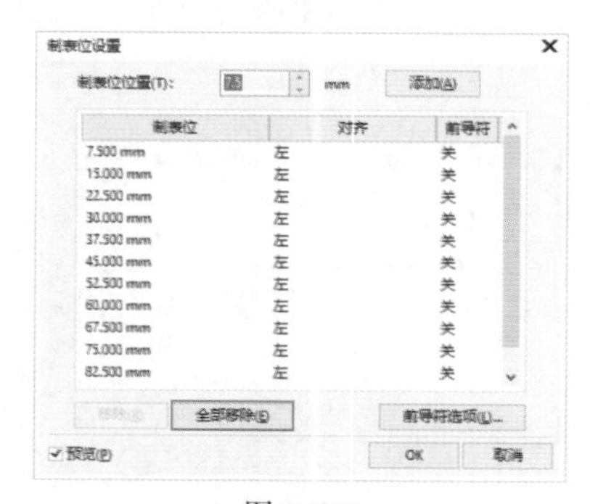

图 7-207

(2) 执行“文本”->“制表位”命令，打开“制表位设置”窗口。通过“制表位位置”选项设置第一个制表位的位置，然后单击“添加”按钮，如图7-208所示。接着添加第二个制表位，在添加制表位的时候可以在横向的标尺中看到制表位的位置。设置完成后单击OK按钮，完成制表位的添加，如图7-209所示。

图 7-208

图 7-209

(3) 在文字的最左侧插入光标，然后按Tab键，此时文字被移动到第一个制表符的位置，如图7-210所示。在阿拉伯数字前方插入光标，然后按Tab键，此时阿拉伯数字被移动到第二个制表符的位置，如图7-211所示。使用同样的方式可以继续进行调整，效果如图7-212所示。

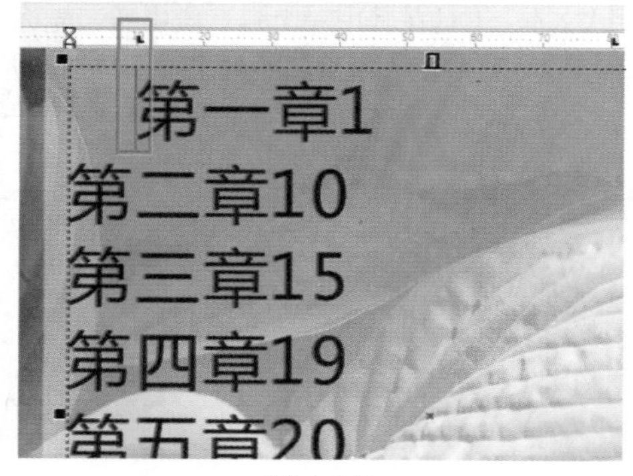

图 7-210

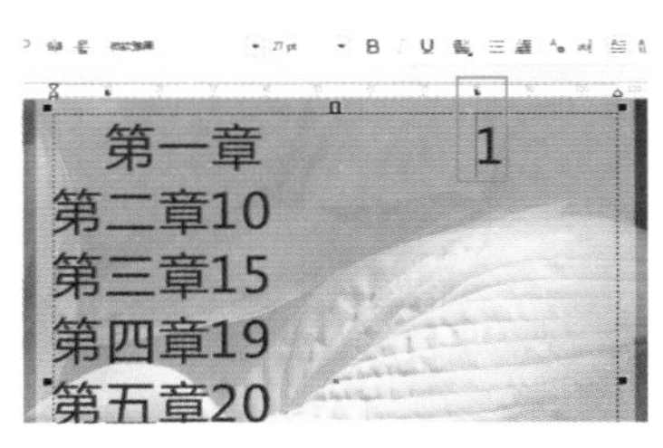

图 7-211

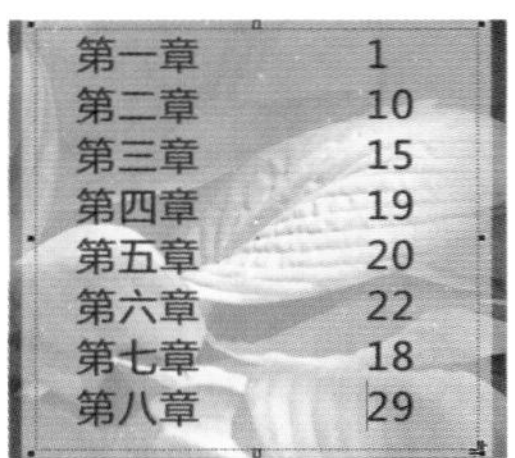

图 7-212

2. 添加前导符

在制作目录的时候，通常章节名称与页码之间会以一段虚线相连接，这段虚线可以通过“前导符”来实现。顾名思义，“前导符”就是放在文字前的符号，用来填补制表位之间的空隙。

(1) 选择文本框，执行“文本”->“制表位”命令，在弹出的“制表位设置”窗口中添加两个制表位。因为要在页码前添加前导符，所以选择页码所在位置的制表位。单击“前导符选项”按钮，将其设置为“开”，然后再单击“前导符选项”按钮，如图7-213所示。在弹出的“前导符设置”窗口中，单击“字符”右侧的下拉按钮，在弹出的下拉列表中选择一个符号，然后在“间距”数值框中设置合适的字符间距，单击OK按钮，如图7-214所示。

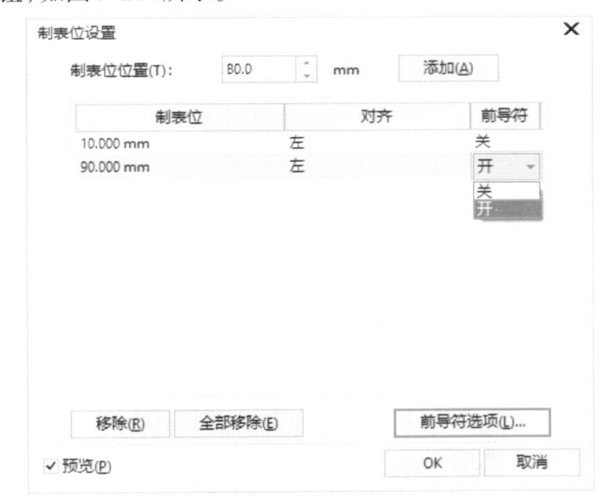

图 7-213

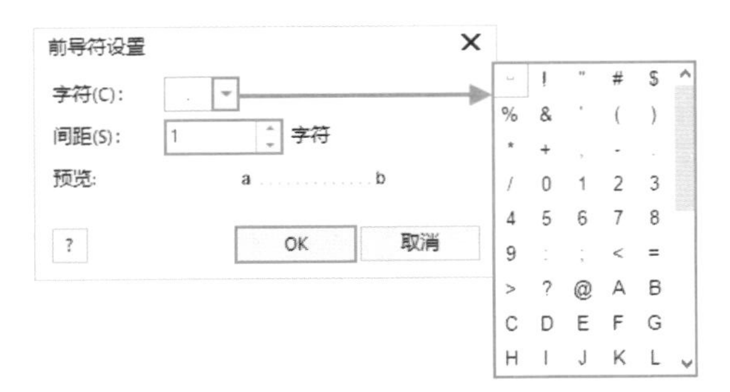

图 7-214

(2) 在相应位置插入光标，按Tab键移动文字位置，在第二个制表符位置按Tab键后，可以看到前导符，如图7-215所示。使用同样的方式可以继续进行调整，效果如图7-216所示。

图 7-215 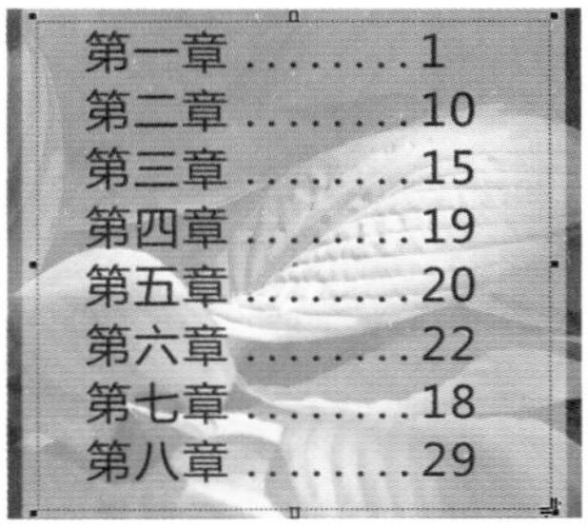　　图 7-216

7.3.6 设置项目符号

项目符号的设置可以为段落文本中添加项的项目符号大小、位置等进行自定义。

选择要添加项目符号的段落文字，如图7-217所示。执行“文本”->“项目符号和编号”命令，在弹出的“项目符号和编号”窗口中勾选“列表”复选框，进行相应的设置，如图7-218所示。单击OK按钮，完成自定义项目符号样式，如图7-219所示。

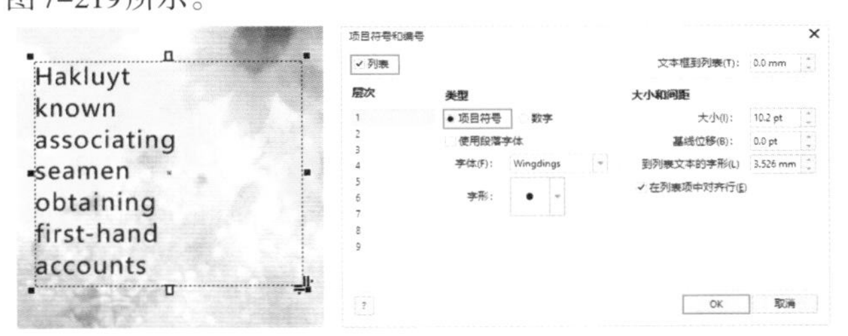

图 7-217　　图 7-218

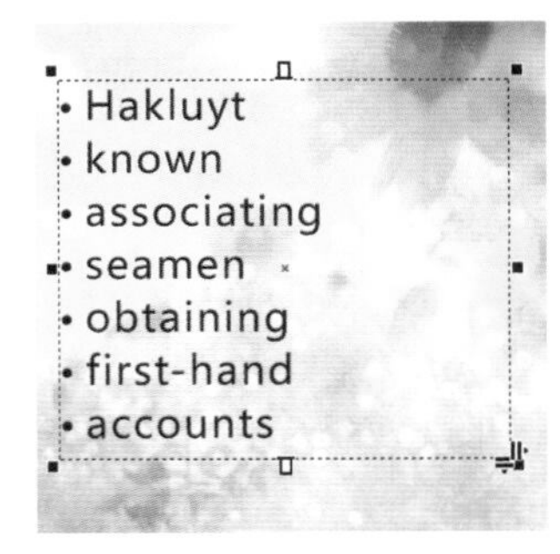

图 7-219

- 文本框到列表：到图文框的项目符号间距。
- 项目符号：用来添加符号图案。选中“项目符号”选项，在“字体”选项中设置合适的字体，然后单击“字形”按钮，在下拉面板中选择合适的符号图案，如图7-220所示。

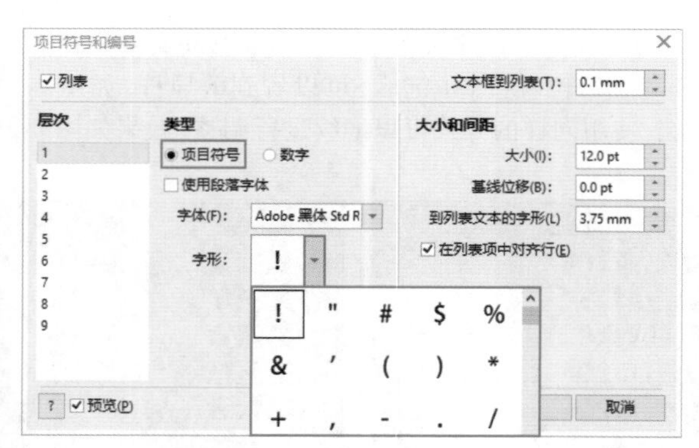

图 7-220

- 数字：以数字编号作为项目符号。选中“数字”选项，选择合适的“字体”，单击“样式”按钮，在下拉列表中选择合适的编号，如图7-221所示。

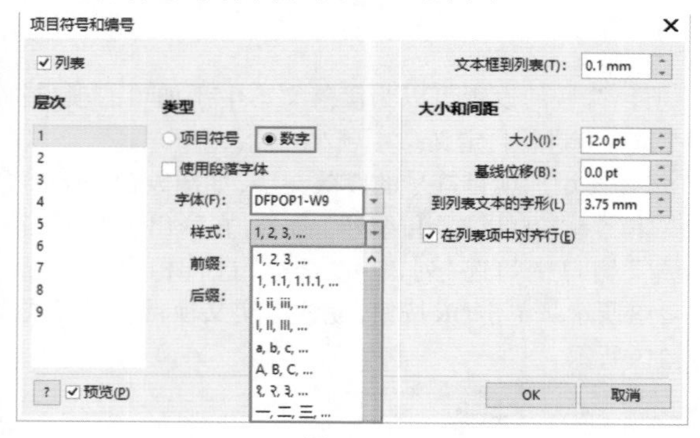

图 7-221

- 大小：用来设置项目符号的大小。如图7-222和图7-223所示是“大小”分别为15pt和35pt时的对比效果。

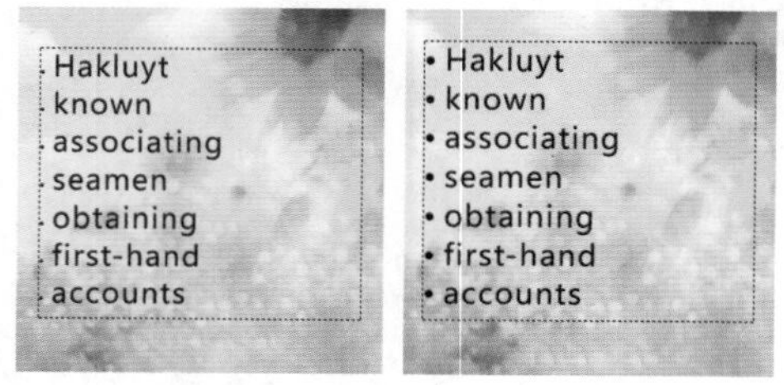

图 7-222　　图 7-223

- 基线位移：向上或向下移动项目符号，其值为正值时，向上移动，如图7-224所示是“基线位移”为30pt；其值为负值时，向下移动，如图7-225所示是“基线位移”为-30pt。

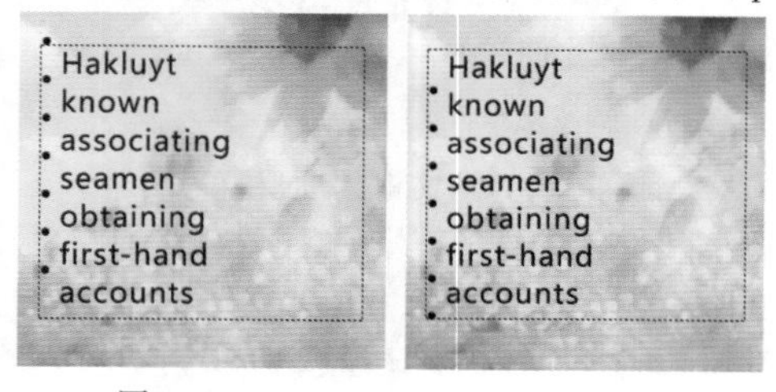

图 7-224　　图 7-225

- 到列表文本的字形：用来设置项目符号和文字之间的距离。

[重点] 7.3.7　动手练：设置首字下沉

扫一扫，看视频

“首字下沉”就是对段落文字的段首文字加以放大并强化，使文本更加醒目。通过“首字下沉”窗口能够轻松制作文本的首字下沉效果，该功能常用于包含大量正文的版面中。如图7-226和图7-227所示为用到该功能的设计作品。

图 7-226　　图 7-227

(1) 选中段落文字，如图7-228所示。执行“文本”->“首字下沉”命令，在弹出的“首字下沉”窗口中勾选“使用首字下沉”复选框，然后勾选“预览”复选框，即可查看首字下沉的预览效果，如图7-229所示。单击OK按钮，文字效果如图7-230所示。

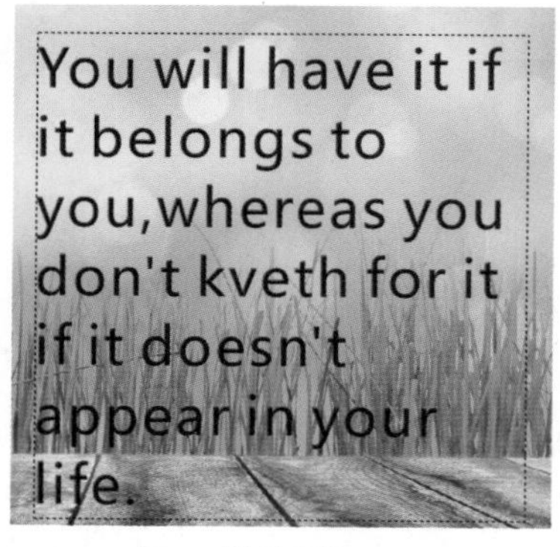

图 7-228

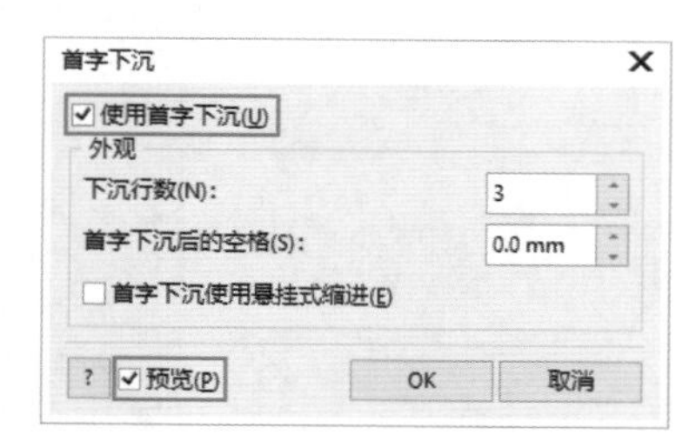

图 7-229

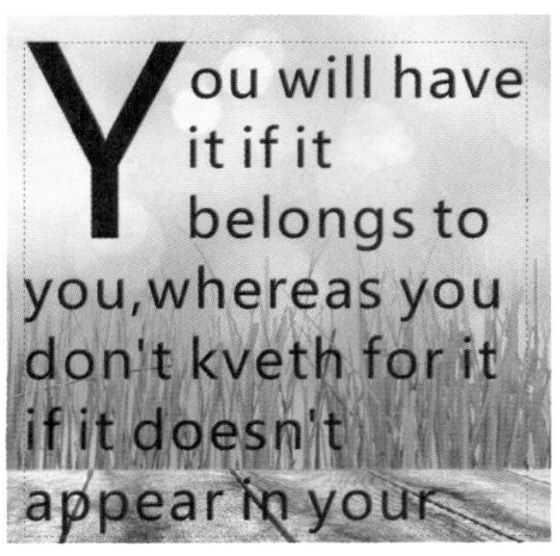

图 7-230

(2) 如果对首字下沉的效果不满意，可以在“首字下沉”窗口中进行设置。通过“下沉行数”选项设置首字的大小，行数越多字号越大；通过“首字下沉后的空格”选项设置首字与后侧正文之间的距离；勾选“首字下沉使用悬挂式缩进”复选框设置悬挂效果，如图 7-231 所示。单击 OK 按钮，首字下沉效果如图 7-232 所示。

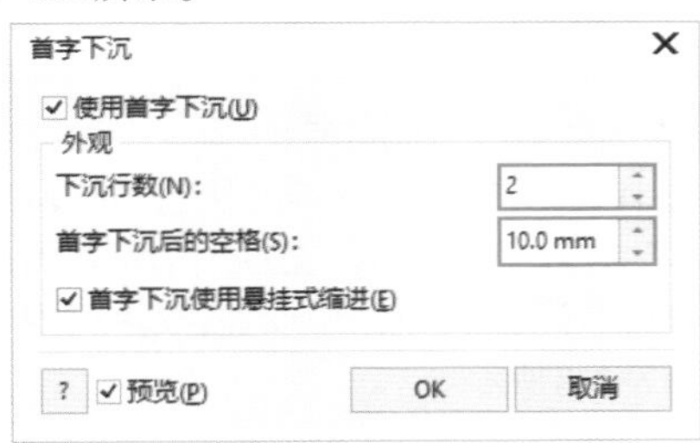

图 7-231

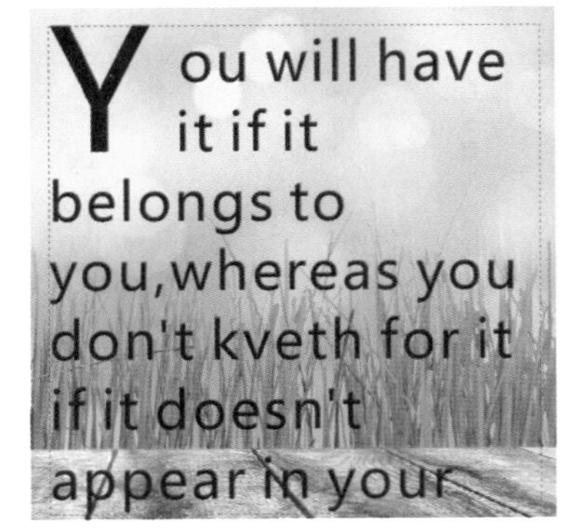

图 7-232

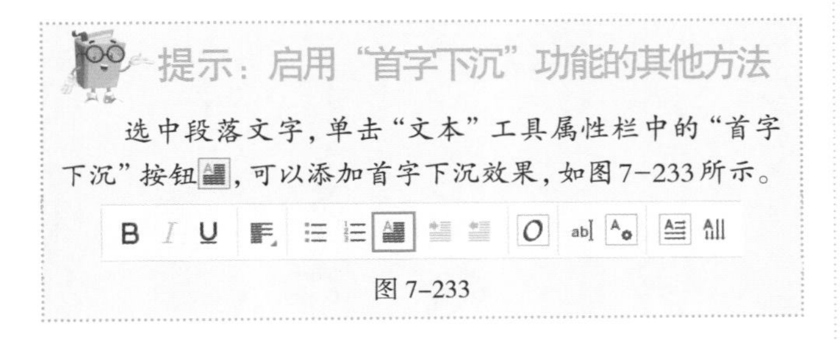

提示：启用“首字下沉”功能的其他方法

选中段落文字，单击“文本”工具属性栏中的“首字下沉”按钮，可以添加首字下沉效果，如图 7-233 所示。

图 7-233

练习实例：使用首字下沉制作画册版面

文件路径	资源包\第7章\练习实例：使用首字下沉制作画册版面
难易指数	★★★★★
技术要点	“首字”下沉命令、“文本”泊坞窗

扫一扫，看视频

实例效果

本实例效果如图 7-234 所示。

图 7-234

操作步骤

步骤 01 新建一个 A4 大小的空白文档。执行“文件”->“导入”命令，导入素材 1.jpg，如图 7-235 所示。

图 7-235

步骤 02 选择工具箱中的“矩形”工具，在画面底部绘制一个矩形，并将其填充为棕色，如图 7-236 所示。

图 7-236

步骤 03 在画面右侧绘制另一个稍小的矩形，并为其填充土黄色，如图 7-237 所示。

图 7–237

步骤 04 选择工具箱中的“钢笔”工具，在页面顶部绘制一个多边形，然后将其填充为深棕色，如图 7–238 所示。

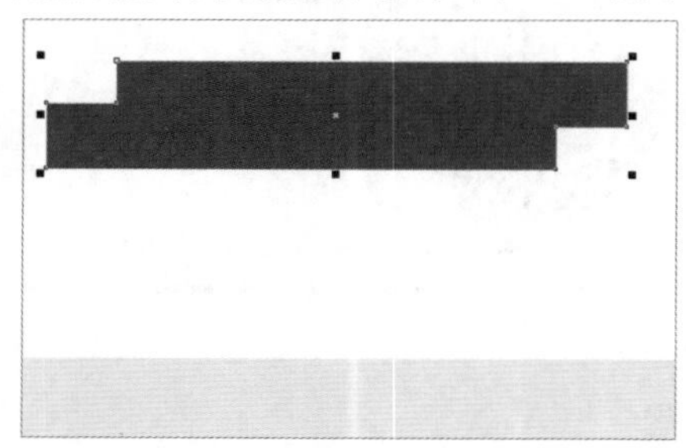

图 7–238

步骤 05 以同样的方式，使用“钢笔”工具绘制出页面一角处的三角形，并填充合适的颜色。接着选中多边形和三角形，复制并镜像，摆放在页面顶部的另一侧，如图 7–239 所示。

图 7–239

步骤 06 选择工具箱中的“文本”工具，在属性栏中设置合适的字体、字号，在画布上单击插入光标，输入文字，然后更改字体颜色为白色，如图 7–240 所示。以同样的方式输入其他文字，如图 7–241 所示。

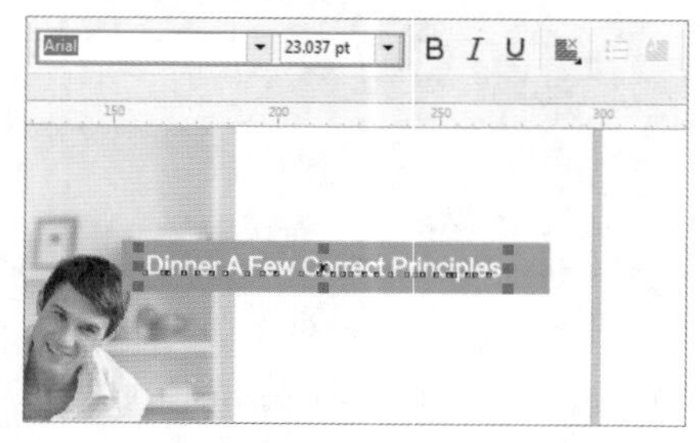

图 7–240

图 7–241

步骤 07 使用“文本”工具，在画布上按住鼠标左键向右下角拖曳绘制文本框，并在文本框中输入文字，如图 7–242 所示。

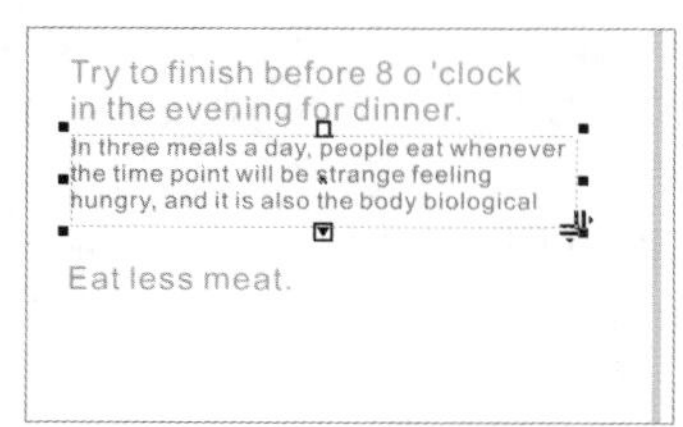

图 7–242

步骤 08 选中文本框中的文字，执行“窗口”->“泊坞窗”->“文本”命令，在弹出的“文本”泊坞窗中单击“字符”按钮，在打开的“字符”选项卡中设置合适的字体、字号和文本颜色，如图 7–243 所示。

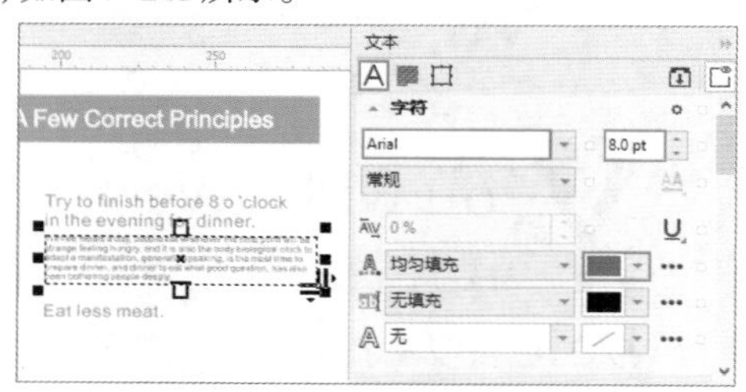

图 7–243

步骤 09 在“文本”泊坞窗中单击“段落”按钮，在打开的“段落”选项卡中单击“两端对齐”按钮，设置“行间距”为 20.0%，如图 7–244 所示。以同样的方式输入其他文字，如图 7–245 所示。

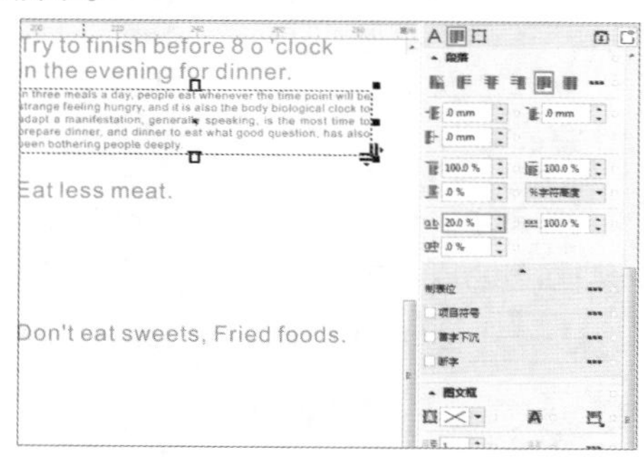

图 7–244

图 7-245

步骤 10 选中第一个文本框执行"文本"->"首字下沉"命令，在弹出的"首字下沉"窗口中勾选"使用首字下沉"复选框，"下沉行数"设置为2，然后单击OK按钮，如图7-246所示。以同样的方式设置下面的文本框，最终效果如图7-234所示。

图 7-246

重点 7.3.8 动手练：设置分栏

书籍、报纸、杂志和画册等包含大量文字的版面中，经常会出现大面积的文本被分割为几个部分摆放的现象，这就是文字的"分栏"。分栏的排版使文本更加清晰明了，有助于提高文章的可读性，如图7-247和图7-248所示。

扫一扫，看视频

图 7-247

图 7-248

选中要进行分栏的段落文字，如图7-249所示。执行"文本"->"栏"命令，在弹出的"栏设置"窗口中的"栏数"数值框内输入数值，如图7-250所示。设置完成后单击OK按钮，分栏效果如图7-251所示。

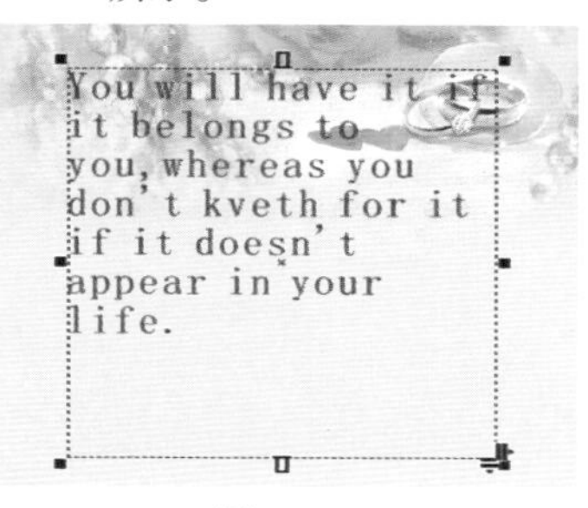

图 7-249

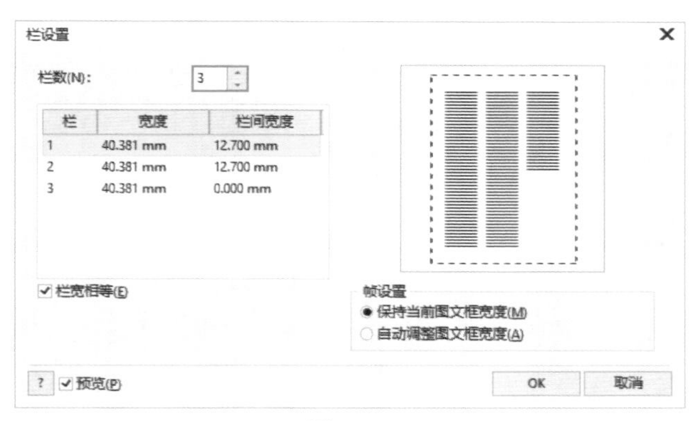

图 7-250

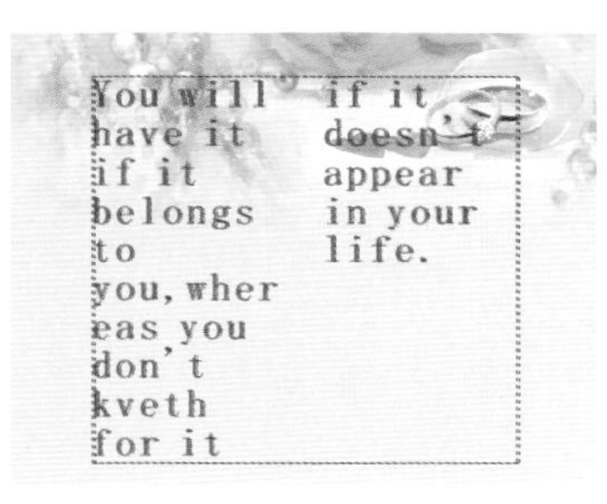

图 7-251

举一反三：设置分栏制作骨骼形版式

骨骼形版式构图的特点是将一个平面空间等分为两份或多份，并且每一份的宽度是相等的。骨骼形版式常用于文字较多的排版中，这样可以缩短阅读的距离，避免出现"串行"的现象。

(1) 选择一段文本，如图7-252所示。执行"文本"->"栏"命令，打开"栏设置"窗口。从视觉上来看，将文本分为3栏比较合适，所以设置"栏数"为3，如图7-253所示。通过预览可以看到文字被分为3栏，但是出现了溢出，并且栏间距有些宽，整个文字排版有些过于宽松，不够紧凑，如图7-254所示。

图 7-252

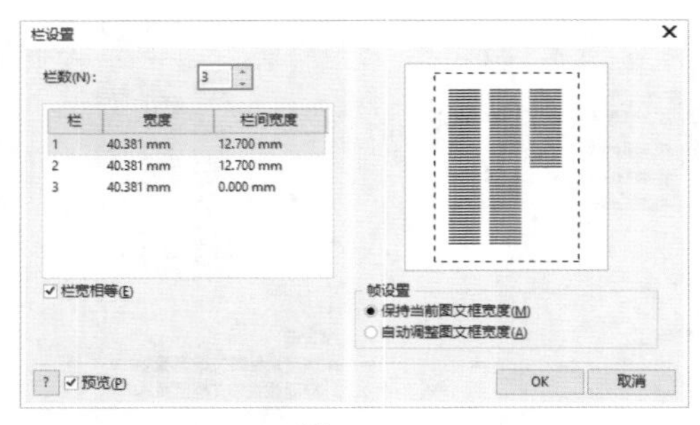

图 7-253

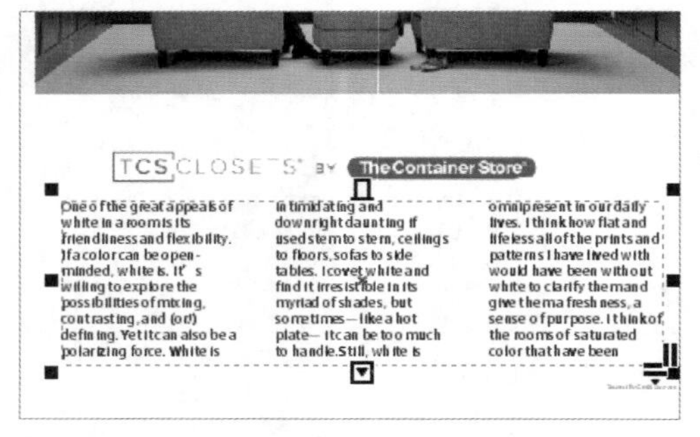

图 7-254

(2)通过预览调整合适的“栏间宽度”，然后单击OK按钮，如图7-255所示。最后对文本的对齐方式进行调整，最终效果如图7-256所示。

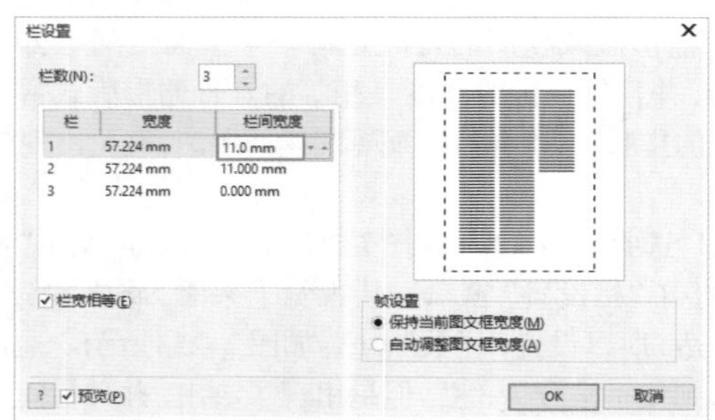

图 7-255

图 7-256

重点 7.3.9 动手练：链接段落文本框

扫一扫，看视频

当文本框变为红色的时候，代表该文本框内的文字已经超出文本框所能容纳的范围，并且超出文本框的文字处于隐藏状态。将文本框调大后，将会显示隐藏的字符，如图7-257和图7-258所示。

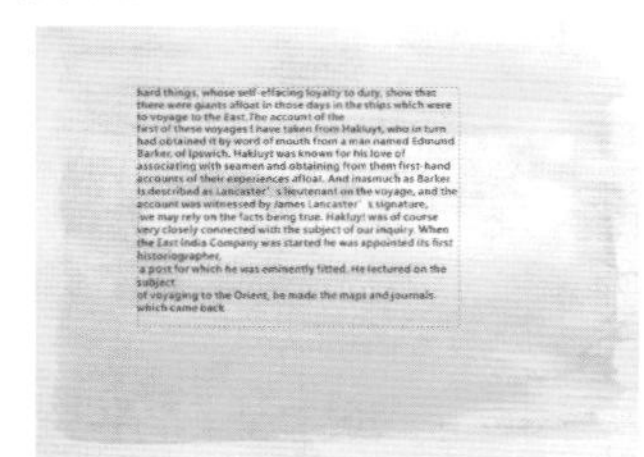

图 7-257

hard things, whose self-effacing loyalty to duty, show that there were giants afloat in those days in the ships which were to voyage to the East.The account of the first of these voyages I have taken from Hakluyt, who in turn had obtained it by word of mouth from a man named Edmund Barker, of Ipswich. Hakluyt was known for his love of associating with seamen and obtaining from them first-hand accounts of their experiences afloat. And inasmuch as Barker is described as Lancaster’ s lieutenant on the voyage, and the account was witnessed by James Lancaster’ s signature, we may rely on the facts being true. Hakluyt was of course very closely connected with the subject of our inquiry. When the East India Company was started he was appointed its first historiographer,
a post for which he was eminently fitted. He lectured on the subject of voyaging to the Orient, he made the maps and journals which came back in these ships useful to subsequent navigators and of the greatest interest to merchants and others. And when he died his work32 was in part carried on by Samuel Purchas of Pilgrimes fame. The second of these voyages, in which Lancaster again triumphs over what many would call sheer bad luck, has been taken from a letter which was sent to the East India Company by one of its servants, and is preserved in the archives of the India Office and will be dealt with in the following chapter. But for the present we will confine our attention to the voyage of those three ships mentioned at the end of the last chapter.

图 7-258

还可以通过“链接”的方法将隐藏的字符在另外一个文本框内显示出来，从而避免文本的流溢，如图7-259和图7-260所示。

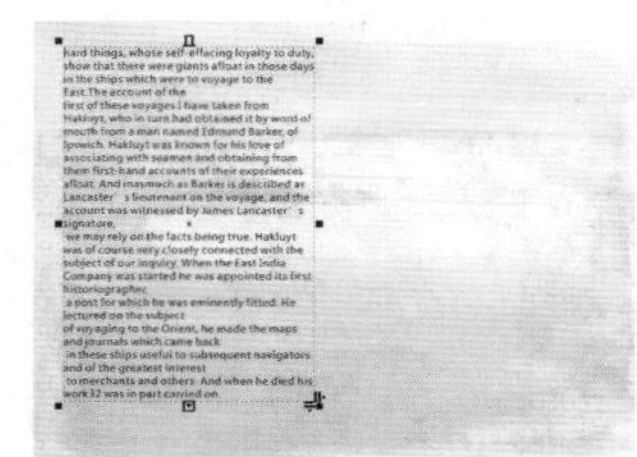

图 7-259

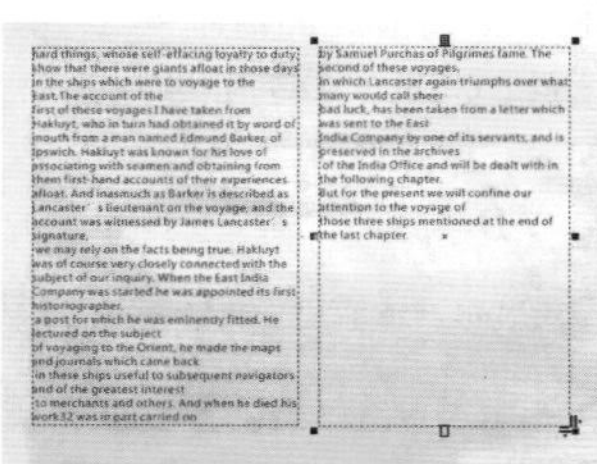

图 7-260

1. 链接同一页面的文本

(1)创建一个含有溢出文本的文本框，单击文本框底部表示文字流失的▼图标，如图7-261所示。当光标变为⊡状时，在画面的空白区域按住鼠标左键拖动，如图7-262所示。

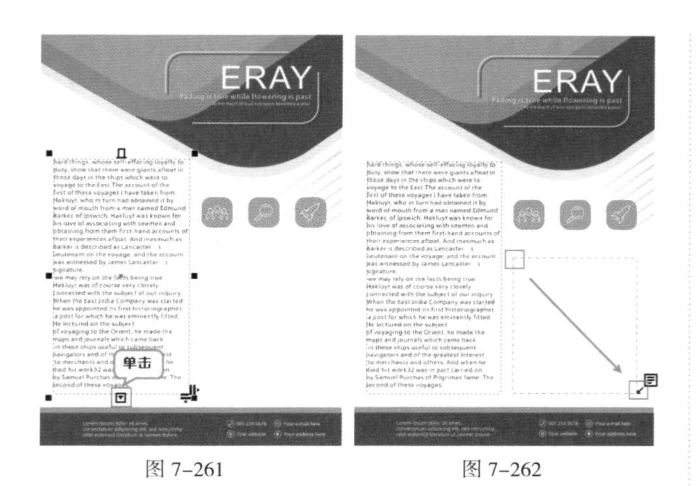
图 7-261　　图 7-262

释放鼠标后即可显示隐藏的字符，被链接的文本之间有一段青色的带有箭头的虚线连接着，如图7-263所示。

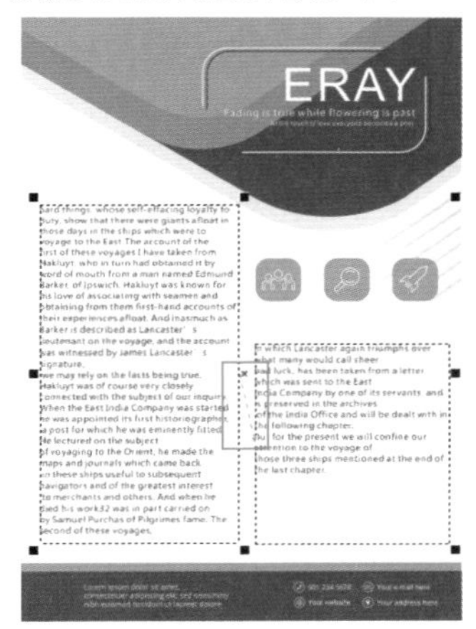
图 7-263

(2) 还可以先在画面中的空白位置绘制一个文本框，如图7-264所示。接着单击文本框底部表示文字流失的▼图标，在空的文本框内单击(如图7-265所示)，即可在空的文本框内显示隐藏的字符，如图7-266所示。

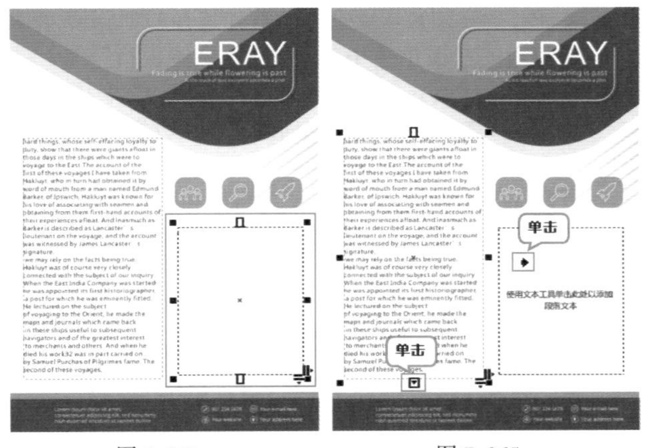
图 7-264　　图 7-265

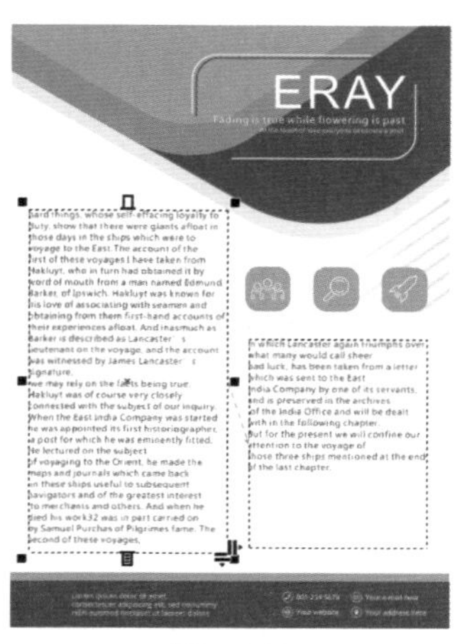
图 7-266

提示：使用命令链接两个文本框

首先按住Shift键单击加选带有溢出文本的文本框和空的文本框，如图7-267所示。接着执行"文本"->"段落文本框"->"链接"命令，溢出的文本将会显示在空文本框中，如图7-268所示。

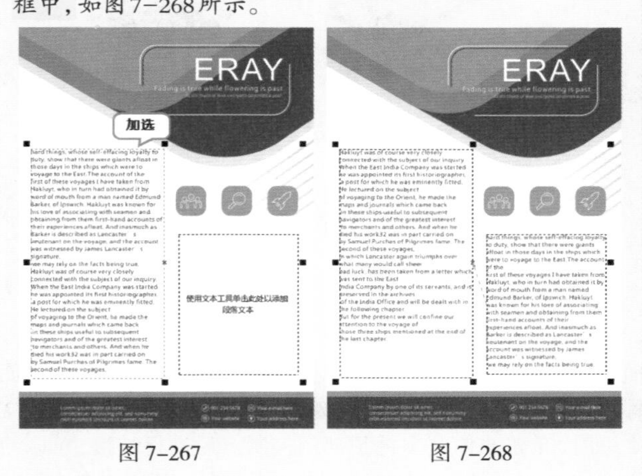
图 7-267　　图 7-268

(3) 文本串联后，可以进行统一的编辑。选择其中一个文本框，然后更改字体、字号和文字颜色等文字属性，可以看到所串联的文本属性都发生了改变，如图7-269所示。

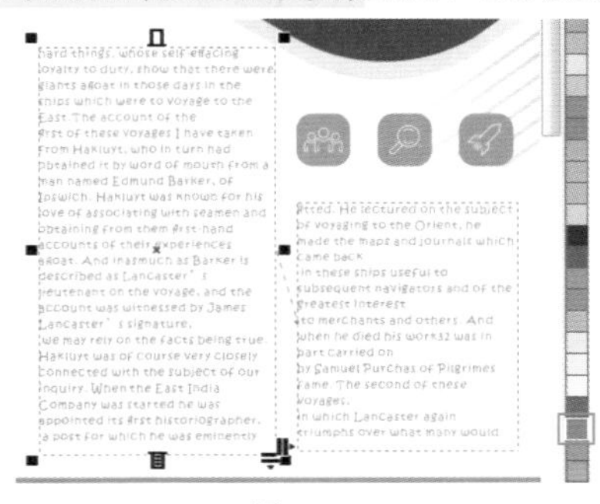
图 7-269

2. 链接不同页面的文本

两个不同页面之间的文本也可以进行链接。

(1) 在页面1中包含溢出的段落文字，如图7-270所示。在页面2中包含一个空白的文本框，如图7-271所示。

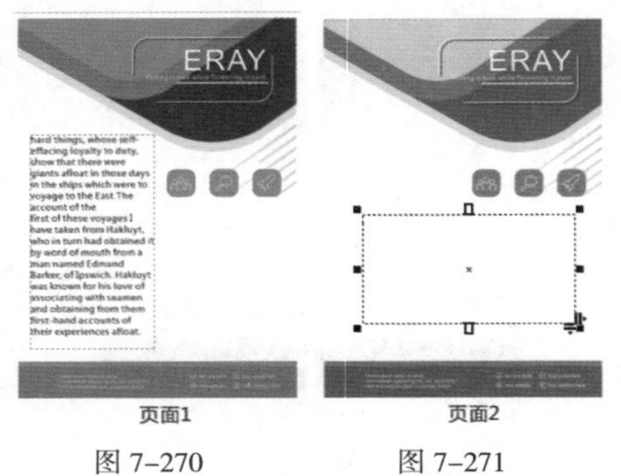

图 7-270　　图 7-271

(2) 在页面1中单击段落文本框顶部的控制点▯，如图7-272所示。接着切换至页面2中，当光标变为➡状时，在页面2的文本框中单击，如图7-273所示。

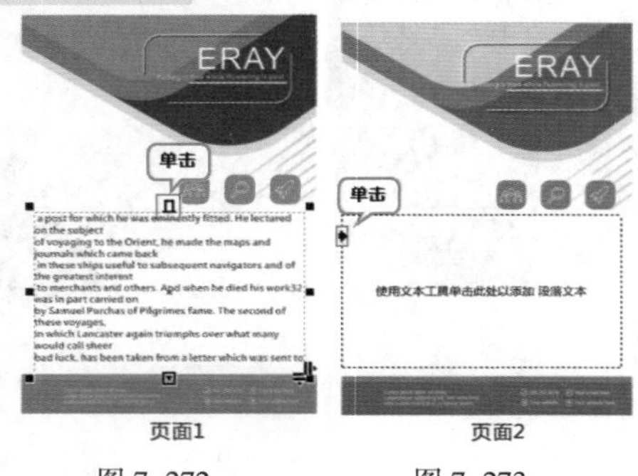

图 7-272　　图 7-273

此时页面2中的文本将确认链接至页面1中的文本前面。而且在链接后，两个文本框的左侧或右侧将出现链接的页面标示，以表示文本链接顺序，效果如图7-274所示(在链接文本框时，单击当前文本框顶部的控制点后进行链接，可以使文本优先显示在另一个文本框前；而单击底部控制点进行链接，则会使内部文字优先显示在当前的文本框内)。

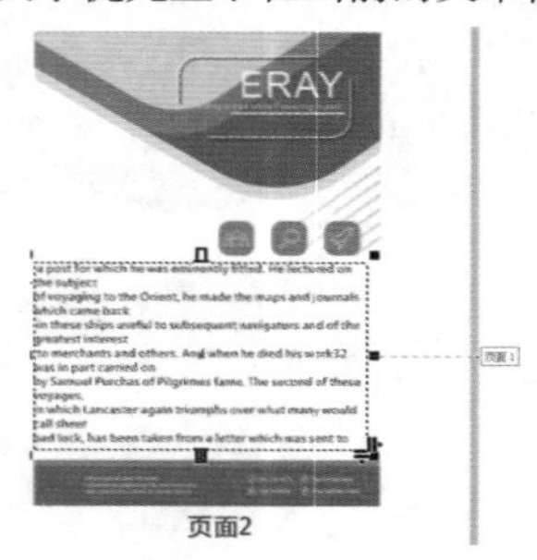

图 7-274

3. 断开链接文本

如果要将链接的两个文本断开链接，首先按住Shift键单击加选两个文本框，如图7-275所示。接着执行"文本"->"段落文本框"->"断开链接"命令，即可将选中的文本框断开链接，使其成为两个独立的文本框，如图7-276所示。

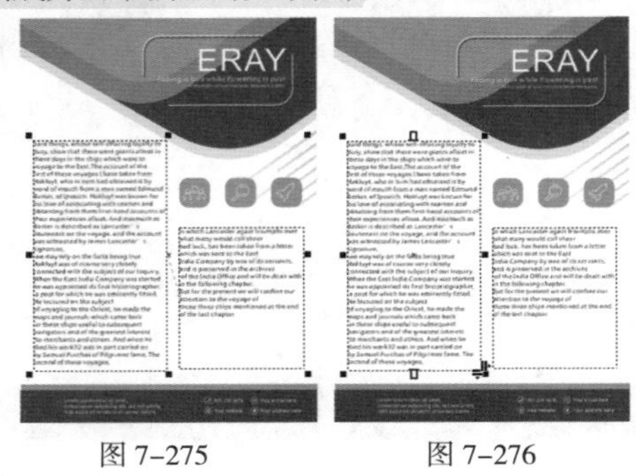

图 7-275　　图 7-276

重点 7.3.10 动手练：文本换行

扫一扫，看视频

"文本换行"也称为"文本绕排"，是指文字围绕图形周围的一种文字混排方式，这种方式能够避免文字与图形出现相互叠加或遮挡的情况。如图7-277和图7-278所示为用到文本换行的作品。

图 7-277　　图 7-278

1. 创建文本换行

(1) 需要注意的是，文本换行需要针对图形部分进行设置，且文字对象必须是段落文本。首先选择一个图形，然后右击，在弹出的快捷菜单中执行"段落文本换行"命令，如图7-279所示。接着在图形上输入一段文字，随即可以看到文字绕排效果，如图7-280所示(创建文本换行之后如果文本框边缘变红，则表示文本没有完整显示)。

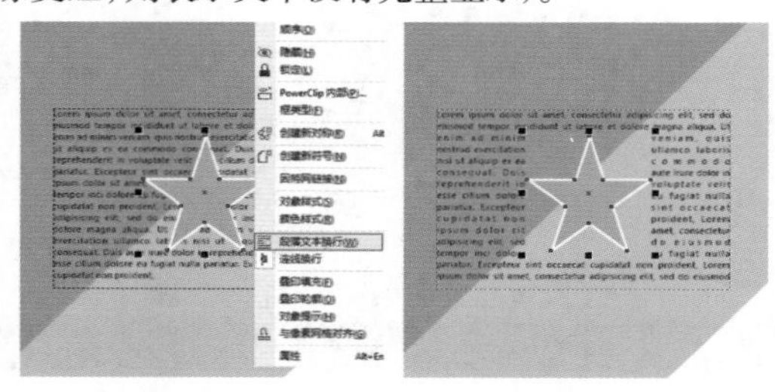

图 7-279　　图 7-280

(2) 还可以选择图形，在属性栏中单击“文本换行”按钮右下角的◢按钮，在弹出的下拉面板中可以选择文本换行的方式，如图7-281所示。如图7-282所示为各种换行方式对应的效果。

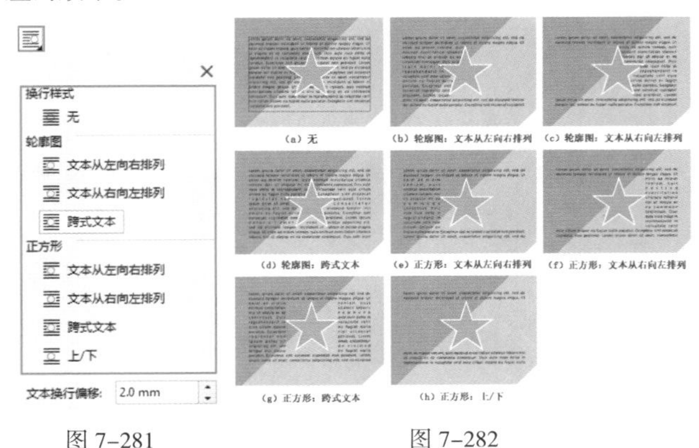

图 7-281　　图 7-282

2. 调整文本与图形的距离

首先选择一个图形，在属性栏中单击“文本换行”按钮，在弹出的下拉面板中选择一种文本换行的方式，然后在底部的“文本换行偏移”数值框中输入数值，完成图形与文字之间距离的设置，如图7-283所示。效果如图7-284所示。

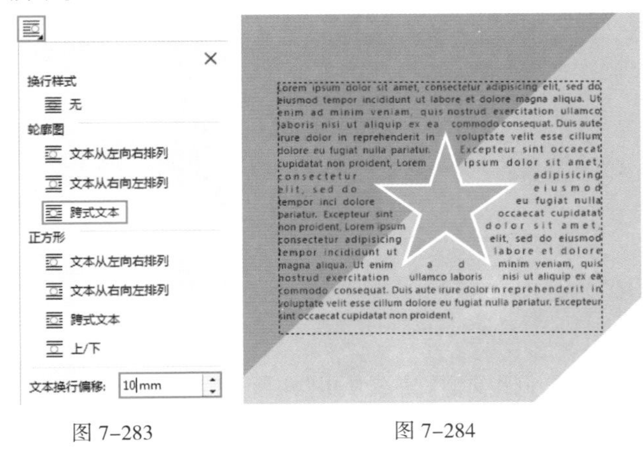

图 7-283　　图 7-284

举一反三：使用文本换行制作杂志版式

文本绕排是一种很常用的排版方式，能够增加文字与图形的联系，让整个版面的效果活泼、生动。

(1) 选择图形，在属性栏中单击“文本换行”按钮，在弹出的下拉面板中选择一种文本换行的方式，如图7-285所示。整个版面中图片均水平摆放，但是整体的色调是较为活泼的。为了避免版面效果过于呆板、沉闷，可以尝试将图片进行旋转。效果如图7-286所示。

图 7-285　　图 7-286

(2) 图片旋转完成后，文字并没有完全地填满文本框，下面的空余空间似乎有些多。这时可以增加一点文字与图片之间的距离，如图7-287所示。效果如图7-288所示。

图 7-287　　图 7-288

练习实例：图文混排的商务画册

文件路径	资源包\第7章\练习实例：图文混排的商务画册
难易指数	★★★★★
技术要点	“文本”工具、文本换行

扫一扫，看视频

实例效果

本实例效果如图7-289所示。

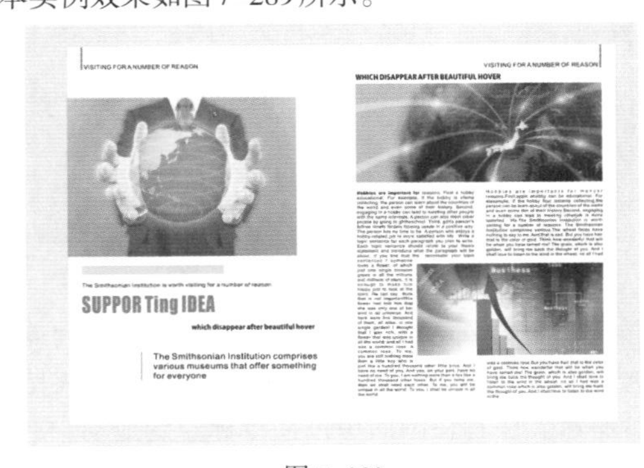

图 7-289

操作步骤

步骤 01 新建一个A4大小的空白文档，然后创建参考线，划分出左、右两个页面以及页边距的位置，如图7-290所示。

图 7-290

步骤 02 双击工具箱中的“矩形”工具按钮□，快速绘制一个与画板等大的矩形。单击调色板中的灰色色块为其填充灰色，如图7-291所示。接着在灰色矩形上绘制一个白色的矩形，如图7-292所示。

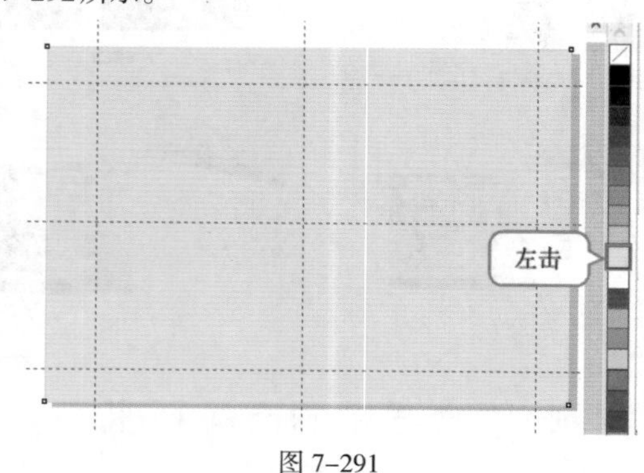

图 7-291

图 7-292

步骤 03 执行“文件”->“导入”命令，在弹出的“导入”窗口中找到素材位置，选择素材1.jpg，单击“导入”按钮，如图7-293所示。接着在画面中按住鼠标左键拖动，松开鼠标后完成导入操作，如图7-294所示。

图 7-293

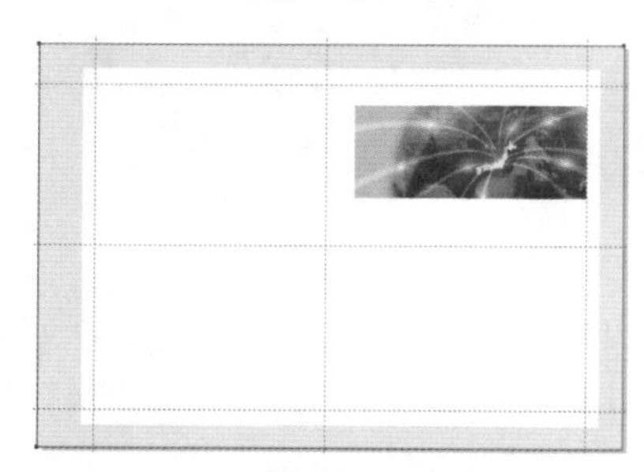

图 7-294

步骤 04 以同样的方式导入其他素材，如图7-295所示。在左侧版面中绘制一个黄色矩形，如图7-296所示。

图 7-295　　图 7-296

步骤 05 制作页眉。首先使用“矩形”工具在版面的左上角绘制一个青色矩形，如图7-297所示。选择工具箱中的“文本”工具字，在画面中单击插入光标，然后输入文字。接着选中输入的文字，在属性栏中设置合适的字体、字号，如图7-298所示。

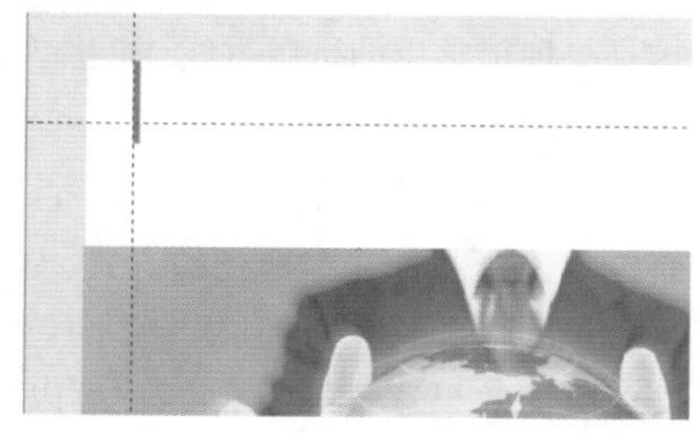

图 7-297

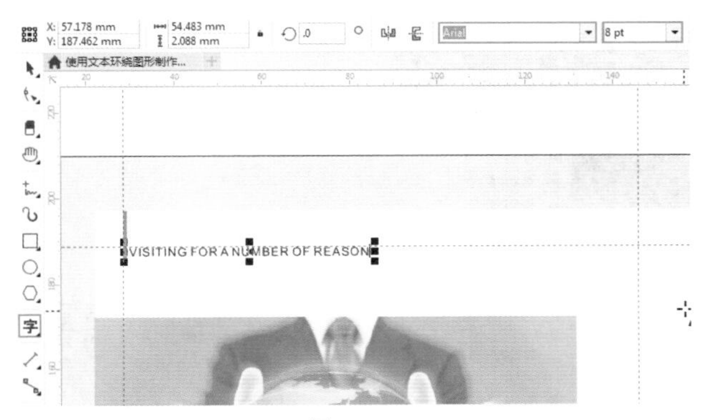

图 7-298

步骤 06 按住Shift键加选青色矩形和文字，然后按住Shift键向右拖曳，拖曳到合适位置后右击进行复制，如图7-299所示。接着调整青色矩形的位置，页眉部分制作完成。效果如图7-300所示。

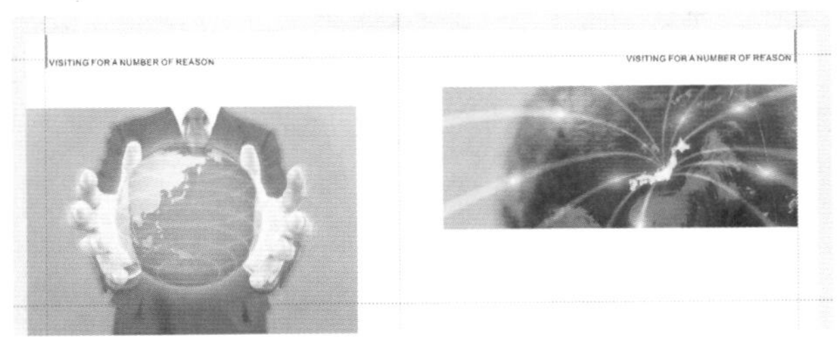

图 7-299

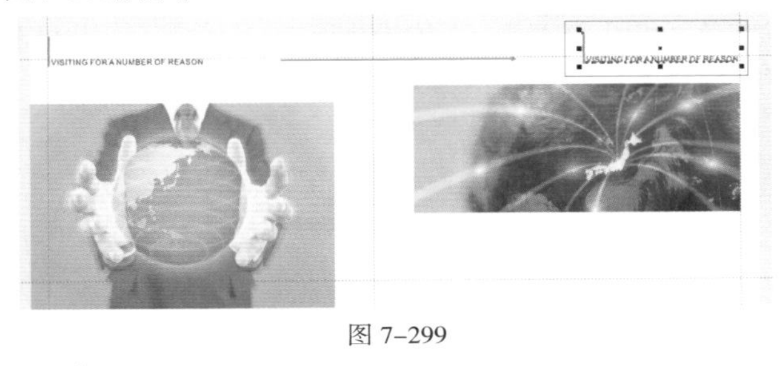

图 7-300

步骤 07 使用“文本”工具输入其他文字，如图7-301所示。

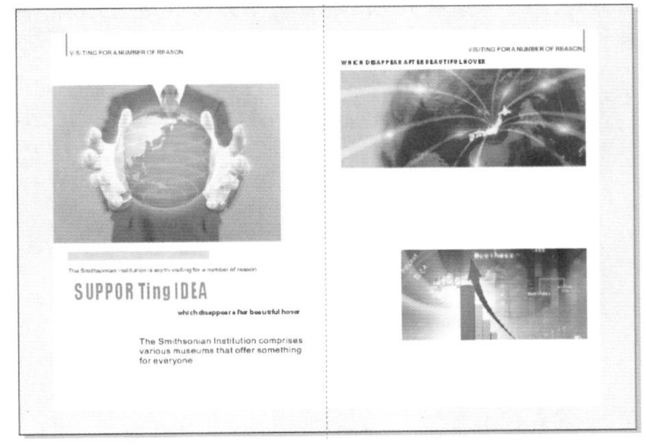

图 7-301

步骤 08 使用“文本”工具绘制一个文本框，然后在属性栏中设置合适的字体、字号，输入段落文字，如图7-302所示。使用同样的方式输入右侧的段落文字，如图7-303所示。

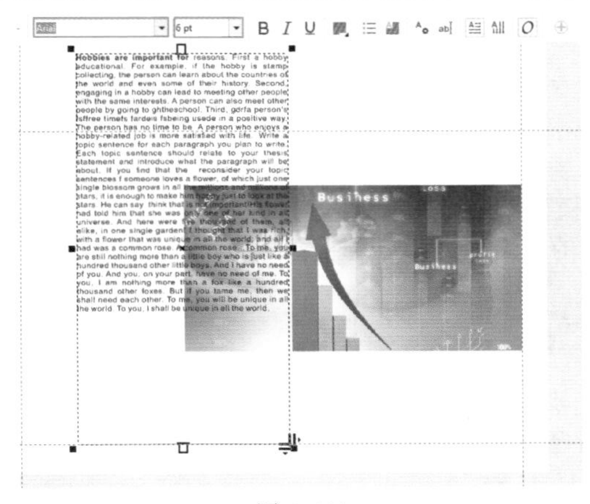

图 7-302

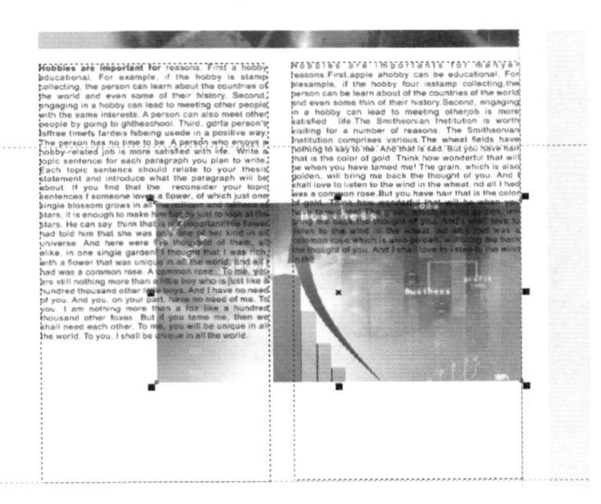

图 7-303

步骤 09 选择此处的图片，在属性栏中单击“文本换行”按钮，在弹出的下拉面板中选择“跨式文本”，如图7-304所示。此时文本环绕效果制作完成，效果如图7-289所示。

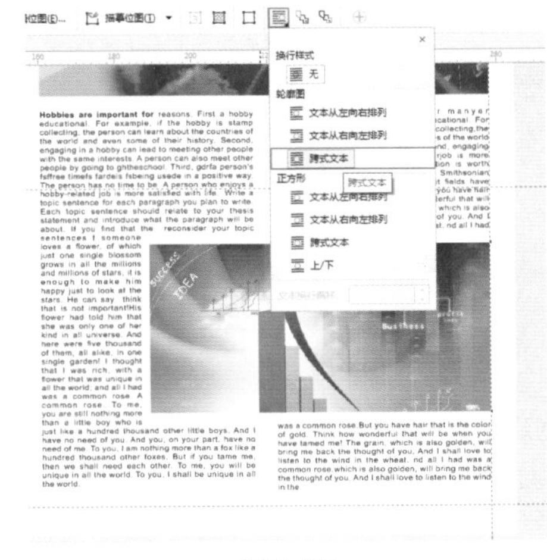

图 7-304

7.4 使用“样式”快速设置文本属性

在杂志、书籍的排版过程中，为了让整体的效果统一，通常会使用同样的字体、字号、文字颜色以及对齐方式等。由此可以制定一套“模板”，在需要的时候套用即可。这个所谓的“模板”就是“文字样式”。应用文字样式能减少重复操作所带来的错误，还会让工作变得高效、便捷。

重点 7.4.1 创建文字样式

一段文字具有字符和段落两种属性。在CorelDRAW中可以新建单独的字符样式、段落样式，还可为段落和字符同时建立样式，称为“样式集”。

首先选择一段文字，如图7–305所示。

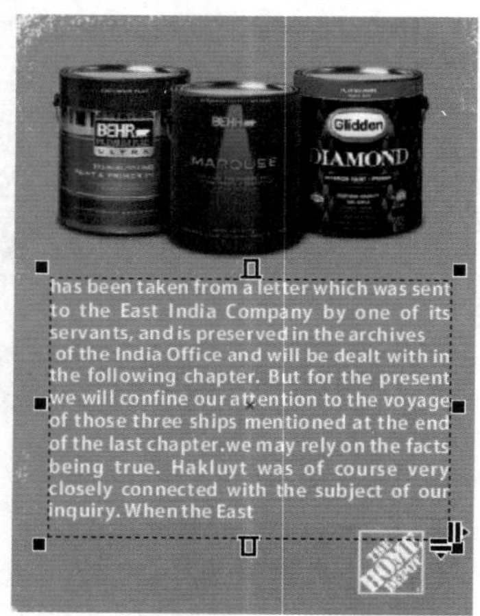

图 7–305

打开“文本”泊坞窗，可以看到其字体、字号、颜色、文本对齐方式等属性，如图7–306所示。

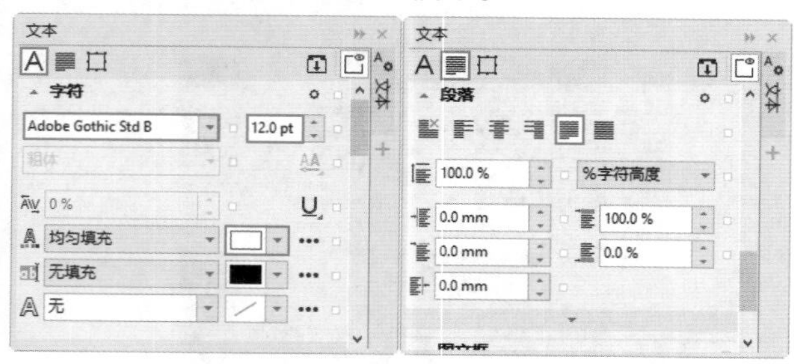

图 7–306

1. 创建字符 / 段落样式

选择文字右击，在弹出的快捷菜单中执行“对象样式”–>“从以下项新建样式”–>“字符”命令，如图7–307所示。

图 7–307

在弹出的“从以下项新建样式”窗口中为字符样式命名，然后勾选“打开‘对象样式’泊坞窗”复选框，单击OK按钮，如图7–308所示。在弹出的“对象样式”泊坞窗中即可看到刚刚新建的字符样式，如图7–309所示。创建段落样式的方法与此之相同，选择文字后右击执行“对象样式”–>“从以下项新建样式”–>“段落”命令，即可新建段落样式。

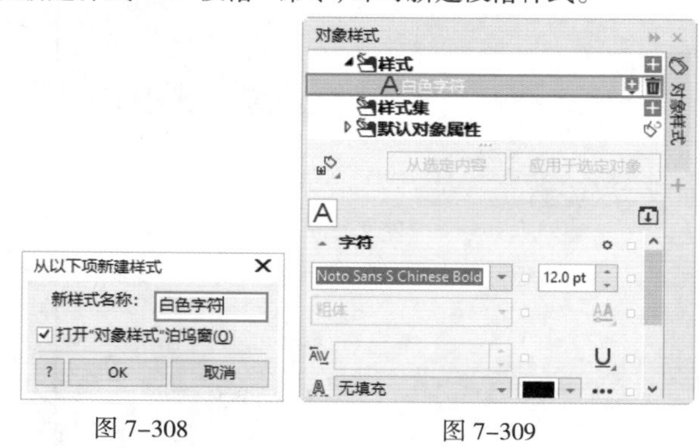

图 7–308　　图 7–309

单击“样式”右侧的按钮，在弹出的菜单中选择“字符”或“段落”命令，如图7–310所示。然后选择新建的样式，在“对象样式”泊坞窗的下方对其进行编辑，如图7–311所示。

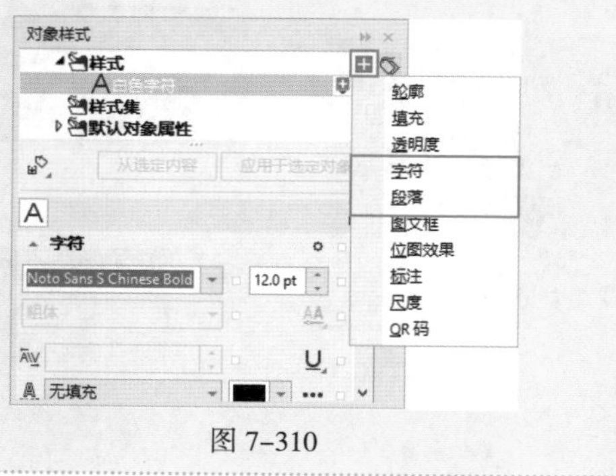

图 7–310

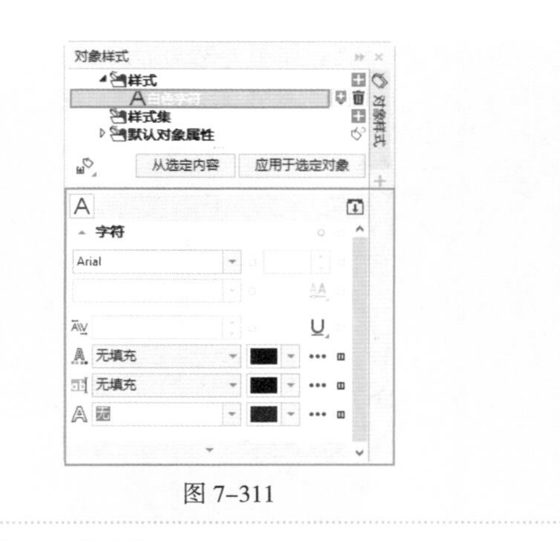

图 7-311

2. 创建文字样式集

选择文字右击，在弹出的快捷菜单中执行“对象样式”->“从以下项新建样式集”命令，如图7-312所示。在弹出的“从以下项新建样式集”窗口中为新样式集命名，然后单击OK按钮，如图7-313所示。在弹出的“对象样式”泊坞窗中可以看到新建的样式集，如图7-134所示。

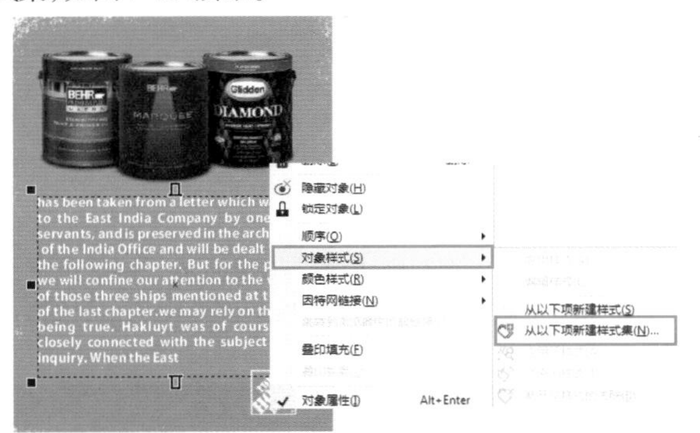

图 7-312

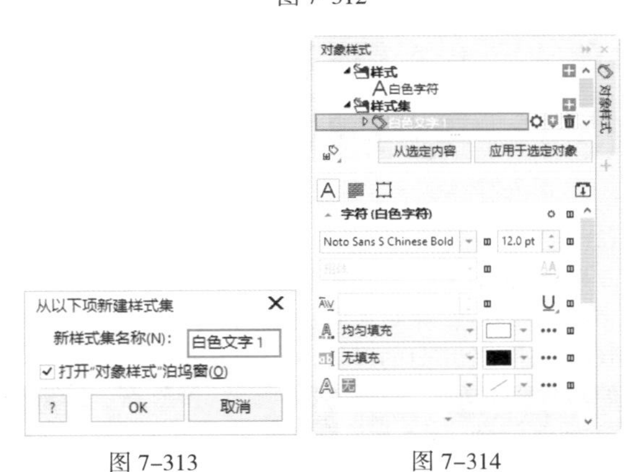

图 7-313　　图 7-314

提示：在“对象样式”泊坞窗中新建样式集

单击“样式集”右侧的按钮，即可新建一个样式集。单击新建的样式集右侧的按钮，在弹出的菜单中选择要设置的内容，如图7-315所示。然后选择样式集，在“对象样式”泊坞窗的下方对其进行编辑，如图7-316所示。

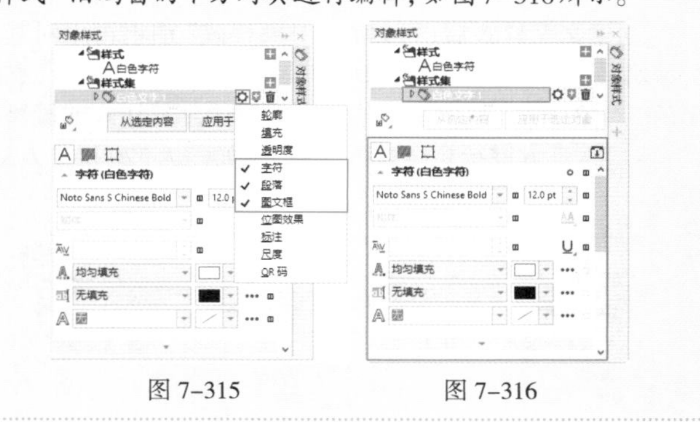

图 7-315　　图 7-316

重点 7.4.2 应用文字样式

文字样式定义完后，可以应用在其他文字中，这样就可以轻松制作大量相同格式的文字了。

应用文字样式集

首先选中一段文字，如图7-317所示。执行“窗口”->“泊坞窗”->“对象样式”命令，在弹出的“对象样式”泊坞窗中选择“白色文字”样式，然后单击“应用于选定对象”按钮，如图7-318所示。随即所选文字就会被赋予文字样式，如图7-319所示。

图 7-317　　图 7-318

图 7-319

提示：使用命令应用样式

选择一段文字，右击，在弹出的快捷菜单中执行“对象样式”->“应用样式”命令，在弹出的子菜单中选择要应用的样式，即可为选中的文字赋予样式。

7.4.3 编辑文字样式

创建文字样式后，可以在“对象样式”泊坞窗中对其进行编辑。执行“窗口”->“泊坞窗”->“对象样式”命令，在弹出的“对象样式”泊坞窗中选择要编辑的字符样式或段落样式，然后在下方进行相应参数的调整，如图7-320和图7-321所示。

图 7-320

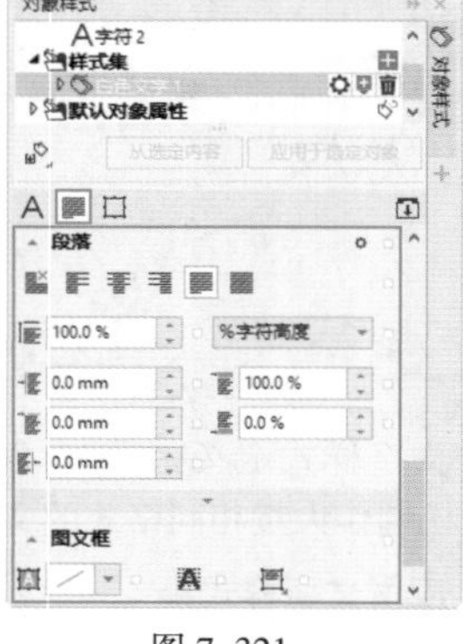

图 7-321

7.4.4 删除文字样式

如果想要删除多余的文字样式，可以在“对象样式”泊坞窗中选择要删除的样式，然后单击其右侧的“删除风格集”按钮；或在要删除的样式上右击，在弹出的快捷菜单中执行“删除”命令，即可将其删除，如图7-322所示。

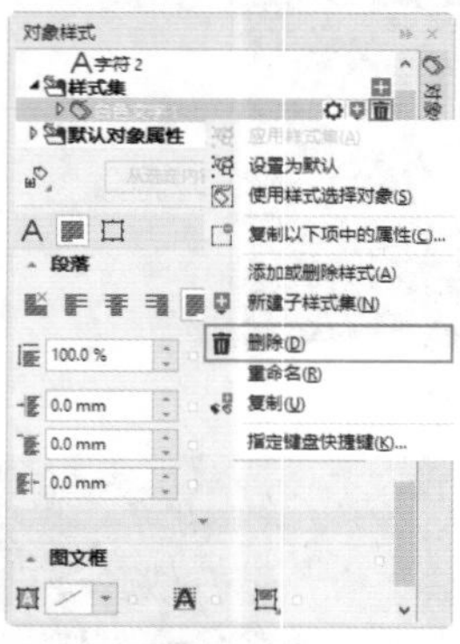

图 7-322

7.5 将文字转换为曲线

在CorelDRAW中，文字对象是一种特殊对象，无法直接进行细节的编辑。如果想要对文字的细节进行调整，则需要将文字转换为曲线对象，然后选择适当的工具进行调整即可。

首先选择文字，如图7-323所示。然后执行“对象”->“转换为曲线”命令，此时路径对象变为“曲线”对象，同时文字边缘会出现节点，如图7-324所示。接着可以使用“形状”工具对文字的形态进行调整，如图7-325所示。

图 7-323

图 7-324

图 7-325

举一反三：将文字转换为曲线制作科技海报

在制作创意文字时，通常先输入基本的文字，然后将文字转换为曲线，再进行相应的编辑。

（1）首先进行文字排版，如图7-326所示。接着绘制线条作为装饰(这种简单的线条能够增强画面的动感)，如图7-327所示。

图 7-326

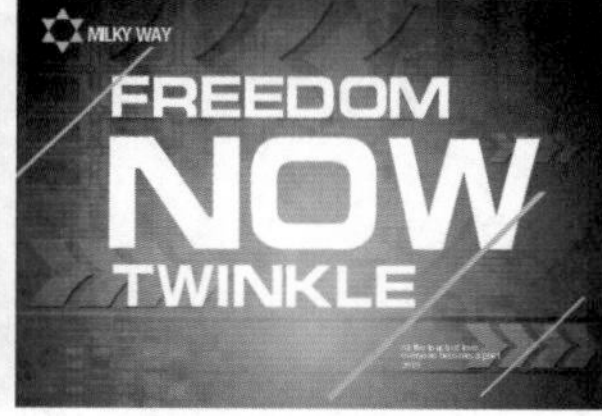

图 7-327

（2）为了增加文字与线条的联系，制作出一种线条切断文字的效果，先将文字转换为曲线对象，然后使用“形状”工具在文字上添加节点，并对其形状进行调整，如图7-328所示。继续修改另外一个字母的形状，效果如图7-329所示。

图 7-328

图 7-329

(3) 为主体文字添加阴影以及进行其他文字位置的调整，最终效果如图 7-330 所示。

图 7-330

练习实例：将文本转换为曲线制作变形艺术字

文件路径	资源包\第7章\练习实例：将文本转换为曲线制作变形艺术字
难易指数	★★★★★
技术要点	"钢笔"工具、"转换为曲线"命令、"橡皮擦"工具

扫一扫，看视频

实例效果

本实例效果如图 7-331 所示。

图 7-331

操作步骤

步骤 01 创建A4尺寸横版文档，导入素材1.jpg，如图7-332所示。以同样的方式导入素材2.png，如图7-333所示。

图 7-332

图 7-333

步骤 02 选择工具箱中的"钢笔"工具，在画布上绘制图形，如图7-334所示。选中绘制的图形，单击工具箱中的"交互式填充"工具按钮，在属性栏中单击"均匀填充"按钮，设置"填充色"为粉色，然后在调色板中右击"无"按钮去除轮廓色，如图7-335所示。

图 7-334

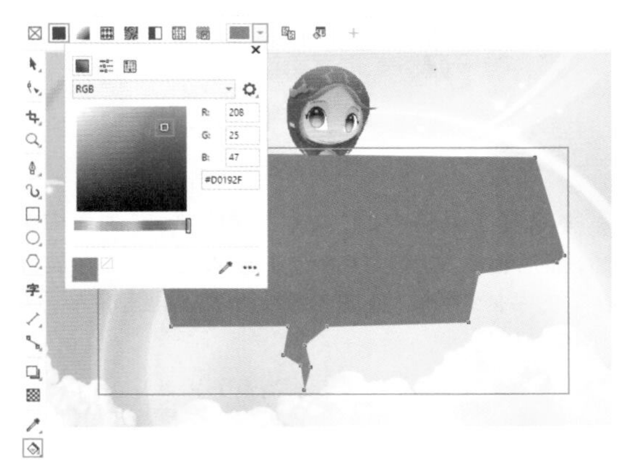

图 7-335

步骤 03 在红色图形上绘制一个不规则图形，然后填充粉红色，如图7-336所示。

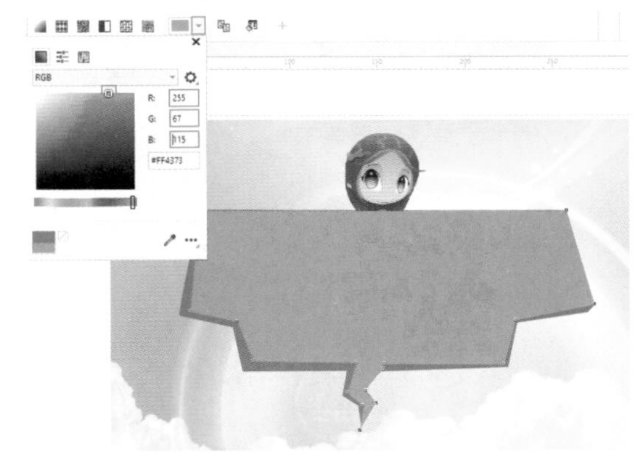

图 7-336

步骤 04 使用"钢笔"工具绘制其他的装饰图形，效果如图7-337所示。

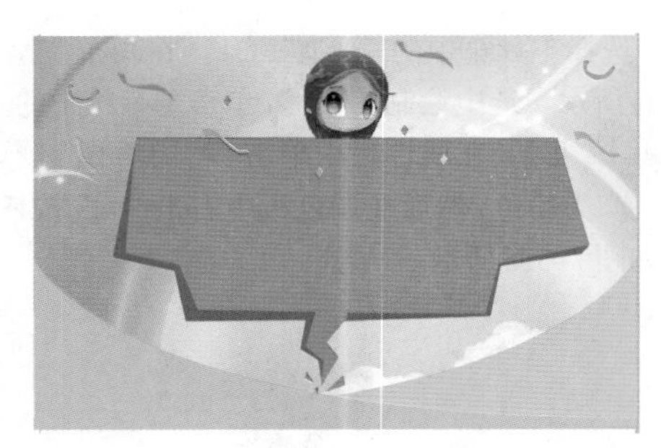

图 7-337

步骤 05 执行“文件”->“导入”命令，导入其他的素材，如图7-338所示。

图 7-338

步骤 06 选择工具箱中的“文本”工具字，在画面中单击插入光标，然后输入文字。接着选中输入的文字，在属性栏中设置合适的字体、字号，如图7-339所示。继续输入下方的文字，如图7-340所示。

图 7-339

图 7-340

步骤 07 选中黄色文字，执行“对象”->“转换为曲线”命令。选择工具箱中的“橡皮擦”工具，在属性栏中单击“方形笔尖”按钮，设置“橡皮擦厚度”为0.6mm，单击“笔压”和“减少节点”按钮，然后在文字上按住鼠标左键拖曳，光标经过的位置即会被擦除，如图7-341所示。继续进行擦除操作，如图7-342所示。

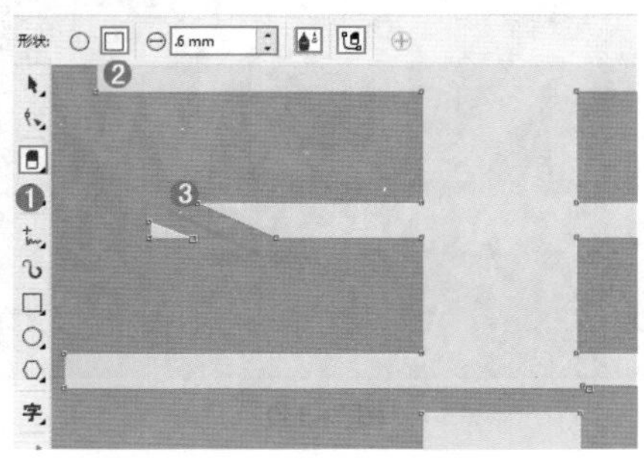

图 7-341

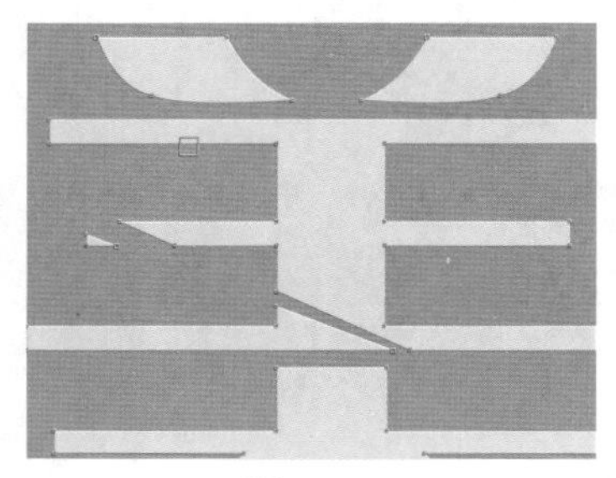

图 7-342

步骤 08 使用同样的方式制作其他文字，效果如图7-343所示。

图 7-343

步骤 09 单击工具箱中的“椭圆形”工具按钮○，按住Ctrl键绘制一个正圆，然后填充为橘黄色，如图7-344所示。

图 7-344

步骤 10 选择正圆，按快捷键Ctrl+C进行复制，然后按快捷键Ctrl+V进行粘贴。将前方正圆填充为黄色，然后将其向左移动。效果如图7-345所示。

图 7-345

步骤 11 在正圆上输入文字，最终效果如图7-346所示。

图 7-346

7.6 文本内容的编辑

7.6.1 查找文本

“查找文本”功能可以快速定位文档中的某个字符所在位置。选中文本对象，如图7-347所示。执行“编辑”->“查找并替换”命令打开“查找并替换”窗口，先设置类型为“查找和替换文本”，选择“查找”选项，接着输入要“查找”的文字。还可以进行是否区分大小写，以及是否仅查找整个单词的设置。然后单击“查找下一个”按钮，如图7-348所示。被查找的单词呈现灰色状态，如图7-349所示。

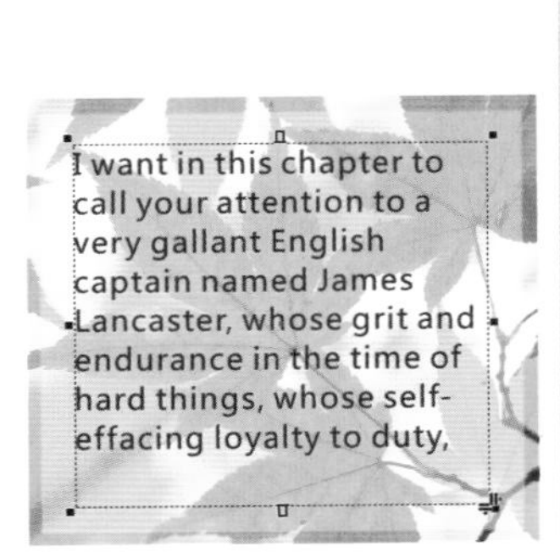

图 7-347

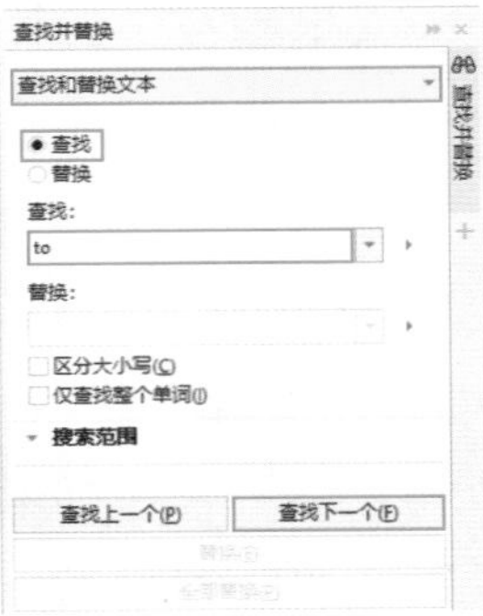

图 7-348

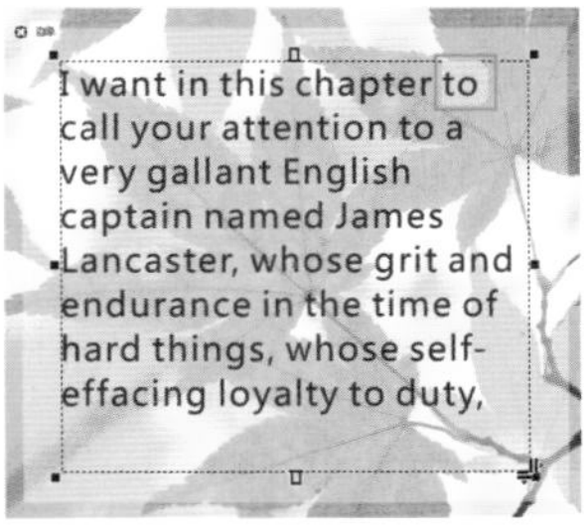

图 7-349

7.6.2 动手练：替换文本

(1) 选中文本对象，如图7-350所示。执行“编辑”->“查找并替换”命令，打开“查找并替换”窗口。

先设置类型为“查找和替换文本”，选择“替换”选项，接着输入需要查找的文字，在“替换”文本框中输入需要替换的文字，可以单击“查找下一个”按钮，随即查找到的文本将会被选中，如图7-351和图7-352所示。

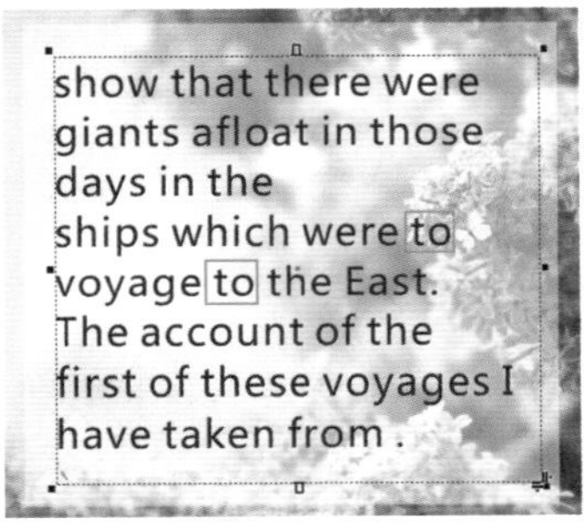

图 7-350

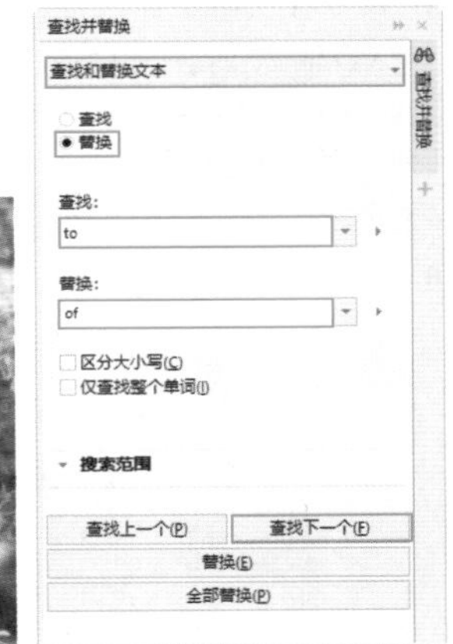

图 7-351

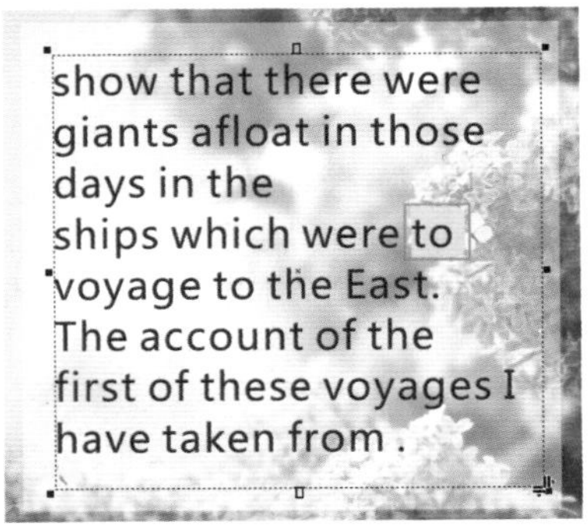

图 7-352

(2) 单击“替换”按钮，即可将当前选中的文字进行替换；单击“全部替换”按钮，可以快速替换文本框中需要替换的全部文本。替换完毕单击“关闭”按钮，如图7-353和图7-354所示。

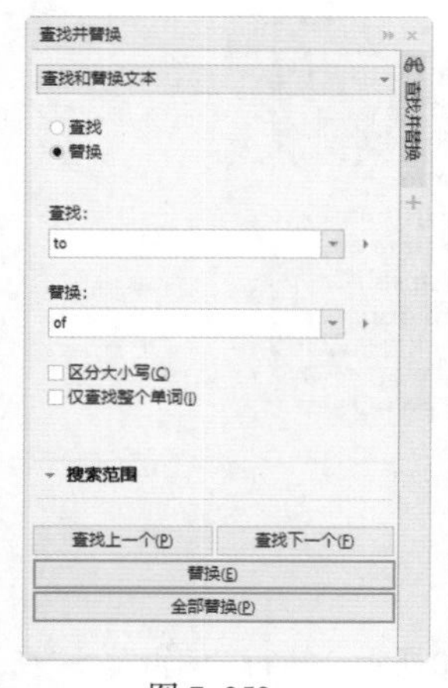

图 7-353

show that there were
giants afloat in those
days in the
ships which were of
voyage of the East.
The account of the
first of these voyages I
have taken from .

图 7-354

7.6.3 插入特殊字符

使用键盘输入的字符是有限的，可以通过“插入符号字符”命令在文本中插入特殊字符。

(1) 输入文字，如图 7–355 所示。执行“文本” ->“字形”命令(快捷键 Ctrl+F11)，打开“字形”泊坞窗。因为字体不同所对应的字符效果也是不同的，所以先选择一种合适的字体。接着选择一个字符，单击“复制”按钮进行复制，如图 7–356 所示。

图 7–355

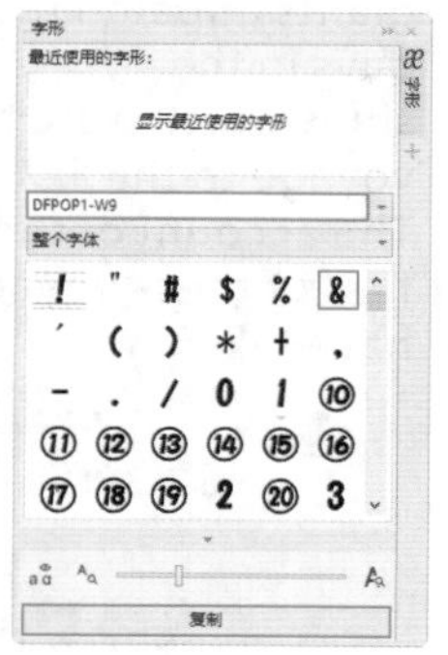

图 7–356

(2) 在文本中要添加字符的位置单击插入光标，接着右击，在弹出的快捷菜单中执行“粘贴”命令，如图 7–357 所示。此时复制的字符将被粘贴到文本中，并且带有当前文本的属性，如图 7–358 所示。

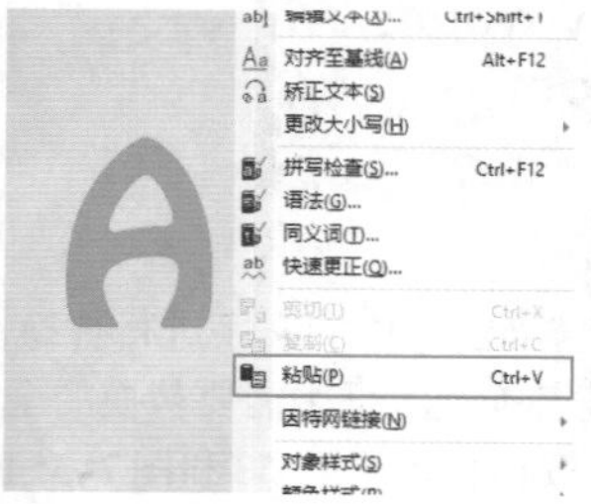

图 7–357

图 7–358

综合实例：设置文本属性制作茶文化三折页

扫一扫，看视频

文件路径	资源包\第7章\综合实例：设置文本属性制作茶文化三折页
难易指数	★★★★★
技术要点	“文本”工具、“文本”泊坞窗

实例效果

本实例效果如图 7–359 所示。

图 7–359

操作步骤

步骤 01 新建一个“宽度”为 291mm、“高度”为 216mm 的空白文档。由于三折页中的内容比较多，需要建立辅助线。执行“查看” ->“标尺”命令调出标尺，在标尺上按住鼠标左键向右拖曳，就绘制出了辅助线，如图 7–360 所示。

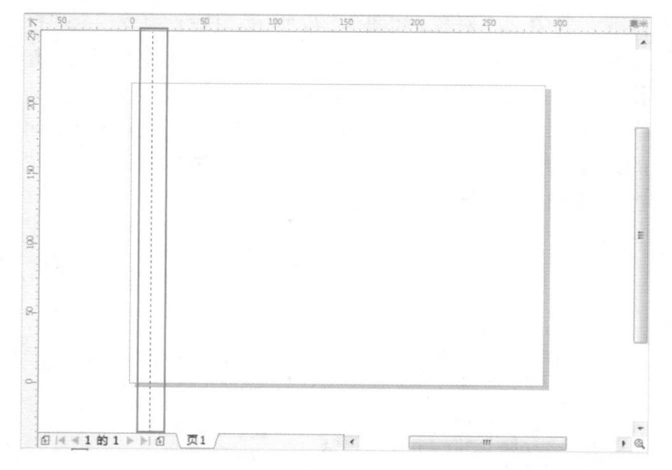

图 7–360

步骤 02 以同样的方式绘制出其他的辅助线，如图 7–361 所示。

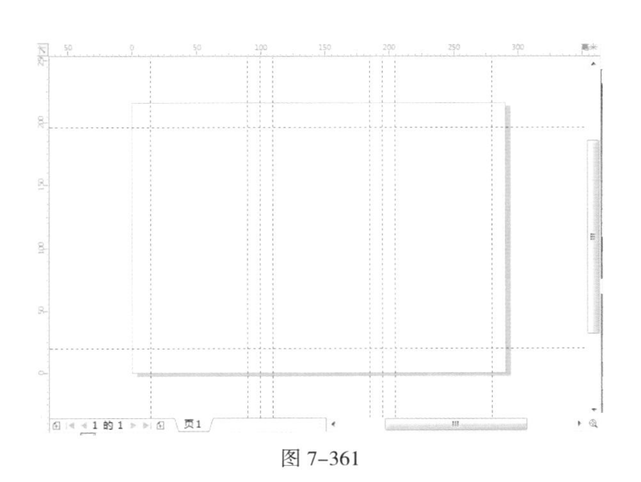

图 7-361

步骤 03 执行“文件”->“导入”命令，导入素材1.jpg，缩放到与画面等大，如图7-362所示。

图 7-362

步骤 04 选择工具箱中的“透明度”工具，在属性栏中设置“透明度”为50，如图7-363所示。

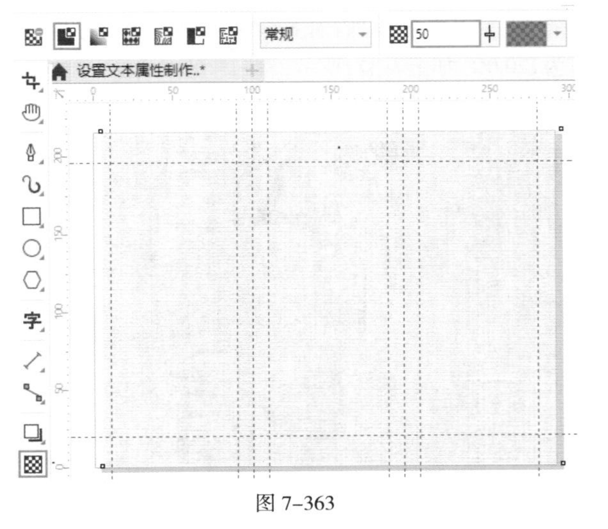

图 7-363

步骤 05 选择工具箱中的“矩形”工具，在中间页面绘制一个矩形，并填充为亮灰色，如图7-364所示。

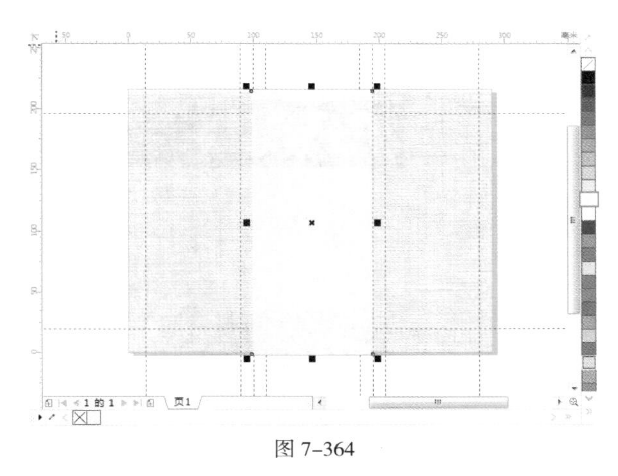

图 7-364

步骤 06 用同样的方式在右侧页面底部绘制另一个矩形，如图7-365所示。

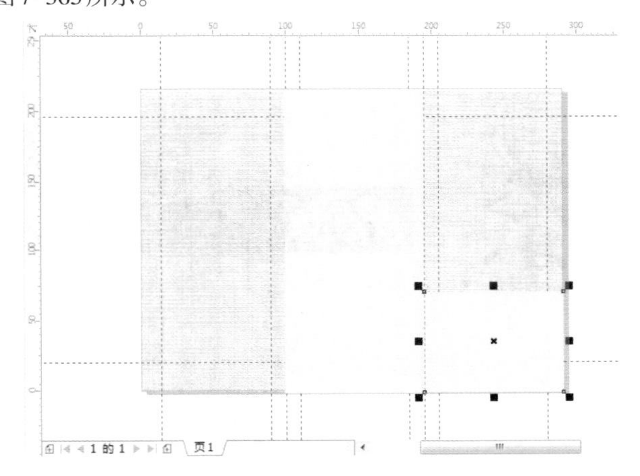

图 7-365

步骤 07 执行“文件”->“导入”命令，导入素材2.jpg，摆放在右侧页面上，如图7-366所示。以同样的方式依次导入素材3.jpg、4.jpg和5.jpg，如图7-367所示。

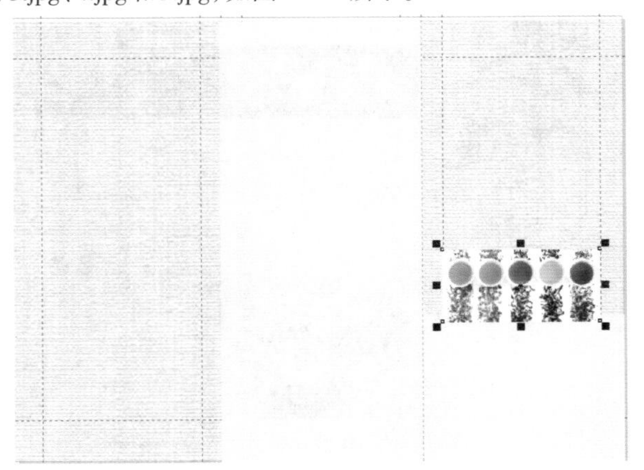

图 7-366

图 7-367

步骤 08 选择工具箱中的“文本”工具，在属性栏中设置合适的字体、字号，然后在画布上单击插入光标，输入文字，如图7-368所示。以同样的方式输入另一个文字，如图7-369所示。

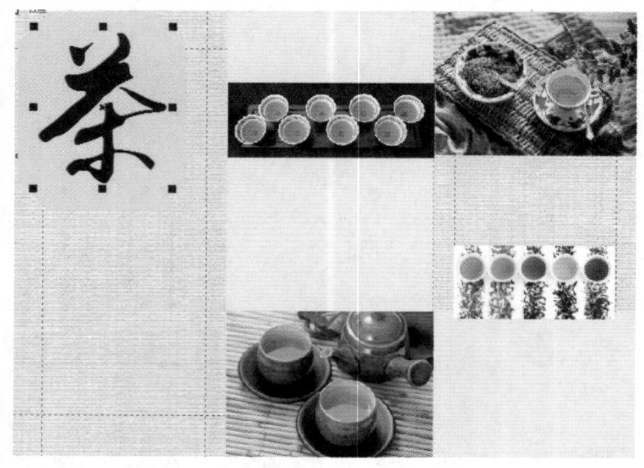

图 7-368

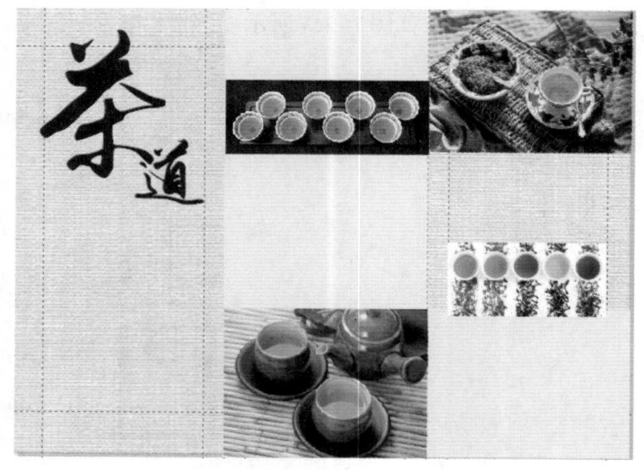

图 7-369

步骤 09 使用“文本”工具，在画布上按住鼠标左键向右下角拖曳绘制文本框，并在文本框中输入文字，如图7-370所示。

图 7-370

步骤 10 选中文本框中的文字，执行“窗口”->“泊坞窗”->“文本”命令，在弹出的“文本”泊坞窗中单击“字符”按钮，设置合适的字体、字号，如图7-371所示。

图 7-371

步骤 11 在“文本”泊坞窗中单击“段落”按钮，在打开的“段落”选项卡中单击“右对齐”按钮，并在下方设置“行间距”为120.0%，如图7-372所示。以同样的方式输入其他文字，如图7-373所示。

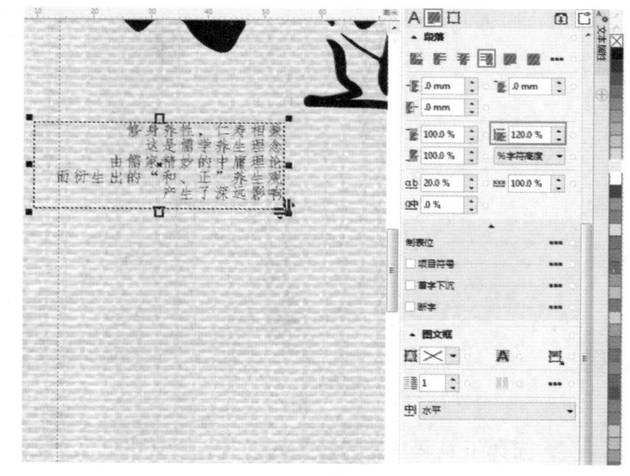

图 7-372

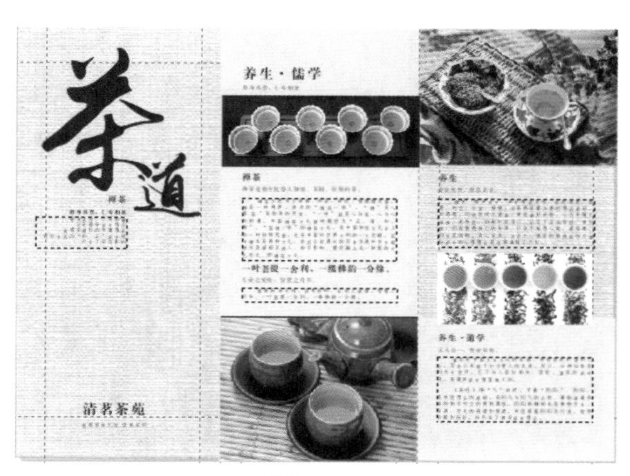

图 7–373

步骤 12 选择工具箱中的“2点线”工具，绘制一条直线，并在属性栏中设置“轮廓宽度”为0.2mm，“线条样式”为虚线，“起始箭头”为箭头53、“终止箭头”为箭头53，更改颜色为深棕色，如图7–374所示。

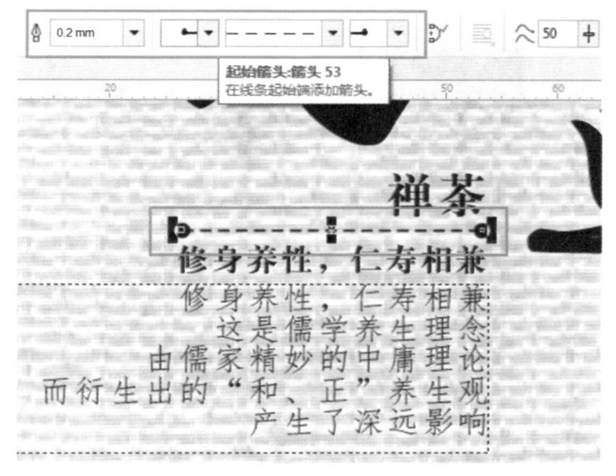

图 7–374

步骤 13 以同样的方式绘制其他的线条。这样整个三折页的正面就绘制完成了，如图7–375所示。

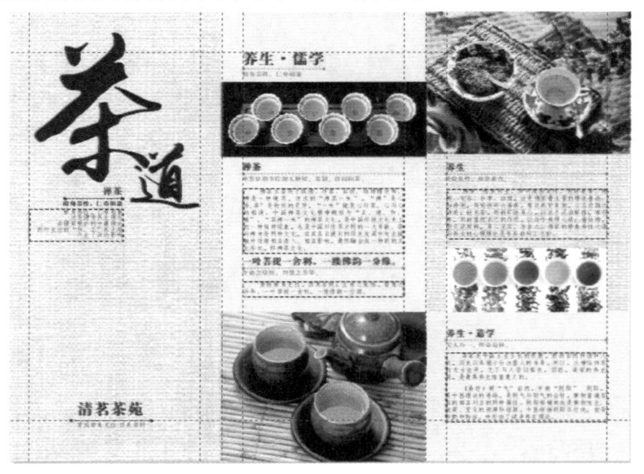

图 7–375

步骤 14 绘制三折页的背面。复制三折页正面的背景素材，如图7–376所示。单击工具箱中的“矩形”工具按钮，绘制3个矩形，然后分别填充合适的颜色，如图7–377所示。

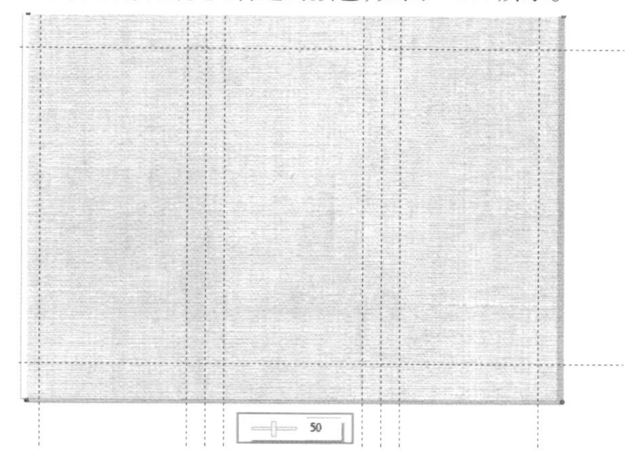

图 7–376

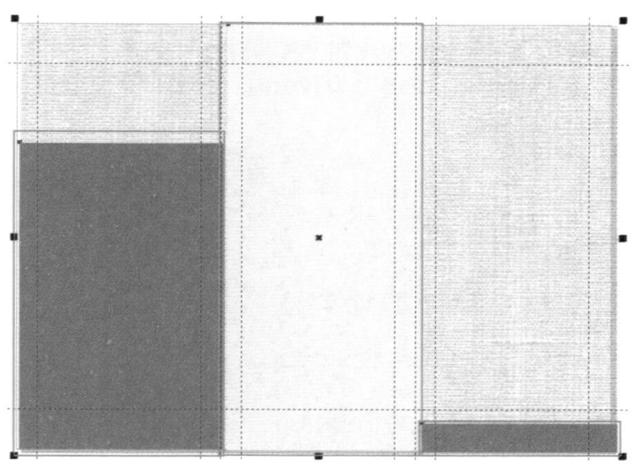

图 7–377

步骤 15 执行“文件”–>“导入”命令，依次导入素材6.jpg、7.jpg、8.jpg和9.jpg，摆放在合适位置上，如图7–378和图7–379所示。

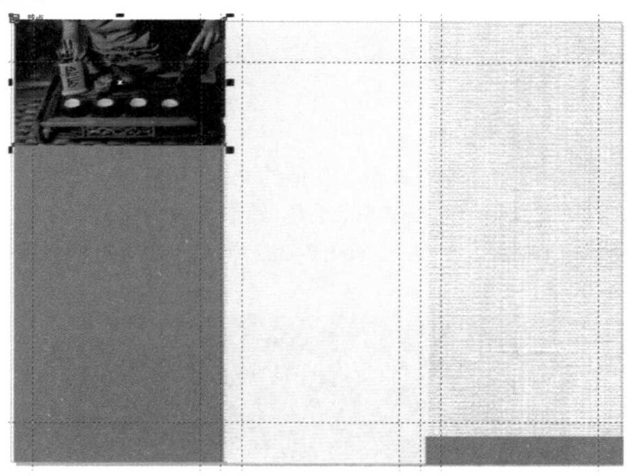

图 7–378

图 7–379

步骤 16 使用“文本”工具绘制文本框并在文本框内输入文字。执行“窗口”->“泊坞窗”->“文本”命令，在弹出的“文本”泊坞窗中单击“字符”按钮，在打开的“字符”选项卡中设置合适的字体、字号，如图7–380所示。单击“段落”按钮，在打开的“段落”选项卡中单击“两端对齐”按钮，设置“段前间距”为200.0%，“行间距”为120.0%，“字符间距”为20.0%，如图7–381所示。

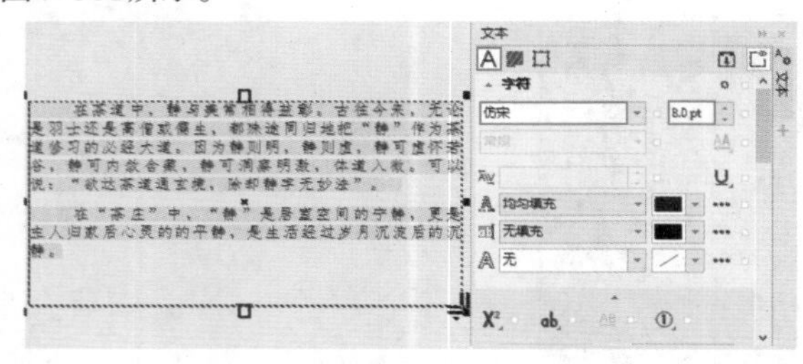

图 7–380

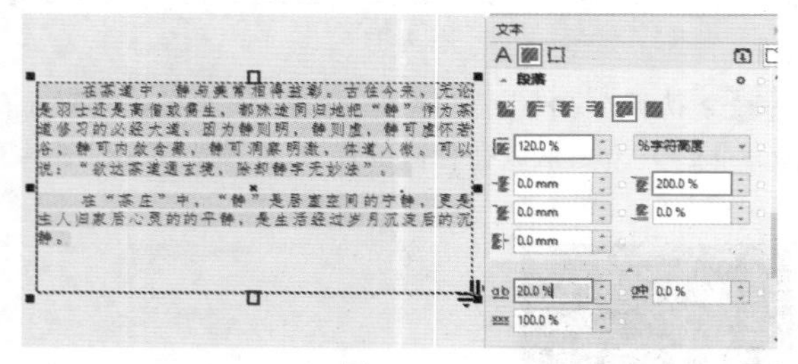

图 7–381

步骤 17 以同样的方式输入其他的文字，然后更改合适的颜色。选择工具箱中的“2点线”工具，绘制虚线，并分别设置“起始箭头”和“终止箭头”，如图7–382所示。此时背面效果如图7–383所示。

图 7–382

图 7–383

步骤 18 分别选中两个页面中的内容，各自执行“对象”->“组合”->“组合”命令，将每个页面中的内容分别编组。选择工具箱中的“阴影”工具，在页面上按住鼠标左键向左下方适当拖动，为两个页面添加阴影效果，如图7–384和图7–385所示。

图 7–384

图 7–385

步骤 19 执行“文件”->“导入”命令，导入背景素材，并按快捷键Shift+PageDown将背景图片置于底层，最终效果如图7–386所示。

图 7-386

综合实例：使用“文本”工具制作购物网站网页广告

文件路径	资源包\第7章\综合实例：使用“文本”工具制作购物网站网页广告
难易指数	★★★★★
技术要点	“文本”工具、轮廓笔、“钢笔”工具

扫一扫，看视频

实例效果

本实例效果如图7-387所示。

图 7-387

操作步骤

步骤 01 新建一个“宽度”为120mm、“高度”为60mm的空白文档。使用“矩形”工具绘制一个矩形，并将其填充为蓝色，如图7-388所示。

图 7-388

步骤 02 选择工具箱中的“钢笔”工具，绘制一个四边形，如图7-389所示。选择工具箱中的“交互式填充”工具，为该图形填充一种蓝色系的渐变，如图7-390所示。

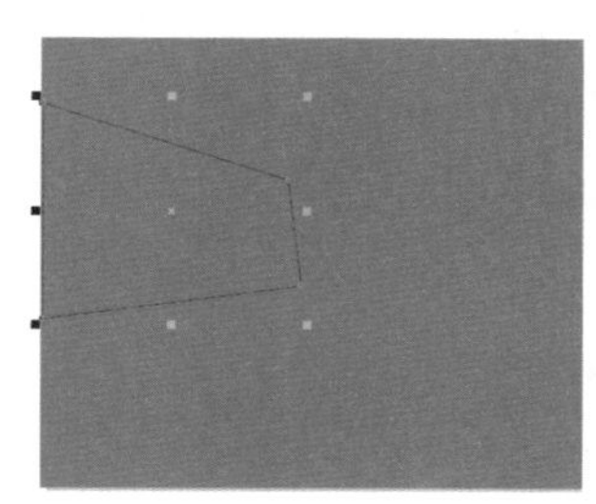

图 7-389

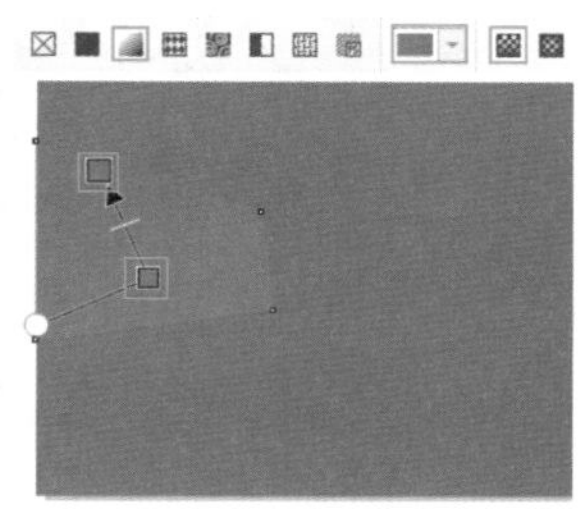

图 7-390

步骤 03 以同样的方式绘制其他的图形，并为其填充合适的颜色。部分图形也可以使用“透明度”工具进行制作，如图7-391和图7-392所示。

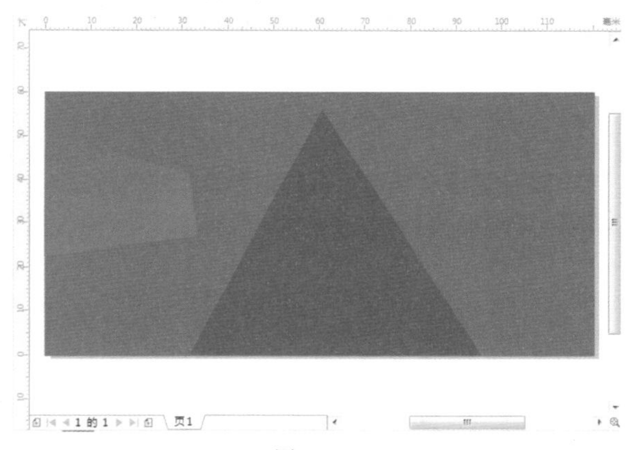

图 7-391

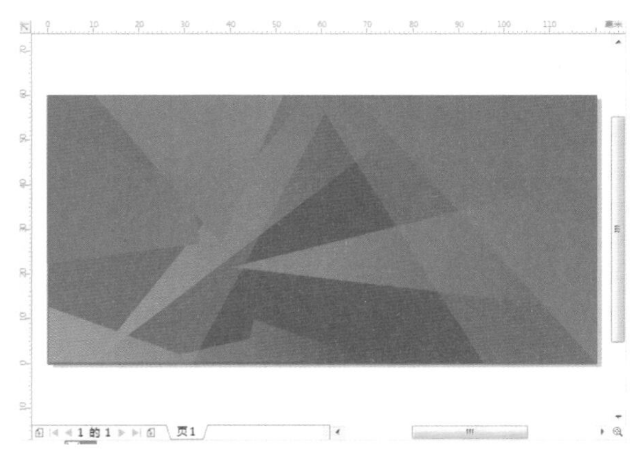

图 7-392

步骤 04 选择工具箱中的“文本”工具，在属性栏中设置合适的字体、字号，在画布中单击插入光标，输入文字，如图7-393所示。选中文字，执行“对象”->“拆分美术字”命令；然后选中第一行文字，更改字体颜色为白色；选中第二行文字，更改字体颜色为黄色，如图7-394所示。

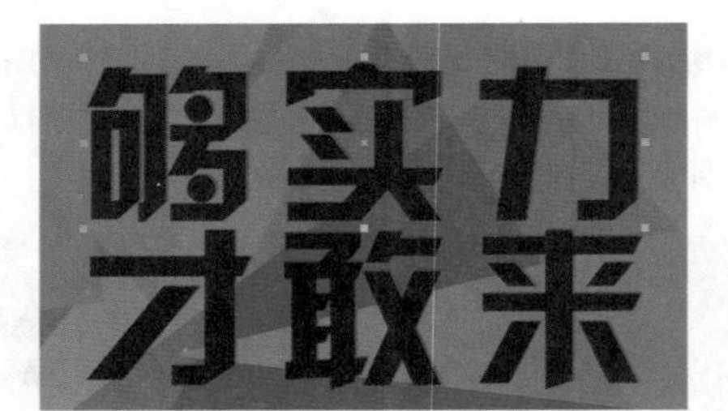

图 7-393

图 7-394

步骤 05 选中第一行文字，双击界面右下角的“轮廓笔”按钮，在弹出的“轮廓笔”窗口中设置“宽度”为0.5mm，“颜色”为深蓝色，如图7-395所示。设置完成后单击OK按钮，效果如图7-396所示。

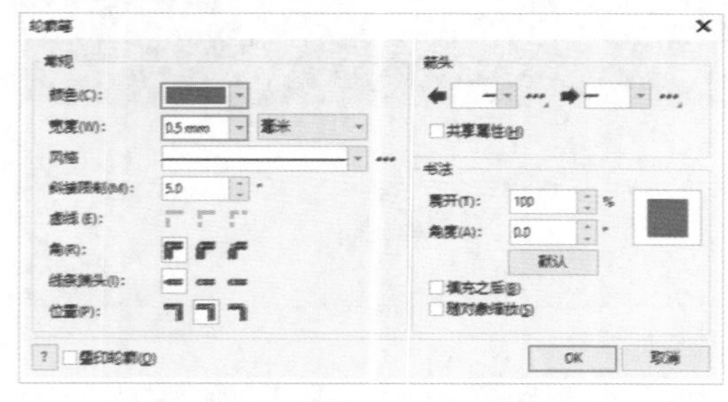

图 7-395

图 7-396

步骤 06 使用“钢笔”工具绘制出文字的大体轮廓，并填充为黑色，如图7-397所示。选择该图形，多次执行“对象”->“顺序”->“向后一层”命令，直到把图形移到文字的后面，如图7-398所示。

图 7-397

图 7-398

步骤 07 选择工具箱中的“常见的形状”工具，在属性栏中单击“常用形状”按钮右下角的◢按钮，在弹出的下拉面板中选择合适的形状，然后在画布中按住鼠标左键向右下角拖曳绘制形状，如图7-399所示。选择工具箱中的“智能填充”工具，在属性栏中设置合适的填充色，为标题图形的各个部分填充不同的颜色，使其产生立体感，如图7-400所示。

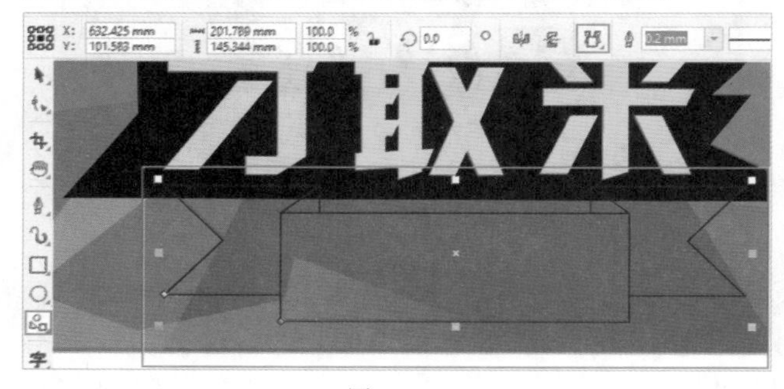

图 7-399

图 7-400

步骤 08 执行“文件”->“导入”命令，导入素材1.png。摆放在左下角，如图7-401所示。

图 7-401

步骤 09 选择工具箱中的“椭圆形”工具，按住Ctrl键绘制一个圆形并填充为黄色；接着使用“钢笔”工具绘制一个三角形，也填充为黄色，完成形状的绘制，如图7-402所示。以同样的方式绘制另一个图形，如图7-403所示。

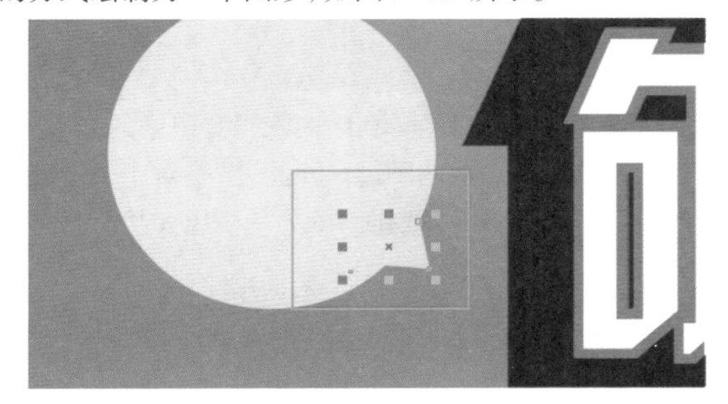

图 7-402

图 7-403

步骤 10 选择工具箱中的“文本”工具，在属性栏中设置合适的字体、字号，在画布中单击插入光标，输入文字，然后更改文字颜色为蓝色，如图7-404所示。

图 7-404

步骤 11 以同样的方式输入其他文字并更改文字颜色，最终效果如图7-405所示。

图 7-405

7.7 课后练习

文件路径	资源包\第7章\课后练习：制作杂志内页
难易指数	★★★★★
技术要点	“文本”工具、创建区域文本、链接文本

扫一扫，看视频

实例效果

本实例效果如图7-406所示。

图 7-406

7.8 模拟考试

主题： 以“时尚”为主题进行杂志内页的排版。

要求：

(1)杂志内页风格统一，主题明确。

(2)图文结合，图像和文字内容均可在网络搜索获取。

(3)版面需要包含标题文字(点文字)及大段正文文字(段落文字)。

(4)字体及字号要合理使用。

(5)可在网络上搜索“杂志排版”或参考身边的杂志书籍，获取排版灵感。

考查知识点： 文本工具、创建不同类型的文字、文本泊坞窗。

扫一扫，看视频

矢量对象的形态调整

本章内容简介：

在本章中主要学习对矢量图形进行调整的相关功能。利用形状工具组中的多种工具，可以对形状进行变形处理，从而制作出很多具有创造性的图形。除此之外，对于矢量图形还可以进行裁切与擦除，从而改变图形的形状。此外，本章要讲解的另一个重要功能就是对象的"造型"，可将选中的图形通过造型功能改变其形状。

重点知识掌握：

- 掌握形状编辑工具的使用方法
- 掌握"裁剪"工具、"刻刀"工具、"橡皮擦"工具的使用方法
- 掌握造型功能的使用方法

通过本章学习，我能做什么？

通过本章的学习，可以更加灵活多变地对矢量图形进行各种编辑操作。例如，使用形状工具组中的工具进行变形，或者使用造型功能得到一个复合图形(尤其是在制作特殊的图形时，对象的造型功能使用频率是非常高的)。

8.1 形状编辑工具

单击“形状”工具按钮右下角的◢按钮，打开形状工具组，如图8-1所示。该工具组中的工具主要用于对矢量图形形态的编辑，其使用方法都非常简单，只需要在矢量图形上按住鼠标左键拖动就能够看到编辑的效果，非常直观。想要对工具的参数进行设置，可以在属性栏中进行调整，之后再进行涂抹。如图8-2~图8-5所示为佳作欣赏。

扫一扫，看视频

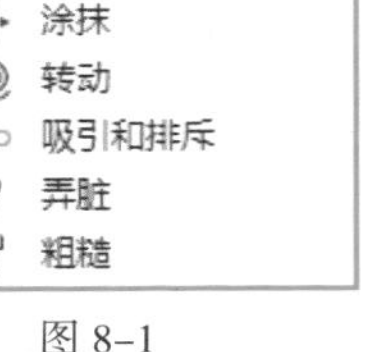

图 8-1

图 8-2

图 8-3

图 8-4

图 8-5

重点 8.1.1 动手练：使用“平滑”工具平滑粗糙的路径

“平滑”工具用于将矢量对象粗糙的边缘变得更加平滑。选择一个图形，如图8-6所示。选择工具箱中的“平滑”工具，在属性栏通过“笔尖半径”选项 40.0 mm 调整笔尖的大小；通过“速度”选项 20 设置应用效果的速度，数值越大平滑的速度越快。设置完成后在需要平滑的位置上按住鼠标左键反复拖动，即可进行平滑操作，如图8-7所示。

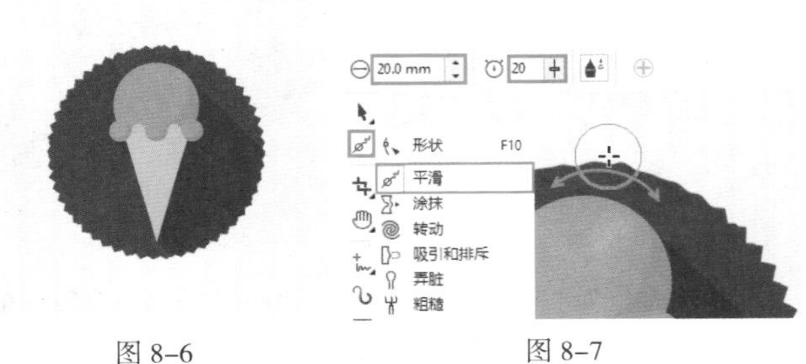

图 8-6　　图 8-7

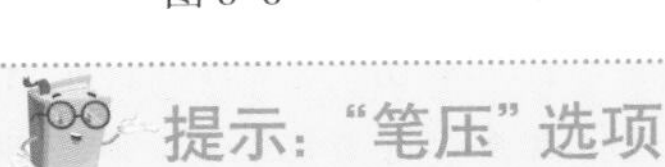

提示：“笔压”选项

在绘图时，通过设置“笔压”选项控制数字笔或写字板的压力。

重点 8.1.2 动手练：使用“涂抹”工具对图形进行变形

“涂抹”工具用于沿对象轮廓拖动来更改其边缘的形态。

(1) 选择一个图形，接着选择工具箱中的“涂抹”工具，如图8-8所示。在图形边缘按住鼠标左键拖动，即可进行变形，如图8-9所示。

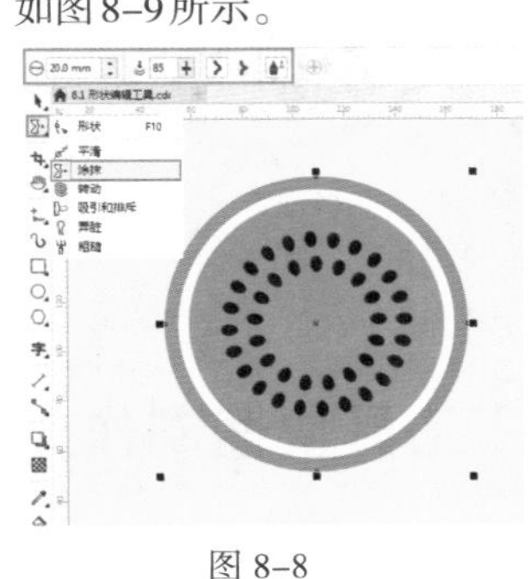

图 8-8　　图 8-9

(2) 在属性栏中可以对“涂抹”工具的参数选项进行调整。其中，“笔尖半径”选项 40.0 mm 用来设置笔尖的大小。如图8-10和图8-11所示是“笔尖半径”分别为10mm和50mm时的对比效果。

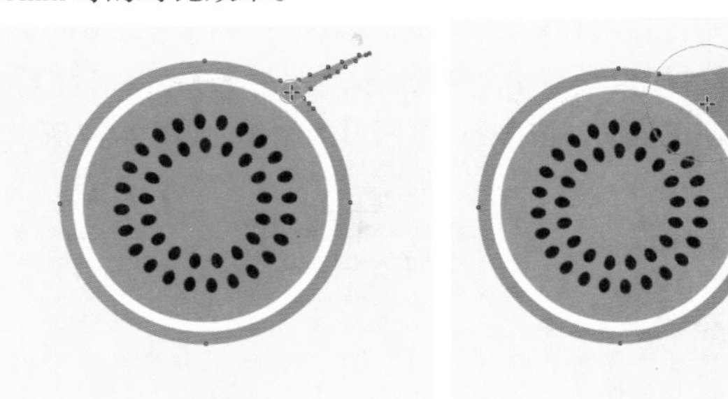

图 8-10　　图 8-11

(3) “压力”选项 85 用来设置涂抹效果的强度，数值越大涂抹效果越强。如图8-12和图8-13所示是“压力”分别为50和100时的对比效果。

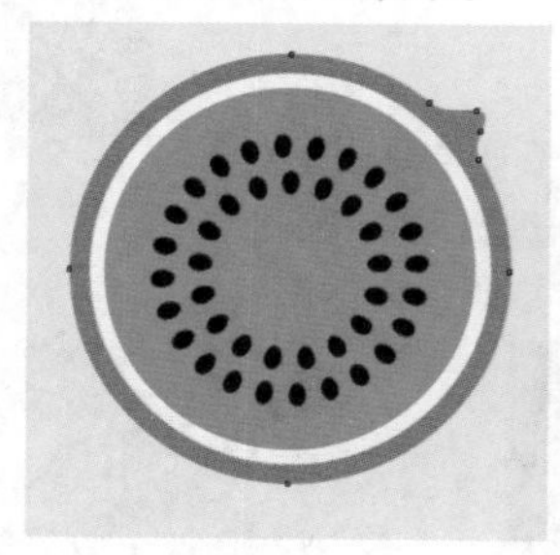

图 8-12

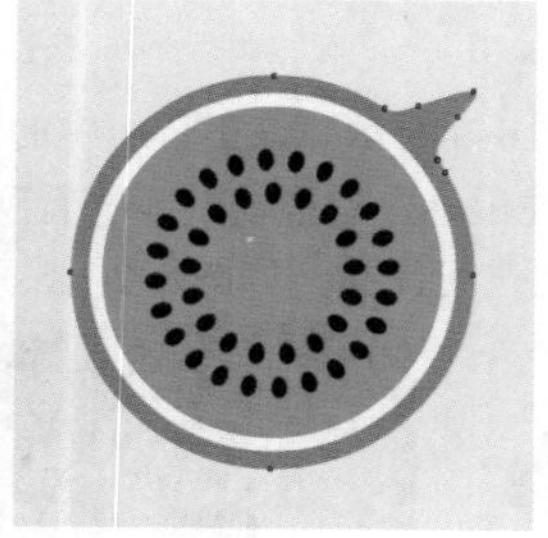

图 8-13

(4) 涂抹有“平滑涂抹”和“尖状涂抹”两种效果。单击“平滑涂抹”按钮，按住鼠标左键拖动进行涂抹，涂抹的效果为平滑的曲线，如图8-14所示。单击“尖状涂抹”按钮，按住鼠标左键，拖动进行涂抹，涂抹的效果为尖角的曲线，如图8-15所示。

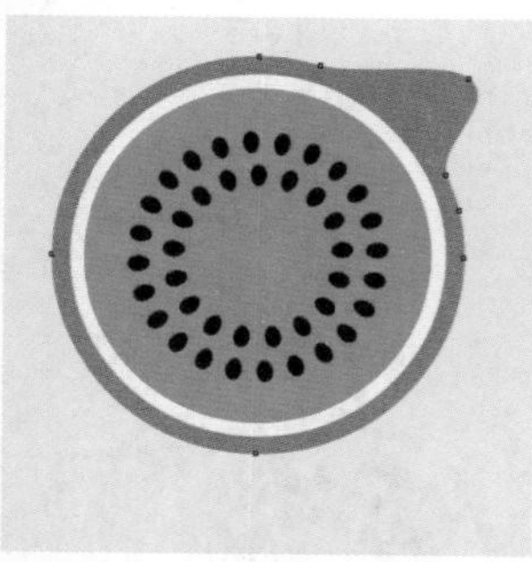

图 8-14

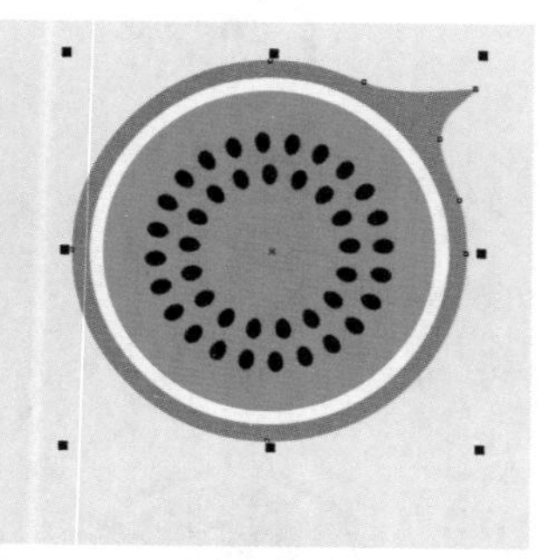

图 8-15

举一反三：使用“涂抹”工具快速制作对话框图形

对话框图形可以理解为由一个圆形变化而来，在圆形的一侧延伸出一个尖角即可，而使用“涂抹”工具恰好可以轻松制作这个尖角。

(1) 绘制一个圆形并填充合适的颜色，如图8-16所示。在工具箱中选择“涂抹”工具，在属性栏中设置合适的“笔尖半径”和“压力”，单击“尖状涂抹”按钮，在图形右下角按住鼠标左键拖动，完成对话框图形的制作，如图8-17所示。

图 8-16

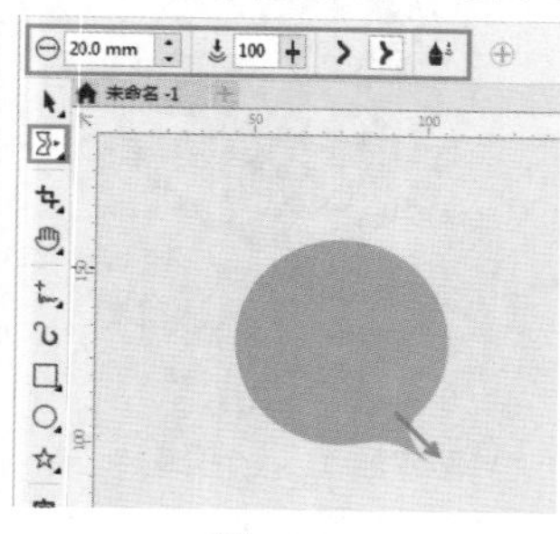

图 8-17

(2) 在对话框上添加图案，并添加阴影，效果如图8-18所示。可以将这个图形复制一份，然后进行镜像，最后调整颜色。最终效果如图8-19所示。

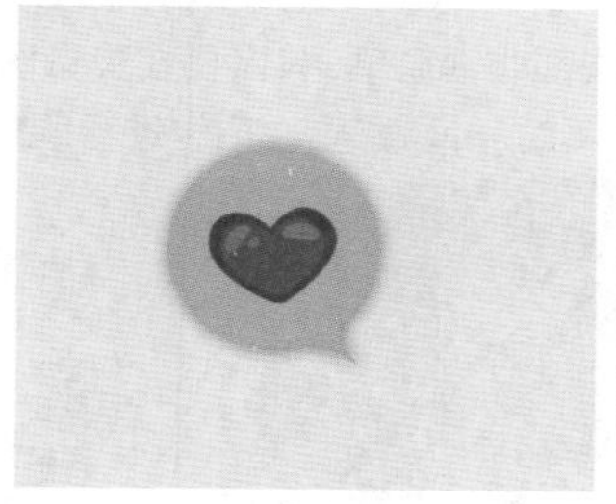

图 8-18

图 8-19

8.1.3 “转动”工具

使用“转动”工具可以在矢量对象的轮廓线上添加顺时针/逆时针的旋转效果。

(1) 选择一个图形，单击工具箱中的“转动”工具按钮，在属性栏中通过“速度”选项设置旋转效果的速度。设置完成后在图形边缘按住鼠标左键拖动，如图8-20所示。释放鼠标后即可看到转动效果，如图8-21所示。按住鼠标的时间越长，对象产生的变形效果越强烈。

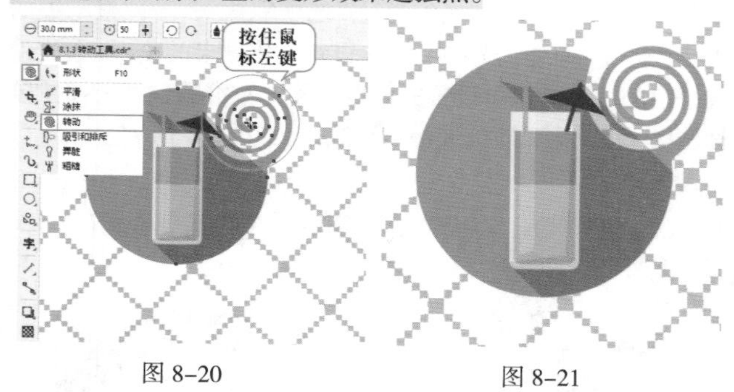

图 8-20　　图 8-21

(2) 转动分为“逆时针转动”和“顺时针转动”两种。单击“逆时针转动”按钮，拖动鼠标可以看到图形按逆时针方向转动。效果如图8-22所示。单击“顺时针转动”按钮，拖动鼠标可以看到图形按顺时针方向转动。效果如图8-23所示。

图 8-22　　图 8-23

8.1.4 “吸引和排斥”工具

“吸引和排斥”工具通过吸引或推动节点位置来改变对象的形态。

选择图形，接着选择工具箱中的“吸引和排斥”工具，在属性栏中单击“吸引工具”按钮，然后对笔尖大小、速度进行设置。设置完成后将圆形光标覆盖在要调整对象的节点上，按住鼠标左键拖动，光标覆盖的位置图形会向内收缩，如图8-24所示。按住鼠标的时间越长，节点越靠近光标，如图8-25所示。

图 8-24　　图 8-25

单击属性栏中的“排斥工具”按钮，该工具通过排斥节点的位置，使节点远离光标所处的位置来改变对象的形态。选择一个图形，将圆形光标覆盖在要调整对象的节点上，按住鼠标左键拖动，此时图形就会发生变化，如图8-26所示。按住鼠标的时间越长，节点越远离光标。释放鼠标后即可查看排斥效果，如图8-27所示。

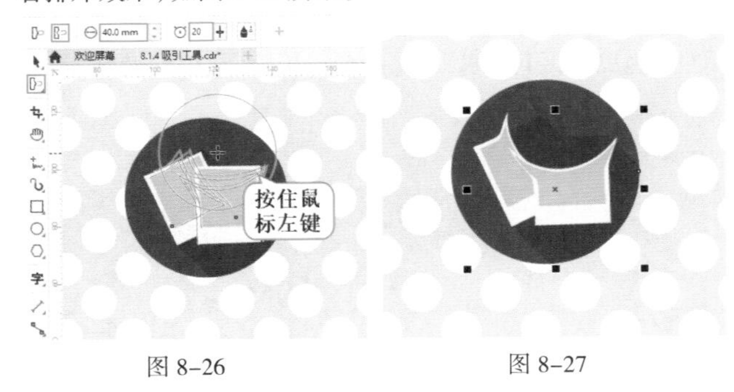

图 8-26　　图 8-27

重点 8.1.5 “弄脏”工具

使用“弄脏”工具可以在原图形的基础上添加或删减区域。

(1) 选择一个图形，接着选择工具箱中的“弄脏”工具，在属性栏中设置合适的“笔尖半径”，然后在图形的边缘按住鼠标左键向外拖动，如图8-28所示。

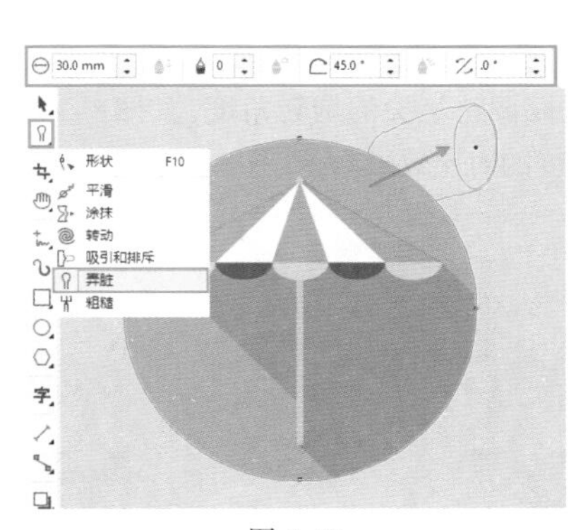

图 8-28

释放鼠标即可看到图形区域变大了，如图8-29所示。若按住鼠标左键向图形内部拖动，就会减少图形区域，如图8-30所示。

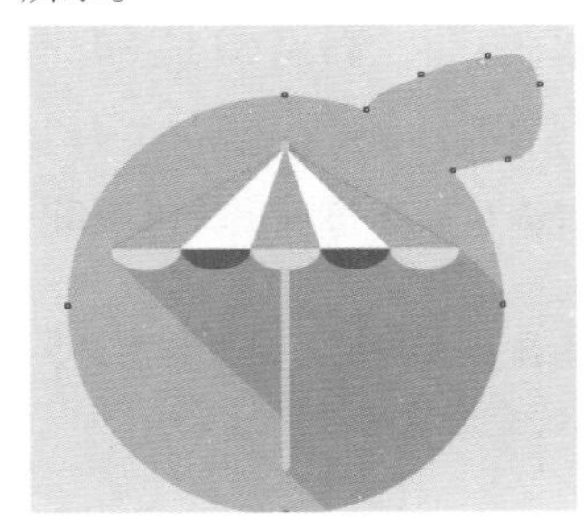

图 8-29　　图 8-30

(2) 属性栏中的“干燥”选项用于控制绘制过程中的笔刷衰减程度。数值越大，笔刷的绘制路径越尖锐，持续长度越短，如图8-31所示；数值越小，笔刷的绘制路径越圆润，持续长度越长，如图8-32所示。

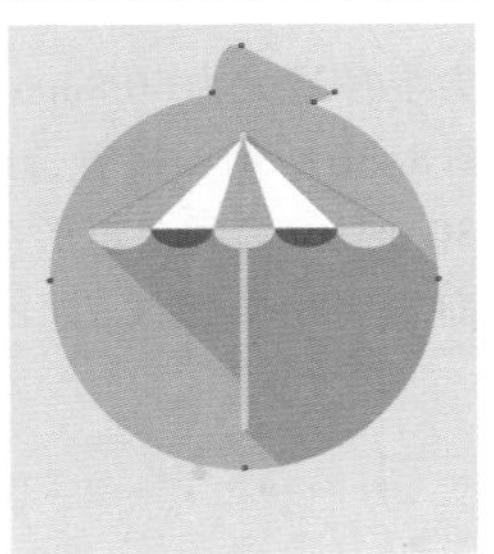

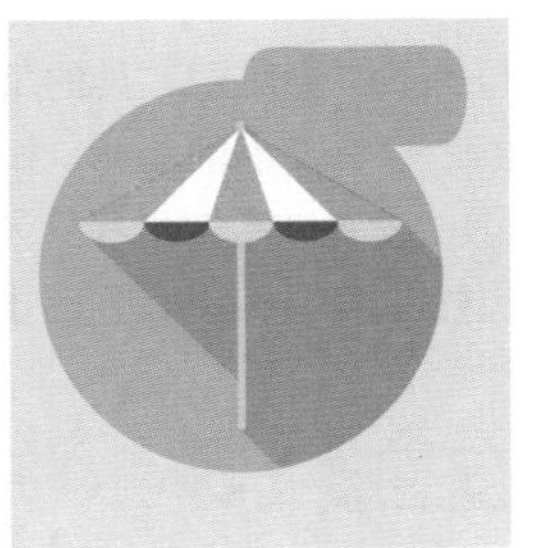

图 8-31　　图 8-32

(3) “笔倾斜”选项可以更改涂抹时笔尖的形状，数值越大笔尖越宽，数值越小笔尖越窄。如图8-33所示为不同“笔倾斜”角度的笔尖效果。

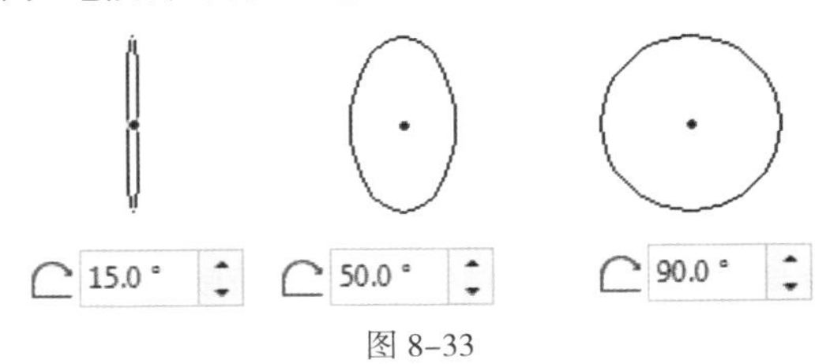

图 8-33

(4) 当笔尖为非正圆的情况下，通过“笔方位”选项 0.0° 可以调整笔尖的旋转角度，如图8-34和图8-35所示为不同角度的对比效果。

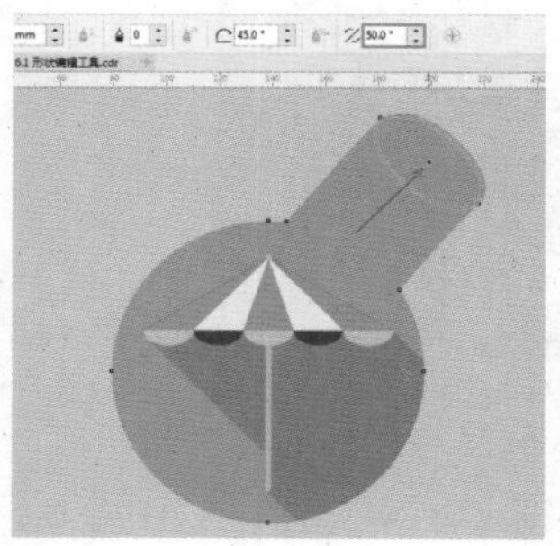

图 8-34

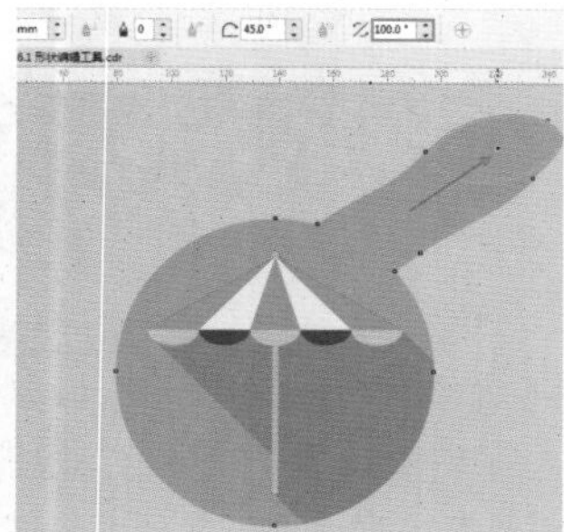

图 8-35

提示：使用手绘板绘图时的设置选项

- 笔压：用于设置使用手绘板绘图时的压力。
- 使用笔方位：启用该选项后在使用手绘板绘图时，启用笔方位设置。
- 使用笔倾斜：启用该选项后在使用手绘板绘图时，更改手绘笔的角度以改变涂抹的效果。

举一反三：使用“弄脏”工具制作云朵图形

使用“弄脏”工具可以轻松地在图形边缘向内或向外呈现出圆弧形的凹陷或凸起。利用这个特点，可以尝试对一个矩形进行处理，使矩形周围出现一些半圆线条，模拟云朵效果。

(1) 因为“弄脏”工具的笔尖半径最大为50.8mm，所以需要绘制一个较小的矩形，如图8-36所示。接着选择“弄脏”工具，设置“笔尖半径”为30.0mm，然后在矩形左侧按住鼠标左键向左拖动，呈现出向左突出的弧线，如图8-37所示。

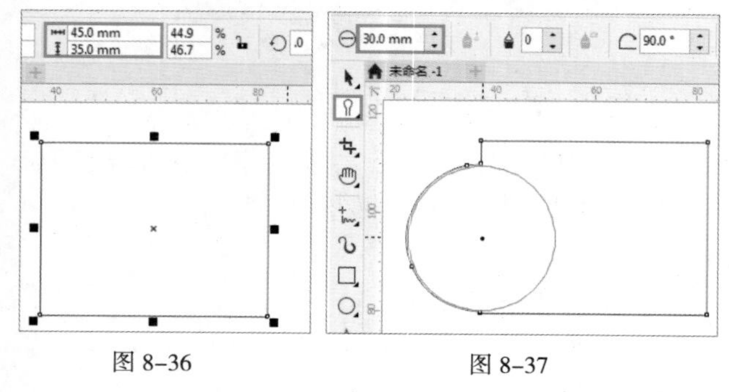

图 8-36　　图 8-37

(2) 设置“笔尖半径”为50.0mm，在矩形左上角拖动，如图8-38所示。继续调整“笔尖半径”，在矩形右侧单击进行变形，云朵图形效果如图8-39所示。

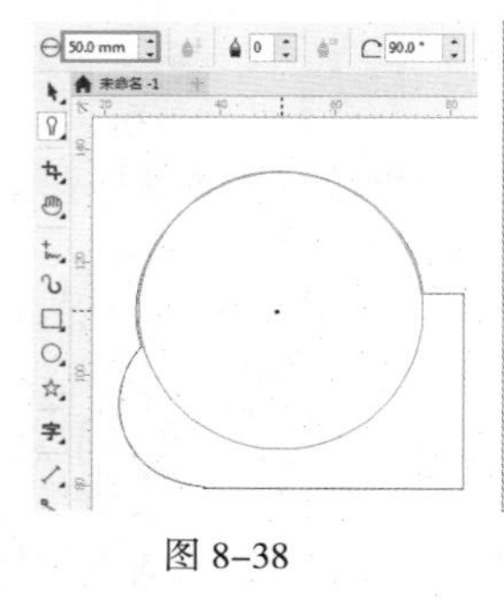

图 8-38　　图 8-39

(3) 为云朵添加颜色、阴影，最终效果如图8-40所示。使用同样的方式还可以制作其他形状的云朵，效果如图8-41和图8-42所示。

图 8-40

图 8-41

图 8-42

重点 8.1.6 “粗糙”工具

“粗糙”工具可以通过在矢量图形上涂抹，增加路径上的细节并使路径粗糙。

(1) 选择一个图形，接着选择工具箱中的“粗糙”工具，在属性栏中设置合适的“笔尖半径”，然后在图形的边缘按住鼠标左键拖曳，即可看到图形边缘变得粗糙，如图8-43所示。

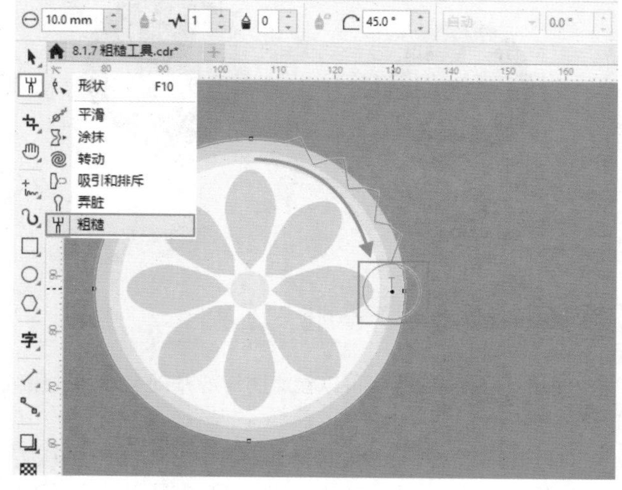

图 8-43

(2) “尖突的频率”选项 3 用于调整粗糙的频率，数值越高，边缘越粗糙。如图8-44和图8-45所示是“尖突的频率”分别为1和10时的对比效果。

图 8-44

图 8-45

(3)“干燥”选项 用于更改粗糙区域的尖突数量。如图8-46和图8-47所示是“干燥”分别为1和10时的对比效果。

图 8-46

图 8-47

(4)“笔倾斜”选项 45.0° 用于改变笔尖的角度，从而改变粗糙效果的形状。如图8-48和图8-49所示是“笔倾斜”分别为20和70时的对比效果。

图 8-48

图 8-49

举一反三：使用“粗糙”工具制作可爱小刺猬

使用“粗糙”工具可以制作出带有很多“锯齿”的边缘，而这种锯齿边缘与刺猬的形象非常接近，所以用“粗糙”工具来制作小刺猬。同理，卡通“爆炸头”和膨化食品包装袋的边缘锯齿也可以使用该工具来制作。

(1)使用“椭圆形”工具绘制一个椭圆形，然后进行旋转，如图8-50所示。将圆形创建轮廓，然后使用“形状”工具对圆形进行变形，如图8-51所示。

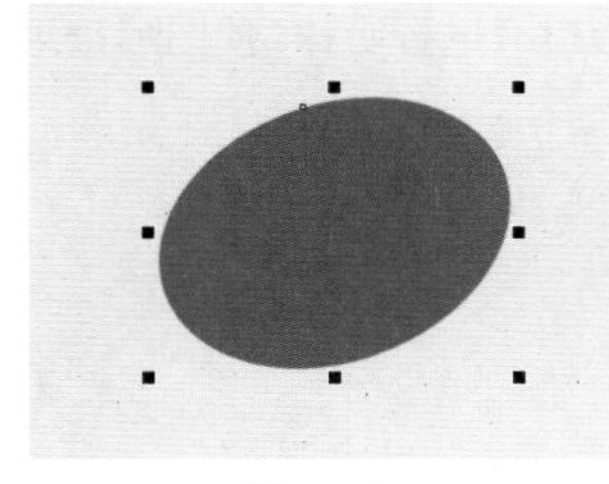

图 8-50

图 8-51

(2)选择椭圆形，接着选择工具箱中的“粗糙”工具，设置合适的“笔尖半径”“尖突的频率”“干燥”“笔倾斜”选项，然后在椭圆形的边缘按住鼠标左键拖动进行粗糙变形，刺猬的身体部分就制作出来，效果如图8-52所示。最后绘制小刺猬的面部和腿，效果如图8-53所示。同理可以制作其他的刺猬，效果如图8-54所示。

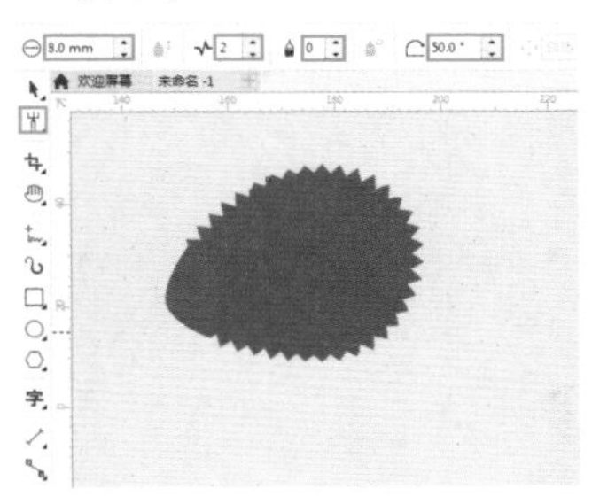

图 8-52

图 8-53

图 8-54

举一反三：制作情人节卡片

(1)绘制一个矩形并填充为粉色，如图8-55所示。使用“粗糙”工具在矩形边缘按住鼠标左键拖曳进行变形，效果如图8-56所示。

图 8-55

图 8-56

(2) 使用“平滑”工具在图形边缘进行涂抹，使图形边缘变得圆润，如图8-57所示。

图 8-57

(3) 使用“矩形”工具绘制一个白色圆角矩形，如图8-58所示。最后添加文字和装饰，最终效果如图8-59所示。

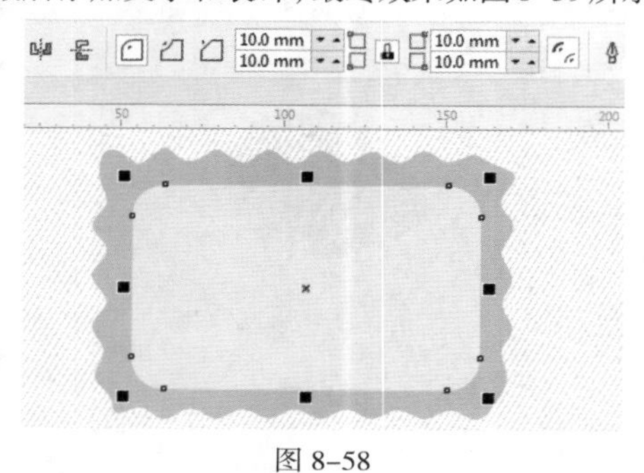

图 8-58

图 8-59

视频课堂：使用“粗糙”工具制作涂鸦感海报

扫一扫，看视频

文件路径	资源包\第8章\视频课堂：使用“粗糙”工具制作涂鸦感海报
难易指数	★★★★★
技术要点	“粗糙”工具、“椭圆形”工具、“多边形”工具

实例效果

本实例效果如图8-60所示。

图 8-60

8.2 切分与擦除工具

单击“裁剪”工具按钮右下角的按钮，在弹出的工具列表中包含“裁剪”工具、“刻刀”工具、“虚拟段删除”工具和“橡皮擦”工具，这些工具常用于矢量图形的切分、擦除、裁剪等操作，如图8-61所示。

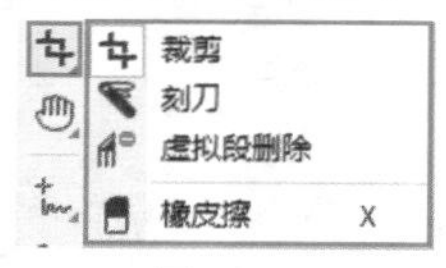

图 8-61

重点 8.2.1 动手练：“裁剪”工具

扫一扫，看视频

“裁剪”工具能够裁切位图和矢量图。使用该工具能够绘制一个裁剪范围(裁剪框)，裁剪范围内的内容将保留，范围外的内容将被清除。

需要注意的是，如果当前画面中没有被选中的对象，那么将会对画面中的全部对象进行裁剪。如果包含被选中的对象，则对被选中的对象进行裁剪，其他区域不受影响。

1. 使用“裁剪”工具

单击工具箱中的“裁剪”工具按钮，在画面中按住鼠标左键拖动。释放鼠标即可得到裁剪框，如图8-62所示。单击浮动工具栏中的“裁剪”按钮或按Enter键确定裁剪操作，效果如图8-63所示。

图 8-62

图 8-63

2. 调整“裁剪”框

在裁剪过程中，拖曳裁剪框的控制点可以对裁剪框的大小进行更改，如图8-64所示。在属性栏的“旋转角度”选项中输入角度，然后按下Enter键即可将裁剪框旋转，如图8-65所示。

图 8-64

图 8-65

3. 移除裁剪框

如果要取消裁剪框，单击浮动工具栏中的“清除”✕清除即可，如图8-66所示。

图 8-66

4. 裁剪位图

位图也可以进行相同的裁剪操作。将位图导入文档内，使用“裁剪”工具在图片上按住鼠标左键拖曳绘制裁剪区域，如图8-67所示。接着按Enter键确定裁剪操作，效果如图8-68所示。

图 8-67

图 8-68

重点 8.2.2 动手练："刻刀"工具

扫一扫，看视频

“刻刀”工具用于将矢量对象拆分为多个独立对象。需要注意的是，如果当前画面中没有被选中的对象，那么将会对画面中的全部对象进行切分。如果包含被选中的对象，则对被选中的对象进行切分，其他区域不受影响。

1. 刻刀工具的使用方法

“刻刀”工具有“2点线模式”、“手绘模式”和“贝塞尔模式”三种切分模式，不同的模式有不同的特点。在工具箱中选择该工具，在属性栏中可以进行切分模式的选择。

(1) “2点线模式”能够沿直线切割对象。选择一个图形，单击工具箱中的“刻刀”工具按钮，在属性栏中单击“2点线模式”按钮，接着在图形上按住鼠标左键拖动，如图8-69所示。释放鼠标后即可将图形一分为二，选择其中一个图形进行移动。效果如图8-70所示。

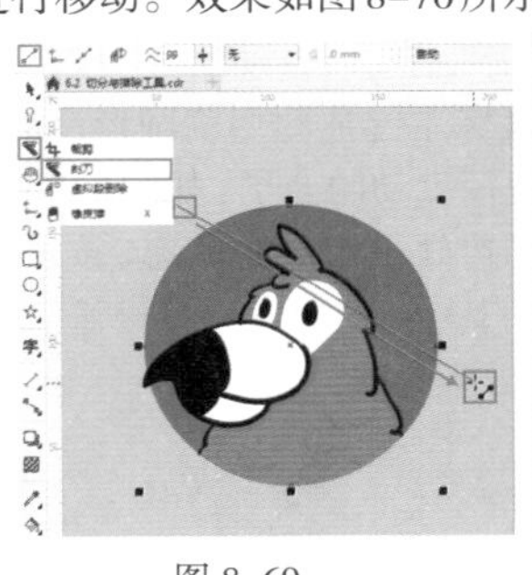

图 8-69

图 8-70

(2) “手绘模式”能够通过随意地绘制切分线的方式切割对象。选择一个图形，单击工具箱中的“刻刀”工具按钮，在属性栏中单击“手绘模式”按钮，接着在图形上按住鼠标左键拖动，如图8-71所示。释放鼠标后即可将图形一分为二，选择其中一个图形进行移动。效果如图8-72所示。

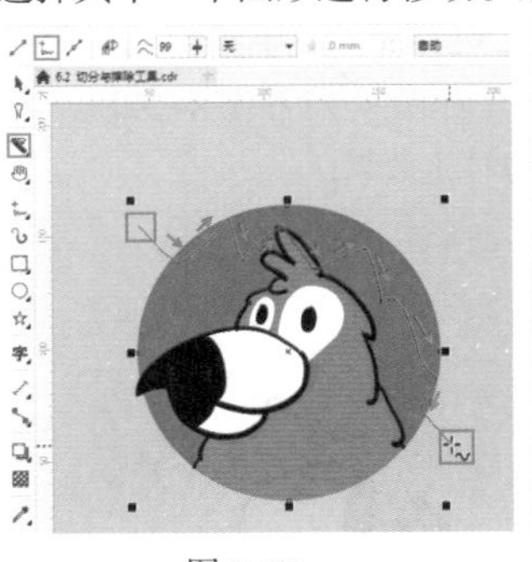

图 8-71

图 8-72

(3) “贝塞尔模式”能够沿贝塞尔曲线切割对象。选择一个图形，单击工具箱中的“刻刀”工具按钮，在属性栏中单击，“贝塞尔模式”按钮，接着按住鼠标左键拖动进行绘制(绘制方法与“手绘模式”工具相同)，绘制完成后双击即可完成切割操作，如图8-73所示。最后选择其中一个图形进行移动，效果如图8-74所示。

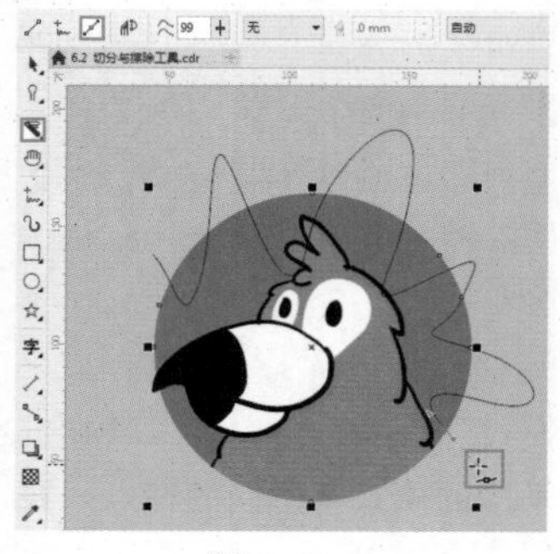

图 8-73

图 8-74

2. 剪切时自动闭合

“剪切时自动闭合”按钮用来设置是否闭合被切割的路径。为了便于观察效果，首先绘制一个只有描边、没有填充的圆形。选择圆形，如图8-75所示。单击工具箱中的“刻刀”工具按钮，在属性栏中单击“剪切时自动闭合”按钮使其处于激活状态，接着按住鼠标左键拖动切割圆形，然后移动其中一个图形，可以看到路径自动闭合了，如图8-76所示。若“剪切时自动闭合”按钮处于未激活状态，按住鼠标左键拖动切割圆形，然后移动其中一个图形，可以看到路径处于开放状态，如图8-77所示。

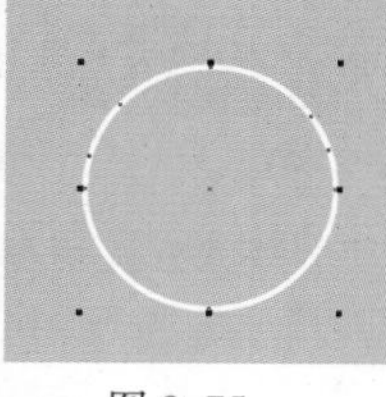

图 8-75

图 8-76

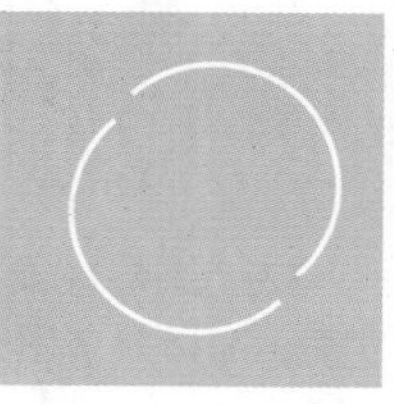

图 8-77

3. 调整“手绘模式”的平滑度

在选用“手绘模式”时，可以通过“手绘平滑”选项 50 调整手绘曲线的平滑度。如图8-78和图8-79所示是“手绘平滑”分别为0和100时的对比效果。

图 8-78

图 8-79

8.2.3 动手练：“虚拟段删除”工具

“虚拟段删除”工具用于删除对象中部分线段。

(1) 选择工具箱中的“虚拟段删除”工具，将光标移动至图形上，当光标变为状后单击，如图8-80所示。此时即可进行删除，如图8-81所示。

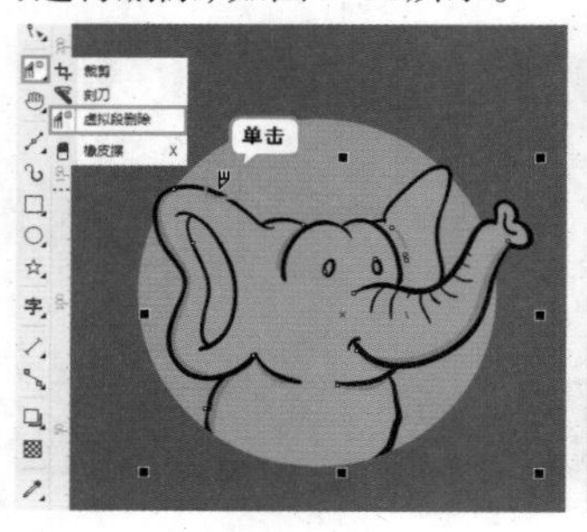

图 8-80

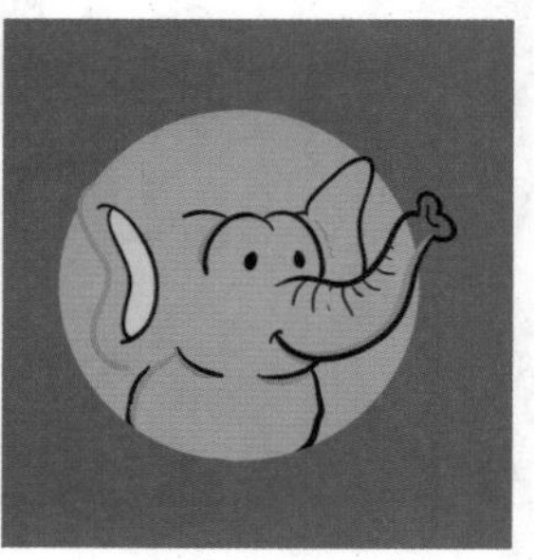

图 8-81

(2) 可以按住鼠标左键，拖动绘制一个矩形框，释放鼠标后矩形框内的部分将被删除，如图8-82和图8-83所示。

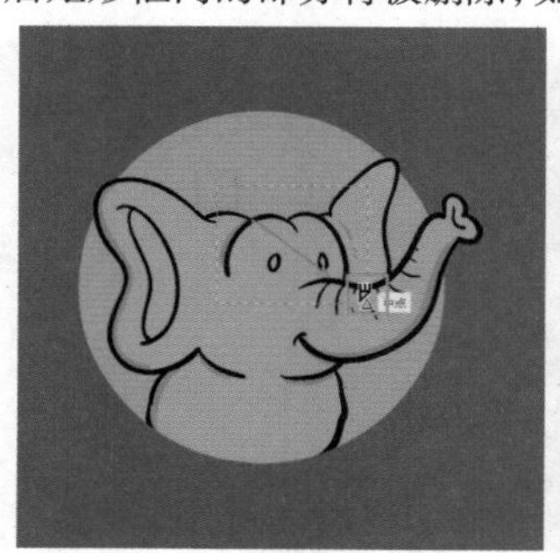

图 8-82

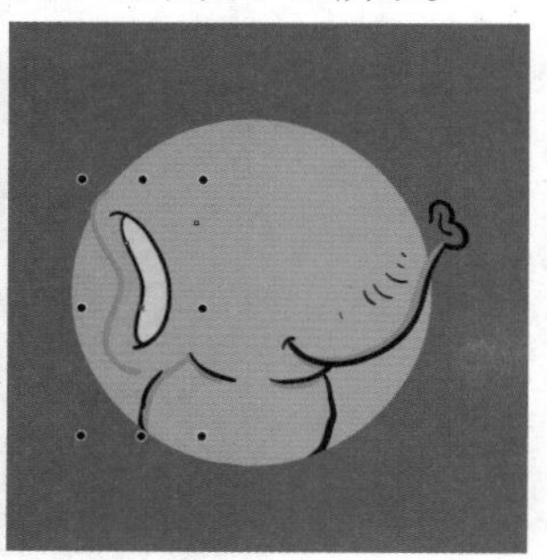

图 8-83

重点 8.2.4 动手练：橡皮擦工具

扫一扫，看视频

“橡皮擦”工具可对矢量对象或位图对象上的局部进行擦除。“橡皮擦”工具在擦除部分对象后可自动闭合受到影响的路径，并使该对象自动转换为曲线对象。

需要注意的是，如果当前画面中没有被选中的对象，那么将会对画面中的全部对象进行擦除。如果包含被选中的对象，则对被选中的对象进行擦除，其他区域不受影响。

1. “橡皮擦”工具的使用方法

选择一个图形，单击工具箱中的“橡皮擦”工具按钮，在属性栏中通过“橡皮擦厚度”选项 10.0 mm 设置合适的擦除笔尖大小，然后在图形上按住鼠标左键拖动，如图8-84所示。释放鼠标后，光标经过位置的图形将被擦除，如图8-85所示。

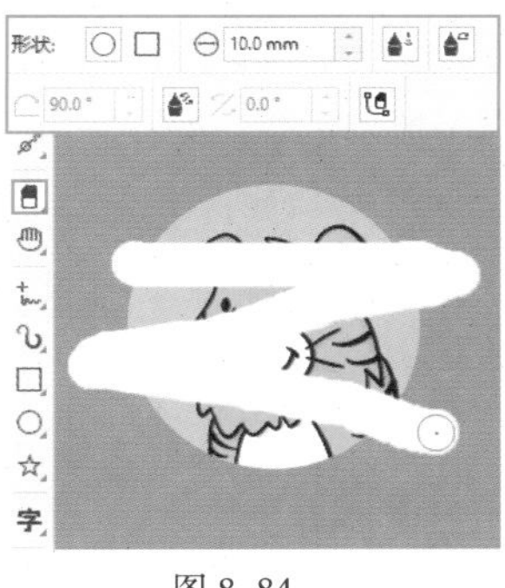

图 8-84

图 8-85

2. 调整笔尖的形状

橡皮擦有“圆形笔尖”○和“方形笔尖”□两种形状的笔尖，使用不同笔尖擦除的效果是不同的。如图8-86所示为圆形笔尖的擦除效果；如图8-87所示为方形笔尖的擦除效果。

图 8-86

图 8-87

3. 减少节点

“减少节点”按钮用于减少擦除区域的节点数。如图8-88所示为未激活该按钮时，擦除后节点的数量；如图8-89所示为激活该按钮时，擦除后节点的数量。

图 8-88

图 8-89

视频课堂：使用“刻刀”工具制作中国红广告

文件路径	资源包\第8章\视频课堂：使用“刻刀”工具制作中国红广告
难易指数	★★★★★
技术要点	“刻刀”工具、“交互式填充”工具、“文本”工具

扫一扫，看视频

实例效果

本实例效果如图8-90所示。

图 8-90

练习实例：使用“橡皮擦”工具制作切分感背景

文件路径	资源包\第8章\练习实例：使用“橡皮擦”工具制作切分感背景
难易指数	★★★★★
技术要点	“橡皮擦”工具

扫一扫，看视频

实例效果

本实例效果如图8-91所示。

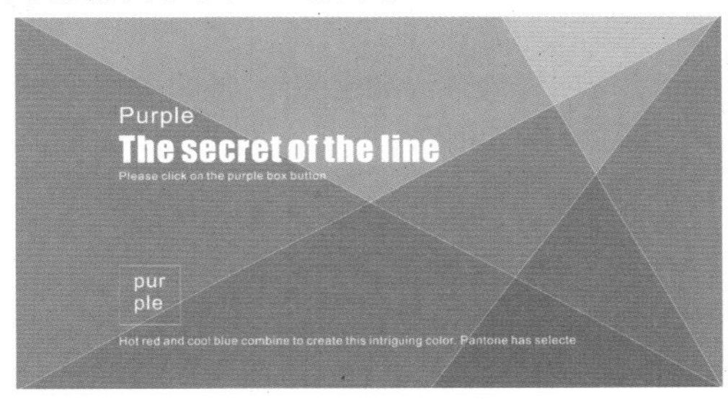

图 8-91

操作步骤

步骤 01 执行“文件”->“新建”命令，创建新文档。单击工具箱中的“矩形”工具按钮□，绘制一个矩形。设置“填充色”为紫色，然后在调色板中右击“无”按钮去除轮廓色，如图8-92所示。

图 8-92

步骤 02 选择工具箱中的“橡皮擦”工具，在属性栏中单击“圆形笔尖”按钮，设置“橡皮擦厚度”为0.1mm，接着在矩形的左上角单击，然后将光标移动至矩形的右下角位置单击，如图8-93所示。此时画面效果如图8-94所示。

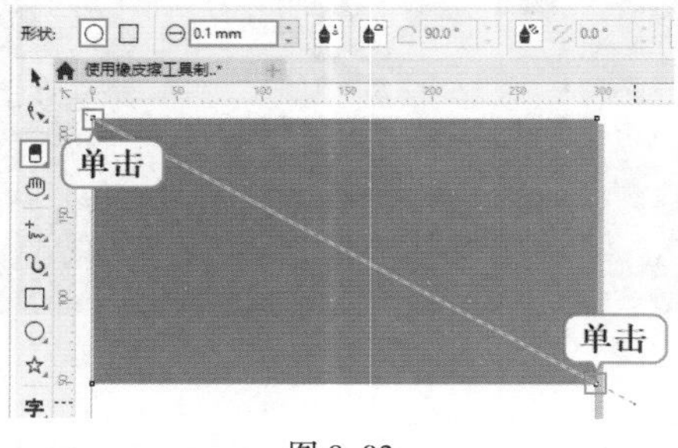

图 8-93

图 8-94

步骤 03 使用同样的方法进行擦除，效果如图8-95所示。接着按快捷键Ctrl+K进行拆分。

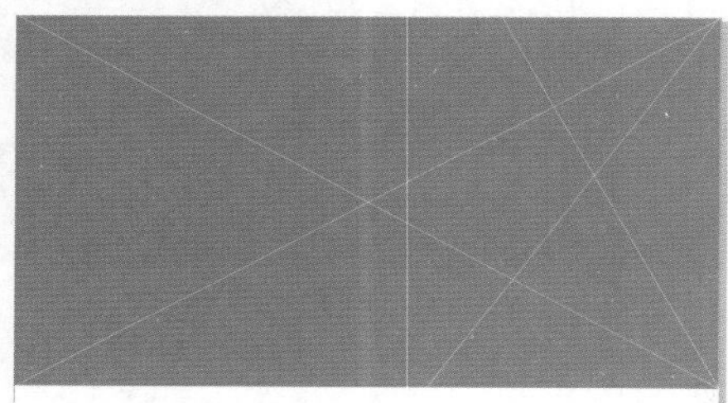

图 8-95

步骤 04 选择一个图形，单击工具箱中的“交互式填充”工具按钮，单击属性栏中的“均匀填充”按钮，设置“填充色”为浅紫色，如图8-96所示。继续选择其他的图形，然后填充不同明度的紫色，如图8-97所示。

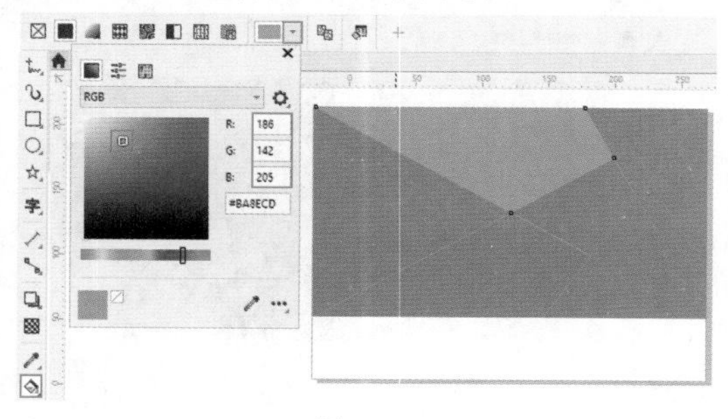

图 8-96

图 8-97

步骤 05 选择工具箱中的“文本”工具，在画面中单击插入光标，然后输入文字。接着选中输入的文字，在属性栏中设置合适的字体、字号，如图8-98所示。以同样的方式输入其他文字，如图8-99所示。

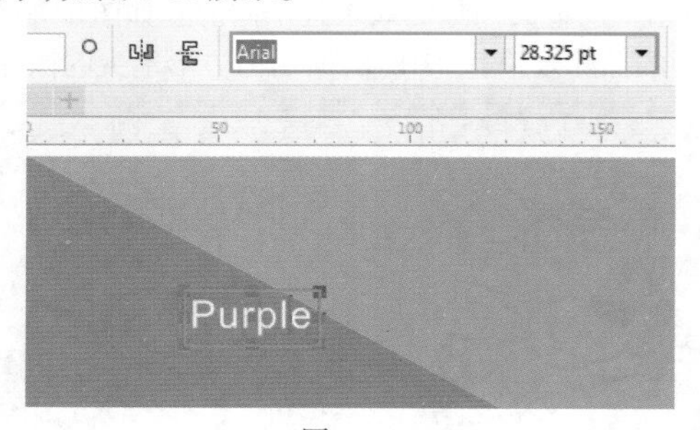

图 8-98

图 8-99

步骤 06 单击工具箱中的“矩形”工具按钮，按住Ctrl键绘制一个正方形。选中该图形，右击窗口右侧调色板中的白色色块，设置其轮廓色为白色。最终效果如图8-100所示。

图 8-100

8.3 对象的造型

扫一扫，看视频

利用“造型”功能，可以对多个矢量图形进行相加、相减、交叉等操作，从而得到新的矢量图形。该功能主要包括“合并”“修剪”“相交”“简化”“移除后面对象”“移除前面对象”和“边界”等。常用于制作一些特殊的图形，例如由多个常见图形拼叠而成的图形，或者带有镂空效果的图形等。

重点 8.3.1 造型功能的使用方法

对象的造型有两种方式：一种是通过单击属性栏中的造型按钮；另一种是使用“形状”泊坞窗。

1. 使用属性栏中的造型

先绘制两个图形，如图8-101所示。接着将两个图形进行移动，使之重叠。然后加选两个图形，在属性栏中即可看到用来造型的按钮，如图8-102所示。单击某个按钮即可进行相应的造型。如图8-103所示为“移除前面对象”的效果。

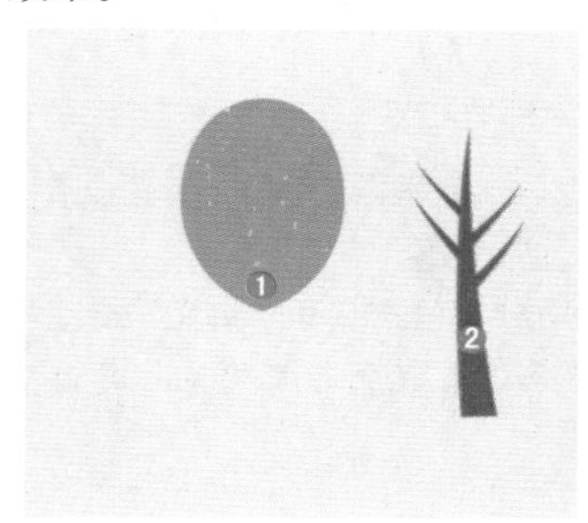

图 8-101

图 8-102

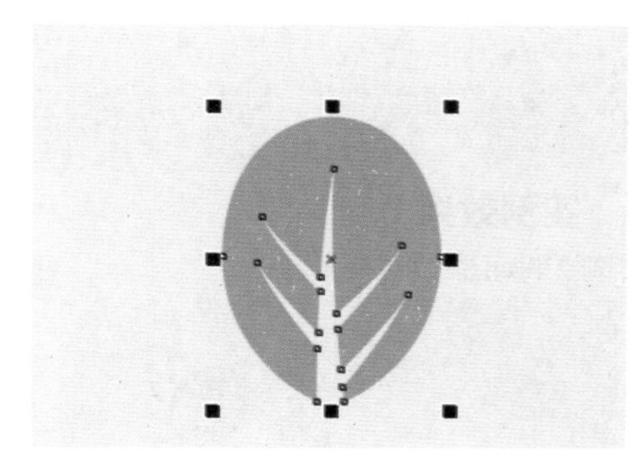

图 8-103

2. 使用“形状”泊坞窗

选择一个图形，如图8-104所示。执行“窗口”->“泊坞窗”->“形状”命令，打开“形状”泊坞窗。在上方的列表框中选择一种合适的方式，如图8-105所示。

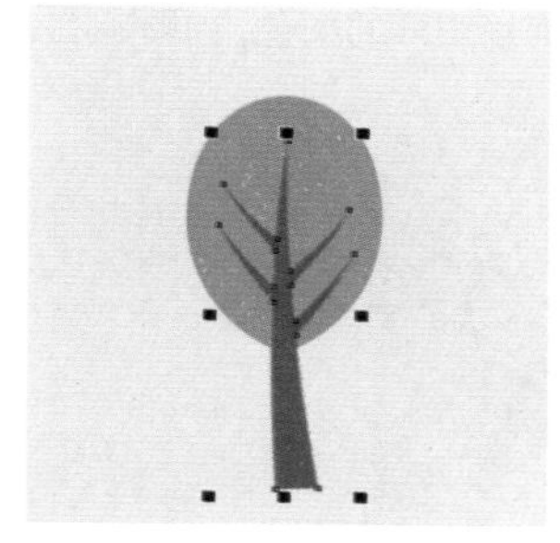

图 8-104

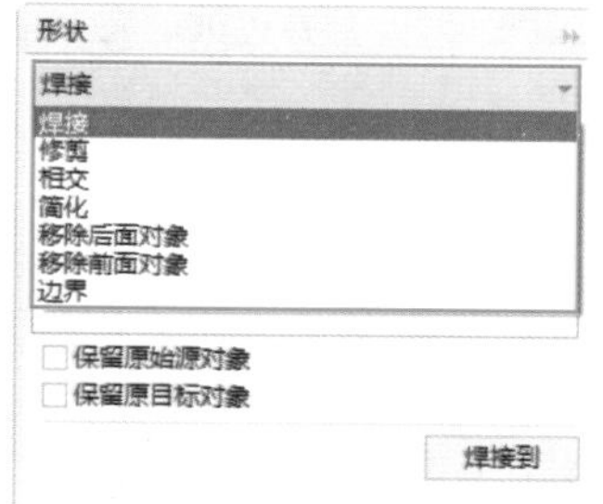

图 8-105

单击下方的按钮，如图8-106所示，接着将光标移动至图形上单击，即可看到造型效果，如图8-107所示。

在“形状”泊坞窗中通常包含其他的选项设置，例如可以在得到新图形的同时，保留原始图形等。

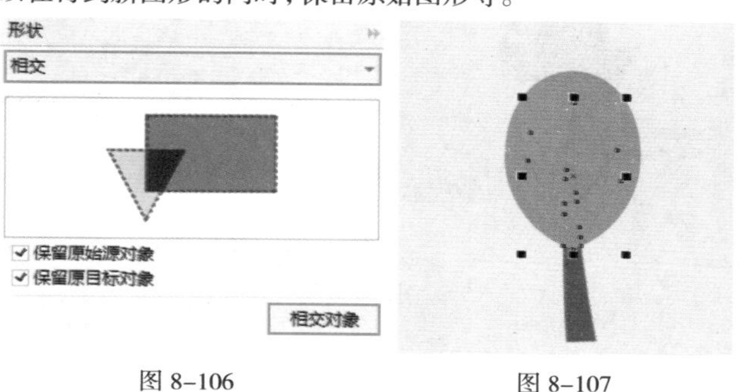

图 8-106　　图 8-107

重点 8.3.2 合并

“合并”在“形状”泊坞窗中被称为“焊接”，这种造型方式可以将两个或多个对象结合在一起成为一个独立对象。

1. 使用“合并”按钮进行造型

选择两个图形，单击属性栏中的“合并”按钮，如图8-108所示。此时画面效果如图8-109所示。

图 8-108　　图 8-109

2. 使用“形状”泊坞窗进行焊接

(1) 选择一个图形，如图8-110所示。在“形状”泊坞窗中设置类型为“焊接”，然后单击“焊接到”按钮，接着在另外一个图形上单击，如图8-111所示。此时两个图形被合并为一个图形，并且颜色被填充为被焊接图形的颜色，如图8–112所示。

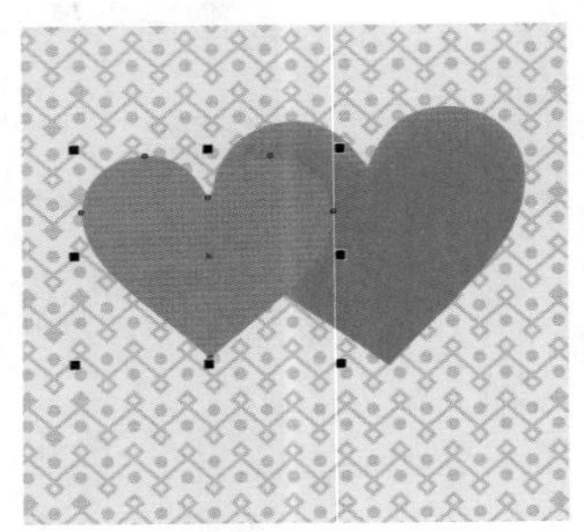

图 8–110

图 8–111

图 8–112

(2) 若在进行焊接前，勾选“保留原始源对象”复选框，如图8–113所示。焊接完成后将图形进行移动，可以看到原始对象被保留，如图8–114所示。

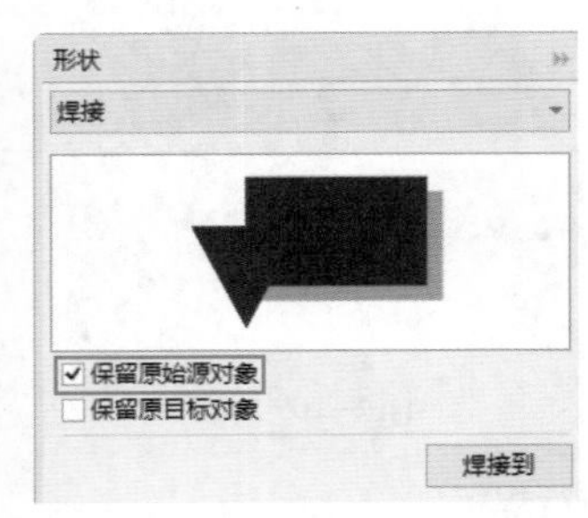

图 8–113　　图 8–114

(3) 若在进行焊接前，勾选“保留原目标对象”复选框，如图8–115所示。焊接完成后将图形进行移动，可以看到目标对象被保留，如图8–116所示。

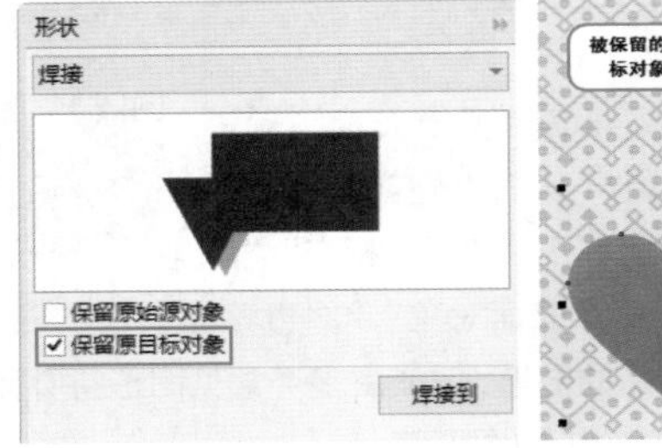

图 8–115　　图 8–116

(4) 如果同时勾选上述两个复选框，造型后的图形是一个独立图形，而原始的两个对象都不会发生变化，如图8–117和图8–118所示。

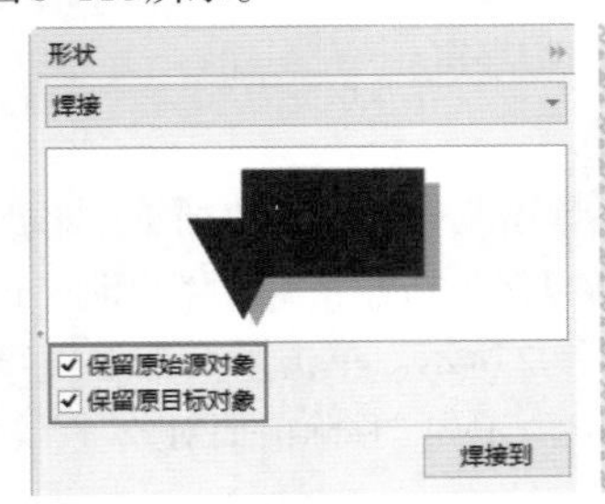

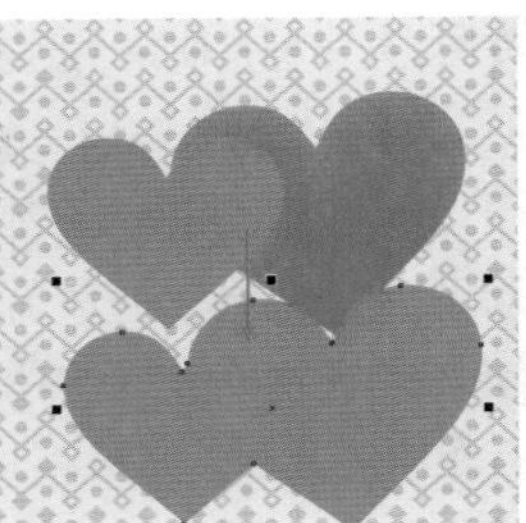

图 8–117　　图 8–118

提示：“保留原始源对象”和“保留原目标对象”复选框

在“形状”泊坞窗中，“焊接”“修剪”和“相交”造型类型都有“保留原始源对象”和“保留原目标对象”复选框，其使用方法相同。

练习实例：图形化简约网站首页设计

扫一扫，看视频

文件路径	资源包\第8章\练习实例：图形化简约网站首页设计
难易指数	★★★★★
技术要点	合并、置于图文框内部、“透明度”工具

实例效果

本实例效果如图8–119所示。

图 8–119

操作步骤

步骤 01 新建一个横向、A4大小的空白文档。绘制一个与画板等大的矩形，设置“填充色”为淡青色，然后去除轮廓色，如图8-120所示。

图 8-120

步骤 02 执行“文件”->“导入”命令，在弹出的“导入”窗口中找到素材位置，选择素材1.jpg，单击“导入”按钮，如图8-121所示。接着在画面中按住鼠标左键拖动，松开鼠标后完成导入操作，如图8-122所示。

图 8-121

图 8-122

步骤 03 单击工具箱中的“椭圆形”工具按钮◯，按住Ctrl键在画布上绘制一个正圆，如图8-123所示。接着选择工具箱中的“钢笔”工具，在导入的素材中按照人物头部的形态绘制图形，如图8-124所示。

图 8-123

图 8-124

步骤 04 加选绘制的图形和圆形，在属性栏中单击“合并”按钮，使这两个图形变为一个图形，如图8-125所示。接着选中导入的素材，执行“对象”->PowerClip->“置于图文框内部”命令，当光标变成箭头形状时，单击绘制的图形，如图8-126所示。

图 8-125

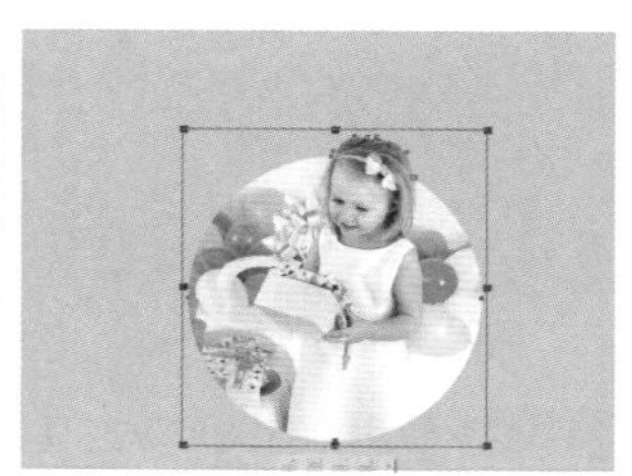

图 8-126

步骤 05 执行“文件”->“导入”命令，导入素材2.jpg，如图8-127所示。

图 8-127

步骤 06 单击工具箱中的“椭圆形”工具按钮◯，在画布上绘制一个圆形，然后选中导入的素材2.jpg，如图8-128所示。执行“对象”->PowerClip->“置于图文框内部”命令，当光标变成箭头形状时，单击绘制的图形。效果如图8-129所示。

图 8-128

图 8-129

步骤 07 导入素材1.jpg，如图8-130所示。然后在版面的左下角位置绘制正圆，如图8-131所示。

图 8-130

图 8-131

步骤 08 将素材图片置于图文框内部，效果如图8-132所示。选择地图图形，按住快捷键Shift+PageUp将其置于页面最前方。效果如图8-133所示。

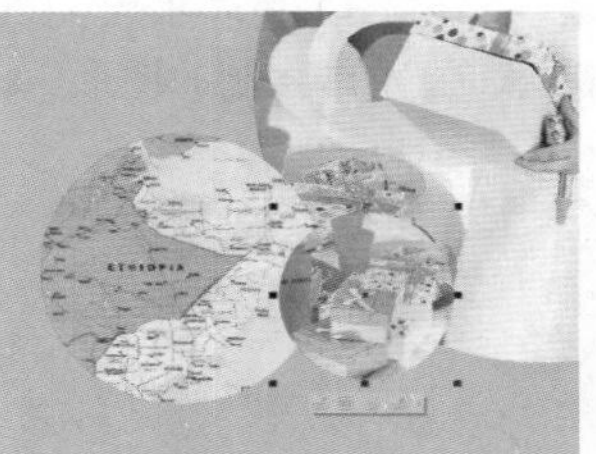

图 8-132

图 8-133

步骤 09 使用“椭圆形”工具在画布上绘制一个正圆，并为其填充粉色，如图8-134所示。选择该图形，单击工具箱中的“透明度”工具，接着单击属性栏中的“均匀填充”按钮，设置“透明度”为50。效果如图8-135所示。

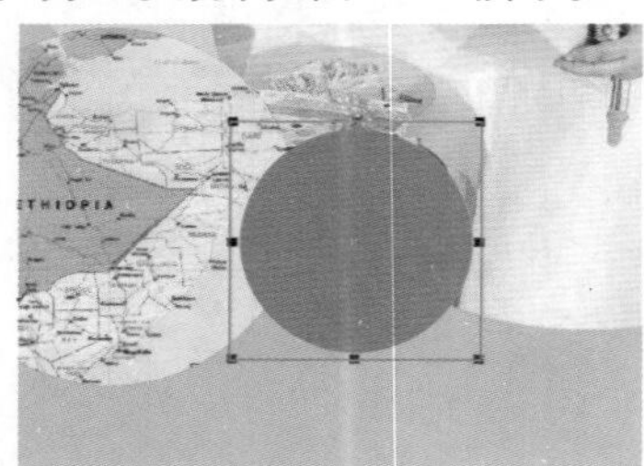

图 8-134

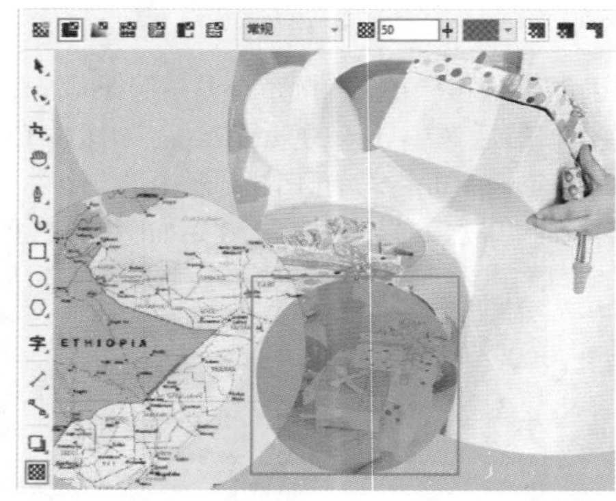

图 8-135

步骤 10 使用“椭圆形”工具在地图图形上绘制一个正圆，然后填充为黑色，如图8-136所示。接着单击工具箱中的“透明度”工具按钮，在属性栏中单击“均匀填充”按钮，设置“透明度”为11，“合并模式”为“如果更暗”，如图8-137所示。

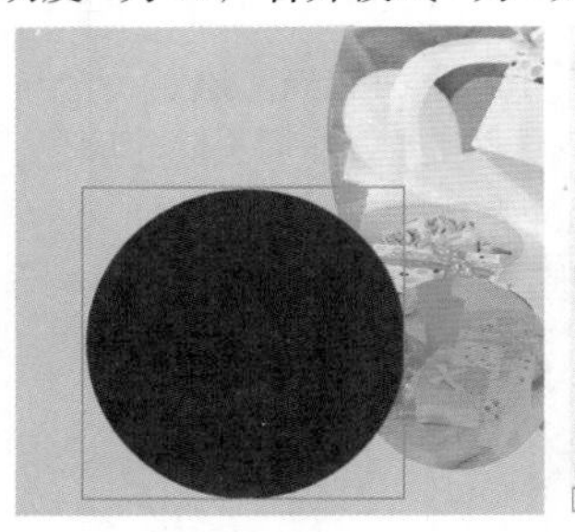

图 8-136

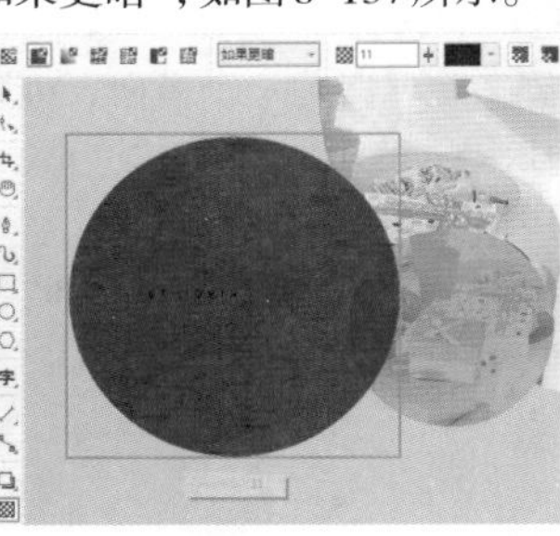

图 8-137

步骤 11 以同样的方式绘制右上角的圆形，如图8-138所示。

图 8-138

步骤 12 使用“椭圆形”工具在画面右侧绘制一个正圆，设置轮廓色为白色，“轮廓宽度”为0.2mm，如图8-139所示。选择该正圆，按住Shift键向下垂直拖动鼠标，拖动到合适位置后右击进行复制，如图8-140所示。

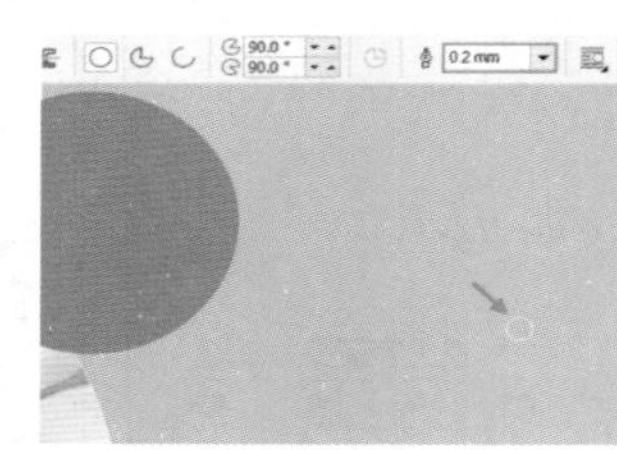

图 8-139

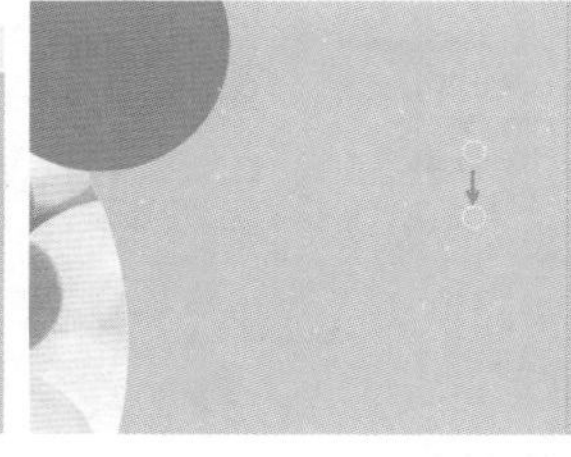

图 8-140

步骤 13 按快捷键Ctrl+R将圆形复制6份，如图8-141所示。接着选择第一个正圆，为其填充白色，如图8-142所示。

图 8-141

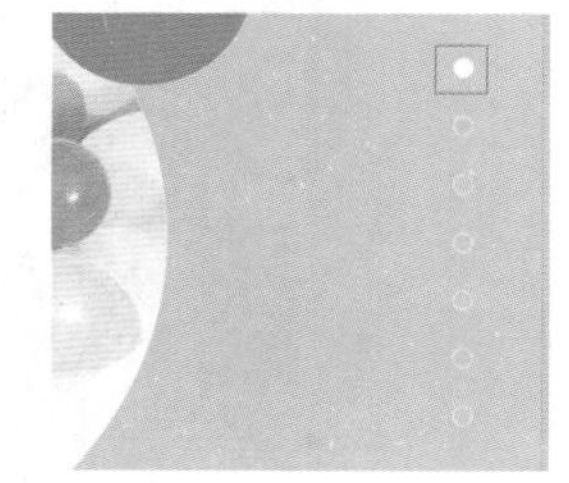

图 8-142

步骤 14 选择工具箱中的“文本”工具字，在画面中单击插入光标，然后输入文字。接着选中输入的文字，在属性栏中设置合适的字体、字号，如图8-143所示。继续输入导航栏中的文字，如图8-144所示。

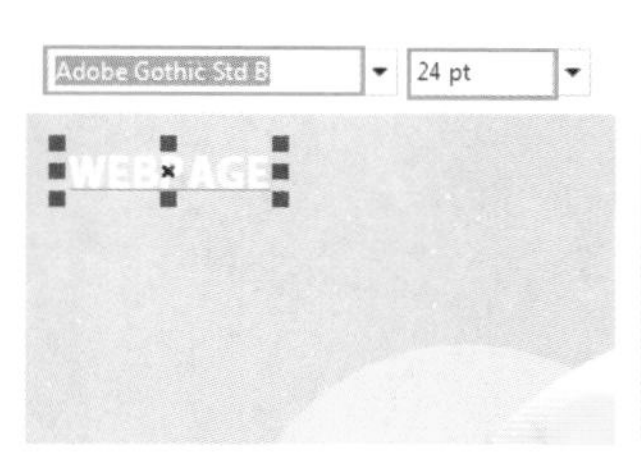

图 8-143

图 8-144

步骤 15 选择工具箱中的"矩形"工具按钮，在文字上绘制一个矩形。在属性栏中单击"圆角"按钮，设置"转角半径"分别为18.0mm，如图8-145所示。接着将该圆角矩形填充为粉色，如图8-146所示。

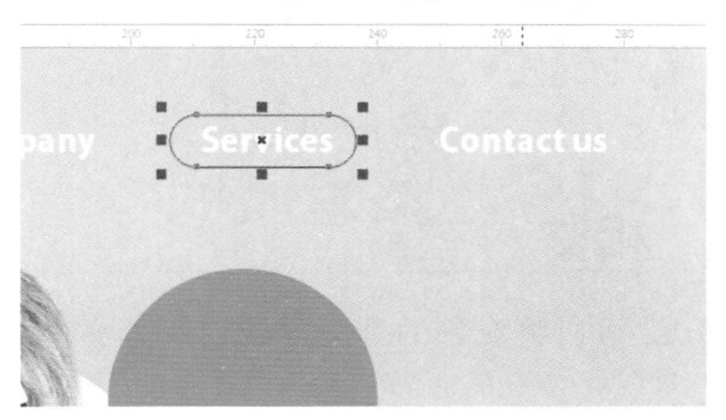

图 8-145

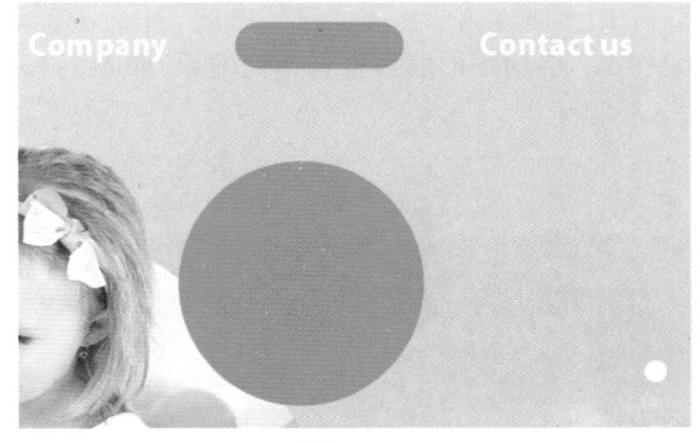

图 8-146

步骤 16 选择文字，按快捷键Shift+PageUp将其置于页面最前方，效果如图8-147所示。继续使用"文本"工具在相应的位置输入文字，如图8-148所示。

图 8-147

图 8-148

步骤 17 制作黑色图形上的图标。首先在画布以外的空白位置绘制一个正圆，如图8-149所示。接着使用"钢笔"工具在正圆的右侧绘制一个三角形，如图8-150所示。

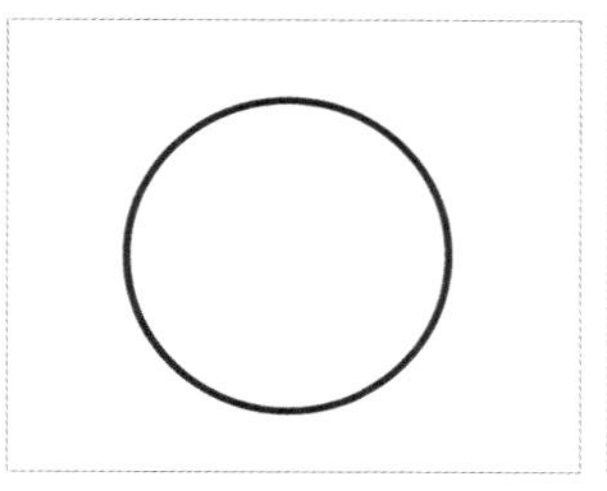

图 8-149

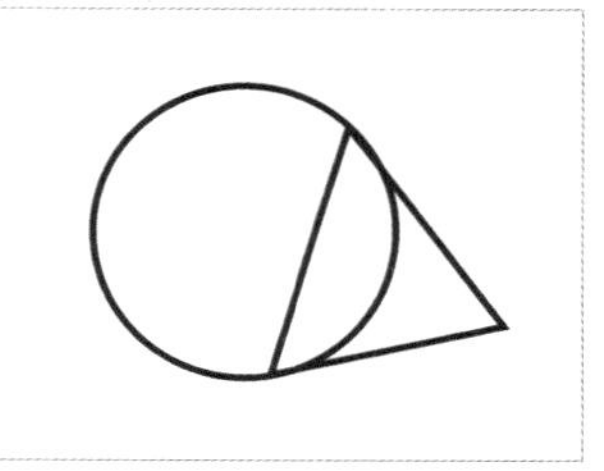

图 8-150

步骤 18 按住Shift键加选两个图形，然后单击属性栏中的"合并"按钮。效果如图8-151所示。

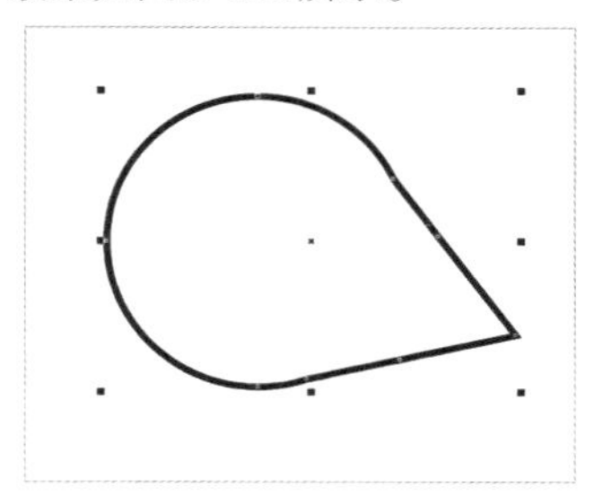

图 8-151

步骤 19 将该图形填充为粉色，然后移动到合适位置，如图8-152所示。接着将图形进行复制，然后移动到合适位置。效果如图8-153所示。

图 8-152

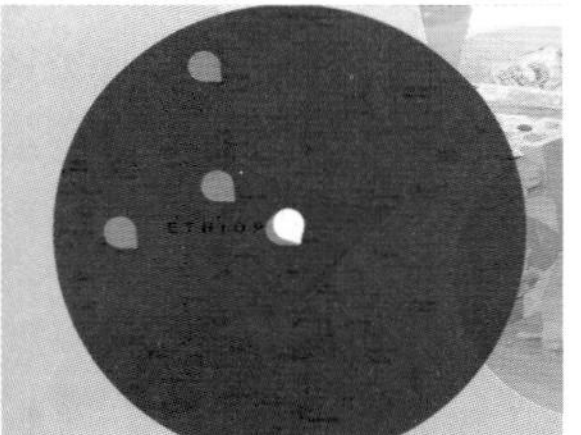

图 8-153

步骤 20 使用"文本"工具在图形上输入文字，效果如图8-154所示。

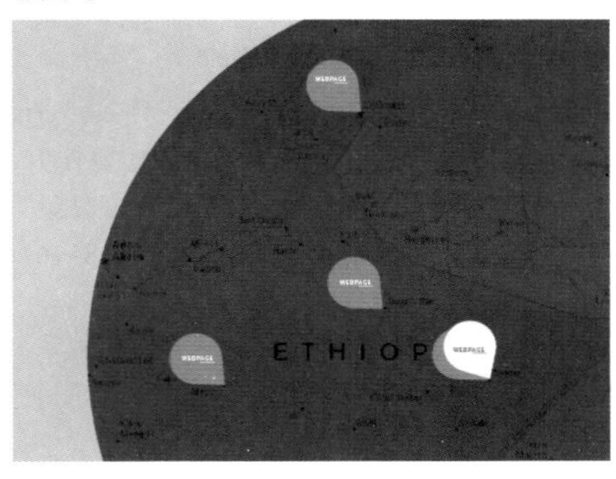

图 8-154

步骤 21 使用相应工具绘制图形，制作按钮效果，如图8-155所示。最终效果如图8-156所示。

图 8-155

图 8-156

重点 8.3.3 修剪

“修剪”可以用一个对象的形状剪切下另一个对象形状的一部分，修剪完成后目标对象保留其填充和轮廓属性。

1. 使用“修剪”按钮进行造型

选择要修剪的两个对象，单击属性栏中的“修剪”按钮，如图8-157所示。接着移走顶部对象后，可以看到重叠区域被删除了，如图8-158所示。

图 8-157

图 8-158

2. 使用“形状”泊坞窗进行修剪

选择一个图形，如图8-159所示。在“形状”泊坞窗中设置类型为“修剪”，然后单击“修剪”按钮，接着在另一个图形上单击，如图8-160所示。取消“保留原始源对象”选项时，修建后第一个图形也会被删除，造型效果如图8-161所示。

图 8-159

图 8-160

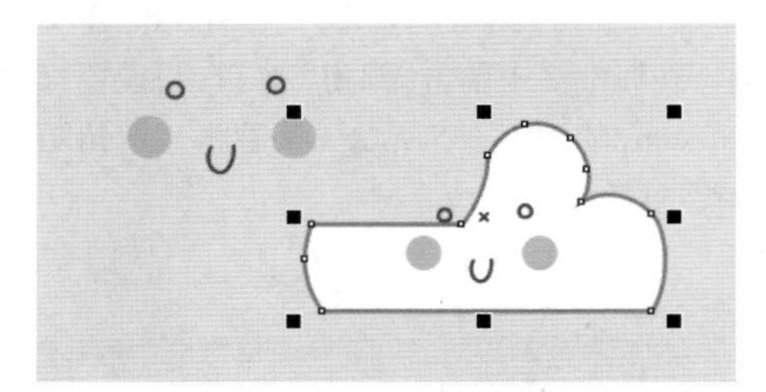

图 8-161

8.3.4 相交

“相交”可以将对象的重叠区域创建为一个新的独立对象。

1. 使用“相交”按钮进行造型

选择两个图形，然后单击属性栏中的“相交”按钮，如图8-162所示。移动图形后可查看相交效果，如图8-163所示。

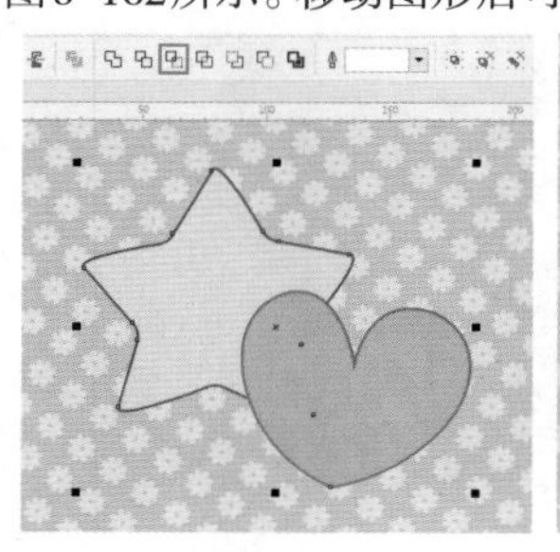

图 8-162

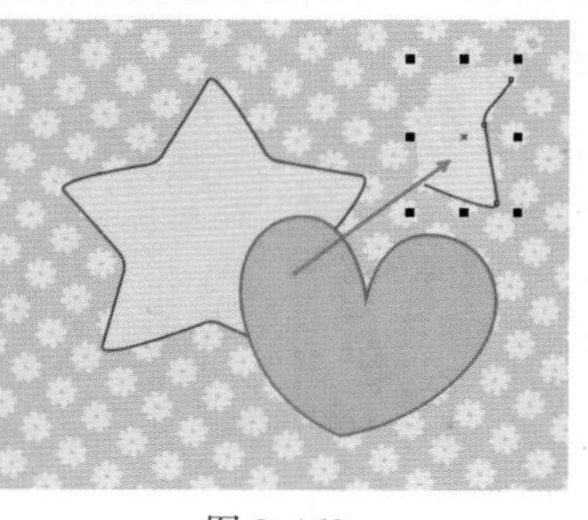

图 8-163

2. 使用“形状”泊坞窗进行相交

选择一个图形，如图8-164所示。

图 8-164

在“形状”泊坞窗中设置类型为“相交”，然后单击“相交对象”按钮，接着在另一个图形上单击，如图8-165所示。相交效果如图8-166所示。

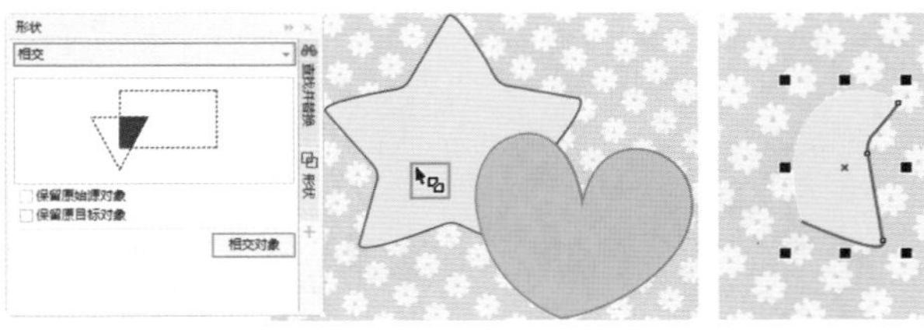

图8-165

图8-166

8.3.5 简化

“简化”可以去除对象间重叠的区域。

选择两个对象，单击属性栏中的“简化”按钮，如图8-167所示。移动图形后可查看简化效果，如图8-168所示。

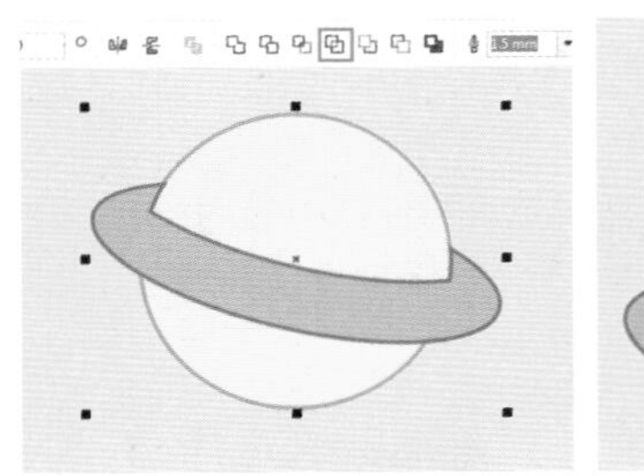

图8-167

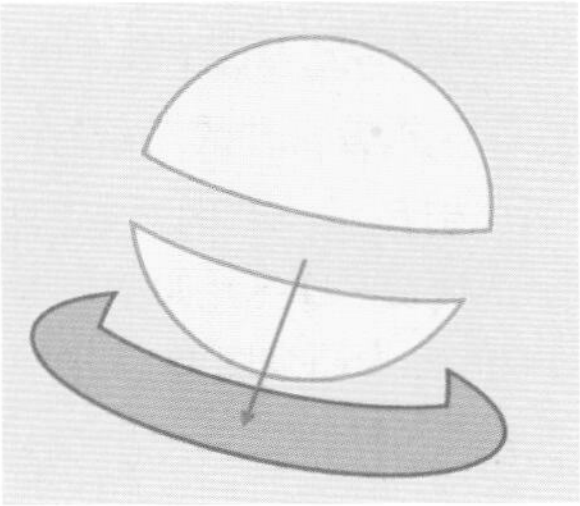

图8-168

重点 8.3.6 移除后面对象

“移除后面对象”可以利用下层对象的形状减去上层对象中重叠的部分。

选择两个重叠对象，单击属性栏中的“移除后面对象”按钮，如图8-169所示。此时下层对象消失了，同时上层对象中下层对象形状范围内的部分也被删除了。效果如图8-170所示。

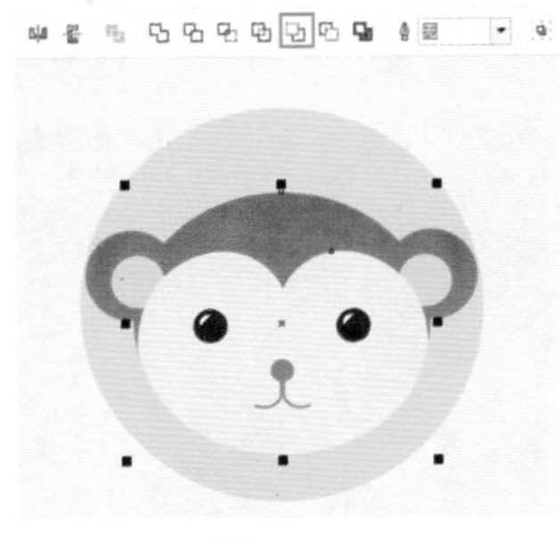

图8-169

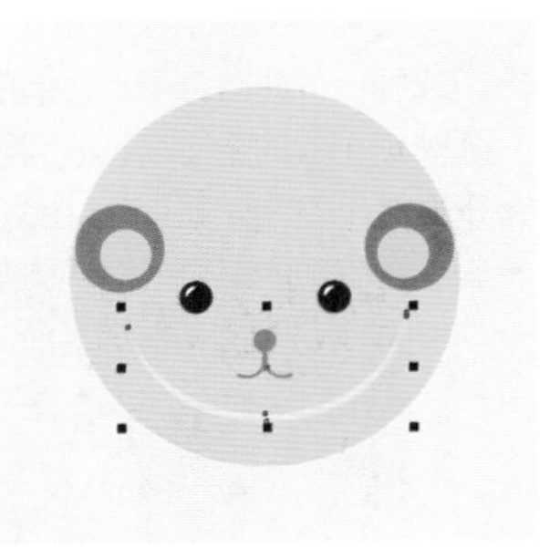

图8-170

重点 8.3.7 移除前面对象

“移除前面对象”可以利用上层对象的形状减去下层对象中重叠的部分。

选择两个重叠对象，单击属性栏中的“移除前面对象”按钮，如图8-171所示。此时上层对象消失了，同时下层对象中上层对象形状范围内的部分也被删除了，如图8-172所示。

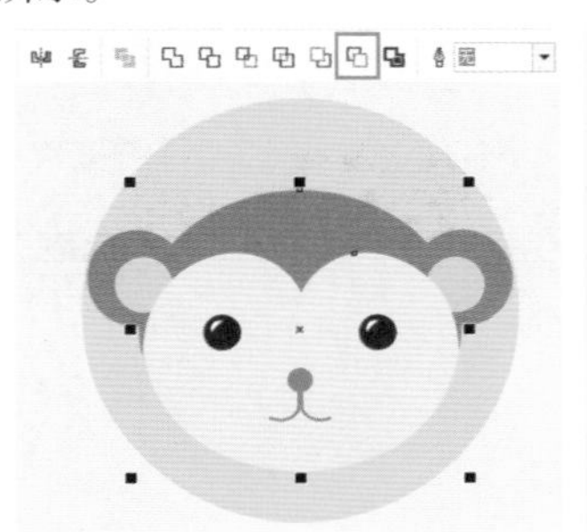

图8-171

图8-172

重点 8.3.8 边界

“边界”能够以一个或多个对象的整体外形创建矢量对象。

1. 使用“边界”按钮进行造型

选择两个图形，如图8-173所示。单击属性栏中的“边界”按钮，可以看到图像周围出现一个与对象外轮廓形状相同的图形，如图8-174所示。选择创建的边界，能够更改轮廓的宽度、颜色等属性，如图8-175所示。

图8-173

图8-174

图8-175

2. 使用“形状”泊坞窗创建边界

(1) 选择两个图形，如图8-176所示。在“形状”泊坞窗中设置类型为“边界”，勾选“保留原对象”复选框，能够在创建边界后仍然保留选中的对象。接着单击“应用”按钮，如图8-177所示。效果如图8-178所示。

图 8-176

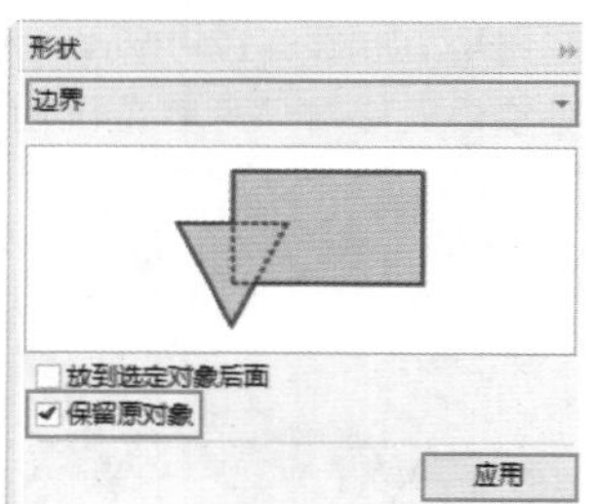

图 8-177

图 8-178

(2) 若在“形状”泊坞窗中取消勾选“保留原对象”复选框，如图8-179所示。然后单击“应用”按钮，效果如图8-180所示。若勾选“放到选定对象后面”复选框，所创建的边界对象将位于选定对象的后面。

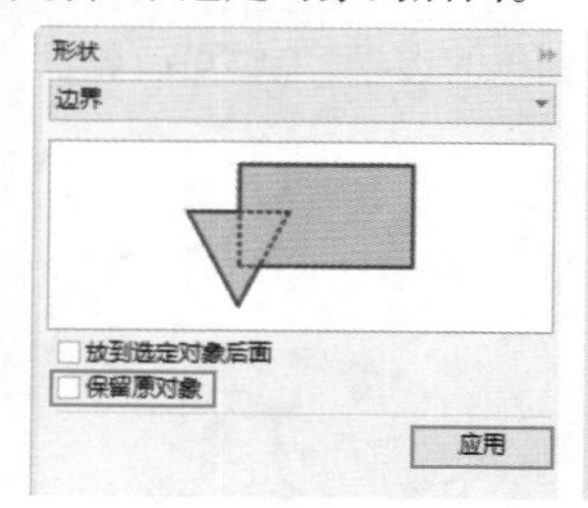

图 8-179

图 8-180

8.4 合并与拆分

合并是指将多个对象合成为一个新的具有其中一个对象属性的整体；而拆分是指将“合并”过的图形或应用了特殊效果的图形拆分为多个独立的对象。

8.4.1 动手练：合并

利用合并功能可以将多个对象合成为一个新的具有其中一个对象属性的整体。

选择要合并的多个对象，单击属性栏中的“合并”按钮（快捷键Ctrl+L），即可将其合并为一个新的对象，如图8-181所示。合并后的对象具有相同的轮廓和填充属性，两个图形重叠的位置将被剪去，如图8-182所示。

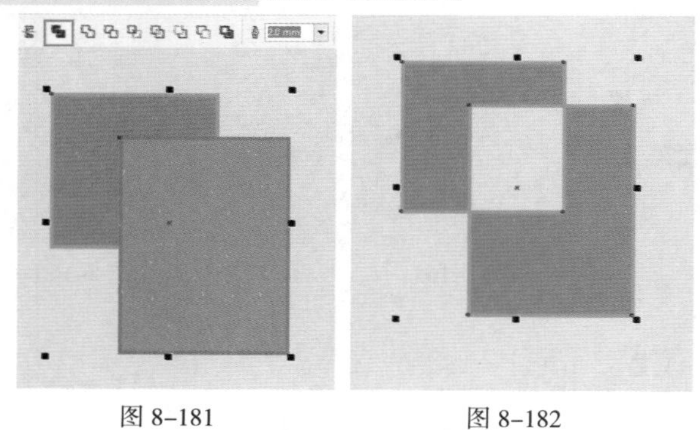
图 8-181　　图 8-182

8.4.2 动手练：拆分

利用拆分功能可以将“合并”过的图形或应用了特殊效果的图像拆分为多个独立的对象。

1. 拆分合并的对象

选择“合并”的对象，然后单击属性栏中的“拆分”按钮（快捷键Ctrl+K），如图8-183所示。随即可以看到合并的图形被拆分为两个图形，如图8-184所示。

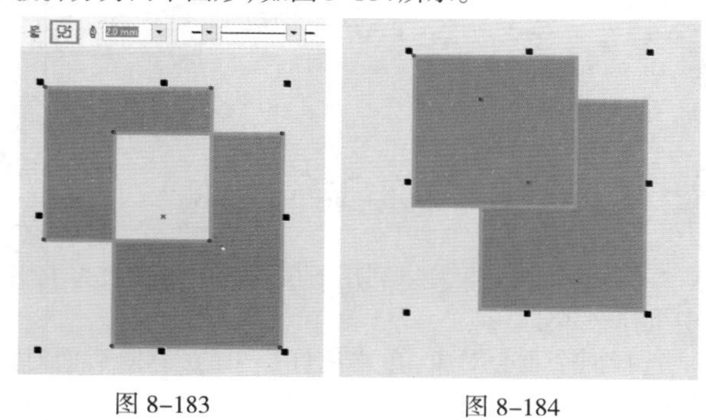
图 8-183　　图 8-184

2. 拆分特殊效果

对于应用了特殊效果的对象，也可以将图形和效果拆分开。选择一个带有阴影效果的图形，如图8-185所示。接着按快捷键Ctrl+K进行拆分，然后移动图形，即可看到图形与效果拆分为两个部分，如图8-186所示。

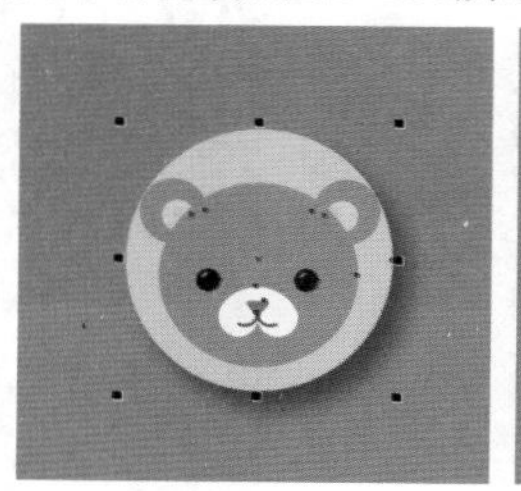
图 8-185

图 8-186

3. 拆分文字

利用拆分功能也可以将选中的文字进行拆分。选中要拆分的文字，按快捷键Ctrl+K将其拆分，如图8-187所示。接着即可对单个字母进行移动、变换等编辑操作，如图8-188所示。

图 8-187　　　　图 8-188

综合实例：制作园艺博览会宣传广告

文件路径	资源包\第8章\综合实例：制作园艺博览会宣传广告
难易指数	★★★★★
技术要点	变换、造型

扫一扫，看视频

实例效果

本实例效果如图8-189所示。

图 8-189

操作步骤

步骤 01 创建A4大小的横版文档，绘制一个与画面等大的矩形，设置填充为白色。然后在画面上半部分绘制矩形，设置"填充色"为青蓝色，接着在调色板中右击"无"按钮去除轮廓色。效果如图8-190所示。

图 8-190

步骤 02 单击工具箱中的"椭圆形"工具按钮，按住Ctrl键绘制一个正圆形，如图8-191所示。

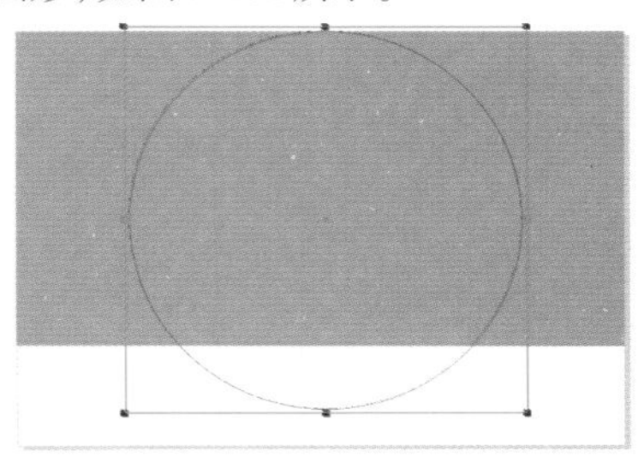

图 8-191

步骤 03 为其填充浅蓝色，然后去除轮廓色。效果如图8-192所示。

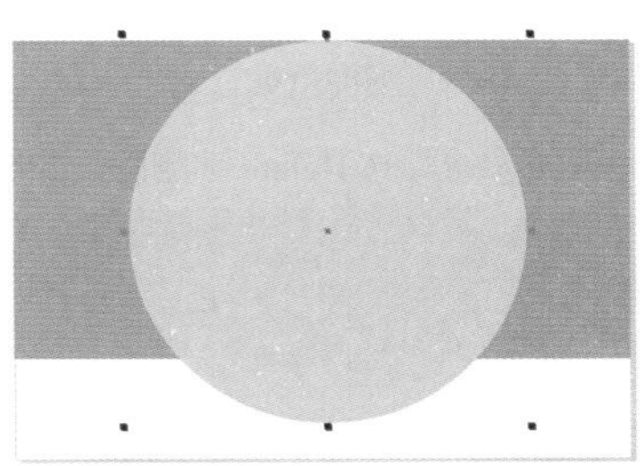

图 8-192

步骤 04 使用"矩形"工具绘制一个矩形，并填充为白色，如图8-193所示。

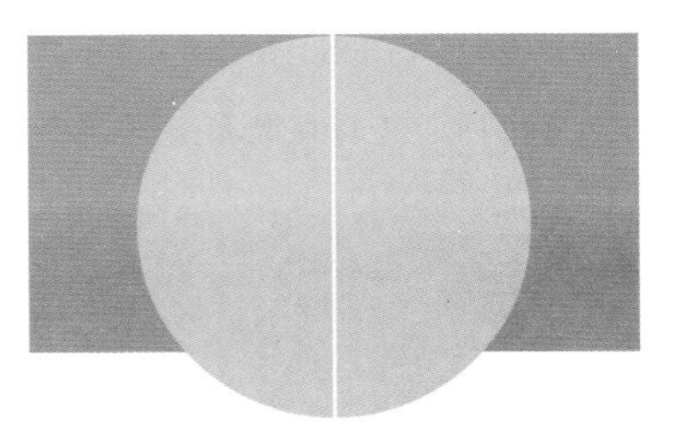

图 8-193

步骤 05 选择该矩形，执行"窗口"->"泊坞窗"->"变换"命令，在弹出的"变换"泊坞窗中单击"旋转"按钮，接着设置"角度"为45.0，"副本"为3，然后单击"应用"按钮，得到另外3条矩形的分割线，如图8-194所示。

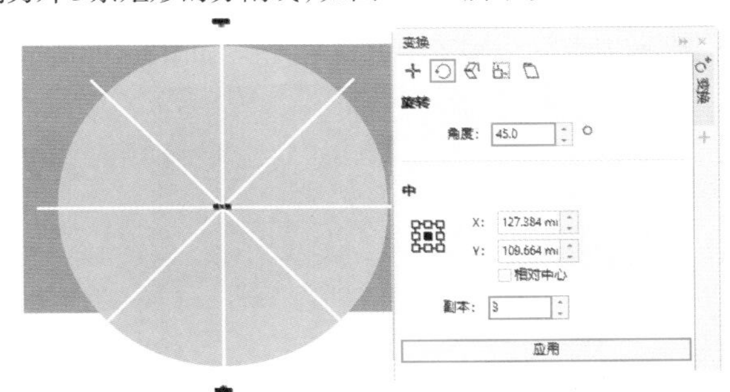

图 8-194

步骤 06 按住Shift键单击白色矩形和正圆，然后单击属性栏中的“修剪”按钮，如图8-195所示。

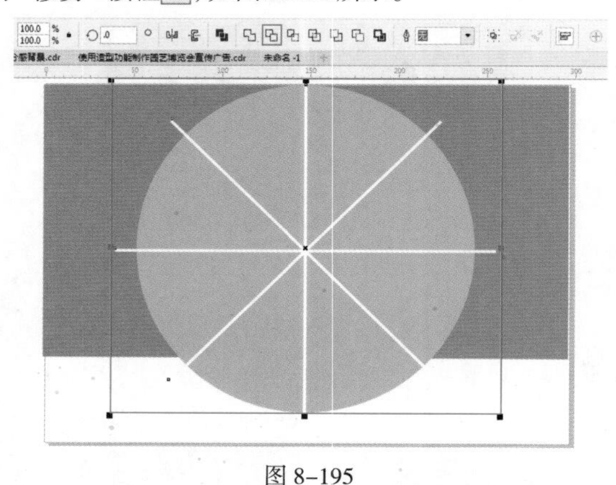

图 8-195

步骤 07 选择白色矩形，按Delete键删除，如图8-196所示。

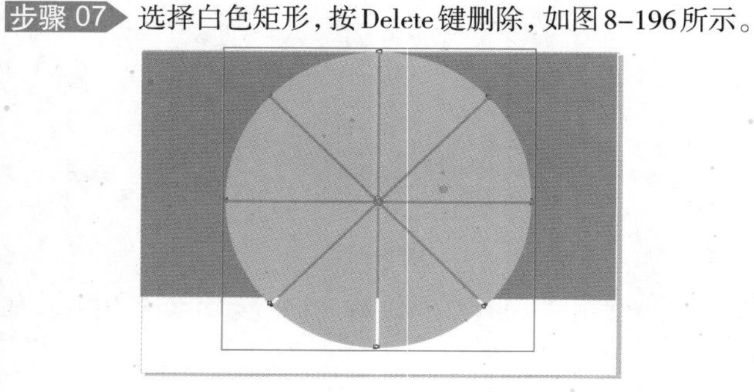

图 8-196

步骤 08 使用“椭圆形”工具在画布上绘制一个圆形并为其填充白色，如图8-197所示。

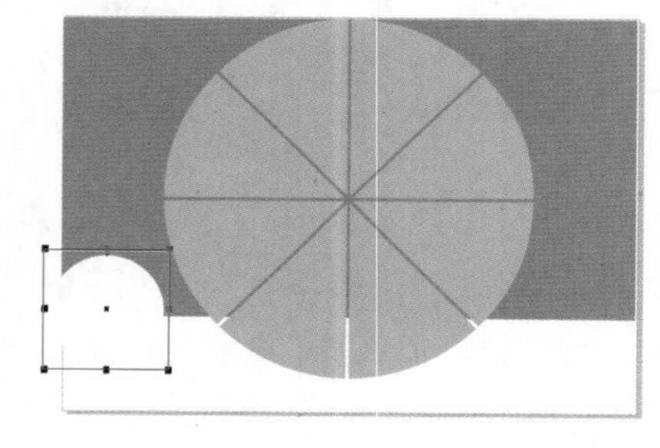

图 8-197

步骤 09 以同样的方式绘制其他的圆形，如图8-198所示。

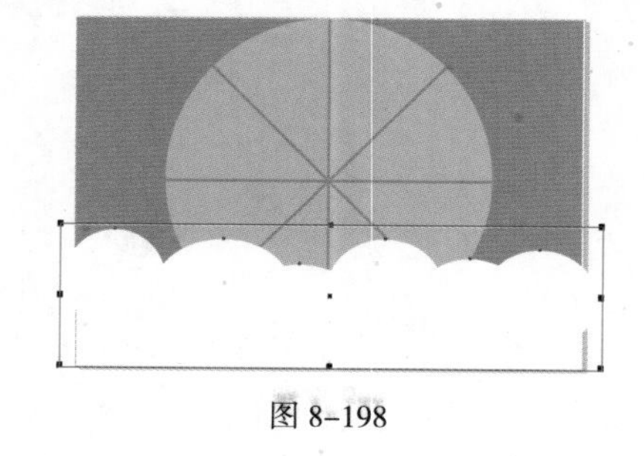

图 8-198

步骤 10 加选绘制的白色椭圆形，在属性栏中单击“合并”按钮，如图8-199所示。

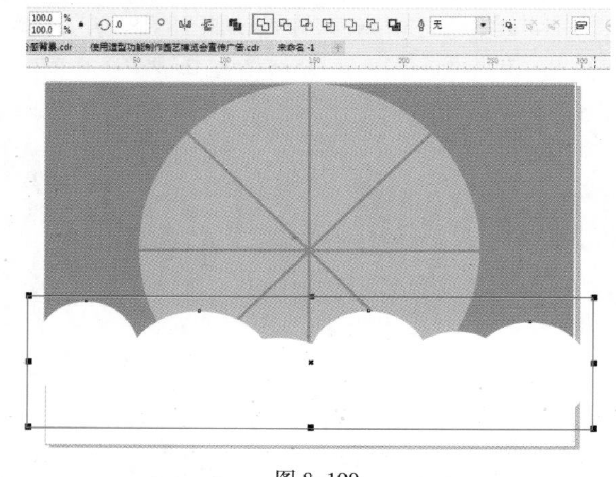

图 8-199

步骤 11 在白色椭圆形下方绘制一个矩形，然后加选绘制的矩形和椭圆形，单击属性栏中的“修剪”按钮，如图8-200所示。

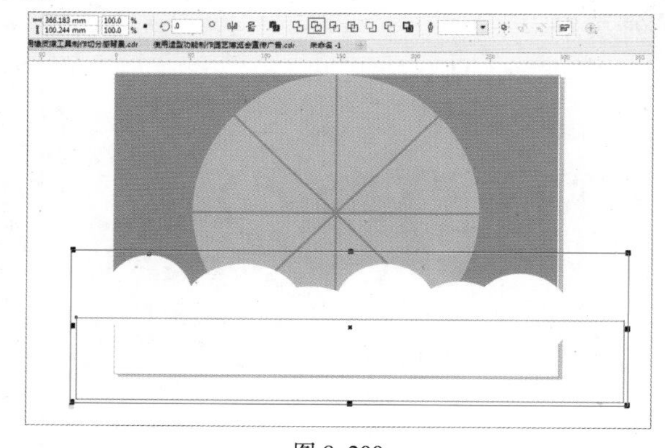

图 8-200

步骤 12 此时该图形的底部变为直线线条，效果如图8-201所示。

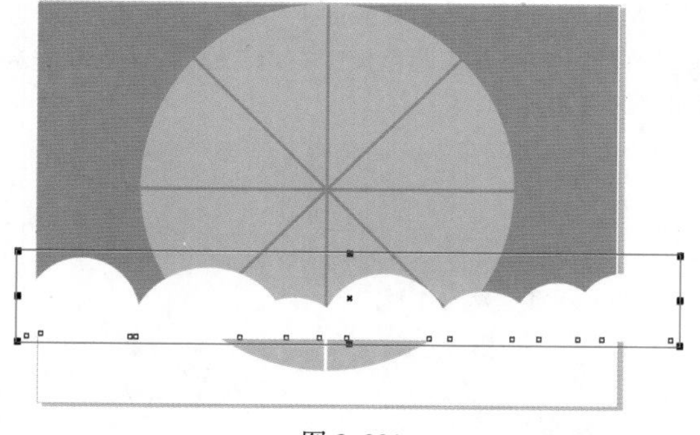

图 8-201

步骤 13 选中白色的图形，右击，在弹出的快捷菜单中执行“向后一层”命令，如图8-202所示。

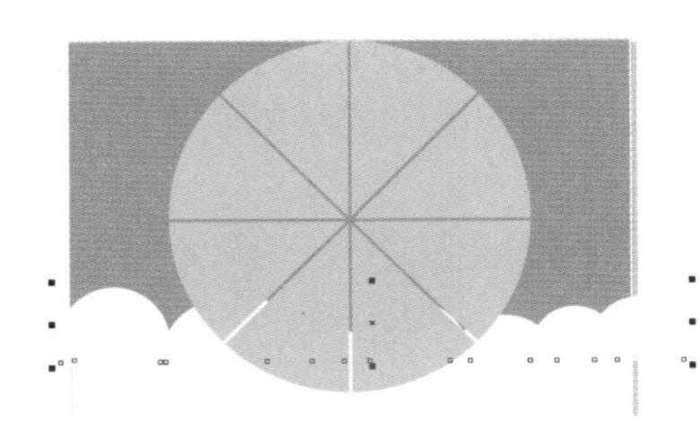

图 8-202

步骤 14 选择前方的圆形图案，按快捷键Ctrl+C进行复制，再按快捷键Ctrl+V进行粘贴，然后进行等比例缩小。为了便于观察，将前面的图形设置为黑色。接着选择前方的图形，按快捷键Ctrl+K进行拆分，如图8-203所示。

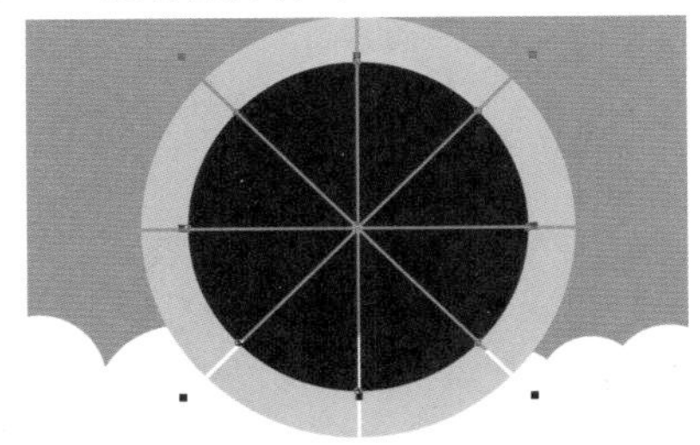

图 8-203

步骤 15 执行“文件”->“导入”命令，在弹出的“导入”窗口中找到素材位置，选择素材1.jpg，单击“导入”按钮，如图8-204所示。接着在画面中按住鼠标左键拖动，松开鼠标后完成导入操作，如图8-205所示。

图 8-204

图 8-205

步骤 16 选中导入的素材，执行“对象”->PowerClip->“置于图文框内部”命令，当光标变成箭头状时，单击其中的一个饼形，此时画面效果如图8-206所示。

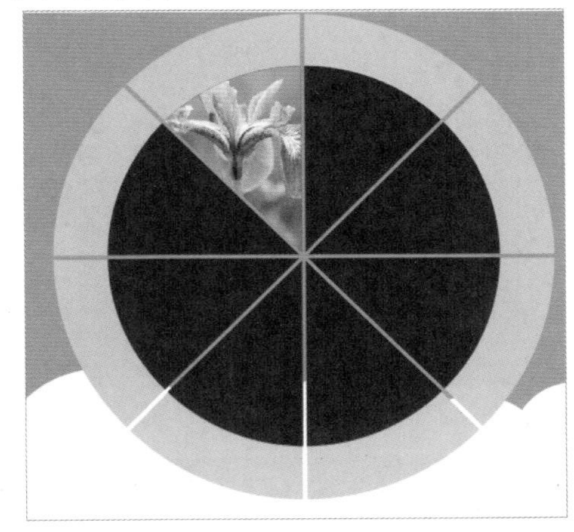

图 8-206

步骤 17 以同样的方式导入其他的素材，如图8-207所示。

图 8-207

步骤 18 使用“椭圆形”工具绘制一个圆形，并填充为红色，如图8-208所示。

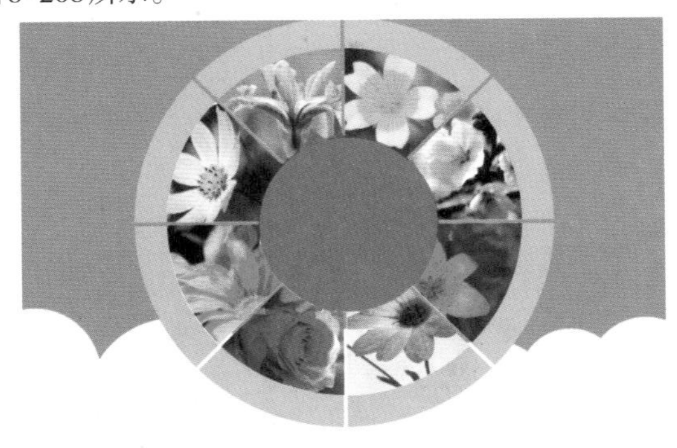

图 8-208

步骤 19 选择工具箱中的“文本”工具，在画面中单击插入光标，然后输入文字。接着选中输入的文字，在属性栏中设置合适的字体、字号，如图8-209所示。以同样的方式输入其他的文字，如图8-210所示。

图 8-209

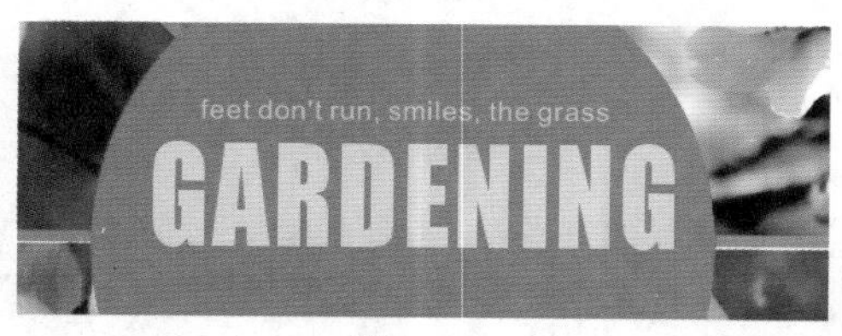

图 8-210

步骤 20 使用“文本”工具绘制一个文本框，然后在属性栏中设置合适的字体、字号，单击画布插入光标，输入文字，并设置文本颜色为黄色，如图8-211所示。

图 8-211

步骤 21 在属性栏中设置文本对齐方式为“居中对齐”，如图8-212所示。

图 8-212

步骤 22 使用“钢笔”工具绘制图形，并填充为黄色，如图8-213所示。以同样的方式绘制其他的图形，如图8-214所示。

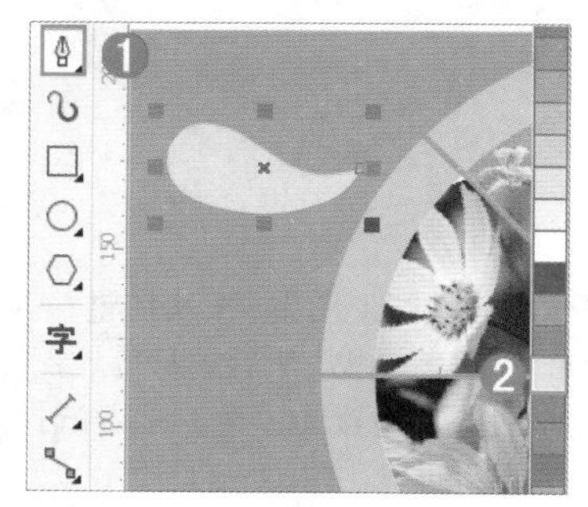

图 8-213

图 8-214

步骤 23 单击工具箱中的“椭圆形”工具按钮，按住Ctrl键绘制一个正圆形，并填充为白色，如图8-215所示。

图 8-215

步骤 24 以同样的方式绘制其他的圆形，如图8-216所示。

图 8-216

步骤 25 使用“文本”工具在白色正圆上输入黄色的文字，最终效果如图8-217所示。

图 8-217

8.5 课后练习

文件路径	资源包\第8章\课后练习：制作波普风广告
难易指数	
技术要点	矩形工具、吸引和排斥工具

扫一扫，看视频

实例效果

本实例效果如图8-218所示。

图 8-218

8.6 模拟考试

主题： 制作一个音乐节海报。

要求：

(1) 海报以图形为主，文字为辅。

(2) 版面中的文字需要包含音乐节的主题、时间、地点、参演人员。

(3) 海报配色要鲜明。

(4) 可在网络搜索“音乐节”“海报”等关键词，从优秀的作品中寻找灵感。

考查知识点： 形状工具、形状编辑工具、交互式填充工具、文本工具等。

矢量图形的特殊效果

本章内容简介：

本章学习的工具不仅可以制作矢量图形的混合、多层次轮廓和立体等效果，还可以为矢量对象以及位图对象制作半透明和阴影等效果。为图形添加的效果，在不需要的时候可以去除。部分效果不仅可以使用工具添加，还可以通过泊坞窗添加，如混合效果、轮廓图效果、封套效果、立体化效果等。

重点知识掌握：

- 熟练掌握阴影的添加与编辑方法
- 熟练掌握立体效果的制作方法
- 熟练掌握透明效果的制作方法
- 熟练掌握使用变形与封套处理对象的方法

通过本章学习，我能做什么？

通过本章的学习，我们可以为图形添加一些特殊效果，使作品变得生动、有趣。例如，为图形调整透明度能够让画面更具层次感，为图形添加阴影能够让画面更具空间感，使用“轮廓图”工具创建轮廓能够制作多层描边效果。在本章中还会学习到一些其他的效果，充分利用这些效果，能够让自己的作品变得更具创造力。

9.1 认识制作特效的工具

本章要学习的工具大部分集中在工具箱的下半部分，其中包括“阴影”工具、“轮廓图”工具、“混合”工具、“变形”工具、“封套”工具、“立体化”工具、“块阴影”工具和“透明度”工具，如图9–1所示。这些工具的功能从名称上就可以基本了解。这几种工具都可以用来对矢量图形进行操作，其中“阴影”工具、“封套”工具、“立体化”工具、“块阴影”工具、“透明度”工具还可以用来对位图进行操作。

这些工具中大部分的操作思路是比较接近的，首先选择要处理的对象，然后选择要使用的工具，在属性栏中设置一定的参数，接着在对象上按住鼠标左键拖动，即可观察到效果（“透明度”工具的部分模式可用）。选择应用了特效的对象，还可以重新在属性栏中进行参数的更改。仔细观察这些工具的属性栏，可以看到其中有几个相同的选项，如图9–2所示。

图 9–1　　图 9–2

首先来了解一下这几个工具共有的选项。在预设...下拉列表中可以为当前对象选择一种预设的特效应用方式；单击按钮，可以将当前对象上的特效赋予其他对象，如图9–3所示；单击“清除”按钮或按钮可以清除该特效，如图9–4所示。

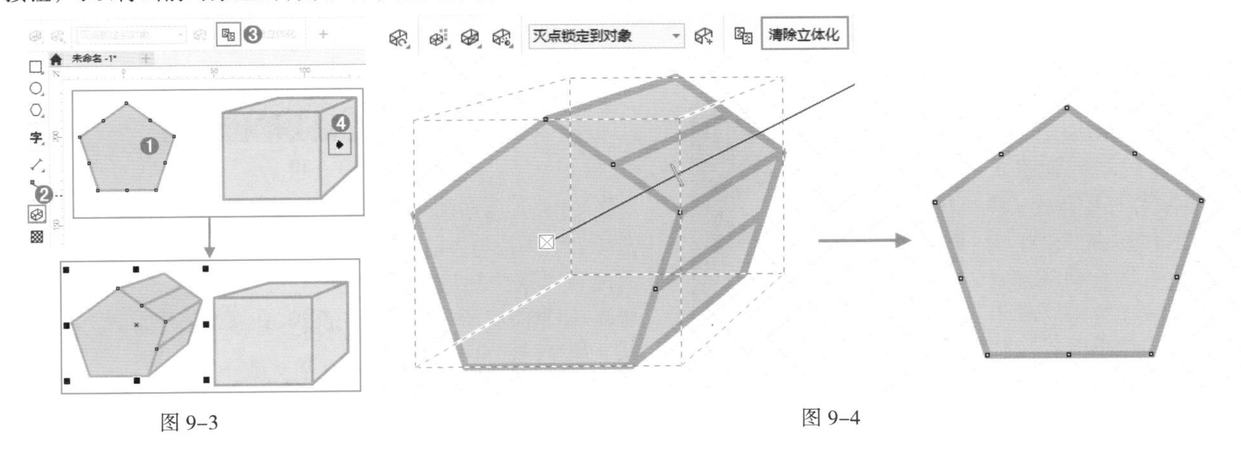

图 9–3　　图 9–4

9.2 透明度

扫一扫，看视频

“透明度”工具用于为矢量图形、文本、位图等对象应用透明效果，调整图形的透明度可以为作品添加层次感。如图9–5~图9–8所示为包含透明效果的作品。

“透明度”工具主要包含两方面的功能：透明效果的应用与“合并模式”的设置（透明效果的应用与合并模式的设置既可单独进行，也可共同进行）。单击工具箱中的“透明度”工具按钮，在属性栏中可以看到多种参数设置，默认情况下使用的是“无透明度”，所以大部分选项都不显示。切换为其他透明度模式的属性栏如图9–9所示。

在“透明度”工具的属性栏中有多种透明效果可供选择：“无透明度”、“均匀透明度”、“渐变透明度”、“向量图样透明度”、“位图图样透明度”、“双色图样透明度”和“底纹透明”。使用时首先选择对象，接着单击工具箱中的“透明度”工具按钮，在属性栏中选择一种适合的透明度类型，其中“均匀透明度”和“渐变透明度”最为常用。接下来，可以对当前透明度模式的参数进行设置。

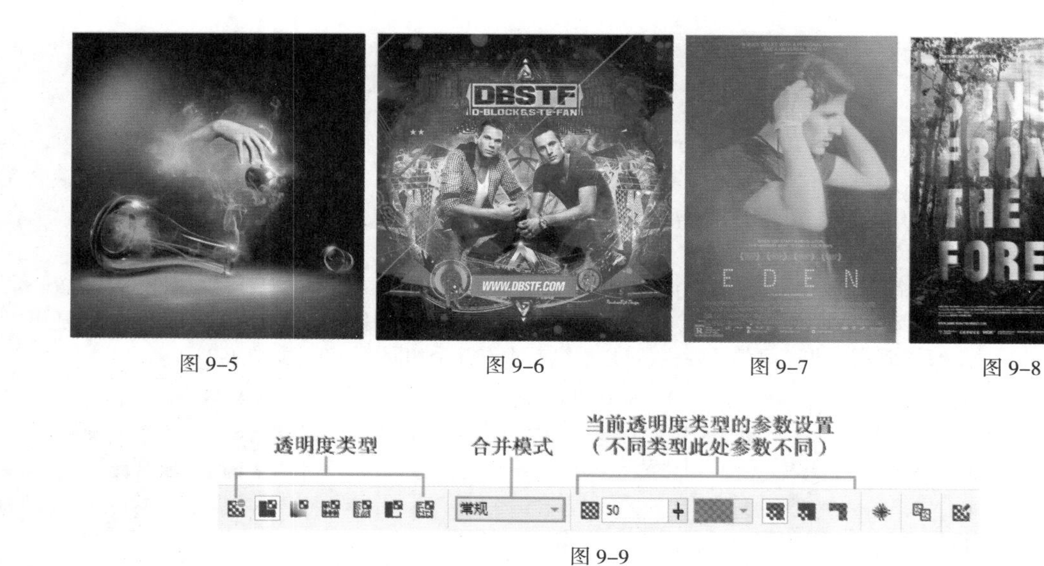

图 9-5　　图 9-6　　图 9-7　　图 9-8

图 9-9

重点 9.2.1　动手练：设置合并模式

合并模式是用来设置两个图形叠加后产生的色彩混合的特殊效果。在“透明度”工具属性栏中可以对合并模式进行设置。合并模式与当前设置的透明度类型无关，即使当前的透明度模式为“无透明度”，也是可以进行合并模式设置的。

想要清晰地看到合并模式的效果，需要两个重叠的对象。选择上方的图形(位图与矢量图皆可)，如图9-10所示。接着单击工具箱中的“透明度”工具按钮，在属性栏中单击“常规”右侧的下拉按钮，在弹出的下拉列表中可以看到多种合并模式，如图9-11所示。单击选择任意一种“合并模式”，如图9-12所示为“减少”合并模式效果。

图 9-10

常规

常规	逻辑 AND
添加	逻辑 OR
减少	逻辑 XOR
差异	后面
乘	屏幕
除	叠加
如果更亮	柔光
如果更暗	强光
底纹化	颜色减淡
Color	颜色加深
色度	排除
饱和度	红
亮度	绿
反转	兰

图 9-11

图 9-12

如图9-13所示为不同合并模式的效果(每种合并模式所产生的效果都与当前对象以及其下方对象的颜色有关，所以，有时针对某些颜色使用特定的合并模式可能无法观察到效果)。如果要取消对象的合并模式，在属性栏中设置“合并模式”为“常规”即可。

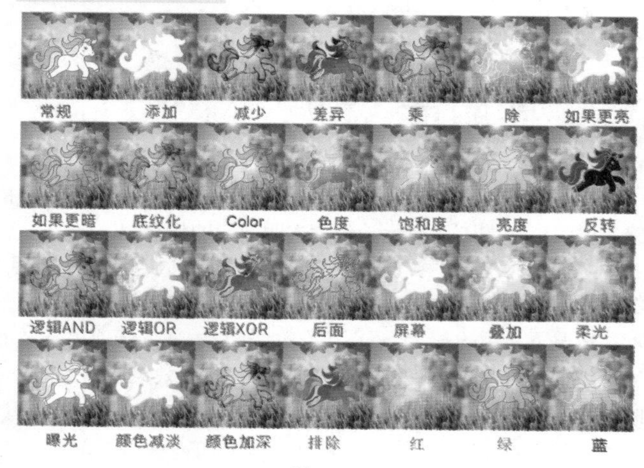

图 9-13

重点 9.2.2 动手练：创建均匀透明度效果

1. 创建均匀透明度效果

（1）选择一个图形，如图9-14所示。单击工具箱中的“透明度”工具按钮，然后单击属性栏中的“均匀透明度”按钮，设置透明度类型为“均匀透明度”，默认情况下“透明度”为50。此时画面效果如图9-15所示。

图 9-14

图 9-15

（2）“透明度”的数值越大，对象越透明。在数值框内输入数值，然后按Enter键即可设置图形的透明度，如图9-16所示。也可以单击“透明度”选项右侧的按钮，随即显示隐藏的滑块，拖动滑块即可调整图形的透明度，如图9-17所示。这种方式可以随时查看透明度效果，操作起来较为灵活。

图 9-16

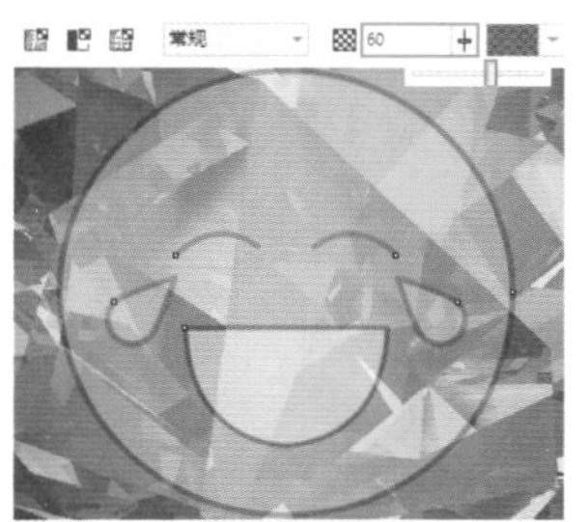

图 9-17

（3）在透明图形底部有一个浮动的选项，可以拖动滑块或输入数值调整图形的透明度，如图9-18和图9-19所示。

图 9-18

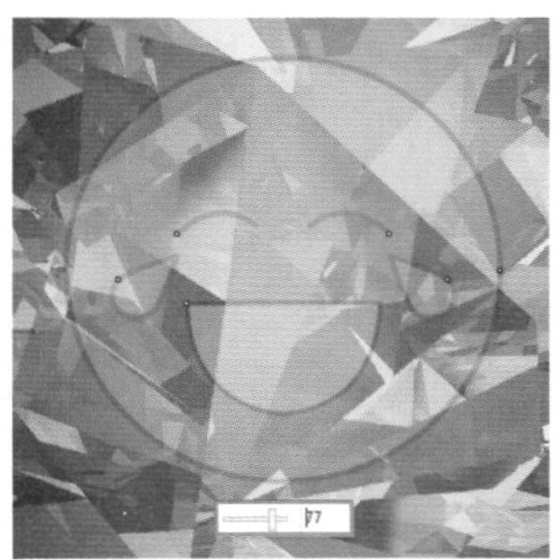

图 9-19

2. 通过“透明度挑选器”设置图形透明度

选择一个图形，单击属性栏中的“透明度挑选器”按钮，在弹出的“透明度挑选器”中将透明度分为多个等级，如图9-20所示。在“透明度挑选器”中颜色越暗的按钮透明度数值越低，颜色越亮的按钮透明度数值越高。单击某个按钮，即可设置相应的透明度，如图9-21所示。

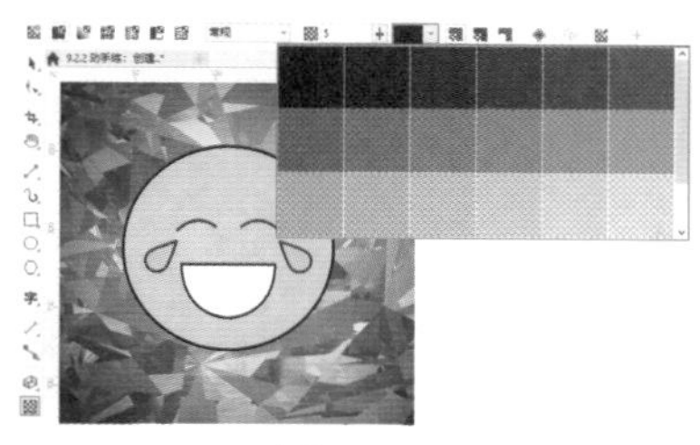

图 9-20

图 9-21

3. 单独为填充色/轮廓色设置透明度

当在属性栏中单击“全部”按钮更改选中图形的透明度时，填充色与轮廓色的透明度会同时更改，如图9-22所示。单击“填充”按钮，此时只能对填充色调整透明度，效果如图9-23所示。单击“轮廓”按钮，此时只能对轮廓色调整透明度。效果如图9-24所示。

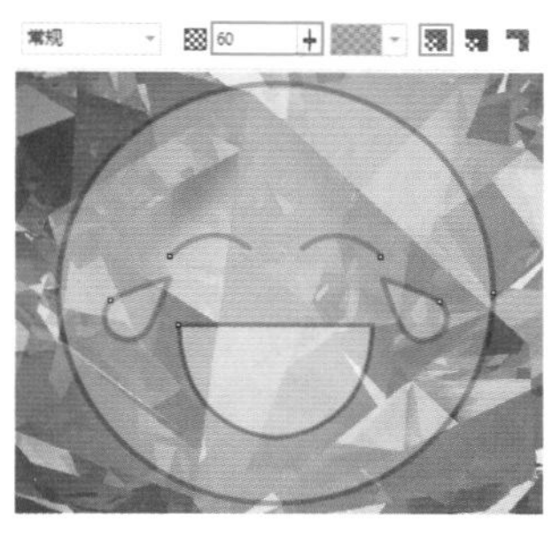

图 9-22

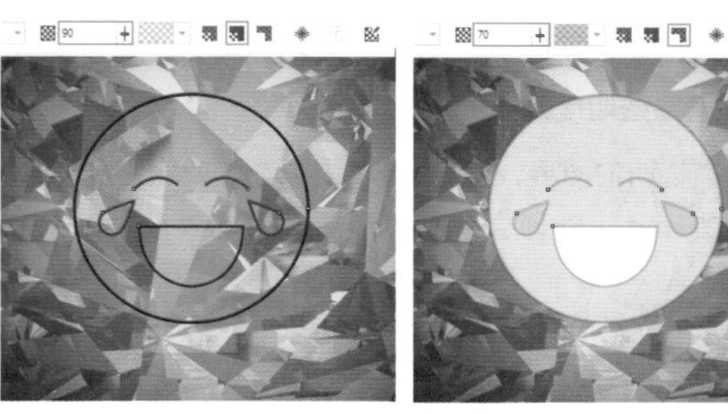

图 9-23　　图 9-24

> **提示：在“编辑透明度”窗口中调整图层透明度**
>
> 
>
> 单击属性栏中的“编辑透明度”按钮，在弹出的“编辑透明度”窗口中也可以对透明度进行设置。该窗口中的参数选项与属性栏中的选项相同，如图9-25所示。

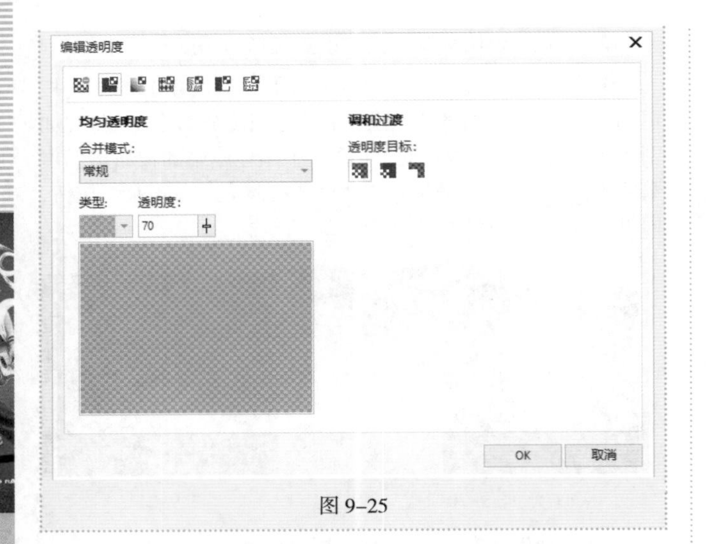

图 9-25

4. 冻结透明度

单击属性栏中的"冻结透明度"按钮，可以冻结对象视图的透明度，这样，即使对象发生移动，视图效果也不会改变，如图9-26所示。

图 9-26

5. 清除透明度效果

选择透明的图形，单击属性栏中的"无透明度"按钮，如图9-27所示。随即会清除图形的透明度效果，如图9-28所示。

图 9-27

图 9-28

重点 9.2.3 动手练：创建渐变透明度效果

对象的透明效果可以是均匀的，也可以是不均匀的。在CorelDRAW中可以轻松地制作带有渐变感的线性、辐射、方形和锥形的透明效果。

1. 创建渐变透明度效果

(1)选择一个图形，如图9-29所示。单击工具箱中的"透明度"工具按钮，接着单击属性栏中的"渐变透明度"按钮，随即选中的图形就会产生渐变透明效果，如图9-30所示。

图 9-29

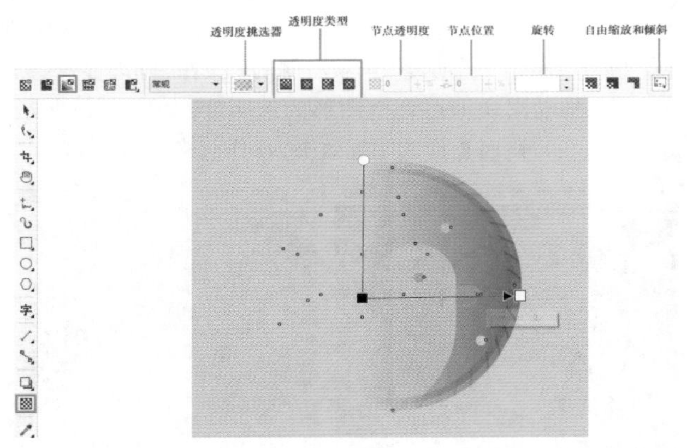

图 9-30

(2)渐变透明度控制杆的编辑方式与渐变填充的编辑方式相同。在渐变透明度控制杆中，用黑、白、灰来表示透明度的等级，黑色为完全透明度，白色为正常，灰色为半透明。越接近黑色越透明，越接近白色越不透明，如图9-31所示。

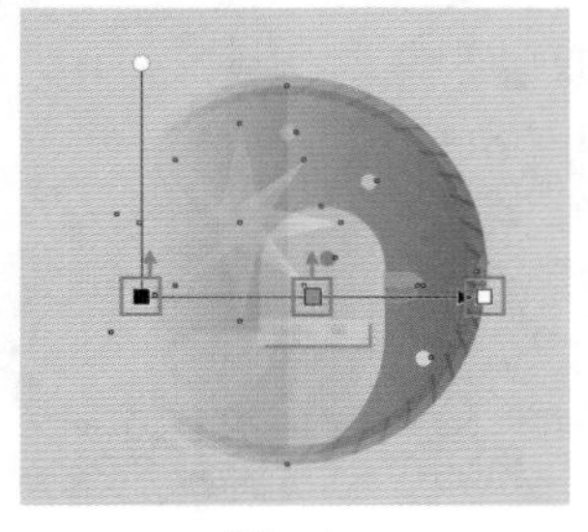

图 9-31

2. 设置渐变透明度的渐变类型

渐变透明度有“线性渐变透明度”▩、“椭圆形渐变透明度”▩、“锥形渐变透明度”▩和“矩形渐变透明度”▩4种。若要选择渐变透明度类型，单击相应的按钮即可。

(1) 单击“线性渐变透明度”按钮▩，可以制作出沿着线性路径逐渐透明的效果，如图9-32所示。单击“椭圆形渐变透明度”按钮▩，可以制作出以圆形方式向内或向外逐渐变透明的效果，如图9-33所示。

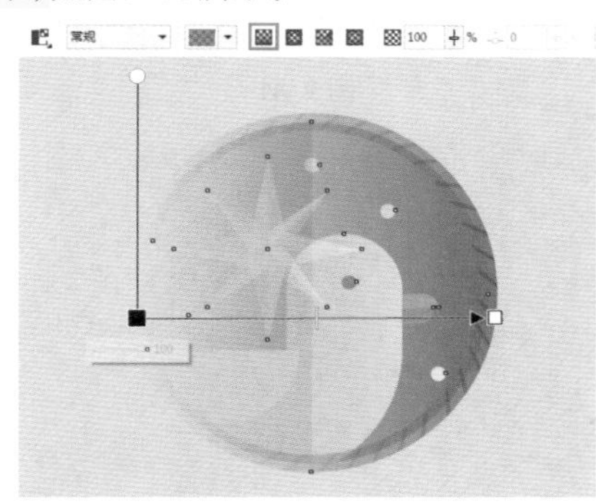

图 9-32

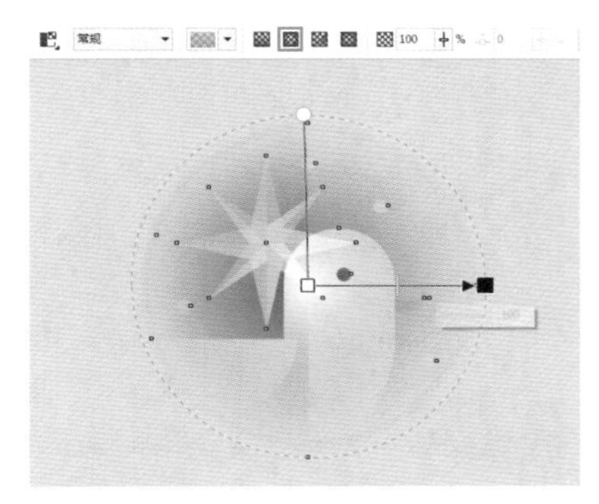

图 9-33

(2) 单击“锥形渐变透明度”按钮▩，可以制作出以锥形方式逐渐变透明的效果，如图9-34所示。单击“矩形渐变透明度”按钮▩，可以制作出以矩形为中心向内或向外逐渐变透明的效果，如图9-35所示。

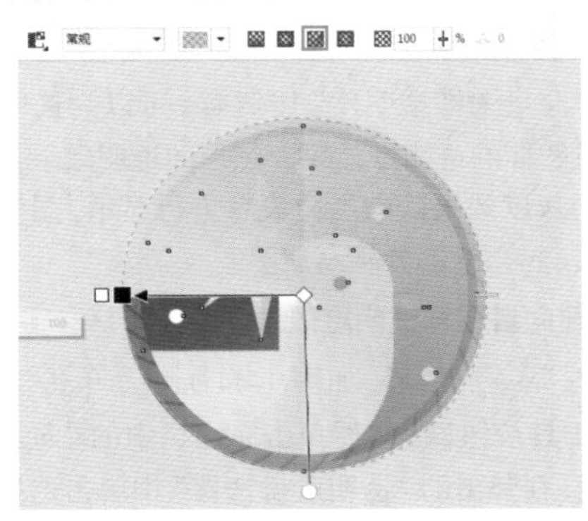

图 9-34

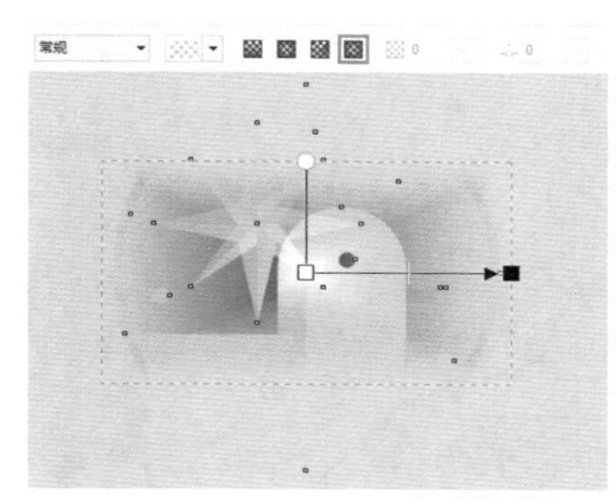

图 9-35

3. 在“透明度挑选器”中选择渐变透明度效果

通过“透明度挑选器”可以从个人或公共库中选择一种透明度效果。

首先选择一个图形，然后单击属性栏中的“透明度挑选器”按钮▬▾，在弹出的下拉面板中单击选择一种类型，效果如图9-36所示。

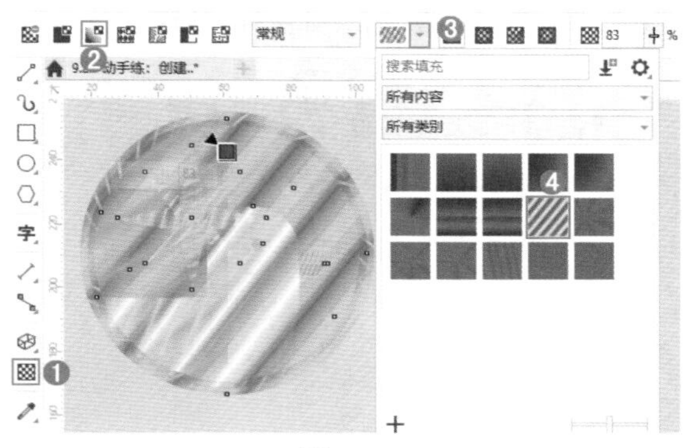

图 9-36

4. 编辑节点透明度

选中一个节点，然后在属性栏中的“节点透明度”选项中设置透明度数值，按Enter键确认，如图9-37所示。选择节点后会显示浮动选项，在浮动选项中也可以对节点的透明度进行调整，如图9-38所示。

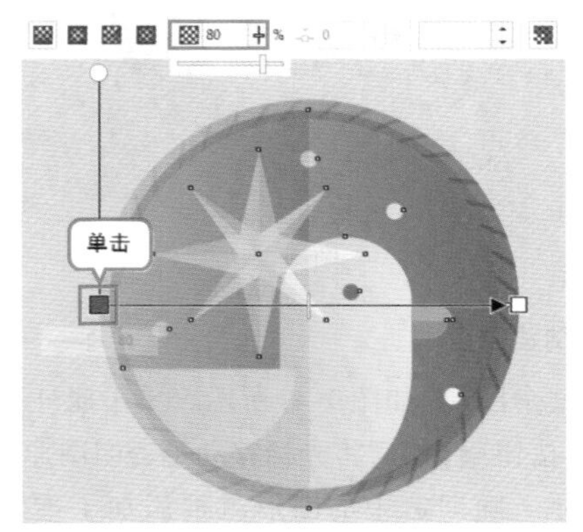

图 9-37

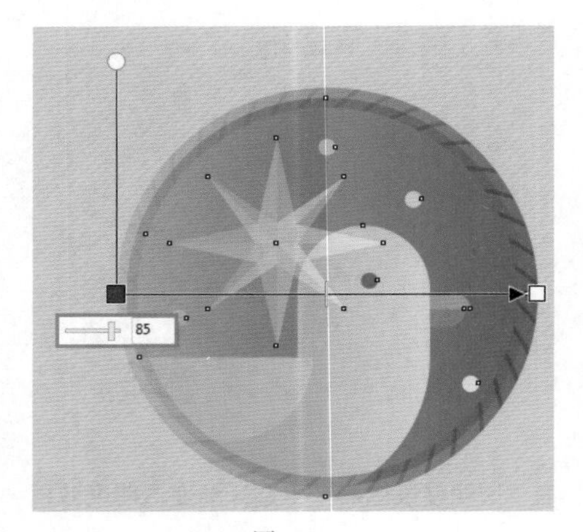

图 9-38

5. 旋转透明度效果

若要旋转渐变透明度效果，拖动黑色箭头处的节点即可，如图9-39所示。也可以在属性栏中的“旋转”数值框内输入数值，然后按Enter键确认，如图9-40所示。

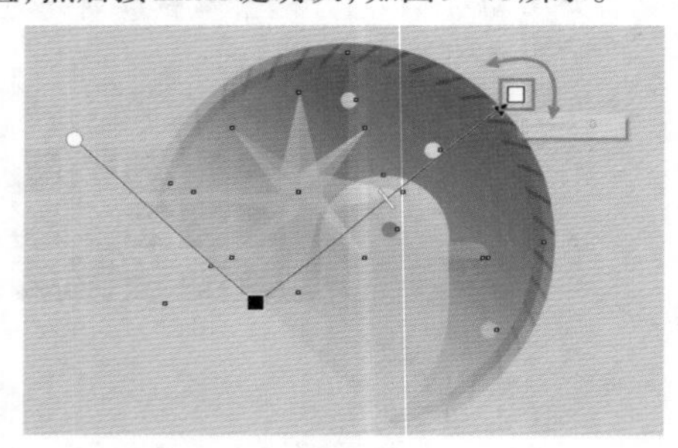

图 9-39

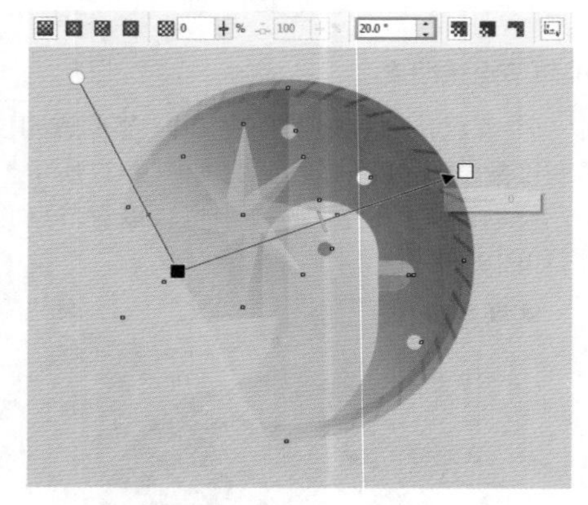

图 9-40

6. 复制透明度

选择一个图形，如图9-41所示。单击属性栏中的“复制透明度”按钮，然后将光标移动至透明图形上单击，如图9-42所示。随即选中的图形就被添加了透明效果，如图9-43所示。

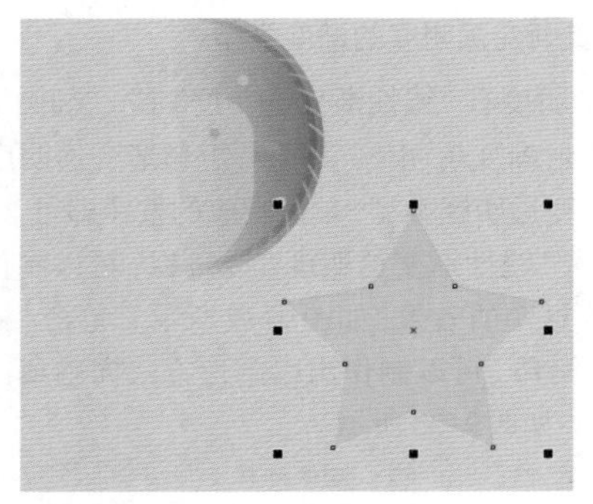

图 9-41

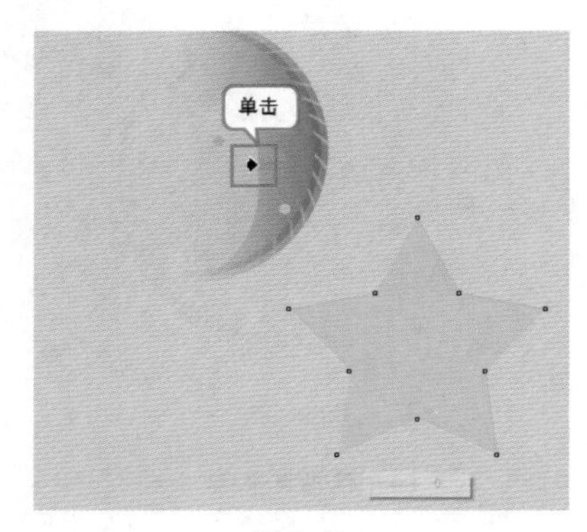

图 9-42

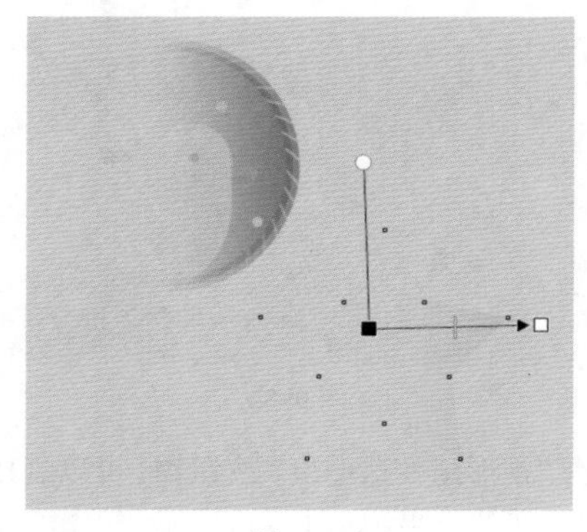

图 9-43

9.2.4 动手练：创建向量图样透明度效果

单击“向量图样透明度”按钮，可以为选中的图形添加带有向量图样的透明度效果。图形的透明效果会按照所选图样转换为灰度效果后的黑白关系进行显示，图样中越暗的部分越透明，越亮的部分越不透明。

1. 创建向量图样透明度效果

首先选择一个图形，如图9-44所示。单击工具箱中的“透明度”工具按钮，然后单击属性栏中的“向量图样透明度”按钮，在弹出的“透明度挑选器”中单击选择一个合适的向量图样。效果如图9-45所示。

图 9-44

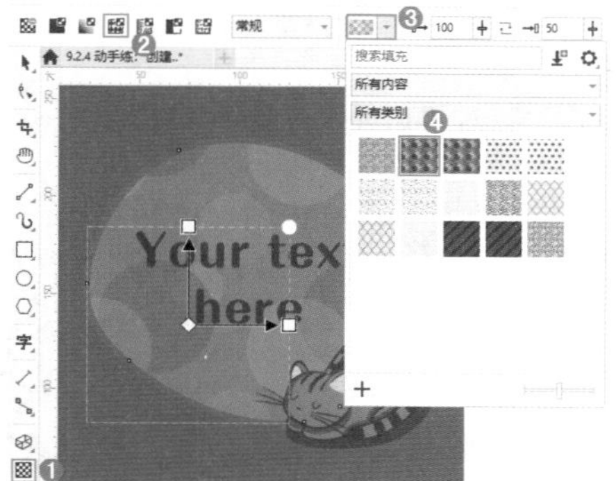

图 9-45

2. 编辑向量图样透明度效果

属性栏中的“前景透明度”选项 100 用来设置前景色的透明度。例如，“前景透明度”为50时的效果如图9-46所示。“背景透明度”选项 50 用来设置背景色的透明度。例如，“背景透明度”为50时的效果如图9-47所示。单击“反转”按钮，可将前景色和背景色的透明度反转，如图9-48所示。

图 9-46

图 9-47

图 9-48

9.2.5 创建位图图样透明度效果

单击“位图图样透明度”按钮，可以为选中的图形添加带有位图图样的透明度效果。图形的透明效果会按照所选位图图样转换为灰度效果后的黑白关系进行显示，图样中越暗的部分越透明，越亮的部分越不透明。

选择一个图形，如图9-49所示。单击工具箱中的“透明度”工具按钮，然后单击属性栏中的“位图图样透明度”按钮，在弹出的“透明度挑选器”中单击选择一个合适的位图图样。效果如图9-50所示。

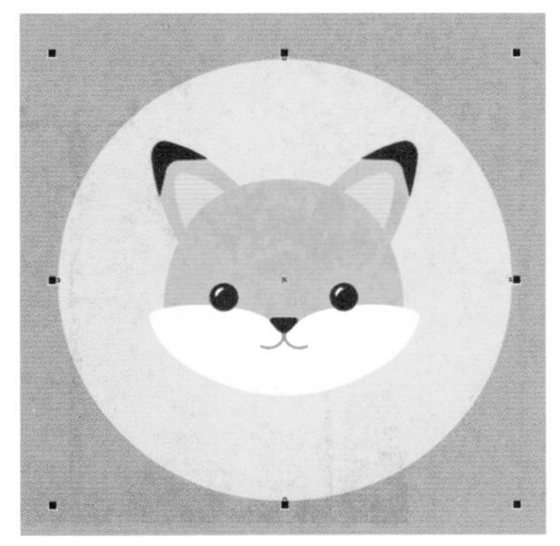

图 9-49

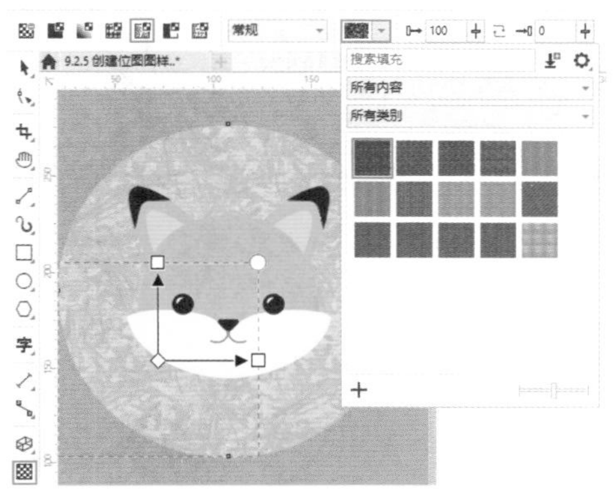

图 9-50

9.2.6 创建双色图样透明效果

应用双色图样透明度效果后，黑色部分为透明，白色部分为不透明。

选择一个图形，如图9-51所示。单击工具箱中的“透明度”工具按钮，然后单击属性栏中的“双色图样透明度”按钮，在弹出的“透明度挑选器”中单击选择一个双色图样，如图9-52所示。双色图样透明度效果是通过“前景透明度”和“背景透明度”来调整透明度效果的。如图9-53所示为更改这两个选项设置后的效果。

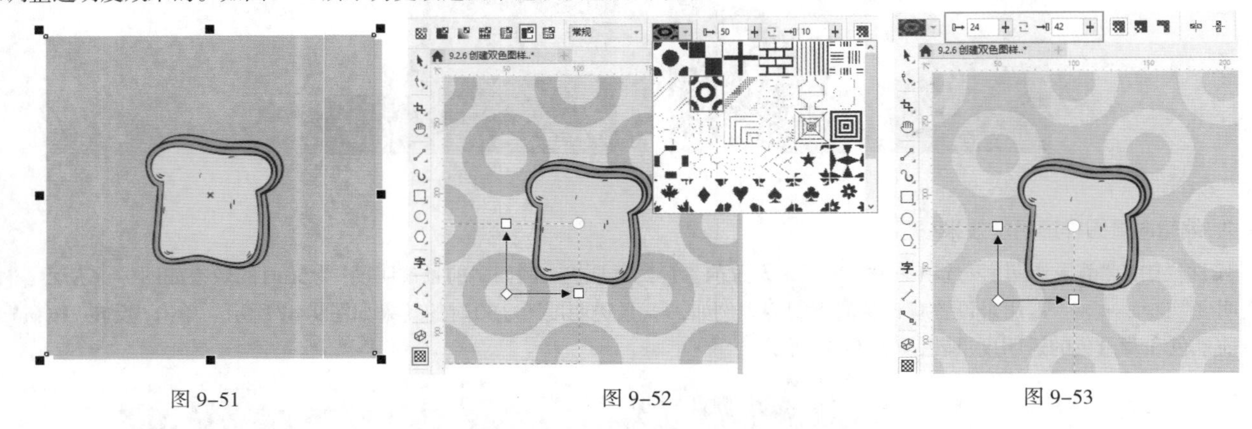

图 9-51　　图 9-52　　图 9-53

9.2.7 创建底纹透明度效果

“底纹透明度”效果与“位图图样透明度”效果相似，都是按照所选图样的灰度关系进行透明度的投射，使对象上产生不规则的透明效果。

选择一个图形，如图9-54所示。单击属性栏中的“底纹透明度”按钮，然后在“透明度挑选器”中选择一种底纹，如图9-55所示。底纹透明度效果如图9-56所示。

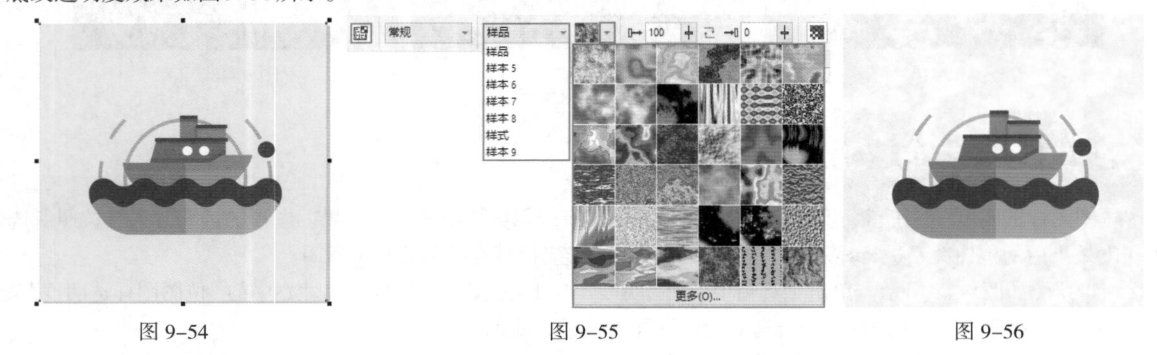

图 9-54　　图 9-55　　图 9-56

视频课堂：使用“透明度”工具制作混合效果

文件路径	资源包\第9章\视频课堂：使用“透明度”工具制作混合效果
难易指数	★★★★★
技术要点	“透明度”工具

扫一扫，看视频

实例效果

本实例效果如图9-57所示。

图 9-57

练习实例：使用“透明度”工具制作音乐盛典邀请卡

文件路径	资源包\第9章\练习实例：使用“透明度”工具制作音乐盛典邀请卡
难易指数	★★★★★
技术要点	“交互式填充”工具、“透明度”工具

扫一扫，看视频

实例效果

本实例效果如图9-58所示。

图 9-58

操作步骤

步骤 01 新建一个“宽度”为210mm、“高度”为110mm的空白文档。执行“文件”->“导入”命令，导入素材1.jpg，如图9-59所示。

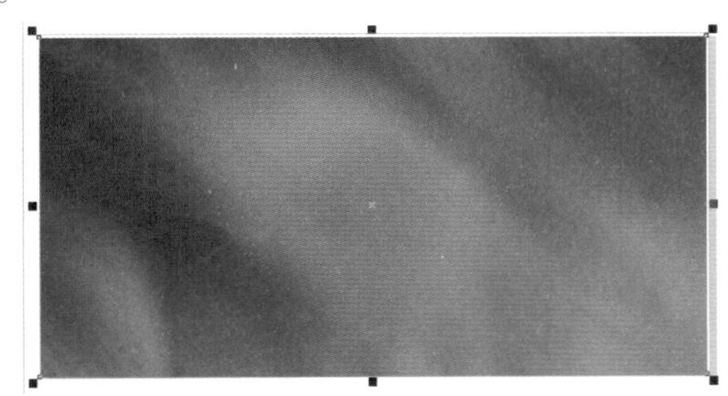

图 9-59

步骤 02 选择工具箱中的“椭圆形”工具，绘制一个圆形。单击工具箱中的“交互式填充”工具按钮，在属性栏中单击“均匀填充”按钮，设置“填充色”为蓝色，如图9-60所示。接着选择工具箱中的“透明度”工具，在属性栏中单击“渐变透明度”按钮，设置渐变类型为“线性渐变透明度”，调整透明度控制杆，设置“合并模式”为“颜色加深”，如图9-61所示。

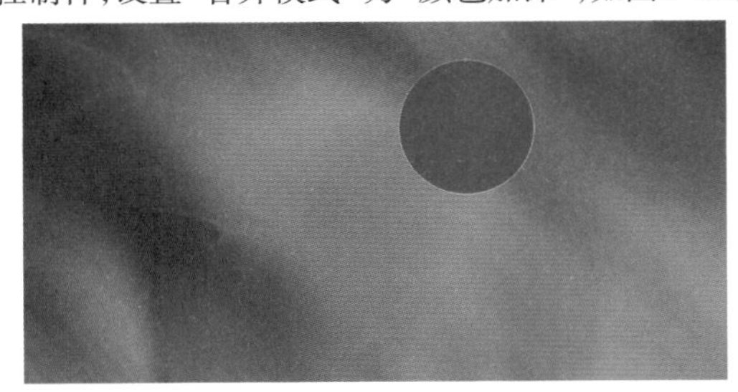

图 9-60

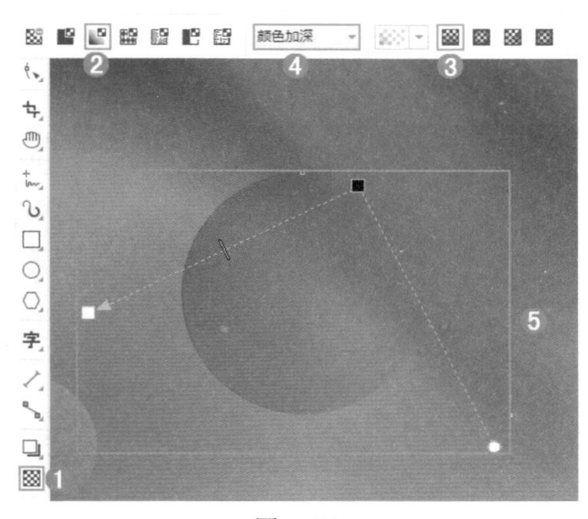

图 9-61

步骤 03 在画布左上角绘制一个圆形，选择工具箱中的“交互式填充”工具，在属性栏中单击“均匀填充”按钮，设置“填充色”为蓝色，如图9-62所示。接着选择“透明度”工具，在属性栏中设置“合并模式”为“柔光”，如图9-63所示。

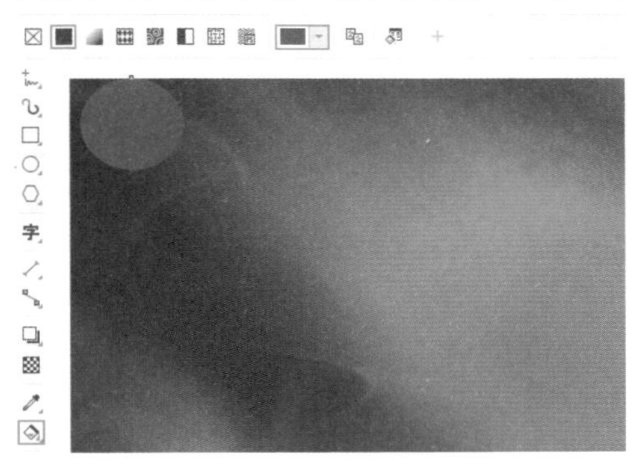

图 9-62

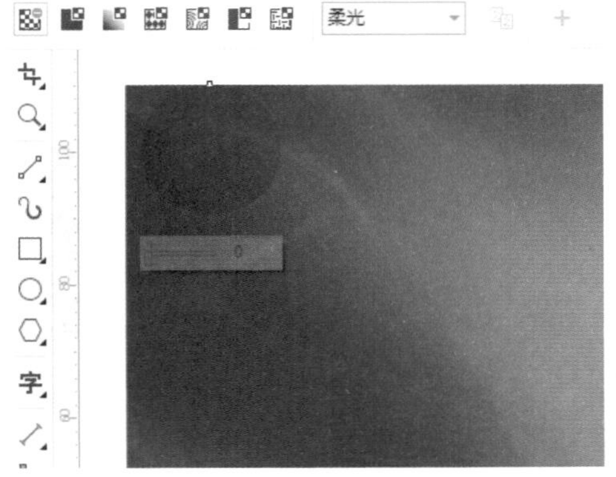

图 9-63

步骤 04 以同样的方式绘制其他图形效果。选择工具箱中的“文本”工具，在属性栏中设置合适的字体、字号，输入文字，如图9-64所示。选择工具箱中的“交互式填充”工具，在属性栏中单击“渐变填充”按钮，设置渐变类型为“线性渐变填充”，为其填充一种粉色系渐变，如图9-65所示。

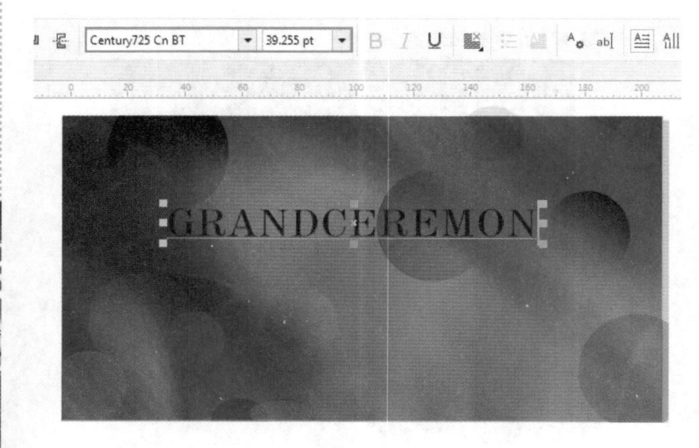

图 9-64

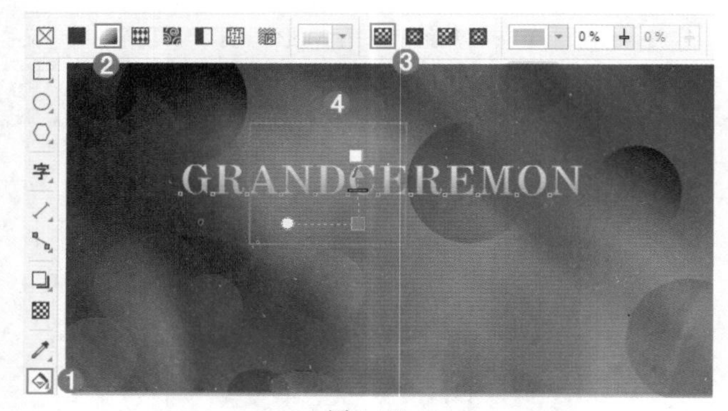

图 9-65

步骤 05 选择工具箱中的"文本"工具，在属性栏中设置合适的字体、字号，输入文字，如图9-66所示。选择工具箱中的"交互式填充"工具，在属性栏中单击"渐变填充"按钮，设置渐变类型为"线性渐变填充"，在节点上设置合适的渐变颜色，如图9-67所示。

图 9-66

图 9-67

步骤 06 选择工具箱中的"文本"工具，按住鼠标左键拖曳绘制文本框，单击文本框插入光标，输入文字，如图9-68所示。执行"窗口"->"泊坞窗"->"文本"命令，在弹出的"文本"泊坞窗中单击"字符"按钮，设置合适的字体、字号，设置文本颜色为白色，如图9-69所示。

图 9-68

图 9-69

步骤 07 在"文本"泊坞窗中单击"段落"按钮，在"段落"面板中单击"右对齐"按钮，如图9-70所示。以同样的方式输入其他文字，最终效果如图9-58所示。

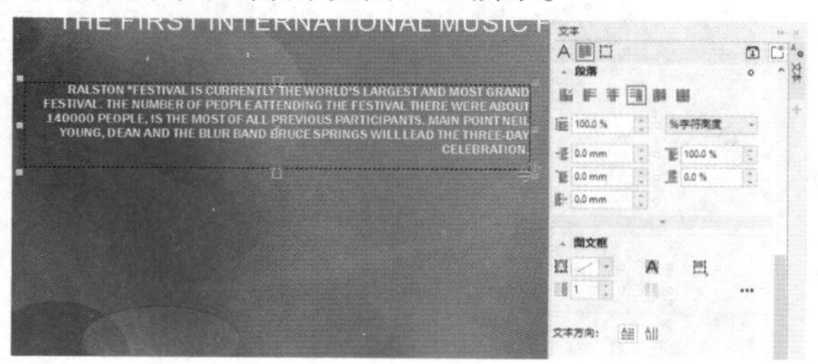

图 9-70

9.3 阴影

有光的位置就有阴影，为对象添加阴影能够增加对象的真实程度，增强画面的空间感。如果觉得设计作品看起来很“平淡”，那么不妨添加阴影效果试一试。如图9-71和图9-72所示为带有阴影效果的设计作品。

扫一扫，看视频

图9-71

图9-72

重点 9.3.1 动手练：为对象添加阴影

“阴影”工具不仅可以用于为绘制的图形添加阴影，也可以为文本、位图和群组对象等创建阴影效果。

1. 为对象添加阴影

选择需要添加阴影的对象，单击工具箱中的“阴影”工具按钮，将光标移至图形对象上，按住鼠标左键向其他位置拖动，此时蓝色线条的位置为阴影显示的大致范围，如图9-73所示。调整到合适位置后释放鼠标，阴影效果如图9-74所示。

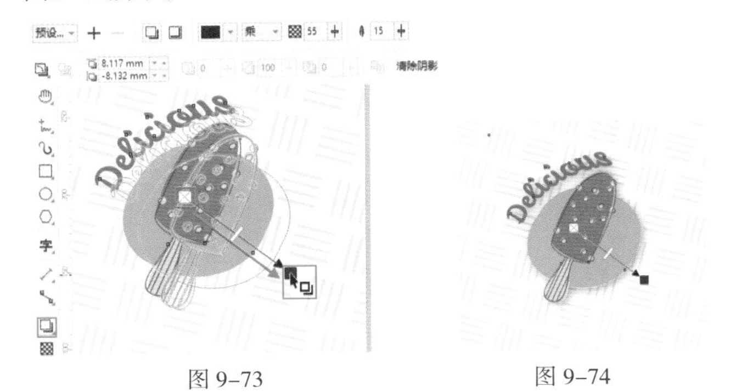

图9-73　　图9-74

2. 使用预设的阴影效果

在属性栏的“预设”下拉列表中包含多种内置的阴影效果，选中对象，在属性栏中单击“预设”右侧的下拉按钮，在弹出的下拉列表中选择一种预设效果，如图9-75所示。此时即可为图形添加预设的阴影效果，如图9-76所示。

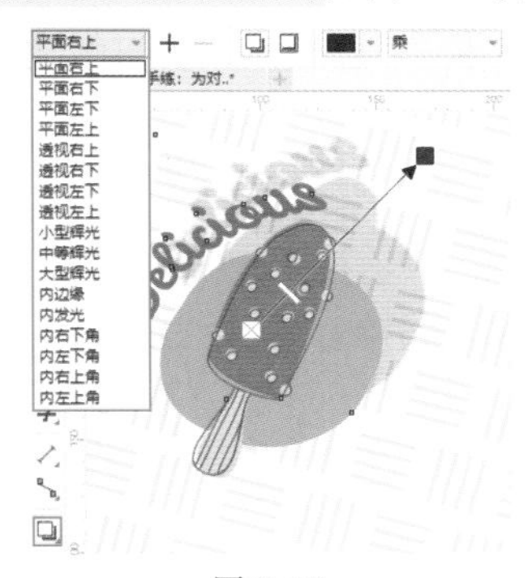

图9-75

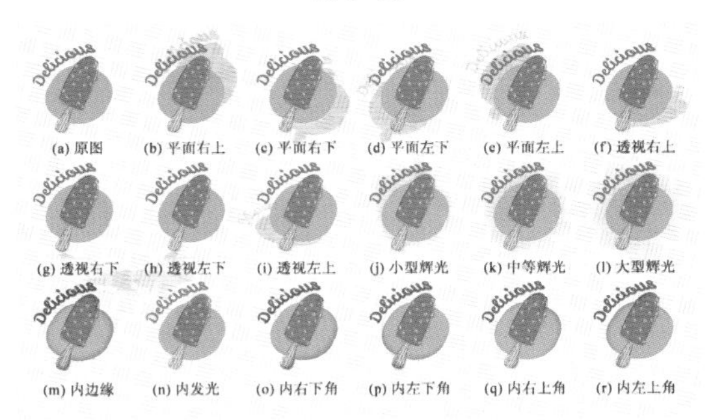

图9-76

练习实例：使用“阴影”工具制作电影海报

文件路径	资源包\第9章\练习实例：使用“阴影”工具制作电影海报
难易指数	★★★★★
技术要点	“阴影”工具、“文本”工具、“交互式填充”工具

扫一扫，看视频

实例效果

本实例效果如图9-77所示。

图9-77

操作步骤

步骤 01 新建一个空白文档。双击工具箱中的“矩形”工具按钮□，快速绘制一个与画板等大的矩形。选中该矩形，单击工具箱中的“交互式填充”工具按钮，在属性栏中单击“渐变填充”按钮，然后编辑一种由白色到青绿色的渐变颜色，如图9-78所示。

步骤 02 使用“矩形”工具在版面的上方绘制一个矩形，然后选中绘制的矩形，单击工具箱中的“交互式填充”工具按钮，在属性栏中单击“均匀填充”按钮■，设置“填充色”为深青色，然后在调色板中右击“无”按钮，去除轮廓色，如图9-79所示。

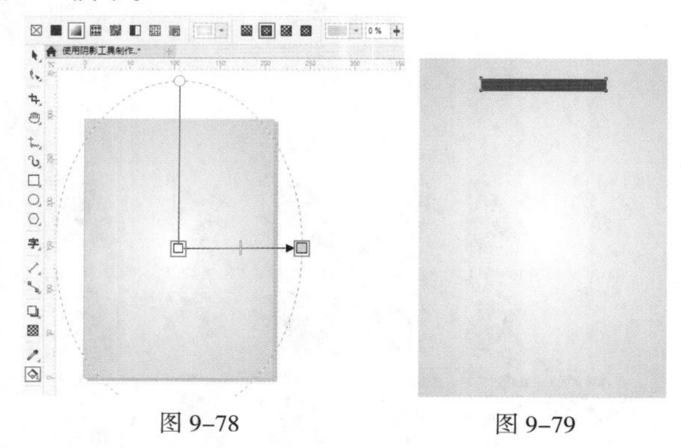

图 9-78　　　　图 9-79

步骤 03 选择工具箱中的“文本”工具字，在画面中单击插入光标，然后输入文字。选中输入的文字，在属性栏中设置合适的字体、字号，如图9-80所示。

图 9-80

步骤 04 选中输入的文字，双击界面右下角的“编辑填充”按钮，在弹出的“编辑填充”窗口中设置颜色为土黄色，单击OK按钮完成设置，如图9-81所示。文字效果如图9-82所示。

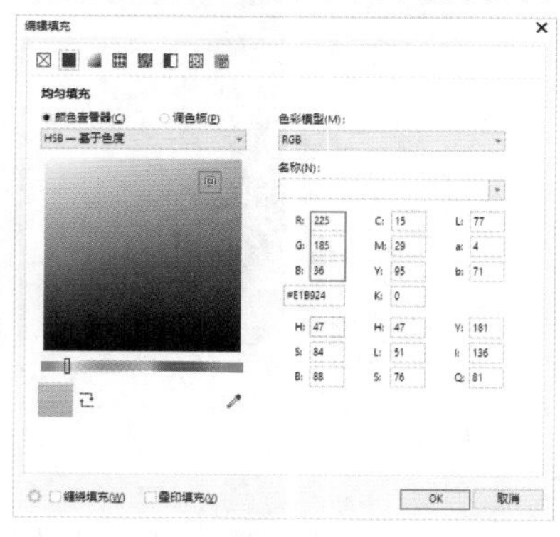

图 9-81

图 9-82

步骤 05 选中输入的文字，单击工具箱中的“阴影”工具按钮，然后在属性栏中单击“阴影”按钮，在文字上方按住鼠标左键拖曳创建阴影。接着在属性栏中设置“阴影颜色”为灰色，“合并模式”为“乘”，“阴影不透明度”为50，“阴影羽化”为5，如图9-83所示。

图 9-83

步骤 06 执行“文件”->“导入”命令，在弹出的“导入”窗口中找到素材位置，选择素材1.jpg，单击“导入”按钮。接着在画面中按住鼠标左键拖动，松开鼠标后完成导入操作，如图9-84所示。

图 9-84

步骤 07 选中导入的素材，单击工具箱中的“阴影”工具按钮，在人物上方按住鼠标左键拖曳创建阴影效果。接着在属性栏中设置“合并模式”为“乘’，“阴影不透明度”为56，“阴影羽化”为12，“阴影颜色”为黑色，如图9–85所示。

图 9–85

步骤 08 输入文字，如图9–86所示。

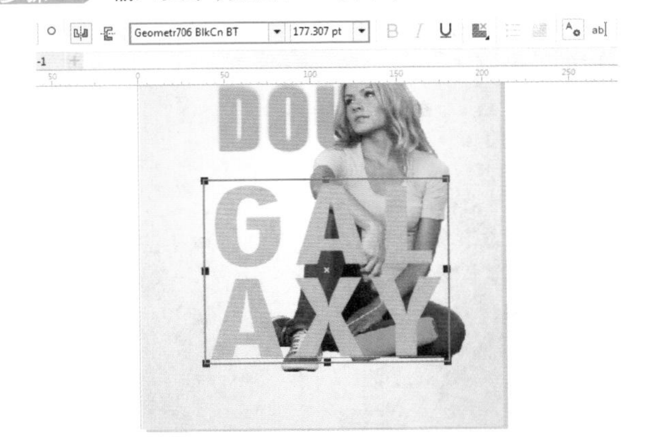

图 9–86

步骤 09 为输入的文字添加阴影效果，如图9–87所示。然后以同样的方式输入其他文字，如图9–88所示。

图 9–87　　图 9–88

步骤 10 制作图形标志。选择工具箱中的“钢笔”工具，在画布右下角的位置绘制一个三角形，并将其填充为蓝色，如图9–89所示。

图 9–89

步骤 11 选择绘制的三角形，执行“窗口”–>“泊坞窗”–>“变换”命令，在弹出的“变换”泊坞窗中单击“旋转”按钮，设置“角度”为30.0，“副本”为6，选择“中下”图标，单击“应用”按钮，如图9–90所示。效果如图9–91所示。

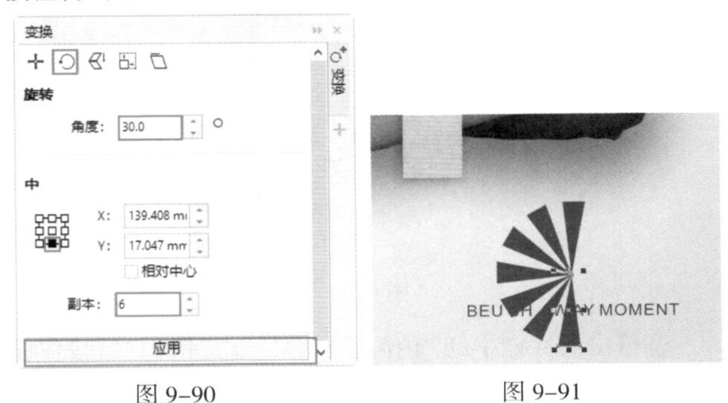

图 9–90　　图 9–91

步骤 12 按住Shift键加选三角形，按快捷键Ctrl+G进行编组，然后将图形适当地旋转。最终效果如图9–92所示。

图 9–92

重点 9.3.2 动手练：创建不同类型的阴影

"阴影"工具可以创造出两种类型的阴影：向外的阴影和向内的阴影。

选择需要添加阴影的对象，单击工具箱中的"阴影工具"按钮，单击属性栏中的"阴影"按钮，然后按住鼠标左键拖动添加阴影，此时阴影位于对象的外部。效果如图9-93所示。

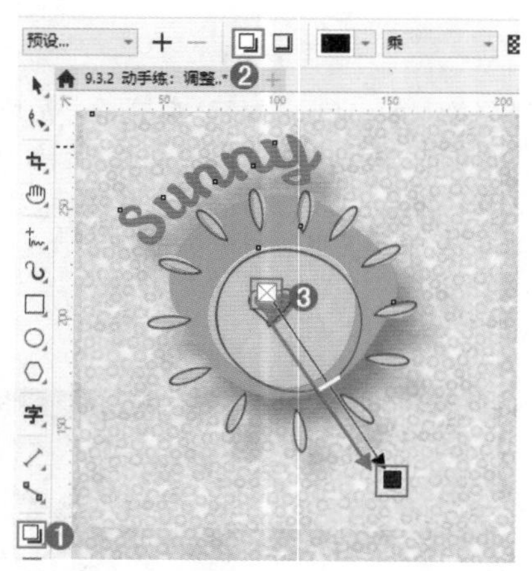

图 9-93

若单击属性栏中的"内阴影工具"按钮，然后按住鼠标左键拖动可添加内阴影，此时阴影位于对象的内部，对象呈现出向内凹陷的效果，如图9-94所示。

图 9-94

重点 9.3.3 设置阴影的颜色

若要更改阴影的颜色，可以单击属性栏中的"阴影颜色"按钮，在弹出的下拉面板中选择一种颜色，如图9-95所示。

图 9-95

9.3.4 调整阴影的合并模式

默认情况下阴影的"合并模式"为"乘"，单击"合并模式"右侧的下拉按钮，在弹出的下拉列表中选择一种合并模式，如图9-96所示。如图9-97所示为设置"合并模式"为Color时的效果。

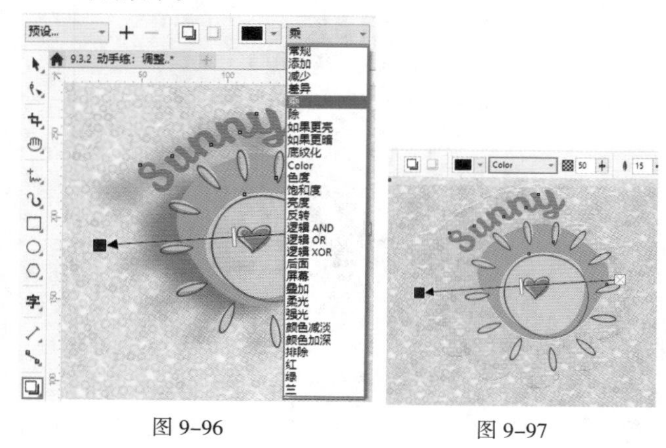

图 9-96 图 9-97

重点 9.3.5 调整阴影的不透明度

选中带阴影效果的图形，在"阴影"工具属性栏中的"阴影不透明度" 50 选项中调整阴影的透明效果，数值越小，阴影越透明；反之，数值越大，阴影越不透明。如图9-98和图9-99所示是"阴影不透明度"分别为50和100时的对比效果。

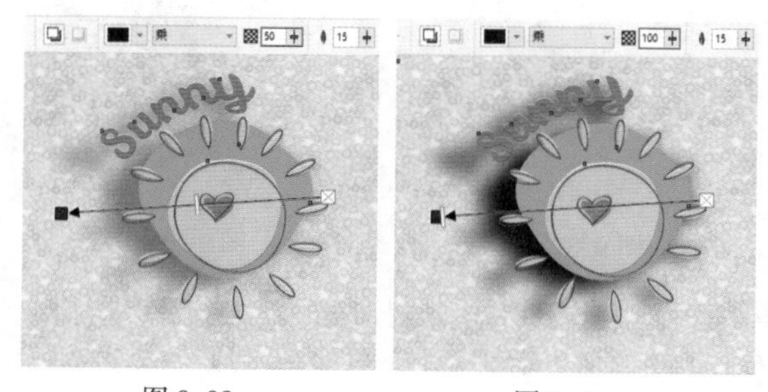

图 9-98 图 9-99

9.3.6 调整阴影的羽化

1. 设置阴影羽化

"阴影羽化" 80 选项用来调整阴影边缘的柔和效果。如图9-100和图9-101所示是"阴影羽化"分别为20和80时的对比效果。

图 9-100　　图 9-101

2. 设置羽化方向

"羽化方向"按钮用来设置向阴影内部、外部或同时向内部和外部柔化阴影边缘。选中带阴影效果的图形，在"阴影"工具属性栏中单击"羽化方向"按钮右下角的◢按钮，在弹出的下拉列表中显示了5种羽化方向，如图9-102所示。如图9-103所示为不同羽化方向效果。

图 9-102

图 9-103

重点 9.3.7 动手练：调整阴影效果

1. 手动调整阴影效果

(1) 创建阴影效果后，拖动黑色箭头旁边的节点，即可调整阴影位置，如图9-104和图9-105所示。

图 9-104

图 9-105

(2) 阴影有5个起始点，分别为上、下、左、右和中间。例如，在图形中间位置按住鼠标左键拖动创建阴影效果，那么图形的起始点就在中间。拖动☒控制点即可调整阴影起始点的位置，如图9-106所示。如图9-107所示为在其他起始点创建的效果。

图 9-106

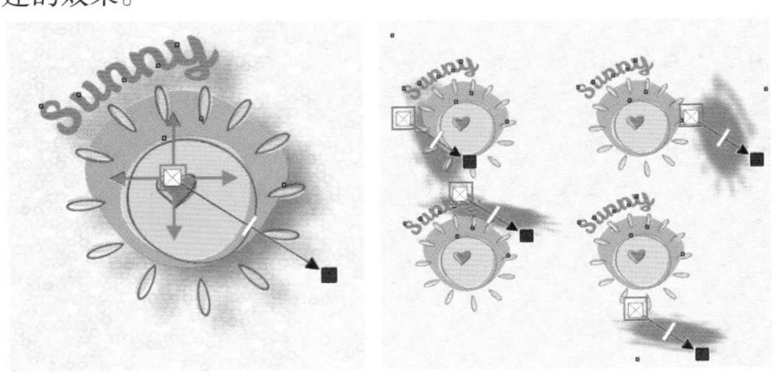

图 9-107

2. 调整阴影的过渡效果

拖曳控制柄上方的长方形滑块，即可调整阴影的过渡效果，如图9-108和图9-109所示。

图 9-108　　图 9-109

3. 精确调整阴影位置

选择带有阴影效果的图形，在属性栏中的"阴影偏移" 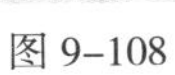 选项中可以看到当前阴影的位置，如图9-110所示。选项用来调整水平方向的阴影位置，选项用来调整垂直方向的阴影位置，输入精确数值后按Enter键确定调整操作。

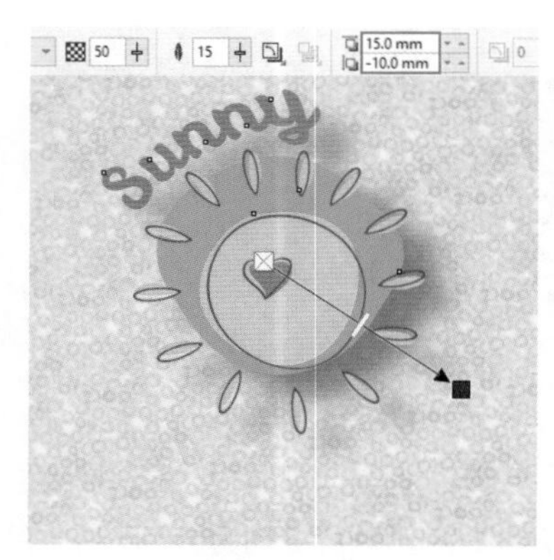

图 9–110

4. 精确调整阴影角度和阴影延展

属性栏中的“阴影角度”选项用来精确调整阴影的角度。选择一个带有阴影效果的图形，在属性栏中的“阴影角度”选项中输入精确数值，按Enter键确定旋转操作，如图9–111所示。“阴影延展”选项用来调整阴影的长度，输入精确数值后按Enter键确定延展操作，如图9–112所示(此选项仅对透视阴影可以用。阴影起始点为中心时，该选项不可用)。

图 9–111　　图 9–112

5. 调整阴影淡出效果

属性栏中的“阴影淡出”选项用来调整阴影边缘的淡出程度，数值越大阴影的颜色越浅。例如，“阴影淡出”为20和80的对比效果，如图9–113和图9–114所示(此选项仅对透视阴影可以用)。

图 9–113　　图 9–114

重点 9.3.8 清除阴影和拆分阴影

清除阴影：选择要清除的阴影对象，然后单击“阴影”工具属性栏中的“清除阴影”按钮清除阴影，随即阴影效果将被清除。

拆分阴影：选择要分离的对象，如图9–115所示。使用快捷键Ctrl+K可以拆分阴影与主体，使其成为可以分别编辑的两个独立对象，如图9–116所示。

图 9–115

图 9–116

练习实例：使用“阴影”工具制作层次感文字

扫一扫，看视频

文件路径	资源包\第9章\练习实例：使用“阴影”工具制作层次感文字
难易指数	★★★★★
技术要点	“阴影”工具、“文本”工具、“椭圆形”工具

实例效果

本实例效果如图9–117所示。

图 9–117

操作步骤

步骤 01 新建一个空白文档。单击工具箱中的“矩形”工具按钮，按住Ctrl键在画布上绘制一个正方形。选中绘制的正方形，选择工具箱中的“交互式填充”工具，单击属性栏中的“均匀填充”按钮，设置“填充色”为青色，然后在调色板中右击“无”按钮，去除轮廓色，如图9–118所示。

图 9-118

步骤 02 单击工具箱中的“椭圆形”工具按钮〇，在画布上绘制一个椭圆形，如图9-119所示。接着为其填充深红色，然后在调色板中右击“无”☐按钮，去除轮廓色，如图9-120所示。

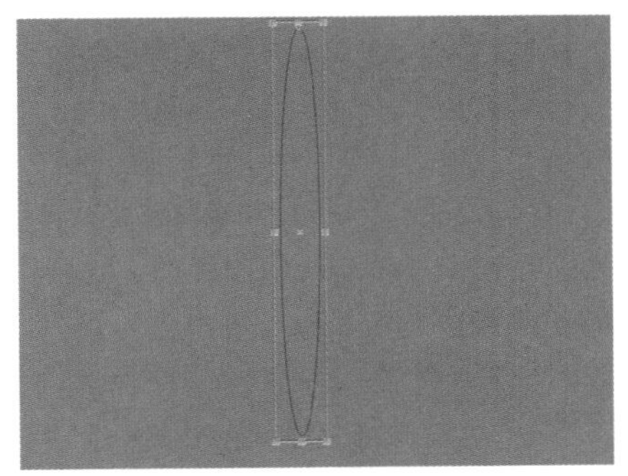

图 9-119

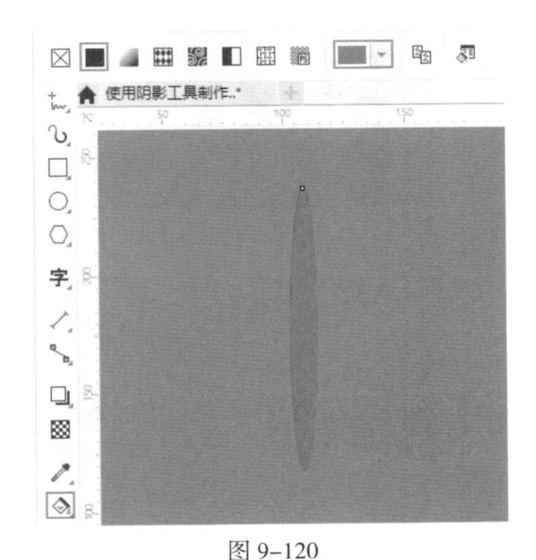

图 9-120

步骤 03 选择椭圆形，执行“窗口”->“泊坞窗”->“变换”命令，在弹出的“变换”泊坞窗中设置“旋转角度”为22.5，“副本”为15，单击“应用”按钮，如图9-121所示。效果如图9-122所示。

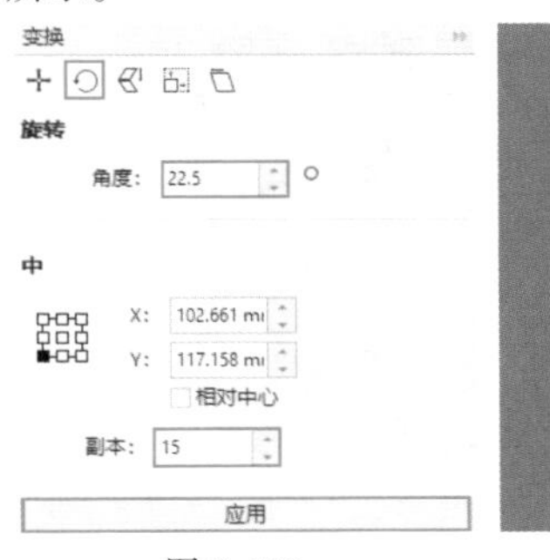

图 9-121

图 9-122

步骤 04 加选绘制的所有椭圆形，按快捷键Ctrl+G进行编组。接着选择该图形，单击工具箱中的“阴影”工具按钮☐，在属性栏中单击“阴影工具”，在图形上按住鼠标左键拖曳创建阴影。设置“阴影颜色”为黑色，“合并模式”为“乘”，“阴影的不透明度”为50，“阴影羽化”为15，如图9-123所示。以同样的方式绘制其他的花形图案，如图9-124所示。

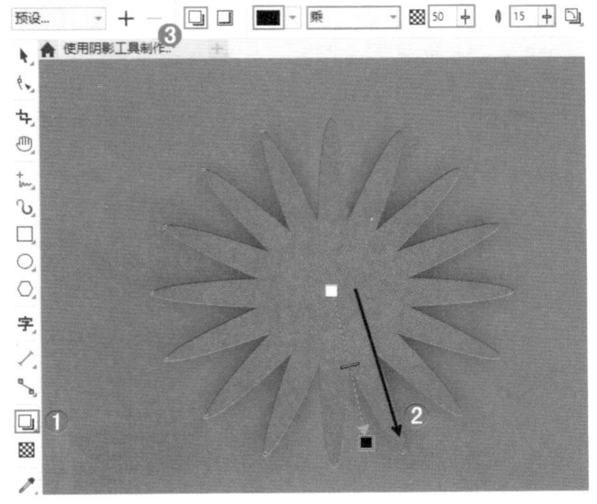

图 9-123

步骤 05 选择工具箱中的“椭圆形”工具，按住Ctrl键绘制一个正圆，然后为其填充深红色，如图9-125所示。

图 9-124

图 9-125

步骤 06 选择工具箱中的“文本”工具，在画面中单击插入光标，然后输入文字。选中输入的文字，在属性栏中设置合适的字体、字号和颜色，如图9-126所示。

图 9-126

步骤 07 选中文字，双击界面右下角的“轮廓笔”按钮，在弹出的“轮廓笔”窗口中设置“宽度”为10mm，“颜色”为红色，单击OK按钮完成设置，如图9-127和图9-128所示。

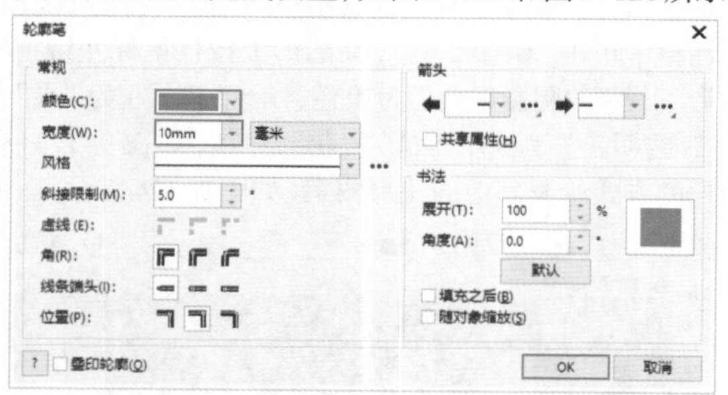

图 9-127

图 9-128

步骤 08 选中输入的文字，使用“阴影”工具为文字添加阴影，如图9-129所示。

图 9-129

步骤 09 选择文字，按快捷键Ctrl+C进行复制，然后按快捷键Ctrl+V进行粘贴。打开“轮廓笔”窗口，设置“宽度”为8mm，“颜色”为黄色，单击OK按钮完成设置，如图9-130所示。此时文字效果如图9-131所示。

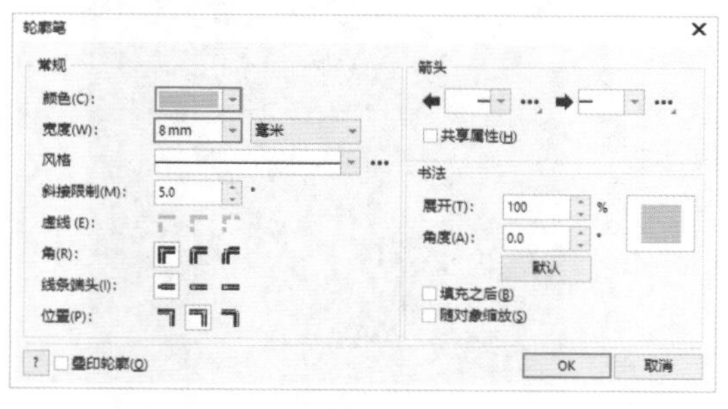

图 9-130

图 9-131

步骤 10 选中绘制的黄色文字，使用“阴影”工具为其添加阴影，如图9-132所示。接着使用同样的方式制作多层次文字的层叠效果，如图9-133所示。

图 9-132

图 9-133

步骤 11 在工具箱中选择“椭圆形”工具，绘制一个白色的正圆。接着选择白色正圆，按住鼠标左键向右拖曳，拖动到合适的位置后右击进行复制，如图9-134所示。继续进行圆形的复制，效果如图9-135所示。

图 9-134

图 9-135

步骤 12 使用同样的方式制作另外一个文字，效果如图9-136所示。

图 9-136

步骤 13 选择工具箱中的“常见形状工具”工具，在属性栏中单击“常用形状”按钮右下角的◢按钮，在弹出的下拉面板中选择“心形”，然后在画面中绘制一个心形，如图9-137所示。接着将该心形填充为土黄色，然后将其适当地旋转，如图9-138所示。

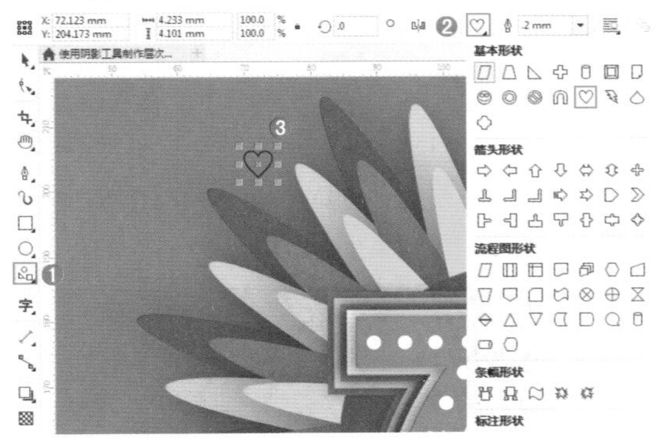

图 9-137

步骤 14 绘制其他的心形作为装饰，效果如图9-139所示。

图 9-138

图 9-139

步骤 15 选择工具箱中的“矩形”工具，在画布上绘制一个矩形，并为其填充深红色，如图9-140所示。接着在红色的矩形上绘制一个白色矩形，如图9-141所示。

图 9-140

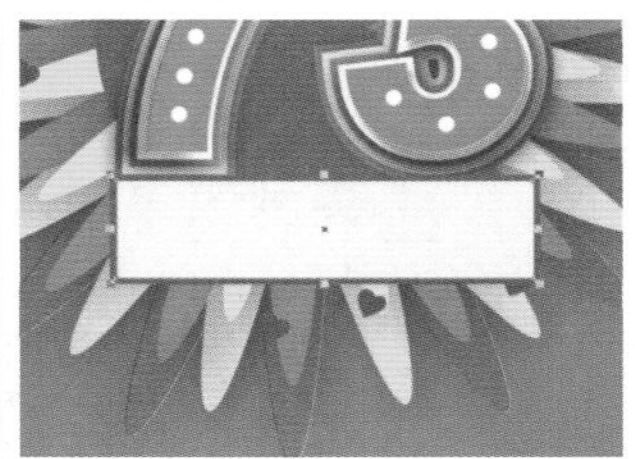

图 9-141

步骤 16 绘制一个红色的矩形，效果如图9-142所示。然后在文字的上方绘制一个矩形，如图9-143所示。

图 9-142

图 9-143

步骤 17 选择工具箱中的“文本”工具字，在画面中单击插入光标，然后输入文字。接着选中输入的文字，在属性栏中设置合适的字体、字号，如图9-144所示。以同样的方式输入其他文字，最终效果如图9-145所示。

图 9-144

图 9-145

练习实例：使用“阴影”工具制作创意文字海报

扫一扫，看视频

文件路径	资源包\第9章\练习实例：使用“阴影”工具制作创意文字海报
难易指数	★★★★★
技术要点	“阴影”工具、“星形”工具、“艺术笔”工具

实例效果

本实例效果如图9–146所示。

图 9–146

操作步骤

步骤 01 新建一个A4大小的空白文档。双击工具箱中的“矩形”工具按钮，绘制一个和画布一样大小的矩形，并填充为绿色，如图9–147所示。执行“文件”–>“导入”命令，导入素材1.png，如图9–148所示。

图 9–147　　图 9–148

步骤 02 选择工具箱中的“钢笔”工具，绘制图形并填充合适的颜色，如图9–149所示。再次执行“文件”–>“导入”命令，导入素材2.png，如图9–150所示。

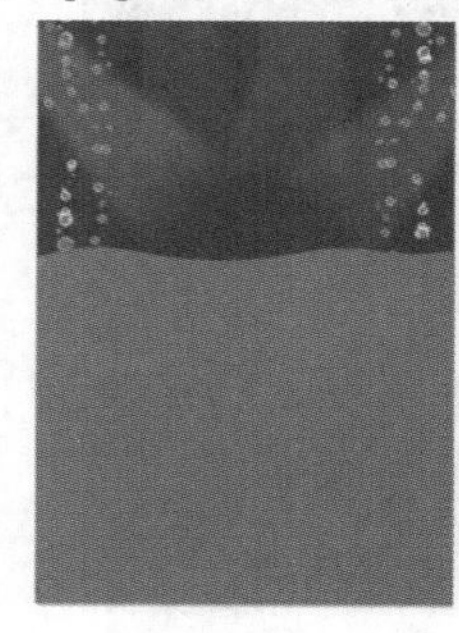

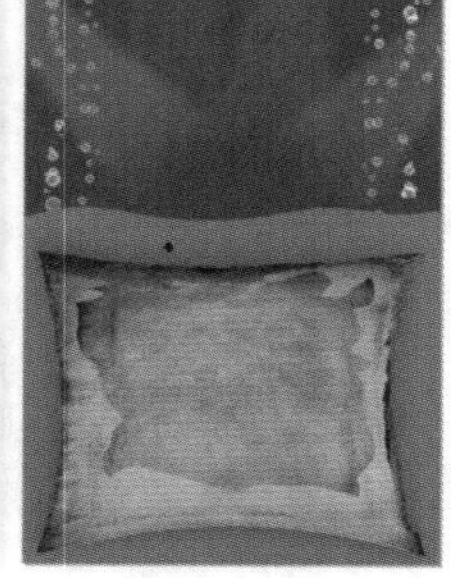

图 9–149　　图 9–150

步骤 03 单击工具箱中的“文本”工具按钮，在属性栏中设置合适的字体、字号，然后在画布上单击插入光标，输入文字并填充为浅绿色，如图9–151所示。

图 9–151

步骤 04 双击界面右下角的“轮廓笔”按钮，在弹出的“轮廓笔”窗口中设置“宽度”为2mm，如图9–152所示。效果如图9–153所示。

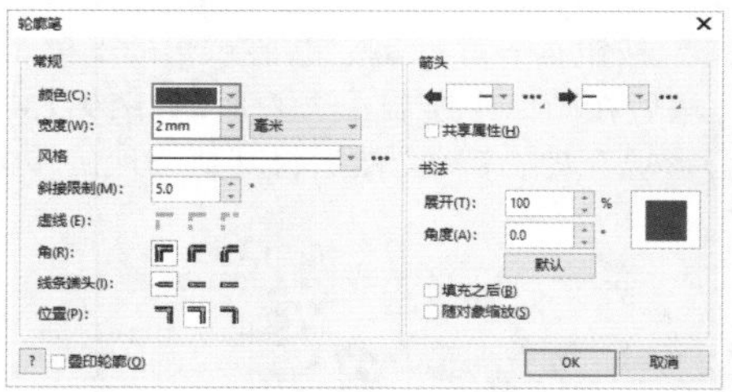

图 9–152　　图 9–153

步骤 05 选中文字，选择工具箱中的“阴影”工具，在文字上拖曳为其添加阴影效果，如图9–154所示。

图 9–154

步骤 06 单击“阴影工具”按钮，设置“阴影颜色”为黑色，“合并模式”为乘，“阴影的不透明度”为50，“阴影羽化”为15，如图9–155所示。以同样的方式输入所有文字，如图9–156所示。

图 9-155

图 9-156

步骤 07 单击工具箱中的“艺术笔”工具按钮，在画布上按住鼠标左键拖曳进行绘制，在属性栏中设置合适的“预设笔触”，“手绘平滑度”为100，“笔触宽度”为2.7mm，接着将其填充为白色，如图9-157所示。

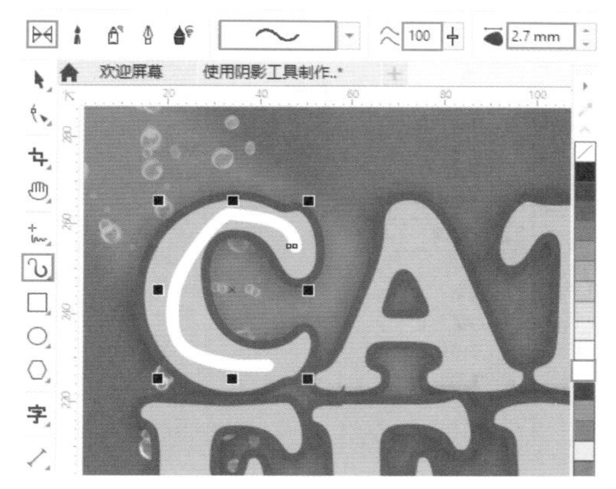

图 9-157

步骤 08 以同样的方式绘制其他的字母，如图9-158所示。

步骤 09 单击工具箱中的“钢笔”工具按钮，在画布的下方绘制图形并填充为浅绿色，然后在属性栏中设置“轮廓宽度”为0.5mm，如图9-159所示。单击工具箱中的“文本”工具按钮，在属性栏中设置合适的字体、字号，单击画布插入光标，输入文字，然后设置合适的文本颜色，如图9-160所示。

图 9-158

图 9-159

图 9-160

步骤 10 使用“钢笔”工具绘制图形并填充合适的颜色，如图9-161所示。

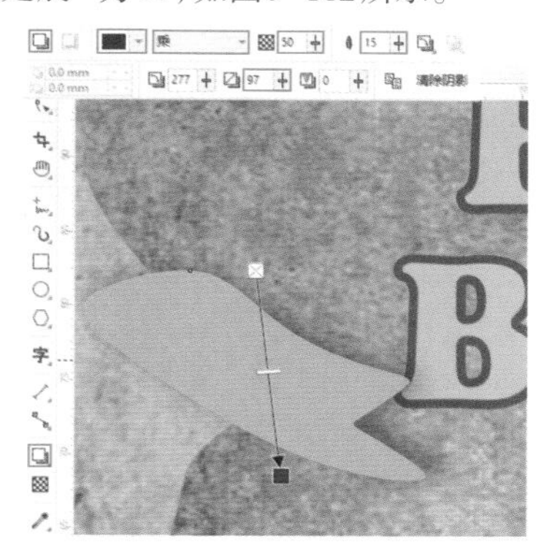

图 9-161

步骤 11 选择该图形，单击工具箱中的“阴影”工具按钮，在属性栏中单击“阴影工具”，按住鼠标左键拖曳添加阴影效果。设置“阴影颜色”为黑色，“合并模式”为“乘”，“阴影羽化”为15，“阴影延展”为97，如图9-162所示。

图 9-162

步骤 12 以同样的方式继续绘制余下的所有图形，如图9-163所示。

图 9-163

步骤 13 选择工具箱中的“星形”工具，在属性栏中单击“星形”按钮，设置“点数或边数”为26，“锐度”为15，在画布上按住鼠标左键拖曳绘制星形，如图9-164所示。

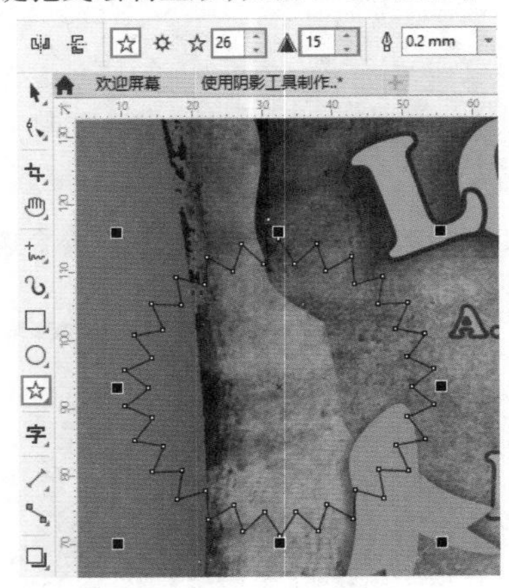

图 9-164

步骤 14 设置填充色为黄色，去掉轮廓色。按快捷键Ctrl+C和Ctrl+V复制并粘贴出另一个，移动到画布右侧，如图9-165所示。

图 9-165

步骤 15 执行“文件”->“导入”命令，导入素材3.png，如图9-166所示。单击工具箱中的“文本”工具按钮，在属性栏中设置合适的字体、字号，在画布上单击插入光标，输入文字。最终效果如图9-167所示。

图 9-166　　图 9-167

9.4 轮廓图

扫一扫，看视频

“轮廓图”效果的特点是向内或向外产生放射的层次效果，类似于地图中的地势等高线，所以“轮廓图”效果也常被称为“等高线”效果。

为图形添加“轮廓图”效果有两种方式：一种是使用“轮廓图”工具创建“轮廓图”效果，单击“阴影”工具按钮右下角的◢按钮，在弹出的工具组中选择“轮廓图”工具，如图9-168所示；另一种是执行“效果”->“轮廓图”命令(快捷键Ctrl+F9)，在弹出的“轮廓图”泊坞窗中进行相应的设置，如图9-169所示。

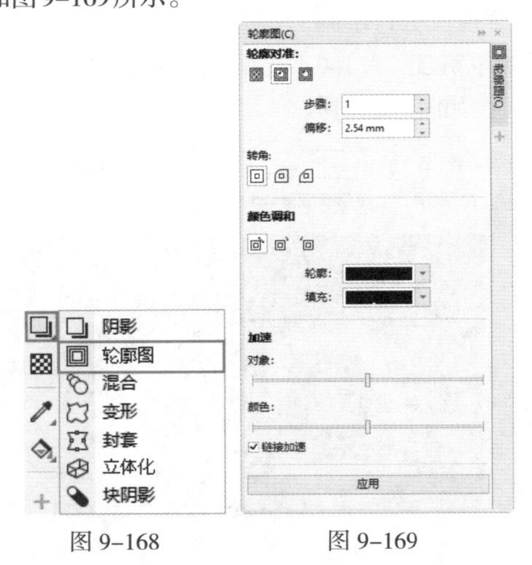

图 9-168　　图 9-169

重点 9.4.1 动手练：创建“轮廓图”

1. 使用“轮廓图”工具添加“轮廓图”效果

选择一个图形，单击工具箱中的“轮廓图”工具按钮，然后按住鼠标左键向外拖动，如图9-170所示。释放鼠标后即可创建“轮廓图”，效果如图9-171所示。如果向内拖动，则可创建由外向内的“轮廓图”，如图9-172所示。

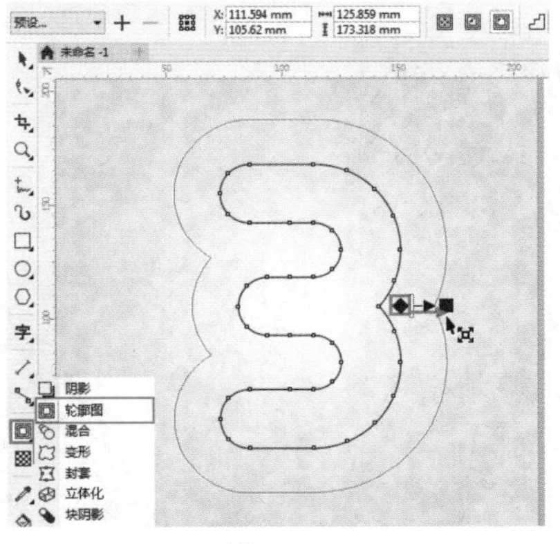

图 9-170

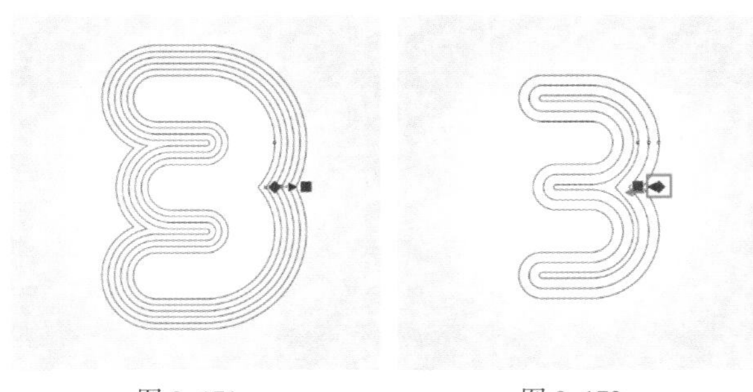

图 9–171　　图 9–172

2. 使用“轮廓图”泊坞窗添加“轮廓图”效果

选择一个图形，如图9–173所示。执行“效果”–>“轮廓图”命令(快捷键Ctrl+F9)，在弹出的“轮廓图”泊坞窗中进行相应的设置，然后单击“应用”按钮，如图9–174所示。这样即可添加“轮廓图”效果，如图9–175所示。

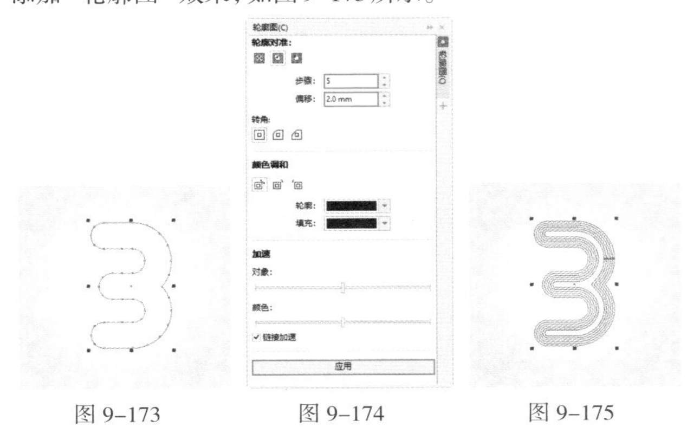

图 9–173　　图 9–174　　图 9–175

重点 9.4.2　动手练：编辑“轮廓图”效果

1. 调整“轮廓图”偏移距离

拖曳控制柄箭头旁的黑色节点，根据蓝色的轮廓线确定“轮廓图”的大小，如图9–176所示。释放鼠标后完成“轮廓图”的偏移，如图9–177所示。也可以在属性栏中的“轮廓图偏移” 2.0 mm 选项中调整每个轮廓之间的间距，输入数值后按Enter键确定操作。效果如图9–178所示。

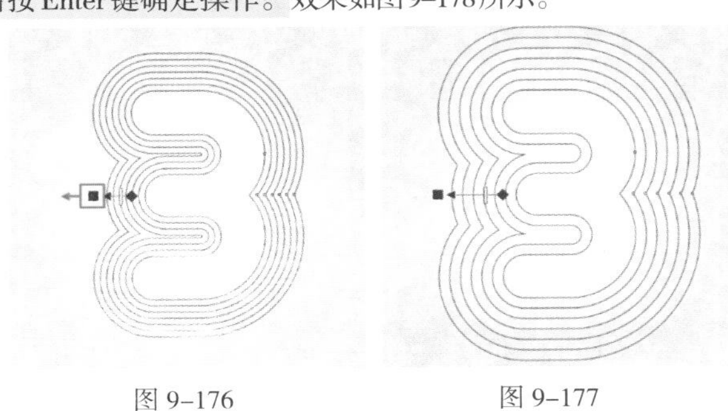

图 9–176　　图 9–177

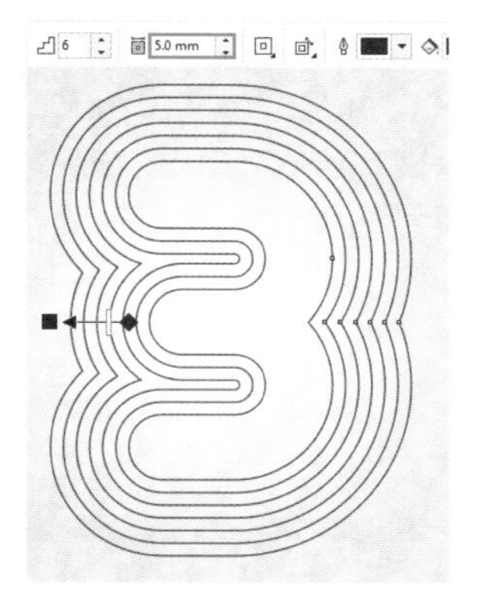

图 9–178

2. “轮廓图”步长

拖曳控制柄上的长方形滑块，向外拖曳滑块可以增加步长，如图9–179所示；向内拖曳滑块可以减少步长，如图9–180所示。也可以在属性栏的“轮廓图步长” 10 选项中设定精确的步长，如图9–181所示。

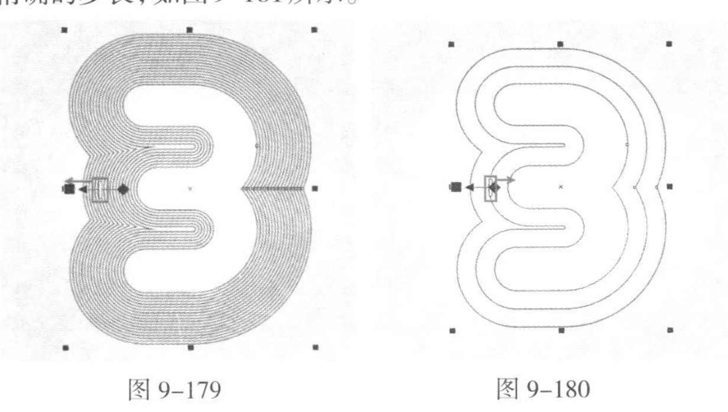

图 9–179　　图 9–180

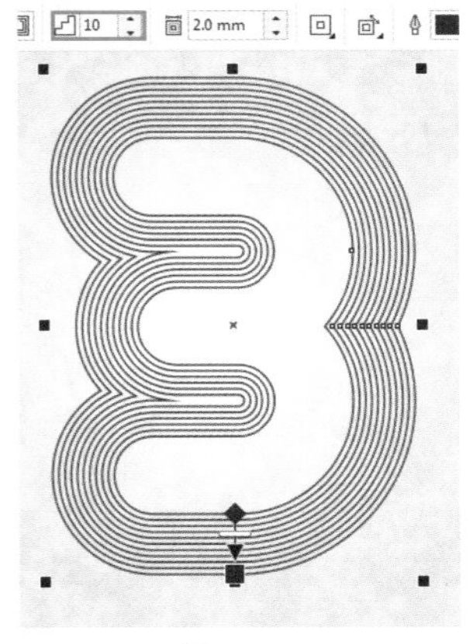

图 9–181

9.4.3　动手练：设置轮廓偏移方向

属性栏中的“到中心”、“内部轮廓”和“外部轮廓”三个按钮用来设置轮廓偏移的方向。

1. 到中心

首先选中一个带有“轮廓图”效果的图形，如图9–182所示。接着单击属性栏中的“到中心”按钮⊠，即可看到由外向内创建的新的图形并填满了整个带有“轮廓图”效果的图形，如图9–183所示。此时可以通过更改“轮廓图偏移”的数值调整轮廓间距，如图9–184所示。

图 9–182

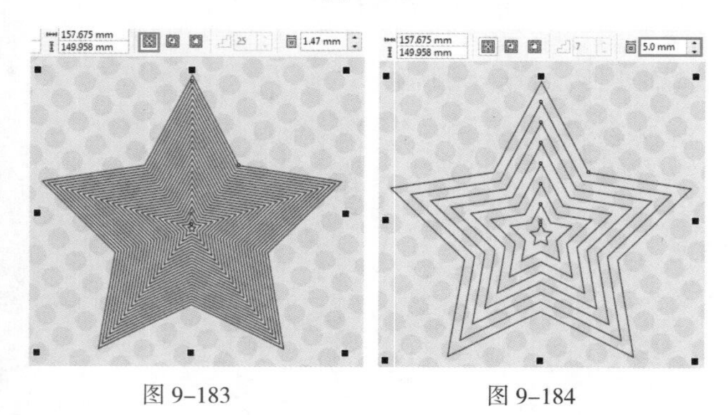

图 9–183　　图 9–184

2. 内部轮廓

通过“内部轮廓”按钮▣可以向内部创建新的图形，如图9–185所示。但它受到“轮廓图步长”和“轮廓图偏移”参数的影响，如图9–186所示。

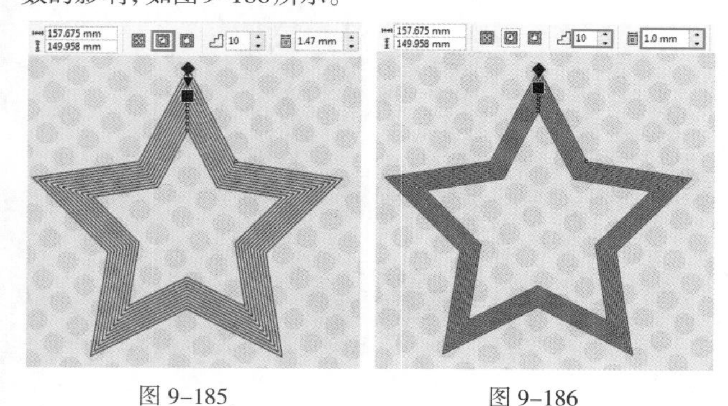

图 9–185　　图 9–186

3. 外部轮廓

通过“外部轮廓”按钮▣可以向外部创建新的图形，同样它也受到“轮廓图步长”和“轮廓图偏移”参数的影响，如图9–187所示。

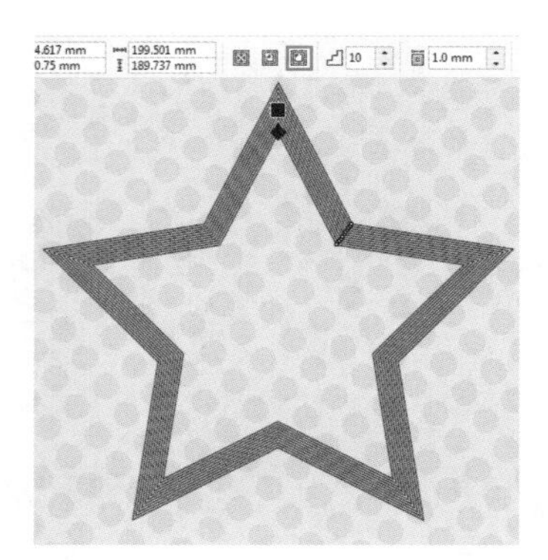

图 9–187

9.4.4 设置“轮廓图”的角样式

单击属性栏中的“斜接角”按钮▣右下角的◢按钮，在弹出的下拉列表中有“斜接角”“圆角”和“斜切角”3种角样式。默认情况下“轮廓图”的角样式为“斜接角”，如图9–188所示；如图9–189所示为“圆角”效果；如图9–190所示为“斜切角”效果。

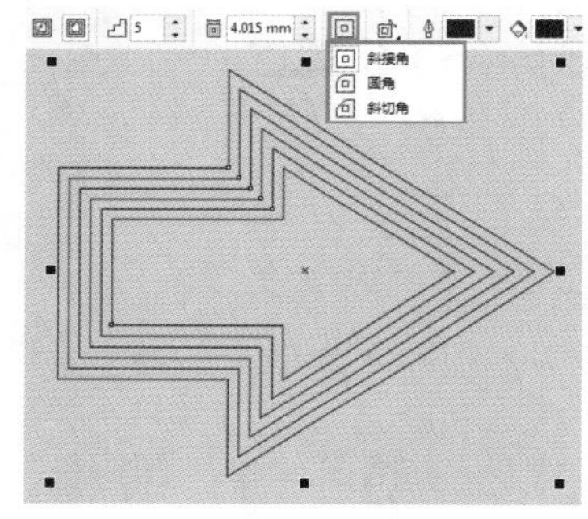

图 9–188

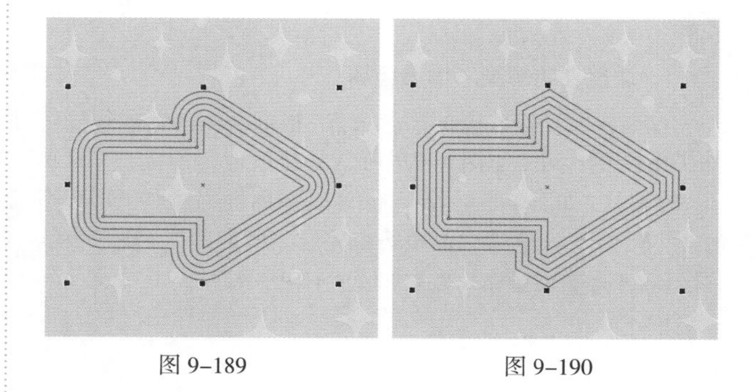

图 9–189　　图 9–190

重点 9.4.5 动手练：“轮廓图”颜色的调整

“轮廓图”的颜色其实是由两部分颜色的过渡构成的：原始图形与新出现的轮廓图形。选中“轮廓图”对象后，可以直

接在调色板中更改原始图形的颜色；通过属性栏则可以设置轮廓图形的颜色。

1. 调整轮廓颜色

首先绘制一个图形，并设置轮廓色为彩色，如图9–191所示。接着使用“轮廓图”工具创建轮廓，此时可以看到最外侧图形的轮廓颜色为黑色，“轮廓图”之间形成颜色过渡的效果，如图9–192所示。如果要更改最外侧轮廓的颜色，可以单击属性栏中的“轮廓色”按钮，在弹出的下拉面板中重新设定一种颜色。效果如图9–193所示。

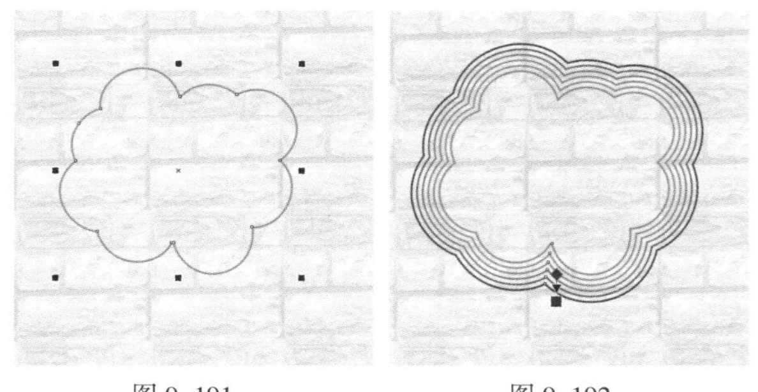

图 9–191　　图 9–192

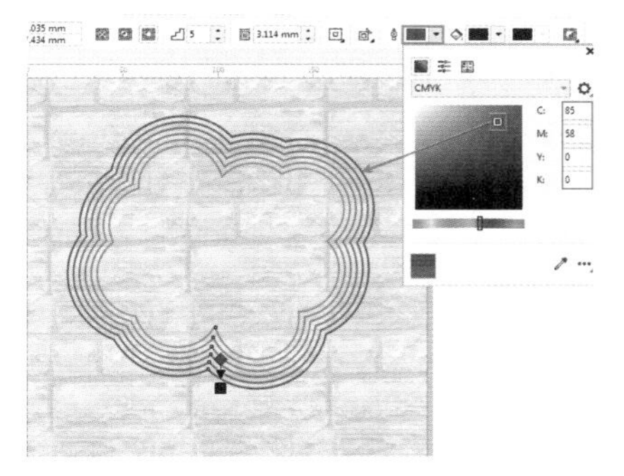

图 9–193

2. 调整填充色

如果图形对象带有填充色，那么创建的“轮廓图”也会出现两种颜色过渡的效果。若要更改新出现的“轮廓图”的填充色，单击属性栏中的“填充色”按钮，在弹出的下拉面板中重新定义一种颜色即可，如图9–194所示。

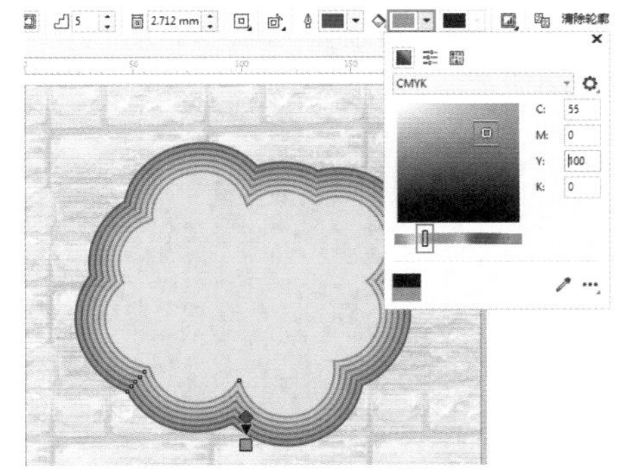

图 9–194

3. 设置颜色的过渡方式

单击属性栏中的“轮廓色”按钮，在弹出的下拉列表中可以看到三种颜色过渡方式。默认情况下为“线性轮廓色”，如图9–195所示；如图9–196所示为“顺时针轮廓色”效果；如图9–197所示为“逆时针轮廓色”效果。

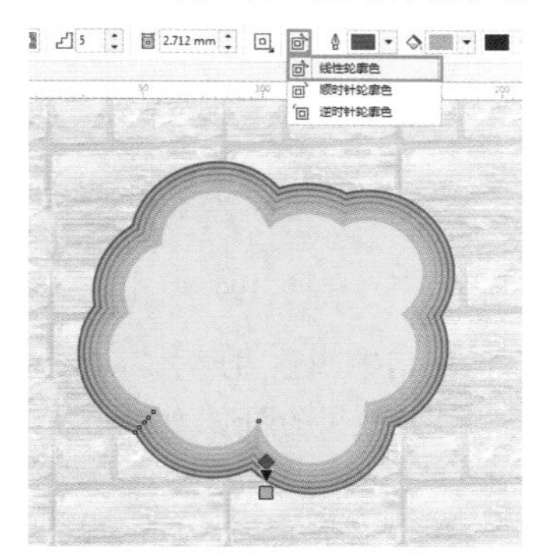

图 9–195

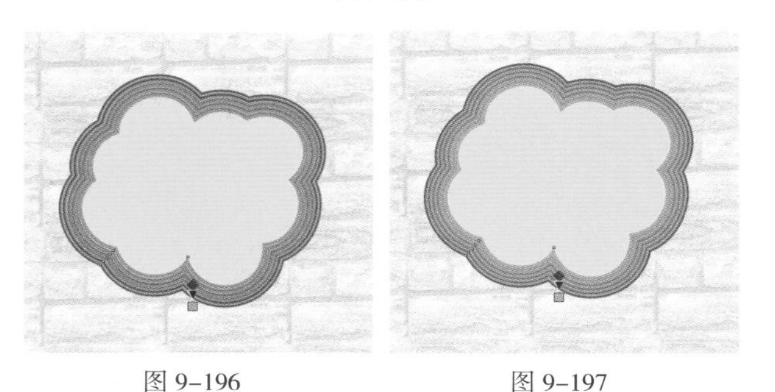

图 9–196　　图 9–197

9.4.6 设置“对象和轮廓加速”

“对象和轮廓加速”按钮用于调整轮廓图形之间的距离和填充颜色过渡效果。

(1) 选择一个带有“轮廓图”效果的图形，单击属性栏中的“对象和轮廓加速”按钮，在弹出的下拉面板中可以对“对象”和“颜色”进行调整，如图9–198所示。拖曳“对象”滑块可以调整每个图形之间的距离，使每个图形之间的距离呈现递增或递减的效果，如图9–199所示。

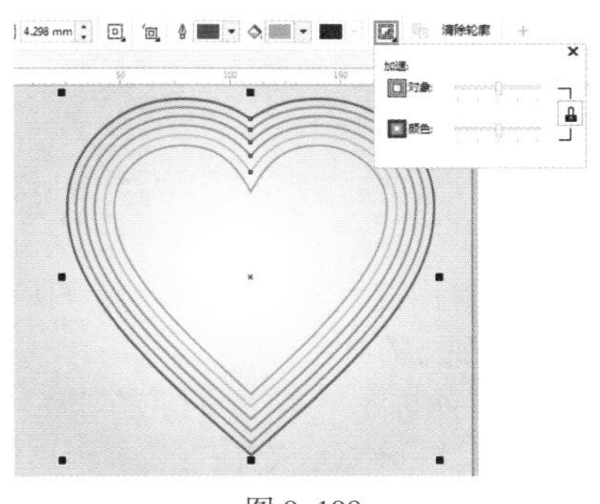

图 9–198

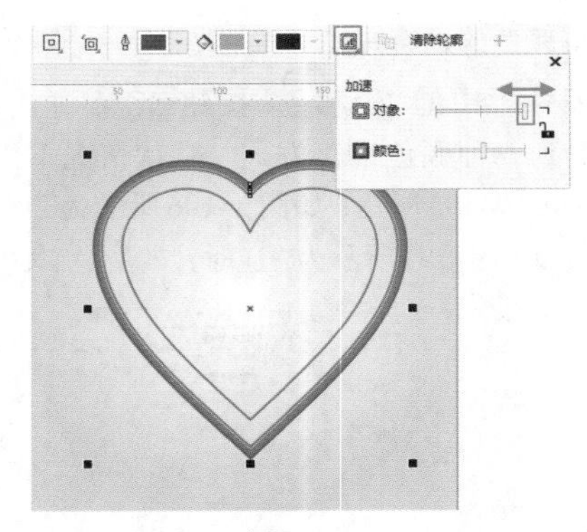

图 9-199

(2)“颜色”选项用于调整图形之间填充颜色过渡效果。选择一个带有“轮廓图”效果的图形，如图9-200所示。拖曳“颜色”滑块即可调整填充颜色递增或递减的效果，如图9-201所示。当按钮显示为时，可以同时调整“对象”和“颜色”加速。当按钮显示为时，则可以单独调整“对象”和“颜色”加速。

图 9-200

图 9-201

重点 9.4.7 将“轮廓图”进行拆分

使用“拆分轮廓图群组”命令可以将轮廓图对象中的放射图形分离成相互独立的对象。

选中已创建的轮廓图对象，执行“排列”->“拆分轮廓图群组”命令(快捷键Ctrl+K)，或者右击，在弹出的快捷菜单中执行“拆分轮廓图群组”命令，如图9-202所示。随即原图形与创建的轮廓图分离，然后移动即可查看效果，如图9-203所示。

此时轮廓图处于群组状态，执行“对象”->“组合”->“取消全部群组”命令，取消轮廓图的群组状态。取消群组的轮廓图可以进行单独的编辑及修改，如图9-204所示。

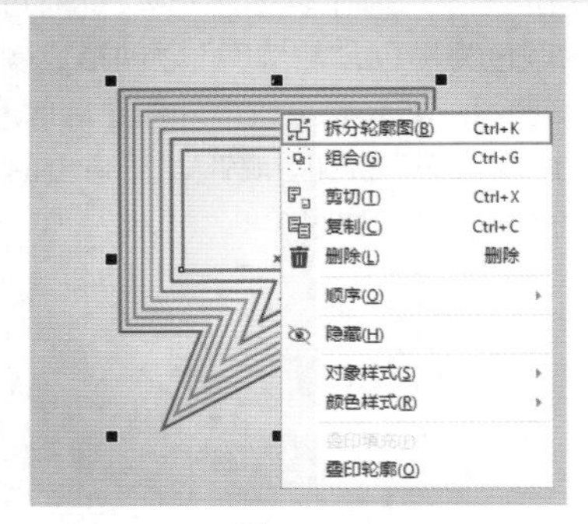

图 9-202

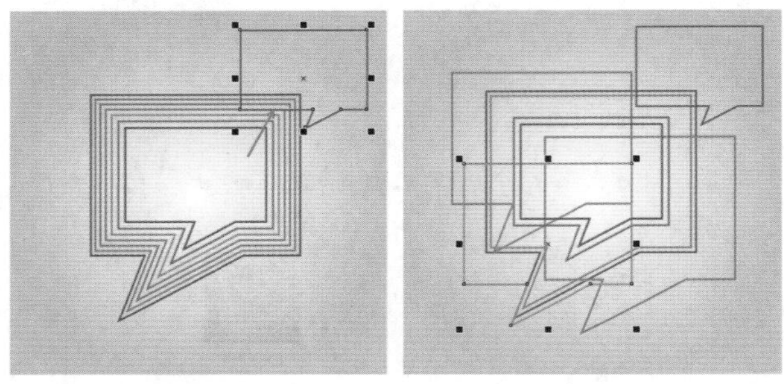
图 9-203　　图 9-204

举一反三：使用轮廓加速制作文字多层描边效果

使用“轮廓图”工具能够快速地为一个图形创建出多层次的效果。在设计作品中多层次的文字效果是比较常见的，下面就尝试使用该工具制作一个多层次文字LOGO。

(1)输入文字，然后将其转换为曲线，并去除填充色，如图9-205所示。单击工具箱中的“轮廓图”工具按钮，在文字上按住鼠标左键拖动，创建出多层次的轮廓。在属性栏中设置步长为3，然后设置对象加速，制作出轮廓不均匀排列的效果，如图9-206所示。

图 9-205

图 9-206

(2)虽然得到了多层次的文字，但此时文字效果并不美观。为了能够对每一层文字进行单独的颜色设置，就需要将多层次的文字进行拆分。选中文字，执行"对象"->"拆分轮廓图"命令，接着执行"对象"->"组合"->"取消组合"命令，此时每部分文字就可以单独进行调整了。然后分别为文字填充颜色，如图9-207所示。接着去除文字的轮廓颜色，如图9-208所示。

图 9-207

图 9-208

(3)为底部的文字添加阴影效果，如图9-209所示。最后添加图案装饰。到这里一个多层次文字LOGO就制作完成了，如图9-210所示。

图 9-209

图 9-210

重点 9.4.8 动手练：清除和复制"轮廓图"属性

选中"轮廓图"对象，单击属性栏中的"清除轮廓"按钮 清除轮廓 ，即可消除"轮廓图"效果，对象将还原到原图形。

选择一个图形，单击属性栏中的"复制轮廓图属性"按钮，然后将光标移动至要添加轮廓图效果的图形上单击，如图9-211所示。随即选中的图形被复制了相同的轮廓图属性，效果如图9-212所示。

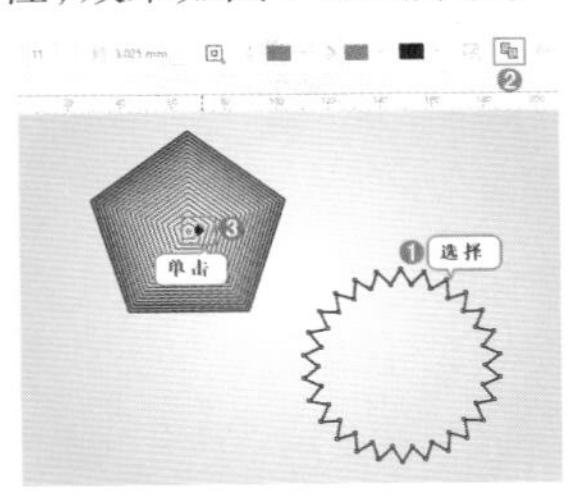

图 9-211

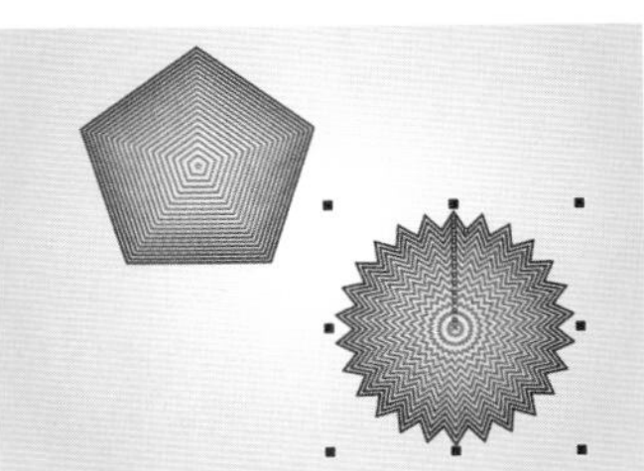

图 9-212

练习实例：使用"轮廓图"工具制作图形招贴

文件路径	资源包\第9章\练习实例：使用"轮廓图"工具制作图形招贴
难易指数	★★★★★
技术要点	"轮廓图"工具、置于图文框内部

扫一扫，看视频

实例效果

本实例效果如图9-213所示。

图 9-213

操作步骤

步骤 01 新建一个空白文档。选择工具箱中的“椭圆形”工具○，按住Ctrl键绘制一个正圆，为其填充浅灰色，然后在调色板中右击“无”☐按钮，去除轮廓色，如图9-214所示。

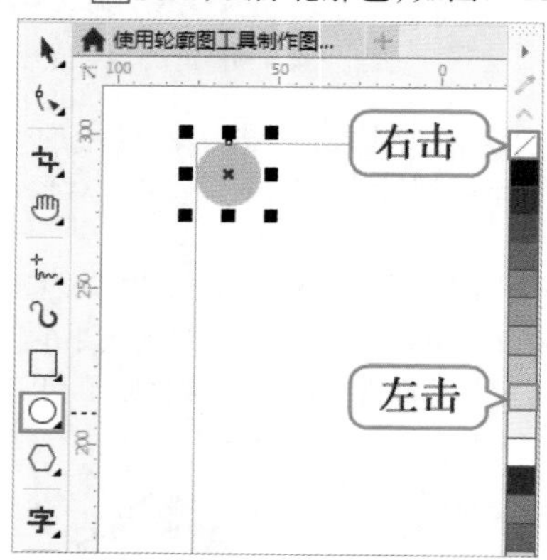

图 9-214

步骤 02 选择正圆，按住鼠标左键向右拖曳，拖曳到合适的位置后右击进行复制，如图9-215所示。使用同样的方式复制出其他的正圆，如图9-216所示。

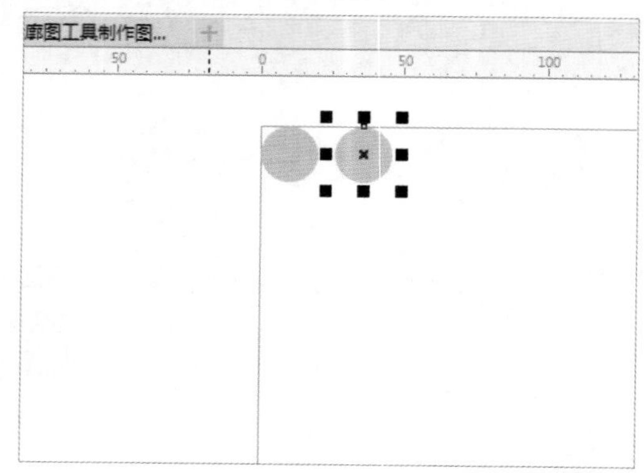

图 9-215

图 9-216

步骤 03 选中绘制的圆形，执行“窗口”->“泊坞窗”->“对齐与分布”命令，在弹出的“对齐与分布”泊坞窗中单击“水平居中对齐”按钮和“水平分散排列”按钮，如图9-217所示。使用同样的方法复制得到其他的正圆，如图9-218所示。

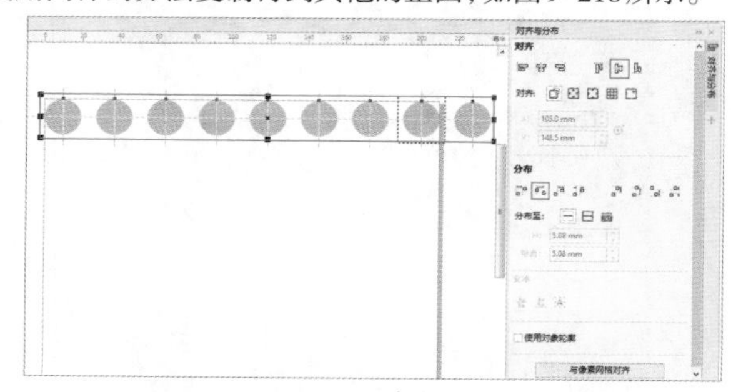

图 9-217

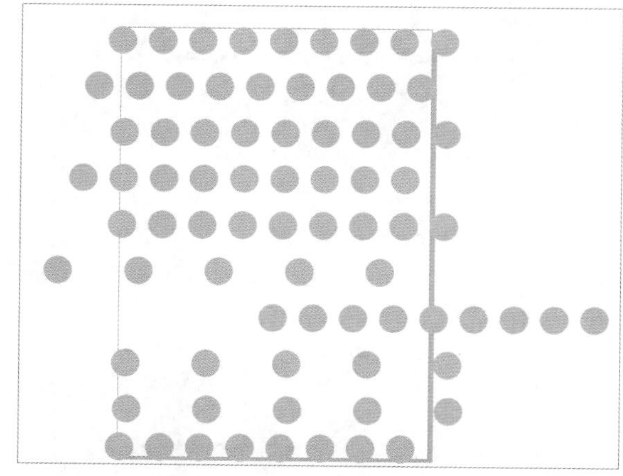

图 9-218

步骤 04 再次选择“椭圆形”工具，在属性栏中单击“饼形”按钮◔，设置“起始角度”为270.0° ，按住Ctrl键绘制一个饼形，如图9-219所示。选中绘制的饼形，单击工具箱中的“交互式填充”工具按钮◈，单击属性栏中的“均匀填充”按钮■，设置“填充色”为青色，然后在调色板中右击“无”按钮☒，去除轮廓色，如图9–220所示。

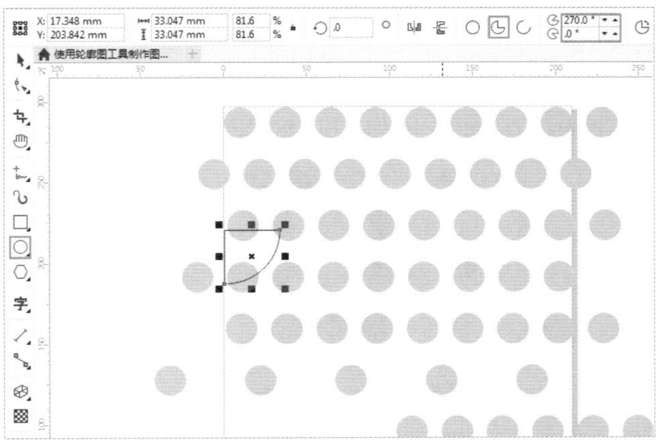

图 9–219

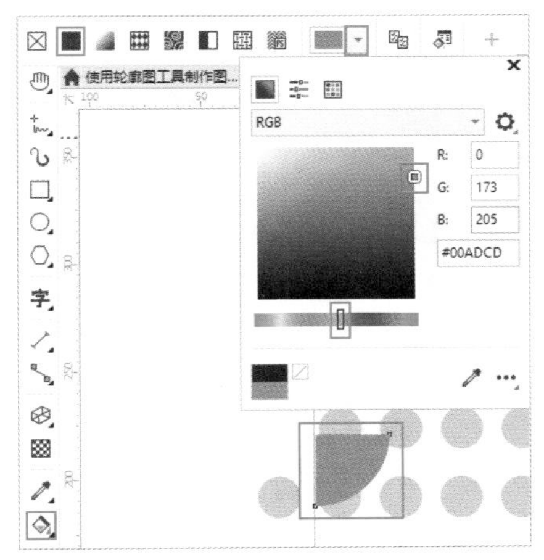

图 9–220

步骤 05 以同样的方式绘制其他的饼形，如图9–221所示。

图 9–221

步骤 06 单击工具箱中的“椭圆形”工具按钮，按住Ctrl键在画板以外空白区域绘制一个正圆，如图9–222所示。选择这个正圆，单击工具箱中的“轮廓图”工具按钮▣，在属性栏中单击“内部轮廓”按钮▣，设置“轮廓图步长”为13，接着将光标移动至正圆边缘，按住鼠标左键向圆形中央拖曳。效果如图9–223所示。

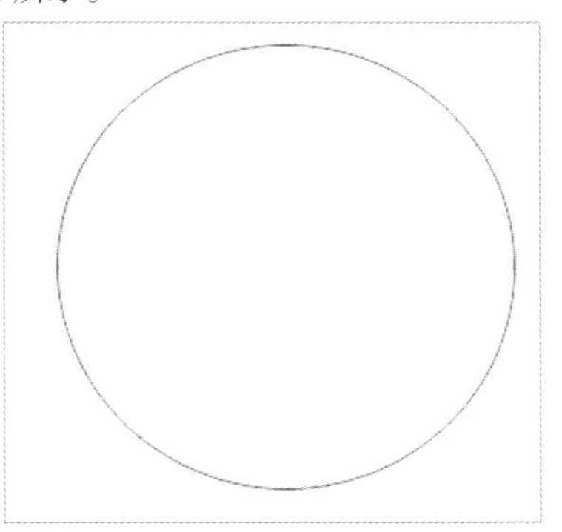

图 9–222

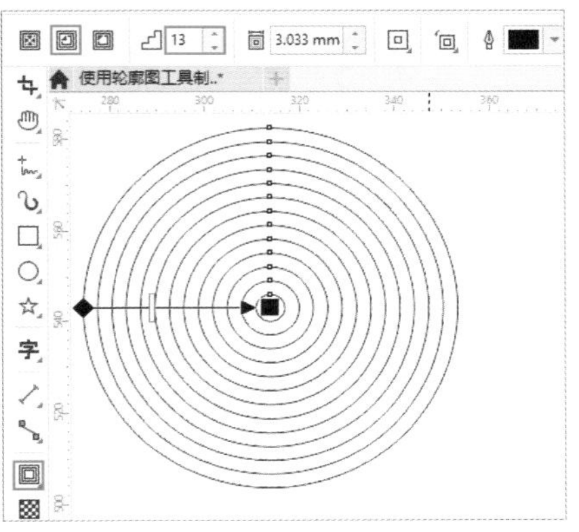

图 9–223

步骤 07 选择创建好的“轮廓图”，先按快捷键Ctrl+K进行拆分。接着再次选中此处的正圆，按快捷键Ctrl+U取消编组。选择工具箱中的“椭圆形”工具，单击属性栏中的“弧”按钮◌，设置“结束角度”为270.0°。效果如图9–224所示。将该图形移动至合适的位置，然后右击灰色色块，设置轮廓色为灰色，接着在属性栏中设置“轮廓宽度”为2.0mm。效果如图9–225所示。

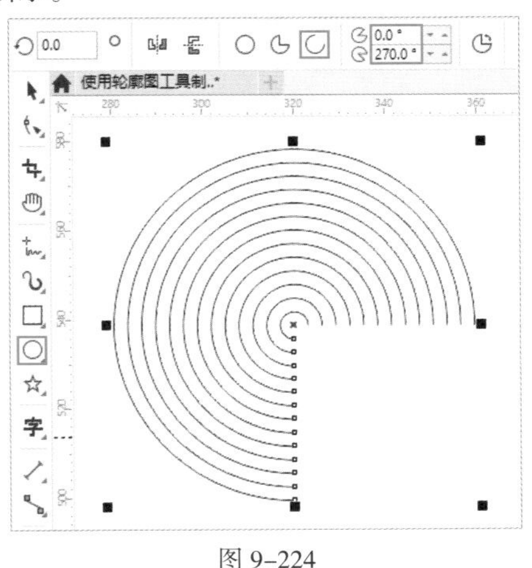

图 9–224

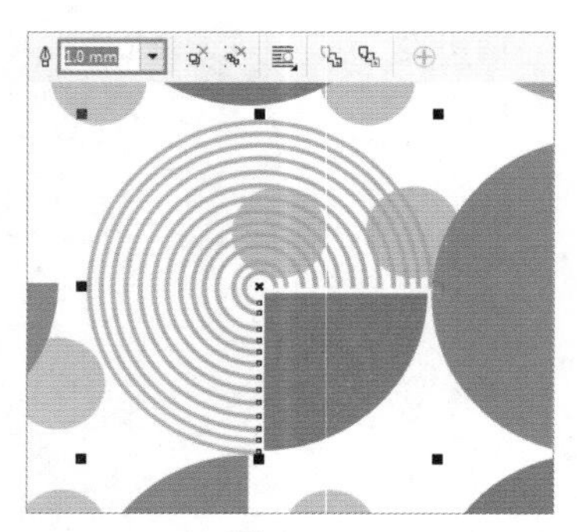

图 9-225

步骤 08 将“轮廓图”复制一份，如图9-226所示。选择复制的“轮廓图”，选择工具箱中的“椭圆形”工具，在属性栏中设置“结束角度”为90.0° ，然后适当地调整图形的大小和位置。效果如图9-227所示。

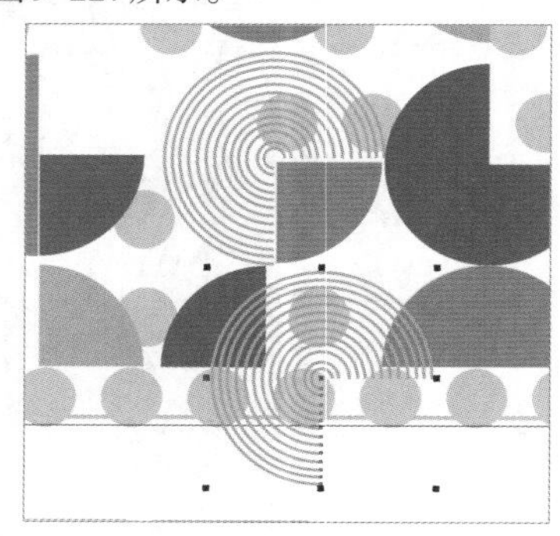

图 9-226

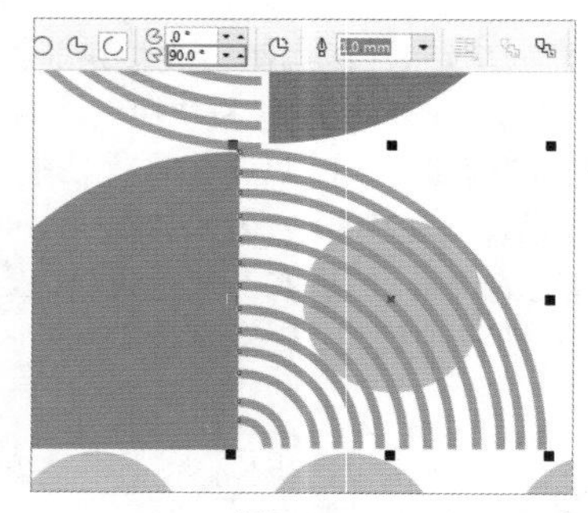

图 9-227

步骤 09 以同样的方式绘制其他的弧形图，如图9-228所示。

图 9-228

步骤 10 按快捷键Ctrl+A进行全选，然后按快捷键Ctrl+G进行编组。双击工具箱中的“矩形”工具按钮，绘制一个与画板等大的矩形，如图9-229所示。选择后方的图形，执行“对象”->PowerClip->“置于图文框内部”命令，当光标变成箭头形状时在绘制的矩形上单击，将图形置于图文框中，然后在调色板中右击“无”按钮，去除轮廓色，如图9-230所示。

图 9-229

图 9-230

步骤 11 选择工具箱中的“文本”工具，在画布中输入文字。最终效果如图9-231所示。

图 9-231

9.5 图形的混合

扫一扫，看视频

"混合"效果(也经常被称为"调和"效果)是将一个图形经过形状和颜色的渐变过渡到另一个图形上,并在这两个图形间形成一系列中间图形,从而形成两个对象渐进变化的叠影。创建"混合"效果有两种方法:一种是使用"混合"工具创建"混合"效果,单击"阴影"工具按钮右下角的◢按钮,在弹出的工具列表中选择"混合"工具,如图9-232所示。另一种是执行"效果"->"混合"命令,在弹出的"混合"泊坞窗中设置合适的参数,然后单击"应用"按钮,即可创建混合效果,如图9-233所示。

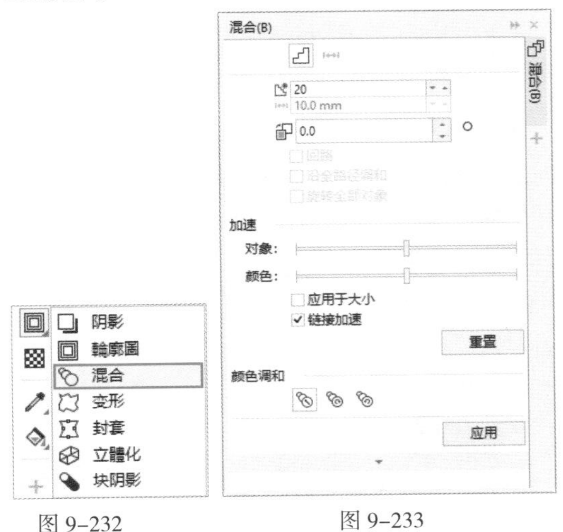

图 9-232　　图 9-233

重点 9.5.1 动手练:创建"混合"效果

1. 使用"混合"工具创建"混合"效果

首先绘制两个矢量图形("混合"效果只能应用于矢量图),然后选择工具箱中的"混合"工具,接着将光标移动至其中一个图形上,如图9-234所示。

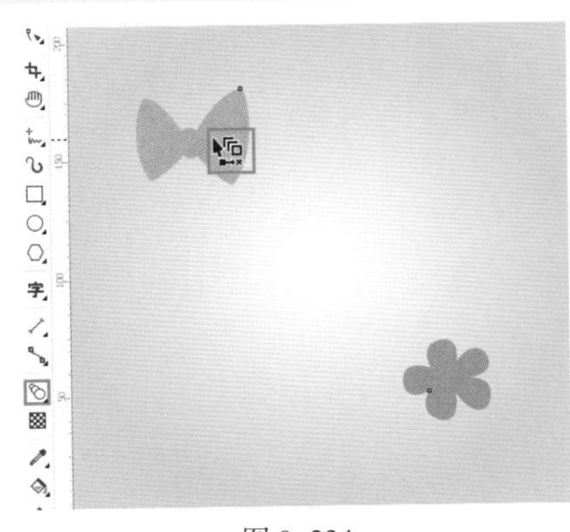

图 9-234

按住鼠标左键向另外一个图形上拖动,如图9-235所示。在另一个图形上释放鼠标,此时可以看到两个对象之间产生形状与颜色的渐变混合效果,如图9-236所示。

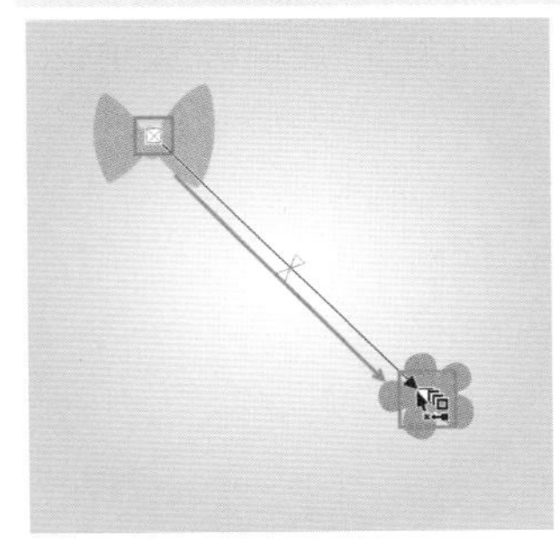

图 9-235

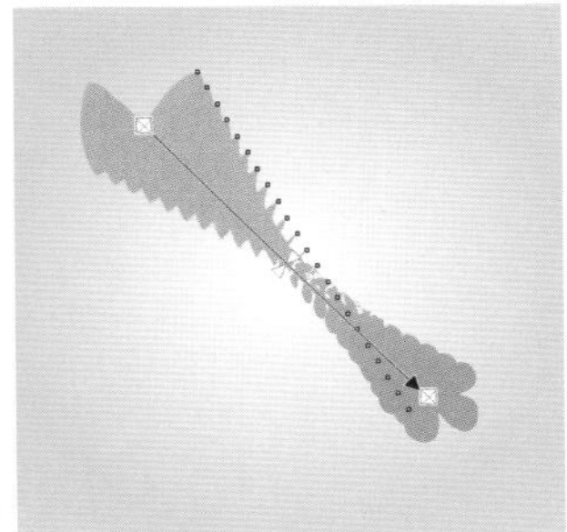

图 9-236

提示:应用预设"混合"效果和添加预设效果

首先选中两个图形,然后单击工具箱中的"混合"工具按钮,在属性栏中单击"预设"右侧的下拉按钮,在弹出的下拉列表中有5种预设"混合"效果,选择任意一种即可创建"混合"效果,如图9-237所示。当然,也可以将当前的"混合"效果存储为预设以便之后使用。选中创建的"混合"效果,单击属性栏中的"添加预设"按钮[+],在打开的"另存为"对话框中选择保存路径并为"混合"效果命名即可。对于创建的"混合"效果,用户可以根据需要将其进行保存。

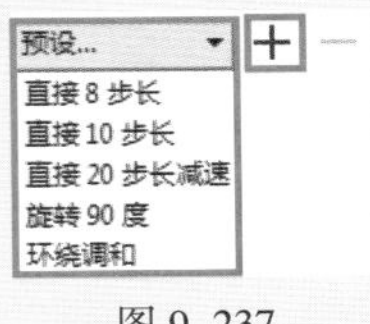

图 9-237

2. 使用"混合"泊坞窗创建"混合"效果

选中两个图形,如图9-238所示。执行"窗口"->"泊坞窗"->"效果"->"混合"命令,在弹出的"混合"泊坞窗中设置"混合对象"数值为20,然后单击"应用"按钮,如图9-239所示。即可创建混合效果,如图9-240所示。

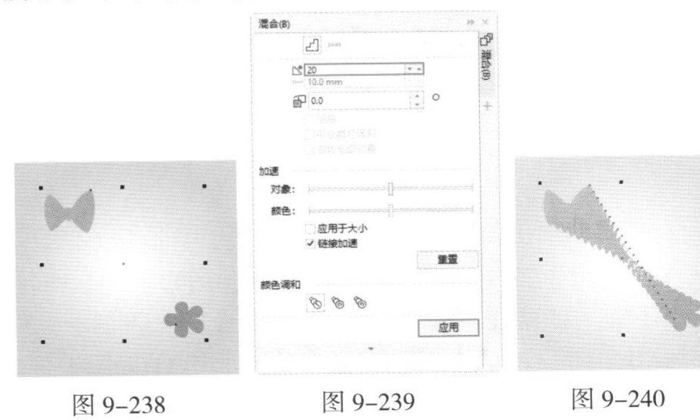

图 9-238　　图 9-239　　图 9-240

3. 创建多个对象的复合“混合”效果

选择工具箱中的“混合”工具，在第一个图形上按住鼠标左键，拖动到第二个图形上释放鼠标，如图9-241所示。接着按住鼠标左键拖曳到第三个图形上，如图9-242所示。释放鼠标完成复合混合操作，效果如图9-243所示。

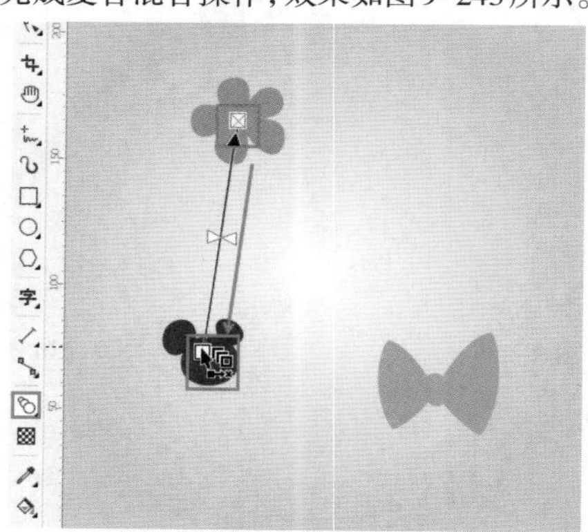

图 9-241

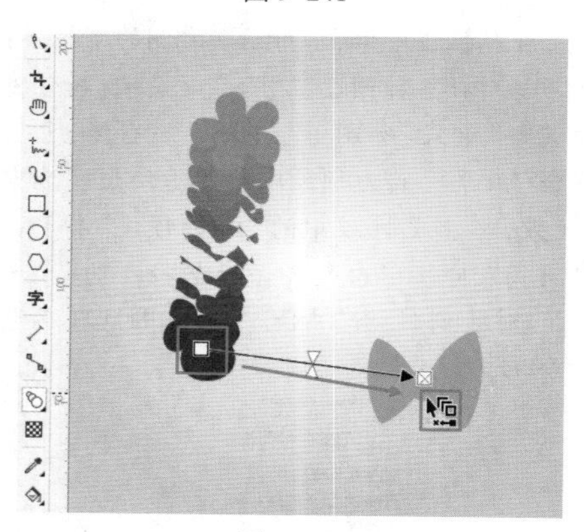

图 9-242

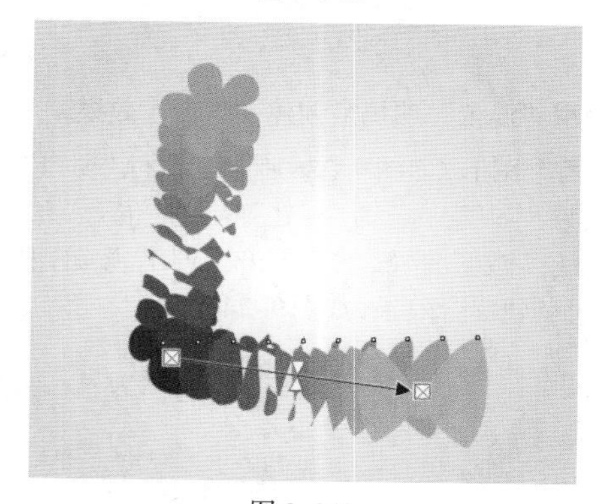

图 9-243

4. 创建曲线“混合”效果

在创建“混合”效果时，按住鼠标左键的同时按住Alt键拖动出不规则的路线，拖动到另一个对象上后松开鼠标，即可得到沿刚才绘制的不规则路径混合的图形效果，如图9-244所示。

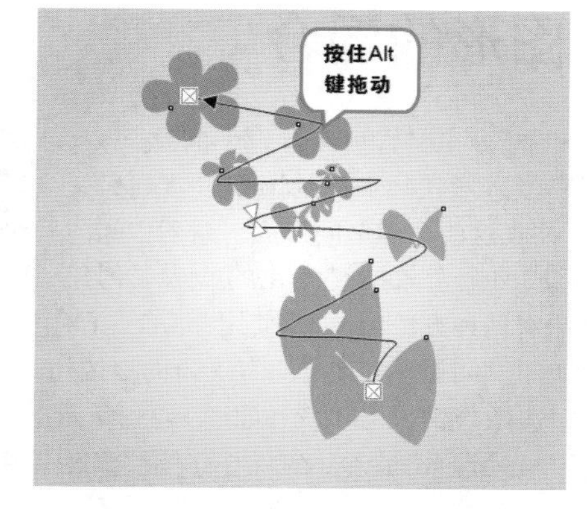

图 9-244

重点 9.5.2 动手练：编辑混合对象

1. 调整“混合”效果

创建“混合”效果后，拖曳控制柄末端的控制点，调整混合对象的位置，即可调整混合对象图形之间的距离，如图9-245和图9-246所示。

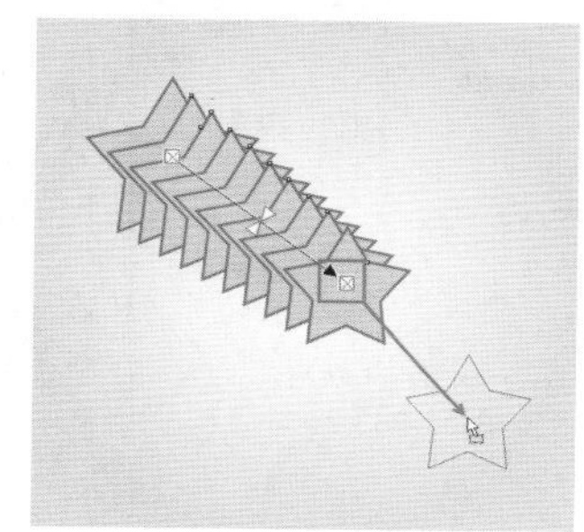

图 9-245

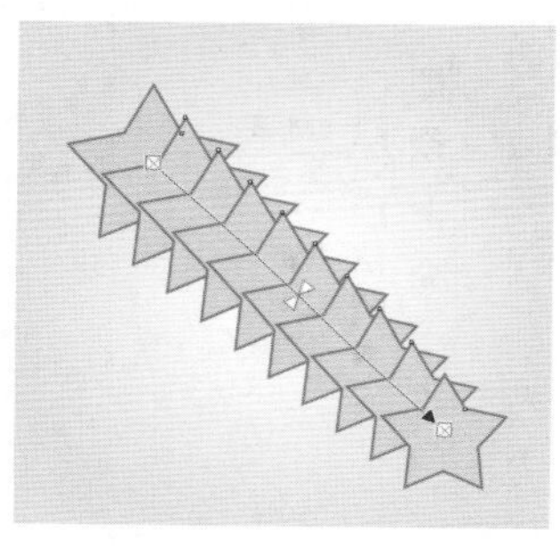

图 9-246

2. 设置混合对象步长

“步长”是指混合对象之间由几个图形构成的混合效果。选择创建“混合”效果的图形，如图9-247所示。在属性栏中的 10 选项中设置混合对象步长，输入数值后按Enter键完成步长的调整，如图9-248所示。

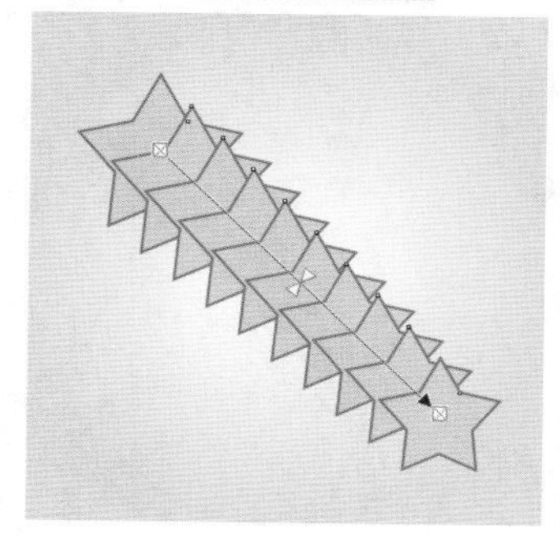

图 9-247

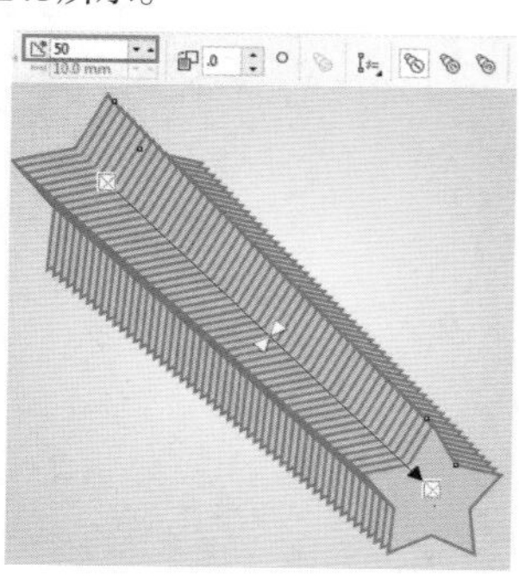

图 9-248

3. 混合方向

属性栏中的“混合方向” 0.0 选项用于设定中间生成对象在混合过程中的旋转角度，使起始对象和终点对象的中间位置形成一种弧形旋转混合效果。如图9-249和图9-250所示为不同参数的对比效果。

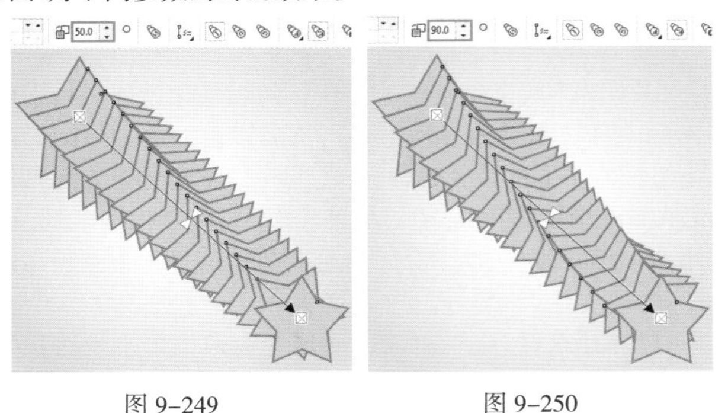

图 9-249　　　图 9-250

9.5.3　设置颜色混合方式

颜色混合有三种方式，分别是“直接混合”、“顺时针混合”和“逆时针混合”。首先选中要创建混合效果的对象，单击属性栏中的“直接混合”按钮，可以直接创建颜色渐变的效果，如图9-251所示；单击“顺时针混合”按钮，可以按照色谱顺时针方向逐渐创建混合颜色，如图9-252所示；单击“逆时针混合”按钮，可以按照色谱逆时针方向逐渐创建混合颜色，如图9-253所示。

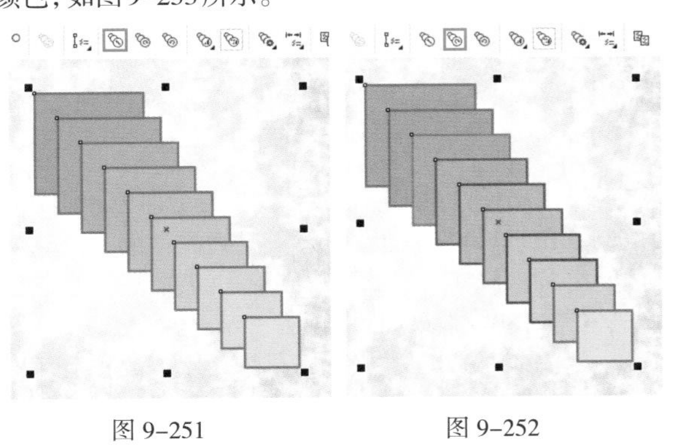

图 9-251　　　图 9-252

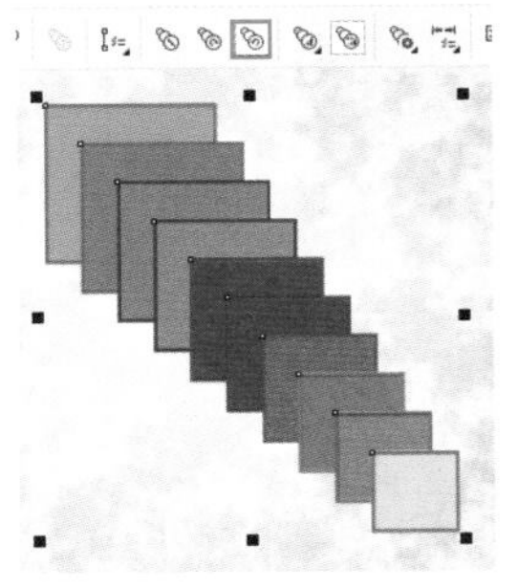

图 9-253

9.5.4　创建对象和颜色加速

选择已创建“混合”效果的对象，如图9-254所示。单击属性栏中的“对象和颜色加速”按钮，在弹出的下拉面板中使按钮显示为，拖曳“对象”滑块可以调整图形的分布效果，如图9-255所示；拖曳“颜色”滑块可以调整颜色的分布效果，如图9-256所示。

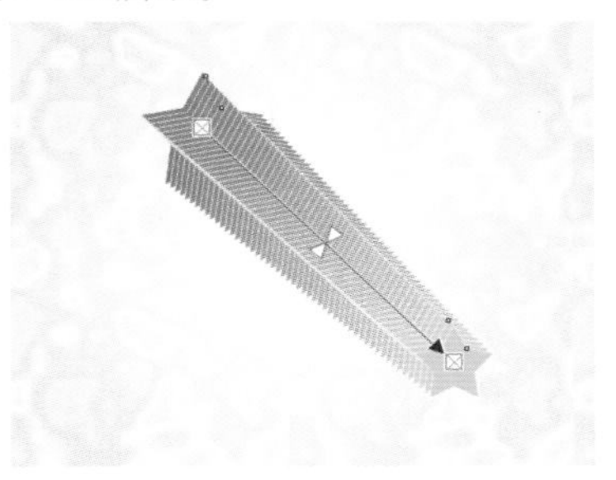

图 9-254

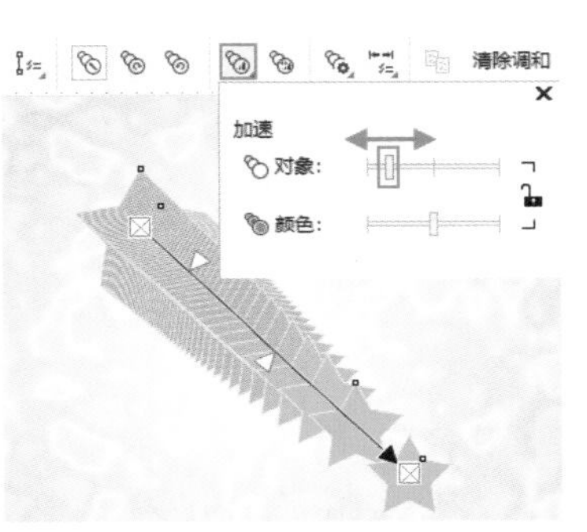

图 9-255

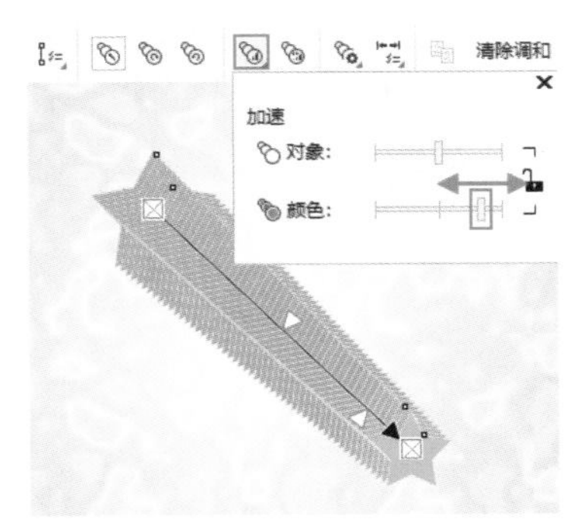

图 9-256

9.5.5　动手练：编辑与替换混合路径

1. 替换混合路径

创建“混合”效果后，可以将混合的路径进行替换。首先创建混合对象，然后绘制一段路径。接着选择混合对象，单击属性栏中的“路径属性”按钮，在弹出的下拉面板中选择“新路径”选项，如图9-257所示。此时光标变为状，

将其移动至路径上单击，如图9-258所示。此时混合对象沿绘制的路径排布，如图9-259所示。

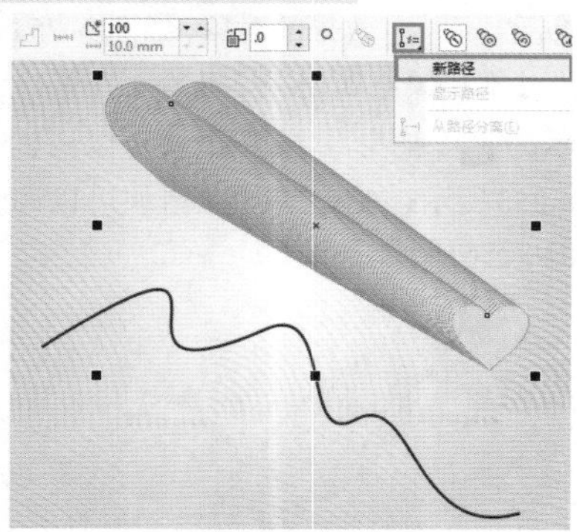

图 9-257

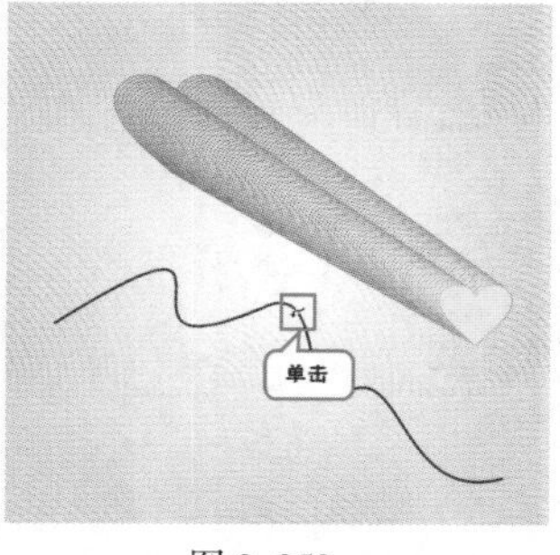

图 9-258

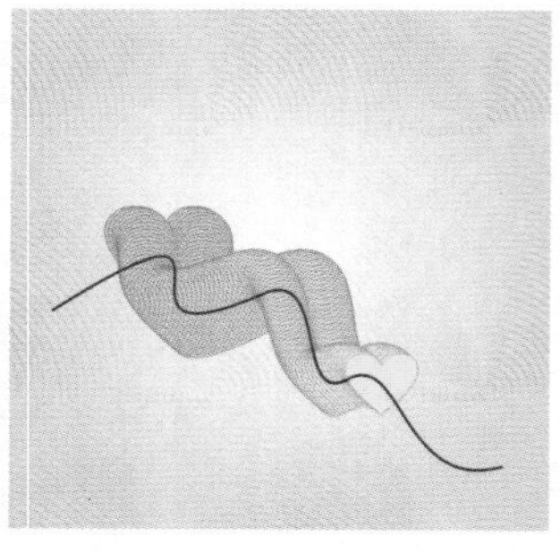

图 9-259

2. 编辑混合路径

替换了混合路径之后还可以对路径形态进行调整，调整路径后混合的形态也会改变。首先选中混合的对象，然后单击工具箱中的“形状”工具按钮，随即便会显示混合路径，如图9-260所示。拖曳节点即可调整路径，如图9-261所示。

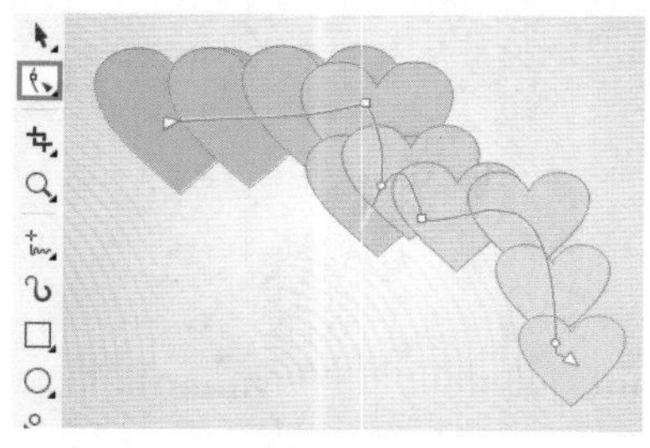

图 9-260

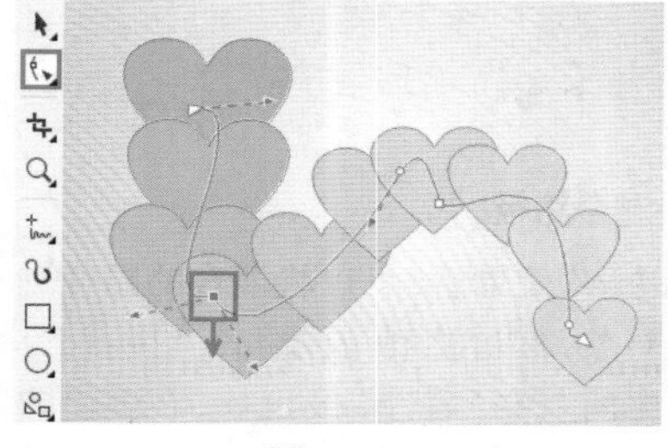

图 9-261

提示：复制、拆分和清除“混合”效果

复制、拆分和清除“混合”效果与“轮廓图”效果的复制、拆分和清除操作是相同的。

举一反三：使用“混合”工具制作长阴影效果

“长阴影”效果是从近年来流行的扁平化设计风格中延伸出的一种体积感的表现形式。长阴影通常由主体图形向左下方或右下方的位置延伸，形态与主体图形接近。如果针对较复杂的图形绘制长阴影的外轮廓，可能会比较麻烦，而利用两个相同的主图形进行“混合”，则会轻松地得到长阴影效果。

(1) 打开素材，在这里需要对这个卡通记事本创建长阴影效果，如图9-262所示。将图形复制一份，移动到画面空白区域。由于记事本是由多个图形构成的，所以需要进行合并造型操作。选中这些图形，单击属性栏中的“合并”按钮，如图9-263所示。

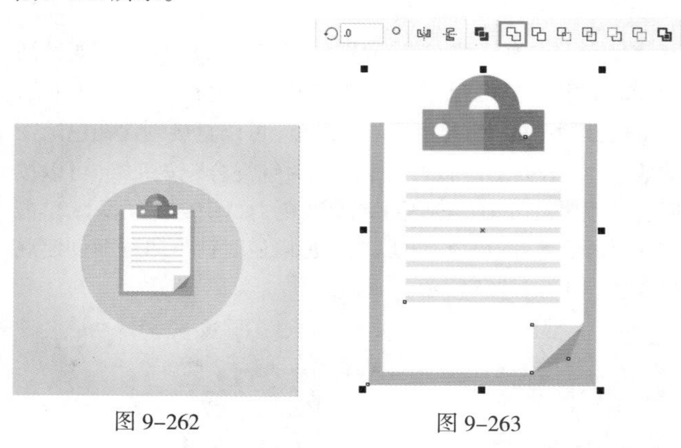

图 9-262　　图 9-263

(2) 得到一个独立的图形后，将其填充为白色。然后将该图形复制一份，移动到左上角，并填充为深青色，如图9-264所示。使用“混合”工具在这两个图形之间创建“混合”效果，设置“步长”为80。效果如图9-265所示。

图 9-264

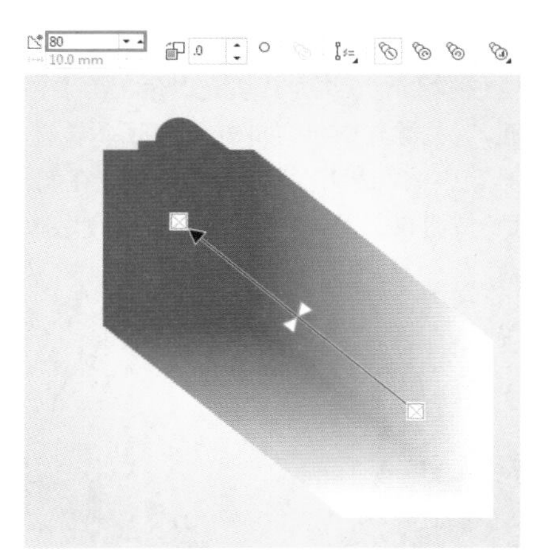

图 9-265

(3)将混合对象移动到原图形下方，现在可以看到长阴影的形态基本出现了，如图9-266所示。为了使阴影更加真实，可以适当调整混合对象的“合并模式”和透明度，使其产生半透明效果，如图9-267所示。

图 9-266

图 9-267

(4)将混合对象进行群组，然后与后方的圆形创建图框精确剪裁。完成效果如图9-268所示。使用同样的方法可以为其他图形添加长阴影效果，如图9-269所示。

图 9-268

图 9-269

练习实例：使用“混合”工具制作梦幻感线条

文件路径	资源包\第9章\练习实例：使用“混合”工具制作梦幻感线条
难易指数	★★★★★
技术要点	“混合”工具、“透明度”工具

扫一扫，看视频

实例效果

本实例效果如图9-270所示。

图 9-270

操作步骤

步骤 01 新建一个A4大小的空白文档。执行“文件”->“导入”命令，在弹出的“导入”窗口中找到素材位置，选择素材1.jpg，单击“导入”按钮。接着在画面中按住鼠标左键拖动，松开鼠标后完成导入操作，如图9-271所示。

图 9-271

步骤 02 单击工具箱中的“贝塞尔”工具按钮，在画布上绘制一条曲线，设置轮廓色为灰色，如图9-272所示。以同样的方式绘制另一条曲线，如图9-273所示。

图 9-272

图 9-273

步骤 03 单击工具箱中的“混合”工具按钮，在属性栏中设置“混合对象”为65，单击“直接混合”按钮，接着在曲线上按住鼠标左键拖曳创建“混合”效果，如图9-274所示。以同样的方式绘制其他的网状混合图形，如图9-275所示。

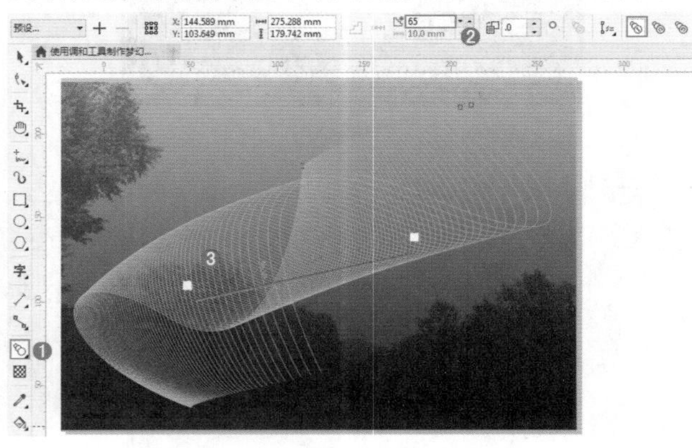

图 9-274

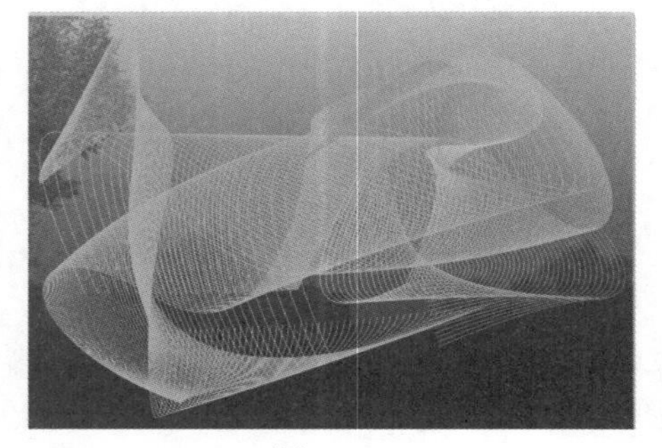

图 9-275

步骤 04 单击工具箱中的“椭圆形”工具按钮，按住Ctrl键在画布上绘制一个圆形，并为其填充白色，然后在调色板中右击“无”按钮，去除轮廓色，如图9-276所示。选中绘制的圆形，单击工具箱中的“透明度”工具按钮，在属性栏中单击“均匀透明度”按钮，设置“透明度”为70，如图9-277所示。

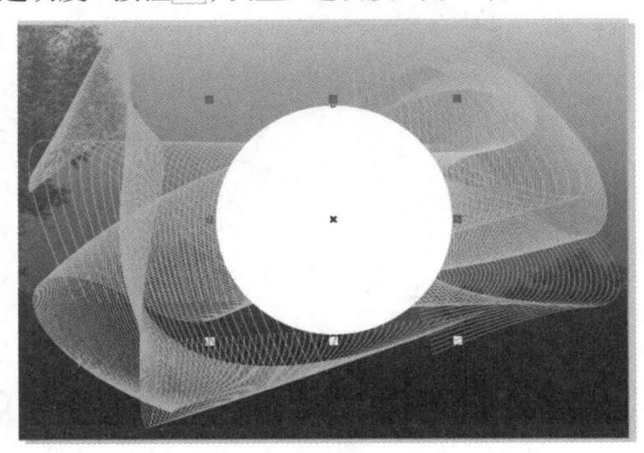

图 9-276

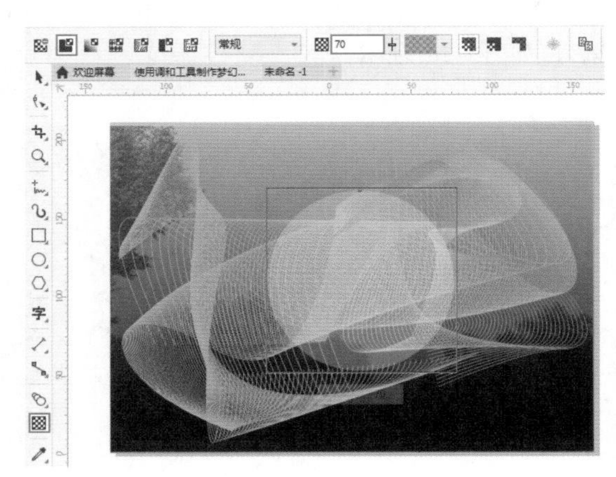

图 9-277

步骤 05 选择正圆，按快捷键Ctrl+C进行复制，然后按快捷键Ctrl+V进行粘贴。接着将复制的正圆向右下方移动，效果如图9-278所示。多次进行复制并调整位置，效果如图9-279所示。

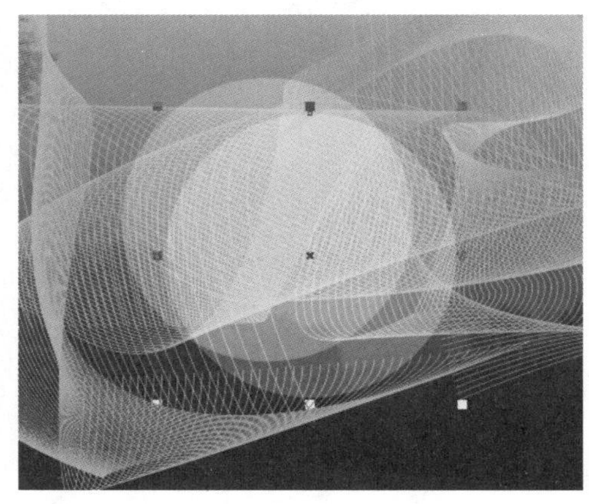

图 9-278

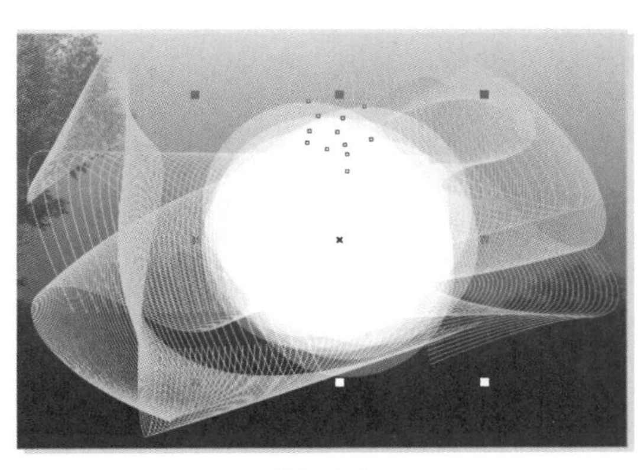

图 9-279

步骤 06 使用“椭圆形”工具，按住Ctrl键在画布上绘制一个圆形，在属性栏中设置“轮廓宽度”为0.75mm，接着设置轮廓色为深灰色，如图9-280所示。以同样的方式再绘制两个圆形，如图9-281所示。

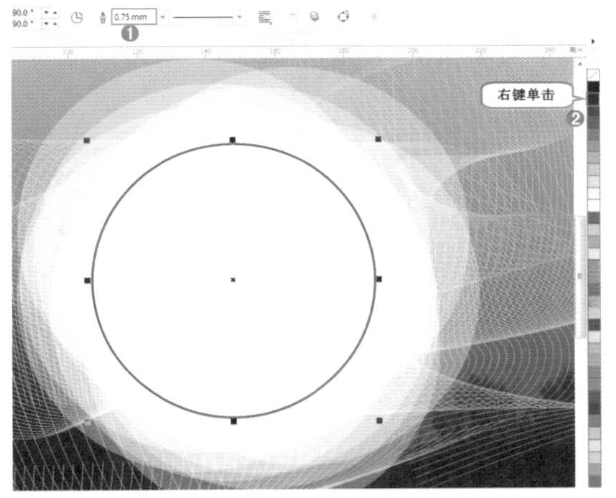

图 9-280

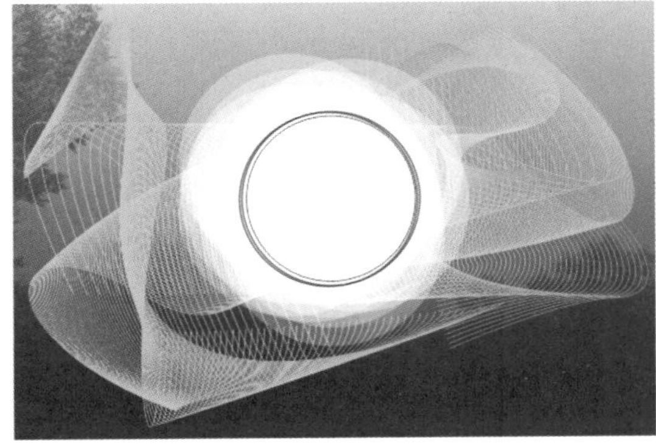

图 9-281

步骤 07 选择工具箱中的“文本”工具字，在画面中单击插入光标，然后输入文字。接着选中输入的文字，在属性栏中设置合适的字体、字号，如图9-282所示。以同样的方式输入其他的文字，如图9-283所示。

图 9-282

图 9-283

步骤 08 选择工具箱中的“2点线”工具，在文字下方按住鼠标左键拖曳绘制一段直线，然后在属性栏中设置“轮廓宽度”为0.75mm。继续绘制另一条直线作为分割线，最终效果如图9-284所示。

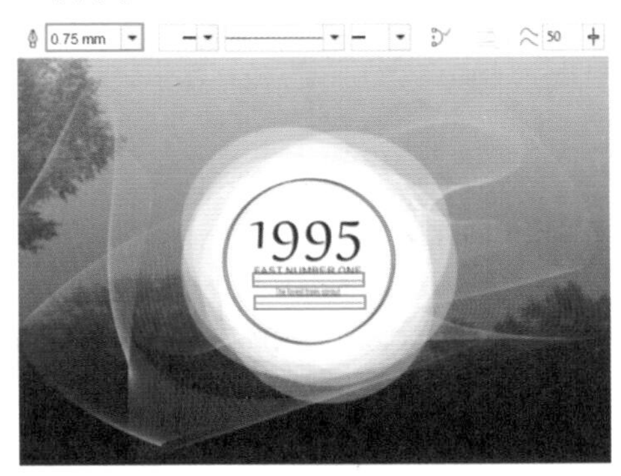

图 9-284

9.6 变形

扫一扫，看视频

使用“变形”工具对图形进行变形与使用“形状”工具对图形进行变形是有本质上的区别的。“形状”工具是直接对图形的形态进行不可还原的更改；使用“变形”工具对图形进行变形，实际上是为图形添加变形效果，一旦清除变形效果，图形即可恢复到原来的状态。单击“阴影”工具按钮右下角的◢按钮，在弹出的工具列表中选择“变形”工具。

重点 9.6.1 创建与编辑变形效果

1. 手动创建变形效果

首先绘制一个图形，如图9-285所示。选择该图形，单击工具箱中的“变形”工具按钮，然后在图形上按住鼠标左键拖动，根据蓝色的轮廓判断变形效果，如图9-286所示。释放鼠标即可完成变形操作，效果如图9-287所示。

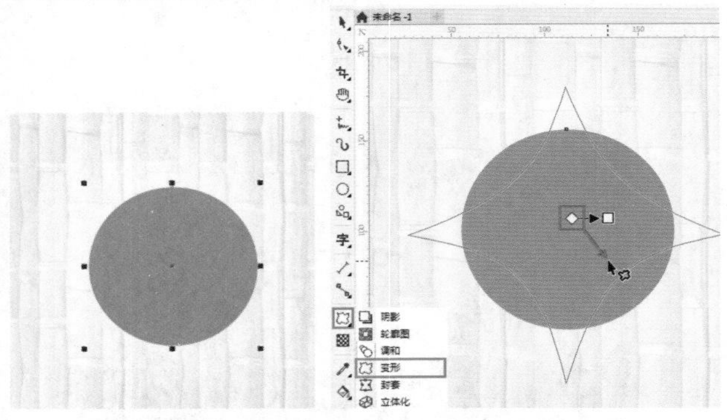

图 9-285　　图 9-286

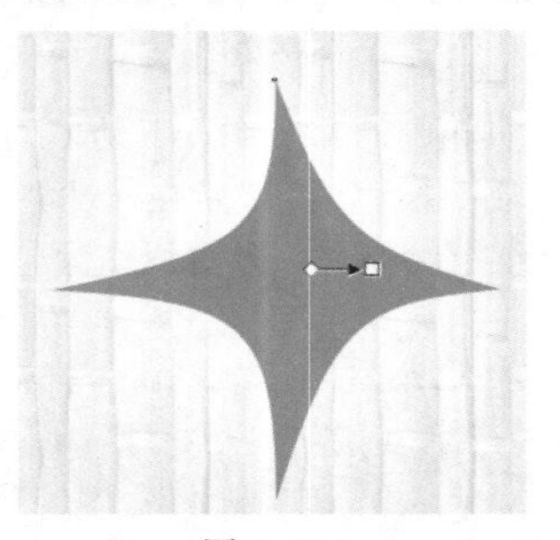

图 9-287

2. 使用预设创建变形效果

选择一个图形，单击工具箱中的“变形”工具按钮，在属性栏中单击“预设”右侧的下拉按钮，在弹出的下拉列表中包括5种预设的变形效果，如图9-288所示。如图9-289所示为5种预设的变形效果。

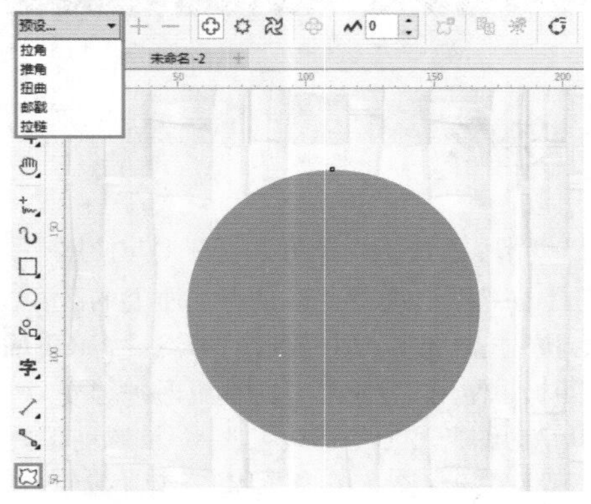

图 9-288

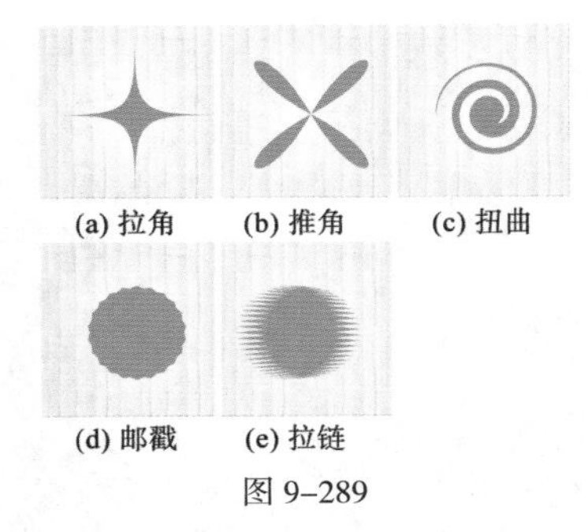

(a) 拉角　(b) 推角　(c) 扭曲

(d) 邮戳　(e) 拉链

图 9-289

3. 调整变形效果

(1) 选择一个变形后的图形，如图9-290所示。拖曳控制柄上的◇控制点可以调整变形的起始位置，拖曳控制柄上的□控制点可以调整变形的程度。效果如图9-291和图9-292所示。

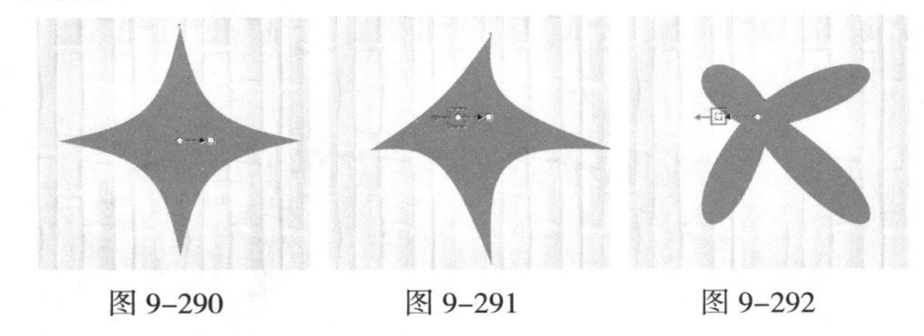

图 9-290　　图 9-291　　图 9-292

(2) 选择一个变形后的图形，单击属性栏中的“居中变形”按钮，如图9-293所示。随即变形起点位置变为中心，如图9-294所示。

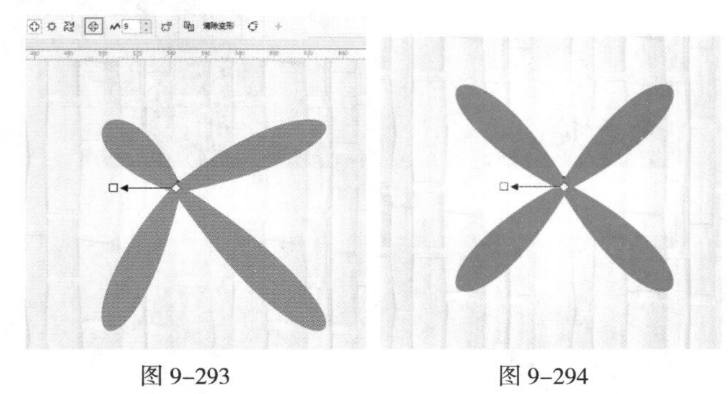

图 9-293　　图 9-294

重点 9.6.2 动手练：“推拉变形”模式

“推拉变形”模式能够通过推入和外拉边缘使图形变形。

1. 创建推拉变形效果

选择一个图形，如图9-295所示。选择工具箱中的“变形”工具，单击属性栏中的“推拉变形”按钮，然后将光标放在图形中央位置，按住鼠标左键向外拖曳，即可创建外拉的变形效果，如图9-296所示。如果将光标移动至图形边缘，按住鼠标左键向内拖曳，即可创建推入的变形效果，如图9-297所示。

图 9-295

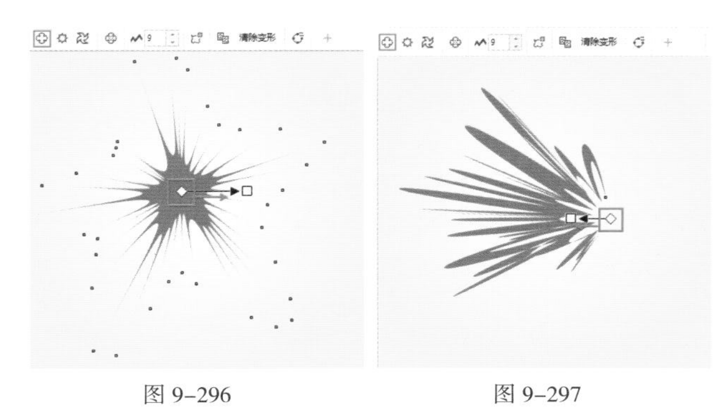

图 9-296　　图 9-297

2. 编辑推拉变形效果

"推拉振幅"选项 -100 可以调整推拉变形的效果。当数值为正时，创建外拉的变形效果，如图9-298所示；当数值为负时，则创建内推的变形效果，如图9-299所示。

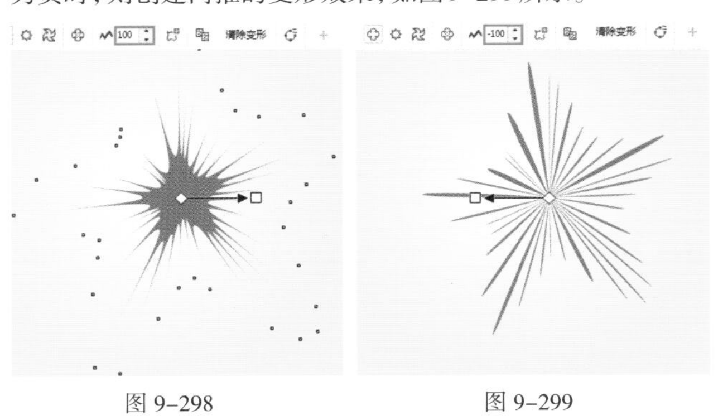

图 9-298　　图 9-299

重点 9.6.3 动手练："拉链变形"模式

"拉链变形"模式能够创建锯齿边缘的变形效果。

1. 创建拉链变形效果

选择一个图形，如图9-300所示。选择工具箱中的"变形"工具，单击属性栏中的"拉链变形"按钮，然后将光标放在图形中央位置，按住鼠标左键向外拖曳。变形效果如图9-301所示。

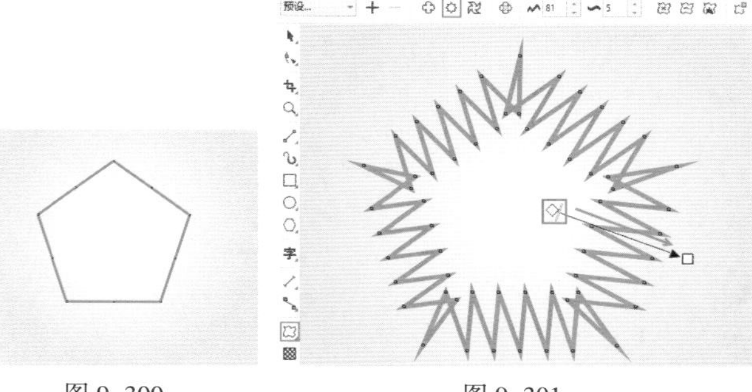

图 9-300　　图 9-301

2. 调整拉链变形效果

(1)"拉链振幅"选项 80 用于调整锯齿效果的高度，数值越大锯齿越高。如图9-302和图9-303所示是"拉链振幅"为20和80的对比效果。

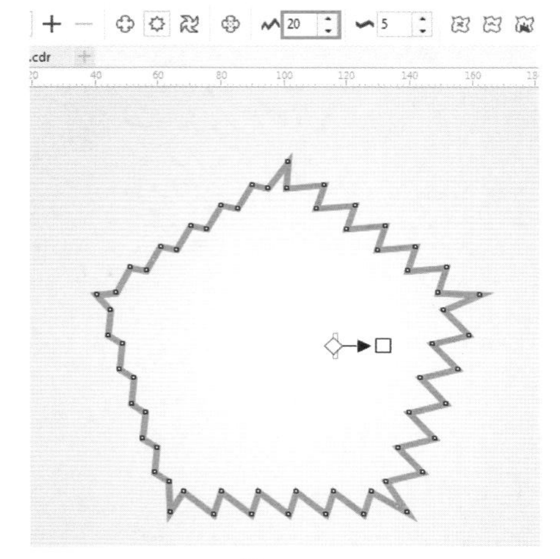

图 9-302

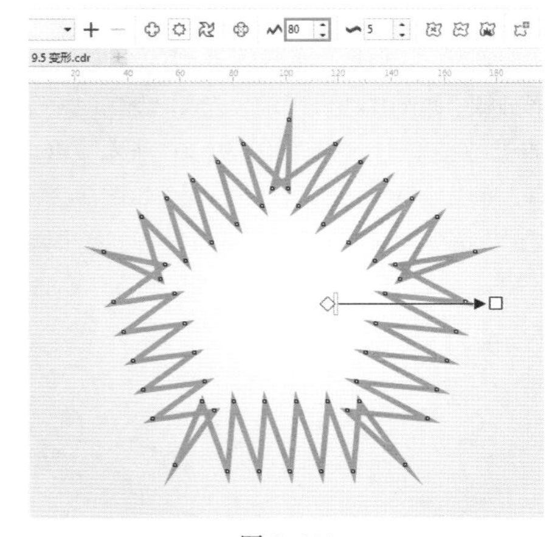

图 9-303

(2)"拉链频率"选项 5 用于调整锯齿的数量，数值越高锯齿的数量越多。如图9-304和图9-305所示是"拉链频率"为2和10的对比效果。

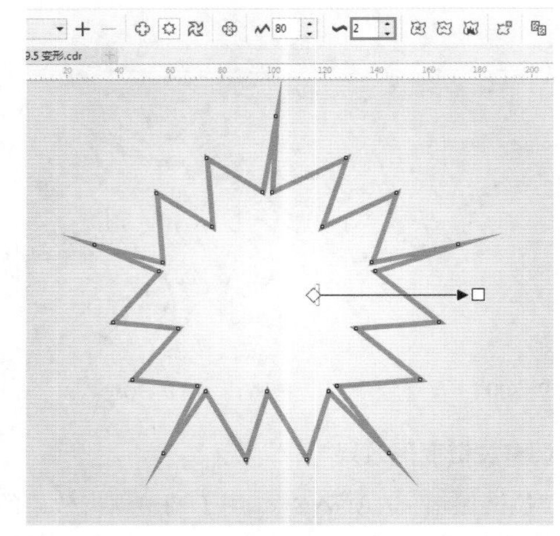

图 9–304

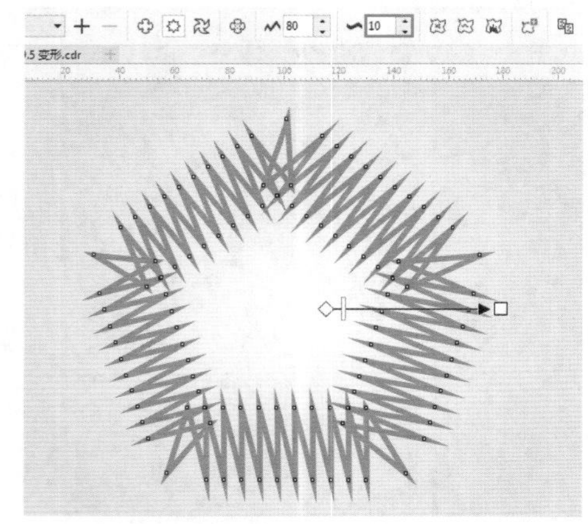

图 9–305

3. 更改拉链变形类型

属性栏中的“随机变形”、“平滑变形”和“局部变形”三个按钮用于创建三种不同类型的变形效果。首先创建拉链变形效果，如图9–306所示。单击“随机变形”按钮，可以创建随机拉链变形效果，如图9–307所示；单击“平滑变形”按钮，可以创建平滑节点的效果，如图9–308所示；单击“局部变形”按钮，则随着变形的进行，逐步降低变形效果，如图9–309所示。

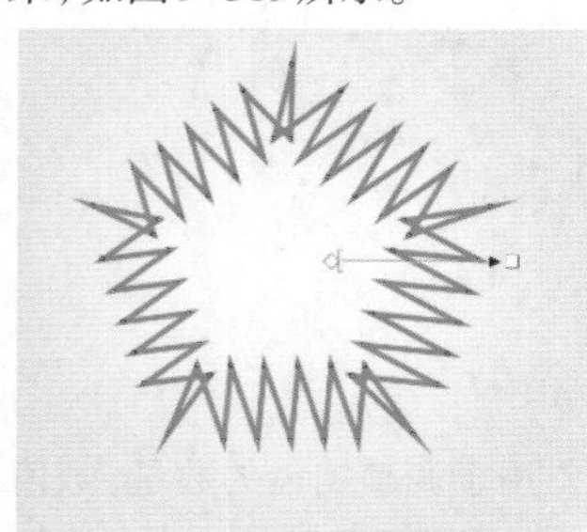

图 9–306　　图 9–307

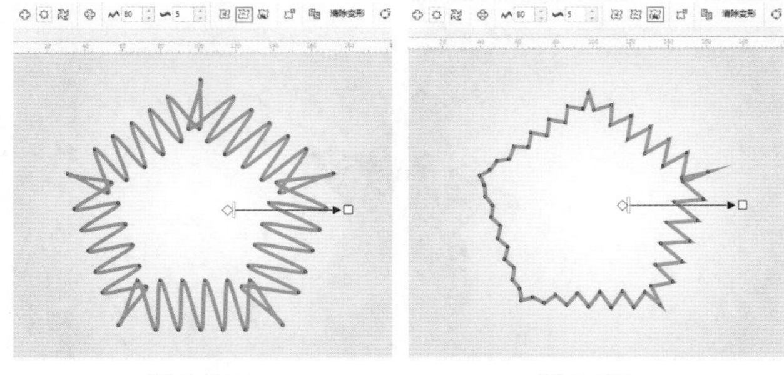

图 9–308　　图 9–309

重点 9.6.4 动手练：“扭曲变形”模式

“扭曲变形”模式能够创建旋涡状的变形效果。

1. 创建扭曲变形效果

选择一个图形，如图9–310所示。选择工具箱中的“变形”工具，单击属性栏中的“扭曲变形”按钮，然后将光标放在图形上，按住鼠标左键拖动，接着沿着图形边缘拖动鼠标进行扭曲变形，如图9–311所示。拖动的圈数越多，扭曲变形的效果越明显，如图9–312所示。

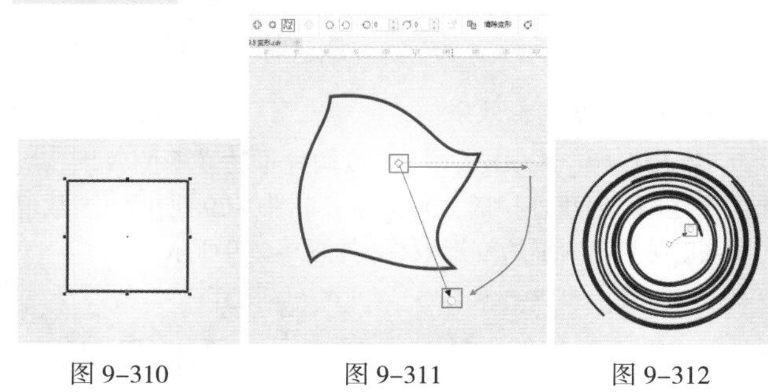

图 9–310　　图 9–311　　图 9–312

2. 调整扭曲变形的旋转方向

单击“顺时针旋转”按钮，可以创建顺时针扭曲变形效果，如图9–313所示。单击“逆时针旋转”按钮，可以创建逆时针扭曲变形效果，如图9–314所示。

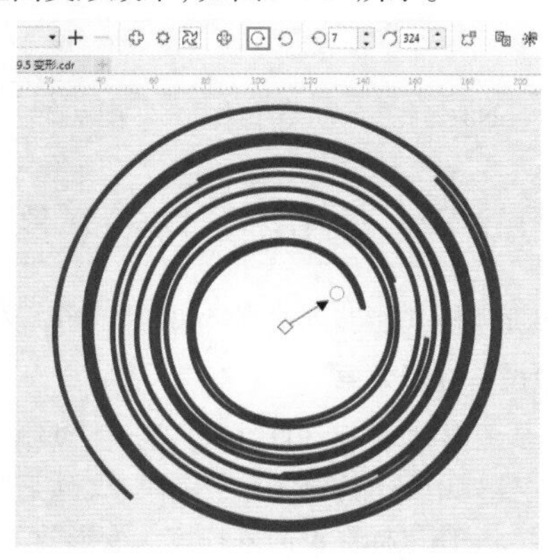

图 9–313

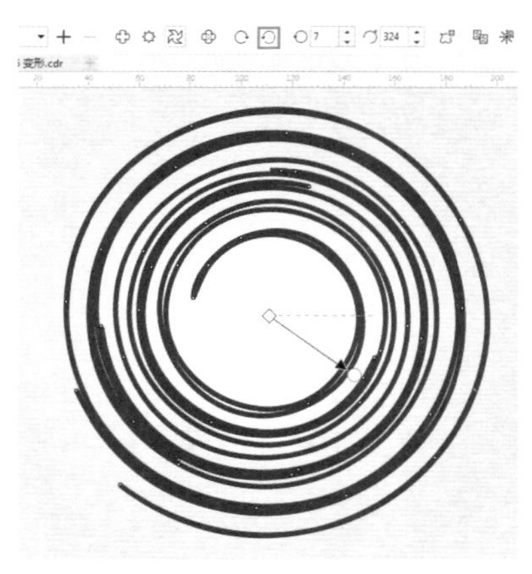

图 9-314

3. 设置扭曲变形的旋转效果

(1) 属性栏中的“完整旋转”选项 用于调整对象旋转扭曲的程度，数值越大旋转扭曲的效果越强烈。如图9-315和图9-316所示是参数值为1和3的对比效果。

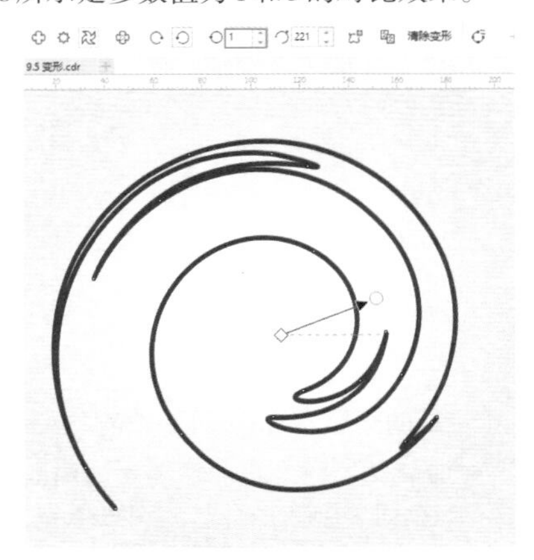

图 9-315

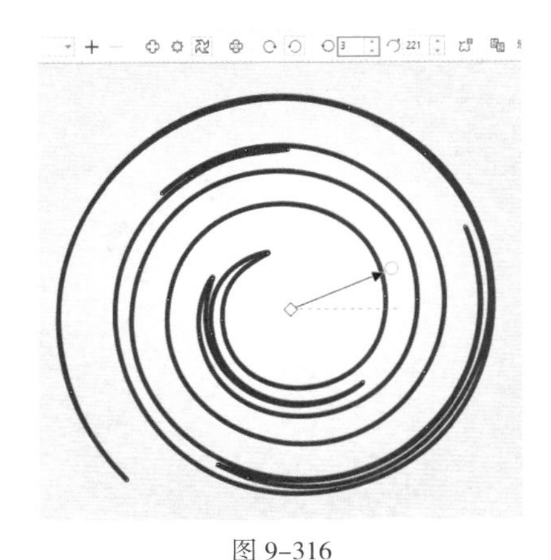

图 9-316

(2)“附加角度”选项 在扭曲变形的基础上作为附加的内部旋转，对扭曲后的对象内部做进一步的扭曲处理。如图9-317和图9-318所示是参数值为100°和250°的对比效果。

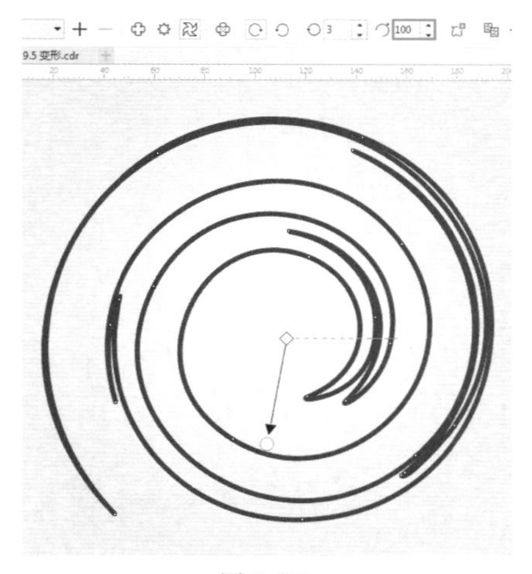

图 9-317

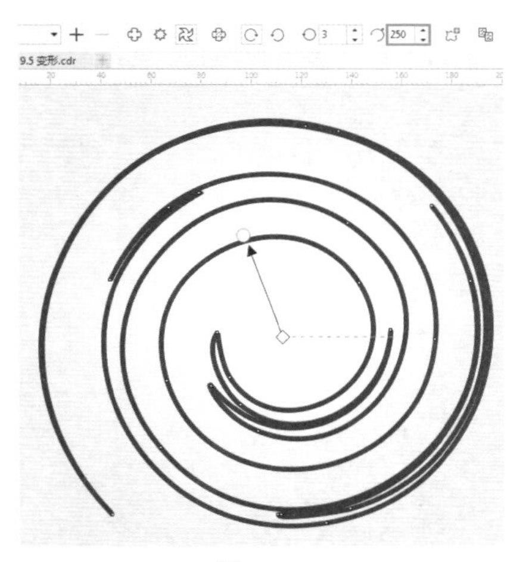

图 9-318

9.6.5 清除变形效果

选择变形后的对象，单击“清除变形”按钮 ，即可清除变形效果。如果对象之前进行过多次变形操作，那么就需要多次执行该操作才能恢复最初状态。首先将图形进行两次变形操作，如图9-319所示。然后单击“清除变形”按钮，即可撤销一次变形效果，如图9-320所示。接着再次单击“清除变形”按钮，图形便会回到最初效果，如图9-321所示。

图 9-319　　图 9-320　　图 9-321

重点 9.6.6 转换为曲线

选择一个变形后的图形，单击属性栏中的“转换为曲线”按钮（快捷键Ctrl+Q），如图9-322所示。转换为曲线后，变形的图形将失去变形效果的属性。

图 9-322

练习实例：使用“变形”工具制作抽象海报

扫一扫，看视频

文件路径	资源包\第9章\练习实例：使用“变形”工具制作抽象海报
难易指数	★★★★★
技术要点	“变形”工具、“交互式填充”工具、“文本”工具

实例效果

本实例效果如图9-323所示。

图 9-323

操作步骤

步骤 01 新建一个A4大小的空白文档。单击工具箱中的“多边形”工具按钮，在属性栏中设置“点数或边数”为6，在画布上绘制一个六边形，如图9-324所示。选择工具箱中的“变形”工具，在属性栏中单击“推拉”按钮，然后按住鼠标左键拖曳创建变形效果，如图9-325所示。

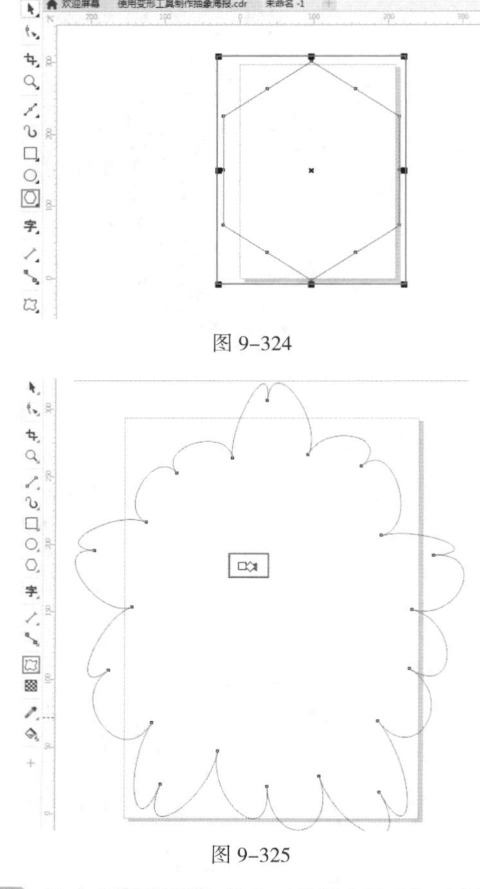

图 9-324

图 9-325

步骤 02 选中变形的图形，单击工具箱中的“交互式填充”工具按钮，在属性栏中单击“双色图样填充”按钮，在“第一种填充色或图样”下拉列表中选择合适的图样填充，设置“前景色”为紫色，设置“背景色”为白色，如图9-326所示。接着拖曳控制点，适当地调整图样的大小。效果如图9-327所示。

图 9-326

图 9-327

步骤 03 选择该图形，按快捷键Ctrl+C进行复制，然后按快捷键Ctrl+V进行粘贴。将前方的图像进行缩放，然后将“前景色”设置为橘红色，如图9-328所示。选中该图形，双击界面右下方的“轮廓笔”按钮，在弹出的“轮廓笔”窗口中设置“宽度”为1.5mm，“颜色”为紫色，如图9-329所示。设置完成后单击OK按钮，图形效果如图9-330所示。

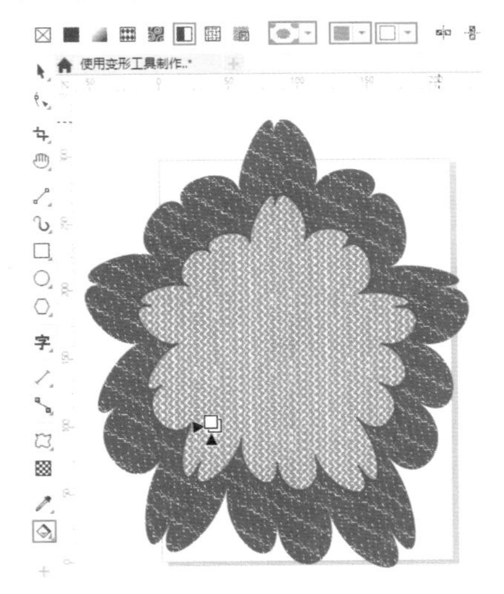

图 9-328

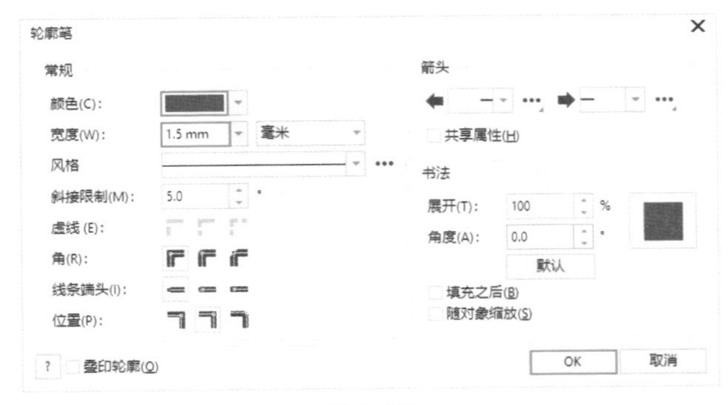

图 9-329

图 9-330

步骤 04 使用“多边形”工具在画布上绘制一个多边形，如图9-331所示。再次选择“变形”工具，在属性栏中单击“推拉变形”按钮，设置“推拉振幅”为19，然后按Enter键，此时图形效果如图9-332所示。

图 9-331

图 9-332

步骤 05 选中绘制的图形，设置填充色为黄色，轮廓色为紫色，如图9-333所示。以同样的方式制作其他的图形，如图9-334所示。图形制作完成后，按快捷键Ctrl+A进行全选，然后按快捷键Ctrl+G进行编组。

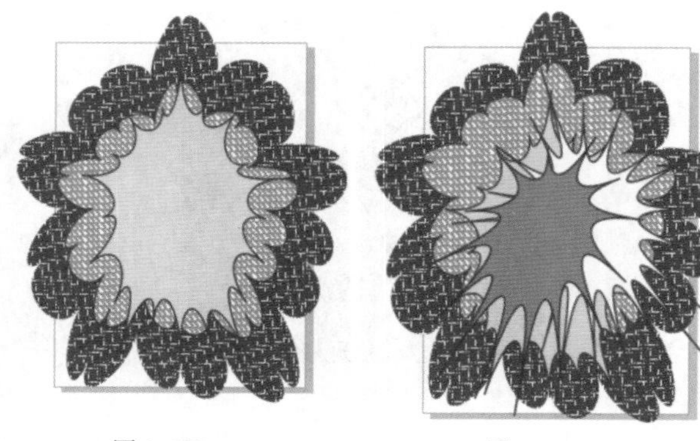

图 9-333　　　　图 9-334

步骤 06 双击工具箱中的“矩形”工具按钮□，绘制一个与画板等大的矩形，并填充为白色，如图9-335所示。选择后方的图形，执行“对象”->PowerClip->“置于图文框内部”命令，当光标变成箭头形状时单击绘制的矩形，此时画面效果如图9-336所示。

图 9-335　　　　图 9-336

步骤 07 选择工具箱中的“文本”工具字，在画面中单击插入光标，然后输入文字。接着选中输入的文字，在属性栏中设置合适的字体、字号，设置文本对齐方向为“右”，如图9-337所示。

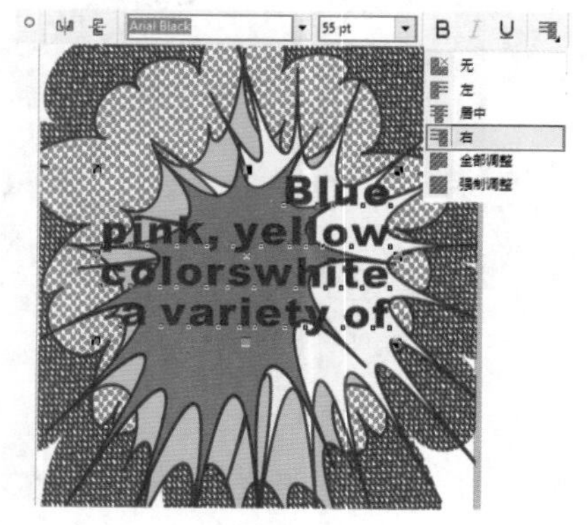

图 9-337

步骤 08 选择文字，按快捷键Ctrl+C进行复制，然后按快捷键Ctrl+V进行粘贴。双击界面右下方的“轮廓笔”按钮，在弹出的“轮廓笔”窗口中设置“宽度”为10.0mm，“颜色”为白色，单击OK按钮，如图9-338所示。文字效果如图9-339所示。

步骤 09 执行“对象”->“顺序”->“向后一层”命令，文字效果如图9-340所示。

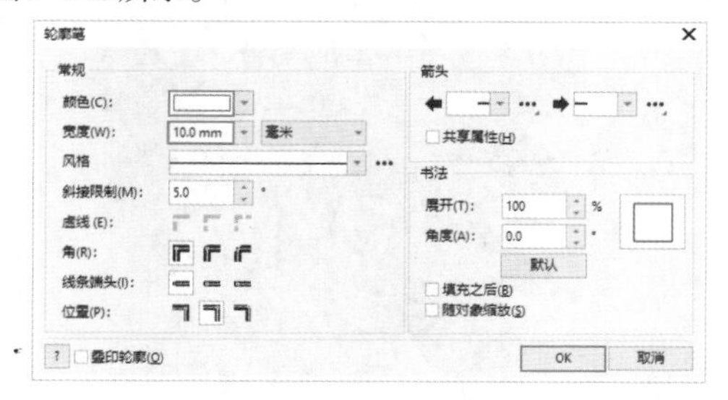

图 9-338

图 9-339　　　　图 9-340

步骤 10 单击工具箱中的“矩形”工具按钮，在画布右下角绘制一个矩形，并为其填充紫色，如图9-341所示。以同样的方式绘制另外两个矩形，如图9-342所示。

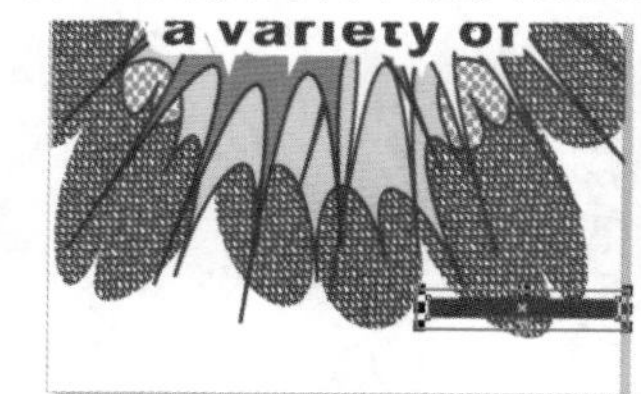

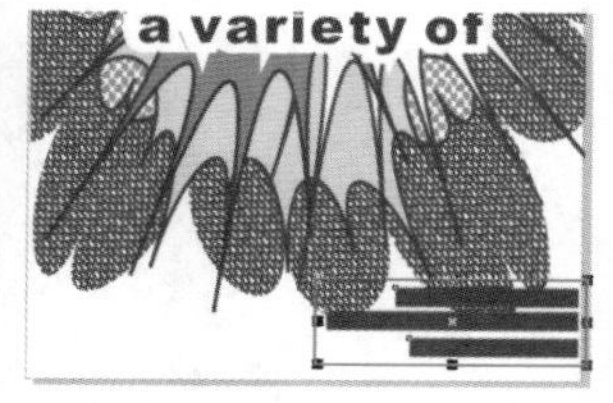

图 9-341　　　　图 9-342

步骤 11 使用“文本”工具在矩形内输入文字，最终效果如图9-343所示。

图 9-343

9.7 封套

“封套”工具是一种对对象进行变形的工具，产生的变形效果就如同将对象封装到一个袋子中，随意揉捏袋子，袋子中的物体形状就会发生变化。“封套”工具可以对图形、文字、编组对象和位图等对象进行操作。单击“阴影”工具按钮右下角的◢按钮，在弹出的工具列表中即可选择“封套”工具，如图9-344所示。如图9-345所示为使用“封套”工具制作的海报作品。

扫一扫，看视频

图 9-344　　图 9-345

重点 9.7.1 动手练：为对象添加封套

1. 添加封套

选择一个图形，单击工具箱中的“封套”工具按钮，随即对象周围会显示用来编辑封套的控制框，如图9-346所示。在控制框的边缘有控制点，拖曳控制点即可进行变形，如图9-347所示。

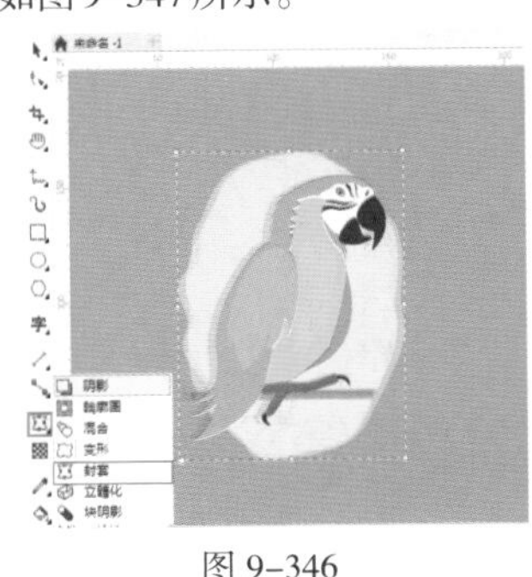

图 9-346

图 9-347

2. 选择预设的封套变形效果

选择一个图形，单击工具箱中的“封套”工具按钮，在属性栏中单击“预设”右侧的下拉按钮，在弹出的下拉列表中选择一种合适的预设封套变形效果，即可将其应用到对象中，如图9-348所示。如图9-349所示为各种预设的封套变形效果。

图 9-348

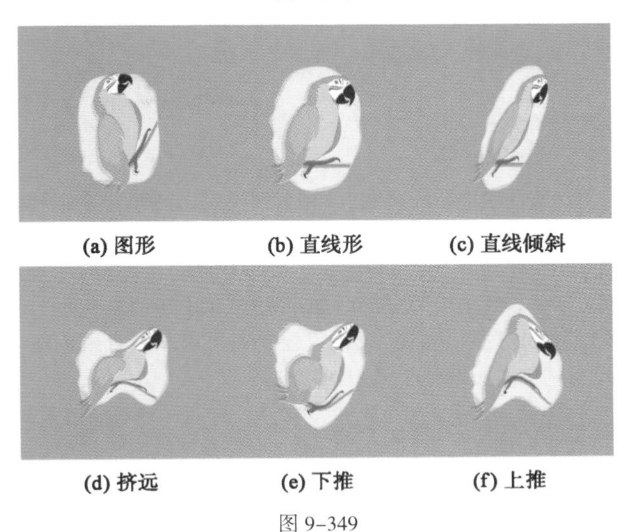

(a) 图形　(b) 直线形　(c) 直线倾斜

(d) 挤远　(e) 下推　(f) 上推

图 9-349

提示：通过“封套”泊坞窗为图形添加预设封套效果

选择一个图形，执行“效果”->“封套”命令，在弹出的“封套”泊坞窗中选择“添加预设”选项卡，其中有多种预设封套效果可供选择。从中单击选择一种预设的封套效果，如图9-350所示。封套效果如图9-351所示。

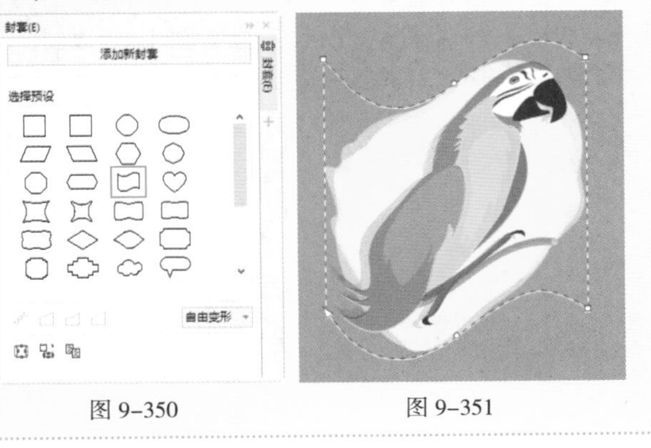

图 9-350　　图 9-351

重点 9.7.2 编辑封套

默认情况下控制框上共有8个控制点，如果要添加控制点，在控制框上双击即可，如图9-352所示。单击选择一个控制点，可以在属性栏中看到用来编辑节点的选项，其使用方法与“形状”工具属性栏中相应选项的使用方法相同，如图9-353所示。

图 9-352

图 9-353

在属性栏中系统提供了4种封套模式，分别是“非强制模式”、“直线模式”、“单弧模式”和“双弧模式”。默认的封套模式是“非强制模式”，其变化相对比较自由，并且可以对封套的多个节点同时加以调整，如图9-354所示。若单击“直线模式”按钮，拖曳控制点可以基于直线创建封套，为对象添加透视点，如图9-355所示。

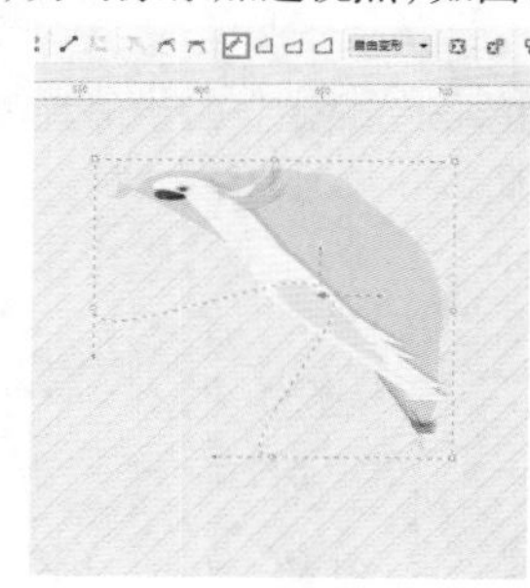

图 9-354

图 9-355

若单击“单弧模式”按钮，拖曳控制点可以创建一边带弧形的封套，使对象呈现凹面结构或凸面结构外观，如图9-356所示。若单击“双弧模式”按钮，拖曳控制点可以创建一边或多边带S形的封套，如图9-357所示。

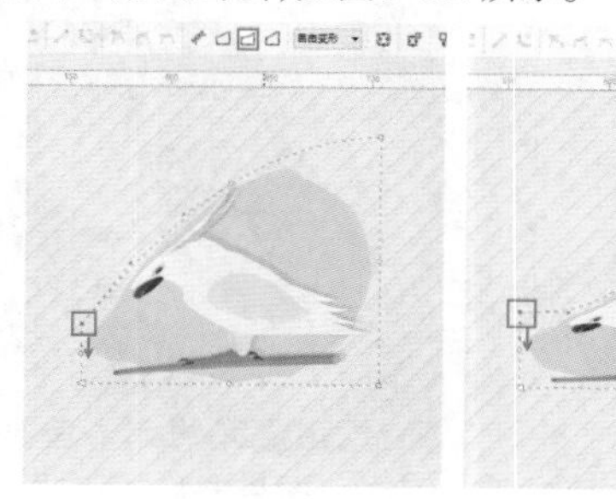

图 9-356

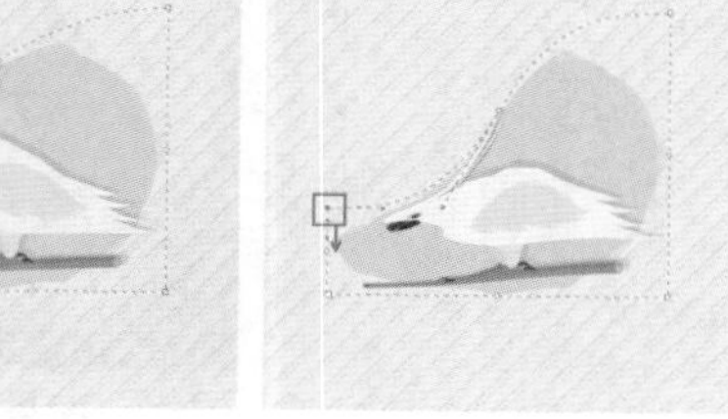

图 9-357

9.7.3 根据其他形状创建封套

在创建封套变形效果时，可以以某种特定的图形作为封套进行变形。

(1) 绘制一个图形，如图9-358所示。选择要封套变形的图形，然后单击属性栏中的“创建封套”按钮，如图9-359所示。

图 9-358

图 9-359

(2) 在绘制的图形上单击，如图9-360所示。接着即可以图形的轮廓创建封套效果，如图9-361所示。

图 9-360

图 9-361

练习实例：制作倾斜的文字海报

扫一扫，看视频

文件路径	资源包\第9章\练习实例：制作倾斜的文字海报
难易指数	★★★★★
技术要点	“矩形”工具、“封套”工具

实例效果

本实例效果如图9-362所示。

图 9-362

操作步骤

步骤 01 执行“文件”->“新建”命令，创建新文档。双击工具箱中的“矩形”工具按钮□，绘制一个与画板等大的矩形。单击调色板中的粉色色块为其填充粉色，接着右击“无”按钮☒，去除轮廓色，如图9-363所示。

图 9-363

步骤 02 执行“文件”->“导入”命令，在弹出的“导入”窗口中找到素材位置，选择素材1.png，单击“导入”按钮。接着在画面中按住鼠标左键拖动，松开鼠标后完成导入操作，如图9-364所示。

图 9-364

步骤 03 选择工具箱中的“文本”工具字，在画面中单击插入光标，然后输入文字。接着选中输入的文字，在属性栏中设置合适的字体、字号，如图9-365所示。以同样的方式输入其他文字，如图9-366所示。

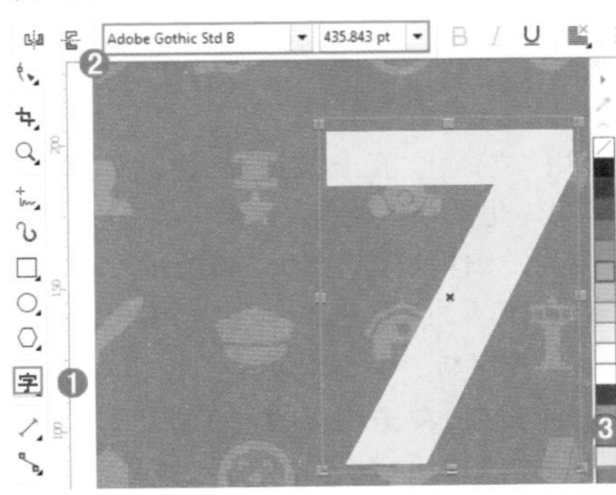

图 9-365

图 9-366

步骤 04 单击工具箱中的“矩形”工具按钮□，在属性栏中单击“圆角”按钮◻，设置“转角半径”为6.0mm，绘制一个圆角矩形，如图9-367所示。接着为其填充粉色，如图9-368所示。

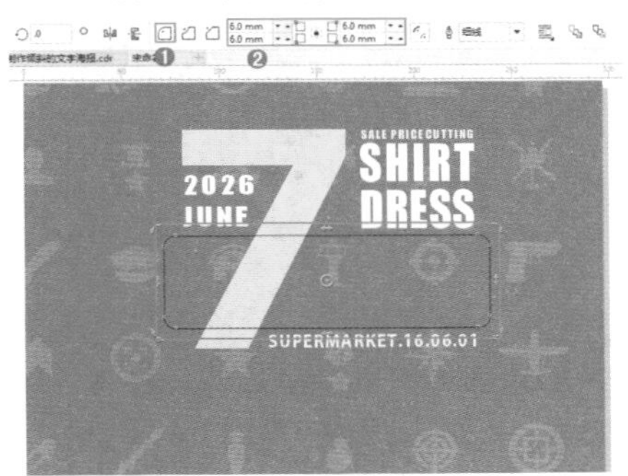

图 9-367

图 9-368

步骤 05 双击界面右下角的“轮廓笔”按钮，在弹出的“轮廓笔”窗口中设置“宽度”为24.0px，“颜色”为白色，单击OK按钮，如图9-369所示。图形效果如图9-370所示。

步骤 06 以同样的方式绘制另一个矩形，如图9-371所示。

图 9-369

图 9-370

图 9-371

步骤 07 使用“文本”工具在相应位置输入文字，如图9-372所示。加选输入的文字和绘制的矩形，执行“对象”->“组合”->“组合”命令进行编组。

图 9-372

步骤 08 制作文字阴影效果。选中组合的文字，按快捷键Ctrl+C进行复制，然后按快捷键Ctrl+V进行粘贴。将前方的文字填充为粉色，如图9-373所示。接着将粉色图形向右移动，如图9-374所示。

图 9-373

图 9-374

步骤 09 选中粉色的图形，执行“对象”->“顺序”->“向后一层”命令，文字即可产生阴影的效果，如图9-375所示。

图 9-375

步骤 10 选择文字和后方的阴影图形，执行“对象”->“组合”->“组合”命令。接着选择工具箱中的“封套”工具，单击属性栏中的“直线模式”按钮，移动光标至左上角的节点上，向右拖曳控制点，如图9-376所示。继续调整另外几个控制点的位置，最终效果如图9-362所示。

图 9-376

重点 9.8 立体化

扫一扫，看视频

使用“立体化”工具可对平面化的矢量对象进行立体化的处理。在平面作品中添加立体化效果能够让画面更具视觉冲击力。使用“立体化”工具可以为图形、文字对象添加立体化效果，但是无法为位图添加立体化效果。单击“阴影”工具按钮右下角的◢按钮，在弹出的工具列表中即可选择“立体化”工具，如图9-377所示。如图9-378和图9-379所示为使用该工具制作的作品。

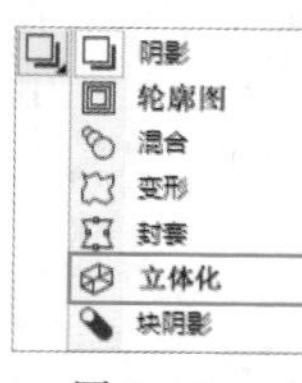

图 9-377

图 9-378

图 9-379

除了利用“立体化“工具按钮外，通过“立体化”泊坞窗也可以创建立体化效果。执行“效果”->“立体化”命令，即可打开“立体化”泊坞窗，如图9-380所示。在“立体化”泊坞窗顶部有“立体化相机”按钮、“立体化旋转”按钮、“立体化光源”按钮、“立体化颜色”按钮和“立体化斜角”按钮5个按钮，单击相应的按钮即可显示相应的选项卡。例如，单击“立体化颜色”按钮，即可显示相应的选项卡，如图9-381所示。

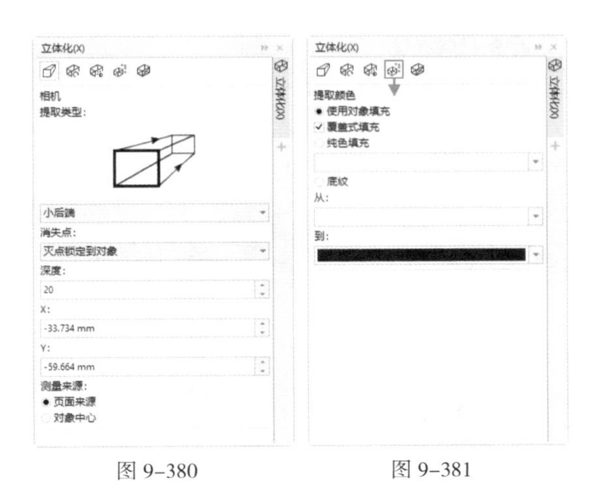

图 9-380　　图 9-381

重点 9.8.1　动手练：创建立体化效果

1. 手动创建立体化效果

选择对象，如图9-382所示。在工具箱中单击“立体化”工具按钮，将光标移至对象上，按住鼠标左键拖动，此时可以参照蓝色的轮廓线确定立体化的大小，如图9-383所示。释放鼠标即可创建立体化的效果，如图9-384所示。

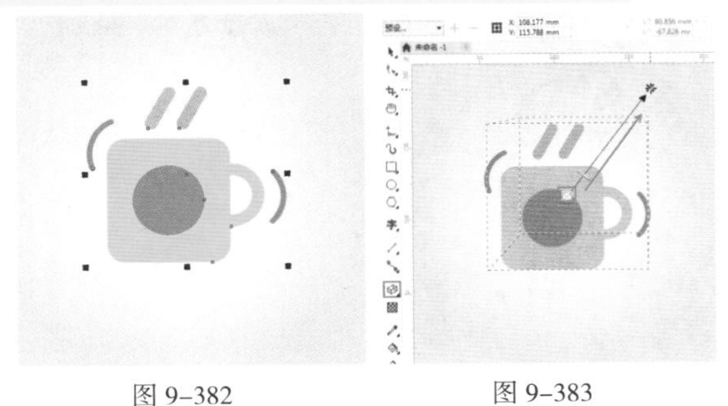

图 9-382　　图 9-383

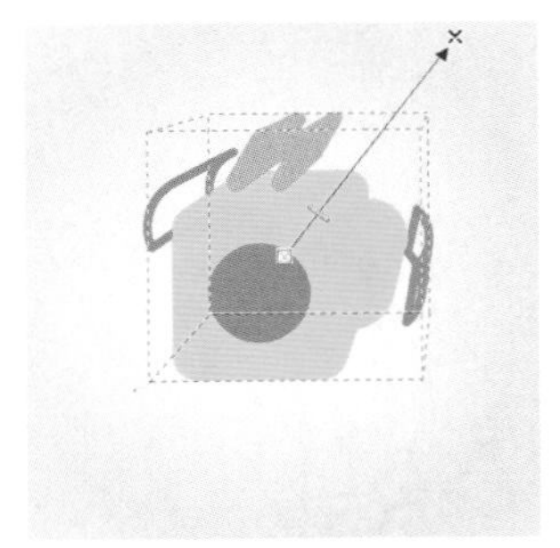

图 9-384

2. 使用预设创建立体化效果

选择对象，在工具箱中单击“立体化”工具按钮，在属性栏中单击“预设”右侧的下拉按钮，将光标移动到预设名称上即可看到预览效果，如图9-385所示。如图9-386所示为6种不同的预设立体化效果。

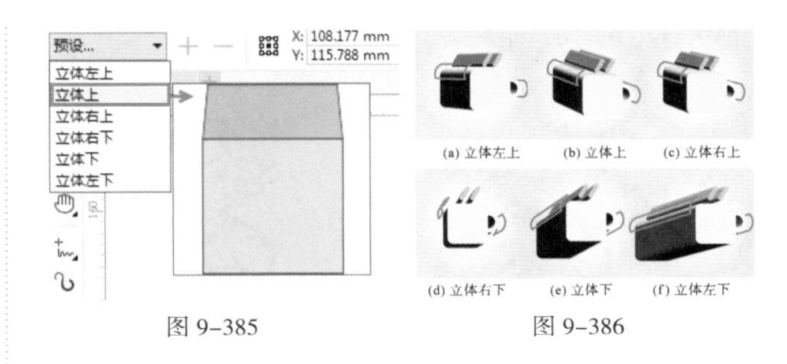

图 9-385　　图 9-386

重点 9.8.2　动手练：设置立体化类型

创建立体化效果后，可以在属性栏中设置立体化类型。选择一个带有立体化效果的图形，在属性栏中单击“立体化类型”下拉按钮，在弹出的下拉列表中有6种立体化类型，如图9-387所示。从中选择一种预设的立体化类型，效果如图9-388所示。

图 9-387

图 9-388

9.8.3　动手练：编辑立体化效果

1. 手动编辑立体化效果

将光标移至控制柄箭头前的✕处，按住鼠标左键拖曳，可以调整立体部分图形的位置，从而影响对象立体化效果，如图9-389和图9-390所示。

图 9-389　　　　图 9-390

2. 精确编辑立体化效果

灭点的位置影响对象的立体化效果。选择一个创建了立体化效果的图形，在属性栏中可以看到灭点的坐标，如图9-391所示。在 150.0 mm 选项中可以设置灭点X坐标的位置，如图9-392所示；在 100.0 mm 选项中可以设置灭点Y坐标的位置，如图9-393所示。

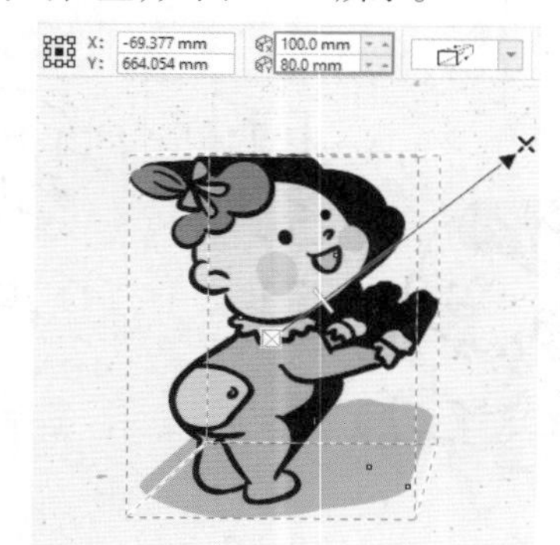

图 9-391

图 9-392

图 9-393

3. 调整灭点深度

属性栏中的“深度”选项 20 用于调整灭点的远近，数值越大，灭点越远，立体化效果越深。如图9-394和图9-395所示是“深度”分别为10和50时的立体化效果。

图 9-394

图 9-395

重点 9.8.4 动手练：旋转立体化对象

(1) 选择立体化对象，如图9-396所示。在“立体化”工具属性栏中单击“立体的方向”按钮，将光标移至弹出的下拉面板中，按住鼠标左键拖动进行旋转，如图9-397所示。释放鼠标后即可旋转立体化对象，如图9-398所示。

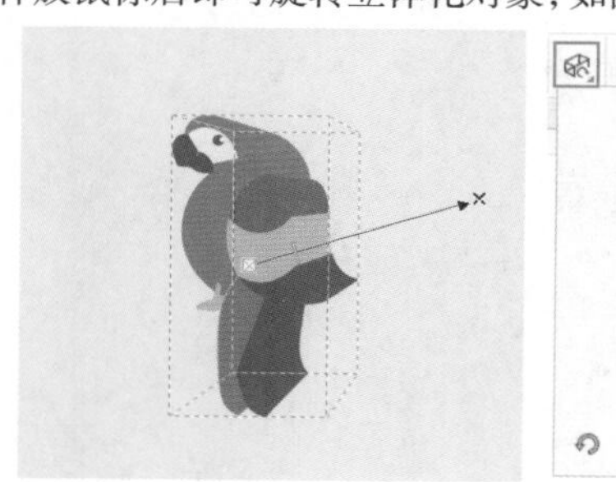

图 9-396

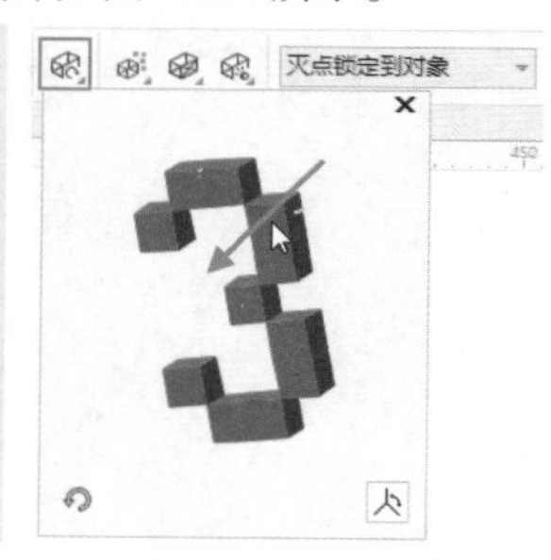

图 9-397

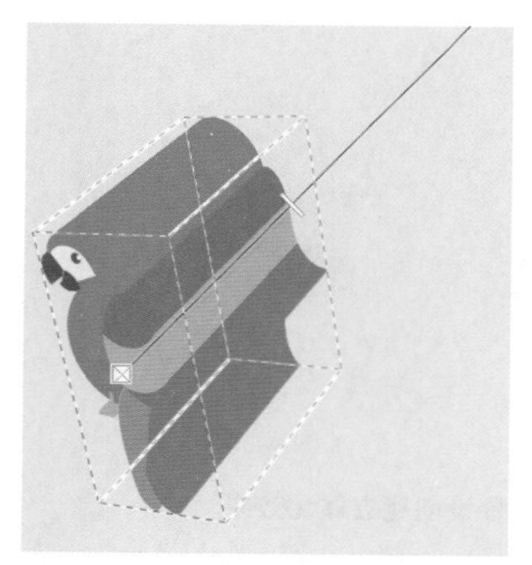

图 9-398

(2) 在“立体化方向”下拉面板中单击按钮，将面板更改为数值面板，通过对x、y、z数值的更改可以更加精确地改变对象的旋转角度，如图9-399和图9-400所示。

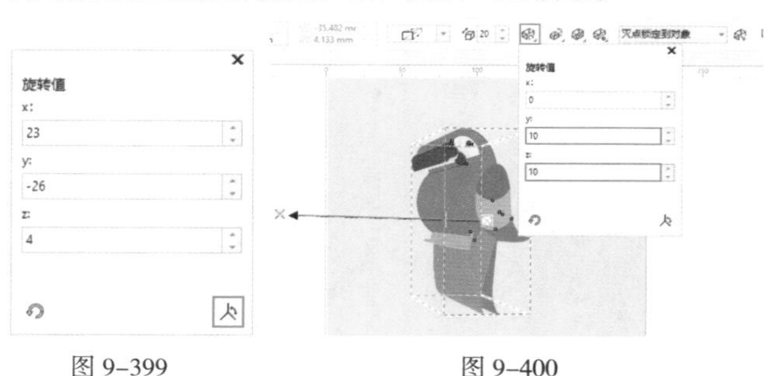

图 9-399　　图 9-400

重点 9.8.5 动手练：设置立体化对象颜色

创建立体化效果后，立面位置的颜色是可以调整的。如果要调整立体化对象的颜色，先选中该对象，接着单击属性栏中的“立体化颜色”按钮右下角的◢按钮，在弹出的下拉面板中选择填充方式——“使用对象进行填充”、“使用纯色”或“使用递减的颜色”。

1. 使用对象进行填充

先选中带有立体化效果的图形，接着单击属性栏中的“立体化颜色”按钮右下角的◢按钮，默认情况下创建的立体化效果的颜色为“使用对象进行填充”，这种填充的特点是以图形的填充色作为立面的颜色，如图9-401所示。

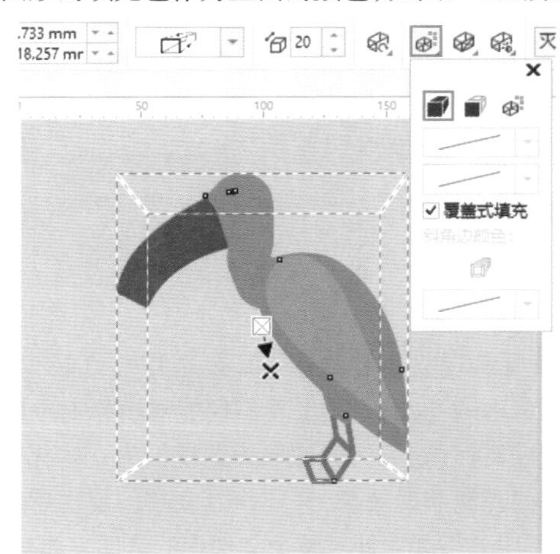

图 9-401

2. 使用纯色

单击“使用纯色”按钮，然后单击“使用纯色”按钮右侧的下拉按钮，在弹出的下拉面板中设置一种颜色，此时立面的颜色就会变为选择的颜色，如图9-402所示。通常立体图形侧面部分的颜色要深于正面部分的颜色。

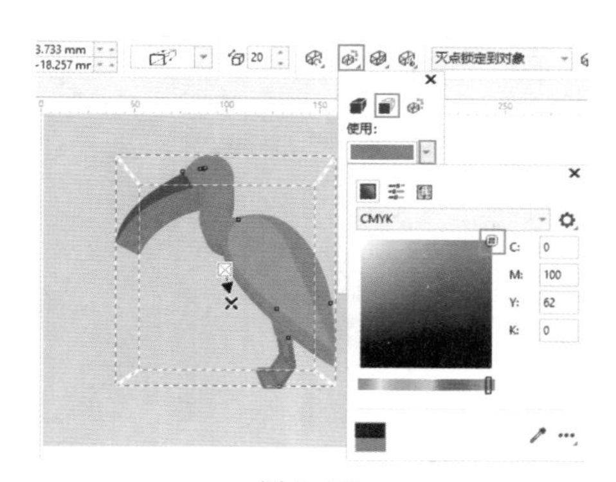

图 9-402

3. 使用递减的颜色

“使用递减的颜色”填充的特点是从一种颜色过渡到另一种颜色。首先单击“使用递减的颜色”按钮，然后设置“从”的颜色，接着设置“到”的颜色。效果如图9-403所示。

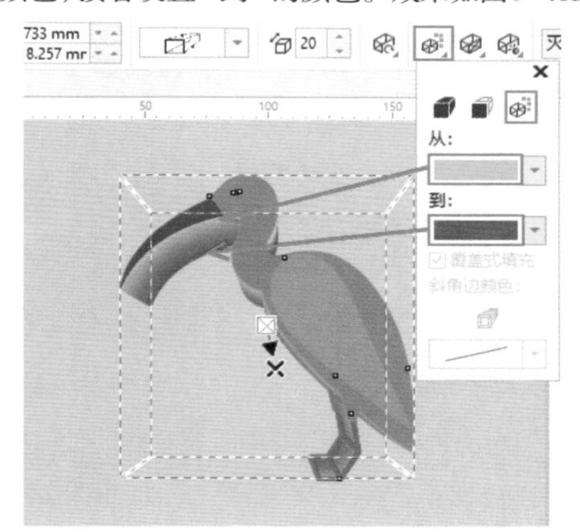

图 9-403

举一反三：制作彩色立体文字

文字是设计作品中非常常见的元素，而立体文字则更独具特色。使用“立体化”工具可以轻松制作立体文字。

(1) 选中要制作立体文字的对象，将文字复制一份放置在空白位置，如图9-404所示。选择文字，使用“立体化”工具创建立体化效果，如图9-405所示。

图 9-404

图 9-405

(2) 此时文字立体部分与原始文字部分具有相同的颜色，所以其立体化效果无法分辨。因此需要对其进行立体化颜色的设置，凸显其立体感。单击属性栏中的“立体化颜色”按钮，然后设置立体化颜色为“使用递减的颜色”，分别设置两个颜色为稍浅的颜色与稍深的颜色，如图9-406所示。接着将之前复制的文字移动到立体化文字上方，然后为平面的文字添加轮廓线，以丰富文字效果。最终效果如图9-407所示。

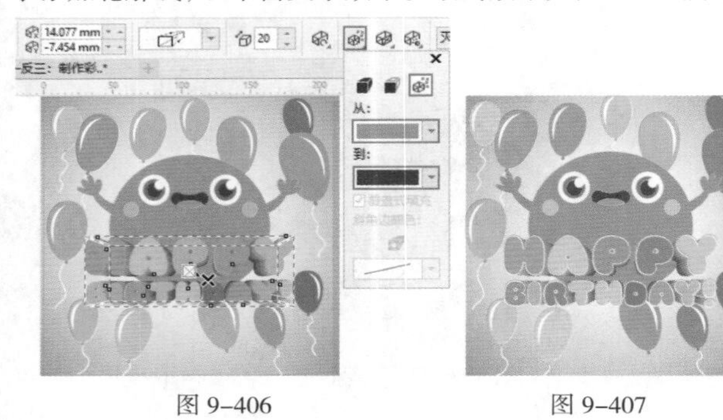

图 9-406　　图 9-407

9.8.6　立体化倾斜

“立体化倾斜”能够将斜边添加到立体化效果中。首先选择一个添加了阴影效果的图形，如图9-408所示。接着单击属性栏中的“立体化倾斜”按钮，在弹出的下拉面板中勾选“使用斜角”复选框，如图9-409所示。

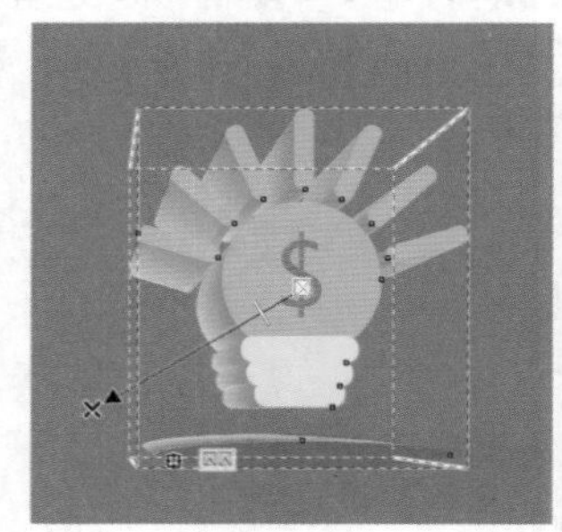

图 9-408　　图 9-409

若勾选“仅显示斜角”复选框，可以只显示斜角修饰的边，如图9-410所示。拖曳缩览图中的控制点，可以手动调整修饰边的大小，如图9-411所示。

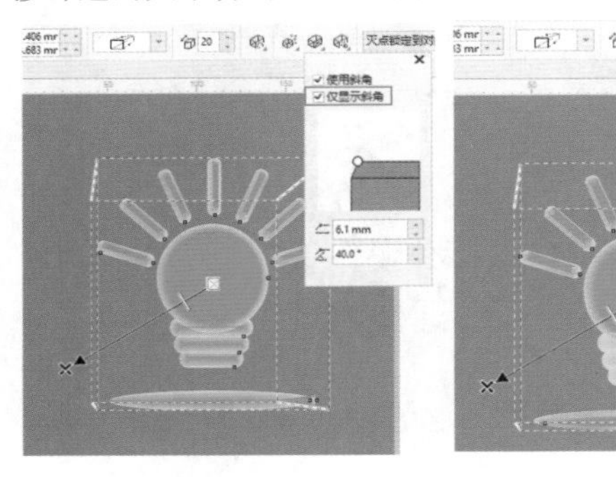

图 9-410　　图 9-411

提示：“立体化倾斜”需要在有光源的情况下才能使用

没有光源时，斜角修饰边的效果无法从图形上看到。如图9-412所示为启用光源与未启用光源的对比效果。

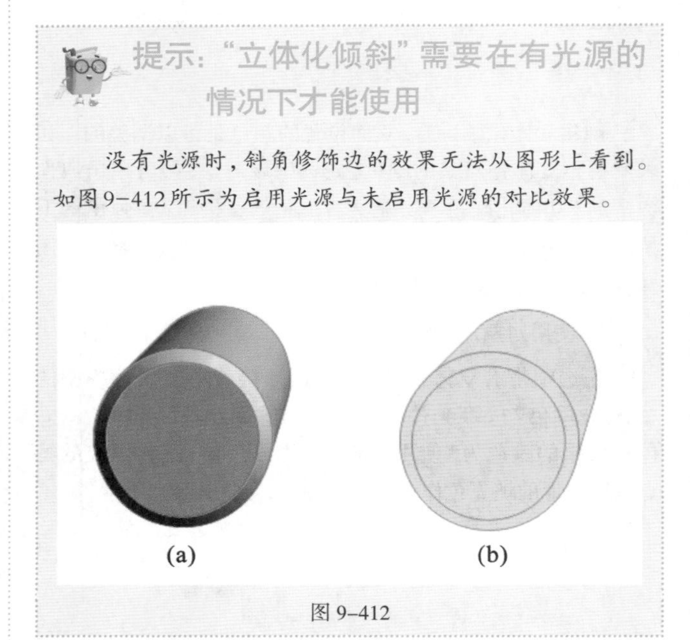

(a)　　(b)

图 9-412

重点 9.8.7　动手练：立体化对象的照明设置

如果要实现立体化效果，那么光是不可缺少的因素。CorelDRAW中的“立体化”工具不仅能够模拟对象的立体化效果，还能够通过对三维光照原理的模拟为立体化对象添加更为真实的光源照射效果，来丰富其立体的层次感。需要注意的是，照明效果并非针对整个文件中的全部立体对象设置，而是针对每个对象单独设置。

1. 添加与取消立体化照明

选择一个添加了立体化效果的图形，如图9-413所示。接着单击属性栏中的“立体化照明”按钮右下角的◢按钮，在弹出的下拉面板中勾选“光源1”复选框，随即“光源1”会出现在对象的右上角，如图9-414所示。

图 9-413

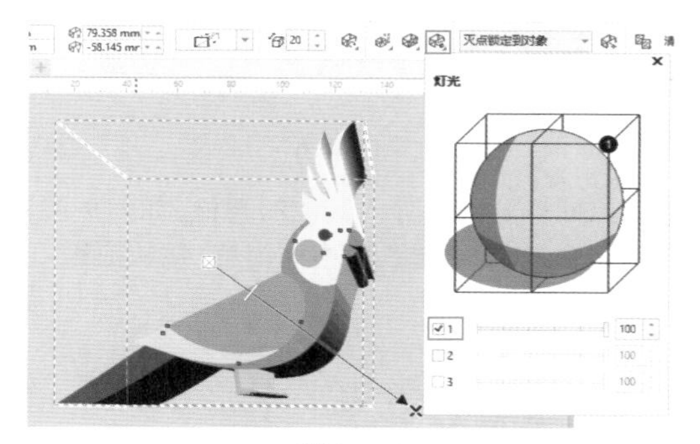

图 9-414

在"立体化照明"下拉面板中勾选"光源2"复选框 ☑2，即可看到"光源2"，如图9-415所示。如果要取消光源立体化照明，单击取消勾选的光源即可。

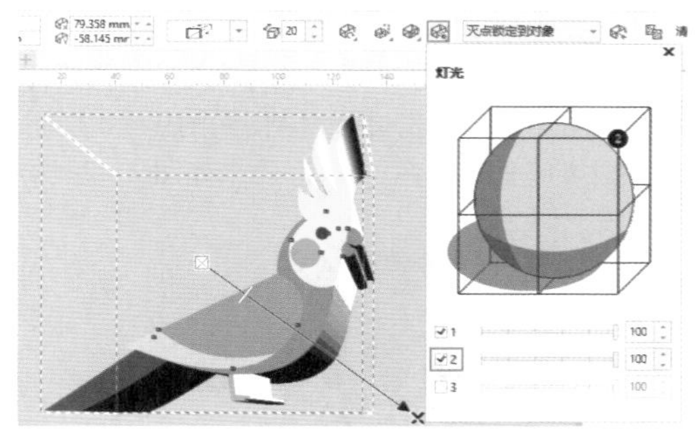

图 9-415

2. 改变光源角度

按住数字并移动到网格的其他位置即可改变光源角度，此时光照效果也会发生变化，如图9-416所示。

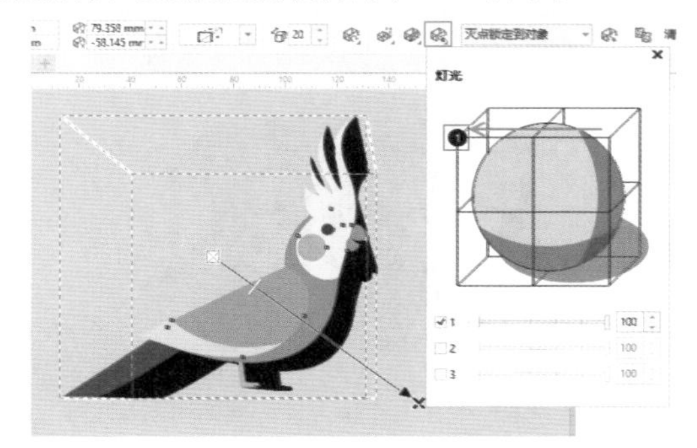

图 9-416

3. 调整光照强度

勾选"光源1"复选框 ☑1，然后拖动滑块调整照明强度，如图9-417所示。如图9-418和图9-419所示是"强度"分别为100和50的对比效果。

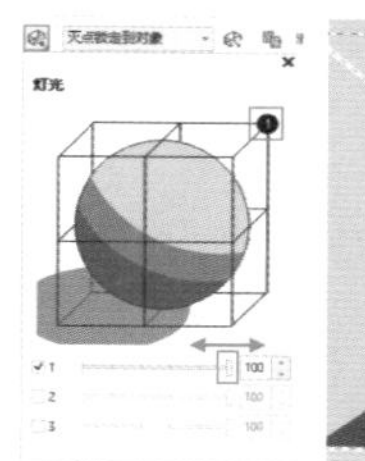

图 9-417

图 9-418

图 9-419

练习实例：使用"立体化"工具制作立体文字标志

文件路径	资源包\第9章\练习实例：使用"立体化"工具制作立体文字标志
难易指数	★★★★★
技术要点	"立体化"工具

扫一扫，看视频

实例效果

本实例效果如图9-420所示。

图 9-420

操作步骤

步骤 01 新建一个A4大小的空白文档。选择工具箱中的"文本"工具字，在画面中单击插入光标，然后输入文字。接着选中输入的文字，在属性栏中设置合适的字体、字号，如图9-421所示。选择文字，单击工具箱中的"交互式填充"工具按钮◈，单击属性栏中的"渐变填充"按钮，编辑一种橘红色的渐变颜色，如图9-422所示。

图 9-421

图 9-422

步骤 02 选中文字，选择工具箱中的“立体化”工具，在文字上按住鼠标左键向右下角拖动创建立体化效果，如图 9-423 所示。接着在属性栏中单击“立体化颜色”按钮右下角的◢按钮，在弹出的下拉面板中设置“从”为朱红色，“到”为深红色，如图 9-424 所示。

图 9-423

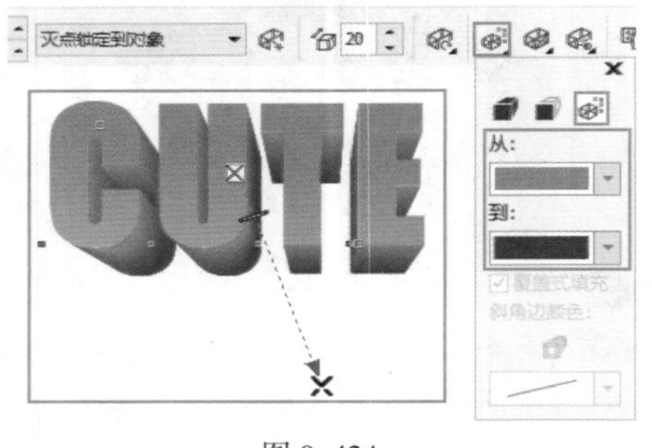

图 9-424

步骤 03 以同样的方式制作其他立体化文字，如图 9-425 所示。

图 9-425

步骤 04 执行“文件”->“导入”命令，在弹出的“导入”窗口中找到素材位置，选择素材 1.png，然后单击“导入”按钮。接着在画面中按住鼠标左键拖动，松开鼠标后完成导入操作，如图 9-426 所示。

图 9-426

步骤 05 以同样的方式导入其他的素材，如图 9-427 所示。接着按快捷键 Ctrl+A 全选画面中的内容，按快捷键 Ctrl+G 进行编组。

图 9-427

步骤 06 制作文字的倒影效果。选择文字，按住鼠标左键向下拖动至合适的位置，右击进行复制，如图 9-428 所示。接着单击属性栏中的“垂直镜像”按钮，效果如图 9-429 所示。

图 9-428

图 9-429

步骤 07 选择反过来的图形，执行“位图”->“转换为位图”命令，在弹出的“转换为位图”窗口中设置“分辨率”为72，设置完成后单击OK按钮，如图9-430所示。

图 9-430

步骤 08 选择位图，单击工具箱中的“透明度”工具按钮，在属性栏中单击“渐变透明度”按钮，设置渐变类型为“线性渐变透明度”，然后设置合适的节点位置，效果如图9-431所示。导入背景素材并放在底层，最终效果如图9-432所示。

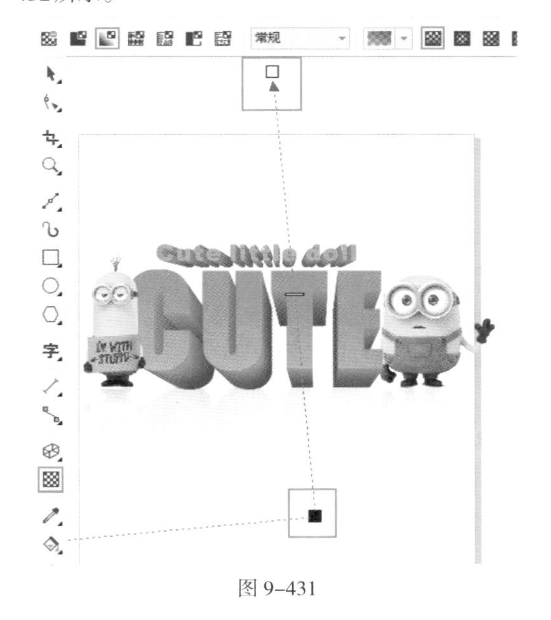

图 9-431

图 9-432

视频课堂：立体感文字海报

文件路径	资源包\第9章\视频课堂：立体感文字海报
难易指数	★★★★★
技术要点	“封套”工具、“立体化”工具

扫一扫，看视频

实例效果

本实例效果如图9-433所示。

图 9-433

9.9 块阴影

扫一扫，看视频

利用“块阴影”工具可以创建由简单线条构成的阴影效果，使对象呈现出立体感。

其使用方法非常简单，首先选中一个对象，单击阴影工具组中的“块阴影”工具按钮，然后在属性栏中设置块阴影颜色等参数，接着在对象上按住鼠标左键拖动，如图9-434所示。这样即可得到阴影效果，如图9-435所示。

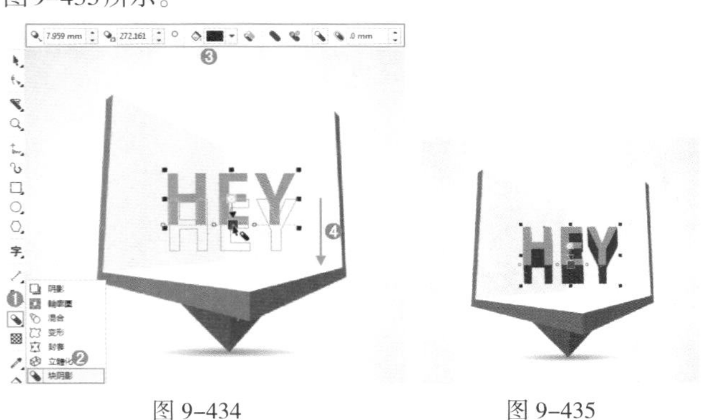

图 9-434　　图 9-435

也可以选中已添加阴影效果的对象，在“块阴影”工具属性栏中重新修改参数，如图9-436所示。

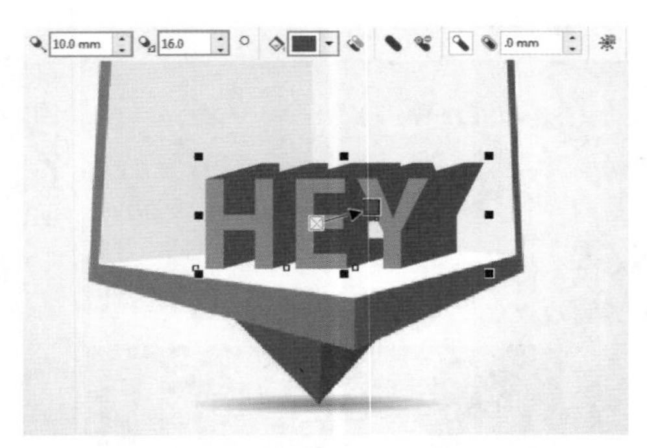

图 9-436

9.10 斜角：创建图形边缘的立体效果

扫一扫，看视频

“斜角”命令通过倾斜对象的边缘使其产生立体效果。

1. 创建斜角效果

选择一个闭合的且具有填充色的对象，如图9-437所示。执行“效果”->“斜角”命令，打开“斜角”泊坞窗，在这里可以进行斜角样式、偏移、阴影、光源等参数设置，如图9-438所示。设置完毕后单击“应用”按钮，效果如图9-439所示。

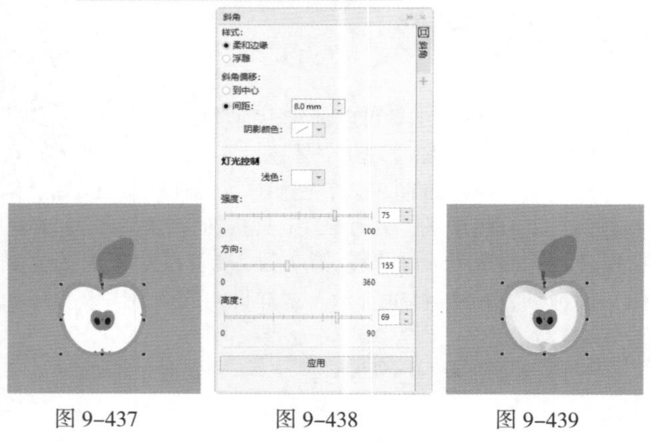

图 9-437　　图 9-438　　图 9-439

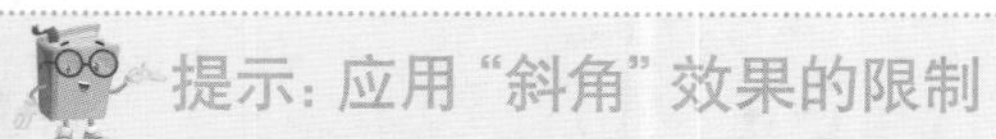

提示：应用“斜角”效果的限制

“斜角”效果只能针对单个矢量图形，图形组或位图对象则不能应用“斜角”效果。

2. 设置样式

斜角效果包括“柔和边缘”和“浮雕”两种样式，可在样式列表中进行选择。选择“柔和边缘”可以创建某些区域显示为阴影的斜面，如图9-440所示；选择“浮雕”可以使对象产生浮雕效果，如图9-441所示。

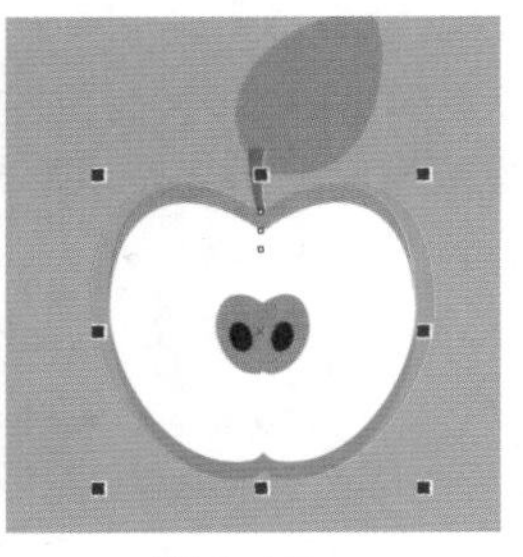

图 9-440　　图 9-441

3. 斜角偏移

斜角偏移用来设置斜角的偏移效果。当选择“到中心”时，可在对象中部创建斜面，如图9-442所示；当选择“距离”时，可以指定斜面的宽度，并在“距离”数值框中输入一个值，如图9-443所示。

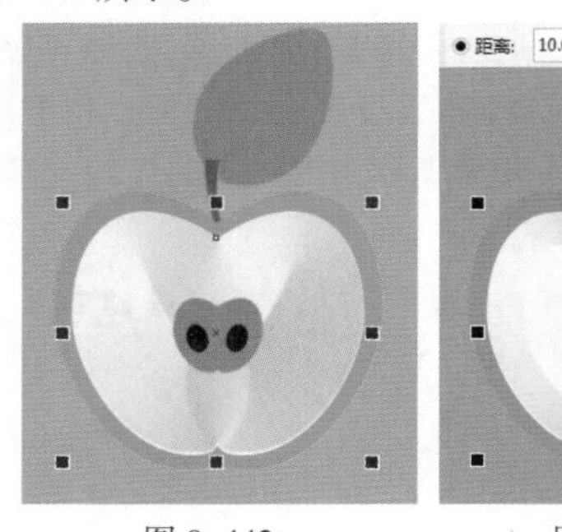

图 9-442　　图 9-443

4. 阴影颜色

想要更改阴影斜面的颜色，可以单击阴影颜色下拉按钮，在弹出的颜色挑选器中选择一种颜色，如图9-444所示。接着单击“应用”按钮，阴影效果如图9-445所示。

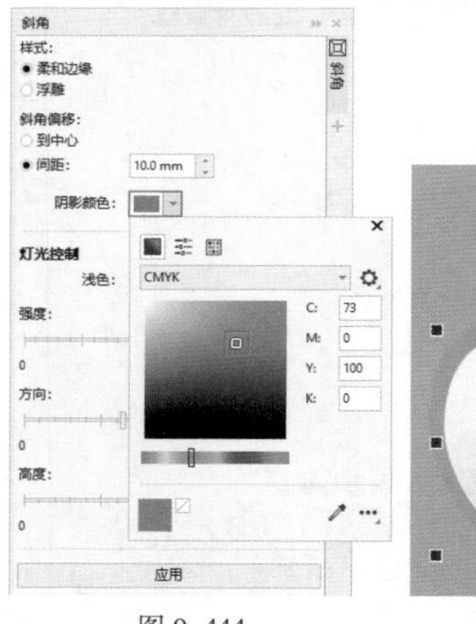

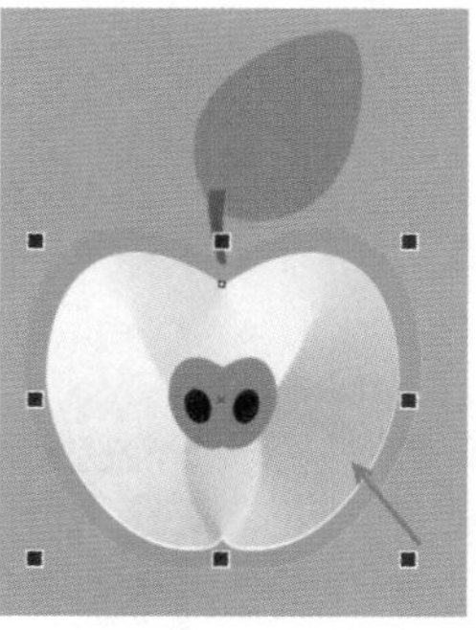

图 9-444　　图 9-445

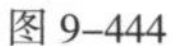

5. 灯光控制

想要选择聚光灯颜色，可以从光源颜色挑选器中选择一种颜色，如图9-446和图9-447所示。

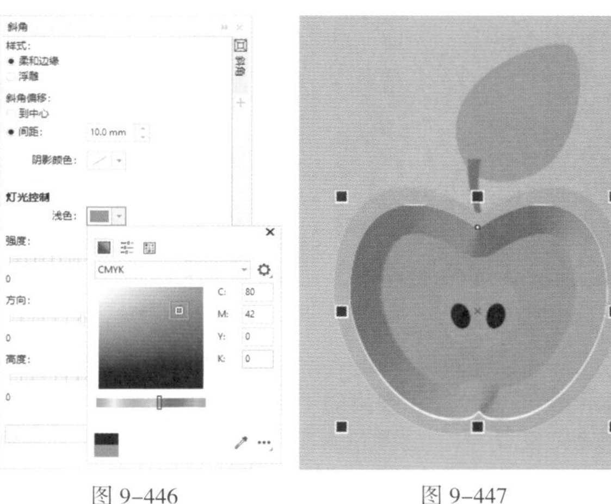
图 9-446　　图 9-447

6. 设置光源强度

拖动“强度”滑块可以更改聚光灯光照的强度。如图9-448和图9-449所示是”强度“分别为25和95的对比效果。

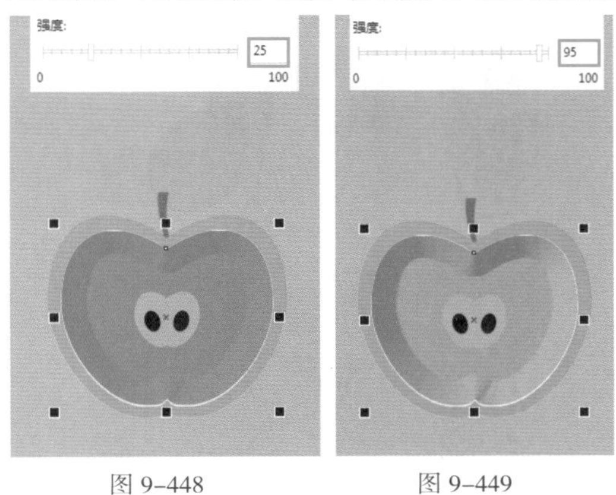
图 9-448　　图 9-449

7. 设置光源方向

拖动“方向”滑块可以指定聚光灯的方向，值的范围为0~360。如图9-450和图9-451所示是“方向”分别为50和300的对比效果。

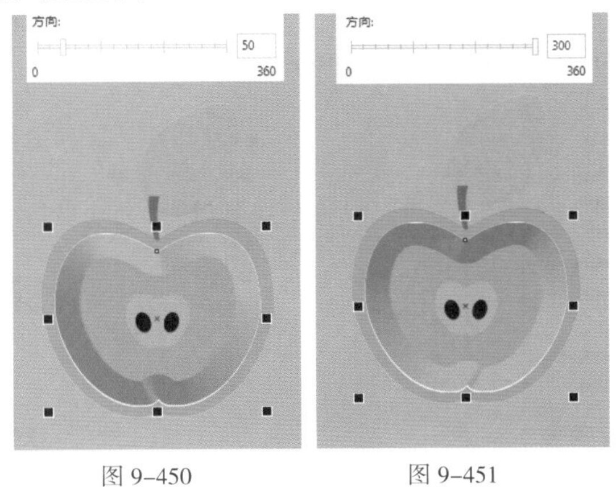
图 9-450　　图 9-451

8. 设置光源高度

拖动“高度”滑块可以指定聚光灯的高度位置，值的范围为0 ~ 90。如图9-452和图9-453所示是“高度”分别为10和80的对比效果。

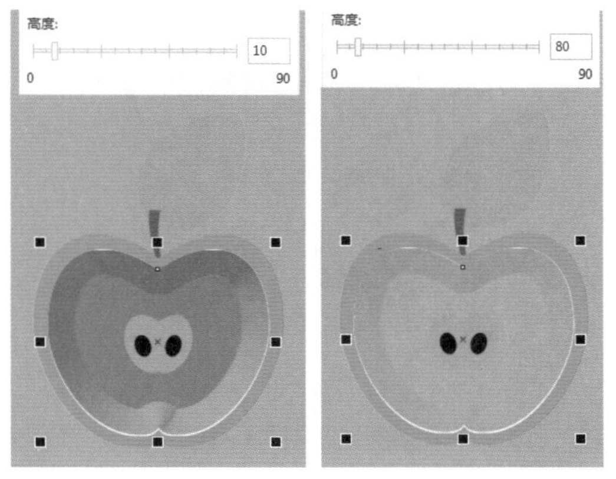
图 9-452　　图 9-453

综合实例：海底世界电影海报

文件路径	资源包\第9章\综合实例：海底世界电影海报
难易指数	★★★★★
技术要点	“立体化”工具、轮廓笔、旋转

扫一扫，看视频

实例效果

本实例效果如图9-454所示。

图 9-454

操作步骤

步骤 01 新建一个A4大小的空白文档。执行“文件”->“导入”命令，导入素材1.jpg，如图9-455所示。

图 9–455

步骤 02 在工具箱中选择“文本”工具，在属性栏中设置合适的字体、字号，在画布上单击输入文字，如图9–456所示。选中文字，执行“对象”–>“转换为曲线”命令。然后单击“交互式填充”工具按钮，在属性栏中单击“渐变填充”按钮，设置渐变类型为“线性渐变填充”，最后分别在节点上设置合适的颜色，如图9–457所示。

图 9–456

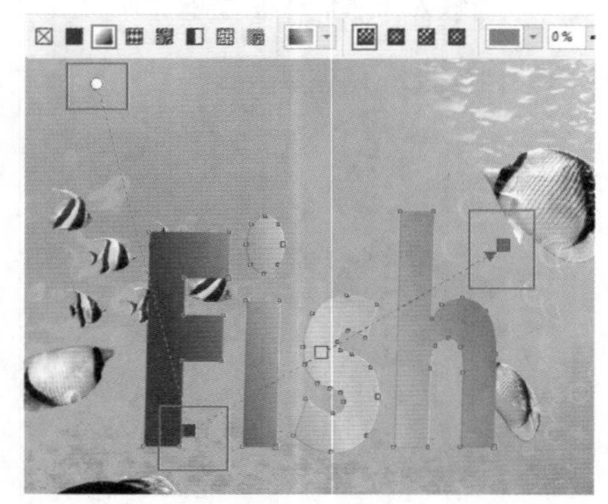

图 9–457

步骤 03 选中文字，按快捷键Ctrl+C复制、按快捷键Ctrl+V粘贴一份，放置在一旁。选择工具箱中的“立体化”工具，将光标移至对象上，按住鼠标左键拖动，即可产生立体化效果，如图9–458和图9–459所示。

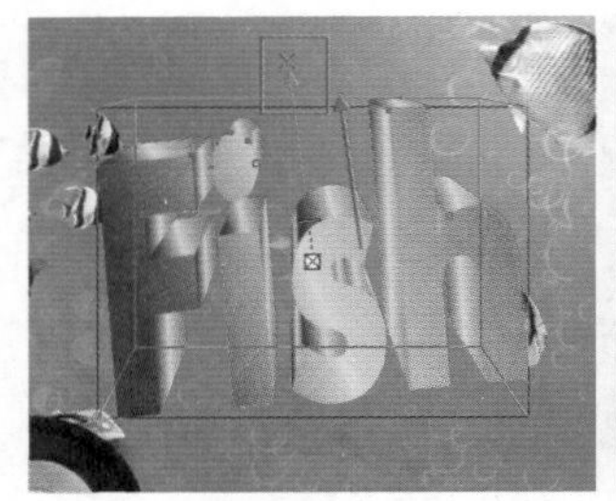

图 9–458

图 9–459

步骤 04 选择工具箱中的“立体化”工具，在属性栏中单击“立体化颜色”按钮，在弹出的下拉面板中单击“使用递减颜色”按钮，设置“从”的颜色为土黄色，“到”的颜色为褐色，如图9–460和图9–461所示。

图 9–460

图 9–461

步骤 05 选中之前复制的文字，移到立体文字上方，然后双击界面右下角的“轮廓笔”按钮，在弹出的“轮廓笔”窗口中设置“宽度”为0.75mm，然后设置合适的颜色，单击OK按钮，如图9–462所示。效果如图9–463所示。

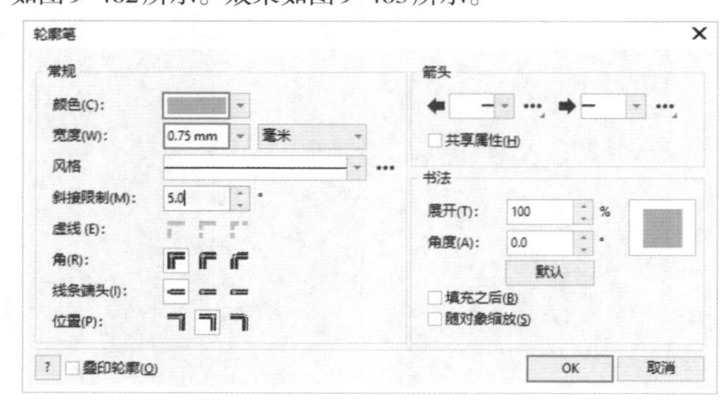

图 9–462

图 9-463

步骤 06 选中文字，在属性栏中设置“旋转角度”为6.0，如图9-464所示。

图 9-464

步骤 07 以同样的方式绘制另一段文字，效果如图9-465所示。

图 9-465

步骤 08 单击工具箱中的“文本”工具按钮，在属性栏中设置合适的字体、字号，然后在画布上单击输入文字并填充为白色，如图9-466所示。

图 9-466

步骤 09 以同样的方式依次输入所有文字并填充合适的颜色，如图9-467所示。

步骤 10 执行“文件”->“导入”命令，导入素材2.png。最终效果如图9-468所示。

图 9-467

图 9-468

综合实例：炫光赛车主题海报设计

文件路径	资源包\第9章\综合实例：炫光赛车主题海报设计
难易指数	★★★★★
技术要点	“透明度”工具、转换为位图、高斯模糊

扫一扫，看视频

实例效果

本实例效果如图9-469所示。

图 9-469

操作步骤

步骤 01 新建一个A4大小的空白文档。执行“文件”->“导入”命令，导入素材1.jpg，放到画面底部，如图9-470所示。执行“文件”->“导入”命令，导入汽车素材2.jpg，放在画面上方。效果如图9-471所示。

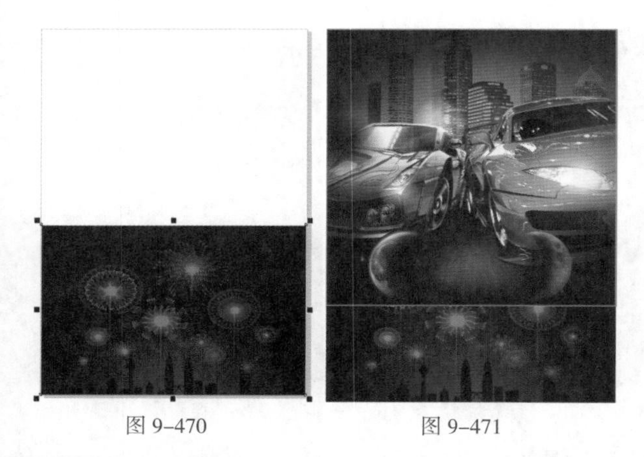

图 9-470　　图 9-471

步骤 02 由于2.jpg图片底部边缘过于清晰，因此需要进行处理。选中素材2.jpg，单击工具箱中的"透明度"工具按钮，在属性栏中单击"渐变透明度"按钮，设置渐变类型为"线性渐变透明"，自下而上按住鼠标左键并拖动，使图片下半部分产生渐变透明的效果，从而与下方图像产生较好的融合，如图9-472所示。

图 9-472

步骤 03 导入素材3.png和4.png，并将其放置在画面中的合适位置，如图9-473所示。

图 9-473

步骤 04 单击工具箱中的"矩形"工具按钮，在人像素材上绘制一个矩形，并将其填充为黄色，如图9-474所示。以同样的方式再绘制一个矩形，并填充为灰蓝色，如图9-475所示。

图 9-474　　图 9-475

步骤 05 单击工具箱中的"文本"工具按钮，在属性栏中设置合适的字体、字号，输入文字后将其填充为灰色，如图9-476所示。

图 9-476

步骤 06 复制一份同样的文字，单击"交互式填充"工具按钮，在属性栏中单击"渐变填充"按钮，设置渐变类型为"线性渐变填充"，为其添加一种银色系渐变，如图9-477所示。

图 9-477

步骤 07 选择上方的文字，将其向左轻移，制作出文字的立体效果，如图9-478所示。

图 9-478

步骤 08 使用“文本”工具，在属性栏中设置合适的字体、字号，在主体文字下方单击并输入文字，然后填充为白色。接着单击“透明度”工具按钮，在属性栏中单击“均匀透明度”按钮，设置“透明度”为40，如图9-479所示。以同样的方式输入其他文字，如图9-480所示。

图 9-479

图 9-480

步骤 09 制作光线效果。使用“椭圆形”工具绘制一个椭圆形，如图9-481所示。单击工具箱中的“交互式填充”工具按钮，在属性栏中单击“渐变填充”按钮，设置渐变类型为“椭圆形渐变填充”，在节点上设置白色渐变，如图9-482所示。

图 9-481

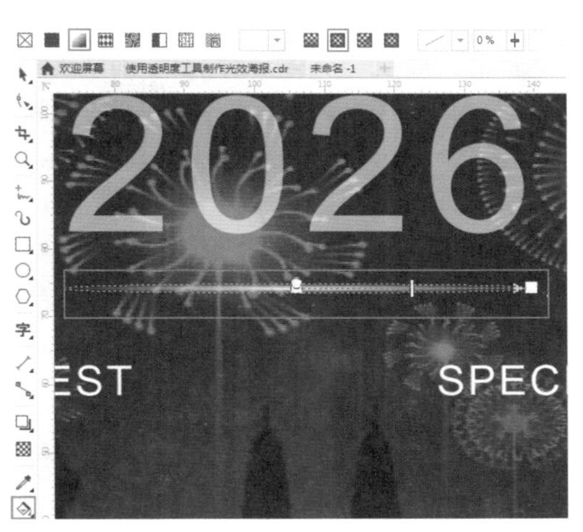

图 9-482

步骤 10 单击“透明度”工具按钮，在属性栏中设置“透明度”为24，如图9-483所示。

图 9-483

步骤 11 选择制作好的光线，按快捷键Ctrl+C复制，按快捷键Ctrl+V粘贴，然后将复制得到的光效摆放到适合的位置，如图9-484所示。

图 9-484

步骤 12 单击“文本”工具按钮，在属性栏中设置合适的字体、字号，输入文字后将其填充为白色，如图9-485所示。以同样的方式输入下一行文字，如图9-486所示。

图 9-485

图 9-486

步骤 13 制作光斑效果。使用“椭圆形”工具绘制一个圆形，然后单击“交互式填充”工具按钮，在属性栏中单击“渐变填充”按钮，设置渐变类型为“椭圆形渐变填充”，为其填充一种蓝色系渐变，如图9-487所示。单击边缘的白色节点，调节“透明度”为100，如图9-488所示。

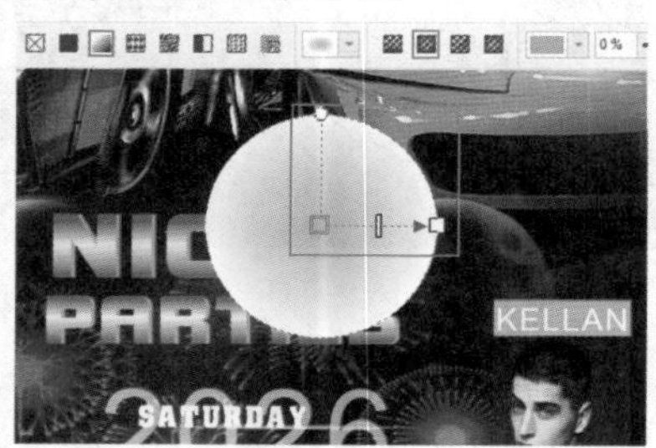

图 9-487

图 9-488

步骤 14 选中绘制的光斑效果，单击工具箱中的“透明度”工具按钮，在属性栏中设置“合并模式”为“添加”，如图9-489所示。以同样的方式绘制其他的光斑效果，如图9-490所示。

图 9-489

图 9-490

步骤 15 框选所有图形和文字，右击，在弹出的快捷菜单中执行“组合”命令。复制出一份并等比例放大，如图9-491所示。双击该图形并旋转到合适的角度，如图9-492所示。

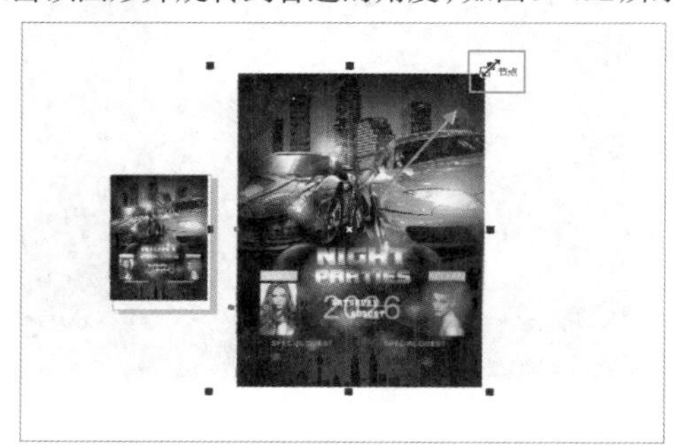

图 9-491

图 9-492

步骤 16 执行“效果”->“模糊”->“高斯式模糊”命令，在弹出的“高斯式模糊”窗口中设置“半径”为5.0，设置完成后单击OK按钮，如图9-493所示。

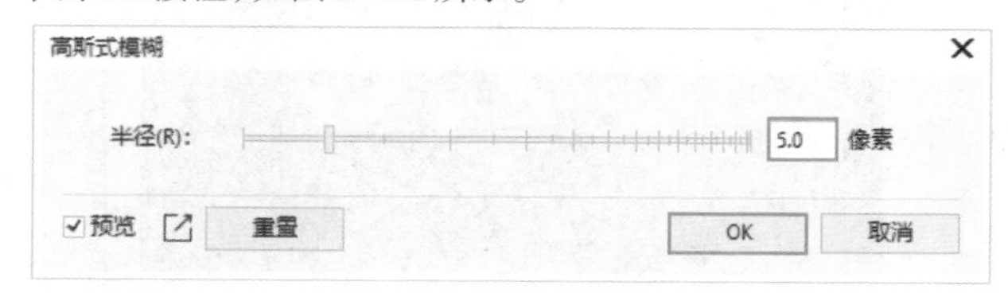

图 9-493

步骤 17 使用“矩形”工具绘制一个矩形，如图9-494所示。选中模糊的海报，执行“对象”->PowerClip->“置于图文框内部”命令，然后单击绘制的矩形将其导入到图文框内部，如图9-495所示。

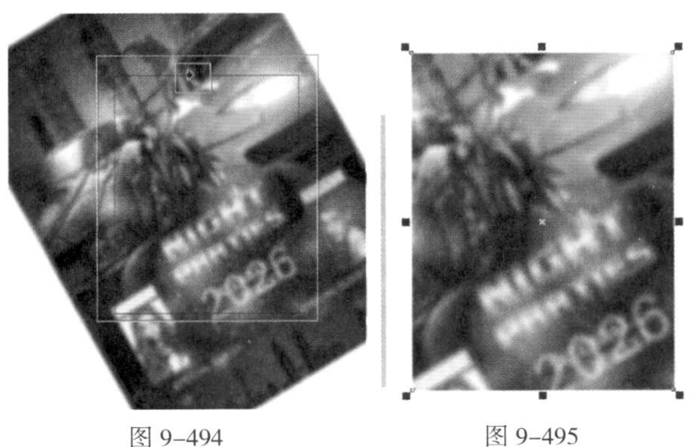

图 9-494　　图 9-495

步骤 18 双击之前没有模糊的海报，在模糊的海报上方旋转合适的角度，如图9-496所示。以同样的方式再复制两个海报并选择合适的角度，最终效果如图9-497所示。

图 9-496　　图 9-497

9.11 课后练习

文件路径	资源包\第9章\课后练习：制作霓虹色光感App图标
难易指数	★★★★★
技术要点	阴影工具、透明度工具

扫一扫，看视频

实例效果

本实例效果如图9-498所示。

图 9-498

9.12 模拟考试

主题：设计一款中式风格房地产海报。

要求：

(1) 海报主题明确，风格统一。

(2) 可在画面中应用中式元素图片或中式矢量元素。

(3) 画面层次丰富，根据需要添加阴影效果、设置混合模式、调整不透明度。

(4) 版面需要包含标题文字及大段正文文字。

考查知识点：文本工具、阴影工具、透明度工具等。

扫一扫，看视频

表格的制作

本章内容简介：

表格能够让信息传递变得直观、快捷，其应用范围非常广泛。在CorelDRAW中，使用“表格”工具可以绘制表格，并且能够在表格中添加文字与图形，还可以更改表格的填充色与边框颜色。

重点知识掌握：

- 掌握绘制表格的方法
- 掌握向表格中添加内容的方法
- 学会合并与拆分单元格
- 学会为表格设置颜色

通过本章学习，我能做什么？

对于表格我们并不陌生，常规的表格是由一个个矩形单元格组合而成的，其中有一些文字内容，这也是人们对表格最基本、最常规的印象。经过本章的学习，我们会对表格有一个全新的认识，因为在CorelDRAW中表格内不仅可以添加文字，还可以添加图片。此外，表格的填充色、边框颜色等也是可以更改的。也就是说，使用“表格”工具不仅能够制作常规的图表，还能够制作变化无穷的拼接效果。

10.1 创建表格

扫一扫，看视频

单击“文本”工具按钮字右下角的◢按钮，在弹出的工具列表中选择“表格”工具田，如图10–1所示。此时在属性栏中可以看到用来编辑表格的选项，如图10–2所示。

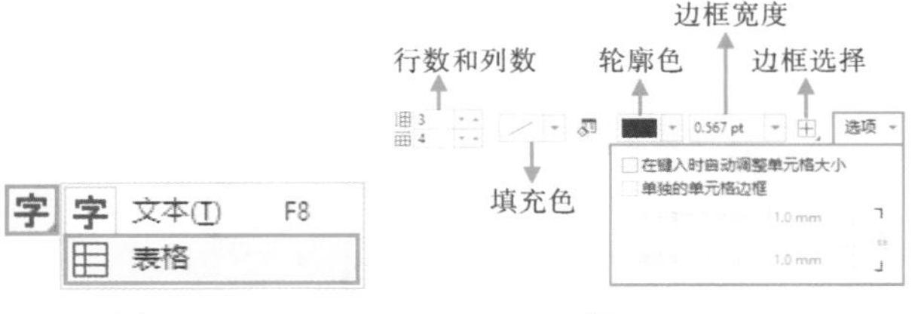

图 10–1　　　　图 10–2

- 行数和列数：用于设置表格的“行数”田与“列数”田。
- 填充色：为表格添加填充色。单击右侧的▾按钮，在弹出的下拉面板中选择系统预设的颜色。
- 编辑填充：用于自定义填充色。
- 轮廓色：用来设置表格的边框颜色。
- 边框宽度：用来设置边框的粗细。
- 边框选择：单击右下角的◢按钮，在弹出的下拉列表中包含9个选项，从中选择要编辑的边框。

创建表格有两种方法：一种是通过手绘的方式创建；另一种是执行命令创建表格。

重点 10.1.1　动手练：使用“表格”工具创建表格

选择工具箱中的“表格”工具田，然后在属性栏中设置合适的“行数”田与“列数”田，接着在画面中按住鼠标左键拖动，如图10–3所示。释放鼠标后即可得到表格，如图10–4所示。

图 10–3

图 10–4

重点 10.1.2　使用命令创建精确的表格与删除表格

想要创建特定尺寸的表格，可以执行“表格”–>“创建新表格”命令，打开“创建新表格”窗口，在这里可以设置表格的“行数”“栏数”“高度”和“宽度”数值，设置完成后单击OK按钮，如图10–5所示。此时画面中就会出现一个精确尺寸的表格，如图10–6所示。

图 10–5

图 10–6

提示：调整表格的精确数值

选择表格，在属性栏的 100.0 mm 选项中设置表格的宽度，在 100.0 mm 选项中设置表格的高度，然后按Enter键确定操作。效果如图10–7所示。

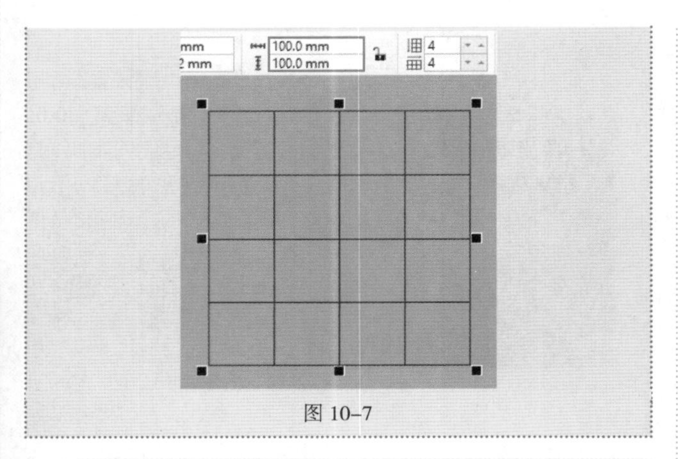

图 10-7

删除表格：使用“选择”工具选择要删除的表格，按Delete键即可将其删除。

10.2 选择单元格 / 行 / 列

扫一扫，看视频

表格是由一个个单元格组成的，使用“选择”工具能够选择整个表格，而使用“形状”工具能够选中单独的单元格。

10.2.1 选择整个表格对象

使用“选择”工具，然后在表格上单击即可将表格选中，如图10-8所示。选择表格后可以进行旋转、移动等操作，如图10-9所示。

图 10-8

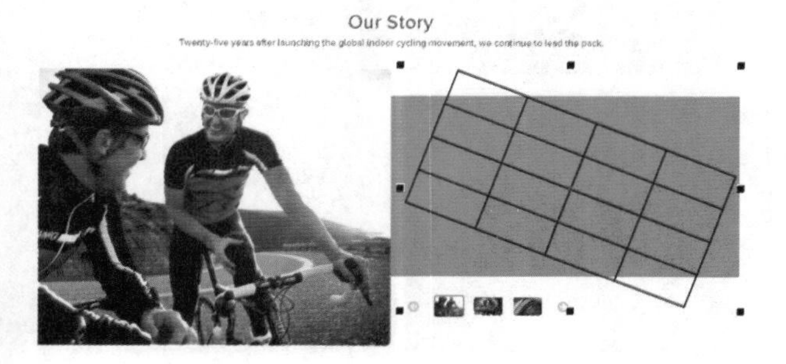

图 10-9

重点 10.2.2 动手练：选择单元格

若要选中单元格，就要用到“形状”工具。

1. 选中单元格

首先选中表格，然后使用“形状”工具，将光标移动到要选中的单元格上，此时光标变为✚状，如图10-10所示。接着单击即可选中该单元格，如图10-11所示。

图 10-10

图 10-11

2. 选择不相邻的单元格

如果要选择不相邻的单元格，可以按住Ctrl键单击进行加选，如图10-12所示。

图 10-12

3. 选中多个单元格

可以通过框选的方式选择多个相连的单元格。首先选择一个单元格，然后按住鼠标左键拖动，如图10-13所示。释放鼠标后即可选择多个单元格，如图10-14所示。

图 10-13

图 10-14

4. 全选单元格

首先选中一个单元格，如图 10-15 所示。然后按快捷键 Ctrl+A 选中全部单元格，如图 10-16 所示。

图 10-15

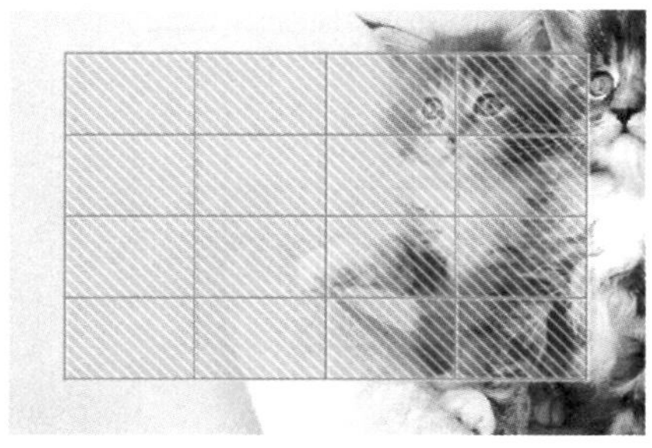

图 10-16

提示：全选单元格的其他方法

选择表格，然后选择工具箱中的“形状”工具，接着将光标定位在表格的左上角，光标变为状后单击即可选中全部表格，如图 10-17 所示。

图 10-17

重点 10.2.3 选择行

选择行有 3 种方法，可以使用工具选择，也可以通过执行命令来选择。

1. 使用“形状”工具选择行

使用“形状”工具在第一行的第一个或最后一个单元格上单击，然后在水平方向拖动选中整行，如图 10-18 所示。

图 10-18

或者选择工具箱中的“形状”工具，将光标移至表格的左侧，当光标变为➧状时单击，即可选中整行单元格，如图 10-19 所示。

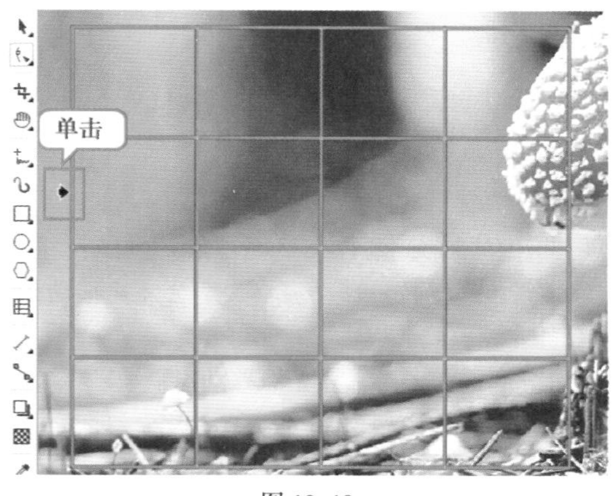

图 10-19

2. 通过执行命令选择行

选择一个单元格，接着执行“表格”->“选择”->“行”命令，即可选中单元格所在行的所有单元格。

重点 10.2.4 选择列

选择一列单元格的方法与选择一行单元格的方法一样。将光标放置在要选择的列的顶部，光标变为 ⬇ 状时单击，即可选中整列单元格，如图 10-20 所示。

或者选中一个单元格，然后执行“表格”->“选择”->“列”命令，系统会自动选中该单元格所在的列。

图 10-20

10.3 向表格中添加内容

扫一扫，看视频

在CorelDRAW中，表格并不仅仅只是一个矢量图形，其中往往包含文字、位图等多种对象。

重点 10.3.1 动手练：向表格中添加文字

向表格中添加文字后，文字不是独立存在的，它们与表格是相互关联的。例如，移动表格文字会随之移动；缩放表格文字会随之缩放。

使用“文本”工具 字，将光标移动至需要输入文字的单元格上单击，随即在单元格内会显示闪烁的光标，如图 10-21 所示。输入文字后将其选中，可以在属性栏中调整文字属性，如图 10-22 所示。

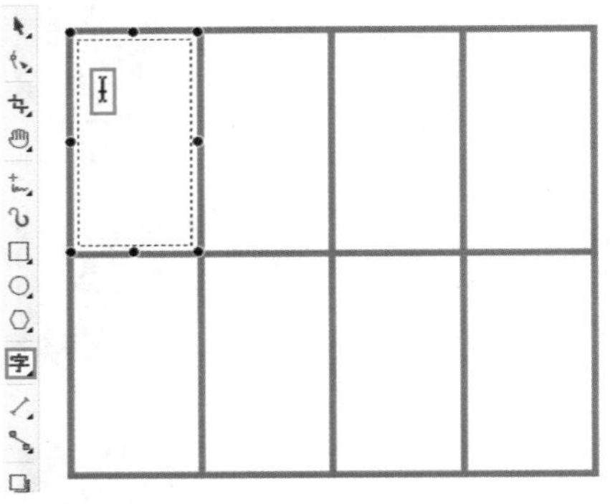

图 10-21

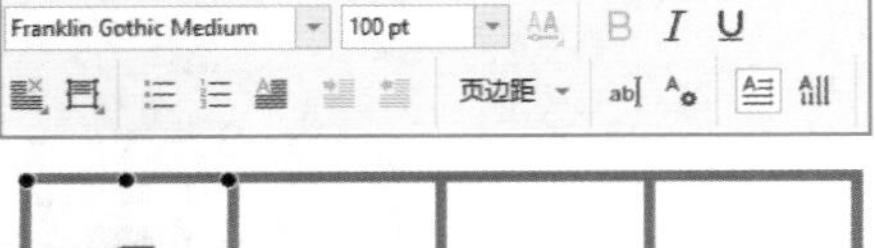

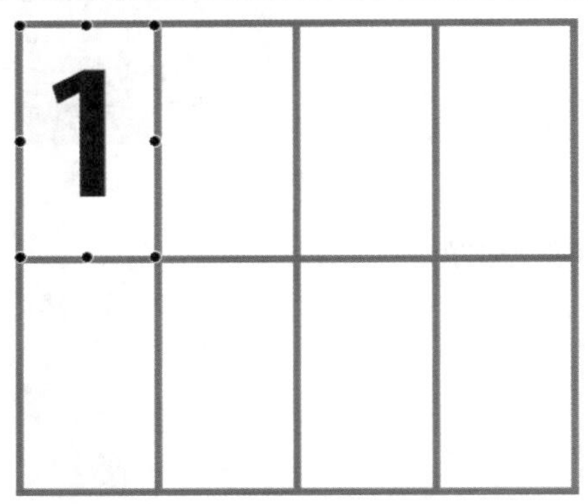

图 10-22

提示：输入的文字为什么没有显示

当文字字号过大时，会超出单元格的显示范围，此时单元格内部的虚线会变为红色，如图 10-23 所示。适当地减小字号，即可显示文字。

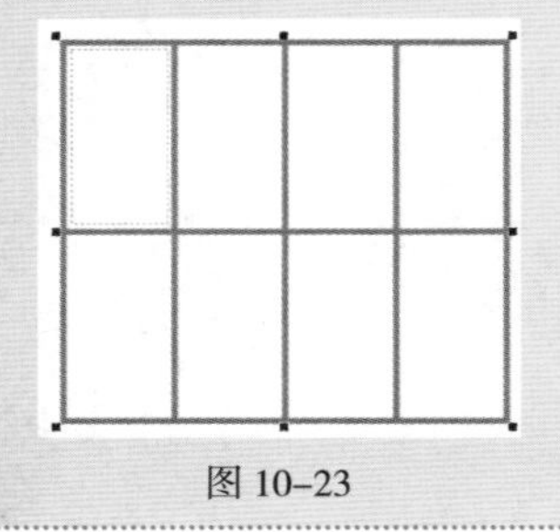

图 10-23

重点 10.3.2 编辑单元格中的文字

1. 统一更改表格中的文字

想要快速更改整个表格的字体，可以选中表格，如图 10-24 所示。单击工具箱中的“文本”工具按钮 字，然后在属性栏中更改字体、字号等属性，如图 10-25 所示。

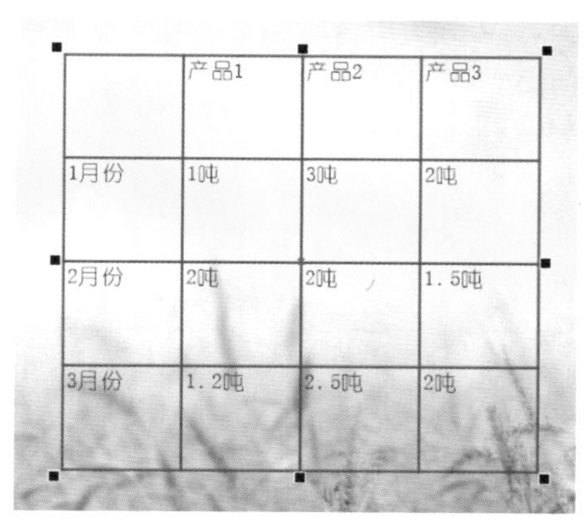

图 10–24

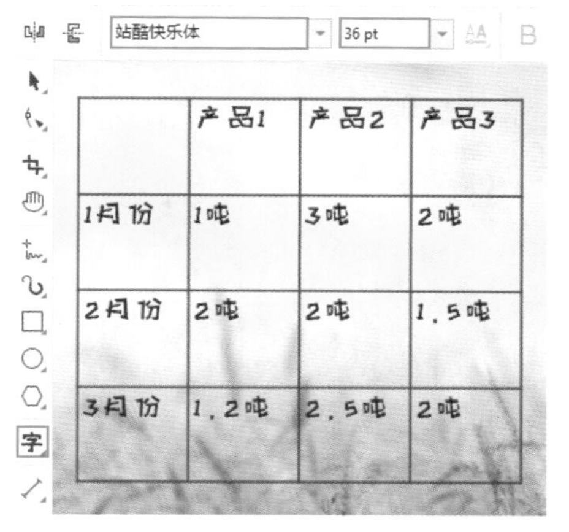

图 10–25

2. 更改单元格中的文字

在制作表格时，有时文字的字号、字体等属性需要单独进行修改，例如表头的文字需要加粗、特殊的数值需要标红等情况。

(1) 首先选择“文本”工具，然后在单元格中单击插入光标，按住鼠标左键拖动选中文字，如图10–26所示。此时在属性栏中即可对文字属性进行更改，如图10–27所示。

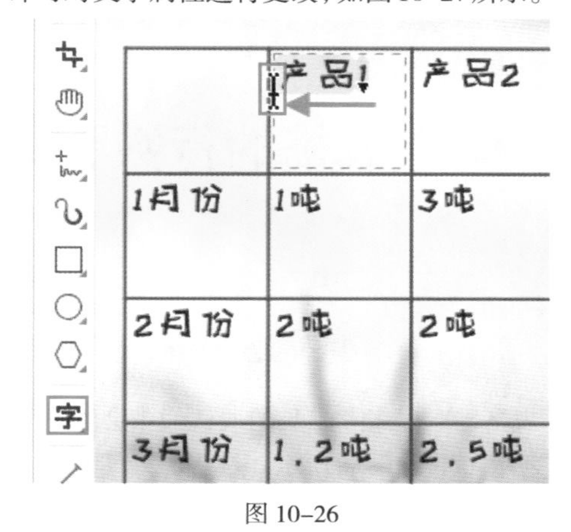

图 10–26

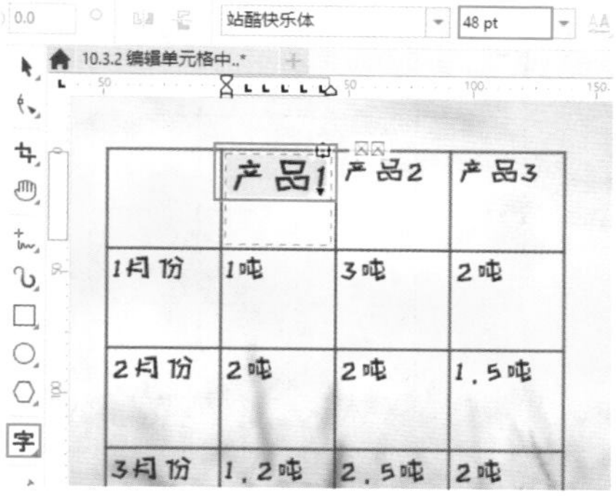

图 10–27

(2) 还可以选中表格，然后使用“形状”工具选中一个或多个单元格，如图10–28所示。接着按快捷键Ctrl+T，在弹出的“文本”泊坞窗中进行文字属性的编辑，如图10–29所示。

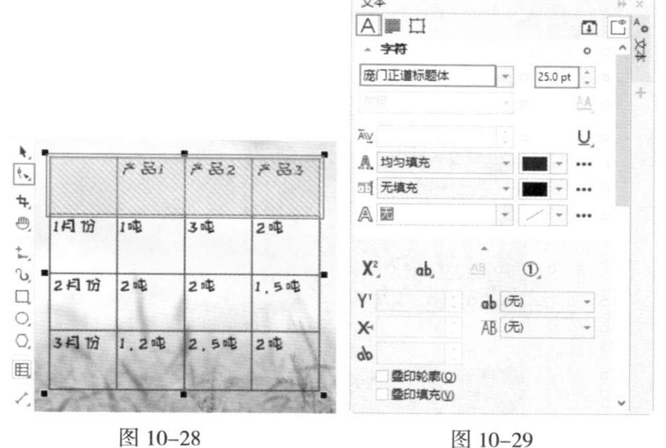

图 10–28 图 10–29

10.3.3 删除单元格中的内容

如果要删除单元格中的内容，先选中要删除的内容，如图10–30所示。然后按Delete或者Backspace键即可将其删除，如图10–31所示(如果没有选中要删除的内容，则有可能删除整个表格)。

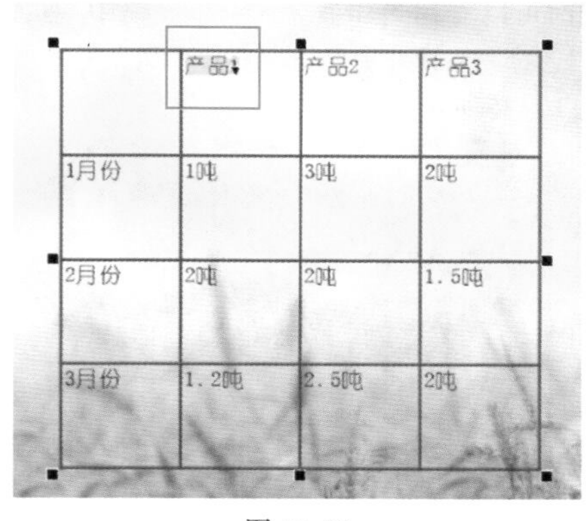

图 10–30

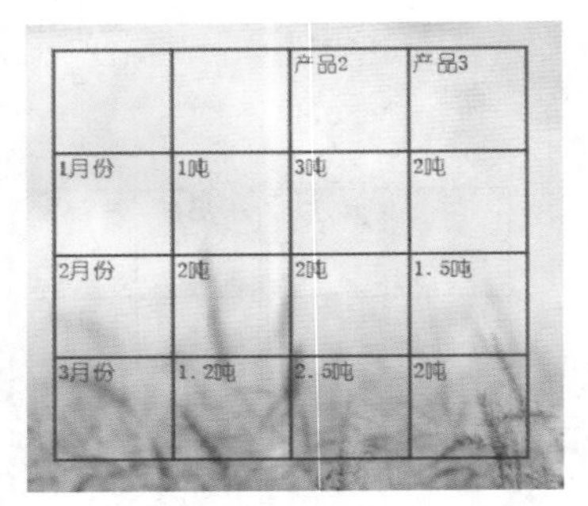

		产品2	产品3
1月份	1吨	3吨	2吨
2月份	2吨	2吨	1.5吨
3月份	1.2吨	2.5吨	2吨

图 10–31

10.3.4　向表格中添加位图

在绘制完表格后，不仅可以向表格中添加文字，还可以向表格中添加位图。

(1) 导入一张位图，然后按住鼠标右键将位图拖动到单元格内，如图 10–32 所示。释放鼠标后，在弹出的快捷菜单中执行“置于单元格内部”命令，如图 10–33 所示。

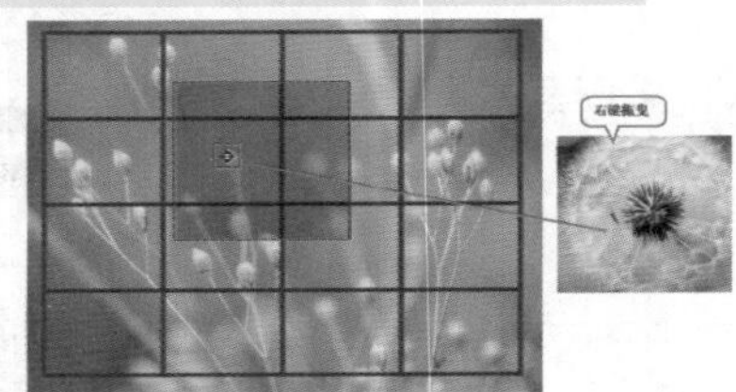

图 10–32

图 10–33

(2) 此时可以看到图片被导入到单元格中，如图 10–34 所示。使用“选择”工具选中位图，拖曳控制点可以更改图像的大小，如图 10–35 所示。

图 10–34

图 10–35

(3) 使用“选择”工具单击选择位图，然后按住鼠标左键向表格外拖动，即可将位图移出表格，如图 10–36 和图 10–37 所示。

图 10–36

图 10–37

10.4 调整表格的行数和列数

扫一扫，看视频

10.4.1　动手练：在属性栏中快速调整行/列

选择表格，在“表格”工具的属性栏中会看到当前表格的行数与列数，如图 10–38 所示。在“行数”与“列数”数值框内输入数值即可调整表格的行与列，如图 10–39 所示。

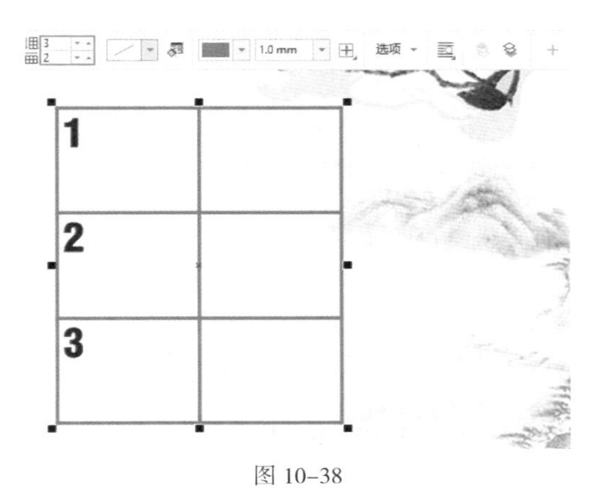

图 10-38

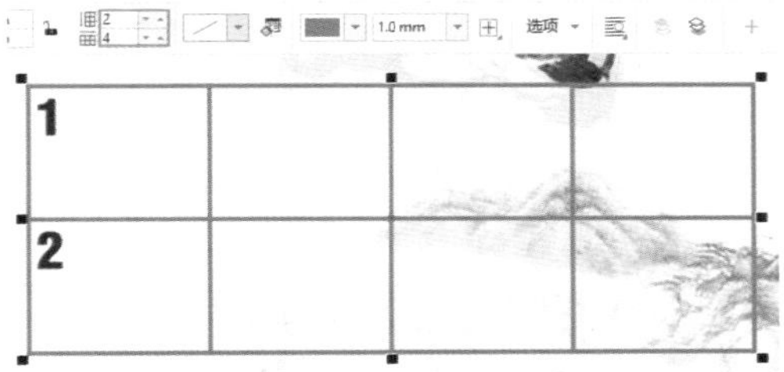

图 10-39

重点 10.4.2 动手练：使用命令插入单行/单列

在制作表格时可能会遇到表格行/列数不够用，需要添加表格的情况，这时可以通过“插入”命令来实现。执行“表格”->“插入”命令，在弹出的子菜单中列出了4种插入单行/单列的方式，分别是行上方、行下方、列左侧和列右侧，如图10-40所示。

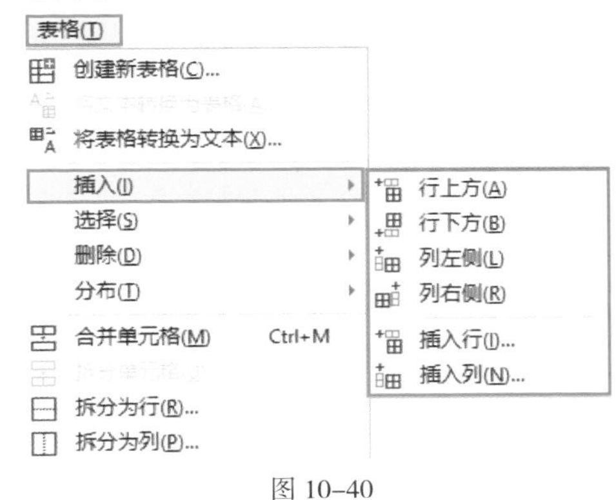

图 10-40

1. 插入行

选中一个单元格，如图10-41所示。执行“表格”->“插入”->“行上方”命令，会自动在选择的单元格上方建立一行单元格，如图10-42所示。

图 10-41

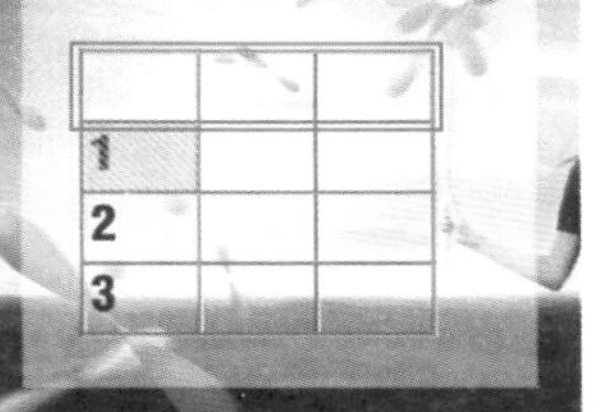

图 10-42

执行“表格”->“插入”->“行下方”命令，会自动在选择的单元格下方建立一行单元格，如图10-43所示。

图 10-43

2. 插入列

选中一个单元格，如图10-44所示。执行“表格”->“插入”->“列左侧”命令，会自动在选择的单元格左侧建立一列单元格，如图10-45所示。

图 10-44

图 10-45

执行“表格”->“插入”->“列右侧”命令，会自动在选择的单元格右侧建立一列单元格，如图10-46所示。

图 10-46

10.4.3 插入多行/多列

如果要添加多行或者多列，可以执行“表格”->“插入”->“插入行”或“表格”->“插入”->“插入列”命令来完成。

1. 插入多行

使用“形状”工具选中一个单元格，如图10–47所示。执行“表格”->“插入”->“插入行”命令，在弹出的“插入行”窗口中先设置合适的行数，接着选择插入行的位置，单击OK按钮，如图10–48所示。效果如图10–49所示。

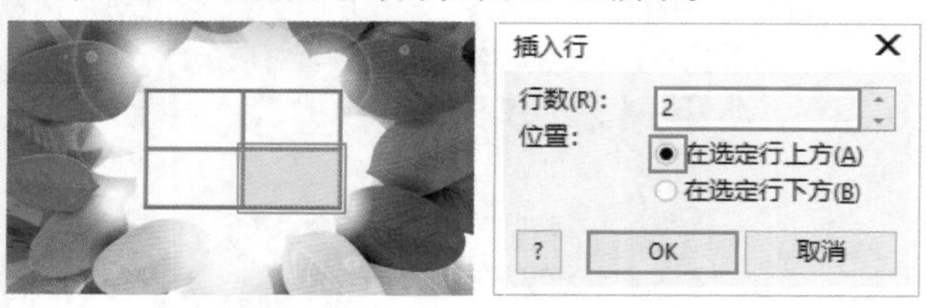

图 10–47　　图 10–48

图 10–49

2. 插入多列

使用“形状”工具选中一个单元格，如图10–50所示。执行“表格”->“插入”->“插入列”命令，在弹出的“插入列”窗口中分别设置“栏数”和“位置”，然后单击OK按钮，如图10–51所示。效果如图10–52所示。

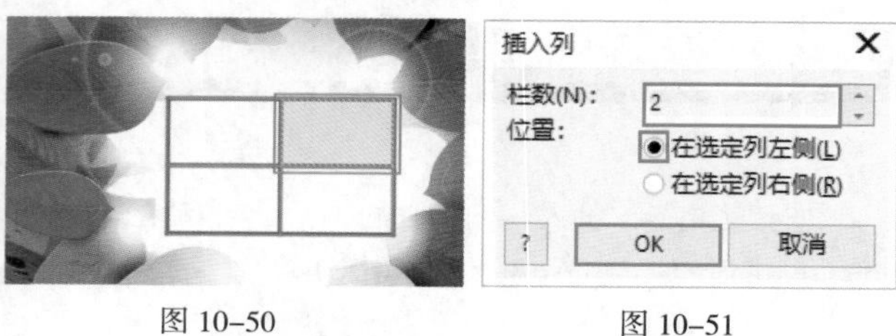

图 10–50　　图 10–51

图 10–52

重点 10.4.4 删除行/列

删除行/列的方式基本相同，可以通过命令来删除，也可按Delete键删除。下面以删除行为例进行介绍(在表格没有拆分之前，只能删除整行或整列)。

(1) 使用“形状”工具选择一个单元格，如图10–53所示。执行“表格”->“删除”->“行”命令，可以将选中的单元格所在的行删除，如图10–54所示。

图 10–53

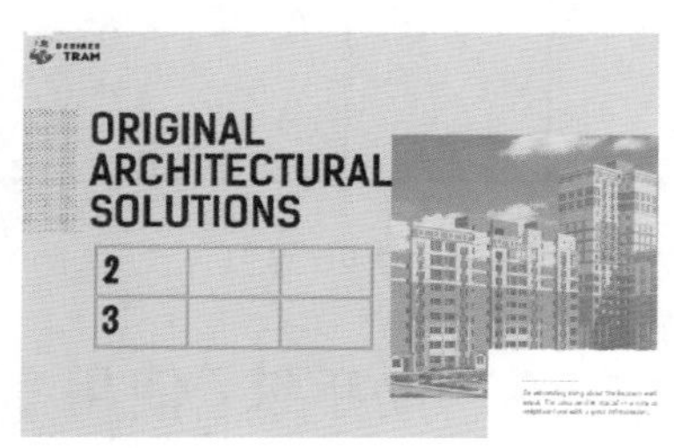

图 10–54

(2) 使用“形状”工具选择一行单元格，接着按Delete键，即可删除该行单元格。

练习实例：制作简约表格

文件路径	资源包\第10章\练习实例：制作简约表格
难易指数	★★★★★
技术要点	“表格”工具、“文本”工具、“阴影”工具

扫一扫，看视频

实例效果

本实例效果如图10–55所示。

Monday	Tuesday	Wednesday	Thursday	Friday
yoga	rope skipping	Power cycling	sit-up	jogging
jogging	Power cycling	yoga	Power cycling	rope skipping
sit-up	jogging	jogging	jogging	sit-up
Power cycling	sit-up	rope skipping	yoga	Power cycling
rope skipping	yoga	sit-up	rope skipping	yoga
sit-up	sit-up	sit-up	sit-up	sit-up
Two hours a day				

图 10–55

操作步骤

步骤 01 新建一个空白文档。执行"表格"->"创建新表格"命令，在弹出的"创建新表格"窗口中，设置"行数"为8，"栏数"为5，单击OK按钮完成设置，如图10-56所示。表格如图10-57所示。

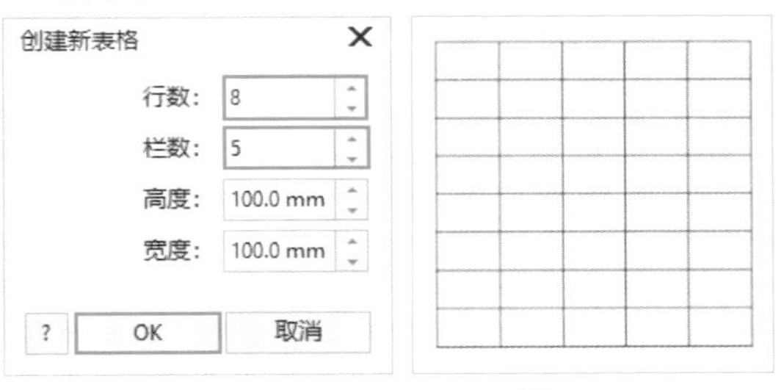

图 10-56　　图 10-57

步骤 02 选中绘制的表格，向右拖曳右侧的控制点，增加列宽，如图10-58所示。接着向下拖曳下方的控制点，增加行高，如图10-59所示。

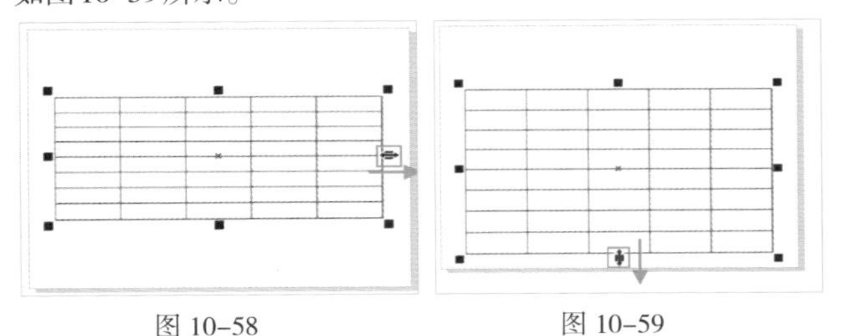

图 10-58　　图 10-59

步骤 03 选择"表格"工具，将光标移动到第一行左侧位置，光标变为◆状后单击选择第一行单元格，如图10-60所示。接着在属性栏中单击"填充色"右侧的下拉按钮，在弹出的下拉面板中设置填充色为橘黄色，如图10-61所示。

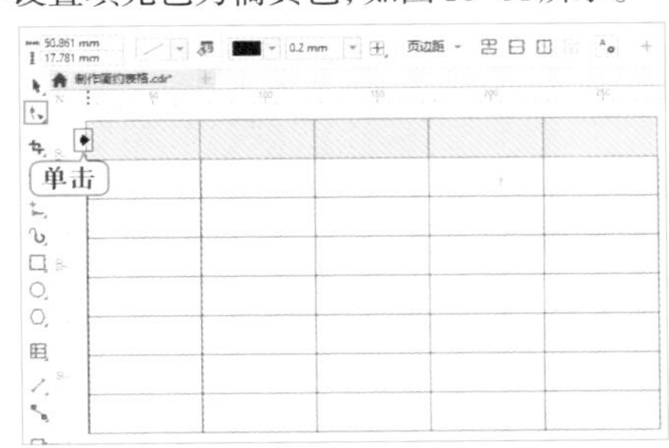

图 10-60

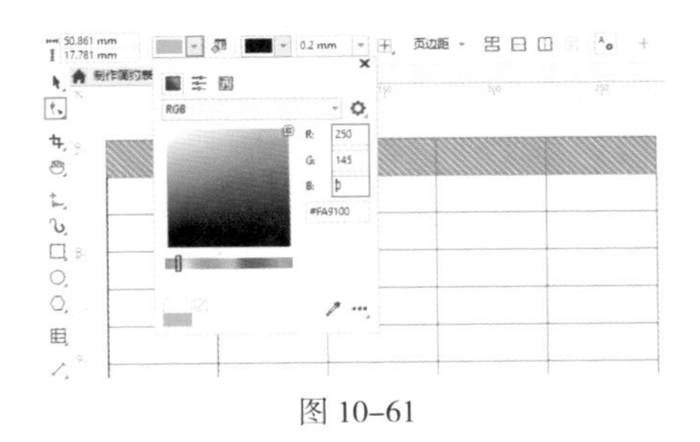

图 10-61

步骤 04 选择最后一行单元格，然后单击属性栏中的"合并单元格"按钮, 如图10-62所示。接着更改单元格的颜色，如图10-63所示。

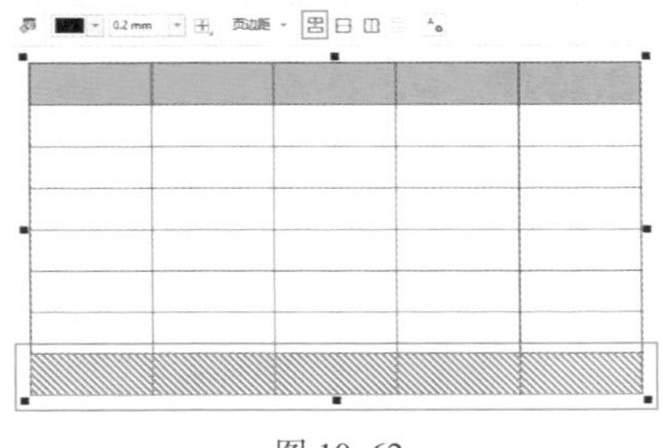

图 10-62

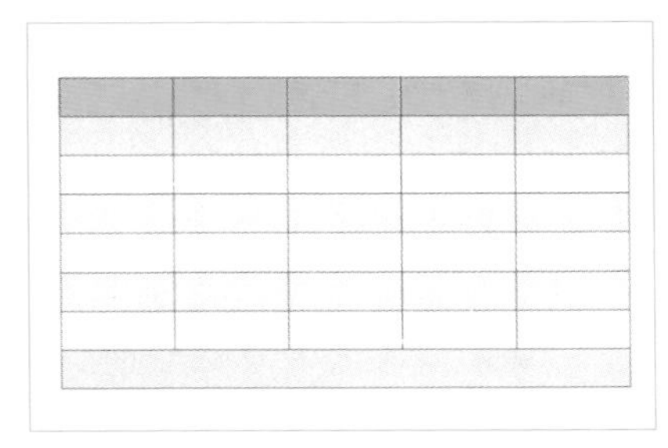

图 10-63

步骤 05 选择表格，设置"边框"为0.25mm，"边框选择"为"内部"，"轮廓颜色"为白色。效果如图10-64所示。

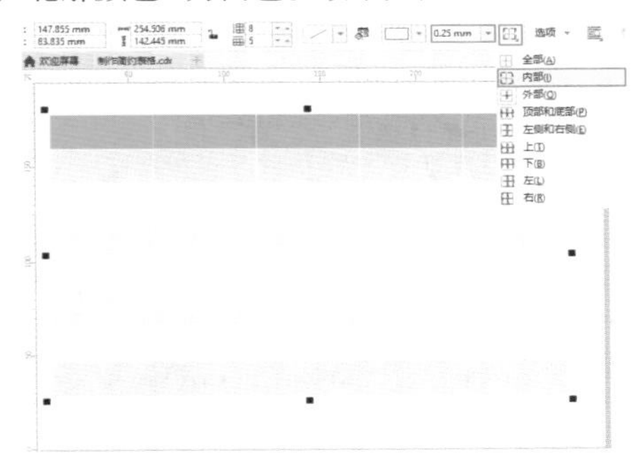

图 10-64

步骤 06 选中绘制的表格，双击第一个单元格，在属性栏中设置合适的字体、字号，设置"文本对齐"为"居中对齐"，然后单击单元格输入文字，如图10-65所示。以同样的方式输入其他文字，如图10-66所示。

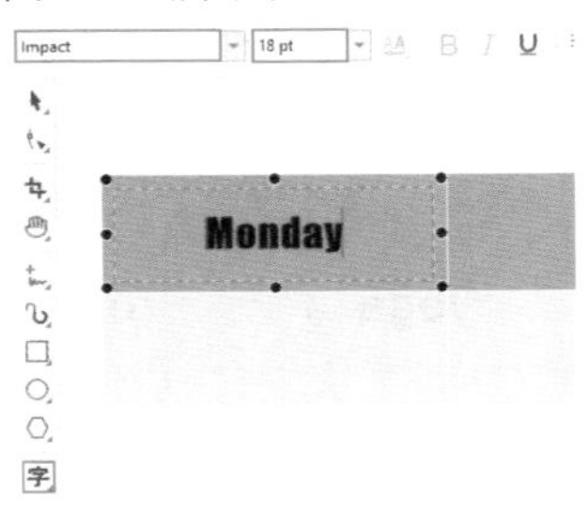

图 10-65

Monday	Tuesday	Wednesday	Thursday	Friday
yoga	rope skipping	Power cycling	sit-up	jogging
jogging	Power cycling	yoga	Power cycling	rope skipping
sit-up	jogging	jogging	jogging	sit-up
Power cycling	sit-up	rope skipping	yoga	Power cycling
rope skipping	yoga	sit-up	rope skipping	yoga
sit-up	sit-up	sit-up	sit-up	sit-up
Two hours a day				

图 10–66

步骤 07 双击单元格，选中所有的单元格，执行“窗口”->“泊坞窗”->“文本”->“文本”命令，在弹出的“文本”泊坞窗中单击“图文框”按钮，设置对齐方式为“居中垂直对齐”，如图10–67所示。效果如图10–68所示。

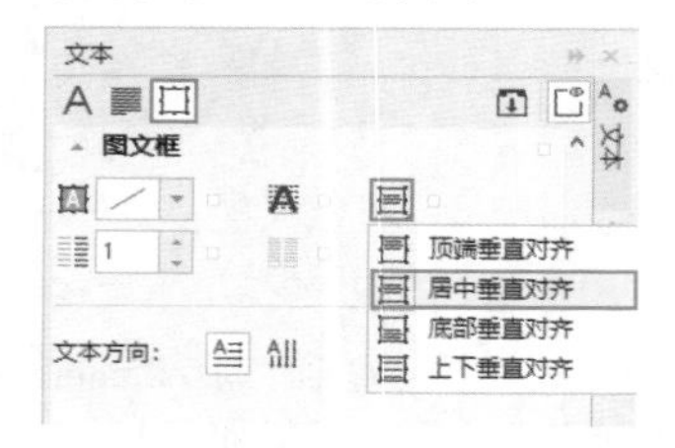

图 10–67

Monday	Tuesday	Wednesday	Thursday	Friday
yoga	rope skipping	Power cycling	sit-up	jogging
jogging	Power cycling	yoga	Power cycling	rope skipping
sit-up	jogging	jogging	jogging	sit-up
Power cycling	sit-up	rope skipping	yoga	Power cycling
rope skipping	yoga	sit-up	rope skipping	yoga
sit-up	sit-up	sit-up	sit-up	sit-up
Two hours a day				

图 10–68

步骤 08 选择工具箱中的“文本”工具字，选中第一个单元格中的文字，将其填充为白色，如图10–69所示。以同样的方式将第一行的文字填充为白色，如图10–70所示。

Monday	Tues
yoga	rope sk
jogging	Power c

图 10–69

Monday	Tuesday	Wednesday	Thursday	Friday
yoga	rope skipping	Power cycling	sit-up	jogging
jogging	Power cycling	yoga	Power cycling	rope skipping
sit-up	jogging	jogging	jogging	sit-up
Power cycling	sit-up	rope skipping	yoga	Power cycling
rope skipping	yoga	sit-up	rope skipping	yoga
sit-up	sit-up	sit-up	sit-up	sit-up
Two hours a day				

图 10–70

步骤 09 选中表格，单击工具箱中的“阴影”工具按钮，在属性栏中单击“阴影工具”按钮，按住鼠标左键拖曳为表格添加阴影。设置“阴影颜色”为黑色，“合并模式”为“乘”，“阴影不透明度”为50，“阴影羽化”为5。阴影效果如图10–71所示。

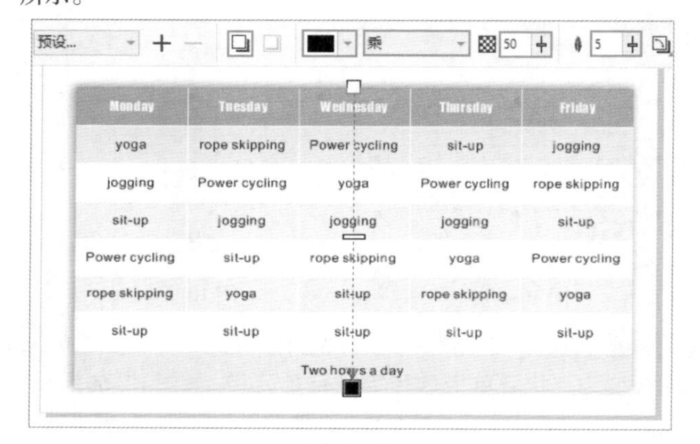

Monday	Tuesday	Wednesday	Thursday	Friday
yoga	rope skipping	Power cycling	sit-up	jogging
jogging	Power cycling	yoga	Power cycling	rope skipping
sit-up	jogging	jogging	jogging	sit-up
Power cycling	sit-up	rope skipping	yoga	Power cycling
rope skipping	yoga	sit-up	rope skipping	yoga
sit-up	sit-up	sit-up	sit-up	sit-up
Two hours a day				

图 10–71

步骤 10 单击工具箱中的“椭圆形”工具按钮，按住Ctrl键在画布右上角绘制一个正圆形，并为其填充橘色，如图10–72所示。接着选择工具箱中的“2点线”工具，在画布上绘制一条直线，如图10–73所示。

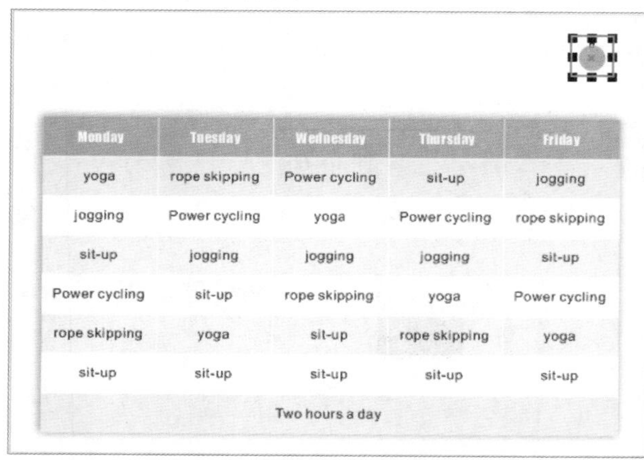

Monday	Tuesday	Wednesday	Thursday	Friday
yoga	rope skipping	Power cycling	sit-up	jogging
jogging	Power cycling	yoga	Power cycling	rope skipping
sit-up	jogging	jogging	jogging	sit-up
Power cycling	sit-up	rope skipping	yoga	Power cycling
rope skipping	yoga	sit-up	rope skipping	yoga
sit-up	sit-up	sit-up	sit-up	sit-up
Two hours a day				

图 10–72

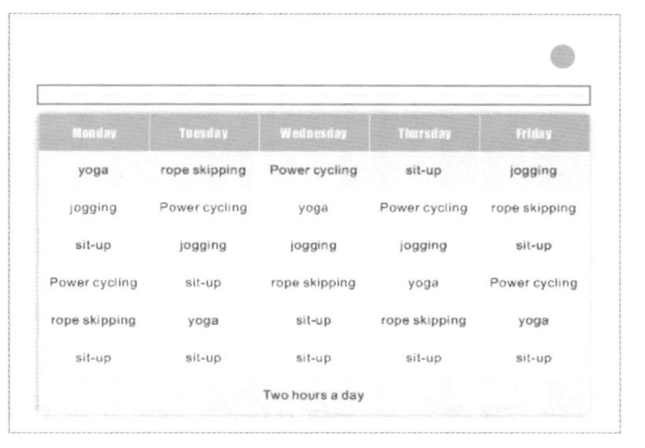

Monday	Tuesday	Wednesday	Thursday	Friday
yoga	rope skipping	Power cycling	sit-up	jogging
jogging	Power cycling	yoga	Power cycling	rope skipping
sit-up	jogging	jogging	jogging	sit-up
Power cycling	sit-up	rope skipping	yoga	Power cycling
rope skipping	yoga	sit-up	rope skipping	yoga
sit-up	sit-up	sit-up	sit-up	sit-up
Two hours a day				

图 10–73

步骤 11 选择工具箱中的“文本”工具字，在画面中单击插入光标，然后输入文字。接着选中输入的文字，在属性栏中设置合适的字体、字号，如图10–74所示。选中后面的单词，将其字体颜色更改为橘黄色，如图10–75所示。

Weight loss form

图 10–74

Weight loss form

图 10–75

步骤 12 以同样的方式输入其他文字，最终效果如图10–76所示。

Weight loss form

Monday	Tuesday	Wednesday	Thursday	Friday
yoga	rope skipping	Power cycling	sit-up	jogging
jogging	Power cycling	yoga	Power cycling	rope skipping
sit-up	jogging	jogging	jogging	sit-up
Power cycling	sit-up	rope skipping	yoga	Power cycling
rope skipping	yoga	sit-up	rope skipping	yoga
sit-up	sit-up	sit-up	sit-up	sit-up
Two hours a day				

图 10–76

10.5 合并与拆分单元格

扫一扫，看视频

在制作表格时，为了形象、直观地传达信息，经常会将单元格进行合并与拆分。

重点 10.5.1 动手练：合并多个单元格

“合并单元格”命令可以将多个单元格合并为一个单元格。首先使用“形状”工具选中需要合并的单元格，如图10–77所示。接着执行“表格”->“合并单元格”命令(快捷键Ctrl+M)，选中的单元格就会被合并，如图10–78所示。

图 10–77

图 10–78

选择多个单元格，然后单击属性栏中的“合并单元格”按钮，也可以合并单元格，如图10–79所示。

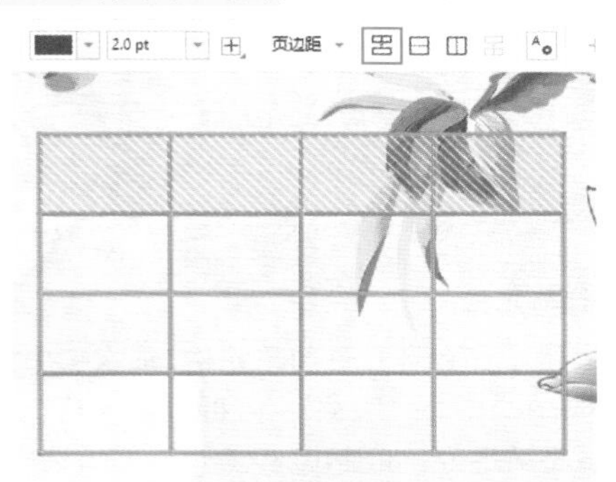

图 10–79

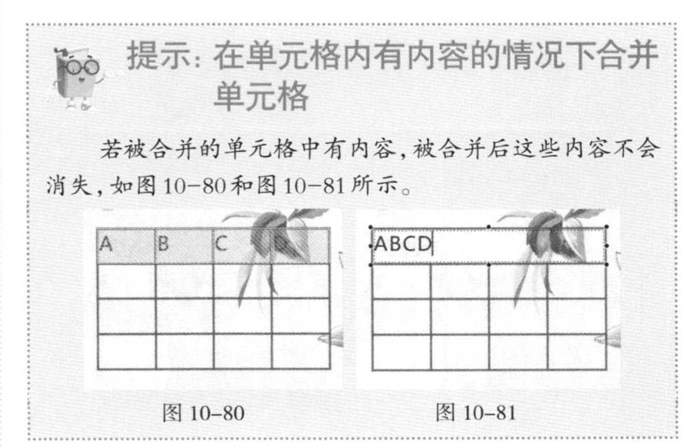

提示：在单元格内有内容的情况下合并单元格

若被合并的单元格中有内容，被合并后这些内容不会消失，如图10–80和图10–81所示。

图 10–80　　图 10–81

重点 10.5.2 动手练：拆分单元格

“拆分为行”命令可以将一个单元格拆分为成行的两个或多个单元格，“拆分为列”命令可以将一个单元格拆分为成列的两个或多个单元格，“拆分单元格”命令则能够将合并过的单元格进行拆分。

1. 拆分为行

使用“形状”工具选择单元格，如图10-82所示。执行“表格”->“拆分为行”命令，在弹出的“拆分单元格”窗口中设置“行数”，单击OK按钮，如图10-83所示。选中的单元格被拆分为指定行数，如图10-84所示。

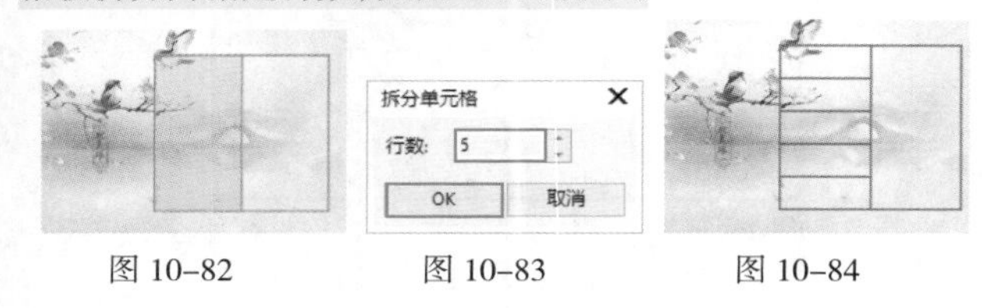

图 10-82　图 10-83　图 10-84

2. 拆分为列

选择单元格，如图10-85所示。执行“表格”->“拆分为列”命令，在弹出的“拆分单元格”面板中设置“栏数”数值，单击OK将选中的单元格拆分为指定列数，如图10-86所示。效果如图10-87所示。

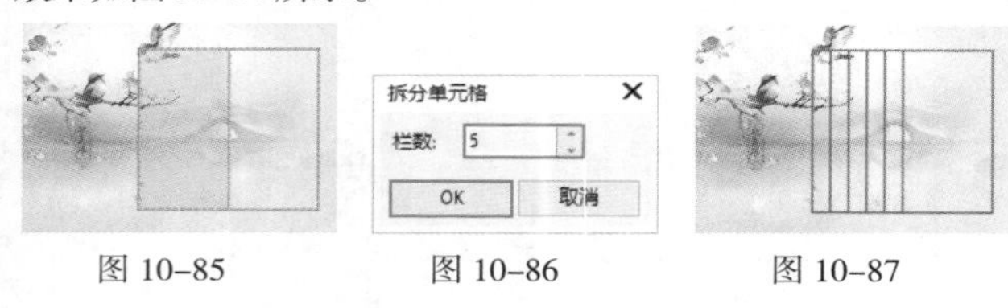

图 10-85　图 10-86　图 10-87

3. 拆分单元格

如果表格中存在合并过的单元格，那么选中该单元格，如图10-88所示。执行“表格”->“拆分单元格”命令，合并过的单元格将被拆分，如图10-89所示。如果选中的单元格并未经过合并，那么“拆分单元格”命令将不可用。

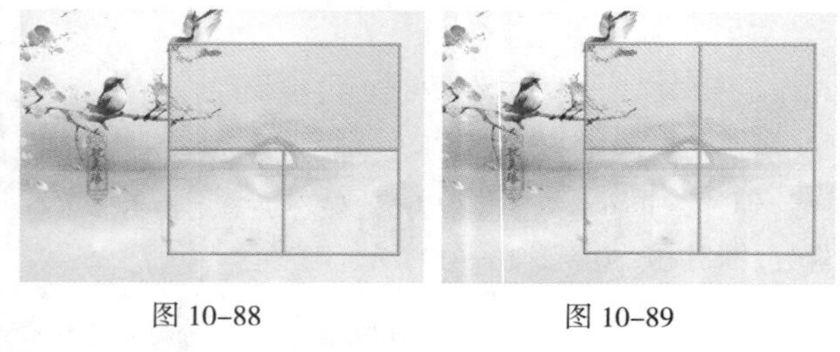

图 10-88　图 10-89

提示：拆分表格

选择表格，执行“对象”->“拆分表格”命令，然后按快捷键Ctrl+U将其取消编组。选择边框进行移动，即可看到表格被拆分，如图10-90所示。

图 10-90

10.6 调整表格的行高和列宽

扫一扫，看视频

默认情况下我们所绘制的单元格的大小都是相同的，而在实际应用中经常需要更改单元格的大小。表格绘制完成后，可以在属性栏中调整表格的行高和列宽，也可以使用“形状”工具对行高和列宽直接进行调整。

10.6.1 手动调整表格的行高和列宽

首先选择表格，接着选择工具箱中的“形状”工具，将光标移动至表格纵向分割线上，光标变为↔状后按住鼠标左键拖动，即可调整列宽，如图10-91和图10-92所示。如果将光标放置在横向分割线上，拖动可以调整行高，如图10-93所示。

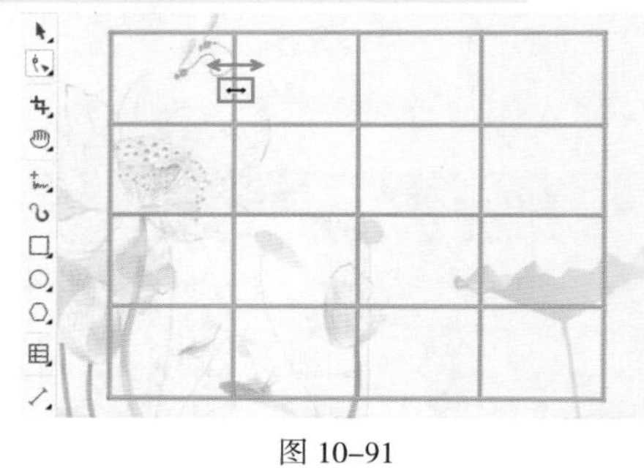

图 10-91

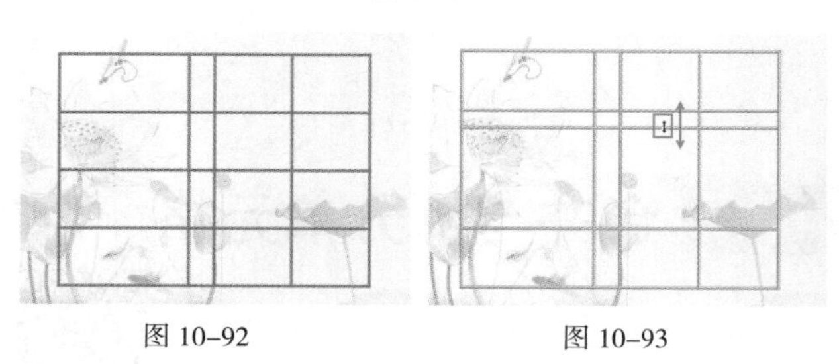

图 10-92　图 10-93

10.6.2 精确设置表格的行高和列宽

想要精确地设置某行/列的高度/宽度，首先使用“形状”工具选中一个单元格，在“表格”工具的属性栏中可以看到单元格的宽度与高度，如图10-94所示。在“宽度”

选项中设置单元格的宽度，在“高度”选项中设置单元格的高度，然后按Enter键确认。效果如图10-95所示。

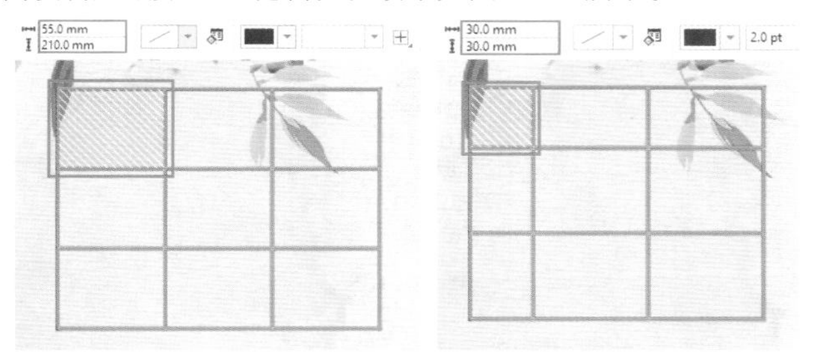

图 10-94　　图 10-95

10.6.3 平均分布行/列

执行“表格”->“分布”命令，可以将选中的行或者列进行平均分布。

1. 平均分布行列

使用“形状”工具在表格中选择某一列，如图10-96所示。执行“表格”->“分布”->“行分布”命令，被选中的行将会在垂直方向均匀分布，如图10-97所示。

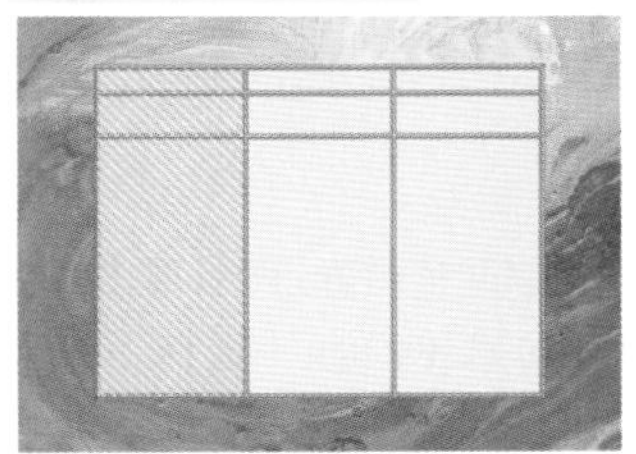

图 10-96

图 10-97

2. 平均分布列

使用“形状”工具选择表格的某一行，如图10-98所示。执行“表格”->“分布”->“列分布”命令，被选中的列将会在水平方向均匀分布，如图10-99所示。

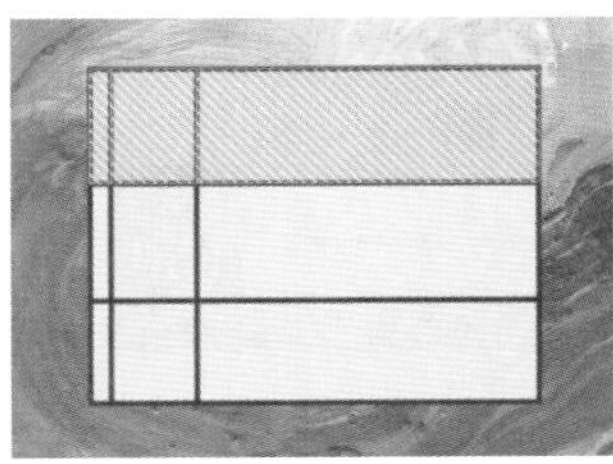

图 10-98

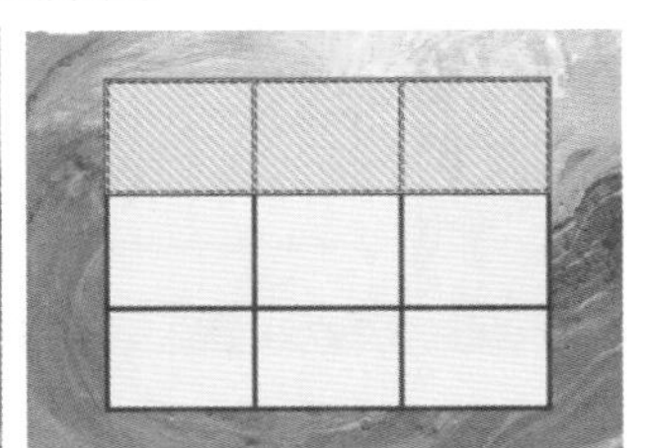

图 10-99

10.7 调整表格的外观

扫一扫，看视频

在CorelDRAW中表格对象与图形对象一样，都可以进行颜色设置。不仅可以对表格对象的填充色、单元格颜色进行设置，还可以对表格边框颜色以及粗细等进行设置。

重点 10.7.1 设置表格填充色

不仅可以为表格添加统一的填充色，还可以为单元格填充颜色。

1. 为表格添加填充色

选择表格，在属性栏中单击“填充色”右侧的下拉按钮，在弹出的下拉面板中选择一种合适的颜色，此时表格就被填充了背景色，如图10-100所示。

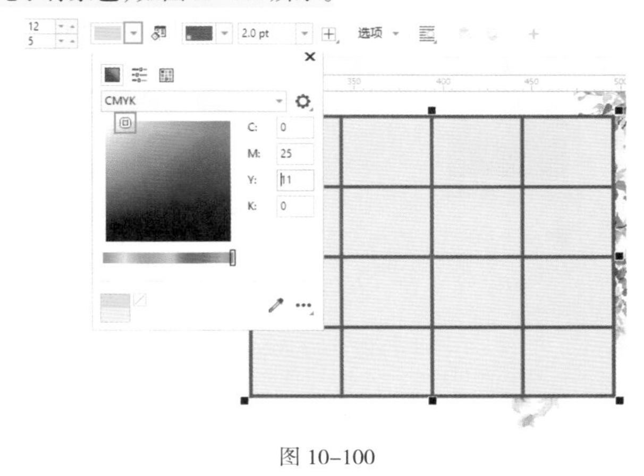

图 10-100

提示：使用调色板为表格填充颜色

选择表格，单击调色板中的色块，即可为选中的表格填充颜色。效果如图10-101所示。

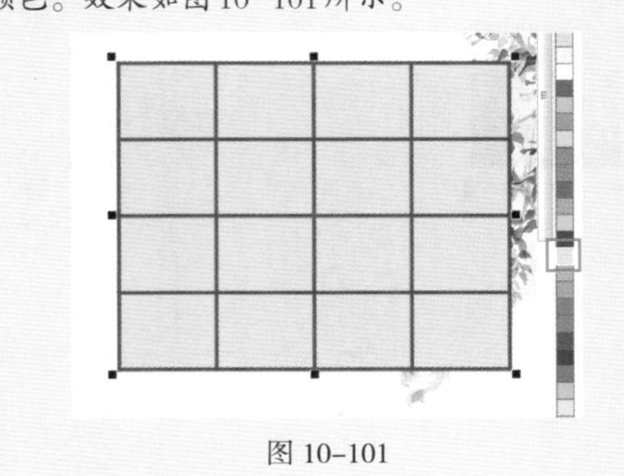

图 10-101

2. 为单元格填充颜色

使用“形状”工具选中单元格，如图10-102所示。然后单击属性栏中的“填充色”右侧的下拉按钮，在弹出的下拉面板中选择一种合适的颜色，如图10-103所示。此外，还可以在选中单元格后双击界面底部的“编辑填充”按钮，在打开的“编辑填充”窗口中选择一种合适的填充方式。

图 10-102

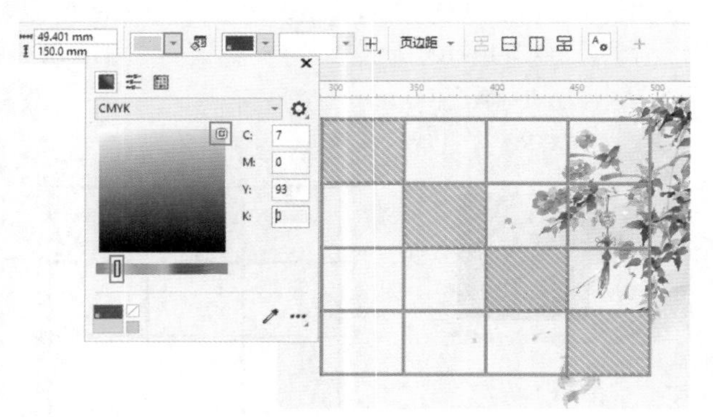

图 10-103

3. 去除填充色

选择表格或者单元格，在属性栏中单击“填充色”右侧的下拉按钮，在弹出的下拉面板中单击“无颜色”按钮，即可去除填充色，如图 10-104 所示。

图 10-104

10.7.2 设置表格或单元格的边框

设置表格边框的粗细和颜色的方法与设置图形的轮廓色有所不同，在设置表格边框时首先需要选择调整位置。属性栏中的“边框选择”按钮就是用来确定边框调整位置的。首先选择表格，然后单击属性栏中的“边框选择”按钮右下角的◢按钮，在弹出的下拉列表中有 9 个选项，根据名称及图标就能够确定要调整的位置，如图 10-105 所示。

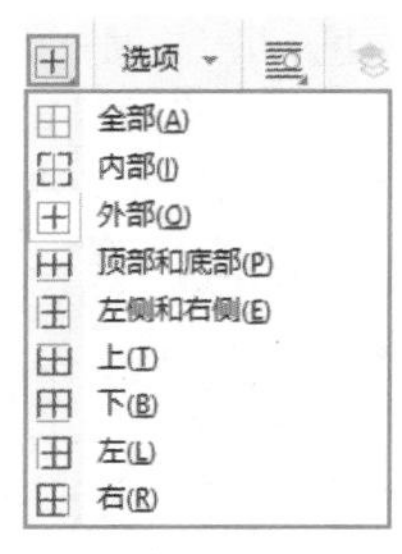

图 10-105

1. 更改边框的宽度

选择表格，如图 10-106 所示。在属性栏中选择边框调整位置，然后在“边框”选项 .5 mm 中输入数值，按 Enter 键确认。效果如图 10-107 所示。

图 10-106　　图 10-107

2. 更改边框的颜色

选择表格，在属性栏中选择边框调整位置，然后单击“轮廓颜色”右侧的按钮，在弹出的颜色面板中选择一种颜色，如图 10-108 所示。

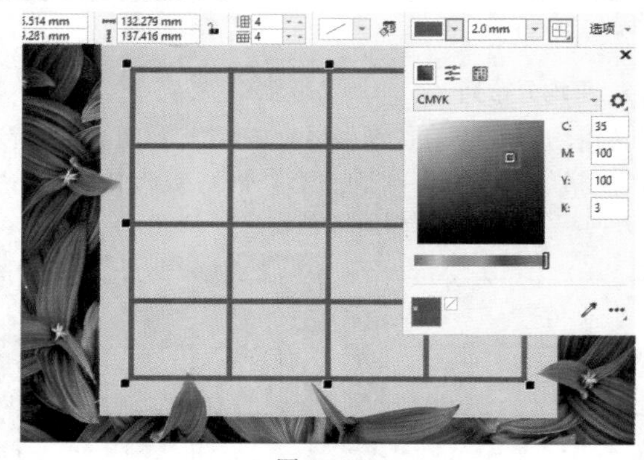

图 10-108

举一反三：制作漂亮的表格

表格应用的范围非常广泛，无论是在设计行业中，还是在其他行业中都是如此。一张漂亮的表格不仅能够充分地表达信息，也能给人留下深刻的印象。

(1) 在相应的位置绘制一个表格，如图 10-109 所示。黑色的表格边框显得有些单调，所以将表格的背景填充为白色。

接下来，将边框调整为合适的宽度。由于不能单独对表格线使用“透明度”工具进行调整，所以将边框的颜色调整为与右侧灰色矩形相同的颜色，使表格边框产生透明感。效果如图10–110所示。

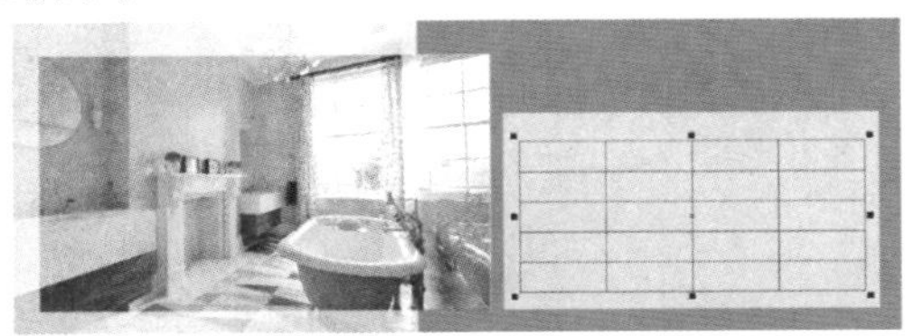

图 10–109

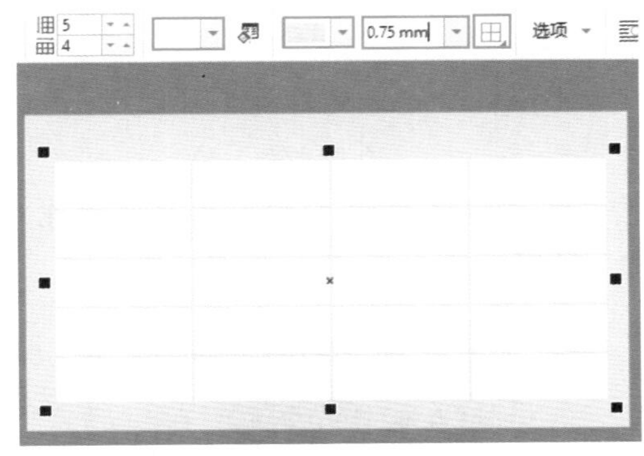

图 10–110

(2) 在表格中添加文字信息，然后选中整个表格，在“文本”泊坞窗中设置合适的字体、字号，对齐方式为“居中垂直对齐”(目的是使文字位于单元格的中心位置)，如图10–111所示。效果如图10–112所示。

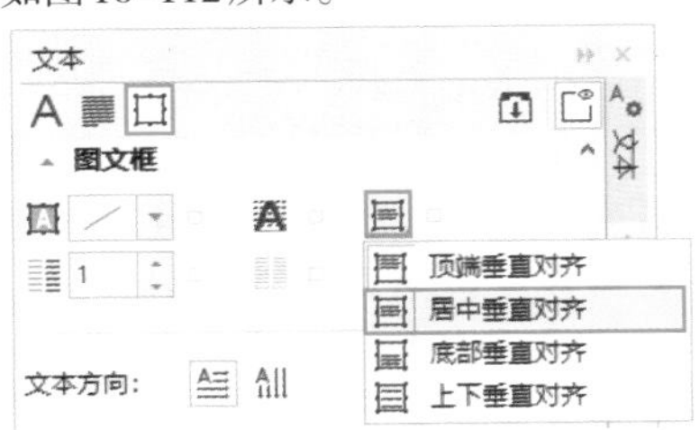

图 10–111

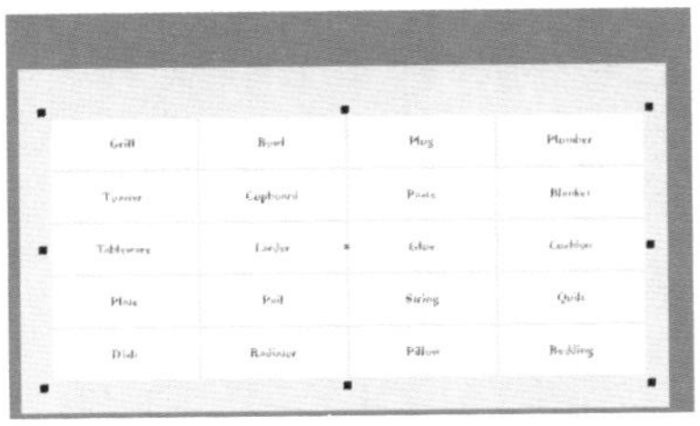

图 10–112

(3) 添加箭头图形，并添加其他文字，如图10–113所示。为了让表格效果更加丰富，可以将表格中奇数行的填充色更改为浅灰色。效果如图10–114所示。最终效果如图10–115所示。

图 10–113

图 10–114

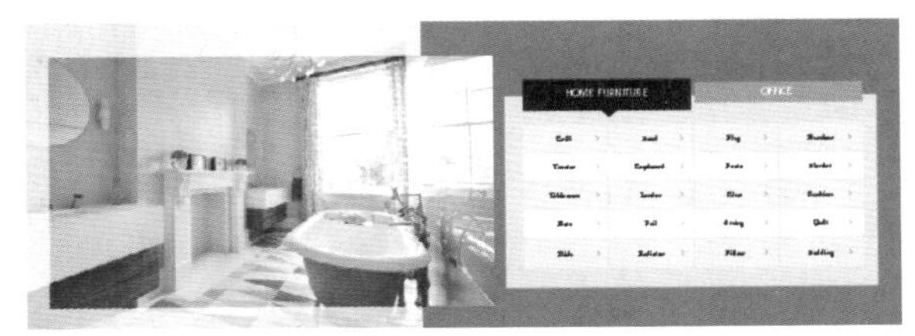

图 10–115

10.8 文本与表格的相互转换

在CorelDRAW中可以将文本转换为表格，也可以将表格转换为文本。

1. 将文本转换为表格

若要将文本转换为表格，需要在文本中插入制表符、逗号、段落回车符或其他字符。

选择文本框，如图10–116所示。执行“表格”->“将文本转换为表格”命令，在弹出的“将文本转换为表格”窗口中选择或设置合适的分隔符，如图10–117所示。单击OK按钮，即可将文字转换为表格，如图10–118所示。

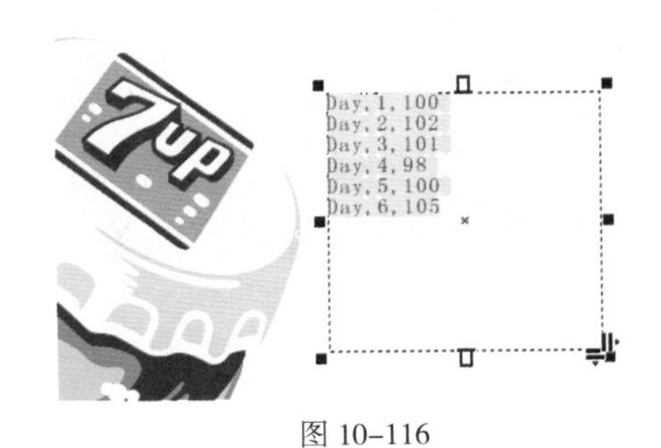

图 10–116

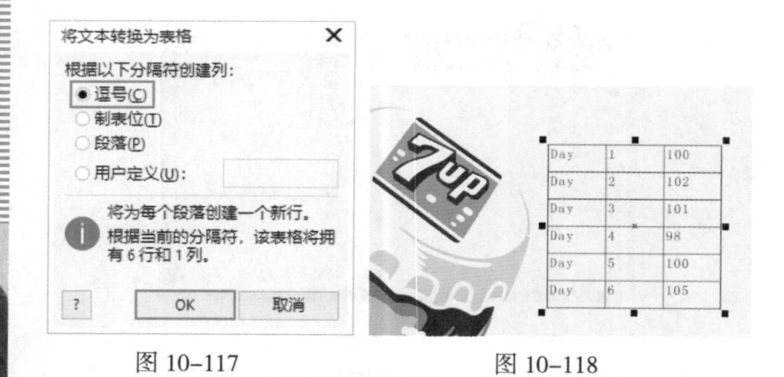

图 10-117　　图 10-118

2. 将表格转换为文本

选择表格，执行“表格”->“将表格转换为文本”命令，在弹出的“将表格转换为文本”窗口中选中“制表位”单选按钮(将表格转换为文本时，将根据插入的符号来分隔表格的行或列)，如图10-119所示。单击OK按钮，即可将表格转化为文本，如图10-120所示。

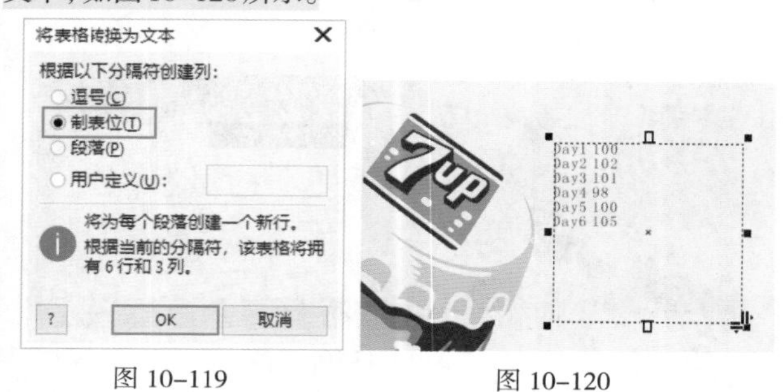

图 10-119　　图 10-120

综合实例：果味奶糖包装设计

扫一扫，看视频

文件路径	资源包\第10章\综合实例：果味奶糖包装设计
难易指数	★★★★★
技术要点	“表格”工具、“交互式填充”工具、“透明度”工具、“阴影”工具、图框精确剪裁

实例效果

本实例效果如图10-121所示。

图 10-121

操作步骤

步骤 01 新建一个A4大小的空白文档。单击工具箱中的“矩形”工具按钮，绘制一个矩形。选中该矩形，单击工具箱中的“交互填充”工具按钮，在属性栏中单击“渐变填充”按钮，设置渐变类型为“椭圆形渐变填充”，为其填充一种蓝色系渐变，如图10-122所示。

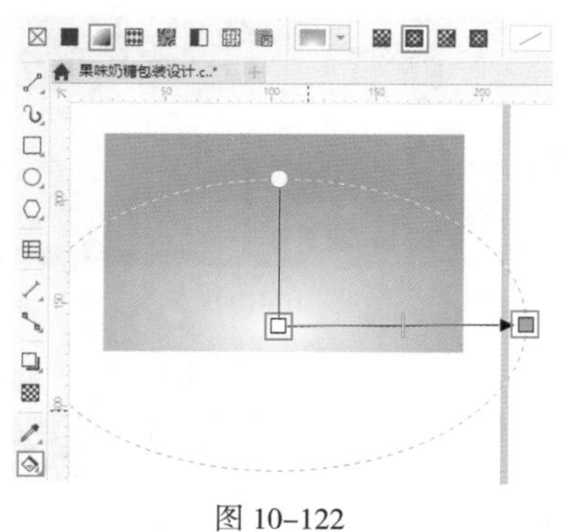

图 10-122

步骤 02 使用“矩形”工具绘制其他的矩形，并填充为蓝色，如图10-123所示。

图 10-123

步骤 03 单击工具箱中的“文本”工具按钮，在属性栏中设置合适的字体、字号，然后在画面中单击插入光标，输入文字并填充为白色，如图10-124所示。

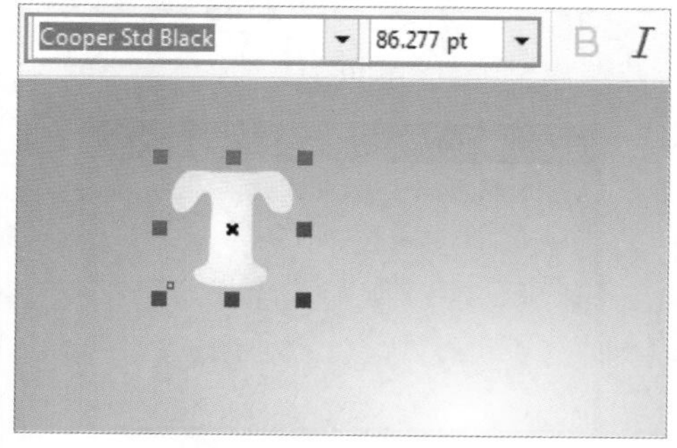

图 10-124

步骤 04 选择工具箱中的“阴影”工具，单击属性栏中的“阴影工具”按钮，在文字上按住鼠标左键拖曳得到阴影，接着在属性栏中设置“阴影颜色”为黑色，“合并模式”为“乘”，“阴影不透明度”为22，“阴影羽化”为2，如图10-125所示。

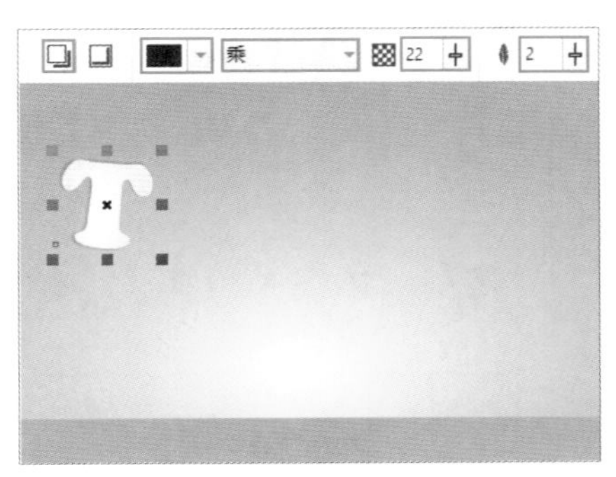

图 10-125

步骤 05 选择字母T，在属性栏中设置“旋转角度”为355.0，如图10-126所示。以同样的方式输入其他文字，并旋转合适的角度，如图10-127所示。

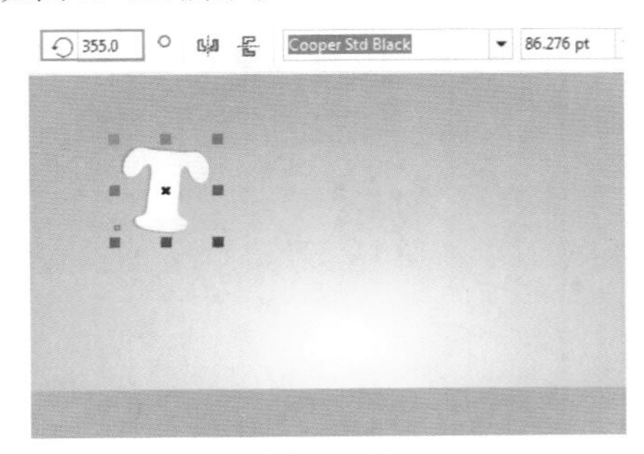

图 10-126

图 10-127

步骤 06 单击工具箱中的“文本”工具按钮，在属性栏中设置合适的字体、字号，然后在画面中单击插入光标，输入文字并填充为白色，如图10-128所示。以同样的方式输入其他文字，效果如图10-129所示。

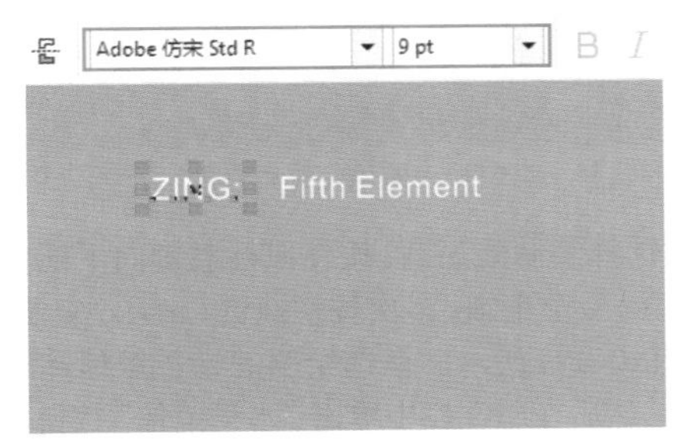

图 10-128

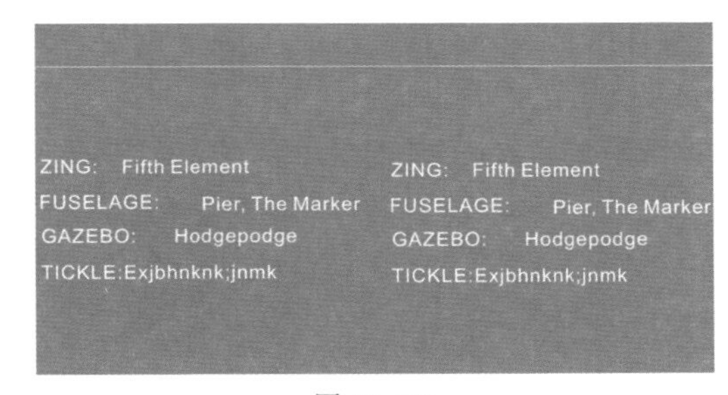

图 10-129

步骤 07 执行“表格”->“创建新表格”命令，在弹出的“创建新表格”窗口中设置“行数”为3，“栏数”为2，单击OK按钮完成创建，如图10-130所示。接着把光标移到表格上方中点的位置，按住鼠标左键向下拖动，拖动至合适的位置后松开鼠标，如图10-131所示。

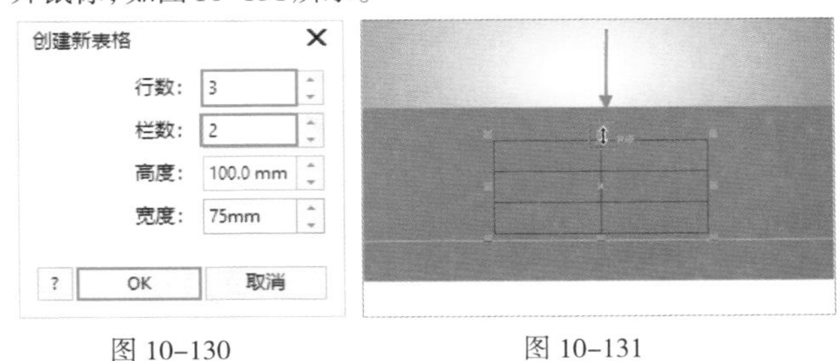

图 10-130　　图 10-131

步骤 08 选中表格，在属性栏中设置“边框选择”为“全部”，“边框宽度”为0.2mm，“轮廓颜色”为白色，如图10-132所示。

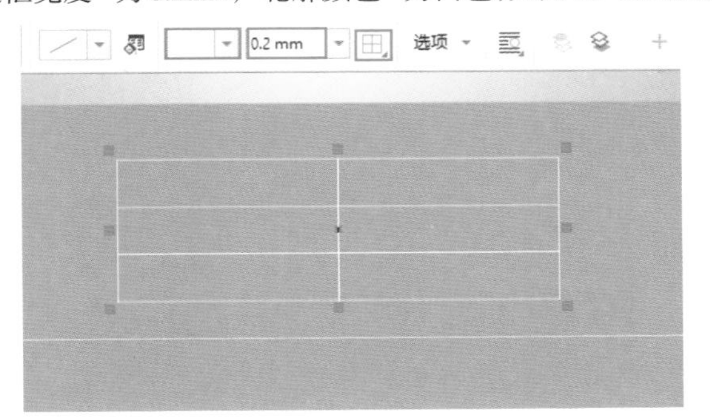

图 10-132

步骤 09 单击“文本”工具按钮，在属性栏中设置合适的字体、字号，接着单击表格，输入文字并填充为白色，如图10-133所示。

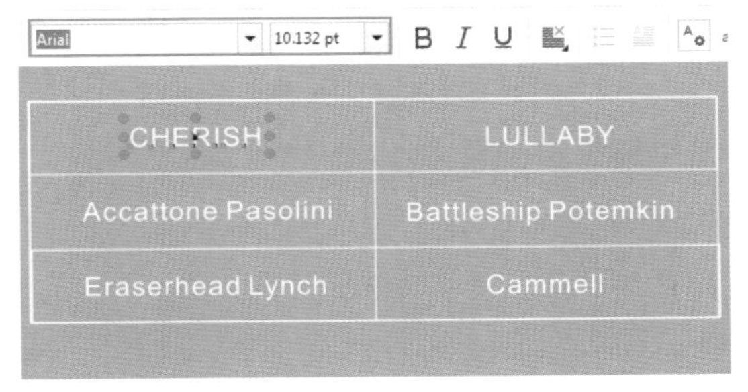

图 10-133

步骤 10 选择工具箱中的“2点线”工具，绘制一条直线，并设置轮廓色为蓝色，如图10–134所示。

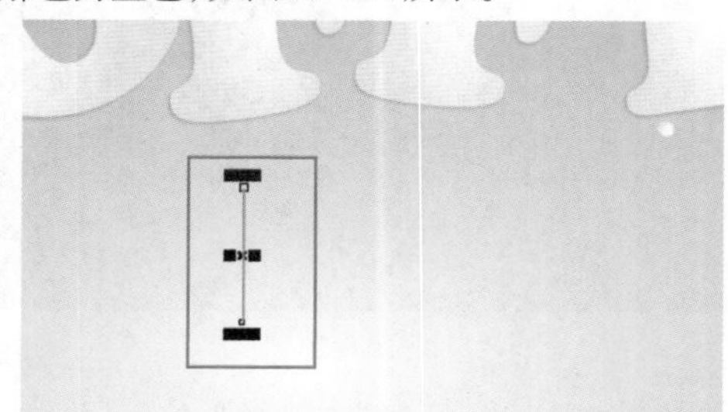

图 10–134

步骤 11 单击工具箱中的“文本”工具按钮，在属性栏中设置合适的字体、字号，然后在画面中单击插入光标，输入文字，如图10–135所示。以同样的方式输入其他文字，如图10–136所示。

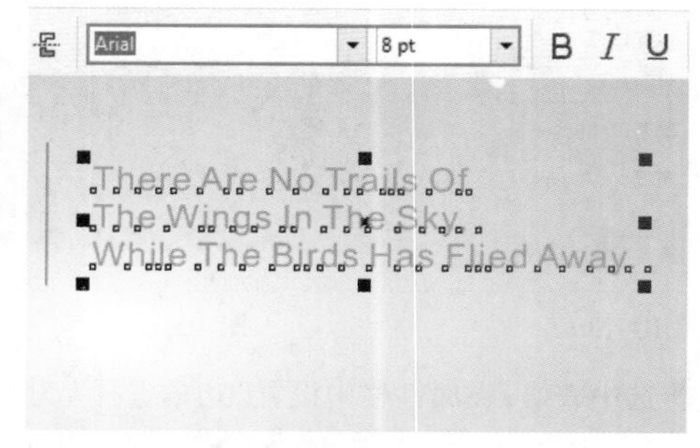

图 10–135

图 10–136

步骤 12 执行“文件”–>“导入”命令，导入素材1.png，如图10–137所示。以同样的方式导入素材2.png，如图10–138所示。

图 10–137

图 10–138

步骤 13 单击工具箱中的“矩形”工具按钮，在画面左侧绘制一个矩形，并填充为绿色，如图10–139所示。

图 10–139

步骤 14 单击工具箱中的“椭圆形”工具按钮，按住Ctrl键在矩形顶部绘制一个正圆，并填充为绿色，如图10–140所示。

图 10–140

步骤 15 选择绘制的正圆，按住鼠标左键向下拖曳，然后右击，复制出另一个正圆，多次按快捷键Ctrl+D，复制出所有的正圆，如图10–141所示。框选绘制的绿色矩形和圆形，将其复制一份。然后在属性栏中单击“水平镜像”按钮，并移动到右侧，如图10–142所示。

图 10-141

图 10-142

步骤 16 制作包装展示效果。框选之前绘制的整个图形，复制一份。然后选中复制的图形，单击工具箱中的"裁剪"工具按钮，按住鼠标左键向右下角拖曳，裁剪出想要的部分，并双击，图片就裁剪完成了，如图 10-143 和图 10-144 所示。

图 10-143

图 10-144

步骤 17 制作包装的压痕效果。选择工具箱中的"2点线"工具，在包装袋的左侧绘制一条直线，双击界面右下角的"轮廓笔"按钮，在弹出的"轮廓笔窗口"中设置"宽度"为4px，"颜色"为灰色，单击OK按钮完成设置，如图 10-145 所示。单击"透明度"工具按钮，在属性栏中设置"透明度"为50，如图 10-146 所示。

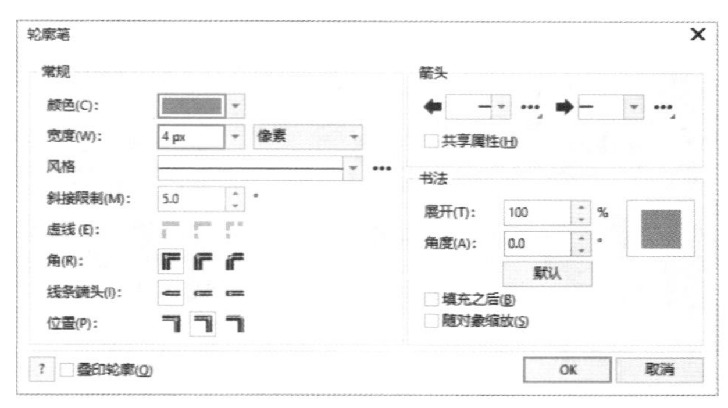

图 10-145

图 10-146

步骤 18 复制出4条直线，如图 10-147 所示。以同样的方式绘制出右侧的直线，如图 10-148 所示。

图 10-147

图 10-148

步骤 19 选择工具箱中的"钢笔"工具按钮，绘制图形并填充为灰色，如图 10-149 所示。单击工具箱中的"透明度"工具按钮，在属性栏中单击"渐变透明度"按钮，设置渐变类型为"线性渐变透明度"，调节渐变透明度控制杆，如图 10-150

所示。以同样的方式绘制右边的图形，如图10-151所示。

图 10-149

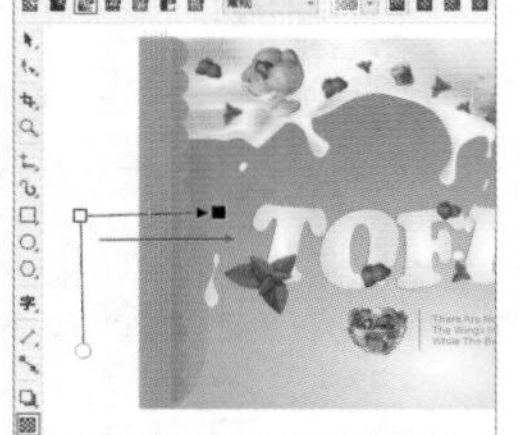

图 10-150

图 10-151

步骤 20 使用“钢笔”工具绘制图形，并填充为灰色，如图10-152所示。

图 10-152

步骤 21 单击工具箱中的“透明度”工具按钮，在属性栏中单击“渐变透明度”按钮，设置渐变类型为“线性渐变透明度”，调节渐变透明度控制杆，如图10-153所示。

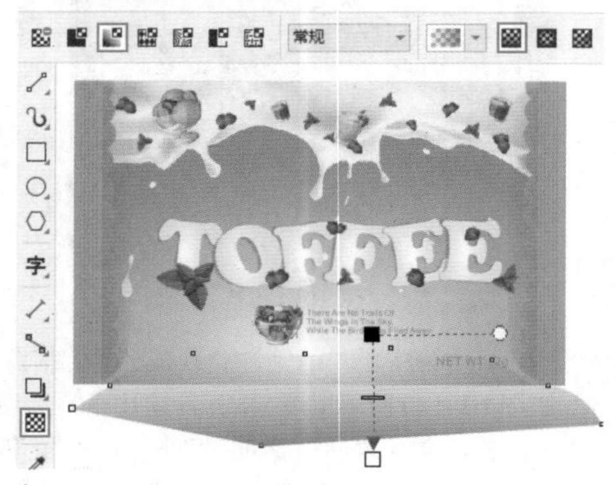

图 10-153

步骤 22 在包装袋的上方绘制图形并填充为白色，这部分将作为高光光泽，如图10-154所示。

图 10-154

步骤 23 单击工具箱中的“透明度”工具按钮，在属性栏中单击“均匀透明度”按钮，设置“透明度”为50，如图10-155所示。

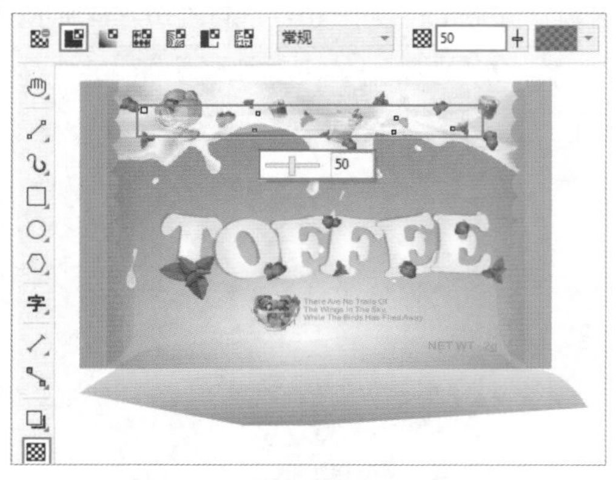

图 10-155

步骤 24 选择工具箱中的“钢笔”工具，绘制图形并填充颜色为白色。单击工具箱中的“透明度”工具按钮，在属性栏中单击“渐变透明度”按钮，设置渐变类型为“线性渐变透明度”，调节渐变透明度控制杆，如图10-156所示。以同样的方式绘制右边的图形，如图10-157所示。

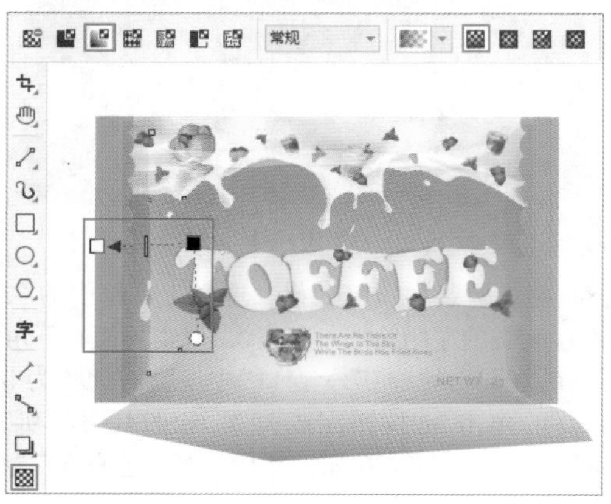

图 10-156

图 10–157

步骤 25 选择工具箱中的“钢笔”工具，绘制一个立体的包装袋形状，如图 10–158 所示。

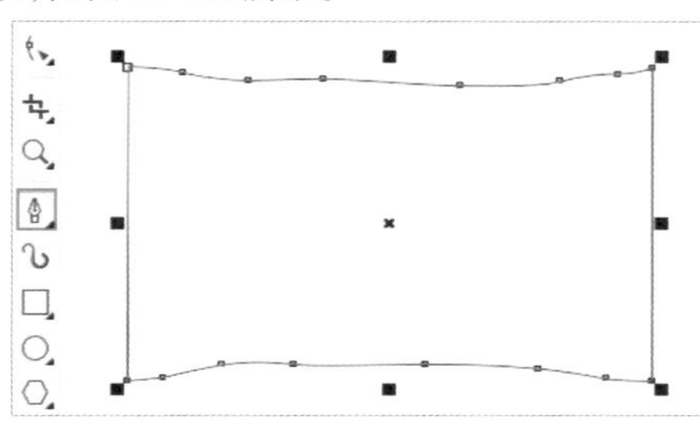

图 10–158

步骤 26 框选之前绘制的图形，执行“对象”->PowerClip->“置于图文框内部”命令，将光标移至绘制的图形上单击，如图 10–159 所示。

图 10–159

步骤 27 将文字置于图文框内部，去掉轮廓色，如图 10–160 所示。

图 10–160

步骤 28 按照同样的方式绘制其他两个颜色的包装袋。接着导入背景素材与前景素材，并将制作好的包装袋摆放在合适的位置。最终效果如图 10–161 所示。

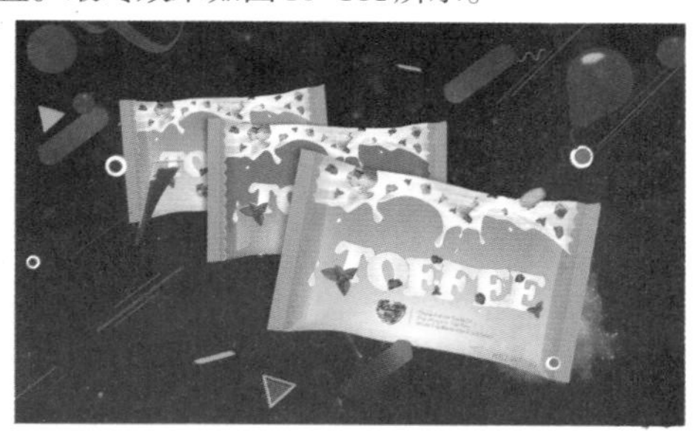

图 10–161

10.9 课后练习

文件路径	资源包\第10章\课后练习：使用表格功能制作图文结合的表格
难易指数	★★★★★
技术要点	创建表格、编辑表格内容

扫一扫，看视频

实例效果

本实例效果如图 10–162 所示。

图 10–162

10.10 模拟考试

主题： 制作企业员工信息统计表。

要求：

（1）表格中要包含员工岗位、年龄、性别、学历等信息。

（2）合理安排表格结构，要包含表头。

（3）企业标志要体现在表头中。

（4）表格视觉效果简洁、清晰，配色方案要体现商务感。

考查知识点： 表格工具、文本工具等。

Chapter 11

第11章

扫一扫，看视频

位图的编辑处理

本章内容简介：

虽然CorelDRAW是一款矢量软件，但是它还具有很多较为实用的位图编辑处理功能。使用这些功能不仅可以进行调色，还可以更改图像颜色模式，进行简单的抠图操作等。此外，这些常用于位图操作的命令中还包含部分可以对矢量图进行调色处理的命令。

重点知识掌握：

- 掌握位图和矢量图相互转换的方法
- 掌握位图的颜色调整方法

通过本章学习，我能做什么？

使用CorelDRAW制作画册、包装、海报等作品时，往往需要添加一些位图图像。在实际操作过程中我们经常会发现，添加到文档中的位图颜色倾向和明暗程度似乎与当前画面效果不是很匹配。如果将图片重新在Photoshop中进行处理又比较麻烦。这时CorelDRAW的位图处理以及调色的相关功能就派上了用场，它可以轻松地将素材图像调整到与画面相匹配的效果。

11.1 位图与矢量图的相互转换

在CorelDRAW中，一些特定的命令只能针对位图进行编辑。如要将矢量图转换为位图，可使用“转换为位图”命令来完成。若要将位图转换为矢量图，可以使用“描摹”功能来完成。

重点 11.1.1 动手练：将矢量图转换为位图

在CorelDRAW中，一些特定的命令只能针对位图进行编辑，那么此时就需要将矢量图转换为位图。选择一个矢量对象，如图11-1所示。执行“位图”->“转换为位图”命令，在弹出的“转换为位图”窗口中对“分辨率”和“颜色模式”等进行设置，如图11-2所示。单击OK按钮，矢量图就会转换为位图，如图11-3所示。

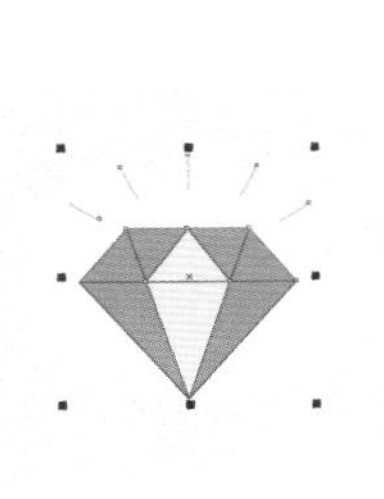

图 11-1

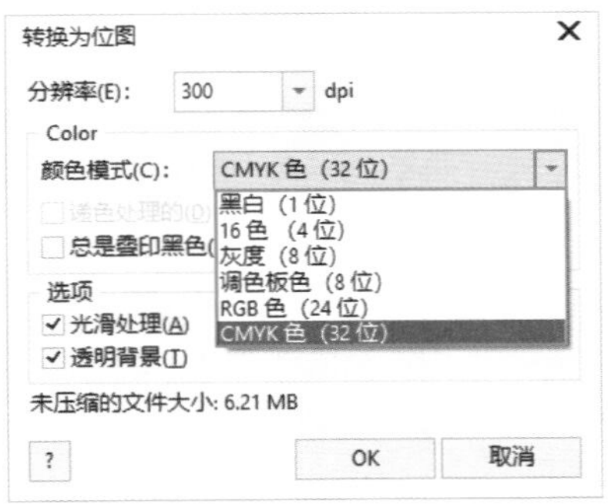

图 11-2

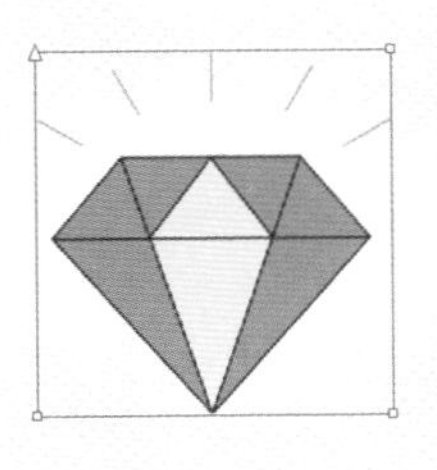

图 11-3

- 分辨率：在该下拉列表中可以选择一种合适的分辨率，分辨率越高，转换为位图后的清晰度越高，文件所占内存也越多。
- 颜色模式：在该下拉列表中可选择转换的色彩模式。
- 光滑处理：勾选“光滑处理”复选框，可以防止在转换为位图后出现锯齿。
- 透明背景：勾选“透明背景”复选框，可以在转换为位图后保留原对象的通透性。

重点 11.1.2 快速描摹：快速将位图转换为矢量图

将位图转换为矢量图是一个非常有趣的功能。我们都知道，位图是由一个个极小的像素方块构成的，每个像素块之间的颜色可能都会有些许的差异，而矢量图从效果上来看则是由一个个不同形状的色块构成的，并没有那么多的颜色细节。那么通过“描摹”功能将位图转换为矢量图，就需要将位图中大量颜色接近的像素块合并为一个个相似颜色的色块，从而组成整个图像。

“快速描摹”可以快速将位图转换为矢量对象，是一种较为快速、粗糙的描摹方式。

(1) 选择一个位图，如图11-4所示。执行“位图”->“快速描摹”命令，稍等片刻即可完成描摹操作(该命令没有参数可供设置)，如图11-5所示。

图 11-4

图 11-5

(2) 移动矢量图，可以看到位图还在原来的位置，如图11-6所示。此时矢量图形处于编组的状况，按快捷键Ctrl+U取消群组，然后使用“形状”工具在图形上单击即可显示节点，如图11-7所示。

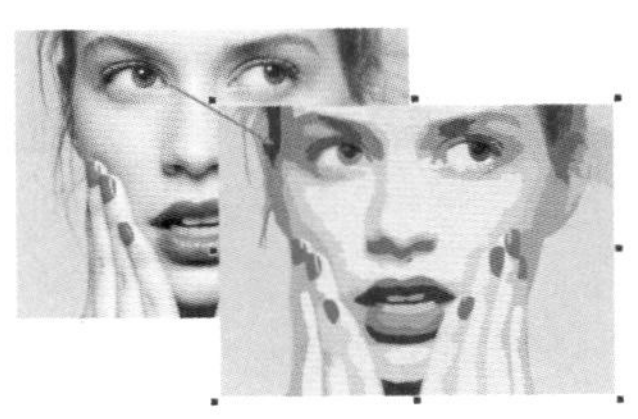

图 11-6

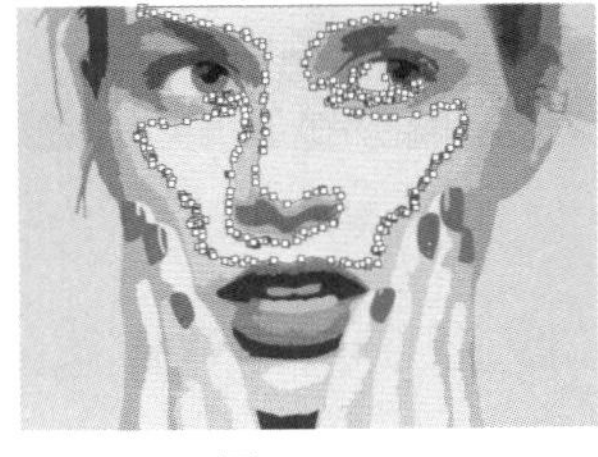

图 11-7

举一反三：使用“描摹”功能快速制作插画感人物海报

矢量人物其实是比较有难度的一种绘画类型，既考验绘画者的水平，又耗费大量的时间。而使用“描摹”功能可以快速地将位图转换为矢量图，这对于矢量人物的制作来说是非常适合的。

(1) 找到一张合适的人物素材，如图11-8所示。原位置复制该人物图像，接着执行“位图”->“快速描摹”命令，进行快速描摹。效果如图11–9所示。从描摹效果来看，人物整体已经呈现出了矢量感，但五官细节缺失得较为严重。

图 11–8

图 11–9

（2）为了显现出五官细节，可以将描摹得到的五官部分删除。描摹完成后得到的矢量图形是编组对象，如果想要编辑细节对象，就需要将矢量图取消编组。接着将眼睛、鼻子和耳朵位置的矢量图删除，露出底部的位图，这样可以让混合插画显得更有灵性，如图11–10所示。最后添加一些几何图形素材作为装饰，效果如图11–11所示。

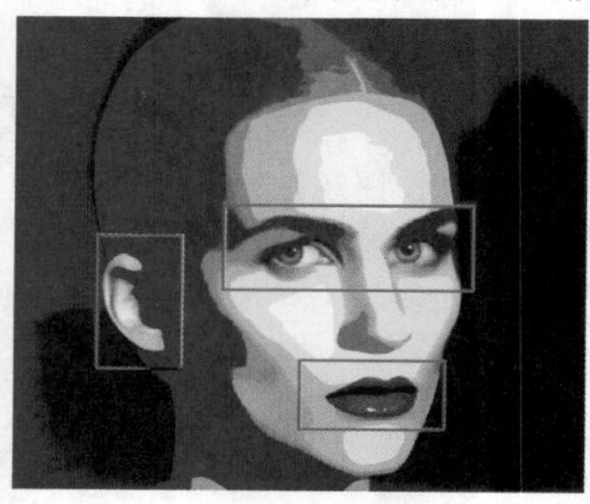
图 11–10

图 11–11

11.1.3 中心线描摹、轮廓描摹：丰富的描摹效果

除了“快速描摹”外，CorelDRAW中还有另外两种描摹方式，而且这两种描摹方式中又包含多种描摹类型。

1. 中心线描摹

“中心线描摹”有“技术图解”和“线条画”两种类型，能够满足用户不同的创作要求。

（1）选择位图，执行“位图”–>“中心线描摹”–>“技术图解”命令，打开PowerTRACE窗口。此时“描摹类型”为“中心线”，“图像类型”为“技术图解”，所以这里无须设置。针对下方的参数进行调整，然后在左侧的缩览图中预览描摹效果，如图11–12所示。最后单击OK按钮，效果如图11–13所示。

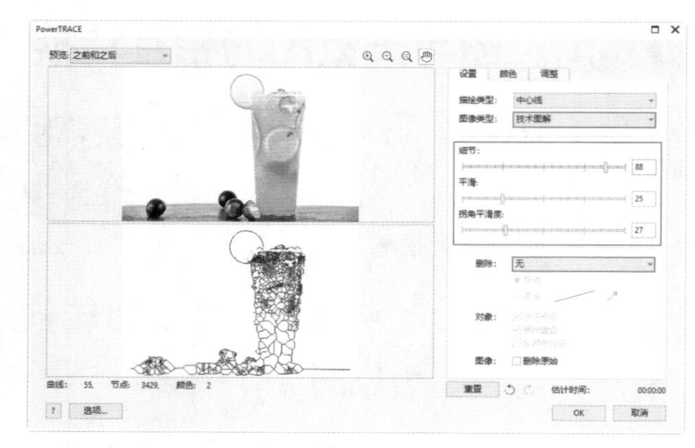

图 11–12

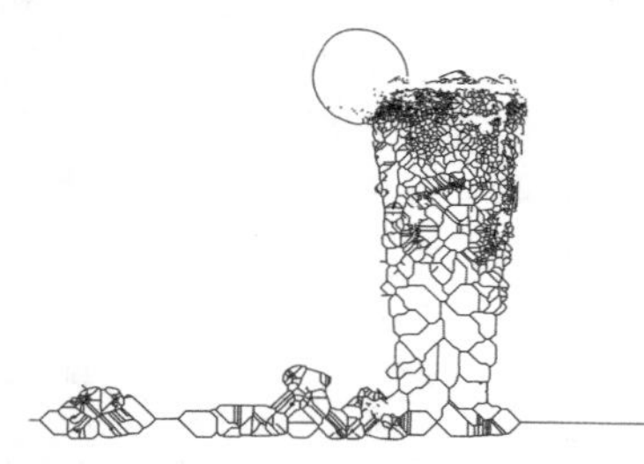
图 11–13

（2）若执行“位图”–>“中心线描摹”–>“线条画”命令，打开PowerTRACE窗口。同样进行相应的设置，然后在左侧的缩览图中预览描摹效果，如图11–14所示。最后单击OK按钮，效果如图11–15所示。

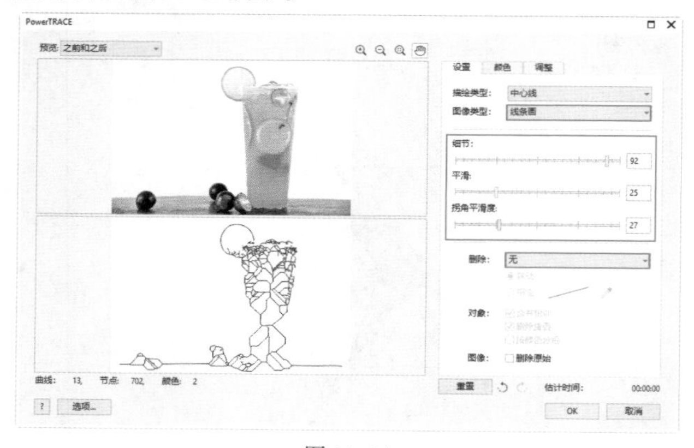

图 11–14

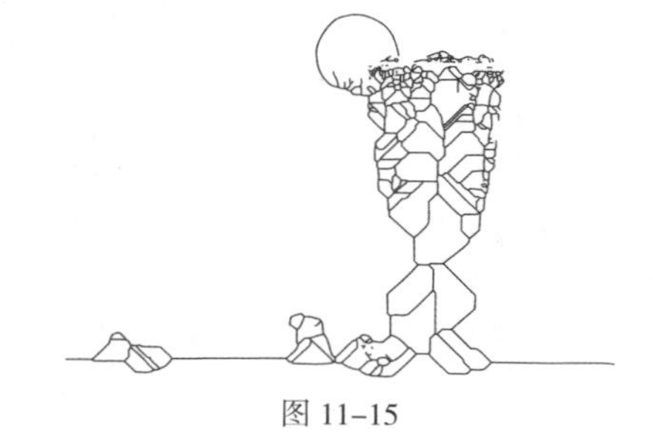
图 11–15

提示：在PowerTRACE窗口中选择“图像类型”

在PowerTRACE窗口的“图像类型”下拉列表中，可以选择“线条画”和“技术图解”两种描摹效果，如图11–16所示。

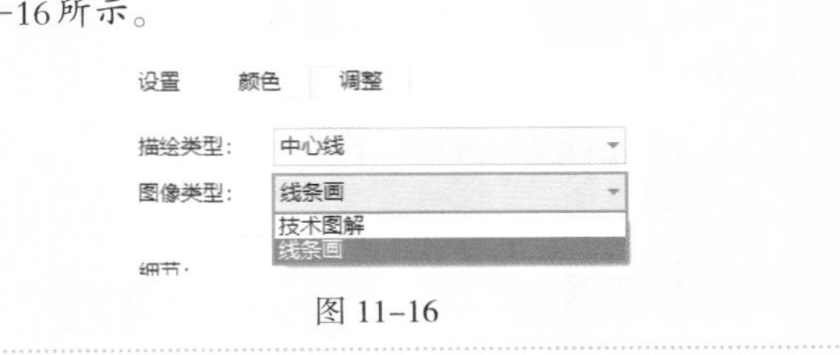

图 11–16

2. 轮廓描摹

首先选择位图，执行“位图”->“轮廓描摹”命令，在弹出的子菜单中可以看到6个命令。从中选择某一个命令，在弹出的PowerTRACE窗口中可以对相应的参数进行设置。例如，在PowerTRACE窗口中通过“图像类型”下拉列表选择轮廓描摹的类型，如图11–17所示。设置完毕后单击OK按钮结束操作，效果如图11–18所示。

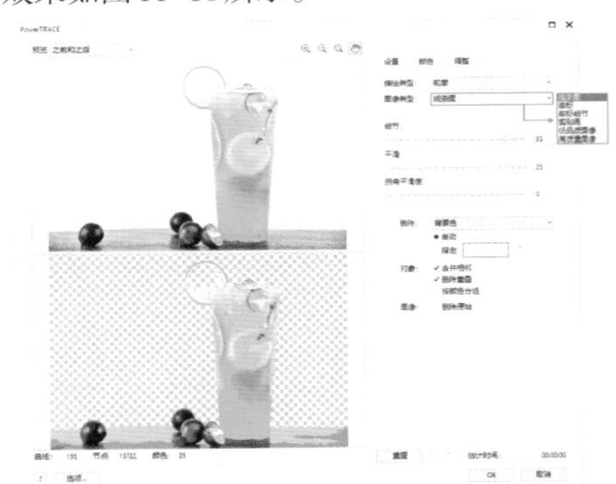

图 11–17

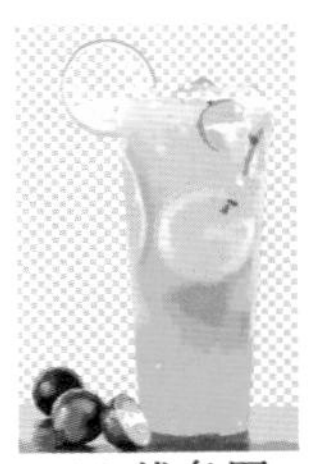

(a) 线条图

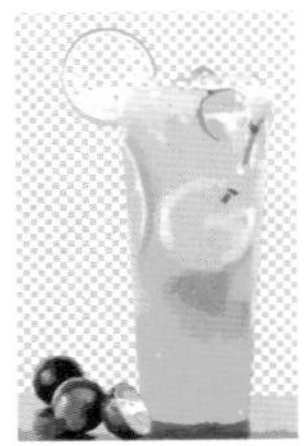

(b) 徽标

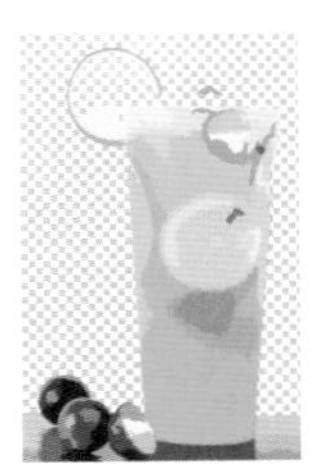

(c) 徽标细节

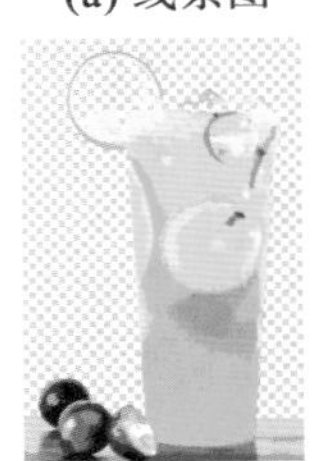

(d) 剪贴画

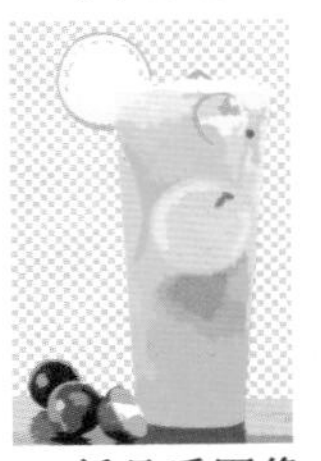

(e) 低品质图像

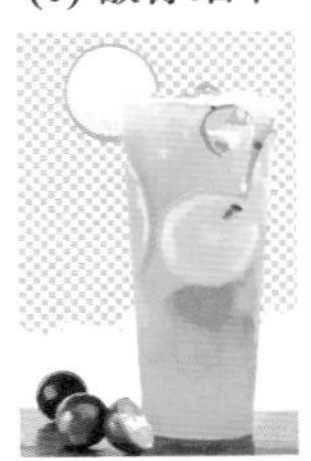

(f) 高品质图像

图 11–18

视频课堂：描摹位图制作演唱会海报

文件路径	资源包\第11章\视频课堂：描摹位图制作演唱会海报
难易指数	★★★★★
技术要点	位图描摹、“透明度”工具

扫一扫，看视频

实例效果

本实例效果如图11–19所示。

图 11–19

11.2 位图的颜色调整

在平面设计中经常会用到位图元素，而位图的颜色可能与当前作品的色彩不符，这时就需要对位图进行一定的颜色调整。在CorelDRAW中有一些常用的调整位图颜色的命令，通过这些命令可以实现位图元素色彩的变更。

在“效果”菜单中，“调整”和“变换”命令都可用于位图颜色的调整。例如，选中位图，执行“效果”->“调整”命令，在弹出的子菜单中列出了多个命令，所有命令都可用，如图11–20所示。

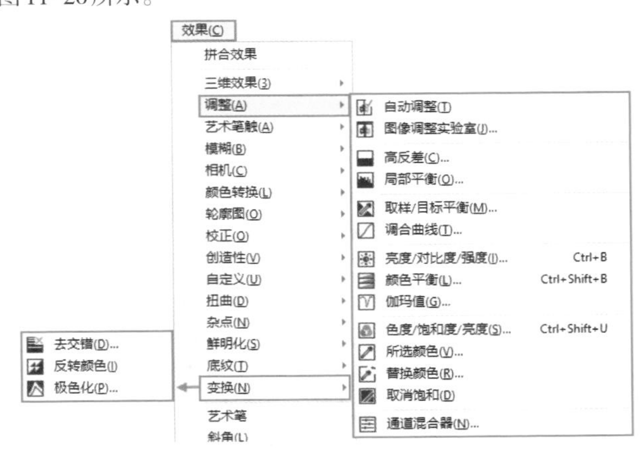

图 11–20

重点 11.2.1 动手练：调色命令的使用方法

扫一扫，看视频

调色的命令有很多种，但其使用方法非常简单，大致可以归纳为“选择图像→执行调色命令→在弹出的窗口中进行设置→得到调色效果”。接下来就以“色度/饱和度/亮度”命令为例学习如何使用调色命令。

选中一个位图，如图11–21所示。执行“效果”–>“调整”–>“色度/饱和度/亮度”命令，在弹出的“色度/饱和度/亮度”窗口中进行参数的设置。对于参数的设置，我们预先并不知道哪一种合适。此时可单击“预览”按钮，拖动滑块随时查看调整效果，进而确定合适的参数设置，如图11–22所示。完成设置后单击OK按钮，可以看到图片的色调发生了变化，如图11–23所示。

图 11–21

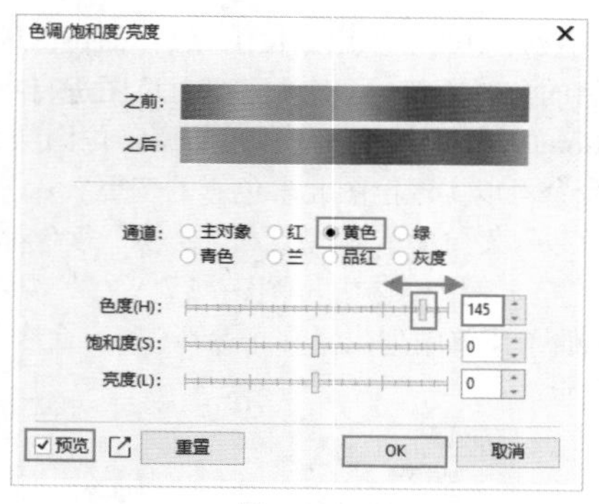

图 11–22

图 11–23

调色窗口的使用

虽然每个调色命令所打开的窗口不同，但是有一些功能是通用的，我们可以根据图标进行判断。

(1) 单击按钮即可显示预览窗口，如图11–24和图11–25所示。若要隐藏预览窗口，单击按钮即可。

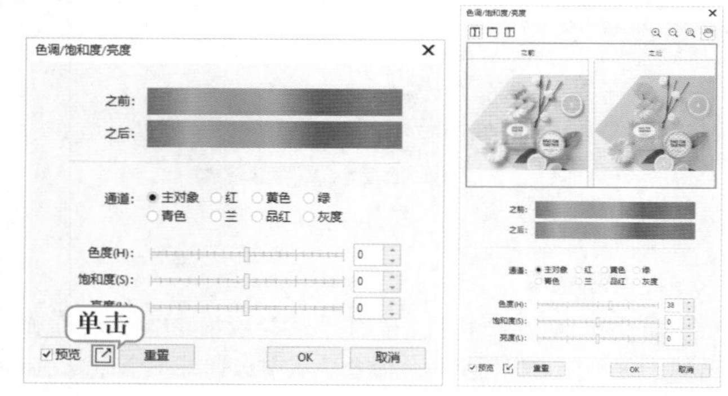

图 11–24　　图 11–25

(2) 单击窗口左上角的按钮，可以在窗口中查看原图和调色后的对比效果，如图11–26所示。单击按钮，在窗口中只能查看调色效果，如图11–27所示。单击按钮可以在一张图像上显示调色前后的对比效果，如图11–28所示。

图 11–26　　图 11–27

图 11–28

(3) 将光标移动到预览窗口中，按住鼠标左键拖动可平移视图，如图11–29所示。滚动鼠标中轮可放大或缩小视图。

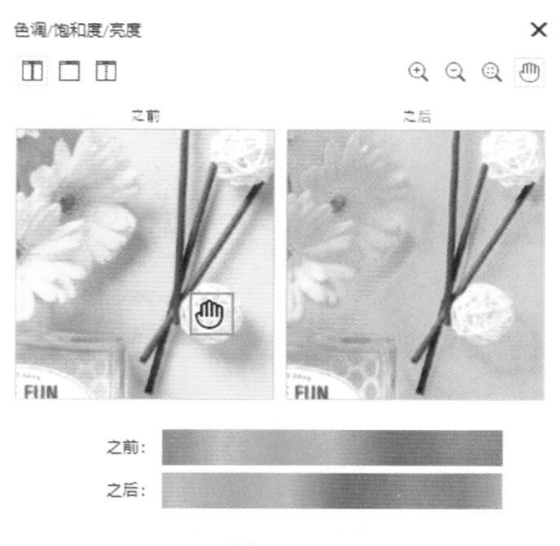

图 11-29

(4) 在进行参数设置过程中，若要将参数复位到最初数值，可以单击“重置”按钮。

11.2.2 自动调整位图颜色

“校正”命令能够自动校正偏色、对比度、曝光度等问题，该命令没有参数设置窗口。选择一个位图，如图11-30所示。执行“效果”->“调整”->“自动调整”命令，系统会自动分析图像存在的问题，并进行处理。完成处理后，图像会发生变化，如图11-31所示(需要注意的是，该命令并不一定能得到理想的效果，所以更多的时候都需要利用其他带有参数选项的命令对图像进行调整)。

图 11-30

图 11-31

11.2.3 图像调整实验室

利用“图像调整实验室”命令，可以方便快捷地在一个窗口中对图像进行温度、饱和度、亮度、对比度等参数的设置，调整图像的颜色。

扫一扫，看视频

选择一个位图，如图11-32所示。执行“效果”->“调整”->“图像调整实验室”命令，在弹出的“图像调整实验室”窗口中进行相应的参数设置，如图11-33所示。设置完成后单击OK按钮，效果如图11-34所示。

图 11-32

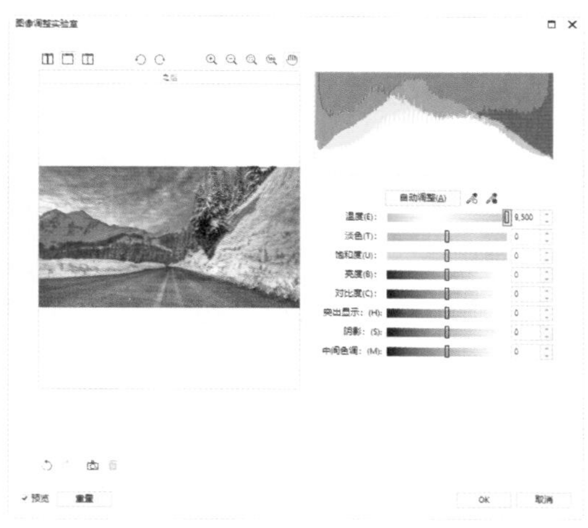

图 11-33

图 11-34

1. 更改图像色温

“温度”选项用于更改图像的色温。数值越小，画面越“暖”，如图11-35所示；数值越大，画面越“冷”，如图11-36所示。

图 11-35

图 11–36

2. 调整图像色相

“淡色”选项用于调整图像色相，即在图像中添加绿色或洋红。向左拖动滑块将添加洋红，如图 11–37 所示；向右拖动滑块将添加绿色，如图 11–38 所示。

图 11–37

图 11–38

3. 调整图像饱和度

“饱和度”选项用于调整颜色的鲜明程度。向左拖动滑块将降低颜色的鲜明程度，如图 11–39 所示；向右拖动滑块将提高颜色的鲜明程度，如图 11–40 所示。

图 11–39

图 11–40

4. 调整图像亮度

“亮度”选项用来调整图像的明暗程度。数值越小画面越暗，如图 11–41 所示；数值越大画面越亮，如图 11–42 所示。

图 11–41

图 11–42

5. 调整图像对比度

“对比度”选项用于增加或减少图像中暗色区域和明亮区域之间的色调差异。向左拖动滑块将降低图像对比度，如图 11–43 所示；向右拖动滑块将增强图像对比度，如图 11–44 所示。

图 11–43

图 11-44

6. 调整高光亮度

“突出显示”选项用于控制图像中最亮区域的亮度。向左拖动滑块将降低高光区的亮度，如图 11-45 所示；向右拖动滑块将提高高光区的亮度，如图 11-46 所示。

图 11-45

图 11-46

7. 调整阴影亮度

“阴影”选项用来调整图像中最暗区域的亮度。向左拖动滑块将降低阴影区的亮度，如图 11-47 所示；向右拖动滑块将提高阴影区的亮度，如图 11-48 所示。

图 11-47

图 11-48

8. 调整中间色调亮度

“中间色调”选项用来调整图像内中间色调的亮度。向左拖动滑块将降低中间色调的亮度，向右拖动滑块将提高中间色调的亮度，如图 11-49 和图 11-50 所示。

图 11-49

图 11-50

提示：“图像调整实验室”窗口顶部的工具

在“图像调整实验室”窗口顶部有多个工具按钮，这些工具按钮都是用来查看预览图的，从其名称就可以了解其功能，如图 11-51 所示。

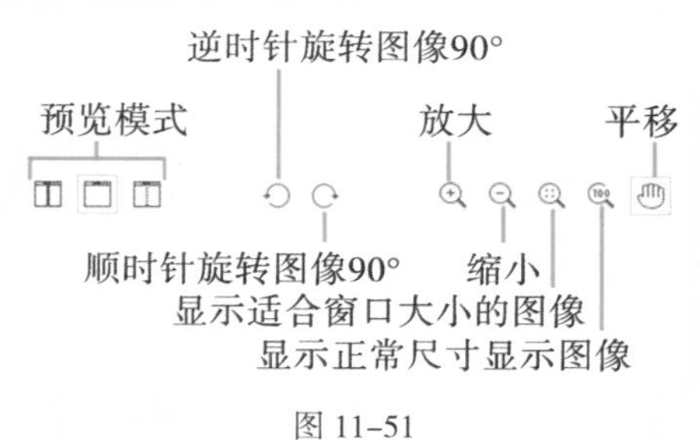

图 11-51

11.2.4 动手练：高反差

“高反差”命令通过调整色阶来增强图像的对比度，还可以精确地对图像中某一种色调进行调整，常用于压暗或提亮画面中的颜色。

选择一个位图，如图11–52所示。执行“效果”->“调整”->“高反差”命令，打开“高反差”窗口，如图11–53所示。在该窗口中，从直方图直观地显示了图像每个亮度值的像素点的多少。

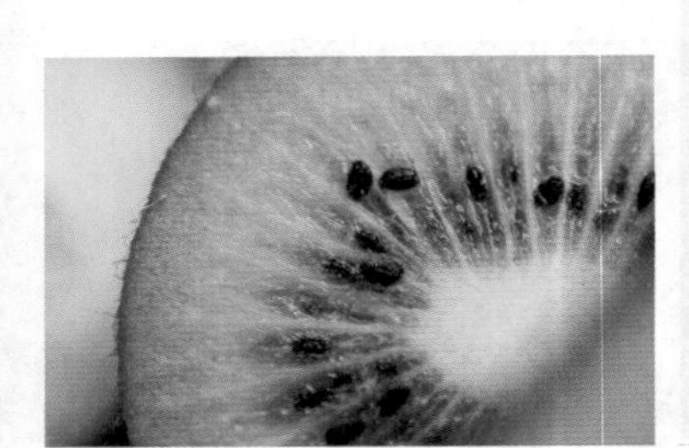

图 11–52

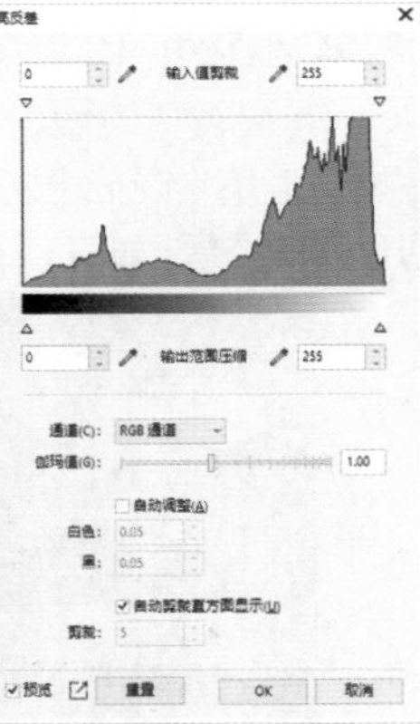

图 11–53

1. 伽玛值调整

伽玛值用于提高对比度图像中的细节部分。向左拖曳“伽玛值”滑块，可以让画面颜色变暗，如图11–54所示；向右拖曳“伽玛值”滑块，可以让画面颜色变亮，如图11–55所示。

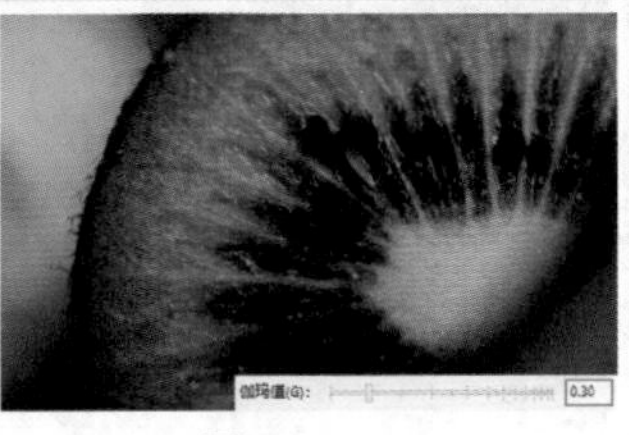

图 11–54

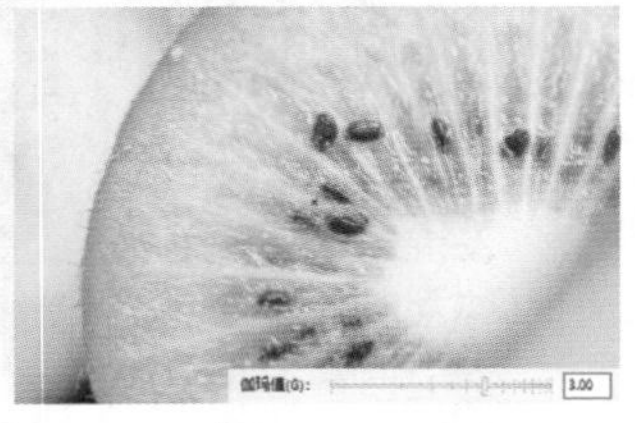

图 11–55

2. 输出范围压缩

“输出范围压缩”选项用于指定图像最亮色调和最暗色调的标准值。向左拖动三角形滑块，可以增加画面黑色的数量，效果如图11–56所示；向右拖动三角形滑块，可以增加画面白色的数量，效果如图11–57所示。

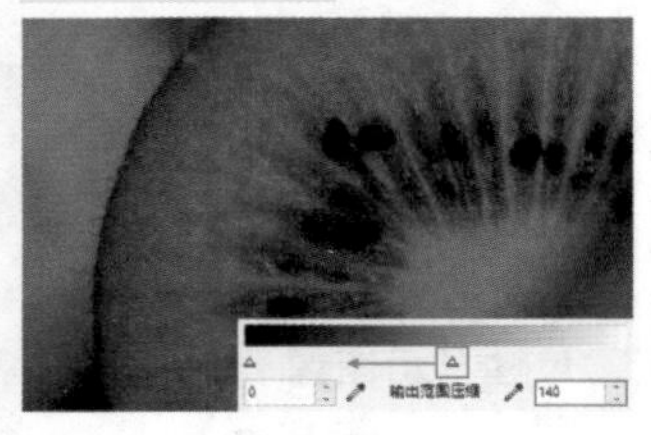

图 11–56

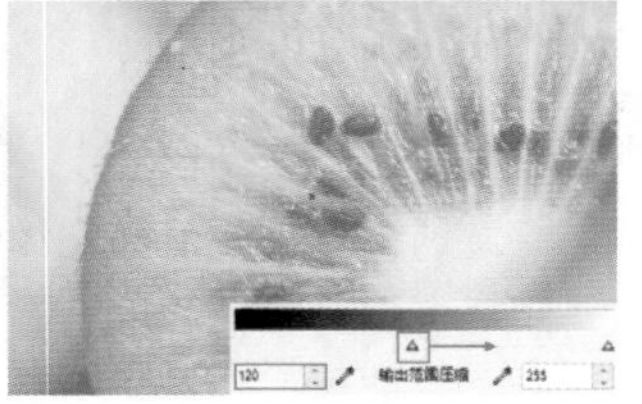

图 11–57

3. 利用通道进行调色

默认情况下是对全图进行调色，也就是“RGB通道”，当进行参数调色时全图都会发生变化。在“高反差”窗口中可以对单独的通道进行调色。可以在“通道”下拉列表中选择颜色通道，然后拖动“输出范围压缩”三角形滑块增加或减少颜色数值，如图11–58所示。效果如图11–59所示。

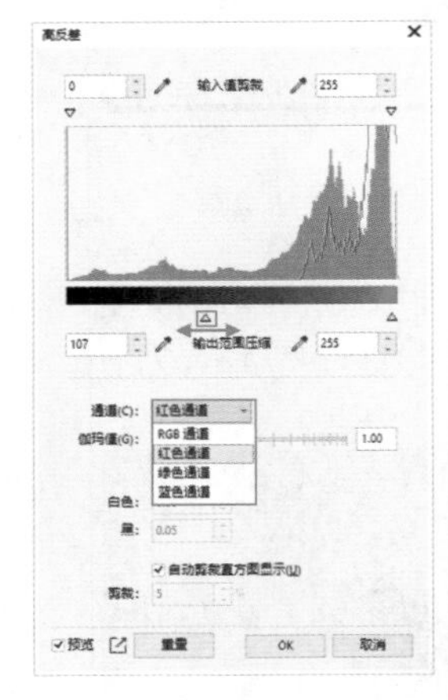

图 11–58

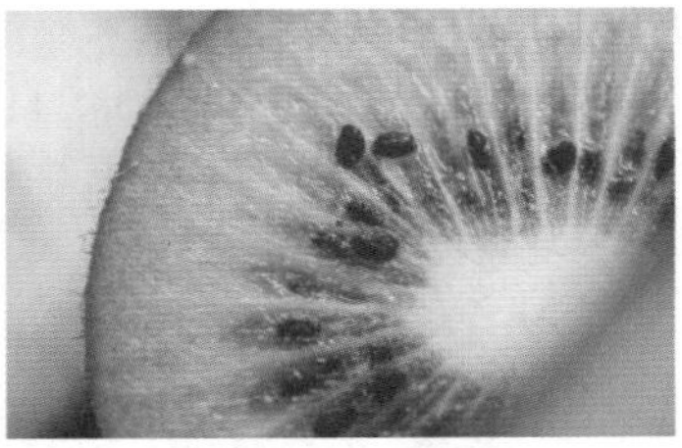

图 11–59

11.2.5 局部平衡

“局部平衡”命令常用于提高图像中边缘部分的对比度，可以更好地展示明亮区域和暗色区域中的细节。

(1) 选中位图对象，如图11–60所示。执行“效果”->“调整”->“局部平衡”命令，打开“局部平衡”窗口。默认情况下，“宽度”与“高度”选项处于锁定状态，也就是调整其中一个参数另外一个参数也会发生同样的变化，如图11–61所示。

图 11–60

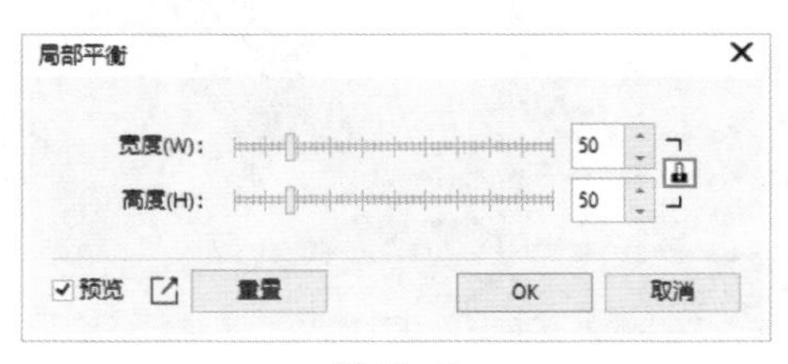

图 11–61

(2) 向左拖动滑块，可以增加边缘的对比度，效果如图11-62所示；向右拖动滑块，可以减弱边缘的对比度，效果如图11-63所示。

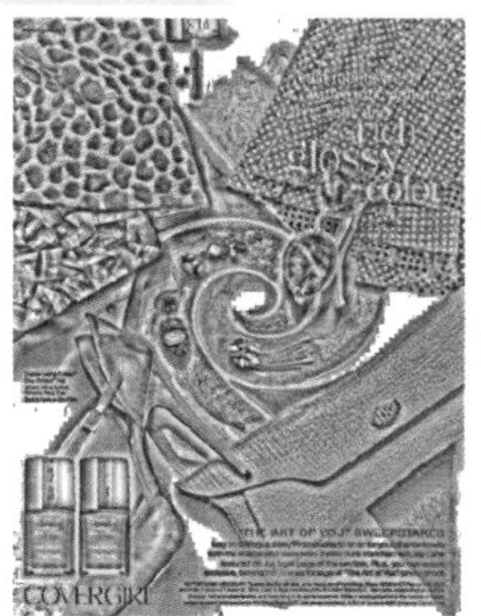

图 11-62

图 11-63

提示：如何单独调整“宽度”和“高度”参数

单击🔒按钮将其解锁，然后拖动相应的滑块即可进行相应的参数调整。

11.2.6 取样/目标平衡

“取样/目标平衡”命令可以使用从图像中选取的色样来调整位图中的颜色值。可以从图像的黑色、中间色调以及浅色部分选取色样，并将目标颜色应用于每个色样。

(1) 选择一个位图，如图11-64所示。执行“效果”->“调整”->“取样/目标平衡”命令，在弹出的“样本/目标平衡”窗口使用“吸管”工具在图像中吸取颜色，如图11-65所示。

图 11-64

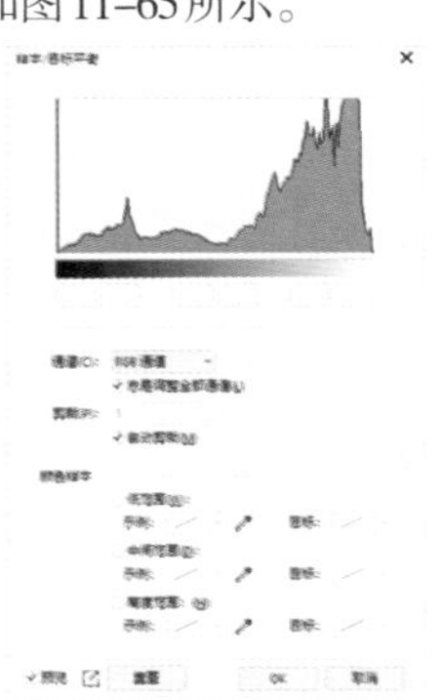

图 11-65

(2) 勾选“低范围”复选框，然后单击按钮，将光标移动至画面中的暗部单击，随即取样的颜色会在“示例”中出现，如图11-66所示。此时“目标”与“示例”的颜色相同。单击“目标”颜色，打开“选择颜色”窗口，然后设置合适的颜色，如图11-67所示。此时颜色效果如图11-68所示。

图 11-66

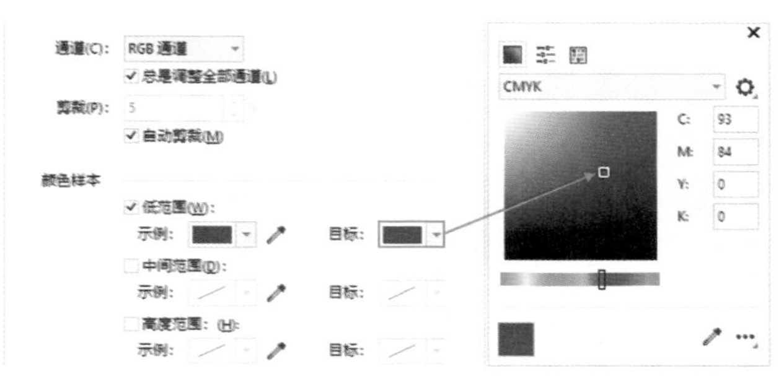

图 11-67

图 11-68

(3) 在“通道”下拉列表中，选择合适的颜色通道，然后选择颜色并进行替换，如图11-69和图11-70所示。

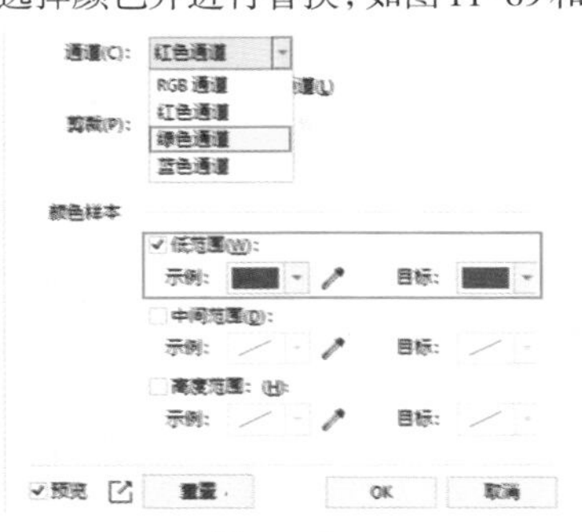

图 11-69

图 11-70

重点 11.2.7 调合曲线

扫一扫，看视频

使用“调合曲线”命令可以通过调整曲线形态改变画面的明暗程度以及色彩，常用于提高或压暗图形亮度、增强图像亮度对比度这类操作中。

选择一个位图，如图11-71所示。执行“效果”->“调整”->“调合曲线”命令，打开“调合曲线”窗口。整条曲线大致可以分为3部分，右上部分主要控制图像亮部区域，左下部分主要控制图像暗部区域，中间部分用于控制图像中间调区域。在曲线上单击添加控制点，然后拖曳即可进行调整，如图11-72所示。

图 11-71

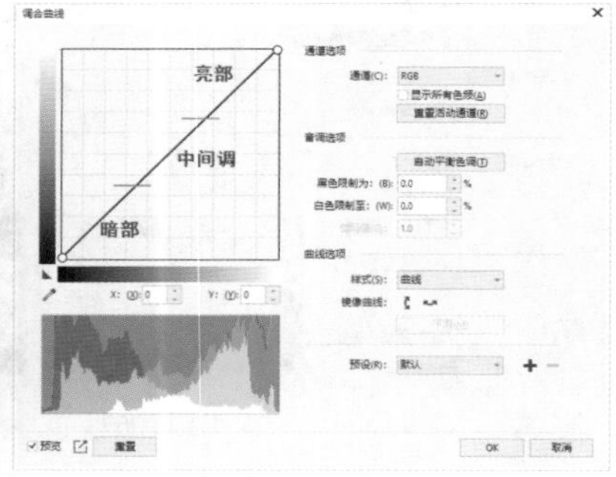

图 11-72

1. 提高画面亮度

在曲线上单击添加一个控制点，然后按住鼠标左键将其向左上方拖动，如图11-73所示。此时画面亮度被提高，如图11-74所示。

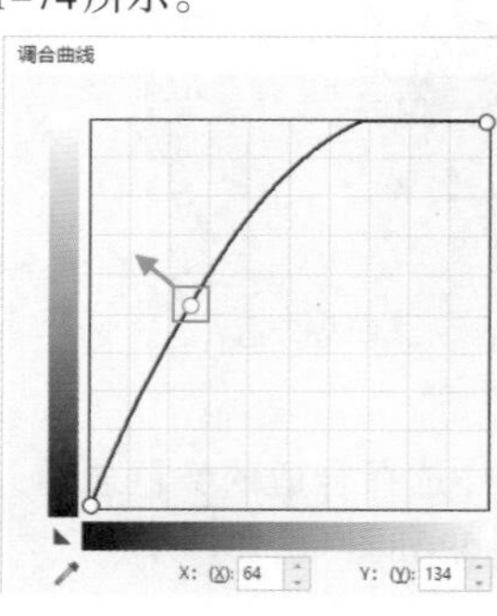

图 11-73

图 11-74

> **提示：删除控制点**
>
> 在控制点上单击将其选中，然后按Delete键即可将其删除。

2. 压暗画面亮度

若将控制点向右下方拖动(如图11-75所示)，则画面的明度会变暗，如图11-76所示。

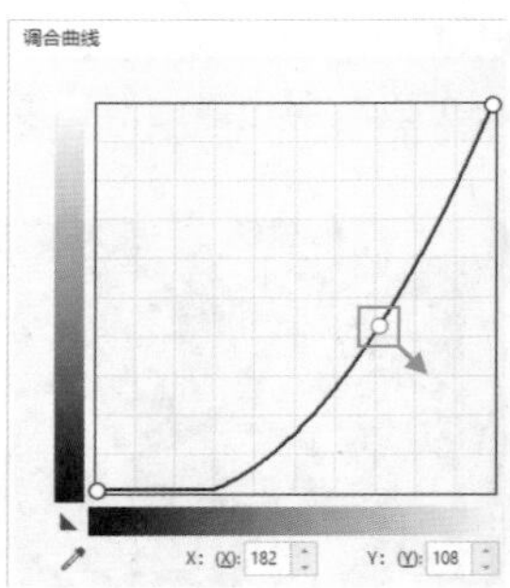

图 11-75

图 11-76

3. 增强亮度对比度

在曲线亮部区域添加控制点，向左上方拖动，然后在暗部添加控制点，向右下方拖动，如图11-77所示。此时会增强图形亮度的对比度，如图11-78所示。

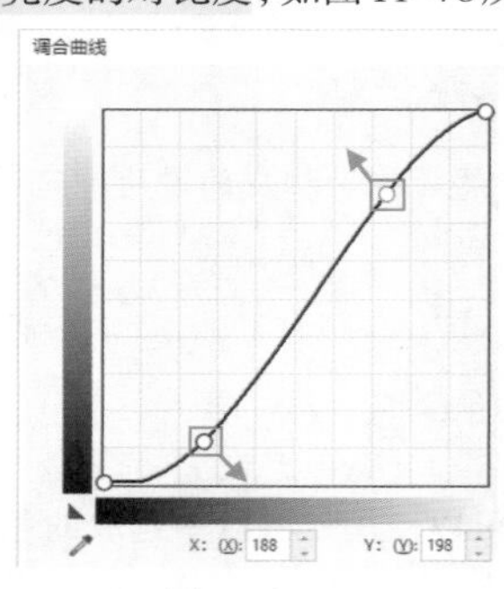

图 11-77

图 11-78

4. 对单独的通道进行调色

在“调和曲线”窗口中，还可以对图像的各个通道进行调整。通过调整单个通道的曲线，可以影响画面的颜色倾向。在“活动通道”下拉列表中选择一个通道，然后调整曲线形状进行调色。将单一通道的曲线向上扬，则相当于在当前画面中增加这种颜色；将单一通道的曲线向下压，则相当于减少画面中的这种颜色。

(1) 例如，选择“红”通道，在曲线上单击添加控制点，向左上角拖动，即可增加画面中红色的含量，使画面更倾向于红色，如图11-79所示。效果如图11-80所示。

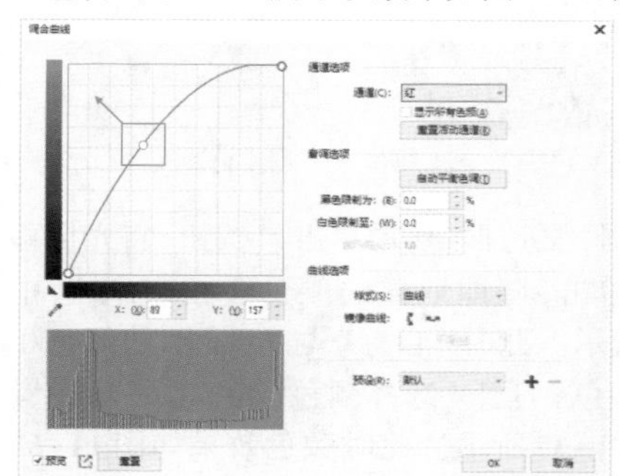

图 11-79

图 11-80

(2) 在曲线上单击添加控制点，向右下角拖动，即可减少画面中红色的含量，如图 11-81 所示。效果如图 11-82 所示。

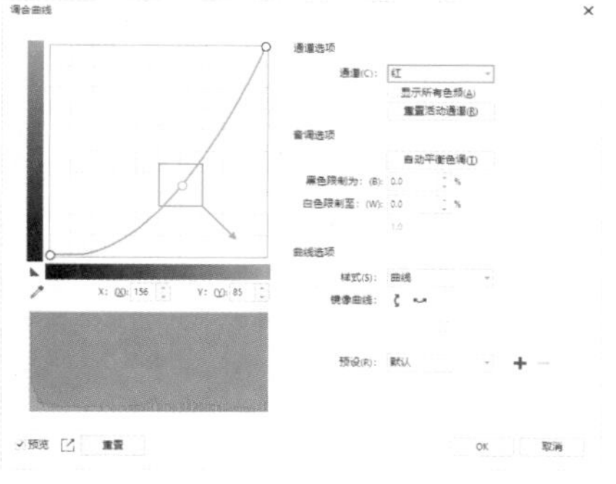

图 11-81

图 11-82

重点 11.2.8 亮度/对比度/强度

“亮度/对比度/强度”命令用于调整矢量对象或位图对象的亮度、对比度和颜色的强度。

选择矢量图形或位图对象，如图 11-83 所示。执行“效果”->“调整”->“亮度/对比度/强度”命令，打开“亮度/对比度/强度”窗口。拖动“亮度”“对比度”“强度”滑块，或在右侧的数值框内输入数值进行调整，如图 11-84 所示。单击 OK 按钮，效果如图 11-85 所示(此命令既可针对位图操作，也可针对矢量图形操作)。

图 11-83

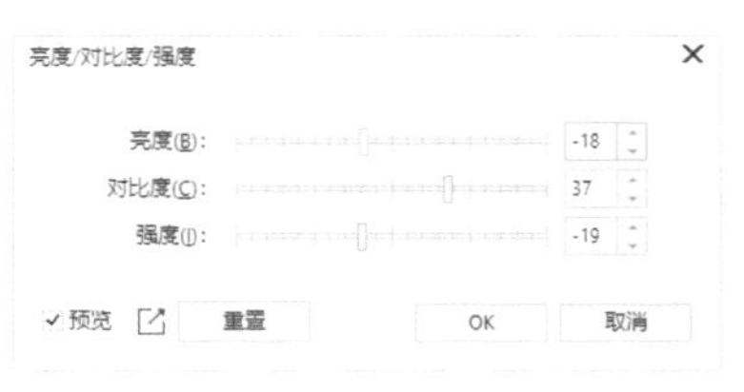

图 11-84

图 11-85

- 亮度：用来提高或者压暗图像的亮度，数值越低图像越暗，数值越高图像越亮。如图 11-86 所示是“亮度”为 -50 的效果，如图 11-87 所示是“亮度”为 30 的效果。

图 11-86

图 11-87

- 对比度：用来增强或减弱图像亮度的对比度。数值越低图像对比越弱，数值越高图像对比越强烈。如图 11-88 所示为“对比度”为- 50 的效果，如图 11-89 所示是“对比度”为 70 的效果。

图 11-88

图 11-89

- 强度：可加亮绘图的浅色区域或加暗绘图的深色区域。“对比度”和“强度”通常一起调整，因为增加对比度有时会使阴影和高光中的细节丢失，而增加强度可以还原这些细节。

提示：什么是对比度

对比度是指一幅图像中明暗区域最亮的白和最暗的黑之间不同亮度层级的测量，差异范围越大代表对比度越大，差异范围越小代表对比度越小。也可以说，对比度是最黑与最白亮度单位的相除值。因此，白色越亮、黑色越暗，对比度就越高。

重点 11.2.9 颜色平衡

“颜色平衡”命令通过对图像中互为补色的色彩之间平衡关系的处理校正图像色偏。

选择矢量图形或位图对象，如图 11-90 所示。执行“效果”->“调整”->“颜色平衡”命令，打开“颜色平衡”窗口。

首先需要在“范围”选项组中选择影响的范围，然后分别拖动“青--红”“品红--绿”“黄--蓝”滑块，或在右侧的数值框内输入数值进行调整。设置完成后单击OK按钮，如图11-91所示(此命令既可针对位图进行操作，也适用于矢量图形)。

图 11-90

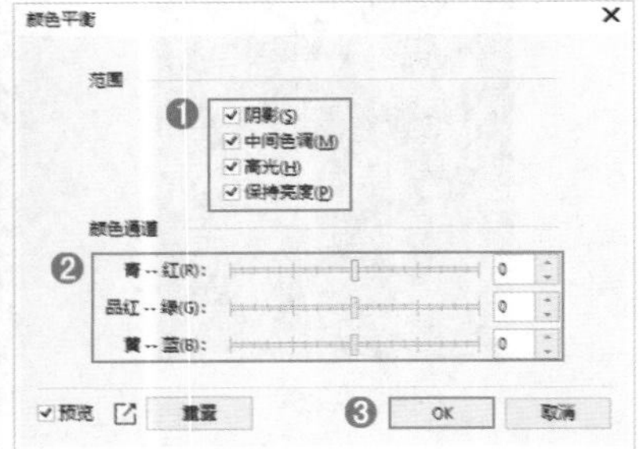

图 11-91

1. 颜色通道

“颜色通道”选项组用于调整“青--红”“品红--绿”“黄--蓝”在图像中所占的比例，可以手动输入，也可以拖动滑块来调整。

比如，向左拖动“青--红”滑块，可以在图像中增加青色，同时减少其补色红色，如图11-92所示。向右拖动“青--红”滑块，可以在图像中增加红色，同时减少其补色青色，如图11-93所示。

图 11-92

图 11-93

2. 范围

“范围”选项组中的“阴影”“中间色调”和“高光”用来设置调整色彩平衡的范围，“保持亮度”用来在调整对象颜色的同时保持对象的亮度。默认情况下这4个复选框是全部勾选的，也就是对全图进行调色。

也可以对单一色彩平衡的范围进行调整，例如只勾选“阴影”复选框，此时画面的阴影区域所受影响较大，如图11-94和图11-95所示。

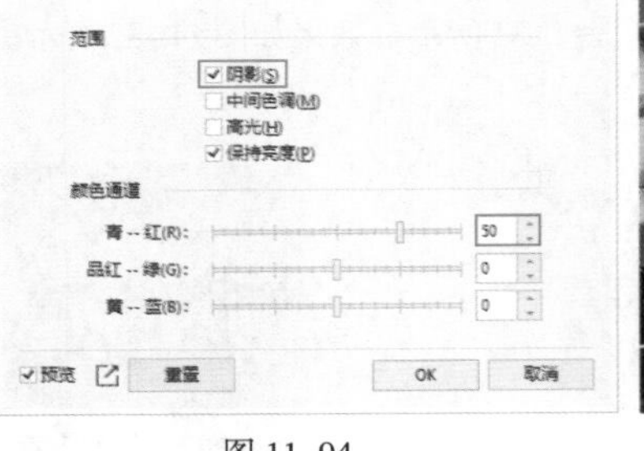

图 11-94

图 11-95

练习实例：使用“颜色平衡”命令制作摄影图集版面

扫一扫，看视频

文件路径	资源包\第11章\练习实例：使用“颜色平衡”命令制作摄影图集版面
难易指数	★★★★★
技术要点	颜色平衡

实例效果

本实例效果如图11-96所示。

图 11-96

操作步骤

步骤 01 新建一个空白文档。绘制一个与画板等大的灰色矩形。执行“文件”->“导入”命令，在弹出的“导入”窗口中找到素材位置，选择素材1.jpg，单击“导入”按钮。接着在画面中按住鼠标左键拖动，松开鼠标后完成导入操作，如图11-97所示。

图 11-97

步骤 02 选择工具箱中的“裁剪”工具，在素材图片上按住鼠标左键拖曳绘制裁剪框，如图11–98所示。按Enter键完成裁剪操作，然后适当地调整图片的位置，如图11–99所示。

图 11–98

图 11–99

步骤 03 选择素材图片，执行“效果”–>“调整”–>“颜色平衡”命令，在弹出的“颜色平衡”窗口中设置“品红––绿”为–10，单击OK按钮，如图11–100所示。效果如图11–101所示。

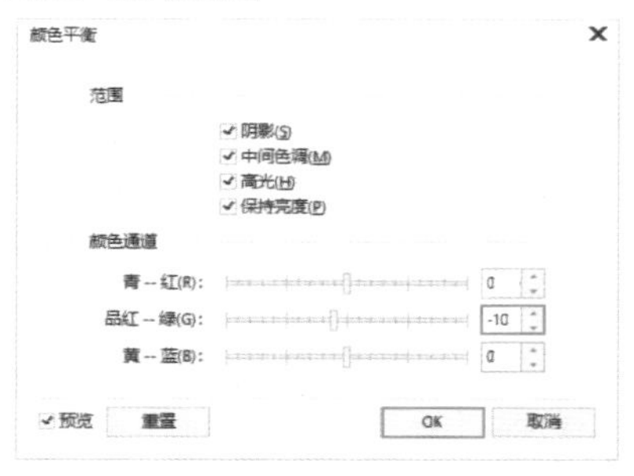

图 11–100　　图 11–101

步骤 04 导入素材2.jpg，如图11–102所示。选择该素材，执行“效果”–>“调整”–>“颜色平衡”命令，在弹出的“颜色平衡”窗口中设置“青––红”为–16，“品红––绿”为–10，设置完成后单击OK按钮，如图11–103所示。效果如图11–104所示。

图 11–102

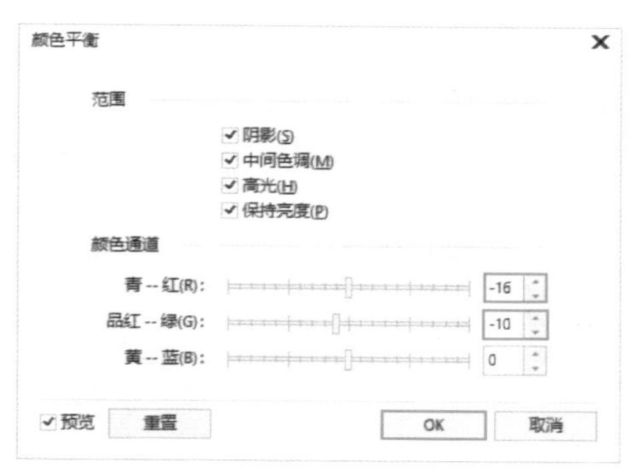

图 11–103

图 11–104

步骤 05 导入素材3.jpg，如图11–105所示。选择该素材，执行“效果”–>“调整”–>“颜色平衡”命令，在弹出的“颜色平衡”窗口中设置“黄––蓝”为18，设置完成后单击OK按钮，如图11–106所示。效果如图11–107所示。

图 11–105

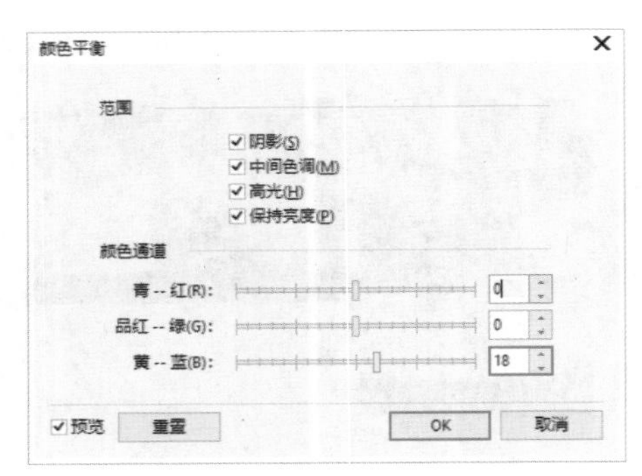

图 11-106

图 11-107

步骤 06 导入素材4.jpg，如图11-108所示。选择该素材，执行“效果”->“调整”->“颜色平衡”命令，在弹出的“颜色平衡”窗口中设置“黄--蓝”为-21，设置完成后单击OK按钮，如图11-109所示。效果如图11-110所示。

图 11-108

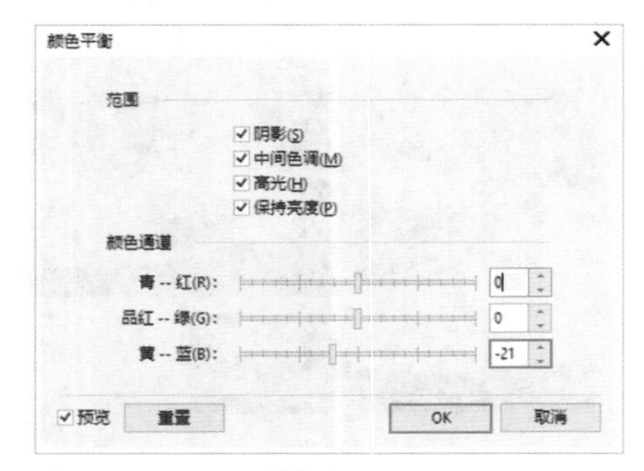

图 11-109

图 11-110

步骤 07 单击工具箱中的“矩形”工具按钮，在画布的右上角绘制一个矩形，如图11-111所示。接着为该矩形填充红色，并去除轮廓色，如图11-112所示。

图 11-111

图 11-112

步骤 08 选择工具箱中的“文本”工具字，在画面中单击插入光标，然后输入文字。选中输入的文字，在属性栏中设置合适的字体、字号，如图11-113所示。选中前3个字母，设置其颜色为亮灰色。最终效果如图11-96所示。

图 11-113

11.2.10 伽玛值

在CorelDRAW中，“伽玛值”命令主要用于调整对象的中间色调，对深色和浅色影响较小(此命令既可针对位图操作，也可针对矢量图形操作)。

(1) 选择矢量图形或位图对象，如图11-114所示。执行“效果”->“调整”->“伽玛值”命令，打开“伽玛值”窗口。向左拖动“伽玛值”滑块可以让图像变暗，如图11-115所示。设置完成后单击OK按钮，效果如图11-116所示。

图 11-114

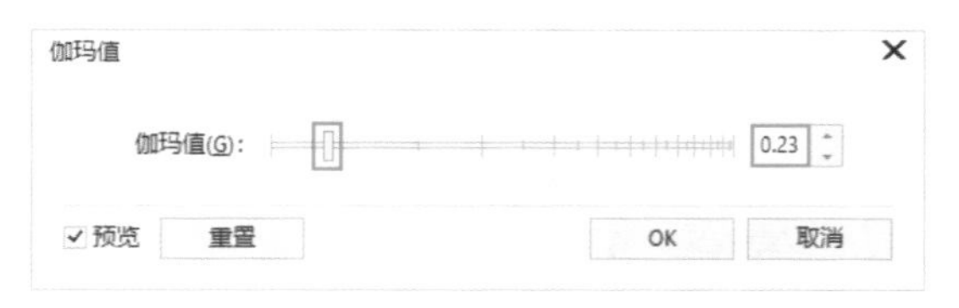

图 11-115

图 11-116

(2) 向右拖动“伽玛值”滑块可以让图像变亮，如图11-117和图11-118所示。

图 11-117

图 11-118

重点 11.2.11 色度/饱和度/亮度

“色度/饱和度/亮度”命令可以通过调整滑块位置或者设置数值，更改画面的颜色倾向、色彩的鲜艳程度以及亮度(此命令既可针对位图操作，也可针对矢量图形操作)。

选择位图，如图11-119所示。执行“效果”->“调整”->“色度/饱和度/亮度”命令，打开“色度/饱和度/亮度”窗口，如图11-120所示。

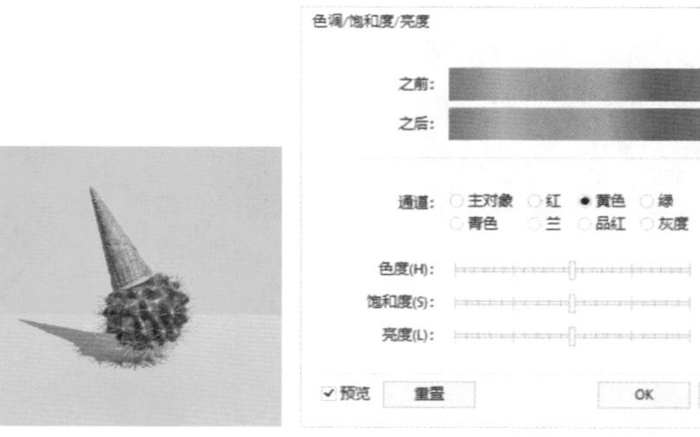

图 11-119　　图 11-120

1. 对全图进行调色

(1) 首先选中“主对象”单选按钮，这样调色效果会影响整个画面；接着拖动“色度”滑块，更改图像的色相，如

图11-121所示。设置完成后单击OK按钮确认操作，效果如图11-122所示。

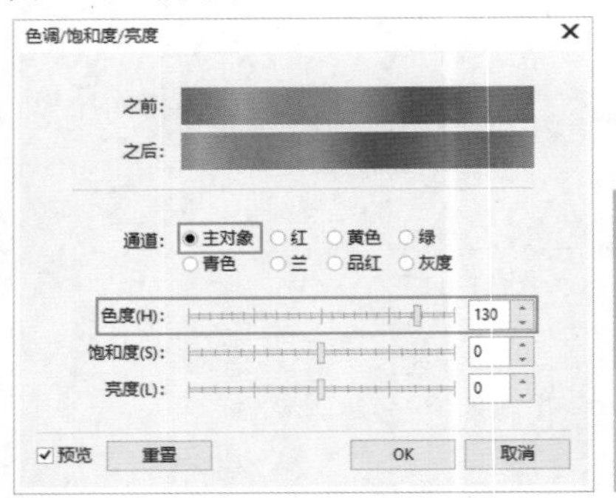

图 11-121

图 11-122

(2) “饱和度”选项用来更改图像颜色的饱和度，向左拖动滑块可以降低画面颜色饱和度，如图11-123所示；向右拖动滑块可以提高画面颜色饱和度，如图11-124所示。

图 11-123

图 11-124

(3) “亮度”选项是用来更改图像的亮度，向左拖动滑块可以降低画面的亮度，如图11-125所示；向右拖动滑块可以提高画面的亮度，如图11-126所示。

图 11-125

图 11-126

2. 对单一通道进行调色

(1) 选择一个颜色区域明显的位图，如图11-127所示。执行“效果”->“调整”->“色度/饱和度/亮度”命令，打开“色度/饱和度/亮度”窗口。在“通道”选项组中选择一种颜色通道，例如，选中“红”单选按钮，然后调整“色度”“饱和度”和“亮度”，如图11-128所示。设置完成后单击OK按钮，此时可以发现画面中红色部分颜色被调整了，而其他颜色没有变化，如图11-129所示。

图 11-127

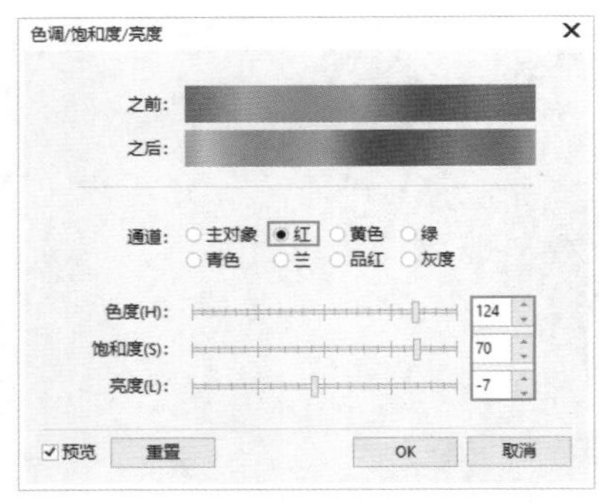

图 11-128

图 11-129

(2) 若选中“青色”单选按钮，然后进行其他参数调整，则画面中包含青色的部分会发生改变，如图11-130和图11-131所示。

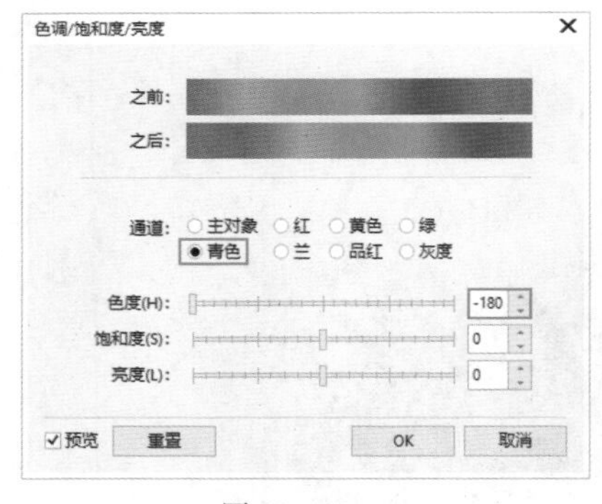

图 11-130

图 11-131

举一反三：使用“色度/饱和度/亮度”命令调整局部颜色

“色度/饱和度/亮度”命令不仅可以对画面整体色调进行调整，还可以更改画面中某一种颜色。利用该功能可以更改画面中某一个对象的颜色，例如给单色背景人像更换背景色，或者更改衣服颜色等。在本实例中将讲解如何更改眼影颜色。

（1）选中需要调整的位图，如图11-132所示。执行“效果”->“调整”->“色度/饱和度/亮度”命令，打开“色度/饱和度/亮度”窗口。因为眼影的颜色为青色，所以选中“青色”单选按钮，然后拖动“色度”滑块进行调色，如图11-133所示。效果如图11-134所示。

图 11-132

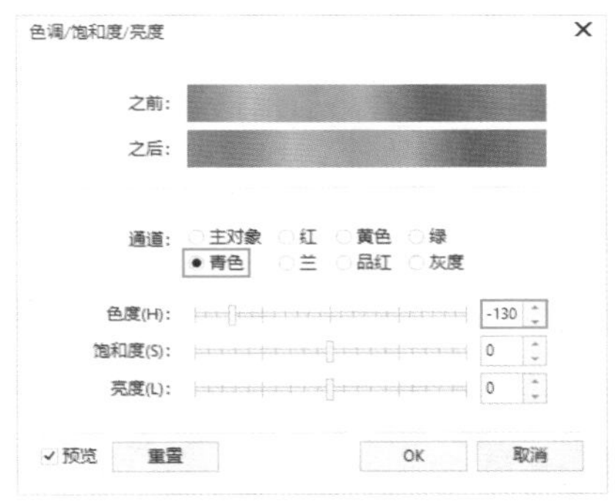

图 11-133

图 11-134

（2）拖动滑块可以查看眼影效果，如图11-135和图11-136所示。

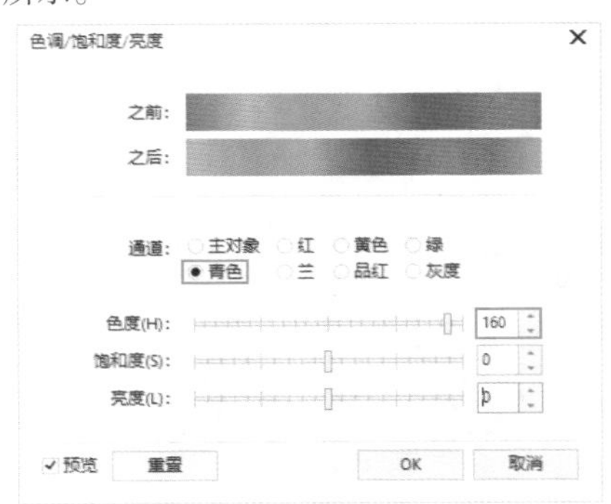

图 11-135

图 11-136

重点 11.2.12 所选颜色

“所选颜色”命令主要用来调整位图中每种颜色的色彩及浓度，也可以在不影响其他主要颜色的情况下有选择地修改任何主要颜色中的颜色。

例如，要将画面中的红色改为洋红色，如图11-137所示。可选择位图图像，执行“效果”->“调整”->“所选颜色”命令，打开“所选颜色”窗口，在“色谱”中选中“红”单选按钮，然后在“调整”选项组中调整所选色谱的颜色数量，向左拖动滑块可以减少颜色数量，向右拖动滑块可以增加颜色数量，如图11-138所示。设置完成后单击OK按钮，效果如图11-139所示。

图 11-137

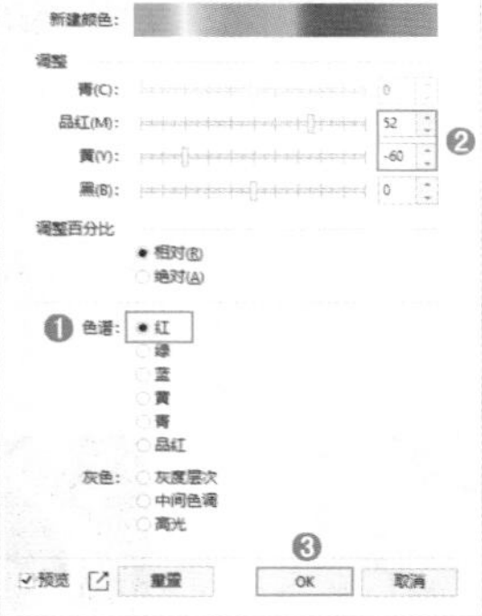

图 11-138

图 11-139

11.2.13 动手练：替换颜色

“替换颜色”命令是针对图像中的某种颜色区域进行调整，将选择的颜色替换为其他颜色。

（1）选择位图图像，执行“效果”->“调整”->“替换颜色”命令，在弹出的“替换颜色”窗口中单击“吸管”按钮，然后将光标移动到图像上，当光标变为状后单击进行颜色的拾取，如图11-140所示。

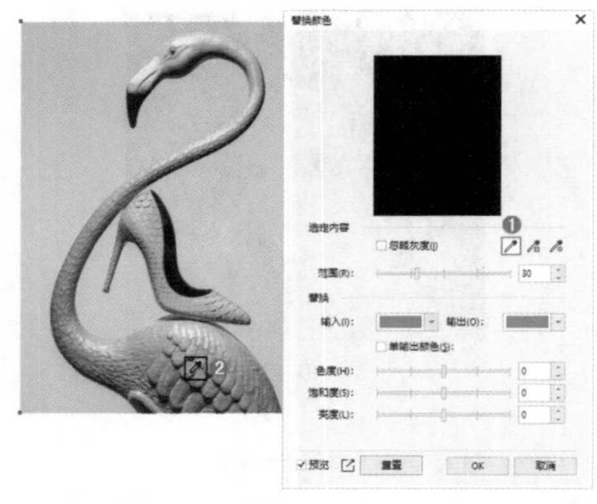

图 11-140

(2) 单击“输出”右侧的下拉按钮，在弹出的下拉面板中选择一种颜色，通过预览，可以看到当前颜色替换的效果，如图 11-141 所示。

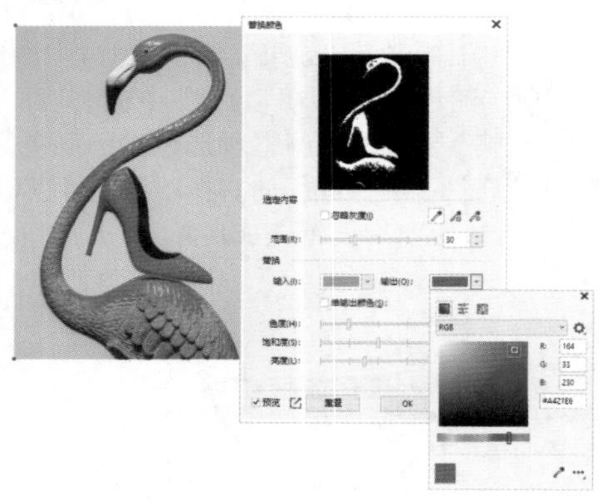

图 11-141

(3) 此时还有部分没有被选中，可以单击按钮，在没有改变颜色的位置单击进行加选，如图 11-142 所示。

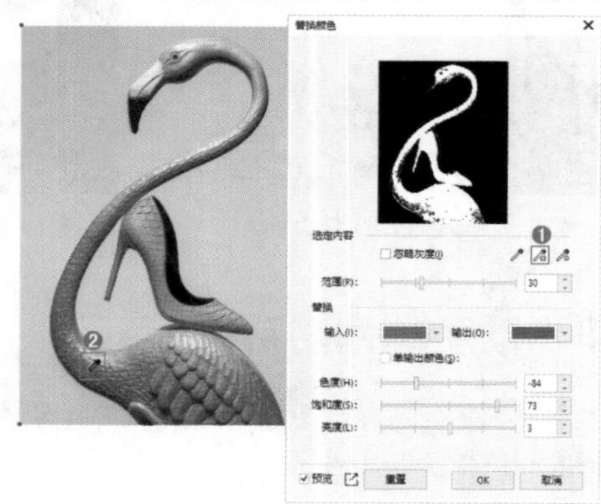

图 11-142

(4) 发生颜色改变的范围并不完整，此时可以拖动“范围”滑块调整颜色替换的范围。向右拖动滑块增加范围，通过“预览”查看效果，如图 11-143 所示。调整完成后单击 OK 按钮。

图 11-143

11.2.14 取消饱和

“取消饱和”命令可以将彩色图像变为黑白效果。选择位图图像，如图 11-144 所示。执行“效果”->“调整”->“取消饱和”命令，可以将位图对象的颜色转换为与其相对的灰度效果，如图 11-145 所示。

图 11-144　　图 11-145

练习实例：使用“取消饱和”命令制作复古风格版面

扫一扫，看视频

文件路径	资源包\第11章\练习实例：使用“取消饱和”命令制作复古风格版面
难易指数	★★★★★
技术要点	“取消饱和”命令、“裁剪”工具、“透明度”工具

实例效果

本实例效果如图 11-146 所示。

图 11-146

操作步骤

步骤 01 新建一个空白文档。双击工具箱中的“矩形”工具按钮□，快速绘制一个与画板等大的矩形。选中矩形，单击调色板中的灰色色块为其填充灰色，接着右击“无”按钮☐，去除轮廓色，如图11–147所示。

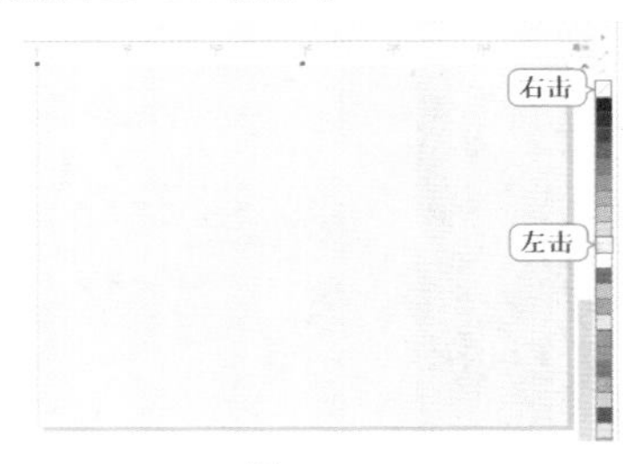

图 11–147

步骤 02 执行“文件”->“导入”命令，在弹出的“导入”窗口中找到素材位置，选择素材1.jpg，单击“导入”按钮。接着在画面中按住鼠标左键拖动，松开鼠标后完成导入操作，如图11–148所示。

图 11–148

步骤 03 选中导入的素材，单击工具箱中的“裁剪”工具按钮⌗，在左侧人物上按住鼠标左键拖曳绘制裁剪框，如图11–149所示。绘制完成后，按Enter键完成裁剪操作，如图11–150所示。继续导入其他素材并进行裁剪，效果如图11–151所示。

图 11–149

图 11–150

图 11–151

步骤 04 框选裁剪后的素材，执行“效果”->“调整”->“取消饱和”命令。效果如图11–152所示。

图 11–152

步骤 05 单击工具箱中的“矩形”工具按钮，在最左侧人像上绘制一个矩形。选中绘制的矩形，单击工具箱中的“交互式填充”工具按钮，单击属性栏中的“均匀填充”按钮，设置“填充色”为红色，然后在调色板中右击“无”按钮，去除轮廓色，如图11–153所示。以同样的方式绘制其他的矩形，如图11–154所示。

图 11–153

图 11–154

步骤 06 按住Shift键单击加选绘制的红色矩形，然后单击工具箱中的“透明度”工具按钮，在属性栏中设置“合并模式”为“减少”，如图11–155所示。

图 11–155

步骤 07 选择工具箱中的“文本”工具字，在画面中单击插入光标，然后输入文字。接着选中输入的文字，在属性栏中设置合适的字体、字号，如图11–156所示。选中第二行文字，设置文本颜色为红色，如图11–157所示。

图 11–156

图 11–157

步骤 08 选择“文本”工具，在版面右侧按住鼠标左键拖曳绘制一个文本框。接着在属性栏中设置合适的字体、字号，然后输入文字，如图11–158所示。

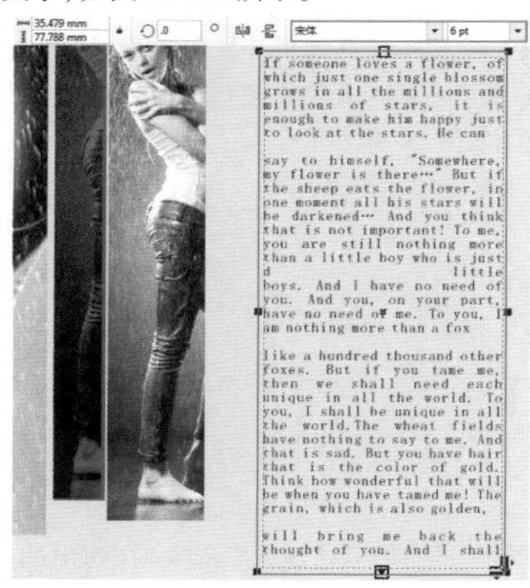

图 11–158

步骤 09 使用“矩形”工具在文字间隔的位置绘制一个矩形，并将其填充为深灰色，如图11–159所示。以同样的方式绘制其他的矩形，最终效果如图11–146所示。

图 11–159

11.2.15 通道混合器

选择位图对象，如图11–160所示。执行“效果”–>“调整”–>“通道混合器”命令，在弹出的“通道混合器”窗口中设置“色彩模型”以及“输出通道”，然后拖动“输入通道”选项组中的颜色滑块，单击OK按钮结束操作，如图11–161所示。效果如图11–162所示。

图 11–160

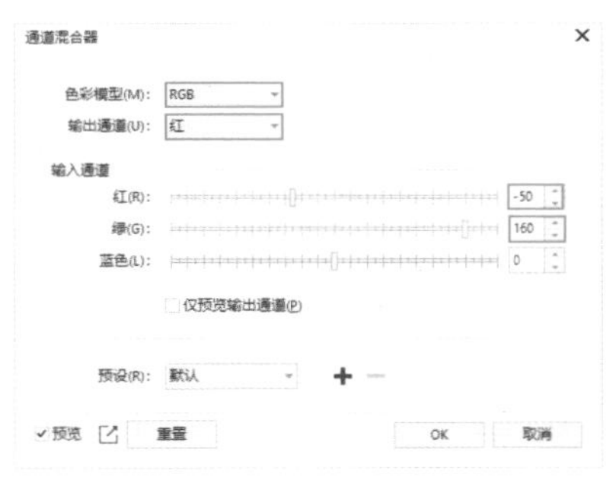

图 11-161

图 11-162

- 输出通道：在该下拉列表中可以选择一个通道，对图像的色调进行调整。
- 输入通道：用来设置源通道在输出通道中所占的百分比。将一个源通道的滑块向左拖曳，可以减小该通道在输出通道中所占的百分比，如图11-163所示；向右拖曳滑块，则可以增大该通道在输出通道中所占的百分比，如图11-164所示。

图 11-163

图 11-164

11.2.16 去交错

"去交错"命令主要用于处理使用扫描设备输入的位图，消除位图上的网点。选择位图对象，执行"效果"->"变换"->"去交错"命令，在弹出的"去交错"窗口中设置"扫描线"和"替换方法"，然后单击OK按钮结束操作，如图11-165所示。

图 11-165

- 偶数行：选中该单选按钮，可以去除双线。
- 奇数行：选中该单选按钮，可以去除单线。
- 复制：选中该单选按钮，可以使用相邻行的像素填充扫描线。
- 插补：选中该单选按钮，可以使用扫描线周围的像素平均值填充扫描线。

11.2.17 反转颜色

选择矢量图形或位图对象，如图11-166所示。执行"效果"->"变换"->"反转颜色"命令，图像的颜色发生了反转，如图11-167所示。反转颜色的操作是可逆的，再次执行该命令，图像的颜色即可恢复到原始的效果(此命令既可针对位图操作，也可针对矢量图形操作)。

图 11-166

图 11-167

11.2.18 极色化

"极色化"命令通过移除画面中色调相似的区域，得到色块化的效果(此命令既可针对位图操作，也可针对矢量图形操作)。

(1) 选择矢量图形或位图对象，如图11-168所示。执行"效果"->"变换"->"极色化"命令，打开"极色化"窗口，如图11-169所示。

图 11-168

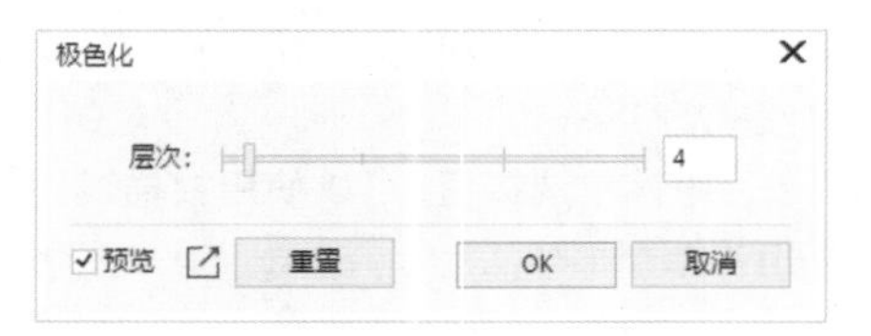

图 11-169

(2) 拖动“层次”滑块，层次数值越小，画面中颜色数量越少，色块化越明显，如图11-170所示。层次数值越大，画面中颜色越多，如图11-171所示。

图 11-170

图 11-171

11.3 更改位图颜色模式

“模式”命令可以更改位图的颜色模式，同一个图像转换为不同的颜色模式在显示效果上也会有所不同。选择一个位图，执行“位图”->“模式”命令，在弹出的子菜单中可以进行颜色模式的选择，如图11-172所示。如图11-173所示为不同颜色模式的对比效果。

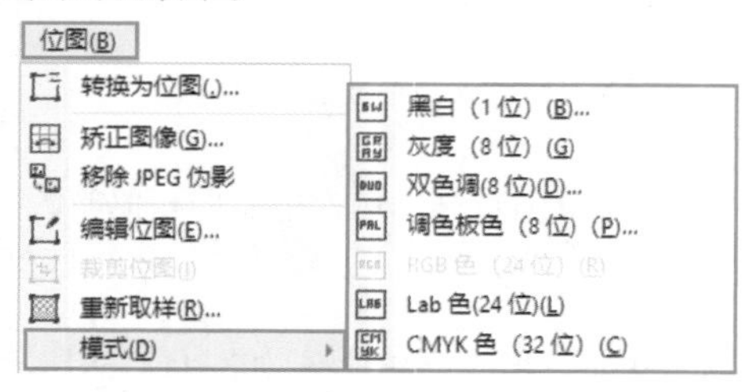

图 11-172

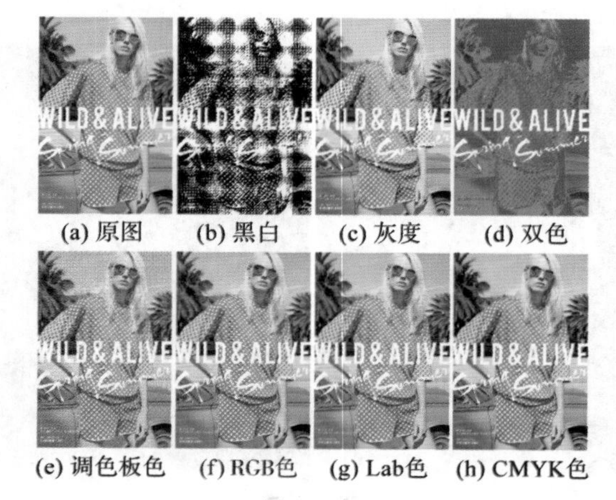

图 11-173

11.3.1 黑白

“黑白”模式是由黑、白两种颜色组成的颜色模式，这种1位的模式没有层次上的变化。

首先选择一幅位图图像，如图11-174所示。然后执行“位图”->“模式”->“黑白(1位)”命令，在打开的“转换至1位”窗口中单击“转换方法”右侧的下拉按钮，在弹出的下拉列表中选择一种合适的转换方法；然后通过“强度”选项设置转换方式的强弱；设置完成后单击OK按钮，完成颜色模式的转换，如图11-175所示。如图11-176所示为不同转换方法的效果对比。

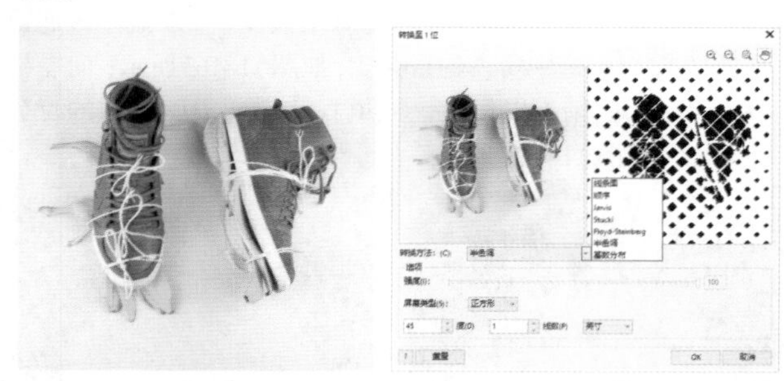

图 11-174　　图 11-175

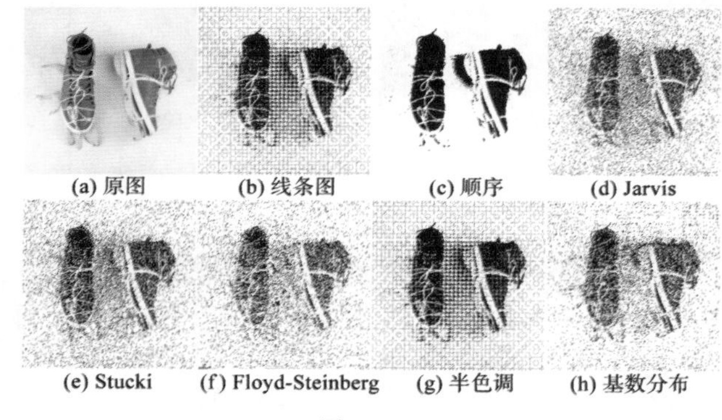

图 11-176

11.3.2 灰度

“灰度”模式是由255个级别的灰度组成的颜色模式，它不具有颜色信息。如果要将彩色图像变为黑白图像，可以使用该命令。

选择一幅彩色位图图像，如图11-177所示。执行“位图”->“模式”->“灰度(8位)”命令后图像变为灰色。转换为灰度模式后，位图将丢失彩色，并且是不可恢复的，如图11-178所示。

图 11-177　　　　图 11-178

11.3.3　双色调

“双色调”模式是利用两种及两种以上颜色混合而成的颜色模式。

(1) 选择位图图像，如图 11-179 所示。执行“位图”->“模式”->“双色调(8 位)”命令，打开“双色调”窗口。此时“类型”为“单色调”，颜色为深灰色。调整曲线形状，可以自由地控制添加到图像的色调的颜色和强度，如图 11-180 所示。完成设置后单击 OK 按钮，效果如图 11-181 所示。

图 11-179　　　　图 11-180

图 11-181

(2) 想要更改画面颜色，可以先选择颜色，然后单击“编辑”按钮，在弹出的“选择颜色”窗口中选择合适的颜色，然后单击 OK 按钮，如图 11-182 所示。

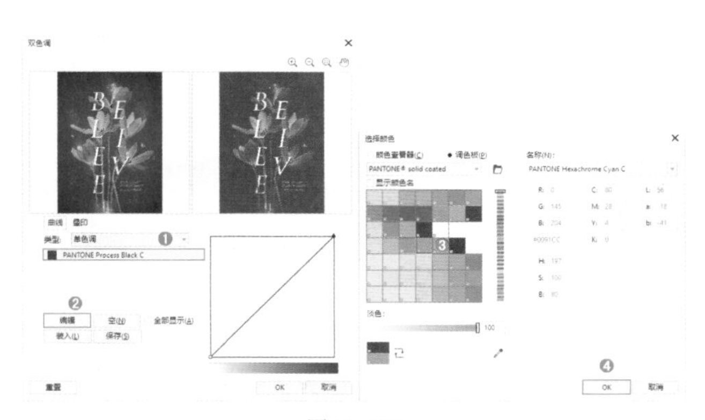

图 11-182

(3) 除了更改颜色外，还可以在窗口中调整曲线，以改变画面的明暗，如图 11-183 所示。效果如图 11-184 所示。

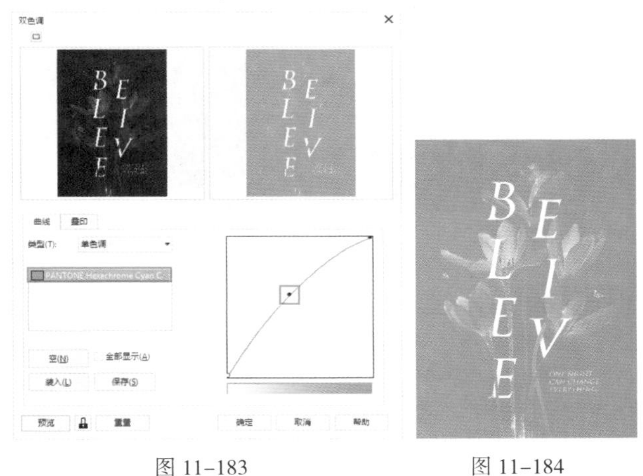

图 11-183　　　　图 11-184

(4) 在“类型”下拉列表中选择其他类型，例如选择“双色调”，在其下方的颜色列表框中会显示两种颜色。接着选择并修改这两种颜色，同时调整曲线形状，如图 11-185 所示。如图 11-186 所示为双色调效果。

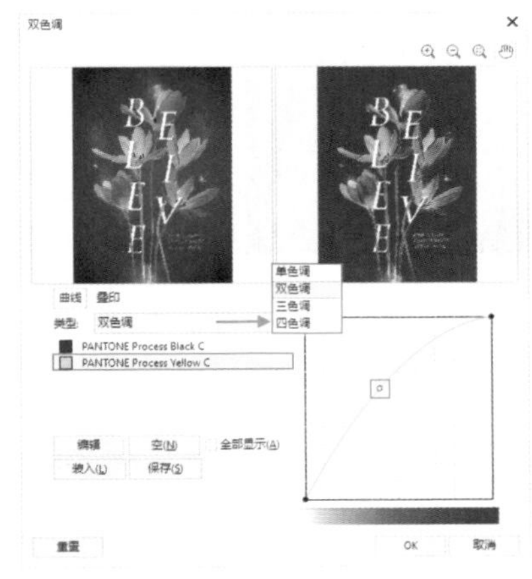

图 11-185　　　　图 11-186

练习实例：使用“双色调”模式制作怀旧感背景

扫一扫，看视频

文件路径	资源包\第11章\练习实例：使用“双色调”模式制作怀旧感背景
难易指数	★★★★★
技术要点	双色模式

实例效果

本实例效果如图11-187所示。

图 11-187

操作步骤

步骤 01 新建一个A4大小的空白文档。执行“文件”->“导入”命令，在弹出的“导入”窗口中找到素材位置，选择素材1.jpg，单击“导入”按钮。接着在画面中按住鼠标左键拖动，松开鼠标后完成导入操作，如图11-188所示。

图 11-188

步骤 02 选中导入的素材，执行“位图”->“模式”->“双色调(8位)”命令，在弹出的“双色调”窗口中设置“类型”为“双色调”，在颜色列表框中选择第二个颜色，单击“编辑”按钮；在弹出的“选择颜色”窗口中设置一种合适的颜色，单击OK按钮；接着调整曲线的形状，如图11-189所示。设置完成后单击OK按钮，效果如图11-190所示。

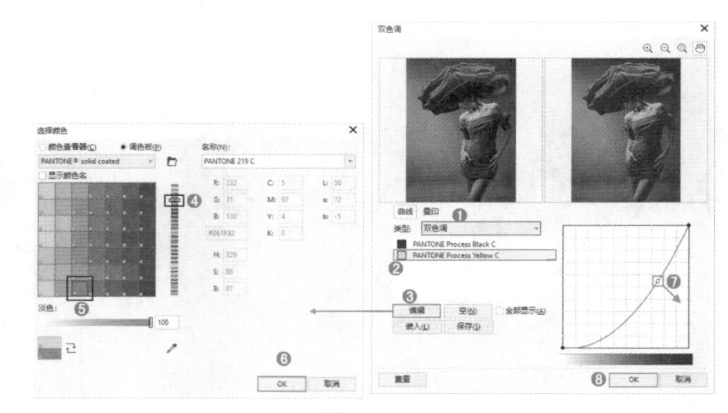

图 11-189

图 11-190

步骤 03 选择工具箱中的“文本”工具，在画面中单击插入光标，然后输入文字。接着选中输入的文字，在属性栏中设置合适的字体、字号，设置文字颜色为黄色，如图11-191所示。以同样的方式输入其他文字，如图11-192所示。

图 11-191　　图 11-192

步骤 04 单击工具箱中的“多边形”工具按钮，在属性栏中设置“点数或边数”为5，在相应位置绘制一个五边形，并为其填充黄色，如图11-193所示。选择工具箱中的“2点线”工具，绘制一条黄色的直线。最终效果如图11-194所示。

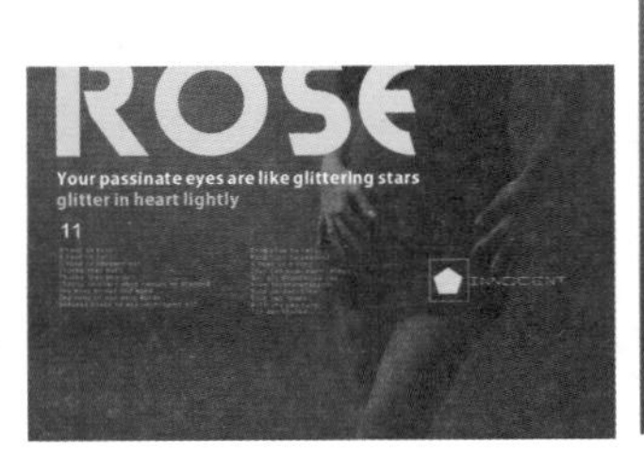

图 11-193

图 11-194

11.3.4 调色板色

“调色板色”模式也称为“索引颜色”模式。将图像转换为“调色板色”模式时，会给每个像素分配一个固定的颜色值。这些颜色值存储在简洁的颜色表中，或包含在多达256色的调色板中。因此，调色板色模式的图像包含的数据比24位颜色模式的图像少，文件大小也较小。对于颜色范围有限的图像，将其转换为“调色板色”模式时效果最佳。

选择位图图像，执行“位图”->“模式”->“调色板色”命令，在弹出的“转换至调色板色”窗口中进行相应的参数设置，然后单击OK按钮，如图11-195所示。

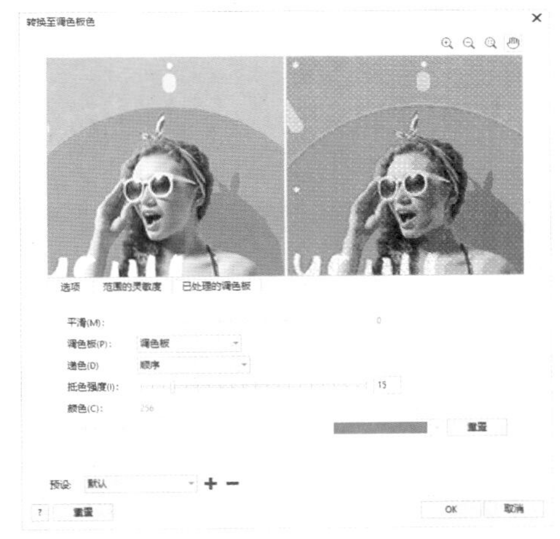

图 11-195

- 平滑：拖曳“平滑”滑块，可以调整图像的平滑度，使图像看起来更加细腻、真实。
- 调色板：在该下拉列表中可以选择调色板样式。
- 递色：可以增加颜色的信息，它可以将像素与某些特定的颜色或相对于某种特定颜色的其他像素放在一起，将一种色彩像素与另一种色彩像素关联可以创建调色板上不存在的附加颜色。
- 抵色强度：可以调节图片的细腻程度。
- 颜色：用于设置转换为“调色板色”模式后的颜色数量。

11.3.5 RGB色、Lab色和CMYK色

RGB色：执行“位图”->“模式”->“RGB色”命令，可将图像的颜色模式转换为RGB模式，该命令没有参数设置窗口。RGB模式是最常用的位图颜色模式，它以红、绿、蓝3种基本色为基础，进行不同程度的叠加。制作用于在电子屏幕上显示的图像时，例如网页设计和软件UI设计等，常采用RGB颜色模式。

Lab色：执行“位图”->“模式”->“Lab色”命令，可将图像的颜色模式转换为Lab模式，该命令没有参数设置窗口。Lab模式由3个通道组成：一个通道是透明度，即L；其他两个通道是色彩通道，分别用a和b表示色相和饱和度。Lab模式分开了图像的亮度与色彩，是一种国际色彩标准模式。

CMYK色：执行“位图”->“模式”->“CMYK色”命令，可将图像和颜色模式转换为CMYK模式，该命令没有参数设置窗口。CMYK模式是一种印刷常用的颜色模式，在制作用于印刷的文档时，例如书籍、画册和名片等，需要将文档的颜色模式设置为CMYK模式。CMYK是一种减色颜色模式，其色域略小于RGB，所以RGB模式图像转换为CMYK模式图像后会产生色感降低的情况。

11.4 位图的常用编辑操作

重点 11.4.1 动手练：调整位图轮廓

扫一扫，看视频

位图对象也是有外轮廓的，通常为矩形。使用“形状”工具可以调整位图轮廓。

首先导入位图，然后使用“形状”工具在位图上单击，此时会显示控制点，如图11-196所示。

图 11-196

拖曳控制点可以更改位图的轮廓，如图11-197所示。

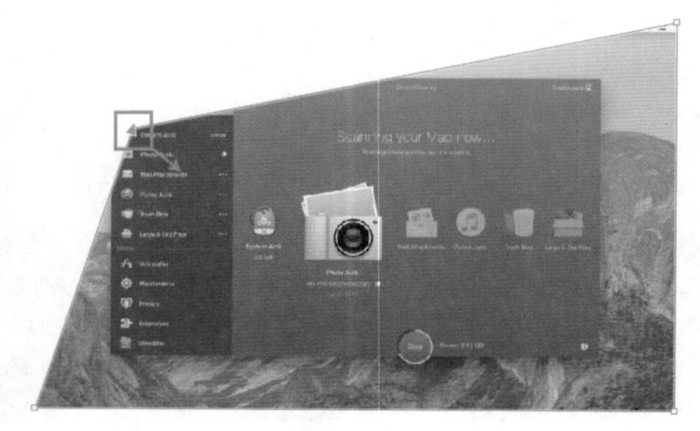

图 11-197

使用“形状”工具在路径上双击，即可添加节点；然后选择节点，在属性栏中可以对节点进行修改，如图 11-198 所示。

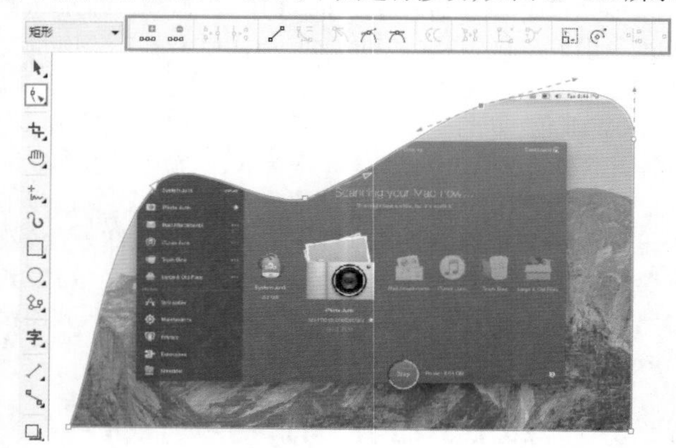

图 11-198

重点 11.4.2 动手练：矫正图像

“矫正图像”命令主要用于调整位图照片拍摄时产生的镜头畸变、角度以及透视问题。如图 11-199 所示是一幅有瑕疵的图像，呈现出桶形畸变(创建两条横向的辅助线，即可看到其问题所在)。选择位图，执行“位图”->“矫正图像”命令，打开“矫正图像”窗口，如图 11-200 所示。

图 11-199

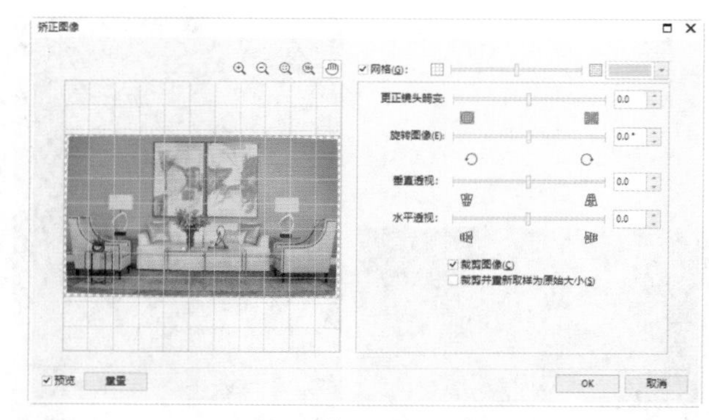

图 11-200

1. 更正镜头畸变

“更正镜头畸变”选项用来校正图像桶形畸变和枕形畸变。向左拖动滑块可以矫正桶形畸变，向右拖动滑块可以矫正枕形畸变。因为这张图呈现为桶形畸变，所以向左拖动。若预览图中的网格影响观察，可以先取消勾选“网格”复选框，如图 11-201 所示。设置完成后效果如图 11-202 所示。

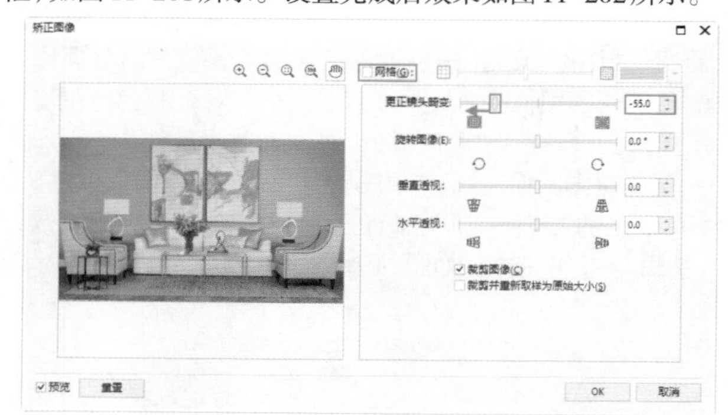

图 11-201

图 11-202

2. 旋转图像

“旋转图像”选项用来调整图像的旋转角度，向左拖动滑块可以使图像逆时针旋转(最大 15°)，向右拖动滑块可以使图像顺时针旋转(最大 15°)。在对图像进行旋转时，可以显示网格，然后拖动“旋转图像”滑块进行设置，如图 11-203 所示。

旋转完成后图像校正效果如图 11-204 所示。

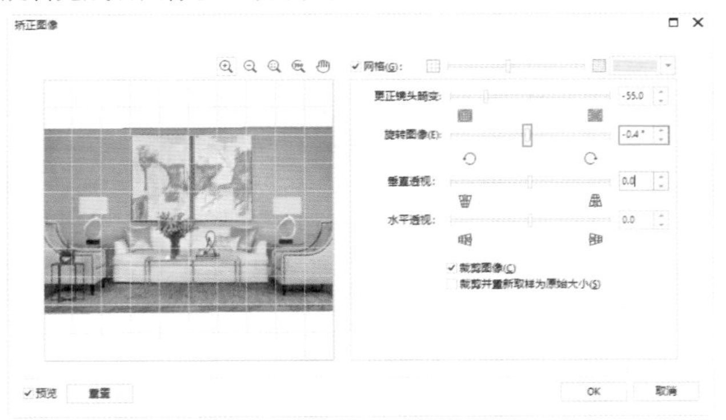

图 11-203

图 11-204

提示：将图像旋转 90°

单击按钮，可以使图像逆时针旋转 90° ；单击按钮，可以使图像顺时针旋转 90° 。

3. 垂直透视

拖动“垂直透视”滑块，可以使图像产生垂直方向的透视效果，如图 11-205 和图 11-206 所示。

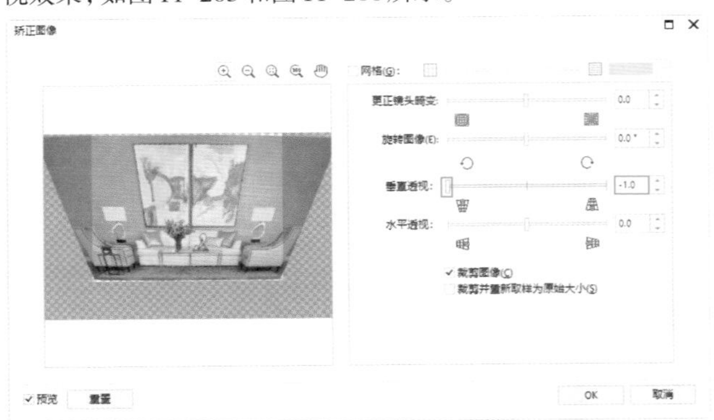

图 11-205

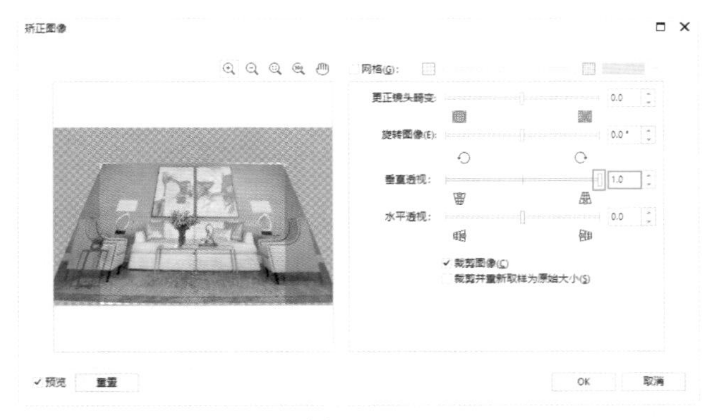

图 11-206

4. 水平透视

拖动“水平透视”滑块，可以使图像产生水平方向的透视效果，如图 11-207 和图 11-208 所示。

图 11-207

图 11-208

5. 裁剪图像

选中该复选框，可以将旋转的图像进行修剪以保持原始图像的纵横比。取消选中该复选框，将不会删除图像中的任何部分。

6. 裁剪并重新取样为原始大小

选中“裁剪图像”复选框后，该复选框可用。选中该复

选框可以对旋转的图像进行修剪，然后重新调整其大小以恢复原始的高度和宽度。

11.4.3 裁剪位图

使用“裁剪位图”命令可以去除位图显示区域以外的部分。首先选中位图，如图11-209所示。单击工具箱中的“形状”工具按钮，对位图进行调整，如图11-210所示。调整完成后执行“位图”->“裁剪位图”命令，即可将原图中多余的部分去除，如图11-211所示。

图 11-209

图 11-210

图 11-211

11.4.4 重新取样

使用“重新取样”命令可以改变位图的大小和分辨率。

1. 更改图像大小

（1）选择位图，在属性栏中可以看到当前位图的尺寸，如图11-212所示。执行“位图”->“重新取样”命令，在弹出的“重新取样”窗口中可以看到位图的原始尺寸。在“宽度”和“高度”数值框内输入新的尺寸，如图11-213所示。单击OK按钮，即可完成更改图像大小的操作。效果如图11-214所示。

图 11-212

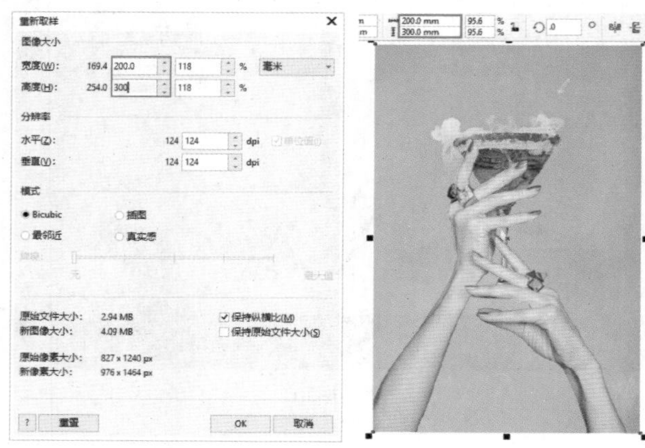

图 11-213

图 11-214

（2）在“重新取样”窗口中，还可通过更改图像大小的百分比更改图像大小。勾选“保持纵横比”复选框，可以等比对图形尺寸进行调整，如图11-215所示。图像的尺寸更改后，图像的大小也会更改，在“重新取样”窗口的左下方可以看到“原始图像大小”和“新图像大小”，如图11-216所示。

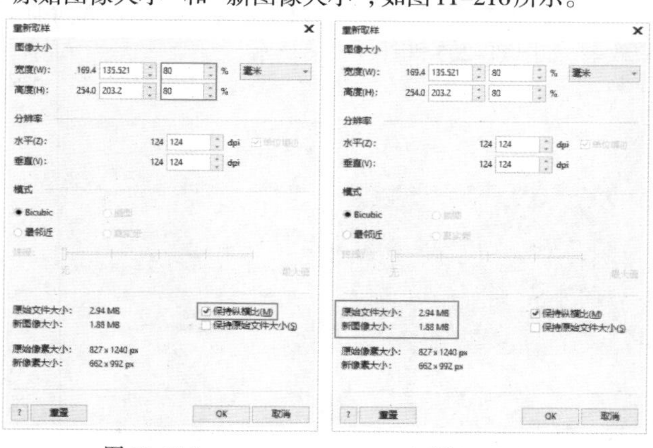

图 11-215　　图 11-216

若要在更改图像尺寸后保持图像大小不变，可以勾选“保持原始文件大小”复选框，如图11-217所示。

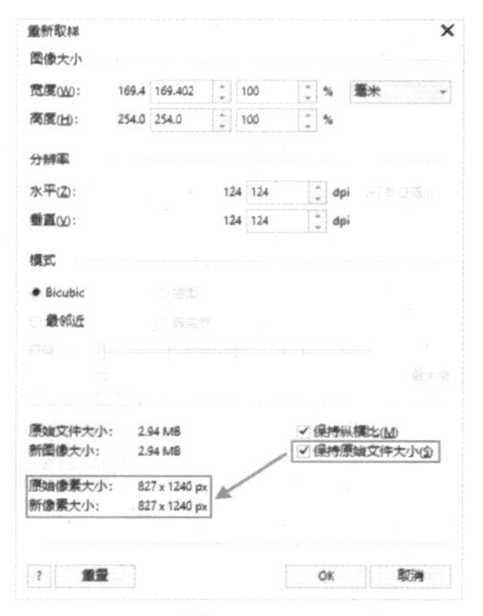

图 11-217

2. 更改图像分辨率

"重新取样"窗口中的"分辨率"选项组主要用于调整图像的分辨率，如图11-218所示。

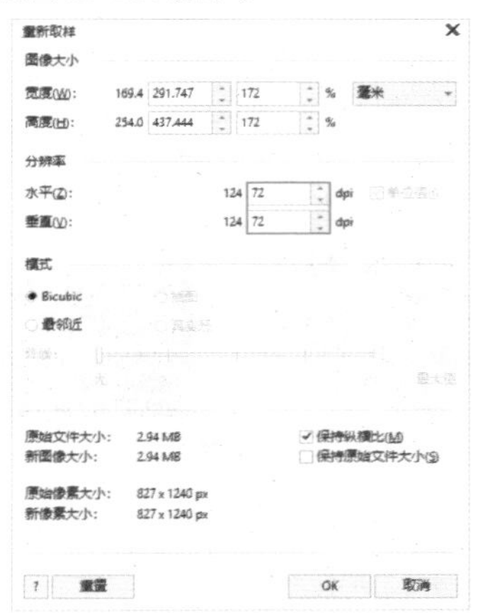

图 11-218

11.4.5 位图边框扩充

使用"位图边框扩充"命令可以为位图添加边框。

1. 自动扩充位图边框

执行"位图"->"位图边框扩充"->"自动扩充位图边框"命令，可以自动为位图添加边框(此命令既可针对位图进行操作，也可针对矢量图形操作)。

2. 手动扩充位图边框

选择位图，如图11-219所示。执行"位图"->"位图边框扩充"->"手动扩充位图边框"命令，在弹出的"位图边框扩充"窗口中，可以看到图像的原始大小，在此基础上设置"扩大到"参数(数值要比原始参数大才能看见扩充边框)，然后单击OK按钮，如图11-220所示。此时位图周围出现了扩充的白色边框，如图11-221所示。

图 11-219

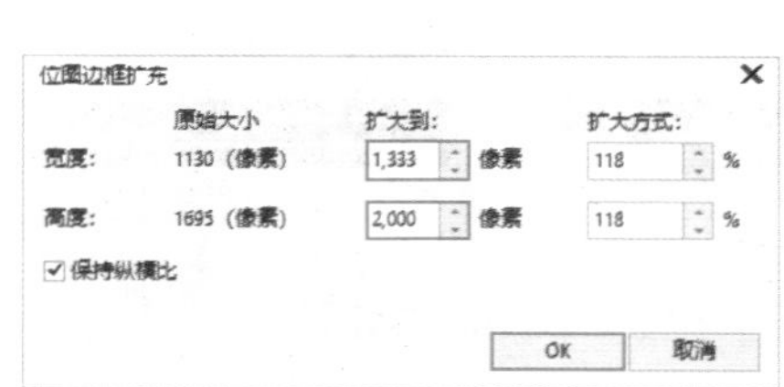

图 11-220

图 11-221

11.4.6 抠图必备：位图遮罩

使用"位图遮罩"命令可以隐藏或显示位图中指定的颜色。该命令常用来实现"抠图"。选择位图，如图11-222所示。执行"位图"->"位图遮罩"命令，打开"位图遮罩"泊坞窗，如图11-223所示。

扫一扫，看视频

图 11-222

图 11-223

提示：什么是抠图

"抠图"就是把图像中的某一部分从原始图片或影像中分离出来，使之成为单独的个体。抠图的主要功能是为后期的合成做准备。通常情况下，需要使用Photoshop进行抠图操作。

1. 隐藏选定项 / 显示选定项

隐藏选定项/显示选定项这两个单选按钮主要用来设置选择的颜色是隐藏还是显示。选中“隐藏颜色”单选按钮，会将选中的颜色隐藏；选中“显示颜色”单选按钮，则会保留选中的颜色。

2. 选择隐藏 / 显示的颜色

(1)选中“隐藏选定项”单选按钮，在中间的颜色列表框中选择一个选项，然后单击按钮，在画面中单击拾取颜色，如图11-224所示。接着单击“应用”按钮，即可看到选中的颜色被隐藏，如图11-225所示。

图 11-224

图 11-225

(2)为了让抠图效果更精细，可以添加更多的颜色。在颜色列表中勾选启用一个新的颜色，然后单击按钮，在需要选中颜色的位置单击，颜色选择完成后单击“应用”按钮，如图11-226所示。

图 11-226

提示：显示颜色

选中“显示颜色”单选按钮，然后选择所需颜色，单击“应用”按钮，画面只保留所选颜色区域。效果如图11-227所示。

图 11-227

3. 调整容限

“容限”选项用来设置颜色选择范围，数值越小颜色选择范围越小，数值越大颜色选择范围越大。如图11-228和图11-229所示是“容限”分别为5%和75%时的对比效果。

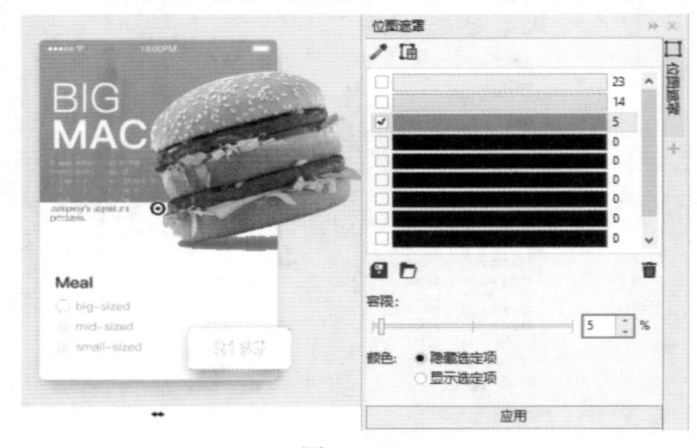

图 11-228

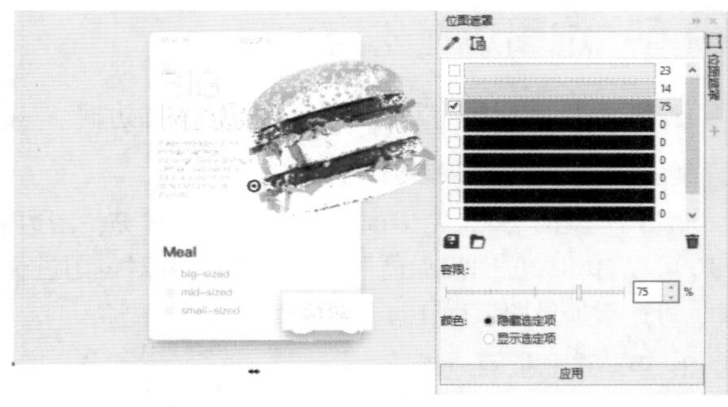

图 11-229

4. 删除遮罩

当位图图像应用了颜色遮罩后，若想查看原图效果，可以单击“移除遮罩”按钮，即可将其恢复到应用颜色遮罩前的效果，如图11-230所示。

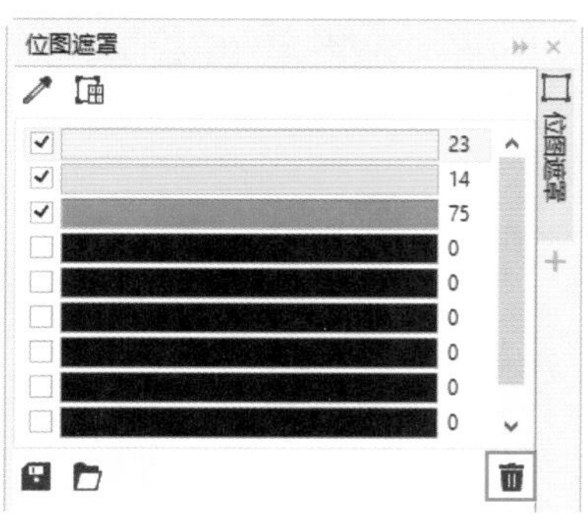

图 11-230

举一反三：使用“位图遮罩”命令进行抠图

对于一些颜色单一、纯色的位图，使用“位图遮罩”命令即可进行抠图。

(1) 选中要进行抠图的素材，如图 11-231 所示。执行“位图”->“位图遮罩”命令，打开“位图遮罩”泊坞窗。因为此时背景颜色比较单一，所以选中“隐藏选定项”单选按钮，以便把文字保留下来。在中间的列表框中选择第一种色调，单击↗按钮，在灰色背景位置单击进行颜色的拾取，如图 11-232 所示。

图 11-231

图 11-232

(2) 选择第二种色调，使用滴管工具在背景中稍深一些的灰色位置单击拾取颜色，然后调整合适的“容限”，最后单击“应用”按钮，如图 11-233 所示。抠图完成后为文字更换新的背景，然后添加合适的装饰。最终效果如图 11-234 所示。

图 11-233

图 11-234

提示：“位图遮罩”与抠图

虽然“位图遮罩”命令可以隐藏画面中的部分颜色区域，实现一定的抠图效果，但是在实际的设计制图过程中，想要进行图像的抠图、去背景等操作往往都会使用 Photoshop 来完成。

视频课堂：音乐节海报设计

文件路径	资源包\第11章\视频课堂：音乐节海报设计
难易指数	★★★★★
技术要点	颜色平衡、描摹位图

扫一扫，看视频

实例效果

本实例效果如图 11-235 所示。

图 11-235

综合实例：健身馆三折页

扫一扫，看视频

文件路径	资源包\第11章\综合实例：健身馆三折页
难易指数	★★★★★
技术要点	“取消饱和”命令、“裁剪”工具

实例效果

本实例效果如图11-236所示。

图 11-236

操作步骤

步骤 01 新建一个横向、A4大小的空白文档。由于三折页内容比较多，需要创建辅助线，如图11-237所示。创建辅助线时，可以先创建出分割3个页面的辅助线，然后创建用于识别每个页面版心位置的辅助线。为了得到精确的辅助线，可以选中辅助线，在属性栏中设置辅助线所处的位置。

图 11-237

步骤 02 选择工具箱中的“矩形”工具，在三个页面中分别绘制三个矩形，如图11-238所示。

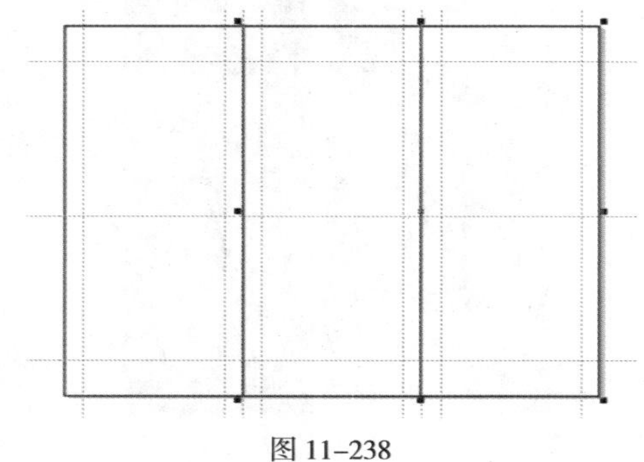

图 11-238

步骤 03 选择最右侧的矩形，单击工具箱中的“交互式填充”工具按钮，单击属性栏中的“均匀填充”按钮，设置“填充色”为青色，如图11-239所示。

图 11-239

步骤 04 按住Shift键单击加选3个矩形，然后按住Shift键垂直向下拖曳鼠标，拖曳到合适位置后右击进行复制，如图11-240所示。加选下方的3个矩形，单击属性栏中的“水平镜像”按钮。效果如图11-241所示。

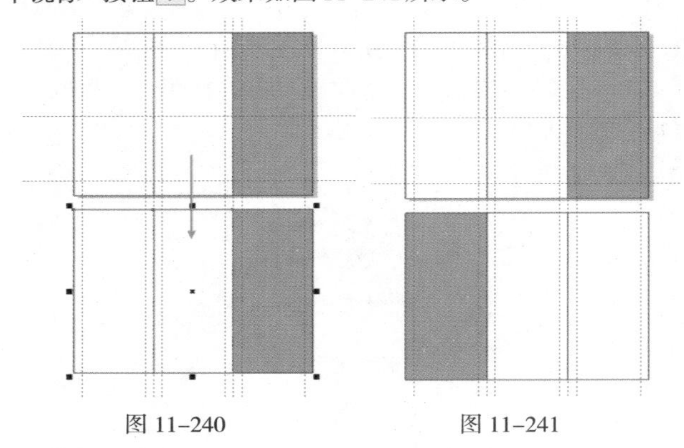

图 11-240　　图 11-241

步骤 05 按快捷键Ctrl+A全选6个矩形，然后在调色板中右击“无”按钮后去除轮廓色。绘制一个较大的矩形，如图11-242所示。将该矩形填充为深灰色，然后按快捷键Ctrl+PageDown，将灰色矩形移动至页面最后方。效果如图11-243所示。

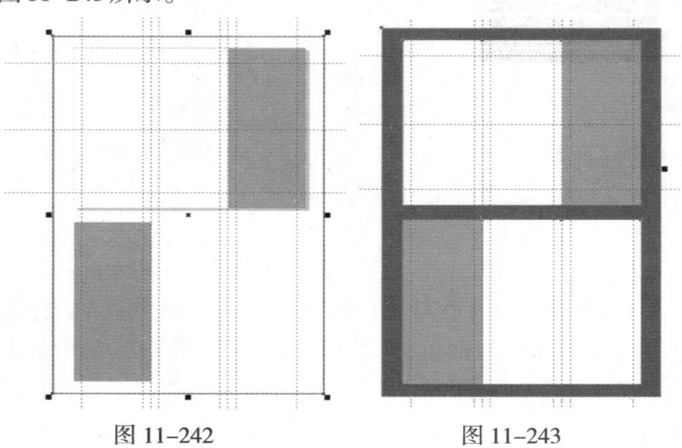

图 11-242　　图 11-243

步骤 06 执行“文件”->“导入”命令，在弹出的“导入”窗口中找到素材位置，选择素材1.jpg，单击“导入”按钮。接着在画面中按住鼠标左键拖动，松开鼠标后完成导入操作，如图11-244所示。以同样的方式导入其他素材，如图11-245所示。

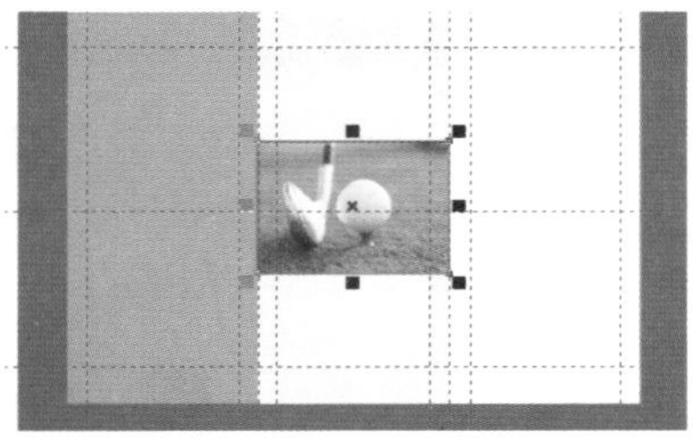

图 11-244

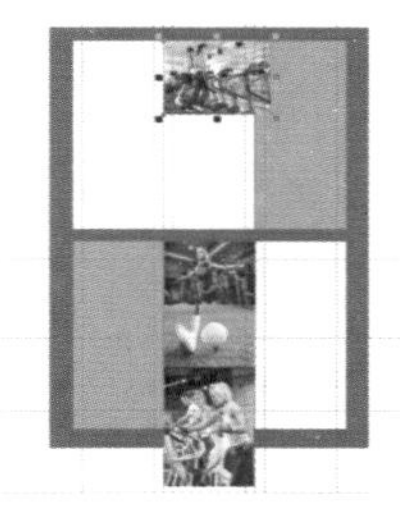

图 11-245

步骤 07 加选导入的素材，执行“效果”->“调整”->“取消饱和”命令。效果如图11-246所示。

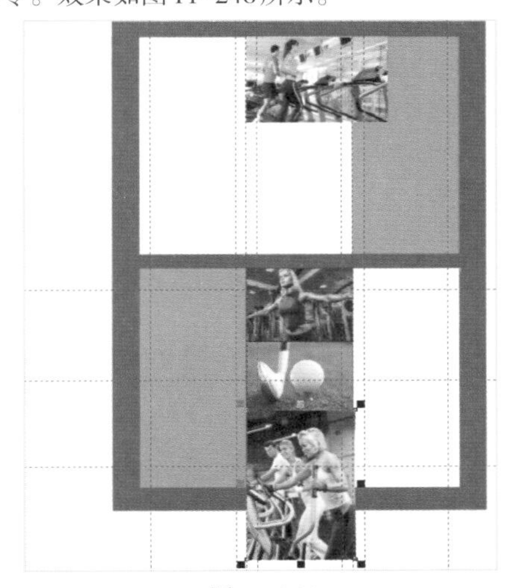

图 11-246

步骤 08 选择导入的最下方的素材，单击工具箱中的“裁剪”工具按钮，然后参照参考线的位置按住鼠标左键拖曳绘制裁剪框，如图11-247所示。按Enter键确认裁剪操作，效果如图11-248所示。

图 11-247

图 11-248

步骤 09 导入素材4.jpg，然后取消该图片的颜色饱和度，如图11-249所示。选择工具箱中的“椭圆形”工具，按住Ctrl键在素材图片上绘制一个正圆，如图11-250所示。

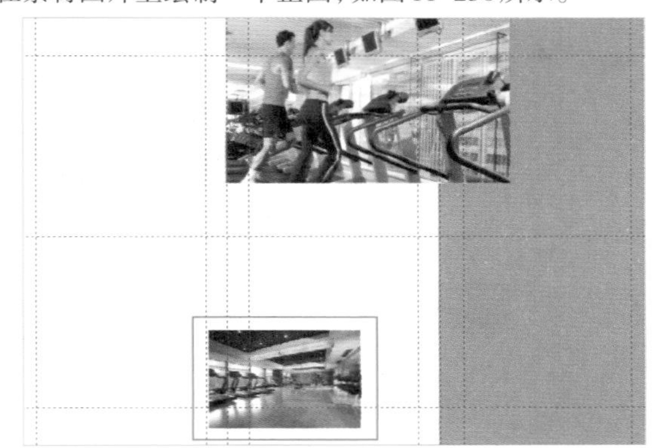

图 11-249

图 11-250

步骤 10 选择素材图片，执行“对象”->PowerClip->“置于图文框内部”命令，当光标变成箭头形状时单击正圆，将图片置于图文框中。效果如图11-251所示。选择该对象，设置轮廓线“宽度”为2.5mm，颜色为淡青色，如图11-252所示。

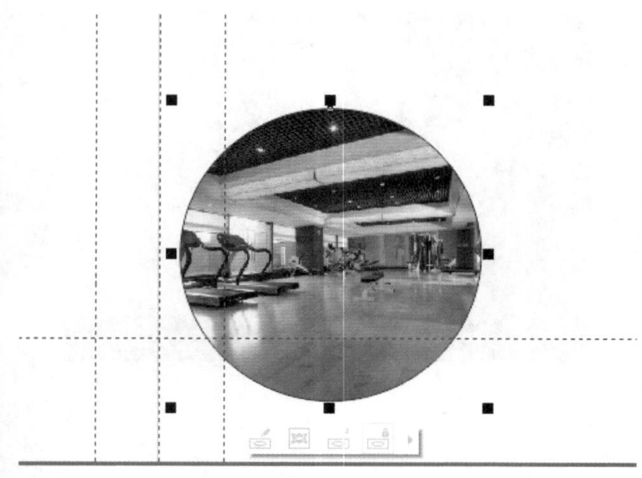

图 11–251

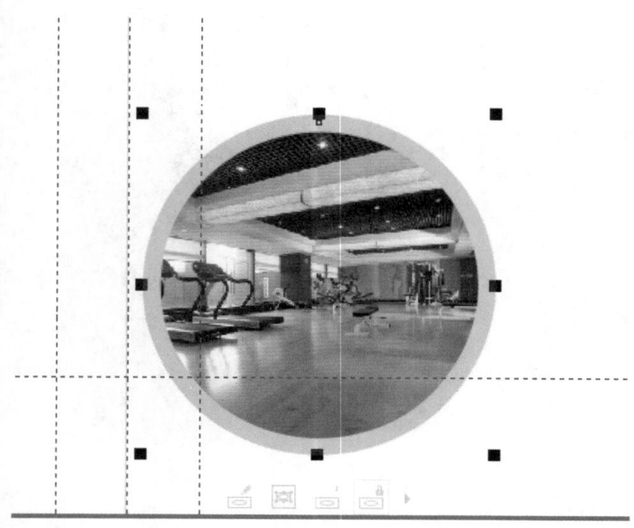

图 11–252

步骤 11 使用同样的方法处理另外两个图片。效果如图11–253所示。

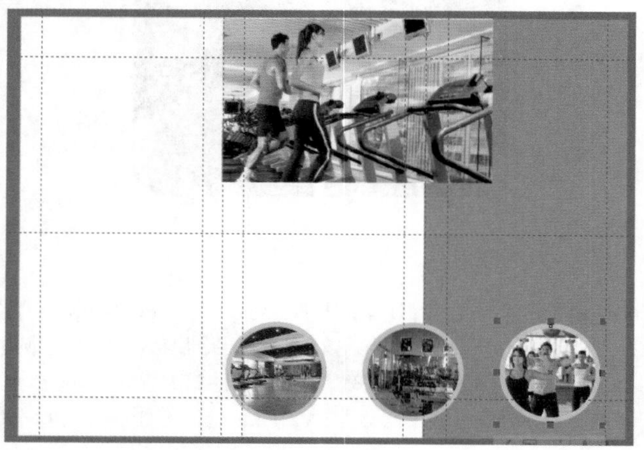

图 11–253

步骤 12 选择工具箱中的“文本”工具字，在画面中单击插入光标，然后输入文字。接着选中输入的文字，在属性栏中设置合适的字体、字号，如图11–254所示。

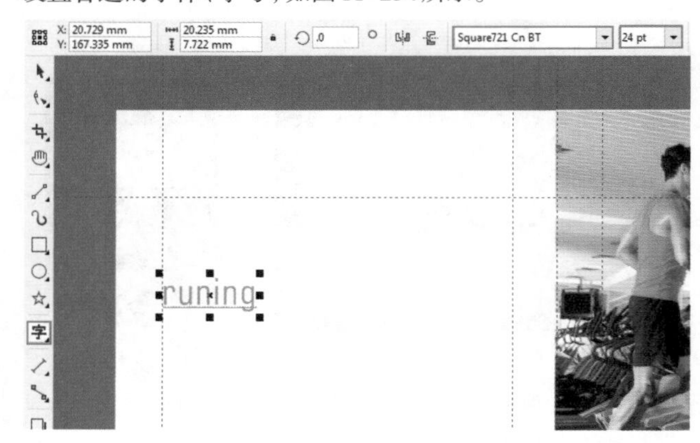

图 11–254

步骤 13 选择“文本”工具，在青色文字的下方按住鼠标左键拖曳绘制一个文本框，在属性栏中设置合适的字体、字号，设置文本对齐方式为“全部调整”，然后输入文字，如图11–255所示。

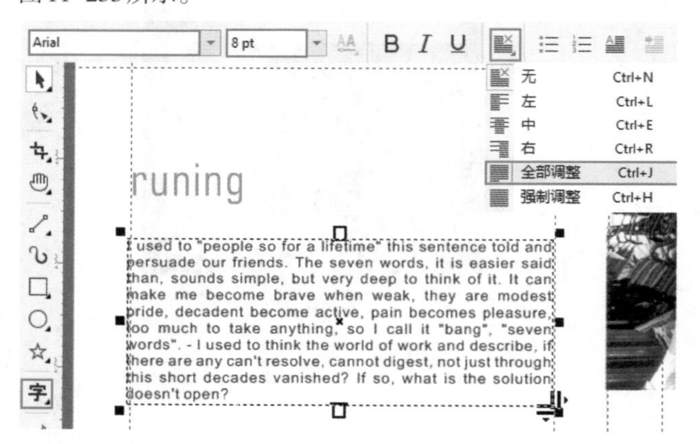

图 11–255

步骤 14 输入其他文字，效果如图11–256所示。选中一个页面的所有内容，按快捷键Ctrl+G进行编组。单击工具箱中的“阴影”工具按钮，在页面上按住鼠标左键向右拖动，得到阴影效果。在属性栏中设置“阴影透明度”为50，“阴影羽化”为2，如图11–257所示。

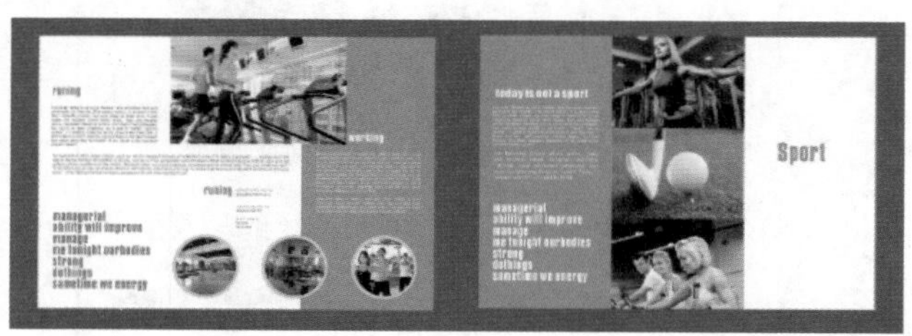

图 11–256

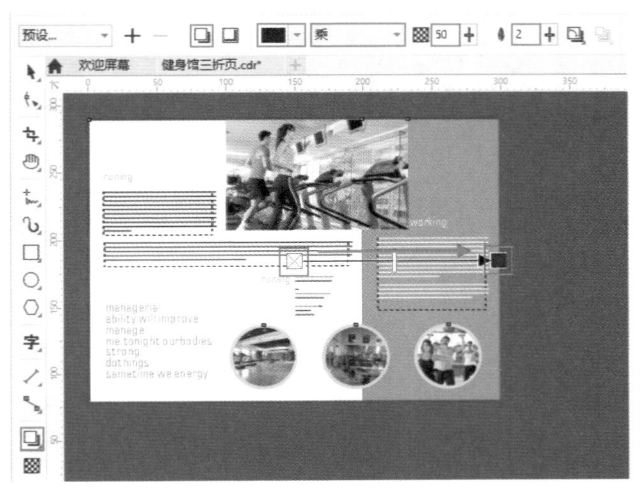

图 11-257

步骤 15 同样为另一个页面添加阴影，并摆放在此页面上方。最终效果如图 11-258 所示。

图 11-258

11.5 课后练习

文件路径	资源包\第11章\课后练习：制作人物传记书籍封面
难易指数	★★★★★
技术要点	快速描摹

扫一扫，看视频

实例效果

本实例效果如图 11-259 所示。

图 11-259

11.6 模拟考试

主题： 摄影画册排版。

要求：

(1) 选择一组主题统一的照片进行排版。

(2) 利用 CorelDRAW 中的调色命令将照片调出统一风格的色调。

(3) 使用的调色命令不限。

(4) 可在网络搜索“摄影画册”“摄影杂志”等关键词获取灵感。

考查知识点： 调色命令的综合使用。

扫一扫，看视频

位图特效

本章内容简介：

“特效”在其他软件中也被叫作“滤镜”，是为位图添加特殊效果的功能。在CorelDRAW中运用这些功能用户可以制作出位图处理软件才能制作出来的特效。若要为矢量图添加特效，则需要先将矢量图转换为位图，才能继续进行操作。

重点知识掌握：

- 掌握为位图添加特效的方法
- 熟悉各种特效命令的效果

通过本章学习，我能做什么？

在本章中将会学习到多种特效。添加特效的方法很简单，只需要选中位图，然后执行命令，接着进行设置即可。通过本章的学习，我们可以针对位图对象应用这些命令来得到不同的效果。不同的命令所产生的效果也是千变万化的，我们无须强迫自己死记硬背参数的属性，只需掌握每个命令所添加的效果即可。

重点 12.1 为位图添加特效的方法

扫一扫，看视频

在“效果”菜单中有一些命令是专门用于为位图添加特效的，如图12-1所示。

图 12-1

虽然特效命令非常多，但其应用方法其实很简单。特效的操作基本可以概括为“选择对象”->“执行特效命令”->“设置参数”这三大步骤。

虽然有些特效的名称比较晦涩难懂，其中的参数选项也各不相同，但是这些参数大多可以通过调整滑块或者简单设置数值便能直接在画面中观察到效果。因此，在学习这些特效命令时，并不需要对每个参数的具体含义进行过多的深究，只要简单地操作尝试，即可明白其中的含义(想要了解更多关于位图特效参数的讲解，参见本书赠送的电子书《CorelDRAW位图特效学习手册》)。

(1) 下面以某个基本特效命令为例来讲解怎样为位图添加特效。选择位图图像，如图12-2所示。执行“效果”->“艺术笔触”->“炭笔画”命令，打开效果窗口，如图12-3所示。

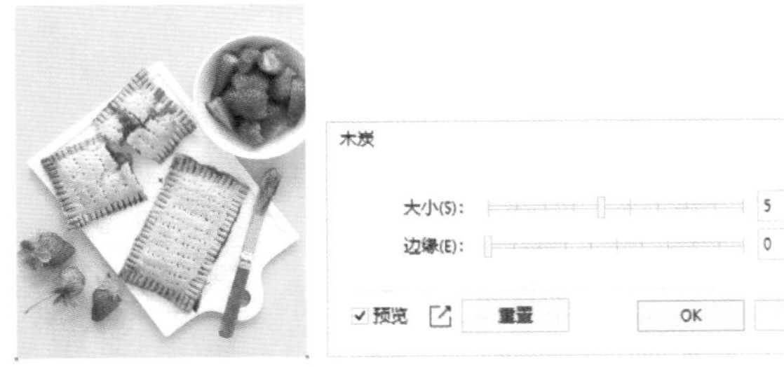

图 12-2　　图 12-3

(2) 单击窗口左下方的按钮，展开预览窗口。在“炭笔画”窗口内，左上角的三个按钮用于预览添加特效前后的变化。单击按钮，可显示对象设置前后的对比效果，如图12-4所示。单击按钮，可显示预览效果，如图12-5所示。单击按钮可以拆分效果的前后对比效果，如图12-6所示。若单击按钮，可收起预览图。

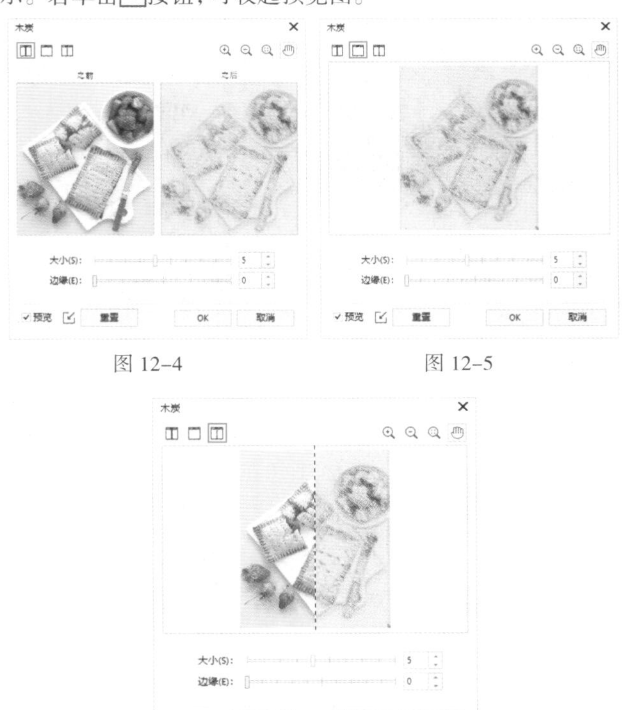

图 12-4　　图 12-5

图 12-6

(3) 若要调整参数，拖动滑块或者在数值框内输入数值即可。设置完成后单击OK按钮，完成对位图添加特效的操作，如图12-7所示。效果如图12-8所示。

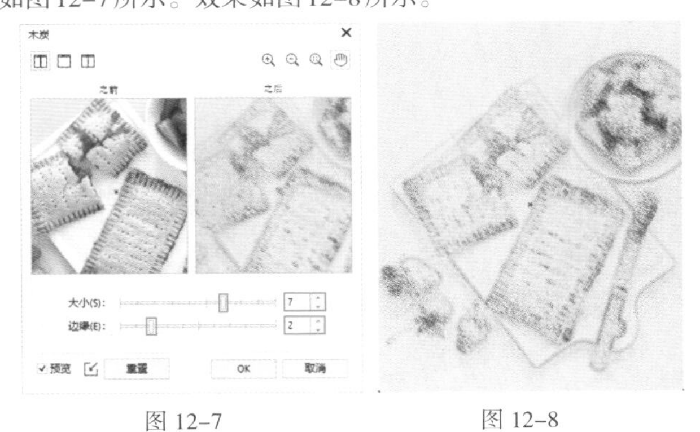

图 12-7　　图 12-8

12.2 三维效果

“三维效果”效果组中包括“三维旋转”“柱面”“浮雕”“卷页”“挤远/挤近”和“球面”6种效果。首先选择一个对象，执行“效果”->“三维效果”命令，在弹出的子菜单中选择相应的命令，可以使位图图像呈现出三维变换效果，增强其空间深度感，如图12-9和图12-10所示。

三维旋转(3)...
柱面(L)...
浮雕(E)...
卷页(A)...
挤远/挤近(P)...
球面(S)...

图 12-9　　图 12-10

- 三维旋转：可以使平面图像在三维空间内旋转，产生一定的立体效果。执行“效果”->“三维效果”->“三维旋转”命令，打开“三维旋转”窗口。在该窗口中，“垂直”选项用来设置垂直方向的旋转角度，“水平”选项用来设置水平方向的旋转角度。在“垂直”和“水平”数值框内输入数值(取值范围为-75~75之间)，然后单击OK按钮，如图12-11所示。此时效果如图12-12所示。

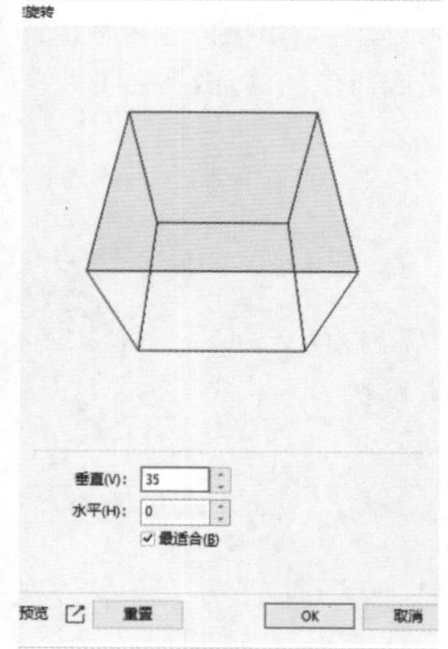

图 12-11　　图 12-12

- 柱面：可以沿着圆柱体的表面贴上图像，创建出贴图的三维效果。执行“效果”->“三维效果”->“柱面”命令，打开“柱面”窗口。在“柱面模式”选项组中选中“水平”或“垂直”单选按钮，可进行相应方向的延伸或挤压的变形；然后设置“百分比”调整变形的强度，最后单击OK按钮完成设置，如图12-13所示。效果如图12-14所示。

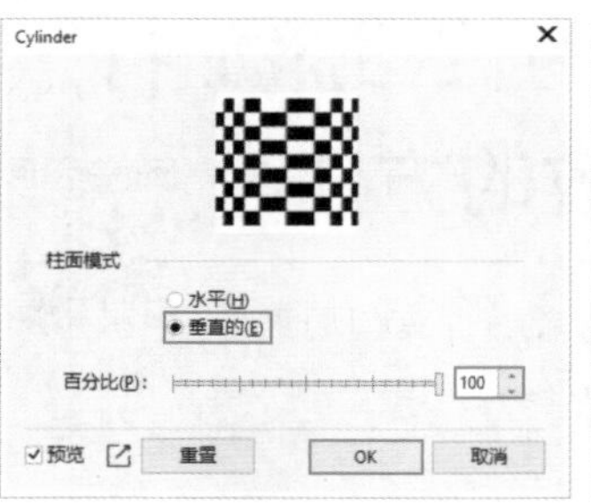

图 12-13　　图 12-14

- 浮雕：可以通过勾画图像的轮廓和降低周围色值在平面图像上生成类似于浮雕的一种三维效果。执行“效果”->“三维效果”->“浮雕”命令，在弹出的“浮雕”窗口中设置相应的参数，然后单击OK按钮，如图12-15所示。效果如图12-16所示。

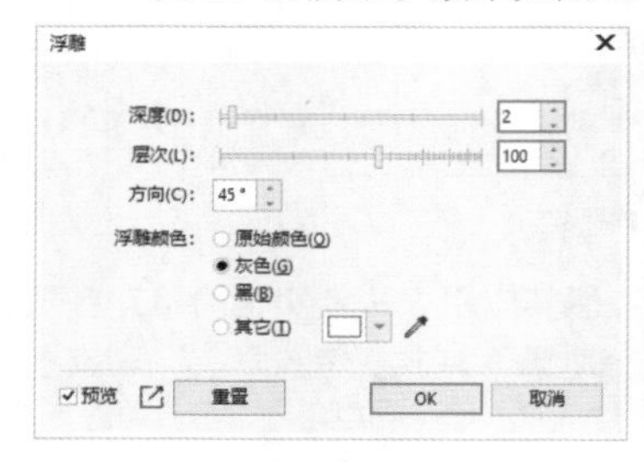

图 12-15　　图 12-16

- 卷页：可以把位图的任意一角像纸一样卷起来，呈现向内卷曲的效果。执行“效果”->“三维效果”->“卷页”命令，在弹出的“卷页”窗口中设置相应的参数，然后单击OK按钮，如图12-17所示。效果如图12-18所示。

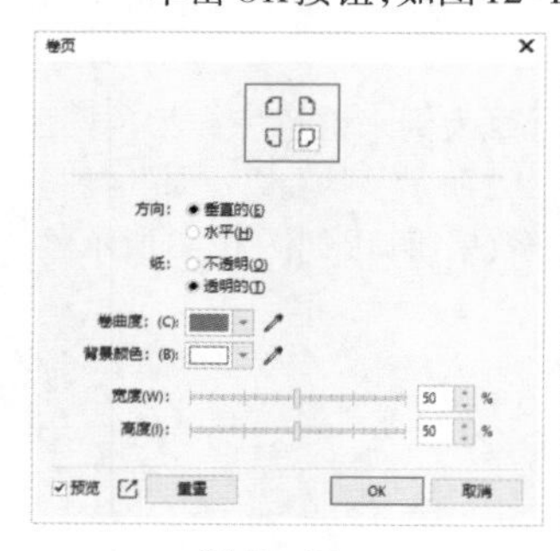

图 12-17　　图 12-18

- 挤远/挤近：用来覆盖图像的中心位置，使图像产生或远或近的距离感。执行“效果”->“三维效果”->“挤远/挤近”命令，打开“挤远/挤近”窗口。将滑块向右拖动或输入正值(如图12-19所示)时，呈现出“挤远”的效果，如图12-20所示；将滑块向左拖动或输入负数时，呈现出“挤近”的效果。单击按钮，然后在位图上单击，即可以单击此位置作为“挤远/挤近”效果的中心点。

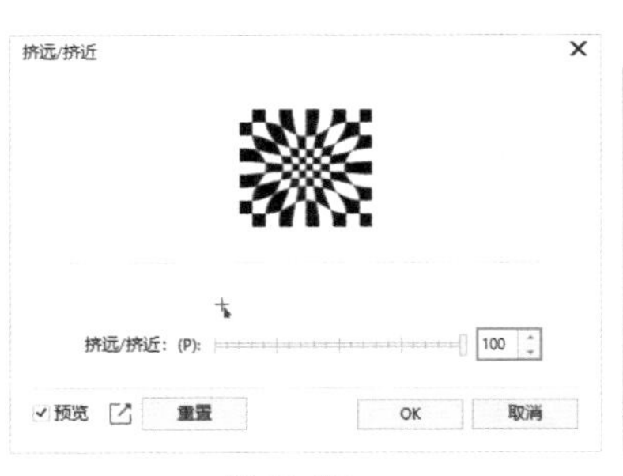

图 12-19

图 12-20

- 球面：通过变形处理使图像产生包围在球体内外侧的视觉效果。执行“效果”->“三维效果”->“球面”命令，打开“球面”窗口。其中的“百分比”选项用来调整“球面”的效果，向右拖动滑块或在数值框内输入正值(如图12-21所示)时，会得到凸出的球面化效果，如图12-22所示；向左拖动滑块或在数值框内输入负值时，会得到凹陷的球面化效果。

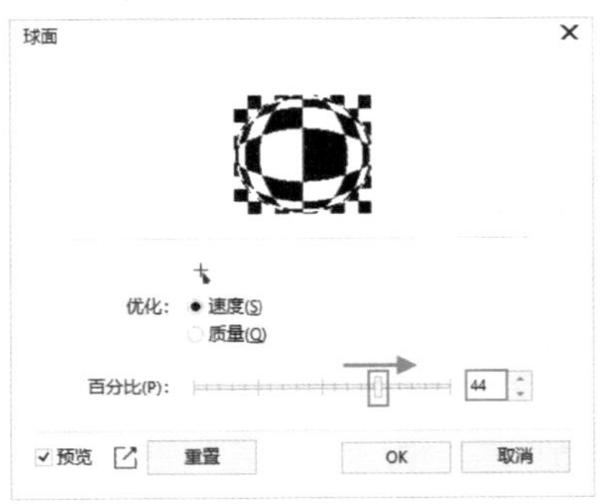

图 12-21

图 12-22

12.3 艺术笔触效果

“艺术笔触”效果可以把位图转化成类似用各种自然方法绘制出的图像，使其呈现出艺术画的风格。选择一个位图，如图12-23所示。执行“效果”->“艺术笔触”命令，在弹出的子菜单中包含14个命令，如图12-24所示。从中选择某一命令，即可对当前对象应用该效果。

图 12-23

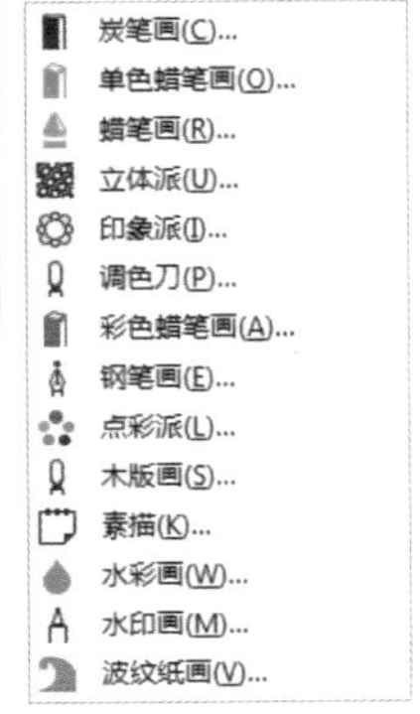

图 12-24

- 炭笔画：可以将位图制作出素描效果。选择一个位图，执行“效果”->“艺术笔触”->“炭笔画”命令，在弹出的“炭笔画”窗口中拖动“大小”滑块可以设置画笔的粗细效果，拖动“边缘”滑块可以设置画笔的边缘强度。效果如图12-25所示。
- 彩色蜡笔画：可以使位图产生类似于粉笔画的效果。选择一个位图，执行“效果”->“艺术笔触”->“彩色蜡笔画”命令，在弹出的窗口中进行相应的设置，然后单击OK按钮，效果如图12-26所示。默认情况下产生的蜡笔效果是基于像素颜色进行变化的。

图 12-25

图 12-26

- 蜡笔画：可以使图像产生蜡笔效果，如图12-27所示。其特点是图像基本颜色不变，颜色会分散到图像中。
- 立体派：将相同颜色的像素组成小颜色区域，创建一种立体派绘画风格，效果如图12-28所示。

图 12-27

图 12-28

- 印象派：模拟油性颜料生成的效果，即将图像转换为小块的纯色，从而制作出类似印象派绘画作品的效果，如图12-29所示。
- 调色刀：将位图的像素进行分配，使图像产生类似于使用调色板、刻刀绘制而成的效果。使用刻刀替换画笔可以使图像中相近的颜色相互融合，减少了细节，从而产生了写意效果，如图12-30所示。
- 彩色蜡笔画：用来创建彩色蜡笔图像，使其呈现出类似于蜡笔作品的效果，如图12-31所示。
- 钢笔画：可以使图像产生使用钢笔绘画的效果，其特点是通过单色线条的变化和由线条的轻重疏密组成的灰白调子，如图12-32所示。

图 12-29

图 12-30

图 12-31

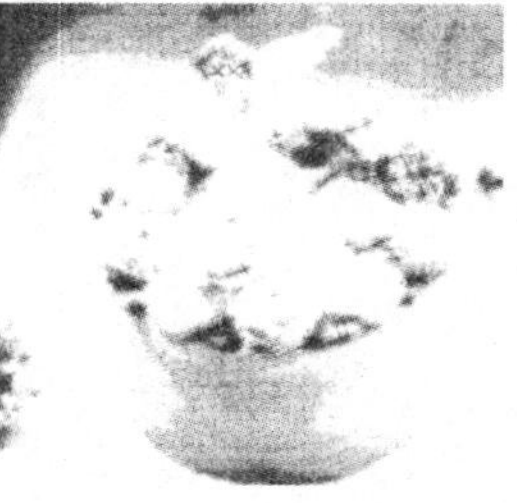
图 12-32

- 点彩派：将位图中相邻的颜色融为一个一个的点状色素点，并将这些色素点组合成形状，使图像看起来是由大量的色素点组成的。效果如图 12-33 所示。
- 木版画：可以使图像产生类似粗糙彩纸的效果，即彩色图像看起来是由几层彩纸构成的，底层包含彩色或白色，上层包含黑色，如图 12-34 所示。

图 12-33

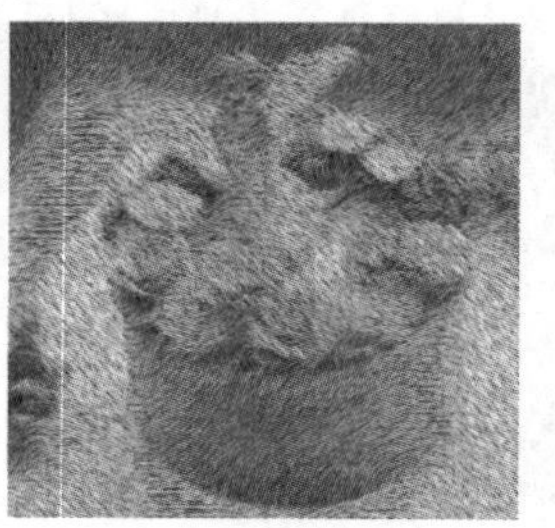
图 12-34

- 素描：创建一种类似于铅笔素描作品的效果，即模拟石墨或彩色铅笔的素描效果，如图 12-35 所示。
- 水彩画：可以描绘出图像中景物的形状，同时对图像进行简化、混合和渗透的调整，使其产生水彩画的效果，如图 12-36 所示。

图 12-35

图 12-36

- 水印画：可以使图像产生水彩斑点绘画的效果，如图 12-37 所示。
- 波纹纸画：可以使图像产生在素描纸上绘画的效果，如图 12-38 所示。选择一个位图，执行“效果”->“艺术笔触”->“水印画”命令，打开“波纹纸画”窗口。勾选“颜色”复选框，可以基于位图原有颜色来创建效果；然后设置“笔刷压力”调节笔刷的粗糙程度。若勾选“黑白”复选框，可以创建灰色调的波纹纸画效果。

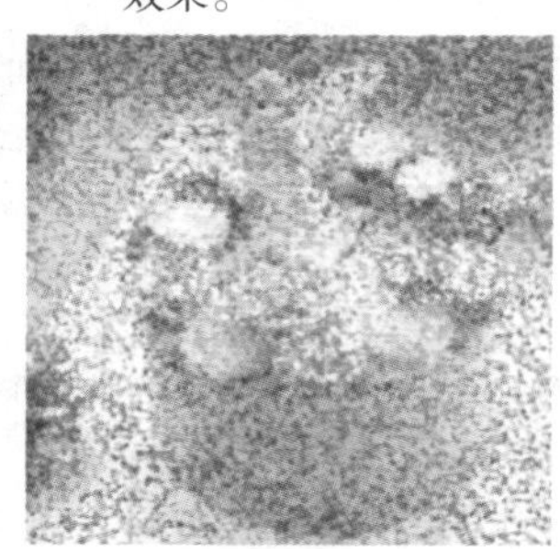
图 12-37

图 12-38

视频课堂：利用“炭笔画”命令制作素描画

扫一扫，看视频

文件路径	资源包\第12章\视频课堂：使用“炭笔画”命令制作素描画
难易指数	★★★★★
技术要点	“炭笔画”命令、“透明度”工具

实例效果

本实例效果如图 12-39 所示。

图 12-39

练习实例：使用“水印画”命令制作逼真绘画效果

扫一扫，看视频

文件路径	资源包\第12章\练习实例：使用“水印画”命令制作逼真绘画效果
难易指数	★★★★★
技术要点	“水印画”命令

实例效果

本实例效果如图 12-40 所示。

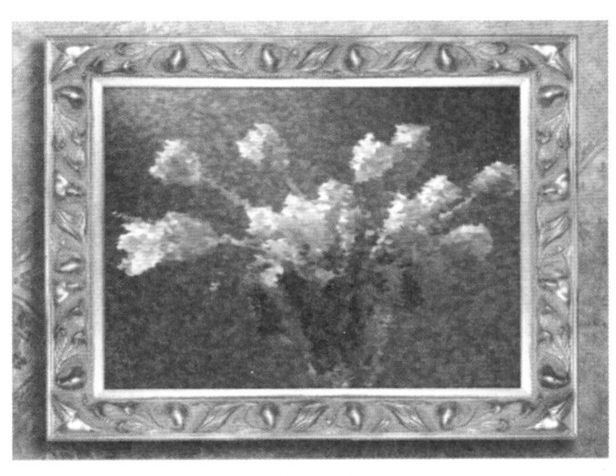

图 12-40

操作步骤

步骤 01 新建一个A4大小的空白文档。执行“文件”->“导入”命令，在弹出的“导入”窗口中找到素材位置，选择素材1.jpg，单击“导入”按钮。接着在画面中按住鼠标左键拖动，松开鼠标后完成导入操作，如图12-41所示。

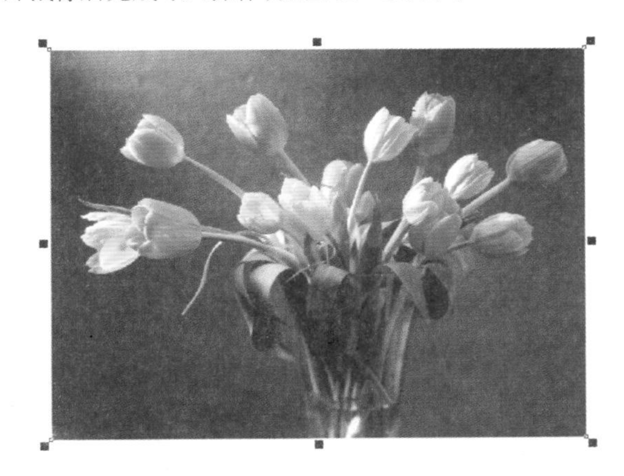

图 12-41

步骤 02 选中导入的素材，执行“效果”->“艺术笔触”->“水印画”命令，在弹出的“水印画”窗口中设置“大小”为43，“颜色变化”为6，单击OK按钮完成设置，如图12-42所示。此时画面效果如图12-43所示。

水印
变化：
默认(D)
顺序(O)
随机(R)
大小(S)：
43
颜色变化：(C)：
6
预览
重置
OK
取消

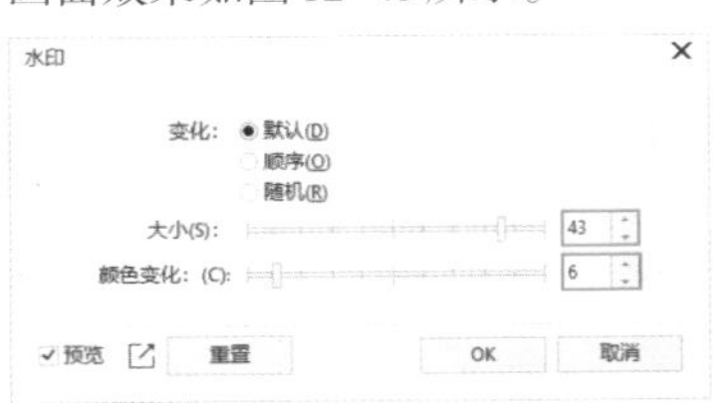

图 12-42

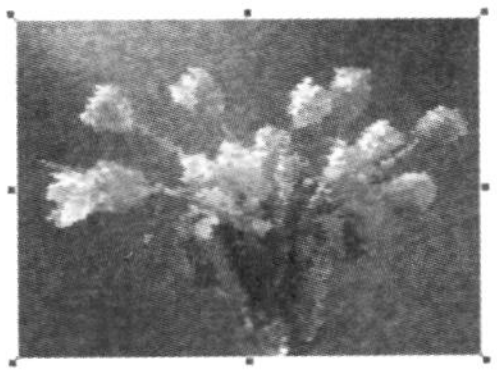

图 12-43

步骤 03 导入画框素材2.png，将其移动到合适位置，最终效果如图12-44所示。

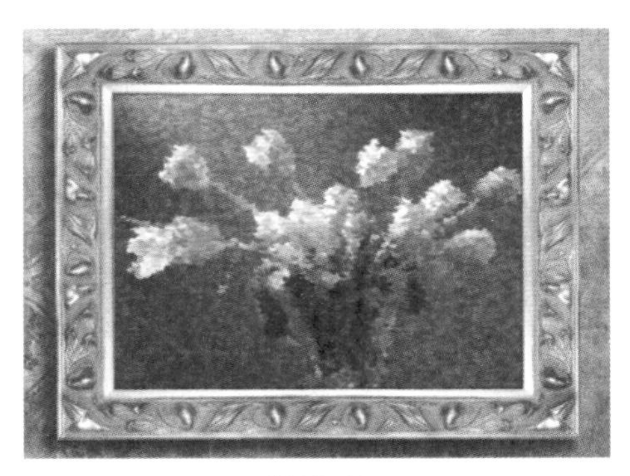

图 12-44

重点 12.4 模糊效果

“模糊”效果组中的命令可以使选中的位图产生虚化的效果。选择一个位图，如图12-45所示。执行“效果”->“模糊”命令，在弹出的子菜单中可以看到多种模糊效果，如图12-46所示。不同的命令会产生不同的模糊效果，选择某一命令即可对当前对象应用该效果。

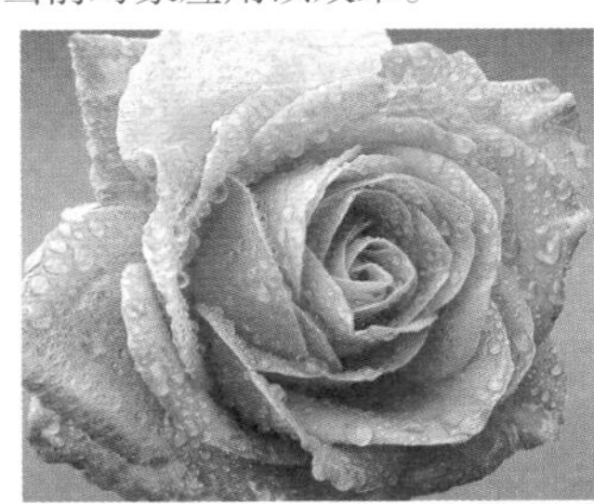

图 12-45

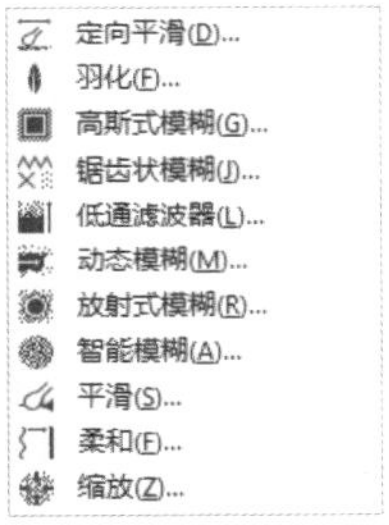

定向平滑(D)...
羽化(F)...
高斯式模糊(G)...
锯齿状模糊(J)...
低通滤波器(L)...
动态模糊(M)...
放射式模糊(R)...
智能模糊(A)...
平滑(S)...
柔和(F)...
缩放(Z)...

图 12-46

- 定向平滑：可以调和相同像素间的区别，使之产生平滑的效果。选择位图，执行“效果”->“模糊”->“定向平滑”命令，打开“定向平滑”窗口，通过“百分比”选项调整平滑效果的强度，然后单击OK按钮完成操作，效果如图12-47所示。该效果比较微弱，可以放大图像观察。
- 羽化：可以将选中图像边缘进行虚化。选择位图，执行“效果”->“模糊”->“羽化”命令，打开“羽化”窗口，调整“宽度”数值控制羽化的强度。效果如图12-48所示。

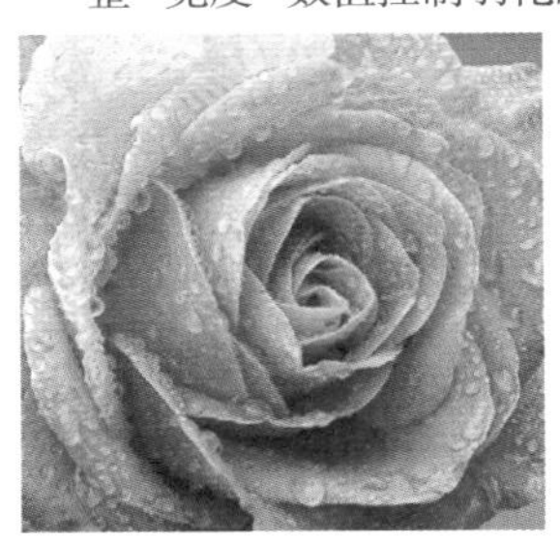

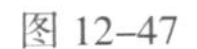

图 12-47

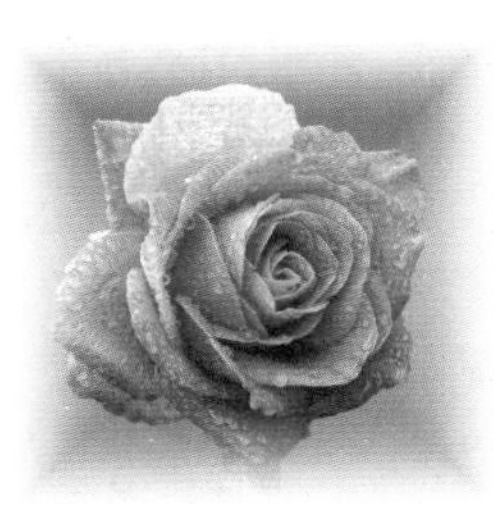

图 12-48

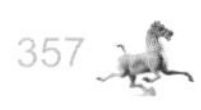

- 高斯式模糊：可以使位图产生朦胧的效果。选择位图，执行“效果”->“模糊”->“高斯式模糊”命令，打开“高斯式模糊”窗口，通过“半径”选项调整模糊的强度，然后单击OK按钮完成操作。效果如图12-49所示。

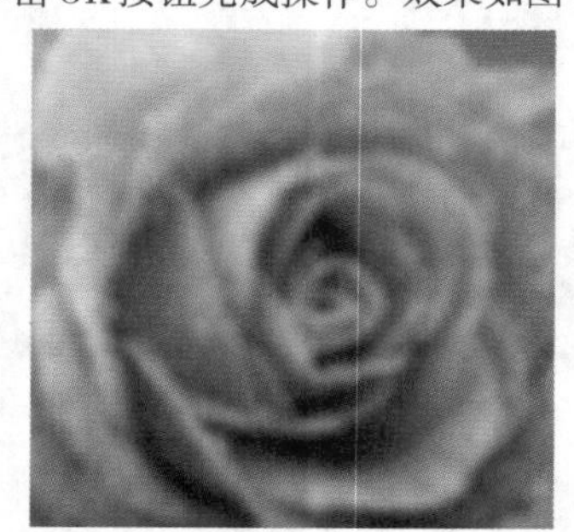

图12-49

- 锯齿状模糊：用来去除指定区域中的小斑点和杂点，产生一种柔和的模糊效果，如图12-50所示。
- 低通滤波器：可以调整图像中尖锐的边角和细节，使图像的模糊效果更加柔和。在此需要注意的是，该效果只针对图像中的某些元素。选择位图，执行“效果”->“模糊”->“低通滤波器”命令，打开“低通滤波器”窗口，通过“百分比”和“半径”选项设置像素半径区域内像素使用的模糊效果强度及模糊半径的大小，然后单击OK按钮。效果如图12-51所示。

图12-50

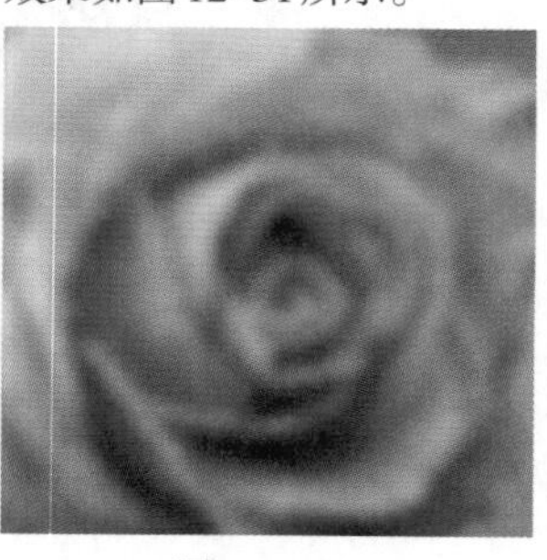

图12-51

- 动态模糊：可以产生位图在快速移动的模糊效果，如图12-52所示。其特点是将像素进行某一方向上的线性位移，来产生运动模糊效果。
- 放射式模糊：创建一种从中心位置向外辐射的模糊效果，中心点处图像不变，离中心点越远，模糊效果越强烈，如图12-53所示。
- 智能模糊：可以光滑表面，同时又保留鲜明的边缘，即有选择性地为画面中的部分像素区域创建模糊效果，如图12-54所示。
- 平滑：通常用于为照片润色，可消除位图中的锯齿，从而使位图变得更加平滑；此外，也可以用来去除JPEG图像中过度压缩产生的不良效果。效果如图12-55所示。该效果比较微弱，可以放大图像观察。

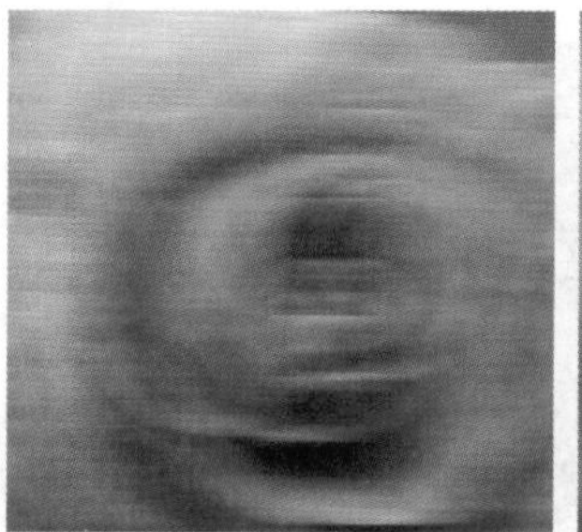

图12-52

图12-53

图12-54

图12-55

- 柔和：可以将颜色比较粗糙的位图进行柔化，使之产生轻微的模糊效果，但不会影响位图的细节，如图12-56所示。该效果比较微弱，可以放大图像观察。
- 缩放：创建从中心点逐渐缩放出来的边缘效果，即图像中的像素从中心点向外模糊，离中心点越近，模糊效果越弱，如图12-57所示。

图12-56

图12-57

举一反三：利用“高斯式模糊”命令制作网站首页

将虚化的大图作为网页的背景是近年来比较流行的一种设计方式，可以给人一种朦胧以及空间延伸之感。

(1)首先选择一个合适的素材，如图12-58所示。然后为其添加“高斯式模糊”效果，如图12-59所示。

图 12-58

图 12-59

(2) 添加文字和按钮等内容，然后将制作的内容进行编组，如图 12-60 所示。因为添加了“高斯式模糊”效果，图像边缘出现了虚化的“白边”。可以利用“图框精确剪裁”或者“裁剪”工具将边缘处多余的部分隐藏或去除，最终效果如图 12-61 所示。

图 12-60

图 12-61

举一反三：利用“放射式模糊”命令制作车轮滚动效果

利用“放射式模糊”命令能够制作出旋转的模糊效果，如车轮、风车、电风扇旋转的效果。利用这一功能，就算素材是静态的，也能通过“放射式模糊”命令制作出动态的效果。

(1) 导入汽车素材，如图 12-62 所示。因为只需要在车轮位置添加“放射式模糊”效果，所以将汽车图片复制一份，然后在车轮位置绘制一个正圆，通过“图框精确剪裁”将车轮以外的部分隐藏，得到单独的车轮，再将车轮进行复制，如图 12-63 所示。

图 12-62

图 12-63

(2) 选择车轮对象，执行“效果”->“转换为位图”命令，在弹出的“转换为位图”窗口中设置“分辨率”为 300，如图 12-64 所示。接着将车轮图片移动到汽车图片上车轮的位置，然后对该对象执行“效果”->“模糊”->“放射式模糊”命令，设置合适的参数。效果如图 12-65 所示。

图 12-64

图 12-65

(3) 将车轮复制一份，放置在另外一个车轮上，如图 12-66 所示。最后为汽车图片添加“动态模糊”效果，使其产生向前飞驰感，如图 12-67 所示。

图 12-66

图 12-67

12.5 相机效果

“相机”效果组中的命令能够模仿照相机的原理，使图像产生光的效果(一种能让照片回到历史，展示过去流行的摄影风格的效果)。选择一个位图对象，如图12-68所示。执行“效果”->“相机”命令，在弹出的子菜单中可以看到“着色”“扩散”“照片过滤器”“棕褐色色调”和“延时”五种效果，如图12-69所示。从中选择某一种命令，即可对当前对象应用该效果。

图 12-68

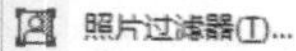

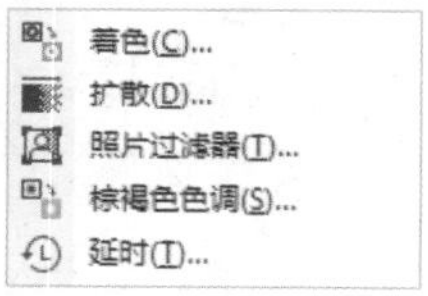

图 12-69

- 着色：主要通过调整“色度”与“饱和度”的数值，使位图产生单色的色调效果，如图12-70所示。
- 扩散：将位图的像素向周围均匀扩散，从而使图像产生模糊、柔和、虚化的效果，如图12-71所示。

图 12-70

图 12-71

- 照片过滤器：可以在固有色的基础上改变色相，使色调变得更亮或更暗，从而达到控制图片色温的效果，如图12-72所示。
- 棕褐色色调：可以制作出单色旧照片的效果，常用来制作老照片或怀旧复古效果，如图12-73所示。

图 12-72

图 12-73

- 延时：可以使图像产生一种旧照片的效果。选择一个位图，执行“效果”->“相机”->“延时”命令，在弹出的“延时”窗口中选择一种合适的效果，然后通过调整“强度”控制效果的强弱。效果如图12-74所示。

图 12-74

举一反三：利用“延时”命令制作老照片效果

利用“延时”命令制作老照片非常方便，效果也比较真实，而且可供选择的效果类型非常丰富。

(1)选择一个位图，如图12-75所示。执行“效果”->“相机”->“延时”命令，打开“延时”窗口。在中间的列表框中选择需要的延时效果，单击“预览”按钮可进行预览，如图12-76所示。设置完成后单击OK按钮，效果如图12-77所示。

图 12-75

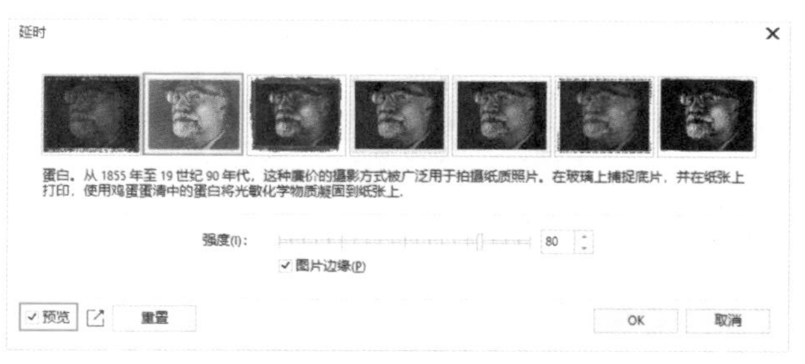

图 12-76

图 12-77

(2) 若觉得效果不满意，可以选择其他效果，如图 12-78 和图 12-79 所示。

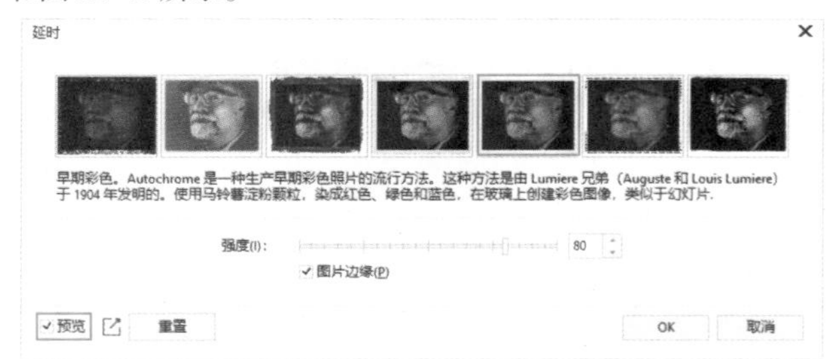

图 12-78

图 12-79

(3) 还可以继续尝试不同的延时风格，如图 12-80 所示。

(a)

(b)

(c)

图 12-80

练习实例：应用“棕褐色色调”效果制作画册版面

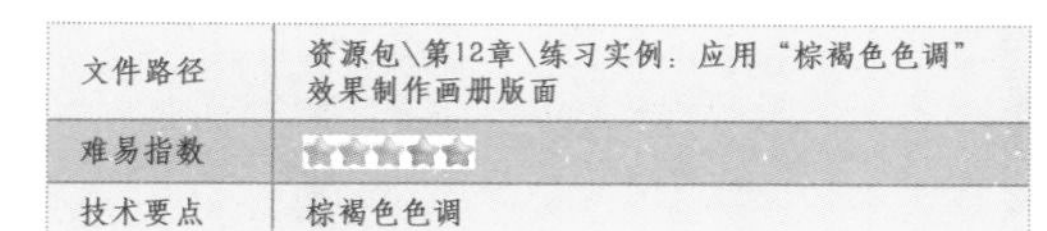

文件路径	资源包\第12章\练习实例：应用“棕褐色色调”效果制作画册版面
难易指数	★★★★★
技术要点	棕褐色色调

扫一扫，看视频

实例效果

本实例效果如图 12-81 所示。

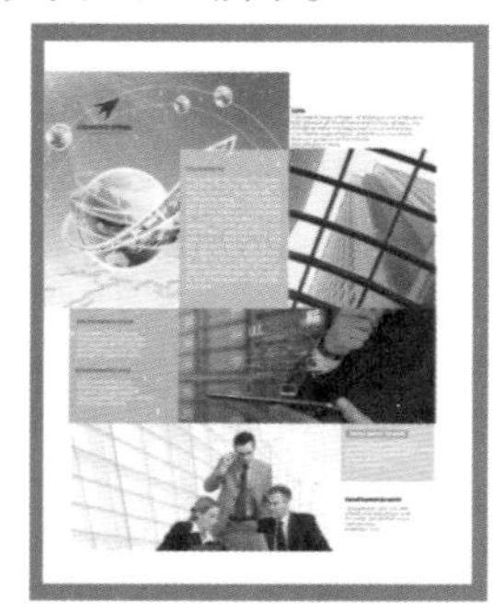

图 12-81

操作步骤

步骤 01 新建一个 A4 大小的空白文档。双击工具箱中的“矩形”工具按钮，快速绘制一个与画板等大的矩形，并为其填充灰色，去除轮廓色，如图 12-82 所示。以同样的方式绘制另一个稍小一些的白色矩形，如图 12-83 所示。

图 12-82　　图 12-83

步骤 02 执行“文件”->“导入”命令，在弹出的“导入”窗口中找到素材位置，选择素材1.jpg，单击“导入”按钮。接着在画面中按住鼠标左键拖动，松开鼠标后完成导入操作，如图12-84所示。

图 12-84

步骤 03 选中导入的素材1.jpg，单击工具箱中的“裁剪”工具按钮，在图像上按住鼠标左键拖曳绘制裁剪框，如图12-85所示。裁剪框绘制完成后按Enter键完成裁剪操作，接着导入其他素材，如图12-86所示。

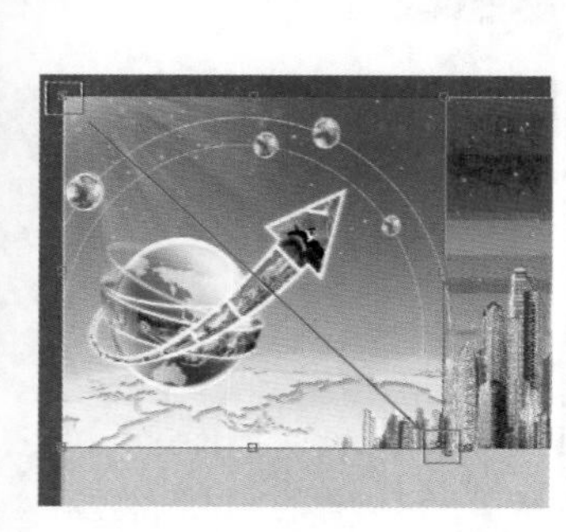

图 12-85

图 12-86

步骤 04 按住Shift键单击加选素材图片，然后执行“效果”->“相机”->“棕褐色色调”命令，在弹出的“棕褐色色调”窗口中设置“老化量”为25，单击OK按钮完成设置，如图12-87所示。效果如图12-88所示。

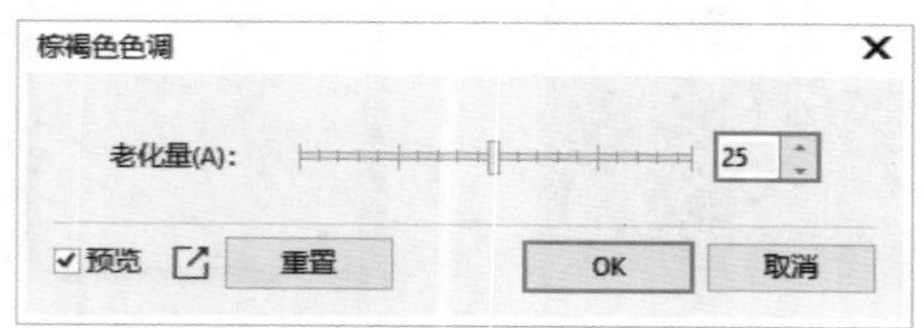

图 12-87

图 12-88

步骤 05 单击工具箱中的“矩形”工具按钮，在画布上绘制一个矩形。选中绘制的矩形，单击工具箱中的“交互式填充”工具按钮，单击属性栏中的“均匀填充”按钮，设置“填充色”为淡青色，然后在调色板中右击“无”按钮，去除轮廓色，如图12-89所示。以同样的方式绘制其他的矩形，如图12-90所示。

图 12-89

图 12-90

步骤 06 单击工具箱中的“钢笔”工具按钮，在画布左上角的位置绘制一个箭头图形，如图12-91所示。接着为其填充深灰色，如图12-92所示。

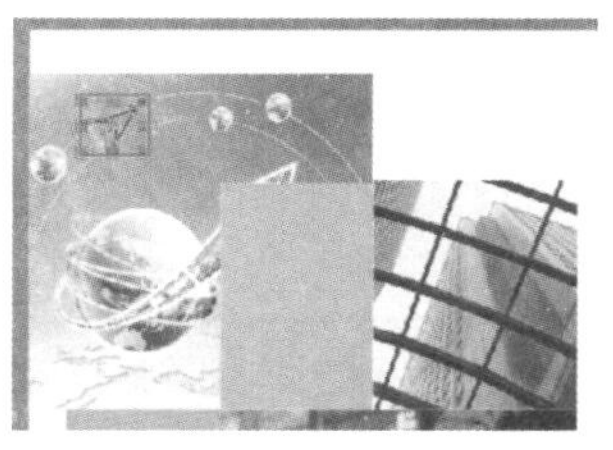

图 12-91　　图 12-92

步骤 07 选择工具箱中的“文本”工具字，在画面中单击插入光标，然后输入文字。接着选中输入的文字，在属性栏中设置合适的字体、字号，如图12-93所示。以同样的方式输入其他文字，最终效果如图12-94所示。

图 12-93

图 12-94

12.6 颜色转换

“颜色转换”效果组中的命令用于模拟胶片印染效果，使位图产生各种颜色的变化，给人以强烈的视觉冲击。选择位图对象，如图12-95所示。执行“效果”->“颜色转换”命令，在弹出的子菜单中可以看到“位平面”“半色调”“梦幻色调”和“曝光”4种效果，如图12-96所示。从中选择某一种命令，即可对当前对象应用该效果。

位平面(B)...
半色调(H)...
梦幻色调(P)...
曝光(S)...

图 12-95　　图 12-96

- 位平面：通过调节红、绿和蓝3种颜色的参数，使用纯色来表现位图色调。选择一个位图，执行“效果”->“颜色转换”->“位平面”命令，打开“位平面”窗口，分别拖动“红”“绿”和“蓝”滑块调整相应颜色的含量，然后单击OK按钮。效果如图12-97所示。
- 半色调：可以使位图产生一种类似于彩色网格的效果。添加“半色调”效果后，图像将由不同色调的大小不一的圆点组成。选择位图，执行“效果”->“颜色转换”->“半色调”命令，打开“半色调”窗口，分别拖动“青”“品红”“黄”“黑”滑块设置网点的颜色，然后单击OK按钮。效果如图12-98所示。

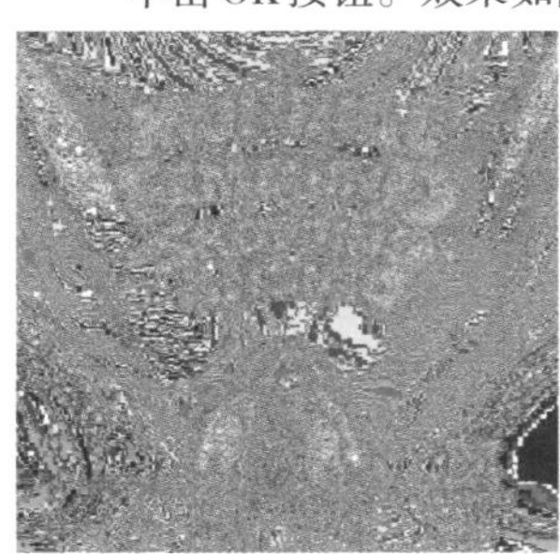

图 12-97　　图 12-98

- 梦幻色调：可以将位图转换成明亮的电子色彩，使其产生一种高对比的电子效果。该效果应用前后有着丰富的颜色变化，如图12-99所示。
- 曝光：可以使位图转换成照片底片曝光，从而产生高对比效果。选择位图，执行“效果”->“颜色转换”->“曝光”命令，打开“曝光”窗口，调整“层次”参数，数值越大光线越强烈。完成设置后单击OK按钮，效果如图12-100所示。

图 12-99　　图 12-100

举一反三：应用“半色调”效果制作波普风格插画

波普风格的特点是颜色鲜明大胆、图案夸张。利用“半色调”命令可以制作波普风格插画中常见的网点效果。

（1）选择一张颜色鲜明的图片，如图12–101所示。将其执行“位图”–>“轮廓描摹”–>“高质量图像”命令，然后将矢量图取消编组，接着删除背景部分，如图12–102所示。

图 12–101

图 12–102

（2）将人像矢量图转换为位图，执行“位图”–>“转换为位图”命令，“分辨率”设置为300，勾选“透明背景”复选框，如图12–103所示。

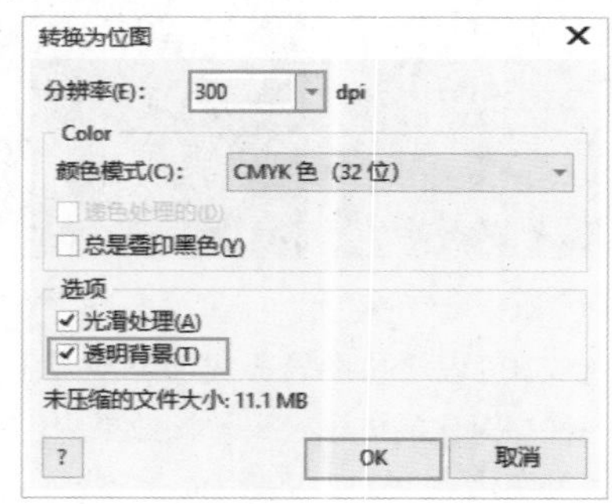

图 12–103

（3）将人像复制一份，为其中一个人像执行“效果”–>“颜色转换”–>“半色调”命令，设置合适的参数，如图12–104所示。效果如图12–105所示。

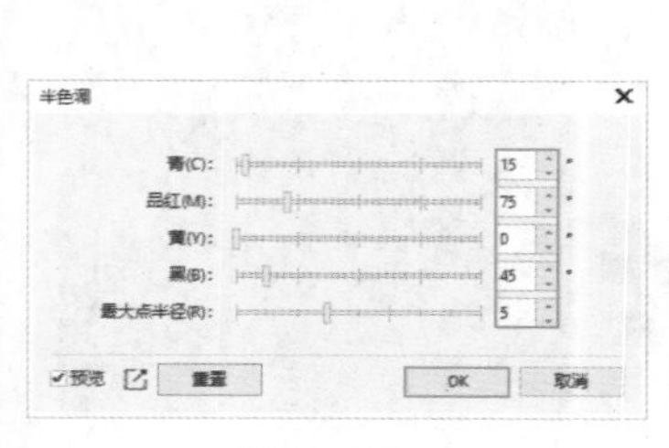

图 12–104

图 12–105

（4）将添加了“半色调”效果的人像移动到背景上，使用“透明度工具”，设置透明度类型为“均匀透明度”，调整其合并模式，然后降低图形透明度，如图12–106所示。接着将“描摹”后的人像移动到画面中，最终效果如图12–107所示。

图 12–106

图 12–107

12.7 轮廓图效果

“轮廓图”效果组中的命令主要用于检测和重新绘制图像的边缘，且只对轮廓和边缘产生效果，图像中剩余的部分将转换成中间色。选择一个位图，如图12–108所示。执行“效果”–>“轮廓图”命令，在弹出的子菜单中可以看到“边缘检测”“查找边缘”和“描摹轮廓”三种效果，如图12–109所示。从中选择某一种命令，即可对当前对象应用该效果。

图 12–108

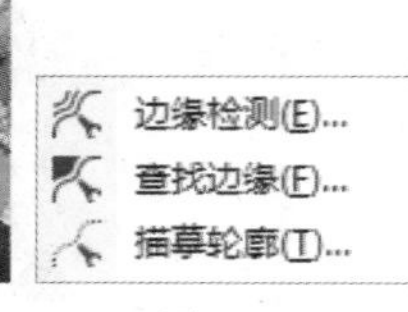

图 12–109

- 边缘检测：可以检测颜色差异的边缘，并将检测到的图像中各个对象的边缘转换为曲线，得到边缘线的效果，如图12–110所示。
- 查找边缘：用于检测位图的边缘，并自动将查找到的所选位图的边缘和轮廓高亮显示，将位图转换成柔和、纯色的线条。效果如图12–111所示。
- 描摹轮廓：可以将位图的填充色消除，从而得到位图的纯边缘轮廓痕迹的效果，如图12–112所示。换句话说，就是描绘图像的颜色，在图像内部创建轮廓，多用于需要显示高对比度的位图图像。

图 12-110

图 12-111

图 12-112

12.8 校正

“校正”效果组中只包含“尘埃与划痕”一种效果。“尘埃与刮痕”命令用于消除超过设置的对比度阈值的像素之间的对比度。选择位图图像，如图12-113所示。执行“效果”->“校正”->“尘埃与划痕”命令，在弹出的“尘埃与刮痕”窗口中进行相应的参数设置，如图12-114所示。设置完成后单击OK按钮，效果如图12-115所示。

图 12-113

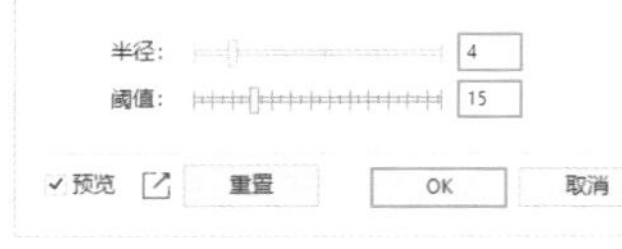

图 12-114

图 12-115

12.9 创造性效果

“创造性”效果组中的命令用于模仿工艺品和纺织品的表面，将位图转换成不同的形状和纹理。选择位图，如图12-116所示。执行“效果”->“创造性”命令，在弹出的子菜单中可以看到11种效果，如图12-117所示。从中选择某一种命令，即可对当前对象应用该效果。

图 12-116

艺术样式...
晶体化(Y)...
织物(F)...
框架(R)...
玻璃砖(G)...
马赛克(M)...
散开(S)...
茶色玻璃(O)...
彩色玻璃(T)...
虚光(V)...
旋涡(X)...

图 12-117

- 艺术样式：可以为位图添加不同类别的艺术效果。
- 晶体化：可以使位图图像产生类似于晶体块状组合的画面效果，如图12-118所示。
- 织物：可以为对象和背景填充纹理，创建不同的编织物底纹效果，如“刺绣”“地毯勾织”“彩格被子”“珠帘”“丝带”和“拼纸”等效果，如图12-119所示。

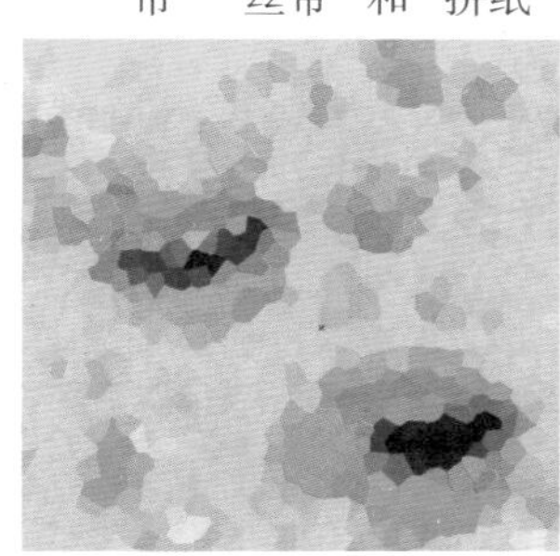

图 12-118

图 12-119

- 框架：可以使位图图像边缘产生绘画感的涂抹效果，如图12-120所示。
- 玻璃砖：可以为图像添加半透明的图案，使其产生透过玻璃看图像的效果，如图12-121所示。

图 12-120

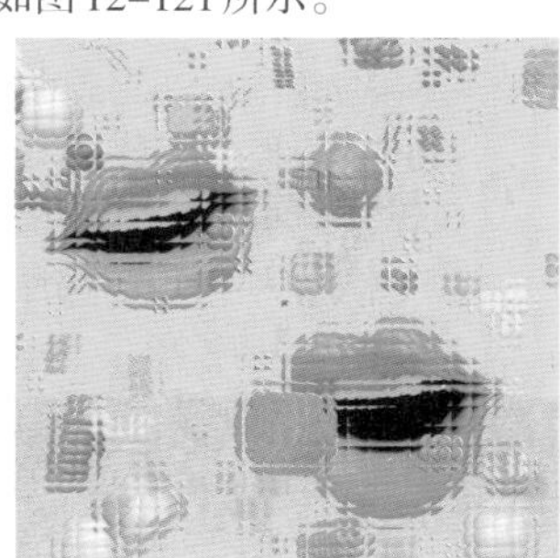

图 12-121

- 马赛克：可以使位图图像产生类似于马赛克拼接而成的画面效果，并且可以通过调整数值与颜色，使图像产生不同的马赛克效果，如图12-122所示。
- 散开：可以将图像中的像素进行扩散、重新排列，从而产生特殊的效果，如图12-123所示。

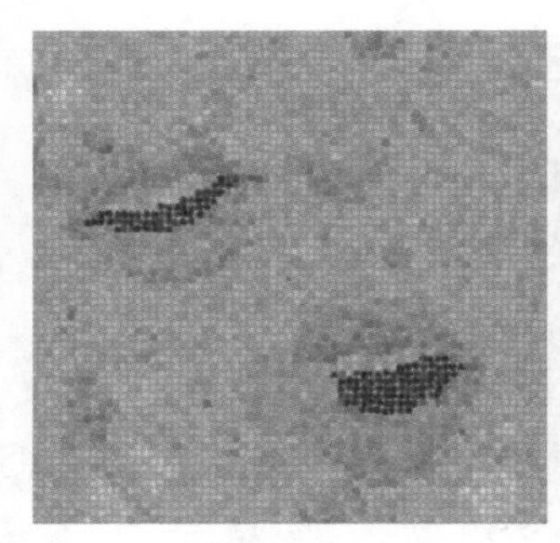

图 12-122

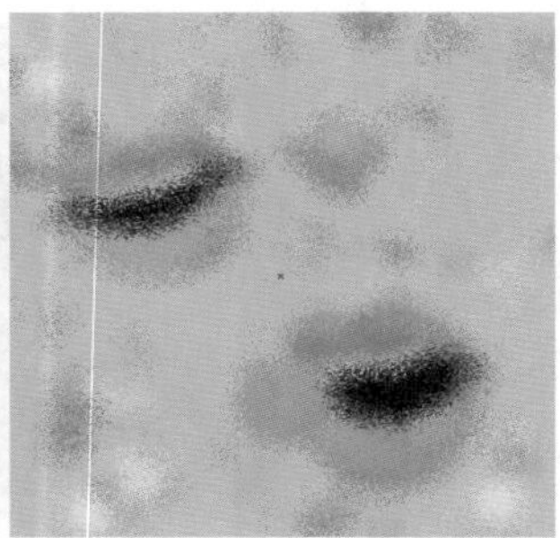

图 12-123

- 茶色玻璃：可以在位图图像上添加一层颜色，看起来就像一层薄雾笼罩在玻璃上。选择位图，执行“效果”->“创造性”->“茶色玻璃”命令，通过设置“颜色”来调整玻璃的颜色。效果如图12-124所示。
- 彩色玻璃：可以产生透过彩色玻璃查看图像的效果，如图12-125所示。在“彩色玻璃”窗口中可以调整玻璃片间焊接处的颜色和宽度。

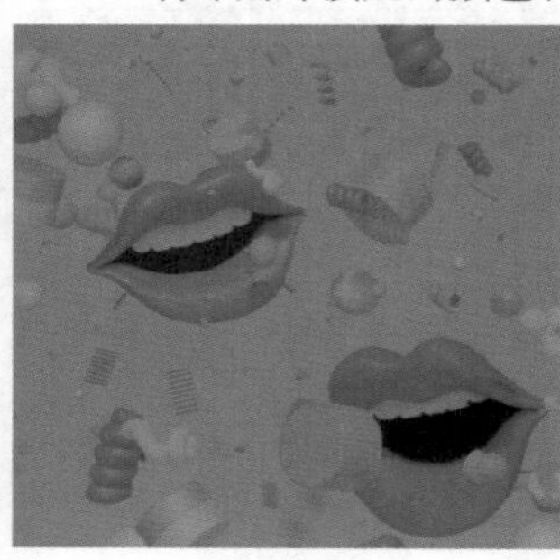

图 12-124

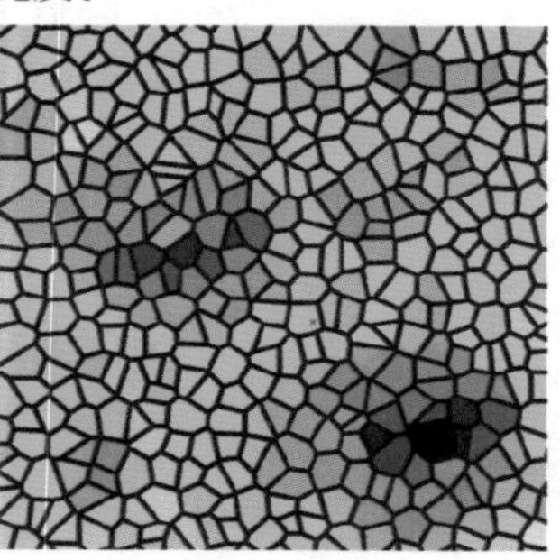

图 12-125

- 虚光：可以在图像的四周添加一个虚化的“边框”，使图像边缘产生朦胧的效果，常用于模拟照片的暗角效果，如图12-126所示。
- 旋涡：可以按指定的角度旋转，使图像产生旋涡的变形效果，如图12-127所示。选择位图，执行“效果”->“创造性”->“旋涡”命令，在弹出的“旋涡”窗口中，可根据需要选择样式笔刷效果、层次效果、粗体和细体4种效果。

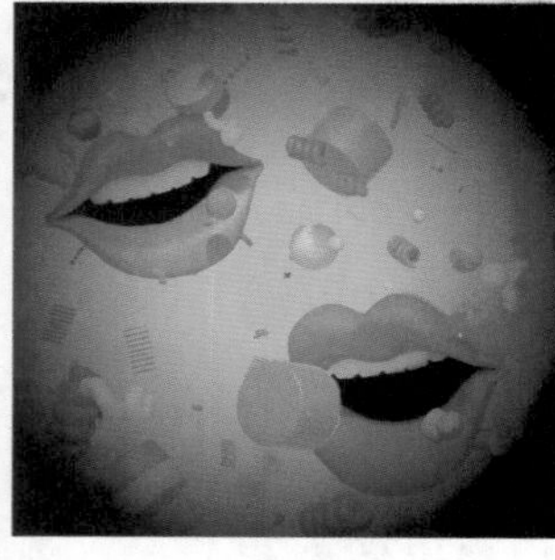

图 12-126

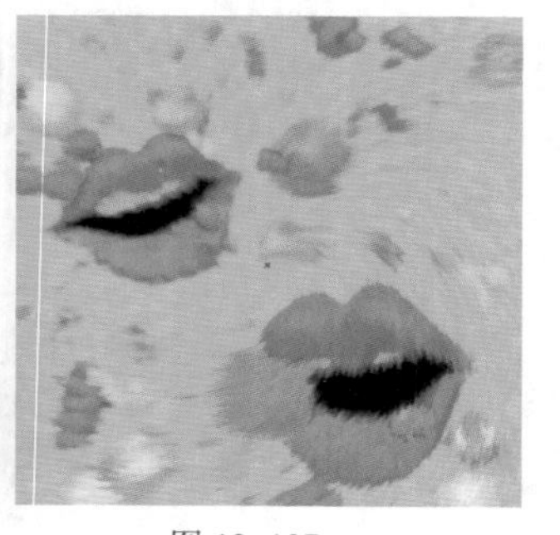

图 12-127

举一反三：应用“茶色玻璃”效果制作单色调网页

利用“茶色玻璃”命令能够制作出单色图片的效果。为了达到满意的图像效果，也可以配合使用其他调色命令进行颜色的处理。

(1) 导入人物素材并放置到合适位置，如图12-128所示。加选两个位图，然后执行“效果”->“调整”->“色度/饱和度/亮度”命令，降低图像“饱和度”数值使其变为黑白，然后适当地提高亮度，参数设置如图12-129所示。效果如图12-130所示。

图 12-128

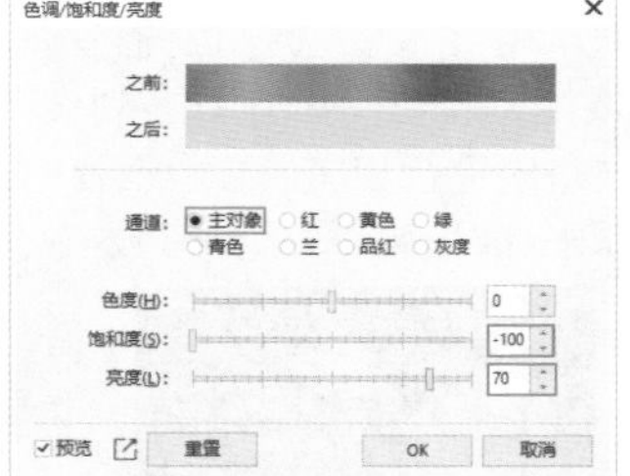

图 12-129

图 12-130

(2) 执行“效果”->“创造性”->“茶色玻璃”命令，打开“茶色玻璃”窗口，设置“颜色”为淡粉色，通过“淡色”选项调整颜色的浓度，如图12-131所示。单击OK按钮，效果如图12-132所示。最后添加文字和几何图形进行装饰，最终效果如图12-133所示。

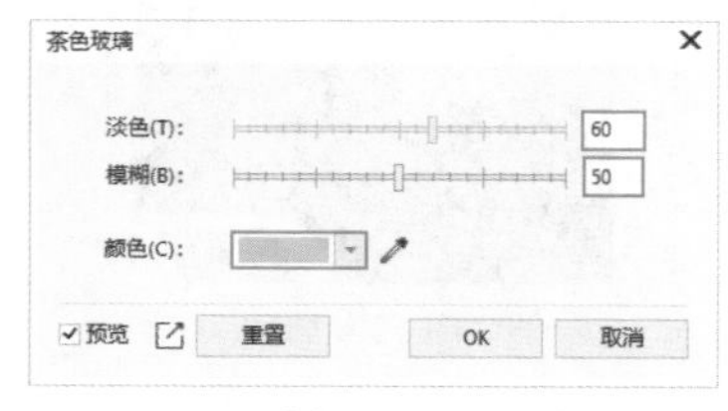

图 12-131

图 12-132

图 12-133

重点 12.10 自定义

利用"自定义"效果组中的命令，可以将带有深度变化的凹凸材质贴到图像上，经过光线渲染处理后，图像表面就会呈现凹凸不平的效果。选择位图，如图12-134所示。执行"效果"->"自定义"->"上调映射"命令，打开"凹凸贴图"窗口，如图12-135所示。

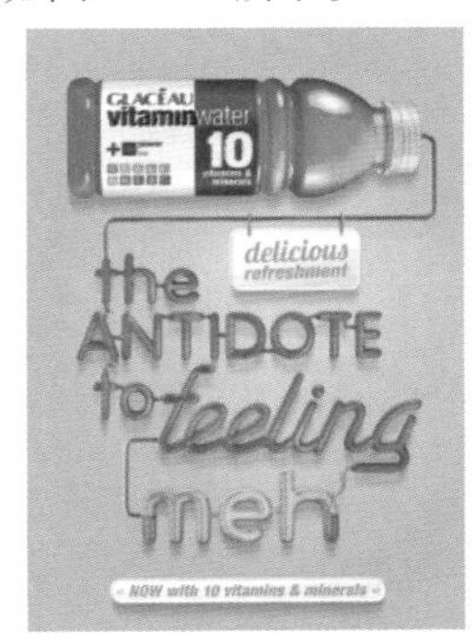

图 12-134

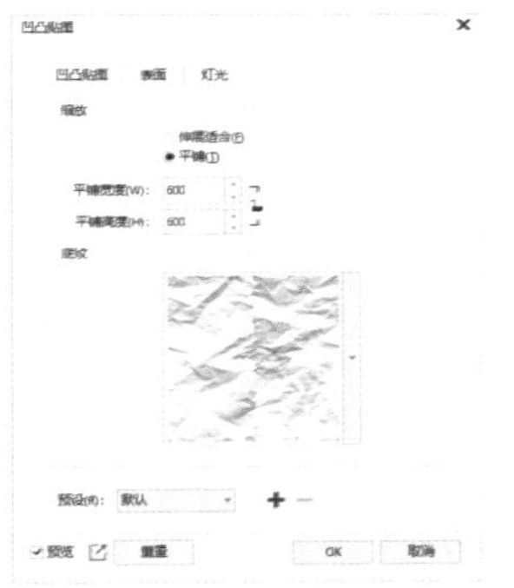

图 12-135

1. 设置贴图

打开"凹凸贴图"窗口后默认显示的是"凹凸贴图"选项卡，该选项卡主要用来选择贴图、设置贴图的缩放方式。

(1) 单击缩览图右侧的下拉按钮，在弹出的下拉列表中提供了多种预设贴图，如图12-136所示。从中选择某一预设贴图，即可预览贴图效果，完成设置后单击OK按钮。效果如图12-137所示。

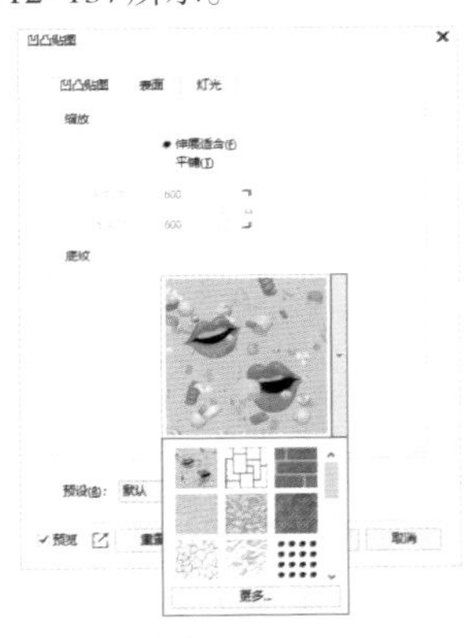

图 12-136

图 12-137

(2) 选中"伸展合适"单选按钮，可以将选中的贴图按比例添加到选中的位图上，如图12-138所示；选中"平铺"单选按钮，可以将贴图以平铺的方式添加到位图上，可以通过"平铺宽度"和"平铺高度"对贴图进行调整，如图12-139所示。

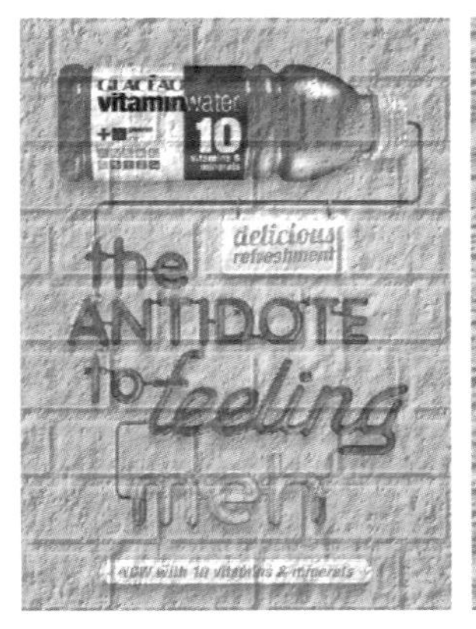

图 12-138

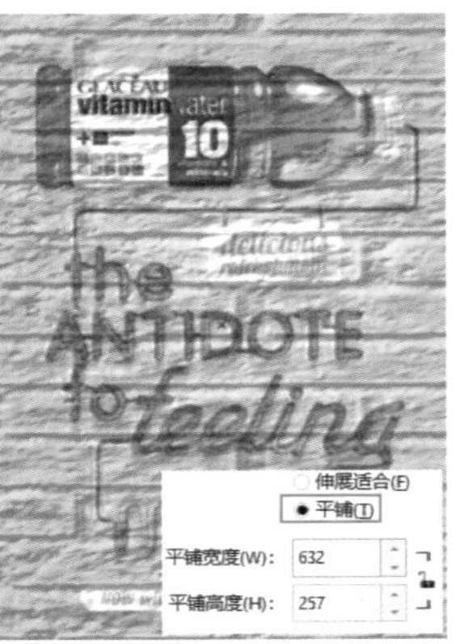

图 12-139

2. 设置表面

切换到"表面"选项卡，从中可以设置贴图表面的纹理深度，如图12-140所示。效果如图12-141所示。

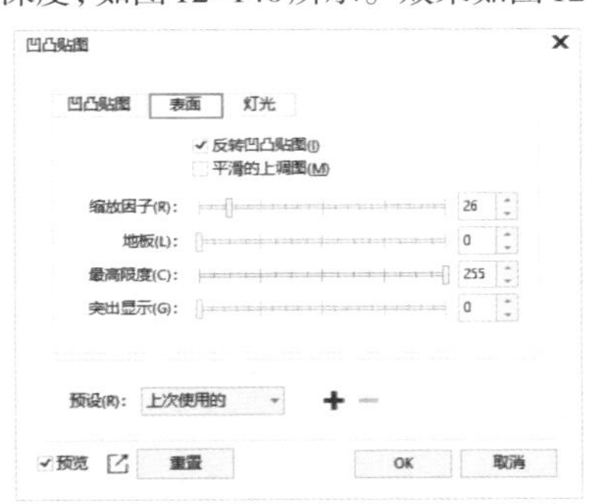

图 12-140

图 12-141

3. 设置灯光

切换到"灯光"选项卡，从中可以设置贴图光源的方向、颜色、亮度等属性，如图12-142所示。效果如图12-143所示。

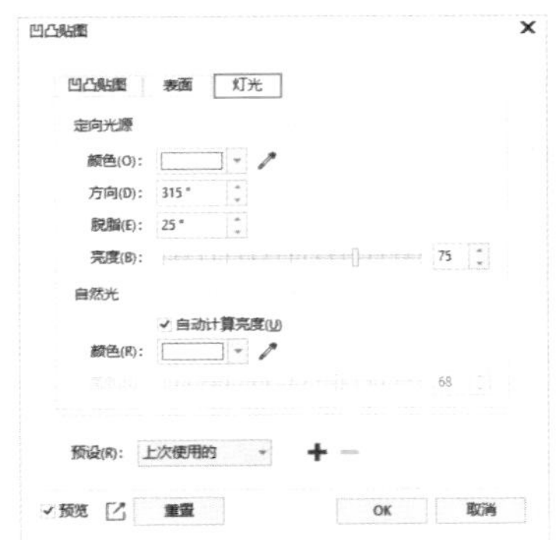

图 12-142

图 12-143

重点 12.11 扭曲效果

利用“扭曲”效果组中的命令，可以使位图发生几何变化，使画面产生特殊的变形效果。选择位图对象，如图12-144所示。执行“效果”->“扭曲”命令，在弹出的子菜单中可以看到11种效果，如图12-145所示。从中选择某一种命令，即可对当前对象应用该效果。

图 12-144

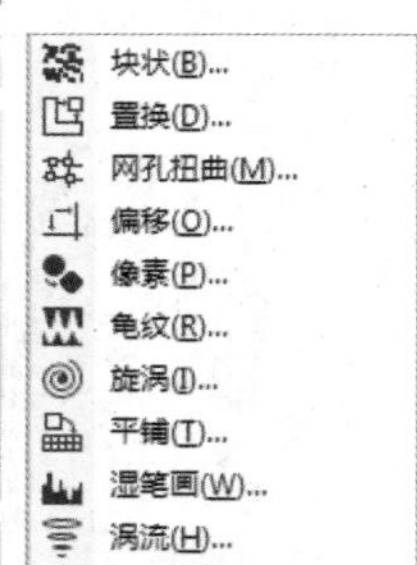

图 12-145

- 块状：可以将位图分成若干小块，制作出类似于色块拼贴的效果，如图12-146所示。
- 置换：可以在原图和置换图之间评估像素颜色的值，并根据置换图的值为图像增加反射点，以改变图像效果，如图12-147所示。

图 12-146

图 12-147

- 网孔扭曲：可以使图像按照网格的形状来扭曲，通过调整网格的扭曲形态即可调整图像的扭曲效果，如图12-148所示。
- 偏移：可以使图像产生画面对象的位置偏移效果，如图12-149所示。

图 12-148

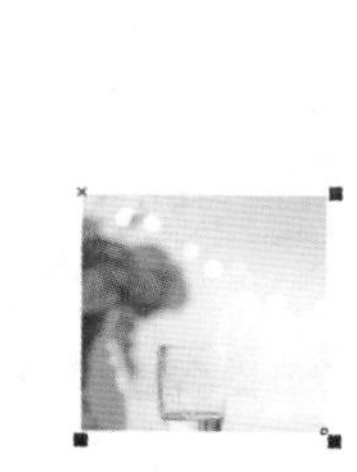

图 12-149

- 像素：可以使图像产生由正方形、矩形和射线组成的像素效果，如图12-150所示。
- 龟纹：可以对位图图像中的像素进行颜色混合，使图像产生畸变的波浪效果，如图12-151所示。

图 12-150

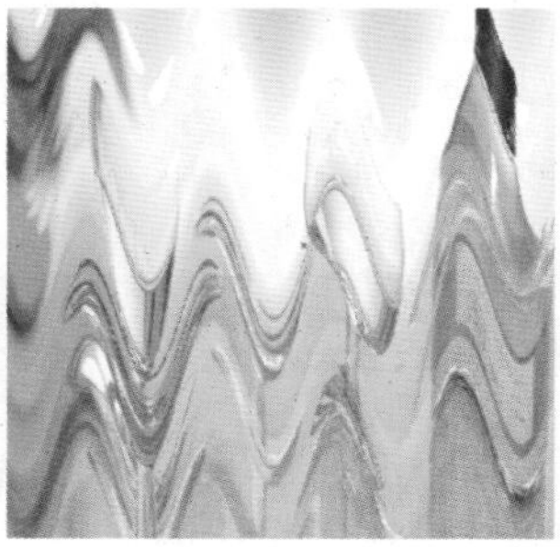

图 12-151

- 旋涡：可以使图像产生顺时针或逆时针的旋涡变形效果，如图12-152所示。
- 平铺：可以使图像产生由多个原图像平铺成的图像效果，如图12-153所示。选择一个位图，执行“效果”->“扭曲”->“平铺”命令，打开“平铺”窗口，通过“水平平铺”“垂直平铺”和“重叠”选项设置横向和纵向平铺的图片数量。

图 12-152

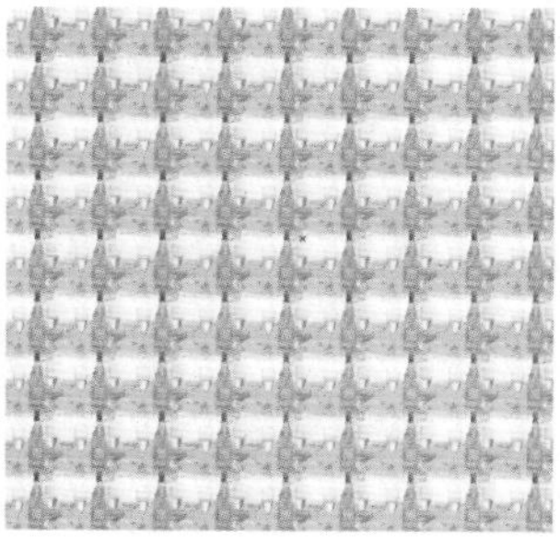

图 12-153

- 湿笔画：可以使图像产生类似于油漆未干时往下流的画面侵染效果，如图12-154所示。
- 涡流：可以使图像产生无规则的条纹流动效果，如图12-155所示。

图 12-154

图 12-155

- 风吹效果：可以使图像产生类似于被风吹过的画面效

果，可用于进行拉丝处理，如图12-156所示。选择位图，执行“效果”->“扭曲”->“风吹效果”命令，打开“风吹效果”窗口，其中，“浓度”和“不透明度”选项用来设置风的强度以及风吹效果的不透明程度，“角度”选项用来设置风吹效果的方向。

图 12-156

12.12 杂点效果

“杂点”效果组中的命令用于在位图中模拟或消除由于扫描或者颜色过渡所造成的颗粒效果。选择位图，如图12-157所示。执行“效果”->“杂点”命令，在弹出的子菜单中可看到6种效果，如图12-158所示。从中选择某一种命令，即可对当前对象应用该效果。

图 12-157

添加杂点(A)...
最大值(M)...
中值(E)...
最小(I)...
去除龟纹(R)...
去除杂点(N)...

图 12-158

- 添加杂点：可以在位图图像中增加颗粒，使画面产生粗糙效果，可以用来进行做旧处理，如图12-159所示。
- 最大值：根据位图最大值暗色附近的像素颜色修改其颜色值，以匹配周围像素的平均值。效果如图12-160所示。
- 中值：通过平均图像中像素的颜色值来消除杂点和细节。效果如图12-161所示。

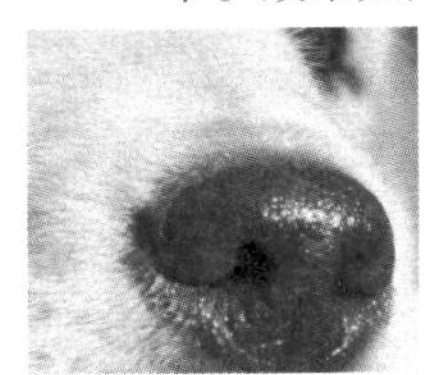

图 12-159

图 12-160

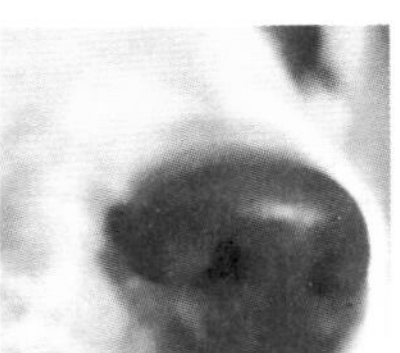

图 12-161

- 最小：可以使图像中颜色浅的区域缩小，颜色深的区域扩大，产生深色的块状杂点，从而产生边缘模糊效果，如图12-162所示。
- 去除龟纹：“龟纹”是指在扫描、拍摄、打样或印刷中产生的不正常的、不悦目的网纹图形。“去除龟纹”命令可以去除图像中的龟纹杂点，降低粗糙程度，但去除龟纹后的画面会相应变得模糊。效果如图12-163所示。该命令效果不是很明显，可以尝试使用来观察效果。
- 去除杂点：可以去除图像中的灰尘和杂点，使图像变得更为柔和，但去除杂点后的画面也会变得模糊。效果如图12-164所示。该命令效果不是很明显，可以尝试使用来观察效果。

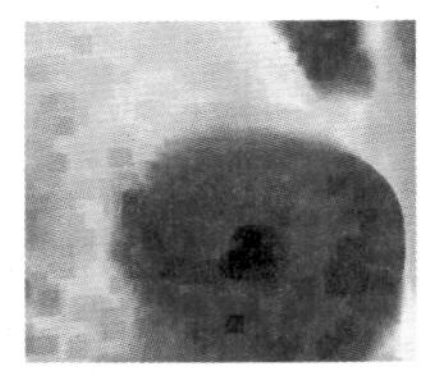

图 12-162

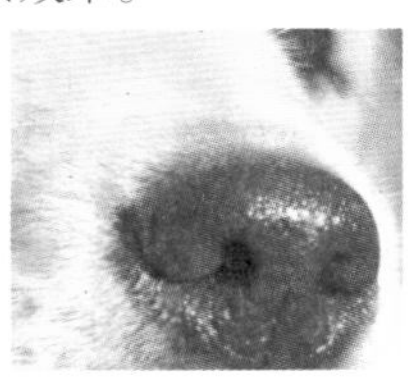

图 12-163

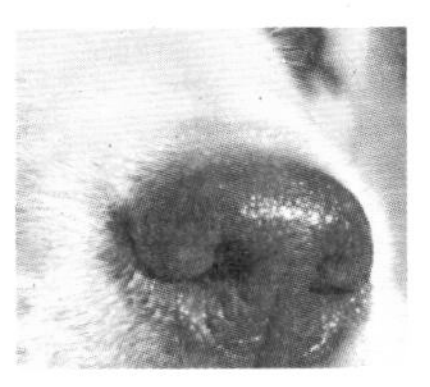

图 12-164

重点 12.13 鲜明化效果

“鲜明化”效果组中的命令用于对位图进行锐化，其工作原理是改变位图图像中相邻像素的色度、亮度及对比度，从而增强图像的颜色锐度，使颜色更加鲜明突出，细节更加清晰。选择位图，可以看到画面细节部分比较模糊，如图12-165所示。执行“效果”->“鲜明化”命令，在弹出的子菜单中可以看到“适应非鲜明化”“定向柔化”“高通滤波器”“鲜明化”“非鲜明化遮罩”5种效果，如图12-166所示。从中选择某一种命令，即可对当前对象应用该效果。该组命令效果较为微弱，可以尝试操作来观察对比效果。

图 12-165

适应非鲜明化(A)...
定向柔化(D)...
高通滤波器(H)...
鲜明化(S)...
非鲜明化遮罩(U)...

图 12-166

- 适应非鲜明化：可以增强图像中对象边缘的颜色锐度，使对象的边缘颜色更加鲜艳，提高了图像的清晰度，如图12-167所示。
- 定向柔化：通过提高图像中相邻颜色对比度的方法，突出和强化边缘，从而使图像更加清晰，如图12-168所示。

图 12-167

图 12-168

- 高通滤波器：可以增强图像的颜色反差，准确地显示出图像的轮廓，产生的效果和浮雕效果有些相似，如图12-169所示。
- 鲜明化：通过提高图像中相邻像素的色度、亮度以及对比度，使图像更加鲜明、清晰，如图12-170所示。

图 12-169

图 12-170

- 非鲜明化遮罩：可以增强图像的边缘细节，对模糊的区域进行锐化，从而使图像更加清晰，如图12-171所示。

图 12-171

12.14 底纹效果

“底纹”效果组中的命令用于为位图图像添加一些底纹效果，使其呈现一种特殊的质地感。选中位图，如图12-172所示。然后执行“效果”->“底纹”命令，在弹出的子菜单中可以看到“鹅卵石”“折皱”“蚀刻”“塑料”“浮雕”“石头”6种效果，如图12-173所示。从中选择某一个命令，即可对当前对象应用该效果。

图 12-172

鹅卵石(O)...
折皱(E)...
蚀刻(T)...
塑料(P)...
浮雕(R)...
石头(T)...

图 12-173

- 鹅卵石：可以为图像添加一种类似于砖石块拼接的效果，如图12-174所示。想要让图像拥有岩石一般的效果，可通过设置粗糙度、大小来实现。
- 折皱：可以为图像添加一种类似于折皱纸张的效果，常用于制作皮革材质的物品，如图12-175所示。
- 蚀刻：可以使图像呈现出一种在金属板上雕刻的效果，可用于金币、雕刻的制作，如图12-176所示。

图 12-174

图 12-175

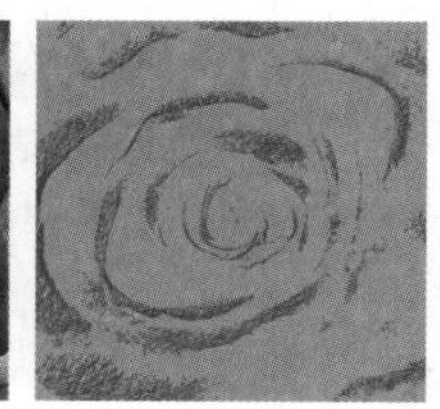
图 12-176

- 塑料：描摹图像的边缘细节，为图像添加液体塑料质感的效果，使其看起来更具有真实感，如图12-177所示。
- 浮雕：可以增强图像的凹凸立体效果，创造出浮雕的感觉，如图12-178所示。
- 石头：可以使图像产生磨砂感，呈现类似于石头表面的效果，如图12-179所示。

图 12-177

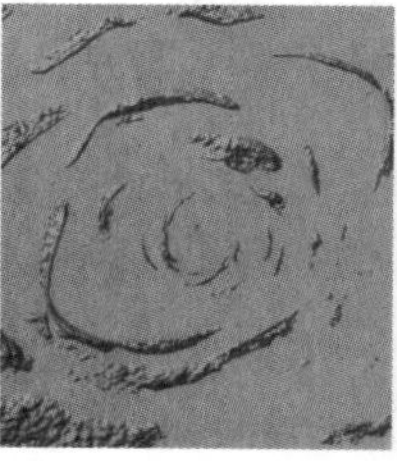
图 12-178

图 12-179

综合实例：应用“高斯式模糊”效果制作音乐播放器

扫一扫，看视频

文件路径	资源包\第12章\综合实例：应用“高斯式模糊”效果制作音乐播放器
难易指数	★★★★★
技术要点	高斯式模糊

实例效果

本实例效果如图12-180所示。

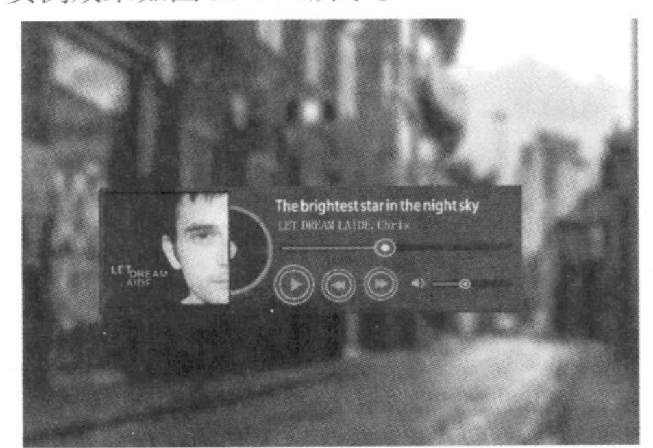

图 12-180

操作步骤

步骤 01 新建一个空白文档。执行“文件”->“导入”命令，导入背景素材1.jpg，如图12-181所示。

图 12-181

步骤 02 选中素材图片，执行“效果”->“模糊”->“高斯式模糊”命令，在弹出的“高斯式模糊”窗口中设置“半径”为5.0，单击OK按钮完成设置，如图12-182所示。效果如图12-183所示。

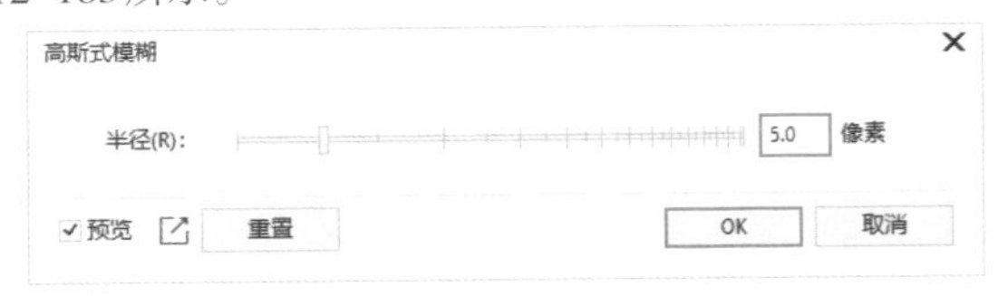

图 12-182

图 12-183

步骤 03 单击工具箱中的“矩形”工具按钮，绘制一个黑色矩形，如图12-184所示。再绘制一个同样大小的深灰色矩形，放在黑色矩形的上方，如图12-185所示。

图 12-184

图 12-185

步骤 04 执行“文件”->“导入”命令，导入素材3.jpg；接着绘制一个圆形；选中素材3.jpg，执行“对象”->PowerClip->“置于图文框内部”命令，如图12-186所示。然后在圆形内单击，将其导入到图文框内，如图12-187所示。

图 12-186

图 12-187

步骤 05 选中素材，双击界面右下角的“轮廓笔”按钮，在弹出的“轮廓笔”窗口中设置“宽度”为2.0mm，“颜色”为灰色，如图12-188所示。单击OK按钮，效果如图12-189所示。

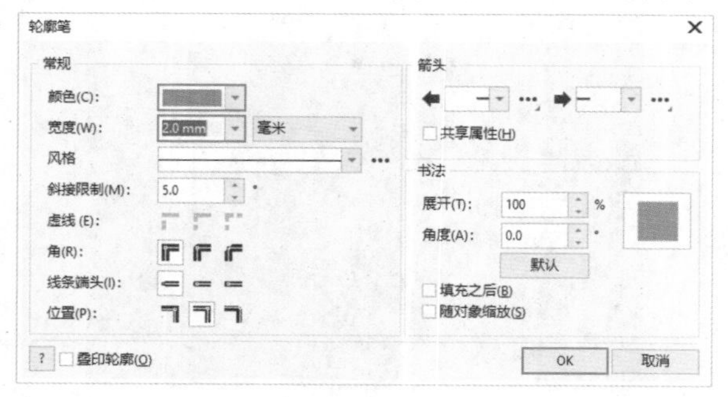

图 12-188

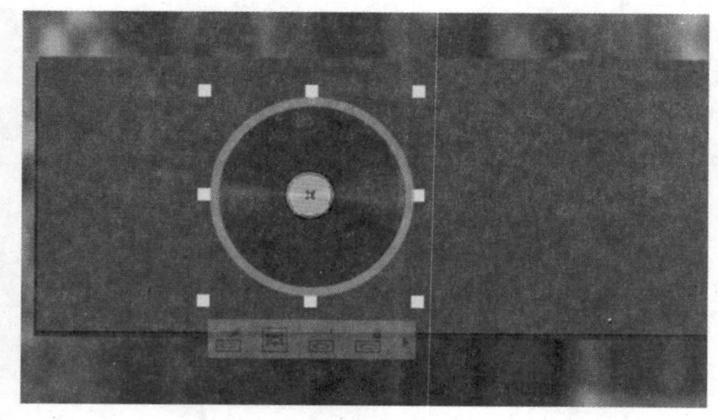

图 12-189

步骤 06 选择工具箱中的“矩形”工具，按住Ctrl键绘制一个黑色的正方形，如图12-190所示。接着导入素材2.jpg，如图12-191所示。

图 12-190

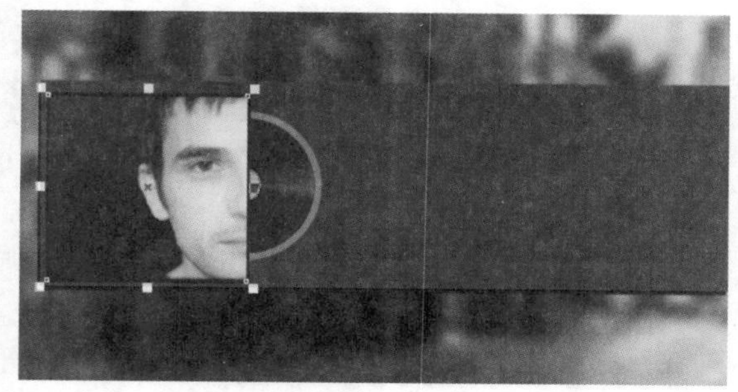

图 12-191

步骤 07 绘制音乐进度调节杆。使用“矩形”工具绘制一个矩形，在属性栏中单击“圆角”按钮，设置“转角半径”为1.0mm，如图12-192所示。以同样的方式绘制另一个同样的稍短一些的圆角矩形，如图12-193所示。

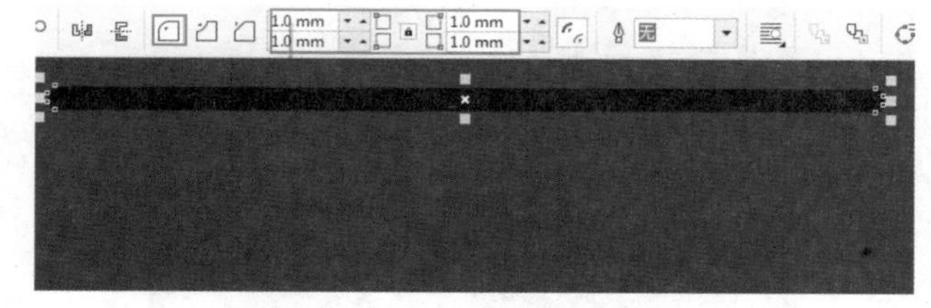

图 12-192

图 12-193

步骤 08 使用“椭圆形”工具绘制一个灰色圆形，并将其轮廓设置为宽度0.5mm、亮灰色。接着在圆形上绘制一个稍小的亮灰色圆形，如图12-194所示。以同样的方式绘制一个同样的图形，放置到下方，如图12-195所示。

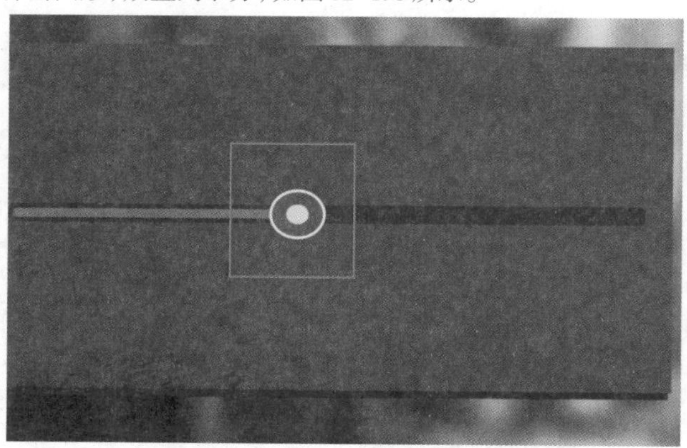

图 12-194

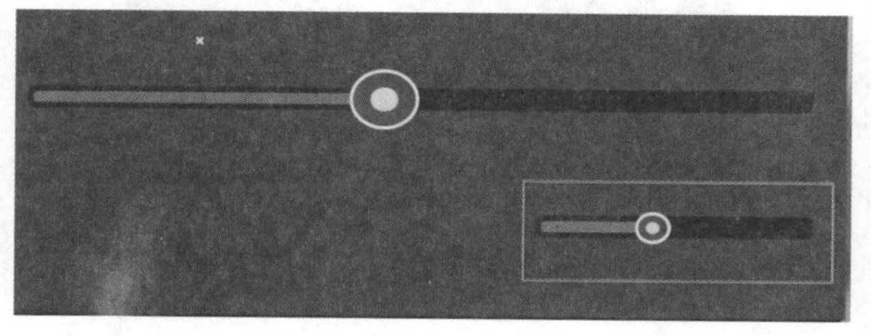

图 12-195

步骤 09 使用“椭圆形”工具绘制一个灰色正圆，并将其轮廓设置为宽度0.5mm、亮灰色。接着在该正圆上绘制一个稍小的亮灰色轮廓的圆形，如图12-196所示。使用“钢笔”工具绘制一个浅灰色三角形，如图12-197所示。

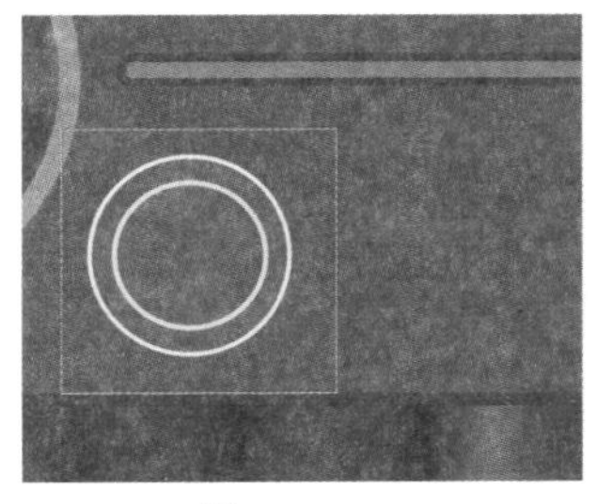

图 12-196

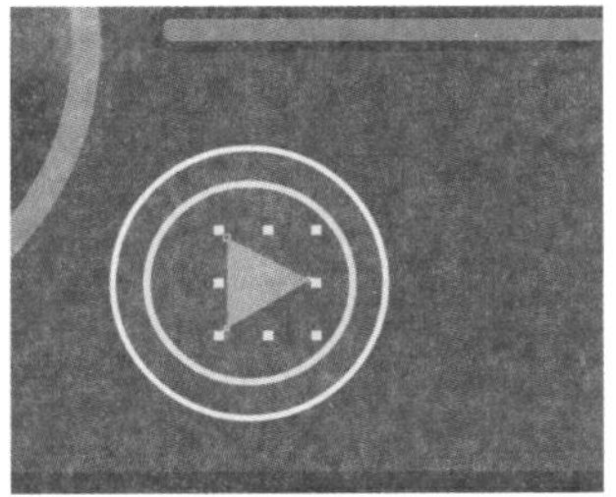

图 12-197

步骤 10 以同样的方式绘制其他的图形，如图12-198所示。继续使用“钢笔”工具绘制一个灰色的音量图标，如图12-199所示。

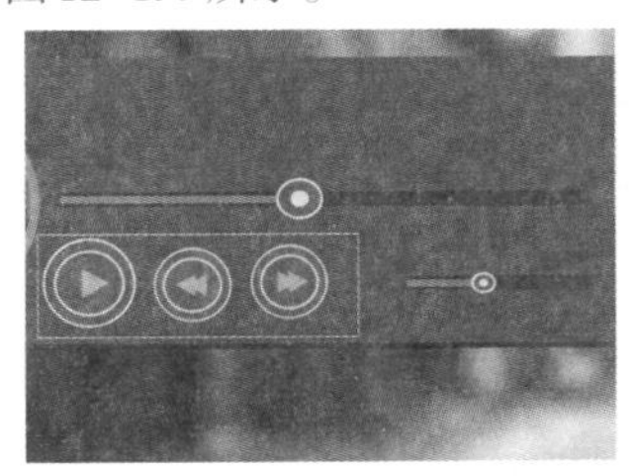

图 12-198

图 12-199

步骤 11 单击工具箱中的“文本”工具按钮，在属性栏中设置合适的字体、字号。在画布上单击插入光标，然后输入文字，并将其填充为白色，如图12-200所示。以同样的方式依次输入所有文字，最终效果如图12-180所示。

图 12-200

12.15 课后练习

文件路径	资源包\第12章\课后练习：制作艺术笔触感背景
难易指数	★★★★★
技术要点	蜡笔画

扫一扫，看视频

实例效果

本实例效果如图12-201所示。

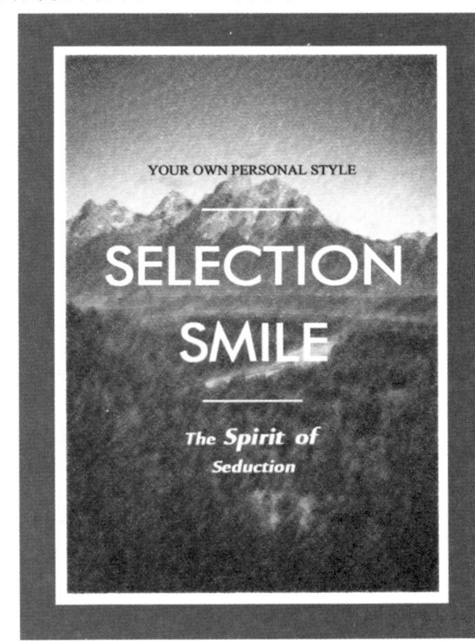

图 12-201

12.16 模拟考试

主题： 将照片处理为绘画效果。

要求：

(1)照片可自行选择，类别不限。

(2)需应用到“效果”功能进行处理，效果类别不限。

(3)可结合调色和绘画等功能对图像进行处理。

(4)可在网络搜索“特效”“转手绘”等关键词，获取更多灵感。

考查知识点： 位图特效、透明度工具等。

扫一扫，看视频

综合实战

经过了前面章节的学习，软件的操作想必大家已经非常熟练了，在本章中就来将所学知识综合起来进行应用，制作出完整的设计方案。在制图的过程中要勤于思考，思考为什么这个效果要这样制作？这样的效果还能使用什么方法制作出来？这个效果还能应用在哪里？带着这些问题进行制作，不仅能提高自己对软件操作的熟悉程度，还能为以后独立进行设计制作打下坚实的基础。

- 综合使用CorelDRAW功能进行制图
- 掌握多种素材结合使用方法

13.1 项目实战：旅行网站首页设计

文件路径	资源包\第13章\旅行网站首页设计
难易指数	★★★★★
技术要点	“透明度”工具、文本泊坞窗

扫一扫，看视频

实例效果

本实例效果如图13-1所示。

图 13-1

操作步骤

步骤 01 执行“文件”->“新建”命令，设置“原色模式”为RGB，设置“单位”为“像素”，设置“宽度”值为1,280.0px，设置“高度”为1,630.0px，设置“分辨率”为72，然后单击OK按钮，如图13-2所示。

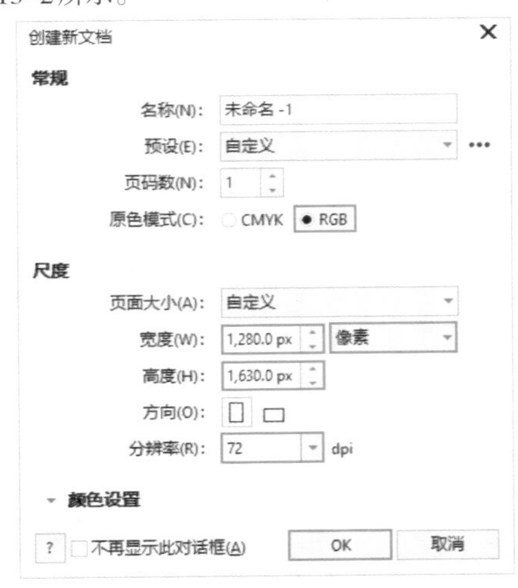

图 13-2

步骤 02 使用“矩形”工具绘制一个与画面等大的矩形，并填充为淡蓝紫色，如图13-3所示。

图 13-3

步骤 03 执行“文件”->“导入”命令，导入素材1.jpg，如图13-4所示。在页面上半部分绘制一个蓝色的矩形，然后单击工具箱中的“透明度”工具按钮，在属性栏中单击“均匀透明度”按钮，设置“透明度”为42，如图13-5所示。

图 13-4

图 13-5

步骤 04 使用“矩形”工具，在页面左侧绘制一个矩形并填充为白色，如图13-6所示。以同样的方式绘制另外一些矩形，并填充为不同的颜色，如图13-7所示。

图 13-6

图 13-7

提示：制作整齐排列的图形

右侧3个矩形尺寸相同，可以通过复制、粘贴操作得到。然后将横向的4个矩形选中，利用“对齐与分布”命令进行均匀的排列。

步骤 05 执行“文件”->“导入”命令，导入素材2.jpg，摆放在其中一个白色矩形上，如图13-8所示。以同样的方式依次导入其他素材图片，如图13-9所示。

图 13-8

图 13-9

步骤 06 使用“文本”工具，在属性栏中设置合适的字体和字号，在画布上单击插入光标，输入文字，如图13-10所示。执行“窗口”->“泊坞窗”->“文本”命令，在弹出的“文本”泊坞窗中单击“字符”按钮，在打开的“字符”选项中设置合适的字体和字号，如图13-11所示。

图 13-10　　图 13-11

步骤 07 使用“文本”工具，在画布上绘制一个文本框并输入文字，如图13-12所示。以同样的方式依次输入版面中的其他文字，如图13-13所示(具有相同属性的文字可以通过复制并更改文字内容的方式快速制作)。

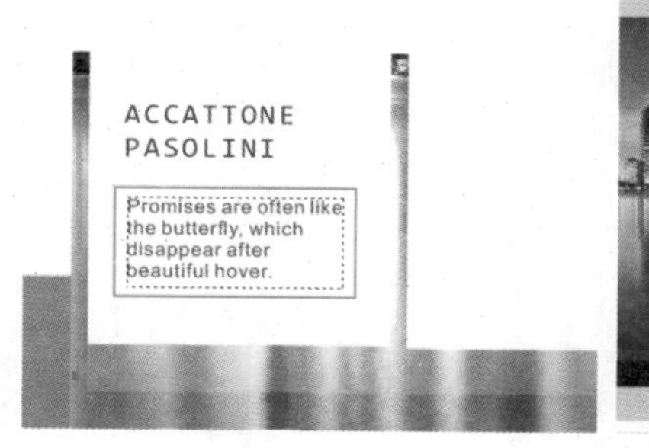

图 13-12

图 13-13

步骤 08 绘制小图标。选择工具箱中的“矩形”工具，在白色矩形的下方绘制多个不同大小的矩形，并填充合适的颜色，组成一个图标，如图13-14所示。框选这个图标，右击，在弹出的快捷菜单中选择“组合”命令。接着选中这个图标，按快捷键Ctrl+C、Ctrl+V进行复制、粘贴，并移动到合适的位置，如图13-15所示。

图 13-14

图 13-15

步骤 09 绘制一个深棕色的矩形。然后使用“钢笔”工具绘制一个白色的箭头标志，如图13-16所示。复制白箭头，并移动到右侧的模块处，如图13-17所示。

图 13-16

图 13-17

步骤 10 单击工具箱中的“矩形”工具按钮，绘制一个矩形，设置其轮廓色为白色。在矩形框内绘制一个圆形(填充为白色)和一个矩形(填充为白色)，组成一个“搜索”图标，如图13-18所示。最终效果如图13-19所示。

图 13-18

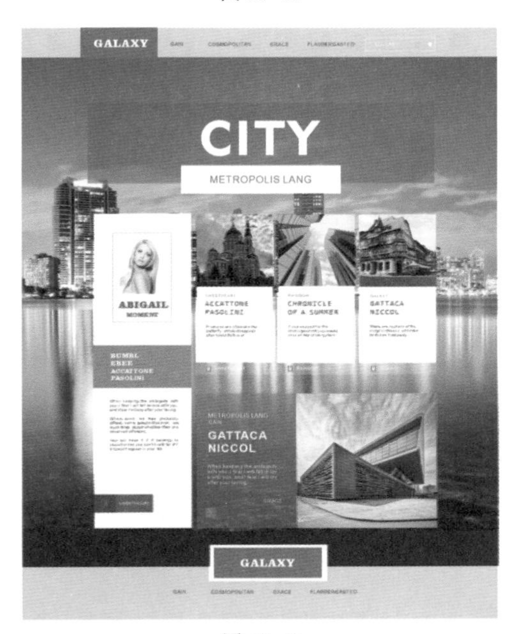

图 13-19

13.2 项目实战：糖果包装袋设计

扫一扫，看视频

文件路径	资源包\第13章\糖果包装袋设计
难易指数	★★★★★
技术要点	置于图文框内部、"阴影"工具、"透明度"工具

实例效果

本实例效果如图13-20所示。

图 13-20

操作步骤

步骤 01 新建一个A4大小的纵向空白文档。双击工具箱中的"矩形"工具按钮，快速绘制一个与画板等大的矩形。选中矩形，单击工具箱中的"交互式填充"工具按钮，在属性栏中单击"渐变填充"按钮，设置渐变类型为"线性渐变填充"，为其填充一种由灰色到白色的渐变。然后在调色板中使用鼠标右击"无"按钮，去除轮廓色，如图13-21所示。

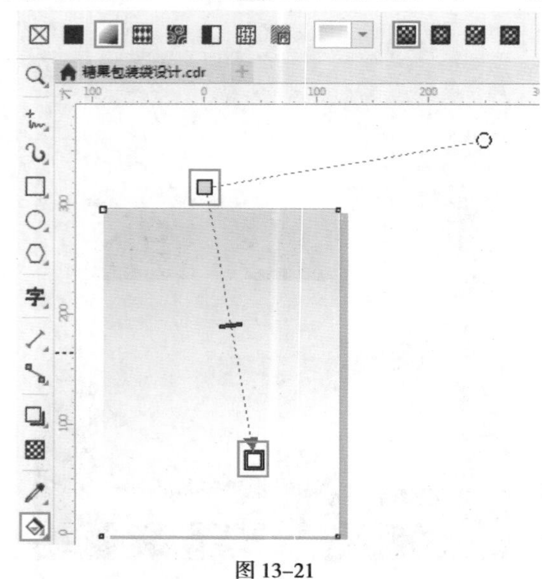

图 13-21

步骤 02 选择工具箱中的"钢笔"工具，在画布上绘制图形，如图13-22所示。

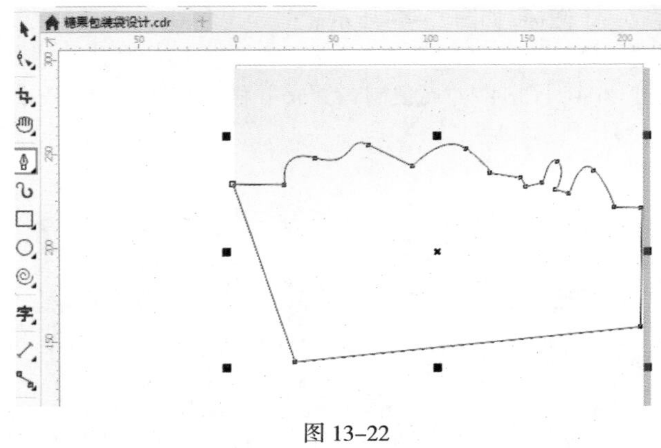

图 13-22

步骤 03 选中绘制的图形，选择工具箱中的"交互式填充"工具，在属性栏中单击"均匀填充"按钮，设置"填充色"为黄色，然后在调色板中右击"无"按钮，去除轮廓色，如图13-23所示。

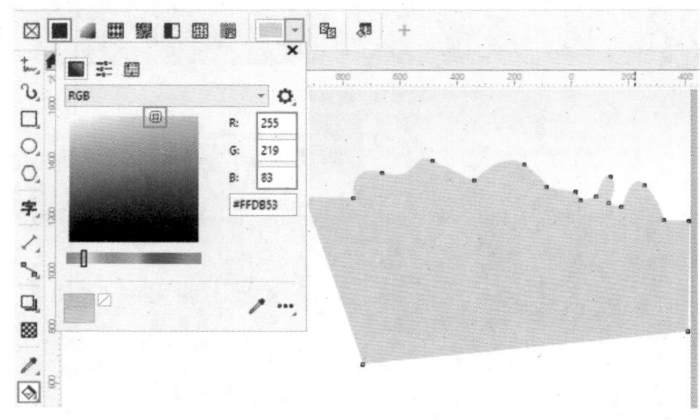

图 13-23

步骤 04 使用"钢笔"工具绘制一个不规则图形，然后为其填充橘黄色，如图13-24所示。选择该图形，单击工具箱中的"透明度"工具按钮，在属性栏中单击"均匀透明度"按钮，然后设置"透明度"为50。效果如图13-25所示。

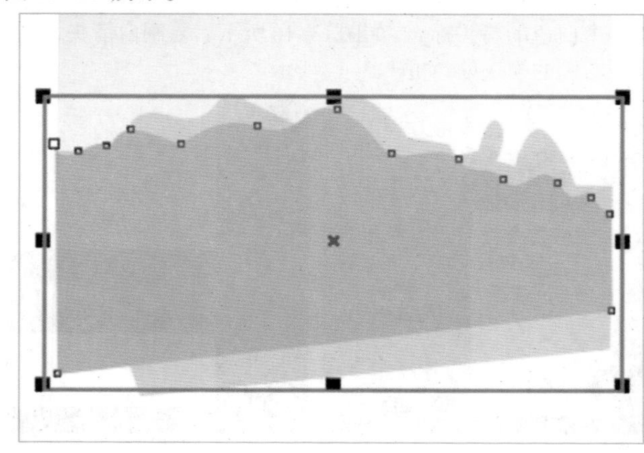

图 13-24

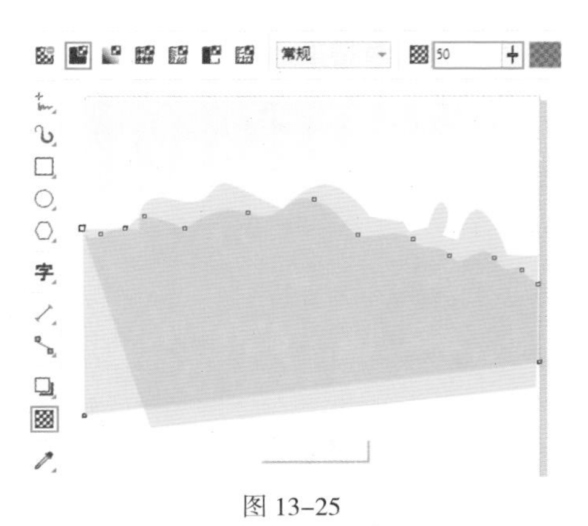

图 13-25

步骤 05 再次绘制一个图形，然后为其填充橘黄色系的渐变颜色，如图 13-26 所示。

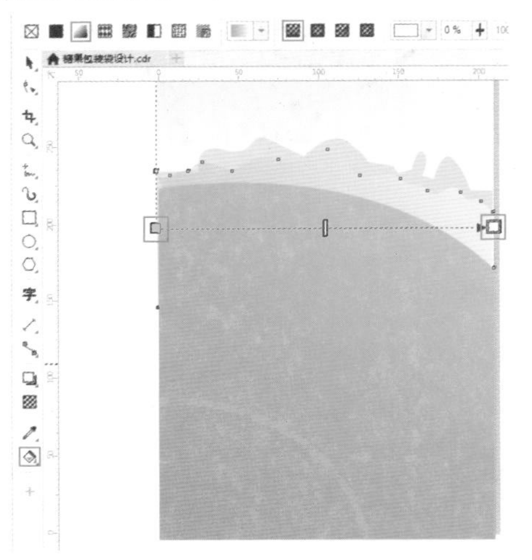

图 13-26

步骤 06 执行“文件”->“导入”命令，导入素材 1.jpg，如图 13-27 所示。单击工具箱中的“阴影”工具按钮，然后在苹果上按住鼠标左键拖曳为其添加阴影。在属性栏中设置“阴影不透明度”为 50，“阴影羽化”为 15，“阴影颜色”为黑色，如图 13-28 所示。

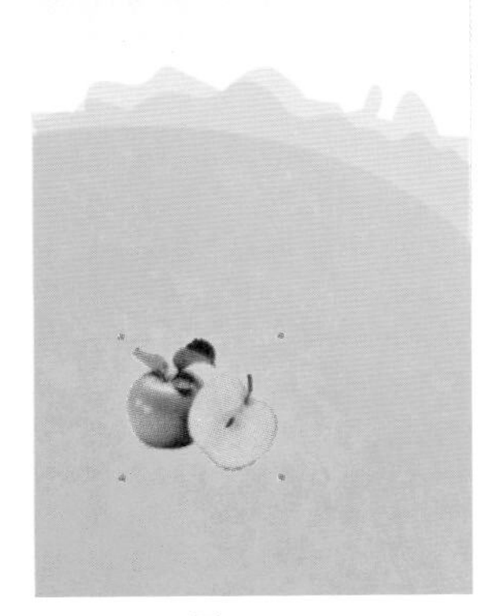

图 13-27

图 13-28

步骤 07 导入其他素材放置在合适的位置，然后为其添加阴影效果，如图 13-29 所示。

图 13-29

步骤 08 选择工具箱中的“文本”工具，在画面中单击插入光标，然后输入文字。接着选中输入的文字，在属性栏中设置合适的字体、字号，如图 13-30 所示。选中输入的文字，在属性栏中设置“旋转角度”为 5.0，如图 13-31 所示。

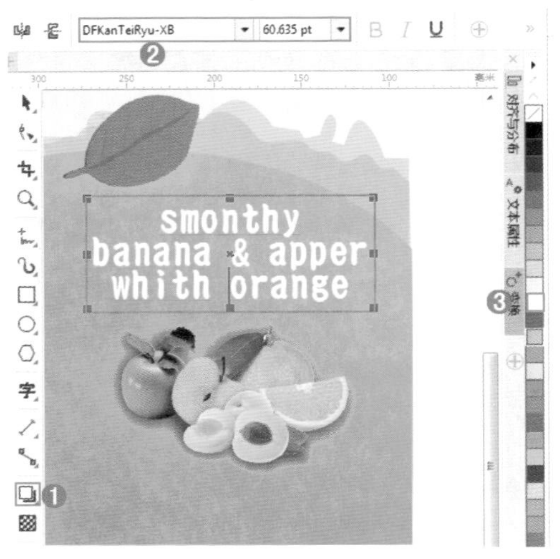

图 13-30

图 13-31

步骤 09 使用“阴影”工具为文字添加阴影效果，如图 13-32 所示。继续使用“文本”工具输入其他的文字，并为叶子位置的文字添加阴影效果，如图 13-33 所示。

图 13-32

图 13-33

步骤 10 制作卡通形象。单击工具箱中的“椭圆形”工具按钮，在画布上绘制一个椭圆形，在属性栏中设置“轮廓宽度”为0.5mm，如图 13-34 所示。选中椭圆形，单击工具箱中的“交互式填充”工具按钮，在属性栏中单击“渐变填充”按钮，设置渐变填充类型为“椭圆形渐变填充”，为其填充一种由白色到肤色的渐变颜色，如图 13-35 所示。

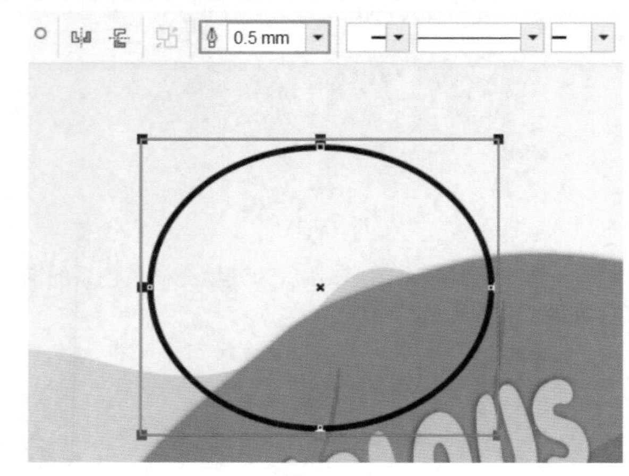

图 13-34

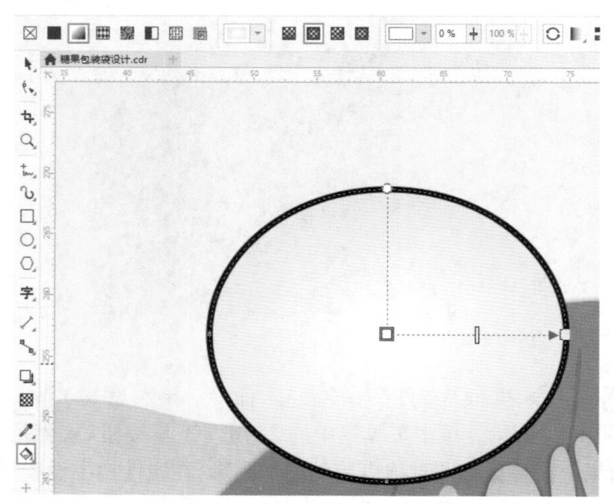

图 13-35

步骤 11 使用“椭圆形”工具绘制两个黑色正圆作为眼睛，如图 13-36 所示。使用“钢笔”工具绘制一个弧形作为嘴，如图 13-37 所示。

图 13-36 图 13-37

步骤 12 选择椭圆形，按快捷键Ctrl+C进行复制，然后按快捷键Ctrl+V进行粘贴，如图13-38所示。接着将复制的椭圆形进行缩放，然后移动到左侧，如图13-39所示。

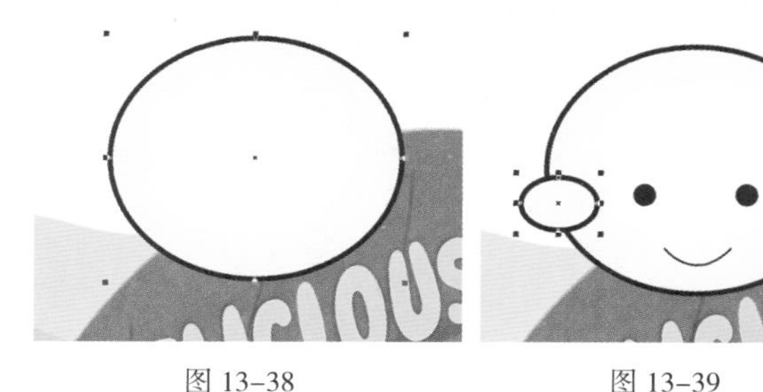

图 13-38　　图 13-39

步骤 13 选择小椭圆形并向右拖曳，拖曳到合适位置后右击进行复制，如图13-40所示。按住Shift键加选两个小椭圆形，然后多次按快捷键Ctrl+PageDown将其移动到大椭圆形的后方，作为耳朵。效果如图13-41所示。

图 13-40　　图 13-41

步骤 14 制作头发。首先使用“椭圆形”工具绘制3个相连的椭圆形，如图13-42所示。然后加选3个椭圆形，单击属性栏中的“焊接”按钮，如图13-43所示。

图 13-42

图 13-43

步骤 15 为该图形填充黄色，然后设置“轮廓宽度”为0.5mm。效果如图13-44所示。

图 13-44

步骤 16 使用“钢笔”工具绘制图形并填充为绿色，作为帽子和帽檐，如图13-45和图13-46所示。此时包装袋的平面图就制作完成了。按快捷键Ctrl+A全选画面中的内容，然后按快捷键Ctrl+G进行编组。

图 13-45

图 13-46

步骤 17 制作包装袋的立体效果。首先使用“钢笔”工具在包装袋平面图上绘制图形，如图13-47所示。接着选择包装袋平面图，执行“对象”->PowerClip->“置于图文框内部”命令，当光标变成箭头形状时单击绘制的图形，将平面图置于图框内。然后去除轮廓色。效果如图13-48所示。

图 13-47

图 13-48

步骤 18 使用“矩形”工具在包装袋的顶端绘制一个矩形，并设置“轮廓宽度”为0.5mm，如图13-49所示。选择该矩形，单击工具箱中的“透明度”工具按钮，在属性栏中单击“均匀透明度”按钮，设置“透明度”为80。效果如图13-50所示。

图 13-49

图 13-50

步骤 19 单击工具箱中的“阴影”工具按钮，然后在矩形上按住鼠标左键拖曳为其添加阴影。单击属性栏中的“阴影工具”按钮，设置“阴影不透明度”为40，“阴影羽化”为20，“阴影颜色”为灰色，如图13-51所示。接着将该矩形复制一份，并向下移动，压痕效果如图13-52所示。

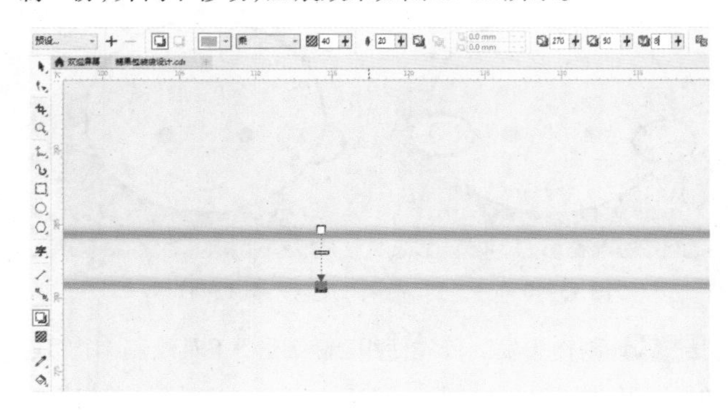

图 13-51

图 13-52

步骤 20 使用“钢笔”工具在包装袋的上半部绘制一个倒梯形，如图13-53所示。接着为其填充白色，设置轮廓色为“无”，如图13-54所示。

图 13-53

图 13-54

步骤 21 选择白色图形，单击工具箱中的“透明度”工具按钮，在属性栏中单击“渐变透明度”按钮，然后按住鼠标左键拖曳调整渐变透明度效果，如图13-55所示。

图 13-55

步骤 22 制作包装袋的阴影。首先使用“矩形”工具绘制一个矩形并为其填充灰色系的渐变颜色，如图13-56所示。选中该矩形，单击工具箱中的“透明度”工具按钮，在属性栏中单击“渐变透明度”按钮，单击“椭圆形渐变透明度”按钮，然后拖曳控制点调整渐变透明度效果，如图13-57所示。

图 13-56

图 13-57

步骤 23 选中该图形，按快捷键Ctrl+C进行复制，然后按快捷键Ctrl+V进行粘贴。单击属性栏中的“水平镜像”按钮，然后将图形向右移动。效果如图13-58所示。接着按住Shift键加选两个半透明的图形，按快捷键Ctrl+G进行编组。

图 13-58

步骤 24 使用“钢笔”工具绘制一个图形作为图文框，如

图 13-59 所示。选择后方半透明的阴影图形，执行“对象”->PowerClip->“置于图文框内部”命令，当光标变成箭头形状时单击刚刚绘制的图形，然后去除图文框的轮廓线。效果如图 13-60 所示。

图 13-59

图 13-60

步骤 25 使用同样的方式制作包装袋最上层橘黄色的光泽感，其独立的效果如图 13-61 所示。包装袋效果如图 13-62 所示。

图 13-61

图 13-62

步骤 26 框选绘制的整个包装袋，然后进行编组。按住鼠标左键向右下角拖曳，然后右击进行复制，如图 13-63 所示。选中复制出的包装袋，等比例缩小。效果如图 13-64 所示。

图 13-63

图 13-64

步骤 27 分别为两个包装袋添加阴影效果。执行“文件”->“导入”命令，导入背景素材，并按快捷键 Shift+PageDown 将背景图片置于底层。最终效果如图 13-65 所示。

图 13-65

13.3 视频课堂：标志设计

扫一扫，看视频

文件路径	资源包\第13章\标志设计
难易指数	★★★★★
技术要点	“星形”工具、拆分美术字、“文本”工具、“裁剪”工具

实例效果

本实例效果如图 13-66 所示。

图 13-66

13.4 视频课堂：企业 VI 设计

文件路径	资源包\第13章\企业VI设计
难易指数	★★★★★
技术要点	"钢笔"工具、"交互式填充"工具、"阴影"工具

扫一扫，看视频

实例效果

本实例效果如图 13–67 所示。

图 13–67

13.5 视频课堂：楼盘宣传海报设计

文件路径	资源包\第13章\楼盘宣传海报
难易指数	★★★★★
技术要点	"文本"工具、置于图文框内部、变换

扫一扫，看视频

实例效果

本实例效果如图 13–68 所示。

图 13–68

13.6 视频课堂：欧美风格创意海报设计

文件路径	资源包\第13章\欧美风格创意海报
难易指数	★★★★★
技术要点	"属性滴管"、"透明度"工具、"交互式填充"工具

扫一扫，看视频

实例效果

本实例效果如图 13–69 所示。

图 13–69

13.7 项目实战：酒店三折页设计

文件路径	资源包\第13章\酒店三折页设计
难易指数	★★★★★
技术要点	辅助线、"裁剪"工具、"文本"工具

扫一扫，看视频

实例效果

本实例效果如图 13–70 所示。

图 13–70

操作步骤

步骤 01 新建一个A4大小的空白文档。三折页的内容比较多，建立辅助线有助于更好地绘图。执行“查看”->“标尺”命令，调出标尺。在标尺上按住鼠标左键向右拖曳，就绘制出了辅助线，如图13-71所示。以同样的方式绘制出其他的辅助线，如图13-72所示。

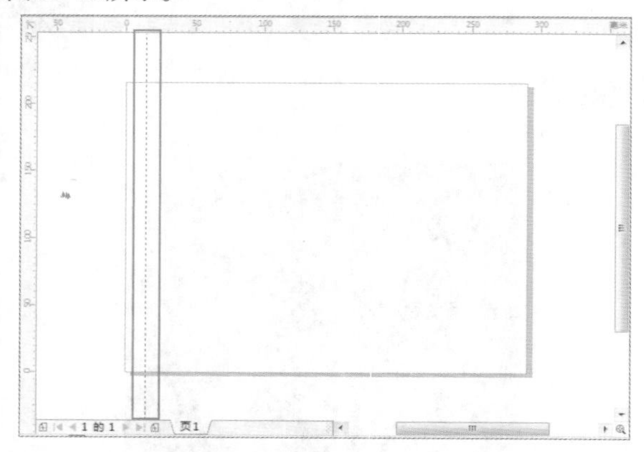

图 13-71

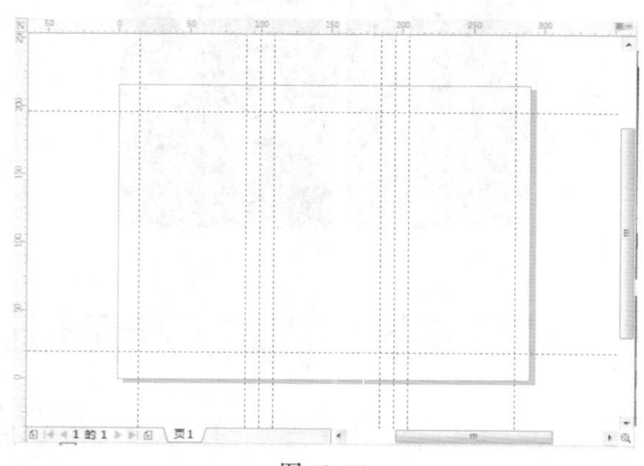

图 13-72

步骤 02 在页面左侧绘制一个矩形，并填充为浅灰色，如图13-73所示。复制两个同样大小的矩形，并填充为深紫色，如图13-74所示。

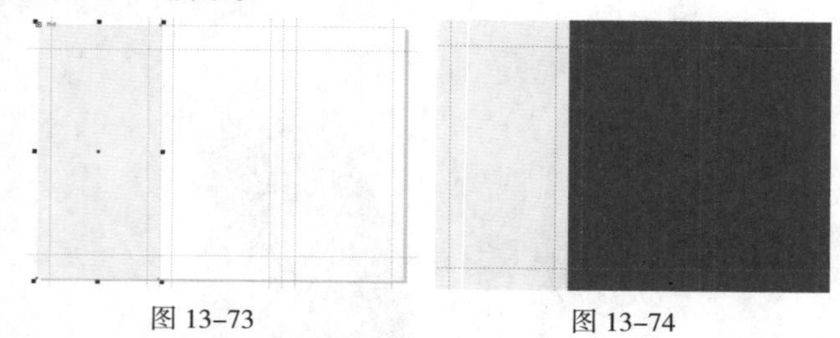

图 13-73　　图 13-74

步骤 03 打开素材文件1.cdr，选中并复制祥云图案(如图13-75所示)，粘贴到当前文档中并选中祥云图案，选择工具箱中的“裁剪”工具，然后在图案上按住鼠标左键拖动，调整到合适大小后释放鼠标，如图13-76所示。然后双击鼠标左键完成裁剪，如图13-77所示。

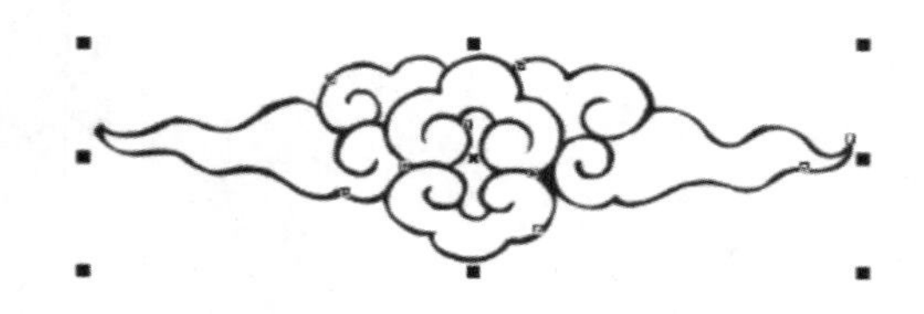

图 13-75

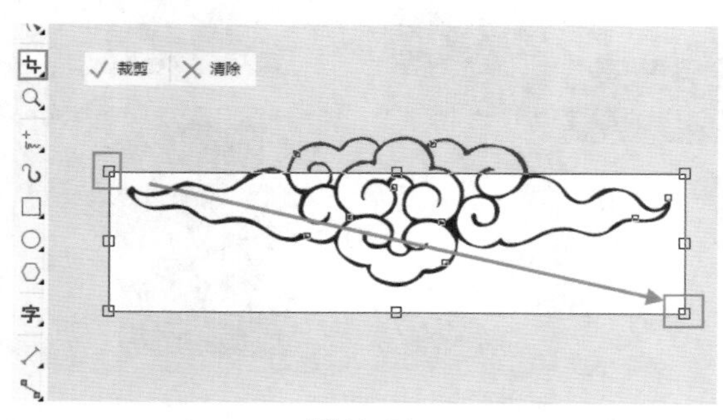

图 13-76

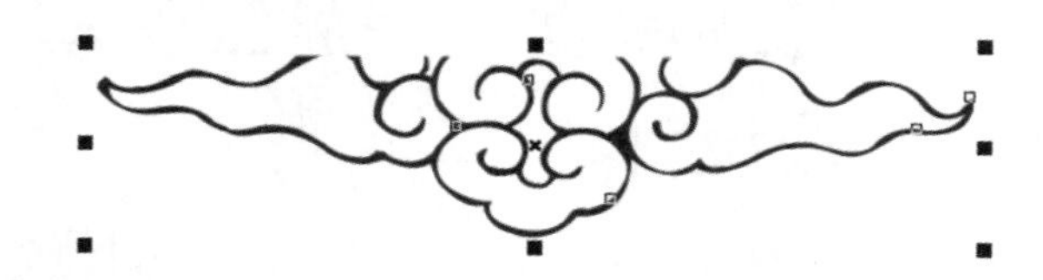

图 13-77

步骤 04 选中祥云图案，双击界面右下角的“编辑填充”按钮，在弹出的“编辑填充”窗口中单击“均匀填充”按钮，设置颜色为橘黄色，单击“确定”按钮完成设置，如图13-78所示。效果如图13-79所示。

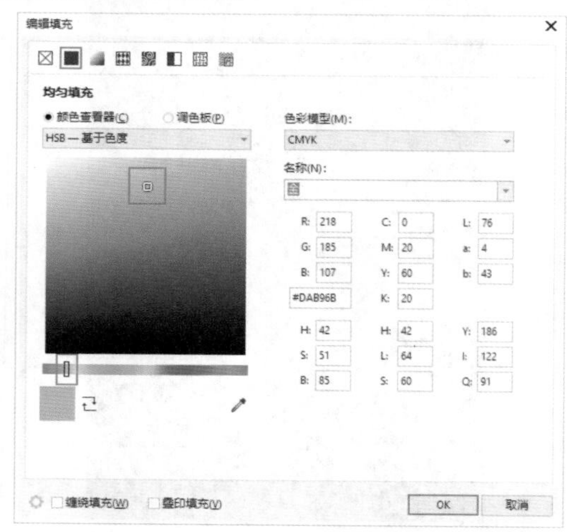

图 13-78

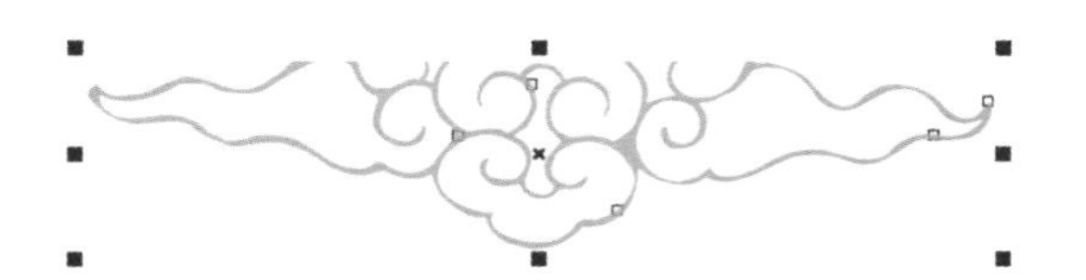

图 13-79

步骤 05 复制两个祥云图案，以同样的方式设置“填充色”为紫色，如图13-80所示。此时效果如图13-81所示。

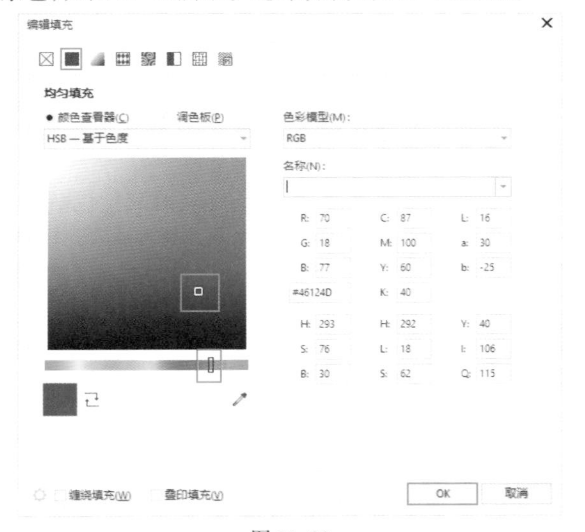

图 13-80

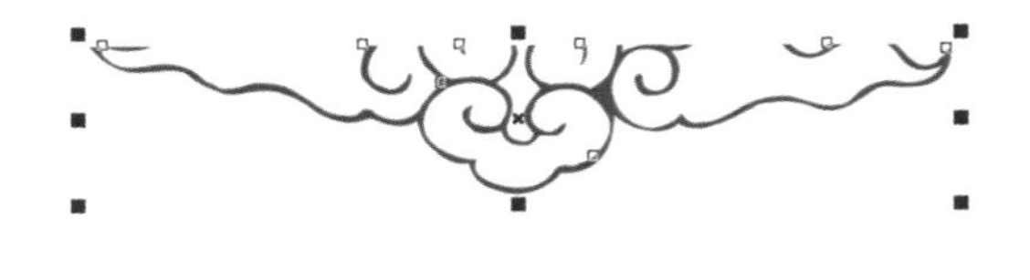

图 13-81

步骤 06 将不同颜色的祥云图案合理地摆放到三折页的上方边缘，如图13-82所示。

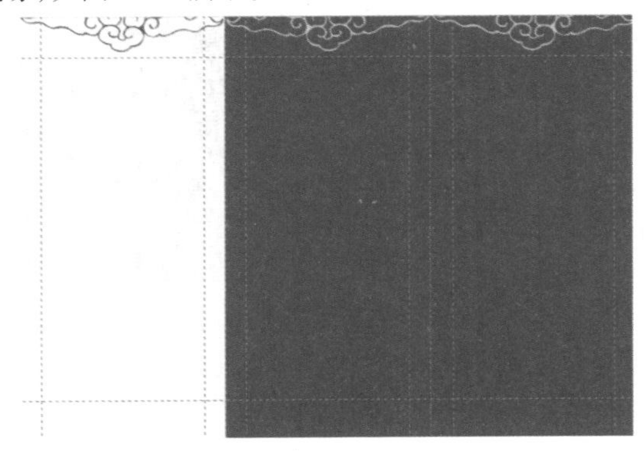

图 13-82

步骤 07 选中上方的祥云图案，再次复制一份，摆放到三折页的下方边缘。接着在属性栏中单击“垂直镜像”按钮，如图13-83所示。

图 13-83

步骤 08 加选所有的祥云图案，单击工具箱中的“透明度”工具按钮，在属性栏中单击“均匀透明度”按钮，设置“透明度”为83，如图13-84所示。

图 13-84

步骤 09 执行“文件”->“导入”命令，导入素材10.jpg，如图13-85所示。以同样的方式导入其他素材，如图13-86所示。

图 13-85

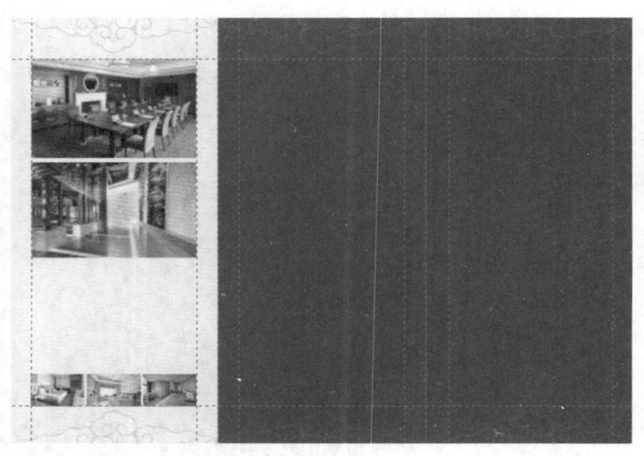

图 13-86

步骤 10 打开素材文件1.cdr，复制圆形图案，粘贴到当前文档中，如图13-87所示。

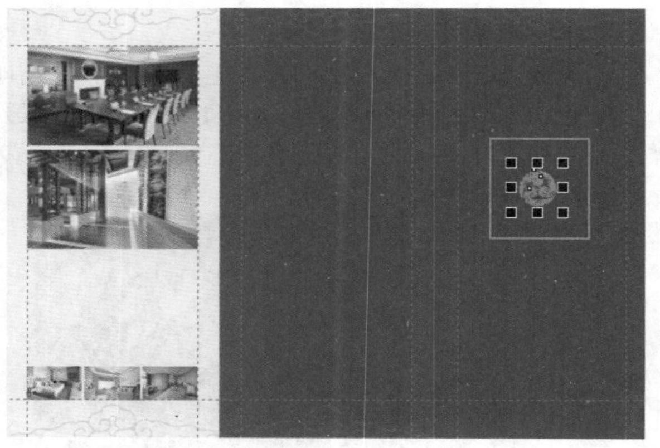

图 13-87

步骤 11 选择工具箱中的“文本”工具，在属性栏中设置合适的字体、字号，在画面中单击插入光标，输入文字，然后设置文本颜色为棕色，如图13-88所示。

图 13-88

步骤 12 框选导入的圆形图案和文字，复制一份并等比例缩小，摆放在三折页中间下方的位置，如图13-89所示。

图 13-89

步骤 13 选择工具箱中的“文本”工具，在属性栏中设置合适的字体、字号，在左侧页面的图片下方单击插入光标，输入文字，然后设置文本颜色为棕色，如图13-90所示。以同样的方式输入其他文字，如图13-91所示。

图 13-90

如 13-91

步骤 14 选择工具箱中的“文本”工具，在画布上按住鼠标左键从左上角向右下角拖动，绘制文本框，如图13-92所示。

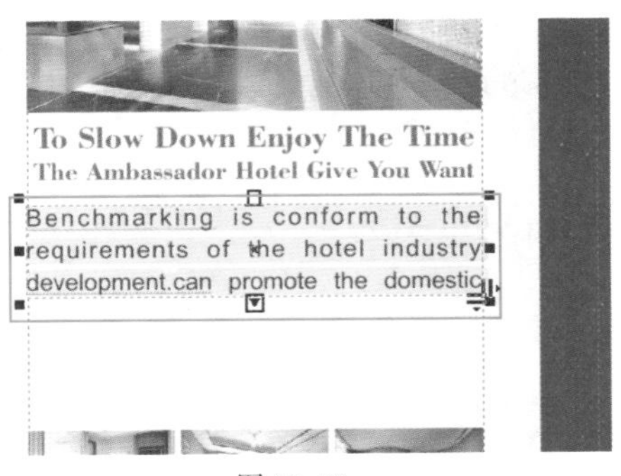

图 13–92

步骤 15 在文本框内单击插入光标，输入文字。执行“窗口”->“泊坞窗”->“文本”命令，在弹出的“文本”泊坞窗中单击“字符”按钮，在打开的“字符”选项卡中设置合适的字体和字号，如图 13–93 所示。

图 13–93

步骤 16 在“文本”泊坞窗中单击“段落”按钮，在打开的“段落”选项卡中单击“两端对齐”按钮，设置“行间距”为 120.0%，“段前距离”为 200.0%，如图 13–94 所示。

图 13–94

步骤 17 以同样的方式输入其他文字，如图 13–95 所示。

图 13–95

步骤 18 使用“矩形”工具绘制一个矩形，并填充为棕色作为分割线，如图 13–96 所示。三折页的背面就制作完成了，如图 13–97 所示。

The Ambassador Hotel Give You Want

Benchmarking is conform to the requirements of the hotel industry development.can promote the domestic tourist hotel further in line with international standards

Can promote the domestic tourist hotel further in line with international standards, leading the international hotel industry development trend.

图 13–96

图 13–97

步骤 19 制作三折页的内页。绘制一个矩形，并填充为浅灰色，如图 13–98 所示。复制出两个矩形，摆放到右侧，如图 13–99 所示。

图 13–98　　图 13–99

步骤 20 复制之前的祥云图案，摆放在三折页的上方边缘，如图 13–100 所示。以同样的方式复制另一侧的祥云图案，如图 13–101 所示。

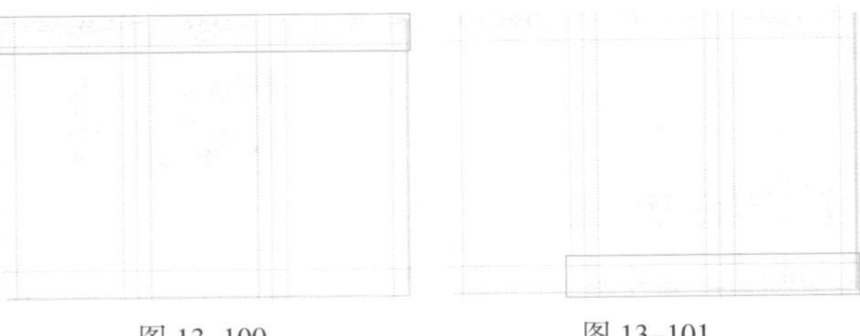

图 13–100　　图 13–101

第 13 章　综合实战

步骤 21 导入素材1.jpg，将其摆放在版面的左下角，如图13-102所示。

图 13-102

步骤 22 选择工具箱中的"透明度"工具，在属性栏中单击"渐变透明度"按钮，设置渐变类型为"线性渐变透明度"，调整渐变控制杆制作半透明效果，如图13-103所示。

图 13-103

步骤 23 以同样的方式导入其他素材，如图13-104所示。

图 13-104

步骤 24 制作内页中的标题文字。使用"文本"工具在左上角输入文字，如图13-105所示。使用"矩形"工具绘制一个细长的矩形并填充为棕色，如图13-106所示。

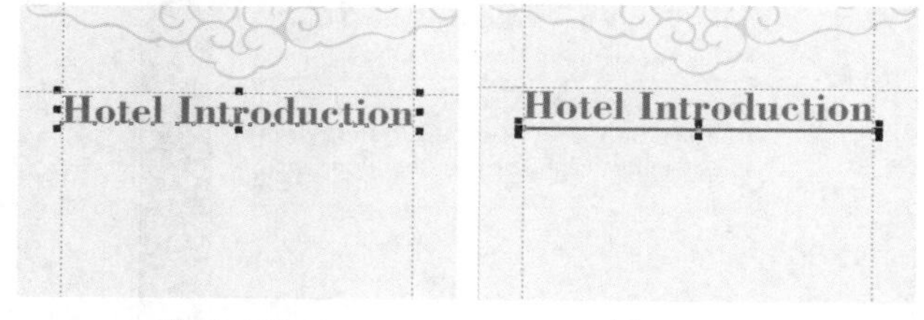

图 13-105　　图 13-106

步骤 25 以同样的方式输入其他文字，如图13-107所示。

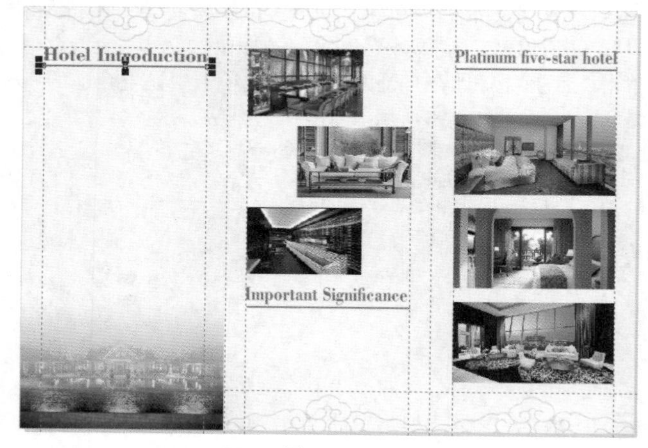

图 13-107

步骤 26 在工具箱中选择"文本"工具，在属性栏中设置合适的字体、字号，在标题文字下方单击插入光标，输入文字，如图13-108所示。

图 13-108

步骤 27 使用"文本"工具，在画布上按住鼠标左键从左上角向右下角拖动，绘制文本框，然后在文本框中输入文字。执行"窗口"->"泊坞窗"->"文本"命令，在弹出的"文本"泊坞窗中单击"字符"按钮，在打开的"字符"选项卡中设置合适的字体、字号，如图13-109所示。

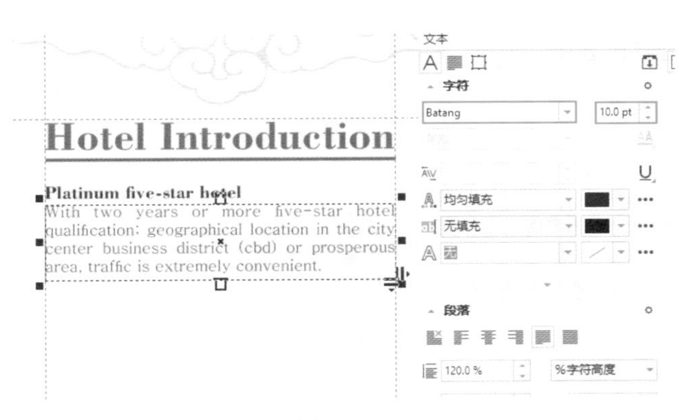

图 13-109

步骤 28 在“文本”泊坞窗中单击“段落”按钮，在打开的“段落”选项卡中单击“两端对齐”按钮，设置“行间距”为120.0%，“段前间距”为200.0%，如图13-110所示。

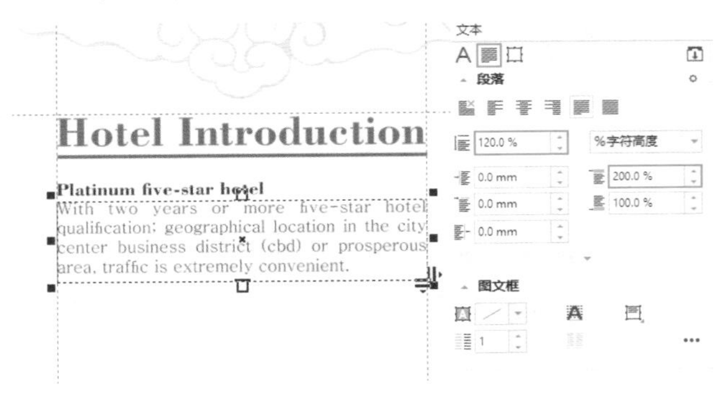

图 13-110

步骤 29 以同样的方式输入其他文字，如图13-111所示。

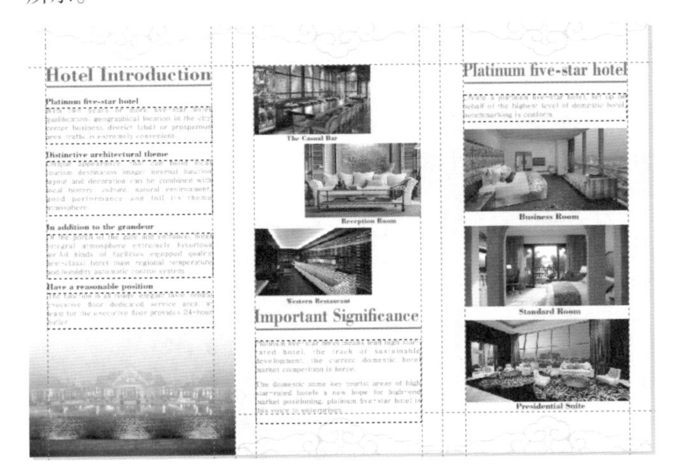

图 13-111

步骤 30 至此完成三折页的平面效果图，如图13-112和图13-113所示。

图 13-112

图 13-113

步骤 31 制作折页的展示效果。框选三折页的封底，复制一份，双击旋转到合适的角度。以同样的方式复制两个内页和封面并旋转到合适的角度，如图13-114所示。

图 13-114

步骤 32 导入背景素材，并放在底层。最终如图13-115所示。

图 13-115

> **提示：展示效果的制作技巧**
>
> 制作多个页面重叠在一起的效果时，最好为每个页面添加阴影效果，或者为其添加一定的“厚度感”，这样可以更好地将页面与页面之间的距离拉开，如图13-116所示。
>
> 
>
> (a) 无阴影、无厚度
>
> 
>
> (b) 阴影
>
> 
>
> (c) 厚度
>
> 图 13-116

13.8 项目实战：企业画册内页版式设计

扫一扫，看视频

文件路径	资源包\第13章\企业画册内页版式设计
难易指数	★★★★★
技术要点	“文本”工具、“裁剪”工具、取消饱和度、“透明度”工具

实例效果

本实例效果如图13-117所示。

图 13-117

操作步骤

步骤 01 新建一个横向、A4大小的空白文档。双击工具箱中的“矩形”工具按钮□，快速绘制一个与画板等大的矩形，并为其填充灰色，如图13-118所示。

图 13-118

步骤 02 执行“查看>标尺”命令，打开标尺，然后创建参考线，如图13-119所示。

图 13-119

步骤 03 使用“矩形”工具在左侧版面中绘制一个矩形，并为其填充白色，如图13-120所示。

图 13-120

步骤 04 执行"文件"->"导入"命令，导入素材1.jpg，然后参照参考线的位置调整图片的位置，如图13-121所示。

图 13-121

步骤 05 选中导入的素材图片，单击工具箱中的"裁剪"工具按钮，然后参照参考线的位置按住鼠标左键拖曳，绘制裁剪框，如图13-122所示。最后按Enter键确定裁剪操作，效果如图13-123所示。

图 13-122

图 13-123

步骤 06 选择导入的素材，执行"效果"->"调整"->"取消饱和度"命令。效果如图13-124所示。

图 13-124

步骤 07 使用"矩形"工具在页面上方和下方相应位置绘制矩形，并填充相应的颜色，如图13-125所示。

图 13-125

步骤 08 导入素材2.jpg，并将其移动到合适位置，如图13-126所示。选中导入的素材2.jpg，执行"效果"->"调整"->"取消饱和度"命令，效果如图13-127所示。

图 13-126

图 13-127

步骤 09 导入素材3.jpg，如图13-128所示。单击工具箱中的“钢笔”工具按钮，在导入的素材上绘制一个四边形，如图13-129所示。选择素材3.jpg，执行“对象”->PowerClip->“置于图文框内部”命令，当光标变成箭头形状时单击绘制的四边形，将其置于图文框内，然后去除轮廓色，如图13-130所示。

图 13-128

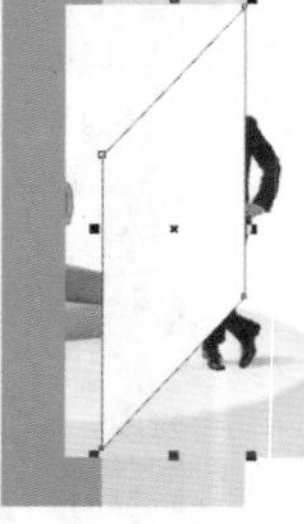

图 13-129

图 13-130

步骤 10 使用“钢笔”工具，绘制一个同样大小的四边形，然后为其填充土黄色，如图13-131所示。选择土黄色四边形，单击工具箱中的“透明度”工具按钮，在属性栏中设置“合并模式”为“乘”，如图13-132所示。

图 13-131

图 13-132

步骤 11 选择工具箱中的“文本”工具，在画面中单击插入光标，然后输入文字。选中输入的文字，在属性栏中设置合适的字体、字号，设置文本颜色为淡黄色，如图13-133所示。

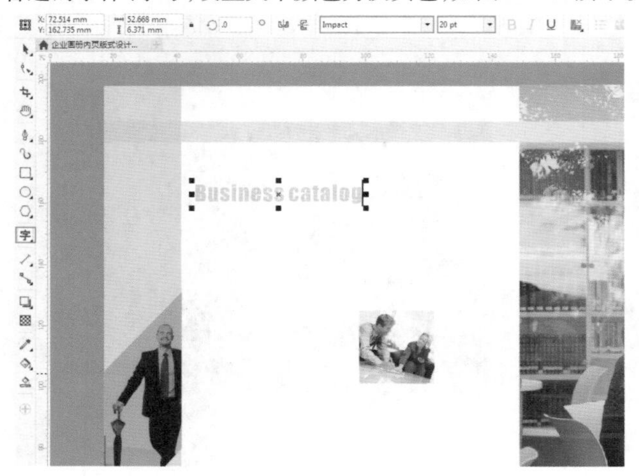

图 13-133

步骤 12 使用“文本”工具在黄色文字下方按住鼠标左键拖曳，绘制一个文本框，然后在属性栏中设置合适的字体、字号，设置文本对齐方式为“全部调整”，接着输入文字，如图13-134所示。

图 13-134

步骤 13 使用“文本”工具，在下方绘制两个段落文本框，添加不同颜色和属性的文字，如图13-135所示。

图 13-135

步骤 14 选择文字处的图片，在属性栏中单击“文本换行”按钮右下角的◢按钮，在弹出的下拉面板中选择“文本从右向左排列”，设置“文本换行偏移”为2.0mm，如图13-136所示。效果如图13-137所示。

图 13-136

图 13-137

步骤 15 下面开始制作页面的阴影部分。单击工具箱中的“矩形”工具按钮，在左侧页面绘制一个黑色矩形，如图13-138所示。

图 13-138

步骤 16 单击工具箱中的“透明度”工具按钮，在属性栏中单击“渐变透明度”按钮，在黑色矩形上按住鼠标左键向右拖动，使黑色矩形产生渐变的透明效果，如图13-139所示。最终效果如图13-140所示。

图 13-139

图 13-140

13.9 视频课堂：影视杂志内页设计

文件路径	资源包\第13章\影视杂志内页设计
难易指数	★★★★★
技术要点	“阴影”工具、“文本”工具、“立体化”工具

扫一扫，看视频

实例效果

本实例效果如图13-141所示。

图 13-141

13.10 视频课堂：书籍封面设计

扫一扫，看视频

文件路径	资源包\第13章\书籍封面设计
难易指数	★★★★★
技术要点	圆角设置、“变换”泊坞窗、添加透视、“透明度”工具

实例效果

本实例效果如图13-142所示。

图 13-142

13.11 项目实战：手机音乐播放器UI设计

扫一扫，看视频

文件路径	资源包\第13章\手机音乐播放器UI设计
难易指数	★★★★★
技术要点	“透明度”工具、置于图文框内部、“椭圆形”工具

实例效果

本实例效果如图13-143所示。

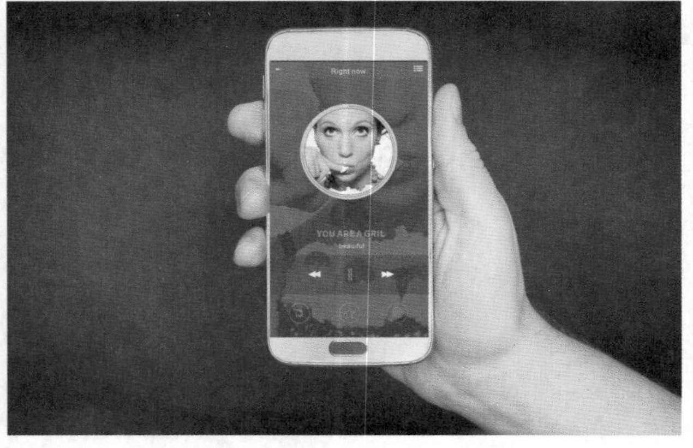

图 13-143

操作步骤

步骤 01 执行“文件”->“新建”命令，设置“原色模式”为RGB，设置“单位”为“像素”，设置“宽度”为1,242.0px，设置高度为2,208.0px，分辨率设置为72，然后单击OK按钮，如图13-144所示。

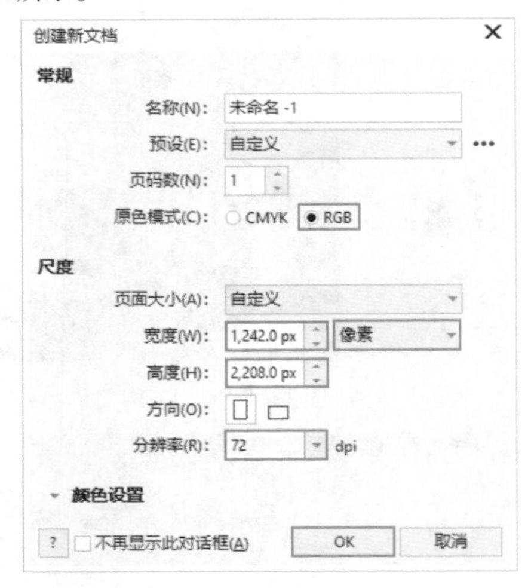

图 13-144

步骤 02 执行“文件”->“导入”命令，在弹出的“导入”窗口中找到素材位置，选择素材1.jpg，单击“导入”按钮，如图13-145所示。接着在画面中按住鼠标左键拖动，松开鼠标后完成导入操作。

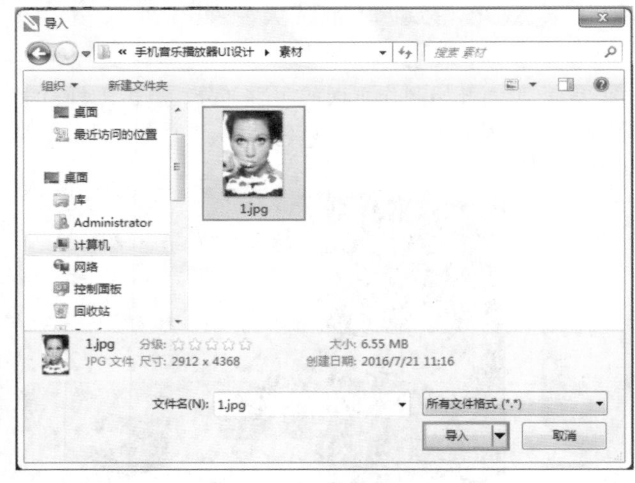

图 13-145

步骤 03 选择工具箱中的“矩形”工具，在人像素材的下方绘制一个与画布等大的矩形，如图13-146所示。选中导入的素材，执行“对象”->PowerClip->“置于图文框内部”命令，当光标变为箭头形状后单击矩形，将其置于图文框内。然后去除轮廓色，并将图形移动到画面的中心位置，如图13-147所示。

图 13-146　　图 13-147

步骤 04 使用“矩形”工具在人像上绘制一个与照片等大的矩形，然后为其填充土红色，如图13-148所示。选中绘制的矩形，单击工具箱中的“透明度”工具按钮，在属性栏中单击按钮，设置“透明度”为21，如图13-149所示。

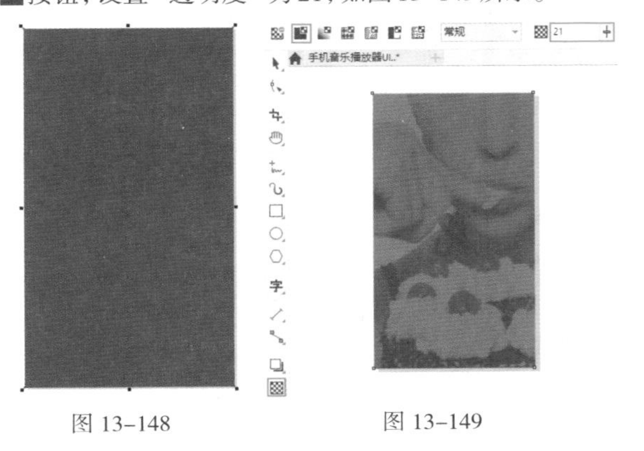

图 13-148　　图 13-149

步骤 05 在顶部和中下的位置绘制另外两个矩形，并填充相应的颜色，如图13-150所示。选中这两个矩形，单击工具箱中的“透明度”工具按钮，在属性栏中单击“均匀透明度”按钮，设置“透明度”为50，如图13-151所示。

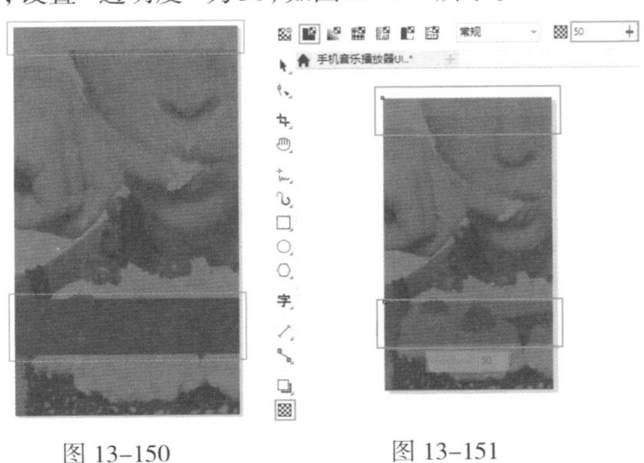

图 13-150　　图 13-151

步骤 06 选择工具箱中的“椭圆形”工具，按住Ctrl键绘制一个正圆，然后为其填充淡粉色，并去除轮廓色，如图13-152所示。再次导入素材1.jpg，并调整到合适的大小，如图13-153所示。

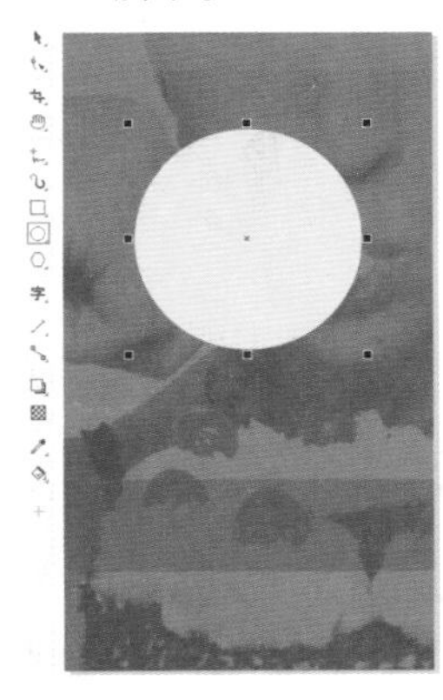

图 13-152　　图 13-153

步骤 07 在素材上绘制一个灰色描边的正圆，如图13-154所示。然后选择素材图像，执行“对象”->PowerClip->“置于图文框内部”命令，当光标变成箭头形状时单击正圆，将其置于图文框内。效果如图13-155所示。

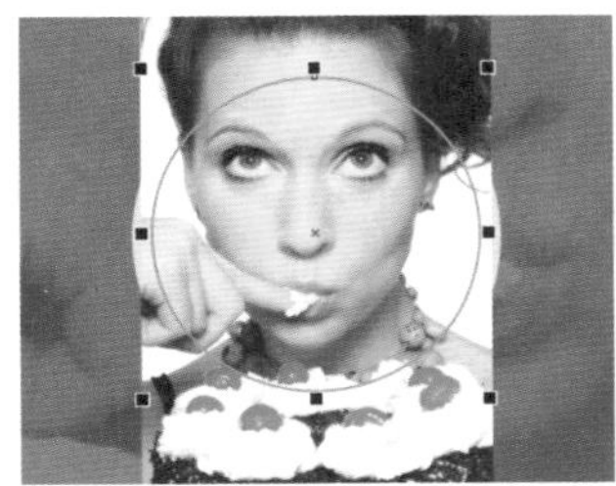

图 13-154　　图 13-155

步骤 08 选择工具箱中的“椭圆形”工具，单击属性栏中的“弧”按钮，设置“结束角度”为270.0°，然后按住Ctrl键拖动鼠标绘制弧形，并将其移动到合适位置，如图13-156所示。接着选择弧线，设置其“轮廓宽度”为0.5mm，“颜色”为橘黄色，如图13-157所示。

图 13-156

图 13-157

步骤 09 选择工具箱中的“常见形状”工具，单击属性栏中的“常见形状”按钮，在弹出的下拉面板中选择一个合适的形状。接着在界面左上角的位置绘制箭头图形，如图 13-158 所示。继续使用“矩形”工具在界面右上角绘制另外的图形，如图 13-159 所示。

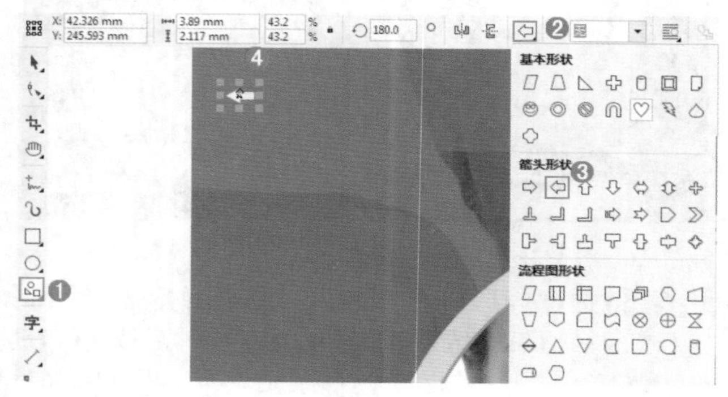

图 13-158

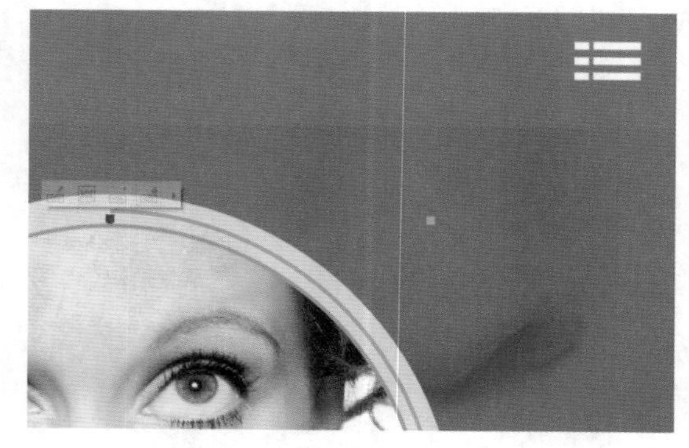

图 13-159

步骤 10 选择工具箱中的“文本”工具，在画面中单击插入光标，然后输入文字。接着选中输入的文字，在属性栏中设置合适的字体、字号，如图 13-160 所示。继续输入其他的文字，效果如图 13-161 所示。

图 13-160

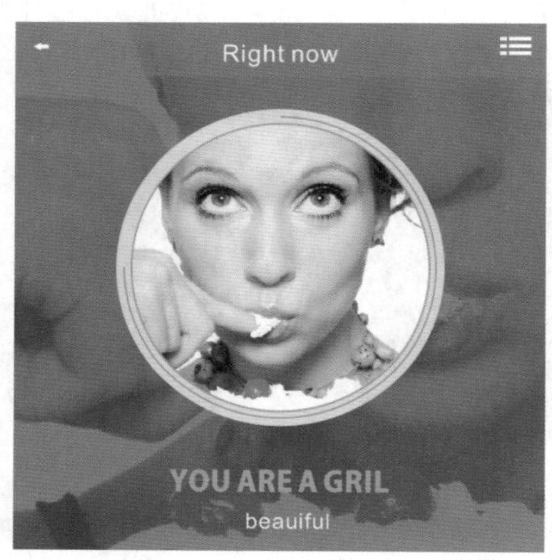

图 13-161

步骤 11 选择工具箱中的“钢笔”工具，在界面下半部分绘制一个三角形，然后填充为白色，如图 13-162 所示。接着选择三角形，按住鼠标右键向右拖曳，拖曳到合适位置后释放鼠标进行复制，如图 13-163 所示。选择两个三角形，按快捷键 Ctrl+G 进行编组。

图 13-162

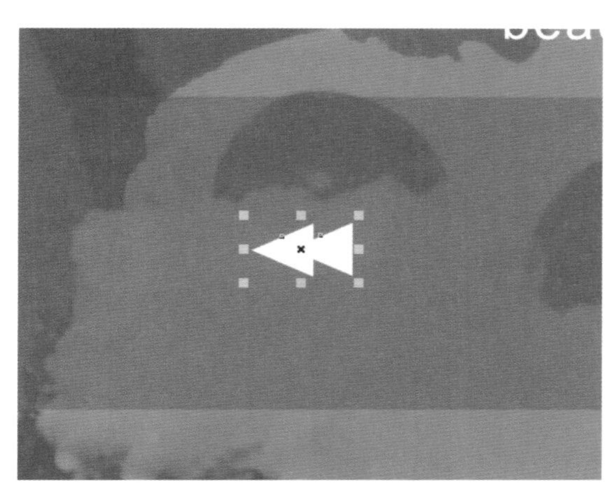

图 13-163

步骤 12 选择这个图形，复制一份并向右移动，如图13-164所示。选择复制的图形，单击属性栏中的“水平镜像”按钮。效果如图13-165所示。

图 13-164

图 13-165

步骤 13 使用“矩形”工具绘制两个矩形并填充为橘黄色，如图13-166所示。使用“椭圆形”工具在界面底部绘制3个正圆，并设置轮廓色为白色，如图13-167所示。

图 13-166

图 13-167

步骤 14 选择工具箱中的“常见形状”工具，单击属性栏中的“常见形状”按钮，在弹出的下拉面板中选择一个合适的形状。在第一个正圆中绘制图形，设置轮廓色为白色，如图13-168所示。

图 13-168

步骤 15 选择工具箱中的“星形”工具，在属性栏中单击“星形”按钮，设置“角度”或“边数”为5，“锐度”为50，然后在第二个正圆中按住Ctrl键拖动鼠标绘制一个星形，并设置轮廓色为白色，如图13-169所示。

图 13-169

步骤 16 选择工具箱中的“螺纹”工具，在属性栏中设置“螺纹回圈”为4，单击“对称式螺纹”按钮，然后在第三个正圆中按住Ctrl键拖动鼠标绘制螺纹，并设置轮廓色为白色，如图13-170所示。界面效果如图13-171所示。

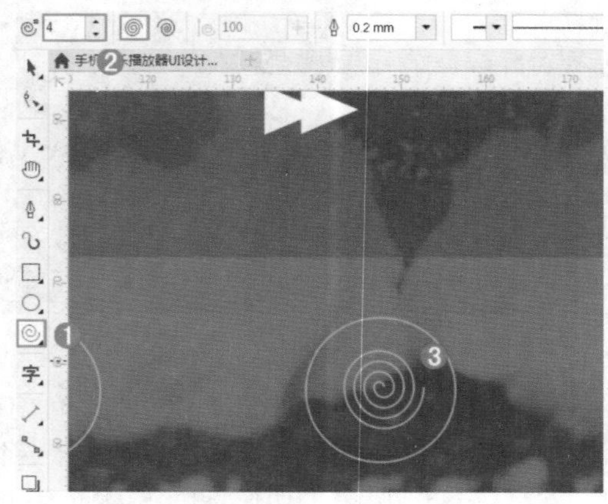

图 13-170

图 13-171

步骤 17 制作展示效果。执行“文件”->“导入”命令，导入背景素材。将复制之前制作好的界面的全部图形，粘贴到手机屏幕的位置。最终效果如图13-172所示。

图 13-172